中国测绘地理信息年鉴

China Surveying, Mapping and Geoinformation Yearbook

2013

国 家 测 绘 地 理 信 息 局

中国地理位置图

中国地图出版社多圆锥投影（1983年）

比例尺 1：116 000 000　0　1160　2320　3480　4640千米

中国政区图

图例
首都
外国首都、首府
省级行政中心
地级市行政中心
(外国重要城市同)
县级行政中心
(外国一般城市同)
国界
未定国界
省、自治区、直辖市界
特别行政区界
地区界
军事分界线
山峰 关隘
珊瑚礁
长城
沙漠
常年河 时令河
运河 渠道
时令湖
淡水湖 咸水湖
井 泉
铁路
公路
双标准纬线等积圆锥投影 标准纬线25°、47°
哈萨克斯坦
俄
蒙
吉尔吉斯斯坦
塔吉克斯坦
巴基斯坦
印度
尼泊尔
不丹
孟加拉国
缅甸
老挝
泰国
越南
新疆维吾尔自治区
西藏自治区
青海
甘肃
四川
云南
乌鲁木齐
拉萨
西宁
兰州
成都
昆明
比什凯克
伊斯兰堡
新德里
加德满都
廷布
达卡
内比都
河内
万象
塔里木盆地
塔克拉玛干沙漠
准噶尔盆地
古尔班通古特沙漠
巴丹吉林沙漠
腾格里沙漠
孟加拉湾

比例尺　1∶18 000 000

0　180　360　540　720 千米

▲ 2012 年 9 月 14 日，全国人大常委会副委员长路甬祥在北京出席《中华人民共和国测绘法》修订十周年座谈会并讲话。

▲ 2012 年 12 月 27 日，中央政治局委员、北京市委书记郭金龙（前排右二）到国家地理信息科技产业园视察调研。国家测绘地理信息局局长徐德明（前排右一）陪同。

▲ 2012年12月28日，北斗二号卫星导航系统开通活动在解放军某卫星导航定位总站举行。中央政治局委员、中央军委副主席范长龙上将（前排右二），中央军委委员、总参谋长房峰辉上将（前排右一）出席活动。

▲ 2012年11月29日，全国政协副主席罗富和（右七），全国政协教科文卫体委员会主任、中国科学院院士徐冠华（右五），广东省副省长许瑞生（右六）等参观中国地理信息产业成就展。

▲ 2012 年 12 月 20 日，国家地理信息科技产业园一期开园，园区综合办公楼启用，国土资源部部长徐绍史（左一），北京市委副书记、代市长王安顺（左二），国家测绘地理信息局局长徐德明（右一）在产业园考察工作。

▲ 2012 年 1 月 11 日，我国首颗高精度民用立体测绘卫星资源三号成功传回第一批影像数据。国家测绘地理信息局局长徐德明观看影像数据。

▲ 2012年2月17日，国家测绘地理信息局局长徐德明（右）在北京会见国际摄影测量与遥感学会（ISPRS）主席奥汉·阿尔坦教授（左）。

▲ 2012年3月6日，国家测绘地理信息局局长徐德明（左一）、副局长宋超智（左二）陪同江西省委副书记、省长鹿心社（左三）参观中国测绘科技馆。

▲ 2012 年 7 月 9 日，国家测绘地理信息局局长徐德明（左三）在中国测绘创新基地会见联合国副秘书长吴江波（右三），副局长李朋德（右二）参加会见。

▲ 2012 年 6 月 5 日，总参测绘导航局局长薛贵江（后排右三）到酒泉卫星发射中心检查神舟九号飞船发射紧急复测任务。

▲ 2012 年 11 月 6 日，总参测绘导航局局长薛贵江（前排左）出席与中国地震局的合作协议签定仪式。

▲ 2012 年 3 月 1 日，国家测绘地理信息局副局长王春峰（右二）、江苏省副省长徐鸣（右三）在南京出席江苏省“十一五”基础测绘成果发布暨“天地图·江苏”开通仪式。

▲ 2012 年 7 月 27 日，国家测绘地理信息局副局长王春峰在成都出席国家测绘地理信息局支持新疆和四省藏区基础测绘建设工作布置会。

▲ 2012 年 1 月 20 日，国家测绘地理信息局副局长李维森（左一）慰问在伊犁地震灾后重建测绘一线的职工。

▲ 2012 年 5 月 10 日，国家测绘地理信息局副局长李维森（左一）在长春参加数字通化、数字九台地理空间框架建设成果发布暨吉林省数字城市推广会并会见吉林省副省长王化文。

▲ 2012 年 6 月 21 日，国家测绘地理信息局副局长宋超智（右二）看望、慰问参与国家地理信息科技产业园建设的干部职工。

▲ 2012 年 7 月 3 日，国家测绘地理信息局副局长宋超智在西安出席陕西省秦岭地区 1:1 万地形图测图工程启动仪式。

▲ 2012 年 4 月 11 日，国家测绘地理信息局副局长闵宜仁（左一）在新疆维吾尔自治区测绘档案资料馆调研。

▲ 2012 年 5 月 18 日，国家测绘地理信息局副局长闵宜仁（前右）在北京出席国家版图意识宣传教育“进学校、进社区、进媒体”活动启动仪式，并代表全国国家版图意识宣传教育和地图市场监管协调指导小组授予北京市中古友谊小学“国家版图意识宣传教育示范学校”称号。

▲ 2012 年 7 月 17 日，国家测绘地理信息局党组成员、纪检组组长张荣久出席第二届全国高等学校大学生测绘技能竞赛开幕式并讲话。

▲ 2012 年 9 月 24 日，国家测绘地理信息局党组成员、纪检组组长，中国卫星导航定位协会会长张荣久（左三）代表协会接受银行授信。

▲ 2012 年 5 月 24 日，国家测绘地理信息局、浙江省政府和联合国统计司在杭州签署合作建设中国－联合国地理信息国际论坛意向协议。国家测绘地理信息局副局长李朋德（左一）代表国家测绘地理信息局签订协议。

▲ 2012 年 9 月 24 日，国家测绘地理信息局副局长李朋德（左一）参观首届中国卫星导航位置与服务展览会。

▲ 2012 年 11 月 3 日，国家测绘地理信息局总工程师胥燕婴（左）在武汉与湖北省政府副秘书长黄国雄（右）进行会谈。

▲ 2012 年 11 月 30 日，总参测绘导航局副局长徐广华（左一）到新疆军区某测绘信息中心检查指导工作。

▲ 2012 年 6 月 14 日 ~ 15 日，总参测绘导航局副局长孙刚（中）到兰州军区驻疆某测绘大队检查指导工作。

▲ 2012 年 3 月 13 日，西藏自治区党委副书记郝鹏（前排右二）到西藏自治区测绘局考察调研。

▲ 2012 年 4 月 19 日，新疆维吾尔自治区党委常委努尔兰·阿不都满金（左四）、自治区人大常委会副主任穆铁礼甫·哈斯木（右三）、自治区政协副主席李湘林（左三）出席伊犁地震灾后重建测绘成果移交暨总结大会。

▲ 2012 年 4 月 24 日，陕西省副省长郑小明（右二）听取技术人员对应急监测车的介绍。

◀2012 年 1 月 9 日，我国首颗高精度民用立体测绘卫星资源三号在太原卫星发射中心成功发射。

▲ 2012 年 1 月 18 日，中共中央党校教学基地挂牌仪式在中国测绘创新基地举行。

▲ 2012 年 2 月 15 日 ~ 16 日，2012 年度军事测绘导航工作会议在三亚市召开。

▲ 2012 年 3 月 22 日，国家测绘地理信息局召开全国测绘地理信息宣传工作会议。

▲ 2012 年 4 月 23 日，国家测绘地理信息局与中国联合网络通信有限公司在北京签署战略合作协议。

▲ 2012 年 5 月 4 日，第一届国家测绘地理信息局直属机关杰出（优秀）青年表彰大会暨薪火相传“五四”青年主题活动在中国测绘创新基地举行。

▲ 2012 年 5 月 11 日，国家自然资源和地理空间基础信息库军事测绘数据分中心正式上线国家电子政务网并提供服务。

▲ 2012 年 5 月 23 日，李克强副总理视察中国测绘创新基地暨国家测绘局更名国家测绘地理信息局一周年座谈会在北京举行。

▲ 2012 年 6 月 13 日，测绘地理信息高校座谈会在中国测绘创新基地举行。

▲ 2012 年 6 月 15 日，国家测绘地理信息局、国家保密局联合召开全国测绘成果保密检查总结暨表彰电视电话会议。

▲ 2012 年 6 月 26 日，国家现代测绘基准体系基础设施建设一期工程启动暨出测仪式在中国测绘创新基地举行。

▲ 2012 年 7 月 6 日，国家测绘地理信息局与中央电视台签署协议，拍摄中国首部以测绘地理信息为题材的大型主题片《地图传奇》。

▲ 2012 年 8 月 27 日，时值《中华人民共和国测绘法》修订十周年，测绘地理信息法制建设成就展在中国测绘创新基地举办，国家测绘地理信息局领导班子成员、总工程师参观展览。

▲ 2012年9月1日，国际摄影测量与遥感学会（ISPRS）新任主席、国家基础地理信息中心总工程师陈军（右）与上届主席奥翰·阿尔坦（左）进行交接。

▲ 2012年9月12日，国家测绘地理信息局和中国工程院联合主办的测绘地理信息发展论坛开幕式在中国测绘创新基地举行。

▲ 2012 年 9 月 14 日，国土资源部、全国人大常委会法制工作委员会、国务院法制办公室、司法部和国家测绘地理信息局联合在人民大会堂召开《中华人民共和国测绘法》修订十周年座谈会。

▲ 2012 年 9 月 18 日，《中华人民共和国钓鱼岛及其附属岛屿》地图出版发行，受到社会强烈关注。

▲ 2012 年 11 月 10 日，世界著名物理学家、诺贝尔物理学奖获得者丁肇中教授在中国测绘创新基地作报告。

▲ 2012 年 11 月 16 日，国家测绘地理信息局学习传达党的十八大精神干部大会在中国测绘创新基地举办。

▲ 2012年11月19日，中国政府与联合国地理信息管理能力开发合作协议签署仪式在中国测绘创新基地举行。

▲ 2012年11月27日，地理国情监测项目普查试点启动会暨技术培训在中国测绘创新基地举行。

▲ 2012 年 12 月 24 日 ~25 日，全国测绘地理信息局长会议在中国测绘创新基地召开。

▲ 2012 年 1 月，陕西测绘地理信息局出版首批地理国情监测成果。

▲ 2012 年 4 月 16 日，兰州军区驻兰某测绘大队在宁夏组织无人机野外飞行训练。

▲ 2012 年 5 月，甘肃省测绘地理信息局技术人员为岷县、宕县、漳县、渭源县特大雹洪泥石流灾区编制地图。

▲ 2012 年 10 月 ~12 月，新疆维吾尔自治区第二测绘院承担完成抗震救灾托里县测区 20 平方千米 1:1000 地形图测绘项目。

▲ 2012 年 11 月 5 日，中国第 29 次南极科学考察队在广州举行出征仪式，国家测绘地理信息局派出 6 名科考队员随队出征。

▲ 2012 年 12 月，总参驻津某测绘大队在山西某基地进行观测。

▲ 2012 年 5 月 29 日，全国测绘地理信息系统第二届“天地图杯”羽毛球比赛在秦皇岛举行。

《中国测绘地理信息年鉴》编纂委员会

《中国测绘地理信息年鉴》协调员

编 辑 说 明

《中国测绘地理信息年鉴》由国家测绘地理信息局组织编纂。本卷年鉴主要记述测绘地理信息行业2012年内对国家经济建设和社会发展有重大影响的事件、活动、成果和重要统计资料等内容，除部首彩页外，设有综述、特载、综合工作、地方工作、行业单位工作、法律法规、公告、大事记、统计资料、插页、附录等11个栏目。

年鉴稿件由国家测绘地理信息局机关各司局，局属各单位，总参测绘导航局，各省、自治区、直辖市、计划单列市测绘地理信息行政主管部门，新疆生产建设兵团测绘地理信息主管部门，省级主要测绘地理信息单位，部分甲级测绘资质单位，有关测绘地理信息社团，武汉大学，郑州测绘学校等提供。部首彩页和领导批示由国家测绘地理信息局办公室、总参测绘导航局编研室、中国测绘宣传中心和有关测绘地理信息单位等提供。中国地理位置图和中国政区图由中国地图出版集团提供。根据国家有关规定，年鉴各栏目未收录我国香港、澳门特别行政区和台湾省的资料。

二〇一三年八月

Remarks

China Surveying, Mapping and Geoinformation Yearbook, compiled by National Administration of Surveying, Mapping and Geoinformation (NASG), contains major events, activities, achievements and important statistical materials of surveying, mapping and geoinformation sector which were significant to national economic development and social progress in 2012. Besides the colored front pages, it comprised 11 parts including summary, highlights, comprehensive work, local work, work of entities of surveying, mapping and geoinformation sector, laws and regulations, announcements, memorabilia, statistics, foldouts and appendixes.

Materials of the Yearbook were provided by NASG departments and its sub institutions, the Military Surveying, Mapping and Navigation Bureau, surveying, mapping and geoinformation administrative departments of provinces, autonomous regions, municipalities, cities specially designated in the state plan, and Xinjiang Production and Construction Corps, major surveying, mapping and geoinformation organizations at provincial level, organizations or enterprises with Class A surveying and mapping qualification, surveying, mapping and geoinformation societies or associations, Wuhan University, Zhengzhou School of Surveying and mapping, etc. The colored front pages and leaders'instructions were provided by the General Office of NASG, the Editing and Research Office of the Military Surveying, Mapping and Navigation Bureau, China Surveying and Mapping Publicizing Center, and other relating surveying, mapping and geoinformation organizations. China's Geographic Location Map and China's Administrative Map were provided by SinoMaps Press. Statistics of Hong Kong, Macao and Taiwan are not included in the yearbook in accordance with relevant regulations of the State.

August, 2013

目　录

综述 …………………………………………………………………………………………（1）

特　载

重要批示 ……………………………………………………………………………（5）
国务院副总理李克强关于测绘地理信息工作的重要批示………………………………（5）
重要文献 ……………………………………………………………………………（5）
关于印发全国测绘地理信息局长会议文件的通知…………………………………………（5）
关于加强廉政风险防控机制建设的通知………………………………………………（20）
关于认真学习贯彻胡锦涛总书记在省部级主要领导干部专题研讨班上的重要讲话精神的通知…………………………………………………………………………（22）
中共国家测绘地理信息局党组关于认真学习宣传贯彻党的十八大精神的通知 ………（23）
关于印发《中共国家测绘地理信息局党组贯彻落实中央关于改进工作作风密切联系群众的八项规定的具体措施》的通知 …………………………………………………（27）
关于加快数字城市建设推广应用工作的通知 …………………………………………（28）
关于开展智慧城市时空信息云平台建设试点工作的通知 ……………………………（30）
关于做好测绘地理信息应急保障工作的通知 …………………………………………（32）
关于加强天地图建设与应用工作的通知 ………………………………………………（33）
领导讲话 ……………………………………………………………………………（35）
全国人大常委会副委员长路甬祥在《中华人民共和国测绘法》修订十周年座谈会上的讲话 …（35）
国土资源部部长徐绍史在《中华人民共和国测绘法》修订十周年座谈会上的讲话 ………（36）
国家测绘地理信息局局长徐德明在全国测绘地理信息系统党风廉政建设工作会议上的讲话 …（38）
国家测绘地理信息局局长徐德明在李克强副总理视察中国测绘创新基地暨国家测绘局更名国家测绘地理信息局一周年座谈会上的讲话 ……………………………………（41）
团结协作　周密部署　推动测绘地理信息安全管理再上新台阶
国家测绘地理信息局局长徐德明在全国测绘成果保密检查总结暨表彰电视电话会议上的讲话 …（46）
把握机遇　凝心聚力　努力建设测绘地理信息强国
国家测绘地理信息局局长徐德明在测绘地理信息发展论坛上的讲话 …………………（48）
国家测绘地理信息局局长徐德明在《中华人民共和国测绘法》修订十周年座谈会上的讲话 …（50）
国家测绘地理信息局局长徐德明在中国政府与联合国地理信息管理能力开发合作协议签署仪式上的讲话 ………………………………………………………………………（53）

国家测绘地理信息局局长徐德明在国家测绘地理信息局党组务虚会（扩大会议）上的讲话 …（54）
国务院法制工作办公室副主任甘藏春在《中华人民共和国测绘法》修订十周年座谈会上的讲话 ……（62）
国家测绘地理信息局副局长王春峰在《全国基础测绘中长期规划纲要》修编工作启动会上的讲话 ……（64）
推动测绘卫星可持续发展 建设测绘地理信息强国
国家测绘地理信息局副局长、资源三号测绘卫星工程总指挥王春峰就卫星在轨交付使用答记者问 ……（66）
大力培养年轻干部 增强事业发展活力
国家测绘地理信息局副局长王春峰在国家测绘地理信息局年轻干部理论培训班上的讲话 ……（69）
大力推进数字省区地理空间框架建设 不断提升测绘地理信息保障服务能力
国家测绘地理信息局副局长李维森在全国数字省区地理空间框架建设工作会议上的讲话 …（71）
国家测绘地理信息局副局长李维森在地理国情普查试点启动暨技术培训会上的讲话 ……（75）
开创宣传新局面 推动事业新发展
国家测绘地理信息局副局长宋超智在全国测绘地理信息宣传工作会议上的讲话 ……（79）
国家测绘地理信息局副局长宋超智在全国测绘地理信息行政执法工作座谈会上的讲话 …（82）
国家测绘地理信息局副局长闵宜仁在2012年地理信息与地图暨测绘成果管理工作座谈会上的讲话 ……（85）
国家测绘地理信息局副局长闵宜仁在涉密测绘成果管理培训班暨政策研讨会上的讲话 …（88）
加快推进惩治和预防腐败体系建设 为测绘地理信息事业科学发展提供坚强保障
国家测绘地理信息局党组成员、纪检组组长张荣久在全国测绘地理信息系统党风廉政建设工作会议上的工作报告 ……（91）
国家测绘地理信息局党组成员、纪检组组长张荣久在国家测绘地理信息局直属单位内部审计工作培训班上的讲话 ……（96）
国家测绘地理信息局副局长李朋德在信息化测绘建设座谈会上的讲话 ……（97）
重要会议 ……（101）
2012年度军事测绘导航工作会议 ……（101）
全国测绘地理信息宣传工作会议 ……（101）
全国测绘地理信息系统党风廉政建设工作会议 ……（101）
国家版图意识宣传教育“进学校、进社区、进媒体”活动启动仪式 ……（102）
李克强副总理视察中国测绘创新基地暨国家测绘局更名国家测绘地理信息局一周年座谈会 …（102）
联合国全球地理信息管理杭州论坛 ……（102）
测绘地理信息高校座谈会 ……（103）
全国测绘成果保密检查总结暨表彰电视电话会议 ……（103）
全国测绘地理信息局长座谈会 ……（103）
测绘地理信息发展论坛 ……（104）
《中华人民共和国测绘法》修订十周年座谈会 ……（104）
全国数字省区地理空间框架建设工作会议 ……（105）
中共国家测绘地理信息局党组务虚会 ……（105）
2013年度军事测绘导航任务协调会 ……（105）
全国测绘地理信息局长会议 ……（106）
重大事件 ……（106）
资源三号卫星成功发射 ……（106）

中国大陆构造环境监测网络通过国家验收 ……（106）
“十二五”国家基础地理信息数据库动态更新正式启动 ……（107）
国家测绘地理信息局、联合国统计司与浙江省政府三方协议签署 ……（107）
国家测绘地理信息局所属事业单位清理规范 ……（107）
中国政府与联合国地理信息管理能力开发合作协议正式签署 ……（107）
首幅《中华人民共和国海南省三沙市地图》出版发行……（108）
国家测绘地理信息局党组出台落实中央八项规定具体措施 ……（108）
数字城市建设 ……（108）
“天地图”建设 ……（108）
地理国情监测 ……（108）
地理信息产业发展 ……（109）
测绘重大项目进展 ……（109）
测绘地理信息重大科技项目进展顺利 ……（109）
国家测绘地理信息局科技领军人才工程顺利推进 ……（109）
国家测绘地理信息局开展十七大以来我国测绘地理信息事业辉煌成就宣传工作 ……（109）

综合工作

重点工作 ……（111）
数字城市建设 ……（111）
“天地图”建设 ……（111）
地理国情监测 ……（112）
地理信息产业 ……（113）
政策与法规 ……（113）
政策研究 ……（113）
立法工作 ……（114）
依法行政 ……（115）
行政执法 ……（115）
法制宣传 ……（116）
规划与计划 ……（117）
基础测绘 ……（117）
经费投入 ……（117）
基础测绘项目 ……（118）
测绘基准管理 ……（119）
基础航空摄影与卫星影像获取 ……（119）
安全生产 ……（120）
海洋测绘 ……（120）
界线测绘 ……（121）
卫星测绘 ……（121）
质量监督与计量 ……（123）

成果质量监督检查 …………………………………………………………………… (123)
重点项目成果验收 …………………………………………………………………… (123)
测绘计量检定人员资格认证 ………………………………………………………… (123)
质检研究 ……………………………………………………………………………… (123)
质检期刊 ……………………………………………………………………………… (124)
市场监管 …………………………………………………………………………… (124)
测绘资质管理 ………………………………………………………………………… (124)
市场管理 ……………………………………………………………………………… (124)
地图管理与地图公共服务 ………………………………………………………… (125)
地图编制管理 ………………………………………………………………………… (125)
地图审核 ……………………………………………………………………………… (125)
互联网地图监管 ……………………………………………………………………… (125)
地图市场监管 ………………………………………………………………………… (126)
地图公共服务 ………………………………………………………………………… (126)
国家版图意识宣传教育 …………………………………………………………… (127)
成果管理 …………………………………………………………………………… (127)
成果汇交与资料档案建设 …………………………………………………………… (127)
成果提供使用 ………………………………………………………………………… (128)
涉密测绘成果管理 …………………………………………………………………… (128)
测量标志保护 ………………………………………………………………………… (129)
合作共建 ……………………………………………………………………………… (129)
测绘地理信息服务与应用 ………………………………………………………… (129)
成果推广应用 ………………………………………………………………………… (129)
保障服务 ……………………………………………………………………………… (130)
应急保障管理与服务 ………………………………………………………………… (130)
科技工作 …………………………………………………………………………… (131)
科技创新体系 ………………………………………………………………………… (131)
科技项目 ……………………………………………………………………………… (131)
科技成果 ……………………………………………………………………………… (133)
科技奖励 ……………………………………………………………………………… (134)
科技装备 ……………………………………………………………………………… (134)
测绘地理信息标准化 ……………………………………………………………… (135)
标准化研究 …………………………………………………………………………… (135)
国家标准制修订 ……………………………………………………………………… (135)
行业标准制修订 ……………………………………………………………………… (135)
国际标准化 …………………………………………………………………………… (135)
标准宣传贯彻 ………………………………………………………………………… (136)
军事测绘导航部门标准化工作 ……………………………………………………… (136)
财务工作 …………………………………………………………………………… (136)
财务制度建设 ………………………………………………………………………… (136)
预决算管理 …………………………………………………………………………… (136)
财务监管 ……………………………………………………………………………… (137)
财务保障与管理 ……………………………………………………………………… (137)

行政体制与队伍建设 …………（137）
机构编制 …………（137）
事业单位改革 …………（138）
人才队伍建设 …………（138）
离退休干部管理 …………（140）
职业资格管理 …………（140）
对外合作与交流 …………（141）
外事管理 …………（141）
测绘地理信息“走出去” …………（142）
双边合作 …………（142）
多边合作 …………（142）
政务与信息 …………（143）
建议提案办理 …………（143）
文秘档案管理 …………（143）
信息编发 …………（143）
保密工作 …………（143）
维护稳定工作 …………（144）
政务信息化建设 …………（144）
宣传工作 …………（144）
宣传管理 …………（144）
专题宣传 …………（145）
新闻出版 …………（147）
地图图书出版 …………（147）
报刊出版 …………（148）
统计工作 …………（149）
制度建设 …………（149）
信息化建设 …………（149）
教育培训 …………（149）
信息服务 …………（150）
调查研究 …………（150）
测绘地理信息教育 …………（150）
教育机制建设 …………（150）
教育指导 …………（150）
武汉大学 …………（150）
郑州测绘学校 …………（152）
军事测绘导航教育培训 …………（153）
精神文明建设 …………（153）
党建工作 …………（153）
党风廉政建设 …………（154）
思想政治工作 …………（155）
文化建设 …………（155）
学术社团 …………（155）
中国测绘学会 …………（155）

中国地理信息产业协会 …… (157)
中国卫星导航定位协会 …… (159)
国际摄影测量与遥感学会(ISPRS) …… (160)

地方工作

北京市 …… (161)
天津市 …… (165)
河北省 …… (168)
山西省 …… (176)
内蒙古自治区 …… (182)
辽宁省 …… (184)
吉林省 …… (188)
黑龙江省 …… (196)
上海市 …… (201)
江苏省 …… (206)
浙江省 …… (212)
安徽省 …… (217)
福建省 …… (220)
江西省 …… (226)
山东省 …… (229)
河南省 …… (236)
湖北省 …… (243)
湖南省 …… (249)
广东省 …… (253)
广西壮族自治区 …… (257)
海南省 …… (263)
重庆市 …… (268)
四川省 …… (274)
贵州省 …… (279)
云南省 …… (283)
西藏自治区 …… (287)
陕西省 …… (290)
甘肃省 …… (295)
青海省 …… (299)
宁夏回族自治区 …… (305)
新疆维吾尔自治区 …… (308)
新疆生产建设兵团 …… (314)
青岛市 …… (316)
大连市 …… (318)

宁波市 …… (321)
深圳市 …… (325)
厦门市 …… (328)

行业单位工作

北京市 …… (333)
天津市 …… (334)
河北省 …… (339)
山西省 …… (346)
辽宁省 …… (348)
吉林省 …… (351)
黑龙江省 …… (354)
江苏省 …… (360)
浙江省 …… (364)
福建省 …… (367)
江西省 …… (367)
山东省 …… (371)
河南省 …… (374)
湖北省 …… (376)
广东省 …… (379)
广西壮族自治区 …… (382)
海南省 …… (386)
重庆市 …… (388)
四川省 …… (390)
贵州省 …… (395)
云南省 …… (396)
西藏自治区 …… (398)
陕西省 …… (398)
甘肃省 …… (403)
青海省 …… (404)
宁夏回族自治区 …… (406)
新疆维吾尔自治区 …… (407)

法律法规

重要规范性文件 …… (412)

关于印发《测绘地理信息市场信用信息管理暂行办法》的通知
国测管发〔2012〕8号 2012年2月9日 …… (412)
关于印发《测绘地理信息部门财政预算执行进度管理规定》的通知
国测财发〔2012〕7号 2012年3月26日 …… (415)
关于印发《关于加强测绘地理信息行政执法工作的意见》的通知
国测法发〔2012〕4号 2012年4月20日 …… (417)
关于加强涉密测绘地理信息安全管理的通知
国测成发〔2012〕11号 2012年5月14日 …… (419)
关于进一步加强地图导航定位产品统一监管工作的通知
国测图发〔2012〕1号 2012年6月12日 …… (421)
关于印发《测绘地理信息市场信用评价标准(试行)》的通知
测办〔2012〕53号 2012年6月26日 …… (423)
关于进一步加强网络地图服务监管工作的通知
国图宣教管〔2012〕6号 2012年9月28日 …… (427)
关于印发《国家测绘地理信息局政府采购管理实施办法》的通知
国测财发〔2012〕33号 2012年10月31日 …… (428)
关于印发《测绘地理信息市场监管合作工作机制》的通知
国测法发〔2012〕9号 2012年11月22日 …… (431)
关于印发《国家测绘地理信息局事业单位专业技术二级岗位管理实施办法(试行)》的通知
国测人发〔2012〕79号 2012年11月22日 …… (432)
规范性文件目录 …… (434)
综合 …… (434)
市场监管与执法 …… (435)
机构设置与人事管理 …… (435)
规划与财务工作 …… (435)
基础测绘 …… (436)
测绘成果管理与地理信息服务 …… (436)
科技与国际合作 …… (436)
党的建设 …… (436)
地方法规、规章及重要规范性文件 …… (437)
天津市测绘成果管理实施办法
2012年8月7日天津市人民政府第92次常务会议通过,2012年8月15日天津市人民政府令55号公布,自2012年10月1日起施行 …… (437)
黑龙江省基础测绘管理办法
2012年12月12日黑龙江省政府第82次常务会议讨论通过,2012年12月23日省政府第3号令公布,自2013年2月1日起施行 …… (438)
江苏省测绘地理信息成果管理规定
2012年2月16日江苏省人民政府第85次常务会议讨论通过,2012年2月21日江苏省人民政府令第79号发布,自5月1日起实施 …… (441)
浙江省基础测绘管理办法
浙江省人民政府第100次常务会议审议通过,2012年12月17日浙江省人民政府令第308号公布,自2013年3月1日起施行 …… (445)
甘肃省基础测绘管理办法

2012 年 3 月 29 日甘肃省人民政府第 103 次常务会议讨论通过，2012 年 4 月 6 日甘肃省人民政府令第 89 号公布，自 2012 年 5 月 1 日起施行 …………（448）

公 告

国家测绘地理信息局公告 …………（450）
省级测绘地理信息公告 …………（462）

大 事 记

一 月 …………（465）
二 月 …………（466）
三 月 …………（467）
四 月 …………（468）
五 月 …………（470）
六 月 …………（471）
七 月 …………（472）
八 月 …………（473）
九 月 …………（475）
十 月 …………（476）
十一月 …………（477）
十二月 …………（479）

统计资料

一、综合 …………（482）
表 1 2012 年测绘服务总值 …………（482）
表 2 2012 年年末从业人员 …………（483）
表 3 2005–2012 年测绘资质单位数量、从业人员和服务总值 …………（484）
表 4 2005–2012 年测绘地理信息系统服务总值和从业人员 …………（486）
表 5 1974–2012 年测绘地理信息系统测绘成果提供 …………（488）
表 6 1974–2012 年测绘地理信息系统地图图书出版 …………（489）
二、测绘资质单位 …………（490）
表 7 2012 年按类别分单位数量和服务总值 …………（490）
表 8 2012 年按地区分单位数量和服务总值 …………（491）

表 9 2012 年按类别分测绘从业人员 …… (492)
表 10 2012 年按地区分测绘从业人员 …… (493)
表 11 2012 年按类别分主要仪器设备 …… (494)
表 12 2012 年按地区分主要仪器设备 …… (496)
三、测绘地理信息系统单位 …… (498)
（一）测绘服务总值 …… (498)
表 13 2012 年测绘服务总值和劳动生产率 …… (498)
（二）生产 …… (499)
表 14 2012 年测绘基准建设 …… (499)
表 15 2012 年航空航天遥感资料获取 …… (500)
表 16 2012 年地理信息数据生产 …… (501)
表 17 2012 年地图编制 …… (505)
表 18 2012 年界线测绘和工程测量 …… (506)
表 19 2012 年地理信息系统开发 …… (507)
（三）地图图书出版和地图审核 …… (508)
表 20 2012 年地图图书出版 …… (508)
表 21 2012 年地图审核 …… (510)
（四）科技 …… (511)
表 22 2012 年测绘地理信息系统科技研究 …… (511)
表 23 2012 年直属单位科技研究 …… (512)
表 24 2012 年科技成果 …… (513)
（五）人力资源 …… (514)
表 25 2012 年直属单位人员 …… (514)
表 26 2012 年地方单位人员 …… (516)
表 27 2012 年直属单位从业人员增减变动 …… (518)
表 28 2012 年地方单位从业人员增减变动 …… (519)
表 29 2012 年直属单位年末从业人员分类 …… (520)
表 30 2012 年地方单位年末从业人员分类 …… (521)
（六）专业人才 …… (522)
表 31 2012 年测绘地理信息系统专业技术人员 …… (522)
表 32 2012 年直属单位专业技术人员 …… (523)
表 33 2012 年西部地区专业技术人员 …… (524)
表 34 2012 年测绘地理信息系统专家 …… (525)
表 35 2012 年直属单位专家 …… (526)
表 36 2012 年西部地区专家 …… (527)
（七）测绘成果管理与应用 …… (528)
表 37 2012 年按类别分地形图、专题地图、地图集和电子地图提供 …… (528)
表 38 2012 年按地区分地形图、专题地图、地图集和电子地图提供 …… (529)
表 39 2012 年按类别分数字测绘成果提供 …… (530)
表 40 2012 年按地区分数字测绘成果提供 …… (532)
表 41 2012 年按类别分测绘基准成果、航摄成果和卫星遥感资料提供 …… (534)
表 42 2012 年按地区分测绘基准成果、航摄成果和卫星遥感资料提供 …… (535)
表 43 2012 年测绘成果汇交 …… (536)

表 44 2012 年测绘成果共享协议签订情况 …………………………………………………………（537）
（八）固定资产 ………………………………………………………………………………………（538）
表 45 2012 年主要固定资产投资 ……………………………………………………………………（538）
表 46 2012 年主要设备数量 …………………………………………………………………………（539）
表 47 2012 年各单位主要设备数量 …………………………………………………………………（540）
（九）国际交流与合作 ………………………………………………………………………………（543）
表 48 2012 年国际交流与合作 ………………………………………………………………………（543）
（十）教育培训 ………………………………………………………………………………………（544）
表 49 2012 年教育培训 ………………………………………………………………………………（544）
（十一）立法执法 ……………………………………………………………………………………（545）
表 50 2012 年测绘法规 ………………………………………………………………………………（545）
表 51 2012 年测绘行政执法 …………………………………………………………………………（546）

附 录

全国测绘地理信息系统领导干部名录 ………………………………………………………………（547）
国家测绘地理信息局机关司级以上干部名录 …………………………………………………………（547）
国家测绘地理信息局直属单位、挂靠单位领导班子成员名录 ………………………………………（548）
各省、自治区、直辖市、计划单列市测绘地理信息行政主管部门及有关测绘地理信息单位，新疆生产建设兵团测绘地理信息主管部门领导班子成员名录 ………………………………………（551）
测绘地理信息人物名录 ……………………………………………………………………………（558）
全国人大代表 …………………………………………………………………………………………（558）
全国政协委员 …………………………………………………………………………………………（558）
院士 ……………………………………………………………………………………………………（559）
国家测绘地理信息局直属单位享受政府特殊津贴人员（1990 年 ~2012 年） ……………………（559）
“新世纪百千万人才工程”国家级人选 ………………………………………………………………（559）
海外高层次人才引进计划人选 ………………………………………………………………………（560）
国家测绘地理信息局科技领军人才 …………………………………………………………………（560）
全国新闻出版行业领军人才 …………………………………………………………………………（560）
国家测绘地理信息局青年学术和技术带头人名单（2011 年 ~ 2013 年） …………………………（560）
先进集体和先进个人名录 …………………………………………………………………………（560）
全国五一劳动奖章 ……………………………………………………………………………………（560）
全国工人先锋号 ………………………………………………………………………………………（561）
全国青年岗位能手 ……………………………………………………………………………………（561）
全国省级测绘地理信息行政主管部门贯彻落实科学发展观 2012 年度测绘地理信息工作考评受表彰单位 ……………………………………………………………………………………………（561）
第四届全国测绘地理信息技术能手 …………………………………………………………………（562）
测绘地理信息系统首批国家示范职业技能鉴定所（站） ……………………………………………（562）
军队测绘导航部队先进集体和先进个人名单 ………………………………………………………（563）

军队院校育才奖 …………（564）
国家 1:5 万基础地理信息数据库更新工程先进集体和先进个人 …………（564）
国家西部 1:5 万地形图空白区测图工程先进集体和先进个人 …………（568）
资源三号测绘卫星工程研制先进个人 …………（571）
测绘地理信息系统优秀行政处罚案卷（件）名单 …………（572）
国家测绘地理信息局直属机关创先争优先进基层党组织 …………（575）
国家测绘地理信息局直属机关创先争优优秀共产党员 …………（576）
第一届国家测绘地理信息局直属机关杰出青年名单 …………（577）
第一届国家测绘地理信息局直属机关优秀青年名单 …………（577）
“强支部建设、促科学发展”优秀活动 …………（577）
“强支部建设、促科学发展”展示活动 …………（578）
国家测绘地理信息局 2012 年度“五型机关”创建活动先进集体和先进个人 …………（578）
测绘地理信息文化精品奖 …………（579）
“测绘地理信息文化精品”优秀组织奖 …………（579）
全国测绘地理信息系统第二届“天地图杯”羽毛球比赛获奖名单 …………（580）
全国测绘地理信息系统首届桥牌比赛获奖名单 …………（580）
其他获省部级表彰的先进集体和先进个人 …………（580）
科技奖励名单 …………（581）
国家科技奖励 …………（581）
2012 年中国测绘学会测绘科技进步奖 …………（582）
2012 年中国测绘学会优秀测绘工程奖 …………（594）
2012 年中国测绘学会优秀地图作品裴秀奖 …………（601）
2012 年中国地理信息科技进步奖 …………（603）
2012 年中国地理信息产业优秀工程奖 …………（605）
2012 年卫星导航定位科技进步奖 …………（616）
2012 年卫星导航定位优秀工程和产品奖 …………（617）
其他省部级科技获奖项目 …………（618）
甲级测绘资质单位名录 …………（619）

索引 …………（630）

Contents

Summary ………… (1)

Highlights

Important Directions ………… (5)

Instructions by Vice Premier Li Keqiang on Surveying, Mapping and Geoinformation Work ………… (5)

Important Documents ………… (5)

Circular on Printing and Distributing Documents of National Conference of Surveying, Mapping and Geoinformation ………… (5)

Circular on Strengthening Construction of Anti-corruption Mechanism ………… (20)

Circular on Studying and Carrying out the Instructions of Hu Jintao, the Secretary General of CCP at the Seminar of Provincial (Ministry) level Officials ………… (22)

Circular on Studying and Carrying out the Spirit the Eighteen's National Congress of the CPC by NASG ………… (23)

Circular on Printing and Distributing Detailed Measures Undertook by CPC NASG Leading Party Group to Study and Carry out An Eight-point Code to Cut Bureaucracy and Maintain Close Ties with the People (27)

Circular on Speeding up the Construction and Promotion of Digital City Project ………… (28)

Circular on Implementing Pilot Project of Spatial-Temporal Information Cloud Platform for Smart City (30)

Circular on Improving Emergency Response of Surveying, Mapping and Geoinformation ………… (32)

Circular on Strengthening the Works of Construction and Application of Map World (Tianditu) ………… (33)

Leader's Speeches ………… (35)

Speech by Lu Yongxiang, Vice Chairman of the Standing Committee of the National People's Congress, at the Forum on the Tenth Anniversary of Revision of Surveying and Mapping Law of the People's Republic of China ………… (35)

Speech by Xu Shaoshi, Minister of Land and Resources at the Forum on the Tenth Anniversary of Revision of Surveying and Mapping Law of the People's Republic of China ………… (36)

Speech by Xu Deming, Director General of NASG at the National Working Conference on the Development of Party Conduct and Clean Government of Surveying, Mapping and Geoinformation Sector ………… (38)

Speech by Xu Deming, Director General of NASG at the First Anniversary Forum on Vice Premier Li Keqiang Visiting China Surveying and Mapping Innovation Base and Renaming SBSM to NASG ………… (41)

Solidarity and Collaboration, Elaborate Planning, Promoting Safety Management of Surveying, Mapping and Geoinformation

Speech by Xu Deming, Director General of NASG at the National Video Teleconference on Confidential

Check of Surveying and Mapping Results …… (46)
Seizing Opportunities, Giving full play of All Efforts, Constructing a Powerful Country in Surveying, Mapping and Geoinformation
Speech by Xu Deming, Director General of NASG at the Forum on Surveying, Mapping and Geoinformation Development …… (48)
Speech by Xu Deming, Director General of NASG at the Forum on the Tenth Anniversary of Revision of Surveying and Mapping Law of the People's Republic of China …… (50)
Speech by Xu Deming, Director General of NASG at the Agreement Signing Ceremony on Geospatial Information Management Capacity Development in China and other Developing Countries Between Chinese Government and the United Nations …… (53)
Speech by Xu Deming, Director General of NASG at the Theory–discussing Meeting of CPC NASG (54)
Speech by Gan Cangchun, Deputy Director Generl, Legal Affairs Office of the State Council at the Forum on the Tenth Anniversary of Revision of Surveying and Mapping Law of the People's Republic of China …… (62)
Speech by Wang Chunfeng, Deputy Director General of NASG at the Kick–off Meeting on Revision of National Medium and Long–term Plan for Basic Surveying and Mapping …… (64)
Promoting Sustainable Development of Surveying and Mapping Satellites, Constructing Powerful Country in Surveying, Mapping and Geoinformation
Answers to Questions of Journalists by Wang Chunfeng, Deputy Director General of NASG on Satellite on–orbit and Ready for Application …… (66)
Training Young Officials, Enhancing Industry Development
Speech by Wang Chunfeng, Deputy Director General of NASG at Training Course of Theories for NASG Young Officials …… (69)
Promoting Digital Province Geospatial Framework Construction, Enhancing Service Capacity of Surveying, Mapping and Geoinformation
Speech by Li Weisen, Deputy Director General of NASG at the National Working Conference on Digital Province Geospatial Framework Construction …… (71)
Speech by Li Weisen, Deputy Director General of NASG at the Meeting and Technical Training Course on Launching of the Pilot Project of National Geographic Conditions Survey …… (75)
Opening up New Prospects of Publicizing Work, Promoting New development of Industry
Speech by Song Chaozhi, Deputy Director General of NASG at the National Working Conference on Surveying, Mapping and Geoinformation Publicizing …… (79)
Speech by Song Chaozhi, Deputy Director General of NASG at the Forum on Law–enforcement of Surveying, Mapping and Geoinformation …… (82)
Speech by Min Yiren, Deputy Director General of NASG at the Forum on Geoinformation and Maps, Surveying and Mapping Results Management …… (85)
Speech by Min Yiren, Deputy Director General of NASG at the Training Course on Management of Confidential Surveying and Mapping Results and Symposium on Relevant Policy …… (88)
Speeding up Mechanism Construction of Corruption Punishment and Prevention, Providing Strong Support for Scientific Development of Surveying, Mapping and Geoinformation Industry
Report by Zhang Rongjiu, Member of the CPC NASG Leading Party Group and Director of the Discipline Group of NASG at the Working Conference on Building of Fine Party Culture, Clean an d Honest Government …… (91)

Speech by Zhang Rongjiu, Member of the CPC NASG Leading Party Group and Director of the Discipline Group of NASG at the Training Course on Internal Auditing Within NASG Sub–institutions …… (96)
Speech by Li Pengde, Deputy Director General of NASG at the Forum on Construction of Information–based Surveying and Mapping …… (97)
Major Meeting …… (101)
Working Conference of Military Surveying, Mapping and Navigation 2012 …… (101)
National Working Conference of Surveying, Mapping and Geoinformation Publicity …… (101)
National Working Conference of Surveying, Mapping and Geoinformation Sector on the Development of Party Conduct and Clean Government …… (101)
Opening Ceremony of the Activity of Nations Territory Consciousness Propaganda Education Entering into School, Community and Media …… (102)
Symposium of One Year Anniversary of Vice–Premier Li keqiang Inspecting China Surveying and Mapping Innovation Base and Rename SBM to NASG …… (102)
Hangzhou Forum on United Nations Global Geospatial information Management …… (102)
Symposium of Surveying, Mapping and Geoinformation Universities …… (103)
National Videophone Conference on Summary and Celebration the Examination on Secret–Keeping of Surveying and Mapping Results …… (103)
National Symposium of Surveying, Mapping and Geoimformation …… (103)
Development Forum of Surveying, Mapping and Geoimforamtion …… (104)
Symposium on the 10th Anniversary of Revision of Surveying and Mapping Law of the People's Republic of China …… (104)
National Working Conference of Digital Province Geospatial Framework Construction …… (105)
Theory Discussing Meeting of NASG Leading Party Members'Group …… (105)
Coordination Meeting 2013 of Military Surveying, Mapping and Navigation …… (105)
National Conference of Director Generals of Surveying, Mapping and Geoinformation …… (106)
Major Events …… (106)
Successful Launch of ZY–3 Satellite …… (106)
Mainland China Tectonic Environment Monitoring Network Passed National Acceptance …… (106)
The Dynamic Update of the Data Base for National Geo–Information Infrastructure for the "Twelfth Five–Year Plan"Officially Started …… (107)
Signing Tripartite Arrangement in National Administration of Surveying, Mapping and Geoinformation of China, United Nations Statistics Division and Zhejiang Provincial Government …… (107)
Cleaning Specification of National Administration of Surveying, Mapping and Geoinforamtion Sub–institutions …… (107)
Signing Ceremony of the Cooperation Agreement on Geospatial Information Management Capacity Development in China and the United Nations …… (107)
Publish the First Map of Sansha, Hainan, China …… (108)
NASG Leading Party Group Carry out and Implementation the CPC Central Committee Eight–Point Requirement …… (108)
Development of Digital Cities …… (108)
Development of Map World (Tianditu) …… (108)
Monitoring of National Geographic Conditions …… (108)

Development of Geoinformation Industry (109)
Progress of Key Surveying and Mapping Projects (109)
Major S&T Surveying, Mapping and Geoinformation Projects Go Smoothly (109)
The Project of Scientific and Technological Leading Talent of NASG Go Smoothly (109)
Publicity the Brilliant Achievements of Surveying, Mapping and Geoinformation Undertaking of China Since the 17th National People's Congress by NASG (109)

Comprehensive Work

Key Work (111)
Construction of Digital City (111)
Construction of Map World (Tianditu) (111)
National Geographic Conditions Monitoring and Analysis (112)
Geoinformation Industry (113)
Laws and Regulations (113)
Policy Research (113)
Legislation Work (114)
Administration According to Law (115)
Law Enforcement (115)
Legal System Publicity (116)
Planning (117)
Basic Surveying and Mapping (117)
Investment (117)
Basic Surveying and Mapping Project (118)
Management of Surveying and Mapping Datum (119)
Acquisition of Basic Arial Photogrammetry and Satellite Imagery (119)
Production Safety (120)
Marine Charting (120)
Boundary Surveying and Mapping (121)
Satellite Surveying and Mapping (121)
Quality Control and Metrology (123)
Quality Control and Inspection of Surveying and Mapping Results (123)
Check and Acceptance of Results of Key Projects (123)
Qualification Certification of Surveying and Mapping Metrologist (123)
Research on Quality Control (123)
Periodical of Quality Control (124)
Market Supervision (124)
Management of Surveying and Mapping Qualifications (124)
Management of Surveying and Mapping Market (124)
Management of Map and Map Public Service (125)
Management of Map Compilation (125)

Map Examination ······ (125)
Supervision and Management of Internet Map ······ (125)
Supervision and Management of Map Market ······ (126)
Map Public Service ······ (126)
Promotion and Education of National Territory Consciousness ······ (127)
Management of Results ······ (127)
Results Collection and Archive Construction ······ (127)
Provision and Application of Results ······ (128)
Management of Confidential Surveying and Mapping Results ······ (128)
Protection of Surveying and Mapping Markers ······ (129)
Cooperation and Co-construction ······ (129)
Service and Application of Surveying, Mapping and Geoinformation ······ (129)
Application and Promotion of Results ······ (129)
Support services ······ (130)
Emergency Response Management and Service ······ (130)
Scientific and Technological Work ······ (131)
Development of Scientific and Technological Innovation System ······ (131)
Scientific and Technological Projects ······ (131)
Scientific and Technological Results ······ (133)
Rewards of Science and Technology ······ (134)
Scientific and Technological Equipment ······ (134)
Standardization of Surveying, Mapping and Geoinformation ······ (135)
Research of Standardization ······ (135)
Revision of National Standards ······ (135)
Revision of Industrial Standards ······ (135)
International Standardization ······ (135)
Publicity and Implementation of Standards ······ (136)
Standardization Work of the Department of Military Surveying, Mapping and Navigation ······ (136)
Management of Financial Affairs ······ (136)
Development of Financial System ······ (136)
Budget and Final Accounts Management ······ (136)
Financial Supervision ······ (137)
Financial Assurance and Management ······ (137)
Administrative System and Team Development ······ (137)
Organizational Setting-up ······ (137)
Reform of Institutional Organizations ······ (138)
Cultivation of Talented Personnel ······ (138)
Management of Retired Staff ······ (140)
Management of the Professional Qualifications ······ (140)
International Cooperation and Exchange ······ (141)
Management of Foreign Affairs ······ (141)
Implementation of Going Global Strategy ······ (142)
Bilateral Cooperation ······ (142)

Multilateral Cooperation …… (142)
Government Affairs and Information …… (143)
Handling of Suggestions and Proposals …… (143)
Management of Secretarial and Archive Work …… (143)
Information Distribution …… (143)
Confidential Work …… (143)
Stability Maintaining work …… (144)
E-Government Development …… (144)
Publicity Work …… (144)
Management of Publicity …… (144)
Special Subject Coverage …… (145)
Press and Publication …… (147)
Map Publishing …… (147)
Newspapers and periodicals published …… (148)
Statistical Work …… (149)
Development of Mechanism …… (149)
Development of Informatization …… (149)
Educational Training …… (149)
Information Service …… (150)
Investigation and Research …… (150)
Education of Surveying, Mapping and Geoinforamtion …… (150)
Development of Education System …… (150)
Guidance of Education …… (150)
Wuhan University …… (150)
Zhengzhou School for Surveying and Mapping …… (152)
Training for Military Surveying,Mapping and Navigation …… (153)
Construction of spiritual civilization …… (153)
Party Building …… (153)
Development of Party Conduct and Clean Government …… (154)
Ideological Work …… (155)
Culture Development …… (155)
Academic Associations …… (155)
Chinese Society for Geodesy Photometry and Cartography …… (155)
China Association for Geographic Information Service …… (157)
GNSS&LBS Association of China …… (159)
International Society for Photogrammetry and Remote Sensing (ISPRS) …… (160)

Local Work

Beijing Municipality …… (161)
Tianjin Municipality …… (165)

Hebei Province ······ (168)
Shanxi Province ······ (176)
Inner Mongolia Autonomous Region ······ (182)
Liaoning Province ······ (184)
Jilin Province ······ (188)
Heilongjiang Province ······ (196)
Shanghai Municipality ······ (201)
Jiangsu Province ······ (206)
Zhejiang Province ······ (212)
Anhui Province ······ (217)
Fujian Province ······ (220)
Jiangxi Province ······ (226)
Shandong Province ······ (229)
Henan Province ······ (236)
Hubei Province ······ (243)
Hunan Province ······ (249)
Guangdong Province ······ (253)
Guangxi Zhuang Autonomous Region ······ (257)
Hainan Province ······ (263)
Chongqing Municipality ······ (268)
Sichuan Province ······ (274)
Guizhou Province ······ (279)
Yunnan Province ······ (283)
Tibet Autonomous Region ······ (287)
Shaanxi Province ······ (290)
Gansu Province ······ (295)
Qinghai Province ······ (299)
Ningxia Hui Autonomous Region ······ (305)
Xinjiang Uygur Autonomous Region ······ (308)
Xinjiang Production Construction Corps ······ (314)
Qingdao City ······ (316)
Dalian City ······ (318)
Ningbo City ······ (321)
Shenzhen City ······ (325)
Xiamen City ······ (328)

Work of Entities

Beijing Municipality ······ (333)
Tianjin Municipality ······ (334)
Hebei Province ······ (339)

Shanxi Province ······ (346)
Liaoning Province ······ (348)
Jilin Province ······ (351)
Heilongjiang Province ······ (354)
Jiangsu Province ······ (360)
Zhejiang Province ······ (364)
Fujian Province ······ (367)
Jiangxi Province ······ (367)
Shandong Province ······ (371)
Henan Provice ······ (374)
Hubei Province ······ (376)
Guangdong Province ······ (379)
Guangxi Zhuang Autonomous Region ······ (382)
Hainan Province ······ (386)
Chongqing Municipality ······ (388)
Sichuan Province ······ (390)
Guizhou Province ······ (395)
Yunnan Province ······ (396)
Tibet Autonomous Region ······ (398)
Shaanxi Province ······ (398)
Gansu Province ······ (403)
Qinghai Province ······ (404)
Ningxia Hui Autonomous Region ······ (406)
Xinjiang Uygur Autonomous Region ······ (407)

Laws and Regulations

Major Normative Documents ······ (412)

Circular on Printing and Issuing the Interim Measures for Management of Credit Information of Surveying, Mapping and Geoinformation Market
GUO CE GUAN FA〔2012〕8, Feb. 9, 2012 ······ (412)

Circular on Printing and Issuing the Provisions on Progress Management of Implementing Fiscal Budget of Surveying, Mapping and Geoinformation organizations
GUO CE CAI FA〔2012〕7, Mar. 26, 2012 ······ (415)

Circular on Printing and Issuing the Proposals on Enhancing Administration and Law Enforcement in Surveying, Mapping and Geoinformation Sector
GUO CE FA FA〔2012〕4, Apr. 20, 2012 ······ (417)

Circular on Strengthening Management of Confidential Surveying, Mapping and Geographic Information
GUO CE CHENG FA〔2012〕11, May 14, 2012 ······ (419)

Circular on Further Strengthening Unified Supervision and Management of Map, Navigation and

positioning Products
GUO CE TU FA 〔2012〕1, Jun. 12, 2012 …… (421)
Circular on Printing and Issuing Standards on Credit Evaluation of Surveying, Mapping and Geoinformation Market (Trial)
CE BAN 〔2012〕53, Jun. 26, 2012 …… (423)
Circular on Further Strengthening Supervision and Management of Internet Map Service
GUO TU XUAN JIAO GUAN 〔2012〕6, Sep. 28, 2012 …… (427)
Circular on Printing and Issuing Detailed Rules on Management of Governmental Procurement of
NASG GUO CE CAI FA 〔2012〕33, oct. 31, 2012 …… (428)
Circular on Printing and Issuing Working Mechanism of Supervision and Cooperation of Surveying, Mapping and Geoinformation Market
GUO CE FA FA 〔2012〕9, Nov. 22, 2012 …… (431)
Circular on Printing and Issuing Detailed Rule on Management of Class 2 Professional and Technical Positions in NASG Sub-institutions(Trial)
GUO CE REN FA 〔2012〕79, Nov. 22, 2012 …… (432)
Catalogue of Normative Documents …… (434)
Comprehensive …… (434)
Market Supervision and Law Enforcement …… (435)
Organization Structure and Personnel Management …… (435)
Planning and Finance …… (435)
Basic Surveying and Mapping …… (436)
Surveying and Mapping Results Management and Geoinformation Service …… (436)
Science, Technology and International Cooperation …… (436)
Party Building …… (436)
Local Regulations, Rules and Normative Documents …… (437)
Regulations of Tianjin on Management of Surveying and Mapping Results
Adopted at the 92nd Executive Meeting of the Municipal Government on Aug.7, 2012, Promulgated by Decree No. 55 of the Municipal Government on Aug. 15, 2012, Effective as of Oct. 1, 2012 …… (437)
Regulations of Helongjiang Province on Management of Basic Surveying and Mapping
Adopted at the 82nd Executive Meeting of the Provincial Government on Dec.12, 2012, Promulgated by Decree No. 3 of the Provincial Government on Dec. 23, 2012, Effective as of Feb. 1, 2013 …… (438)
Regulations of Jiangsu Province on Management of Surveying, Mapping and Geoinformation Results
Adopted at the 85th Executive Meeting of the Provincial Government on Feb.16, 2012, Promulgated by Decree No. 79 of the Provincial Government on Feb. 21, 2012, Effective as of May 1, 2012 …… (441)
Regulations of Zhejiang Province on Management of Basic Surveying and Mapping Adopted at the 100th Executive Meeting of the Provincial Government in Dec., 2012, Promulgated by Decree No. 308 of the Provincial Government on Dec. 17, 2012, Effective as of Mar. 1, 2013 …… (445)
Regulations of Gansu Province on Management of Basic Surveying and Mapping
Adopted at the 103rd Executive Meeting of the Provincial Government on Mar. 29, 2012, Promulgated by Decree No. 89 of the Provincial Government on Apr.6, 2012, Effective as of May 1, 2012 …… (448)

Announcements

Announcement of National Administration of Surveying, Mapping and Geoinformation ·············· (450)
Announcements of Provincial Administrations of Surveying, Mapping and Geoinformation ········ (462)

Memorabilia

January ······ (465)
February ······ (466)
March ······ (467)
April ······ (468)
May ······ (470)
June ······ (471)
July ······ (472)
August ······ (473)
September ······ (475)
October ······ (476)
November ······ (477)
December ······ (479)

Statistics

Ⅰ. General ······ (482)
Table 1 Total Value of Surveying and Mapping Service in 2012 ······ (482)
Table 2 Employees by End of Year in 2012 ······ (483)
Table 3 Numbers, Employees and Total Service Value of the Organizations with Surveying and Mapping Qualifications 2005–2012 ······ (484)
Table 4 Total Service Value and Employees of Surveying, Mapping and Geoinformation Sector 2005–2012 (486)
Table 5 Surveying and Mapping Results Provided by Surveying, Mapping and Geoinformation Sector 1974–2012 ······ (488)
Table 6 Publication of Maps and Books of Surveying, Mapping and Geoinformation Sector 1974–2012 (489)
Ⅱ. Organizations with Surveying and Mapping Qualifications ······ (490)
Table 7 Number of Entities and Total Service Value by Category in 2012 ······ (490)

Table 8 Number of Entities and Total Service Value by Region in 2012 ······ (491)
Table 9 Surveying and Mapping Employees by Category in 2012 ······ (492)
Table 10 Surveying and Mapping Employees by Region in 2012 ······ (493)
Table 11 Major Equipment by Category in 2012 ······ (494)
Table 12 Major Equipment by Region in 2012 ······ (496)
Ⅲ. Organizations of Surveying, Mapping and Geoinformation Sector ······ (498)
(Ⅰ) Total Value of Surveying and Mapping Service ······ (498)
Table 13 Total Value of Surveying and Mapping Services and Productivity in 2012 ······ (498)
(Ⅱ) Production ······ (499)
Table 14 Development of Surveying and Mapping Data in 2012 ······ (499)
Table 15 Acquisition of Space and Arial Remote Sensing Imagery in 2012 ······ (500)
Table 16 Production of Geographic Information data in 2012 ······ (501)
Table 17 Map Compilation in 2012 ······ (505)
Table 18 Boundary Survey and Engineering Survey in 2012 ······ (506)
Table 19 Development of GIS in 2012 ······ (507)
(Ⅲ) Publication of Maps and Books and Verification of Maps ······ (508)
Table 20 Publication of Maps and Books in 2012 ······ (508)
Table 21 Verification of Maps in 2012 ······ (510)
(Ⅳ) Science and Technology ······ (511)
Table 22 Scientific Research of Surveying, Mapping and Geoinformation Sector in 2012 ······ (511)
Table 23 Scientific Research of NASG Sub Institutions in 2012 ······ (512)
Table 34 Scientific Results in 2012 ······ (513)
(Ⅴ) Human Resources and Payments ······ (514)
Table 25 Staff of NASG Sub Institutions in 2012 ······ (514)
Table 26 Staff of the Local Organizations in 2012 ······ (516)
Table 27 Changes of the Employees of NASG Sub Institutions in 2012 ······ (518)
Table 28 Changes of the Employees of Local Organizations in 2012 ······ (519)
Table 29 Categories of the Employees of NASG Sub Institutions by End of Year in 2012 ······ (520)
Table 30 Categories of the Employees of Local Organizations by End of Year in 2012 ······ (521)
(Ⅵ) Professional Talents ······ (522)
Table 31 Professional and Technical Staff of Surveying, Mapping and Geoinformation Sector in 2012 ··· (522)
Table 32 Professional and Technical Staff of the Sub Institutions in 2012 ······ (523)
Table 33 Professional and Technical Staff in the Western Areas in 2012 ······ (524)
Table 34 Experts of Surveying, Mapping and Geoinformation Sector in 2012 ······ (525)
Table 35 Experts of the Sub Institutions in 2012 ······ (526)
Table 36 Experts in the Western Areas in 2012 ······ (527)
(Ⅶ) Management and Applications of Surveying and Mapping Results ······ (528)
Table 37 Provision of Topographic Maps, Thematic Maps, Atlases and Digital Maps by Category in 2012 ······ (528)
Table 38 Provision of Topographic Maps, Thematic Maps, Atlases and Digital Maps by Region in 2012 ······ (529)
Table 39 Provision of Digital Surveying and Mapping Results by Category in 2012 ······ (530)

Table 40 Provision of Digital Surveying and Mapping Results by Region in 2012 (532)
Table 41 Provision of Surveying and Mapping Data Results, Arial Photography Results, and Satellite Remote Sensing Materials by Category in 2012 (534)
Table 42 Provision of Surveying and Mapping Data Results, Arial Photography Results, and Satellite Remote Sensing Materials by Region in 2012 (535)
Table 43 Submission of Surveying and Mapping Results in 2012 (536)
Table 44 Agreements on Surveying and Mapping Results Sharing in 2012 (537)
(Ⅷ) Fixed Assets (538)
Table 45 Major Fixed Assets Investment in 2012 (538)
Table 46 Amount of Major Equipment in 2012 (539)
Table 47 Amount of Major Equipment of the Organizations in 2012 (540)
(Ⅸ) International Cooperation and Exchange (543)
Table 48 International Cooperation and Exchange in 2012 (543)
(Ⅹ) Education and Training (544)
Table 49 Education and Training in 2012 (544)
(Ⅺ) Legislation and Law Enforcement (545)
Table 50 Surveying and Mapping Regulations in 2012 (545)
Table 51 Surveying and Mapping Administrative Enforcement in 2012 (546)

Appendixes

List of Leaders of National Surveying, Mapping and Geoinformation Sector (547)
List of Leaders at or above Departmental/Bureau Level in NASG Headquarters (547)
List of Leaders of NASG Sub-institutions (548)
List of Leaders of Administration Departments and Major Institutions of Surveying, Mapping and Geoinformation of Provinces, Autonomous Regions, Municipalities, Cities specifically Designated in the State Plan, and Xinjiang Production and Construction Corps (551)
List of Elites in Surveying, Mapping and Geoinformation Sector (558)
Deputies to the National People's Congress (558)
Members of the National Committee of Chinese People's Political Consultative Conference (558)
Academicians (559)
Person Enjoying Special Government Allowance Grantees of NASG Sub Institutions (559)
Person Selected for the Hundred, Thousand, and Ten Thousand Talents Project (559)
Person Selected for the Introduction Plan of High Level Talent from Overseas (560)
Leading Scientific and Technical Talents of NASG (560)
Leading Talents of Press Sector in China (560)
List of Young Academic Leaders of NASG (560)
List of Excellent Units and Individuals (560)
National May 1st Labor Medal (560)
National Pioneering Worker (561)
National Outstanding Youth (561)

Excellent Units of Administrative Departments at Provincial Level in Implementing the Scientific Outlook on Development to Promote Development of Surveying, Mapping and Geoinformation Work in 2012 ··· (561)
The 4th National Technical Experts of Surveying, Mapping and Geoinformation ··· (562)
The 1st National Demonstrating Branch of Proficiency Appraisal in Surveying, Mapping and Geoinformation Sector ··· (562)
Advanced Units and Individuals from PLA Surveying, Mapping and Navigation Units ··· (563)
Incubation Award of Military Universities and Colleges ··· (564)
Advanced Units and Individuals of National 1:50,000 Basic Geoinformation Database Updation Project ··· (564)
Advanced Units and Individuals of National 1:50,000 Geographical Mapping Project in Unmapped Area ··· (568)
Advanced Individuals in ZY-3 Satellite Research Work ··· (571)
List of Excellent File of Administrative Punishment in Surveying, Mapping and Geoinformation Sector ··· (572)
List of Advanced Basic Party Organizations of NASG and its Sub-institutions in Striving for the Best Activities ··· (575)
List of Advanced CCPC Member of NASG and its Sub-institutions in Striving for the Best Activities (576)
List of the 1st Outstanding Youth of NASG and its Sub-institutions ··· (577)
List of the 1st Excellent Youth of NASG and its Sub-institutions ··· (577)
Excellent Activities of Enhancing Basic Party Organization Construction, Promoting Scientific Development ··· (577)
Displaying Activities of Enhancing Basic Party Organization Construction, Promoting Scientific Development ··· (578)
2012 Advanced Units and Individuals of NASG in Creating Effective and Innovative Government Activities ··· (578)
Award of Great Cultural Pieces of Surveying, Mapping and Geoinformation ··· (579)
Outstanding Organizing Award of Great Cultural Pieces of Surveying, Mapping and Geoinformation (579)
List of "Tianditu" Award Winners of the Second National Badminton Competition of Surveying, Mapping and Geoinformation Sector ··· (580)
List of Winners of the 1st Competition of Bridge Game ··· (580)
Advanced Units and Individuals Commended by Other Provinces and Ministries ··· (580)
List of Science and Technology Awards Winners ··· (581)
Science and Technology Award Winners at National Level ··· (581)
Winners of 2012 Scientific and Technological Advancement Award for Surveying and Mapping by Chinese Society of Geodesy, Photogrammetry and Cartography ··· (582)
Winners of 2012 Excellent Project Award by Chinese Society of Geodesy, Photogrammetry and Cartography ··· (594)
Winners of 2012 Excellent Maps Peixiu Award by Chinese Society of Geodesy, Photogrammetry and Cartography ··· (601)
Winners of 2012 Scientific and Technological Advancement Award of Geoinformation ··· (603)
Winners of 2012 Excellent GIS Project Award ··· (605)
Winners of 2012 Scientific and Technological Advancement Award of Satellite Navigation and Positioning ··· (616)

Winners of 2012 Excellent Satellite Navigation and Positioning Project ······························· (617)
Scientific and Technological Advancement Awards Commended by Other Provinces and Ministries (618)
List of Units with Class-A Qualification for Surveying and Mapping ····················· (619)

Index ··· (630)

综　述

2012年，测绘地理信息事业在取得“十一五”规划圆满收官、“十二五”规划开局良好的基础上，再创新业绩，取得新成就。1月9日，我国首颗测绘卫星资源三号在太原卫星发射中心成功发射，实现我国自主高分辨率民用测绘卫星“零的突破”。1月18日，中共中央党校教学基地在中国测绘创新基地正式挂牌。6月26日，国家现代测绘基准体系基础设施建设一期工程启动暨出测仪式在北京举行。7月30日，资源三号测绘卫星由研制单位中国航天科技集团正式交付主用户国家测绘地理信息局，投入运行使用。9月，国家地理信息科技产业园被科技部正式认定为“北京国家地理信息高新技术产业化基地”。11月19日，国家测绘地理信息局代表中国政府与联合国签署地理信息管理能力开发合作协议。11月27日，地理国情监测项目普查试点启动会在北京举行，地理国情监测工程正式拉开序幕。12月，中共中央政治局常委、国务院副总理李克强对测绘地理信息工作作出重要批示：“2012年，测绘地理信息系统广大干部职工坚持服务大局、服务社会、服务民生，进一步解放思想、奋发进取，各项工作取得了显著成绩。希望大家深入贯彻落实党的十八大和中央经济工作会议精神，在新的一年里，以‘强基础、提能力’为主线，以‘提质量、增效益’为中心，继续加强地理国情监测，切实强化测绘地理信息监管，不断推进地理信息产业发展，为全面建成小康社会作出应有贡献。”

三大平台作用突出显现

全国新建地级市数字城市102个，截至2012年底，开展数字城市建设的地级市累计达311个，其中158个已经建成并在60多个领域得到应用，建立专题系统2000多个。新启动100多个数字县域建设和3个智慧城市建设试点。在数字城市建设中，中央财政投入约4亿元，地方投入约60亿元，节省财政资金100多亿元，间接拉动服务产值300亿元。数字省区蓬勃发展，海南、湖北、江西等15个数字省区建设顺利推进。

“天地图”数据现势性增强，地名地址数据总量已超过2100万条；新增南海诸岛部分岛屿名称注记、全球范围地形晕渲图等；建立资源三号卫星影像数据应用于“天地图”的长效机制，发布了钓鱼岛、赤尾屿及其附属岛屿的遥感影像、标准名称注记及领海基线。服务功能逐步完善，已链入中央政府门户网站，上海、江苏、山东等29个省级节点和黑河等22个市级节点接入主节点，克拉玛依、长沙数据中心建设积极推进；“天地图”手机地图全部上线，“天地图”移动API（安卓）V1.0测试版正式发布，“天地图”英文版、有线电视版等开发已启动。各类公益性、商业化应用不断涌现，全国超过1000个，中央电视台常态化使用“天地图”展示新闻位置，并应用于《东方时空》、《远方的家》等栏目；基于“天地图”研制的“自然灾害基本情况发布系统”已部署在民政部门户网站，全年共发布了12期全国范围内的自然灾害信息。

地理国情监测项目立项，近三年中央财政先期投资11亿元，项目总体设计通过专家论证，7个地理国情监测试点项目竣工并通过验收，全国地理国情监测工作正式启动。四川测绘地理信息局开展四川汶川地震核心灾区地理国情监测项目，发布《2012年四川省地理省情公报》；陕西测绘地理信息局发布了《陕西基本地理省情白皮书》和《陕西基本地理省情蓝皮书》。

地理信息产业迅猛发展

地理信息产业发展的政策环境不断优化。国家测绘地理信息局组织起草国务院《关于促进地理信息产业发展的意见（送审稿）》及辅导读本初稿等，为该意见的出台奠定了基础。浙江省政府出台《关于促进地理信息产业加快发展的意见》，浙江省测绘与地理信息局和省发改委联合发布《浙江省地理信息产业发展“十二五”规划》。江西省政府印发实施《江西省地理信息服务体系建设“十二五”规划》。陕西省政府办公厅下发《关于加快发展高技术服务业的实施意见》，将测绘地理信息产业列为陕西省重点支持加快发展的高技术服务业。

国家地理信息科技产业园被科技部认定为“北京国家地理信息高新技术产业化基地”，一期工程竣工面积135万平方米，12月20日正式投入使用；二期工程建设奠基启动，产业园进入实质性运转阶段。浙江、广东、广西等10个省（区）加快建设区域性地理信息产业园区，产业集群发展模式和新兴产业高地逐步形成。

全国270多所高等院校开设地理信息相关专业，毕业生就业情况良好。地理信息产业总产值继续保持高速增长态势，截至2012年底，已有12家地理信息企业在境内外上市，50多家企业筹措上市，龙头企业初见端倪。

基础测绘建设成效喜人

2012年，测绘地理信息系统完成卫星定位连续运行基准站建设884座，观测9192点，水准观测32946点、130983千米，重力测量21点，似大地水准面精化143.95万平方千米；完成航空摄影157.63万平方千米，卫星影像获取13891.23万平方千米。海岛（礁）测绘一期工程完成海岛识别定位和海岛测图等全部外业工作，海岛（礁）基础地理信息数据库建设全面展开。国家现代测绘基准体系基础设施一期工程正式实施，2000国家大地坐标系稳步推广应用，南海测绘基地建设启动。国家1:5万、1:25万基础地理信息数据库全面更新。安徽等20个省（区、市）新农村建设测绘保障服务示范项目全面完成。全国测绘成果质量监督检查工作完成，全行业质量意识显著增强。国家有关部门、地方各级党委政府对测绘地理信息发展重视程度明显提高，支持力度不断加大。中央财政“十二五”期间支持新疆、新疆生产建设兵团及四川、云南、甘肃、青海四省藏区基础测绘发展4.98亿元，支持西藏1亿元；四川省投入6.85亿元加快“十二五”基础测绘发展；江西省政府投入1.56亿元用于加强省级地理信息公共服务能力建设，内容包括省测绘地理信息创新基地建设、测绘高新技术装备建设等七大重点项目；陕西省政府投入1亿元实施秦岭地区1:1万地形图空白区测图专项工程；内蒙古自治区安排基础测绘项目资金1亿元。基础测绘经费投入的增加，有力促进了这些地区基础测绘建设速度和质量的提升。

统一监管力度大幅提升

测绘地理信息管理体制建设扎实推进，截至2012年底，全国已有21个省级测绘局相继更名，管理职能进一步强化。国家测绘地理信息局启动《全国基础测绘中长期规划纲要》修编工作，完成《全国基础测绘“十二五”规划》任务分解。《中华人民共和国测绘法》修订、《中华人民共和国地图管理条例》立法工作稳步推进，辽宁、甘肃、河南、天津、河北、福建、四川等地政府出台了有关基础测绘管理、测绘航空摄影管理、测绘成果管理、地图管理、测绘市场管理的法规政策。召开《中华人民共和国测绘法》修订十周年座谈会，举办测绘地理信息法治建设成就展。

进一步加强测绘成果与地理信息安全监管，深化“问题地图”专项治理，部署各地重点开展对涉及地图的教辅、旅游、引进版图书以及地球仪的专项治理，检查书店500多家，发现“问题地图”200多种，发出整改通知150多份。全国涉密测绘成果保密检查活动成效明显，共有17769家单位按要求开展自查，组织现场抽查7325家，责令落实整改1605家。查处严重违法及失泄密案件42件，涉案人员91人，对直接责任人、责任部门及负有领导责任的人员依法依纪追究了责任。开展测绘资质审查认证工作，全国应参加复审换证单位11347家，实际参加11292家，通过注册10241家。全年测绘地理信息系统共收到地图审核申请6471件，受理6269件，批准5371件。至年底，全国测绘资质单位共13261家，其中，甲级745家、乙级2193家、丙级4346家、丁级5977家。

联合中宣部、外交部等12部门开展国家版图意识宣传教育“进学校、进社区、进媒体”活动，组织编制《国家版图知识读本》，截至11月底，全国国家版图意识宣传教育进学校4698个，进社区2247个，进媒体86个，发放国家版图宣传材料16万多份。联合12部门举办“祖国在心中——全国国家版图知识竞赛”和“中图杯——全国少儿手绘地图大赛”，110多万人参赛，收到作品1.3万多件，比赛期间共发送短信470万条，国家测绘地理信息局网站点击量达到1.1亿次，有力推动了国家版图知识的普及。

创新驱动能力显著增强

资源三号测绘卫星成功发射并交付使用，累计接收数据225TB，其中我国区域覆盖面积1250万平方千米，全球区域覆盖面积5450万平方千米，开启了我国自主卫星测绘的新时代。启动实施“测绘装备国产化及应用示范”等7个国家级重大科技计划项目，“中华人民共和国国家大地图集编研”等3个项目经科技部批准立项。以我国为主提出的“地理信息影像与格网数据的内容模型及编码规则”国际标准获得国际标准项目立项，实现了我国在地理信息领域主导国际标准建设“零的突破”。新发布13项国家标准、18项行业标准。2012年，测绘地理信息系统完成成果194项，成果登记64项，已应用成果160项；发表论文1426篇，出版科技著作9部，专利申请受理53项，获得专利授权21项。全国测绘地理信息系统参与科研项目819项，其中新开项目500项；完成项目432项，其中新开项目216项；参与科研项目的人员4024人，其中客座人员258人。

技术装备能力进一步提升，至2012年底，9套国家地理信息应急监测系统和100多套无人飞机航摄系统投入业务化运行。国家基础地理信息中心新增130台套大型设备，科学计算能力、数据库管理能力、在线智能备份能力和运行维护能力大幅提升。受国务院委托，国家测绘地理信息局代表中国政府与联合国签署信托基金协议，我国成为首个通过联合国主导推动发展中国家在地理信息领域提高管理开发能力的国家。举办联合国全球地理信息管理德清论坛，多位测绘地理信息专家在国际相关组织担任要职，测绘地理信息“走出去”迈出坚实步伐。

公益服务作用全面彰显

测绘地理信息相关部门积极为矿产资源开发、环境监测保护、农林水利等领域及重大工程项目建设提供服务。国家测绘地理信息局年内累计提供地形图8346幅、地理信息数据约38TB。测绘地理信息系统年内累计提供地形图34.25万张，“4D”成果122.28万幅、数据量约61.29TB，航摄成果372.74万平方千米，基准成果26.05万点，专题地图17.13万张，地图集18291册，电子地图约0.34TB。向国务院电子政务办公室、国土资源部等10多家部门赠送了新版1:5万基础地理信息数据成果。北京、辽宁、新疆、云南、吉林等地测绘地理信息部门积极为特大暴雨、暴雪、地震、泥石流、山林火灾等应急救灾及灾后重建提供保障，得到当地政府和有关部门高度评价。为中央电视台“走基层——寻找最美乡村教师”等大型公益活动提供地理信息支撑。组织研发的“多灾种风险地图信息系统”获得国际气象专家的肯定。

国家测绘地理信息局组织编制了系列领导工作用图，为中共中央办公厅、国务院办公厅、外交部、公安部、国务院扶贫开发领导小组办公室等部门提供大量工作用图，各地测绘地理信息部门积极为地方党委政府管理决策提供用图服务。完成“南海地图研究”和“钓鱼岛地图研究”，印制《南海地图研究（公开版）》和《南海地图选编》，出版《中华人民共和国钓鱼岛及其附属岛屿》地图，宣示了我国对南海诸岛、钓鱼岛拥有无可争辩的主权。2012年底，全国测绘地理信息系统出版地图、图书3685种，总印数12156万幅/册。

人才队伍建设日益加强

国家测绘地理信息局着力打造产学研用联合发展平台，召开院士座谈会和高校座谈会，与中国工程院联合举办测绘地理信息发展论坛，与河南省人民政府签署共建郑州测绘学校协议。在全国范围内遴选第二批8名测绘地理信息科技领军人才。继续实施青年学术和技术带头人、卓越工程师培养计划等一系列人才培养工程。推进专业技术和高技能人才队伍的发展壮大，2012年末，全国测绘地理信息系统共有院士2

人，享受政府特殊津贴专家 204 人，有突出贡献专家 21 人，百千万人才工程专家 23 人，省部级专家 97 人；全国测绘地理信息系统从业人员 25839 人，其中，专业技术人员 16663 人；测绘资质单位从业人员 30.5 万人，其中，专业技术人员 20.01 万人。

积极促进测绘地理信息国际化人才培养，与美国乔治梅森大学签署人才培养合作协议。强化各级领导班子建设，加大年轻干部培养选拔力度。2012 年度全国注册测绘师资格考试圆满完成，截至 2012 年底，注册测绘师总人数达 6231 人。2012 年，各级测绘地理信息行政主管部门共组织各类教育培训 5676 次，测绘地理信息系统从业人员参加各类培训 61733 人次。测绘地理信息社团组织快速成长，作用不断彰显。

文化建设异彩纷呈

国家测绘地理信息局组织开展喜迎十八大系列主题宣传活动，组织出版了《科学发展 测绘先行》《科学发展 跨越前进》2 本图书，举办大型图片展览，组织干部职工采取多种形式认真学习贯彻十八大精神，坚定永远跟党走的信念。深化学习型党组织和“五型机关”创建活动，以基层组织建设年为载体，开展创先争优表彰总结活动，推动创先争优常态化、长效化。深入开展廉政风险点排查，加强防控机制建设。国家测绘地理信息局与中央电视台签订了摄制大型专题片《地图传奇》的协议，该片已投入拍摄。加强工青妇组织建设，开展多种文体活动，评出首批测绘地理信息文化精品。中国测绘创新基地正式成为中央党校教学基地，“地图见证历史”被中国科学技术协会评选为优秀特色科普活动，测绘地理信息文化日益繁荣。

特　载

重要批示

国务院副总理李克强关于测绘地理信息工作的重要批示

2012 年 12 月 21 日

2012 年，测绘地理信息系统广大干部职工坚持服务大局、服务社会、服务民生，进一步解放思想、奋发进取，各项工作取得了显著成绩。希望大家深入贯彻落实党的十八大和中央经济工作会议精神，在新的一年里，以“强基础、提能力”为主线，以“提质量、增效益”为中心，继续加强地理国情监测，切实强化测绘地理信息监管，不断推进地理信息产业发展，为全面建成小康社会作出应有贡献。

重要文献

关于印发全国测绘地理信息局长会议文件的通知

国测办发〔2012〕11 号　2012 年 12 月 28 日

各省、自治区、直辖市、计划单列市测绘地理信息行政主管部门，新疆生产建设兵团测绘地理信息主管部门，局所属各单位，机关各司局：

2012 年 12 月 24 日 ~ 25 日，全国测绘地理信息局长会议在京召开。会前，中共中央政治局常委、国务院副总理李克强对测绘地理信息工作作出重要批示。国土资源部部长、党组书记、国家土地总督察徐绍史出席会议并作重要讲话，国土资源部党组副书记、副部长、国家土地副总督察、国家测绘地理信息局党组书记、局长徐德明在会议结束前作重要讲话，国家测绘地理信息局党组副书记、副局长王春峰受徐德明同志委托作工作报告，国家测绘地理信息局党组成员、副局长李维森同志对会议进行了总结。

现将徐绍史部长重要讲话、徐德明局长重要讲话、王春峰副局长工作报告和李维森副局长总结讲话印发给你们，请结合学习贯彻落实党的十八大和中央经济工作会议精神，认真学习、深刻领会、精心组织、狠抓落实，扎实做好2013年的各项工作。

在全国测绘地理信息局长会议上的讲话

国土资源部部长、党组书记 国家土地总督察 徐绍史

（2012年12月24日，根据录音整理）

各位代表，各位来宾，同志们，朋友们：

大家上午好！很高兴参加今年的全国测绘地理信息局长会议。这是党的十八大后，全国测绘地理信息系统召开的第一次工作会议，具有特殊的意义。首先，我代表国土资源部党组，向会议的召开表示祝贺！同时向当选的测绘地理信息科技领军人才和受到表彰的先进集体、先进工作者表示热烈的祝贺！

会前，我认真读了王春峰同志将代表局党组作的工作报告，内容非常全面，也非常客观，特别是对形势的把握和分析比较深入，对明年和今后一个时期的工作部署比较周密，我都赞成。2012年，在国家测绘地理信息局党组的带领下，在全国测绘地理信息广大干部职工的共同努力下，测绘地理信息工作取得了新的优异成绩，迈上一个新的台阶。借这个机会，向全体会议代表并通过你们向全国测绘地理信息系统的广大干部职工表示祝贺，表示感谢！

党的十八大确定了“两个百年”的奋斗目标：一是在中国共产党成立一百年时全面建成小康社会，二是在新中国成立一百年时建成富强民主文明和谐的社会主义现代化国家，这“两个百年”的目标非常宏伟，鼓舞人心。同时，又确定了到2020年要实现国内生产总值和城乡居民人均收入比2010年翻一番的目标，大家简称叫“倍增计划”。概括起来，“两个百年”加上“倍增计划”，描绘了中华民族伟大复兴的宏伟蓝图。十八大报告还提出了新型工业化、信息化、城镇化和农业现代化“四化”建设同步发展，经济建设、政治建设、文化建设、社会建设、生态文明建设五位一体的总体布局以及优化国土空间开发格局、建设美丽中国的明确要求。通过学习十八大报告，我们对十八大精神有了深刻理解，我觉得最核心的内容有五个方面：一是坚持走中国特色社会主义道路，二是努力推进经济社会发展，三是加快转变经济发展方式，四是进一步解放思想、改革创新，五是要提高党建工作的科学化水平。我们要把握住这些明确要求和核心内容，把学习贯彻十八大精神作为当前和今后一个时期的首要政治任务，抓好落实。刚才，德明同志宣读了李克强副总理的重要批示，克强副总理一直非常重视测绘地理信息工作，这一次批示也充分肯定了2012年测绘地理信息工作取得的成绩，对测绘地理信息工作提出了新的更高要求，进一步指明了方向。我们要把贯彻十八大精神和学习克强副总理重要批示精神结合起来，落实到实际工作中。党的十八大对测绘地理信息工作既有直接的明确要求，又有间接的深层次要求，贯彻落实十八大精神需要把握好这两方面要求，具体要思考以下五个方面。

一是十八大报告提出“四化”同步发展，增加了信息化。十八大之前是工业化、城镇化、农业现代化三化同步推进，十八大报告新提出了信息化。测绘地理信息系统要深入思考如何发挥部门独特优势，发挥测绘地理信息的作用，努力促进信息化，助推“四化”同步发展，这是一个大课题。二是十八大报告提出要实施创新驱动发展战略。测绘地理信息本身就是一个技术密集型、一定程度上也是资金密集型的产业。要深入思考如何提升科技创新能力，促进地理信息产业做大做强，支撑测绘地理信息事业持续发展。三是十八大报告提出要优化国土空间开发格局。测绘地理信息系统要积极思考如何应用测绘地理信息技术，深化对地理空间的监测分析，为优化国土空间布局提供综合性的服务。四是十八大报告提出要解放思想、深化改革。在行政体制改革、经济体制改革等方面，

测绘地理信息系统要考虑如何积极参与，主动推进。五是十八大报告提出要提高党建工作科学化水平。测绘地理信息系统要认真思考怎样转变作风，如何更加有效地推动党风廉政建设，保持党的先进性、纯洁性，增强政府的公信力，等等。总体上看，不管是直接的明确要求，还是间接的深层次要求，都为测绘地理信息事业的改革发展带来巨大的空间和重大的发展机遇。

希望同志们在这次会议期间，实事求是地梳理总结今年以及近几年工作所取得的成绩和经验，进一步巩固拓展。同时要根据十八大提出的新要求和新任务，高起点地谋划好明年和今后一段时期的测绘地理信息工作。具体我再提五条建议：

（一）承前启后、继往开来，谋求测绘地理信息事业又好又快发展。近年来，在国家测绘地理信息局党组领导下，全系统广大干部职工共同努力，抢抓机遇，实现突破，跨越发展。一是，2008 年新“三定”方案印发之后，强化了地理信息获取与应用、安全监管和监测以及社会化服务等职能，大大推动了工作的进步和事业的发展。二是，2009 年抓住金融危机这个机遇，化危机为机遇，快速落成了中国测绘创新基地。国家测绘地理信息局旧貌换新颜，测绘地理信息系统的同志们非常感慨，对于工作的推进、队伍的凝聚都起到了积极的作用。三是，2010 年与北京市政府签订了协议，在顺义建立国家地理信息科技产业园，实现当年签协议，当年奠基动土，当年开工建设。四是，2011 年李克强副总理亲临中国测绘创新基地视察指导工作，发表了重要讲话，作出了明确指示；同年，国家测绘局又更名为国家测绘地理信息局，从更高的层次上谋划测绘地理信息事业的蓬勃发展。根据克强副总理指示精神，测绘地理信息部门广泛开展国际交流合作，中国测绘地理信息事业在国际上的影响也越来越大。地方各级政府也越来越重视测绘地理信息工作，已有 21 个省级测绘地理信息机构相继更名，有的还升了格，推进事业发展的外部环境越来越好。五是，2012 年十八大召开之后，国家测绘地理信息局党组通过初步学习，及时提出了“构建智慧中国、监测地理国情、壮大地信产业、建设测绘强国”的发展战略。下一步，要在这些成绩的基础上，采取有力措施，把报告中提出的直接明确的和间接深层次的要求，转化为测绘地理信息事业发展的新思路和新举措，在科学发展中把握方向，在总体布局中找准定位，加强薄弱环节，加快推动测绘地理信息事业发展。

（二）地理信息产业快速发展，要持续予以推进。国家地理信息科技产业园，通过短短的两年时间，已经完成一期工程 135 万平方米建设，二期建设也已经奠基开工，入驻园区的企业已签约 40 多家。各地产业园也呈高速增长的态势，在国家和地方形成了地理信息产业集聚发展的高地。全国有 12 家企业已经上市，50 多家企业正在筹措上市，预计今年地理信息产业的总产值可以达 2000 亿，增速 30% 左右，发展速度非常快，并且还带动了相关产业发展。下一步，要根据十八大精神，加快编制国家地理信息产业发展规划，形成有力的政策引导，特别是要在地理信息产业领域内营造一个公平竞争的市场环境，国企也好、民企也好，共同发展、共同来壮大地理信息产业，助推结构调整优化乃至“四化”的发展。

（三）科技创新驱动势头良好，要持续予以推进。近年来，测绘地理信息系统有一大批科技成果转化应用，重大的科研项目陆续立项，先进的技术装备逐步交付使用，促进了科技创新不断有新的突破。下一步，要巩固住这个良好的发展势头，按照十八大提出的实施创新驱动发展战略，瞄准测绘地理信息领域国际发展前沿，鼓励技术创新、品牌创新、组织创新、模式创新，切实提高创新驱动能力，更好地服务创新型国家建设。如今，我们面临着非常繁重的转变发展方式的任务，怎么才能实现科学发展？就是要逐步地从“要素驱动”、“投资驱动”发展到“创新驱动”，以科技创新引领和推动事业的发展。

（四）测绘地理信息服务范围扩大，要持续拓展深化。这些年，数字城市牛鼻子工程建设迅速扩大，天地图天字号工程改版升级，并已链接到中央政府门户网站，地理国情监测阳光工程已经启动，这些都是重大进展。在此基础上，要按照十八大的精神，加快数字城市建设，并努力向智慧城市推进；尽早启动天地图政务版建设，拓展高精度地理信息覆盖范围；加强地理国情监测，使地理信息服务的范围和层次不断地扩展、深化。

（五）要深化改革，转变作风。这些年，我们在深化改革、转变作风方面不断取得新的进展。要以此为基础，按照十八大的要求，继续坚持解放思想、改革创新，这是责任、是担当、更是使命。要最大限度地形成解放思想、改革创新的共识，全面深化改革，努力转变管理理念、管理职能、管理方式。要响应中央的号召和要求，切实转变工作作风，求真务实，真干实干，推动测绘地理信息事业大发展。与此同时，还要继续加强基础测绘建设，夯实测绘地理信息事业发展的基础。

国土资源部和国家测绘地理信息局一直有良好的沟通和良好的互动关系，一直相互理解，相互支持，相互帮助。我相信十八大之后，这种关系将会进一步地巩固和发展，部里将一如既往地支持测绘地理信息事业的发展。

元旦、春节很快就要到来，借这个机会，我也代表国土资源部党组，向全国测绘地理信息系统的广大干部职工，致以节日的良好祝愿。谢谢大家！

在全国测绘地理信息局长会议结束时的讲话

国土资源部党组副书记、副部长，国家土地副总督察，
国家测绘地理信息局党组书记、局长徐德明

（2012 年 12 月 25 日，根据录音整理）

这次全国测绘地理信息局长会议就要结束了。两天来，我们围绕认真学习贯彻落实十八大和中央经济工作会议精神，按照中央部署，结合测绘地理信息工作实际，开展了深入的谋划思考。会上我们认真学习传达了李克强副总理的重要批示，批示明确了测绘地理信息工作在新形势下新的定位，对测绘地理信息工作提出了新的要求，使我们方向更加明确，对这次会议具有极强的指导作用。徐绍史部长代表部党组亲临会议并作重要讲话，充分肯定了我们的成绩，同时结合学习十八大精神，对测绘地理信息工作贯彻落实十八大精神提出了五个方面的思考，对我们进一步做好工作提出了五点明确要求。会议还表彰了先进，宣传了典型，弘扬了正气。王春峰同志代表局党组作了一个很简要、很全面、很系统的工作报告，受到与会代表的一致好评。

今天上午，八个单位从不同的侧面介绍了各自的工作经验和取得的成绩，达到了互相交流、共同促进、共同提高的目的。刚才八位同志也代表各组汇报了分组讨论情况，对我们今后的工作提出了一些很好的建议，值得我们认真思考。维森同志作了一个很好的会议总结，对会议进行了高度概括和评价，对讨论中提出的问题，作了很好的回答，对于会议精神的贯彻落实，也提出了很好的要求。下面，我结合大家讨论提出的问题，就进一步做好会议贯彻落实工作，再讲五点建议。

一、关于加强学习问题

深入学习宣传贯彻党的十八大精神是当前和今后一个时期的首要政治任务。我们要通过学习贯彻十八大精神，进一步统一思想、凝聚力量、振奋精神，更好地为实现明年开好局奠定坚实的基础。如何学习贯彻好十八大精神？中央有明确要求，局党组也结合测绘地理信息工作实际印发了《关于认真学习宣传贯彻党的十八大精神的通知》，但是学习贯彻十八大精神，是一个持续深入、持续深化、持续认识的过程。真正把十八大精神实质领会透，更好地转化为推动我们测绘地理信息事业发展的新动力，对我们做好工作至关重要，这就要求我们把思想、认识、行动统一到党的十八大精神上来。首先是要把理论认识统一到坚持走中国特色社会主义道路、坚持中国特色社会主义理论体系、坚持中国特色社会主义制度上来。党的十八大对我们党将举什么旗、走什么路、以什么样的精神状态、朝着什么样的目标继续前进这四个关系党和国家工作全局的重大问题作出了明确回答，统一了全党思想。我们要把思想统一到以毛泽东思想、邓小平理论、“三个代表”重要思想和科学发展观为行动指南上来，十八大明确确定了科学发展观在我们党的指导地位和历史地位，我们要把科学发展观作为长期坚持的指导思想，一以贯之的落实到各项工作当中，来指导我们做好工作。二是要把奋斗目标统一到党的十八大确定的“两个百年”奋斗目标和到 2020 年实现国内生产总值和城乡居民人均收入比 2010 年翻一番的“倍增计划”上来。“两个百年”奋斗目标和“倍增计划”体现我党的坚定自信，对全国各族人民是极大的鼓励，让我们看到了前进的方向，看到了发展的

目标。三是要把事业发展统一到全力服务保障“五位一体”总体布局和“四化”建设同步发展上来，要加快推动测绘地理信息事业科学发展、统筹发展、协调发展。四是要把工作重点统一到转方式、调结构、提质量、增效益上来，只有调整结构，转变发展方式，才能创造事业发展新优势，也只有提高质量，增强效益，才能保证事业发展的后劲。五是要把行动统一到以习近平同志为总书记的党中央的坚强领导上来，要按照中央的决策部署，做好测绘地理信息工作。

明年我们各项工作要以十八大精神为纲领，开好局、起好步。一是要把思想统一到深入贯彻落实李克强副总理重要批示精神上来，按照李克强副总理重要批示，以“强基础、提能力”为主线，以“提质量、增效益”为中心，继续加强地理国情监测，切实强化测绘地理信息监管，不断推进地理信息产业发展。二是要把思想统一到徐绍史部长代表部党组对测绘地理信息工作贯彻十八大精神提出的五方面思考和五项工作要求上来，进一步理清、细化工作目标和工作任务。三是要把思想统一到这次全国测绘地理信息局长会议的精神上来，深刻领会工作报告中对于形势的分析，特别是我们通过学习实践科学发展观，通过几年来工作实践的总结和经验，提炼形成的“八个必须始终坚持”，需要我们在工作中很好把握，要认真领会、把握实质，以此推动测绘地理信息事业不断前进。

二、关于战略目标问题

战略目标是经过我们广泛论证、基于测绘地理信息事业的时代发展需要提出来的，是对测绘地理信息事业发展实践的积累和创造，应当得到广泛宣传并用于指导工作。这次会议我们结合学习贯彻十八大精神，结合测绘地理信息事业发展的新变化、新情况，结合前不久召开的局党组务虚会大家讨论提出的新思想、新思维，对战略目标做了适当调整，提出了“构建智慧中国、监测地理国情、壮大地信产业、建设测绘强国”的战略目标，这24字深入人心，体现了与时俱进的精神。

“智慧”涵盖“数字”，从构建数字中国到智慧中国是一个递进式发展。李克强副总理视察中国测绘创新基地的重要讲话中就已经明确提出要打造智慧中国。国家测绘局更名为国家测绘地理信息局是职能的强化和外延的扩展，十八大提出“四化”同步发展，其中信息化对测绘地理信息工作的信息化程度有了新的更高要求。现在数字城市建设已基本普及，各地正积极向智慧城市建设迈进，有的城市甚至考虑跨过数字城市直接进入智慧城市建设，所以从构建数字中国修改为构建智慧中国是有依据的，是符合与时俱进要求的，体现了时代发展的要求。

我们的产业基于地理信息，将“发展壮大产业”更改为“壮大地信产业”，指向更明确，要求更具体。改前我在微博上发布信息，得到了一些关注测绘地理信息工作的人提出的合理化建议。起初考虑到实力更综合一些，想改为“壮大增强实力”，但同志们提出来产业是实力的基础，没有产业就没有实力，实业兴国，实业兴邦，十八大也提出要重视实体经济发展，对于测绘地理信息事业来说，实体经济的企业就是我们的地理信息企业，所以最终改为“壮大地信产业”。

因此我们将战略目标调整为“构建智慧中国、监测地理国情、壮大地信产业、建设测绘强国”。刚才八位小组召集人的汇报，也都认为这是与时俱进的，是符合时代发展要求的，集中体现了局党组的创新意识、目标意识、前瞻意识。战略目标具有方向性、指导性的特点，目标不能落后，落后了我们起点就低，起点低了我们工作水平也会降低。现在是竞争的时代，突飞猛进的时代，只能是只争朝夕，我讲过不进则退，慢进也退，甚至说快进都不一定能赶上时代发展的步伐，因为测绘地理信息事业的起点比较低。所以这次会议我们确定了一个新的战略目标，对测绘地理信息事业的发展提出了新的要求，得到与会代表的广泛赞同，使得我们的思想更加统一，有利于我们朝着这个目标去努力，使测绘地理信息事业迈向一个新的高度，实现新的跨越。

三、关于加强协调问题

测绘地理信息部门要变强变大，关键靠协调。从党组务虚会到这次会议讨论乃至大会发言，都看到协调两个字对于我们测绘地理信息工作的重要性，善协调、会协调，测绘地理信息事业发展的外部环境就能得到改善。马赟同志到四川时间很短，正因为统筹协调、重在协调，积极争取地方支持，发挥了硬劲、冲劲、闯劲、韧劲，发扬了锲而不舍的精神，解决四川省“十二五”期间基础测绘经费6.85亿，数量之大是出乎意料的，从这里我们看到协调力就是生产力。浙江的各项工作走在全国测绘地理信息系统的前列，核心也在于协调，积极协调领导，争取领导支持。浙江省政府率先出台《关于促进地理信息产业加快发展的意见》，内容好，政策实，对企业的吸引力大，同时在海洋测绘、省地理信息产业园建设、中国—联合国地理信息国际论坛建设和东海测绘基地建设等方面，都得到了省政府的大力支持，这都是浙江局积极协调的结果。浙江测绘地理信息工作的方方面面都很出色，所以在今年的贯彻落实科学发展观考评工作中加授浙江局“杰出单位”称号。辽宁测绘地理信息工作这两年发生了重大改变，将省基础测绘工作融入到国土资源工作中，投入不足的问题得到了根本改善，大力加强协调，新提拔的3个副巡视员都解决了副厅级。江西这几年也发生了突出的变化，办公条件大幅度改善，总体实力大幅度增强，员工们都喜笑颜开，也是得益于协调。因此，测绘地理信息部门的领导，要把精力放在协调上，放在营造事业发展的外部环境上，要把着力点、立足点放在测绘地理信息事业发展的后劲上。测绘地理信息工作关键要“抓领导”，而不是“领导抓”，要学会“抓领导”，从“抓领导”转化成“领导抓”。实践证明，我们不仅仅是抢抓机遇，更重要的是要学会创造机遇，从而赢得机遇。要学会作题材、讲故事，引起重视，取得支持，以此来开辟测绘地理信息事业和谐发展的新天地，赢得测绘地理信息广大干部职工的欢声笑语。所以我们一定要锲而不舍抓好协调，对于协调工作只有加强、加强、再加强，才能使我们从弱变强，从小变大，从无变有，才能展示测绘地理信息工作欣欣向荣的良好局面。

四、关于重点工作问题

春峰同志的报告对明年工作作了全面部署，明确了八个方面的重点工作任务，在这些重点工作之中还包括很多细化的、具体化的工作，工作中我们要抓住重点、抓住关键，确保明年工作圆满完成。中央经济工作会议明确要继续把握好稳中求进的工作总基调，我们要立足全局，突出重点，扎扎实实开好局，扎扎实实开拓创新。这几年来，测绘地理信息系统形成一个好的风气，就是上下一盘棋，上下一股劲，上下握成一个拳头，共同打造我们的“3+1”。有同志提出要再加上体制、再加上法制建设，所以不管怎么说，我们现在是算加法，不算减法，我们的发展势头良好，但是“3+1”（数字城市、天地图、地理国情监测和地理信息产业）三大平台仍然是工作的核心，绝不能放松。春峰同志的工作报告说测绘地理信息工作显示度不高的状况没有根本改变，我们要清醒认识到三大平台的显示度仅仅是初步展现，还没有百花绽放、满园芬芳，仅仅是业内人士对此感到欢欣鼓舞，明白人对此认为方向正确，而外行人对三大平台的认识也只是停留在会用上，没有深刻了解到三大平台的巨大作用。所以三大平台的发展空间、发展领域还受到限制、还没有充分得到社会广泛认知。绍史部长指出，地理信息产业快速发展，要持续予以推进；科技创新驱动，要持续予以推进；测绘地理信息服务范围扩大，要持续予以拓展深化。我们要按照绍史部长要求，加大工作力度，持续推进三大平台建设应用。在推进三大平台建设应用上，要两手抓，两手都要硬，一手抓三大平台建设，不断丰富内容，进一步完善功能，强化改造升级；一手抓宣传推广，要通过各种途径进一步宣传三大平台在经济社会民生上的作用，让各方面了解三大平台、熟悉三大平台，直接去使用三大平台，只有这样我们才能保证很好地推进三大平台的建设应用。

“3+1”的“1”就是地理信息产业发展。中央经济工作会议强调，加快调整产业结构，提高产业整体素质。地理信息产业发展一定要优化结构，合理布局，发展上不能操之过急，要通过市场需求来拉动产业发展。如果发生产能过剩问题，就会导致市场疲软、恶性竞争，进而压缩市场空间，所以我们要量力而行，按照市场的需要，适度超前，不能过度超前；适度建设，不能过度超前建设。中央经济工作会议强调，要重视跟踪分析和把握发展形势的新变化，正确理解和落实好宏观经济政策，因此要准确把握测绘地理信息产业的规模，注重研究分析市场，采取适当紧的措施，不能过度放松，各地也要防止产业园建成空心园，在发展建设“热”的时候，我们一定要保持冷静清醒。

关于体制机制问题。现在地理信息安全监管压力很大，境外窃取我们地理信息数据事件频频发生，手段多种多样，无孔不入，严重危害了我们国家安全和利益。这就要求我们要注重加强体制机制建设，注重加强机构建设，我们的管理机构只能加强，工作不能放松。一年来，全国有21个省级测绘地理信息管理机构更名，很多市县也都在更名挂牌，有的也新成立机构，我们的机构建设一直在不断加强。大家对机构改革担心不是多余的，也确实有经验教训，要通过我们大家自下而上、自上而下的共同努力，来共同推进机构建设。我们要宣传测绘地理信息工作的重要性和存在的必要性，宣传历史发展、时代进步对测绘地理信息工作的必然要求，尤其是要着重宣传地理国情监测在生态文明建设、城镇化建设、美丽中国建设中不可或缺的重要作用和现实要求。我们要在服务大局、服务社会、服务民生中找准结合点，来宣传我们自己，来包装我们自己，来提升我们自己，来营造良好的发展和生存空间。

五、关于改进作风问题

以习近平同志为总书记的新一届中央领导集体，特别注重抓作风建设，采取了一系列举措，出台了中共中央政治局关于改进工作作风密切联系群众的八项规定，而且中央领导率先垂范，身体力行，产生了非常好的社会影响，受到了各界的广泛赞誉。测绘地理信息系统广大干部职工，特别是各级领导干部，必须以高度的政治责任感，严格按照中央要求，在改作风、转文风、树新风上要有新举措，大力营造良好的社会环境，从而端正党风、政风、民风、社风。我们要从以下几个方面着手，把中央的八项规定落实好。

一是会议要减少。要切实改进会风，能不开的尽量不开，要提倡开研讨会、座谈会、解决问题的会，开小会、开专题会、议事定事的会。提高会议实效，开短会、讲短话，力戒空话、套话。会议结束后，各省要结合本地实际认真贯彻落实，国家局领导不再出席各省工作会，这也是转变作风的应有之意。

二是文件要精简。要切实改进文风，能够不发文件的坚决不发，能不以文件形式下发的，也坚决不发文件。发文要严格控制，一定要有针对性、指导性和操作性，不发内容空泛的文、一般号召的文、没有意义的文。今后检查工作不能将发不发文、开不开会、有没有组织作为检查内容。有关文件能用网络传输的，就不用纸质文件，这也是绿色环保、减少浪费。

三是讲话要简短。要按照中央要求不讲空话，不讲套话，也不讲冠冕堂皇的话，要讲短话，讲实话，讲管用的话，讲职工愿意听的话，讲能激发干劲、鼓舞斗志的话，讲能营造和谐、增强团结的话，讲能够促进发展、加快发展的话，把话讲实、讲透、讲明，让人听能听懂、记能记住、工作有遵循。

四是程序要简化。办事程序繁琐，层层请示，层层批示，公文运转程序复杂，浪费时间。政府机关如何体现提高质量，增强效益？简化程序就是提高质量，提高办事效率就是增强效益，所以我们今后在办事程序上也要简化，要层层负责，领导同志要敢于拍板，敢于定夺。请示、汇报事项不要含糊其词、模棱两可、说些永远没有错误的话，杜绝扯皮、推诿、搪塞。不能把程序搞得复杂化，什么都要文字请示、文来文往，总是办对自己有保障的事，什么都不敢担当，不敢做主，当太平官，当老好人。简化程序就一定要敢于担当、敢于负责、敢于表态、敢于拍板，只有这样我们才能少走繁琐的程序，少走弯路，提高机关运行速度，提高办事效率和决策效率。

五是服务要主动。测绘地理信息行政主管部门一定要提高服务质量，我们管理机关的一切，都是围绕着为基层服务的，服务质量是检查机关运行效果的重要标准。所以要狠抓机关作风建设，提高服务质量，提高服务水平，提高服务能力。要把服务放在机关一切工作的首位，对职责范围内的事，不能说不能办，只能说帮着办，只能说主动办。政府机关最大的改革就是提高服务质量，面向基层，面向企业，面向群众。当前，我们面向企业的服务还是不到位，要进一步强化服务意识、落实服务措施。

六是指导要有力。领导就是要统筹全局、驾驭全局、指挥全局、谋划全局，一定要头脑清醒、敢于决策、善于决策。现在有的领导遇事就问下面，问下面对错，都要下面说话，这样的领导也没有存在的必要。要善于集中群众智慧，从而形成“超群智慧”。领导只有善于思考，善于超前谋划，才能在关键时刻、危难之际，作出果断决策、指挥若定。改进作风是全面的，领导意识、领导水平也是作风重要组成部分，而且是很重要的内容。一问三不知，怎么能转变作风？如果首先考虑对个人有没有利益、有没有害，怎么转变作风？所以这也是改进作风的一个重要方面。

七是办事要高效。要快节奏、高效率、高质量，现在办事效率低下，大家最痛恨的就是这个，所以测绘地理信息系统一定要注重提高办事效率，一天办的事争取半天办完。下边来办的事，你不知道的或者不属于你工作职责的，也要主动引导着办，不要推，要真正成为公仆，要体现真心为群众办事。工作效率低下，是不能容忍的，一个事三天办不完，我老说一个事平均三天，三天办不成一件事怎么行？所以我们提出“快干好”的理念，现在大家越体会越深刻，越体会越感到“快干好”的好处、益处。

八是调研要深入。一些调研往往流于形式，前呼后拥，没法深入，没法细致，你问员工挣多少钱，员工看着领导，说少了领导不高兴，说多了没拿到手。所以调研要深入，要轻车简从，要随意、随机、随时，这样我们制定的决策才能有针对性。我现在有微博，大家什么话都能跟我说，互相交流，因为是匿名的，所以能听到真话。调研也是多方面的，这次关于发展战略目标的完善，有的企业领导建议得改一下，体现产业发展，我们就采纳了他的建议。所以调研要深入，这是转变作风、提高领导决策水平的重要内容、重要基础。

九是接待要简朴。大家对这次会议的评价很高，包括不摆花、不打领带、不吃桌餐等，这些东西很重要，细微之处看真谛，转变作风从一点一滴抓起。现在不愁吃不愁喝，见到吃饭都想躲，见到喝酒都发愁。我们也不算什么官，不用搞那么多排场，要做到简朴、简单、简约。要着力简化接待程序，你简单我也轻松，复杂了谁都不方便。

十是用餐要节俭。吃饭上很多菜时间又长也是一种浪费，军队转变作风作出了十条规定，其中就明确要求不喝酒。我们接待宴请也要节俭、节约、节省，要本着实事求是、勤俭节约的原则，以吃了、吃饱为标准，用餐尽量用自助餐，坚决杜绝上高档酒、高档菜肴。吃饭也要随意，去小地方、上小饭店，吃得轻松，更有风味，还能了解风土人情，不是更好吗！

以上十个方面，从会议上、讲话上、调研上、服务上等方面都需要我们细化做好，真正把改进作风、转变文风、树立新风实实在在落到实处，把树新风体现到我们具体行动上，用新风来推动工作，来树立、提升我们整个测绘地理信息队伍的良好形象，从而推动测绘地理信息事业的健康快速发展。

总之，这次会议开得很好，关键是要抓好落实。关于会议精神落实刚才维森同志已提出了全面要求，回去后大家结合本地区、本部门、本单位实际情况，认真谋划抓好落实，保证我们明年的工作再上一个新台阶，为贯彻落实好十八大精神开好局、起好步，做出测绘地理信息系统应有的贡献。

强基础　提能力　促发展　为全面建成小康社会提供有力测绘保障

国家测绘地理信息局党组副书记、副局长　王春峰

（2012年12月24日）

同志们：

本次全国测绘地理信息局长会议的主要任务是：认真学习贯彻党的十八大和中央经济工作会议精神，认真学习贯彻习近平总书记一系列重要讲话精神，进一步深入学习李克强副总理视察中国测绘创新基地时的重要讲话精神和12月21日的重要批示精神，全面总结2012年测绘地理信息工作，分析当前事业发展面临的形势，研究部署2013年重点任务，进一步解放思想，改革创新，求真务实，推动测绘地理信息事业更好更快发展。下面，受德明局长委托，我讲三个方面的意见，供大家讨论。

一、2012年测绘地理信息事业发展取得新成就

一年来，全国测绘地理信息干部职工以科学发展观为指导，紧紧围绕党和国家中心工作，解放思想，改革创新，锐意进取，团结奋斗，测绘地理信息事业在取得“十一五”圆满收官、“十二五”开门红的良好基础上，再创新业绩，取得新成就。

（一）全力推进、边建边用，三大平台作用突出显现

新建地级市数字城市102个，地级市数字城市建设累计达到311个，其中158个数字城市已经建成并在60多个领域得到应用。新启动100多个数字县域建设和3个智慧城市建设试点。在数字城市建设中，中央财政以4亿元左右的投入，带动地方投入约60亿元，节省财政资金超过100亿元，间接拉动服务产值高达300亿元。数字省区蓬勃发展，海南、湖北、江西、黑龙江、天津、宁夏等15个数字省区建设顺利推进、成效显著。天地图数据现势性增强，服务功能完善，成功链入中央政府门户网站，上海、江苏、山东、山西、重庆、湖南、贵州等29个省级节点和黑河等22个市级节点接入主节点，克拉玛依、长沙数据中心建设积极推进，各类公益性、商业化应用不断涌现。地理国情监测项目立项，近三年中央财政先期投资11亿元，项目总体设计通过专家论证，7个地理国情监测试点项目竣工验收，全国地理国情监测工作扬帆起航。

（二）政策引导、园区聚力，地理信息产业迅猛发展

国家地理信息科技产业园被科技部认定为“北京国家地理信息高新技术产业化基地”，一期工程竣工面积135万平方米，本月20日已正式投入使用，二期工程建设奠基启动，产业园进入实质性运转阶段；

浙江、广东、广西等10省（区）正加快建设区域性地理信息产业园区，产业集群发展模式和新兴产业高地正在形成。《国务院关于促进地理信息产业发展的意见》有望近期出台，浙江、陕西、湖北等省政府发布了促进产业发展的相关文件，产业发展的政策环境不断优化。270多所高等院校开设了地理信息相关专业，毕业生就业率位居前列。产业总产值继续保持高速增长态势，已有12家地理信息企业在境内外上市，另有50多家企业正积极筹措上市，龙头企业初见端倪。

（三）项目驱动、各方支持，基础测绘建设成效喜人

海岛（礁）测绘一期工程完成海岛识别定位和海岛测图等全部野外工作，海岛（礁）基础地理信息数据库建设全面展开。国家现代测绘基准体系基础设施一期工程正式实施，2000国家大地坐标系稳步推广应用，南海测绘基地启动建设。国家1:5万、1:25万基础地理信息数据库全面更新。安徽等20省（区、市）新农村建设测绘保障服务示范项目全面完成。全国测绘成果质量监督检查工作结束，全行业质量意识显著增强。地方各级党委政府、国家有关部门对测绘地理信息发展重视程度明显提高，支持力度不断加大，四川省投入6.85亿元加快“十二五”基础测绘发展，江西、陕西、内蒙古等地基础测绘年投入过亿元，中央财政“十二五”期间支持新疆、新疆生产建设兵团及四川、云南、甘肃、青海四省藏区基础测绘发展4.98亿元，支持西藏1亿元，有力促进了这些地区基础测绘建设速度和质量的提升。

（四）统筹协调、管疏并举，统一监管力度大幅提升

测绘地理信息管理体制建设扎实推进，随着国家局更名为国家测绘地理信息局，已有21个省级测绘局相继更名，管理职能进一步强化。启动了《全国基础测绘中长期规划纲要》修编工作，完成了《全国基础测绘“十二五”规划》任务分解。《测绘法》修订、《地图管理条例》立法步伐加快，辽宁、甘肃、河南、天津、河北、福建、四川等地政府出台了有关基础测绘管理、测绘航空摄影管理、测绘成果管理、地图管理、测绘市场管理的法规政策。召开了《测绘法》修订颁布十周年座谈会，举办了测绘地理信息法治建设成就展。联合十二部门开展了国家版图意识宣传教育“进学校、进社区、进媒体”活动，举办了“祖国在心中——全国国家版图知识竞赛”和“中图杯——全国少儿手绘地图大赛”，累计走进学校4689所、社区2247个、媒体86家，发送短信470万条，吸引110多万人参赛，收到作品13000多件，网站点击量突破1.1亿次，有力促进了国家版图意识的普及。进一步加强测绘成果与地理信息安全监管，深化“问题地图”专项治理和测绘成果保密检查活动，有效维护了国家主权、安全和利益。

（五）科技引领、装备支撑，创新驱动能力显著增强

资源三号测绘卫星成功发射并交付使用，累计接收数据225TB，其中我国区域覆盖面积1250万平方千米，全球区域覆盖面积5450万平方千米，开启了我国自主卫星测绘的新时代。启动实施了“测绘装备国产化及应用示范”等七个国家级重大科技计划项目，“中华人民共和国国家大地图集编研”等三个项目经科技部批准立项。以我国为主提出的一项国际标准获批立项，实现了我国在地理信息领域主导国际标准建设零的突破。新发布13项国家标准、18项行业标准。技术装备能力进一步提升，9套国家地理信息应急监测系统和100余套无人飞机航摄系统投入业务化运行。国家基础地理信息中心新增130台套大型设备，科学计算能力、数据库管理能力、在线智能备份能力和运行维护能力大幅提升。受国务院委托，代表我国政府与联合国签署信托基金协议，我国成为通过联合国主导推动发展中国家在地理信息领域提高管理开发能力的首个国家。成功举办了联合国全球地理信息管理德清论坛，多位测绘地理信息专家在国际相关组织担任要职，测绘地理信息“走出去”迈出坚实步伐。

（六）测以致用、主动作为，公益服务作用全面彰显

积极为矿产资源开发、环境监测保护、农林水利及重大工程项目建设等领域提供服务，国家局累计提供地形图8346幅、地理信息数据约38TB。向国务院电子政务办、国土资源部等十余部门赠送了新版1:5万基础地理信息数据成果。编制了系列领导工作用图，为中办、国办、外交部、公安部、扶贫办等部门提供了大量工作用图，积极服务地方党委政府管理决策需要。北京、辽宁、新疆、云南、吉林等地测绘地理信息部门积极为特大暴雨、暴雪、地震、泥石流、山林火灾等应急救灾及灾后重建提供保障，得到当地政府和有关部门高度评价。为央视“走基层——寻找最美乡村教师”大型公益活动提供了地理

信息支撑。《多灾种风险地图信息系统》获得国际气象专家肯定。完成了《南海地图研究》，印制了《南海地图选编》，出版了《中华人民共和国钓鱼岛及其附属岛屿》地图，宣示了我国对南海诸岛、钓鱼岛拥有无可争辩的主权。

（七）创新理念、增强活力，人才队伍建设日益加强

着力打造产学研用联合发展平台，召开了院士座谈会和高校座谈会，与中国工程院联合举办了测绘地理信息发展论坛，与河南省人民政府签署了共建郑州测绘学校协议。在全国范围内遴选了第二批 8 名测绘地理信息科技领军人才，继续实施青年学术和技术带头人、卓越工程师培养计划等一系列人才培养工程，推进了专业技术和高技能人才队伍的发展壮大。积极促进测绘地理信息国际化人才培养，与美国乔治梅森大学签署了人才培养合作协议。强化各级领导班子建设，加大了年轻干部培养选拔力度。2012 年度全国注册测绘师资格考试圆满完成，注册测绘师总人数达 6231 人。测绘地理信息社团组织快速成长，作用不断彰显。

（八）丰富内涵、凝心聚力，测绘文化建设异彩纷呈

开展了喜迎十八大系列主题宣传活动，出版了《科学发展 测绘先行》《科学发展 跨越前进》两本书籍，举办了大型图片展览，组织干部职工采取多种形式认真学习宣传贯彻十八大精神，坚定了永远跟党走的信念。深化学习型党组织和“五型机关”创建活动，以基层组织建设年为载体，开展创先争优表彰总结活动，推动创先争优常态化、长效化。深入开展廉政风险点排查，加强防控机制建设。国家局与中央电视台签订了摄制大型专题片《地图传奇》的协议，该片正在拍摄之中。切实加强工青妇组织建设，开展了丰富多彩的文体活动。中国测绘科技馆成为中央党校教学基地，“地图见证历史”被中国科协评选为优秀特色科普活动，测绘地理信息文化日益繁荣。

回顾近几年的工作，我们一年一个台阶，一步一个脚印，一年一个高度，创造了一个又一个辉煌。李克强副总理亲临中国测绘创新基地视察，国家局名称变更职能强化，中国测绘创新基地圆梦几代测绘人，国家地理信息科技产业园创国际一流水平，资源三号测绘卫星遨游太空，数字城市从“播下种子”到“满园芬芳”，天地图从“速成班”到“提高班”，地理国情监测从“一纸蓝图”到“开工建设”，地理信息产业从“单兵作战”到“集群发展”……中国测绘地理信息正以积极主动的姿态融入国民经济建设的主战场，并在国际测绘地理信息舞台发出“中国声音”，贡献“中国力量”。

成绩的取得，归功于党中央国务院的坚强领导，归功于党和国家领导人的亲切关怀，归功于国土资源部党组的正确指导，归功于有关部门和地方各级党委政府的大力支持，是全国各级测绘地理信息部门开拓创新真抓实干的结果，是广大测绘地理信息干部职工同心同德不懈奋斗的结果。在此，我代表国家测绘地理信息局，向所有关心支持测绘地理信息工作的领导和同志们表示衷心的感谢！向全国广大测绘地理信息干部职工致以崇高的敬意！

看到成绩的同时，我们也清醒地认识到，当前事业发展还存在诸多问题和不足。一是测绘地理信息法制和体制机制建设相对滞后，与地理信息安全监管、地理国情监测等工作的新要求不相适应。二是地理信息产业规模较小，缺乏国际竞争力。三是测绘技术装备水平有待提高，更新不及时，高精尖装备不足。四是自主创新能力和基础研究能力仍需加强，核心技术掌握不足。这些问题和不足，必须认真对待，尽快加以解决。

二、十八大对加快测绘地理信息事业发展提出新要求

十八大描绘了全面建成小康社会、加快推进社会主义现代化、夺取中国特色社会主义新胜利的宏伟蓝图。“五位一体”总体布局、“四化”建设同步发展，振奋人心，催人奋进，也对测绘地理信息事业提出了旺盛需求和更高要求。

（一）优化国土空间开发格局，建设生态文明社会要求测绘地理信息部门提供科学手段

十八大报告把生态文明建设放在更加突出的位置加以强调，明确提出优化国土空间开发格局、全面促进资源节约、加大自然生态系统和环境保护力度、加强生态文明制度建设等重点任务。决策要始于科学，决策要尊重国情。地理国情作为重要的基本国情，能够深入揭示经济社会发展与自然资源环境的内在关系和演变规律，对于促进从地理空间上合理布局人口和经济活动、优化资源配置等意义重大。李克强副总理在视察中国测绘创新基地时强调指出，地理国情是搞好宏观调控、促进可持续发展的重要决策依据。贯彻落实十八大精神，加快生态文明建设，测绘地理信息部门必须充分发挥资源调查、综合分析、监督核

实的作用，加快地理国情监测步伐，把地理国情监测工作更加紧密地融入生态文明建设之中，当好美丽中国建设的支撑者、服务者和监督者。

（二）工业化、信息化、城镇化、农业现代化建设要求测绘地理信息部门提供基础支撑

十八大报告强调坚持走中国特色新型工业化、信息化、城镇化、农业现代化道路。测绘地理信息作为经济社会活动的重要基础，与“四化”建设息息相关。发展地理信息产业就是走“新型工业化”道路的具体举措，对于促进汽车制造、信息、文化等产业的发展意义重大；基础地理信息是“信息化”建设的基础性、战略性信息资源，是集成整合和共享交换各类社会经济和自然资源信息的公共基底；“城镇化”迫切需要地理信息资源支撑合理规划城市群规模和布局，加快数字城市建设以实现城市科学决策、精细管理、高效运行；促进“农业现代化”，优化农业布局，发展精细农业，迫切需要测绘地理信息部门提供基础资料和技术手段。贯彻落实十八大精神，必须把测绘地理信息工作更加紧密地与“四化”建设同步发展相结合，切实发挥好基础先行、服务保障作用，当好排头兵。

（三）实施创新驱动发展战略，加快转变经济发展方式要求测绘地理信息部门主动作为

十八大报告强调要着力增强创新驱动发展新动力。习近平总书记指出，解放和发展社会生产力是中国特色社会主义的根本任务。测绘地理信息工作科技含量高，一直以来，测绘地理信息领域的重大发展进步都源于科学技术的革命。地理信息产业是战略性新兴产业和生产型服务业的重要结合点，具有科技含量高、环境污染少、市场前景广阔、吸纳就业能力较强的特点。准确掌握全球地理信息资源，是发展开放型经济的基础性工作。贯彻落实十八大精神，必须把发展地理信息产业与转变经济发展方式紧密结合，把科技兴测、人才强测与实施创新驱动发展战略紧密结合，把测绘地理信息“走出去”与全面提高开放型经济水平紧密结合，抢占测绘地理信息领域国际竞争制高点。

（四）促进人民群众生活水平提高，加快文化强国建设要求测绘地理信息部门积极担当

十八大报告高度重视保障和改善民生，进一步强调要推动社会主义文化大发展大繁荣。测绘历史源远流长，测绘的水平反映了人类文明进步的水平，地图承载着人类文明发展的历史。着力增强测绘地理信息文化自信自强，让人民群众更加充分地享受到测绘地理信息领域发展改革的成果，是测绘地理信息工作的应有之义。贯彻落实十八大精神，必须把测绘地理信息文化建设融入到社会主义文化大发展大繁荣的大局之中，必须把“快干好”的核心文化作为凝聚力量、推动测绘地理信息事业发展的强大动力，必须始终坚持把提高人民群众物质文化生活水平作为工作的出发点和落脚点，推进测绘地理信息文化繁荣，让测绘地理信息事业发展更加惠及民生。

同志们，建设一个更加繁荣富强的美丽中国，为测绘地理信息事业加快发展带来了空前机遇，提供了广阔空间，测绘地理信息事业步入黄金机遇期。面对取得的巨大成就，我们倍感自豪，面对改革发展进程中的问题挑战，我们更应分外清醒。当前，测绘地理信息工作显示度不高的状况没有根本改变，以传统服务为主的基本模式没有根本改变，高精尖技术受制于人的严峻现实没有根本改变，测绘地理信息强国之路任重道远。时代和历史要求我们以高度的自觉、自信和自强勇挑重担、改革创新、奋发作为、加快发展。

测绘地理信息部门贯彻落实十八大精神，要坚持以邓小平理论、“三个代表”重要思想、科学发展观为指导，瞄准“构建智慧中国、监测地理国情、壮大地信产业、建设测绘强国”的战略方向，把基础做牢，把能力做强，把科技做优，把产业做大，把民生做实，加快推动测绘地理信息事业科学发展，为全面建成小康社会提供坚实有力的服务保障。要做到以下八个“必须始终坚持”：

必须始终坚持解放思想、改革创新。解放思想是发展中国特色社会主义一大法宝。当前，我们的思想观念、法规制度、服务模式、生产力布局等，还没有完全适应社会主义市场经济体制的要求和技术高速发展的需要。必须坚持用世界的眼光、战略的眼光、发展的眼光、辨证的眼光看测绘地理信息，勇于打破思想桎梏，摒弃一切不利于科学发展的思维定式，创新理念、创新制度、创新产品、创新服务，创造性地开展工作。

必须始终坚持抢抓机遇、快干好。“空谈误国，实干兴邦”。“快”是测绘地理信息人的灵魂，要有敏锐的洞察力，早思考、早见事、早谋划、运筹于前，争取主动。“干”是测绘地理信息人的精神，要有一抓到底的执行力，不等、不靠、不要，凡事先干，从干中要机遇，从干中要政策，从干中要支持，从干中要承认。“好”是测绘地理信息人的品质，要有追求卓越的精神和打造品牌的意识，讲究战略战术，强化

统筹协调，坚持以人为本，推动产品和服务做出影响力、做出生命力，不断向好，好上加好。

必须始终坚持敢于负责、勇于担当。经济社会越发展，测绘地理信息越重要，越是强调科学发展，测绘地理信息越有舞台。必须切实增强“业不兴心不安”的责任感和使命感，始终保持一股子冲劲、闯劲、拼劲、韧劲，敢作为、勇担当，言必信、行必果。要有果敢的决断力和敢为人先的意志力，把干事业放在最高处，有利于发展的事，敢于决策，敢闯新路，不观望、不犹疑，不折不扣抓落实，不出实绩不罢休。

必须始终坚持主动服务、超前服务。服务是测绘地理信息发展的生命线，是测绘地理信息工作价值的体现。测绘地理信息工作要真正走向国民经济建设的主战场、更加深入地融入人民群众的工作生活，积极扩大服务范围，丰富服务内容，提升服务质量，通过强有力的服务，赢得职能的拓展、地位的提升和事业的发展进步。

必须始终坚持科学发展、高效发展。科学发展，测绘先行。要实现先行，必须始终坚持发展是硬道理的战略思想，始终坚持“快”字当头，切实增强“不进则退，慢进亦退”的紧迫感，继续保持事业快速发展的良好势头，超前经济社会各领域先行发展。要保持有质量、有效益、可持续的发展速度，在不断转变发展方式、不断优化结构中快速增长。

必须始终坚持按需测绘、效用优先。要进一步强化统筹兼顾、科学布局、集约资源、高效利用。一切工作都要尊重经济规律，从经济社会发展的实际需求出发编制规划、制定计划、设计标准、提供服务。要注重测绘地理信息产品创新和服务创新，积极培育需求、促进消费，通过“需求牵引和服务创新”双重驱动，实现投入的效益最大化，提升事业的发展质量。

必须始终坚持科技驱动、文化引领。技术决定水平，装备决定能力，人才决定未来。必须坚持科技兴测、人才强测，着力加强测绘地理信息科技攻关，强化技术装备能力建设，打造创新创业人才高地，率先建成测绘地理信息科技强国。必须坚持文化兴业、文化立业，着力打造具有行业特色和时代特征的测绘地理信息文化品牌，通过文化的繁荣进步凝聚力量、推动发展。

必须始终坚持团结和谐、艰苦奋斗。团结就是大局、团结就是力量。要千方百计地加强部门间、军地间、政企间的团结与合作，调动一切有利于事业发展的积极因素借力发展。行业内部要讲大局，讲公心，思想上同心同德，目标上同心同向，行动上同心同行，戮力同心抱团发展。要切实转变作风，牢固树立艰苦奋斗、勤俭节约的思想，深入实际、深入基层、深入群众，厉行节约，坚决反对铺张浪费。

三、推动2013年测绘地理信息工作再上新台阶

2013年是全面贯彻落实十八大精神的开局之年，是实施“十二五”规划承前启后的关键一年，是为全面建成小康社会奠定坚实基础的重要一年。2013年测绘地理信息工作的总体思路是：以科学发展观为指导，深入贯彻落实党的十八大精神和中央经济工作会议精神，坚持“服务大局、服务社会、服务民生”的基本宗旨，坚持“构建智慧中国、监测地理国情、壮大地信产业、建设测绘强国”的战略方向，以“强基础、提能力”为主线，以“提质量、增效益”为中心，以改革创新为动力，建好平台推应用，依靠科技促发展，创新服务扩需求，保障安全严监管，快干好上创新高，为全面建成小康社会提供坚实测绘地理信息服务保障。要着力做好以下八个方面的工作：

（一）全面推进数字中国建设和应用，抢占智慧中国建设先机，夯实信息化、城镇化发展地理空间基底

认真组织实施好“十二五”基础测绘规划，加快丰富基础地理信息资源，夯实立业之基。积极推进国家现代测绘基准体系基础设施工程实施和2000国家大地坐标系使用，规范地方相对独立平面坐标系统建设使用，提升国家测绘基准体系的现代化水平。全面完成国家海岛（礁）测绘一期工程建设。大力推进资源三号卫星影像开发应用。认真做好“资源三号后续星”“海岛（礁）测绘二期工程”“国家航空应急测绘体系建设”“现代测绘技术装备建设”等重大项目立项工作。全面铺开数字省区建设，做好省级1:10000基础地理信息数据库的整合升级，并实现与国家级基础地理信息数据库的联动更新。确保全国333个地级市全部启动数字城市建设，累计建成230个数字城市并投入使用，进一步加快县级市的数字城市建设，开展智慧城市时空信息云平台试点，推动城市向集约、智能、绿色、低碳方向发展，加快数字中国向智慧中国迈进。

（二）做好首次全国地理国情普查，强化地理国情监测试点，当好生态文明建设的支撑者、服务者和监督者

建立地理国情监测工作机制，积极争取国务院出台关于开展首次全国地理国情普查工作的文件，推

动地理国情监测工作向制度化、规范化、常态化方向发展。建立适应地理国情监测工作需要的生产组织管理体系和技术体系。做好地理国情监测试点，形成一批高质量、有影响力的试点成果。全面启动首次全国地理国情普查工作，完成对我国陆地国土范围内地表自然和人文地理要素的普查，建成地理国情监测本底数据库，形成揭示经济社会发展和自然资源环境空间分布与内在关系的地理国情普查报告。大力推进地理国情监测成果在生态文明建设中的应用，为加强和改善宏观调控提供科学依据，为构建科学合理的城市格局提供科学工具，积极主动服务支撑美丽中国建设。

（三）加快打造天地图知名品牌，促进地理信息产业蓬勃发展，主动服务稳增长、转方式、调结构

着力完善地理信息产业发展政策，争取国务院出台《关于促进地理信息产业发展的意见》并做好后续宣传贯彻落实工作，编制并印发《国家地理信息产业发展规划》，适度调整测绘地理信息资质准入和政府采购政策。加快打造天地图民族品牌，提升数据现势性和覆盖面，推出云架构版本，开通英文版、三维城市地图、电视版原型系统，完善手机版，开展约10个省级节点云架构试点。举办天地图应用大赛，建立考评激励制度，鼓励支持基于天地图的增值开发，推动地方节点实现政府主导下的市场化运营。加强对全国地理信息产业园建设的统筹协调，发挥区域优势、比较优势，以园聚力，打造龙头企业，促进小微企业快速成长。加强产品创新、品牌创新、产业组织创新、商业模式创新，着力培育一批拉动力强的地理信息产业消费增长点，扩大地理信息产品和服务内需，推动产业保持不低于20%的年增长速度，为稳增长、转方式、调结构、惠民生、促就业贡献力量。

（四）促进地理信息资源共享，强化应急测绘保障，提升测绘地理信息公共服务水平

完善地理信息共享制度，促进测绘成果有效共享与广泛应用，优化全国地理信息资源目录服务系统，加快测绘地理信息业务的信息化建设，分类推进与有关部门的地理信息资源共享合作。深化测绘成果定密研究，开发测绘地理信息公共服务平台产品，启动天地图政务版建设。开展地图公开信息更新与发布工作，提升地图公共服务能力，编制少数民族语言地图、领导工作用图、网上公共服务标准地图等。加强测绘档案管理和测量标志保护。完善测绘地理信息应急保障预案，健全应急联动响应机制，加强应急资源储备，做好突发事件应急测绘地理信息服务保障。积极服务“三农”，为农村规划和基础设施建设、发展现代农业和促进农民增收提供测绘地理信息支撑。

（五）加强科技自主创新和技术装备建设，加快“走出去”步伐，增强创新驱动发展后劲

着力增强创新驱动发展新动力，加强测绘地理信息科技创新体系建设，支持有条件的相关高新技术企业成立研发中心或工程技术中心。加快自主创新成果转化，着力研发高端测绘地理信息技术装备并推广应用，探索建立国家测绘装备创新联盟。促进信息化测绘体系建设，强化关键技术攻关，实施好国家和地方重大科技专项，加大国际科研计划参与力度。发挥好国家地理信息科技产业园的国家地理信息高新技术产业化基地作用。深入推进标准体系建设，做好重大项目建设的标准支撑，加大国际标准化工作力度。加快实施“走出去”战略，落实好与联合国合作的地理信息管理能力开发项目，积极推动资源三号卫星数据走向国际市场，协助推动北斗导航卫星系统的国际化应用，充分利用国际平台扩大中国测绘地理信息的影响力和竞争力。

（六）强化测绘地理信息统一监管，保障地理信息安全，维护国家主权、安全和利益

积极做好《测绘法》修订工作，争取《地图管理条例》早日颁布实施并做好后续宣传贯彻工作。完成《全国基础测绘中长期规划纲要》修编。开展测绘地理信息行政管理体制研究，继续推动地方测绘地理信息管理机构建设。继续开展地理信息市场专项治理、地图导航定位产品专项整治、违规地图清查等专项行动，做好全国测绘地理信息行政执法检查，完善测绘地理信息市场信用体系。加强涉密测绘成果管理，对重点工程项目使用涉密测绘成果情况开展跟踪检查。完善互联网地理信息安全监管系统，提升互联网地图监管技术防范能力。加强安全生产管理、质量监督和计量管理。深入推进国家版图意识宣传教育，维护国家版图完整。

（七）深入推进“人才强测”战略，创新人才培养使用，打造一流测绘地理信息人才队伍

深入实施“人才强测”战略，积极打造过硬的管理人才队伍、顶尖的技术人才队伍、务实的实干人才队伍、和谐的测绘地理信息队伍和廉洁的领导干部队伍。加强领导干部能力建设，加强优秀年轻干部培养选拔。继续组织实施科技领军人才、青年学术和技术带头人等系列人才培养举措。深入推进注册测绘师制度建设，组织好年度全国注册测绘师考试和全国测

绘地理信息行业职业技能大赛。深入开展全国省级部门贯彻落实科学发展观年度工作考评。稳步推进事业单位分类改革、人事制度改革和收入分配制度改革。加强测绘地理信息社团组织建设，发挥其桥梁纽带、行业自律作用，促进抱团发展、规范发展。

（八）加强党的建设和文化建设，大力弘扬测绘精神，提升凝聚力、战斗力和影响力

加强党员干部理想信念教育，深入开展学习贯彻十八大精神活动和学习贯彻新党章活动。深入开展以为民务实清廉为主要内容的党的群众路线教育实践活动，加强基层服务型党组织建设。认真做好纪检监察工作和内审工作，严格落实党风廉政建设责任制，加强反腐倡廉建设。加强精神文明建设，打造测绘地理信息文化精品，与央视合作完成大型纪录片《地图传奇》的拍摄工作。发挥中国测绘科技馆、国家地图文化产业基地等的科普宣传作用，推动测绘博物馆建设。加强测绘地理信息宣传工作，营造良好舆论环境。坚持“快、干、好”的求真务实工作作风，弘扬“热爱祖国、忠诚事业、艰苦奋斗、无私奉献”的测绘精神，激发促进事业发展的内生活力和动力。

同志们，天时地利人精神，实现跨越正当时。让我们紧密地团结在以习近平同志为总书记的党中央周围，牢牢抓住宝贵机遇，团结拼搏、矢志奋斗，推动测绘地理信息事业科学发展，加快建设测绘地理信息强国，为全面建成小康社会做出新的更大贡献！

在全国测绘地理信息局长会议上的总结讲话

国家测绘地理信息局党组成员、副局长 李维森

（2012 年 12 月 25 日）

同志们：

刚才八个组的召集人分别汇报了本组讨论情况，谈了收获体会，特别是提出了很多有价值的意见和建议。大家一致认为会议开得圆满成功，很鼓舞、很振奋、收获很大。根据会议安排，我再对会议作一个简要总结。

一、会议的基本情况

本次局长会是在全系统全行业认真贯彻落实党的十八大和中央经济工作会议精神，测绘地理信息事业面临新任务、新要求的新形势下召开的一次重要会议。会议得到了国务院领导的高度重视，李克强副总理在会前审阅了会议工作报告并作出重要批示，从战略和全局的高度对做好测绘地理信息工作提出明确要求。国土资源部徐绍史部长莅临会议并作重要讲话。浙江局等八个单位作了大会交流发言，全体与会代表围绕克强同志的重要批示、绍史部长的重要讲话和德明局长的要求、春峰副局长的工作报告，就切实做好 2013 年测绘地理信息工作进行了认真热烈的讨论。一会儿，德明局长还要作重要讲话。会议内容丰富，主题突出，衔接紧凑，交流深入，气氛热烈，达到了预期目的，收到了预期效果，取得圆满成功。

与会代表一致认为，这次会议是一次改进会风、转变文风、求真务实的会议，是一次总结成绩、交流经验、部署工作的会议，是一次分析形势、统一思想、加油鼓劲的会议。会议全面贯彻落实了中央政治局关于改进工作作风、密切联系群众的八项规定的精神，精简了简报，取消了宴会，没有空话，不说套话。会议全面总结了 2012 年工作成效，深刻分析了面临的形势，科学谋划了 2013 年重点工作，对于深入贯彻落实十八大精神具有积极的指导意义。本次会议充分展现了以德明局长为班长的国家测绘地理信息局党组站高望远、深谋远虑的战略思维，驾驭全局、多谋善断的领导能力，勇于创新、勇于担当的负责精神，求真务实、狠抓落实的实干精神和锐意改革、与时俱进的创新精神。

代表们普遍感到，本次会议主要有四个方面的收获：

一是总结了成绩，鼓舞了士气。代表们一致认为，2012 年，测绘地理信息系统和行业上下齐心、团结奋进，取得了多项具有历史意义的开创性成果，成绩

斐然，成就喜人，测绘地理信息工作的显示度和重要性进一步显现，测绘地理信息事业的地位和作用快速提升，倍感振奋，倍受鼓舞。李克强副总理的批示，在充分肯定了测绘地理信息工作所取得的成绩同时，又对未来发展提出了殷切期望，为我们指明了前进方向。徐绍史部长的讲话充分体现了对测绘地理信息工作的重视和支持，提出的五个方面的思考和五个方面的要求都具有极强的针对性、指导性。大家表示，一定不负重托，不辱使命，认真做好2013年各项工作，进一步推动测绘地理信息事业加快发展。

二是分析了形势，增强了信心。会议科学分析了党的十八大和中央经济工作会议作出的重大战略部署对测绘地理信息服务保障的旺盛需求和更高要求，作出了测绘地理信息事业处于黄金机遇期的基本判断，找出了测绘地理信息事业发展与“五位一体”总体布局、“四化”建设同步发展的切入点和结合点。会议工作报告有高度、有举措、有根基、有合力，思路清晰，系统全面；在谈到不足时，用了“三个没有根本改变”，体现了国家局班子对工作的更高要求，认识到差距才能持续进一步发展。代表们一致表示，机遇难得，机会宝贵，将进一步增强责任感和使命感，解放思想，改革创新，求真务实，为全面建成小康社会作出应有贡献。

三是完善了思路，确定了方向。会议代表一致认为，国家测绘地理信息局党组确立的“构建智慧中国、监测地理国情、壮大地信产业、建设测绘强国”的战略方向，符合党的十八大和中央经济工作会议精神，是在全面建设小康社会关键时期与时俱进作出的战略调整和补充完善，是局党组解放思想、理论创新、与时俱进的成果，必将引领我国测绘地理信息事业发展迈上新台阶。大家表示，一定认真按照新的战略方向，加快完善本地区、本部门的工作部署，加快推动事业科学发展。

四是部署了工作，突出了重点。代表们一致认为，会议对2013年工作的安排部署系统全面、重点突出，既体现了经济社会发展的需求，又结合了测绘地理信息事业发展的实际；既注重了稳中求进，又体现了跨越发展；既考虑了工作的延续性，又新增了不少新任务新举措；既有常规的基础性工作，也有不少前瞻性的新亮点；指导性强，实践性强，可操作性强。大家表示，一定要按照会议的安排部署，统筹规划，细化分工，明确责任，抓好落实，确保圆满完成明年各项任务。

二、关于代表们提出的问题建议

在昨天下午的分组讨论中，会议代表畅所欲言、献言献策，提出了很多很好的意见和建议。接下来，徐德明局长还要作重要讲话，我就有关建议作简要说明：

关于支持产业发展。代表们提出希望尽快制定产业发展规划，进一步解决成果保密与共享问题，加强对产业园建设的支持和指导，更多地发挥企业作用等建议都非常中肯。2013年，国家局将出台产业规划，积极争取国务院出台促进产业发展的意见，强化对全国地理信息产业园建设的统筹协调，深化测绘成果保密管理研究并力争有所突破，在科技创新、重大工程实施、标准建设、法规起草、成果应用等方面进一步发挥企业的作用。希望届时也能得到广大地理信息企业的支持与配合。

关于智慧城市建设。代表们建议国家局加强对智慧中国、智慧城市的研究，明确智慧城市与数字城市的区别，明确在理念、管理方式、服务方式等方面的变化，进一步明确智慧城市的需求、建设内容和模式，强化对地方的指导。当前，国家局正在组织这方面的研究，力争尽早形成研究成果，争取明年一季度出台指导地方智慧城市建设的技术指南。

关于地理国情监测。代表们提出希望加强地理国情监测体制机制研究，加强对地方工作的指导。国家局正积极争取国务院印发关于开展地理国情监测的文件，积极推进监测试点工作，同时积极开展有关监测内容、技术体系、业务流程、工作机制、产品结构、服务模式等方面的研究，促进地理国情监测工作向业务化、规范化、常态化发展。

关于天地图建设。代表们建议加大对天地图的指导和扶持力度，加强对天地图企业运营机制的研究，处理好国家与地方在市场化运作中的关系，为地方提供政策优惠。这些都是天地图2013年要重点解决的问题。目前天地图品牌已经确立，关键是要寻求一条更加合适社会主义市场经济体制的快速发展道路。天地图是国家局主导的，更是全系统全行业的，希望我们全国一盘棋，顾全大局，站在国家和全局的高度共同推进天地图建设。

关于测绘法修订。代表们建议加快测绘法修订进程。今年，国家局就已经启动这项工作，并已列入国务院立法调研计划。2013年，国家局将全力推进测绘法修订工作，加强前期调查研究和资料收集准备，力争将大家关心的诸如地理国情监测、地理信息产业发展等内容纳入修订后的测绘法。修法是一项长期的系统工程，还需要大家群策群力、合力推进，充分吸纳各地好的经验和做法，希望在修法的过程中不断得到大家的支持。

由于时间关系，在此无法对大家提出的建议一一说明。会议秘书组已经将大家提出的建议汇总整理。会后，国家局党组将深入认真研究。对于能够立即解决的问题，将立即解决；对于一段时间内能够解决的问题，将列入工作计划，尽快解决；对于短时间内国家局自身无法解决的问题，将认真研究政策，着手谋划解决问题的切入点和方法途径，努力协调、加快解决。总之，局党组一定会高度重视大家的意见建议，认真抓好各项工作的落实，共同推进事业发展。

三、贯彻落实会议精神的要求

为认真学习贯彻落实好本次会议精神，受德明局长和党组的委托，我再提四点要求：

一要认真传达会议精神。要及时将会议精神特别是克强副总理的重要批示，绍史部长、德明局长的重要讲话，春峰副局长的工作报告，向省委、省政府领导汇报，报告党中央、国务院对测绘地理信息工作的高度重视，报告测绘地理信息系统和行业一年来取得的辉煌成绩，报告2013年测绘地理信息工作的艰巨任务，争取更多的重视与支持。各单位、各部门要及时将会议精神传达到本地区本系统，传达到每一位干部职工，切实用会议精神统一思想、指导实践、推动工作。

二要切实转变工作作风。各单位、各部门要按照中央要求和本次局长会议精神，坚决贯彻落实中央关于改进工作作风密切联系群众的八项规定，制定切实有效措施，把改进工作作风密切联系群众切实落实到取信于民、见到实效上来，发扬求真务实、真抓实干的工作作风，全心全意为民服务，实实在在为民办事，使中央的八项规定在测绘地理信息系统和行业得到全面地贯彻和落实。

三要狠抓各项工作的落实。会议明确了2013年的主要任务、发展目标及重点工作，各单位、各部门要对照这些工作部署，结合本地区、本单位实际，研究制定贯彻措施，细化工作目标，层层落实责任，并狠抓落实、务求实效，切实把2013年各项工作任务贯彻好、落实好。国家局各司局、所属各单位要认真开展调查研究，做好政策对接、项目对接，切实帮助各地解决实际困难。

四要坚定干好工作的信念。新的一年，测绘地理信息工作在完善和改革测绘地理信息行政管理体制、推动地理国情监测、加强地理信息安全监管等多方面都面临新任务新考验，有的需要全力向上争取，有的需要多方协调，有的可能会历经磨难，需要以百折不挠的精神去努力争取。希望大家以快干好的务实作风，坚定信念、凝聚力量，敢于啃硬骨头，勇于探索、勇于创新，统筹协调，全面推动测绘地理信息工作再上新台阶，再创新辉煌。

同志们，再过几天就是2013年了，春节也将很快来临，也请大家早部署、早行动，做好扶贫济困送温暖等活动，做好对一线职工以及离退休干部职工的走访慰问工作，及时排查矛盾，化解纠纷，切实维护好测绘地理信息系统安定团结的大好局面，营造欢乐祥和的节日氛围。最后，提前祝大家新年工作顺利、身体健康、家庭幸福、事业兴旺！

关于加强廉政风险防控机制建设的通知

国测纪发〔2012〕4号　2012年7月10日

各省、自治区、直辖市、计划单列市测绘地理信息行政主管部门，新疆生产建设兵团测绘地理信息主管部门，局属各单位，机关各司局：

为了深入贯彻落实十七届中央纪委六次、七次全会精神，全面落实中央颁布的《建立健全惩治和预防腐败体系2008-2012年工作规划》，按照今年年初全国测绘地理信息系统党风廉政建设工作会议的部署，各单位各部门要在落实国家局党组纪检组《关于开展廉政风险点排查工作的通知》（国测纪发〔2011〕3号）的基础上，按照中央纪委《关于加强廉政风险防控的指导意见》（中纪发〔2011〕42号）要求，结合测绘地理信息工作实际，不断深化廉政风险防控管理工作，加强廉政风险防控机制建设，进一步推进和完善测绘地理信息系统惩治和预防腐败体系建设。现将有关事项通知如下。

一、充分认识廉政风险防控机制建设的重要性

随着经济社会的发展，测绘地理信息部门、单位的社会管理和公共服务职能日益增强，各级政府对测绘地理信息工作的投入不断增长，重大项目和资金逐年增多，重点部位和关键环节的监督和管理难度逐步增大，工作中的廉政风险日益突出。在开展廉政风险点排查工作的基础上，加强廉政风险防控机制建设，有利于加大治本力度，规范权力运行，铲除腐败滋生土壤，从源头上预防腐败；有利于反腐倡廉要求与测绘地理信息业务工作的有机结合，充分发挥惩治和预防腐败体系综合效能；有利于督促广大党员干部增强党性、改进作风、廉洁从政，切实保证测绘地理信息系统党员干部队伍的纯洁性。

二、进一步深入排查廉政风险

2011年，各单位各部门按照国家局党组纪检组的部署要求，广泛开展了廉政风险点排查工作，总体上达到了预期目的，取得了明显成效。但是也必须看到，各单位各部门对廉政风险点排查的重视程度不一，所取得的成果成效参差不齐。各单位各部门要对2011年开展廉政风险点排查工作进行一次“回头看”，根据变化了的新情况和工作中出现的新问题，进一步深入排查廉政风险。特别是2011年廉政风险排查工作开展得不广泛、欠深入、成效不明显的单位或部门，要多向兄弟单位学习好的做法和经验，结合自身实际深化廉政风险点排查工作，为后续完善措施、健全机制、完善惩治和预防腐败体系打下良好基础。

国家局纪检监察部门根据2011年各单位各部门报送的廉政风险点情况，把具有测绘地理信息工作特点并带有共性的廉政风险点整理归纳形成了《测绘地理信息系统主要职能廉政风险点》（见附件）。在廉政风险点排查工作“回头看”过程中，各单位各部门要参考对照《测绘地理信息系统主要职能廉政风险点》，从本单位本部门实际出发，把测绘地理信息行政审批权、行政执法权、干部人事权、财物管理权等权力相对集中、不廉洁行为易发的部门作为重点排查领域，通过自己找、领导提、群众帮、集体定等多种方式，认真查找在岗位职责、业务流程、制度机制和外部环境等方面存在的廉政风险，切实把廉政风险点找准、找全。同时，要根据权力的重要程度、自由裁量权的大小、腐败行为发生的概率及危害程度等因素，按照“高”“中”“低”等级进行评定，并进行分类监控、分级管理。

三、着力构建廉政风险防控机制

加强廉政风险排查防控管理，排查风险点是前提和基础，构建防控机制是关键。各单位各部门要高度重视加强防控机制建设的重要性，紧紧围绕排查确定的廉政风险点和风险等级，着力形成以岗位为点、以程序为线、以制度为面的廉政风险防控机制。

（一）完善廉政教育引导机制。综合运用党风党纪教育、廉政教育、职业道德教育、警示教育、岗位风险教育、签订党风廉政建设责任书（承诺书）等形式，广泛深入开展反腐倡廉教育，树立“风险无处不在、防控人人有责”的廉政风险意识，防患于未然。结合反腐倡廉实际，通过网站、宣传栏、展板等形式和载体，大力开展有测绘地理信息工作特点的廉政文化宣传教育活动。

（二）建立廉政风险预警机制。针对腐败现象易发多发的重点领域和关键环节，要通过巡视、审计、干部考察、述职述廉、舆论监督、信访举报、案件分析等渠道，广泛收集廉政风险信息，及时对有关信息进行分析、研判和评估，对可能引发腐败的苗头性、倾向性问题进行廉政风险预警，综合运用风险提示、诫勉谈话、责令纠错等处置措施，做到早发现、早提醒、早纠正，及时化解廉政风险，防止问题进一步发展。

（三）健全科学民主决策机制。健全和完善各级领导班子议事规则、工作规则，认真贯彻民主集中制，重大事项集体研究决策，防止个人或少数人专断；建立干部职工参与的民主评议决策机制，涉及事关全局或与干部职工利益密切相关的重大事项决策，要充分听取各有关方面的意见，确保科学决策、民主决策。领导班子成员分工应合理配置、定期调整，建立和推行干部定期交流轮岗制度。

（四）推行政务公开透明机制。深入推进党务公开、政务公开，通过政府网站、报纸、公告栏等形式和途径，依法向社会公开有关测绘地理信息单位、部门的社会管理与公共服务等方面的职责，公布工作流程和办事指南，方便群众办事，接受干部职工和社会监督。着力推行权力网上运行、网上监督，逐步建立和完善“制度+科技”的预防腐败新机制，不断推进和探索运用信息化手段加强廉政风险防控工作。

（五）强化监督和惩治机制。围绕权力运行的重点领域和关键环节，加大事前、事中环节监督力度，采取定期检查、随机抽查、审计监督等方式加强监督。加大对廉政风险防控管理问题的查处力度，按照《关于实行党风廉政建设责任制的规定》和《廉政准则》等规定，从严追究。要加强对廉政风险防控措施落实情况进行监督检查，对制度不落实、措施不到位的要及时指出，责成整改；对发现的违法违纪问题，要依法依纪严肃处理，保证廉政风险防范管理工作有效运行。

四、切实把廉政风险防控机制建设各项任务落到实处

（一）加强领导，落实责任。各单位各部门要把廉政风险防控机制建设作为落实党风廉政建设责任制、加强惩治和预防腐败体系建设的一项重要任务，列入重要议事日程，认真组织落实；各级领导班子及成员要以身作则，率先垂范，带头抓好自身和管辖范围内的廉政风险防控管理工作；各级纪检监察部门要认真履行职责，加强组织协调和监督检查，保证廉政风险防控机制建设工作落到实处、取得实效。

（二）突出重点，统筹推进。各单位各部门要围绕权力运行的重点部位和关键环节，把加强廉政风险防控机制建设融入测绘地理信息各项业务工作流程当中，与加强廉政教育、规范权力运行、深化政务公开、完善行政审批制度等工作结合起来，统筹安排，协调推进，提高测绘地理信息系统反腐倡廉建设科学化的整体水平。

（三）注重检查，务求实效。各单位各部门要将廉政风险防控机制建设纳入责任制、领导班子和领导干部工作考核目标体系，将考核结果作为干部评价和任免的重要依据。随着测绘地理信息事业发展，根据防控措施落实的效果和反腐倡廉实际需要，加强对廉政风险防控的动态管理，及时调整、完善廉政风险内容、风险等级和防控措施，确保廉政风险防控工作常态化、规范化，扎实推进测绘地理信息系统惩治和预防腐败体系建设。

附件：测绘地理信息系统主要职能廉政风险点（略）

关于认真学习贯彻胡锦涛总书记在省部级主要领导干部专题研讨班上的重要讲话精神的通知

国测党发〔2012〕36号　2012年8月17日

各省、自治区、直辖市、计划单列市测绘地理信息行政主管部门，新疆生产建设兵团测绘地理信息主管部门，局所属各单位党委（总支、支部），机关各支部：

2012年7月23日，中共中央总书记、国家主席、中央军委主席胡锦涛在省部级主要领导干部专题研讨班开班式上发表重要讲话。认真学习贯彻落实胡锦涛同志重要讲话精神，是各级党组织和广大党员干部当前和今后一段时期一项重大而紧迫的政治任务。为深入学习贯彻胡锦涛同志重要讲话精神，现将有关要求通知如下：

一、充分认识胡锦涛同志重要讲话的重大意义，把思想和行动统一到中央决策部署上来

胡锦涛同志的重要讲话，从坚持和发展中国特色社会主义的政治高度和宽广视野，精辟分析了我国面临的新形势新任务，科学阐述了事关党和国家的若干重大问题，深刻回答了党和国家未来发展的一系列理论和实践问题，明确提出了坚持和发展中国特色社会主义，全面推进社会主义经济建设、政治建设、文化建设、社会建设以及生态文明建设和党的建设的新要求。讲话高瞻远瞩、实事求是，旗帜鲜明、思想深邃，令人鼓舞、催人奋进，是继去年庆祝中国共产党成立90周年大会发表重要讲话之后、党的十八大召开之前又一次全面总结、系统阐述我们党治国理政伟大方略的重要讲话，对于团结动员全党全国各族人民进一步解放思想、开拓创新，满怀信心地为全面建成小康社会而奋斗，具有十分重大的意义。各级党组织和广大党员干部一定要充分认识胡锦涛同志重要讲话的重大意义，把思想和行动统一到中央重大决策部署上来，在政治上、思想上、行动上同以胡锦涛同志为总书记的党中央保持高度一致，扎扎实实做好测绘地理信息各项工作，以优异成绩迎接党的十八大胜利召开。

二、结合测绘地理信息实际，切实抓好胡锦涛同志重要讲话精神的贯彻落实

各级党组织和广大党员干部要在认真学习、深刻领会胡锦涛同志重要讲话精神的基础上，紧密结合工作实际，立足本职岗位，切实将讲话精神落到实处。

（一）要把贯彻落实讲话精神与贯彻落实全国测绘地理信息局长座谈会精神紧密结合。要充分认识全国测绘地理信息局长座谈会的重要意义，认真学习领会徐德明局长关于推进测绘地理信息事业发展需要进一步强化的“七大理念”，准确把握王春峰副局长代表局党组对上半年工作的总结分析和对下半年工作的部署要求，切实将会议精神贯彻到实际工作之中，以更大的勇气和信心确保年度目标任务的圆满完成。

（二）要把贯彻落实讲话精神与推进全局重点工作和重大项目紧密结合。要认真做好《国务院关于促进地理信息产业发展的意见》出台后的学习宣传贯彻工作，抓好《意见》配套政策的尽快落实。要全力推进数字城市、天地图、地理国情监测“三大平台”的建设和应用，进一步强化功能，拓展服务。要认真组织实施好现代测绘基准体系基础设施建设一期工程、海岛（礁）测绘等重大项目，做好资源三号测绘卫星后续相关工作，推广和利用好地理信息应急监测车等先进装备，努力提升测绘地理信息保障服务能力。

（三）要把贯彻落实讲话精神与开展创先争优活动和“基层组织建设年”各项活动紧密结合。要认真做好创先争优活动的总结工作，建立健全创先争优长效机制，真正使创先争优植入基层，深入人心，融入工作之中，永葆共产党员的先进性和纯洁性。要认真组织参加“基层组织建设年”的各项活动，切实加强基层党组织建设，不断提高基层党组织的创造力、凝聚力和战斗力，真正发挥基层党组织的战斗堡垒作用。

（四）要把贯彻落实讲话精神与加强作风建设、反腐倡廉建设和推进测绘地理信息文化大发展大繁荣紧密结合。要进一步加强“五型机关”创建工作力度，扎实推进机关作风建设。要建立健全廉政风险防控机制，进一步推进测绘地理信息系统惩防体系建设，不断提高反腐倡廉工作的科学化水平。要深入挖掘测绘地理信息文化的内涵和特征，不断增强测绘地理信息文化“软实力”，为测绘地理信息事业发展提供精神动力、智力支持和文化保障。

三、加强组织领导

各级党组织要高度重视，加强领导，把学习、宣传、贯彻胡锦涛同志重要讲话精神作为当前一项重要政治任务切实抓紧抓好。各级领导干部要切实增强政治意识，充分发挥示范引领作用，带头学习贯彻胡锦涛同志重要讲话精神，在领会科学内涵、吃透精神实质、把握基本要求上作表率。要充分利用报刊、网站、橱窗、板报等教育宣传阵地，全面准确深入地宣传胡锦涛同志重要讲话精神，大力营造学习贯彻讲话精神的浓厚氛围，进一步增强广大党员干部用讲话精神武装头脑、指导实践、推动工作的自觉性和坚定性，为党的十八大胜利召开提供有力的思想舆论支持。

请各级党组织将学习贯彻胡锦涛同志重要讲话精神情况及时报局直属机关党委。

中共国家测绘地理信息局党组关于认真学习宣传贯彻党的十八大精神的通知

国测党发〔2012〕47 号　2012 年 11 月 22 日

各省、自治区、直辖市、计划单列市测绘地理信息行政主管部门，新疆生产建设兵团测绘地理信息主管部门，局所属各单位党组（党委、总支、支部），机关各司局党支部：

为深入学习宣传贯彻党的十八大精神，推动测绘地理信息事业实现新发展、新跨越，按照中央部署，结合测绘地理信息工作实际，经中共国家测绘地理信息局党组研究，现就有关事项通知如下。

一、统一思想，凝心聚力，充分认识学习宣传贯彻党的十八大精神的重大意义

党的十八大是在我国进入全面建成小康社会决定性阶段召开的一次十分重要的大会，是一次高举旗帜、继往开来、团结奋进的大会。大会高举中国特色社会主义伟大旗帜，以马克思列宁主义、毛泽东思想、邓小平理论、“三个代表”重要思想、科学发展观为指导，分析了国际国内形势的发展变化，回顾总结了过去5年的工作和党的十六大以来的奋斗历程及取得的历史性成就，确立了科学发展观的历史地位，提出了夺取中国特色社会主义新胜利的基本要求，确定了全面建成小康社会和全面深化改革开放的目标，对新的时代条件下推进中国特色社会主义事业作出了全面部署，对全面提高党的建设科学化水平提出了明确要求。胡锦涛同志代表十七届中央委员会作的《坚定不移沿着中国特色社会主义道路前进，为全面建成小康社会而奋斗》的报告，描绘了全面建成小康社会、加快推进社会主义现代化的宏伟蓝图，为党和国家事业进一步发展指明了方向，是全党全国各族人民智慧的结晶，是我们党团结带领全国各族人民夺取中国特色社会主义新胜利的政治宣言和行动纲领，是马克思主义的纲领性文献。大会通过的《中国共产党章程（修正案）》，体现了党的理论创新和实践发展的成果，体现了党的十八大确立的重大理论观点和重大工作部署，对以改革创新精神全面推进党的建设新的伟大工程、提高党的建设科学化水平提出了明确要求。党的十八届一中全会选举产生了以习近平为总书记的新一届中央领导集体，实现了党的中央领导集体的又一次新老交替，充分显示了中国特色社会主义事业蓬勃兴旺、薪火相传、后继有人。

认真学习宣传贯彻党的十八大精神，关系党和国家工作全局，关系中国特色社会主义事业长远发展，关系建设测绘地理信息强国奋斗目标的实现，对动员全党全国各族人民在以习近平同志为总书记的党中央领导下，高举中国特色社会主义伟大旗帜，满怀信心为全面建成小康社会、夺取中国特色社会主义新胜利而奋斗，具有重大现实意义和深远历史意义，对推动测绘地理信息事业在新的历史起点上实现新发展、新跨越具有重要意义。测绘地理信息部门各级党组织、广大党员和干部职工要充分认识党的十八大的重大意义，把学习宣传贯彻党的十八大精神作为当前和今后一个时期的首要政治任务，把思想和认识统一到党的十八大精神上来，把政治和行动统一到以习近平同志为总书记的党中央坚强领导上来，把智慧和力量统一到实现党的十八大确定的宏伟目标和各项任务上来。

二、认真学习，深刻领会，准确把握党的十八大的精神实质

党的十八大主题重大、内涵丰富，提出了一系列重要论断、重要部署、重要举措。各单位各部门要组织广大干部职工认真研读党的十八大文件，原原本本学习党的十八大报告和党章，学习习近平同志在党的十八届一中全会上的重要讲话精神。要着重把握以下几个方面。

（一）要深刻领会党的十八大的主题。高举中国特色社会主义伟大旗帜，以邓小平理论、“三个代表”重要思想、科学发展观为指导，解放思想，改革开放，凝聚力量，攻坚克难，坚定不移沿着中国特色社会主义道路前进，为全面建成小康社会而奋斗。这是党的十八大的主题，鲜明回答了我们党举什么旗、走什么路、保持什么样的精神状态、朝着什么样的目标继续前进的重大问题，意义十分重大。

（二）要深刻领会过去5年和10年党和国家事业取得的新的历史性成就。过去5年的工作，是党的十六大以来全面建设小康社会10年实践的重要组成部分。这10年，是我国经济持续发展、民主不断健全、文化日益繁荣、社会保持稳定的时期，是着力保障和改善民生、人民得到实惠更多的时期。这10年，我们党紧紧抓住和用好我国发展的重要战略机遇期，战胜一系列重大挑战，奋力把中国特色社会主义推进到新的发展阶段，巩固和发展了改革开放和社会主义现代化建设大局，提高了我国国际地位，彰显了中国特色社会主义的巨大优越性和强大生命力，增强了中国人民和中华民族的自豪感和凝聚力。

（三）要深刻领会科学发展观的历史地位和指导意义。科学发展观把对中国特色社会主义规律的认识提高到新的水平，开辟了当代中国马克思主义发展新境界，是中国特色社会主义理论体系最新成果，是指导党和国家全部工作的强大思想武器。党的十八大把科学发展观与马克思列宁主义、毛泽东思想、邓小平理论、“三个代表”重要思想一道确立为党的指导思想写入新党章，体现了党在指导思想上的与时俱进，是大会的重大历史贡献。深入贯彻落实科学发展观，对坚持和发展中国特色社会主义具有重大现实意义和深远历史意义。

（四）要深刻领会中国特色社会主义的丰富内涵和夺取中国特色社会主义新胜利的基本要求。中国特色社会主义是当代中国发展进步的根本方向，只有中国特色社会主义才能发展中国。中国特色社会主义道路是实现途径，中国特色社会主义理论体系是行动指南，中国特色社会主义制度是根本保障，三者统一于中国特色社会主义伟大实践。建设中国特色社会主义，总依据是社会主义初级阶段，总布局是五位一体，总任务是实现社会主义现代化和中华民族伟大复兴。广大干部职工要坚定这样的道路自信、理论自信、制度自信。夺取中国特色社会主义新胜利要牢牢把握以下基本要求：必须坚持人民主体地位，必须坚持解放和发展社会生产力，必须坚持推进改革开放，必须坚持维护社会公平正义，必须坚持走共同富裕道路，必须坚持促进社会和谐，必须坚持和平发展，必须坚持党的领导。

（五）要深刻领会全面建成小康社会和全面深化改革开放的目标。党的十八大根据我国经济社会发展实际，提出了到二〇二〇年实现全面建成小康社会的宏伟目标，并要在十六大、十七大确立的全面建设小康社会目标的基础上努力实现新的要求，即：经济持续健康发展、人民民主不断扩大、文化软实力显著增强、人民生活水平全面提高、资源节约型环境友好型社会建设取得重大进展，同时提出了深化改革开放的重点。

（六）要深刻领会中国特色社会主义事业总体布局和战略部署。党的十八大进一步明确了经济建设、政治建设、文化建设、社会建设、生态文明建设的中国特色社会主义事业总体布局，还对加快推进国防和军队现代化、丰富“一国两制”实践和推进祖国统一、继续促进人类和平与发展等方面作出了新的战略部署，这对于凝聚全党全国人民共同创造幸福生活和美好未来具有十分重要的意义。

（七）要深刻领会全面提高党的建设科学化水平的新要求。要牢牢把握加强党的执政能力建设、先进性和纯洁性建设这条主线，全面加强党的思想建设、组织建设、作风建设、反腐倡廉建设、制度建设，增强自我净化、自我完善、自我革新、自我提高能力，建设学习型、服务型、创新型的马克思主义执政党，并从坚定理想信念、始终保持党同人民群众的血肉联系、创新基层党建工作、严明党的纪律等八个方面进行了具体部署。

三、结合实际，狠抓落实，把党的十八大精神贯彻到测绘地理信息事业发展各方面和全过程

学习宣传贯彻党的十八大精神，要紧密联系测绘地理信息工作实际，联系本部门本单位发展实际，联系广大干部职工思想实际，扎实认真地学习，毫不懈怠地实践，与时俱进地提高，坚持学以致用、用以促学。把党的十八大精神落实到解放思想、改革开放、凝聚力量、攻坚克难上来，落实到推动测绘地理信息事业更好更快发展上来。

（一）要把党的十八大精神落实到认真谋划测绘地理信息事业发展的新思路、新举措上来。党的十八大作出的重大战略部署，推动测绘地理信息事业进入了新的发展机遇期。要充分认识党的十八大精神对测绘地理信息事业长远发展的重大指导意义，根据党的十八大提出的新思想、新观点、新论断，总结实践经验，查找薄弱环节，正视困难和不足，深入思考测绘地理信息事业发展的重大问题，研究找准贯彻落实党的十八大精神的结合点、切入点、着力点，认真谋划新思路、新举措，在新的历史起点上推动测绘地理信息事业实现新突破、开创新局面，充分发挥测绘地理信息在促进中国特色新型工业化、信息化、城镇化、农业现代化“四化”同步发展和五位一体总体布局中的服务保障作用，不断提升测绘地理信息服务大局、服务社会、服务民生的能力和水平。

（二）要把党的十八大精神落实到努力推动测绘地理信息事业实现新发展、新跨越上来。要进一步以科学发展观统领测绘地理信息工作，创新发展理念，转变发展方式，破解发展难题。要按照“构建数字中国、监测地理国情、发展壮大产业、建设测绘强国”的总体部署，进一步推动数字城市建设和应用，为提升信息化水平、提高城镇化质量、促进区域协调发展提供有力保障；进一步加大地理国情监测力度，加快工作步伐，为政府科学决策、推进阳光行政提供科学依据，为推进生态文明建设提供有力支撑；进一步推动国家地理信息公共服务平台“天地图”建设，让测绘地理信息成果更好地惠及于民；进一步加大促进地理信息产业发展的力度，更好地服务于转变经济发展方式、提高人民生活水平；进一步实施科技兴测战略，为国家实施创新驱动发展战略服务；进一步实施测绘地理信息“走出去”战略，为全面提高开放型经济水平服务；进一步完善测绘地理信息管理体制机制，积极推进依法行政，将改进管理和加强服务紧密结合；按照扎实推进社会主义文化强国建设的要求，积极推进测绘地理信息文化建设，大力弘扬“热爱祖国、忠诚事业、艰苦奋斗、无私奉献”的测绘精神和“快、干、好”的工作作风。

（三）要把党的十八大精神落实到全面加强测绘地理信息部门党的建设和队伍建设上来。要按照党的十八大加强和改进党的建设的总体要求，以改革创新精神全面提高测绘地理信息部门党的建设科学化水平，保持党的先进性和纯洁性。抓好思想理论建设这个根本、党性教育这个核心、道德建设这个基础，深入推进学习型党组织建设和“五型机关”建设，教育引导党员干部进一步坚定理想信念；发扬党的优良作风，深入开展党的群众路线教育实践活动，完善调查研究制度，努力改善干部职工生产生活条件，进一步密切党同人民群众的血肉联系；坚持民主集中制，保障党员主体地位，进一步发展党内民主；深化干部人事制度改革，健全完善干部选拔任用机制，进一步抓好科学发展观考评工作；大力实施人才强测战略，进一步加强人才队伍建设，促使更多优秀人才健康成长、脱颖而出；创新基层党建工作，落实党建工作责任制，进一步夯实党执政的组织基础；推进惩治和预防腐败体系建设，严格规范权力行使，进一步搞好党风廉政建设；维护中央权威，保持政令畅通，进一步严明党的纪律。

四、加强领导，精心组织，迅速兴起学习宣传贯彻党的十八大精神的热潮

各单位各部门要高度重视，加强领导，精心组织，周密安排，确保学习宣传贯彻党的十八大精神各项工作扎实有效。

（一）加强组织领导。各单位各部门要把学习宣传贯彻党的十八大精神作为当前的首要政治任务，摆上重要议事日程，作出专题部署，提出具体要求，着力抓好落实，迅速兴起学习宣传贯彻党的十八大精神的热潮。各单位党委（党组）理论学习中心组要把学习党的十八大精神作为中心内容，制定系统学习计划，列出专题进行研讨，力求学深学透、融会贯通。党员领导干部要发挥表率作用，先学一步，多学一点，学深一些，争做党的十八大精神的践行者、指导者、推动者。全体干部职工要增强积极性和主动性，切实把学习宣传贯彻党的十八大精神转化为自觉行动。要加强对学习宣传贯彻党的十八大精神的工作指导和督促检查，务求取得实效。

（二）加强学习培训。各单位各部门要从各自实际出发，统筹兼顾，科学安排，切实抓好学习培训，不断创新方式方法，通过采取集中学习与个人自学、通读文件与专题研讨、重点选学与专家辅导、座谈交流与实地考察等多种形式，组织广大干部职工认真学习党的十八大精神，加深对党的十八大提出的一系列重大理论观点、重大方针政策、重大工作部署的理解，使党的十八大精神更好为广大干部职工所掌握。工会、共青团、妇联等群众组织要发挥各自优势，开展各具特色的学习宣传活动。要抓好离退休人员中党员和野外测绘工作人员的学习。

（三）加强宣传报道。各单位各部门要牢牢把握正确方向，精心筹划、集中报道，积极利用简报、信息、宣传栏、报刊、网站等多种载体，大力宣传党的十八大的重大意义和历史贡献，宣传党的十八大报告和党章，宣传测绘地理信息干部职工对党的十八大的热烈反响和学习情况，宣传测绘地理信息部门在学习贯彻党的十八大精神过程中解决实际问题的新成效新进展，积极总结推广先进经验，努力增强吸引力感染力和针对性实效性，营造学习宣传贯彻党的十八大精神的良好氛围。

各单位各部门要及时将学习宣传贯彻党的十八大精神的情况报告国家测绘地理信息局党组。

关于印发《中共国家测绘地理信息局党组贯彻落实中央关于改进工作作风密切联系群众的八项规定的具体措施》的通知

国测党发〔2012〕51号　2012年12月27日

各省、自治区、直辖市、计划单列市测绘地理信息行政主管部门，新疆生产建设兵团测绘地理信息主管部门，局所属各单位党组（党委、总支、支部），机关各司局党支部：

根据中共中央政治局关于改进工作作风密切联系群众的八项规定，结合测绘地理信息工作实际，国家测绘地理信息局党组研究制定了《中共国家测绘地理信息局党组贯彻落实中央关于改进工作作风密切联系群众的八项规定的具体措施》，现印发给你们，请认真遵照执行。

中共国家测绘地理信息局党组贯彻落实中央关于改进工作作风密切联系群众的八项规定的具体措施

中共中央政治局作出的关于改进工作作风密切联系群众的八项规定，充分体现了新一届中央领导集体从自身做起、从严治党的决心，充分体现了党执政为民的宗旨和实干兴邦的理念，顺应了人民群众对树立优良党风政风的热切期盼。测绘地理信息系统各级领导干部要切实增强政治意识、大局意识、责任意识、忧患意识，深刻领会中央政治局八项规定的丰富内涵，全面把握中央改进工作作风的新部署新要求，从自身做起，从实处做起，扎实落实好八项规定。现提出如下具体措施。

一、精简会议活动。要严格执行局会议管理规定，强化会议审批程序，能不开的坚决不开，可以合并的坚决合并，提倡用一个会议解决多个问题。不在同一时间、同一地区、同时召开不同的会议。要切实改进会风，提倡开分析问题、解决问题的会，开小会、开专题会、开议事定事的会，提高会议实效，开短会、讲短话，力戒空话、套话。严格要求机关工作人员不参加与履行管理职责无关的各类会议、论坛和活动。

二、精简文件简报。要切实改进文风，能够不发文件的坚决不发，能不以文件形式下发的，也坚决不发文件。凡国家法律法规和党内法规已作出明确规定的，一律不再制发文件。文件要有思想性、针对性和可操作性，严格控制篇幅。要精简合并各类简报。要积极推进信息化建设，能用网络传输的，不再印制纸质文件。今后检查工作不把发不发文、开不开会、有没有建立相应组织作为检查内容。

三、提倡讲话简短。要按照中央要求不讲空话，不讲套话，也不讲冠冕堂皇的话，要讲短话，讲实话，讲管用的话。讲职工愿意听的话，讲能激发干劲、鼓舞斗志的话，讲能营造和谐、增强团结的话，讲能够促进发展、加快发展的话。讲话要讲实、讲透、讲明，要有针对性、指导性、操作性，让干部职工能听懂、能记住、能遵循。

四、简化办事程序。要进一步简化办事程序，进一步明确工作职责，强化工作责任，减少层层请示、层层批示。请示、汇报、答复事项要清晰明确，不得含糊其词、模棱两可，杜绝扯皮、推诿、搪塞。简化公文运转程序，提高机关运行速度、办事效率和决策效率。

五、强化主动服务。要把服务放在机关一切工作的首位，对职责范围内的事，要建立第一接待人服务责任制和分管领导负责制，不得推卸责任、敷衍塞责。要积极面向基层、面向企业、面向群众，进一步落实服务措施，提供高质量服务，把服务质量作为检查机关运行效果的重要标准。

六、健全决策机制。各级领导要提高统筹全局、驾驭全局、指挥全局、谋划全局的能力，始终头脑清醒、敢于决策、善于决策、勇于负责。要不断增强领导班子贯彻执行民主集中制的自觉性，充分发挥领导班子成员的作用，确保形成合力。要善于听取群众呼声、集中群众智慧、反映群众意愿，不断提高决策水平和决策质量。

七、提高办事效率。机关工作要全面贯彻“快干好”的理念，快节奏、高效率、高质量。要严格执行法定行政审批时限制度，必须在规定时限内办结相关事项，并根据实际情况进一步压缩办结时间。要根据不同工作任务性质，分门别类建立限时办结制度和问责制度。要改革宣传机制，进一步提高宣传报道工作时效性，扩大测绘地理信息工作的社会影响。

八、改进调研工作。开展调查研究应根据测绘地理信息事业发展需要和基层工作实际，合理确定内容、形式和参加人员，既要到工作开展好的地方去总结经验，更要到困难较多、情况复杂、矛盾尖锐的地方去调研解决问题。要进一步完善调研相关制度，加大对局领导和机关各司局日常工作性调研的统筹力度，推行联合调研制度，避免在短期内对同一地区、同一单位的重复调研。

九、简化接待工作。要着力简化接待程序。局领导在基层考察调研期间，不要省级测绘地理信息主管部门领导到机场、车站、码头接送，不安排超规格宾馆，不挂欢迎标语或者制作背景板，不专门摆放花草，不赠送各类纪念品或土特产，不安排宴请，不到名胜古迹、风景区参观。局机关公务员要严格按照公务人员出差管理各项规定，不得接受超标准安排，不得为基层单位增加接待负担。

十、勤俭节俭用餐。公务用餐要节俭、节约、节省，本着实事求是、勤俭节约的原则，要尽量在单位食堂安排用餐，用餐尽量用自助餐，杜绝上高档烟酒、高档菜肴，严格控制陪同用餐人数。

局领导及机关各司局、所属单位各级领导干部要在落实改进工作作风密切联系群众各项规定上作出表率，以自己的实际言行和模范行动影响和带动身边的干部职工。要把贯彻落实八项规定作为改进党风政风的一项经常性工作来抓，并作为年度总结的重要内容、考核评优的重要依据。要进一步拓宽监督渠道，把党内监督和群众监督、舆论监督等结合起来，引导广大干部转变作风、深入基层、真抓实干，以奋发有为的精神状态，更好地推动测绘地理信息事业取得新的更大的发展。

关于加快数字城市建设推广应用工作的通知

国测国发〔2012〕1号 2012年2月13日

各省、自治区、直辖市、计划单列市测绘地理信息行政主管部门：

数字城市地理空间框架（以下简称“数字城市”）建设工作开展以来，取得了显著成绩，在强决策、精管理、惠民生、促发展等方面发挥了重要作用。当前，数字城市建设工作已在各地蓬勃展开，进入全面推广阶段，为进一步加快建设和应用，现就有关事项通知如下：

一、进一步提高对数字城市建设工作的认识。各级测绘地理信息行政主管部门要认真贯彻落实李克强副总理视察中国测绘创新基地时的指示精神，切实增强责任感、使命感，把数字城市建设当作发展测绘事业、壮大地理信息产业的“牛鼻子”工程来抓，把数字城市当作城市测绘地理信息主管部门重要职责和城市基础测绘的主要任务加以落实，进一步解放思想，开拓进取，以“快、干、好”的精神，不断推动数字城市建设取得新成绩，为城市的科学发展做出新贡献。

二、全面开展地级以上城市推广工作。2012年，数字城市建设全面进入推广阶段。省级测绘地理信息行政主管部门要切实承担起推广工作的领导和督促职责，认真总结试点建设经验，积极采用由省政府发文部署、召开现场动员大会部署等方法，按照数字城市建设的总体目标和要求，制定本地区推广工作计划。原则上，地级以上城市（自治州、盟）2012年底前完成立项，2014年底前基本完成建设工作，2015年全面完成，2012年除省会城市和一些需特殊对待、确有特殊试点内容的城市外，原则上不再设试点城市。

三、加快推进已立项城市的建设工作。要进一步加快已立项城市的建设速度，2010年底前立项的必须在2012年底前全部完成，2011年6月底前立项的，力争在2012年底前全部完成。各省（自治区、直辖市）第一个试点城市验收时，应召开现场推广会，加大宣传，扩大影响，大力推进当地数字城市建设与应用工作。

四、尽快解决已具建设规模但未立项的数字城市建设问题。有些城市虽未在国家测绘地理信息局立项，但数字城市建设起步较早，有的已初具规模。为避免重复建设，省级测绘地理信息行政主管部门要加强与市政府的沟通，按照国家测绘地理信息局数字城市建设相关政策、标准要求，指导城市进行补充、完善，并申请将该市纳入国家测绘地理信息局数字城市建设范畴，报国家测绘地理信息局核批。

五、做好困难地区数字城市建设。因地方财政投入困难，在2012年难以立项启动的地级以上城市，省级测绘地理信息行政主管部门要汇总相关情况，提出处理意见。一是可以向国家测绘地理信息局申请，经批准后，以现有数据为基础，统一设计并合作建设，待条件具备后，再进一步更新数据、扩充范围、丰富功能、拓展应用；二是可以结合边远地区、少数民族地区相关专项进行建设；三是可以根据当地情况，通过与技术支持企业和单位的合作开展建设工作。

六、不断提高数字城市应用水平。省级测绘地理信息行政主管部门指导城市努力扩大数字城市成果应用领域、深化应用层次，做活、做新、做出影响。已完成建设的试点城市，今年要在原有应用示范的基础上扩增10个以上领域的应用，已完成建设的推广城市要在原有应用示范的基础上扩增5个以上领域的应用，同时不断完善应用系统，使其在服务政府决策、部门管理和百姓生活等方面发挥更大更好的作用。

七、努力提升技术水平做好技术支撑。中国测绘科学研究院作为技术牵头单位要创新思维，积极采用新技术、新方法，不断提升科技引导和技术支持的能力和水平，保证数字城市建设的先进性。各参与建设的科技公司和技术支持单位要不断提高水平，提升技术支持能力。数字城市建设平台支撑软件选用和技术支持是面向市场开放的，凡符合数字城市建设要求，且能与“天地图”实现服务聚合的软件系统均可作为平台支撑系统，但为便于各市的使用管理，每个城市只能使用一种平台支撑软件系统。数字城市建设中，有条件的城市可在三维建模、城市街景采集等方面进行积极的探索。

八、积极推进县级和各类开发区数字城市建设。省直管的县级行政区及其它县级和各类开发区的数字城市建设，由省级测绘地理信息行政主管部门负责立项和组织管理，国家测绘地理信息局将在高分辨率影像获取、国产自主知识产权软件配发、政策标准等方面给予支持。对数字乡镇建设，各省级测绘地理信息行政主管部门可根据当地实际情况制定相应政策。

九、加快与“天地图”对接。公众服务系统是数字城市建设内容之一，为方便与天地图的对接，统一命名为：“天地图·**”（如：“天地图·伊春”）。已完成建设的数字城市，须先以网址连接的方式与“天地图”的“省市直通”栏目实现超链接。城市的硬件等运行支持环境达到与“天地图”主节点聚合服务接入要求的，尽快申请接入主节点；硬件等运行支撑环境无法达到主节点聚合服务接入要求的，可通过省节点接入。

十、及时做好成果归档与数据共享。完成数字城市验收后2个月内，各省级测绘地理信息行政主管部门要指导城市做好成果归档并按共建共享协议，向国家和省级测绘地理信息行政主管部门汇交共享成果，主要内容包括：成果目录、共享数据（城市、省基础测绘数据）。国家基础地理信息中心受国家局委托做好接收、存储等相关准备工作，便于顺利交接。省级测绘地理信息行政主管部门，也应明确共享成果接收单位并做好相应工作。

十一、督促建立并落实长效机制。省级测绘地理信息行政主管部门要指导城市人民政府出台地方法规或政府文件，建立健全基础地理信息统一采集与分发服务机制，确立公共平台的权威性、唯一性地位，完善公共平台应用服务、运行管理、数据更新以及部门信息共享等措施，落实组织机构、经费投入、人员编制等政策，以保证公共平台持续高效稳定运行。

十二、认真做好平台的运行服务。省级测绘地理信息主管部门要进一步指导城市人民政府将各部门已建的、以地理信息为基础的系统尽快统一到公共平台上来。平台开通后，要保证畅通；根据用户访问量，及时升级硬件设备和网络环境，确保运行效率；对用户使用中出现的故障和问题，及时跟踪排除，确保服务质量。

十三、适时启动智慧城市试点工作。在已经完成数字城市建设的城市当中，国家测绘地理信息局将在今年遴选 3 个左右，信息化基础设施较好、数据条件完备、长效机制健全的城市开展智慧城市建设试点。

十四、强化人才培养。中国测绘科学研究院、各技术支持单位要进一步通过组织研修班、开展专题培训班等方式，强化培训和技术支持。省级测绘地理信息主管部门要进一步加强人才培养，形成稳定的技术队伍，使省级技术队伍能够指导城市开展建设工作，使城市建设人员能够承担起主要建设任务，胜任更新维护和拓展应用服务工作。

十五、加大宣传力度。各级测绘地理信息行政主管部门要进一步加强与当地电视、广播、网络和报刊等宣传媒体的沟通联系，全方位、多渠道展示建设成果和应用实效，积极组织城市分管领导参加“数字城市专题研究班”，推动省内数字城市的经验交流，组织相关人员参观学习，激发政府部门、企事业单位、社会公众的应用需求，创造数字城市建设与应用的良好社会氛围，促进数字城市建设推广目标顺利实现。

关于开展智慧城市时空信息云平台建设试点工作的通知

国测国发〔2012〕122 号　2012 年 12 月 8 日

各省、自治区、直辖市、计划单列市测绘地理信息行政主管部门，中国测绘科学研究院，有关高校、科技企事业单位：

为进一步推动城市信息化进程，更好地满足城市运行、管理与服务的自动化、智能化需求，及时有效地为智慧城市探索与建设提供地理信息服务，国家测绘地理信息局决定组织开展智慧城市时空信息云平台建设试点工作。推进智慧城市时空信息云平台建设，是加快实现测绘地理信息事业创新驱动、为智慧城市建设提供可靠保障的重大举措。现将有关事项通知如下：

一、充分认识试点工作的重要意义

（一）智慧城市是城市信息化发展的必然趋势，是在数字城市建设发展到一定阶段，科学技术达到一定水平，社会需求达到一定程度的必然要求。智慧城市建设已经从概念研究迈向实践探索，正在成为城市转变经济发展模式、改善人们生产与生活方式、推进社会管理创新的新手段和新途径。

（二）智慧城市时空信息云平台是通过泛在网络、传感设备、智能计算等新型高科技手段，实时汇集城市各种时空信息，而形成的更透彻感知、更广泛互联、更智能决策、更灵性服务和更安全可靠的地理信息服务平台，是智慧城市建设的重要的空间信息基础设施。

（三）智慧城市时空信息云平台建设是测绘地理信息服务城市建设与发展的重要方式，各级测绘地理信息行政主管部门要高度重视并积极参与试点工作，充分发挥测绘地理信息部门在时空数据资源获取、地理信息服务等高新技术方面的优势，推动智慧城市时空信息云平台建设试点工作的顺利开展。

二、开展试点工作的原则

开展智慧城市时空信息云平台建设试点（以下简称“试点”）工作应遵循以下原则：

（一）城市主导，统筹规划。城市人民政府充分认识开展智慧城市时空信息云平台建设的意义，对试点建设的内容有迫切的需求，能够调动全市的力量，理顺各方面的关系，统筹资源，合理规划，协调部门，共同构建。

（二）科技支撑，循序渐进。试点工作充分利用数字城市建设已取得的成果和技术，进一步依靠科技创新的力量，不断完善技术，提升水平，推动应用，引领发展。

（三）需求牵引，资源共享。试点工作应紧密结合城市建设和发展，以满足政府和部门、企事业单位以及社会公众对测绘地理信息的智能化应用需求为出发点和落脚点，做到建为所用，以用促建，整合资源，推动共享。

（四）多元投入，共建共享。试点工作由国家测绘地理信息局、省级测绘地理信息行政主管部门、城市人民政府共同投入建设，成果实现三方共享。

三、试点工作的主要目标、建设内容和主要成果

（一）主要目标

通过开展时空数据建设、时空信息云平台开发、支撑环境完善和典型应用示范等试点工作，探索智慧城市时空信息云平台的建设模式、共享模式和服务模式，凝练工艺流程和标准规范，为全国数字城市地理空间框架升级转型，以及后续大规模的智慧城市时空信息云平台建设提供依据，为智慧城市、智慧区域和智慧中国建设奠定基础。

（二）建设内容和主要成果

1、时空数据建设：采集并集成各时期的地理信息、现势地理信息、实时位置信息、多维度可视化地理信息和实时信息等。

2、时空信息云平台开发：建设开发包括面向应用的地图类功能及宿主环境、二次开发接口、按需自动或智能组装资源的知识引擎、运维监控和入口门户等。

3、支撑环境完善：根据本地实际，构建能够满足智慧城市时空信息云平台运行服务的软硬件环境。

4、典型应用示范：选择实时性、移动性、自主性和智能化程度高的领域和需求，开展5个以上典型应用，可在原应用系统基础上改造升级，同时要有1个为面向公众服务的应用系统。

四、试点工作的基本条件和工作程序

（一）参加单位及其职责

国家测绘地理信息局：负责试点工作立项、设计审批、实施监督、项目验收等；并在城市影像获取、软件开发、技术、资金等方面予以支持。

省级测绘地理信息行政主管部门：负责试点城市的推荐、立项申请工作，提供一定的资金配套，并具体指导试点建设等工作。

城市人民政府：负责落实试点所需的主要经费、牵头单位和建设成果管理单位，并从政策上确保所建时空信息云平台为政府及部门共用，避免重复建设。

技术支持单位：根据试点城市的需要，指导试点城市的技术设计、时空信息集成、云服务系统开发以及典型应用示范建设等工作，并提供50万左右的软件及技术支持，中国测绘科学研究院、有关高校、科技企事业单位均可为支持单位。

（二）城市申报条件

1、城市人民政府对国家测绘地理信息局开展试点工作有充分认识，并积极申请参加试点工作。

2、申请试点的城市必须已完成数字城市地理空间框架建设并投入运行，地理信息公共平台在全市得到较为广泛的应用，应用系统已达15个以上。

3、城市具备云计算、物联网等开展试点工作所必须的基础设施，具备可扩展的服务器组群、海量吞吐存储设备及带宽网络设备，具备一定自动化、虚拟化、智能化等技术的研发与使用能力。

4、城市具备获取并处理街景影像数据、视频监控信息、RFID读写信息、专业监测信息等实时感知信息的能力，能够确保试点工作中信息的鲜活性。

5、城市能够安排足够的专项资金投入，支撑试点工作的顺利开展。

6、城市得到所在省级测绘地理信息行政主管部门推荐。

（三）立项工作程序

1、立项申请：城市人民政府向所在省级测绘地理信息行政主管部门提出试点申请，并附项目建议书（建议书主要内容包括：城市简介，具备条件，主要建设内容，初步预算等）和城市专项资金投入意见。省级测绘地理信息行政主管部门审核后，综合本地区情况，遴选1个作为本地区开展试点工作的城市，向国家测绘地理信息局推荐。

省级测绘地理信息行政主管部门推荐文件应附城市人民政府申请试点文件及其附件、省级测绘地理信息行政主管部门同意配套投入意见等。

2、立项审批：国家测绘地理信息局对推荐文件进行审查，必要时将约请有关城市及省级测绘地理信息行政主管部门了解情况，符合条件的，批准立项。

（四）试点项目实施

1、项目设计：经批准试点的城市，在技术支持单位的帮助下，由城市人民政府确定的项目牵头单位编写项目设计书，对时空数据建设、时空信息云平台开发、支撑环境完善、典型应用示范等内容进行技术设计。

项目设计书报国家测绘地理信息局审批。

2、项目实施：项目设计书通过审批后，由国家测绘地理信息局、省级测绘地理信息行政主管部门、城市人民政府三方联合签订协议书，明确各自在项目建设、经费投入、成果共享等方面的权利和义务，正式启动试点工作。

（五）试点规模、建设周期及经费

各省、自治区、直辖市原则上只推荐1个符合条件的城市（直辖市可按区推荐）参加试点工作。由于智慧城市时空信息云平台建设对硬件设施、数据资源、技术等要求高，工作难度大，因此，试点工作将稳步逐渐推进，每年选择10个左右进行试点。

试点申报工作于2015年6月底前截止，每个试点项目建设周期为2–3年。

每个试点项目经费总投入不少于3600万元。国家测绘地理信息局给予300万元支持，其中城市高分辨率影像获取200万元，国家基础测绘成果提供、技术支持、软件配发50万元（软件由技术支持单位提供）；系统集成、平台构建以及技术创新等资金支持50万元。省级测绘地理信息行政主管部门配套不少于300万元，其余经费由城市人民政府投入。

（六）成果验收

试点项目建设完成后，国家测绘地理信息局会同省级测绘地理信息行政主管部门、城市人民政府共同对项目进行竣工验收。

关于做好测绘地理信息应急保障工作的通知

国测成发〔2012〕10号　2012年5月14日

各省、自治区、直辖市、计划单列市测绘地理信息行政主管部门，新疆生产建设兵团测绘地理信息主管部门，局所属各单位，机关各司局：

今年以来，我国防灾减灾形势严峻复杂、不容乐观。特别是近期，部分地区森林火险等级居高不下，而另一部分地区又因夏季汛期来临带来洪涝、冰雹、山洪滑坡、泥石流、台风等灾害隐患，减灾救灾任务十分繁重。为深入贯彻落实国家减灾委员会全体会议、国家测绘地理信息局防洪减灾与应急保障工作会议等精神，进一步做好测绘地理信息防灾减灾和应急保障服务工作，现将有关事项通知如下：

一、工作任务

（一）做好数据采集储备和灾情监测预警

各级测绘地理信息行政主管部门及有关单位要根据当前防灾抗灾和减灾救灾的形势，科学研判、超前部署，针对本地区多发易发自然灾害的类型、时间和特点，提前收集、整理重点防范地区的各类专题信息和测绘成果资料，有针对性地组织制作各种专题测绘产品。要充分发挥地理信息资源优势、技术优势和人才队伍优势，按照党委政府统一部署，积极配合本地区抗灾救灾应急指挥机构和地方政府部门开展灾害隐患排查和监测预警，为灾情监测预警提供测绘地理信息成果和技术支持，为判断灾情、决策部署提供科学依据。

（二）提高应急保障快速处置能力

各级测绘地理信息行政主管部门及有关单位要结合现有生产设备情况，有效整合轻小型无人机航摄系统、野外应急监测车、遥感影像快速处理制作解译系统、影像图专题图快速输出系统等装备，确保各类应急设备随时能用、及时到位。加强测绘地理信息应急保障关键技术攻关，提高信息获取、数据处理、加工制作、信息系统开发、快速打印等能力。有条件的地区，可在“天地图”省市级节点上探索构建测绘地理信息应急服务平台，发布应急测绘成果目录及能够公开展示使用的应急测绘成果。

（三）加强应急保障人才队伍建设

各级测绘地理信息行政主管部门及有关单位要对每一次测绘地理信息应急保障工作进行认真总结，摸索规律、积累经验。针对测绘地理信息应急保障的特点，把日常业务工作与应急响应相结合，选择一批具有专业知识和技能的人员，组建测绘地理信息应急保障队伍。组织应急管理理论知识和测绘高新技术等方面的培训，开展有针对性的应急保障演练，提高应急测绘队伍的素质和能力。

（四）开展应急响应工作

各级测绘地理信息行政主管部门及有关单位要

根据突发自然灾害救援与处置工作的需要，迅速启动本部门、本单位应急预案，采取应急响应措施。相关人员、设备、后勤保障应及时到位，启动24小时值班制度，开通测绘成果提供绿色通道；迅速与本地区抗灾救灾应急指挥机构和地方政府有关部门沟通，尽快提供现有适宜的事发地测绘成果。根据应急救援与处置需要或政府应急指挥机构的命令，综合运用卫星遥感、航空摄影、地面测绘等手段，及时开展灾情监控、导航定位、地图制作、专题信息系统开发等技术服务，充分发挥测绘地理信息的应急保障作用。

二、工作要求

李克强副总理在视察测绘地理信息工作时指出，"要继续做好应急测绘保障服务工作"，这是党中央、国务院对测绘地理信息应急保障工作提出的新的更高要求。各级测绘地理信息行政主管部门和各单位要认真贯彻落实中央领导指示精神，充分发挥测绘地理信息在防灾减灾和应急处置中的"眼睛"作用，切实履行测绘地理信息部门的职责和使命。

一要提高认识。要站在维护社会和谐稳定和人民生命财产安全的高度，进一步增强测绘地理信息应急保障工作的紧迫感和责任感，做好防大灾、抗大灾的思想准备，高度重视、加强领导，扎实做好测绘地理信息应急保障的各项工作。

二要强化沟通。要加强测绘地理信息应急保障预案与国家及地方有关应急预案的衔接，加强与领导机关、应急指挥机关和相关部门的沟通和协作，保持通讯联系与信息传递通畅及时，形成跨部门、跨军民统一协调的应急工作机制。要增强政治敏感性，提高主动服务意识，建立健全规范高效的测绘地理信息应急保障工作机制。

三要加强管理。要落实以一把手负总责、分管领导亲自抓的测绘应急保障责任制，未雨绸缪，提前做好资料、装备、人员、资金、通信、后勤保障等各项部署，认真落实地方党委政府和国家测绘地理信息局的工作要求。对因组织不得力、工作不到位造成严重后果的，依法依纪追究责任。

四要注重宣传。要重视信息报送，应急保障情况及时报送当地省委政府，同时报国家测绘地理信息局；通过政府门户网站，及时发布可公开的灾区影像和地图信息，以帮助公众全面、准确了解灾情，自觉应对灾害。同时，通过网络、报纸等各类公众媒体适时进行宣传报道，营造全社会了解支持测绘地理信息应急保障工作的良好氛围。

关于加强天地图建设与应用工作的通知

国测信发〔2012〕3号　2012年7月20日

各省、自治区、直辖市测绘地理信息行政主管部门，局所属有关单位：

自2011年5月以来，各地认真贯彻落实李克强副总理关于发展壮大"天地图"的重要讲话精神，按照《"天地图"省市级节点建设方案》（国测信发〔2011〕1号）要求，积极推进本地区"天地图"建设与应用，不断提升地理信息公共服务水平。为进一步推动"天地图"建设与应用工作，做强做大做精做优"天地图"，共同把"天地图"打造成为民族优秀品牌、国际知名品牌，现将有关事项通知如下：

一、统筹推进"天地图"各级节点建设

（一）加快推进主节点建设。持续更新数据，提高国内数据现势性，扩大国外数据覆盖面，开通"天地图"英文版。拓展服务功能，进一步完善门户网站、手机版，完善后台服务管理系统，推进综合信息搜索引擎建设。提升访问速度，做好克拉玛依数据中心和南方数据中心建设，启动"天地图"内容分发网络（CDN）建设。加强技术研发，开展"天地图"云架构设计，启动云搜索、云存储、云服务等研发；开展地图瓦片压缩技术研发，解决手机版地图下载流量大、速度慢的技术瓶颈。

（二）深化省级节点建设。尚未提交服务接入测试申请的地区，务必在8月31日前提交省级节点服务接入测试申请；已提交了服务接入测试申请但尚未接入主节点的，要尽快做好改进工作，争取在9月30日前接入“天地图”主节点；已接入主节点但存在数据资源不丰富、运维支撑环境不完备的，要争取在11月30日前扩大数据覆盖面、提高现势性，加快设备采购并部署到位。因经费、技术、人才等困难暂时无法建立或者持续维护本级节点的，可委托主节点进行服务发布。

（三）积极推动市级节点建设。对于已完成“数字城市”地理空间框架建设的地区，原则上要开通“天地图”市级节点并接入主节点。有条件的地方，可以推进“天地图”县域范围的市级节点（18–20级）建设。2012年，各省级测绘地理信息行政主管部门至少应推动2–3个“天地图”市级节点接入主节点。因经费、技术、人才等困难暂时无法建立或者持续维护本级节点的，可委托省级节点或主节点进行服务发布。

二、切实做好“天地图”运行维护工作

（四）丰富数据资源。要继续整合地理信息企业资源，尽可能丰富本地经济、人文、交通、行政、旅游等信息。要建立共享机制，鼓励和引导专业部门基于“天地图”共享公共专题地理信息数据，增强数据的权威性和多样性。要建立数据更新机制，做到适时持续更新，切实提高“天地图”各节点数据的现势性。

（五）提升运维能力。要加大软硬件投入力度，提高运行支持环境装备水平。要不断完善服务系统软件，改善门户网站用户体验，增加贴近公众生活的功能。要加强网站运行维护，对运行环境进行不间断监控，出现故障及时处理，增强网站的稳定性和安全性，确保提供7×24小时不间断优质服务。

（六）加强日常管理。新增加或者更新的数据要严格按照有关规定进行处理，并履行地图审核手续，确保“天地图”发布的数据不涉密、不泄密。国家测绘地理信息局将定期组织对已接入主节点的省市级节点服务进行核查。存在问题的，相应省、市级测绘地理信息行政主管部门要尽快组织修改完善；在规定期限内仍达不到要求的，将暂停已接入的“天地图”省市级节点服务。

三、着力加强“天地图”的推广应用

（七）加大宣传示范力度。要通过多种方式，加大“天地图”宣传推介力度，全方位宣传“天地图”建设与应用实效，不断扩大“天地图”的应用领域，提升“天地图”在本地区的知名度和影响力。基于本地区“天地图”省市级节点的服务资源和应用程序接口（API），每年至少要开发2–3个典型应用服务，切实发挥示范作用。

（八）推进政府部门应用。立足已有资源，基于“天地图”开展地理信息资源目录服务系统、新闻地图、重要地理信息数据发布等示范应用。要加强与本地区政府部门和相关事业单位的沟通与联系，提供技术服务，协助开展专题应用系统建设，大力推广应用“天地图”。

（九）开展市场推广应用。要加强策划和市场推广，采取优惠措施，重点面向企业用户推广应用“天地图”，同时鼓励有关企业基于“天地图”开展增值服务开发。适时举办“天地图”应用大赛，吸引社会各界关注并使用“天地图”。

四、建立健全“天地图”建设与应用长效机制

（十）完善投入机制。“天地图”作为公益性服务平台，建设与应用投入的主体仍然是各级财政。各省级测绘地理信息行政主管部门要积极争取当地政府部门的支持，把“天地图”（含公众版、政务版、涉密版）的建设与应用作为常态业务工作，落实经费投入、组织机构，以保证“天地图”的顺利建设、高效稳定运行与可持续发展。要整合、共享数据和软硬件资源，避免重复建设。

（十一）建立运营机制。各地“天地图”省市级节点建成后，可参照“天地图”主节点建设模式，明确“天地图”节点建设与应用的组织实施单位。有条件的地方，可组建有关企业，实行市场化运作，也可以与天地图有限公司合作，建立分公司，负责当地“天地图”节点运营。

（十二）健全管理机制。国家测绘地理信息局地理信息与地图司要加强协调指导与督促检查，统筹推进“天地图”的建设与应用。国家基础地理信息中心要加强对“天地图”省市级节点建设与运行服务的技术支持，组织多层次技术培训与交流研讨。省级测绘地理信息行政主管部门负责统筹协调本地区“天地图”省市级节点建设与应用工作，为本地区省市级节点建设与应用提供技术指导与支持。

领导讲话

全国人大常委会副委员长路甬祥在《中华人民共和国测绘法》修订十周年座谈会上的讲话

2012 年 9 月 14 日

同志们：

今天，国土资源部、全国人大常委会法制工作委员会、国务院法制办公室、司法部和国家测绘地理信息局联合在这里召开座谈会，纪念《中华人民共和国测绘法》（以下简称《测绘法》）修订颁布十周年。通过这次会议，认真总结《测绘法》修订颁布十周年以来取得的成绩和经验，推动《测绘法》的深入宣传和贯彻实施，很有必要也很有意义。刚才，同志们作了很好的发言。借此机会，我谈几点意见：

一、充分肯定《测绘法》修订颁布十周年以来取得的成绩

测绘地理信息工作，是经济社会发展和国防建设的一项基础性工作，党和国家对此高度重视。2002 年《测绘法》修订颁布以来，在各级党委、人大、政府、政协和有关方面的大力支持下，在测绘地理信息部门全体同志的不懈努力下，我国测绘地理信息事业加快发展，取得了显著成绩。基本建立了以《测绘法》为核心的测绘地理信息法律制度，为测绘地理信息事业的健康、持续发展奠定了法制基础。测绘地理信息工作为科学管理决策、重大战略实施、重大工程建设、能源资源开发利用、生态环境保护、突发公共事件应急处置、国防和军队信息化建设等，提供了及时、可靠、适用的保障服务，发挥了不可替代的作用。开展了数字城市、天地图、地理国情监测三大工程建设，着力打造提高城市综合管理水平、提高百姓生活质量、提高领导决策水平的三大平台，为服务经济社会科学发展作出了突出贡献。积极实施国家重大测绘项目，加快建设信息化测绘体系，大力发展地理信息产业，切实维护国家地理信息安全，测绘地理信息服务保障能力有了大幅提升。这些成绩的取得，是全面贯彻落实《测绘法》的结果，也是广大测绘信息工作者开拓创新、辛勤奉献的结果，值得充分肯定。

二、进一步提高对贯彻实施《测绘法》重大意义的认识

全国人大及其常委会高度重视测绘地理信息立法。2002 年 8 月，全国人大常委会审议通过了新修订的《测绘法》，这是我国测绘地理信息法制建设的一件大事。这部法律的颁布实施，开启了我国测绘地理信息事业发展的新篇章，对于全面提高国家信息化水平、加快测绘地理信息转型升级、发展战略性新兴产业、维护国家安全利益、建设数字城市和智慧中国、推动各项事业科学发展，都具有重要意义。对于测绘法的贯彻实施，国务院高度重视。2011 年 5 月，国家测绘局更名为国家测绘地理信息局，其承担的职责和任务更加明确，这有利于进一步贯彻落实《测绘法》、依法开展测绘地理信息工作。

当前，经济建设、国家安全、社会发展、人民需求，都对测绘地理信息工作提出了新的期待、新的要求和新的挑战。在充分肯定工作成绩的同时，我们也要清醒地看到，我国测绘地理信息的体制机制还不完善，装备技术和应用水平与发达国家相比还有较大差距，科技自主创新能力不强，还缺少核心技术、核心竞争力和国际知名品牌。全面提高我国测绘地理信息工作水平，还有许多工作要做。各级测绘地理信息部门的同志们肩负的使命光荣，责任重大，任务艰巨。要深刻学习领会近年来党和国家关于测绘地理信息工作的方针政策，从深入贯彻落实科学发展观、推进依法治国、构建和谐社会的战略高度，全面准确地把握《测绘法》的立法宗旨和主要内容，坚持依法行政，扎实开展工作，推动测绘地理信息工作更好地服务国家、服务人民。

贯彻实施《测绘法》是全面推进依法行政、建设法治政府的客观要求；是顺应国际发展趋势、积极抢占未来发展制高点的客观要求；是加快转变经济发展方式，科学利用国土资源，促进可持续发展和维护国家地理信息安全的客观要求。各级国家机关及社会各界，都要进一步提高对贯彻实施《测绘法》重大意义的认识，依法履行职责，全面贯彻落实《测绘法》的各项要求，共同促进测绘地理信息事业的发展。

三、对深入宣传贯彻实施《测绘法》的几点要求

第一，继续深入开展《测绘法》的学习和宣传。各级国家机关的工作人员尤其是领导干部要带头学习《测绘法》，提高依法决策、依法管理的意识和能力。广大测绘地理信息工作者要把学习贯彻《测绘法》与本职工作紧密结合起来，切实增强法制观念，提高业务水平。要在全社会广泛宣传普及《测绘法》。通过生动活泼、群众喜闻乐见的形式，结合人民群众的生产生活，普及测绘地理信息知识和相关的法律法规，提高广大人民群众对地理信息安全重要性的认识，努力形成全社会关注和支持测绘地理信息事业发展、认真贯彻实施《测绘法》的良好氛围和环境。

第二，加强对《测绘法》贯彻实施情况的监督检查。全国人大常委会和地方各级人大常委会要加强对《测绘法》实施情况的监督检查，通过开展执法检查等项工作，督促和支持政府及有关部门依法履行职责。各级政府要加强对测绘地理信息工作的组织领导和统筹协调，解决制约测绘地理信息事业发展的突出问题，完善测绘地理信息体制机制，营造更加良好的发展环境。各级测绘地理信息部门要认真履行《测绘法》赋予的职责，不断提升和创新地理信息科学技术水平与应用管理的理念、方法和手段，加大市场监管力度，维护公平竞争市场秩序。全社会都要积极配合、大力支持国家测绘地理信息工作，进一步贯彻实施《测绘法》，努力开创我国测绘地理信息工作新局面。

第三，进一步加强测绘地理信息领域的法制建设。当前，测绘地理信息工作面临的形势在发展、环境在变化、实践在丰富、理论在创新，要求我们必须坚持解放思想，与时俱进，把握发展变化规律，进一步加强测绘地理信息领域的法制建设。要深入调查研究，有重点、有步骤地推进《测绘法》的修改完善工作，使之更好地适应经济社会发展需要和地理信息科技发展进步的实际。要及时制定和完善与《测绘法》相关的行政法规、地方性法规、部门规章、地方政府规章以及相关标准，并使之相互协调衔接，为测绘地理信息事业发展创造良好的法制环境。

同志们!

让我们以科学发展观为指导，全面贯彻实施《测绘法》，推动测绘地理信息工作更好地服务大局、服务社会、服务民生，为促进经济发展、社会和谐、人民幸福，为维护国家主权和尊严，作出新的更大的贡献。

谢谢大家!

国土资源部部长徐绍史在《中华人民共和国测绘法》修订十周年座谈会上的讲话

2012 年 9 月 14 日

尊敬的路甬祥副委员长，同志们：

下午好!

今天，国土资源部、全国人大常委会法工委、国务院法制办、司法部、国家测绘地理信息局联合召开《中华人民共和国测绘法》修订十周年座谈会，回顾总结《测绘法》修订实施以来我国测绘地理信息工作取得的成就和经验，这对于进一步推动《测绘法》的贯彻实施，全面提升测绘地理信息工作对经济社会发展的保障能力和服务水平，具有十分重要的意义。借此机会，我代表国土资源都，向全国人大常委会法工委、国务院有关部门长期以来对国土资源工作特别是测绘地理信息事业发展给予的关心、支持和帮助表示衷心的感谢！

刚才几位同志的发言，从不同的角度，展示了近年来我国测绘地理信息事业取得的显著成绩和测绘地理信息法治工作的长足进步，我听了之后，收获许多启示和教育。稍后，路甬祥副委员长还将作重要讲话，我们要认真学习领会，抓好贯彻落实。下面，我谈两点意见，供大家参考。

一、《测绘法》修订十年来特别是近年来，测绘地理信息工作已深深融入我国经济社会发展大局

《测绘法》修订实施以来，为我国测绘地理信息事业发展提供了坚实的法制保障。特别是近年来，测绘地理信息工作坚持以科学发展观为指导，紧紧围绕党中央、国务院的决策部署，认真贯彻实施《测绘法》，以服务大局、服务社会、服务民生为宗旨，不断延伸服务领域和工作链条，取得了显著成效。以中国测绘创新基地建成使用、国家地理信息科技产业园启动建设、国家测绘局更名为国家测绘地理信息局、李克强副总理视察中国测绘创新基地并发表重要讲话等重大事件为标志，我国测绘地理信息事业进入了一个崭新的发展阶段，在经济社会发展大局中发挥了越来越重要的基础保障和先导作用。主要体现在三个方面：

一是测绘地理信息职能作用更加凸显。以《测绘法》及配套法规规定的各项制度为支撑，测绘地理信息工作职能不断增强，地位和作用进一步彰显。2009年，国务院批准了国家测绘局新的“三定”规定，增加了地理信息的获取与应用、安全监管、社会化服务等重要职责。2011年5月23日，李克强副总理视察中国测绘创新基地，并发表了重要讲话，明确要求以更高的层次、更宽的视野来谋划测绘地理信息工作。2011年，原国家测绘局更名为国家测绘地理信息局，从此国家测绘地理信息局承担起更加重大的使命和职责，而且测绘地理信息事业的发展空间大大拓展，迎来了难得的发展机遇。

二是测绘地理信息保障服务能力显著增强。近年来，测绘地理信息技术创新快速发展，传统测绘向数字化和信息化测绘转变，测绘地理信息的外延、内涵、功能、产品形式和服务模式等都发生了巨大变化，在国防军事、经济发展、行政管理，社会民生等各方面的应用水平和地位都有了进一步提升。“资源三号”立体测绘卫星能及时提供实时、动态的测绘地理信息服务，测绘无人机、地理信息监测车等应急装备也发挥着重要作用，进一步提高了测绘地理信息保障服务能力和水平。特别是在汶川地震、玉树地震、舟曲泥石流等重大应急抢险救灾中，测绘地理信息部门冲锋在前，主动服务，为党中央和国务院领导同志了解灾情、指挥抢险救灾、部署灾后恢复重建，发挥了不可替代的支撑和保障作用。

三是测绘地理信息产业加速发展。在应对国际金融危机的背景下，测绘地理信息产业逆势增长，势头很好，2011年总产值已达到1500亿元以上。在国家测绘地理信息局的大力推动下，地理国情监测、数字城市建设、“天地图”网站三大平台齐头并进，交通导航、互联网地图、移动位置服务等新型服务业态发展势头喜人，地理信息产业已延伸到各行业、各层面，支撑着电子商务、现代物流、网络服务等新的经济增长点。测绘地理信息产业园区规模迅速扩大，我国首个国家级地理信息科技产业园在北京市顺义区启动建设，近期由科技部认定为国家高新技术产业化基地，发挥着示范引领作用。地理信息产业呈现加速发展、集群发展的良好势头。

二、进一步贯彻实施好《测绘法》，推动测绘地理信息事业又好又快发展

当前，测绘地理信息工作受到党中央、国务院高度重视，社会需求旺盛，基础工作扎实，面临着良好的发展环境和难得的发展机遇。测绘地理信息部门要进一步解放思想，转变理念，抢抓机遇，乘势而上，再攀高峰，推动我国测绘地理信息事业又好又快发展。在此，我提三点建议：

一是进一步转变测绘地理信息事业发展理念。李克强副总理指出，测绘地理信息工作是“经济社会活动的重要基础”、“全面提高信息化水平的重要条件”、“加快转变经济发展方式的重要支撑”、“战略性新兴产业的重要内容”、“维护国家安全利益的重要保障”。测绘地理信息部门要按照李克强副总理重要指示精神，树立新的发展理念，转变发展方式，围绕“构建数字中国、监测地理国情、发展壮大产业、建设测绘强国”的战略目标，努力拓展测绘地理信息技术和资源的广泛、深入应用，加快构建数字中国智能地理空间框架，积极推动智慧地球、数字城市、物联网等领域的发展，主动抢占国际竞争和未来发展的制高点，促进我国经济社会可持续发展。

二是进一步融入经济社会发展的大局。测绘地理信息产业是战略性新兴产业的重要内容，具有产业链长、关联性强的特点，对推动智能交通、移动通信、现代物流、网络服务等现代服务业的健康发展，扩大居民消费、调整和优化经济结构都有积极的促进作用。测绘地理信息部门要进一步开拓创新，加强规划，努力营造良好的产业发展环境，积极发展地理信息新型服务业，鼓励企业开展各种增值服务，不断拓展服务领域，完善服务功能，使测绘地理信息产品和服务更加多样化、普及化、大众化，使社会各界真正“用得上、用得好、离不开”，从而更加有力地推动经济发展，全方位服务社会民生。

三是进一步提升测绘地理信息保障服务水平。测绘地理信息工作是一项前期性、基础性工作，是实现经济社会可持续发展的基础条件和重要保障。测绘地理信息部门要按照《测绘法》及配套行政法规的要求，紧紧围绕我国经济社会发展大局，加强测绘地理信息工作的规划计划，推动重大基础测绘项目的顺利实施，逐步完善“空、天、地”一体化测绘地理信息获取系统，加快健全应急测绘地理信息保障服务体系，大力推进全国基础地理信息资源的优化整合和协调一致，及时提供动态、实时、交互、精确、按需定制、网络分发的地理信息服务，促进测绘地理信息工作更好地为经济建设、国防建设、社会发展和人民生活提供优质保障和服务。

同志们，贯彻实施《测绘法》，意义深远，责任重大。我坚信，在党中央的坚强领导下，有全国人大常委会的高度重视、国务院有关部门的大力支持、广大测绘地理信息干部职工的共同努力，我国测绘地理信息事业一定能够取得更大的成就，为调整经济结构、转变发展方式、全面建设小康社会做出新的更大贡献！

谢谢大家！

国家测绘地理信息局局长徐德明在全国测绘地理信息系统党风廉政建设工作会议上的讲话

2012 年 3 月 29 日

同志们：

今天，我们在这里召开全国测绘地理信息系统党风廉政建设工作会议，这是在国家测绘局更名为国家测绘地理信息局之后召开的第一次全系统的党风廉政建设工作会议，是继全国测绘地理信息局长会议之后的又一次重要会议。会议的主要任务是，深入贯彻落实党的十七届六中全会、中央纪委七次全会和国务院第五次廉政工作会议精神，总结 2011 年测绘地理信息系统党风廉政建设和反腐败工作，部署 2012 年工作。

2011 年，我们党和国家各项工作取得新进展，实现了“十二五”时期良好开局。2011 年，是我国测绘地理信息事业发展史上具有里程碑意义的一年。中央政治局常委、国务院副总理李克强和中央书记处书记、中央纪委副书记何勇先后专程视察了中国测绘创新基地，国家测绘局更名为国家测绘地理信息局，测绘地理信息科技队伍新增三位院士。2011 年的测绘地理信息工作在 2009 年取得重大变化、2010 年再创新佳绩的基础上，实现了新的重大突破，开创了测绘地理信息事业发展的新纪元。2012 年初，首颗高精度立体测绘卫星资源三号成功发射，国家局先后与天津、湖南、宁夏、上海等省区市签署合作协议，可以说新年新气象，新年喜事连，我们对 2012 年的测绘地理信息工作满怀信心和希望。

2011 年，全国测绘地理信息系统各部门各单位，认真贯彻党的十七届五中、六中全会、中央纪委六次全会、国务院第四次廉政工作会议以及何勇同志视察中国测绘创新基地时的重要讲话精神，以科学发展观为统领，深入学习贯彻中央关于反腐倡廉建设的决策部署，加强对党中央国务院及局党组重大决策部署的监督检查，加强廉政风险防控管理工作，加强对权力的监督制约，切实推动作风建设，扎实开展党风廉政教育，认真贯彻落实党风廉政建设责任制，各项工作均取得了明显成效。总的来看，全系统的党风廉政建设和反腐败工作为做好测绘地理信息各方面工作发挥了重要的保障作用。一年来，全系统各级纪检监察部门和纪检监察干部认真履职，扎实工作，为促进测绘地理信息事业科学发展做出了重要贡献。在此，我代表国家局党组向全系统从事纪检监察工作的同志们致以亲切的问候和衷心的感谢！

关于 2012 年测绘地理信息系统反腐倡廉的工作任务，国家局党组成员、纪检组组长张荣久同志将代表局党组做工作报告，进行全面部署。局党组已在会前认真审议了荣久同志的工作报告，我完全同意，希望各部门各单位认真学习，抓好落实。

下面，我讲几点意见：

一、充分认识党风廉政建设和反腐败斗争面临的形势，切实增强做好反腐倡廉工作的责任感和紧迫感

胡锦涛总书记在中央纪委七次全会上指出，2011 年，党风廉政建设和反腐败斗争取得新的进展，积累了新的经验，呈现出鲜明的特点。但是，在充分肯定成绩的同时，也必须清醒地看到，当前党风廉政建设和反腐败斗争面临不少新情况新问题，反腐败斗争形势依然严峻、任务依然艰巨。温家宝总理在国务院第五次廉政工作会议上指出，执政党的最大危险就是腐败，这个问题解决不好，政权的性质就可能改变，就会“人亡政息”，这是我们面临的极为严峻的重大考验。近年来，随着测绘地理信息事业的迅猛发展，测绘地理信息系统的违法违纪现象也偶有发生。对此，各部门各单位要高度重视，进一步增强做好反腐倡廉工作的责任感和紧迫感，坚定反腐败斗争必胜的信心。各级党组织和广大党员干部要深刻认识中国特色社会主义的政治优势，坚定不移地贯彻落实中央的战略决策，坚定不移地走中国特色反腐倡廉道路，坚定不移地以改革创新精神推进反腐倡廉建设。

二、认真贯彻胡锦涛总书记的重要讲话精神，扎实做好测绘地理信息系统保持党的纯洁性工作

胡锦涛总书记在中央纪委七次全会上强调，始终保持党的纯洁性，是对我们党的严峻挑战，是对每个党员干部的重大考验。我们党只有始终保持纯洁性，才能牢固树立威信，赢得信赖和拥护，不断巩固执政基础，实现党和国家兴旺发达和长治久安。胡锦涛总书记要求，保持党的纯洁性，要坚持党要管党、从严治党，坚持强化思想理论武装和严格队伍管理相结合、发扬党的优良作风和加强党性修养与党性锻炼相结合、坚决惩治腐败和有效预防腐败相结合、发挥监督作用和严肃党的纪律相结合，不断增强自我净化、自我完善、自我革新、自我提高能力，始终坚持党的性质和宗旨，永葆共产党人政治本色。测绘地理信息系统各级党组织和广大党员干部要从战略和全局的高度，深刻认识保持党的纯洁性的极端重要性和紧迫性，准确把握“四个相结合”的总体要求，推进社会主义核心价值体系建设，促进党员干部思想纯洁；加强党员日常教育和管理，促进党员干部队伍纯洁；继承和发扬党的优良传统，促进党员干部作风纯洁；严格遵循党纪条规，促进党员干部清正廉洁；加强反腐倡廉建设，坚决维护党的纯洁性。

三、全面贯彻中央纪委七次全会和国务院第五次廉政工作会议的部署，大力推进测绘地理信息系统反腐倡廉工作

（一）严明政治纪律，确保中央重大决策和国家局党组部署落到实处。要把维护党的政治纪律作为首要政治任务来抓，引导和督促党员干部坚定政治立场，增强政治敏锐性和政治鉴别力，坚决做到令行禁止，确保测绘地理信息系统政令畅通。要认真学习贯彻李克强副总理的重要讲话精神，深入实施“构建数字中国、监测地理国情、发展壮大产业、建设测绘强国”总体战略，抓住“突出重点强平台，完善功能扩服务，提升能力推监测，健全体制优结构，服务发展壮企业，增强实力建强国”六大工作重点，推动测绘地理信息事业再创新辉煌。纪检监察部门要加强监督检查，推动党中央国务院关于测绘地理信息工作的指示和国家局党组重大部署的贯彻落实，对违反政治纪律的行为进行批评教育或组织处理，对造成严重后果的依纪依法惩处。

（二）加强政务公开，强化对行政管理和权力运行的监督制约。要按照国务院的统一部署，进一步深入推进测绘地理信息行政审批制度改革，对现有管理职能和审批事项逐一审核，予以保留的事项要完善并严格执行审批项目设定。要加强对行政审批权力的监督制约，依托现代科学技术，大力推进网上审批，并在网上审批平台上设立电子监察系统，对行政审批实行网上实时监控、预警纠错，通过“制度加科技”的办法大力推进审批过程、结果公开，强化全过程监控。要按照《政府信息公开条例》和财政部要求，继续做好 2012 年公务接待费用、公务车购置和运行费用、公务出国出境经费以及行政经费支出情况的公开工作。要进一步强化审计、巡视的监督功能，加强民主监督，对群众举报、社会舆论和媒体反映的问题，要及时回应，认真核实，依法依纪处理，及时反馈或向社会公布，打造阳光政府、责任政府、法治政府、服务政府、廉洁政府。

（三）加强风险防控，扎实推进惩治和预防腐败体系建设。要对照中央《建立健全惩治和预防腐败体系2008–2012年工作规划》确定的目标任务，加大落实力度，对于已完成的工作要巩固提高，对于正在开展的工作要加紧推进。要进一步深化政府采购制度改革，不断完善采购预算、招标投标、专家评审、采购代理机构管理等配套制度，切实做好重大测绘工程项目的政府采购工作。要深化测绘地理信息部门预算管理制度改革，提高预算编制科学化、精细化水平。国家局要推行测绘地理信息部门财政资金预算执行承诺书制度，确保预算执行基本序时、均衡，保证资金使用安全。要加强财务管理，加大财务监管力度，完善工作机制，全面推行公务卡结算，避免财务管理漏洞发生。健全绩效管理和评估制度，严格绩效考核。要在2011年廉政风险点排查的基础上，针对工作中问题易发的风险点，构筑制度防线，进一步健全符合测绘地理信息工作实际的惩治和预防腐败体系。

（四）加强廉政教育，扎实抓好反腐倡廉长期性基础性工作。要结合实际深入开展反腐倡廉教育，把培育廉洁从政理念贯穿于干部培养、选拔、管理和使用的各个环节。加强领导干部廉洁自律，深入贯彻《廉政准则》，严格执行领导干部报告个人有关事项制度、对配偶子女均已移居国（境）外的国家工作人员加强管理的制度。突出先进思想和廉政文化内涵，把廉政文化作为测绘地理信息文化的重要组成部分统筹推进。加大干部交流轮岗力度，特别是重要岗位和关键环节的干部要定期轮岗，预防和规避岗位风险。要采取切实有效措施解决会议多、文件长的问题，严格控制和规范庆典、研讨会、论坛等活动。大力加强政风建设，突出整治行政机关懒散问题和不作为、乱作为等不良风气，坚决纠正损害群众利益的不正之风。认真执行党内监督条例，从严查处腐败案件，维护党员干部队伍的纯洁性。

四、切实加强对反腐倡廉建设的领导，确保党风廉政建设和反腐败各项任务落到实处

（一）强化领导责任，认真贯彻落实党风廉政建设责任制。各部门各单位领导班子和主要领导要严格执行《关于实行党风廉政建设责任制》规定，把反腐倡廉建设与推进测绘地理信息工作紧密结合、统筹推进。领导班子要对职责范围内的党风廉政建设负全面领导责任，班子主要负责同志要认真履行第一责任人职责，做到重要工作亲自部署、重大问题亲自过问、重点环节亲自协调、重要案件亲自督办；班子其他成员要落实好“一岗双责”，抓好职责范围内的反腐倡廉建设工作。要加强对党风廉政建设责任制落实情况的检查考核，把考核结果作为衡量领导班子、领导干部工作实绩的重要内容，作为干部选拔任用的重要依据。要建立健全责任追究制度，对反腐倡廉建设领导不力、造成严重后果的，要严肃追究有关领导班子和领导干部的责任。

（二）健全工作机制，充分发挥反腐倡廉的整体合力。各部门各单位要积极探索和建立健全反腐倡廉协调机制，纪检监察、审计、财务、巡视、安全监督等部门要发挥各自优势，相互支持配合，既要防止监督检查不到位，又要避免不必要的多头检查，形成齐抓共管的良好局面。国家局的纪检监察、审计、财务等部门要加强对国家局所属单位以及地方测绘地理信息行政主管部门的指导，上下联动，共同促进。要接受群众监督和社会监督，进一步推进政务公开、党务公开，保障群众的民主权利与合理诉求。各级纪检监察部门要加强组织协调，调动各方面积极性，严肃查处失职渎职、违反廉洁自律规定、贪污贿赂等违纪案件，查处利用行政审批权、行政执法权等损害群众利益的案件，查处严重违反政治纪律、组织人事纪律和财经纪律的案件，发挥惩治的威慑作用，促进党员领导干部廉洁自律。

（三）加强组织建设，保证纪检监察部门全面履行职责。各部门各单位要认真贯彻中央纪委《关于进一步加强和改进纪检监察干部队伍建设的若干意见》，提高对加强和改进纪检监察组织建设重要性的认识，进一步健全纪检监察组织机构设置、明确职责任务，建立与测绘地理信息事业迅猛发展相适应的纪检监察组织机构，配齐配强干部队伍。同时，要大力支持纪检监察机构履行职责，对纪检监察干部要做到政治上关心、工作上支持、生活上照顾、精神上鼓励，为他们创造良好的工作条件。坚持严格要求、严格教育、严格管理、严格监督，全面提高纪检监察干部的思想政治素质、业务素质和执纪执法能力，促进纪检监察干部切实“做党的忠诚卫士、当群众的贴心人”，为深入推进党风廉政建设和反腐败斗争提供坚强的组织保证。

同志们，2012年是我国“十二五”规划实施承前启后的关键年，也是测绘地理信息系统深入贯彻党中央国务院重大决策部署、加快测绘地理信息事业改革与发展的关键年。做好2012年测绘地理信息系统党风廉政建设和反腐败工作，责任重大、使命光荣。让我们紧密团结在以胡锦涛同志为总书记的党中央周围，围绕中心、服务大局，突出重点、狠抓落实，开拓进取、扎实工作，进一步开创测绘地理信息系统反腐倡廉工作新局面，为推动测绘地理信息事业科学发展做出更大贡献，以优异的成绩迎接党的十八大胜利召开！

国家测绘地理信息局局长徐德明在李克强副总理视察中国测绘创新基地暨国家测绘局更名国家测绘地理信息局一周年座谈会上的讲话

2012年5月23日

同志们，大家上午好！

今天是5月23日，是一个值得我们测绘地理信息人激动、兴奋、难忘的好日子。一年前的今天，中共中央政治局常委、国务院副总理李克强同志在百忙之中专程到中国测绘创新基地视察，并发表重要讲话。中央政治局领导视察指导测绘地理信息工作，是我局建局以来第一次，具有划时代意义，令我们欢欣鼓舞、倍感振奋。克强副总理同时还亲自宣布国家测绘局更名为国家测绘地理信息局，更加凸显了党中央、国务院的高度重视。一年来，全国测绘地理信息干部职工以高度的政治责任感和工作使命感，认真贯彻落实克强副总理的重要讲话精神，在国务院办公厅、发展改革委、科技部、财政部、国土资源部等部门的大力支持下，继续解放思想，开拓创新，有力促进了认识大提高、环境大改善，推动了能力大增强、服务大提升，实现了事业大发展、作用大彰显。

今天，我们在这里隆重召开座谈会，纪念克强副总理视察中国测绘创新基地、发表重要讲话暨国家测绘局更名国家测绘地理信息局一周年，更显得意义重大。通过回顾总结一年来的成就，更好地面向未来研究部署下一步的工作，适逢其时，很有必要。

这次会议得到了国务院办公厅、发展改革委、科技部、财政部、国土资源部等部委的高度重视，有关领导在百忙之中来参加今天的座谈会是对我们工作的极大支持。刚才，八位同志就一年来贯彻落实克强副总理重要讲话、推动有关重点工作取得实际进展的情况分别作了汇报。部委的同志给予了充分肯定并提出了很好的建设性意见，对我们是很好的鼓励和鞭策。刘先林院士从技术的新发展、时代的新要求、未来的新愿景等方面作了发言。测绘地理信息事业的发展与大家的支持分不开，取得的每一个进步都凝聚着你们的智慧和力量。在此，对你们表示热烈的欢迎和衷心的感谢！

下面我结合大家发言的情况，谈一些认识和感想，也是向各个部门和在座同志作一个系统全面的汇报。

一、重温讲话，体会精神，深感克强副总理的视察意义重大

回想一年前的今天，克强副总理视察中国测绘创新基地的情景依然历历在目、难以忘怀。克强副总理的视察，不仅带来了党中央、国务院的亲切关怀和殷切期望，也给全国测绘地理信息工作者以巨大鼓舞和有力鞭策，极大地增强了广大干部职工的自豪感和自信心，对于推动我国测绘地理信息事业发展具有重大意义。

一是翻开了新篇，开创了纪元。克强副总理在“十二五”开局之年专程视察和指导测绘地理信息工作，体现了党中央、国务院对测绘地理信息事业的高度重视。克强副总理带着责任、带着感情、带着对未来测绘地理信息事业的美好期望发表了热情洋溢的讲话，讲话高瞻远瞩、博大精深，展现了一幅气势磅礴、多姿多彩的测绘地理信息事业宏伟蓝图，标志着测绘地理信息工作站在了新的历史起点上，翻开了一个崭新的篇章。克强副总理亲自宣布国家测绘局更名为国家测绘地理信息局，更加凸显其重大意义，也赋予了测绘地理信息部门更多的责任和使命，开启了测绘地理信息事业加快发展、彰显作用的新纪元。

二是指明了方向，明确了任务。克强副总理在讲话中明确提出了“构建数字中国、监测地理国情、发展壮大产业、建设测绘强国”的总体战略思想，这也是克强副总理一以贯之的思想，克强副总理2008年在我局上报的材料上批示要“加快数字中国建设”，2009年批示要“大力发展地理信息产业”，2010年批示要“加强地理国情监测”，今年更是对这三个方面综合作了批示，构成了国家测绘地理信息局的总体战略。克强副总理在讲话中还明确提出了不断增强基础测绘保障服务能力、加快发展地理信息产业、推进完善测绘地理信息体制机制等重点任务。克强副总理的重要讲话，理论性、思想性、针对性、指导性极强，是统领测绘地理信息工作全局的纲领性文献和行动指南，体现了党中央、国务院对新时期测绘地理信息工作宏观方向的把握和对具体任务的部署，为测绘地理信息事业转型升级、科学发展奠定了坚实的政治基础。

三是提升了地位，扩大了影响。克强副总理强调，测绘地理信息是经济活动的重要基础、是全面提升信息化水平的重要条件、是加快转变经济发展方式的重要支撑、是战略性新兴产业的重要内容、是维护国家安全利益的重要保障，把测绘地理信息的重要作用从理论上、实践上做了深刻的阐述，从而将测绘地理信息工作在国民经济和社会发展中的地位和作用提到了一个前所未有的新高度，对于营造事业发展良好环境、提升测绘地理信息工作的社会影响力具有十分重要的意义。

四是提振了信心，鼓舞了士气。克强副总理亲临中国测绘创新基地视察指导，充分肯定了测绘地理信息事业服务经济建设和社会发展所取得的重要成就，高度评价了测绘地理信息工作者的眼光、激情和智慧，已成为广大干部职工携手同心、攻坚克难、奋力拼搏、勇攀高峰的宝贵精神财富和强大动力源泉。克强副总理的重要讲话，极大地激发了广大干部职工的工作热情和创造激情，有力推动了测绘地理信息事业加快发展。

二、勇敢担当，锐意进取，测绘地理信息工作取得显著成效

一年来，全国测绘地理信息干部职工按照克强副总理的重要指示精神，统一思想、提高认识，铆足干劲、创先争优，实现了测绘地理信息事业大发展，在以下八个方面取得了重要的、跨越性进展。

一是思想理念实现重要转变。全体测绘地理信息干部职工认真学习贯彻克强副总理的重要讲话精神，坚持解放思想、开阔思路，着力转变观念、深化认识，切实把思想和行动统一到党中央、国务院的决策部署上来，倍加珍惜来之不易的大好形势，迸发出了空前的活力和创造力。广大测绘地理信息工作者深入学习实践科学发展观，紧密围绕“构建数字中国、监测地理国情、发展壮大产业、建设测绘强国”的战略部署，进一步弘扬以“快、干、好”为核心的测绘文化，以快赢得机遇，以干取得实效，以好作为目标，突出重点、真抓实干，形成了同心同力搞建设、聚精会神谋发展的良好局面和一心一意想大事、脚踏实地干实事的整体合力，测绘地理信息事业进入到了全面快速发展的新时代。

二是重视程度实现重要提升。一年来，中央编办、国务院办公厅、发展改革委、科技部、财政部、国土资源部等部门加大了对测绘地理信息事业的支持力度。特别是国务院办公厅将克强副总理的重要讲话以《内部情况通报》形式下发，对讲话中提出的有关要求以督办的形式通知各部门，又将各部门办理情况集中整理后反馈给克强副总理，对推动相关工作开展起到了极大的促进作用。各地党委政府认真学习领会重要讲话精神，对测绘地理信息工作重视程度得到了空前的大幅提升，湖北、陕西、新疆等省（区）党政领导多次到测绘地理信息部门视察指导，湖南、四川省委还召开专题会议研究测绘地理信息工作。在经费投入上也实现了前所未有的大幅增长，在财政部的支持下，2012年，国家级基础测绘相关经费投入增加了1亿元。地方基础测绘投入更是大幅度增长，辽宁、黑龙江增长了10倍，四川、内蒙也达到上亿元规模。

三是管理体制实现重要突破。国家局更名以后，局所属陕西、黑龙江、四川、海南测绘局相应更名。省级测绘地理信息部门迅速推进机构更名和体制完善，目前已有黑龙江、辽宁等15个省级和部分市、县级测绘局更名为测绘地理信息局，河北省测绘局更名为地理信息局，河北、海南等还对所有的市县进行了统一的更名工作，有50多个城市成立了测绘地理信息局或地理信息局，浙江、湖北、新疆的省级机构还恢复了正厅，强化充实了职能，部分地方在增加内设机构和领导干部职数上取得了新的突破。在完善体制的同时，切实加强测绘地理信息工作统一监管，测绘地理信息市场秩序进一步规范，有效维护了国家主权、安全和利益，为基层服务、为企业服务的水平也得到进一步提升。

四是装备设施实现重要改善。今年1月9日，资源三号立体测图卫星在山西太原成功发射并传回高质量遥感影像，多项技术指标达到或优于国外同类型测绘卫星，实现了我国在该领域的重大突破，开启了我国自主卫星测绘的新时代。资源三号后续卫星以及激光测高卫星、干涉雷达卫星等已列入《2011-2020陆海卫星业务发展规划》，目前正在组织资源三号2星的立项论证。国家发改委支持约13亿元，用于国家海岛（礁）测绘工程设施设备建设、现代测绘基准体系基础设施建设和资源三号卫星应用系统建设。科技部投入1.3亿元，支持地理国情监测应用系统、测绘装备国产化及应用示范等7项国家级重点科技项目研究。应急测绘装备项目建议已纳入国家应急体系建设规划。机载干涉雷达测图系统、地理信息公共平台软件等一批科技成果得到推广应用。在全国推广无人机航摄系统100余套、地理信息应急监测车8套，在地理信息获取与应急服务等工作中发挥重要作用。

五是天地图建设实现重要跨越。在天地图发展的关键时刻，财政部投入5000万元专项经费支持天地图发展。天地图的数据资源更加丰富，服务功能更加全面，搜索更加快速精确，整体性能大幅提升。目前已有216个国家和地区数亿人次访问天地图，在资源开发、环境保护、交通运输、公共安全等众多领域，发展了1000多个基于天地图的公益性、商业化应用，特别是在维护国家主权方面天地图发挥了重要作用，影响最广、最深、最远。支持多种手机操作系统的天地图手机版上线运行。天地图天津滨海数据处理基地和克拉玛依数据中心建设正在积极推进。天地图省市级节点加快建设，已有浙江、江苏、福建等15个省级节点和伊春、抚顺、嘉兴等9个市级节点接入主节点，天地图各节点间互联互通和协同服务的良好局面正在形成，全国统一的“一个平台”逐步实现。

六是数字城市发展取得重要成就。全国已有300余个城市开展了数字城市建设，其中地级城市占全部地级市的80%，100多个数字城市已建成并投入使用，80多个城市出台了数字城市管理办法。吉林、湖南、宁夏等9个省（区）将数字城市建设列入了省（区）“十二五”规划。河北、江苏、广西等省级政府领导亲自抓数字城市建设。通过数字城市建设形成了一大批新型地理信息成果，在规划、国土、城管等40多个领域得到广泛应用，显著提高了政府公共服务、社会管理和应急抢险的科学化水平，发挥了城市靓丽名片、决策重要工具、管理重要平台、生活得力帮手、宣传重要窗口、信息化重要标志等作用。与此同时，湖南、湖北、海南、宁夏等地还开展了数字省、区建设。

七是地理国情监测取得重要进展。在国务院办公厅、发展改革委、财政部等部门的大力支持下，国务院已经批准开展地理国情监测工作，项目设计过程中也得到了国务院办公厅、发展改革委、财政部等部门有关同志的大力帮助，目前项目总体设计已经完成，约30亿元的项目预算已报财政部审批。福建、山西、陕西等7个省已将地理国情监测工作列入省“十二五”专项规划内容，正在加快立项和组织实施。在国家、省、市三级开展了地理国情监测试点工作，目前已形成了首批监测成果。陕西省发布了陕西城市空间扩展、矿区地表沉降、退田还林和造林治沙等基本地理省情信息，浙江省完成了全省陆域面积、海岸线、滩涂和湿地资源等自然地理要素的动态监测调查工作，有关成果已提供给省政府、相关部门和社会公众使用。

八是地理信息产业实现重要飞跃。积极为企业做好服务，鼓励企业进行增值开发，形成了一大批多样化、大众化地理信息产品，产业年总产值达到1500亿元，实现了强劲增长，并已有10家地理信息企业在国内外上市。国家地理信息科技产业园一期工程80万平方米实现了已经竣工，涉及44家地理信息及相关企业签订了入园协议，即将入驻。国家局测绘数据研发服务基地6.3万平方米办公用房正在进行装修，下半年即可进驻。浙江、山东、广西、云南等地也在积极筹划或已在建设地理信息产业园区。研究起草了《国务院关于促进地理信息产业发展的意见（代拟稿）》，已上报国务院。编制了《促进地理信息产业发展“十二五”规划》。积极推动测绘地理信息企业“走出去”取得重要成果，我国地理信息产业产品品牌和国际形象逐步树立。

此外，国家西部测图工程和1:5万数据库更新工程完美收官，汶川地震灾后恢复重建测绘专项全面完成，现代测绘基准体系建设、海岛（礁）测绘等重点工程积极推进，实现了国家级基础地理信息对陆地国土的全面覆盖和省、市级基础地理信息的有效覆盖，信息现势性显著提高。同时，测绘地理信息界3位专家分别当选为中国科学院或中国工程院院士，实现了测绘地理信息人才培养的新突破，也标志着测绘地理信息科技水平达到了一个新的高度。中国测绘创新基地被选为中央党校教学基地，不仅彰显了测绘地理信息工作的重要作用，而且对于营造测绘地理信息事业良好环境具有重要意义。

所有这些重要成绩的取得和大好局面的形成，是党中央、国务院坚强领导、国土资源部党组正确指导、各有关部门大力支持的结果，也是测绘地理信息干部职工深入贯彻落实克强副总理指示精神、积极进取、奋发作为的结果。在此，我代表国家测绘地理信息局党组表示衷心的感谢！

三、坚持不懈，乘胜前进，加快推动测绘地理信息强国建设

在新的历史起点上，我们务必要继续认真学习和深入贯彻克强副总理重要讲话精神，紧紧围绕党和国家中心工作，咬住目标，毫不松懈，勇于创新，锐意开拓，努力把我国建设成为测绘地理信息强国。

（一）坚持宗旨意识，推动服务创新

服务乃立业之本。要进一步强化服务意识，始终坚持服务大局、服务社会、服务民生的宗旨，加快服务创新，重点在以下四个方面的服务上不断实现新的突破、创造新的成就。一是天地图要上新水平。要站在“抢占国际竞争制高点的重要方面，甚至是突破口”的战略高度，以发展民族品牌、提升民族士气、维护国家安全的政治责任感，继续推进天地图建设，进一步充实数据资源、强化信息更新、优化硬件配置，努力把天地图建设成为人人能用、人人爱用的公众生活“必需品”，打造成为民族优秀品牌和国际知名品牌。二是数字城市要上新高度。要在加快数字城市建设、扩展应用领域的同时，进一步充实信息内容、完善服务功能，加快数字城市与天地图的资源整合和互联互通。继续推进数字省区、智慧城市建设，促进其在国家信息化建设以及领导决策、政府管理和百姓生活中发挥更好的作用。三是地理国情监测要上新台阶。克强副总理强调，科学布局工业化和城镇化，合理利用国土发展空间，有效推进重大工程建设，建设责任政府、服务政府，地理国情监测至关重要。要在充分认识其重要性和紧迫性的基础上，全面启动地理国情监测工作，成立领导小组，加快组织实施，快出成果，快见成效，为搞好宏观调控、促进可持续发展、建设责任政府、服务政府提供地理国情信息支撑。四是地理信息产业要上新规模。要推动《国务院关于促进地理信息产业发展的意见》尽快出台和贯彻落实，为地理信息产业发展创造良好政策环境。积极促进地理信息技术与新一代移动通信、云计算、物联网等新兴产业的集成与融合，加强地理信息产品与服务创新，加快地理信息产业园区建设，推动地理信息产业做大做强，做出大规模，实现高效益。

（二）注重科技引领，推动装备创新

技术决定水平，装备决定能力。技术与装备的创新进步既是测绘地理信息事业的有力支撑，也是事业发展的重要牵引。要深入实施“科技兴测”战略，建立健全测绘地理信息科技创新体系，充分发挥企业在科技创新中的主体作用。要认真组织实施好地理国情监测应用系统、测绘装备国产化及应用示范、国产卫星立体测图关键技术和应用示范等项目研究及成果推广，进一步完善、推广和利用好无人机航摄系统、地理信息应急监测车等先进装备。着力做好资源三号卫星的应用系统建设，充分发挥首颗测绘卫星的作用。进一步落实《陆海卫星业务发展规划（2010–2020）》，推动后续测绘卫星立项，争取尽早形成资源三号 2 星组网运行格局。

（三）丰富数据资源，推动保障创新

要认真组织实施好“十二五”基础测绘规划，统筹协调国家、地方以及军队的基础地理信息资源建设，形成全国基础测绘“一盘棋”的良好格局，着力强化基础地理信息资源保障能力。要尽快建立健全国家、省、市（县）既分工明确、又协调合作的基础地理信息快速联动更新机制，实现国家、省、市（县）各级基础地理信息数据库的动态更新。尽快组织实施现代测绘基准体系基础设施项目。在加快海岛礁测绘一期工程进度、力争年底前完成的基础上，做好二期工程的立项争取工作。加快建设南海测绘基地，为维护南海权益提供有力的测绘地理信息保障。继续组织实施好测绘“走出去”战略，不断提升我国测绘地理信息的国际形象。加强与有关国家的联系协作，通过建立国际测绘项目，积极获取全球地理信息数据资源。

（四）完善体制机制，推动管理创新

要按照建设全国一张图、一个网、一个平台的客观需要和体系健全、职能强化、政令畅通、运行高效的总体要求，以机构更名为契机，以“垂直、统一、恢复正厅”为目标，积极推进省局恢复建制工作。同时要着力推动市、县测绘地理信息管理机构建设，切实落实管理职能和人员，加快完善全国测绘地理信息管理体制。要进一步加强测绘法制建设，做好《测绘法》修订的各项工作，全力推动《地图管理条例》出台和贯彻实施。要着力推进依法行政，创新管理服务，深化地理信息市场监管、地理信息安全管理和国家版图意识宣传教育，强化测绘地理信息工作的统一监督管理，进一步树立勇于担当、务实高效的服务型政府新形象。要创新重大项目管理方式，提升项目管理的科学化水平。

四、多措并举，凝心聚力，进一步强化事业发展的基础支撑

发展测绘地理信息事业，构建测绘地理信息强国，人才是根本，经费是保障，宣传是推手，文化是灵魂。要着力强化这四方面力量，为测绘地理信息事业再上新台阶、再铸新辉煌提供坚强有力的支撑。

一是要强化队伍支撑。要把抓班子带队伍摆在更加突出的位置，以高度的责任感和使命感加强领导班子建设，保证事业发展大政方针的落实不走样、不跑调。要以海纳百川的襟怀打造创新创业人才高地，让各种人才创业有机会、干事有舞台、发展有空间。进一步完善干部考核评价和奖惩激励机制，大胆启用年轻干部，使遇到事情快上手、对待工作勤上手、面对困难敢上手的干部能够脱颖而出，努力造就一支作风过硬、敢抓敢管的干部队伍。要认真组织实施好系列人才培养工程，加大高层次、创新型科技人才培养力度，搭建测绘地理信息科技骨干人才梯队，营造一个团结协作、勇攀高峰的良好氛围，为事业发展提供强有力的人才智力支持。

二是要夯实财力保障。要认真研究国家加快培育战略性新兴产业的政策措施，在地理信息新型服务业态的内涵挖潜和外延拓展上下功夫，从能为、有为、大为入手找准切入点和契合点，在项目争取和经费投入上做好谋篇布局、强化顶层设计。同时，希望国办、发改、财政、科技、国土等部门继续给予关注和重视，实现基础测绘投资规模的新突破，强化资源建设、重要应用、科技创新、装备设施等方面的财政经费支持。地理信息产业要做大做强，离不开资本的力量。要鼓励和支持企业资源整合和上市融资，努力开拓和利用社会资本，充分发挥资本的牵引作用和杠杆效应，为地理信息企业插上腾飞的翅膀，加快形成骨干和龙头企业，大力推动地理信息产业的集团化、规模化发展。

三是要加强舆论宣传。坚持践行宣传也是生产力的理念，加强统筹协调，精心策划组织，着力构建全方位、宽领域、多载体的大测绘、大宣传格局。要以典型典范、成绩成效等为主线，着力宣传测绘地理信息人的所思所为，宣传经济社会发展的所求所盼，加强引导，顺风造势，为事业发展鸣锣开道。要充分利用报刊、网站、全国科普教育基地、中央党校教学基地等媒介和载体，通过各种有效途径，让测绘地理信息的名字响起来、形象树起来，引起广泛关注、提升社会影响、落实重大项目、吸引各方投资，充分发挥舆论宣传对事业发展的引导和促进作用。

四是要弘扬测绘文化。过去，测绘地理信息人历尽艰辛、锐意进取，形成了“热爱祖国、忠诚事业、艰苦奋斗、无私奉献”的测绘精神，为经济社会发展提供了有力的测绘保障；现在，我们抢抓机遇、奋发图强，发展了以“快、干、好”为核心的测绘文化，引领测绘地理信息事业创造了一个又一个奇迹。文化凝聚力量，文化砥砺行动。要坚持以测绘精神教育人、塑造人，以测绘文化引领人、鼓励人。要大力培育创新的文化，着力打造测绘地理信息文化精品，通过文化创新带动思想解放和观念转变，推动制度创新和管理创新，激发人的聪明才智，促进人的全面发展，凝聚全行业的智慧和力量。

同志们，克强副总理视察中国测绘创新基地和国家测绘局更名为国家测绘地理信息局，已经整整一年了。这一年的成绩可圈可点、可喜可贺，进一步的发展前景光明、任重道远。广大测绘地理信息工作者务必始终牢记克强副总理的期望和嘱托，始终牢记肩负的责任和使命。务必继续保持昂扬的斗志和奋斗的激情，唯有奋斗才能发展，唯有奋斗才能成就一番伟大的事业。要以时不我待的态度、勇于开拓的气魄和夙夜在公的精神，扬起新风帆，踏上新征程，不断书写新的壮美画卷，实现我国测绘地理信息事业的大发展大繁荣，以优异成绩迎接党的十八大胜利召开。

谢谢大家。

团结协作 周密部署 推动测绘地理信息安全管理再上新台阶

国家测绘地理信息局局长徐德明在全国测绘成果保密检查总结暨表彰电视电话会议上的讲话

2012年6月15日

同志们：

大家上午好！按照中央领导的重要指示精神，国家测绘地理信息局、国家保密局在全国范围部署开展了测绘成果保密检查工作。各地区、各部门高度重视，团结协作，周密组织，已按计划圆满完成了检查任务，有效维护了国家安全和利益，推动了地理信息产业健康发展。最近，我们上报的关于全国测绘成果保密检查工作情况的专报得到了李克强副总理和马凯、孟建柱国务委员的充分肯定。在此，我代表全国测绘成果保密检查领导小组，向参与此项工作的全体人员致以衷心的感谢！向今天受到表彰的先进集体和先进个人致以热烈的祝贺！向各地各部门对测绘地理信息工作的大力支持表示诚挚的谢意！

刚才易树柏同志就测绘成果保密检查工作做了简要总结，周晖国同志对进一步巩固测绘成果保密检查成效做了部署。希望大家认真学习，深刻理解，把这次检查成果巩固好、落实好。

下面，我受领导小组委托，讲三个方面的意见。

一、深入检查，测绘成果安全管理成效显著

2011年6月，国家测绘地理信息局和国家保密局联合印发了《关于开展涉密测绘成果保密检查的通知》，按照全国测绘成果保密检查领导小组的统一部署，各地各部门成立机构、细化方案，培训队伍、创新手段，依法查处违法违规及失泄密案件，深入开展警示教育，建立健全长效机制，各项工作取得了显著成绩。

（一）强化了测绘成果保密管理工作。各地各部门积极协作，深入开展保密检查，发现问题及时整改，做到不漏环节、不留死角、不走过场。检查范围之广、抽查单位之多、涉及人员之众为近年之最。通过检查，有力促进了测绘成果规范管理和安全使用，达到了以查促管、以查促改、以查促教、以查促防的目的，初步建立了测绘成果保密管理的长效机制。

（二）依法查处了一批违法违规案件。有关部门充分发挥各自优势，形成执法合力，对检查中发现的问题当场指出，督促整改，对严重违规和泄密问题，依法查处，绝不姑息。40多个单位、90余人分别受到党纪或政纪处分，教训深刻，有关单位和人员受到很大震动。这些案件的依法查处，有力维护了测绘成果安全，有效保障了国家利益。

（三）提升了从业单位和人员的保密意识。采取多种形式开展保密宣传教育，提高对测绘成果安全保密重要性的认识，及时报道保密检查工作进展，利用典型案例开展警示教育活动。全国测绘成果保密检查小组编印了《测绘成果保密检查工作手册》，制作了保密教育宣传片，通报了典型案例，地理信息从业单位、从业人员自觉维护地理信息安全的意识显著提高。

（四）完善了安全监管的政策措施。针对地理信息安全管理的新情况、新问题，国家测绘地理信息局会同有关部门制定出台了《遥感影像公开使用管理规定》等规范性文件，测绘成果保密政策取得重大突破；组织研发了保密检查工具软件，可以快速准确进行地理信息涉密风险评定；开展了地理信息安全保密工程研究，着力提升地理信息安全防范能力；印发了《关于进一步贯彻落实测绘成果核心涉密人员保密管理制度的通知》、《关于加强涉密测绘地理信息安全管理的通知》，进一步明确了测绘成果核心涉密人员管理以及地理信息安全管理的重点和要求。

以上这些成绩的取得，是党中央、国务院正确领导的结果，是各地各部门协同配合的结果，更是测绘成果安全监管一线干部职工奋发作为的结果。总结一年来的工作，我们有以下几点体会：

一是组织领导坚强有力。各地各部门按照“全国统一领导、地方分级负责、部门协调指导、多方联合行动”的模式，成立保密检查领导小组及办公室，抽调精兵强将组成检查队伍，为保密检查工作迅速、全面、顺利开展提供了坚强的领导保障，奠定了坚实的组织基础。

二是目标任务明确具体。按照全国测绘成果保密检查领导小组制定的检查方案，各地各部门结合实际制定了本地本部门的工作方案，明确目标、突出重点，及时组织协调会商，作出针对性部署，按计划完成各阶段任务，确保了保密检查行动稳步推进、逐步深入。

三是深入检查不走过场。各地各部门按照方案确定的范围和内容，抓住检查的重点环节，横向到边，纵向到底，不留死角。对发现的问题和隐患，明确指出，限期整改；对严重违法违规行为，依法查处，决不手软。在解决问题的同时，总结了经验，完善了制度。

四是团结协作齐抓共管。测绘地理信息行政主管部门、保密行政管理部门充分发挥各自优势，从维护国家安全和利益的高度出发，联合行动、齐抓共管，心往一处想、劲往一处使，形成了地理信息安全监管的强大合力，确保了有关工作的圆满完成。

二、形势严峻，测绘成果安全监管任重道远

测绘地理信息是国家信息资源的重要组成部分，广泛应用于经济建设、社会发展、国防建设各领域，直接关系国家主权、安全和利益，已经成为世界各国竞相发展和重点保护的战略性信息资源。近年来，随着技术的快速进步和应用的广泛拓展，测绘成果保密管理工作面临的形势越来越严峻。

（一）党和国家对地理信息安全提出新要求。胡锦涛、习近平、李克强等中央领导都对地理信息安全工作作出过重要批示，李克强副总理在视察中国测绘创新基地时特别强调，测绘地理信息是经济社会活动的重要基础，是维护国家主权、安全和利益的重要保障。近年来，周永康、张德江、令计划、马凯、孟建柱等党和国家领导同志都对地理信息安全工作作出重要批示，明确要求切实加强测绘地理信息市场监管，有效维护国家地理信息安全。

（二）我国地理信息安全面临新威胁。随着测绘地理信息服务网络化、应用社会化的快速推进，测绘地理信息安全问题日益突出。如，个别不法分子利用地理信息服务网站标注泄露国家秘密；一些外国的组织或个人打着科研、考古、旅游等幌子窃取我国重要地理信息；一些从业单位和人员在连接互联网的计算机或存储介质上存储、处理涉密地理信息，或非法向第三方提供涉密地理信息，或因管理不善、控制不严导致涉密地理信息载体丢失或无序扩散等，所有这些问题都对我国地理信息安全构成了严重威胁。

（三）地理信息产业发展给安全监管带来新挑战。现代科学技术尤其是网络技术的快速发展，使得测绘成果安全监管的对象和范围发生了深刻变化。测绘成果形式实现了从平面到三维、从静态到动态、从纸介质到数字化再到信息化的重大转变，地理信息的传播途径和方式更加多样、应用领域和范围日益广泛。与此同时，随着地理信息产业队伍的迅速发展壮大，从业单位及从业人员良莠不齐，有的甚至一味追求经济利益，不惜牺牲国家利益，从而给地理信息安全监管带来了新的挑战。

因此，我们要充分认识加强涉密测绘成果安全管理的重要性和紧迫性，按照中央领导的批示精神，坚持常抓不懈，重视涉密监管，确保安全。进一步提高认识、加强监管、扩大宣传、强化服务，把检查工作成果和经验转化为促进地理信息产业健康发展、维护国家安全和利益的长效机制。

三、开拓创新，推动地理信息新型服务业态加快发展

地理信息产业作为战略性新兴产业的重要内容，对于推动国家信息化建设、促进经济社会发展具有非常重要的作用。各地各部门要按照“立足安全，保障发展”的要求，不断创新监管的思路和方法，在维护国家安全和利益的前提下，进一步优化地理信息市场环境，强化地理信息应用服务，促进地理信息产业健康发展。

一要高度重视，加强领导。各地区各部门务必高度重视，加强组织领导，加大宣传力度，牢固树立“国家利益高于一切，保密责任重于泰山”的保密意识。提高全社会对保护地理信息安全的重要性的认识。在窃密与反窃密斗争形势日益严峻的大背景下，要进一步增强测绘成果保密的责任感和紧迫感，增强自主地理信息产品的核心竞争力，积极做好测绘成果的保密管理工作，切实维护涉密地理信息的安全。

二要抓住重点，严加防范。在信息化、网络化条件下，传统的三铁一器、清桌锁柜等方式已不能满足现代地理信息安全监管的要求。面对通过计算机网络等渠道失泄密案件急剧增加的严峻现实，要进一步创新技术手段，积极应对新技术条件下窃密危害，加强对薄弱环节的防范管控，严格涉密测绘成果使用审批制度，强化保密管理设施设备，构建完善的安全管理监控平台，不断提升涉密地理信息的安全防范能力。

三要健全体制，强化监管。各地要抓住省、市、县三级测绘地理信息管理体制不断健全的有利时机，把测绘成果安全监管工作作为各级尤其是市、县级测绘地理信息行政主管部门的重要职责，进一步明确要求、落实责任。要加快建立涉密测绘成果跟踪监管和预警机制，继续加强安全监管工作的协调合作，将测绘成果的安全管理纳入测绘诚信体系，建立健全测绘地理信息安全监管的长效机制。

四要完善政策，促进应用。随着新情况、新问题、新挑战的不断涌现，相应的法规政策制度必须与时俱进，不断完善。要进一步深化地理信息分层保护制度，加快推进《测绘法》、《测绘管理工作国家秘密范围的规定》等法律法规的修订工作。积极促进涉密地理信息保密处理技术推广应用，大力发展具有自主知识产权的地理信息服务网站，在确保国家安全和利益的前提下，有效保障地理信息社会化应用需求。

同志们！测绘成果的安全管理虽然得到加强和改善，但形势依然严峻，国际间的空间信息窃取更加激烈，安全监管的使命光荣、责任巨大。我们要以科学发展观为指导，紧密围绕党和国家中心工作，坚持服务大局、服务社会、服务民生的宗旨，坚持国家利益高于一切的原则，以实事求是的态度和开拓创新的精神，大力推进测绘成果安全监管工作的法制化、规范化，有效维护国家安全和利益，有力推动测绘地理信息事业健康快速发展，以优异成绩迎接党的十八大胜利召开。

谢谢大家！

把握机遇 凝心聚力 努力建设测绘地理信息强国

国家测绘地理信息局局长徐德明在测绘地理信息发展论坛上的讲话

2012年9月12日

尊敬的各位领导，各位院士，各位代表：

大家上午好！

由国家测绘地理信息局、中国工程院共同举办的测绘地理信息发展论坛今天隆重开幕了。在此，我谨代表国家测绘地理信息局党组，对各位领导、院士、专家的莅临表示热烈欢迎！对各部门、各单位长期以来对测绘地理信息工作的关心和支持表示衷心的感谢！

长期以来，国家测绘地理信息局与中国工程院密切合作，在促进测绘地理信息科技进步、培养高层次人才方面取得了可喜成果。去年测绘地理信息系统有三人当选为院士，其中有一位科技领军人才光荣当选为中国工程院院士。这次论坛是双方深化交流与合作的重要举措，也是我国测绘地理信息事业站在新的历史高度，实现大发展、大跨越的关键时期举办的一次重要活动。举办这次论坛的目的是：以科学发展观为指导，坚持服务大局、服务社会、服务民生的宗旨，放眼全球，集思广益，深入探讨关系测绘地理信息事业发展的重大方向性、战略性问题，提出加快测绘地理信息强国建设步伐的前沿性、前瞻性建议，为全面提升测绘地理信息保障服务能力提供有力支持。

近年来，测绘地理信息部门紧紧围绕党中央、国务院的决策部署，深入贯彻落实科学发展观，树立了“大测绘、大科技、大产业、大服务、大发展”的理念，以“快、干、好”的作风，解放思想，抢抓机遇，锐意创新，勇于担当，测绘地理信息事业实现了历史性跨越。

一是精心打造三大平台，测绘地理信息作用彰显。数字城市建设取得重要成果，全国有270多个地级城市正在推进数字城市建设，其中125个已建成并投入使用，成果在60多个领域得到广泛应用。“天地图”网站自2011年开通以来，已有216个国家和地区数亿人次访问，其社会影响力和国际影响力日益扩大。地理国情监测进展顺利，国务院已正式批准立项，国家、省、市三个层面的试点取得多项成果。目前，数字城市建设、“天地图”网站建设、地理国情监测这三大平台三位一体，各有侧重，互为支撑，共同发挥作用。

二是数据资源极大丰富，保障服务能力显著提升。现代测绘基准体系建设进展顺利。西部测图、

1:5 万基础地理信息数据库更新等重大工程顺利完成，1:5 万基础地理信息首次实现了对陆域国土的全覆盖。资源三号卫星成功发射，开启了我国自主航天测绘的新时代。海岛（礁）测绘工程实现了边建设边应用。测绘地理信息在服务科学管理决策、保障重大战略实施、促进区域协调发展、应急救灾等工作中优势突显、成效显著。

三是坚持科技人才核心，创新驱动发展效应初显。始终坚持科技是第一生产力、人才是第一资源的核心理念，大力实施“科技兴测”、“人才强测”战略，强化重点科技项目攻关，突破重要核心技术，取得了一批重要科技成果，形成了以国家级测绘科研机构、高等院校为核心，以测绘单位、地理信息企业为主体，重点实验室及工程技术研究中心协调发展、交叉融合的科技创新体系，以两院院士、科技领军人才、青年学术和技术带头人为主体的测绘地理信息科技人才梯队，培养造就了一支结构合理、素质优良、业务精湛、善于创新的人才队伍。在科技人才的推动下，我国自主创新的现代测绘装备水平显著改善。

四是发展新型服务业态，地理信息产业强劲增长。地理信息产业作为战略性新兴产业，市场需求广，发展潜力大，年均产值增长率超过 25%，2011 年总产值突破 1500 亿元，地理信息相关企业达到 2.2 万家，产业队伍超过 40 万人，已有 10 家地理信息企业在国内外上市。国家测绘地理信息局在北京顺义国门商务区建设占地面积 1500 亩、建筑面积 180 万平方米的国家地理信息科技产业园，目前已竣工面积 135 万平方米，40 多家企业签约入园。前不久，科技部决定产业园为国家高新技术产业化基地，认定名称为“北京国家地理信息高新技术产业化基地”，是国家批准的唯一一家中央国家机关所属的产业园，开创了历史先河，体现了地理信息产业作为战略性新兴产业在国民经济建设、转变发展方式中的重要作用，也为拉动就业创造机会。此外，浙江、四川、湖北、湖南等多地的地理信息产业园建设正在迅速推进，产业集群式发展模式和新型产业高地正在形成。

当前，测绘地理信息的战略地位和重要作用得到世界各国普遍关注，纷纷加强地理信息资源建设，推动卫星定位、高分辨率遥感卫星等技术的进步升级。与此同时，一些大型企业纷纷进军地理信息市场，国际地理信息产业的结构、资本正在加快重组，形成集团化、规模化发展态势。信息技术、空间技术、云计算、物联网的迅速发展，及其与现代测绘地理信息技术的深入融合，为提升全天候、全天时获取全球范围地理信息的能力，自动化、智能化数据处理能力以及网络化地理信息服务能力提供了强劲动力。李克强副总理在视察中国测绘创新基地时指出，测绘地理信息是经济社会活动的重要基础，是全面提高信息化水平的重要条件，是加快转变经济发展方式的重要支撑，是战略性新兴产业的重要内容，是维护国家安全利益的重要保障，从战略和全局的高度深刻阐述了测绘地理信息的极端重要性。我国测绘地理信息事业发展正处于大有作为、大有可为的重要战略机遇期，测绘地理信息科技、资源、服务、产业必将迎来新的发展高潮。

当前和今后一段时期，我们将深入贯彻落实科学发展观，按照“构建数字中国、监测地理国情、发展壮大产业、建设测绘强国”战略目标，加快测绘地理信息科技创新，提升信息化测绘能力；加强现代测绘基准体系建设，丰富完善地理信息资源，提高测绘地理信息服务保障能力；加强数字城市和“天地图”建设，加快推进地理国情监测，树立行业品牌和全新形象；推进地理信息社会化应用，促进地理信息产业大发展，增加在国际市场的竞争力；完善体制机制，加强科技创新人才培养，推动测绘地理信息事业实现跨越式发展。

各位院士、专家都是科技创新的先行者，理论造诣深厚，实践经验丰富，研究成果丰硕，肩负着引领科技进步、培养高科技人才的重任，建设测绘地理信息强国离不开各位的热切关注和鼎力支持、离不开院士们的关心和敬业精神。我借此机会向各位院士、各位专家为测绘地理信息事业发展所做的贡献表示衷心的感谢！希望大家胸怀全球，站高望远，拿出真知灼见，多提宝贵意见。中国有句谚语：兄弟同心，其利断金。相信在各位院士和专家的无私帮助、各个部门的大力支持和整个行业的共同努力下，我们一定能够乘势而上，攻坚克难，早日实现建设测绘地理信息强国的宏伟目标。

最后，预祝本次论坛圆满成功。谢谢大家。

国家测绘地理信息局局长徐德明在《中华人民共和国测绘法》修订十周年座谈会上的讲话

2012 年 9 月 14 日

尊敬的路甬祥副委员长，各位领导，各位来宾，同志们：

下午好！

今天，我们在这里召开座谈会，隆重纪念《中华人民共和国测绘法》修订颁布 10 周年。我谨代表国家测绘地理信息局及全国测绘地理信息工作者，对路甬祥副委员长、全国人大常委会法工委、国务院法制办、司法部、国土资源部和其他有关部门、总参测绘导航局以及新闻界的朋友们长期以来对测绘地理信息工作的关心和支持表示衷心感谢！

1992 年 12 月 28 日，第七届人大第 29 次会议通过了《中华人民共和国测绘法》，这是新中国第一部测绘法律，是测绘事业发展史上的一个重要里程碑，奠定了我国测绘法律体系的基础。2002 年 8 月 29 日，第九届全国人民代表大会常务委员会第 29 次会议通过了修订的《测绘法》。修订后的《测绘法》在加强测绘工作统一监督管理、建立基础测绘各项制度、加强测绘市场管理、加强地图管理、完善法律责任等方面取得了重大进展。10 年来，全国广大测绘地理信息工作者积极宣传和认真实施《测绘法》，发扬“热爱祖国、忠诚事业、艰苦奋斗、无私奉献”的测绘精神，按照“快、干、好”的要求，抢抓机遇，规范管理，加快发展，推动了测绘地理信息事业的蓬勃发展。下面，我简要汇报一下《测绘法》修订颁布以来测绘地理信息工作的有关情况。

一、贯彻实施《测绘法》的主要做法

（一）抓法律宣传，强化法治意识

党中央、国务院高度重视和大力支持测绘地理信息工作，胡锦涛总书记、温家宝总理、李克强副总理多次对测绘地理信息工作作出重要指示，为测绘地理信息事业加快发展营造了前所未有的大好机遇。2011 年 5 月 23 日，李克强副总理到中国测绘创新基地视察，发表重要讲话并宣布国家测绘局更名为国家测绘地理信息局，更加凸显了党中央、国务院对测绘地理信息工作的高度重视，也为进一步实施测绘法奠定了坚实的基础。

搞好法律宣传是有效实施法律制度的重要前提和条件。10 年来，各地采取多种形式，广泛开展学习宣传《测绘法》活动。国家测绘地理信息局连续多年在《测绘法》宣传日期间与省级人民政府联合举办大型主场宣传活动，各地纷纷举办展览、竞赛、座谈、汇演、征文等活动，《测绘法》学习宣传由“独角戏”变为“大合唱”。2007 年，《测绘法》修订颁布五周年座谈会，蒋正华副委员长出席座谈会并发表了重要讲话，对贯彻实施《测绘法》提出了具体要求。测绘地理信息部门把《测绘法》作为“四五”至“六五”普法的重要内容，大力普及测绘法律知识，提高全社会的测绘法治意识。

（二）抓法律配套，健全法规体系

10 年来，国务院先后颁布了《测绘成果管理条例》、《基础测绘条例》；《地图管理条例》列入今年国务院立法计划出台类；依据《测绘法》，国务院还印发了《全国基础测绘中长期规划纲要》、《关于加强测绘工作的意见》。国家测绘地理信息局通过国土资源部出台了《重要地理信息数据审核公布管理规定》、《地图审核管理规定》、《外国的组织或者个人来华测绘管理暂行办法》等部门规章。全国 31 个省、自治区、直辖市全部制定了地方性测绘法规，省级人民政府陆续出台了政府规章以及大量规范性文件。截至目前，我国已有 1 部测绘法律，4 部测绘行政法规，35 部地方性测绘法规，6 部部门规章，近百部地方政府规章，以《测绘法》为核心的测绘法律法规体系初步形成。

（三）抓法律实施，推动事业发展

现行《测绘法》确立了保障基础测绘，促进事业发展的基本制度。10 年来，测绘地理信息部门以《测绘法》规定的各项制度为支撑，推动测绘地理信息事业实现了能力大增强、服务大提升、作用大彰显。一是大力开展数字城市建设，目前已有270多个地级市、40多个县级市开展了数字城市建设，120多个数字城市已经建成并提供服务。二是建成了具有自主知识产权的地理信息公共服务平台“天地图”网站，成为国内数据资源最全、服务功能最多、应用最广泛的地理信息服务网站。迄今为止已有216个国家和地区数亿人次访问了天地图。三是开展地理国情监测，为科学发展提供依据。地理国情监测已得到国务院批准，我局在陕西、浙江、重庆、黑龙江等地组织实施的地理国情监测试点工作取得显著成效。四是持续加强基础测绘，完成了西部1:5万空白区测绘工程，更新了全国1:5万地理信息数据库，实施了新农村测绘保障工程、海岛（礁）测绘工程，中越陆地边界测绘，发射了我国第一颗高精度民用测绘卫星——资源三号。五是做好应急测绘地理信息保障。在汶川地震、玉树地震、舟曲泥石流、北京特大暴雨灾害、彝良地震等应急救灾工作中，第一时间提供丰富多样的测绘成果，提供了强有力的测绘地理信息服务。

（四）抓依法行政，规范市场秩序

10年来，测绘地理信息部门依法履行职责，坚持引导与规范相结合，不断强化测绘地理信息市场监管，为测绘地理信息事业科学发展创造良好环境。进一步完善了《测绘资质管理规定》和《测绘资质分级标准》，引导测绘单位加强自身能力建设，并初步建立了测绘市场诚信制度。通过加强对测绘标准、测绘成果、产品质量、地图市场、地理信息市场的统一监管，形成了良好的市场秩序。加强了涉外测绘监管，维护了国家安全。加大了执法力度，近五年开展执法检查17000多次，立案调查违法案件3000余件。联合有关部门组织开展了全国地理信息市场专项整治活动、全国测绘成果保密大检查和互联网地图及地理信息服务网站专项检查，建设了网上地理信息安全监管系统。地理信息产业健康快速发展，2011年，全国地理信息产业总产值达到1500亿元以上，从业人员40多万人，目前已有10家地理信息企业在国内外资本市场上市。位于北京顺义国门商务区的国家地理信息科技产业园，规划占地面积1500亩、建筑面积180万平方米，目前一期工程135万平方米已经竣工，已有40多家地理信息及相关企业签订了入园协议。

测绘地理信息工作取得的成绩，是党中央、国务院高度重视和坚强领导的结果，是全国人大热切关怀与监督指导的结果，是国务院法制办以及国务院各有关部门大力支持的结果，是国土资源部正确指导的结果，也是各级测绘地理信息管理部门认真贯彻《测绘法》，坚持依法行政、服务发展大局的结果。

二、贯彻实施《测绘法》的体会及存在的问题

10年来，《测绘法》对测绘地理信息事业起到了全面的促进、保障和规范作用。对此，我们有以下体会：

第一，《测绘法》是测绘地理信息事业科学发展的重要制度基础。实践证明，《测绘法》修订实施以来的10年，是我国测绘地理信息事业大发展的10年，测绘地理信息事业取得所有成绩，都离不开《测绘法》提供的坚实法制基础。例如，2002年《测绘法》设立的基础测绘专章，极大地推动了我国基础测绘事业发展。依据《测绘法》，《全国基础测绘中长期规划纲要》、《基础测绘计划管理办法》相继印发实施，31个省、自治区、直辖市和6个计划单列市均编制了本行政区域的基础测绘规划。目前，结构完整的基础地理信息资源体系初步形成，《测绘法》在推进基础测绘取得显著成绩方面发挥了重要作用。

第二，《测绘法》是测绘地理信息市场规范有序的重要制度保障。依据《测绘法》，我们实行了测绘市场准入制度，测绘资质单位从2002年的6800多家，增长到2012年的12000多家。依据《测绘法》，注册测绘师制度逐步建立，目前已有注册测绘师近4000名。依据《测绘法》，导航电子地图制作、互联网地图服务单位实行市场准入，纳入规范化、法治化发展轨道。依据《测绘法》，测绘地理信息部门不断完善市场准入条件，科学制定各项标准，开展各类专项治理，加大对各类违法行为的查处力度，有力地保障了国家安全和利益，促进了市场的健康发展。

第三，《测绘法》是测绘地理信息部门履行职责的重要制度支撑。现行《测绘法》确立了测绘统一监管模式，将测绘行政管理延伸到市、县，把测绘市场监管、测绘成果管理、地图市场管理、测量标志保护等职责明确赋予了市、县级人民政府测绘行政主管部门。目前，全国95%的设区市、86%的县设立了测绘行政管理机构或者明确了职能。2011年我局更名后，17个省级和部分市、县级测绘局相继更名，增设地理信息管理机构，50多个城市成立了测绘地理信息局或地理信息局。与此同时，各级测绘地理信息行政主管部门严格依照《测绘法》和有关法律法规履行职责，不断提高依法行政能力和水平，测绘地理信息行政管理体制逐步完善，测绘地理信息保障服务职责逐步落实。

《测绘法》贯彻实施取得显著效果的同时，也还面临一些问题和压力。

一是基础测绘的经费投入还不适应经济社会快速发展的需要。不少地方基础测绘虽然纳入规划但经费难以落实，致使基础地理信息资源建设与更新缓慢，与加快数字中国地理空间框架建设和提高公共服务水平不相适应，特别是不能满足数字城市、天地图、地理国情监测三大平台建设的要求。

二是测绘地理信息技术装备水平还跟不上信息化测绘地理信息体系建设的需要。核心技术、新技术开发应用不够，高、精、尖测绘仪器装备和大型测绘软件主要依赖进口，国外产品占领了我国70%以上地理信息市场份额，民用高分辨率遥感卫星发展相对滞后，测绘快速应急反应能力相对较弱。

三是测绘地理信息法制建设还不能满足事业发展的需要。对《测绘法》等法律法规规定落实得不够，如为避免重复测绘，《测绘法》规定了立项征求意见制度，由于缺少可操作性的细化规定，该制度至今尚未落实。还有的规定已不符合新形势发展需要，未能及时修改，如测量标志的义务保管制度等。部分地方测绘配套法规规章的制定还较为滞后。

四是测绘地理信息行政管理体制还不能达到完全履行职能的需要。地方测绘地理信息管理机构不健全、模式不统一的现象依然比较突出，在当前测绘地理信息工作统筹协调和监督管理任务越来越繁重的形势下，带来了职责难以落实、监管不到位以及地理信息共享困难等问题，一些工作尚处于粗放式管理阶段。

五是测绘地理信息市场监管能力和水平还落后于产业规范发展的需要。相对于测绘地理信息市场空前的繁荣和活跃，各级测绘地理信息部门的执法力量较为薄弱，执法机构、执法队伍不健全，执法经费、执法装备难以保障，维护地理信息安全面临着巨大的压力和挑战。

面对这些问题和压力，测绘地理信息部门将依法依规、开拓创新，集中智慧、凝聚力量，攻坚克难、加快发展。

三、贯彻实施《测绘法》的下一步工作安排

下一步，测绘地理信息部门将继续全面贯彻实施《测绘法》，重点要做好以下工作：

第一，加快事业发展，提升服务水平。测绘地理信息部门将进一步贯彻落实《测绘法》，着眼于服务大局、服务社会、服务民生，强化服务意识，加快服务创新。继续推进天地图建设，加快数字城市建设，启动地理国情监测工作，继续为地理信息产业发展创造良好政策环境。

第二，完善体制机制，认真履行职责。测绘地理信息部门将加快健全体制、完善机制、强化职责，以机构更名为契机，着力推动测绘地理信息管理机构建设，切实落实管理职能和人员，强化测绘地理信息统一监督管理。

第三，加强制度建设，推进依法行政。随着测绘地理信息事业的快速发展，现有的测绘法律法规逐渐出现了与发展要求不相适应的问题。测绘地理信息部门将配合全国人大、国务院法制办，加强测绘地理信息立法和制度建设。继续全面推进测绘地理信息依法行政，切实提高运用法治思维和法律手段解决测绘地理信息事业发展中突出矛盾和问题的能力。

第四，完善执法体系，提高监督效果。测绘地理信息部门要加大对《测绘法》贯彻执行情况的监督检查力度，加大对测绘地理信息违法案件的查处力度。全面落实行政执法责任制，完善执法程序，规范行政执法行为，提高执法水平和效能。

各位领导，同志们，我们将继续高举中国特色社会主义伟大旗帜，以科学发展观为指导，全面贯彻落实《测绘法》，深入实施“构建数字中国、监测地理国情、发展壮大产业、建设测绘强国”的总体战略，振奋精神，团结奋进，铆足干劲，开拓创新，推动测绘地理信息事业再上新台阶、再创新辉煌，以优异成绩迎接党的十八大胜利召开！

国家测绘地理信息局局长徐德明在中国政府与联合国地理信息管理能力开发合作协议签署仪式上的讲话

2012年11月19日

尊敬的联合国副秘书长吴红波先生，联合国经济和社会事务部统计司司长张保罗先生，各位来宾，女士们，先生们：

由中国国家测绘地理信息局代表中华人民共和国政府，联合国经济和社会事务部代表联合国，共同执行的“中国及其他发展中国家地理信息管理能力开发”合作项目协议签署仪式今天在这里隆重举行。我相信，这个协议的签署将对中国测绘地理信息事业的更快发展及国际测绘地理信息事业的发展有着非常重要的意义。在此，我谨代表中国国家测绘地理信息局，对协议的签署表示热烈的祝贺！向出席仪式的联合国官员、国际组织驻华机构代表、国内相关部门和单位以及测绘地理信息产业界代表表示诚挚的欢迎！对在项目筹备过程中相关部门和单位所给予的大力支持表示衷心的感谢！

测绘地理信息工作是经济社会发展的重要基础性、保障性工作，已成世界各国广泛共识。中国政府历来高度重视测绘地理信息工作，随着经济社会的快速发展，中国的测绘地理信息事业在科学发展观指引下，迈出了崭新的前进步伐，实现了历史性跨越。

我国大力实施“科技兴测”战略，科技创新取得重大突破；技术装备水平显著提高，特别是今年1月9日成功发射中国首颗民用高分辨率立体测图卫星“资源三号”，北斗卫星导航系统已经覆盖亚太地区，实时化地理信息数据获取、自动化地理信息数据处理和网络化地理信息管理与服务能力大幅提升。基础地理信息资源不断丰富，“数字中国”地理空间框架基本建立。测绘地理信息与经济社会发展深度融合，积极打造了数字城市、天地图、地理国情监测三大平台，带动了地理信息产业的蓬勃发展。

刚刚结束的中国共产党第十八次全国代表大会选出了以习近平同志为总书记的新一届坚强有力的中央领导集体，进一步展示了中国共产党对未来发展的美好希望和坚定信心。大会确定了科学发展观作为党的指导思想的历史地位。大会明确提出，大力推进生态文明建设，努力建设美丽中国，促进工业化、信息化、城镇化、农业现代化同步发展。测绘地理信息既是信息化建设的重要内容，也是全面推进“五位一体”建设、“四化”同步发展的重要基础，有着无比广阔的发展天地、无限美好的发展前景。

女士们，先生们：

全球一体化把中国与世界紧密地联系在一起，中国的发展进步离不开世界，世界的和谐繁荣离不开中国。中国测绘地理信息事业的发展得益于国际交流合作，同时也为全球地理信息的发展注入生机与活力。我们赞赏联合国为促进成员国在地理信息领域的协调发展而建立的全球地理信息管理机制，并积极参与联合国地理信息事务以及相关国际交流与合作。我们成功举办了联合国全球地理信息管理杭州论坛，并将继续致力于建设和发挥好浙江德清“中国－联合国地理信息国际论坛”的作用。中国正积极主动融入全球地理信息发展之中，愿意为促进全球地理信息发展发出“中国声音”，贡献“中国力量”。

当前，发展中国家地理信息管理能力水平差距很大，在各国自身努力提升能力的同时，也需要国际间的推进和互助。中国作为最大的发展中国家，愿意尽其所能以南南合作的方式，协助其他发展中国家开发和增强地理信息管理能力。此次中国政府与联合国合作的“中国及其他发展中国家地理信息管理能力开发”项目，由中国政府出资，在联合国建立技术合作信托基金，用来加强中国和其他发展中国家地理信息生产、管理和分发的能力。

女士们，先生们：

中国愿与世界各国加强友好往来，相互分享经验，携手并进、协调发展、合作共赢，共创地理信息更好地服务于人类社会的美好未来！

祝合作取得圆满成功！祝各位来宾身体健康！

谢谢大家！

国家测绘地理信息局局长徐德明
在国家测绘地理信息局党组务虚会（扩大会议）上的讲话

2012年12月8日

同志们：

我们利用一天半的时间，开了一个很好的务虚会，实际上是两天，因为之前专门听取了国家局机关各司局关于2012年工作情况的汇报，也对问题进行了分析，对下一步的思路进行了探索。在两天的务虚会中，我们首先学习了中央关于“改进工作作风、密切联系群众”的八项规定，并以八项规定为指导，转变我们的会风，提高我们会议的质量，应该说达到了目的和要求。这次会议的主题就是进一步学习贯彻落实十八大精神，贯彻习近平总书记的一系列重要讲话精神，深入落实李克强副总理视察中国测绘创新基地时的重要讲话精神，认真回顾一年的工作，分析存在的问题，全面研判测绘地理信息工作所面临的形势，进一步理清思路、明确方向，坚持与时俱进，推动测绘地理信息事业不断地向前发展。

大家按照新的会风、新的要求，在发言中都直奔主题，观点鲜明，抓住一个关键点来深刻论述和阐述，特别是有一些同志，提出一些重大的命题，体现了十八大精神，体现了与时俱进的要求。大家对形势的分析非常透彻，把脉准确，提出了当前制约测绘地理信息事业发展的一些新问题、新矛盾，谈得也非常具体，非常明确。大家客观、高度地评价了我们一年的工作，特别是有的同志还从几年来的工作情况进行了回顾、总结，看到了我们几年来贯彻科学发展观所取得的成绩，看到了党组领导带领一班人敢于面对，敢于承担，在困境中破解难题，在发展中争得机遇，使工作不断地创造新的业绩，创造新的辉煌。大家也提出了很好的建议和意见，这些意见非常中肯，非常有见地，对我们理清思路，明确方向，谋划发展，更好地开展工作非常有借鉴意义，尤其是对开好全国测绘地理信息局长会议，将发挥重要作用。会议开得非常成功，达到了预期目的，取得了非常好的效果。

国家局几位领导的发言，也从各自分管工作，谈了自己的看法和意见，更重要的是从问题的角度分析了我们面临的形势，这样有利于我们更好地把握方向。不正确对待问题，不深刻揭示矛盾，就没有前进的动力，就不能破解面临的难题，就会失去前进的方向。国家局几位局领导的发言，从更高的层次、更宽的视野、更前瞻的眼光、更深刻的矛盾揭示中提出的意见和建议，对更好地理清思路、更好地提高工作的水平很有借鉴意义。下面我讲四个问题：

一是如何评价过去

自从2008年开展深入学习实践科学发展观活动以来，我们进一步开展解放思想大讨论，跳出测绘看测绘，明确了发展思路，树立了大测绘观、大发展观、大科技观、大产业观，提出了“服务大局、服务社会、服务民生”的宗旨，使测绘工作从后台走向前台，从底层走向上层，从传统走向现代，为测绘地理信息事业发展提供了广阔的空间。这得益于科学发展观，没有科学发展观的学习就没有我们今天的变化，没有科学发展观的实践就没有我们现在的创新。科学发展观焕发了测绘地理信息事业的生机，让测绘地理信息事业有了辉煌的成就，让社会更加认识到测绘地理信息在国民经济和社会发展中的重要地位，也正如克强副总理对我们“五个重要”的科学论述。这都得益于科学发展观，得益于时代发展对我们的要求，也得益于我们在实践中不断创新。这几年的工作，可以总体评价概括为：持续快速发展，事业兴旺攀高，工作创造辉煌。

我们工作不断地上台阶，与克强副总理连续几年对我们作指示和高度重视分不开，每有重大活动克强副总理都能在百忙之中亲自作指示，提出明确的要求，给我们极大的激励和信心。特别是2011年5月23日，亲自到中国测绘创新基地视察指导，对测绘地理信息工作给予了高度评价，并宣布国家局更名。通过视察、座谈、汇报，他表示看到了测绘地理信息工作者的激情、眼光、智慧，认为我们提出建设测绘强国的目标是可以实现的，使我们倍受鼓舞。今年5

月 23 日我们举行了李克强副总理视察中国测绘创新基地暨国家测绘局更名国家测绘地理信息局一周年座谈会，我们重温了克强副总理的重要讲话，进一步增强了信心。刚才有局领导说，克强副总理讲话读 100 遍也觉得新鲜，讲话最有针对性、最有前瞻性。对照十八大报告看，克强副总理的重要讲话精神在十八大报告里都体现出来了。例如信息化，离开准确丰富的地理信息，就不可能实现经济社会各方面的信息化。克强副总理讲话中提出的“五个重要”是纲，具体要求更明确，提振了测绘地理信息系统的士气，给我们增添了力量，增强了勇气，增强了信心，是我们的行动指南，是纲领性的文件，为我们开创新纪元、创造新佳绩指明了前进的方向。回顾总结今年的成绩，具体表现在以下七个方面：

第一个亮点是地理国情监测。这是我们新的创新，是适应测绘地理信息面临的新形势、新变化、新需要提出的重要发展战略。在去年试点的基础上，今年我们在更大的程度上进行了推广应用，为地理国情监测项目在短时间内立项奠定了坚实基础。事实证明，地理国情监测是最有广阔发展空间的，最能引领我们向前发展的，最有广泛覆盖面的，最能符合实际需要的。十八大提出“加快生态文明建设”、“建设美丽中国”，地理国情监测正适应了这些要求，顺应了这些要求，也将满足这些要求。实践证明，监测地理国情是保证生态文明建设、推动生态文明建设的一个最好的项目。克强副总理专门对地理国情监测作出了重要指示，他讲得非常深刻，明确“地理国情是重要的基本国情，是搞好宏观调控、促进可持续发展的重要决策依据，也是建设责任政府、服务政府的重要支撑”，强调了地理国情监测的极端重要性。

第二个亮点是资源三号卫星发射成功并交付使用，而且应用效果非常好。填补了中国没有民用测绘卫星的空白，也使我们跻身于世界仅有的几个拥有民用测绘卫星的国家之列，极大地提升了测绘地理信息获取的能力与水平。这也得益于在学习实践科学发展观活动中，我们提出测绘地理信息获取能力不足的问题，也就是没有民用测绘卫星的问题，得到了国家的重视和支持，加快了民用测绘卫星的建设和发射进度。

第三个亮点是装备水平不断得到改善。在没有资金、没有立项、没有先例的情况下，我们积极推动自主研发设计了国家地理信息应急监测车，2010 年在各省配备了 100 余架无人机航摄系统，这些尖端测绘地理信息装备的配备，提高了测绘地理信息获取能力，保证了数据现势性，解决了应急救急的测绘地理信息保障问题。我们没有等、靠、要，没有依靠国家有关部门投入，而是靠敢于担当，瞄准前沿，看准问题，我们自己筹措资金。无人机的配备，不仅受到资金限制，也受到空管政策限制。随着我国低空空域管理放开，于明年开始进入全国推广阶段，目前没有哪一个部委拥有数量如此之大的无人机，说明我们对国家负责，对事业负责，对测绘地理信息发展负责。今年我们又配了 9 辆监测车，其应用效果非常好。这些工作都极大地改善了我们装备的水平，我觉得要干事就要靠深入谋划运作，才能有发展、有空间，才能推动事业超常规发展。

第四个亮点是产业园建设成效凸显。北京国家地理信息科技产业园从奠基建设到现在不到两年时间，135 万平方米的主体大楼全部竣工，即将交付用户单位开展装修。国家测绘地理信息局将在产业园拥有 6.3 万平方米的三栋楼，12 月份将全面投入使用。从中国测绘创新基地建设到产业园建设，我们就是靠着勇于担当、超常运作、规范管理，推动了事业的发展。现在很多省局也在学习借鉴国家局模式，在积极运作。所以说，一个思路开拓一片天地，一份担当迎来一片蓝天。产业园的建设各方评价非常好，测绘地理信息界的院士提出竣工了要去参观考察。由国家局牵头开展国家级测绘地理信息科技产业园建设，在国务院各部委中我们也是破天荒的，走在前列的，在世界上都是闪光的，没有哪一个国家的测绘地理信息部门拥有这么强的实力，拥有这么雄厚的基础，我们让西方国家刮目相看，让中国测绘地理信息人扬眉吐气。我觉得置家置业才能“置”出我们的士气，否则别人就永远看不起我们。古语有云，齐家治国平天下。作为国家也好，部门也好，单位也好，大家小家都要“置”，只有置好单位这个“家”，才能更好地为国家做贡献。现在各省都在置家，浙江、湖南、陕西、四川、江西、云南都开展了产业园建设，江西还顺带解决了职工住房问题。我们把“家”置得好一点，热乎一点，才有人气，才有凝聚力。我们的建设成就，得益于国家局党组一班人敢于担当、敢于负责的精神，也得益于国家局各司局长，得益于各地方局的领导，得益于各企事业单位的领导大力支持。

第五个亮点是国家局代表中央人民政府与联合国签订了合作协议，搭建了地理信息管理能力开发合作平台。这个合作项目，是联合国首次主导推动发展中国家在地理信息领域提高管理开发能力，也是我国测绘首次在该领域与联合国开展合作，这个也是创记录的、破天荒的。我们与联合国的合作成功，首先得益于我们的更名，“国家测绘地理信息局”这个名改得好，确立了我们在地理信息领域的领导地位，要不加上地理信息这四个字，这个平台建设就无从谈起。测绘是手段，是生产、是获取数据，地理信息是产品、是成果，这二者之间不是等量齐观的，是两个层次的。只有将地理信息作为产品明确纳入我们的管理范畴，我们才从后台走向前台，我们的企业才从生产型走向经营型，我们的成果才从产品变成商品，联合国才会跟我们签署地理信息管理能力开发合作协议。有人问什么叫管理能力？我觉得就是管理地理信息分发处理的能力。这个协议影响深远，我在微博上发了相关消息后，测绘地理信息企业反响非常强烈，认为这个协议为带动企业走出国门、走向世界铺平了道路，也是我们迈出“走出去”战略坚实步伐的重要基础和重要支撑。所以这项工作我觉得也是非常亮，也是金光闪闪。解放思想、实事求是、与时俱进、求真务实，是科学发展观最鲜明的精神实质。所以现在看，不是办不到，就怕想不到，宁愿异想天开，也不能思想僵化，不能守旧。解放思想要实事求是，实事求是不是坐地不动，要与时俱进，要“俱”到求真务实上，要“进”到讲求实效上。空谈误国，实干兴邦，“干，才是马列主义；不干，半点马列主义也没有”。

第六个亮点是产业园被科技部命名为“北京国家地理信息高新技术产业化基地”。经科技部专家反复论证、反复评审，产业园被命名为北京国家地理信息高新技术产业化基地。科技部首次给一个国家局主导的产业园命名，标志着测绘地理信息产业化在经济、科技方面的地位得到了确立，对吸引人才、催生产业发展等方面产生了重大而深远的影响。这个亮点也是不容易，国家测绘地理信息局能建成产业园，科技部能破天荒地命名，也是没想到的。当然这与大家积极努力、卓有成效的工作是分不开的。建产业园是亮点，能有科技部命名也是亮点。

第七个亮点是国家版图宣传教育成效显著。我觉得今年国家版图宣传工作做得非常出色，国家版图意识宣传教育“进学校、进社区、进媒体”和“国家版图知识竞赛”、“少儿手绘地图大赛”的“三进两赛”活动，和我们应对南海、钓鱼岛的快速反应，都产生了非常好的影响。国家版图意识宣传教育“三进”，体现了测绘地理信息部门在维护国家主权、提升全民版图意识方面发挥了应有的作用。我们的个别公民和单位片面追求个人利益最大化，在地图编制上对我们一些岛屿有意不标注，只为他自己的刊物发行、产品出口着想，而丧失国家利益、损害了国家主权。我们的国家版图意识宣传教育，就是要提高国民的版图意识，在强化民族利益、国家利益至上方面发挥重要作用。“天地图”及时发布钓鱼岛、黄岩岛的影像图，并且在三年多前就开始主动研究南海问题，研究南海的历史依据，研究版图的变迁，找出主权存在的依据，也引起良好的反响。这些都体现了我们测绘地理信息人是很有战略眼光的，很有国际战略思维。一个部门，不能等着分配工作，被动应付，而是要主动去应对，要超前去应对，要站在国家和全局的战略角度去思考问题，去研究问题，去履行部门的国家管理职责。“天地图”发布以后，印度、越南、日本等国家都提出抗议，正说明我们充分发挥了网络地图在维护主权方面的广泛性、现实性、及时性的作用。

当然还有很多亮点工作，我们确实是取得了巨大的变化。可以借用与会者评价的“宗旨战略定位明确，三大平台作用凸显，产业发展再创新高，基础测绘更加夯实，测绘卫星扭转局面，技术装备明显提升，统一监管更加有力，国际合作谱写新篇，文化建设凝聚士气”来概括一年来测绘地理信息工作取得的成就。

但是，测绘地理信息事业发展中还存在着一些问题。一是思想还不够解放，传统的、守旧的东西依然存在，固步自封、停止不前的现象还是存在的；二是重复建设、浪费严重的问题比较突出，这个问题尽管是超出了我们部门的范围，但是我们还要呼吁，也要靠我们自身的能力去推动解决，我们的数据能提供的要主动提供，来引导他们避免重复建设；三是地理信息安全保密管理的难度越来越大，中央领导同志多次对此作出批示，原来批示是说非法测绘，现在批示是说在重大项目建设中存在测绘地理信息数据安全问题，监管难度越来越大；四是产业发展的规模偏小、竞争力还不够；五是测绘地理信息装备还需要加快改善；六是科技顶尖人才和自主创新能力还很缺乏。

二是如何判断形势

测绘地理信息是经济社会活动的重要基础，随着经济社会的快速发展和科学技术的不断进步，测绘地理信息应用越来越广、作用越来越大。测绘地理信息各行各业都得用，离不开，所以形势对我们是有利的。明年形势怎么判断？习近平总书记指出，明年是全面贯彻落实党的十八大精神的开局之年，做好明年经济社会发展工作十分重要，要以提高经济增长质量和效益为中心，稳中求进，开拓创新，扎实开局，进一步深化改革开放，进一步强化创新驱动，实现经济持续健康发展和社会和谐稳定。这是明年的形势发展和经济发展的总判断、总基调、总方针。我们看待形势要紧紧地围绕中央做出的一些重大部署，只有围绕中央的重大部署和重大决策，我们才能把得住脉，才能找准方向，才能更加有序、稳定、健康发展。我认为我们测绘地理信息事业现在仍然处在黄金战略发展机遇期，这基于十八大提出的“三个没有变”，第一个就是我国仍处于并将长期处于社会主义初级阶段的基本国情没有变；第二个就是人民日益增长的物质文化需要同落后的社会生产之间的矛盾这一社会主要矛盾没有变；第三个就是我国是世界最大发展中国家的国际地位没有变。这“三个没有变”的形势判断，其核心就是要求我们加快发展，一切要围绕发展，只有发展了，我们才实现变。“三个没有变”就是我们发展的空间。同时十八大还提出了“两个奋斗目标”，即在中国共产党成立一百年时全面建成小康社会；在新中国成立一百年时建成富强民主文明和谐的社会主义现代化国家。这两个宏伟的战略目标，都决定了我们发展的机遇。“三个没有变”，我们要改变，改变就要发展；“两个奋斗目标”要实现，就要加快发展。判断形势，就要站在国家战略部署的高度，按照国家大政方针来研究。那么我们的机遇在哪里？具体讲：

第一就在十八大提出的建设生态文明、美丽中国上。大家在发言中提出要建设生态中国、要建立生态地理信息数据库。无论是建设生态中国，还是建立地理信息生态数据库，都得往里装东西，东西从哪儿来？得干，不干库里就没东西装。我们实施的地理国情监测是动态的，没有数据，就没有比对；没有比对，就没有说服力；没有监测，就没有监控，滥采滥挖、滥砍滥伐、滥批滥建就难以制止。这些给了测绘地理信息大有作为的、也一定有作为的空间。这体现了我们测绘地理信息系统的超前思维，我们已经提前谋划了、开展了地理国情监测。中央强调，到基层调研要深入了解真实情况，向群众学习，多同群众座谈，多同干部谈心，多商量讨论。群众的眼睛是雪亮的，观察是敏锐的，智慧是巨大的，关心测绘的人很多，但是关键在于谁注意听取、吸纳别人的意见，谁去实施，谁能抓住机遇并把它落到实地。

第二就在十八大提出的优化国土空间布局上。优化国土空间布局，就是提高资源的利用效率，“节约优先、保护优先”战略、珍惜每一寸土地、严格土地用途管制，都得靠地理信息。李克强副总理指出，现代测绘技术和地理信息资源是研究和解决资源、环境、人口、灾害等经济社会可持续发展重大问题的重要手段。利用测绘地理信息，可以准确把握自然环境的现状和变化趋势，优化国土空间布局，有利于以最低的资源消耗和环境代价达到最好的效益。这说明测绘地理信息很重要，在优化国土空间布局上，离不开我们的保障服务，有我们大有作为之处。

第三就在十八大提出的推进城镇化建设上。李克强副总理指出“城镇化是我国经济增长的巨大引擎”、“城镇化是扩大内需的最大潜力”。什么叫城镇化，化镇为城叫城镇化。城镇化是最大的节约集约用地，城镇化是最大的改善提高人民质量，城镇化是最大的降低社会成本和公务支出，城镇化是最大的扩大内需、创造就业。所以城镇化是未来发展的方向，而且是必须加快发展的方向。这要求我们适应城镇化建设的需要，一切要服从城镇化，城镇化是我们当前乃至今后相当长一段时期的重大战略，所有的政策都要适应城镇化，因为城镇化有利于优化城乡结构，消除城乡差别，实现城乡统筹一体化，提高国民的整体素质和国民收入的水平。在国土空间规划中，要限大、控中、放小，大城市咬死不放；中等城市控制在一小时活动半径，有利于人民的生产生活；小城镇放开，吸纳农民进城，改变农民传统的生活习惯，提高农民生活质量。在保障服务城镇化上，我们确实有非常大的空间，要围绕推进城镇化大力开展1:2000、1:1000等大比例尺测绘，为城镇化提供规划、设计、建设等方面的测绘地理信息技术支撑。这就是我们大有作为的地方，测绘地理信息企业也面临着巨大市场。机遇在哪里？这就是机遇。

第四就在十八大提出的加快信息化建设上。测绘地理信息为国民经济和社会信息化提供权威、可靠、标准的地理信息基底，促进城市精细管理、科学决策和高效服务，利用地理信息高新技术直接服务农业现代化。所有的政府管理、决策都要实现信息化，还有企业也将通过信息化的改造提升传统产业的水平。所以信息化也为我们测绘地理信息提供了大有作为的空间，离不开我们的保障服务。特别是信息是动态的，是变量的，不是固定周期性的。特别是基于位置、空间变化的信息化，这样信息的变化，测绘的生命力就来了，所以信息化也是我们能够大有作为的地方。

第五就在十八大提出的逐步实现全体人民共同

富裕上。人民生活水平提高，为享受高科技产品提供了发展空间，要让地理信息服务真正进入千家万户，成为人们工作、生活中用得上、离不开的必需品。人们驾车、上网、旅游、购物等都离不开导航位置服务，通过信息化加测绘地理信息，不出门便知天下大好河山，而且大家愿意在这里投入，测绘地理信息服务已经深深根植于人民群众。对此我们也是大有作为的。

第六就在国家实施扩大内需战略上。国家为扩内需出台的一些政策支撑，也有利于测绘地理信息产业发挥作用，争取支持。现在浙江省已率先出台了一些鼓励测绘地理信息产业发展的政策，浙江确实是改革前沿，什么都跑在前面，我们还没想他们想了，我们想了他们先做了，而且政策比国家政策更富有魅力，更富有诱惑力。国家也将出台有利于地理信息产业的政策措施，这就从更大的范围为推动地理信息产业发展形成了强有力的支持。

三是如何把握机遇

测绘地理信息部门贯彻落实十八大精神，必须把握党的十八大精神实质，把广大党员干部的思想和行动统一到党的十八大精神上来，把智慧和力量凝聚到落实党的十八大提出的重大战略部署和各项重大任务上来，切实把科学发展观贯彻落实到测绘地理信息事业发展的各方面、全过程。

十八大描绘了全面建成小康社会、加快推进社会主义现代化、夺取中国特色社会主义新胜利的宏伟蓝图。“五位一体”总体布局、“四化”建设同步发展，测绘地理信息的机遇无处不在，无处不有，只是我们怎么去挖掘、去发现、去顺应、去利用机遇发展我们自己。但是抓住机遇得有胆识、胆量，得有能力。怎么利用好这个机遇？怎么去把握这些机遇？也需要我们有清醒的头脑，不然机遇在你面前也会稍纵即逝；或者犹豫不决，机遇就会擦肩而过；或者左顾右盼，就会丧失良机。什么叫领导？领导就是要比别人站的高一点，看的远一点，能够担当一点，就得看到光明，看到前途，看到希望，更重要的是要有自信，要敢于担当。要把握机遇，用好机遇，就要始终坚持做到：

第一始终坚持科学发展、与时俱进的精神。没有科学发展观，我们不能与时俱进。如果离开科学发展观，就可能陷入悬崖，掉入陷阱，死路一条。这次党的十八大把科学发展观作为指导思想，而且是必须长期坚持的指导思想，确定了科学发展观的历史地位。科学发展观是我们亲身感受的管用、好用的理论，用了就能见效果的理论，你自觉不自觉的都会坚持用。抓住机遇，首先就要始终坚持科学发展、与时俱进的精神境界。

第二始终坚持解放思想、求真务实的作风。我们不能固守残缺，时代是进步的，形势在变化，已有的东西随着时间的推移会落后，会落伍。我们党的历史就是解放思想的历史，就是求真务实的历史。没有解放思想，党的思想不会成熟，理论不会成熟，事业不会发展。共产党人的核心理念就是解放思想，要始终把它作为前进的不竭动力，我们才能够永远不落后，永远向前进。

第三始终坚持抢抓机遇、快干好的作风。实践证明，这四年来，我们不仅抢抓机遇，我们也在创造机遇、赢得机遇。“快、干、好”的作风，使我们获得很多机遇。我们不等、不靠、不要，凡事先干，从干中要机遇，从干中要政策，从干中要支持，从干中要承认，从干中要成果，以前我们做到了，今后我们还要继续这样做。只有这样做，我们才能不断地实现跨越式发展。

第四始终坚持面向基层、主动服务的思想。不把眼睛盯在基层、放在服务上，我们就是绊脚石。政府是企业之父，企业是就业之母。没有就业就没有社会稳定，就没有经济基础。政府的一切工作，都要面向基层，主动服务，超前服务，将企业发展放在第一位。不要求全责备、吹毛求疵，要多支持，多关心，多帮助。我们要立足社会主义初级阶段这个最大实际，我们要使制度更加成熟更加定型，这需要一段历史和过程。我们的国家局机关、各省局，要始终把着眼点、立足点放在服务上，放在发展上。

第五始终坚持改革创新、敢于担当的思想。不能遇事从个人着想，为保乌纱帽。毛主席说过，为有牺牲多壮志，敢教日月换新天。管理一个部门，就要负责，不能推诿，不能敷衍，造福一方。当官是责任，不是权利。不负责任的权利不仅对党不负责，也对自己不负责。为负责任犯错误，国家不会怪你，人民不会怪你。改革创新，就要突破禁区，闯出新路，挺起胸膛，负起责任。对于党、国家，道路决定命运。对于部门、单位，领导决定前途、决定好坏。一切为群众负责，为党的事业负责，这样的官当的才光荣。

第六始终坚持按需测绘、效益优先的原则。我们现在财力物力有限，要有针对性的、有重点的去测绘。我们是为了发展需要而测绘，为了满足保障服务需求而测绘，为了加快发展而测绘，所以一切工作要切实从经济社会对我们的实际需求出发，实现按需测绘。这样，我们的成果才能真正能够体现出效益，体现出价值。

第七始终坚持文化引领、凝聚力量的思想。测绘几十年的历史创造了“热爱祖国、忠诚事业、艰苦奋斗、无私奉献”的测绘精神。这种精神凝聚了我们测绘地理信息人，我们要大力弘扬。我们提出“快、干、好”的核心文化，就是要造福人民，发展事业，提升地位，创造未来。十八大提出了“富强、民主、文明、和谐，自由、平等、公正、法治，爱国、敬业、诚信、友善”的社会主义核心价值观，这24字的核心价值观是国家民族文化的精髓，是历史的传承，指引着中国特色社会主义文化的发展方向，我们要以这个为总基调，为总指导，来发展文化，提升文化，增强凝聚力，上下一心，齐心努力。这样才能把握机遇，赢得机遇，顺应机遇，创造机遇，才能为发展提供无限广阔的空间，才能使工作更加符合党和人民的需要，才能真正落实好十八大精神。

第八始终坚持团结和谐、勇于进取的境界。“人总是要有一点精神的”。精神振奋则百事俱兴，形神萎靡则百事俱废，干好我们的事业就需要一种勇往直前、不怕牺牲的精神，一种矢志不渝、奋发有为的精神，一种知难而进、坚忍不拔的精神，一种廉洁勤政、务实惠民的精神，只有以这种饱满的精神状态顾大局、勇创新、甘奉献、勤为民、谋发展，才能在发展中勇于开拓，敢于创造，发挥优势，知难而进。团结就是大局、团结就是力量，廉洁就能凝聚，我们要把各级领导班子打造成善谋实干、勤政为民、团结务实的战斗集体，要学会团结一切可以团结的力量来加快事业发展。要树立强烈的事业心和责任感，不仅用心谋事、潜心干事，还要心系群众、服务人民，为民做好事、为群众办实事，顺应民意、化解民忧、为民谋利。在事业快速发展的大潮中，无论资金项目有多大，审批权力有多大，我们都必须始终保持清醒，始终绷紧廉洁自律这根弦，干净干事、清白做人，从点点滴滴的小处着手，严格要求自己，树立清正廉洁的良好形象，只有这样我们才能不断推动事业快速健康发展。

四是如何确定发展思路

什么东西都是变化的，我们的认识也是不断变化的，我们的思路、目标也要随着时间推移、形势发展而变化。目前测绘地理信息战略目标需要调整一下，以体现与时俱进的要求。我们要按照新的要求，把“构建数字中国、监测地理国情、发展壮大产业、建设测绘强国”变为“构建智慧中国、监测地理国情、壮大地信产业、建设测绘强国”。由数字向智慧、由发展壮大产业向壮大地信产业的新表述，体现更全面，目标更清晰。我们过去强调构建数字中国，到目前为止可以说数字中国建设的基本任务已经完成。构建智慧中国，是提升信息化水平的要求。智慧中国是信息化水平的标志，是物联网、云计算、大数据，更重要是这些技术的运用。监测地理国情主要指监测生态环境、功能区、城镇化。如何科学布局城镇化，如何统筹规划、合理利用国土发展空间，如何有效推进重大工程建设，如何建设美丽中国，强化和发挥测绘地理信息工作的监督功能，地理国情监测至关重要。我们要建设测绘强国只有企业强不行，还要人才强，技术强，装备强，经济实力强，产业强。要提高我们的综合国力和我们自身的实力，应该将发展壮大产业明确为壮大地信产业，更有指向性、指导性。这个修改更能体现与时俱进的要求，能更全面反映我们测绘地理信息事业的客观实际，更能适应时代发展的要求。

我们应该按照这个战略目标来深入谋划，做好测绘地理信息事业发展的顶层设计，适应时代发展的要求。测绘地理信息系统深入贯彻十八大精神，就要按照十八大的要求，思想上与时俱进，行动上保持一致，效果才会更好，发展才能跟上时代步伐，才能永不落后。我们不能守旧，不能停滞不前，干工作不进则退，现在是慢进也退。时代呼唤我们不能停步，只能跨越。要按照全国一盘棋的思想，统筹协调好国家、地方以及军队基础地理信息资源建设，建成由“一网、一图、一平台”构成的数字中国地理空间框架，进而推动智慧中国地理空间框架建设，特别是要加强基础测绘、丰富测绘地理信息数据。这个方面四川已争取到6.85亿的基础测绘资金，十八大之后就开始落实。说明四川省政府有战略眼光，深刻理解了在信息化、城镇化，生态文明建设中，尤其是四川地质条件复杂的情况下，各方面都离不开准确现势的地理信息做支撑。

新一届党中央站位更高，要求更高，这要求我们按照中央做出的重大决策部署和要求，来确定新的发展思路，更好的开好局，在党中央的领导下，做出新的成绩，创造新的辉煌。测绘地理信息工作的指导思想，就是要以科学发展观为指导，认真贯彻十八大精神和中央经济工作会议精神，认真学习贯彻习近平总书记的一系列重要讲话精神，继续深入贯彻落实李克强副总理视察中国测绘创新基地重要讲话精神，结合我们工作的实际，始终坚持服务大局、服务社会、服务民生的宗旨，按照我们确定的战略目标，到2030年基本建成测绘地理信息强国，2040年建成名副其实的，在技术、人才、装备、产业、科技等方面实力全面增强的测绘地理信息强国。

按照这个目标、要求，我们认为2013年工作的总体思路应该是，强化基础提能力，建好平台推应用，依靠科技促发展，保障安全严监管，快干好上创新高。为此，明年及今后一段时期，要着力在以下八个方面下功夫：

第一要切实加大三大平台的建设与应用，着重在提升应用上下工夫。首先要强化平台的维护、数据的更新和数据的丰富，要切实保证三大平台正常有效运转，要及时更新数据，加快丰富数据源。当前我们数字城市的相关数据，主要覆盖城区范围，没有覆盖到县乡镇及广大农村地区，我们要加快丰富数据，争取做到数据无缝连接。要开发、扩展、提升应用，三大平台的生命力都在于应用，应用的生命力源泉在于我们的产品，要按照“政府主导、市场运作、企业经营、增值服务”的原则，开发新产品，扩展新领域，提升新水平。我们要立足建设于应用、强化于应用，要把应用普及到各个领域、各个行业、各个部门、各个环节，实现应用的全覆盖，这样才能发挥我们的作用。

第二要切实为“四化”同步发展提供保障服务，着重在提供数据保障服务上下工夫。十八大报告中，虽然没有明确提到“测绘地理信息”，但通篇都是对测绘地理信息加快发展的新要求、新希望、新举措、新动力。十八大提出一系列战略部署都涉及到我们测绘地理信息部门，如何科学布局工业化、城镇化，如何统筹规划、合理利用国土发展空间，如何有效推进重大工程建设，如何推进农业现代化，如何服务生态文明建设战略，如何推进经济结构战略性调整，如何实施创新驱动发展战略等，都对我们提出了非常紧迫的要求。首先需要我们紧密围绕十八大的要求提早做好准备，超前做出谋划，要突出一个“早”字，要做到有备无患。第二就是要在重点区域上谋划好合作，保证应急救急需要时，我们能够及时提供保障服务。比如，在城镇化进程中，我们就要和各省（自治区、直辖市）搞好对接，了解掌握各省（自治区、直辖市）城镇化发展的重点部署、重点区域、重要节点，只有了解全局、掌握全局，才能争取主动，才能保证应急救急、规划建设等各方面的需要。第三就是要着力做到精细、完整、好用，我们提供的成果一定是精细的、完整好用的，不能拿出去以后，让人看了都是毛病，这有损于我们的形象。第四就是进一步拓展新的服务领域。十八大首次提出要建设海洋强国，这也对我们测绘地理信息工作提出新要求，要紧密围绕国家的战略安排，重视海洋地理信息数据获取，服务海域经济开发，服务海洋强国建设。服务国家“走出去”战略，要求我们获取全球地理信息资源，这些也都应该提早准备、着手谋划。

第三要在切实加快测绘地理信息装备的研发和配备上下功夫。科技创新是经济社会发展的引擎，我们要立足于测绘地理信息技术装备前沿，认真研究测绘地理信息装备发展的趋势，提升原始创新能力，大力增强集成创新和引进消化吸收再创新能力，抢占发展的制高点。真正的核心技术是买不来的，我们必须自力更生、奋发有为，着力加强原始创新，要确定优先攻关项目，打造世界领先的、属于我们自己的高精尖的东西。十八大报告提出，要深化科技体制改革，推动科技和经济紧密结合，加快建设国家创新体系，着力构建以企业为主体、市场为导向、产学研相结合的技术创新体系。人才是最活跃的先进生产力，是科学发展第一资源，更是实现科学发展的基础，我们要适应测绘地理信息科技发展需要，针对科技创新发展中亟待解决的机制障碍，着力培育适应科技创新的人才环境、机制环境，要按照完善选人用人制度，创新引进人才新举措，依靠制度培养人才、选拔人才、聚集人才、使用人才、留住人才。建立和完善优秀人才脱颖而出的机制，让优秀人才领衔出现、领衔出征、领衔报项目、领衔去研发。我们既要把握研发方向和市场需求，强化科技人员的诚信意识和社会责任，又要允许失误，鼓励创新，鼓励探索。在加强测绘地理信息技术装备研发、配备的同时，也要加强新技术、新装备的使用培训，提高操作水平、使用效率，做到物尽其用。

第四要在切实加快发展壮大地理信息产业上下功夫。现在测绘地理信息产业发展势头非常好，非常迅猛。从国家地理信息科技产业园入园企业中，我们发现很多其他行业的大型企业、龙头企业都在向测绘地理信息行业转移、渗透。我们作为测绘地理信息行业主管部门，一是要为企业发展营造良好的政策环境，给予企业更多的政策支持。我们牵头起草了《国务院关于促进地理信息产业发展的意见》，虽然说这个文件的出台还有很多困难，但是有克强副总理在视察中国测绘创新基地时“加快发展地理信息产业”的要求，有国务院办公厅有关领导同志的支持，我们要用百折不挠的精神，做好与相关部门沟通、协调，力争这个意见尽快出台。支持地理信息产业的发展壮大，我们必须抓住核心、抓住关键，也就是要抓住促进地理信息企业发展关键问题。在促进产业发展上，各地可以结合本地情况先行先试，比如，浙江已出台了《关于促进地理信息产业加快发展的意见》，辽宁出台了《辽宁省测绘市场管理办法》，依法促进发展、依法监管，为大家提供了借鉴。二是要营造一个优质高效的服务环境。要大力宣传地理信息产业在经济社会发展中的重要作用，大力宣传测绘地理信息对国家的影响，大力宣传测绘地理信息产业发展的大好形势，大力宣传测绘地理信息企业发展对我国经济结构调整的重要意义，来营造促进产业发展的良好环境。同时，我们对大家在务虚会上提出的建议要深入研究，凡是有利于民族发展、有利于产业繁荣、有利于企业进步的建议都要认真的吸收采纳，要为企业发展，为打造民族品牌，为打造民族企业，提升企业实力，营造良好的政策环境。三是要努力打造做大做强企业的平台。进一步做好国家地理信息科技产业园建设，促进企业集聚发展，发挥产业园的引导、扶持、培育、创新作用，凝聚各方力量，整合产业链，把园区建设成为信息化、现代化、国际化、生态化的高新技术产业园，打造我们中国式的地理信息硅谷。

第五要在切实加强地理信息市场统一监管体系建设上下功夫。加强对测绘地理信息市场的统一监管，大家都反映非常强烈。党的十八大明确要求，坚决破除一切阻碍科学发展的思想观念和体制机制弊端，构建系统完备、科学规范、运行有效的制度体系，使各方面制度更加成熟更加定型。测绘地理信息产业发展也是面临一个依法经营、依法监督、依法管理的问题，这样一个现实需要解决的问题。首先要加快建立完善的市场监管体制。管理部门就是要制造公平，就是要制造公平的环境，就是为整个行业的可持续健康发展制定政策。完善市场监管体制不是限制企业的发展，更不是限制企业间的竞争，而是要维护市场的正常秩序，维护企业合法的经营权益，避免知识产权纠纷等问题。在地方测绘地理信息管理机构更名的基础上，新疆、河北、海南、四川等地在完善测绘地理信息市场监管体制上下了很大功夫，取得了重要进展。在体制机制理顺的同时，要积极探索规范管理职能，我们的一些职能要按照变化的形势来探索调整，更适应管理和服务的需要。要做到有人管，更要有高素质的人管，按照有利于市场繁荣发展来管。其次是要加快测绘地理信息法律法规的制定和修订工作。进一步推动“开门立法”，广泛征求包括测绘地理信息企业在内的各方面的意见，提高制度建设质量，加快制度建设步伐。三是强化测绘地理信息的安全监管。这方面中央领导同志高度关注，多次作出重要批示。国家局对此也一直高度重视，保持了对违法行为进行严肃查处的高压态势。对测绘地理信息安全问题要放在国家利益的高度来看待，不能图小利，丧失我们国家发展的根本利益。要严肃查处重点建设项目的测绘地理信息泄密事件，强化地理信息安全保密宣传教育，提高相关单位维护国家安全利益的自觉性。

第六要在切实组织实施好测绘队伍和产业“走出去”战略上下功夫。一是要充分发挥我国政府与联合国签署的《中国政府与联合国地理信息管理能力开发信托基金协议》的作用，组织好、设计好我国测绘地理信息企业借助这个平台“走出去”的战略方案，引导、支持企业走向国际市场。二是要采取措施帮助企业走出去，要完善和提高我们现有的平台，积极发挥与国外相关部门、单位的联络、沟通和组织作用，努力做好“走出去”的各项培训、考察和项目对接，为企业“走出去”更好地提供服务。三是要发挥中国测绘学会、中国地理信息产业协会、中国卫星导航定位协会等测绘地理信息领域这三大社团组织的平台作用，服务企业“走出去”战略。四是大力支持和鼓励企业利用自身优势积极“走出去”，努力开拓国际市场。

第七要在切实深化丰富发展测绘地理信息文化建设上下功夫。文化具有穿透力，具有凝聚力，具有影响力，文化建设是一个地区一个单位成长的源动力，一个行业一个地方一个单位的正常、健康发展，离不开先进的文化建设的支持，所以文化是最重要的。我们要进一步研究加强文化建设，只有打造独具特色的测绘文化，深化对测绘文化内涵的认识，才能牢牢把握战略着力点。只有做到文化大融合，文化被大众所接受，事业的发展才能落地生根，才能站住脚。文化是不断发展丰富的，事业发展的核心的问题就是文化的发展，“热爱祖国、忠诚事业、艰苦奋斗、无私奉献”的测绘精神，“快、干、好”为核心的测绘文化理念，这里的“快”蕴含着不求名、不求功、只唯实的质朴精神，“干”蕴含着不怕苦、不怕累、勇于牺牲的忍耐精神，“好”蕴含着精益求精、一丝不苟、好中求好的精细精神。可以说，测绘文化理念核心就是“质朴、精细、忍耐”这六个字，就是我们质朴的品质，精细的作风，忍耐的境界，所以这是测绘地理信息核心文化的核心，全面体现测绘地理信息人职业的本质要求。要大力弘扬文化，首先就要大力弘扬十八大提出倡导的24字的核心价值观，这是国家民族文化的精髓，是历史的传承。第二要真正继承和发扬好我们的测绘精神，16个字的测绘精神一定不能丢，“质朴、精细、忍耐”这6个字的核心要牢记，这就是创新和发展的测绘文化，是引领整个行业发展的文化。“快、干、好”是对测绘地理信息系统领导的更高要求，领导不能快，不能干，群众就不信任你。要创新文化，要发展文化，要文化生根，要凝聚到我们血脉灵魂里面，才让我们测绘地理信息事业生生不息、薪火相传，才凝聚我们万众一心，共同奋进，不懈努力，创造辉煌的动力。

第八要在切实抓好队伍建设上下功夫。要实现我们的既定目标，关键靠人，关键靠队伍。毛主席指出：“正确的路线确定之后，干部就是决定的因素”。我们落实“科技兴测”和“人才强测”战略，就要打造好五支队伍：一是要打造过硬的管理人才队伍。一个单位好坏，单位管理的怎么样，特别是市场开拓的怎么样，关键是要有过硬的管理人才，否则就无法使我们的经济、管理、运营更加有效，更加科学。二是要打造顶尖的技术人才队伍。“科技兴测”关键在人才，测绘地理信息产业是高科技产业，我们的科技领军人才工程、青年学术和技术带头人培养工程等都是在致力于打造顶尖人才，测绘地理信息强国强就要强在人才上。所以人才是我们任何时候都不能忽视的，是任何时候都要全力去支持、去爱护、去关心，对科研中的失败要理解、要包容、要鼓励百折不挠。第三是打造务实的实干人才队伍。习近平总书记强调，空谈误国，实干兴邦。我们要培养一批实干家，这样我们的事业才有希望，才能把我们事业干好，才能不断的、持续的让我们的事业发展进步。第四是要打造和谐的测绘地理信息队伍。团结就是力量，团结就是生产力，这些年测绘地理信息事业的发展进步，靠的就是班子团结、队伍团结，上下和谐，一盘棋的思想，共谋发展的意识。国家局党组就是要努力营造公正、公平的环境，为每一个人都提供成长的空间、干事的舞台、展示的机会。党组希望每一个人都要成才，成为测绘地理信息事业发展的有用之才。第五是打造廉洁的领导干部队伍。党的十八大提出要“做到干部清正、政府清廉、政治清明”，干部清正看人品，政府清廉看服务，政治清明看用人，我们要按照中央的要求，来打造一支清廉、务实、为民的测绘地理信息领导队伍，真正把心放在事业上，放在为民上，放在我们事业的发展上，当官无愧于心，做事无愧于民，把我们事业做得更好。

今天的发言，也是和大家谈谈思想，是务虚，也是务实，是为开好局长会做好思想准备、工作准备和组织准备。希望大家在党的十八大精神指引下，紧密地团结在以习近平同志为总书记的党中央周围，坚持以科学发展观为指导，振奋精神，坚定信心，解放思想，改革创新，按照中央的要求更好的开好局、起好步，实现新的、更大的发展！

谢谢大家！

国务院法制工作办公室副主任甘藏春
在《中华人民共和国测绘法》修订十周年座谈会上的讲话

2012年9月14日

尊敬的路甬祥副委员长、同志们、朋友们：

2002年8月29日，全国人大常委会修订通过的《中华人民共和国测绘法》，在进一步加强测绘依法行政，促进测绘事业健康持续发展，更好地为国家经济建设、国防建设和社会发展服务等方面，发挥了重要作用。过去的十年，社会各界认真学习、宣传、贯彻和实施《测绘法》，取得了丰硕的成果，积累了丰富的经验。

今天，我们在这里联合召开座谈会，总结《测绘法》修订十周年以来取得的成绩和经验，研究测绘工作面临的新情况和新问题，对于进一步完善测绘法制，为测绘事业全面发展提供更有力的法制保障，充分发挥测绘工作在国民经济和社会发展中的重要作用，具有重大的意义。

下面，我就加强测绘法制工作谈几点意见：

一、测绘法制建设有序推进

1989年国务院公布了《测绘成果管理规定》，这是我国的第一部测绘行政法规，测绘工作开始逐步纳入法制化轨道。1992年国务院提请全国人大常委会审议通过了《测绘法》；2002年又提请全国人大常委会对《测绘法》进行了全面修订。根据《测绘法》的规定，国务院相继公布实施了《地图编制出版管理条例》、《测量标志保护条例》、《测绘成果管理条例》和《基础测绘条例》等一系列行政法规。目前，我们正在进行《地图管理条例（草案）》等行政法规的立法审查工作。同时，国土资源部和国家测绘地理信息局制定了相关的规章和规范性文件，地方也制定了一系列的地方性法规和规章，测绘法律法规体系进一步完善。

下一步，我们将继续加紧工作，根据新的形势和任务，不断建立健全《测绘法》的配套制度，运用法律制度引导、规范、保障和促进测绘事业的全面发展。

二、认真学习、宣传《测绘法》

知法、懂法，方能守法、用法。做好《测绘法》的学习、宣传工作，既要学习法律规则，也要领悟规则背后的法律原则与法律精神，更要树立依法行政的法治理念，从全面推进依法行政的高度深刻认识《测绘法》的重要意义，推进《测绘法》的实施。

一是要认真学习《测绘法》的法律规则。法律规则是建构法制大厦的砖瓦，离开法律规则，法制建设就成为无根之木、无源之水。学习《测绘法》，首先就要掌握好法律的具体规定，建立健全学习、培训、宣传的长效机制，把学习宣传《测绘法》与测绘工作实践相结合，使大家把法律条文看在眼里、记在心里，使社会各界更加了解《测绘法》的基本制度和主要措施，进一步增强法治理念，推进测绘依法行政。

二是要深刻领悟《测绘法》条文背后的法律原则与法律精神。法律规则就好比屋子里的一扇窗，我们要透过窗子去看屋外的风景，也要学会通过法律规则去探寻法律的原则与精神。《测绘法》对测绘领域的法律关系进行了全面系统的规范，但是如果机械的拿条文和现实一一对照，总有可能存在不能完全对应的“空白地带”。这就要求我们不能机械地理解、适用法律条文，否则就可能犯法律机械主义或者法律工具主义的毛病：要么感觉法律“不好使”；要么把法律当成工具，有用就拿来使一使，没用就抛在一边。其实法律规则背后还有相对稳定和周延的法律原则，只有透过条文，发现规则背后的法律原则与精神，体会到法律追求公平正义的价值理念，才能真正增强对法律的神圣感、敬畏感。

三是要在学习《测绘法》基础上进一步树立依法行政理念。国务院分别于1999年和2004年发布了《国务院关于全面推进依法行政的决定》、《全面推进依法行政实施纲要》，目前，有中国特色的社会主义法律体系已经形成。但是，全面落实依法治国基本方略，把我们的政府建成真正意义上的法治政府，还有很长的路要走。这就要求我们树立正确的法治理念，不能把依法行政简单的理解为从严执法、管老百姓，更重要的是约束政府自己的行为，规范政府的行政职能。英国的阿克顿说过，绝对的权力导致绝对的腐败；法国的孟德斯鸠也讲，一切有权力的人都容易滥用权力。因此，为了防止腐败，权力就要受到监督和制约，公权力必须在法律的规范下运行。

四是要确保《测绘法》各项制度落到实处。徒法不足以自行，法律的生命在于实施。古人说“纸上得来终觉浅，绝知此事要躬行”，写在纸面上，不等于落实在行动上，法律制定得再好，得不到遵守，就相当于一纸空文。将《测绘法》的规定落到实处，一要靠制度，二要靠人。因此，我们今后要进一步完善配套制度和执法机制，加强执法队伍建设，认真开展执法检查，进一步推进测绘法律法规的实施工作，维护《测绘法》的严肃性和权威性。

三、贯彻实施《测绘法》推进测绘事业发展

一是把贯彻实施《测绘法》和推进测绘工作开展结合起来。毛泽东同志有一句诗，“坐地日行八万里，巡天遥看一千河”，我们的测绘工作者也能够担得起这句诗，不过我们的工作人员不能“坐地”，要跋山涉水，非常辛苦。从某种意义上讲，测绘是一个“摸家底”的工作，对自己的家底摸不清，经济和社会发展都会受影响。《测绘法》对于测绘领域的机构设置、部门职能、市场管理等都做了规定，贯彻实施《测绘法》，必然能更好的促进测绘工作顺利开展。

二是把贯彻实施《测绘法》和提高公共服务能力结合起来。强化公共服务职能，是深化行政管理体制改革的要求。地理信息资源是社会的宝贵财富，对于国家创新体系和信息化建设有重要意义。《测绘法》设专章对测绘成果作了规定，各级政府及测绘部门要在《测绘法》的指导下，进一步推动测绘成果的社会化应用，提高测绘公共服务水平。

三是把贯彻实施《测绘法》和提升整个测绘事业的法治水平结合起来。各级政府和测绘部门要严格依照《测绘法》等法律法规的要求，坚持依法行政，规范测绘市场秩序，做到依法测绘、依法管理，在实践中不断汲取养分，从实际出发，继续完善测绘相关的法律、法规和制度。

今后，我们要继续以邓小平理论和“三个代表”重要思想为指导，深入贯彻落实科学发展观，进一步推动《测绘法》的贯彻实施，完善测绘法律体系，提高测绘法制建设水平，促进测绘事业的全面、协调、可持续发展，更好地服务于经济发展与社会和谐。

谢谢大家！

国家测绘地理信息局副局长王春峰在《全国基础测绘中长期规划纲要》修编工作启动会上的讲话

2012 年 3 月 23 日

同志们：

经国务院同意，国家发展改革委已将《全国基础测绘中长期规划纲要》（以下简称《规划纲要》）修编工作纳入《“十二五”期间报国务院审批的专项规划整体预案》（发改规划〔2010〕2084 号）。根据该预案要求，我局应于 2013 年完成规划修编，并报国务院批准。今天，我们召开《规划纲要》修编工作启动会，正式部署《规划纲要》修编工作。为做好此项工作，下面我讲几点意见。

一、《规划纲要》实施成绩显著

《规划纲要》由我局会同国家发展改革委、财政部等九部门共同编制，于 2006 年由国务院办公厅正式印发，是经国务院批准实施的第一个也是目前唯一一个测绘地理信息方面的国家级专项规划。《规划纲要》的印发，对于促进各级政府加强基础测绘工作，提高基础测绘保障能力和服务水平，促进测绘地理信息事业全面协调可持续发展，具有重要意义。

《规划纲要》印发后，在国家和地方测绘地理信息主管部门共同努力下，基础测绘建设取得显著成绩，《规划纲要》所确定的“十一五”建设目标基本实现，七项主要任务基本完成。《规划纲要》所确定的西部测图、1:5 万数据库更新等重大工程顺利完成，标志着国家基础地理信息覆盖和更新实现了历史性跨越；资源三号测绘卫星成功发射并投入应用，缓解了测绘地理信息资源获取的瓶颈问题；海岛（礁）测绘项目有序推进，实现了地理信息覆盖范围从陆地向海洋的拓展；现代测绘基准体系基础设施建设、测绘成果档案存储与服务设施建设等项目即将实施，将进一步夯实测绘地理信息发展的基础。在《规划纲要》的推动下，我国基础测绘保障服务能力得到极大提升，基础测绘在国民经济发展中的地位和作用更加彰显。

二、《规划纲要》修编意义重大

当前，基础测绘发展面临着新的形势，对《规划纲要》进行修编调整具有深刻的时代背景和现实意义。

从经济社会发展大环境来看。“十二五”期间，国家确立经济社会发展要“以科学发展为主题，以加快转变经济发展方式为主线”。围绕这一主题主线，以《国家主体功能区规划》为代表的一系列战略规划相继出台，“走出去”等重大战略部署相继实施，物联网、云计算等新兴科学技术不断推广应用。当前的经济社会发展和科学技术进步对基础测绘保障服务提出了新的更高要求。面对当前新的形势，我们应当对当前和今后一段时间基础测绘发展形势进行深刻分析和科学预判，提出具有前瞻性、可操作性的工作任务和建设目标。

从基础测绘事业发展来看。当前，我国基础测绘已经进入一个新的发展阶段。2011 年，李克强副总理视察中国测绘创新基地并发表重要讲话，为测绘地理信息发展指明了新的方向。我们凝炼出了“构建数字中国、监测地理国情、发展壮大产业、建设测绘强国”的总体发展战略，明确了“服务大局、服务社会、服务民生”的宗旨，确定了加快“数字城市、天地图、地理国情监测”三大平台建设的工作重点，特别是代表着测绘地理信息转型发展方向的地理国情监测工作已得到国务院领导的批复并将全面实施。可以说，围绕建设测绘强国，以三个服务为宗旨，以三大平台建设为重点，推动基础测绘转型发展的理念在整个行业已经基本形成。因此，进一步明确到2020年的基础测绘发展目标和任务是一项十分重要的工作。我们要通过修编工作，将基础测绘重大建设任务纳入到国家规划计划中，为测绘地理信息事业长远发展打下良好基础。

从《规划纲要》实施来看。《规划纲要》的规划期为2006–2020年，其中对2006–2010年的工作任务和建设目标做出了较为详细具体的要求，对2011–2020年建设期的发展目标和任务，只做了原则性、方向性的要求。去年，我们印发实施的《全国基础测绘“十二五”规划》，也只明确了“十二五”阶段的基础测绘建设任务。因此，从增强《规划纲要》的指导性和可操作性的角度来说，有必要对到2020年的基础测绘发展目标、思路、任务进行调整和细化。

三、对做好修编工作的几点要求

修编工作是对到2020年基础测绘工作的系统谋划，特别是要明确“十三五”期间基础测绘发展的目标和任务。在修编工作过程中，我们要贯彻落实好中央领导同志重要批示指示精神，充分吸收测绘发展战略研究等成果，系统阐述基础测绘发展趋势，准确把握各领域、各方面对基础测绘服务的需求，深刻分析基础测绘发展中存在的突出矛盾和问题，科学合理地确定发展目标、重点任务及对策措施，推动基础测绘事业实现新跨越。

经与国家发展改革委沟通协商，并考虑到《规划纲要》修编后八部门会签情况，修编工作应在《规划纲要》原有结构框架下，对有关内容进行充实、调整、明确和细化，使《规划纲要》既体现前瞻性和战略性，又具有指导性、可操作性。下面我提几点要求。

（一）要提高对修编工作重要性的认识

《规划纲要》修编工作不仅关系到基础测绘的长远发展，更是要为下一个中长期规划的制定打下基础。该项工作已经明确为我局今年的重点工作。大家一定要高度重视。各司局要指派一名责任心强、业务熟悉的处级干部作为联络员，并能够保证在需要时参与到《规划纲要》的具体修编工作中。测绘科学研究院、基础地理信息中心、卫星测绘应用中心和测绘发展研究中心都要参与到此项工作中来，配合相关司局开展工作。

（二）要加强修编工作的联络协调

为保证《规划纲要》修编工作的顺利开展，在工作中，规划财务司要加强与国家发展改革委、财政部、民政部等八部门的沟通协调，适时召开九部门联席会议，及时通报工作进展，征求各方面意见，为文稿的顺利会签打下良好基础。同时，规划财务司在局内还要做好组织协调工作。各司局和各单位要积极配合，共同完成好修编工作。

（三）要保质保量完成工作任务

《规划纲要》修编工作涉及到方方面面，需要各部门的广泛参与和积极配合。为做好修编工作，各司局要做好如下工作：

规划财务司是修编工作的牵头单位，主要负责联络协调八部门及局内各司局和相关单位，制定修编工作方案，完成《规划纲要》实施情况的评估报告，根据各单位成果，研究形成文稿初稿，以及意见征求和文稿的修改完善，最后报送国务院审批。同时还要负责对装备建设方面的情况进行总结评价，找出存在的不足，提出到2020年的规划思路。

国土测绘司负责对测绘基准、基本比例尺地形图测制与更新、基础航空摄影和遥感资料获取、基础地理信息数据库更新、数字城市、地理国情监测等方面的建设成果进行总结评价，找出发展差距，研究提出到2020年的建设思路。

地理信息与地图司负责对基础地理信息资源开发利用、测绘公共服务、地理信息公共服务平台建设、应急测绘等方面的建设成效进行总结评价，找准不足，提出到2020年的工作思路。

法规与行业管理司、科技与国际合作司和人事司分别负责对2003年颁布的《中华人民共和国测绘法》贯彻执行情况，科技创新、标准建设、国际合作，组织保障、人才队伍建设等方面的情况进行总结评价，找准存在的问题，提出到2020年的发展思路。

（四）修编工作的进度要求

根据国家发展改革委要求，《规划纲要》修编应于2013年上半年完成并报国务院审批。时间紧迫、任务繁重。为保证工作顺利进行，各司局要按照今天的部署，会后尽快将任务分解落实到人，5月20日前拿出高质量的研究成果交规划财务司。今天是修编工作启动会，也是领导小组第一次会议。5月底，我们还要召开领导小组第二次会议，听取大家的成果汇报。之后，由规划财务司牵头，测绘发展研究中心配合，在各单位研究成果的基础上，抓紧形成《规划纲要》修编初稿并广泛征求意见，我们争取按计划在明年年初上报国务院。

同志们，《规划纲要》修编工作十分重要，修编工作本身也是一个统一思想、提高认识的过程。我相信，在各司局和各有关单位的密切配合、共同努力下，《规划纲要》修编工作一定能圆满完成。

谢谢大家。

推动测绘卫星可持续发展 建设测绘地理信息强国

国家测绘地理信息局副局长、资源三号测绘卫星工程总指挥王春峰就卫星在轨交付使用答记者问

2012年7月30日

7月30日，资源三号卫星在轨交付仪式在京隆重举行。此举意味着今年1月9日成功发射的资源三号卫星结束了在轨测试等一系列工作，各项性能指标达到设计要求，正式投入运行使用。

作为民用测绘卫星，资源三号的交付使用标志着测绘人的飞天梦想终于成真，意味着中国古人的“天眼”神话变为现实。在我国全面建设小康社会的关键时期和深化改革开放、加快转变经济发展方式的攻坚时期，资源三号全面投入使用，将有力地推动测绘地理信息事业又好又快发展，更好满足经济社会各领域对地理信息保障服务的迫切需求。国家测绘地理信息局作为资源三号的主用户，将承担资源三号的数据接收计划制定、数据处理、基础产品开发、数据分发、数据增值开发等方面的职责。

资源三号正式交付使用，引起了社会各界的广泛关注。资源三号对于我国测绘地理信息事业具有怎样的特殊意义？它具有哪些技术创新点？它将如何服务经济社会发展和人民生活？我国在推进测绘系列卫星可持续发展方面还将采取哪些举措？带着这些问题，记者日前采访了国家测绘地理信息局党组副书记、副局长、资源三号测绘卫星工程总指挥王春峰。

记者：作为民用测绘卫星，资源三号的正式交付使用对我国测绘地理信息事业发展将会产生何种影响？有何重要意义？

王春峰：资源三号测绘卫星从酝酿到成功发射、正式交付使用，历时多年，历经磨砺，全体测绘人为之高兴和自豪！资源三号测绘卫星在轨测试的成果令人非常满意，卫星接收的数据质量超过预期效果。这颗承载着国人期待、测绘梦想的卫星，其可持续发展有利于缓解地理信息数据源受制于人的瓶颈问题，有利于推动中国从测绘地理信息大国向强国跨越，在测绘地理信息发展史上具有划时代和里程碑式的意义。

新中国测绘地理信息事业经过50多年的发展，取得了可喜成绩，为各时期经济社会发展提供了有力的测绘地理信息保障服务。但随着我国经济社会的快速发展和科学技术的迅猛进步，各方面对测绘地理信息保障服务的需求更加迫切、要求更高。我国测绘地理信息事业保障能力与国民经济建设和社会发展的要求相比较，还存在一定的差距。这其中最主要的原因就是航天遥感影像数据获取能力薄弱，也就是说，测绘所需的原始影像资料不足。我国现有的遥感卫星分辨率较低，大多无法满足高精度立体测图的要求，为此我们不得不从国外订购大量数据，但订购成本高，供应渠道也不稳定，这使得我们非常被动。俗话说“巧妇难为无米之炊”，只有建立我国独立自主、长期、稳定、连续运行的高分辨率测绘系列卫星，才能从根本上解决制约我们发展的瓶颈问题。

资源三号作为民用高分辨率立体测图卫星，在很大程度上填补了空白，是我国测绘地理信息装备水平实质性飞跃的重要标志，是我国建设测绘地理信息强国的历史转折点。资源三号极大地增强了我国独立

获取地理信息的能力，能有效解决目前我国在相关领域应用中从国外大量购买卫星影像的被动局面，对于我国把握航天遥感影像获取的自主权，维护国家地理信息安全具有重大意义。

记者：请问资源三号测绘卫星主要应用在哪些领域?

王春峰：资源三号测绘卫星主要是为基础测绘、国家重大工程建设、资源和生态环境保护、国际合作等提供自主高分辨率立体卫星影像。

在测绘地理信息领域，资源三号主要用于1:5万地形图测制和1:1万地形图更新，解决现有地形图现势性差、更新成本高、周期长的问题；可以为目前国家测绘地理信息局三大业务平台——数字城市、天地图、地理国情监测提供大量的高分辨率卫星影像；可以用于测制包括青藏高原、横断山脉、海岛和海岸带等在内的测图困难地区地形图等。

资源三号还可以应用于土地利用动态监测、土地信息化管理、地质矿产资源调查与监测、生态环境监测、森林资源调查和森林灾害监测、农业资源调查、水资源和水利工程调查与监测、公路和铁路规划设计、灾情详查和紧急救援等。例如，今年3月至4月，云南省发生森林火灾后，我们第一时间为抢险救灾提供了大量资源三号高清晰影像和解译产品，有效发挥了资源三号的应急保障作用。

在服务百姓生活方面，我们会持续向天地图等互联网地图服务网站提供资源三号影像产品，积极推进基于资源三号影像的导航电子地图制作及其它增值服务开发。

除了为国内提供数据服务之外，资源三号还可以向国外提供境外相关地区影像产品。资源三号获取的全球影像，也可服务于全球气候变化、环境变迁等方面研究的需要，服务于我国走出去战略的实施。

记者：国家测绘地理信息局针对资源三号测绘卫星进行了哪些方面的在轨测试？为什么要进行长时间的测试？测试结果如何?

王春峰：由于卫星在发射过程中会受到运载火箭巨大的震动冲击，进入轨道后又处于微重力环境，工作环境、温度、压力都发生很大变化。这些因素会引起卫星有效载荷及整星的技术状态参数发生变化。为了保证卫星按预期目标正常工作，在卫星入轨开始工作后，要进行一段时间的在轨测试。对于资源三号测绘卫星来说，在轨测试的目的就是确保其达到业务化立体测图生产的卫星工程目标，同时给卫星的各项性能指标一个全面、客观、科学的评价。

本次资源三号测绘卫星的在轨测试时间从1月9日持续到4月20日。国家测绘地理信息局卫星测绘应用中心牵头组织卫星工程各相关单位开展了卫星工程参数、卫星业务、相关系统指标等在轨测试工作，同时特别针对测绘需求对卫星的几何精度、相机传函、定姿精度、定轨精度、测图精度等关键指标进行了测试验证，利用高分辨率遥感影像构建的检校场和布设测绘专用靶标，并结合大量地面控制数据，顺利完成了在轨几何检校工作。

本次在轨测试成果显著，综合各方面的信息来看，资源三号测绘卫星入轨后各种有效荷载工作正常，通过在轨测试期间获取的完整数据，结合使用要求，对卫星进行了针对性调整，并对应用系统的生产进行了适应性调整，形成了完整的数据接收、处理以及应用的业务链路。目前卫星应用业务链路已全部打通，状态调试全部完成。

4月20日，国家测绘地理信息局在北京组织召开资源三号测绘卫星在轨测试评审会，由院士、专家组成的评审组一致认为，资源三号测绘卫星系统功能和性能全面满足《资源三号测绘卫星工程研制总要求》，关键项目性能优于指标要求；卫星稳定正常工作，将连续不断地提供覆盖全球南北纬84度以内地区的立体影像，可用于面向全球的立体测图，服务于国计民生的诸多领域；卫星姿轨测量装置精度完全达到设计指标要求，4台相机完全能按设计指标拍摄出高清晰高品质的影像，经过地面几何检校后，定位精度达到国际先进水平；通过野外实地立体测图精度验证，结果表明，资源三号测绘卫星影像完全满足1:5万立体测图精度要求，基本应用系统具备生产1:5万地形图的能力；资源三号测绘卫星采用专门为测绘卫星设计的自主知识产权卫星平台，是目前国内综合精度最高的遥感卫星，多项技术指标已经达到或优于国外同类型的测绘卫星。

记者：请介绍一下资源三号测绘卫星应用系统建设的目标、特点和当前的进展情况。

王春峰：国家测绘地理信息局作为资源三号测绘卫星的主用户，承担了该卫星应用系统的建设与运行维护任务，具体工作由国家测绘地理信息局卫星测绘应用中心承担。

资源三号测绘卫星应用系统建设的总体目标是建立业务化运行的应用系统，长期、稳定、高效地将高分辨率立体影像转化为高质量的基础地理信息产品，最大限度地满足各行业和部门对高分辨率立体卫星影像的应用需求，为我国的经济建设、国防建设和可持续发展提供自主的战略信息资源保障。

资源三号测绘卫星应用系统是一个计算机硬、软件集成的系统，同时也是一个自动化程度较高的专业化生产运行系统，由业务运行管理、影像分析与地面检校、影像处理与应用、立体测图产品生产、数据管理、数据分发服务、产品质量监督与评价、国土资源应用 8 个分系统以及高精度的地面几何检校场组成，处理的产品为测绘遥感影像产品、立体测绘产品和专题测绘产品。如果没有这套系统，海量卫星影像的存储管理无法实现，影像产品的加工生产无法进行，卫星的应用价值也无法被挖掘出来。

国家测绘地理信息局卫星测绘应用中心在 2011 年底完成了资源三号测绘卫星应用系统基本系统的建设。2012 年 1 月 11 日在获取到第一轨资源三号测绘卫星原始数据后，在短短的数小时内，技术人员就利用该应用系统顺利完成了数据编目、辐射校正、传感器校正、正射校正、融合、DSM（数字表面模型）/DEM（数字高程模型）生产、数据质检、归档和影像发布等处理步骤，成功完成了资源三号各级测绘产品的生产，并将数据成果发布到我国在线地理信息服务网站——天地图上，供社会公众使用。

目前，资源三号测绘卫星应用系统基本系统部署了运行管理、数据处理、测绘产品生产等专业软件，计算机支撑平台部署了 15 个计算节点，容量为 240TB 的存储系统。该基本系统已经平稳运行了 4 个月，可以满负荷进行数据的批量生产，可以实现“当天接收数据，当天完成处理”的预期目标。

记者：国家测绘地理信息局作为资源三号卫星的主用户单位，请问卫星数据的分发政策将遵循何种规定？

王春峰：资源三号测绘卫星影像数据加工处理后的测绘成果，其分发政策遵循《测绘法》的相关规定。即：用于国家机关决策和社会公益性事业的，无偿提供；用于其他方面的，依法实行有偿使用制度，但政府及其有关部门和军队因防灾、减灾、国防建设等公共利益的需要，可以无偿使用。

资源三号影像数据加工成标准产品后的基础测绘成果，是国家基础性、战略性信息资源，可广泛服务于国家经济建设、国防建设、社会发展、人民生活的各个方面。由国家测绘地理信息局组织将资源三号测绘卫星影像加工成标准、权威、高精度的产品并广泛提供使用，可以避免多部门多方面重复加工资源三号数据，对于促进信息共享和交互、保障国家信息安全也具有积极意义。

记者：资源三号测绘卫星有哪些技术特点？

王春峰：目前，高精度测绘卫星已经成为各国集中展示其高新科技的舞台，国际上民用测绘卫星正进一步向高空间分辨率、高光谱分辨率、高时间分辨率和高测绘精度方向发展。

虽然我国的资源三号测绘卫星刚刚发射了第一颗，但是我们的起点并不低。资源三号测绘卫星在轨道高度为 506 千米的太阳同步圆轨道飞行，在一个回归周期内，可对地球南北纬 84 度以内地区实现无缝影像覆盖，重访周期为 5 天，设计工作寿命为 5 年，重约 2635 千克。卫星配置了三线阵测绘相机和多光谱相机，卫星采用三线阵测绘方式，生成立体测绘影像。三线阵测绘相机前视、后视全色影像地面像元分辨率 3.5 米，正视全色影像地面像元分辨率 2.1 米，多光谱相机正视多光谱影像地面像元分辨率 5.8 米。

记者：首颗资源三号测绘卫星的发射是否意味着后续还会有第二颗、第三颗测绘卫星陆续升空？

王春峰：航天测绘数据源不可能仅仅依赖资源三号一颗卫星。2011 年 5 月 23 日，李克强副总理视察中国测绘创新基地时强调，要加快推进测绘卫星研发，并要求实现测绘卫星的更替。

2006 年 8 月，国务院发布的《全国基础测绘中长期规划纲要》提出，要通过发射独立自主的测绘卫星，实现多种分辨率卫星遥感影像对陆地国土的必要覆盖。我国航天发展相关规划中计划用 10 年至 15 年时间建立满足测绘地理信息需求的测绘遥感卫星体系，包括：光学立体测图卫星系列、干涉雷达卫星系列、激光测高卫星、重力测量卫星等。3 颗资源三号后续测绘卫星已纳入国家相关规划，国家测绘地理信息局正在努力促使 2013 年底前发射资源三号 02 星，这样两颗资源三号测绘卫星同轨等相位差组网运行，与其他业务卫星结合，保证每天获取全球任一点的最新数据，为经济社会发展、国防建设及应急救灾提供第一手资料。

与此同时，随着经济社会的发展，测绘卫星影像产品已经深入普通百姓的日常生活中。测绘卫星商业化对于促进地理信息产业发展、填补相关地理信息产品的市场空白、维护国家信息安全、促进经济社会发展等都具有重要意义。当前，国家有明确的支持政策，市场资源比较充裕，技术条件具备，用户需求迫切，各方积极参与，测绘卫星商业化的基本条件已趋成熟。国家测绘地理信息局正在谋划建立我国的测绘卫星商业化发展运作模式，力争通过多种渠道募集资金，多种方式开展合作，把握好国内和国际两个市场，在卫星的商业化应用方面有所突破，更好地服务国计民生。

总之，我们期望，通过多种渠道、多方投入和资源整合，共同推进测绘卫星系列的可持续发展，尽快大幅提升我国高分辨率遥感卫星影像的自主供给能力和国际竞争力，尽快建成全天候、全天时快速获取全球任何位置高精度地理信息的能力，全面掌握在全球地理信息获取方面的自主权。

大力培养年轻干部　增强事业发展活力

国家测绘地理信息局副局长王春峰
在国家测绘地理信息局年轻干部理论培训班上的讲话
2012年9月10日

同志们：

大家下午好！

国家测绘地理信息局年轻干部理论培训班今天正式开班了。在此，我受徐德明局长委托，代表国家局党组向培训班的举办表示衷心的祝贺，向武汉大学给予培训班的大力支持致以诚挚的谢意，向前来参加培训的学员表示热烈的欢迎！

本期培训班是局党组着眼于事业发展和领导班子长远建设，为促进年轻干部快成才、早成才、成大才，不断提升综合素质而专门举办的理论培训班。局党组对这期培训班十分重视，审定了培训内容和日程安排。人事司对这次培训做了周密安排，邀请了专家为大家授课。希望大家珍惜这次培训机会，静下心来，认真学习，深入思考，学有所获。

青年代表着祖国和民族的未来，代表着我们事业继往开来、薪火相传的希望。加强对年轻干部的培养，促进年轻干部健康成长，是不断提高测绘地理信息工作水平的一项重要的基础性工作。局党组十分重视年轻干部培养工作。通过竞争上岗在局机关破格选拔了一批群众公认、实绩突出、富有朝气、充满活力的年轻干部，一些1980年左右出生的年轻人走上了处级领导岗位。有计划地选派局机关优秀年轻干部到地理信息骨干企业挂职锻炼，使年轻干部在实践锻炼中增长才干。我们这期培训班的48名后备干部中，45岁以下的干部有34人（占70.84%），1980年以后出生的同志有3名，具有研究生以上学历的27人（占56.25%），可以说同志们是年富力强，风华正茂。

近几年，测绘地理信息事业取得一系列重大成就。特别是去年5月23日，中共中央政治局常委、国务院副总理李克强同志专程到中国测绘创新基地视察指导工作，发表重要讲话，并亲自宣布国家测绘局更名为国家测绘地理信息局，标志着中国测绘地理信息事业站在了新的历史起点，翻开了新篇章，开启了新纪元。展望未来，测绘地理信息事业前景广阔，也是同志们大显身手、建功立业的大好时期。在座的各位是年轻干部的优秀代表，肩负着促进事业发展、建设测绘地理信息强国的重大责任。借今天的开班典礼，我对广大年轻干部提几点希望和要求，并与大家共勉。

一是要在增强本领上下功夫，做勤奋学习的表率。“立身百行，以学为基”。学习是提高素质、增长才干的重要途径，也是做好工作、干好事业的重要基础。大家普遍接受过良好教育，不少同志还是硕士、博士，可以说都具有较高的文化水平和丰富的专业知识。但是，学习的任务丝毫不能忽视和放松。当前，测绘地理信息事业正处在大变革、大发展、大跨越的黄金机遇期，科学技术日新月异，新情况新问题不断出现。如果我们不善于学习，工作中可能就会无从下手，以至于无所作为。只有不断学习，终身学习，才能使我们的眼界更宽、思维更活、办法更多，才能不断地破解难题，更好地开拓未来。同志们要勤于学习、敏于求知，不断学习新知识、增强新本领，努力成为可堪大用、能负重任的栋梁之材。

二是要在拓宽视野上下功夫，做胸怀全局的表率。作为测绘地理信息系统的年轻干部，要善于从长远和全局的高度观察问题、思考问题、解决问题，做到把握大势，胸怀全局。大家要拓宽视野，以战略眼光看待测绘地理信息工作在国民经济和社会发展中的地位和作用。李克强副总理对测绘地理信息的重要作用作了深刻阐述，他指出：测绘地理信息是经济活动的重要基础、是全面提升信息化水平的重要条件、是加快转变经济发展方式的重要支撑、是战略性新兴产业的重要内容、是维护国家安全利益的重要保障。大家在今后的工作中，要增强前瞻性和预见性，把各项工作放到全行业、全国乃至国际大格局、大趋势中去谋划，放在经济社会发展的大局中去思考、去推动，从政府层面、市场层面、用户层面多方位、多角度地审视测绘地理信息工作，找准结合点，抓住切入点，不断推动测绘地理信息事业的科学发展。

三是要在弘扬文化上下功夫，做干事创业的表率。建设测绘地理信息强国，要坚持用测绘精神熏陶人、感染人、塑造人，用测绘文化启迪思维、凝聚力量。在座的各位学员都是处级领导干部，在测绘地理信息事业发展的进程中担负着承上启下、继往开来的重任。我们要大力弘扬“热爱祖国、忠诚事业、艰苦奋斗、无私奉献”的测绘精神，勇于到基层和生产一线锻炼自己的意志、品格、能力和作风，不断在工作实践中解决问题，在积累经验中成长进步。要大力弘扬以“快、干、好”为核心的测绘地理信息文化，以快赢得机遇，以干取得实效，以好作为目标，在自己的工作中取得实效，把心思集中在想干事上、把责任体现在敢干事上、把能力展现在会干事上、把目标定位在干成事上。

四是在开拓创新上下功夫，做与时俱进的表率。创新是时代的主旋律。我们面对的是日新月异的世界，我们从事的是前无古人的事业。只有坚持与时俱进、开拓创新，才能不断应对和解决前进道路中遇到的新情况新问题，始终站在时代潮流的前头。青年时期是最富有生命力和创造力的时期。测绘地理信息系统的广大年轻干部都要有那么一种勇立潮头的浩气，有那么一种超越前人的勇气，有那么一种与时俱进的朝气，敢于做出具有开创性的工作和贡献，决不能患得患失，缩手缩脚，安于现状，墨守陈规。只要青年一代具有创造热情，具备创造能力，充满创造活力，我们的事业就一定能够不断开辟新的发展空间、取得新的突破性进展。

五是在锤炼品德上下功夫，做修身正己的表率。“为草当作兰，为木当作松”，加强自身修养，既是年轻干部健康成长的迫切要求，也是顺利开展工作的必然选择。广大年轻干部身逢盛世，不能丢掉老一辈测绘工作者艰苦奋斗、无私奉献的传统美德。要树立正确的人生观和价值观，不断提升自身的思想道德水平和科学文化素质，培养健康向上的生活情趣，不为浮名所累，不为私利所缚，不为物欲所惑，真正做到一身正气，一尘不染。对于年轻干部来讲，还有一个重要方面，就是要在工作中牢固树立团结协作意识，要虚怀若谷、与人为善、宽以待人，工作中要以原则为纽带增强团结和谐，以民主集中制为基础维护团结和谐，自觉培养民主意识、程序意识。要虚心倾听各方面意见尤其是不同意见，善于营造团结、和谐的工作氛围，舒心、愉快、富有成效地开展工作。

同志们，伟大的时代召唤着我们，辉煌的事业期待着我们。测绘地理信息事业的蓬勃发展为年轻干部提供了充分展现才干的舞台，希望大家不辱使命、不负重托，努力创造出无愧于时代的光辉业绩。

最后，祝同志们学习、生活顺利！祝培训班取得圆满成功！

大力推进数字省区地理空间框架建设
不断提升测绘地理信息保障服务能力

国家测绘地理信息局副局长李维森在全国数字省区地理空间框架建设工作会议上的讲话

2012 年 11 月 9 日

同志们：大家好！

在党的十八大胜利召开之际，我们在享有“物华天宝”、“人杰地灵”美誉的江西省，召开全国数字省区地理空间框架建设工作会议，共商数字省区建设大计。数字省区建设在数字中国建设中起着承上启下的关键作用，是实现国家、省、市地理信息数据的纵向贯通和横向互联的纽带和桥梁。大力推进数字省区建设，是贯彻落实“构建数字中国、监测地理国情、发展壮大产业、建设测绘强国”总体战略目标的重要举措，是当前和今后一个时期省级基础测绘建设的主要任务。

这次会议是在学习贯彻党的十八大精神和全面实施“十二五”规划的关键时期召开的一次重要会议。会议的主要任务是：学习贯彻落实党的十八大精神，以科学发展观为指导，总结交流各地取得的成绩和经验，明确下一步工作的任务和目标，加快省级基础测绘建设，全面提升省级地理空间框架建设的能力和水平，促进上下联动，实现数字中国地理空间框架建设的一致性，推动测绘地理信息事业实现新跨越、再上新台阶。

下面，我讲三个方面的意见，供大家讨论。

一、数字省区建设各具特色、成效显著

党的十七大以来，各地紧紧围绕国民经济和社会发展的需要，以“快、干、好”的务实工作作风，在固本强基中夯实基础，在创新发展中取得突破，测绘地理信息事业步入了一个高速发展的黄金期。省级基础测绘得到全面加强、科技水平明显提高、保障服务能力不断提升，有力地推动了数字省区建设。

（一）领导重视、部门支持，数字省区建设力度空前

随着国家经济发展方式的转变和信息化进程的加速，数字省区地理空间框架作为提升区域综合实力、经济竞争力和现代化管理水平的重要支撑，其建设越来越得到党委、政府的重视。国家测绘地理信息局徐德明局长每次与省领导会见时，都强调数字省区建设和实现国家、省、市互联互通的重要意义和作用。海南、湖北、福建、湖南、江西、广西等多地的主要领导对数字省区建设作出批示或亲临指导，大部分省区都成立了政府主管领导为组长、省级相关部门负责人参加的数字省区地理空间框架建设领导小组，并且把该项工作列入了国民经济和社会发展“十二五”规划，建设经费得到保障。领导的高度重视和部门的有力支持，为数字省区建设营造了一个和谐的外部环境，拓展了可持续发展的空间。

（二）省部共建、落实项目，数据资源建设成绩突出

为加强和规范数字省区建设，国家测绘地理信息局印发了《数字省区地理空间框架建设技术大纲》，设立了示范项目。目前，已有 16 个省级人民政府与国家测绘地理信息局签署了以促进数字省区地理空间框架建设为主要内容的合作协议。国家测绘地理信息局加大了对各省区航空航天遥感影像获取和技术支持的力度；各省区政府明确了地理空间框架的权威性和唯一性，加大了对地理信息资源获取和基础设施建设的投入。省部共建发挥了优势，形成了合力，取得了显著成绩。

一是现代化测绘基准体系建设进展顺利。全国已有 24 个省（区、市）开展了实时定位精度达厘米级的卫星导航定位服务系统建设；26 个省（区、市）完成了似大地水准面精化；大部分省（区、市）布设了 GPS C 级网，实施了三等水准联测。已建成的省级卫星导航定位服务系统向相关行业提供了高精度、实时、动态的空间定位服务。浙江、甘肃、江西、福建、广东、山东、河南、北京、上海等基本完成了省级基

础地理信息成果向2000国家大地坐标系转换的工作，取得了较好的推广应用效果。

二是基础地理信息数据资源日益丰富。1:1万基础地理信息已覆盖约462万平方千米，占全部陆地国土的48.1%，其中有20个省（区、市）实现了全域覆盖。全国31个省（区、市）全部启动省级1:1万数据库建设，其中16个已经建成。半数以上的省份已全面开展1:1万基础地理信息数据库更新，部分省市已实现了动态更新，数据现势性进一步提高。北京、天津、上海、江苏、浙江等经济发达的省市建立了数据快速更新的工作机制，实现了数据的按需适时更新。

（三）围绕中心、服务大局，应用服务特色鲜明

坚持服务大局、服务社会、服务民生的宗旨，基础地理信息应用服务得到全面加强。各地在加强数字省区数据资源建设的同时，加大了地理信息公共服务平台建设的力度，开发出服务本地经济社会发展，具有鲜明地方特点的应用系统。海南省围绕建设国际旅游岛战略和海洋强省战略的实施，开发出综合性旅游网络服务系统、数字海洋地理信息服务系统、应急联动指挥系统等示范应用；江西省围绕建设鄱阳湖生态经济区战略的实施，开发出环境监测、水情、林业资源地理信息系统等示范应用；湖北省围绕中部地区崛起战略实施和武汉城市圈“两型”社会建设，开发出三峡库区综合地理信息平台、“两型”社会综合配套改革试验区地理信息平台等示范应用；浙江省大力转变服务方式，建成了电子政务地理信息公共服务平台，为发改、民政、林业、交通等多个政府部门提供地理信息服务，共同开发专题地理信息系统。

这些成绩的取得，是在各省（区、市）党委、政府的正确领导下，在国家测绘地理信息局强有力的支持指导下，各省级测绘地理信息行政主管部门团结各方力量、共同努力的结果。我借此机会，向各省局取得的成绩表示热烈的祝贺，对大家所付出的辛勤努力表示衷心的感谢！

在取得成绩的同时，我们依然要看到不足。在测绘基准建设方面，部分省区的基础测绘成果尚未实现向2000国家大地坐标系的转换，现代测绘基准基础设施建设薄弱；在基础地理信息资源建设方面，部分省区没有实现资源有效覆盖，数据存在内容不够丰富、分类标准不统一、数据模型及结构各异、现势性差等情况。在公共服务方面，地理信息资源的应用深度和广度还不够，服务的方式和水平有待进一步改善和提高。这些问题需要我们在今后的工作中深入研究、统筹谋划、尽快解决。

二、统一思想、上下联动，加快推进数字省区建设

当前，数字中国建设突飞猛进，随着1:5万数据库更新工程、西部测图工程、“天地图”工程、海岛（礁）测绘工程、国家现代测绘基准工程等的实施和完成，国家级地理空间框架已初步建成；数字城市建设已扩展到280多个地级城市，其中130多个城市已经完成，市级地理空间框架也初步建立。加快推进数字省区建设已刻不容缓、正当其时。

“十二五”期间，数字省区建设要以科学发展观为统领，坚持“统筹规划、加快发展，需求牵引、重点推进，统一标准、资源共享，科技支撑、面向应用”的原则，建成统一、三维、高精度、动态、多功能、覆盖各省区的现代测绘基准体系，全面完成省级2000国家大地坐标系成果转换，形成高效、精准、优质的社会化服务能力；完成省级数据库的整合升级，实现与国家、市级基础地理信息数据库的互联互通；加快完成省级基础地理信息资源建设，不断丰富数据内容，建立和完善更新机制，实现国家、省、市三级多尺度基础地理信息数据库的动态与联动更新；加快完成省级地理信息公共平台建设，做好典型应用的示范推广。

为实现上述目标，国家测绘地理信息局将组织做好顶层设计，加强工作的统筹协调。各省级测绘地理信息行政主管部门要精心组织、认真实施，重点做好以下三个方面工作。

（一）加强现代测绘基准建设，提供高效精准服务

1. 加强现代测绘基准体系建设。国家现代测绘基准体系基础设施建设一期工程已全面启动实施，工程为期四年。工程建成后，将形成覆盖全国的、高精度、三维、动态、陆海统一、几何基准与物理基准一体的国家现代测绘基准。各地要抓住有利时机，优化、完善省级测绘基准。以此为契机，统筹地方与行业力量，加强本省现代测绘基准的建设和维护，利用最新地面重力数据、GNSS网观测成果等资料，精化省级似大地水准面，不断提升省级平面基准和高程基准的现势性和精度，以满足本地区经济社会发展对测绘基准的需求。要积极参与国家现代测绘基准体系工程建设，加快基准站土地征用、设计等任务，协助作业单位在本地区开展点位勘选、标石埋设和观测工作，并做好新建测量标志的保护工作。

2. 加快2000国家大地坐标系推广应用。做好2000国家大地坐标系转换是实现基准现代化的基础。2013年底前，各地要完成已有省级基础测绘地理信息成果向2000坐标系的转换；2015年底前，要帮助市县级测绘地理信息部门完成成果的坐标系的转换；2016年，要全面使用2000坐标系，停止提供原有国家大地坐标系下的测绘地理信息成果。

要加快成果转换和检定发布工作。对于尚未完成省级测绘成果转换的省区，国家测绘地理信息局将加大技术支持力度，免费提供转换软件和技术培训；各地要强化转换工作的组织领导，进一步落实责任，保障经费，要在2013年底前完成转换工作，这是一个硬性指标，务必完成。对于已完成成果转换的地区，国家测绘地理信息局将开展转换成果的检验工作；检验合格后，由各省级测绘地理信息行政主管部门按有关规定发布。要做好本地区市县级测绘地理信息部门推广使用2000坐标系的技术指导、服务和监督，要与数字城市地理空间框架和天地图市级节点建设结合起来，这两项工程都必须使用2000坐标系；建立城市相对独立的平面坐标系统与2000坐标系间的联系。要加强与行业部门联系，加强政策引导，主动上门服务，帮助制定技术方案，合作开发相关软件，提供人员培训，指导行业部门在规定时间内实现测绘成果向2000国家大地坐标系的转换。

（二）加快地理信息资源建设，实现数据联动更新

1. 完成基础地理信息数据库整合升级。1:1万基础地理信息数据库是数字省区的核心，也是国家1:5万数据库更新的重要信息源。国家测绘地理信息局已组织制定了全国1:1万基础地理信息数据库整合升级总体方案和数据规范，开发了适合于全国各省整合的系统软件，开展了6个省的试点工作。通过完成数据库的整合升级，将实现全国省级地理信息资源的标准统一、协调一致，为实现全国基础地理信息数据“一个库”，实现各级基础地理信息数据快速联动更新奠定坚实的基础。各省地要按照国家测绘地理信息局的统一部署，加强领导、明确责任、落实经费、保证质量，制订切实可行的实施路线与工作计划，充分利用整合系统软件，在2014年中旬完成本地区1:1万数据库的整合升级。国家基础地理信息中心要做好技术支持，以统一的数据规范为标准，纵向上，充分考虑国家级、省级和市级统一和关联；横向上，充分考虑省级之间的统一和互通。从数据结构、要素表达、属性定义等方面保持全国1:1万数据库的成果形式和指标要求的规范一致。

2. 加快省级基础地理信息数据库建设与更新。各地要充分分析经济社会发展对多尺度、多样化地理信息数据的需求，进一步加快省级基础地理信息资源建设。积极推进省级1:1万地形图测绘和数据库建设，不断提高现势性和覆盖比例。根据经济社会发展对地理信息多样化的需求，不断拓展和丰富地理信息数据库的内容。优化完善省、市、县级基础地理信息数据库的结构与内容，在丰富和细化现有地形地貌、交通、水系、境界、植被、地名等要素基础上，进一步拓展地表覆盖、水下地形、地下管线、地名地址以及生态、环境、资源等方面的信息内容，满足地理国情监测、资源环境开发、精细化行政管理、主体功能区建设等方面的应用需求，提供优质的地理国情本底数据。

整合各种地理信息数据资源，建立和完善省级基础地理信息定期、适时和动态更新机制；积极构建适用于新形势、新技术条件下数据库更新的组织结构、业务模式、技术方法、作业流程、生产工艺等，形成快速、高效的更新生产体系，实现基础地理信息数据的快速更新，保持数据的现势性和生命力。通过建立和完善国家、省、市三级基础地理信息数据库联动更新机制，加快推进以大比例尺地理信息数据联动更新小比例尺数据；逐步建立各级基础地理信息数据库的联动更新体系，实现不同尺度地理信息数据的及时同步更新，有效提高数据的现势性与一致性。

（三）做好典型示范项目建设，推进地理信息应用

1. 加强省级公共平台建设。各地要充分发挥基础地理信息资源和技术优势，按照“统筹规划、统一标准、分建共享、协同服务”的思路，加大各种地理信息资源整合力度，把分散在各地区、各部门的地理信息资源整合在一起，加快集地理空间框架应用服务功能、软件及其支撑环境于一体的统一、权威的省级地理信息公共平台建设，提供全省各级、各类地理信息“一站式”服务；建成数字省区的数据交换体系和公共服务体系，与国家、市级地理信息公共平台实现纵向关联，与其他省级地理信息公共平台实现横向互通，为提供统一、集成的地理信息应用与服务奠定基础。

2. 做好典型应用示范推广。各地要以统一、权

威的省级地理信息公共平台为依托，紧紧围绕政府科学决策、城乡规划、资源管理、防灾减灾等需要，着力做好数字省区的典型应用建设。加强与相关部门的协调合作，针对不同部门或行业特点，统筹平台服务管理，整合多种服务、提供多种开发接口、研发各种地理信息产品和应用系统，实现基于地理信息公共平台统一、便捷、高效的地理信息应用服务，推动地理信息服务方式和应用模式的变革，不断提高地理信息应用的服务水平和效能。各地要以典型应用示范建设为抓手，不断总结经验，加快拓展数字省区的应用领域和服务范围，不断深化应用层次，提高应用服务水平，促进数字省区建设成果在各部门、各行业和社会公众的广泛应用。

三、精心组织、强化管理，认真做好相关重点工作

2012 年，在数字省区建设取得成效的同时，其他相关重点工作也取得了较好的成绩。数字城市建设进入全面推广阶段，新增立项城市 80 个，又有 50 个城市完成建设任务，在强决策、精管理、惠民生、促发展等方面发挥了重要作用。地理国情监测项目获得批准，中央财政年度经费已经拨付到位，各试点项目顺利完成，形成了有价值的监测成果，积累了宝贵的经验，部分监测成果已公开发布。新农村建设测绘保障深入开展，国家测绘地理信息局新增示范项目 3 个，新增完成项目 20 个，福建省完成了 4178 个村庄 1:1000 比例尺地形图测制任务，河北省完成 2600 个村庄 1:1000 比例尺地形图测制任务，新农村建设所需的地理信息资源进一步丰富。测绘应急保障能力建设得到加强，有 8 个省新装备了国家地理信息应急监测系统，初步建立了大区域应急测绘保障网。

2013 年是贯彻党的十八大精神和全面实施“十二五”规划各项任务的关键一年。各地在大力推进数字省区建设同时，应强化组织管理，加强统筹协调，做好相关重点工作。

一是深化数字城市建设与应用。按照国家测绘地理信息局《关于加快数字城市建设推广应用工作的通知》要求，2012 年要加快完成地级以上城市立项，加快建设进度，力争在 2014 年全面完成建设任务。积极推进县级和各类开发区数字城市建设，以保证数字区域从省到县的纵向贯通。着力加强数字城市成果应用推广工作，完成数字城市“由建到用”的战略升级，不断扩大应用领域、深化应用层次，下大力气推进数字城市的广泛应用，通过持久、广泛的应用，保障数字城市长期稳定运行，持续发挥功能和作用。积极稳妥推进智慧城市试点工作，明确测绘地理信息部门在智慧城市中的作用，形成与之相适应的政策机制、标准规范等，并支持省、城市开展智慧城市建设探索，逐步推动数字城市向智慧城市的发展。

二是做好地理国情监测准备。“十二五”期间地理国情监测项目主要任务是开展全国地理国情普查，在进行普查工作的同时，选取热点区域、变化明显的对象开展监测。各地要以报请国务院办公厅即将印发的《关于开展第一次全国地理国情普查工作的通知》为指导，筹备成立地理国（省）情普查工作领导小组，按照普查的总体部署，制定本地地理国情普查实施方案；落实地方财政经费投入，力争自 2013 年起列入财政年度预算；按照《地理国情普查内容与指标》、《地理国情普查方案》等要求，做好本地 1:1 万基础地理信息数据整合及相关专题数据整合工作。

三是加强航空航天影像获取。围绕数字省区、数字城市、基础地理信息数据库更新、地理国情普查等项目需要，航空航天遥感影像的获取将统筹协调国家、省、市与企业投入，短期内获取覆盖完整、时相恰当、分辨率适当、现势性较好的遥感影像。各地在获取遥感影像时一定要同国家测绘地理信息局沟通，共享成果，避免重复获取。要积极争取发展改革、财政等部门的理解和支持，将基础航空摄影纳入本级国民经济和社会发展年度计划及财政预算，形成与基础测绘、地理国情监测等工作相适应的投入机制。要继续加强应急测绘保障能力建设，加快国家地理信息应急监测车的配备和无人飞机航摄系统在市县的推广应用，构建本行政区域内的应急测绘影像获取体系。

四是推进新农村测绘保障工作。国家测绘地理信息局通过新农村测绘保障服务示范项目的实施，走出了一条低成本、高效益采集制作农村地区大比例尺、高分辨率基础地理信息数据的技术路线，建立了一整套针对新农村建设的测绘保障技术体系、标准体系和系列产品模式，带动了一部分省（区、市）在农村地区的测绘保障投入。各省级测绘地理信息行政主管部门要成为推动新农村建设测绘保障服务的主体，依据国家测绘地理信息局印发的《新农村建设测绘保障服务技术大纲》，紧密结合农村地区的实际，生产出满足新农村建设的地理信息成果；要学习新农村测绘保障先进省区的经验，做好与各有关部门的沟通联系，通过落实新农村测绘保障专项，整体推进新农村测绘保障工作，让广大农村地区充分享受到公益性测绘保障服务带来的实惠，为农业现代化发展提供有力支撑。

五是强化测绘质量监督管理。进一步加大全国质量监督检查力度，加大国家级、省级监督检查覆盖面，努力促进测绘地理信息成果整体质量水平的提升；强化国家、省级重大测绘专项和重点工程测绘项目的成果质量检查工作，确保其为国民经济和国防建设提供优质的测绘地理信息产品；加强测绘地理信息质量管理体系建设，理顺关系，优化环境，完善制度，狠抓落实，形成符合当前测绘地理信息成果质量控制的管理体系；加强测绘地理信息生产过程的质量管理，落实成果质量责任制，实行质量问责制，从源头上控制成果质量；加强质量控制体系基础设施建设与管理，强化本地区基线场、仪检设备的维护，认真做好本地区测绘计量检定人员资格认证工作。

同志们，数字省区建设意义重大、任务艰巨。希望大家乘着党的十八大胜利召开的强劲东风，团结协作、共同努力，心往一处想，劲往一处使，发扬“快、干、好”的工作作风，全力加快推进数字省区建设，不断增强基础测绘保障服务能力和公共服务水平，为实现“构建数字中国、监测地理国情、发展壮大产业、建设测绘强国”这一既定战略目标做出积极贡献！

国家测绘地理信息局副局长李维森
在地理国情普查试点启动暨技术培训会上的讲话

2012 年 11 月 27 日

同志们：

地理国情监测是国家测绘地理信息局“十二五”的一项创新型重大工程，在各级领导和大家的共同努力下，该工程在今年 9 月底得到财政部立项批复。根据工程总体方案，开展地理国情普查试点是工程前期的一个重要环节，也是对后续全面展开地理国情普查及监测工作的有力保障、有力探索。经过国家测绘地理信息局有关司局和有关单位认真筹备，地理国情普查试点准备工作已经基本就绪。今天我们在这里召开地理国情普查试点启动会，这标志着试点工作正式启动。下面，我首先做两点说明。一是关于项目实施领导小组。全国地理国情普查是在国务院领导下，国家测绘地理信息局具体组织实施的。为了确保地理国情普查工作顺利开展，国家测绘地理信息局研究成立了具体负责项目组织实施工作的项目实施领导小组，在国务院相应机构和国家测绘地理信息局党组的领导下具体负责地理国情普查工作。实施领导小组成员包括国家测绘地理信息局、机关各相关司局及直属单位的有关领导，确定了中国测绘科学研究院、国家基础地理信息中心分别为总体设计、组织实施的责任单位，并要求其成立专门机构、配置专职人员、落实专项工作，全力做好工程总体设计与组织实施工作，为地理国情监测提供坚实的技术支持与组织保障。二是关于项目经费。经过近两年的努力，地理国情普查与监测在“十二五”期间的中央财政经费已经由财政部落实。各省级测绘地理信息行政主管部门可以待《国务院关于开展第一次全国地理国情普查工作的通知》文件下发后，向各省、自治区、直辖市人民政府申请配套经费，开展地理国情普查工作，但前期的准备工作要尽快推进。普查试点要在 2013 年 3 月底前基本完成，2013 年上半年由局各直属单位先期开展普查工作，争取下半年实现全国同步开展工作。2013 年 3 月底前，重点做好试点启动、培训、学习、探索及总结工作，只有通过普查试点把路子走通，后期开展全面普查和监测才能有路可循、有规可依。因此，普查试点对于地理国情普查和监测至关重要。

对于地理国情普查试点工作，我要特别强调以下八句话，来指导大家的工作。第一是努力学习。地理国情监测普查试点是一项新的工作，管理、设计、组织实施及具体操作，各方面都需要摸索学习，后期的一系列培训就是学习的过程和方式。第二是认真研究。单学不动脑筋去研究，工作是做不出来的。

地理国情普查试点是一项创新型的工作，相比以前的测绘项目，这项工作复杂程度更高、综合性更强，只有认真研究，才能找到出路。第三是要勇于探索。在试点工作过程中一定要勇于探索，特别是在后期出统计分析报告时更要探索出有价值的成果。第四是认真实践。要通过普查试点工作实践，总结切实可行的经验，指导后续工作。第五是总结提炼。这次的普查及监测与以前的测图是完全不一样的，因此总结提炼很重要。只有总结出好的经验，提炼出有价值的能指导大家工作的方法规范，试点工作的开展才有意义。第六是摸索规律。要在总结提炼的过程中找到规律，总结出具有代表性、普遍性的规律，用以指导全面的普查与监测工作。第七是攻坚克难。我们的工作需要技术创新、管理创新。科技部专门针对地理国情监测下达了科技支撑计划，就是要支持我们在科研方面不断攻坚克难，取得新成果，支撑新工作。第八是再创佳绩。几十年来，测绘地理信息队伍不断努力奋斗，为国家的测绘保障工作建立了不朽的功勋，创造出一个又一个佳绩。地理国情监测是推动测绘地理信息事业实现新跨越、新发展的一项重要工作，要继承发扬测绘地理信息工作的好传统好作风，再创佳绩。总而言之，希望大家团结起来，努力奋斗，在普查试点过程中，要努力学习、认真研究、勇于探索、认真实践、总结提炼、摸索规律、攻坚克难、再创佳绩。

下面结合实际工作，我讲三点意见。

一、充分认识开展地理国情普查试点工作的重要意义

地理国情是以地表自然和人文地理要素的空间分布、特征及其相互关系为主要内容的、与国家经济社会发展密切相关的基本情况，是基本国情的重要组成部分。地理国情普查是获取国情国力信息的重要手段，是掌握自然资源、生态环境以及人类活动基本情况的综合性、基础性工作。其目的是全面普查各类地理国情信息的现状和空间分布情况，并通过与经济社会信息融合，进行综合统计分析，揭示经济社会发展和自然资源环境的空间分布及内在关系，实现地理国情信息对政府、企业和公众的服务，为开展常态化地理国情监测奠定基础。开展地理国情普查试点，是地理国情监测重大工程的前奏，也是整个工程成功与否的关键环节。

1．开展地理国情普查试点，是检验普查方案是否科学合理、是否可行适用的重要手段。

只有通过前期开展试点试验，进一步修订、改进和完善普查方案，使普查方案更加科学合理、便于操作，更好地实现地理国情信息数据与经济社会建设实际需求之间的有效挂接，更好地满足各级政府、社会和公众对地理国情信息的现实迫切需要。

2．开展地理国情普查试点，是完善普查生产技术体系的重要方式。

地理国情普查是一个新的课题，是开创性、探索性的工作，相关的生产技术体系尚未有效建立。目前，初步制定的《地理国情普查内容与指标》、《地理国情普查试点方案》、《地理国情普查试点统计分析方法与预期成果》三个技术文件除了指导普查试点工作外，还需要结合试点工作不断完善。普查工作中具体的技术路线、生产方式、工艺流程、技术方法、技术规定等也需要结合普查试点来确定，尤其是信息提取、地表覆盖分类、统计分析等方面。

3．开展地理国情普查试点，是探索普查组织管理方式的重要途径。

地理国情普查工作机制等还不成熟，大规模开展地理国情普查工作仍需要实践经验来指导。地理国情信息普查试点是对普查工作全过程的模拟，是组织实施地理国情普查的经验来源，也是正式普查顺利实施的保障和基础。因此，开展地理国情普查试点尤为重要。

4．开展地理国情普查试点，是锻炼培养队伍的重要过程。

普查试点工作的开展也是对测绘地理信息人才队伍的一次有效锻炼，进一步提高参与人员的业务素质和能力，有利于提高后期开展全面普查工作的工作效率，在新的工作中充分发挥测绘地理信息行业人才优势，逐步形成和建立完整的地理国情监测人才队伍体系。

二、地理国情普查试点的主要任务及重点和难点

1．明确地理国情普查试点主要任务

地理国情普查试点，是选择有代表性的区域和范围，在现有基础地理信息数据的基础上，结合试点区域的地域特点，有针对性地收集专业资料，进行DEM数据精细化处理，并充分利用提供的高分辨率遥感影像，开展地理国情普查信息采集的内外业全流程试生产及统计分析工作，形成有价值的统计分析报告，并探索形成科学可行的技术方案，为后期全面开展普查及统计分析工作提供实践经验和工作方法。

地理国情普查试点工作主要分为普查工作底图制作及统计分析两个内容。普查工作底图制作是普查试点工作中的重要一项，是既应用高分辨率影像资料又应用现有测绘资料的综合性工作。这次的试点采用最新的、优于1米分辨率的卫星影像为主要数据源，部分地区甚至达到0.5米分辨率，同时结合1:1万、1:5万数据及外业判绘数据，采用内业解译判读、外业调绘核查、内业修改编辑的内外业一体化作业流程，形成普查本底数据集。在普查本底数据集的基础上，还要利用专业数据成果，形成一批有价值的统计分析数据，生成准确权威的统计分析报告，使地理国情普查成果既能够与国家及地方政府的实际需求相结合，又具有较高的科学价值和水平。

此外，此次试点还要对内外业一体化作业模式、成本定额、工作量等进行研究、统计和测算，并深入探索与地方政府之间在成果发布、提供服务方面的工作机制。地理国情普查是地理信息的普查和国情的结合，普查内容不包括我们职责之外的人文经济信息，因此在普查试点中，要考虑人文经济信息的收集获取、加工利用、形成的成果等问题，在避免与专业部门产生矛盾的基础上，提供最综合、最全面的地理信息与国情信息相结合的普查监测成果。

2. 把握好地理国情普查试点工作的重点和难点

第一是要把握地理国情普查与基础测绘的不同。以往的测图完全是对现实地理状况的客观表达，按照图示规范和技术设计要求，将地面实际存在的自然和人文地理要素按符号表达到地图上。地理国情普查不同，普查内容的取舍及信息提取的指标是全新的。因此，普查中还存在很多难点，关键是信息分类、提取及界线的确定，在界线确定中，还要注意与专业部门之间界线标准的关系。

第二是要做好采用高分辨率影像开展面向全国的地理信息采集生产流程探索。以前面向全国性的地理信息采集都只到1:5万比例尺，采用的影像分辨率较低。本次以优于1米分辨率影像为主要数据源，部分地区甚至到达0.5米，工作量和面临的问题会有很大的不同。同时，为了达到与影像分辨率相匹配的位置精度，还有许多实际问题需要解决。因此，在本次试点过程中，不仅要注重对相关生产技术难题的研究探索，还要注重对工作量、工作时间及实际困难的总结和统计，避免普查工作后期人员、财力、物力跟不上的问题，为全面普查工作的设计和组织提供技术参考和管理保障。

第三是要做出有价值的统计结果和分析报告。地理国情普查的最终目标是要形成对国家具有重要决策支持作用的国情信息。如果国家投资了大量资金，我们付出了大量努力，最后无法形成国务院、各级政府需要和认可的空间分析的成果，那我们的工作也不算成功。因此既要做好基础工作，又要提前做好预期成果的谋划，研究确定一批与国计民生密切关联、综合性、可持续监测的地理国情信息指标，确保地理国情普查与监测对国家经济发展的实际推动作用。

第四是要处理好普查内容与预期成果的关系。如果普查内容太粗，预期成果就不会很丰富，而如果普查内容太细，现有的人员和资金又无法支持整个工程的运转。因此，试点过程中一定要做好普查内容指标与预期成果的协调比较，对统计分析有价值的内容要重点采集，与预期成果相关性不大的内容不必花费太大精力去普查，这样才能确保地理国情信息普查与统计分析工作的紧密配合。同时，项目实施领导小组分别抽调国家基础地理信息中心、中国测绘科学研究院和局卫星测绘应用中心的科研人员，成立了六个协调联络组，到参加试点的十二个生产单位去发现问题、总结分析，跟作业人员一起参与整个流程、深入了解实际，为更好地开展全面普查工作打下良好的基础。

第五是合理确定与其他专业部门的工作界面。这也是开展地理国情普查工作的难点。因地理国情信息本身具有跨行业、跨部门、跨学科的特性，我们开展的地理国情普查内容，不可避免地与相关业务部门在职责范围内实施的普查或调查内容有所重叠。不仅要处理好与各专业部门协调有关生产技术规范等内容，还要跟国土资源部及其下属单位做好沟通，要处理好与各个部门的关系，关键是要突出地理国情普查的基础性、综合性，根据职责合理确定地理国情信息的普查内容。通过标准衔接，使我们的普查数据既有权威性、独立性，又避免与专业部门产生矛盾。

三、对开展地理国情普查试点的几点要求

地理国情监测是一项长期复杂的系统性工作，普查试点肩负的责任重大，工作量、技术难度和组织管理难度都很大，各单位要充分认识开展普查试点的重要意义，按照下发的生产任务书和技术文件要求，做好工作部署，开展详细设计，统筹、高效、快速推进。实施过程中要重点把握以下几个问题：

1. 加强组织领导

国家测绘地理信息局成立了专门的地理国情监测项目组织机构。各参加单位也要适时成立专门的项目组织机构，配备专职人员，明确职责要求，落实任务分工，做好本单位内生产、试验及相关工作的组织实施、技术协调与质量管理等工作。各单位要根据2012年地理国情监测生产任务书要求，结合下发的技术文件，认真安排计划，严密组织生产，严抓试点进度，做好质量控制及安全生产工作，以高度的使命感和责任感，真抓实干、开拓创新，确保按时保质完成地理国情普查试点任务。

2. 加强合作协调

普查试点工作任务量大、参加单位多、技术难度高，必须依靠大家齐心协力、团结合作，才能把试点组织好、开展好、完成好。一方面，组织实施单位、设计单位、直属局与地方局之间要团结协作，相互支持，加强沟通和配合，形成合力，共同完成普查试点任务，为今后开展全国性普查打下良好基础；另一方面，要做好统筹协调，注重普查试点与基础测绘项目开展的有机结合，做好与地方各级政府和有关专业部门的沟通协调，探索构建中央与地方联动的地理国情普查、监测的分工协作机制。

3. 加强技术与管理创新

普查试点能否取得应有的效果，后期普查能否科学有效地实施，关键要抓好技术和管理创新。普查试点是从地理国情信息采集到统计分析的全流程生产试验，不同数据源、不同地域特点、不同作业方法在普查过程中都可能带来不同的生产技术难题。这就要求参加单位要突破原有生产模式，在现有科技成果的基础上，积极探索并采用新技术、新工艺、新方法，着力解决生产流程中影像智能解译、信息提取和分类、内外业质量控制等技术难题，为后期开展全面普查扫清障碍。在组织管理上，要积极探索新的项目管理和质量管理模式，探索构建适应地理国情普查的生产组织管理体系，确保普查各项工作顺利开展。

4. 强化质量控制，加强工作总结

普查试点是否能够达到预期目标，很大程度上取决于试点成果的质量和对试点工作的总结提炼。质量把控不严，数据精度就无法保证，普查和统计分析成果的真实性、准确性、权威性就无从体现。因此，各单位要严格把控数据质量，实行成果质量的分级负责制。国家基础地理信息中心要对整体质量负责，通过试点探索质检机构在该工程中的作用，各单位要做好生产过程质量控制，认真自查并积极主动配合项目组织实施单位开展抽查。各单位要积极做好试生产的技术沉淀与工作总结，通过总结分析，修改完善普查方案和有关技术文件，探讨建立有效的生产管理与技术体系，在技术系统构建、管理系统创新方面取得新突破。

5. 加强宣传教育与人才培养

这次的普查试点，不仅仅是技术路线、生产流程和组织管理上的一次预演，更是一次测绘地理信息人才队伍的锻炼。各单位要在扎实开展普查试点工作的同时，注重对技术骨干和项目管理人员的选拔和培养，着力打造技术精、管理强、经验丰富的人才队伍，为全面开展普查做好人才准备。认真做好普查试点的经验交流工作，将生产过程中积累的新技术、新方法以及形成的良好工作机制、管理方法作为试点成果巩固和推广，提升生产队伍整体业务水平。同时，要积极做好地理国情普查试点成果的宣传，为队伍鼓舞士气、提振精神，为后期地理国情普查及监测营造良好的舆论氛围，为测绘地理信息发展赢得更多的支持与动力。

同志们，地理国情监测是一项具有开拓性的复杂工程，也是一项光荣而又艰巨的任务，地理国情普查试点为这项重大工程的开展拉开了序幕。希望大家携起手来，振奋精神，扎实工作，攻坚克难，切实增强工作的积极性、协调性、主动性和创造性，圆满完成地理国情普查试点的各项任务，为全面开展地理国情普查及监测提供有力支撑。以科学发展观为指导，结合落实党的“十八大”精神，为推动我国经济社会发展做出测绘地理信息工作者新的、更大的贡献。

开创宣传新局面　推动事业新发展

国家测绘地理信息局副局长宋超智在全国测绘地理信息宣传工作会议上的讲话

2012年3月22日

尊敬的各位会议代表，大家上午好！

阳春三月，春意盎然。很高兴在伟大的革命先行者孙中山先生的故乡——广东省中山市召开全国测绘地理信息宣传工作会议。这是继2010年以来，国家测绘地理信息局党组研究决定召开的又一次十分重要的测绘地理信息宣传工作会议。会前，徐德明局长对召开这次会议作了重要批示：近几年，测绘地理信息工作的宣传力度很大，赢得了社会各界的支持，推动了测绘地理信息事业的大发展。这主要得益于中央新闻媒体的高度重视，得益于新闻记者的支持，得益于测绘地理信息宣传战线工作者的努力。在此，向您们表示感谢，并致以崇高的敬意！新闻舆论就是旗帜，就是方向，是任何时候都不容忽视的重要平台。希望测绘地理信息部门的宣传工作者要继续努力，把握时代脉搏和测绘地理信息工作的大局，做好宣传工作，为测绘地理信息事业再上新台阶、再创新辉煌做出新贡献。徐局长的批示既是对近年来测绘地理信息宣传工作的肯定和鼓励，更是对进一步做好测绘地理信息宣传工作的殷切期望。我们要认真学习领会、抓好贯彻落实。下面我讲四个方面的意见，供大家讨论时参考。

一、围绕中心、积极宣传，为测绘地理信息事业发展鼓劲加油

在国家测绘地理信息局党组特别是徐德明局长的高度重视和正确领导下，在中宣部、国新办、中央和地方主要新闻媒体的大力支持下，在测绘地理信息系统各单位各部门的积极配合下，近两年来，测绘地理信息宣传工作顺利开展，基本形成了“导向正确、重点突出、上下联动、热点不断”的宣传态势。突出表现在以下三个方面：

一是充分发挥“扬声器”作用。近年来，测绘地理信息事业大事多、喜事多、亮点多。宣传工作紧紧围绕局中心工作展开，大力宣传测绘地理信息工作重要意义，积极宣传重点工作的重大进展和成果成效，让测绘地理信息在社会上的声音多起来、响起来、亮起来了，促进了各方面对测绘地理信息工作的了解、认知和关心支持。例如，“天地图”上线运行后，我们一方面通过《国内动态清样》等内部刊物，宣传“天地图”建设的重大政治意义和深刻的时代背景；另一方面通过组织系列宣传活动，积极向社会大众宣传“天地图”的民生意义、功能作用等，提升公众对“天地图”的知晓率，引导公众更多关心、支持民族品牌。又如，在西部测图、1:5万基础地理信息数据库更新两个重大测绘工程顺利竣工之际，我们联合国新办举办了系列宣传活动，通过召开新闻吹风会、发布会，组织记者实地采访等方式，深度宣传报道了两大工程的重大历史意义及其技术创新、管理创新、成果创新。据不完全统计，近两年，中央媒体累计刊发测绘地理信息新闻约3000条，网络媒体刊发转发消息两万多条，为测绘地理信息事业发展提供了有力的舆论支持。

二是充分发挥“导航仪”作用。两年来，测绘地理信息宣传工作紧紧围绕事业发展的首创性工作、难点工作，主动引导舆论，积极鸣锣开道、引领导航。我们通过协调在人民日报、求是、新华社、党建、中华英才、新华网、人民网等重要媒体刊发局领导署名文章、专访、答记者问等方式，深入解读政策，提供理论指导，统一行业内外思想，为热点难点工作开局引路护航。例如，面对地理国情监测这一新的重要任务，《人民日报》刊发了徐德明局长的署名文章《监测地理国情 服务科学发展》，中国测绘报、国家局网站也开辟了专栏和专题，针对地理国情监测的概念和内涵、重大意义、国内外形势、组织实施等进行了广泛深入的探讨交流。通过宣传，各方面对地理国情监测的重视程度越来越高，思路越辩越明，有效推进了此项工作的实施。又如，针对境内外媒体高度关注互联网地图服务测绘资质申领，尤其是谷歌地图能否获得资质的情况，我们本着“与其被动说不如主动说”的原则，主动在该事件的重要时间节点发布新闻通稿，回应社会关切，正面引导舆论，取得良好效果。

三是充分发挥“助推器”作用。宣传也是生产力，“宣传工作”通常也能“四两拨千斤”，成为推动事业发展的强劲动力。比如，我们协调了10余家中央新闻媒体，组织开展了“数字城市中国行”大型宣传报道活动，深入、系统、全面、直观地展示了数字城市建设对于推动信息化建设、促进科学管理决策的重要作用。可以说，目前数字城市建设得以在全国迅速全面铺开并广泛应用，宣传的助力功不可没。又如，通过对玉树地震应急救灾、汶川地震灾后重建测绘保障等的大力宣传，协调中央电视台新闻直播车首次开进中国测绘创新基地现场报道我局服务云南盈江地震救灾情况等，充分展示了测绘地理信息作为“灾区上空的眼睛”发挥着不可替代的作用，促进了测绘地理信息在国家应急保障体系中地位的提升。

回顾近几年的宣传工作，我们有以下几点体会：

（一）把握时机、反应迅速是做好宣传工作的重要方法。时效性是新闻宣传最重要的特征。测绘地理信息宣传工作，必须充分体现“快、干、好”的工作作风。每年“两会”期间，我们通过发布徐德明局长答复网友留言、将测绘地理信息两会特刊发送到两会代表手中等多种方式，借“两会”平台积极宣传测绘地理信息工作成就、呼吁各方面给予更大关心支持。每年“8.29测绘法宣传日”前后，我们通过公益短信、发放宣传品、发表署名文章、曝光典型案件等方式集中宣传，提高社会公众对测绘法律法规的认知程度和知法守法的自觉性。在举国上下欢庆中国共产党建党九十周年之际，我们积极组织针对“红色地图”的宣传发布工作，得到了各方面好评。

（二）整合资源、强化合作是做好宣传工作的重要支撑。正所谓“孤掌难鸣”，搞好测绘地理信息宣传工作迫切需要中宣部、国新办的关心支持，需要借助中央和地方各大媒体的力量，更需要系统内相关单位和部门的积极支持配合。数字城市中国行、西部测图等大型宣传活动，都是在有关单位的大力支持和精心配合下展开的。坦率地讲，我们自身的宣传资源很有限，如果不能有效整合各方资源，充分调动各方积极性，测绘地理信息在社会上的声音是很难大起来、亮起来的。与此同时，如果没有系统内相关单位、相关部门的支持配合，宣传工作也只能是无米之炊。借此机会，我也想向近年来给予测绘地理信息宣传工作大力支持和积极配合的中宣部、国新办、中央和地方新闻媒体以及测绘地理信息行业各有关单位和部门，表示最诚挚的敬意和衷心的感谢。

（三）三个贴近、生动鲜活是做好宣传工作的重要原则。测绘地理信息宣传必须坚持贴近实际、贴近生活、贴近群众。只有生动鲜活的新闻才能激发共鸣、引发思考，才能真正的打动人、引导人。在中国测绘科技馆新装开馆、网上科技馆上线等的宣传方面，我们注重把群众关注点与测绘地理信息热点有机结合，把新闻宣传与科普教育有机结合，各方面反映良好。在宣传创先争优先进典型李成名时，我们以“是谁让束之高阁的测绘成果飞入寻常百姓家”为切入点，拉近了读者与人物的距离，提升了宣传的实效。

（四）规范管理、创新机制是做好宣传工作的重要保障。宣传有纪律，宣传要投入。必须坚持用制度规范程序、明确责任，用制度管理队伍、促进落实。宣传工作的产出与所投入的人财物力是成正比的。两年来，国家局印发了《关于进一步加强测绘宣传工作的意见》，完善了重要活动报道管理机制，修订了重要稿件送审程序。局党组还专门研究决定今后重大项目要拿出2%的经费作为宣传费用，由局办公室统管使用，进一步加大了宣传经费投入。山西、山东、湖北、湖南、宁夏等地先后成立或强化了宣传中心，新疆、陕西等地印发了加强宣传工作的管理办法等等。测绘地理信息宣传工作在规范化、科学化、专业化方面又前进了一大步。

二、紧抓机遇、迎接挑战，进一步增强做好测绘地理信息宣传工作的责任感与使命感

当前，测绘地理信息宣传工作面临的形势总体来讲是机遇与挑战并存。

（一）事业蒸蒸日上、行业专业性强，如何更好促进事业发展，对做好测绘地理信息宣传工作提出更高要求。当前，测绘地理信息事业正处于发展的黄金机遇期，各方面工作不断取得新进展、新成效。这为进一步做好宣传工作提供了良好的基础和丰富的素材。但目前，各方面对测绘地理信息功能作用的认识与我们实际可以发挥的作用相比较，还有相当大的差距。要使测绘地理信息真正发挥全部潜能，迫切需要宣传工作更加给力。而测绘地理信息本身又存在专业性强、技术性强的特点，宣传、科普一直是个难题。因此，如何准确把握测绘地理信息宣传规律，通过宣传提升各方面自觉利用地理空间手段的意识，促进对测绘地理信息的应用和消费，是我们当前面临的现实考验和紧迫任务。

（二）重视程度越来越高、自身资源手段有限，如何实现新发展，对做好测绘地理信息宣传工作提出更高要求。近几年来，以国测一大队先进事迹、刘先林院士先进事迹宣传为代表，测绘地理信息宣传工作达到了全新高度。各级领导、各方面对宣传工作重要性的认识也不断提高。但与此同时，各方面对宣传工作的期望值也在同步增长。而我们自身的宣传阵地基本上还是“一报一刊一网站”，宣传人员基本都是兼职，宣传经费也较难保障。在这种情况下，各方面的关心重视是动力也是压力，要想使宣传工作在业已取得良好成绩的基础上更上一层楼，应当说任务十分艰巨。

（三）新兴媒体迅猛成长、舆情发展形势复杂，如何正面引导舆论，对做好测绘地理信息宣传工作提出更高要求。现代信息技术迅猛发展，特别是微博客等新媒介的广泛应用，使互联网、手机成为信息传播的重要途径，这为测绘地理信息宣传工作提供了新的手段、开辟了新的舞台。但同时，这些新媒体具有传播速度快、受个人意志因素局限等特点，容易出现偏颇，容易形成舆论风暴。面对“人人都有麦克风、人人都是记者”的“自媒体”时代的到来，如何做好舆情引导，尤其做好对敏感问题、突发事件的舆论应对，是我们面临的现实考验和紧迫任务。

三、突出重点、集中力量，全力以赴做好2012年测绘地理信息宣传工作

今年的宣传工作要点年初已经印发各单位各部门，请大家结合自身实际抓好贯彻落实。结合年初全国宣传部长会议精神，在此，我想再强调几项重点内容：

（一）要着力宣传测绘成果成就和先进典型。要按照中央要求，认真做好对十七大以来成就的宣传。通过展览展示、地图图书、图册音像、报刊网站等多种方式，大力宣传报道十七大以来测绘地理信息行业取得的重大进展、创新成果、主要成效、宝贵经验等，通过宣传鼓舞士气、凝聚力量、促进和谐，为“十八大”胜利召开营造良好环境。要结合创先争优活动的深入开展，大力宣传先进典型、先进事迹，营造学习先进、赶超先进的良好氛围。

（二）要着力宣传地理信息产业的大发展。今年，国务院有望出台《关于促进地理信息产业发展的意见》。《意见》的出台，对于优化产业发展环境、提升产业发展后劲具有重大意义。今年下半年，我们全力打造的国家地理信息科技产业园也将正式开园启用。我们要结合这些重大事件，找准时间节点，加强对《意见》主要内容的政策解读，扩大对产业发展前景、产业园功能作用的宣传，强化对产业知名产品和知名企业的报道，推动地理信息产业做大做强。

（三）要着力宣传重点工作进展的新成效。紧密结合国家和地方各级政府的中心工作，大力宣传测绘地理信息在保障重大战略实施、重大工程建设、应急救急、改善民生等方面的功能作用。重点要结合全国地理国情普查和试点工作的开展，宣传好监测工作的重要意义，报道好普查和试点工作成果；继续开展对天地图、数字城市建设进展及其成果成效的宣传，重点跟踪“天地图应用大赛”“智慧城市建设试点”等内容；大力宣传资源三号测绘卫星发射应用重大意义与成果成效。与此同时，要大力宣传在测绘法规建设、科技创新、国际合作、队伍建设等方面取得的新进展新成效。

（四）要着力宣传测绘地理信息文化。要充分发挥中国测绘科技馆的宣传科普职能，发挥其全国科普教育基地和中央党校教学基地的作用。通过拍摄系列专题片等方式，大力宣传测绘技术发展变迁和地图悠久历史，宣传展示地图文化的博大精深。跟踪报道好全国国家版图知识竞赛、少儿手绘地图大赛活动，配合做好国家版图知识进校园、进社区、进媒体活动的宣传报道。积极宣传测绘地理信息单位加强文化建设的新举措、新风尚。要通过宣传，推进十七届六中全会精神的贯彻落实，促进测绘地理信息文化建设。

四、把握规律、开拓创新，全面提升新时期测绘地理信息宣传工作水平

宣传工作是测绘地理信息工作的重要组成部分。如何牢牢把握宣传工作的规律，把宣传工作做深、做精、做新、做实、做活，进一步出精品、上档次、成规模、重实效，是摆在每一位测绘地理信息宣传工作者面前的重要课题。借此机会，向在座各位主管宣传工作或是具体承担宣传职责的同事们提五点希望和要求：

一要在呼吁重视宣传工作上下工夫，突出一个“转”字。宣传工作是提升生产力水平的重要力量。计划经济时代，汾酒都会借助“牧童遥指杏花村”的千古佳句来提升品质。现代社会，很多企事业单位的成功很大程度上取决于在宣传推广上的高超技巧。所以，我们要积极呼吁宣传工作本身的重要意义。希望领导干部和各方面进一步解放思想、转变观念，进一步改变测绘地理信息人“只干不说或是多干少说”的思维定式，真正把宣传工作摆在与业务工作同等重要的位置来规划和部署落实，并在经费、人员、设备等方面给予实质性的支持，不再把“重视”停在口头，而是真正落到实处。要通过我们不断的宣传、不懈的说服，促进各方面对宣传工作认识上的提高，推动全行业在做好各项工作的同时也把宣传工作进一步做好。

二要在宣传的组织策划上下工夫，突出一个“精”字。我们要把握重点、合掌为拳，坚持“有所为有所不为”，坚持“长流水不断线、不时掀起小高潮”，每年都要选准 1 ~ 2 个重大事件作为抓手，不遗余力地集中力量大宣传大造势，打造宣传高地。要深入研究媒体分众化趋势下各类受众群体的心理特点和接受习惯，增强新闻敏感度，找准结合点，选好突破口，主动设置议题，精心组织策划，及时掌控节奏，全面把握布局，力求使宣传做到角度新、选材精、立意好、挖掘深、可读性强，进一步提升测绘地理信息宣传工作质量。

三要在宣传的改革创新上下工夫，突出一个“新”字。改革创新是新闻工作的永恒主题。要适应时代发展的新形势和新变化，着眼于增强新闻宣传的影响力、引导力和发展活力，推进测绘地理信息宣传工作的内容创新、形式创新、手段创新。要注重顶层设计、统筹兼顾，组织多媒体集成、多要素聚合、多手段并用的全方位、立体式、多样化的宣传，通过各具特色的宣传活动使主题宣传、成就宣传、典型宣传融合互动、相互支撑，真正实现入眼、入耳、入脑、入心。

四要在新媒体宣传方面下工夫，突出一个“快”字。在继续办好《中国测绘报》、《中国测绘》杂志的同时，要更加注重测绘地理信息系统政府网站和公益性地图与地理信息服务网站的建设，充分发挥网络媒体容量大、时效性强、受众多、成本低的优势，使其成为关注度高、认可度强、影响力大的宣传平台。要创新栏目的表现形式和内容，实现内容设计专题化、报道推出系列化、表现形式多样化、重点栏目品牌化、营造声势规模化。要在广大测绘地理信息干部职工中树立“人人都是宣传员”的意识，加强对个人微博、博客的引导和管理，进一步扩大宣传面。

五要在“走转改”上下工夫，突出一个“实”字。要广泛持久的开展“走基层、转作风、改文风”活动，自觉深入最基层、第一线，把笔头、话筒、镜头留给基层干部职工，反映他们的创新创造，展现他们的精神风貌，真正让基层干部职工成为新闻报道的主体。要在火热的生产生活场景中捕捉生动场景、记录感人的故事，采写带有现场温度、真情实感的新闻报道。要带着对测绘地理信息事业的忠诚热爱和对基层干部群众的真情实感去创作，展现测绘地理信息宣传工作新风扑面的新景象。

同志们，做好测绘地理信息宣传工作，使命光荣、责任重大、任务艰巨。让我们以高度的政治责任感、精湛的业务能力和扎实的工作作风，全力开创测绘地理信息宣传工作的新局面，为推动测绘地理信息事业新发展做出积极贡献！

谢谢大家！

国家测绘地理信息局副局长宋超智
在全国测绘地理信息行政执法工作座谈会上的讲话

2012 年 11 月 30 日

各位领导，同志们，大家下午好！

在全国认真学习贯彻党的十八大精神的新形势下，我们在改革开放的先行之地——深圳召开全国测绘地理信息行政执法工作座谈会。在此，我代表国家测绘地理信息局，向出席会议的全国地理信息市场专项整治工作领导小组成员单位的有关领导表示热烈的欢迎！向工作在测绘地理信息行政执法岗位上的领导同志们表示衷心的感谢！此次会议的主要任务是：以党的十八大精神为指导，回顾测绘地理信息行政执法工作，总结经验、分析形势、明确任务，研究部署 2013 年行政执法工作，为测绘地理信息事业的健康发展保驾护航。会前，我翻阅了部分省（区、市）测绘地理信息行政执法工作交流材料，应该说，经验归纳总结得好，问题梳理得准，建议下了不少功夫，很有参考价值。临近年末，各省（区、市）测绘地理信息行政主管部门的主管领导、很多是一把手亲自参加会议，说明大家高度重视，再次表示感谢。

下面，我讲三点意见，供大家参考。

一、五年来行政执法工作回顾

五年来，全国各级测绘地理信息行政主管部门认真贯彻落实国务院《全面推进依法行政实施纲要》、《国务院关于加强法治政府建设的意见》，推动测绘地理信息行政执法工作取得了显著成效，体现了六个特点。

一是完善执法机构，执法能力不断增强。自国家局更名以来，已有21个省级测绘局实现更名，海南、河北、江苏等省加强了行政管理或专门执法机构建设，陕西、黑龙江、新疆、重庆、湖南等地还加强了行政执法队伍建设。从近年查处的案件看，由专门执法机构查处测绘地理信息违法案件的数量占到了全国省级测绘地理信息行政主管部门查处案件总数的近50%。实践证明，完善执法机构，有利于形成有效的监督制约机制，提高行政执法效能。

二是强化制度建设，执法行为不断规范。近年来，国家测绘地理信息局着力加强制度建设，构建起了一套系统完备、科学规范、运行有效的执法工作制度体系。各地也积极推进行政执法工作制度建设步伐。据不完全统计，各省级测绘地理信息行政主管部门出台了相关文件200多个。通过今年开展的全国首次行政处罚案卷评查评优活动，也有力提高了行政执法工作水平。实践证明，只有狠抓制度建设，才能有效规范行政执法行为，提高行政执法质量，保证执法工作的顺利开展。

三是深化专项整治，市场秩序不断好转。五年来，各级测绘地理信息行政主管部门以联合有关部门开展整顿和规范地理信息市场秩序活动为载体，以查处“涉证、涉网、涉密、涉外、涉军”测绘地理信息违法案件为抓手，深入推进专项整治活动。据统计，全国共集中开展专项执法行动2000余次，投入人力14000余人次，累计摸底调查近1.3万家企事业测绘单位，查处各类违法案件1000多起，其中涉外、涉军测绘地理信息案件达30多起。实践证明，坚持强有力的监管态势，严厉打击各类测绘地理信息违法行为，有利于净化市场环境、维护良好的市场秩序，维护国家主权、安全和利益，促进测绘地理信息产业的健康有序发展。

四是健全长效机制，监管效能不断提升。2009年以来，国家局先后与工信部、工商总局、新闻出版总署、保密局等六部委局成立了全国地理信息市场专项整治工作领导小组，又分别与工商总局、工信部等部门建立了联合执法专项工作机制。各地也结合实际，重视发挥联合执法整体合力，广西把专项监管行动的参加单位扩大到自治区党委宣传部等部门，上海、云南还分别与有关部门建立了信息沟通、情况通报、协作办案等区域性执法合作长效监管机制。实践证明，建立健全执法长效机制，有利于形成监管合力，不断提高行政执法效能。

五是加大宣传力度，社会影响不断扩大。五年来，国家局先后与北京、福建、江西、吉林、辽宁等省级人民政府联合组织开展了“8·29”测绘法宣传日活动，并通过法律知识网络竞赛、有奖征文等活动，吸引了全社会的广泛参与和支持。同时，国家局还每年向社会公布年度十大典型违法案件，与央视合作制作《焦点访谈》等节目，在社会各界引起了强烈反响。实践证明，把握主动、积极宣传，有利于扩大测绘地理信息工作知名度、影响力，有利于营造关心测绘、维护法制的良好氛围。

六是加强队伍建设，执法人员素质不断提高。五年来，国家局先后举办了10余期行政执法人员培训班，累计近4000名执法人员领取了测绘行政执法证。各级测绘地理信息行政主管部门也通过举办法制讲座、发放法律书籍、召开专题会、组织开展法律“六进”活动等多途径、多形式地加强教育培训。实践证明，在测绘地理信息行政执法人员流动相对较快，基层行政执法人员测绘地理信息法律法规知识相对欠缺的情况下，加强对执法人员培训，对于尽快提升执法人员的业务素质和能力，保证行政执法的水平和质量作用重大。

二、行政执法面临的新形势、新任务

当前，测绘地理信息事业发展正面临新机遇，也面临新挑战，各级测绘地理信息行政主管部门所肩负的责任越来越大，任务越来越重。我们一定要清醒认识行政执法工作所面临的新形势、新要求，进一步增强做好测绘地理信息行政执法工作的责任感、紧迫感。

一是党的十八大对行政执法工作提出了新要求。党中央对依法治国、依法行政高度重视。十八大报告指出，要“推进科学立法、严格执法、公正司法、全民守法，深入开展法制宣传教育，切实做到严格规范公正文明执法，保证有法必依、执法必严、违法必究”，明确提出要“继续简政放权，推动政府职能向创造良好发展环境、提供优质公共服务、维护社会公平正义转变，提高政府公信力和执行力”。对于从事行政执法工作的领导和同志来讲，必须认真学习领会“严格规范公正文明执法”的精神实质和内涵要求。我理解，严格执法，就是要严格按照法定权限和程序行使权力，坚持以事实为依据，以法律为准绳，认真办好每一个案件，做到过罚相当、不枉不纵；规范执法，就是要加强执法制度建设，做到执法主体、权限、依据和程序合乎要求；公正执法，就是要坚持法律面前人人平等，对所有社会成员一视同仁，所有执法依据、执法权限、适用规则、执法程序和执法结果都要向社会公布，接受社会监督；文明执法，就是执法人员要善待当事人，尊重其人格尊严，举止文明，态度公允，用语规范。各级测绘地理信息行政主管部门一定要按照十八大精神，加快建立权责明确、行为规范、监督有效、保障有力的行政执法体制，处理好行政执法与保障服务、行政执法与事业发展的关系，深化行政执法责任制，切实履行好法律法规赋予的各项行政管理职能。

二是维护测绘地理信息安全提出了新挑战。李克强副总理指出，测绘地理信息是维护国家安全利益的重要保障。近几年，中央领导针对各类测绘地理信息违法案件，尤其是涉外违法案件，多次作出重要批示，要求采取措施有效制止非法测绘活动。特别是今年，某些具有涉外背景的公司，或以监控设备运营状况、提高管理水平为由，或以 GPS 是工程设备的标准配置为由，有组织、有目的、有规模地采集我地理信息数据，并实时或离线传输到企业所设的控制中心，有的甚至是在境外，对国家安全构成了严重隐患。与之对应的是，我们的执法工作还难以与技术发展进步、违法手段多样相适应。为此，一定要把执法工作提高到保障国家安全和利益的高度和全局来思考、来谋划、来部署、来安排。

三是促进测绘地理信息事业科学发展提出了新任务。当前，测绘地理信息市场主体、服务内容、服务对象以及投资模式等正发生着深刻变化。从测绘主体上看，由原来的国有企事业单位为主向民营和社会大众扩展；从服务方式上看，由提供静态基础数据向提供动态实时的地理信息转变；从服务对象上看，由面向政府和专业部门转变为向社会公众提供服务；从投资模式上看，由政府财政投资为主向市场多元化投融资模式转型；从数据保管上看，由政府部门储存和保管转变为各类市场主体均持有大量地理信息数据。这就容易引起地理信息泄密事件多发、市场秩序不规范等诸多问题。我们一定要深入研究市场经济体制下出现的这些深刻变化，深化服务意识，优化管理模式，进一步加强和改进行政执法工作，切实维护地理信息经营者、投资者、管理者的合法权益，形成统一、竞争、有序的市场秩序。

当前，测绘地理信息行政执法工作还存在一些突出的问题和不足，比如：执法机构不能适应形势发展的要求，难以保证测绘地理信息行政执法工作正常开展；面对测绘地理信息违法行为技术含量高、领域分布广、隐蔽性强等特点，缺乏执法调查、证据固定等常规执法装备和手段，执法经费投入不足，给执法工作带来了困难；执法质量和效能有待提高，履行法定职责不到位、执法程序不合规、自由裁量权随意性大、文书制作不规范等问题，在一定程度上损害了监管部门的执法形象。对这些问题和不足，必须高度重视，进一步认真研究加以解决。

三、2013 年行政执法的主要任务

面对新形势、新任务，国家局提出，2013 年要以“一次检查、一项治理、一个评查”为抓手，以检查带动执行，以执行完善机构的执法总体思路。大家一定要进一步解放思想、转变观念，开拓思路、创新管理，深入推进测绘地理信息行政执法工作。

第一，全面开展一次测绘地理信息行政执法检查。现行测绘法自 2002 年 12 月 1 日起实施以来，到今天整整十年。十年来，我国已经初步建立由测绘地理信息法律、行政法规、地方性法规、部门规章、地方政府规章等组成测绘地理信息法律法规体系。十年过去了，有必要开展测绘法执行情况的检查，搞清楚哪些制度执行得好，哪些制度没有执行好，哪些制度需要完善和改进，这既有利于修订测绘法，又有利于深入推进行政执法工作。为此，2013 年，各级测绘地理信息行政主管部门要结合实际，采取会同立法机构、联合有关部门、上级检查下级、认真开展自查等多种方式开展执法情况检查。要逐一对照检查每项法律制度的执行情况，总结经验，找出问题，分析原因，提出改进措施。各省级测绘地理信息行政主管部门要认真组织，并把工作情况报告国家局。

第二，深入开展测绘地理信息市场专项治理工作。当前，在测绘地理信息活动中，依然存在“涉证、涉密、涉军、涉外、涉网、涉图、涉房”等方面的违法现象，有些案件影响范围广、危害程度大，必须依法予以查处。明年，各级测绘地理信息行政主管部门要选择问题突出、常发多发的领域深入开展测绘地理信息市场专项治理，进一步巩固和发展专项治理成果。要坚决查处一批违法案件，特别是对危害国家安全和利益的、人民群众反响强烈的、扰乱市场秩序的重大违法案件，要依法予以查处，并及时予以曝光，震慑违法行为。

第三，扎实做好行政处罚案卷评查工作。今年国家局开展了首次行政处罚案卷评查工作，积累了经验，取得了初步成效。明年要着力做好三方面工作：一是开展行政处罚案卷评查信息反馈工作，对今年案卷评查中查出的问题，要采取措施，督促整改，强化执法办案事后监督。二是要发挥优秀行政处罚案卷的典型示范引导作用，组织专家对案卷进行点评，剖析解读，编写行政执法人员培训教材。三是按照国家局通知要求，组织实施好各地区的2013年行政处罚案卷评查。

第四，认真贯彻落实《关于加强测绘地理信息行政执法工作的意见》。今年上半年，国家局印发了《关于加强测绘地理信息行政执法工作的意见》。可以说，明年和今后一段时期，贯彻落实《意见》是各级测绘地理信息行政主管部门的重要任务。在这里需要强调的是，贯彻落实《意见》工作首先应当解决的就是健全执法机构和落实执法职责。目前，我国大部分省级测绘地理信息行政主管部门没有独立的测绘地理信息执法机构，大部分市、县级执法机构仍属空白，而建立了执法机构的也大多由国土、规划部门的执法机构代管，普遍存在人员不足、精力分散、力量薄弱等问题。为此，要认真总结湖南、广东等省综合执法的经验，积极探索建立综合执法机制，加快建立健全全面履行法定职责的执法体系，强化测绘地理信息行政执法能力建设。

同时，国家局还将按照惯例开展法制宣传、违法典型案件通报、执法人员培训等工作。希望大家认真落实国家局的部署和要求，积极主动做好各项工作。

同志们，做好新形势下的测绘地理信息行政执法工作任务艰巨，使命光荣，责任重大。希望大家以饱满的热情、积极的态度、扎实的作风、过硬的本领，依法履行好行政执法职责，推动测绘地理信息行政执法工作再上新水平，为营造充满活力、和谐有序的市场环境，不断做出新的更大贡献！

国家测绘地理信息局副局长闵宜仁在2012年地理信息与地图暨测绘成果管理工作座谈会上的讲话

（根据录音整理）

2012年2月9日

同志们：

大家上午好！首先，受徐德明局长委托，我代表国家测绘地理信息局党组，对各位会议代表表示热烈的欢迎。这次会议的主要任务是，深入贯彻李克强副总理在视察中国测绘创新基地时的重要讲话精神，按照全国测绘地理信息局长会议和国家测绘地理信息局春节假期后第一次局务会议要求，总结地理信息与地图管理、测绘成果管理2011年主要工作，部署2012年重点任务，切实加强地图管理，规范涉密测绘成果管理，加大测绘成果应用力度，促进地理信息产业发展。下面，我讲几点意见，供大家参考。

一、2011年全国地理信息与地图管理、测绘成果管理工作成效显著

（一）“天地图”建设稳步推进。2011年是“天地图”正式上线运行的第一年。各地认真贯彻落实李克强副总理关于“天地图”建设的重要讲话精神，组织完成了《“天地图”一期工程建设总体设计方案》的编写和论证工作；协调指导“天地图”不断完善，推出了“天地图”2011版和手机版，地名地址数据达到1780万条；“天地图”省市级节点建设稳步推进，山西、黑龙江、抚顺、伊春等省市级节点已接入主节点。目前，基于“天地图”的各类公益性、商业化应用不断涌现，“天地图”的影响面进一步扩大。

（二）测绘成果保密检查全面开展。联合国家保密局开展了测绘成果保密大检查工作。查出来的情况不容乐观，涉密测绘成果管理亟需加强。在现场抽查的 39 家涉密测绘成果使用单位中，当场被国家保密局查封计算机的单位占 1/3。据不完全统计，全国有 14000 多家单位开展了自查，各地测绘地理信息和保密部门组织抽查了 5000 多家单位，发出整改通知书 960 份，已有 864 家进行了整改。通过检查，明显增强了涉密测绘成果使用单位的安全保密意识。

（三）地图管理取得新进展。组织各地开展了针对互联网地图上传标注敏感和涉密地理信息以及“不按规定送审、不按审查意见修改、不按要求备案”地图等违法违规行为的“问题地图”专项治理行动，查处了地图违法案件 370 余件，查封、收缴违法违规地图产品 10 万余件。积极开展国家版图意识宣传教育工作，全国各地举办国家版图意识宣传教育相关培训班 200 余期，参加培训人数 15000 多人次，开展宣传教育活动 840 余次，发放宣传品 120 万份，发放地图 40 万张。组织开展了互联网地图上传标注敏感和涉密地理信息的专项行动，促进了网民国家安全意识的提升。研发了互联网地图安全监管系统，极大地提高了各地互联网地图安全监管水平。

（四）应急保障服务水平创新高。各类应急突发事件发生后，各级测绘地理信息行政主管部门迅速启动应急测绘地理信息保障预案，及时向有关部门和单位提供测绘成果和地理信息技术支持，为决策指挥和抢险救灾提供保障服务。组织连夜赶制了利比亚有关地图、遥感影像图及地理信息演示系统，得到国务院领导和有关部门的好评。紧急赶制盈江区划图、影像图，灾区震前、震后专题地图等，为云南盈江抗震救灾提供了坚实的测绘保障服务。紧急部署开展长江中下游旱情监测工作，湖北、湖南、江西、江苏等地快速获取了航空遥感影像，为有关部门提供了干旱地区灾情地理信息成果。积极争取国务院应急办支持，在《航空遥感应急体系建设规划》中明确把测绘航空体系作为五支专业队伍之一予以支持。

（五）地理信息产业政策再突破。印发了《遥感影像公开使用管理规定》，将遥感影像公开使用地面分辨率放宽到 0.5 米，对涉密地区的遥感影像提出不标注、不处理的要求，为遥感影像广泛应用提供了政策保障。在广泛征求地理信息企业、省级测绘地理信息行政主管部门、中央有关部门以及多位专家的意见和建议的基础上，组织起草了《国务院关于促进地理信息产业发展的意见（代拟稿）》，目前正送有关部门会签。这个文件必将为地理信息产业繁荣提供强大动力。

（六）测绘成果推广应用结硕果。加强与旅游、民政、教育、质检等部门的合作，建立了基于“天地图”的共享机制。各地开展了庆祝中国共产党成立 90 周年红色地图的编制和服务工作，并通过新闻发布会，集中展示了红色地图集 6 种、红色专题图 70 余种和红色地图互联网系统 10 余个，在社会上引起强烈反响。积极推进为领导机关和有关部门提供指挥决策用图，为中办、国办、外交部、发改委、总参、武警等 20 余个部门提供工作用图百余幅。中国测绘科学研究院与民政部减灾中心合作，每天实时地通过民政部和国家局网站向公众发布灾情信息，2011 年共发布灾害信息 1270 余次。

总体来看，2011 年全国地理信息与地图管理、测绘成果管理工作成效显著。在此，我代表国家测绘地理信息局党组，向大家表示衷心的感谢!

二、深刻认识当前地理信息与地图管理、测绘成果管理工作面临的形势

（一）把握好地理信息与地图管理、测绘成果管理工作的定位。地理信息与地图司（测绘成果管理司）是国家测绘地理信息局负责地理信息与地图管理、测绘成果管理的业务管理司。由于这个司组建时间不长，自身管理模式还不够清晰。全国各省级测绘地理信息行政主管部门负责相关工作的内设机构设置还很不统一，也需要大家积极探索和共同推进。我们应从四个方面把握职责：一是地图管理，包括国家版图意识宣传教育和地图市场监管、地图审核、地名在地图上的表示、公益性地图服务等。二是测绘成果管理，包括保障地理信息安全、涉密测绘成果使用审批、测绘成果资料档案管理、测量标志保护、重要地理信息发布等。三是测绘成果的应用推广，包括地理信息公共服务平台建设、测绘成果应用示范、应急测绘保障服务、地理信息资源共建共享等。四是地理信息产业促进，包括产业政策研究与拟定、产业发展协调等。

（二）把握好地理信息与地图管理、测绘成果管理工作发展形势。

一是地图管理的严峻性。地图是国家主权的象征，具有严肃的政治性。目前，我国周边局势依然严峻，“问题地图”的存在，在一定程度上损害了国家主权和利益。与此同时，随着经济社会的发展，尤其是地理信息产业的快速发展，受多种因素的影响，各种地图管理问题也不断出现，出现了监管跟不上的情况。此外，我们对网上地理信息安全监管还缺乏有效手段，难以快速、准确发现网上的涉密地理信息。

二是测绘成果管理的复杂性。在计划经济时代，涉密测绘成果的使用主要在测绘行业内部，其管理较为单一。但现在，涉密测绘成果广泛应用于各行各业，测绘成果分布十分广泛，加上各种复杂的利益关系，导致管理难度空前。此外，也确实存在一些贪财之徒，他们过分追求经济利益，不惜牺牲国家利益，故意泄露国家秘密。可以说，测绘成果管理呈现出更加复杂的态势，需系统加以研究和应对。

三是推广应用的艰巨性。随着我国信息化建设的快速推进，相关专业部门相继建立了基于地理信息的业务系统。但在应用测绘成果过程中，有些部门为了自身利益，各自为政，低水平重复建设，在某种程度上阻碍了测绘成果的有效应用。同时，基础测绘成果保密管理严格、更新还不够及时等因素，也造成了推广应用的艰难。

三、扎实抓好 2012 年各项工作任务

（一）推进“天地图”的建设和应用。扎实开展“天地图”主节点建设，加强能力建设，持续更新数据，拓展服务功能，推出“天地图”2012 版，启动英文版开发，探索有线电视版。重点推动“天地图”省市级节点建设，完成全国 31 个省级节点、不少于 60 个市级节点的评估，对满足要求的节点进行服务接入，并对聚合服务进行有效管理和监控。加大推广宣传力度，开展“天地图”应用大赛，推动“天地图”的广泛应用。

（二）做好国家版图意识宣传教育和地图管理工作。启动国家版图意识宣传教育“进课堂、进社区、进媒体”活动，开展面向全国 1000 个学校和 1000 个社区赠送版图等地图类图书的“双千”活动。联合有关部门举办“祖国在心中”全国国家版图知识竞赛和“爱国・和平・环保”全国少儿手绘地图竞赛。深化“问题地图”专项治理行动，开展教辅、旅游、引进版等涉地图图书的专项治理以及地球仪专项治理、互联网地图专项治理，重点检查错绘我国国界线、漏绘重要岛屿和标注涉密地理信息等问题。

（三）深化测绘成果保密大检查。扩大抽查范围，排查安全隐患，堵塞安全漏洞。开展保密检查工作总结，对测绘成果保密检查工作成绩突出的单位和个人进行表彰。针对检查中存在的问题，完善涉密测绘成果提供程序。开展测绘成果保密宣传教育，制作地理信息安全宣传手册等宣传材料，适时通报违规违法案件，不断提高公民地理信息安全保密意识。

（四）加大测绘成果推广应用力度。继续推动与公安部、旅游局、质检总局等部门的测绘成果应用合作。完善审批程序、减少审批环节，认真做好涉密测绘成果提供、地图审核等行政审批工作，提高服务企业水平。建立测绘地理信息产品年度发布制度，推广 2011 版 1:5 万最新数据。提高公益地图服务能力，组织编制标准地图、领导用图、少数民族地图、新闻地图。开展全国测绘成果“十大应用工程”评选。

（五）不断提升测绘地理信息应急保障服务水平。一旦发生突发事件，要紧急启动测绘地理信息应急预案。加强应急体系建设，提高应急测绘储备水平。积极争取有关部门支持，力争建立测绘航空应急专业队伍，形成空、天、地、网的应急测绘保障体系。积极争取在应急事务和突发事件中第一时间获取第一现场数据的统筹协调职能，进一步提升测绘地理信息部门在抢险救援、灾情评估、灾后重建和减灾科普中的作用。

（六）加快产业推进和政策研究。《国务院关于促进地理信息产业发展的意见》出台后，要认真组织贯彻落实工作。通过编写辅导读本、开展贯彻宣讲、协调有关政策和措施等方式，狠抓落实。加强调查研究，争取出台促进地理信息应用的政策与措施，不断促进地理信息产业发展。

四、几点要求

（一）统一思想。充分认识到地理信息与地图管理、测绘成果管理工作的严峻性、复杂性和艰巨性。做好 2012 年工作需要全国一盘棋，统一行动，形成合力。

（二）抓好落实。结合“政府管理、事业推进、产业发展、热点问题”四个需求，突出四个抓手：一是活动，通过活动带动工作的开展；二是项目，通过项目运作实现工作目标；三是会议，通过会议部署、交流工作；四是研究，通过研究把握工作规律。同时，抓好四个关键环节：一是想的要大，要考虑周全；二是起步要稳，要打好基础；三是推进要快，要抢占先机；四是成效要好，要善始善终，做出效果。

（三）加强调研。业务管理部门如果不加强调查研究，就很难做好管理工作，就会缺乏对策。比如在测量标志保护方面，到底是保护还是不保护，如何保护？在网上地理信息安全监管方面，技术监管如何做？等等。针对这些难点、热点问题，我们必须加强研究。这也是业务管理部门工作的基本要求。希望大家加强调研，深刻谋划，大胆创新。

（四）注重沟通。地理信息与地图司里要注重与省局对口业务部门的沟通，加强工作协调。省局对口业务部门有问题、疑惑，可以通过正式申请、请示或者电话联系的方式进行沟通交流。各地好的信息、好的经验，一定要多推广分享，共同推动工作的开展。

（五）深化宣传。宣传工作不只是宣传部门的事，业务部门是宣传工作的重要信息来源。我们要紧密结合工作开展情况，大力宣传业务工作中好的案例、重大进展、典型服务等，以扩大影响，营造氛围，推动工作。

同志们，2012 年地理信息与地图管理、测绘成果管理工作任务繁重。希望大家解放思想，勇于创新，努力推进，不断开拓工作新局面，以实际行动迎接党的十八大胜利召开！

国家测绘地理信息局副局长闵宜仁 在涉密测绘成果管理培训班暨政策研讨会上的讲话

2012 年 9 月 13 日

同志们：

大家上午好！今天在这里举办涉密测绘成果管理培训班暨政策研讨会，主要任务是巩固测绘成果保密检查成效，提高涉密测绘成果安全监管能力，研究和推动新形势下涉密测绘成果管理工作。在此，我代表国家测绘地理信息局，向参加培训和会议的同志们表示诚挚的问候！向筹办这次培训和会议的内蒙古自治区国土资源厅和测绘事业局的同志们表示衷心的感谢！下面我讲几点意见，供大家参考。

一、措施有力，涉密测绘成果管理工作取得实效

近年来，测绘地理信息行政主管部门高度重视涉密测绘成果管理，不断加强制度建设，完善管理机制，开展测绘成果保密检查，加大培训和宣传力度，涉密测绘成果管理水平得到很大提升。

（一）完善制度，涉密测绘成果管理机制逐步健全。国家测绘地理信息局出台了《基础测绘成果提供使用管理暂行办法》、《国家涉密基础测绘成果资料提供使用审批程序规定》，建立了涉密测绘成果提供使用的基本制度。设立集中受理窗口，公布审批流程，为申领单位提供方便。连续五年印发通知，对涉密测绘成果管理工作进行部署。出台《遥感影像公开使用管理规定（试行）》、《基础地理信息公开表示内容的规定（试行）》，促进了涉密基础测绘成果社会化应用。各省局也都制定了本地区的涉密测绘成果提供使用管理办法和审批程序，做到了有章可循、依法行政。

（二）以查促管，测绘成果保密检查成效明显。为了贯彻落实中央领导同志重要批示精神，2011 年，国家测绘地理信息局联合国家保密局组织各地各部门在全国范围开展了一次测绘成果保密检查。全国共有 17769 家单位按要求开展了自查，主管部门组织现场抽查 7325 家，责令落实整改 1605 家，查处严重违法及失泄密案件 42 件。通过检查，整改了违规行为，完善了管理制度，宣传了法规政策，教育了从业人员，达到了以查促管、以查促改、以查促教、以查促防的目的，有力促进了涉密测绘成果规范管理和安全使用。今年 6 月，国家测绘地理信息局联合国家保密局召开了电视电话会议，对全国测绘成果保密检查工作进行了总结，对先进集体和先进个人进行了表彰，充分肯定了检查工作取得的成绩。

（三）抓好培训，涉密测绘成果管理人员保密意识增强。涉密测绘成果管理人员岗位培训是加强涉密测绘成果管理工作的重要抓手。2008 年，国家测绘地理信息局印发培训方案，在全国范围部署开展涉密测绘成果管理人员岗位培训工作，对测绘地理信息行政主管部门、测绘成果保管和使用单位的有关人员进行测绘成果保密管理的法规知识培训。2011 年 12 月，国家测绘地理信息局印发《关于进一步贯彻落实测绘成果核心涉密人员保密管理制度的通知》，就进一步完善核心涉密人员培训制度提出要求。从 2008 年至今，国家测绘地理信息局已经举办六期培训班。各省局也积极组织开展了培训工作。截止目前，全国已有1500多家单位的2万余人参加了培训。通过培训，增强了保密意识，提高了保密管理技能，进一步强化了涉密测绘成果统一监管。

二、认清形势，进一步增强做好涉密测绘成果管理工作的责任感和紧迫感

测绘成果是国家重要的基础性、战略性信息资源，尤其是涉密测绘成果，是现代战争实施远程精确打击的基础性工具，直接关系国家主权、安全和利益，一旦泄露，其危害重大而深远。党中央、国务院领导高度重视地理信息安全工作，中央领导同志多次对就地理信息安全工作做出重要批示，要求加强涉密测绘成果管理，确保地理信息安全。

（一）地理信息安全面临威胁。测绘地理信息作为重要的国家秘密情报信息，一直是敌对势力窃密的重要目标。一些境外组织和个人打着科研、考古、旅游、商业合作等幌子窃取我国重要地理信息，或者通过互联网远程窃取违规存储在计算机上的涉密测绘成果。近年来，国家安全部门、保密部门连续查处多起敌对势力窃取我涉密地理信息数据的案件，手段多样，危害严重，对我国地理信息安全构成很大威胁。

（二）地理信息产业发展带来挑战。近年来我国地理信息产业快速发展，带动了地理信息技术进步，促进了地理信息社会化应用，也给地理信息安全监管增加了难度。一是从业队伍扩大，从业单位性质多样，从业人员保密意识薄弱，流动性增强；二是服务领域更加广泛，测绘成果与地理信息已经走向政府部门、社会各行各业乃至千家万户；三是数字化测绘成果广泛应用，传播途径更为多样，泄密渠道增多；四是部分单位经济利益至上，忽视国家安全和利益，非法出售转让涉密测绘成果。

（三）测绘成果安全管理问题仍然突出。在去年开展的全国测绘成果保密检查中，发现大量违法违规保管和使用涉密测绘成果的问题。一是违规存储处理涉密测绘成果数据的问题突出。涉密计算机违规连接互联网；移动存储介质交叉使用；甚至在互联网上发送、传递涉密测绘成果数据。二是违规复制扫描涉密测绘成果较为普遍。很多单位随意复制、扫描涉密测绘成果，复制扫描后的涉密测绘成果未按原密级进行管理，随意处置。三是非法转让提供涉密测绘成果仍然存在。有的单位未经审批，向项目合作单位甚至国外公司非法提供涉密测绘成果资料，给国家安全和利益造成潜在危害。四是测绘成果安全管理不到位。很多单位管理制度不健全或执行不严格，涉密测绘成果存储处理设备管理混乱，缺乏防护措施。

面对测绘成果安全管理工作的严峻形势和艰巨任务，我们必须充分认识新形势下地理信息安全的极端重要性，站在维护国家安全和利益，促进地理信息产业健康发展的战略高度，进一步增强政治意识、大局意识、责任意识，完善制度，强化措施，切实做好涉密测绘成果管理工作。

三、深刻理解，准确把握涉密测绘成果安全监管的要求

推动涉密测绘成果安全监管工作，必须全面准确把握以下几项监管要求：

（一）准确理解两项管理制度。做好涉密测绘成果安全监管工作，要全面准确理解测绘地理信息保密和公开使用两项管理制度的要求。认真学习掌握《测绘管理工作国家秘密范围的规定》、《公开地图内容表示若干规定》、《公开地图内容表示补充规定（实行）》、《遥感影像公开使用管理规定（试行）》、《基础地理信息公开表示内容的规定（试行）》等政策内容，贯彻落实文件要求，妥善处理好涉密测绘成果保密管理与安全应用之间的关系。

（二）把好三个关键环节关。一是管理到位，把好涉密测绘成果使用审批关。对涉密测绘成果使用单位提出的使用目的、申请范围及其保密制度建设、保密责任落实、涉密测绘成果保管使用环境设施条件、核心涉密人员持证上岗等情况进行严格审核。二是处理到位，把好保密技术处理关。未经测绘地理信息行政主管部门进行保密技术处理的涉密测绘成果，秘密等级不得低于所用涉密测绘成果的秘密等级。三是审核到位，把好公开地图审核关。向社会公开的地图，必须经测绘地理信息行政主管部门审核。

（三）狠抓四项基础工作落实。严格督促各级各类涉密测绘地理信息生产、保管、使用单位抓好涉密测绘成果安全管理基础工作的落实。一是认真落实安全保密工作责任制，各项责任落实到人；二是健全安全保密管理的各项制度；三是开展安全保密宣传教育，增强职工安全保密意识和防护技能；四是加强安全保密检查，在检查中及时发现问题，堵塞漏洞、消除隐患，确保涉密测绘成果安全。

（四）明确五个重点环节要求。针对涉密测绘成果使用管理中存在的突出问题，明确涉密计算机管理、介质使用保管、涉密计算机外接设备管理、涉密信息系统配置管理、涉密载体销毁管理等五个重点环节的要求，加强对重点环节的督促检查。

四、统筹协调，扎实推进涉密测绘成果安全监管

涉密测绘成果安全监管是测绘地理信息行政主管部门的重要职责。各级测绘地理信息行政主管部门要高度重视，完善制度，提高能力，采取有效措施，确保涉密测绘成果安全，进一步优化地理信息市场环境，促进地理信息产业健康发展。

（一）健全机制，加大监督检查力度。加快健全省、市、县三级涉密测绘成果安全监管体系，抓住省、市、县三级测绘地理信息管理体制不断健全的有利时机，把测绘成果安全监管工作作为各级尤其是市、县级测绘地理信息行政主管部门的重要职责，进一步明确要求、落实职责。建立健全涉密测绘成果跟踪监管机制，深化涉密测绘成果安全保密联合检查机制，加强对重点单位、重点环节的安全保密检查。适时开展测绘成果保密检查“回头看”活动，巩固检查成效。建立健全测绘地理信息、保密、国家安全、公安等部门执法协作机制，联防联控，密切配合，有效防范和打击窃取、刺探、买卖、非法提供涉密测绘成果的违法行为。

（二）创新手段，促进监管能力提高。积极应对信息化条件下的高技术窃密危害，把行政手段与技术手段结合起来，把提高保密意识与技术防范措施结合起来。研发网络安全监管和保密检查技术，加强对薄弱环节的管控，进一步提升地理信息安全监控能力。创新监管思路和监管手段，实现从阶段性检查向日常化监管，从静态检查向动态监管，从事后查处向事前监管转变。全面提高涉密测绘成果安全监督检查、密级鉴定、危害评估等能力。

（三）强化培训，落实涉密人员管理制度。充分认识培训工作是加强涉密测绘成果管理的重要抓手和有力措施。加强组织领导，明确工作职责，统筹开展培训工作。加大对涉密测绘成果单位核心涉密人员的培训力度，通过地理信息安全形势、法规知识、技术防护技能等方面的教育培训，切实增强安全保密意识，提高安全保密管理能力。尽快将核心涉密人员岗位管理要求纳入涉密测绘成果提供审批和测绘资质管理工作中，使核心涉密人员管理制度落到实处。

（四）完善政策，促进测绘成果安全应用。加强涉密测绘成果管理，既要“堵”，切实消除失泄密隐患；也要“疏”，促进测绘成果合理应用。要加强政策研究，进一步完善测绘成果保密管理政策，科学合理定密，降低保密成本。加强地理信息保密处理技术研发，开发公众版测绘公共产品，推进“天地图”等具有自主知识产权的地理信息服务平台建设等服务，促进测绘成果安全应用，满足社会大众对地理信息的旺盛需求。

（五）加强宣传，创造良好社会环境。加强对测绘成果管理和保密法律法规的宣传，普及法规知识，强化法制观念。督促涉密单位严格遵守测绘地理信息与保密各项法律法规、健全内部管理制度、落实工作责任制、采取安全防护措施、开展宣传教育培训，切实消除安全保密隐患。加强对违法案件的宣传，发挥查办案件的警示教育作用，为维护涉密测绘成果安全营造良好的社会环境。

同志们，涉密测绘成果管理事涉国家安全和利益，我们要以高度的责任心和使命感，扎实进取、开拓创新，切实推动涉密测绘成果管理工作水平更上新台阶，为促进测绘地理信息事业健康发展、维护国家安全和利益做出更大贡献！以优异成绩迎接党的十八大胜利召开！

加快推进惩治和预防腐败体系建设
为测绘地理信息事业科学发展提供坚强保障

国家测绘地理信息局党组成员、纪检组组长张荣久
在全国测绘地理信息系统党风廉政建设工作会议上的工作报告

2012年3月29日

同志们：

按照会议议程安排，下面由我代表国家局党组向大会做工作报告，请予以审议。

一、2011年测绘地理信息系统党风廉政建设和反腐败工作回顾

2011年，是测绘地理信息事业"十二五"开局之年。一年来，测绘地理信息系统各部门各单位深入贯彻落实党的十七届五中、六中全会、中央纪委六次全会、国务院第四次廉政工作会议精神以及李克强副总理视察中国测绘创新基地时的重要讲话精神，坚持围绕中心，服务大局，突出重点，狠抓落实，加强对重点工作的监督检查，加强风险防控管理工作，规范权力运行，加强作风建设，坚持廉政教育，全面贯彻落实党风廉政建设责任制，深入推进惩治和预防腐败体系建设，各方面工作取得了明显成效，为测绘地理信息事业实现新跨越提供了坚强有力的政治保障。

（一）深入学习贯彻中央关于反腐倡廉建设的决策部署，政治责任感明显增强。深入贯彻落实中央纪委六次全会和国务院第四次廉政工作会议精神，组织召开了全国测绘系统党风廉政建设工作会议，全面部署了2011年党风廉政建设和反腐败工作，国家局党组书记、局长徐德明提出明确要求。会后，印发了《中共国家测绘局党组关于2011年党风廉政建设和反腐败工作的实施意见》，并对反腐倡廉建设工作进行了责任分解和任务分工。各部门各单位及时传达学习、认真贯彻落实全国测绘系统党风廉政建设工作会议精神，层层动员部署，明确重点任务，制定实施意见，确保中央关于反腐倡廉建设的决策部署得到有力的贯彻实施。通过深入学习贯彻中央关于反腐倡廉建设的决策部署，各级领导干部的政治责任感明显增强，系统上下狠抓反腐倡廉建设的信心和决心更加坚定。

（二）加强监督检查，保障党中央国务院及国家局党组关于测绘地理信息的重大决策部署得到贯彻落实。国家局党组高度重视学习贯彻李克强副总理视察中国测绘创新基地时的重要讲话精神，第一时间向系统各部门各单位发出了学习贯彻意见，迅速掀起了学习贯彻的热潮。为把贯彻落实工作抓紧抓实，国家局各位党组成员分别带队，深入全国各省区市，着重就贯彻落实李克强副总理重要讲话精神、推进地方测绘地理信息管理机构更名、完善地方测绘地理信息管理体制等进行督促检查，有力促进和保证了李克强副总理重要讲话精神的贯彻落实。为落实好2011年全国测绘局长会议确定的各项工作任务，加快推进天地图建设、数字城市建设、地理国情监测等重点工作，国家局出台了重点工作联系督办制度，机关司局级干部每人负责督办1至2个省级测绘地理信息行政主管部门，及时掌握重点工作的进展情况和存在的问题，加强指导和督促检查，有效地推动和促进了2011年重点工作任务的完成。

（三）加强廉政风险防控管理工作，加大从源头上预防和治理腐败的力度。认真贯彻落实中央纪委监察部关于抓紧建立健全廉政风险防控机制的重大战略部署和徐德明局长在2011年全国测绘系统党风廉政建设工作会议上的明确要求，国家局在全系统开展了廉政风险点排查工作。各部门各单位紧密结合测绘地理信息工作实际，围绕关键岗位和重点环节，认真查找，系统分析，确保廉政风险点查得准、控得住。江苏局以权力运行轨迹和业务工作流程为切入点，分级分层分类排查廉政风险点，初步建立了廉政风险事前预防、事中监控、事后处理的预防监管体系。江西局确定了三个廉政风险评估等级，制定了廉政风

险防控措施745项，确保公职人员遵纪守法、廉洁从政。国家局纪检监察部门已经对各部门各单位廉政风险点排查结果进行梳理，将送与会代表讨论，会后将形成测绘地理信息系统主要职能廉政风险点并予以印发，作为今后制定廉政风险点防控措施、完善各项规章制度的重要依据。通过开展廉政风险防控管理工作，各部门各单位进一步加大了从源头上预防和治理腐败的工作力度，为最大限度地减少和预防腐败现象和责任事故的发生奠定了基础。

（四）加强对权力的监督制约，确保权力在阳光下运行。认真贯彻党内监督条例，严格执行党员领导干部报告个人有关事项、任前廉政谈话、民主生活会、述职述廉、诫勉谈话、函询、质询等制度，切实加大对领导班子和领导干部的监督力度。国家局重视发挥巡视和审计的监督制约作用，对四川局、职业技能鉴定指导中心领导班子进行了集中巡视，制定了《国家测绘地理信息局所属单位党政主要领导干部经济责任审计管理办法》，组织实施了原国家局无锡培训中心清算审计、测绘创新基地收支审计，开展了8个直属单位的预算执行和财政财务收支审计工作，对四川局、测绘学会、重庆测绘院主要负责同志开展了离任审计。国家局机关坚持全员述职、全员测评、全员考核、全员推荐的干部选任方法，使干部选任工作更加民主公开；进一步加强政务公开，推进政务网站建设，及时更新政府信息公开目录，基本实现了测绘资质在线办理；出台了《政府采购代理机构管理使用（暂行）规定》，进一步规范了政府采购工作；深入开展“小金库”专项治理的复查和督导抽查工作，督促各有关单位及时整改，及时对相关责任人进行了党纪政纪处理。湖南省国土资源厅深化行政经费管理改革，引入电子监管系统，制定财务管理工作考核办法，加大对财政预决算的全程监管。中国地图出版集团认真贯彻落实《企业领导人员廉洁从业若干规定》，以强化效能监察为重要手段，努力实现国有资产的保值增值。各部门各单位积极采取有效措施，加强对权力的制约和监督，提高了党员干部的责任意识和服务意识，确保权力在阳光下运行。

（五）大力弘扬密切联系群众的优良作风，作风建设得到进一步加强。国家局着眼于树立为民、务实、高效、清廉的良好形象，大力推进“五型机关”创建活动，深入开展创先争优活动。局党组成员带头深入基层调查研究，带头开展送温暖活动，听取老干部和一线职工的意见建议，帮助职工群众解决实际问题。通过《局内要情》、《内部情况通报》、座谈会、民主生活会通报会等途径，及时向职工群众通报测绘地理信息事业发展情况，认真解决职工群众的各种诉求。组织开展“下基层”活动，首次安排5名年轻处级干部到地理信息企业挂职，进一步密切政府部门与企业间的联系。为了更好地服务社会，开辟了测绘成果提供“绿色通道”，当天受理当天批复的行政许可受理件占审批件总数的60%以上。启动了地理信息市场信用平台建设，切实推动行风建设。认真贯彻执行中央关于党政机关厉行节约各项要求，加大对“三公”经费使用的监管力度，及时向社会公布了“三公”经费预决算情况，接受社会公众监督。重视信访工作，妥善解决群众合理诉求，认真对可查线索进行核查，及时回应群众和社会关切。各部门各单位也将作风建设与创先争优活动紧密结合，深入基层一线，访民情，解民忧，送温暖，送真情。陕西局深入开展机关干部大下访活动，领导干部带头深入基层单位、外业一线，与职工同吃同住同作业。北京市测管办开通了勘察设计测绘管理公共服务平台，为公众提供了更加全面便捷的服务。浙江局开展了以提能力、增效率、正风气为重点的深化作风建设活动，认真查找并解决存在的突出问题。通过积极采取各种措施，抓党风、促政风、带行风，系统上下形成了风清气正、比学赶超的良好氛围。

（六）扎实开展党风廉政教育，党员干部廉洁自律意识明显增强。进一步深入学习《廉政准则》，围绕“八个严禁”、“52个不准”认真开展对照检查，广大党员干部践行《廉政准则》的自觉性和主动性明显增强。重庆市规划局组织开展科级以上领导干部填写《领导干部插手干预工程建设突出问题自查自纠报告表》，纪检监察部门备案，要求限期主动说清问题，全年有22人次上缴难以拒收的礼金16.1万元。各部门各单位以深入开展创先争优活动和纪念建党90周年活动为契机，广泛开展了内容丰富、主题鲜明、形式多样的党性党风党纪教育活动，进一步营造了廉荣贪耻的廉政文化氛围，党员干部廉洁自律意识和拒腐防变能力进一步提高。广西局、云南局、河南局注重抓教育打基础，通过组织开展廉政主题教育活动、党组书记讲廉政党课、设立廉政警示教育月、专题研讨、知识竞赛、参观学习等形式，进一步坚定党员干部的理想信念。广东省国土资源厅着力打造“大地清风”廉政文化品牌，综合运用诗词、朗诵、汇演、书画等文艺形式，开展“写廉政格言、诵廉政诗词、讲廉政故事、创廉政书画”主题活动，并在全省系统组织开展了廉政文化巡展。

（七）认真贯彻落实党风廉政建设责任制，促进党风廉政建设与业务工作同落实。根据《关于实行党风廉政建设责任制的规定》，结合实际对2000年印发的《中共国家测绘局党组关于贯彻落实党风廉政建设责任制的实施办法》进行了修订，进一步明确党政领导班子和领导干部对党风廉政建设应负的责任，完善了检查考核与监督措施，充实并细化了责任追究的内容，体现了预防为先、关口前移的重要思想，进一步增强了制度的科学性和可操作性。国家局党组认真落实党风廉政建设责任制各项任务，党组成员认真履行分管部门和联系单位的党风廉政建设的领导责任，将党风廉政建设与业务工作紧密结合，同部署，同检查，同落实。各部门各单位领导干部特别是“一把手”，切实认真履行第一责任人的政治责任，有效推进党风廉政建设各项工作深入开展。湖北局强化党风廉政建设责任制落实情况的检查考核，制定考核方案，细化考核内容，局班子成员带队到所属单位检查党风廉政责任制落实情况，听取“一把手”党风廉政责任制落实情况汇报，查阅有关资料，并进行现场评分，有力地促进了党风廉政建设责任制的贯彻落实。

回顾2011年党风廉政建设和反腐败工作所取得的成效，我们有以下几点体会：只要领导高度重视，切实落实责任，反腐倡廉建设各项工作就能顺利开展；只要紧密围绕中心，坚持服务大局，反腐倡廉建设就能发挥好保驾护航的作用；只要狠抓制度建设，强化民主监督，就能确保权力在阳光下行使；只要严格管理干部，严肃查处案件，违法违纪的现象就能减少；只要常抓廉政教育，坚持警钟长鸣，领导干部就会自省自律。

我们在肯定成绩的同时，还应该看到工作中仍然存在一些薄弱环节。一是创新意识还有待加强，方法途径还需进一步拓展；二是反腐倡廉制度还需进一步健全和完善。

二、2012年测绘地理信息系统党风廉政建设和反腐败工作主要任务

2012年是实施测绘地理信息“十二五”规划承上启下的重要一年，做大做强测绘地理信息事业，时间紧迫，任务繁重。因此，做好反腐倡廉各项工作，尤为重要。今年测绘地理信息系统党风廉政建设和反腐败工作的总体要求是：全面贯彻党的十七届六中全会、中央纪委七次全会和国务院第五次廉政工作会议精神，高举中国特色社会主义伟大旗帜，以邓小平理论和“三个代表”重要思想为指导，深入贯彻落实科学发展观，坚持标本兼治、综合治理、惩防并举、注重预防的方针，以加快构建具有测绘地理信息特点的惩治和预防腐败体系为重点，严明党的纪律，加强监督检查，推进风险防控，切实转变作风，加强廉政教育，不断把测绘地理信息系统党风廉政建设和反腐败工作引向深入，以反腐倡廉建设的新成效迎接党的十八大胜利召开。

（一）深入学习贯彻中央关于党风廉政建设和反腐败工作的决策部署。胡锦涛总书记在中央纪委七次全会上，全面总结了党风廉政建设和反腐败斗争取得的新成效和新经验，科学分析了当前的反腐倡廉形势，明确提出了今年党风廉政建设和反腐败斗争的总体要求和主要任务，深刻阐述了保持党的纯洁性、建设坚强有力的马克思主义执政党的重大战略任务。温家宝总理在国务院第五次廉政工作会议上，要求各级政府全面贯彻落实中央关于党风廉政建设和反腐败斗争的决策部署，深化改革和加强制度建设，深入推进政务公开，创造条件让人民群众监督政府。何勇同志视察中国测绘创新基地时，对国家测绘地理信息局在推动事业发展以及加强党风廉政建设和反腐败工作方面取得的成绩给予充分肯定，对进一步做好测绘地理信息系统反腐倡廉工作提出了明确要求。各部门各单位要把深入学习贯彻中央纪委七次全会、国务院廉政工作会议精神以及何勇同志的重要讲话精神，作为当前和今后一段时期的重要政治任务，加强领导，精心组织。会后，国家局党组将印发关于2012年党风廉政建设和反腐败工作的实施意见，并进行责任分解和任务分工。各部门各单位也要紧密围绕中心工作，进一步研究提出具体实施意见，狠抓贯彻落实。

（二）严明党的纪律，确保中央和国家局党组重大决策部署的贯彻落实。今年下半年，将要召开党的十八大，因此，强调严明党的纪律尤为必要。各部门各单位要深刻理解坚决维护党的纪律对于维护党的团结统一、保持党的先进性和党的纯洁性、妥善应对各种风险和挑战的极端重要性。严明党的纪律特别要严明政治纪律，要深入开展政治纪律教育，教育引导党员干部坚定中国特色社会主义信念，自觉做到坚持党的基本理论、基本路线、基本纲领不动摇，在政治上思想上行动上始终同党中央保持高度一致。要切实加强对党的纪律特别是政治纪律执行情况的监督检查，坚决维护中央权威，确保政令畅通。要切实抓好党的十七届六中全会、中央经济工作会议、中央领导同志对测绘地理信息工作的重要指示以及全国测绘地理信息局长会议精神贯彻落实情况的监督检查，重点加强对数字城市建设、天地图建设、地理国情监测、航空摄影、海岛（礁）测绘、资源三号卫星地面应用系统建设以及现代测绘基准体系建设等重点工作和重点项目关键环节的监督检查，及时发现问题，及时督促整改，确保中央和国家局党组的重大决策部署落到实处。

（三）强化监督和制约，加快构建具有测绘地理信息特点的惩治和预防腐败体系。各部门各单位要认真贯彻落实中央办公厅《关于党的基层组织实行党务公开的意见》和《关于深化政务公开加强政务服务的意见》精神，继续深化党务公开、政务公开。要进一步深入推进测绘地理信息行政审批制度改革，推进审批过程、结果公开，强化全过程监控。要进一步完善政府采购、招标投标管理的有关制度，进一步加强预决算管理和财务管理，扩大公务卡制度实施范围。要加大干部交流轮岗力度，特别是关键部门和关键岗位的领导干部要定期轮岗。要认真贯彻执行党内监督条例，认真执行领导干部任前廉政谈话、民主生活会、述职述廉、诫勉谈话、函询、质询等党内监督制度，继续加大巡视工作力度，重点加强对“三重一大”事项决策制度实施情况的监督，特别要严格组织人事纪律，加强对干部选拔任用全过程的监督。要健全纪检监察、审计配合协调机制，制定关于进一步加强内部审计工作的意见，加强对各级领导干部的经济责任审计，加强对财政资金和重大投资项目的审计监督。要健全绩效管理制度，探索考核评估形式，推动工作改进和绩效提升。要在 2011 年测绘地理信息系统廉政风险点排查工作的基础上，从重点岗位、关键环节入手，加强廉政风险防控工作，有针对性地提出廉政风险防范措施，完善相关制度，堵塞监管漏洞。对现有制度规定要及时清理，过时的要废止，有缺陷的要修订，需要细化或制定配套措施的要抓紧制定，逐步建成内容科学、程序严密、配套完备、有效管用的惩防体系，形成用制度管权、管人、管事的良好局面。要按照中央《建立健全教育、制度、监督并重的惩治和预防腐败体系实施纲要》的部署，抓紧落实《建立健全惩治和预防腐败体系 2008-2012 年工作规划》确定的任务，扎实推进教育、制度、监督、改革、纠风、惩治等工作。同时，要科学谋划好测绘地理信息系统下一个五年惩防体系建设的总体工作。

（四）切实加强作风建设，进一步密切党群干群关系。各部门各单位要认真落实胡锦涛总书记关于保持党员干部作风纯洁的要求，认真贯彻党的群众路线，落实领导干部到基层调研、定期接访下访等制度，不断改进为基层、为群众服务的作风。要认真执行中央有关厉行节约各项规定，积极推进公务接待费用、公务车购置和运行费用、公务出国（境）经费的预算管理和公开工作，进一步完善和落实公务用车编制、购置审批等管理制度，清理和规范越野车购置和使用，禁止用公款购买香烟、高档酒和礼品。要继续深化庆典、研讨会、论坛等专项治理工作，坚决制止和取消增加基层负担、形式重于内容的活动，对经过批准举办的活动要严格控制规模。对已经取得阶段性成果的商业贿赂、公款出国（境）旅游、“小金库”等专项治理工作，要重点抓好巩固阶段性成果、建立长效机制等方面工作。要健全促进科学发展的领导班子和领导干部考核评价机制，加强思想道德建设，培养健康生活情趣，切实解决“庸、懒、散”的问题，及时提醒、制止党员干部社会交往、休闲娱乐、生活作风方面的不良现象。要以改进服务、提高效能、落实责任为主要内容，继续推进“五型机关”创建活动。要大力整治文风会风，严格控制会议数量、经费和规模，以机关作风的改进推动全系统作风的转变。

（五）加强反腐倡廉教育，促进领导干部廉洁自律。各部门各单位要按照中央纪委七次全会的要求，紧紧抓住社会主义核心价值体系这个兴国之魂，认真开展理想信念教育，大力加强政治品质和道德品行教育，促使党员、干部模范践行社会公德、职业道德、个人品德、家庭美德。要坚持以党性党风党纪教育为重点，深入开展示范教育、警示教育和岗位廉政教育，特别是利用身边发生的廉政案例开展警示教育，切实通过形式多样的教育活动，引导党员干部讲党性、重品行、作表率，切实提高党员干部遵纪守法和拒腐防变的意识。要认真贯彻落实中央纪委等六部门《关于加强廉政文化建设的意见》，广泛开展廉政文化教育活动，将廉政文化建设融入到测绘地理信息文化建设中去。要继续深入推进《廉政准则》的贯彻落实，严格要求，严格管理，督促党员领导干部严格执行廉洁从政各项规定，认真执行关于领导干部报告个人有关事项的规定和对配偶子女均已移居国（境）外的国家工作人员加强管理等规定。要继续整治领导干部违规收受礼金、有价证券、支付凭证、商业预付卡问题，治理多占住房、违规买卖经济适用房或廉租住房等保障性住房问题，治理利用职权以委托理财等形式谋取不正当利益等问题。各级领导干部要带头执行因公出国（境）管理制度、公务接待管理等规定，不能利用职务之便接受可能影响公正执行公务的宴请及旅游、健身、娱乐等活动安排。

（六）贯彻党风廉政建设责任制，坚决惩处违法违纪行为。各部门各单位要深入贯彻落实《关于实行党风廉政建设责任制的规定》，坚持把党风廉政建设和反腐败工作纳入部门或单位的总体工作，按照一级抓一级、层层抓落实的原则，通过签订党风廉政建设责任书或承诺书等方式，抓好责任分解、责任考核、责任追究。党组（党委）主要负责人要切实履行党风廉政建设第一责任人的政治职责，领导班子其他成员要根据分工，对职责范围内的反腐倡廉建设负主要领导责任。要进一步完善党风廉政建设责任制检查考核制度，制定检查考核的评价标准、指标体系，明确检查考核的内容、方法和程序，通过党风廉政建设责任制的实施，努力使各级领导班子和领导干部切实履行党风廉政建设中的责任，促进反腐倡廉各项工作的开展。要严肃查办发生在领导机关和领导干部中的贪污贿赂、失职渎职案件；严肃查办违反政治纪律和跑官要官、买官卖官、拉票贿选等严重违反组织人事纪律的案件；严肃查办对损害群众利益问题处置不力，引发重大责任事故和群体性事件的案件，以及案件背后存在的腐败问题；严肃查办发生在基层和重点岗位以权谋私、滥用职权的案件。要充分发挥查办案件的治本功能，及时通报典型案例，有针对性地开展警示教育和岗位廉政教育，查找违纪违法案件暴露出来的制度漏洞。要加强和改进信访举报工作，畅通举报渠道，切实做好信访反映问题的核查处理，及时排查和解决党员干部在作风和廉政勤政方面存在的突出问题。

（七）大力加强纪检监察自身建设，确保反腐倡廉建设工作有力推进。各部门各单位要深入贯彻中央纪委《关于进一步加强和改进纪检监察干部队伍建设的若干意见》和中央办公厅、国务院办公厅最近印发的《关于加强和改进中央和国家机关纪检监察组织建设的意见》精神，进一步健全和规范纪检监察组织机构设置，进一步加强纪检监察干部队伍建设，为完成反腐倡廉建设各项任务提供坚强的组织保证。要督促纪检监察干部以更高的标准要求自己，带头讲政治、顾大局、守纪律。坚定政治立场，增强政治敏锐性和政治鉴别力，始终同党中央保持高度一致。严格遵守政治纪律、工作纪律、办案纪律、保密纪律和廉政纪律。认真学习王瑛、杨正超等全国纪检监察系统先进典型的感人事迹和崇高精神，自觉做到对党和国家无限忠诚、对腐败分子和消极腐败现象坚决斗争、对广大干部和群众关心爱护、对自己和亲属严格要求。牢固树立监督者更要带头接受监督的意识，自觉接受党组织、党员干部、人民群众和新闻舆论的监督，维护纪检监察干部可亲、可信、可敬的良好形象。各级纪检监察部门和纪检监察干部要进一步增强政治责任感和工作紧迫感，始终以饱满的工作热情和昂扬的精神状态开展工作，始终用改革创新的思路和积极稳妥的办法来解决问题。要周密部署，明确责任，加强协调，形成工作合力。要雷厉风行，脚踏实地，真抓实干，一项一项地扎实推进。要加强督查，严格考核，务求实效，确保测绘地理信息系统党风廉政建设和反腐败各项工作任务圆满完成。

同志们，今年是全面贯彻落实党的十七大以来中央关于反腐倡廉各项部署和中央纪委七次全会、国务院第五次廉政工作会议提出的各项工作任务的重要一年，同时也是全面实施测绘地理信息“十二五”规划的重要一年。深入推进测绘地理信息系统党风廉政建设和反腐败工作，使命光荣、任务艰巨、责任重大。让我们紧密团结在以胡锦涛同志为总书记的党中央周围，在国家测绘地理信息局党组的坚强领导下，振奋精神，开拓进取，团结奋斗，扎实工作，不断取得反腐倡廉工作新成效，为推动测绘地理信息事业科学发展、迎接党的十八大胜利召开做出应有的贡献！

国家测绘地理信息局党组成员、纪检组组长张荣久在国家测绘地理信息局直属单位内部审计工作培训班上的讲话

2012 年 12 月 11 日

同志们：

大家好！局直属单位内部审计工作培训班今天正式开班了，在此我代表国家局党组，对大家的到来表示热烈的欢迎，对从事内部审计工作的各位学员表示诚挚的问候！国家局党组高度重视内部审计工作，局领导多次听取工作汇报，作出明确指示，要求切实履行好内部审计工作职责，推动测绘地理信息事业健康发展。这次培训班的主要任务是：深入贯彻局党组对内部审计工作的部署要求，统一思想、提高认识，总结经验、分析不足，加强研讨、促进交流，明确任务、强化领导，进一步提高我局内部审计工作质量和水平，更好地服务测绘地理信息事业发展大局。下面我讲几点意见，供大家参考。

一、充分肯定成绩，清醒看到不足

在局党组的关心重视下，在各单位各部门的支持配合下，我局内部审计机构紧紧围绕中心工作，认真履行职责，审计范围不断扩大，审计内容不断深化，审计程序不断规范，有效发挥了内部审计的监督服务作用。2012 年，先后对龙江局、海南局、审图中心、职鉴中心、发展中心、管信中心、测绘学会等 7 家单位主要领导进行了离任经济责任审计，对龙江局、四川局、陕西局等单位进行了审计调查，对无锡培训中心进行了财务收支审计，加强了对国家现代测绘基准体系基础设施建设工程的财务监督，对审计中发现的问题及时提出审计建议并督促整改，在维护财经法纪、提高资金效益、促进内部管理、加强廉政建设等方面发挥了积极作用。

在看到成绩的同时，我们也要清醒地看到我局内部审计工作仍存在一些不足：一些单位内部审计职能尚未落实，机构设置还不健全，人员配备不足；内部审计制度还不完善，程序和行为还不够规范；内部审计质量还有待进一步提高，内部审计监督作用还有待进一步发挥。这些问题需要我们认真研究解决。

二、认清肩负使命，增强责任意识

内部审计工作作为我国审计监督体系的重要组成部分，是加强单位内部监督控制的重要环节，是促进科学决策、提高管理水平、实现健康发展的重要保障，也是规范权力运行、预防和惩治腐败的重要手段。通过内部审计监督，可以及早发现单位内部管理中的薄弱环节，及时堵塞工作漏洞，提高管理决策水平和资金使用效益。实践充分证明，凡是单位领导重视内部审计工作的，内部管理就规范，出问题相对较少，反之，则容易出现这样那样的问题。可以说，内部审计工作是单位内部“财经纪律的监督者、管理决策的咨询师、防范风险的安全阀、促进发展的推进器”。

当前，我国测绘地理信息事业正处于发展的黄金机遇期，发展势头良好，发展前景喜人。加强内部审计工作，是新时期测绘地理信息事业发展的迫切要求。近年来国家不断加大对测绘地理信息工作的投入力度，地方测绘地理信息投入也呈爆发式增长，庞大的资金数量迫切需要加强内部审计监督；目前我们所承担的测绘项目数量不少，天地图、数字城市、地理国情监测三大重点工程扎实推进，国家现代测绘基准体系基础设施建设、海岛（礁）测绘工程、资源三号测绘卫星应用系统建设等一批重大测绘工程也在有序开展，还有国家基础航空摄影等经常性项目，有效推进工程建设迫切需要加强内部审计监督；随着我国经济社会的不断发展，测绘地理信息部门发展改革创新的步伐不断加快，很多单位的测绘地理信息服务总值快速增长，单位发展越快，规模扩张越大，内部审计就越重要。大家一定要充分认识内部审计工作的重要性，进一步增强做好内部审计工作的使命感和责任感，对党组负责，对事业负责。

三、突出工作重点，明确发展方向

内部审计工作和人员要主动适应测绘地理信息事业发展的新形势、新任务、新要求，围绕中心、服务大局，以“防风险、增效益、强管理、促发展”为着眼点，进一步提高内部审计工作水平。近期要重点抓好以下几项工作：一是立足于内部控制和监督职能，开展局所属单位审计调查，尽快摸清局所属单位

家底，找出管理中的薄弱环节，提出审计建议。二是结合干部人事工作的需要，继续做好局所属单位主要负责人经济责任审计，加强对领导干部的监督管理，促进廉政建设。三是结合局工作部署，有计划地对重点工作、重大项目、重要活动开展专项审计调查。四是调查局所属单位内部审计机制建立情况、工作开展情况及发挥作用情况，促进各单位进一步建立健全内部审计工作制度。五是采取多种形式宣传财经法律法规，增强干部职工遵规守纪的意识，树立规范管理是事业可持续发展基础的理念。六是配合审计署做好预算执行和其他财政财务收支情况审计工作。

为适应测绘地理信息事业发展的需要，要积极探索拓宽审计领域、改善审计方法、提高审计质量的有效措施。一是要探索从查错防弊审计向价值管理审计转变，从财务收支审计向绩效审计、管理审计转变，更多地关注内控和绩效，更好地帮助单位实现其目标；二是要加强对资金使用、权力运行、行为规范和严格管理等关键环节、重点领域的审计监督，进一步完善对人、财、物的全过程、多方位监督，更有效地开展事前、事中、事后审计；三是要注重现场检查与联网审计相结合，进一步提高审计效率，防范审计风险。

四、强化组织领导，发挥内审作用

各单位要高度重视内部审计工作，摆上议事日程，认真研究内审工作，切实解决内审工作中遇到的困难和问题。一要落实内部审计职能。各单位要结合自身实际落实内部审计工作职能，从运行机制上保障内审工作的开展。在设置内审机构或配备内审人员时，要注重内部审计的独立性、客观性，不能自己做账、自己审计。二要加强内部审计队伍建设。内部审计队伍的素质和能力，直接决定内审工作的质量与效果。国家局举办这次培训班是一个开端，下一步还将采取多种形式进一步加强审计队伍建设。各单位也要为内部审计人员学习提高、履行职责创造条件，努力培养高水平、高素质的内部审计人才。三要支持内部审计工作。内部审计的最终目的在于事前发现、防患未然，在于保证资金安全、项目安全、人员安全，各单位要转变观念、摆正心态，切实尊重审计、大力支持审计、自觉接受审计，对于内部审计中发现的问题、不足、漏洞和薄弱环节，要认真进行整改，切实发挥内部审计工作的作用。

五、坚持清正廉洁，大胆履行职责

“打铁先要自身硬”。内部审计人员要树立良好的审计职业道德和操守，坚持公平、公正、实事求是，不断提高专业能力和工作水平，会发现问题、敢揭露问题、善解决问题，爱岗敬业，严以律已，以严谨的作风、良好的素质、有效的业绩，树立内部审计人员的良好形象。

希望各位学员珍惜这次学习机会，专心学习，勤于思考，学以致用，圆满完成两天的学习任务，努力把学习培训成果转化为实际工作效果，切实在提升内部审计工作水平上见成效。

谢谢大家！

国家测绘地理信息局副局长李朋德在信息化测绘建设座谈会上的讲话

2012 年 7 月 24 日

同志们：

在全国科技创新大会和全国测绘地理信息局长座谈会闭幕不久、各地信息化测绘建设如火如荼之际，今天我们在这里召开信息化测绘建设座谈会，会议开得很及时，也很必要，对于我们今后建设好信息化测绘体系，推进测绘地理信息事业全面快速可持续发展具有重要的指导意义。在此，对在百忙之中前来参会的各位领导和专家表示热烈的欢迎！向为会议的召开给予大力支持的重庆测绘院、中国测绘学会、重庆市规划局表示衷心的感谢！

这次会议的主要任务是：学习贯彻全国科技创新大会和全国测绘地理信息局长座谈会精神，结合测绘地理信息发展形势，共同深入研究探讨信息化测绘体系的重要性和信息化测绘体系建设方向与任务。

一、认真学习贯彻全国科技创新大会精神

我们党和国家非常重视科技工作。1978 年，党中央召开了第一次全国科技大会，邓小平同志发表重要讲话，带来了中国科学的春天。刚刚召开的全国科技创新大会，是我国历史上第五次全国科技大会，胡锦涛总书记、温家宝总理在会上作了重要讲话。胡锦涛总书记深刻阐述了创新驱动发展的重要理念，强调指出，科学技术日益成为经济社会发展的主要驱动力，科技竞争在综合国力竞争中的地位更加突出，必须把创新驱动发展作为面向未来的一项重大战略，一以贯之，长期坚持，要以提高自主创新能力为核心，以促进科技与经济社会发展紧密结合为重点，充分发挥科技在转变经济发展方式和调整经济结构中的支撑引领作用。他特别强调，要进一步深化科技体制改革，着力强化企业技术创新主体地位。温家宝总理在讲话中指出，深化科技体制改革的中心任务，是解决科技与经济结合问题，推动企业成为技术创新主体，增强企业创新能力，这是一项事关国家长远发展的基础性、全局性、战略性重大任务。刘延东国务委员在会上作总结讲话，要求各级政府、各个部门以实际行动贯彻落实好科技创新大会精神，处理好科技改革发展中的关系。

此次中央再次强调加强创新型国家建设、深化科技体制改革、推动企业成为技术型创新主体，是党中央、国务院立足全局、面向未来作出的重大决策，充分体现了党中央、国务院对当代经济社会和科技发展规律的深刻把握，对于凝聚全社会共识、实现创新驱动发展，具有重大意义。会议要求推进科技创新体系的协调发展，科研院所和高等院校以基础性、公益性创新研究为主，国家各大研究院所以前瞻性探索研究为主，企业以转化应用、实用技术开发为主。要实现科技与经济的结合、科技与金融的结合，打造更多的产业高新区，鼓励企业设立研发中心，鼓励我国企业到国外建立研究基地，鼓励引进外国的500强企业到中国建立相应的研发基地，促进国际科技资源的流动，带动我国原始创新的更多成果真正地引领产业发展。我国要在2020年建设成创新型国家，就必须要在众多战略性高技术领域，包括地理信息领域处于国际领先地位，这为测绘地理信息事业发展提供了非常难得的环境和机遇，对于加强测绘地理信息科技创新能力建设、创新队伍建设、成果推广应用等至关重要。大家要认真学习领会讲话精神，切实把认识和行动统一到中央的决策部署上来，科学把握深化科技改革的主要任务和政策措施，强化企业技术创新主体地位，推动测绘地理信息科技发展。

二、认真贯彻落实全国测绘地理信息局长座谈会精神

7月中旬，全国测绘地理信息局长座谈会在京召开。国土资源部党组副书记、副部长，国家土地副总督察，国家测绘地理信息局党组书记、局长徐德明作了重要讲话，要求各单位各部门要强化学习理念、大局理念、干事理念、核心理念、建设理念、做人理念、关键理念等七大理念，精心谋划和实施好当前和今后一个时期的工作。国家测绘地理信息局党组副书记、副局长王春峰代表局党组总结了上半年工作成绩，分析了面临形势和问题，对下半年五个方面重点工作进行了部署。其他局领导分别针对分管工作提出了要求。

关于科技创新和装备设施的重要性，徐德明局长在讲话中强调提出要“强化‘人、研、装’的核心理念，在培养人才、加强科研、装备更新上下功夫”。他强调，技术决定水平，装备决定能力，服务决定地位，人才决定未来。一是要培养人才。要培养领军人才、高科技人才、拔尖人才，来提升竞争力，为测绘地理信息事业发展铸就人才基础。我们与世界发达国家的差距主要是在高新技术上和自主创新上，没有人才就很难突破发展瓶颈。二要加强科研。我们的目标是出大的科研成果、在国际上叫得响的科研成果。要有耐心，鼓励创新，包容失败，为科学研究和人才培养创造良好的环境。三要加快装备更新，提高服务保障能力。要站在党和国家大局的高度，站在维护人民生命财产安全的高度，进一步加强装备更新。徐德明局长对测绘地理信息科技工作提出了新的要求，我们要认真学习领会，全面贯彻落实，围绕“强平台、扩服务、推监测、优结构、壮企业、建强国”的总体部署，加强测绘地理信息的基础研究和能力建设，切实提高测绘地理信息科技工作的保障支撑水平。

三、切实推进信息化测绘体系建设

（一）提高认识，牢牢把握国家推进信息化的机遇

党中央、国务院一再强调推进信息化工作，将大力推进信息化建设作为覆盖我国现代化建设全局的战略举措。今年6月，国务院出台了《关于大力推进信息化发展和切实保障信息安全的若干意见》（国发〔2012〕23号），为信息化的发展提出了指导性思想、基础性意见，明确了战略性发展方向。《意见》特别指出，要加强地理空间和自然资源、人口、法人、金融、税收、统计等基础信息资源的开发利用，促进共

享。要培育和发展地理信息产业，大力发展信息系统集成、互联网增值业务和信息安全服务。在国务院的文件中专门提到发展地理信息产业，这是很难得的。《意见》提出要实施“宽带中国”工程，构建下一代信息基础设施，大力推进三网融合，积极有序促进物联网、云计算的研发和应用等，这些都为地理信息更广泛的应用提供了支撑。我们要牢牢把握国家大力推进信息化进程的契机，认真学习领会《国务院关于大力推进信息化发展和切实保障信息安全的若干意见》精神，大力推进信息化测绘体系建设。

信息化测绘建设作为测绘地理信息科技工作中的重要内容，国家测绘地理信息局高度重视，并专门就信息化测绘体系总体技术设计、建设任务等开展专题研究，对信息化测绘的定义、内涵、主要任务等进行探讨。“构建数字中国、建设地理国情、发展壮大产业、建设测绘强国”的发展战略，更是对信息化测绘体系的保障能力提出了更高的要求。从国家经济社会发展需求来讲，需要测绘地理信息保障服务具有更强的能力，作为测绘地理信息本身的重点任务来说，也需要基础能力的保障。必须要把握机遇，加快信息化测绘体系的建设，提高生产技术水平和效率，切实提升测绘地理信息服务保障能力。

（二）服务大局，支撑“3+1”工程的开展

测绘地理信息发展战略目标的实现要通过实施一系列重点工程来完成，国家测绘地理信息局在“十二五”期间重点安排了数字城市、天地图、地理国情监测和国家地理信息科技产业园等“3+1”工程。这些重点工程的开展需要信息化测绘体系提供技术支撑，信息化测绘体系建设也有赖于重点工程的积淀，一方面，逐步形成的信息化测绘体系为工程的深入实施提供日益强劲的技术保障和生产力，是项目、工程得以顺利开展的基础；另一方面，在工程实施过程中可以吸取经验、开拓思路，不断完善信息化测绘体系建设。可以说，信息化测绘体系建设与测绘地理信息工作的大局息息相关。

信息化测绘体系是推动地理信息获取、处理、管理、服务与应用等活动信息化的技术、装备、基础设施构成的有机整体，提供实时、准确、实用的现代化测绘手段支撑，是对当前测绘地理信息基础能力的全方位提升。信息化测绘体系可以把所有工程集成起来，充分发挥整体合力与优势，全面提高测绘地理信息的工作效率和保障服务能力。通过数字城市建设，大力提升多种地理信息数据的快速乃至实时获取能力、社会化应用能力；通过“天地图”打造互联网地图服务平台，大力提升网络化的服务能力、海量数据的智能化管理能力；通过地理国情监测，提升地理信息数据自动化、智能化处理与分析、挖掘能力。

此外，信息化测绘体系的建设和发展还需要中央和地方、系统和行业、科技与产业等的协同发展。当前，信息化测绘体系建设发展的特点是自下而上，由各大项目、工程中的技术积淀，以及测绘地理信息与其它学科交叉融合所取得的成果作为基础，不断集成、整合、创新、发展，通过生产实践，总结归纳出信息化测绘体系建设思路和方向。资源三号卫星发射应用，“天地图”正式上线，无人机航摄系统规模化装备、地理信息应急监测车陆续装配到位，相关技术成果和装备直接促进了信息化测绘体系的建设。

在信息化测绘体系建设的模式方面，由项目沉淀、再集成建设比直接由大工程推动更复杂，需要在建设前期进行统一构思，统一规划，切实解决好标准、过程控制以及东西部地区在投入能力、基础条件等方面的差距问题。所以，在这种情况下，召开此次座谈会更显重要，希望大家就如何将各个项目所沉淀的成果更好地整合利用到信息化测绘的大厦上畅所欲言，形成共识。

（三）提升能力，推进信息化测绘体系建设

信息化测绘体系建设是一项系统工程，需要着力提升八个方面的能力：

一要大力提升测绘基准保障能力。高精度、三维、动态大地基准保障能力是信息化测绘体系建设的基础能力。一是基于全球定位系统，形成三维的、动态的新一代大地基准；二是加强北斗二代导航系统的民用化研究与应用，逐步将各省现有的CORS站改造成兼容北斗和GPS等多种卫星定位系统,提升稳定性、可靠性。

二要提高实时化的空间数据获取能力。在“资源三号”卫星的基础上继续推进后续测绘卫星的研制立项工作，加快无人机、应急监测车等先进测绘地理信息获取装备的配备范围和规模，可以考虑在地级市建立长航时、监测型无人机以及应急测量车相搭配的地理信息获取队伍，同时加强海洋测绘和城市地下测绘技术装备的研发和配备，只有这样，才能满足天上、地上、地下、水下全方位的快速数据获取需求。

三要增强自动化的数据处理能力。提高海量、多源地理信息的自动化处理能力，要改善目前分立的航测体系，建立采用集群技术的自动化多源数据加工

生产体系，大力推进云计算和云存储平台建设，尽快形成具有我国自主知识产权的、可商业化推广的自动化空间数据处理体系。

四要完善网络化数据管理能力。当前，海量地理信息数据的有效管理已成为测绘地理信息社会化应用的制肘，无法适应当前信息量快速增加、快速变化的形势，要在存储、管理领域加大研究力度，尽快形成充分共享利用机制，大力提升网络化水平，把海量数据安全、有效地管理起来。

五要扩充分发服务的能力。扩大测绘地理信息成果元数据库分发体系的覆盖面，把国内地理信息数据资源进行整合，建立相应目录体系，加大项目管理，避免重复投入、资源浪费，有针对性地做好地理信息数据资源服务。

六要强化产品开发的能力。完善以企业为技术创新主体的创新体系，加大企业在产品开发中参与的比重，明确企业、高校、大院大所的定位和主要任务。事业单位向政府和企业提供服务，企业向社会公众提供服务。抓好基于位置的电子政务（PDG）和位置服务（LBS），使地理信息服务水平再上一个新台阶。

七要增强信息化的管理能力。测绘地理信息生产方式逐步迈入了信息化时代，生产任务下达、进度管理、成果应用等方面已经跟不上信息化测绘生产模式的需求。要建立起适应信息化测绘生产的管理体系，提升信息化管理能力，确保信息化测绘体系建设的顺利推进。

八要提升人才与科技保障能力。人才是信息化测绘体系的重要基础，各地要培养信息化测绘方面的专家，把握信息化测绘的方向，将人才资源科学配置到信息化测绘体系建设上去。科研单位要进一步提升研发能力，尤其要强调协同创新，充分发挥各自优势，密切配合，形成协同创新的机制，提升我国测绘地理信息的国际竞争力。

上面我所说的八种能力是信息化测绘体系建设过程中所必须加以重视和提升的，希望大家能够重点关注和思考。

（四）加强协调，切实推进信息化测绘体系建设

在信息化测绘体系建设过程中，还要重点处理好以下关系：

一是统分关系。信息化测绘体系建设是一个渐进的过程，要注意整体推进和分步实施的关系。要立足当前，着眼长远，统筹规划，分步实施，整体推进。在国家层面做好统一规划、计划制定、规范标准、配备重要设备、组织工程实施等工作，科学合理地设计各阶段的建设目标和任务，各地要积极参与，因地制宜地开展工作，做到群策群力。

二是上下关系。信息化测绘体系建设是一项涉及全行业的工程，要充分调动中央和地方两个积极性。近年来，国家加大了对测绘地理信息基础设施和装备建设的投入力度，充分发挥了财政资金的引导和杠杆作用。各地也将信息化测绘体系建设作为重点工作来抓，不等不靠，充当了信息化建设的排头兵。要进一步调动、发挥中央和地方两方面积极性，还要注意国家计划和省级计划相结合，推进协调发展。

三是内外关系。信息化测绘体系建设是多学科、多技术融合发展的过程，要处理好事业单位实际需求与外部企业技术研发的关系。要深入调研，充分考虑测绘地理信息生产单位的需求，做好信息化测绘体系建设业务需求和技术方案的设计。同时要充分利用外部资源，通过与专业公司和地理信息企业的合作，加大自主创新力度，充分利用各种新技术、新设备，推动测绘地理信息生产、管理、服务能力的大幅提高。

此外，我们还要注意人与计算机、科研与教育、生产与技术相结合等，更好地推进信息化测绘体系全面协调发展。

当前，亟待要做好以下工作：一是出政策。通过这次座谈会了解大家的思路和建议，结合之前的战略研究成果，出台《信息化测绘体系建设纲要》，明确信息化测绘体系建设的指标；二是重落实。各地要积极主动争取资源，统一按照《信息化测绘体系建设纲要》的要求，结合“3+1”重点工程和各地的重点工程，建设好地方的信息化测绘体系，并逐步形成全国的信息化测绘体系；三是抓节点。信息化测绘体系建设是提升测绘地理信息生产力水平，加速测绘地理信息行业信息化建设的重要举措，任务十分紧迫，要充分发扬“快、干、好”的作风，争取在“十二五”末期使信息化测绘体系建设基本见成效，2020 年全面建成信息化测绘体系。

同志们，信息化测绘建设使命光荣，任重道远。我国要建成世界领先的测绘地理信息强国，没有信息化测绘体系作为支撑，资源、生产、管理、服务的整合优势就很难充分发挥，难以满足当前及未来经济社会发展对测绘地理信息保障服务能力的要求。大家要高度重视，加快建设，协同推进，共同发展，为测绘地理信息事业发展提供坚实的保障！

重要会议

2012年度军事测绘导航工作会议

主办单位：总参测绘导航局

时间：2012年2月15日~16日

地点：海南三亚

参加人员：总参某部副部长曲睿，总参测绘导航局局长薛贵江，海军副参谋长冷振庆，总部、军区、军兵种有关部门，有关院校和全军团以上测绘导航部队相关负责人共120人。

主要内容：总结2011年工作，部署2012年任务，研究讨论大会主题报告和军事测绘导航信息化转型路线图，表彰2011年度全军测绘技术能手、军事测绘重大工程建设奖获奖单位和个人。

全国测绘地理信息宣传工作会议

主办单位：国家测绘地理信息局

时间：2012年3月22日~23日

地点：广东中山

参加人员：国家测绘地理信息局副局长宋超智，各省（区、市）测绘地理信息行政主管部门、局所属各单位、局机关各司局分管宣传工作的负责人或承办处室负责人，部分省（区、市）测绘宣传中心负责人。

议题（主要内容）：认真贯彻落实全国宣传部长会议精神，全面总结近两年测绘地理信息宣传工作的成绩与经验，分析当前测绘地理信息宣传工作面临的形势，部署今后一个时期测绘地理信息宣传工作的主要任务，推动测绘地理信息宣传工作迈上新台阶。

全国测绘地理信息系统党风廉政建设工作会议

主办单位：国家测绘地理信息局

时间：2012年3月29日

地点：江苏南京

参加人员：国土资源部党组副书记、副部长，国家测绘地理信息局党组书记、局长徐德明，江苏省副省长徐鸣，国家测绘地理信息局部分领导班子成员，各省、自治区、直辖市、计划单列市测绘地理信息行政主管部门、新疆生产建设兵团测绘地理信息主管部门主要负责人和纪检组组长（纪委书记），国家测绘地理信息局所属单位党组（党委、总支、支部）书记、纪检组组长（纪委书记），局机关各司局主要负责人，江苏省纪委、监察厅、国土资源厅有关负责人近80人。

议题（主要内容）：认真贯彻落实党的十七届六中全会、十七届中央纪委七次全会和国务院第五次廉政工作会议精神，总结2011年测绘地理信息系统党风廉政建设和反腐败工作，部署2012年测绘地理信息系统党风廉政建设和反腐败工作。

国家版图意识宣传教育“进学校、进社区、进媒体”活动启动仪式

主办单位：国家测绘地理信息局

时间：2012 年 5 月 18 日

地点：北京

参加人员：全国国家版图意识宣传教育和地图市场监管协调指导小组组长、国家测绘地理信息局副局长闵宜仁，全国国家版图意识宣传教育和地图市场监管协调指导小组各成员单位有关人员，北京国家版图意识宣传教育和地图市场监管协调指导机构有关人员，北京市中古友谊小学部分老师、学生，部分社区和媒体代表。

议题（主要内容）：动员开展全国国家版图意识宣传教育“进学校、进社区、进媒体”活动。全国国家版图意识宣传教育和地图市场监管协调指导小组向学校、社区和媒体代表赠送国家版图知识图书、地图和地球仪，并授予中古友谊小学“国家版图意识宣传教育示范学校”称号。中古友谊小学少先队向全国发出“学习国家版图知识、争做维护国家版图小卫士”倡议。

李克强副总理视察中国测绘创新基地暨国家测绘局更名国家测绘地理信息局一周年座谈会

主办单位：国家测绘地理信息局

时间：2012 年 5 月 23 日

地点：北京

参加人员：国土资源部副部长、国家测绘地理信息局局长徐德明，国家测绘地理信息局副局长王春峰、宋超智、闵宜仁，局党组成员、纪检组组长张荣久，局党组成员、办公室主任吴兆琪，副局长李朋德，局总工程师胥燕婴；国务院办公厅、国家发展和改革委员会、科技部、财政部、国土资源部等部门的有关负责人及测绘地理信息界院士代表刘先林。

议题（主要内容）：总结回顾一年来全国测绘地理信息干部职工按照国务院副总理李克强重要指示精神，解放思想、开拓创新，实现测绘地理信息事业大发展的成绩和经验，继续深入贯彻落实李克强讲话精神，研究部署全年和今后一个时期测绘地理信息工作主要任务。

联合国全球地理信息管理杭州论坛

主办单位：国家测绘地理信息局、联合国统计司

协办单位：浙江省政府、亚太地理信息常设委员会

时间：2012 年 5 月 24 日 ~25 日

地点：浙江杭州

参加人员：国土资源部副部长、国家测绘地理信息局局长徐德明，副局长李朋德，联合国统计司司长张保罗，浙江省副省长王建满；联合国、国际测量师联合会、国际地图制图协会、国际摄影测量与遥感学会代表；澳大利亚、英国、蒙古等 22 个国家和地区测绘地理信息部门主要负责人和技术骨干；国家测绘地理信息局机关有关司局负责人，局属各单位负责人，部分省级测绘地理信息行政主管部门分管领导、相关业务处（室）负责人和业务骨干，有关企业代表共 120 多人。

议题（主要内容）：围绕地理信息管理体制机制、

地理信息管理和技术发展趋势、质量保证体系、数据共享分发模式、执业道德规范等内容，探讨全球地理信息管理领域的重大问题和应对策略。

测绘地理信息高校座谈会

主办单位：国家测绘地理信息局

时间：2012 年 6 月 13 日

地点：北京

参加人员：国土资源部副部长、国家测绘地理信息局局长徐德明，国家测绘地理信息局副局长王春峰，局党组成员、纪检组组长张荣久；教育部高等教育司有关负责人；武汉大学、解放军信息工程大学、中国矿业大学（徐州）、中国地质大学（武汉）、长安大学、首都师范大学等 30 多所高校相关负责人和专家。

议题（主要内容）：加强与高校的沟通交流，研究推动测绘地理信息人才培养和自主创新方面的共建合作，推进产学研协同育人、协同创新，促进测绘地理信息科技进步和人才队伍建设。

全国测绘成果保密检查总结暨表彰电视电话会议

主办单位：国家测绘地理信息局、国家保密局

时间：2012 年 6 月 15 日

地点：北京

参加人员：全国测绘成果保密检查领导小组组长、国土资源部副部长、国家测绘地理信息局局长徐德明，全国测绘成果保密检查领导小组副组长、国家保密局副局长周晖国，全国测绘成果保密检查领导小组副组长、国家测绘地理信息局副局长闵宜仁；全国测绘成果保密检查领导小组及办公室全体人员，国家测绘地理信息局各司局主要负责人、保密委员会全体成员、在京所属单位主要负责人和分管领导，国家保密局有关司局负责人及有关人员；国务院有关部委办公厅分管保密工作的负责人和业务司局分管测绘成果使用工作的负责人；有关中央企业单位办公厅分管保密工作的负责人和业务部门分管测绘成果使用工作的负责人；北京市测绘地理信息行政主管部门、保密行政管理部门的负责人及有关人员；在京甲级测绘资质单位负责人代表；部分先进集体、先进个人代表在北京主会场参会。各省、自治区、直辖市测绘地理信息行政主管部门、保密行政管理部门负责人及有关人员，测绘成果用户单位和测绘资质单位代表在各地分会场参会。

议题（主要内容）：总结全国测绘成果保密检查工作，表彰测绘成果保密检查先进集体和先进个人。

全国测绘地理信息局长座谈会

主办单位：国家测绘地理信息局

时间：2012 年 7 月 12 日 ~ 13 日

地点：北京

参加人员：国土资源部副部长、国家测绘地理信息局局长徐德明，副局长王春峰、李维森、闵宜仁，局党组成员、纪检组组长张荣久，局党组成员、办公室主任吴兆琪，副局长李朋德，局总工程师胥燕婴；中组部干部四局有关同志。各省、自治区、直辖市、计划单列市测绘地理信息行政主管部门，新疆生产建设兵团测绘地理信息主管部门主要负责人，局所属各

单位、机关各司局、离退休干部办公室、测绘地理信息相关学会协会主要负责人。

议题（主要内容）：进一步深入贯彻落实国务院副总理李克强视察中国测绘创新基地时的重要讲话精神，总结上半年工作，研究问题、分析形势，部署下半年重点任务，推进全年工作落实，迎接党的十八大胜利召开。

测绘地理信息发展论坛

主办单位：国家测绘地理信息局、中国工程院

时间：2012 年 9 月 12 日 ~13 日

地点：北京

参加人员：国土资源部副部长、国家测绘地理信息局局长徐德明，中国工程院副院长干勇，国家有关部委负责人，有关院士、专家以及各省、自治区、直辖市、计划单列市测绘地理信息行政主管部门负责人，局属各有关单位负责人，局属重点实验室及工程技术研究中心负责人，有关科研院所、高等院校和企业负责人近 300 人。

议题（主要内容）：贯彻落实国务院副总理李克强指示精神，围绕测绘地理信息发展主题，就测绘地理信息科学技术新进展、重大工程与产业发展、地理信息服务和地理信息社会化应用等问题进行交流，探讨加快测绘地理信息强国建设步伐的前沿性、前瞻性对策建议，促进测绘地理信息事业更好地发挥服务大局、服务社会、服务民生的作用。

《中华人民共和国测绘法》修订十周年座谈会

主办单位：国土资源部、全国人大常委会法制工作委员会、国务院法制办公室、司法部、国家测绘地理信息局

时间：2012 年 9 月 14 日

地点：北京

参加人员：全国人大常委会副委员长路甬祥，国土资源部部长徐绍史，国土资源部副部长、国家测绘地理信息局局长徐德明，国务院法制工作办公室副主任甘藏春，司法部副部长张苏军，全国人大常委会法制工作委员会副主任委员信春鹰，水利部副部长刘宁，国家测绘地理信息局副局长王春峰、宋超智，国家发展和改革委员会地区经济司巡视员陈宣庆，总参测绘导航局副局长徐广华，浙江省测绘与地理信息局局长陈建国，中国四维测绘技术有限公司总经理吴劲风；中共中央机构编制委员会办公室、全国人大环境与资源保护委员会、教育部、科学技术部、工业和信息化部、国家安全部、财政部、环境保护部、住房和城乡建设部、交通运输部、国家工商行政管理总局、国家质量监督检验检疫总局、新闻出版总署、国家地震局、中国气象局、国家国防科技工业局、国家外国专家局、国家海洋局、国家文物局、国家保密局相关部门负责人，国家测绘地理信息局各司局负责人及部分直属单位负责人，浙江、广西、陕西、山东和河北 5 省（区）测绘地理信息行政主管部门负责人，以及部分测绘地理信息企业代表。

议题（主要内容）：回顾总结测绘法修订十年来测绘地理信息事业所取得的成就，研究进一步贯彻实施测绘法的制度和措施，为测绘地理信息事业科学发展提供法律保障。

全国数字省区地理空间框架建设工作会议

主办单位：国家测绘地理信息局

时间：2012 年 11 月 9 日 ~ 10 日

地点：江西南昌

参加人员：国家测绘地理信息局副局长李维森，江西省政府副秘书长谢茂林，国家测绘地理信息局总工程师胥燕婴，各省、自治区、直辖市、计划单列市测绘地理信息行政主管部门，新疆生产建设兵团测绘地理信息主管部门，国家测绘地理信息局所属各单位、局机关有关司负责人。

议题（主要内容）：总结交流各地数字省区建设的经验，研究部署下一步重点工作，加快落实“十二五”国家、省级基础测绘规划，全面提升省级地理空间框架建设的能力和水平，促进上下联动，推动数字省区建设工作再上新台阶。

中共国家测绘地理信息局党组务虚会

主办单位：国家测绘地理信息局

时间：2012 年 12 月 7 日

地点：北京

参加人员：国土资源部党组副书记、副部长，国家测绘地理信息局党组书记、局长徐德明，国家测绘地理信息局党组副书记、副局长王春峰，局党组成员、副局长李维森、闵宜仁，局党组成员、纪检组组长张荣久，局党组成员、办公室主任吴兆琪，副局长李朋德，局总工程师胥燕婴，机关各司局、局所属各单位党政主要负责人，部分省级测绘地理信息行政主管部门和测绘地理信息企业主要负责人。

议题（主要内容）：认真学习贯彻党的十八大精神，进一步深入贯彻落实国务院副总理李克强视察中国测绘创新基地的重要讲话精神，回顾总结 2011 年工作，分析测绘地理信息事业发展面临的形势和制约发展的主要矛盾及重大问题，研究提出解决思路和对策，谋划 2013 年及“十二五”后 3 年工作的目标任务，进一步统一思想、明确方向、制定措施，加快测绘地理信息强国建设的步伐。

2013 年度军事测绘导航任务协调会

主办单位：总参测绘导航局

时间：2012 年 12 月 12 日 ~15 日

地点：北京

参加人员：各军区、军兵种和总装司令部测绘导航业务主管部门，全军测绘导航部队业务负责人共 72 人。

主要内容：听取各单位 2012 年度任务完成情况汇报，研究梳理测绘导航工作的重点难点问题，协调安排 2013 年度全军测绘生产、测勤训练、科研装备和导航定位等方面的任务计划。

全国测绘地理信息局长会议

主办单位：国家测绘地理信息局

时间：2012 年 12 月 24 日 ~ 25 日

地点：北京

参加人员：国土资源部部长、党组书记，国家土地总督察徐绍史，国土资源部副部长、国家测绘地理信息局局长徐德明，国家测绘地理信息局副局长王春峰、李维森、闵宜仁，局党组成员、纪检组组长张荣久，副局长李朋德，局总工程师胥燕婴，局直属单位、局机关各司局主要负责人；中国测绘学会、中国地理信息产业协会、中国卫星导航定位协会、全国地理信息标准化技术委员会主要负责人；国际摄影测量与遥感学会主席；北京市测绘设计研究院、天津市测绘院、内蒙古自治区测绘地理信息局、安徽省测绘局、山东省国土测绘院主要负责人；武汉大学、郑州测绘学校负责人；国家地理信息科技产业园入园企业代表。

议题（主要内容）：深入学习贯彻党的十八大精神和中央经济工作会议精神，以科学发展观为指导，全面总结 2012 年测绘地理信息工作，研究部署 2013 年工作任务。

重大事件

资源三号卫星成功发射

2012 年 1 月 9 日 11 时 17 分，在太原卫星发射中心用长征四号乙运载火箭，成功将我国首颗高精度民用立体测绘卫星资源三号送入预定轨道。一年来，累计接收数据 230400GB，其中，我国区域覆盖面积 1250 万平方千米、全球区域覆盖面积 5450 万平方千米。

中国大陆构造环境监测网络通过国家验收

2012 年 3 月 2 日，国家测绘地理信息局和总参测绘导航局参加建设的国家重大科技基础设施“中国大陆构造环境监测网络”通过国家发展和改革委组织的验收，标志着我国具有高精度、高分辨率、连续动态监测功能的多用途、开放型和数据资源共享的国家地球科学综合观测网络正式建成并投入运行。该网络与美国 PBO（板块边界观测计划）和日本 GEONET（地球观测网络）成为世界上性能指标最先进的三大地壳运动观测网络。

“十二五”国家基础地理信息数据库动态更新正式启动

2012 年 3 月 6 日，国家测绘地理信息局在北京召开启动会，正式开展“十二五”国家基础地理信息数据库动态更新工作。该项目计划 2012 年 ~ 2014 年，每年对全国 24182 幅 1:5 万地形数据库交通、管线、居民地等重点地理要素进行快速更新，生成一版更新成果并在下一年发布，数据现势性保持在一年以内；2014 年 ~ 2015 年，充分利用省级 1:1 万数据库成果，实现 1:5 万数据库全面更新；利用 1:5 万数据库更新成果联动更新全国 1:25 万数据库和 1:100 万数据库两次，数据现势性保持在 2 年以内。

国家测绘地理信息局、联合国统计司与浙江省政府三方协议签署

2012 年 5 月 24 日，国家测绘地理信息局、联合国统计司与浙江省政府签署关于设立中国—联合国地理信息国际论坛的意向协议。同日，浙江省地理信息产业园在德清奠基，该产业园内的会议中心建成后将成为国际论坛的永久性会址。

国家测绘地理信息局所属事业单位清理规范

2012 年 8 月 14 日，中央机构编制委员会办公室批复国家测绘地理信息局所属事业单位清理规范意见，同意国家测绘地理信息局所属事业单位名称中“测绘局”调整为“测绘地理信息局”，事业编制保持不变。截至 2012 年 3 月 31 日，国家测绘地理信息局所属事业单位 56 个，事业编制 5655 名，其中财政补助事业编制 5600 名，经费自理事业编制 55 名。

中国政府与联合国地理信息管理能力开发合作协议正式签署

2012 年 11 月 19 日，中华人民共和国政府与联合国地理信息管理能力开发合作协议正式签署。根据协议，“中国及其他发展中国家地理信息管理能力开发”项目将于 2013 年 ~2017 年实施，为期 5 年，由中国政府出资 400 万美元，在联合国建立技术合作信托基金，用于加强中国和其他发展中国家地理信息生产、管理和分发的能力。

首幅《中华人民共和国海南省三沙市地图》出版发行

2012年11月24日，我国首幅全面、准确、详实表示三沙市地理位置和南海诸岛地貌的专题地图《中华人民共和国海南省三沙市地图》由星球地图出版社出版发行。该图采用最新的卫星遥感影像数据和测绘地理信息技术手段编制，集卫星影像图、航空影像图、地貌晕渲图、政区图为一体，宣示了我国对南海诸岛的主权。

国家测绘地理信息局党组出台落实中央八项规定具体措施

2012年12月27日，中共国家测绘地理信息局党组研究制定《中共国家测绘地理信息局党组贯彻落实中央关于改进工作作风密切联系群众的八项规定的具体措施》，在精简会议活动、精简文件简报、提倡讲话简短、简化办事程序、强化主动服务、健全决策机制、提高办事效率、改进调研工作、简化接待工作、勤俭节俭用餐等方面提出10项具体措施，严格贯彻执行中央八项规定。

数字城市建设

2012年，全国新建地级市数字城市102个，新启动100多个数字县域建设和3个智慧城市建设试点。在数字城市建设中，中央财政以4亿元左右的投入，带动地方投入约60亿元，节省财政资金超过100亿元，间接拉动服务产值高达300亿元。

“天地图”建设

2012年，“天地图”成功链入中央政府门户网站，上海、江苏、山东、山西、重庆、湖南、贵州等29个省级节点和黑河等22个市级节点接入国家主节点，克拉玛依、长沙数据中心建设积极推进，各类公益性、商业化应用不断涌现。

地理国情监测

2012年，地理国情监测项目正式立项，近三年中央财政先期投资11亿元，项目总体设计通过专家论证，7个地理国情监测试点项目竣工验收。

地理信息产业发展

2012年，国家地理信息科技产业园被科技部认定为“北京国家地理信息高新技术产业化基地”，一期工程竣工面积135万平方米，12月20日正式投入使用；二期工程建设奠基启动，产业园进入实质性运转阶段。浙江、广东、广西等10省（区）加快建设区域性地理信息产业园区，产业集群发展模式和新兴产业高地逐步形成。浙江、陕西、湖北等省政府发布促进地理信息产业发展的相关文件，产业发展的政策环境不断优化。

测绘重大项目进展

2012年，海岛（礁）测绘一期工程完成海岛识别定位和海岛测图等全部野外工作，海岛（礁）基础地理信息数据库建设全面展开。国家现代测绘基准体系基础设施一期工程正式实施，2000国家大地坐标系稳步推广应用，南海测绘基地启动建设。国家1:5万、1:25万基础地理信息数据库全面更新。

测绘地理信息重大科技项目进展顺利

2012年，国家测绘地理信息局组织实施的国家科技支撑计划项目“地理国情监测应用系统”和“测绘装备国产化及应用示范”正式启动实施，组织完成的国家“863”计划重点项目“海岛（礁）工程测绘关键技术与示范应用”通过验收，重大科技项目进展顺利，为我国测绘地理信息事业发展提供有力的技术支撑。

国家测绘地理信息局科技领军人才工程顺利推进

2012年，国家测绘地理信息局科技领军人才工程再结硕果。国家基础地理信息中心王东华等8人当选国家测绘地理信息局第二批科技领军人才。该工程设立专项资金，资助科技领军人才开展科研活动，推动优秀人才和成果的出现。

国家测绘地理信息局开展十七大以来我国测绘地理信息事业辉煌成就宣传工作

在党的十八大召开前，国家测绘地理信息局集中开展十七大以来我国测绘地理信息事业辉煌成就宣传工作。组织编制出版图书《科学发展 跨越前进——党的十七大以来我国测绘地理信息事业辉煌成就回顾》，举办“科学发展 铸就辉煌——党的十七大以来我国测绘地理信息事业辉煌成就展”，制作《非凡的五年 辉煌的成就——党的十七大以来我国测绘地理信息事业辉煌成就》宣传片。局党组高度重视此次宣传工作，成立专门的领导机构和办事机构，党组书记、局长徐德明为图书作序，为展览题词。此次宣传活动客观记录党的十七大以来全国测绘地理信息系统取得的成就，展示新时期测绘地理信息工作者的风貌，社会反响良好。

综合工作

重点工作

数字城市建设

【总体情况】

2012 年，国家测绘地理信息局进一步加大数字城市建设工作力度，新启动数字城市立项 102 个，采取影像获取工作先行启动、资料提供绿色通道、技术支持及时到位等措施，为数字城市建设提供支撑服务，提升了实施速度。至年底，全国 311 个地级市开展了数字城市建设，其中 158 个建成并投入使用。已建成的试点城市在原有应用示范的基础上扩增 10 多个领域应用；已建成的推广城市在原有应用示范的基础上扩增 5 个以上领域应用，并不断完善应用系统，在服务政府决策、部门管理和百姓生活等方面发挥良好作用。

【培训工作】

国家测绘地理信息局在武汉举办数字城市建设专题研究班，多位市长参加培训。会议邀请中国科学院、中国工程院院士及测绘地理信息专家学者介绍测绘地理信息事业前沿科技、发展方向，武汉、广州、徐州、烟台等市的领导在会上介绍了数字城市建设和应用实例。对全国数字城市建设相关技术人员 380 多人进行集中培训；对安徽、山东、四川、山西等省测绘单位的 150 多人进行分别培训。

【技术体系建设】

国家测绘地理信息局组织修订《地理空间框架基本规定》、《地理信息公共平台基本规定》、《基础地理信息数据库基本规定》等 3 项国家标准；制定《三维地理信息模型生产规范》、《三维地理信息模型产品规范》、《三维地理信息模型数据库建设规范》、《数字城市地理信息公共平台建设要求》、《数字城市地理信息公共平台运行服务规范》5 项行业标准；规定了三维模型的数据获取、加工处理和生产建库等过程以及技术要求，填补了行业领域三维地理信息模型标准方面的空白；完成 Newmap 地理信息公共平台软件 3.6 到时空信息云平台 4.0 的升级工作，在与“天地图”对接以及与国家、省、市、县互联互通方面有较大提升。

【智慧城市建设试点】

国家测绘地理信息局遴选 3 个城市开展智慧城市建设试点工作。中国测绘科学研究院配合开展智慧城市试点的选择以及与中国联通开展战略框架合作协议的落实工作；编制了《智慧城市时空信息云平台建设技术指南（试行）》和《智慧城市时空信息云平台建设试点技术大纲》，研发了 NewMap4.0 云平台软件、WJ-II 型地图制图工作站软件并在海南、湖北等省试用。

“天地图”建设

【数据资源】

国家测绘地理信息局组织对“天地图”主节点进行 2 次 1~18 级矢量数据和地名地址数据全面更新，1 次全国范围 2.5 米分辨率影像数据全面更新，发布 400 多个城市建成区 18 万平方千米 0.5 米分辨率的影像、全球范围地形晕渲图、周边国家及国外重要区域 776 万平方千米 30 米分辨率的影像，推出“天地图”2012 版。建立资源三号卫星影像数据应用于“天地图”的长效机制，数据覆盖面积达 140 万平方千米。发布钓鱼岛、赤尾屿及其附属岛屿的遥感影像、标准名称注记及领海基线，增加南海诸岛部分岛屿名称注记，用“天地图”宣示了国家主权。

【服务功能】

2012 年，“天地图”主节点新增设备 191 台套，带宽从 100M 升级至 200M，整体性能提升 3 倍以上，单日用户访问支持能力由 1500 万次增加到 3000 多万次，每天能够抵御黑客攻击 2 万多次。“天地图”1.5 版正式上线，新版本采用了全新的搜索引擎，搜索性能提升了 60 倍，结果更加精确；实现了地理信息分层管理和在线叠加功能，增加了键盘操作功能，标注功能更加完善。支持苹果、安卓、微软和塞班智能手机操作系统的“天地图”手机地图全部上线，并持续升级。整理和改进二次开发接口（API），发布了“天地图”移动 API（安卓）V1.0 测试版。启动了“天地图”英文版、有线电视版及基于云计算技术的“天地图”2.0 版开发。

【节点建设】

国家测绘地理信息局印发《关于加强天地图建设与应用工作的通知》。由国家基础地理信息中心组织编写完成《“天地图”省市级节点建设方案》、《评估与接入要求》、《常见问题技术手册》。向有关省局下发督办函 25 份，推动“天地图”省级节点的建设工作。举办 2 期“天地图”省市级节点建设技术培训班，培训技术人员近 600 人。印发“天地图”建设简报 8 期。2012 年，完成全国 60 多个省市级节点 140 多次评估，29 个省级节点和 25 个市级节点已通过测试并接入主节点。全国“一个平台”的服务格局初步形成，各类用户能够一站式调用国家、省、市地理信息资源。

【推广应用】

国家测绘地理信息局与中国联通签署战略合作协议，联合推进“天地图”数据中心建设；与新疆克拉玛依市开展合作，启动天地图·克拉玛依数据中心（天地图·北方灾备中心）建设；与湖南省国土资源厅开展合作，启动“天地图·长沙”数据中心建设。国家基础地理信息中心与国家超级计算天津中心开展合作，以“天河一号”超级计算机为依托，启动“天地图”天津滨海数据处理基地建设；与武汉大学、美国乔治梅森大学建立合作关系，正在筹建天地图云计算工程中心。地理实体与地名地址数据规范等 4 个行业标准正式颁布执行，公共地理信息分类等 4 个标准列入国家标准研制计划。组织研发的公共地理信息数据管理、数据生产管理与调度、地图渲染等系统投入使用，形成了数据规模化快速生产能力。截至 2012 年底，基于“天地图”地理信息资源的各类公益性、商业化应用系统不断涌现，在全国不同专业领域已有 1000 多个应用。中央电视台常态化使用“天地图”展示新闻位置，应用于东方时空、英语频道、远方的家等栏目，江苏省城市空气 PM2.5 发布等已使用“天地图”。中国测绘科学研究院采用“天地图”作为基础底图，建立了国家代码中心全国组织机构 GIS 系统；利用“天地图”矢量与影像数据，为国家广电总局统计信息的催报、评优以及监控等提供支持，实现广播电视统计信息报送和监控全过程的可视化管理；研制了“自然灾害基本情况发布系统”，并部署在民政部官方网站，全年发布 12 期全国范围内的自然灾害信息。

地理国情监测

【立项筹备】

地理国情监测是国家测绘地理信息局 2012 年九项重点工作之一，是测绘地理信息部门主动服务科学发展的重要职责和战略任务。2012 年，组织完成地理国情监测总体设计、经费预算、立项相关材料；9 月，地理国情监测项目得到财政部立项批复，中央财政从 2012 年起安排专项资金支持地理国情监测工作；12 月，财政部印发《国家地理国情监测专项资金管理办法》。

【组织管理】

国家测绘地理信息局组织完成生产组织管理与技术体系构建，成立地理国情监测组织机构，编制地理国情普查系列技术文件，起草项目管理办法以及质量、安全等各项管理制度文件；做好监测试点示范，组织完成 7 个地理国情监测试点项目验收，启动 2012 年普查试点，进一步探索技术方法和工作机制；加强人才队伍培养，与人力资源和社会保障部联合举办 2 期地理国情监测高级研修班，组织 1 次地理国情普查技术培训；完成《国务院关于开展第一次全国地理国情普查工作的通知》（代拟稿）起草及在部委间征求意见的工作；加强与专业部门联系，做好标准衔接，沟通协调资料共享。

【机构建设】

2012 年，国家测绘地理信息局批准成立了地理国情监测研究中心，挂靠在中国测绘科学研究院地理空间信息工程国家测绘地理信息局重点实验室，作为国家测绘地理信息局地理国情监测总体设计部的依托部门，承担国家测绘地理信息局地理国情监测总体设计组的工作，包括编制项目总体设计和技术设计等；开展地理国情监测方面的科学研究；承担地理国情监测应用示范及技术指导工作，解决地理国情监测项目建设与实际应用中的技术问题；与国内外相关院校和部门开展合作研究。

在国家基础地理信息中心成立地理国情监测项目部，下设7个业务组，落实专职人员20多名，承担地理国情普查地表覆盖信息提取方法实验等任务，各项工作按计划开展。

【技术体系建设】

中国测绘科学研究院编制完成《地理国情普查试点统计分析方法与预期成果（试行稿）》，研究成果由国家测绘地理信息局正式下发全国各普查试点单位执行。组织开展地理国情监测数据处理、遥感解译与信息提取、统计分析等技术研究和试验，设计了地理国情监测技术平台，并成功申请国家科技支撑课题，初步形成了地理要素提取与解译系统试用版、地理国情信息统计分析原型系统。

国家基础地理信息中心组织制定了地理国情监测2012年工作实施方案，提出普查试点的基本方法、内容和技术指标，完成项目普查试点方案制定和第一批遥感资料采购，详细分析并明确了地理国情监测项目2012年和2013年各项任务。组织编写普查试点技术方案及普查数字正射影像生产技术规定草稿，征求各试点省市意见并试用。在国家测绘地理信息局的协调下，编写完成《地理国情普查内容与指标（试行稿）》并通过专家评审，作为地理国情普查试点的基础性技术文件下发。

地理信息产业

【总体情况】

2012年，我国地理信息产业从业人员超过40万人，210多所高校开设了地理信息技术专业教育，200多个研究机构开展了地理信息相关技术研究工作，12家地理信息企业在境内外上市。

【产业政策】

国家测绘地理信息局进一步加强地理信息产业政策理论研究，探索产业发展规律，理清产业发展思路。经国家发展和改革委员会、科技部、工业和信息化部、财政部、人力资源和社会保障部、税务总局、新闻出版总署、总参测绘导航局8部门会签，向国务院上报了《关于促进地理信息产业发展的意见（送审稿）》，提出了促进地理信息产业发展的系列措施。

【产业园区建设】

国家地理信息科技产业园被科技部认定为“北京国家地理信息高新技术产业化基地”，一期工程竣工面积135万平方米，12月20日正式投入使用；二期工程建设奠基启动，产业园进入实质性运转阶段。浙江、广东、广西等10个省（区）加快建设区域性地理信息产业园区，产业集群发展模式和新兴产业高地逐步形成。

政策与法规

政策研究

【测绘地理信息行政管理体制改革研究】

国家测绘地理信息局针对新形势下国家行政管理体制改革的要求，经过广泛调研和深入研究，提出了测绘地理信息行政管理机构改革的建议模式，为测绘地理信息部门更好地应对行政管理体制改革提供参考依据。

【“智慧中国”研究】

国家测绘地理信息局组织测绘发展研究中心等相关单位深入分析“智慧中国”的内涵、外延以及给测绘地理信息事业发展带来的机遇和挑战，理清了“数字中国”与“智慧中国”的关系，明确了测绘地理信息在“智慧中国”建设中的作用，提出了“智慧中国”地理空间智能体系的发展目标和主要任务。至年底，完成研究报告初稿。

【地理国情监测体制机制研究】

国家测绘地理信息局在研究分析地理国情监测职责分工、业务体系构成、投入机制等基础上，提出了加快实现地理国情监测业务化、常态化、规范化的对策建议。

【《全国基础测绘中长期规划纲要》修编前期研究】

国家测绘地理信息局组织相关单位结合国内外相关领域的发展态势，开展基础测绘发展现状问题调查评估，分析基础测绘面临的新需求和新要求，形成了《全国基础测绘中长期规划纲要执行情况评估报告》，起草了《全国基础测绘中长期规划纲要》修编草稿，并广泛征求意见。

【“十三五”测绘地理信息重大项目前期研究】

国家测绘地理信息局针对重大项目立项周期长、难度大等现实情况，瞄准测绘地理信息技术发展前沿和经济社会发展对测绘地理信息服务的迫切需求，制定详细的调研计划和研究方案，开展了国外测绘地理信息重大项目建设信息收集整理，力争研究提出“十三五”测绘地理信息重大项目建设总体布局和项目建议，为重大项目立项工作开展提供支撑。

【统筹经济建设和国防建设信息资源共享机制研究】

国家测绘地理信息局深入分析军地地理信息资源共享的历史、成效和存在的问题，借鉴国外军地资源共享的经验，明确了军地地理信息资源共享的内容、义务、权利和模式，提出具有普遍适用性的统筹经济建设和国防建设信息资源的政策、措施和办法。

【海洋权益研究】

国家测绘地理信息局组织测绘发展研究中心开展南海地图研究和钓鱼岛地图研究。南海地图研究形成《南海地图研究（公开版）》和《南海地图选编》2项成果，用丰富的历史、现实和法理依据，展现了我国对九段线范围内海域、岛屿岛礁拥有无可争辩的主权。钓鱼岛地图研究通过收集整理国内外有关地图和地理信息，深入分析钓鱼岛归属的历史背景和演变过程，为中国是最早发现、开发并对钓鱼岛拥有主权的国家提供佐证。

【法规政策研究】

国家测绘地理信息局组织测绘发展研究中心等单位完成《中华人民共和国测绘法》（以下简称《测绘法》）修订研究，进行了实施情况调查、实地调研和分析评估；开展《国务院关于促进地理信息产业发展的指导意见》辅导读本编写研究，完成初稿和贯彻落实该意见任务分解。

【信息服务】

国家测绘地理信息局测绘发展研究中心积极服务测绘地理信息管理决策工作，编发《测绘地理信息调查研究建议》；面向各级测绘地理信息管理部门和企事业单位，编发《测绘地理信息发展动态》。

立法工作

【测绘法修订】

2011年，《测绘法》修订列入国务院2012年立法调研计划。2012年5月，国家测绘地理信息局召开专题会议，成立《测绘法》修订工作领导小组及其办公室，部署2012年主要工作任务。制定《测绘法》修订工作方案，组织修订课题研究，开展《测绘法》实施情况书面和实地调研。邀请全国人大常委会法制工作委员会立法规划室相关负责人员参观中国测绘创新基地并听取汇报。9月，举办《测绘法》修订十周年座谈会。12月，召开《测绘法》修订立法调研座谈会，听取在京测绘地理信息企业的意见。

【地图管理条例立法】

《中华人民共和国地图管理条例》列入2012年国务院立法工作计划，国家测绘地理信息局配合国务院法制办公室开展相关立法工作。针对重点和难点问题进行深入研究论证和协调，与有关部门基本达成一致意见。9月25日，该条例在国务院法制办公室网站向社会公开征求意见，同时第二轮征求有关部门和地方人民政府意见。国家测绘地理信息局认真研究汇总反馈意见，逐条研究修改。12月，国务院法制办公室副主任甘藏春赴北京四维图新科技股份有限公司和北京搜狗信息服务有限公司开展立法调研。

【局内立法工作】

国家测绘地理信息局印发《国家测绘地理信息局2012年立法工作计划》，提出14项立法工作项目，其中出台类6项，调研论证类8项。年内，起草并印发《关于加强测绘地理信息行政执法工作的意见》、《测绘地理信息市场信用信息管理暂行办法》、《测绘地理信息市场信用评价标准（试行）》、《测绘地理信息市场监管合作工作机制》等重要规范性文件，起草并完成《测绘地理信息行政执法证管理办法》、

《测绘资质巡查办法》等文件，起草《关于对外提供我国测绘资料的若干规定》、《航空航天遥感影像项目管理办法》等文件。

【立法意见反馈】

国家测绘地理信息局相关部门认真研究《互联网信息服务管理办法》、《著作权法》、《军事设施保护法》、《旅游法》、《地震应急救援条例》等数十件法律法规征求意见稿，并提出反馈意见。

【法制工作参考】

国家测绘地理信息局创办并编印 4 期《测绘地理信息法制工作参考》，以“立足测绘、研究法制、推动工作”为宗旨，为测绘地理信息法制工作营造宣传、交流、研究的平台。

依法行政

国务院行政审批项目第六轮集中清理中，国家测绘地理信息局积极配合国务院行政审批制度改革工作部际联席会议办公室完成行政审批项目的清理工作，取消 1 项行政许可，下放 1 项行政许可，保留 10 项审批项目和 1 项非审批备案项目。国务院取消住房与城乡建设部“房产测绘单位资格初审”行政审批项目后，国家测绘地理信息局积极沟通协商，研究有关测绘资质管理衔接事宜并出台相关政策。在广东省率先推动行政审批制度改革的大背景下，国务院保留了国家测绘地理信息局的行政许可项目。

行政执法

【测绘地理信息行政执法】

国家测绘地理信息局加强行政执法监督和指导，印发《2011 年度测绘地理信息行政执法情况通报》。2011 年，各级测绘地理信息行政主管部门共开展专项执法检查 3447 次，开展专项执法行动 474 项，发现涉嫌违法行为 1562 起，立案调查涉嫌违法案件 194 件，做出行政处罚 86 件。2012 年，开展调研并完成《全国测绘地理信息行政执法工作调研报告》，总结全国测绘地理信息行政执法工作总体情况，分析存在的主要问题，并提出措施与对策。组织中国卫星导航定位协会研究加强 GPS 应用监管的措施并起草《关于 GPS 应用监管措施的研究报告》。

【加强测绘地理信息行政执法工作意见】

4 月，国家测绘地理信息局印发《关于加强测绘地理信息行政执法工作的意见》，从充分认识加强行政执法工作的重要性和紧迫性、健全行政执法体制机制、规范行政执法行为、加大行政执法力度、强化行政执法监督、加强组织领导和条件保障 6 个方面对测绘地理信息行政执法工作提出要求。

【违法案件查处】

国家测绘地理信息局积极与国务院有关部门沟通协调，研究部署测绘地理信息违法案件查处工作。实行重大案件挂牌督办制度，组织对利用高精度 GPS 实施非法测绘的行为进行全国专项排查，指导相关省局对案件进行调查取证和查处工作，切实维护国家安全和利益。

【地方执法指导】

国家测绘地理信息局指导省级测绘地理信息行政主管部门开展涉外涉密案件的查处工作，受理北京市鼎新新技术公司涉嫌违反相关收费标准收取燃气管线测量费、北京梦想视界技术有限公司涉嫌非法从事测绘活动等多件投诉举报。

【部门协作工作机制】

国家测绘地理信息局积极推动与相关部门健全测绘地理信息市场监管长效工作机制。与国家安全部联合发文，成立测绘地理信息领域反间谍反窃密工作联席会议领导小组。与国家工商行政管理总局联合印发《测绘地理信息市场监管合作工作机制》，明确了联席会议、信息通报、联合检查、联动查处等合作工作机制。

【十大违法典型案件】

国家测绘地理信息局向社会公布 2011 年十大测绘地理信息违法典型案件，涉及涉外测绘、测绘成果、涉军测绘、测量标志、测绘资质、房产测绘、互联网地图服务、问题地图 8 个类型。国家测绘地理信息局组织撰写 8 篇违法典型案件点评文章，并在《中国测绘报》进行连载。中央电视台以“十大案件”为素材录制多期节目，引起社会广泛关注。

【行政处罚案卷评查】

国家测绘地理信息局首次组织开展测绘地理信息行政处罚案卷评查工作和优秀行政处罚案卷（件）评选活动。5 月，印发《关于开展 2012 年测绘地理信息系统行政处罚案卷评查工作的通知》，部署案卷评查工作。6 月，在无锡举办测绘地理信息系统行政处罚案卷评查工作培训研讨班。全国各地对 147 个案件开展评查。11 月，国家测绘地理信息局召开优秀行政处罚案卷（件）评审会，从 61 件参评案卷中评选出28件优秀案卷。

【全国测绘地理信息行政执法工作座谈会】

11月30日，国家测绘地理信息局在深圳召开全国测绘地理信息行政执法工作座谈会。会议总结五年来测绘地理信息行政执法工作情况，分析讨论面临的形势，研究部署2013年测绘地理信息行政执法工作，表彰测绘地理信息系统优秀行政处罚案卷（件）的承办单位和个人。

【行政执法人员培训】

国家测绘地理信息局举办2期全国测绘地理信息行政执法人员培训班，来自全国的测绘地理信息行政执法人员350多人参加培训。国家测绘地理信息局副局长宋超智出席开班式并作专题辅导报告，国家安全部、中央党校、中国卫星导航定位协会等单位的有关专家和领导分别就国家安全、测绘地理信息工作面临的形势和任务等主题为学员进行专题辅导。

【测绘地理信息行政执法实用手册】

国家测绘地理信息局组织编写《测绘地理信息行政执法人员手册》，系统介绍行政执法体制机制、主要执法依据、执法职权分解、执法证件管理、行政处罚程序、执法文书格式、执法文书制作规范、行政复议和行政应诉、案卷评查、优秀案件评选等内容，提高基层执法人员的执法水平。

法制宣传

【“六五”普法领导小组】

3月，国家测绘地理信息局印发《关于成立国家测绘地理信息局“六五”普法领导小组和办公室的通知》，“六五”普法领导小组负责测绘地理信息法制宣传教育工作的组织、指导和监督，办事机构设在国家测绘地理信息局法规与行业管理司。

【普法依法治理工作要点】

国家测绘地理信息局印发《2012年测绘地理信息普法依法治理工作要点》，全面部署全国测绘地理信息系统年度法制宣传教育工作，明确年度普法工作重点和主要内容，从加强分类普法、推进“法律六进”活动、加强宣传阵地建设、坚持法制宣传与法治实践相结合4个方面提出要求。

【“8·29”全国测绘法宣传日活动】

国家测绘地理信息局围绕“庆祝《中华人民共和国测绘法》修订颁布10周年”宣传主题，开展2012年全国测绘法宣传日宣传口号、公益短信、宣传标识、宣传画有奖征集活动，得到社会各界的积极响应和热情参与，共收到应征稿件1100多份。经过组委会评议，评选出2012年全国测绘法宣传日主题口号12条，公益短信1条，宣传标识1幅，宣传画1幅。国家测绘地理信息局统一印制了测绘法宣传日主题宣传画并向各地免费发放。

组织全国各地开展多种形式的“8·29”测绘法宣传日活动。各级测绘地理信息行政主管部门的主要负责人亲自组织协调并到活动现场发放宣传材料，接待群众咨询。据不完全统计，各地在测绘法宣传日期间共发放各类宣传材料150多万份，发送公益宣传短信300多万条，公众参与人数达600多万人。《中国测绘报》开辟专版，国家测绘地理信息局门户网站开设专栏对各地宣传工作进行报道。国家测绘地理信息局局长徐德明在《中国测绘报》发表署名文章《以法为纲 砥砺奋进 促进测绘地理信息更好地服务科学发展——写在〈中华人民共和国测绘法〉修订颁布十周年之际》，并接受《法制日报》记者专访。8月29日，国家测绘地理信息局副局长宋超智到北京市测绘法宣传日活动现场指导工作，并向市民发放地图宣传品。8月30日，国家测绘地理信息局邀请中国政法大学副校长马怀德在测绘学习大讲堂作《依法行政的问题与挑战》专题辅导报告。

【法治建设有奖征文】

6月～9月，国家测绘地理信息局举办“立得杯”测绘地理信息法治建设有奖征文活动，共收到作品55篇。经专家评审委员会评议，评选出个人一等奖2名、二等奖3名、三等奖5名、鼓励奖10名，选出优秀组织奖1名。

【“六五”普法简报】

9月，司法部法制宣传司相关人员到国家测绘地理信息局调研测绘法制宣传教育工作。12月，全国普及法律常识办公室在《“六五”普法简报》（第55期）以“测绘地理信息行业‘六五’普法蓬勃开展”为题，对国家测绘地理信息局法制宣传工作经验进行推广报道。

规划与计划

【全国基础测绘中长期规划纲要修编】

根据国家关于开展规划编制工作的总体要求，按照《国家发展改革委关于印发“十二五”期间报国务院审批的专项规划整体预案的通知》要求，国家测绘地理信息局会同国家发展和改革委员会、财政部、民政部、国土资源部、交通运输部、水利部、国防科工局、总参测绘导航局等部门，开展《全国基础测绘中长期规划纲要》修编工作。制定前期工作方案；开展规划纲要执行情况评估工作，编制完成规划纲要执行情况评估报告；组织相关单位对资源建设、装备建设、科技创新、应用服务等相关专题开展深入研究，分别细化了到2020年的发展目标、主要任务和主要措施，并对相关指标进行测算，形成了相应的研究成果；起草《全国基础测绘中长期规划纲要（修编）》草稿，召开修编工作第一次部门联席会议，形成征求意见稿；对征求意见稿进行修改完善，形成论证稿。

【国家地理信息产业发展规划编制】

根据国务院副总理李克强的批示精神，国家发展和改革委员会联合国家测绘地理信息局等部门开展国家地理信息产业发展规划的研究制订工作。研究制定了规划编制工作方案；开展重大问题的前期研究；形成《产业规划》初稿。8月，国家发展和改革委员会和国家测绘地理信息局组织对《产业规划》初稿进行第一次系统修改，细化了主要任务和政策措施，形成《产业规划》征求意见稿。

【测绘地理信息发展战略研究】

《测绘地理信息发展战略研究报告》经国家测绘地理信息局党组审定后，课题组结合新形势新情况，系统梳理了研究报告，贯彻落实党的十八大报告精神，充实测绘地理信息发展新成果、新理念、新举措，适当调整未来发展目标。12月，由测绘出版社出版发行。

基础测绘

经费投入

【地理国情监测立项】

国家测绘地理信息局及时向财政部报送地理国情监测项目总体设计和经费预算。经沟通协调，财政部正式批复项目立项，并追加2012年项目预算1亿元，2013年项目预算5亿元。

【现代化测绘基准体系基础设施建设项目】

国家发展和改革委员会正式批复现代化测绘基准体系基础设施建设项目初步设计和投资概算，明确项目总投资为5.2亿元，并下达项目2012年预算内投资1.5亿元。

【资源三号卫星应用系统建设项目】

2012年，国家发展和改革委员会下达资源三号卫星应用系统建设项目剩余的1亿元资金。

【海岛（礁）测绘工程项目】

2012年，国家发展和改革委员会下达海岛（礁）测绘工程项目预算内投资4.1亿元，项目资金已全部到位。

【国家支持藏区基础测绘建设资金】

经与国家发展和改革委员会协调，国家测绘地理信息局争取新疆维吾尔自治区、新疆生产建设兵团以及四川、甘肃、云南、青海四省藏区基础测绘建设资金4.98亿元。

【边少专项补助经费】

国家测绘地理信息局开展边疆少数民族地区专

项补助经费2013年度项目组织报送和评审工作，财政部正式批复经费预算指标8000万元。

【地理信息产业发展专项经费】

国家测绘地理信息局积极组织地理信息企业申报由国家发展和改革委员会、财政部组织实施的产业发展专项。国家测绘地理信息局卫星测绘应用中心分别联合吉威时代公司和四维航空数码公司申报2个项目，共获得国家补助资金3600万元。

基础测绘项目

【基础测绘计划】

国家测绘地理信息局编制并印发2012年国家基础测绘生产计划，提出2013年国家基础测绘生产项目“一上”和“二上”计划。每月汇总编制各单位基础测绘项目和重大专项进度表，对执行进度较慢的单位和项目加强督促。

【国家基础地理信息数据库动态更新】

国家测绘地理信息局将全国划分为五大区域，指定责任单位分区域负责更新生产，最大限度发挥现有生产能力。确定国家基础地理信息中心承担国家基础地理信息数据库动态更新项目，建立动态更新项目部与项目办机构；编写了《国家基础地理信息数据库动态更新项目总体设计方案》、《1:5万地形数据库重点要素更新技术规定》、《1:25万地形要素数据规定》等，确定了变量更新的技术路线，初步建立了适应动态更新的生产技术体系；组织各承担单位开展生产技术试验、专业技术设计、规模化更新生产。国家测绘地理信息局制定质量检查细则，加强全过程的质量监管，确保成果质量；督促按月上报进度、实地调研检查，确保按计划执行。

覆盖全国陆地区域的24182幅1:5万动态更新成果和全国816幅1:25万变量更新成果已进行分批汇交。

开发了动态更新增量质检和增量建库软件工具；首次建立了基于数据库驱动的1:5万地形图制图生产技术系统，建立了地形数据与制图数据一体化的全国1:5万数据库，组织印刷1万幅纸质地形图。

【1:1万数据库整合升级】

1:1万数据库整合升级项目由国家测绘地理信息局牵头开展，制定了《1:1万数据库整合升级总体方案》、《1:10000（1:5000）基础地理信息地形要素数据规范》、《全国1:1万地形要素数据整合处理生产技术规定》等标准规范，组织研发“1:1万数据库一体化整合转换生产软件系统”，完成陕西、黑龙江、四川、山东、甘肃、江西6省的整合转换试生产，整合转换3000多幅1:1万数据。国家测绘地理信息局组织召开全国会议部署该项工作，为2013年全面开展数据库整合升级奠定基础。

【新农村建设】

国家测绘地理信息局选定江苏、福建、江西、山东、湖北5省作为2012年新农村建设测绘保障项目试点；全面完成安徽、湖北等20个省（区、市）试点项目的验收工作。通过经验总结和试点推广，形成了低成本、高效益采集制作农村地区建设用图的技术路线，建立了一整套针对新农村建设的测绘保障技术体系、标准体系和系列产品模式，带动了部分省区在农村地区的测绘保障投入，树立了一批测绘技术和成果成功应用于涉农工程的典型，显示出良好的社会效益。

【2000国家大地坐标系推广应用】

国家测绘地理信息局完成青海、新疆、安徽、山西、宁夏5省区基础地理信息向2000国家大地坐标系转换的软件开发配制与相关培训工作，其中青海、山西、宁夏基本完成转换工作；2011年完成软件配发的浙江、陕西、河南、山东、内蒙古5个省区中，浙江、山东、河南、内蒙古基本完成转换工作；构建了全国格网速度场模型和高程速度场模型，升级了2000国家大地坐标系控制点转换软件，为基于GNSS技术的不同历元坐标向2000国家大地坐标系转换提供了技术保障。

【数字省区建设】

国家测绘地理信息局加快推进数字省区建设，与天津市、湖南省、宁夏回族自治区、河南省、广西壮族自治区签署了省部合作协议，按计划有效推进工作开展。召开数字省区建设工作会议，总结交流各地取得的成绩和经验，明确下一步工作任务和目标，要求加快省级基础测绘建设，全面提升省级地理空间框架建设的能力和水平，推动数字省区建设工作再上新台阶。

【GNSS基准站运行与维护】

国家基础地理信息中心完成房山、乌鲁木齐、拉萨、武汉、西宁、西安、海口、哈尔滨等8个GNSS站点的运行与维护。2012年度各站数据日常收集、整理、处理工作正常开展，数据处理工作质量良好，达到设计指标。

【陆海卫星定位连续运行站网整体处理与2000大地坐标框架维护】

国家基础地理信息中心完成我国周边和国内10个稳定的IGS框架站和2000国家GPS大地控制网中25个连续运行站点的2年观测数据、站点坐标、速度场信息的分析确定和数据处理（数据量约50GB）；研究确定了陆海卫星定位连续运行站基线处理、整网平差、成果归算方案；完成了处理服务器硬件升级。

【全国地理信息资源目录服务系统建设二期】

国家基础地理信息中心完成约30万条元数据的离散化，形成约2000万条记录的离散化元数据信息；根据离散化的元数据信息进行统计分析工作，形成技术指南的简版。针对企业节点建设开展调研，高德软件有限公司、北京四维图新科技股份有限公司以及中国地图出版集团建成了企业节点。开展3级节点建设与系统运行维护工作，山东省上传和更新地市级目录5万条。开展了全国地理信息资源目录服务系统元数据同步更新系统升级开发工作。

【“927”工程】

中国测绘科学研究院承担国家“927”工程建设项目（一期），组织完成“第一幅图”生产、岸线提取与推算技术交流以及GNSS连续运行基准站建设技术培训，编写了《重力场数据集成与似大地水准面精化专业设计书》、《卫星定位连续运行站建设技术细则》等，完成“927”一期工程17项技术规程的制修订以及工程技术指导工作。

【中国大陆构造环境监测网络建设】

总参测绘导航局组织全军测绘部队完成中国大陆构造环境监测网络39个GNSS基准站、5个连续重力观测站、西安SLR基准站、昆明VLBI基准站和西安数据共享子系统的运行维护和技术管理工作，以及5个GNSS基准站绝对重力测量和72个区域站相对重力测量工作。

【全国三级GNSS大地控制网建设】

总参测绘导航局组织各军区测绘部队完成全国三级GNSS大地控制网选点埋石1696点，GNSS观测900点，高程联测5000千米以及野外作业质量检查和成果验收工作。

【国家水准原点网复测】

总参测绘导航局组织济南军区和广州军区测绘部队完成青岛、榆林国家水准原点网一等水准测量，二级GNSS大地控制点观测，二等天文测量、二等重力联测任务。

测绘基准管理

国家测绘地理信息局组织完成国家现代测绘基准体系基础设施建设一期工程实施各项准备工作，确定由国家基础地理信息中心牵头实施该工程。成立了工程实施领导小组、专家咨询委员会，并在国家基础地理信息中心设立项目部。编制完成《工程项目管理办法》、《质量管理规定》、《工程总体实施方案和2012年度实施方案》和《国家现代测绘基准体系基础设施建设技术规程》以及《工程设备采购方案》等。6月26日，举行出测仪式，前往测区开展工作。开展技术培训，施工人员考核合格后持证上岗；组织开展2次现场质量监督检查，及时发现并解决存在的问题，确保了工程质量；完成100个GNSS连续运行基准站设计图的设计、审查工作，基准站土建工作陆续开展；完成1192个GNSS大地控制点的选埋，38706千米一等水准路线踏勘、选（补）埋，19526千米一等水准（含验潮站）观测和8处跨河水准测量，2012年生产计划全面完成。

基础航空摄影与卫星影像获取

【国家基础航空摄影】

国家测绘地理信息局完善基础航空摄影管理制度、改变工作方法、加强统筹协调、探索获取模式，保障基础测绘、数字城市、“927”工程、地理国情监测等重大项目需要；编制起草《国家基础航空航天影像获取项目管理办法》；提前摸清项目需求，充分考虑影像获取周期和可行性，合理编制、提前下达获取计划；强化业绩诚信考核，使技术好、实力强、业绩诚信突出的航摄单位优先承担航摄项目，保证项目进度和质量；加大监督检查力度，对执行不力单位进行约谈，严肃合同违约处罚，帮助协调解决问题，效果明显；完善成果验收方式，吸收省局参与验收工作，提高验收效率；鼓励规范社会企业资金投入，有效节省中央财政资金约7000万元。

2012年，国家航空航天影像获取工作完成航摄面积65万平方千米，完成高分辨率卫星影像获取面积159万平方千米，获取128个城市优于0.2米分辨率航摄影像，组织获取资源三号卫星影像数据超过400万平方千米，共享天绘一号影像705万平方千米。

国家基础地理信息中心组织了国家基础航空摄影专项、“927”工程影像获取、地理国情监测影像获取等项目，共计 271 项任务，总面积 826 万平方千米，各项获取计划顺利实施。

【国家地理信息应急监测系统和无人飞机航摄系统推广应用】

国家测绘地理信息局积极引导无人飞机航摄系统的广泛应用，各省级测绘地理信息行政主管部门结合省内需求，不断拓宽应用领域，在国土资源监测、新农村和小城镇建设规划、土地开发整治、重点工程选线选址、农业监测、考古调查、森林火灾监测、电力线路检测、黄河凌汛侦察、应急测绘等方面取得了丰富的应用成果。与空军装备部等单位联合举办“2012年尖兵之翼——第四届中国无人机大会暨展览会”，促进无人机技术交流，展示国家地理信息应急监测系统；大力推进国家地理信息应急监测系统的研制开发和配备应用；完成 ZC-A、TXLT2 个型号国家地理信息应急监测系统的验收，陕西、四川、河北、福建、海南、贵州、江西等省交付使用，基本形成全国大区域布局，并在河北、四川、广西等地应急测绘保障工作中发挥作用。

【国家基础航空航天遥感影像获取项目（二期）若尔盖项目】

中国测绘科学研究院牵头研制的机载多波段多极化干涉 SAR 测图系统，中标 2012 年国家基础航空航天遥感影像获取项目（二期）若尔盖项目。至年底，共飞行 24 架次，累积飞行 100 多小时，完成若尔盖区域 7789 平方千米的航摄任务，获取分辨率为 1 米的 SAR 影像数据约 42TB，用于 1:1 万地形图的测图生产。

安全生产

国家测绘地理信息局印发《国家测绘地理信息局 2012 年测绘安全生产工作要点》，部署全年安全生产工作。强化对国家重大测绘地理信息项目安全生产的监督管理力度，加强测绘外业集中期（暑期）的管理，提前预防，做好部署，防范突发事故的发生。安排局所属各单位加强安全生产检查、自查、抽查工作，对发现的隐患，要求立即整改。全年未发生安全生产责任事故，安全生产工作目标顺利完成。

海洋测绘

【民用航海图编制】

2012 年，中国航海图书出版社完成民用海图编制出版任务 212 幅。其中，更新出版中国海区海图 122 幅、编制出版全球海区 1:100 万海图 90 幅。

【民用 S-57 标准数字海图生产】

中国航海图书出版社完成民用 S-57 标准格式数字海图编制任务，共编制全球海图 698 幅。

【民用航海图书目录编制】

1 月，中国航海图书出版社编制并公开出版发行 K102 号《航海图书目录》。该书刊载已出版的全球海域、中国沿海及周边海区的各类海图及航海书表目录，主要有全球海域小比例尺海图约 300 幅，中国沿海及附近海区总图、航行图、港湾图和渔业图等专题图 500 多幅；以及《中国航路指南》、《中国港口指南》、《潮汐表》、《航标表》、《国际信号规则》等各类航海书表 40 多册。

【中国海区渔业图改版编制】

12 月，中国航海图书出版社组织完成整个中国海区渔业专题图的改版编制工作，并公开出版发行。共编制出版渔业图 38 幅，其中 1:100 万系列比例尺图 15 幅，1:50 万图 23 幅。此次改版主要对各海区渔港、渔业碍航物、渔业生产设施及渔区界线等要素进行修改和补充，保障渔业生产的需要。

【航海天文历编制】

4 月，中国航海图书出版社出版 2013 年《航海天文历》。该书用于记述全年不同时刻太阳、月亮等天体的格林时角等信息，供航海人员用于定位及计算日月出没时刻等。

【太阳和月亮出没时刻表编算】

5 月，中国航海图书出版社出版 2013 年《太阳和月亮出没时刻表》。该书用于记述全年太阳、月亮出没时刻的信息，供小型船舶航海人员使用。

【民用航海图书发行】

2012年，中国航海图书出版社共入库民用航海图51万多张、民用航海书表9万多册、民用海图改正透明样纸3万多份；发放民用海图74万多张，民用书表13万多册、民用海图改正透明样纸2.7万多份；改正海图639万多张，制作备考图改正样纸7191张，刻绘海图改正蜡纸9262张。

界线测绘

【中国与俄罗斯国界第一次联检测绘】

2012年，总参测绘导航局组织拟制了《中俄国界第一次联合检查测制地形图室内作业细则》、《中俄国界第一次联合检查测绘制地形图野外作业工作计划》和《中俄国界第一次联合检查地形图图式》等相关技术文件，组织测绘部队完成中俄国界大地控制点、GNSS水准点的选埋观测，以及中俄边境航空摄影任务，航摄面积约1万平方千米。

【中国与老挝边界第一次联检测绘】

2012年，总参测绘导航局修改完善了中老边界第一次联合检查各项法律和技术文件，组织测绘部队完成了边界地形图测制工作，测制1:5万地形图20幅，并组织完成内业成果编辑汇总、联检最终成果印刷装订分发等任务。

【《陆地边界情况图集》总体技术方案及样图审查】

4月13日，总参测绘导航局会同总参某部边防局在兰州组织召开《陆地边界情况图集》总体技术方案及样图审查会。会议听取兰州军区驻兰某测绘大队的图集总体技术方案汇报，讨论图集边防需求和总体设计问题，逐幅审查图集样图，对图集有关技术问题提出处理意见。来自有关军区测绘、边防业务主管部门以及所属测绘大队代表共23人参加会议。

【国界线审核】

2012年，总参测绘导航局共审核有关测绘部队上报的各种含有国界线的地图340多批次6000多幅。

卫星测绘

【资源三号卫星发射并在轨测试交付使用】

1月9日，我国首颗民用高精度立体测绘卫星资源三号在太原卫星发射中心成功发射。

资源三号卫星搭载三台三线阵相机和一台多光谱相机，设计寿命约5年。主要任务是长期、连续、稳定、快速地获取覆盖全国的高分辨率立体影像和多光谱影像。卫星用户是国家测绘地理信息局，主要用于生产全国1:5万基础地理信息产品，开展1:2.5万以及更大比例尺地形图的修测和更新，能够为国家重大工程领域应用提供服务，提升我国测绘地理信息服务保障水平。

国家测绘地理信息局组织完成资源三号卫星在轨测试工作，配合国防科工局举行资源三号卫星在轨交付仪式。截至2012年底，资源三号卫星在轨运行357天，绕地飞行5438圈，执行拍摄并接收数据1546轨，原始数据量超过250TB，全球覆盖面积5450平方千米，中国区域覆盖面积1250平方千米。

【测绘卫星规划】

2月，陆海卫星规划由国土资源部牵头完成部门会签，并向国务院报送。4月，国务院正式批准该规划。该规划包含资源三号测绘卫星后续星、激光测高卫星、干涉雷达卫星和可用于应急测绘的敏捷卫星等。国家测绘地理信息局邀请中国航天科技集团公司有关部门及其所属五院，组织开展资源三号后续星相关技术指标研究论证工作，初步确定了总体技术要求，明确了争取“十二五”末期形成资源三号两星组网运行、“十三五”接续更替的目标。

【后续测绘卫星立项实施】

国家测绘地理信息局启动资源三号 02 星立项工作，提出后续星研制要求，与中国航天科技集团公司等各相关部门，编制资源三号 02 星项目建议书。与国防科工局沟通，组织参与高分七号星载荷调研工作，推进高分七号星立项。

【测绘卫星科研】

资源三号卫星工程配套科研项目“资源三号卫星数据处理应用及在轨测试关键技术研究”按实施方案顺利完成。该项目提出资源三号卫星研制总要求，完成卫星的总体论证和自主设计，突破一体化几何检校的技术，完成卫星高精度在轨检校和验证，掌握卫星测绘整套核心技术。

【资源三号卫星的 SLR 联测与定轨验证】

资源三号卫星的 SLR 国内测试和国际联测以及卫星定轨精度的验证由中国测绘科学研究院房山人卫激光观测站承担并完成。SLR 国内测试获得有效观测数据 3 万多个，测距精度为 1.2 厘米。房山人卫激光观测站向国际激光测距服务组织（ILRS）成功申请为期近 2 个月（7 月 9 日 ~9 月 4 日）的 SLR 国际联测，全球共 20 个台站获得资源三号卫星的 SLR 观测数据 157 圈。

利用全球台站对资源三号卫星的 SLR 观测数据与星载 GPS 定轨结果比较，其站星距残差的系统误差均值为 -0.002 米，均方误差为 0.039 米。

【资源三号卫星应用系统建设与生产】

11 月，国家测绘地理信息局组织完成资源三号卫星应用系统软硬件招标工作。组织完成机房供配电系统的基本改造与运控大厅、核心机房、外网机房的设备部署，及 30 个子系统部署，该系统具备开展资源三号卫星数据处理、产品生产、存档、分发等业务的能力。

组织国家测绘地理信息局卫星测绘应用中心（以下简称卫星中心）分阶段解决卫星应用系统生产面临的各项问题，确保应用系统在走通生产流程的基础上实现规模化、自动化生产，并逐步改进生产质量。2012 年，该系统已具备及时处理每日卫星获取数据的生产能力，并完成历史积累数据处理。

【资源三号产业化项目申报实施】

国家测绘地理信息局组织实施国家高技术产业化项目“国产遥感卫星正射影像服务高技术产业化示范工程”，该项目由国家发展和改革委员会支持 1000 万元经费。完成了国家级国产遥感卫星正射影像服务平台建设，提供高效影像、精确地理编码服务，解决了遥感影像在应用推广中的几何精度瓶颈问题。

依托资源三号卫星工程，卫星中心成功申请“高分辨率遥感卫星在现代测绘和地理信息服务中的综合应用示范”、“基于国产卫星的地理国情信息综合应用服务示范”2 项国家发展和改革委员会 2012 年卫星及应用产业发展专项项目。年内项目已启动方案编制工作，开始实施。

【国产测图卫星三线阵立体测绘关键技术研究】

中国测绘科学研究院承担国家科技支撑项目“国产测图卫星三线阵影像高精度立体测绘”子项目“国产测图卫星三线阵立体测绘关键技术”。开展了基于三线阵影像高效高精度匹配的 DSM/DEM 自动提取关键技术研究和三线阵影像区域网联合平差关键技术研究，并在陕西、黑龙江等省生产单位进行示范应用；开展了资源三号卫星、天绘一号卫星影像数据实验。

【资源三号卫星应用服务】

2012 年，国家测绘地理信息局向各应用行业的 350 多家单位提供资源三号卫星数据产品及服务，数据量超过 1.6 万景，总数据量 13TB。优先安排数据获取与处理，为“天地图”、地理国情监测、“927”工程、1:5 万基础地理信息数据库更新等工程提供数据产品服务，其中为 1:5 万基础地理信息数据库更新工程、“天地图”提供卫星影像 8000 多景。为教育、国土、规划、林业、农业、减灾等部门提供大量卫星影像用于开展应急救灾、行业应用和科学研究，取得良好效果。截至年底，对外提供资源三号卫星各类数据产品服务超过 3000 万平方千米，按照资源三号卫星发射前同类产品的国际市场价格计算，提供的数据产品服务额超过 5 亿元。

质量监督与计量

成果质量监督检查

国家测绘地理信息局组织开展2012年测绘地理信息成果质量监督检查工作，成立领导小组，负责监督检查工作的组织与协调。监督检查的范围是全国甲级测绘单位2010年1月～2011年12月承担完成的1:1万地形图，包括DLG、DOM、DEM以及制图数据等产品，共涉及30个项目（69个子项目），涉及25个省（区、市）。对在2011年全国测绘地理信息成果质量监督检查中不合格的项目进行复查，印发了复查结果的通知，原不合格的2个项目复查结果为“批合格”；各省、自治区、直辖市测绘地理信息行政主管部门成立监督检查领导小组，开展测绘地理信息成果质量监督检查工作，并于2012年底上报了监督检查结果。

总参测绘导航局抽调专家组成测绘工程质量监理组，对新一代1:5万地形图建库与出版工程、军用地图出版印刷、三级GNSS测量等测绘任务进行了32组次质量监理，及时发现、纠正工程建设中存在的质量问题，进一步统一作业标准，确保了生产作业质量。

重点项目成果验收

【“927”工程成果质量验收工作】

根据“927”工程2012年度生产计划安排和各承担单位实际生产进度，国家测绘产品质量检验测试中心（以下简称质检中心）对陕西、黑龙江、四川、江苏、福建、河北等省生产单位承担的测绘基准建设与精确定位单项工程中的沿岸和海岛大地控制测量和高程测量、跨海高程传递测量、水准点加密重力测量等成果进行了质量验收，实现了“927”工程2012年度大地控制成果100%全部检验，并分别出具了检验报告，如期完成“927”工程大地控制类测绘成果质量验收工作。

根据“927”工程项目办的计划安排，质检中心承担“927”工程29个卫星定位连续运行站（CORS）建设成果质量验收任务。编制验收技术方案和验收工作手册，10月，组织对河北、福建、广西、海南、广东、浙江、山东、江苏、辽宁等9个省区“927”工程CORS站建设成果质量进行实地验收工作，并提交整改意见和质量检验报告。

质检中心承担“927”一期工程测图成果检查验收工作，完成1.3万多幅概查和3000多幅详查任务。

【国家现代测绘基准体系基础设施建设一期工程】

该项目为国家测绘地理信息局申请的国家发展和改革委员会基础设施建设项目，是国家测绘地理信息局“十二五”重点工程，2012年下半年启动，由质检中心承担建设成果的质量验收任务。10月和11月，质检中心2次派技术人员参与工程建设过程质量检查，完成宁夏、内蒙古、广东、广西等测区大地控制网与一等水准网标石选埋工作的质量检查，保障了国家现代测绘基准建设项目第一批成果的质量。

【2013年导航电子地图检测】

在中国卫星导航定位协会牵头下，根据《导航电子地图检测规范》和《2012年地图导航定位产品测评大纲》，质检中心组织完成8家导航电子地图生产企业生产的的北京市复兴门、北京市门头沟、天津市滨海新区和保定市新市区4个测评样区数据的质量检测工作。

测绘计量检定人员资格认证

根据《国务院关于第六批取消和调整行政审批项目的决定》精神，测绘计量检定人员资格认定工作改由省级测绘地理信息行政主管部门组织实施。国家测绘地理信息局印发《关于测绘计量检定人员资格认证组织工作的函》，传达国务院有关决定，并对2012年测绘计量检定工作进行说明。

质检研究

【测绘质量管理体系可行性研究】

质检中心在ISO9000:2008质量管理体系运行的基础上，分析研究测绘行业ISO9000系列质量管理体系的执行情况，提出建立国家测绘质量管理体系的必要性与需求，对建立具有自主知识产权的、适应测绘地理信息行业的国家测绘质量管理体系可行性进行分析研究，编制完成《建立国家测绘质量管理体系可行性研究报告》。

【测绘地理信息产品认证研究】

质检中心在对产品认证现状深入调研的基础上，分析了测绘地理信息产品认证工作的必要性与可行性，提出开展测绘地理信息产品认证工作所需的规章制度、标准规范、软件技术及支撑环境，并提出后续工作思路，编制完成《测绘地理信息产品认证研究报告》。

【地理信息系统测试与质量评价体系项目】

质检中心开展该项目GIS软硬件测评相关标准、文献资料的调研和分析，设计了GIS质量模型、测试项和测试流程框架，确定了GIS评价质量模型，形成由9个质量元素和28个子元素组成的质量元素体系，设计出一系列GIS测试项，从需求确定、评测准备和评测执行三阶段设计了GIS质量评价流程框架。

质检期刊

质检中心主办并印发2期《测绘地理信息质量监督与管理》期刊，内容涉及质量监督管理、测绘监理机制、质检能力建设等方面，为各省质量工作提供参考。

市场监管

测绘资质管理

【互联网地图服务测绘资质管理】

全国互联网地图服务单位资质发证工作基本完成。截至2012年底，全国共有175家单位获得甲级互联网地图服务测绘资质证书，171家单位获得乙级资质证书，互联网地图服务基本纳入法制化、规范化管理的轨道。按照《关于进一步加强互联网地图服务资质管理工作的通知》要求，2月1日起，未申请互联网地图服务资质的单位一律不得从事互联网地图服务活动。国家测绘地理信息局建立对无资质从事互联网地图服务单位的约谈、曝光、查处机制，约谈中国联合网络通信集团有限公司、路客网等无资质从事互联网地图服务的单位，宣讲互联网地图服务测绘资质有关政策。组织研发互联网地图服务网络监控系统，在全国范围开展互联网地图服务网站日常监督排查工作，要求定期上报排查结果并对涉嫌违规的网站实行重点监控，为互联网地图服务行业营造良好环境。

【年度注册】

全国各等级测绘资质单位年度注册首次实现网上办理。部分地区对行政管理事权下放进行积极探索，将丙、丁级测绘资质单位的初审或注册委托市、县级测绘地理信息行政主管部门承担。2012年，应参加测绘资质注册单位11347家，实际参加11292家，占应参加总数的99.5%；通过注册10241家，占应参加总数的90.3%；缓期注册753家，占应参加总数的6.6%；不予注册65家，占应参加总数的0.6%。注销资质138家，降低资质等级10家，核减业务范围80家，吊销测绘资质8家。

【资质巡查工作】

为加强测绘资质行政许可的事后监管，国家测绘地理信息局在云南、湖北等地组织开展测绘资质巡查试点工作，不断完善测绘资质监督检查制度，及时发现和纠正测绘单位的不当行为，维护公平有序的市场环境。组织起草完成《测绘资质巡查办法（试行）》。

市场管理

【政策研究制定】

国家测绘地理信息局组织完成《地面移动测量专业标准》（草案），并进行反复论证和4轮征求意见。研究高分辨率遥感影像等地理信息新兴领域测绘资质政策，制定支持地方地图出版社转制后的测绘资质管理政策。积极落实“走出去”战略，举办中英测绘技术与产业发展高级研讨班，为测绘单位搭建良好服务平台。

【测绘地理信息市场信用体系建设】

2012年，国家测绘地理信息局印发实施《测绘地理信息市场信用信息管理暂行办法》和《测绘地理信息市场信用评价标准（试行）》，举办信用信息平台应用培训班，启动部署甲级测绘资质单位信用信息征集、录入、评价等工作。7月，测绘地理信息市场信用信息管理平台正式开通，标志着我国测绘地理信息市场信用体系初步建立。

【政策法规专题论坛】

国家测绘地理信息局在西安举办“测绘地理信息行业发展与政策法规”专题论坛。国家测绘地理信息局副局长宋超智出席会议并作题为《我国地理信息产业发展形势与任务》的专题辅导报告。国务院发展研究中心、金融机构、法律、移动互联网等行业、部门的有关专家就我国测绘地理信息行业法规与监管政策、地理信息数据知识产权保护、测绘地理信息行业单位融资策略及上市、移动互联网发展对传统测绘的挑战等内容作专题报告。共有200多名代表参加报告会。

【甲级单位负责人培训】

6月和9月，国家测绘地理信息局在江西和北京举办2期甲级测绘资质单位负责人培训班，分别围绕数字城市建设和地理国情监测、移动互联网和位置服务等内容进行授课。全国31个省、自治区、直辖市的350多名甲级测绘资质单位负责人参加培训。国家测绘地理信息局副局长宋超智出席开班式并作《测绘地理信息工作面临的形势与任务》、《互联网地图服务行业的形势与完善发展的措施》专题辅导报告，武汉大学、国家基础地理信息中心、中国测绘科学研究院等单位的有关专家和部分测绘企业负责人进行培训授课。

地图管理与地图公共服务

地图编制管理

国家测绘地理信息局对陕西、黑龙江、四川、山东、广东、湖南、福建等地7家出版单位的271种地图选题申请进行审核。

2012年，国家测绘地理信息局地图技术审查中心（以下简称审图中心）共收到地图备案样图（书）617件，共抽查样书170件。其中，符合规定130件，未完全按照《地图内容审查意见书》修改的27件，未按规定在版权页标明审图号3件，将审图号错标为受理号5件，出版登载内容与送审内容不一致3件，无法读取导航电子数据2件。先后向30家出版社、11家地球仪厂家发函督促备案。

地图审核

【地图审核管理】

2012年，国家测绘地理信息局共受理地图审核申请3611件（105389幅地图）。经审核，批准2763件、不予批准602件，协审19件，其余未办结。在网上公布了审核结果。

2012年，审图中心共完成地图内容审查105389幅。9月，为“中图杯——全国少儿手绘地图大赛”作品提供地图审查保障，参与比赛试卷出题和地图作品评判工作，评审地图1500多幅。

【导航电子地图快速审查机制】

按照国家测绘地理信息局要求，审图中心就建立导航电子地图快速审查机制及相关技术问题到导航电子地图制作单位调研。根据企业需求和建议，与6家导航电子地图制作单位签订《地图增量审查服务协议》，简化审查程序，缩短导航电子地图审查时间。

【地图管理文件选编】

审图中心编印了《地图管理文件选编》，共收录截至2012年9月与地图审查业务有关的法律2件、行政法规1件、国务院文件4件、部门规章4件、规范性文件48件，总计近12万字。

互联网地图监管

【网上地理信息安全监管和防范工作】

国家测绘地理信息局组织召开网上地理信息安全监管工作协调组成员会议，总结2012年网上地理信息安全监管和防范工作，制定2013年工作要点，并形成报告上报国务院，同时印发给各成员单位。

继续完善互联网地图安全监管系统，开展互联网地图标注内审系统研发，召开专家论证会并通过专家评审，与“天地图”网站结合开展试点应用工作。召开2012版互联网地理信息安全监管软件测试与应用座谈会，邀请黑龙江、江苏、湖北、海南等省10多家测绘地理信息主管部门人员参与软件培训和应用模式座谈。根据国务院领导指示精神，联合工业和信息化部、公安部、国家安全部、国家保密局、国务院新闻办公室、总参测绘导航局等有关部门赴厦门查处雅迅公司互联网地理信息安全问题。

【互联网地图监督检查】

国家测绘地理信息局组织对全国政府类网站及部分商业互联网地图网站进行排查，并向各地印发《关于进一步加强网络地图服务监管工作的通知》。

2012年，审图中心共检查网站390个，发现存在“问题地图”的网站110个，编发“问题地图”告知函26份。对国务院直属机构的85个网站进行复查，发现23个网站存在严重问题。针对互联网地图监督检查中发现的问题和整改建议，编写5期简报。完成了《互联网天地图》系列图的影像数据瓦片增加与更新、矢量数据瓦片和地名地址数据更新、城市街景图、国内1:100万及1:25万（公众版）矢量地图瓦片更新的检查。对“天地图”检查中发现的问题及时通报给制作维护单位，保证“天地图”用图的正确。配合中国测绘科学研究院对《互联网地图搜索与监管系统》软件（2012升级版、企业标注版）进行升级更新，进一步完善软件POI检索功能。

【全国互联网地图安全审校人员培训班】

举办第九期全国互联网地图安全审校人员培训班，来自全国的160多家企事业单位共510多人参加培训。其中，477人考试成绩合格，取得“互联网地图安全审校人员上岗证”。

地图市场监管

【“问题地图”专项治理】

国家测绘地理信息局、中宣部、外交部等13部门组成的全国国家版图意识宣传教育和地图市场监管协调指导小组在全国开展深化“问题地图”专项治理行动，重点开展涉及地图的教辅、旅游、引进版等图书以及地球仪和互联网地图的治理工作，依法查处有关违法违规案件。研究制定《深化“问题地图”专项治理行动工作方案》，向各地印发《关于进一步加强地图审核管理工作的通知》。组织召开“问题地图”约谈会，约谈违法违规编制、出口、登载“问题地图”单位。专项治理期间，各地共检查书店500多家，发现“问题地图”200多种，发出整改通知书150多份。

【地图导航定位产品测评工作】

国家测绘地理信息局组织实施地图导航定位产品测评工作，编制《加强地图导航定位产品统一监管工作方案》，印发《关于进一步加强地图导航定位产品统一监管工作的通知》。组织中国卫星导航定位协会编制测评大纲，对8家导航电子地图单位报送的63件地图导航定位产品进行测评并公布结果，进一步规范地图导航定位产品市场，引导公众使用规范的地图导航产品。

【地图市场调查】

审图中心对各地地图市场进行调查，重点调查市场在售的涉及地图的教辅、旅游、引进版图书以及地球仪等，并采取购买和拍照的形式进行取证。调查发现，图书插附地图、境外引进图书插附地图以及旅游景区展示的地图存在未经送审、内容表示不符合国家有关规定等突出问题。

【地图管理工作调查研究】

为提高地图审查服务水平，审图中心组织6个调研组31人次，分别赴广东、广西、黑龙江、宁夏、甘肃、贵州、安徽、湖北8个省（区），开展地图管理工作调研，形成6篇分省调研报告和1篇全年调研工作总结，针对存在的问题，提出了相应的建议。

地图公共服务

国家测绘地理信息局组织开展钓鱼岛及其附属岛屿、南海诸岛等地图更新编制。会同外交部组织开展1:400万、1:100万、1:25万国界线标准画法样图制修订工作。组织编制领导工作用图，累计为中共中央办公厅、国务院办公厅、外交部、国家海洋局等部门提供工作用图60次，编制成图594幅，提供地图成品2460册（幅）。开展新闻地图的编制工作，制作“南海诸岛”等新闻地图数期。

国家版图意识宣传教育

由国家测绘地理信息局、中宣部、外交部等13部门组成的全国国家版图意识宣传教育和地图市场监管协调指导小组举办国家版图意识宣传教育“进学校、进社区、进媒体”活动启动仪式，向学校、社区和媒体代表赠送国家版图知识图书、地图和地球仪。组织编制《国家版图知识读本》，指导各地开展面向全国1000所学校和1000个社区赠送版图等地图类图书活动。据不完全统计，截至11月底，全国国家版图意识宣传教育进学校4698个、进社区2247个、进媒体86个，发放国家版图意识宣传材料50多万份。

举办“祖国在心中——全国国家版图知识竞赛”和“中图杯——全国少儿手绘地图大赛”，参赛范围覆盖全国31个省、直辖市、自治区以及香港、澳门和台湾地区。据统计，全国国家版图知识竞赛网络注册参赛人数达51万人，收到纸质答题卡77万份；少儿手绘地图参赛作品13500多份。大赛官方网站总浏览人数超过200万，点击量超过1.1亿，最大日在线人数1.7万，平均日在线人数6000多人。

成果管理

成果汇交与资料档案建设

【测绘档案管理】

国家测绘地理信息局组织开展《测绘档案管理规定》和《测绘档案归档范围》编制工作，并专门召开座谈会对《测绘档案管理规定》（讨论稿）、《测绘档案归档范围》工作方案提出修改意见和建议。开展档案管理政策研究，对国家有关专业部门档案机构设置模式、管理制度和规范进行调研，为科学合理界定测绘档案的内涵、种类、范围，加强档案管理工作提供参考。

【测绘档案资料收集】

2012年，国家测绘档案资料馆共收集国外地形图479幅。

继2011年6月接收国家林业局调查规划设计院移交的66箱历史遥感资料后，2012年接收该单位移交第二批同类资料30箱。完成清点、检查与分布范围标识、统计与汇总工作，清点各类底片6078片，照片5944片，纸质资料2173件。

【测绘档案成果归档情况】

2012年，国家测绘档案资料馆共接收国家1:5万数据库更新工程、山东省基础地理信息1:1万数据采集更新与建库、“927”工程部分档案、西部测图及明长城测量等47个项目档案归档，查验纸质与电子文件共约6.7万件，完成11889张新进馆地形图档案及大量文档资料的整理组卷、目录信息著录等工作，全年立卷约460卷。共接收各类档案资料225批次，45万多件。全年新备份各类档案数据18432GB。

归档文件统计

序号	项目类别	接收项目数（件\批次）	总档案件数（件）
1	1:5万数据库更新	2	21359
2	“927”海岛礁测绘	2	2886
3	西部测图	11	13367
4	航空摄影	159	380243
5	长城测量	11	10348
6	数字城市	4	67
7	新农村建设	6	2009
8	GPS跟踪站	1	5
9	南极	1	86
10	日常积累及收集	9	2469
11	其他各类档案	19	23273
总项目数和件数		225	456112

归档数据统计

数据类型	比例尺	幅数(幅)	总幅数(幅)
DOM 数据	1:5 万(E)	27	10521
	1:1 万(G)	8489	
	1:5000(H)	2005	
DEM 数据	1:5 万(E)	19151	29433
	1:1 万(G)	8522	
	1:5000(H)	1760	
DLG 数据	1:5 万(E)	19151	27638
	1:1 万(G)	8487	
LC 地表覆盖	1:5 万(E)	550	550
地形图	1:5 万(E)	3283	3283
影像地形图	1:5 万(E)	784	784
晕渲地形图	1:5 万(E)	12	12

【测绘档案成果资料提供情况】

2012 年，国家测绘档案资料馆对外提供各类数据 16 批次，除航片外，对外提供各类数字档案资料总数据量约 15GB。提供各类航摄相片 224511 片，扫描航摄底片 110GB。完成各类查询接待服务 50 人次以上。

【测绘档案信息化建设】

国家测绘档案资料馆实施“测绘成果档案管理与信息化建设”项目，按年度计划完成 3000 幅 1:5 万地形图档案扫描和测绘档案图形系统开发。

【珍贵档案保护】

总参某测绘信息中心完成 15466 幅 73838 张民国时期历史地图档案的整理、分类、建档、入库和馆藏档案资料的摸底排查、破损档案的统计、珍贵档案的初步鉴定工作。制定《军事测绘档案保护建设方案》、《军事测绘档案保护技术方案》、《珍贵档案鉴定原则》并通过军地档案保护专家组的审定。

成果提供使用

【1:5 万基础地理信息数据 2011 版成果推广】

2 月 24 日，国家测绘地理信息局在北京召开 1:5 万基础地理信息数据 2011 版成果推广会，正式启用覆盖中国全部陆地国土范围的约 2.4 万幅 1:5 万基础地理信息数据等最新成果，并向国务院办公厅电子政务办公室、公安部、民政部、国土资源部、交通运输部、农业部等 10 部门赠送使用，加快推广最新基础测绘成果在各行业各领域的应用。

2012 年，国家基础地理信息中心提供地形图 8981 幅 9199 张，提供数字成果 141058GB，用户总数 8000 多人次，其中系列比例尺地形图用户 338 人次、数字用户 361 人次、大地测量成果用户 160 人次、电子邮件和电话咨询 7000 多人次。

【行政许可受理】

国家测绘地理信息局行政许可受理大厅建成大厅电子公告栏、在线公告、受理信息在线查询等行政许可受理信息发布平台，开通电话录音系统，开发完成微博信息发布与管理软件。开通行政许可受理官方微博，已发布各类行政许可受理微博信息 6989 条，评论和转发数量超过千条。创建行政许可受理 QQ 群，稳定的群用户近 100 人，通过 QQ 群解答用户各类问题近 2000 件。全年办理成果提供审批 754 件。

涉密测绘成果管理

国家测绘地理信息局联合国家保密局召开全国测绘成果保密检查总结暨表彰电视电话会议，总结全国测绘成果保密检查工作，对 16 个省级先进集体、48 个市县先进集体、161 名先进个人进行表彰。检查期间，全国共有 17769 家单位按要求开展自查，组织现场抽查 7325 家，责令落实整改 1605 家。查处严重违法及失泄密案件 42 件，涉案人员 91 人，对直接责任人、责任部门及负有领导责任的人员依法追究了责任。针对检查中发现的突出问题，印发《关于加强涉密测绘地理信息安全管理的通知》，明确了管理重点和要求。制作测绘地理信息安全保密管理警示教育片。向国务院上报了《关于测绘成果保密检查工作的报告》。

举办涉密测绘成果管理培训班暨政策座谈会，各省、自治区、直辖市测绘地理信息行政主管部门分管测绘成果管理的领导、有关处室负责人和国家测绘地理信息局所属单位有关人员 70 多人参加。积极配合保密、安全等部门开展测绘成果保密审查与密级鉴定工作，指导各地开展测绘成果失泄密案件查处工作，切实维护国家安全和利益。

完成测绘行政许可受理数字大厅项目，开发了涉密成果管理系统并于 6 月投入运行，实现了对涉密成果的统一集中管理。完成涉密成果元数据库建库工作，共入库各类成果元数据 203659 条，其中 DRG 目录信息 21149 条，DLG 目录信息 47554 条，DOM 目录信息 25557 条，DEM 目录信息 44473 条，迁移地形图库存数据 41811 条，应需制图目录信息 23115 条。

2012 年，经审核，国家基础地理信息中心发出涉密成果申请使用受理通知书 794 件；经国家测绘地理信息局批准，发出准予使用决定书 791 件，发出不准予使用决定书 3 件。累计备案 670 家单位。

测量标志保护

国家测绘地理信息局开展《中华人民共和国测量标志保护条例》修订工作，完成修订初稿，印发各省级测绘地理信息行政主管部门征求意见。在武汉召开测量标志管理工作座谈会，交流测量标志管理工作经验，结合测绘基准建设工作，对新形势下测量标志建设和运行维护等管理政策进行研讨，提出了工作思路。全年共办理测量标志拆迁审批 10 件。

合作共建

国家测绘地理信息局与国家旅游局、国家标准化委员会沟通协商，就加强地理信息与旅游信息、组织机构代码信息共享和深度融合等有关合作事宜达成合作意向。开展《测绘成果共享服务模式》调研，就地理信息资源共建共享、地理信息公共服务平台建设、卫星连续运行参考站系统（CORS）管理与服务、基础测绘成果提供使用与服务等情况进行调研，听取有关意见和建议。

3 月 7 日，国家基础地理信息中心与国家超级计算天津中心签署战略合作框架协议，共同构建“天地图”天津滨海数据处理基地。4 月 10 日，国家测绘地理信息局与新疆克拉玛依市政府、中国石油新疆油田公司签署战略合作协议，正式启动天地图·克拉玛依数据中心（天地图·北方灾备中心）建设。

国家基础地理信息中心继续开展地理信息资源共建共享机制研究。对浙江、重庆等共建共享重点地区进行调研，开展与文物研究所、外交部等单位的离线方式共建共享工作，编写完成省级地理信息资源共建共享、重庆地理信息资源共建共享及与部委共建共享示范工作的总结报告，地理信息资源共建共享总调研报告，完成该项目验收材料准备工作。

测绘地理信息服务与应用

成果推广应用

【推广管理】

国家测绘地理信息局组织起草并印发《关于加强国家基础测绘成果推广应用项目管理的通知》；及时下达 2012 年国家基础测绘成果推广应用项目计划，批复 7 个新增应用项目；组织编制并上报了 2013 年国家基础测绘成果推广应用项目“二上”计划；组织开展 2008 年 ~2011 年测绘成果应用推广项目清理工作。

【成果推广】

测绘地理信息系统各单位积极促进测绘成果推广应用。中国测绘科学研究院多种科技成果与产品在行业部门和应用领域得到配备和推广，包括 20 套 NewMap 软件、13 套 SAR 测图工作站、10 套 PixelGrid 软件、4 台国家地理信息应急监测车、77 台套 JX-4 数字摄影测量工作站、11 套 Geolord-AT 自动空中三角测量软件、6 套 3DPT 多通道立体投影平台、1 套 SSW 车载激光建模测量系统、5 套 SWDC-4 数字航摄仪等。2011 版 1:5 万基础地理信息数据成果已在国务院办公厅电子政务办公室等部门推广使用。由国家测绘地理信息局承担，国家基础地理信息中心负责设计与牵头实施的“国家自然资源和地理空间基础信息库（测绘数据分中心）”项目通过验收。该项目制定完成 17 项标准规范及 6 项管理办法；建成 13 个专题信息库、12 个专题信息产品库及 15 个综合信息子库，总数据量达 8396GB；建成基础地理信息交换与共享服务系统，发布 356 个在线下载服务、2 个 web 应用、16 个共享服务。

保障服务

【国家测绘地理信息局系统保障服务工作】

国家测绘地理信息局向国土资源部、水利部、环保部、中国地质调查局等部门和单位无偿提供基础测绘成果，为矿产资源开发、防洪减灾、环境监测和地质勘探等提供地理信息支持。截至12月底，共向各部门行业提供系列比例尺地形图8981幅，提供数字成果约141058GB，支持和保障了国家基础测绘生产和重大工程项目建设。

国家基础地理信息中心全年承接面向政府及中央首长的测绘保障工作42项，为中央首长出行考察、各部委领导工作提供专题用图近100套200多幅。配合国务院扶贫开发领导小组办公室编制14个片区贫困县共758幅扶贫工作用图。为外交部开发了基于因特网面向主题的新闻搜索系统，实现了移动式周边及国界动态信息服务。

中国测绘科学研究院多项具有自主知识产权的科技创新成果成功应用于“927”工程数据系统与基础地理信息服务系统建设，采购总经费近3000万元。自主研发的NewMap软件继续在全国数字城市建设中得到推广应用，至年底，该软件在全国20多个省、200多个城市中得到应用，涉及国土、测绘、公安、规划、旅游、农业、工商、税务等30多个部门。

【军事测绘导航部门保障服务工作】

2月~3月，兰州军区驻疆某测绘大队参加新疆维吾尔自治区测绘地理信息局组织的“伊犁灾后重建冬日测绘大会战”，完成新源地区5.08平方千米共40幅1:1000地形图的测制任务。6月~9月，兰州军区驻疆某测绘大队以军民共建方式协助新疆乌鲁木齐市城市勘察测绘院完成乌鲁木齐市荒山绿化和新农村规划1:1000地形图修测53.58平方千米。

12月，总参驻津某测绘大队大地工程测量队例行完成人民大会堂钢梁形变监测测量任务。

应急保障管理与服务

【应急保障管理】

2月，国家测绘地理信息局召开测绘地理信息应急与减灾防灾保障工作会议，部署2012年应急保障工作。5月，印发《关于做好测绘地理信息应急保障工作的通知》，对全国做好测绘地理信息防灾减灾和应急保障服务工作提出要求。与国务院应急管理办公室等部门积极沟通，协调在航空应急体系规划和突发事件应急体系规划中增加有关测绘地理信息应急保障体系建设内容，确立了测绘地理信息应急保障在国家应急保障体系中的重要地位。航空应急体系规划和突发事件应急体系规划出台后，积极组织国家基础地理信息中心等有关单位完成项目建议书的编制工作，推动规划的落实。

【应急保障服务】

国家测绘地理信息局为国务院扶贫开发领导小组办公室、公安部制作专题地图，支持国家扶贫和重大案件侦破工作，得到两部门致函感谢。为央视“走基层——寻找最美乡村教师”大型公益活动提供地理信息支持。指导相关地方测绘地理信息部门为地震、特大暴雨、地质灾害等主动提供测绘地理信息数据和技术支持，为四川宁强泥石流灾害、云南山林火灾、彝良地震及时提供卫星遥感影像等数据。

国家基础地理信息中心完善了应急快速制图系统，丰富了应急数据库内容，收集整理热点地区高分辨率影像及专题地图产品。完成云南省昭通市彝良县震区行政区划图、地势图、震前震后影像图等11类116幅地图的制作与出图工作，并及时提供给国务院应急管理办公室、国土资源部、住房和城乡建设部等部门，为彝良县抗震救灾提供了及时可靠的应急保障。为支持公安部门对湄公河流域的毒品犯罪活动进行精确打击，2月，国家基础地理信息中心运用快速制图系统制作《金三角地区影像图》、《中缅边境交通图》等96幅工作用图。

中国地图出版集团充分整合参考图资源，建立应急保障快速响应机制，较好地完成了各类应急保障和政府服务任务。2012年共执行任务52次，编制地图550幅，提供成品2960册幅，完成《世界大都市概览地图》、《中华人民共和国钓鱼岛及其附属岛屿地图》、钓鱼岛地图（电子版）、中国分省布质地图、湄公河区域详细地图、350幅分省地图及地市地图等各类国家级应急保障服务项目，为党和国家领导人、中央办公厅、中纪委、公安部、中国海监总队等提供及时的应急保障服务。

9月7日~11日，总参某航天测绘遥感信息处理中心完成彝良震区紧急摄影和影像图制作任务，制作震区正射影像1幅，融合影像2景，打印出图1:2万影像图1幅。

【应急测绘科研项目】

中国测绘科学研究院承担国土资源部公益性行

业科研专项经费项目“地质灾害低空遥感应急监测方法研究与规程研制”，开展了地质灾害低空遥感应急监测技术方法研究；结合“低空遥感平台地质灾害应急技术体系研究与示范”项目应用示范和系统实地测试，制定了地质灾害低空遥感应急监测技术规程，并开展技术培训。完成科技支撑计划课题“海量异构的海上搜救综合信息融合技术研究”，编制了《海上应急指挥数据交换标准》（讨论稿）；研发了海上应急指挥数据整合系统、海上应急指挥数据管理平台、海上应急指挥数据综合查询平台，为国家海上应急搜救系统工程关键技术研究及应用示范项目的其他课题提供数据支持服务。

科技工作

科技创新体系

【科技规划】

国家测绘地理信息局印发实施《测绘地理信息科技发展“十二五”规划》，提出了“十二五”期间测绘地理信息科技的发展目标、重点任务、成果转化、体系建设和保障措施。编写并印发《国家测绘地理信息局重点实验室及工程技术研究中心年度科学研究综述和“十二五”发展规划》，总结各实验室及工程中心“十一五”发展情况，提出“十二五”发展思路与规划。

【科技创新管理】

国家测绘地理信息局组织国家测绘工程技术研究中心调研；召开局属各重点实验室、工程中心的学术（技术）委员会年度会议，研究讨论建设中存在的问题，部署下一阶段的重点工作；组织开展国家测绘工程技术研究中心验收前自评估工作，针对任务目标理清了完成情况、存在的问题及改进措施等。召开学习贯彻全国科技创新大会精神座谈会，围绕如何贯彻测绘地理信息发展、落实全国科技创新大会方针，以及测绘地理信息相关政策、科研环境、人才培养等问题进行交流讨论。

【科技创新体系建设】

一、中国测绘科学研究院科技创新体系建设

中国测绘科学研究院完成中英地理空间信息联合研究中心的英国中心揭牌工作；成功申请我国首个国家级测绘地理信息领域国际科技合作基地——测绘地理信息国际联合研究中心；经国家测绘地理信息局批准，组建地理国情监测研究中心；推进国家测绘工程技术研究中心的建设；由中国测绘科学研究院和四川测绘地理信息局联合组建的雷达测图与监测技术联合实验室、新技术中试推广基地正式在四川省遥感信息测绘院成立。

二、国家基础地理信息中心科技创新体系建设

依托于国家基础地理信息中心的基础地理信息建设及应用国家测绘地理信息局工程技术研究中心组织联合申报了科技支撑项目“数字周边构建与地缘环境分析关键技术研究”、中希国际合作项目“基于立体遥感的城乡交接带动态监测技术研究”等，组织召开周边地缘环境解析国际研讨会、全球地表覆盖及变化信息服务研讨会等系列专题技术研讨会。通过联合培养研究生、共同申报科研项目、合作转化科技成果等形式，与北京师范大学成立中国周边地缘研究中心，与中国矿业大学、吉林大学成立联合研究中心，与北京帝测科技发展有限公司联合成立动态地理信息服务技术研发中心。

【科技创新体系建设总结】

国家测绘地理信息局编制《关于测绘地理信息科技创新体系建设有关问题汇报材料》，总结局属重点实验室及工程中心的建设与发展情况等，提出“十二五”创新体系发展的基本思路，明确了实验室及工程中心“十二五”期间的建设布局与发展思路。

科技项目

【国家级科技项目】

国家测绘地理信息局积极争取国家级重大科技项目支持，2012年共有3个项目获科技部批准立项。组织开展国家科技计划（“863”计划、支撑计划）2013年备选项目征集、遴选、立项申报工作，“全球动态地心坐标参考框架维持关键技术”和“无人机遥感网络体系关键技术研究与示范”获科技部批准立项，申请经费2700万元。组织开展科技基础性工作专项2013年度项目的申报工作，《新世纪版〈中华人民共和国国家大地图集〉编研》获科技部批准立项，获1465万元经费支持。

推进国家科技支撑计划项目“资源三号卫星立体测图技术与应用示范”的实施，组织开展项目课题年度进展检查，开展资源三号卫星工程中的应用情况总结及与工程技术对接。国家科技支撑计划项目“测绘装备国产化及应用示范”、“地理国情监测应用系统”、“海岛礁地理信息监测与生态保护关键技术研究与示范”、“地震危险性评估及灾情快速获取关键技术研发”启动，组织完成计划任务书的签订，制定相关管理措施，成立项目管理机构。

国家“863”计划重点项目“927测绘关键技术研究与示范应用”通过科技部验收，国家测绘地理信息局组织开展了项目成果与“927”工程的对接，确保项目主要成果发挥科技的引领和支撑作用。国家“863”计划重点项目“高精度轻小型航空遥感系统核心技术及产品”通过科技部验收，项目研发的轻小型机载LiDAR指标优异。

【基础测绘科技项目】

国家测绘地理信息局围绕信息化测绘、地理国情监测、测绘卫星后续性等共性和关键性技术问题，组织编制2013年基础测绘科技计划项目指南，组织开展2013年新上项目申报工作，共征集新上项目67项，经专家论证，遴选49项编制形成国家测绘地理信息局2013科技计划。

国家测绘地理信息局专门设立了“国产机载激光LiDAR系统集成与生产实验”、“适用于航空摄影的数字相机研制及相机精确装调技术研究”、“面向信息化测绘的地理国情监测技术试验”等基础测绘科技项目，对国家科技支撑计划项目“测绘装备国产化及应用示范”和“地理国情监测应用系统”进行配套，积极推动具有自主知识产权的先进测绘仪器装备的研发制造与推广应用以及地理国情监测关键技术研究与应用示范等。

【中国测绘科学研究院科技项目】

2012年，中国测绘科学研究院新立各类项目107项，其中国家级科技项目12项，经费1652万元；行业外省部级项目6项，经费423万元；中央级公益性科研院所基本科研业务费项目19项，经费585万元。

一、科技项目立项

（一）基础研究计划项目

2012年，中国测绘科学研究院获得“利用航空重力测量数据确定高精度区域大地水准面的理论方法研究”、“基于多角度多视匹配模型的倾斜航空影像数据处理关键技术研究”、“几何约束自检校的无人机高精度影像定向与纠正算法研究”等8项国家自然科学基金项目资助，其中青年科学基金项目1项、面上项目7项，累计资助金额515万元。获得“利用时变重力场研究地表浅层物质迁移机制”国家重点基础研究发展计划（“973”计划）课题1项，2013年~2014年国家经费为319万元。

（二）高技术研究发展计划（“863”计划）项目

承担“全球动态地心坐标参考框架维持关键技术”、“互联网地理空间信息探测发现与预警技术研究”等3项“863”计划课题，经费1283万元。

（三）国家科技支撑计划项目

牵头承担“远海岛礁地理信息监测关键技术研究与示范”、“倾斜摄影、地面LiDAR和野外测绘装备国产化”2项国家科技支撑计划项目；承担国家科技支撑计划课题3项。经费2472万元。

（四）基本科研业务费项目

承担“面向绿色办公室的室内热红外三维建模”、“基于BDII/GPS的高精度定位研究”、“面向地理国情监测的城市扩张、地表形变与草地退化监测方法研究”等19项基本科研业务费项目，总经费585万元。

二、科技项目实施

中国测绘科学研究院组织完成“863”主题项目“面向对象的高可信SAR处理系统”顶层设计和SAR影像高性能处理解译系统总体设计，开展了SAR影像精确处理、高精度三维信息提取、面向对象SAR影像地物高可信解译等关键技术的技术攻关以及综合实验。“863”重点计划项目“927测绘关键技术研究与示范应用”的研究成果应用于“927”工程并通过验收，“高精度轻小型航空遥感系统核心技术及产品”开发了轻小型、高精度的航空遥感产品并通过验收。组织实施的“863”重大项目课题“互联网地理空间信息探测发现与预警技术研究”，国家科技支撑计划“测绘装备国产化及应用示范”、“远海岛礁地理信息监测关键技术研究与示范”等2012年新上项目或课题全面启动并进入实施阶段，取得阶段性研究成果。

【国家基础地理信息中心科技项目】

一、全球地表覆盖遥感制图与关键技术研究

国家基础地理信息中心牵头开展全球地表覆盖遥感制图与关键技术研究，完成影像及参考资料收集与处理全部工作，共收集全球2期2万多景30米分辨率多光谱遥感影像，全球2套DEM数据、全球5期已有地理覆盖数据，全球2个年度的MODIS 250米分辨率NDVI数据，欧洲、美国、加拿大等国家和地区的高分辨率地表覆盖数据，全球近5000篇地表覆盖文献资料，实现了全球2期30米分辨率遥感影像的完整覆盖。

编写完成《全球地表覆盖数据产品规定》、《样本抽样技术规范》、《水体提取技术规定》等10多种项目规模化生产所需的技术文件。

全球地表覆盖2期30米分辨率地表覆盖产品研制进展顺利，完成全球2期水体、湿地、人造覆盖的分景提取；耕地和冰雪的分景提取完成80%；裸地林灌草的集中训练样本选取工作已经开始。开展了质量检查和分幅集成工作，全部完成全球2期水体和湿地的分幅集成工作，得到全球2期水体和湿地的集成成果。

二、中国重大自然灾害风险等级综合评估技术研究

该项目是“十一五”国家科技支撑计划课题，由国家基础地理信息中心承担，10月，中国科学院地理科学与资源研究所参与的“中国重大自然灾害孕险环境分析技术”课题通过验收。课题成果已在青海玉树地震抗震救灾及灾后恢复重建中发挥了积极作用。

三、面向城区环境检测和地图更新的自动地物提取

该项目是中国和加拿大合作项目，项目中方参与单位有国家基础地理信息中心、北京天目创新科技有限公司，年内已通过验收。项目成果为1:5万数据库更新以及“十二五”动态更新项目在正射影像快速生产和变化发现等方面提供技术支持。

四、多分辨率数字影像地图构模研究项目

该项目是国家自然科学基金项目，年内研究了多分辨率影像与多比例尺矢量之间的空间尺度匹配算法，构建影像与矢量的空间尺度对应关系；研究了多分辨率影像地图中矢量要素选取指标计算方法，建立基于多分辨率的矢量要素选取模型；研究了顾及影像的矢量要素选择优先级算法。基于该项目在国际会议上发表EI检索论文1篇，在《测绘通报》发表论文1篇。

五、GIS空间数据库空间冲突检测与处理模型项目

该项目是国家自然科学基金项目，开展了项目后续研究工作，完成VORONOI拓扑邻近稳定区域存在性证明及定量计算模型理论推导，在《测绘学报》、《测绘通报》各发表1篇论文。

六、数字周边构建与地缘环境分析关键技术研究

该项目是“十二五”科技支撑项目，7月正式启动。完成各课题需求调研分析、课题实施方案设计和实施方案评审工作。完成各课题详细技术设计以及示范区初步资料和数据收集工作，开展了周边地理空间数据动态整合、无控制多源遥感影像高精度定位、周边地缘宏观态势搜索、应急制图、平台构建等方面关键技术初步研究。

七、宽视场卫星影像几何纠正系统

国家基础地理信息中心组织完成的“宽视场卫星影像几何纠正系统”项目通过专家验收。该项目建立了规格统一的全球控制影像数据库和DEM数据库，为中分辨率全球遥感影像的几何纠正提供了控制源。研制了具有自主知识产权的宽视场卫星影像几何纠正系统，已在“863”计划重点项目、救灾应急以及基础测绘生产等项目中应用。

科技成果

【科技成果转化】

国家测绘地理信息局加强科技成果与重大工程的衔接，推进科技创新成果在国家重大工程、各个应用领域、多个应用部门的装备和推广。2012年，推动地理信息监测车在多家行业单位的配备，NewMap软件在数字城市建设中应用，公共平台在政府部门的应用，以及无人机航摄装备在海域、国土、水利水电和公共安全等领域的推广应用。

委托中国地理信息产业协会组织开展2012年度地理信息服务平台软件测评工作，共有38家单位的41个软件参评，经测评，推荐北京超图软件股份有限公司的“超图地理信息系统软件6R（2012）”等13个软件为合格软件，进一步推动了科技自主创新成果转化与产业化。组织开展国家测绘地理信息局网站新产品新技术创新应用专题宣传内容征集，共收到19家单位上报的23个项目，经审查，7家单位的新产品新技术在局门户网站进行展示宣传。

【项目验收与成果鉴定】

国家测绘地理信息局组织对黑龙江测绘地理信息局完成的“基于雷达影像的DLG、DEM、DOM生产试验研究”、陕西测绘地理信息局完成的“信息化测绘体系中遥感数据生产体系建设的研究”、四川测绘地理信息局完成的“地理信息服务聚合技术研究”等多个基础测绘科技项目进行验收。对陕西天润科技有限责任公司完成的“天润信息化摄影测量系统TR-IPS”、深圳市凯立德科技股份有限公司完成的“嵌入式多平台卫星导航软件系统技术研究及应用”、江苏省测绘工程院及武汉大学完成的“江苏省高精度动态三维测绘基准研究与建立”、山东科技大学及青岛秀山移动测量有限公司完成的“车载式三维空间移动测量系统”、西安大地测量工程有限责任公司完成的“智能化测绘无人机的研究与开发”等科技成果进行鉴定。

【科技成果完成情况】

中国测绘科学研究院通过科技攻关和项目实施，共出版《海岛礁测绘技术与方法》、《GNSS完备性监测理论与应用》、《数字摄影测量新技术》等6部专著。“一种侧视雷达遥感影像定位方法”、“一种本体驱动地理信息检索系统和检索方法”、“全球导航卫星系统增强系统监测站的自主完备性监测方法”等12项成果获发明专利；“一种动态定位系统”、“一种轻小型航空遥感集成装置”、“一种基于多镜头相机的小型化低空航空遥感系统”等6项成果获实用新型专利；“大地水准面精化软件v1.0”、“激光雷达数据处理软件LidarStation V1.0”、“自然灾害信息地图发布系统”等26项软件登记了软件著作权。全年共发表《北斗导航卫星系统测距信号的精度分析》、《利用中心差分法进行GPS定速时最佳点数的选取》、《Analysis and Modeling of PPP Residuals from GPS and GLONASS》等EI/SCI论文53篇，《ITRF2008框架简介》、《基于极化雷达影像的海岛礁提取》、《依托基础地理信息数据库的快速出图技术研究》等核心期刊论文131篇。

国家基础地理信息中心完成“地理空间变化信息网络化标报的方法”、“地理信息WEB服务集成方法”的专利申请。

科技奖励

2012年，测绘地理信息行业科技项目“国防交通地理信息系统关键技术及应用”获国家科学技术进步奖一等奖，“大面阵数字航空影像获取关键技术及装备”、“天地一体化对地观测数据处理技术创新及在国家应急响应中的应用”和“全数字化土地资源评价关键技术与工程应用”获二等奖；“轻小型组合宽角航空相机研制及低空UAV航测应用”获国家科学技术发明奖二等奖。经国家测绘地理信息局科技委评审和局党组审定，推荐“国产民用高分辨率立体测图卫星测绘和应用关键技术”等2个项目为2013年度国家科学技术进步奖申报项目。

国家测绘地理信息局指导中国测绘学会完成2012年度测绘科技进步奖评选工作，评选出获奖项目97项，其中，特等奖2项、一等奖8项、二等奖29项、三等奖58项。指导中国地理信息产业协会完成2012年度地理信息科技进步奖评选工作，评选出获奖项目94项，其中，一等奖10项、二等奖25项、三等奖59项。指导中国卫星导航定位协会完成2012年度卫星导航定位科技进步奖评选工作，评选出获奖项目35项，其中，一等奖7项、二等奖10项、三等奖18项。

科技装备

【装备推广】

国家测绘地理信息局加大对“海岛（礁）测绘关键技术与应用示范”及“高精度轻小型航空遥感系统核心技术及产品”等国家级重大科技项目装备成果的推广转化，利用研发的长航时高精度低空无人机遥感系统开展我国所属海域海岛（礁）高分辨率影像资料获取工作，成功测制我国所属海岛的大比例尺影像图、地形图，对摸清我国主张管辖海域岛（礁）分布、获取大比例尺海岛地形及影像数据资料、构建岛（礁）地理信息系统等具有重要的技术支撑作用。

无人表面船测深系统、GNSS激光测距定位系统及GNSS近景信息采集系统、长距离测绘基准传递、海岛岸线推算相关硬软件等一批装备成果在国家重大工程中得到规模化的示范应用，取得显著的社会效益和经济效益。

车载式三维空间移动测量系统、嵌入式多平台卫星导航软件、智能化测绘无人机、信息化摄影测量系统等软硬件装备成果在国家测绘地理信息局门户网站上进行宣传，推进了国产化科技装备的快速应用和普及。

【装备研发】

中国测绘科学研究院对机载多波段多极化干涉SAR测图系统进行升级改造。提升原有干涉SAR传感器性能，最高分辨率由0.5米提高到0.3米，工作模式由极化、干涉分离提升至极化、干涉一体化，测图最大比例尺由1:1万增至1:5000；突破基于知识的SAR影像精准处理与解译等核心技术，研发SAR影像核心处理功能加速单元，提升现有SAR测图工作站，使其具备处理国内外航空航天SAR数据、PB级影像数据管理和并行处理解译能力。

自主研发的TOPDC-5倾斜数字航摄仪，集成了传感器、稳定平台、导航与设备控制系统、数据存储器、POS数据记录器等，适用于数字城市建设的测图与三维建模等。研发了多角度倾斜航空影像数据处理模块PixelGrid-OIM和ADS80航空三线阵数据自动处理模块PixelGrid-ADS。开展了卫星雷达地表形变监测软件系统GDEMSI的升级改造，增加了幅度离差阈值提取功能和形变结果显示功能，改进了运算算法。推出具备一键成图功能的WJ-II型地图制图工作站软件。

测绘地理信息标准化

标准化研究

国家测绘地理信息局积极推进标准化研究工作，开展标准类科研项目的立项申报、组织实施、检查验收工作。组织申报的公益性科研专项“地理国情监测标准化研究”被国家标准委列入2013年计划；组织编制“地理信息公共服务标准化研究项目”建议书，完成向国家标准委的立项申报。积极推进“地理信息导航标准体系及重要标准研究”和“地理信息软件标准体系框架研究”，开展项目实施情况检查。积极推进“地理信息高技术服务业数字内容服务标准体系框架研究”的立项申报和组织实施，2012年完成各项任务，通过国家标准委验收。

在国家地理信息标准体系指导下，深化地理信息标准子体系研究。完成“地理信息高技术服务业数字内容服务标准体系框架”研究，推进“地理信息导航标准体系及重要标准研究”和“地理信息软件标准体系框架研究”。

国家标准制修订

国家测绘地理信息局组织制定的《城市坐标系统建设规范》等13项地理信息国家标准经国家标准委批准正式发布；完成《地理点位置的纬度、经度和高程的标准表示法》等5项国家标准的报批工作;《地理信息 参考模型》等17项国家标准项目通过国家标准委审批正式立项；组织征集测绘地理信息国家标准项目提案61项，并进行立项审查。

行业标准制修订

国家测绘地理信息局发布实施《数字城市地理信息公共平台建设规范》、《1:50000地形图合成孔径雷达航天摄影测量技术规定》、《三维地理信息模型数据库规范》等18项测绘地理信息行业标准，批准确立《地理国情监测基本术语》、《地理国情监测内容框架》等12项行业标准制修订项目，进一步强化对数字城市建设、“天地图”建设、地理国情监测的技术标准支撑。

国际标准化

国家测绘地理信息局继续推进测绘地理信息国际标准化工作。3月，中国正式向ISO/TC 211提交了“地理信息 影像与格网数据的内容模型及编码规则”国际标准项目提案。12月，该提案通过ISO/TC 211投票表决，正式获得国际标准项目立项（项目编号为19163）。项目由中国主持，美国、加拿大、澳大利亚、德国、法国的专家参加，项目周期为2013年1月~2015年12月，该标准的立项实现了我国在测绘地理信息领域主导国际标准项目零的突破。完成ISO/TC 211成员国的投票和意见反馈工作；组织18人次参加 ISO/TC 211 第 34 次和第 35 次全体会议及工作组会议；翻译印制《地理信息国际标准译文集（2012）》，编译出版《地理信息国际标准指南》。

标准宣传贯彻

10 月，国家测绘地理信息局借助庆祝世界标准日活动，邀请 ISO/TC 211 主席和院士专家，宣讲测绘地理信息标准化工作进展、国际标准研制程序、地理信息国际标准化最新动态，加深从业人员对标准化的了解。印发 4 期《测绘地理信息标准化工作动态》，定期发布标准化最新进展。举办 4 期标准化专题培训班，累计参加培训人员近 800 人次，为标准的贯彻落实打下坚实基础。

军事测绘导航部门标准化工作

总参测绘导航局组织编制完成《联合勘界与检查国界地形图测绘规范》和《联合勘界与检查国界测量规范》并通过评审。在郑州组织召开《军队测绘导航专业士兵职业技能等级标准与鉴定考核大纲》审查会，对测绘导航专业 12 个工种技能等级标准与鉴定考核大纲进行集中审查。

财务工作

财务制度建设

为加强和规范国家地理国情监测专项资金的管理，国家测绘地理信息局配合财政部拟定《国家地理国情监测专项资金管理办法》，已由财政部印发。

印发《国家现代基准体系基础设施建设一期工程财务管理办法》，确保现代测绘基础体系建设项目符合财务管理和会计核算有关政策要求。

进一步加强预算执行管理，修订《测绘部门财政预算执行进度管理（暂行）规定》，建立预算执行责任制、通报制、承诺制、督导约谈制、奖惩机制等管理制度，印发《测绘地理信息部门财政预算执行进度管理规定（暂行）》。

规范政府采购行为，修订《国家测绘地理信息局政府采购管理实施办法》，对政府采购工作提出具体要求，加强对政府采购公开招标工作的管理。

预决算管理

【预算管理】

按照财政部的统一部署和要求，国家测绘地理信息局及时完成所属 20 个单位 2012 年度各项经费的预算批复工作，共批复财政经费 101588.38 万元，并按时公开了国家测绘地理信息局 2012 年部门预算。

3 月，印发《关于编制 2013 年度测绘地理信息部门项目支出需求预算的通知》，对项目预算编制、测算项目经费提出具体要求，确保项目支出预算的科学化、精细化。6 月，在北戴河举办 2013 年预算编制布置会，就 2013 年部门预算报表调整情况、编制软件变化情况、编制具体要求进行详细介绍。7 月，组织完成 2013 年测绘地理信息部门“一上”预算的汇总、审核、上报工作，并按要求重点审核“三公经费”和会议费预算编制，严格控制一般性支出，提高财政资金使用效益。11 月 ~12 月，根据财政部下达国家测绘地理信息局 2013 年部门预算“一下”控制数要求，将“一下”控制数及时下达各预算单位，并组织完成“二上”细化预算编报工作。

【决算管理】

国家测绘地理信息局根据财政部对各项决算编审的总体要求，组织审核、汇总、报送 2012 年度行政事业单位部门决算、测绘新闻出版企业决算、固定资产投资决算、住房改革支出决算、政府采购统计报表等。根据财政部批复，对各单位 2011 年总收入支出情况和财政拨款收入支出等情况进行批复。在财政部组织的 2011 年部门决算考核评比中，国家测绘地理信息局获决算编审先进工作单位一等奖。对“十一五”期间财务数据进行综合分析，形成财务决算分析专题报告，收编入测绘地理信息蓝皮书，用于测绘地理信息发展研究。按照信息公开的要求，完成国家测绘地理信息局2011年度部门决算、“三公经费”及行政经费支出情况公开相关工作。

财务监管

国家测绘地理信息局召开财务管理工作座谈会，提出预算执行和财务监管的各项要求，强化预算执行体制机制建设。组织召开2012年财政资金预算执行承诺书签字仪式视频会议。明确预算执行要求，各预算单位签订了预算执行承诺书。建立预算执行督查系统，加强对所属预算单位资金支付的监督管理。为进一步加强“927”一期工程、现代测绘基准、地理国情监测等重大项目资金管理，10月，召开测绘重大项目财务管理培训班。

财务保障与管理

【政府采购】

国家测绘地理信息局组织完成2012年度常规测绘生产技术装备、“927”一期工程、资源三号卫星应用系统项目等部门集中采购相关工作，组织完成政府采购计划编制、招标文件编制，委托和监督中介机构招标公告发布、开标、评标等工作。

加强对局所属单位政府采购工作的指导和管理，要求各单位按照有关制度组织本单位的政府采购工作，指导所属预算单位组织单一来源采购和进口设备采购的专家论证、申报和批复工作，保证政府采购工作的顺利实施。加强对政府采购统计工作的指导，对各单位上报的2011年政府采购统计报表进行审核汇总后报送财政部。按财政部要求，完成了2012年政府采购计划和执行情况季报相关工作，进一步加强了政府采购预算、计划和执行的衔接。

【财务保障】

国家测绘地理信息局积极争取财政部支持，在财政部对各部门2013年预算普遍压缩的情况下，局项目经费得到重点保障，实现经费总量增加、新增项目增加、增支项目增加。按同比口径计算，2013年项目支出预算较2012年增加3700万元；按预算总量，2013年预算指标较2012年增加4.9亿元，增长59%。

及时向财政部报送地理国情监测项目总体设计和经费预算。经多次沟通协调，财政部正式批复项目总预算，并追加2012年项目预算1亿元，2013年项目预算5亿元。

积极争取津贴补贴经费预算，完成国家测绘地理信息局京外所属5家单位离退休人员津补贴缺口申报工作，通过财政部审核，追加津贴补贴经费预算（含2010、2011、2012三年）2315.24万元。

【国有资产管理】

按照国务院机关事务管理局要求，国家测绘地理信息局汇总编制测绘地理信息部门2011年行政事业单位国有资产年度决算报告；根据国资委的要求，完成局所属企业资产年度统计报表工作；按照财政部要求，开展2011年行政事业单位资产管理信息系统统计报表编报工作；组织局所属事业单位全面开展公务用车清查，进一步加强公务用车管理；按照中央出版社体制改革工作领导小组办公室的要求，结合财政部重新核定的清产核资基准日，启动局所属的西安、哈尔滨和成都地图出版社转制清产核资工作。

行政体制与队伍建设

机构编制

全国各省级测绘地理信息行政主管部门继续贯彻落实国务院副总理李克强视察中国测绘创新基地的指示精神，推进辖区管理体制机制和机构建设，至年底，21个省级部门、近百个设区（市）更名挂牌，强化了测绘地理信息监管职责。国家测绘地理信息局明确局机关服务中心为局属正局级事业单位，核定了领导班子干部职数；批复调整6个直属单位内设机构。贯彻中央加强纪检监察组织建设的意见，提出加强国家测绘地理信息局纪检监察机构建设的建议并报送中央机构编制委员会办公室（以下简称中央编办）。

事业单位改革

【事业单位分类改革】

国家测绘地理信息局深入贯彻中央分类推进事业单位改革工作要求，形成事业单位清理规范意见，上报中央编办并获得批准。清理规范后的事业单位名称中“测绘局”字样全部调整为“测绘地理信息局”，事业编制总数保持不变。推进非时政类报刊出版单位体制改革工作，组织中国测绘宣传中心按中国测绘报社剥离转制的基本思路上报转制工作方案。推进地图出版社体制改革工作，组织召开西安、哈尔滨、成都地图出版社转制后续工作推进部署会，指导陕西、黑龙江、四川等省测绘地理信息局分别组建了国家测绘地理信息局第一、二、三地理信息制图院，核定了事业编制和领导职数；协调新闻出版总署推进解决中华地图学社和西安、哈尔滨、成都地图出版社等4家京外地图出版社在执行所在地地方社保政策方面存在的难题。

【人事制度改革】

国家测绘地理信息局深化推进事业单位人事制度改革，制定印发《国家测绘地理信息局事业单位专业技术二级岗位实施办法（试行）》，完成事业单位新一轮专业技术二级岗位聘用工作，健全完善了事业单位岗位设置管理制度。强化事业单位岗位设置管理，批复了局卫星测绘应用中心和国家测绘产品质量检验测试中心的岗位设置方案，并指导2家单位组织实施岗位聘用工作。持续规范事业单位进人行为，落实公开招聘制度，组织事业单位编制完成2012年度公开招聘计划，并在局门户网站及公开发行的报刊上发布招聘信息，保证招聘工作公开、公正、公平。

【收入分配制度改革】

国家测绘地理信息局贯彻落实《国家测绘局直属事业单位职工工资性收入管理暂行办法（试行）》，组织完成局直属单位工资总额2011年实际执行情况审核及2012年工资总额计划分解下达工作，进一步规范和加强对局直属单位工资总额和领导班子成员工资性收入的管理。组织开展国有企业薪酬管理制度与业绩考核办法调研，制定中国地图出版集团高管薪酬管理过渡性实施办法。规范局国有企业收入分配秩序，部署启动局国有企业工资内外收入监督检查。

人才队伍建设

【人才建设总体情况】

国家测绘地理信息局落实《测绘地理信息“十二五”人才发展规划》，创新人才培养、评价、选用和激励机制，实施科技领军人才工程、青年学术和技术带头人培养工程、卓越工程师培养计划和高技能人才发展计划等重点人才工程，党政人才、专业技术人才和技能人才三支队伍建设取得成效。

【党政人才队伍建设】

国家测绘地理信息局强化领导班子和干部队伍建设，组织完成部分直属单位和机关司局领导班子调整补充工作，共推荐选拔21人到司局级岗位任职，对29名司局级干部进行轮岗交流。加大年轻干部培养选拔力度，推荐选拔5名优秀年轻干部到正处级岗位任职，选派1名副局级领导干部和1名处长分别到市、县挂职锻炼。创新年轻干部培养机制，通过选派年轻干部到中央党校、国家行政学院等参加培训，举办年轻干部理论培训班等途径，提高年轻干部特别是后备干部队伍素质。组织做好首批5名赴在京地理信息企业挂职锻炼年轻干部的跟踪指导和总结考核工作。加大从具有基层工作经历人员中补充公务员力度，国家测绘地理信息局机关从系统外和直属单位选调2名年轻公务员，陕西、黑龙江、四川和海南测绘地理信息局从基层录用8名公务员。

国家测绘地理信息局组织修订完善促进测绘地理信息科学发展的领导班子及领导干部考核评价指标，突出加强对领导干部德的考核，组织完成直属单位领导班子、领导干部以及局机关公务员年度考核工作，局机关21人获得奖励。认真执行领导干部报告个人有关事项和配偶子女移居国（境）外管理2项规定，集中组织开展局管干部和机关处级以上干部个人有关事项报告工作。加强局直属单位干部选拔任用工作监督，组织完成局直属单位干部选拔任用“一报告两评议”工作，经民主评议，直属单位干部选拔任用工作和2012年新选拔任用处级干部的总体满意率均较高。

国家测绘地理信息局开展完善全国省级测绘地理信息行政主管部门贯彻落实科学发展观考评工作调研，修订完善2012年度考评指标体系，考评内容及标准减少至8大项41小项，考评奖项在继续设置“考评优秀单位”的基础上，设置了“突出进步单位”和“特色工作创新单位”单奖项。组织完成全国省级测绘地理信息行政主管部门贯彻落实科学发展观2012年度考评工作，评定全国31个省级测绘地理信息行政主管部门的考评等次，授予1个部门“杰出单位”称号、9个部门“2012年度优秀单位”称号、4个部门“2012年度突出进步单位”称号、7个部门“2012年度特色工作创新单位”称号，并在全国测绘地理信息局长会议上予以表彰。

【专业技术人才队伍建设】

国家测绘地理信息局推进科技领军人才培养工程实施，组织开展第二批科技领军人才选拔工作，测绘地理信息界8名专家入选。继续实施青年学术和技术带头人培养工程，组织开展青年学术和技术带头人学术交流活动，给予23个带头人科研课题总金额71万元的科研资助。组织开展各类人才的选拔推荐工作，共选拔推荐国家特支计划百千万工程领军人才10人、享受政府特殊津贴人选7人、中青年科技创新领军人才2人、重点领域创新团队1个、科技创新人才培养示范基地1个。实施测绘地理信息领域卓越工程师培养计划，联合教育部组织开展测绘地理信息领域首批国家级工程实践教育中心建设，首批中国地图出版集团、东方道迩信息技术股份有限公司、中煤平朔煤业有限责任公司3家测绘地理信息企业入选。强化测绘地理信息界专家联系服务，组织召开测绘地理信息界新当选院士庆贺会暨2012新春院士座谈会。局直属单位2012年共接收各类高校毕业生238人，其中京内直属单位接收高校毕业生84人。

【技能人才队伍建设】

国家测绘地理信息局推进高技能人才队伍建设，组织开展第四届全国测绘地理信息技术能手评选及第十一届全国技术能手候选人的遴选推荐工作，共评选产生全国测绘地理信息技术能手20人。测绘地理信息系统全年共有8人当选全国技术能手，昆明冶金高等专科学校和郑州测绘学校薛雁明分别当选国家技能人才培育突出贡献奖获奖单位和个人。第二届全国测绘地理信息行业职业技能竞赛中取得优异成绩的2名选手被全国总工会授予“全国五一劳动奖章”，4名选手被共青团中央授予“全国青年岗位能手”称号。组织开展测绘地理信息行业技师评审，申报人员386人，经评审，对232人的技师职业资格予以确认。其中，高级技师21人、技师211人。全行业技师和高级技师累计达1775人。实施高技能人才发展计划，启动第三届全国测绘地理信息行业职业技能竞赛选拔工作。

【西部人才援助】

国家测绘地理信息局组织召开援藏干部座谈会，选派4名干部作为第七批对口支援西藏干部进藏工作，加上此前列入中组部第六批援藏计划但尚未结束任务的1名干部，援藏干部人数为历次援藏最多。其中1人被提拔为西藏自治区测绘局副局长，延长服务时间2年。继续支持新疆维吾尔自治区测绘地理信息工作，选派4名测绘地理信息界专家赴新疆维吾尔自治区开展专业技术援助，该区测绘地理信息局选派1名处级干部、5名专业技术人员分别到国家测绘地理信息局机关挂职锻炼和所属单位学习培训。明确进一步加强人才援疆的工作思路，与有关高校初步达成举办西部省区硕士学历班的意向。继续通过举办面向西部地区的高层次专业技术人员培训班、测绘地理信息专家西部行等活动送教上门，在青年学术和技术带头人培养和科研课题资助工作中向西部地区倾斜，接收中组部“西部之光”访问学者到国家测绘地理信息局所属事业单位学习培训等方式，推进西部地区测绘地理信息人才队伍建设。

【人才教育培训】

国家测绘地理信息局制定2012年教育培训计划，全年共组织举办干部调训、重点工作培训、专业技术培训和岗位培训4类培训班60多个，培训党政干部、专业技术人员、经营管理人员和技能人员9000多人次。为保证教育培训计划得到落实，组织对教育培训计划执行情况进行检查，对进度较慢的项目进行督促，对个别项目予以调整，确保培训任务如期完成。制定2012年领导干部脱产进修选派计划，对国家测绘地理信息局机关及在京直属单位处级及以上领导干部、京外直属单位局级领导干部、处级干部中的后备干部及重点培养干部的脱产培训做出具体安排。全年共选派干部40多人次赴中央党校、中央国家机关分校、国家行政学院及井冈山和延安干部学院脱产学习。组织16名司局级干部参加中央和国家机关选学。

国家测绘地理信息局受中共中央组织部委托，举办第五期数字城市建设专题研究班，全国部分省（区、市）分管测绘地理信息工作的副市长，以及相关省级测绘地理信息行政主管部门负责人共60人参加。继续抓好测绘地理信息系统领导干部培训工作，举办测绘地理信息系统局长培训班，组织测绘地理信息系统21名局级领导干部赴美国乔治梅森大学短期培训。经协调，地理国情监测技术培训班继续被列入人力资源和社会保障部高研班计划。

离退休干部管理

至年底，国家测绘地理信息局管理的离退休干部共2657人，其中离休干部161人、退休干部2496人，局机关直接管理的离退休人员82人。

【党支部建设和思想政治建设】

离退休办公室组织离退休干部及时收听收看党的十八大盛况，组织局直属各单位老干部工作部门及时向老干部传达十八大精神，并开展集中学习和交流研讨。推进“强支部建设、促科学发展”活动，有效提升离退休党支部的服务和管理水平。局机关、四川测绘地理信息局、中国测绘科学研究院等单位开展了离退休干部党支部换届改选工作。

【老干部服务管理工作总结回顾】

2012年是中央《关于建立老干部退休制度的决定》颁布实施30周年，国家测绘地理信息局专门组织召开总结研讨会，总结老干部工作经验。推荐的论文获中组部老干部局“总结干部离退休制度建立30年来老干部工作理论研讨活动”三等奖。按照中组部《关于对党的十七大以来老干部政策落实情况进行督促检查的通知》精神，对机关和直属单位老干部工作部门落实政策情况进行自查，老干部对各项政策落实情况反映良好。

【落实老干部政治待遇】

国家测绘地理信息局及时向老干部传达党和国家有关重要文件精神，按规定组织老干部阅读文件、收听报告、参加重要会议和重大活动，为离退休党支部和老干部订阅报刊杂志，定期通报测绘地理信息重点工作情况，组织开展测绘科普讲座等。举办局机关老干部第十期政治理论学习班，与局机关团委共同组织开展“星火相传”活动，组织局机关老干部赴成都参观考察汶川灾后重建及四川测绘地理信息局应急测绘保障建设成果等情况。四川测绘地理信息局等单位加强对离退休党支部书记、委员的培训工作，国家基础地理信息中心等单位在发挥老干部作用方面成效明显。

【落实老干部生活待遇】

严格落实《关于提高副部级干部医疗保障的通知》、《关于提高部分离休干部医疗费报销标准的通知》和《关于提高离休干部生活补贴标准和扩大发放范围的通知》要求，及时发放有关津补贴，落实老干部“两费”不拖欠，积极向国家机关事务管理局申请“夕阳红”救助资金。广泛开展走访慰问活动，及时为老干部发放各种福利物品，做好老干部医疗费报销和年度健康体检等工作。妥善处理离退休干部来信来访，解决好离退休干部生活问题。陕西测绘地理信息局等单位建立了特殊困难退休职工帮扶体系，对有特殊困难的老干部提供救助。

【丰富老干部文体活动】

按照中组部《关于对老干部活动中心、老干部（老年）大学有关情况开展调查的通知》要求，局机关及各直属单位开展摸底调查工作。维修改造老干部活动站，增加器材设备，组织离退休女同志参加“三八”妇女节活动，举办健康知识讲座和在京直属单位老干部乒乓球、象棋比赛，组织在京直属单位老干部参加中央国家机关工委举办的“喜迎十八大”书画摄影展、离退休干部艺术欣赏等系列活动。

【能力建设】

国家测绘地理信息局组织学习全国老干部局长工作会议精神，积极参加有关部门组织的老干部工作业务培训，不断提高掌握和熟练运用老干部政策的能力。创办内部刊物《夕阳鸿雁》，为老干部提供测绘地理信息与老干部工作信息。举办局直属单位老干部工作部门业务培训班，搜集整理、建立老干部个人信息资料库并及时维护更新，为更好地服务老干部提供信息保障。

职业资格管理

【执业资格与职称制度】

国家测绘地理信息局推进注册测绘师制度建设，修订印发《注册测绘师资格考试大纲（2012版）》，联合人力资源和社会保障部组织完成2012年度全国注册测绘师资格考试。全国共有24732人报名，16878人参加考试，2451人通过考试并获得注册测绘师资格证书，全国获得注册测绘师资格证书人数累计6231人。指导国家测绘地理信息局职业技能鉴定指导中心（以下简称职鉴中心）开发注册测绘师注册管理系统，协调有关部门查处注册测绘师非法颁证问题。开展注册测绘师配套管理制度研究，起草了注册测绘师注册、执业、继续教育等办法初稿，提出与测绘资质管理规定衔接问题的政策措施建议。履行职称改革领导小组职责，审核批准直属单位测绘高级专业技术职务任职资格138人，为直属单位及相关部委符合条件的专业技术人员进行了委托评审。

【职业技能鉴定管理】

国家测绘地理信息局推进国家职业分类大典测绘地理信息类修订工作，形成测绘地理信息行业职业分类建议方案并上报人力资源和社会保障部。组织召开全国测绘地理信息行业职业技能鉴定工作会议。组织成立测绘地理信息行业职业技能鉴定国家题库编审委员会，启动测绘地理信息职业技能鉴定国家题库建设。推进测绘行业特有工种职业技能鉴定工作，全年申请鉴定的测绘地理信息行业从业人员 3.1 万多人，通过考核并获得国家职业资格证书 2.8 万多人，单年获证人数创历史新高。强化测绘特有工种职业技能鉴定站建设，经人力资源和社会保障部批准，设立海南鉴定站，江苏、吉林、江西和郑州测绘学校等 4 家鉴定站入选首批全国职业技能鉴定示范站。职鉴中心为行业单位、高等高职院校和培训机构提供职业技能培训教材 1 万多册，开展培训 115 批次，参训人员达 1.2 万名。

【注册测绘师考试材料及培训工作】

4 月，职鉴中心组织编写的新版考试辅导教材（2012 版）系列丛书和《注册测绘师资格考试大纲（2012 版）》出版，共发行教材 1 万多套。开展培训制度体系建设，完成《培训工作管理暂行规定》及《培训讲师管理实施办法》、《培训档案管理实施办法》、《培训学员管理实施办法》、《培训班突发事件应急预案》、《培训单位合作管理办法》的起草工作，为培训工作的顺利开展提供了制度保障。

【2012 年度注册测绘师资格考试】

一、命题及考备工作

职鉴中心按照 2012 年注册测绘师考试命题工作方案，召开征题启动会和统题会议，并组织专家开展命题初审和终审工作，及时向人力资源和社会保障部人事考试中心（以下简称人考中心）提交试卷。与人考中心签订关于注册测绘师资格考试工作的备忘录，密切跟踪各省考试报名情况；选定评卷机构，签订数据服务合同，严格按照保密要求选定评卷场地，全面做好局域网评卷系统、软硬件设备的准备工作，确定评卷专家和人员。制定《注册测绘师资格考试期间应急方案》、《考试期间值班工作方案》，确保全国考试顺利举行。

二、评卷及其他

职鉴中心协助人考中心监督管理主观题扫描及评卷工作。阅卷期间，组织专家完善标准答案和评分标准，择优选择 103 名评卷人员对 15941 份试卷进行评阅。严格遵守各项保密制度，制定保密措施并严格执行，整个考试过程无泄密事件发生。组织对考试情况进行分析，形成分析报告，为进一步完善资格考试制度提供依据。

【全国测绘地理信息行业职业技能竞赛】

职鉴中心积极为甘肃、江苏、河北、北京、上海、吉林等地省级职业技能竞赛活动提供技术支持和业务指导；与教育部高等学校测绘学科教学指导委员会联合举办第二届全国高等学校大学生测绘技能大赛；参与举办教育部 2012 年全国职业院校技能大赛高职组测绘测量竞赛；启动第三届全国职业技能竞赛筹备工作，起草竞赛组织实施工作方案，协助国家测绘地理信息局成立竞赛组织机构，印发竞赛通知，确定承办单位，并组织专家编写竞赛技术文件。

【工程测量员国家题库建设】

职鉴中心启动工程测量员国家题库建设，组织制定工作方案，签订保密协议，进行标准化培训，开展题库开发工作。年内各等级的试题均已编制完成。

【考评人员及裁判员培训】

职鉴中心组织开展 2 期考评人员培训班和 1 期国家级竞赛裁判员培训班，共培训测绘地理信息行业考评人员 247 人，国家级职业技能竞赛裁判员 148 人，进一步壮大鉴定人才队伍，为深入推进鉴定工作的开展提供有力支撑。

对外合作与交流

外事管理

国家测绘地理信息局印发《关于贯彻落实〈因公出国人员审批管理规定〉的实施意见》。严格按照中央有关外事管理的各项规定，对局所属各单位团组出国和邀请国外团组来华项目进行审批。全年共审批、派出访问团组60个、316人次，涉及32个国家和地区；共接待来访团组18个、77人次，涉及18个国家和地区，在中国举办国际会议4个，国外参会代表80人次，涉及30个国家和地区。

根据《外国的组织或个人来华测绘管理暂行办法》和相关审批程序，对有关部门和单位国际合作项目中涉及外国组织来中国测绘的咨询给予政策解答。

测绘地理信息“走出去”

【“走出去”战略实施】

国家测绘地理信息局全力实施测绘地理信息“走出去”战略并取得新的突破。5月，国家测绘地理信息局、联合国统计司与浙江省政府签署关于设立中国—联合国地理信息国际论坛的意向协议；11月，由国家测绘地理信息局代表中国政府与联合国合作实施的中国及其他发展中国家地理信息管理能力开发信托基金项目协议正式签署；与商务部就实施“走出去”战略建立正式的战略合作关系并签署合作框架协议。

【国际化人才培养】

国家测绘地理信息局与美国乔治梅森大学签署人才培养合作协议，并在该校举办测绘地理信息系统局级干部培训班、地理国情监测和公共服务平台建设高级培训班。与英国诺丁汉大学合作举办面向国内甲级测绘资质单位高级管理人员的中欧测绘地理信息技术与产业发展高级研讨班。

【宣传交流】

国家测绘地理信息局组织国内测绘地理信息单位统一参加在澳大利亚举行的第22届国际摄影测量与遥感大会和展览会，设立中国展区，举办了“中国日”、“资源三号”卫星数据成果推介会等活动，宣传展示近年来中国测绘地理信息事业的成就。组团赴加纳参加非洲地理信息高层论坛。组织地理信息产业单位参加在加拿大举行的第13届全球空间数据基础设施大会展览会和在杭州举行的联合国全球地理信息管理论坛展览等。

通过“中国测绘走出去”专题网站和《国际测绘与地理信息简讯》等媒介向测绘地理信息产业单位提供国内外有关政策和项目信息。

双边合作

国家测绘地理信息局继续推动加强与有关国家测绘地理信息部门和机构的友好合作关系，开展双边合作项目。接待苏丹、芬兰国家测绘局局长率团来访，确定双边科技合作项目计划；建立与墨西哥国家地理院和美国大地测量局的交流合作关系；出席中韩测绘科技合作联合工作组第八次会议；组团赴肯尼亚和南非测绘地理信息部门访问调研；接待巴基斯坦测绘局技术人员在中国培训。

按照国家基础地理信息中心与美国乔治梅森大学签订的协议，完成2012年高级地理信息技术培训组团工作，来自16个单位的23名技术人员参加培训。

多边合作

国家测绘地理信息局积极参与联合国地理信息事务，树立中国地理信息大国形象。代表中国政府出席第19届联合国亚太区域测绘会议和联合国全球地理信息管理委员会第二次会议，主导推动亚太地理信息常设委员会更名为联合国全球地理信息管理亚太区域委员会。

在国际组织任职层次和人数提高，参与度加深，话语权增强。国家测绘地理信息局副局长李朋德当选为联合国全球地理信息管理亚太区域委员会首任主席；国家基础地理信息中心总工程师陈军当选为国际摄影测量与遥感学会主席，中国科学院院士、中国工程院院士李德仁当选为学会终身荣誉会员，中国科学院院士龚健雅、国家基础地理信息中心蒋捷当选为学会技术委员会主席；国家测绘产品质量检验测试中心主任程鹏飞当选为国际测量师联合会副主席。接待国际摄影测量与遥感学会执行局和国际地理联合会执行局全体成员来访；组团参加国际地理空间信息论坛、全球空间数据基础设施大会以及国际标准化组织地理信息标准化委员会全会等重要国际会议。

政务与信息

建议提案办理

2012年，交由国家测绘地理信息局承办的十一届全国人大五次会议代表议案1件、建议7件（含闭会期间1件），其中，主办的3件、会办的5件；交由国家测绘地理信息局承办的十一届全国政协五次会议提案11件，其中，主办的5件、分办的1件、会办的5件。内容涉及测绘法修订、测绘系列卫星发展、测绘地理信息“走出去”战略实施、地图市场监管、涉密测绘成果管理等多个方面。

国家测绘地理信息局积极推动办理工作的规范化、制度化，确立了由局办公室负责分配转办和协调督办、各业务司局具体承办的工作机制，并完善承办、催办、审核等环节，确保组织到位、责任到位。包瑞玲代表提出的关于对涉密测绘成果和网络地图使用过程中保密问题的几点建议中提到的3个问题均已得到解决。对于代表建议中提出的加强网络地图的安全监管问题，联合国家有关部门，采取建立互联网地图服务准入制度、完善地图审核备案制度、设立互联网地图安全审校制度等一系列政策措施，强化互联网地图监管。关于为取得测绘资质的民营地理信息企业提供涉密资料传递渠道的建议已有解决方案，根据国家邮政局、国家保密局2010年修订的《邮政机要通信寄递范围》规定，经保密行政管理部门依法审查，准予从事涉密业务的企事业单位通过邮政机要通信寄递国家秘密载体。关于修订测绘管理工作国家秘密目录的建议，与国家保密局联合启动修订计划并将其列入2013年的年度工作重点，在修订过程中将充分考虑代表建议。

文秘档案管理

国家测绘地理信息局组织开展二维条码智能文件管理系统建设，完成新版机要交换管理系统建设。优化局机关互联网接入带宽，对办公内网功能进行完善，提高办公自动化软硬件水平。做好测绘地理信息市场信用平台开通前期设备采购及网络调试工作，完成局重要信息系统等级保护整改设计方案等。组织开展年度机关档案归档工作，年度归档1332件，为档案开发利用服务奠定基础。组织开展2009年~2011年机关档案扫描入库工作。做好2011年度机关文书档案归档的培训、监督指导检查，开展2011年在京所属单位档案统计年报上报工作。全年网上档案查阅利用672人次、2207件次，人工查阅190多人次；处理机要文件620多件，资料9000多件。

信息编发

国家测绘地理信息局全年编发《内部情况通报》59期，主要收录局领导在重要会议和重要活动上的讲话、测绘地理信息重点工作进展情况通报等。通过政务信息报送渠道、局门户网站和测绘报刊等途径，收集地方测绘地理信息单位和部门工作信息，以每月1期简报的方式编发地方测绘地理信息工作动态。围绕国家测绘地理信息局年初工作要点和局重点工作，每季度就局机关和在京所属单位工作进展情况进行通报。

全年编发《测绘专报》3期，报送中央和国务院等有关部门，对于宣传测绘地理信息工作、展示成就发挥了积极作用。

全年向国务院办公厅报送信息5期，其中《我国首颗民用测绘卫星资源三号近日成功发射》、《海岛（礁）测绘工程边建边用成效明显》2篇被采用。

全年编发《局内要情》46期，主要收录局领导重要批示和参加的重要会议、活动，国家测绘地理信息局所发重要文件和测绘地理信息系统重要信息。

保密工作

国家测绘地理信息局制定《“十二五”时期测绘地理信息保密工作规划》，印发《局保密委员会2012年工作要点》。按照上级部门要求，十八大召开前组织开展网络与信息安全检查行动等3次专项保密检查活动，对“天地图”节点、涉密网络与信息系统、局属各单位门户网站及局电子邮件系统进行全面检查，提出了加强局网络信息安全的有关建议。组织对局机关所有计算机445台进行年度巡检和网络保密检查。积极配合有关部门，做好局邮件系统数据的安全核查工作。

维护稳定工作

国家测绘地理信息局指导机关和在京直属单位积极做好“两会”、“十八大”等重大活动和国庆节等重大节日期间的安全保卫和应急处置工作，维护了安全稳定的局面。认真做好信访接待和办理工作，积极提前预防和处理各类矛盾，全年共处置信访来信21件，信访量比2011年下降38%，接待多批次来访群众，妥善解决相关问题。做好安全保卫工作，开展在京直属单位节日安全保卫大检查。

5月，国家测绘地理信息局局长徐德明回复陕西省教育厅孙朝“关于陕西·泾阳中华人民共和国大地原点参观纪念券中印制的有关错误问题”，对促成中国原点测绘文化产业园和陕西地理信息产业园的立项和建设发展发挥重要的推动作用。

政务信息化建设

国家测绘地理信息局全年主动公开政务信息4455条，局门户网站页面浏览量总计9800多万次，收载各类有效留言1765条。政策法规、事业单位招聘、测绘监管、注册测绘师、干部任免、测绘资质和“天地图”等测绘地理信息特色服务栏目受关注程度较高。局门户网站共回复网民留言706条，处理领导信箱、网上投诉73件，审核通过网友对有关文章的评论978条。

以数字城市、“天地图”、地理国情监测等重点工作为突破口，着力打造地理信息产业高地，促进地理信息资源共享，强化应急测绘保障。2012年，全国已有311个地级市开展数字城市建设，其中158个数字城市已经建成并在60多个领域得到应用；“天地图”网站已被来自全球210多个国家和地区的2.4亿人次访问；地理国情监测项目通过论证，项目试点全面展开；首颗民用高分辨率立体测绘卫星资源三号成功发射并交付使用，全国1:5万、1:25万基础地理信息数据库已实现全面更新。完成网上中国测绘科技馆的更新升级工作。顺利开通测绘地理信息市场信用平台。测绘地理信息标准化网站正式上线。对外公布测绘与地理信息国家标准、行业标准、测绘与地理信息技术规定、测绘地理信息事业发展规划计划等测绘行业普遍关注的信息。在局门户网站公布2011年“三公经费”财政拨款决算情况和2012年“三公经费”财政拨款预算情况，以及局2012年部门预算和2011年度部门决算。在局门户网站开设“新技术新产品创新应用”栏目，为测绘地理信息领域的科研、高校、企事业等单位提供展示交流平台。加强局门户网站建设，整合省级网站建设资源。开展全国测绘地理信息部门网站绩效评估工作，提高全系统网站建设整体水平和服务能力。2012年，收到政府信息公开申请2件，其中1件按规定进行了答复，另1件不属于国家测绘地理信息局政府信息公开范畴，已答复申请人。完成局机关机房热管空调节能改造项目，改善机房环境；优化局机关网络，完成局机关互联网接入带宽的倍增升级和服务器区网络结构调整，网络速度、效率和安全性大幅提升。进一步加强保密与信息安全工作，组织开展面向局机关及所属单位的计算机保密检查和网络与信息安全检查行动；完成《国家测绘地理信息局重要信息系统等级保护整改设计方案》，提出了总体安全框架，局机关重要信息系统等级保护安全建设项目在中央财政项目预算中立项。加快推进信息化工作，印发《研究制定〈国家测绘地理信息局关于推进测绘信息化发展的若干意见〉的工作方案》。

宣传工作

宣传管理

国家测绘地理信息局围绕中心工作，充分发挥中央与地方新闻媒体、局所属报刊网站的作用，对局重点工作取得的重大成果和全国测绘地理信息事业取得的成就进行宣传报道。据不完全统计，2012年，人民日报社、新华社、光明日报社、经济日报社、中央电视台、中央人民广播电台等中央主要媒体累计刊（播）发有关测绘地理信息新闻600多条，人民网、新华网、中国政府网、新浪网、搜狐网等网络媒体和各地方媒体刊（转）发有关测绘地理信息新闻8000多条。

局党组高度重视新闻宣传工作，局长徐德明专门对新闻宣传工作作出批示，副局长宋超智积极组织开展宣传工作的研究部署与落实。局领导多次发表署名文章或接受记者采访，进一步统一了全系统全行业的认识，保障了重点工作的顺利开展。

国家测绘地理信息局召开全国测绘地理信息宣传工作会议，邀请中宣部党建杂志社社长刘汉俊做专题讲座，广东、山西、吉林、湖北、陕西、新疆等省级测绘地理信息行政主管部门在大会上交流发言。每季度总结回顾新闻宣传工作进展情况形成宣传报道综述。局办公室统筹协调、中国测绘宣传中心和管理信息中心具体承办、各单位各部门密切配合的新闻宣传工作机制运转良好。组织完成报刊、记者证的年度核验工作。进一步完善重要活动宣传报道管理制度，加大协调力度，整合宣传力量。

国家测绘地理信息局组织中国测绘宣传中心拍摄英文宣传片和更名一周年专题片，为系统业务单位拍摄各类宣传片13部。与浙江德清科技新城管理委员会等单位签订新闻宣传战略合作协议，进一步拓展了宣传服务范围。

中国测绘宣传中心组织召开地理信息企业新闻宣传座谈会，在10家地理信息企业成立报刊宣传联络站；筹办全国测绘地理信息报刊展览，80多家单位自办的公开或内部报刊参加展出。

专题宣传

【十八大精神宣传】

国家测绘地理信息局把宣传党的十八大精神作为2012年宣传工作的重点，充分发挥中央媒体受众面广、权威性强、社会影响大的优势“走出去”开展宣传。国家测绘地理信息局局长徐德明接受中央人民广播电台“中国之声”高端访谈栏目《做客中央台》采访，人民网刊登徐德明专访《十八大精神将全面推动测绘地理信息强国建设》，《中华英才》刊登徐德明署名文章《科学发展 测绘先行 为建设美丽中国提供有力保障》。《科学发展 成就辉煌》系列丛书之《科学发展 测绘先行》由人民出版社出版。以“科学测绘 铸就辉煌”为主题，编辑出版《科学发展 跨越前进》一书、举办图片展览、拍摄专题宣传片，对十七大以来测绘地理信息事业的成就进行宣传展示。《中国测绘报》和局门户网站刊发十六大以来测绘地理信息工作巡礼的十篇系列报道；开办专栏，积极宣传报道测绘地理信息系统学习领会、贯彻落实十八大精神的情况。

【“3+1”工程宣传】

国家测绘地理信息局联系人民日报社等中央媒体，组织中国测绘宣传中心、国家测绘地理信息局管理信息中心等单位积极宣传报道数字城市和智慧城市、“天地图”、地理国情监测、地理信息产业等建设、发展情况。通过人民日报社《测绘经费显著增加 数字城市建设加快》、中央电视台《新闻联播》节目《我国已有158个城市完成数字城市建设》、新华网《“十二五”我国地级市将建成数字城市》等报道，进一步展现数字城市建设的重要作用和进展。通过中央电视台《公众版天地图应用领域广泛》等报道，宣传“天地图”建设、应用情况，“天地图”链入中央政府门户网站，中央电视台《远方的家》栏目正式将“天地图”作为工作用图，进一步扩大了“天地图”的知名度和影响力。宣传报道地理国情监测试点成果、全国地理国情监测项目普查试点启动、全国首个地理国情监测本科专业落户武汉大学等情况，通过人民日报社《首次全国地理国情普查明年启动》，中央电视台《朝闻天下》栏目《我国将启动全国地理国情监测》等报道，为该工程的开展营造良好氛围。通过人民日报社《地理信息产业园获批高新技术产业化基地》，新华社、光明日报社、经济日报社《我国地理信息产业规模将达2000亿元》，科技日报社、人民网《我国首个国家级地理信息科技产业园区正式启用》等报道，引发公众对于地理信息产业的关注和支持。宣传地方地理信息产业园建设情况，推动地理信息企业向园区聚集、抱团发展，提升地理信息产业的整体实力。

【国家版图意识宣传教育】

国家测绘地理信息局通过“天地图”向世界展示我国国界线的标准画法，宣示我国领土主权。国内外新闻媒体及时报道《中华人民共和国钓鱼岛及其附属岛屿》专题地图出版的消息，中央电视台连续在《新闻联播》、《新闻直播间》、《晚间新闻》、《24小时》等重要节目中播报该消息并开展专家解读。宣传报道国家版图意识宣传教育“进学校、进社区、进媒体”活动和“祖国在心中——全国国家版图知识竞赛”、“中图杯——全国少儿手绘地图大赛”活动的开展情况，中央各大新闻媒体记者参加活动启动仪式并对活动情况进行了系列报道。《人民日报》及其海外版以《国家版图在我心中》、《你了解中国版图知识吗？》为题多次进行报道。国家测绘地理信息局与中央电视台签署大型专题片《地图传奇》合作拍摄协议。

【测绘地理信息应急保障宣传】

中央电视台《新闻直播间》栏目连续在“走基层，在岗位”专题报道中播出测绘队员为新疆伊犁地震灾后重建提供测绘保障服务的深入报道，引发强烈反响。国家测绘地理信息局组织中国测绘宣传中心等单位宣传报道云南彝良地震测绘地理信息应急保障服务工作，及利用无人机航拍资料制作《洛泽河震后航拍影像图》等情况。宣传测绘地理信息系统应急服务保障情况，重点宣传北京、四川、辽宁、吉林等地的特大暴雨、泥石流、台风、暴雪等应急救灾测绘地理信息保障服务。宣传为矿产资源开发、环境资源保护、农林水利及重大工程建设提供服务，为有关部门和单位提供测绘地理信息成果、数据并受到好评的情况。

【法制建设和市场监管宣传】

国家测绘地理信息局组织宣传报道庆祝《中华人民共和国测绘法》修订十周年及“8·29”测绘法宣传日活动，《法制日报》刊发国家测绘地理信息局局长徐德明专访《传统测绘向现代测绘转变促测绘法修改》，新华社、经济日报社、中央人民广播电台等媒体报道了测绘法律法规体系初步形成等消息，提高了全社会的测绘法治意识。国务院法制办面向社会公开征求《地图管理条例（征求意见稿）》意见，引发社会各界对该条例的高度关注。组织宣传互联网地图服务测绘资质申请情况、“问题地图”专项治理行动、2011年十大测绘地理信息违法典型案件公布、《测绘地理信息市场信用信息管理暂行办法》出台实施、测绘地理信息市场信用信息平台开通运行等重大事件。

【技术装备建设和“走出去”战略实施宣传】

国家测绘地理信息局组织宣传报道资源三号卫星的成功发射、在轨测试、正式交付使用，组织中央新闻媒体记者团深入河北安平在轨几何检校工作现场进行深度采访，召开在轨测试和交付使用媒体吹风会；《人民日报》刊发《我国首颗高精度民用立体测绘卫星发射成功》，新华社发电《我国1月9日11点17分成功发射“资源三号”卫星》，中央电视台播发《资源三号卫星传回首批数据 图像清晰》、《资源三号卫星填补测绘领域空白》等报道。组织宣传国家地理信息应急监测车、无人飞机航摄系统的运行应用情况，展现测绘地理信息应急保障能力的提升。新华社刊发《中国政府与联合国合作推动全球地理信息管理能力开发》，《经济日报》刊发《中国与联合国地理信息领域合作开启新篇章》等报道，宣传国家测绘地理信息局代表中国政府与联合国签署地理信息管理能力开发合作协议。宣传举办联合国全球地理信息管理德清论坛、我国专家在国际组织中任职层次提高和人数增加等。

【创先争优和先进典型事迹宣传】

《人民日报·党建周刊》专版刊发长篇报道《量天测地 争创一流》，深入报道国家测绘地理信息局创先争优先进事迹。国家测绘地理信息局组织重点宣传报道陕西省劳动模范、青年测绘工人白芝勇，山东省国土测绘院第一测绘院院长杨艳萍，全国五一劳动奖章获得者谭明建，全国工人先锋号国家测绘地理信息局第二地形测量队一中队和黑龙江省测绘产品质量监督检验站，第二批测绘地理信息科技领军人才以及局直属机关创先争优先进基层党组织和优秀共产党员等先进个人和集体的先进事迹等。

【测绘地理信息重大活动宣传】

全国“两会”期间，国家测绘地理信息局局长徐德明对人民网网友有关测绘地理信息工作的问题进行解答。人民网、《中华英才》在显著位置刊发徐德明署名文章《践行科学发展观 铸就测绘新辉煌》。国家测绘地理信息局组织宣传中国测绘创新基地举行“中央党校教学基地”挂牌仪式、全国测绘地理信息局长座谈会、局党组务虚会、全国局长会、1:5万基础地理信息数据成果推广、国家现代测绘基准体系基础设施建设一期工程启动、注册测绘师考试等测绘地理信息重大活动。

【测绘地理信息报刊、网站宣传】

各测绘地理信息报刊、网站围绕党和国家大局和测绘地理信息行业中心工作，突出宣传党的十八大召开、资源三号卫星发射、“3+1”工程等重大新闻，为测绘地理信息事业营造良好舆论氛围。

为迎接党的十八大胜利召开，《中国测绘报》开设《科学发展 成就辉煌 迎接十八大系列报道》专栏，推出《岁月如歌 辉煌永存》、《打造平台 树立品牌》、《重大工程 捷报频传》等10篇十六大以来测绘地理信息工作巡礼系列文章。开设《喜迎十八大 走进基层党支部》专栏，刊发特派记者撰写的系列报道。重点报道党的十八大召开及有关新闻，全文刊发十八大开、闭幕式的新华社消息及图片，刊发国家测绘地理信息局局长徐德明在十八大小组讨论会上的发言。及时报道局党组有关学习贯彻十八大精神的指示要求、安排部署，开设“认真学习贯彻十八大精神”专栏，报道了全系统全行业学习宣传贯彻十八大精神的动态、思想和成果。

《中国测绘报》及时组织采写重大新闻，重点报道了资源三号卫星发射升空、国家测绘地理信息局召开院士座谈会、“3+1”工程取得的突出成效等。及时组织记者深入一线采访报道测绘地理信息部门为地震、台风、暴雨等自然灾害抗灾减灾做好保障服务工作，采写通讯《打响伊犁地震灾后重建测绘攻坚战》、《暴雨中，挺立的北京测绘人》、《抗击水灾供图急》等长篇通讯。

围绕全国两会、李克强副总理视察中国测绘创新基地暨国家测绘局更名一周年座谈会、联合国全球地理信息管理杭州论坛、全国测绘地理信息局长座谈会、中国工程科技论坛等重要活动，组织刊发《徐德明答人民网网友两会留言》、《聚焦热点促发展 心系事业谋未来 测绘地理信息界代表委员积极为两会建言献策》、《测绘法修订十周年座谈会隆重召开 全国人大常委会副委员长路甬祥出席座谈会并发表重要讲话》等报道。

此外，围绕学习贯彻局长会议精神刊发社论《继往开来 再创辉煌》及系列评论，围绕党的十八大召开、资源三号卫星升空、市场信用信息管理暂行办法颁布、国家测绘局更名一周年、全国测绘局长座谈会、测绘法修订十周年等刊发评论员文章。

《中国测绘报》积极响应新闻战线“走基层、转作风、改文风”活动，派记者深入基层进行采编创作，刊发基层记者采写的《小岗村飞来无人机》、《琼岛上空的银燕》、《描绘苏北新农村》、《测绘旗帜亮兴安》、《监测大上海》等通讯。

2012 年，中国测绘报社成立和中国测绘报创刊 20 年。《中国测绘报》举办了“激扬文字 见证辉煌”大型征文活动，收到征文 100 多篇，刊登 50 多篇。出版中国测绘报纪念特刊，刊登了局长徐德明为测绘报 20 周年的亲笔题词、副局长宋超智的署名文章和各测绘单位的宣传专版。

《中国测绘》杂志每期推出“专题”封面报道；增加宽幅摄影、卫星影像地图彩色拉页。中国测绘新闻网全新改版，开发新的功能，受到读者好评。

国家测绘地理信息局门户网站及时报道全国测绘地理信息行业贯彻落实党和国家领导人对测绘地理信息工作指示的决策部署和成效，深入报道数字城市建设、“天地图”建设、地理国情监测、地理信息产业、测绘地理信息体制机制、测绘科技创新、测绘地理信息的应急保障、测绘文化等方面的建设进展，全年刊登新闻类稿件 4400 多篇。围绕局重点工作和社会关注热点建设专题专栏，制作“弘扬雷锋精神紧跟时代步伐”、“创先争优先进事迹”、“党的十七大以来我国测绘地理信息事业辉煌成就”、“学习贯彻全国‘两会’精神”等 10 多个重点专题栏目，为测绘地理信息事业发展营造了良好的舆论氛围。

新闻出版

地图图书出版

【出版总量】

中国地图出版集团全年出版地图、图书共 3136 种，其中新出版 1344 种、重印 1792 种。

【实用参考图出版】

2012 年，中国地图出版集团进一步增强实用参考图出版实力，地图类图书市场占有率为 50.8%，较 2011 年同比增长 21.8%。承担外交部《1:400 万、1:100 万、1:25 万中国国界线标准画法样图》、《世界数据库建设》、《世界标准地名地图集》等重点项目。申报的“国家地图文化产业基地”、“地图数字出版资源库及智能化出版平台建设与应用”、“中国城市古地图数字化及中国城市历史地理信息数字出版平台建设”等 3 项新闻出版改革发展项目获得批准。特型地图生产通过GB/T9001-2008国际质量体系认证申请，建立了地球仪加工和服务质量管理体系，为完善特型地图产品生产奠定基础。

实用参考图产品方面，中国地图出版集团出版《中华人民共和国钓鱼岛及其附属岛屿》、《中国探月工程科学探测成果系列丛书·嫦娥二号高分辨率月球影像图集》、《中国高速公路及城乡公路网里程地图集——超大详查版》、《中国出生缺陷地图集（1996-2006）》等精品地图产品，市场反响良好。出版的实用参考图产品获2012年中国测绘学会优秀地图作品裴秀奖19项，其中金奖7项、银奖9项、铜奖3项。《上海市地图集》（2010年上海世博会专版）、《中华舆图志》、《中华人民共和国钓鱼岛及其附属岛屿》等3种实用参考图产品获2012年度“测绘地理信息文化精品奖”。

总参测绘导航局组织北京军区某测绘信息中心编制《北京市军事地理图集》。至年底，制作完成序图、自然地理、人文地理等10个部分共305幅图。

【教材与教辅图书出版】

中国地图出版集团以巩固原有教材类产品市场为基础，拓展新的市场。首批编制送审的七年级中图版初中地理教科书及配套图册、人教版初中地理图册共6册全部通过教育部审查。出版的《毛泽东光辉历程地图集》列入新闻出版总署2012年向青少年推荐百种读物第一名；《辛亥革命历史地图》获2012年中国测绘学会优秀地图作品裴秀奖银奖和“测绘地理信息文化精品奖”；人教版高中《地理图册》获优秀地图作品裴秀奖银奖。

申报的语文、数学、外语等9个学科的教辅出版资质均获新闻出版总署批准。通过强化中图版教辅产品研发，推进助学、幼教类图书开发，加强定制产品开发，尝试二类教材研发和延伸优势学科考试类教辅材料等方式，拓展全学科教辅产品和销售渠道，出版了一批具有市场竞争力和品牌效应的教辅产品。

【测绘地理信息图书出版】

中国地图出版集团注重测绘地理信息文化产品的出版工作，完成《科学发展 跨越前进——党的十七大以来我国测绘地理信息事业辉煌成就》、《测绘地理信息法律法规文件汇编》、《国家版图知识读本》等一批优秀测绘地理信息图书的出版工作。

积极落实“全国测绘学科教学指导委员会‘十二五’规划教材”、“教育部高职高专测绘类专业教学指导委员会‘十二五’规划教材”等重点选题的策划组稿工作，努力推广教材的参编和使用院校，扩大自编教材知名度。策划《中国测绘地理信息院士文库》、《测绘地理信息发展战略文库》、《测绘科技应用丛书》等系列图书。

【综合出版】

中国地图出版集团提出“拓展图书出版领域，培育新的经济增长点”的发展目标，加快文化、生活、少儿类等图书的开发力度，培育多元化经济增长点。

在文化、生活类图书出版领域，坚持以地图专业特色提升产品的竞争优势和品质，重点推出雷殿生《十年徒步中国》图书合作项目，实现较好的销量，并入选新华网与中国图书商报社跨媒联合主办的“2012年度中国影响力图书”。在少儿类图书领域，重点推出我国第一套当代名家创作的动物文学精选读本《名家动物文学典藏书系列》，积极开展原创漫画《水豚君》、《谓我何求》等动漫图书的出版工作，并在东京国际书展上获得好评。在文化创意产品方面，发挥地图文化独特的资源优势，以“探索印象外的世界”为理念，深挖地图的文化内涵，稳步推进地图文化衍生产品的发展。

【版权引进及对外合作】

中国地图出版集团积极应对文化创意产业急速发展带来的挑战，在对外合作出版领域实现重大突破。与国际知名旅游图书出版公司孤独星球（Lonely Planet）达成出版项目合作。

积极引入国际出版合作项目，与日本创河公司就合作出版世界知名品牌凯蒂猫（Hello Kitty）的相关产品达成合作意向，拓展动漫图书方面的出版领域和资源。

中国地图出版集团（测绘出版社有限公司）从日本秋天书店引进《乌贼娘》系列图书版权，共10册；应台湾风车图书出版有限公司的委托，为其定制加工4个品种的中文繁体版地球仪。

【重点出版物选题】

5月23日，星球地图出版社报送的《中国共产党90年地图集》图书选题，被中宣部、新闻出版总署、北京市委宣传部、总政新闻出版局确定为迎接党的十八大主题出版重点出版物选题。

报刊出版

2012年，《中国测绘报》出报99期、500个版，其中，月末版 12 期，《中国测绘报 20 年特刊》扩版 52 版 1 期。组织协调记者、通讯员采访 1000 多人次，采写新闻稿件 100 多万字，稿源覆盖全国各个省（区、市），全年刊发文章达 300 多万字、图片 1200 多幅。全年累计向中央各大新闻媒体提供新闻稿件 71 篇、15 多万字。《中国测绘》杂志全年出版 6 期。

《测绘学报》和《测绘通报》的出版工作进展顺利。《测绘学报》实现了 OA 出版（开放获取）和在线出版，并实现了部分论文的优先数字出版，被荷兰斯高帕斯（Scopus）数据库等 3 家国外重要数据库收录；再次获得中国科协精品科技期刊工程项目资助，入选精品科技期刊培育计划中的期刊学术质量提升子项目。《测绘通报》加强栏目建设，增设“天宝测绘解决方案专栏” 和“测绘论坛”栏目并发行增刊两期。

《地图》杂志充分发挥独特资源优势，深入挖掘地图文化内涵，认真进行选题策划和市场营销、建立读者俱乐部，获得了良好的市场反馈。

统计工作

制度建设

根据《测绘统计管理办法》，国家测绘地理信息局组织制定《测绘地理信息统计工作考核评比办法（试行）》，经多次征求意见讨论修改后正式印发执行。

组织对《测绘统计报表制度》进行修订，完成修订、送审和报批工作。共取消统计报表 5 张，新增“数字城市建设”、“地理国情监测”、“‘天地图’建设”等统计报表 5 张，修改统计报表 32 张、统计指标 100 多项。10 月 29 日，国家统计局批准修订后的报表制度，并在 2012 年统计年报中正式执行。

信息化建设

国家测绘地理信息局结合用户使用中出现的问题和反馈的意见、建议，组织对统计直报系统进行升级改造。以广东省为试点，积极开展直报系统省级部署工作。广东省国土资源厅按照直报系统省级部署方案积极组织实施，12 月，建成并在 2012 年统计年报工作中正式投入使用。

教育培训

3 月，国家测绘地理信息局组织召开测绘地理信息统计交流暨业务培训会议，通报 2011 年统计工作情况，开展工作经验交流，并就《测绘统计报表制度》和统计网络直报系统进行培训，对《测绘地理信息统计工作考核评比办法（试行）》进行讲解。

针对《测绘地理信息统计报表制度》中重点、难点指标，国家测绘地理信息局组织编写培训教材，并将其登载到局门户网站测绘统计栏目，供统计人员学习参考。对各单位综合统计人员进行集中业务培训，并协助国家基础地理信息中心，山东、甘肃、安徽、江苏、青海等省局开展业务培训，培训 1000 多人。

信息服务

国家测绘地理信息局组织完成测绘地理信息系统各单位 2011 年各项专业统计年报的收集审核汇总工作；调整统计年报的框架结构和数据内容，编制完成 2011 年测绘地理信息统计年报，首次将统计分析报告编入统计年报中。完成 2011 年四季度和 2012 年一、二、三季度统计报表的汇编工作。

根据 2011 年测绘地理信息统计年报数据，选取测绘服务总值、从业人员、资质单位数量等指标开展数据分析工作，撰写了《测绘地理信息行业发展综述》、《测绘地理信息系统发展综述》、《测绘成果提供使用综述》等分析报告。积极推动各单位开展统计分析工作，共有 30 多家单位编写了 2011 年测绘统计分析报告，编辑形成《2011 年测绘地理信息统计分析报告汇编》，并印制成内部参考资料发送至各单位。

及时向国家统计局（《中国统计摘要》、《中国统计年鉴》、《中国科技统计年鉴》、测绘服务财务状况统计表）报送有关测绘统计资料、向国土资源部等有关部门提供测绘统计资料。

调查研究

国家测绘地理信息局组织部分统计人员先后赴广东、山东、上海等地开展统计调研。通过召开座谈会、实地走访、个别交流等形式，了解各单位测绘统计工作开展情况、存在的问题及对统计工作的意见、建议，并形成调研报告，为下一步工作的开展提供依据。

测绘地理信息教育

教育机制建设

国家测绘地理信息局继续发挥行业主管部门作用，重视测绘地理信息教育工作，启动多项加强测绘地理信息人才教育的政策措施，进一步完善测绘地理信息教育工作机制。推进测绘地理信息行业与高等教育院校协同创新、协同育人，联合教育部组织召开测绘地理信息高校座谈会，全国30多所高校校长和院系负责人50多人参加。推进我国测绘地理信息类工程教育参与国际交流、实现国际互认，组织成立测绘地理信息专业论证试点工作组，遴选出一批认证专家，起草了测绘工程专业认证标准中英文版，完成首批武汉大学和同济大学2所院校测绘工程专业的认证工作。积极服务各类测绘地理信息院校建设，推动河南省政府与国家测绘地理信息局签署共建郑州测绘学校协议，确定人才培养、科研课题、平台建设和产学研结合等方面的支持政策。

教育指导

国家测绘地理信息局强化测绘地理信息教育指导，联合教育部将原高等学校测绘学科教学指导委员会更名组建为测绘类教学指导委员会（含地理信息专业）。协调教育部将理学学科所属地理科学类地理信息系统专业划到工科所属测绘类下，纳入新组建的测绘类教学指导委员会（含地理信息专业）的职能范围。畅通测绘地理信息职业院校与行业的联系渠道，牵头完成全国测绘地理信息职业教育教学指导委员会的调整重组。组织开展首届测绘地理信息教学成果奖评选，共评选出44项教学成果奖，其中一等奖9项、二等奖15项、三等奖20项。

武汉大学

【概况】

至年底，武汉大学拥有测绘类专任教师400多人（正副教授300多人），中国科学院院士2人、中国工程院院士6人、欧亚科学院院士3人，国家教学名师2人。测绘学科共有本科生4000多人，硕士研究生1500多人，博士研究生600多人。2012年，测绘学院、遥感信息工程学院、资源与环境科学学院、测绘遥感国家重点实验室、卫星定位技术研究中心、中国南极测绘研究中心共招收测绘及相关专业研究生717人，其中博士研究生158人、硕士研究生559人；毕业测绘及相关专业研究生698人，其中博士研究生134人、硕士研究生564人，毕业研究生就业率约为95%，在武汉大学各学科专业毕业研究生就业率中处于前列。

2012年，武汉大学测绘学科获国家科技进步奖4项，省部级奖励近20项；发表科研论文430篇，其中SCI 128篇、EI 230篇、ISTP 72篇；出版专著20本，授权发明专利20项，申请软件著作权近70项；在研项目1000多项，经费总额近3亿元。

【学科专业工作】

在教育部学位与研究生教育发展中心开展的全国第三轮学科评估中，武汉大学“测绘科学与技术”继续排名第一。

3月，教育部下发《关于批准实施“十二五”期间“高等学校本科教学质量与教学改革工程”2012年建设项目的通知》。武汉大学测绘工程、遥感科学与技术专业被批准为专业综合改革试点项目，按照准确定位、注重内涵、突出优势、强化特色的原则，通过自主设计建设方案，推进培养模式、教学团队、课程教材、教学方式、教学管理等专业发展重要环节的综合改革，促进人才培养水平的整体提升。

【获奖情况】

李霖参加完成的“国防交通地理信息系统建设”获2012年国家科技进步奖一等奖；李德仁等承担完成的“天地一体化对地观测数据处理技术创新及在国家应急响应中的应用”、李建成参加完成的“高精度三维工程环境构建理论、方法及公路勘察设计成套技术”、刘耀林等参加完成的“全数字化土地资源评价关键技术与工程应用”均获二等奖。

“精密单点定位理论方法、软件系统及其推广应用”获2012年中国测绘学会测绘科技进步奖一等奖；“宁波市1厘米似大地水准面高程基准建立及GNSS高程测量推广应用”、“南水北调中线工程测量软件集成系统”、“2008年汶川地震近场三维形变精密测定与研究”获二等奖；“疏浚工程GPS PPK潮位测量技术”、“准噶尔盆地中西部油区精化似大地水准面构建”获三等奖。“恩施城区1:500土地调查”获2012年中国测绘学会优秀测绘工程奖银奖。《增城市城乡发展与规划地图集》、《广州市影像地图集》获2012年中国测绘学会优秀地图作品裴秀奖铜奖。“利用GPS信号直接测定海拔高的关键技术”获卫星导航定位科技进步奖一等奖。

“国产高分辨率光学卫星影像地面处理系统”获2012年教育部科学技术进步奖一等奖；“基于多源影像的城市信息快速获取与精细管理技术及应用”获2012年华夏建设科学技术奖；“基于影像的精细化城市管理技术与示范”获2012年北京市科学技术奖三等奖；“煤与瓦斯共采可视化应用平台”获安徽省科学技术奖三等奖；“基于网络和信息技术的GPS新技术及其在西部工程建设和防灾中的应用”获2012年陕西省科学技术奖一等奖；“基于普通数码相机的可量测影像构建及文物三维重建”获2012年甘肃省科学技术进步奖三等奖。

李建成获“湖北省十佳师德标兵”称号并被授予“湖北五一劳动奖章”。李德仁被国际摄影测量与遥感学会授予“荣誉会员”称号。姜卫平获“十一五”测绘地理信息科技优秀青年科技贡献奖。

【重要事件】

一、武汉大学测绘学院创立56周年庆典暨宁津生教授80华诞从教56周年学术创新与教育发展论坛

10月18日，以“汇聚校友、聚集思想、传承精神、共创未来”为主题的武汉大学测绘学院创立56周年庆典暨宁津生教授80华诞从教56周年学术创新与教育发展论坛举行。陈俊勇、李德仁、刘经南、王家耀、许其凤、杨元喜、龚健雅、刘先林、魏子卿、许厚泽、张祖勋院士及各界代表、海内外校友1500多人出席活动。期间，举办了宁津生教授学术创新与教育发展论坛、战略合作协议签字仪式暨捐赠仪式等活动。

二、武汉大学获“地理空间信息科学全球领袖”奖

4月23日~25日，地理空间信息世界论坛在荷兰阿姆斯特丹举行，武汉大学被授予“地理空间信息科学全球领袖”（Geospatial World Leadership）奖。

三、获中国国际工业博览会三项大奖

11月6日~10日，第十四届中国国际工业博览会在上海举行，共有1800多家企业和63所高校参展。武汉大学测绘学科的“测绘基准和空间信息快速获取关键技术及应用”获大会创新奖、“吉奥地理信息服务平台软件GeoGlobe”获大会银奖，武汉大学获高校展区优秀组织奖。

四、武汉大学研究生学术创新奖

6月，在武汉大学首届“武汉大学研究生学术创新奖”评选中，测绘遥感信息工程重点实验室1人获特等奖，8人获一等奖，12人获二等奖，21人获三等奖。

五、《走进测绘殿堂》入选教育部2012首批精品视频公开课

教育部高等教育司公布2012年第一批218个精品视频公开课选课/课程名单，宁津生院士负责的《走进测绘殿堂》成功入选。《走进测绘殿堂》课程由6位院士和4位知名教授共同讲授，是经全国高等学校测绘教学指导委员会研究确定的测绘工程专业的8门核心课程之一。

六、测绘学院获全国大学生测绘技能大赛团体一等奖

7月17日~19日，武汉大学测绘学院组队参加第二届全国普通高等学校大学生测量技能竞赛，获团体一等奖，数字测图一等奖、一级电磁波测距导线测量二等奖以及四等水准测量三等奖。

七、全国优秀博士学位论文

武汉大学2篇博士学位论文入选全国优秀博士学位论文，其中1篇是测绘遥感信息工程国家重点实验室黄昕的《高分辨率遥感影像多尺度纹理、形状特征提取与面向对象分类研究》。

郑州测绘学校

【日常教学与科研工作】

2012 年，郑州测绘学校加强教学检查和督导，进一步强化专业课课间实习、外业实习和毕业生职业技能鉴定工作。调整外业实习计划，外业实习期间开展水准测量技能竞赛，提高学生的实作技能和适应测绘地理信息工作的能力。做好武汉大学函授站 11 个批次 3145 人的集中教学与成绩考核；组织函授班班主任培训，提高函授班管理水平。

承担河南省教育厅职业教育教学改革项目立项课题、河南省教育科学规划课题的研究工作，完成“中等职业学校教学质量评价体系研究”、“中等职业学校工程测量专业建设与职业标准衔接的研究”、“信息技术在航测教学中的应用”等课题，开展“测量工程专业中等职业教育人才培养模式改革研究”、“新技术条件下，地图制图与 GIS 专业的课程体系改革研究”、“中等职业学校测绘类实训基地规范化建设研究”等课题研究。专业课教师在 CN 级刊物发表论文 60 多篇。

【国家示范校申报及建设】

郑州测绘学校开展“国家中等职业教育改革发展示范学校建设计划项目”的申报工作。8 月 22 日，郑州测绘学校校入选国家中等职业教育改革发展示范学校。出台《郑州测绘学校国家中等职业教育改革发展示范学校建设项目管理办法》和《郑州测绘学校国家中等职业教育改革发展示范学校建设项目经费管理实施细则》等文件，规范了相关工作。

【师资队伍建设及教材建设】

郑州测绘学校通过组织教师培训、选派教师外出学习等方式提高专业课教师的理论水平和组织测绘地理信息生产的能力。与武汉大学联合举办测绘技术工程硕士研究生课程进修班，16 名教师参加研究生课程学习；组织教师开展技师培训考核，选派 12 名教师参加测绘地理信息行业职业技能鉴定考评员、心理辅导师等多种培训；派遣青年教师参加测绘地理信息生产实践；组织教师参加河南省教育厅组织的优质课比赛和河南省教育工会组织的技能竞赛，获一等奖 2 个、二等奖 1 个、三等奖 2 个；对见习教师，继续施行“1 对 1”的辅导制度。

由学校教师主审的教育部高等学校高职高专测绘类专业教学指导委员会“十二五”规划教材《遥感测量》出版。组织完成《GNSS 操作与数据处理》、《测量平差与数据处理》等教材的编写工作，按照“项目引导、任务驱动”新教学模式开展《控制测量》、《摄影测量基础》、《地图基础》等教材的编写工作；完成《空间数据库技术》教材大纲及细目的编写和《地理信息系统》、《地貌学》、《图像处理》、《多媒体在数字摄影测量中的应用》、《航空摄影测量外业》、《Geoway 航测数据处理》、《工程测量学》等课程教学课件的制作。

【招生与毕业生就业】

郑州测绘学校全年共招收全日制中专生 1233 人。积极做好武汉大学函授站的招生工作，共录取 2013 级函授生 1326 人。按照《郑州测绘学校毕业生就业工作细则》，做好 2012 届毕业生的就业工作。

【校企合作与实用人才培训】

郑州测绘学校加强与测绘地理信息生产单位的联系，9 月，2013 届 1428 名学生全部到测绘地理信息生产单位进行为期 1 年的顶岗实习。为确保实习质量，组织人员赴 11 个省（市）52 家生产单位开展顶岗实习回访工作，了解学生顶岗实习情况，加强与生产单位的沟通。出台《郑州测绘学校学生顶岗实习管理办法》，完善学生实训管理数据库，实现电子化管理；对顶岗实习学生首度试行“双导师”制（学校和顶岗实习单位各为顶岗实习学生安排一位“导师”），完善“校企合作、工学结合、顶岗实习”的人才培养模式。

坚持产学结合，承接甘肃和政县集体土地确权、河北磁县及永年县内业成图编辑、郑州市高新技术产业开发区 40 平方千米 GPS 基础控制等 11 个测绘地理信息生产项目，完成《河南省文物保护地图集》、《许昌市交通旅游图》的编制等工作。积极发挥国家测绘地理信息局测绘职业技术教育培训基地的功能，举办 3 期测绘实用人才培训班，培训学员 50 多名。

【学生管理及德育、综合素质培养工作】

郑州测绘学校修订年度先进班主任评选办法，坚持班主任例会制度和班主任工作评比制度，举办学生教育管理工作研讨会和辅导员工作经验交流会。认真落实国家惠民政策，做好学生资助工作。规范各类评先评优办法，建设良好的校风、班风和学风。

树立“育人为本、德育为先”的理念，把学生的测绘职业道德教育和岗前教育作为重点，通过征文比赛、主题讲座等形式，培养学生的测绘职业道德，对学生进行职业纪律和安全生产等方面的岗前教育。

重视素质教育，举办校园文化周、校园歌手大赛等文艺活动；支持学生舞蹈团、古风书画社、校园通讯社、学生合唱团等社团开展活动；举办经纬杯足球赛、雄鹰杯篮球赛、演讲比赛等文体活动，培养学生的综合素质。出台《郑州测绘学校学生综合素质拓展证书实施办法（试行）》，成立了学生综合素质拓展证书实施工作组织机构。11月，组织学生参加2012年河南省中职学校学生素质能力大赛，2人获基础类普通话演讲竞赛三等奖；2人获基础类国学经典诵读竞赛一等奖；2人分获计算机应用类Excel数据处理技能竞赛二、三等奖；2人分获计算机应用类PowerPoint设计制作技能竞赛一、二等奖；快乐校园类校园小合唱竞赛获一等奖。

【新校区建设与省部（局）共建工作】

加快新校区建设、促进“河南省人民政府和国家测绘地理信息局共建郑州测绘学校”是郑州测绘学校2012年的2项重点工作。年底，新校区土地使用权得到国家批准，郑州测绘学校确定了一期工程施工建设的总体思路。10月17日，河南省政府与国家测绘地理信息局共建郑州测绘学校协议在郑州签订。

军事测绘导航教育培训

5月8日~6月20日，总参测绘导航局在郑州解放军信息工程大学测绘学院组织全军作训、侦察参谋测绘导航集训活动，军队系统47名学员参加。7月5日~6日，在西安第二炮兵工程大学组织军队测绘导航专业士兵职业技能鉴定试点观摩与集训活动，组织了专家辅导授课、建设成果观摩、实兵实装操作演练和考评员培训，军地有关部门共90多人参加。

9月24日~27日，总参测绘导航局、总参军训部院校教学局在南昌陆军学院组织全军院校军事地形学讲课比赛活动，来自军队和武警部队的64所院校240名教员和代表参加活动，其中，58所院校的77名教员参加比赛，共评出一等奖4名、二等奖8名、三等奖24名。

精神文明建设

党建工作

【创建学习型党组织】

2012年，国家测绘地理信息局党组中心组共进行12个专题的学习，集体学习研讨时间为13天。

推进学习型党组织建设，举办“测绘学习大讲堂”7期，邀请有关领导和专家学者作专题辅导报告，加强党员干部的理论素养和战略思维。

【学习贯彻十八大精神】

国家测绘地理信息局组织完成十八大代表候选人预备人选和中央国家机关党代表会议代表的推荐提名工作，国土资源部党组副书记、副部长，国家测绘地理信息局党组书记、局长徐德明当选为中共十八大代表。十八大召开前，根据《中宣部宣传思想工作要点》，组织开展以编辑一本书、举办一个图片展览、拍摄一部宣传片为主要内容的十七大以来我国测绘地理信息事业辉煌成就宣传展示工作，并在局门户网站开设专栏进行同步宣传。起草印发《关于认真学习宣传贯彻党的十八大精神的通知》，通过召开干部大会、举办专题报告会、集中学习讨论、座谈交流、配发学习资料等形式学习贯彻十八大精神。

【创先争优活动】

国家测绘地理信息局起草印发《国家测绘地理信息局创先争优活动2012年工作要点》，安排部署2012年创先争优活动相关工作。印发《关于开展群众评议创先争优活动的通知》，在局直属单位开展群众评议创先争优活动，每个基层党组织和党员都接受了群众评议。深入开展党群共建创先争优活动，积极参加国土资源部党群共建创先争优实践成果评比活动并获一等奖。

“七一”前夕，对创先争优活动中表现突出的15个先进党支部和35名优秀共产党员进行表彰和宣传。以“学身边楷模、赞测绘群英”为主题，通过网上专栏、宣传短片、汇编成书等形式，集中展示创先争优活动成果。按照中央统一部署，印发《关于认真做好创先争优活动总结及建立健全创先争优长效机制的通知》。向中央创先争优活动领导小组报送《国家测绘地理信息局创先争优活动总结》，全面总结了局创先争优活动的主要做法、特点、成效和体会及下一步工作打算。

【基层党组织建设】

国家测绘地理信息局积极参加中央国家机关“走进基层党支部”活动和基层组织建设年征文活动。组织《中国测绘报》记者蹲点采访，形成12篇“记者手记”并在人民网、创先争优网、紫光阁网等网站和《中国测绘报》登载，2篇文章分别被评为“优秀手记”和“支部书记的方法论”优秀奖，国家测绘地理信息局直属机关党委获优秀组织奖。

印发《关于开展党支部分类定级活动的通知》，在直属机关范围内以支部为单位，按照分类定级考核表，以自评和互评相结合的方式开展党支部分类定级工作。共有68个党支部参评，累计2341人次参评。

印发《关于开展“强支部建设、促科学发展”优秀活动评选工作的通知》，组织开展直属机关优秀支部主题活动评选，并对评出的18个优秀活动和11个展示活动进行集中展示。

印发《关于直属党支部换届选举等相关工作的通知》，成立财务结算中心党支部，指导17个直属党支部、国家基础地理信息中心和卫星测绘应用中心完成换届选举和委员增补工作。举办局直属单位党建工作培训班，首次吸纳5家测绘地理信息企业有关人员参加，提高了党务工作者的业务素质和能力。按照党员发展程序，做好组织发展工作，全年共发展预备党员22名，16名预备党员如期转正。完成2012年党内统计和党费收缴工作，做到应统尽统，应收尽收。

【群团、统战和稳定工作】

国家测绘地理信息局完成局机关工会换届选举工作，举办直属机关工会干部培训班。参加全国能源化学系统五一劳动奖章的推荐评选活动。参与国土资源部“巾帼建功”评选表彰活动，共有1个集体和10名个人获奖。以“薪火相传情系中国测绘，砥砺青春续写事业华章”为主题举办五四青年节纪念活动，并对局直属机关5名杰出青年和15名优秀青年进行表彰。

1月12日，召开党外人士代表新春座谈会，来自农工、民盟、民建、致公党、“九三”学社的民主党派人士以及无党派高级知识分子代表共话发展，密切了与党外人士的联系和感情。

及时向局属有关单位传达中央有关维稳工作的文件精神并组织做好相关维稳工作。

党风廉政建设

【中央决策部署贯彻落实】

国家测绘地理信息局认真贯彻落实十七届中纪委七次全会和国务院第五次廉政工作会议精神，深入学习胡锦涛总书记、温家宝总理讲话精神以及中共中央书记处书记、中央纪委副书记何勇视察中国测绘创新基地时的讲话精神。

3月29日，国家测绘地理信息局在南京召开全国测绘地理信息系统党风廉政建设工作会议，对2012年党风廉政建设和反腐败工作做出部署。起草印发《中共国家测绘地理信息局党组关于2012年党风廉政建设和反腐败工作实施意见》，并对反腐倡廉建设工作进行责任分解和任务分工。组织开展局属各单位、机关各司局党风廉政建设第一责任人向局党组递交《党风廉政建设责任承诺书》活动。

【权力制约和监督】

国家测绘地理信息局在开展全系统廉政风险点排查的基础上，梳理形成《测绘地理信息系统主要职能廉政风险点》，并制定印发《关于加强廉政风险防控机制建设的通知》，对切实加强廉政风险防控管理提出明确要求，促进廉政风险防控工作常态化、长效化。加强对重点项目和重点工作安排实施和资金管理使用情况的监督检查，参与“927”一期工程装备采购、国家基础航空摄影项目和资源三号卫星应用系统招投标的监督工作。对黑龙江测绘地理信息局、国家测绘产品质量检验测试中心2家单位领导班子进行集中巡视。坚持抓好党性党风党纪教育，切实做好信访和案件查办工作。

【“五型机关”创建活动】

国家测绘地理信息局印发《关于做好2012年“五型机关”创建活动工作的通知》，进一步推进“五型机关”创建活动。组织开展2012年度“五型机关”创建活动先进司局、先进处（室）和先进个人评选表彰工作，2个司局、9个处（室）、25名公务员受到表彰。

【信访举报和案件查处工作】

国家测绘地理信息局继续做好信访工作，畅通举报渠道，全年共受理群众信访举报 1 件，对于群众反映问题，严格按照信访办理程序，做好核查处理。加强案件查办工作，查处 1 名司局级干部和 1 名处级干部贪污案件，并依据党纪政纪处分规定和司法机关的判决，分别给予 2 人开除党籍、开除公职处分。

【内部审计】

国家测绘地理信息局组织完成对黑龙江测绘地理信息局、海南测绘地理信息局、国家测绘产品质量检验测试中心、中国测绘学会、国家测绘地理信息局管理信息中心、地图技术审查中心、测绘发展研究中心、职业技能鉴定指导中心主要领导的离任经济责任审计。对无锡培训中心进行财务收支审计。对黑龙江测绘地理信息局、四川测绘地理信息局、陕西测绘地理信息局等单位开展审计调查工作，针对发现的问题，提出整改建议，并督促整改。参与国家现代基准体系基础设施建设一期工程的财务监督工作。配合审计署组织联网审计的前期准备工作。

思想政治工作

国家测绘地理信息局组织开展中国测绘职工政研会 2011 年度优秀研究成果评选表彰，共评出组织奖 8 名、个人奖 25 名，编辑出版《中国测绘职工政研会 2011 年度优秀调研成果集》。采取重点课题分组研讨的形式，开展 2012 年度重点课题调研工作，共征集优秀研究成果 125 篇。积极参与中央国家机关党建研究会重点课题调研，提交的《关于加强机关文化建设的问题研究》调研报告获三等奖。

文化建设

国家测绘地理信息局印发《关于进一步开展测绘地理信息文化建设有关工作的通知》，组织开展系列文化活动，评选出“测绘地理信息文化精品奖”12 个、“测绘地理信息文化大家谈”优秀征文 15 篇。组织开展全国测绘地理信息系统首届桥牌赛，第二届羽毛球比赛，在京青年职工篮球赛，在京职工春、秋游，春节团拜会等活动，每月定期在中国测绘创新基地播放电影。争取全国总工会划拨的购买体育设施专项补助，为机关各司局和相关单位配备了体育活动用品。组织局直属机关党员干部参加首届中央国家机关公文写作技能大赛，45 篇作品获奖。以纪念“三八”国际劳动妇女节为契机，举办“迎十八大，抒巾帼情”测绘女职工摄影比赛。

充分利用测绘报刊、网站，推出测绘地理信息宣传和文化成果。《中国测绘报》的《文化专刊》已刊出 5 期。

学术社团

中国测绘学会

【学术交流】

中国测绘学会召开 2012 年学术年会，参加人数超过 1000 人。大会以“创新理念 共谋发展 构建数字中国 探索智慧未来”为主题，举办主题报告会、特邀报告会和专题报告会、全国测绘地理信息新技术新装备展览会、新产品新技术发布会以及论文评选等活动，搭建测绘学术交流平台。联合中国工程院、国家测绘地理信息局共同举办测绘地理信息发展论坛，探讨交流现代测绘地理信息科学技术在可持续发展方面的学术、技术、管理以及政策等问题。

【科技普及】

中国测绘学会举办 2012 年全国学生定向越野锦标赛暨“中国四维杯”第八届全国测绘地理信息职工定向越野赛。与中国城市规划协会共同举办雪地徒步定向比赛。编制出版《看地图 识中国》科普图书。积极参与全国科普教育基地认定工作，向中国科协申报测绘地理信息科普教育基地。参与测绘法宣传日活动，组织开展宣传口号、公益短信、宣传标识、宣传画有奖征集活动。

【承接职能】

中国测绘学会充分发挥科学技术、人才资源和组织网络优势，积极承接政府职能转移工作。受国家测绘地理信息局委托，积极投入全国测绘地理信息市场信用信息管理工作，主动承担信用信息的征集、整理、查询和信用信息平台的日常管理维护，加快推进测绘地理信息市场信用体系建设，维护了测绘地理信息市场秩序。作为全国工程教育测绘地理信息类专业认证试点工作组的办事机构，积极组织专家参加教育部和中国科协组织开展的认证培训和见习工作，协助完成测绘地理信息类专业认证补充标准（含英文版）的制定，组织对武汉大学和同济大学的测绘工程专业进行认证，为实现国际测绘地理信息类教育专业间的实质性互认奠定基础。开展 2012 年测绘地理信息创新产品认定工作，认定 2012 年测绘地理信息创新产品 37 项。受国家测绘地理信息局委托，组织开展 1:5 万国家基础地理信息数据库动态更新评估工作。积极筹划国家“927”项目海岛礁测绘评估工作。

【科技奖励】

中国测绘学会完善测绘科学技术奖励制度，调整中国测绘学会科技奖励委员会人员以及测绘科技进步奖、全国优秀测绘工程奖和全国优秀地图作品裴秀奖评审委员会人员，及时召开奖励委主任会议和工作会议，研究测绘科技奖励工作。起草《中国测绘学会表彰奖励办法（征求意见稿）》，修订《中国测绘学会先进集体和先进个人评选办法（修订稿）》。组织开展 2012 年测绘科技进步奖、全国优秀测绘工程奖、优秀地图作品裴秀奖和青年优秀论文评选工作。在广泛调研和征求意见的基础上，测绘科技进步奖设置特等奖，优秀测绘工程奖设置白金奖。评选出测绘科技进步奖 96 项，优秀测绘工程奖 266 项，优秀地图作品裴秀奖 75 项，青年优秀论文 37 篇。

【国际合作】

中国测绘学会深入贯彻落实国家测绘地理信息局“走出去”战略，组织测绘地理信息企业参加国际测绘地理信息交流活动，推动民间测绘地理信息技术合作。与英国皇家特许测量师学会在北京签署《中国测绘学会与英国皇家特许测量师学会合作备忘录》，推动两国会员资格双重认证，建立了高层交流与互访关系。推荐学会副理事长陈军竞选国际摄影测量与遥感学会（ISPRS）主席，推荐学会大地测量专业委员会主任委员程鹏飞竞选国际测量师联合会（FIG）副主席，并成功当选。积极向中国科协申请任职专家出国参加会议和活动的有关费用，均通过审核获得批准。组织我国测绘地理信息企业和科技工作者参加国际测绘地理信息会展和交流访问活动，出访瑞典、芬兰和日本，并达成开展实质性合作交流意向。

【企业和科技工作者服务】

中国测绘学会建立会员建议上报制度等，完善会员联系、沟通和交流机制，积极主动听取会员意见和建议。全年发展团体会员单位近 100 家。召开团体会员工作会议，就搭建学术交流平台、促进科技进步、做好会员服务等方面与会员进行讨论。联合武汉大学和执业资格工作委员会共同签署了注册测绘师考试培训合作协议。积极筹备测绘地理信息相关新技术培训，提高从业人员素质和能力。

【组织建设】

中国测绘学会继续加强组织建设，充分发挥各理事单位积极性，坚持民主办会、民主议事制度。要求重大事项通过常务理事会、理事会讨论决定，召开 2 次全体理事会议、2 次理事长会议、3 次常务理事会议、1 次秘书长工作会议和 1 次团体会员会议。改革秘书处人事、财务制度，完善考核奖励机制，建立完整的学会工作规章和工作流程，进一步推进学会组织管理的规范化。依托组织网络优势和信息资源，建立互助工作平台，拓宽服务会员的渠道和途径，创新会员服务方式，推动学会工作信息化。印发《中国测绘学会秘书处及分支机构 2012 年重要会议和活动计划》，协调分支机构组织学术和科普活动，指导省级学会开展增选换届、学术交流、科学普及等工作。完善学会领导联系省级学会的分工制度，及时了解分支机构和省级学会的工作动态。

【期刊工作】

《测绘学报》建立作者、审稿者、编辑、读者四位一体的期刊队伍，提高了编委会和审稿队伍的国际化程度。建立完善了期刊数字平台，实现期刊的数字化、信息化、智能化，论文检索更为便利、快捷。

【分支机构工作】

一、中国测绘学会科技信息网分会

9 月 4 日 ~5 日，陕西省测绘学会（西北测绘信息分网办公室）在兰州举办西北地区第十六届测绘学术与科技信息交流会。来自西北五省（区）的 130 多人参加，会议进行了学术交流和论文评奖。大会共收到论文 210 篇，评出优秀论文 42 篇。

10 月 8 日 ~12 日，广东省测绘科技信息站在广州举办全国测绘科技信息网中南分网第二十六次信息交流会。来自中南六省的 100 多名代表参加，共收到论文 144 篇，评出优秀论文 43 篇。

10 月 16 日 ~19 日，中国测绘学会科技信息网分会联合武汉大学测绘学院和湖北省测绘局在武汉举办第十次全国测绘科技信息交流会，全国测绘地理信息行业 160 多人参加。

二、中国测绘学会测绘学名词审定委员会

10 月 19 日，中国测绘学会测绘学名词审定委员会在武汉召开《测绘学分类表》（第二版）编制修订工作会议，研讨《测绘学专业分类表》（第二版）的调研建议。

6 月 7 日 ~ 9 日，第七届测绘学名词审定委员会第二次主任扩大会议在青岛市召开。会议审议了《测绘学名词》（第四版）初稿和《中国图书馆图书分类法・测绘学专业分类表》，对《〈测绘学名词〉（第四版）词条初稿》进行讨论。

中国地理信息产业协会

【中国地理信息产业大会】

11 月 29 日 ~30 日，2012 中国地理信息产业大会第七届海峡两岸 GIS 研讨会在广州召开。全国政协副主席罗富和，全国政协教科文卫体委员会主任、中国科学院院士徐冠华出席会议，国家测绘地理信息局局长徐德明出席会议并作题为《同心聚力，抱团发展，共促地理信息产业大繁荣》的报告。广东省副省长许瑞生出席会议并致辞。湖南省政协副主席杨维刚、广州市常务副市长陈如桂、国家测绘地理信息局副局长宋超智出席会议。外交部、国家发展和改革委员会、教育部、工业和信息化部、公安部、民政部、国土资源部、住房与城乡建设部、国家安全生产监督管理总局、国家统计局等部门相关负责人以及刘先林、叶嘉安、孟伟、龚健雅等院士、专家出席会议。港澳台地区和美国、英国、加拿大、澳大利亚、瑞典、新加坡等国家组团参会。3000 多人参会，近 1 万人参加展览、论坛和就业招聘会。

会议公布了 2012 中国地理信息科技进步奖、2012 中国地理信息产业优秀工程奖、2012“苍穹杯”中国地理信息产业优秀论文、“高德地图杯”中国位置应用大赛作品奖获奖名单以及中国地理信息产业最佳雇主。

大会举办中国地理信息产业高端论坛、广州地理信息产业园论坛暨签约仪式等 12 个论坛，共 125 场报告会，收到论文 142 篇；举办中国地理信息产业成就展，大学生就业招聘会。发布《大学生就业白皮书》，公布每年大学生就业的需求、现状和对策。

【评奖工作】

一、地理信息科技进步奖、优秀工程奖及优秀论文评选

中国地理信息产业协会组织开展地理信息科技进步奖、地理信息产业优秀工程奖评选工作，评选出 2012 年中国地理信息科技进步奖获奖项目 94 项，2012 年中国地理信息产业优秀工程奖获奖项目 160 项。开展 2012 中国地理信息产业“苍穹杯”优秀论文评选活动，评选出优秀论文 7 篇、青年优秀论文 8 篇。

二、三维地理信息服务平台软件测评

6 月 20 日 ~10 月 11 日，中国地理信息产业协会组织开展 2012 年中国三维地理信息服务平台软件测评。共有 37 套数字城市地理信息公共平台国产软件申报参评，经审定，“超图地理信息系统软件 6R（2012）”等 13 个合格软件被国家测绘地理信息局、中国地理信息产业协会认证为推荐软件。测评出的合格软件产品由国家测绘地理信息局、中国地理信息产业协会统一向社会发布公告，在各级测绘地理信息部门和单位采购时优先购买，并利用多种渠道向全社会进行推荐。

三、地理信息产业最佳雇主单位评选

为激励履行社会责任、构筑和谐劳资关系、重视员工发展成长的优秀企业更加奋发图强，中国地理信息产业协会授予北京东方道迩信息技术股份有限公司、北京四维图新科技股份有限公司、北京合众思壮科技股份有限公司、北京超图软件股份有限公司等 13 家单位“地理信息产业最佳雇主单位”称号。

四、kz1 国产空间信息系统软件测评

中国地理信息产业协会受科技部委托，联合科技部遥感中心、中国环境遥感学会组织开展国产空间信息系统软件测评工作。经评选，确定 23 个获奖软件。其中，优秀软件 11 个，包括 GIS 平台类软件 2 个、GIS 专业应用软件 8 个、GNSS 专业应用软件 1 个；表彰软件 11 个，包括 RS 平台类软件 2 个、GIS 专业应用软件 7 个、RS 专业应用软件 1 个、GNSS 专业应用软件 1 个；鼓励软件 1 个，为 RS 平台类软件。

【组织建设】

中国地理信息产业协会召开秘书长会议、协会理事会会议、新年新春联谊会、地理信息产业科技创新文化创新恳谈会等，报告工作、研究热点、落实任务。

至 2012 年底，中国地理信息产业协会共有会长、副会长 69 人，秘书长、副秘书长 23 人，常务理事

201人，理事328人，31名院士、科学家担任顾问。

完成社团登记更名、科技奖励登记更名、财务工商税务登记更名。会费收入被列为国家税务部门五年免税项目。

按国家测绘地理信息局要求，从2012年开始，财务工作全部移交国家测绘地理信息局，接受监督和管理。根据财政部、国家税务总局要求，完成“营改增”工作。

【分支机构活动】

中国地理信息产业协会更名后，工作委员会由10个发展为26个。对协会会长、秘书长和工作委员会进行了职责分工。年内各工作委员会组织多次学术交流。

为促进警用地理信息技术的应用和发展，配合公安部金盾工程PGIS建设工作会议召开，5月24日~25日，公共安全工作委员会在黄山市召开警用地理信息技术交流会，280多人参加。

9月19日~21日，城市信息系统工作委员会主办、北京建设数字科技股份有限公司承办的地理信息云计算技术应用体验暨城市信息化前沿技术研讨会在洛阳召开，来自全国相关领域的100多人参加。

9月20日~23日，教育与科普工作委员会、教育部高等学校地理科学类教学指导委员会主办，滁州学院、安徽师范大学、安徽省地理信息中心承办的全国第五次GIS教育研讨会暨首届全国GIS系主任联席会议在滁州学院举行。100多名代表畅所欲言，对五个议题进行了深入讨论。大会举办了首届全国大学生GIS技能大赛、首届全国GIS系主任联席会议，组织了GIS人才培养模式研讨、GIS专业优秀教材展览，中国地理信息产业协会教育与科普工作委员会网站正式上线。

9月27日~28日，理论与方法工作委员会主办的2012年中国地理信息理论与方法学术年会在成都举行，来自中国科学院、北京大学、武汉大学、解放军信息工程大学等40多家科研院所的300多名专家学者参加。

11月30日，文化遗产保护工作委员会成立大会暨GIS技术在文化遗产保护领域中的应用论坛在广州举办，文化遗产保护工作委员会挂靠单位为广州市欧科地理信息技术服务有限公司。

11月30日，云计算与物联网工作委员会在广州召开云GIS与物联网论坛，多位业内专家学者、GIS企业高级管理者和专业技术人员参加。

【企业协调、维权工作】

3月5日，为维护北京国遥新天地信息技术有限公司正当权益，中国地理信息产业协会与北京市朝阳区国家税务局商洽从轻处理该公司税务罚款问题。经过沟通与交流，对该公司作出恰当的处理。积极作好行业内企业之间协调工作，促进企业和谐发展、行业健康发展。

【北京市地理信息产业政策研究】

受北京市勘察设计与测绘管理办公室委托，中国地理信息产业协会历时近一年，通过问卷调查和座谈会等形式，获取准确数据、资料，基本摸清北京市地理信息产业发展状况，掌握产业发展的基本动向，对产业规模、产业结构、产业链构成、企业竞争力等有了初步了解，提出政策层面相关建议，完成北京市地理信息产业政策研究课题。

【“高德杯”中国位置应用大赛】

6月24日~11月29日，在国家测绘地理信息局指导下，中国地理信息产业协会主办、高德软件有限公司承办2012“高德地图杯”中国位置应用大赛。评选出“一块去旅行AR导览”作品为特等奖，“I taxi我的出租车”等5项作品为一等奖，“基于高德地图的北斗综合数据终端”等7项作品为专项奖。

【网络建设和书刊出版】

2012年，中国地理信息产业协会网站18个栏目共刊登新闻稿710篇，点击浏览约138万人次。

中国地理信息产业协会会刊《地理信息世界》由黑龙江测绘地理信息局承办改为协会承办。会刊主管单位仍为国家测绘地理信息局，主办单位为中国地理信息产业协会、黑龙江测绘地理信息局。11月，在广州召开《地理信息世界》编委会会议，对《地理信息世界》编委作了重要调整。按国家新闻出版总署和国家工商管理总局对新闻出版改革的要求，经国家测绘地理信息局批准，中国地理信息产业协会注册成立北京嘉音泰文化传播责任有限公司，主营《地理信息世界》广告咨询服务工作。

7月~11月，编辑出版新版《中国地理信息产业联谊手册》。10月，编辑出版《中国地理信息产业协会中英文简介》。

《中国GIS快讯》全年发刊10期，集中反映地理信息产业的热点问题，为领导和会员单位提供产业发展的重要资讯，从舆论角度推动了产业的发展。

【民主办会与行业服务】

中国地理信息产业协会支持企业开展有益于学

术进步、技术推广、人才培养和产业发展的各类活动20次，走访、考察企业25次。召开会长会议、常务理事会、秘书长会议6次，评审会10次，研究落实有关工作，贯彻民主办会、协商办会、科学办会的精神。

多次受邀主持召开政府有关部门的项目验收会、产业园论证会、项目招投标、以及工商税务部门听证会。接待金融机构、咨询评估机构的企业信誉评估，协助资本运作，帮助企业融资上市。帮助做好会员单位的兼并重组和国家项目立项的专家咨询服务工作。

【对外交流】

8月19日~29日，中国地理信息产业协会代表团访问俄罗斯、芬兰、瑞典、葡萄牙、西班牙5国，考察各国地理信息产业相关企业，走访了5国GIS协会，加强与国外政府和协会之间的交流合作。

8月24日~9月1日，派员赴澳大利亚参加第22届国际摄影测量与遥感大会。

11月29日~30日，瑞典GIS协会代表团、港澳台GIS协会代表团参加在广州召开的2012中国地理信息产业大会，并在大会上作主题报告，展示GIS成果。

中国卫星导航定位协会

【更名工作】

2012年9月22日，民政部批复中国全球定位系统技术应用协会正式更名为中国卫星导航定位协会（GNSS&LBS Association of China）。新名称突显中国卫星导航定位协会工作的重点范围——卫星、导航和位置服务，为可持续发展开拓广阔的空间。在首届中国卫星导航与位置服务年会暨展览会上举行了更名仪式。

【调研工作】

2012年，中国卫星导航定位协会对55家企业进行调查研究，了解企业面临的新情况、新问题，发展计划和规划，以及对协会工作的意见和建议。

【会议与展览】

为更好地推动“北斗”卫星导航产业的发展，提升卫星导航生产企业核心竞争力，3月11日~23日，由工信部、国家测绘地理信息局指导，中国卫星导航定位协会和电子工业出版社主办的卫星导航产业现状专家研讨会在上海、南京、西安、广州举行。协会组织撰写报告并上报有关部门，为我国卫星导航产业健康发展提供政策决策依据。

9月23日~25日，“首届中国卫星导航与位置服务年会”在北京举办，大会组织主报告和12个分论坛、首届中国卫星导航与位置服务展览会、导航仪使用知识竞赛、位置服务创意大赛、行业年度大奖评选、优秀论文评奖、卫星导航定位科学技术奖颁奖等一系列活动。国家测绘地理信息局局长徐德明为年会题字并讲话，中国工程院院士刘经南、杨元喜，国家测绘地理信息局副局长李朋德等作报告，与会代表2000多人。

8月2日，中国卫星导航定位协会法律事务顾问聘任仪式暨知识产权保护战略论坛在中国测绘创新基地举行。

【评奖工作】

中国卫星导航定位协会不断完善卫星导航定位科学技术奖评选办法，进一步推进评奖工作制度化、规范化。经审定，评出2012年卫星导航定位科技进步奖35项；卫星导航定位优秀工程和产品奖26项。

在国家测绘地理信息局的部署下，组织完成2012年地图导航定位产品测评活动，测评内容包括导航电子地图质量检测、汽车导航和LBS位置服务软件测试以及导航设备技术性能评审等。有60多家国内外企业和投放到国内市场的产品参加了本次测评，涉及全部具备导航电子地图制作资质、生产全国地图数据的单位。

12月29日，中国卫星导航定位协会授予鄂尔多斯市北斗产业化应用示范基地称号。会长张荣久率企业家、专家团队参加揭牌仪式，同时考察鄂尔多斯基于位置服务技术及应用规划。

5月2日~7日，中国卫星导航定位协会主办的2012亚太区卫星导航与位置服务产业峰会在新加坡召开，会议推进卫星导航与位置服务国际合作与交流，提升了北斗应用的国际竞争力。

【银行巨额授信】

9月24日，在中国卫星导航定位协会年会开幕式上，中国民生银行和中国邮政储蓄银行向中国卫星导航定位协会授信200亿元额度。

【会刊及图书出版】

中国卫星导航定位协会组织出版2011年中国卫星导航与位置服务产业白皮书，针对中国卫星导航与位置服务产业发展基本情况进行首次发布。

2012年，中国卫星导航定位协会会刊发刊4期（含《中国新闻》特刊），在业界和社会上均产生了良好的反响。

基于卫星导航与位置服务产业进入大发展、大繁荣的增长期，北斗系统即将投入正式运行并覆盖亚太地区，全行业迎来技术创新、产品创新、应用创新、服务创新的背景，在行业内广泛征集论文，聘请专家对入选论文进行评审，评选出 13 篇优秀论文，其中一等奖 2 篇、二等奖 4 篇、三等奖 7 篇。

【科研项目】

中国卫星导航定位协会承担并完成北京市科学技术委员会 2012 年度软课题研究招标项目“基于位置服务（LBS）技术发展与应用研究”。课题成果为政府相关部门决策提供参考，可促进移动通信运营商及 LBS 服务商等产业链相关的创新主体的发展；为整合北京 LBS 的技术和产业资源，建立可持续发展模式下的 LBS 产业提供有效的实践支撑。

【完成《关于 GPS 应用监管措施的研究报告》】

为进一步规范和加强 GPS 应用的管理，防范和遏制非法测绘行为，中国卫星导航定位协会对 GPS 应用监管措施进行研究，形成《关于 GPS 应用管理措施的研究报告》。

中国卫星导航定位协会承担并完成“新疆克拉玛依市发展北斗信息产业可行性研究”项目，完成克拉玛依北斗信息产业发展总体规划和重点项目策划。6 月 30 日，联合克拉玛依市政府、新疆油田公司共同举办北斗导航与位置服务论坛。中国卫星导航定位协会常务副会长兼秘书长苗前军汇报了研究成果，克拉玛依市市长陈新发出席论坛并讲话，国家测绘地理信息局副局长李朋德作了专题演讲。

【会员管理】

中国卫星导航定位协会积极吸收新会员，完善会员基础数据库建设，加强会员会籍管理。加强与会员单位的联系与互动，为会员单位精准化服务提供基础和保障。

【分支机构建设】

中国卫星导航定位协会优化和完善各专业委员会建设，在原有 7 个分支机构的基础上增设北斗产业、智能物联、位置服务等 7 个分支机构，成立中国卫星导航定位产品及软件测评中心、培训中心等内设机构。

国际摄影测量与遥感学会（ISPRS）

2008 年 7 月 ~2012 年 9 月，国家基础地理信息中心承担国际摄影测量与遥感学会（ISPRS）秘书处职责，完成协调联络、印刷品编印、会员发展、会议审批、网站和数据库更新、学术交流活动组织等日常工作。2 月，秘书处承办国际摄影测量与遥感学会 2012 年度执行局会议，组织召开地理监测与分析专题报告会，邀请专家做专题报告。8 月，协助执行局筹办在澳大利亚召开的第 22 届国际摄影测量与遥感大会。会议期间，国际摄影测量与遥感学会召开全体会员代表大会，选举产生了主席等新一届领导层、技术委员会主席，增补了终身荣誉会员。我国推荐的国家基础地理信息中心总工程师陈军成功当选国际摄影测量与遥感学会主席，两院院士、武汉大学教授李德仁当选为国际摄影测量与遥感学会终身荣誉会员，中国科学院院士、武汉大学教授龚健雅当选为第六技术委员会主席，国家基础地理信息中心蒋捷当选为第四技术委员会主席。这是我国专家首次当选 ISPRS 的主要领导人。

在国际摄影测量与遥感学会秘书处工作的基础上，国家基础地理信息中心成立国际摄影测量与遥感学会（ISPRS）中国办公室。

地方工作

北京市

概况

2012年，北京市规划委员会全面贯彻落实国家测绘地理信息局和北京市委、市政府工作部署，大力推进各项测绘地理信息重点工作。北京测绘设计研究院按照事业单位分类改革的要求，深入推进“数据库升级、生产流程再造、内外业一体化和信息化管理平台建设”的科技创新“四位一体”项目，着力打造“数据航母”。

完成数字通州建设并通过验收，开展数字中关村、数字房山建设，丰台区等区县积极申请立项。“天地图·北京”正式接入“天地图”国家主节点，并开展“红色地图”、“北京人文地理”、“地图产品”、“服务资源”等典型应用。

积极推进市级测绘地理信息管理机构更名和调整职能工作。2012年12月19日，北京市机构编制委员会办公室同意将“北京市勘察设计与测绘管理办公室”更名为“北京市勘察设计和测绘地理信息管理办公室”，并增加地理信息管理等职能。

截至年底，完成平原区水准复测3400千米及中心城区1500点GPS RTK加密控制网更新工作，四环范围8450幅1:500地形图2次更新、六环范围5564幅1:2000地形图更新、全市域457幅1:1万地形图更新。按照北京市基本比例尺地形图更新周期对基础测绘成果进行更新，开拓新城基础测绘任务，完成通州区、顺义区、平谷区等区县215平方千米大比例尺地形图测绘。

严格测绘资质日常审批，不断提高审批质量。结合年度注册、质量监督检查、保密检查、优秀工程奖评选等工作，加强对申请资质升级、延续和增加业务范围测绘单位的现场考核和日常监管，对日常监督管理工作进行有效整合。对50多家测绘单位进行现场抽查和巡查，并加强互联网地图服务市场的日常监控，共发现1200多家与互联网地图服务有关的网站，对不具备条件的单位进行约谈，及时予以纠正。

重点工作推进

【机构建设】

北京市规划委员会积极推进市级测绘地理信息管理机构更名和职能调整工作。12月19日，北京市机构编制委员会同意将“北京市勘察设计与测绘管理办公室”更名为“北京市勘察设计和测绘地理信息管理办公室”，并增加地理信息管理等职能。北京市勘察设计和测绘地理信息管理办公室仍为北京市规划委员会所属行政机构，内设综合处、国土测绘处、地理信息与地图处、资质资格管理处、科技质量处、市场监管处。针对区县测绘地理信息管理工作，北京市规划委员会多次召开专题工作会，明确各分局主管测绘地理信息工作的领导、具体科室和联系人，落实测绘地理信息职能，推进区县基础测绘、数字城市、市场监管等工作。

【数字城市建设】

2012年，北京市规划委员会大力推进数字城市建设。全国数字城市建设试点数字通州已通过验收，实现成果共享与汇交；数字东城建设进展顺利。数字朝阳四规合一模块建设已经完成，开展了数字中关村、数字房山建设，丰台区等区县积极申请立项。数字西城在成果共享、汇交的基础上，积极扩展应用领域，开展南区三维、金融街和德胜门街道应用拓展。

积极开展北京市“十二五”时期测绘地理信息重大项目“智慧北京空间信息云平台”建设，完成初步建设方案，并向国家测绘地理信息局进行专题汇报。经国家测绘地理信息局批准，“智慧中关村”项目纳入智慧城市建设试点。

【“天地图·北京”建设】

北京市规划委员会以“北京地图网”为基础，加大投入，配置软硬件设备，增加网络带宽，完成15级～18级数据的加工和上线发布，建设“天地图·北京”节点。“天地图·北京”已通过上线测试，正式接入“天地图”国家主节点，并开展了“红色地图”、“北京人文地理”、“地图产品”、“服务资源”等典型应用。

【地理国情监测】

北京市规划委员会积极开展地理国（市）情监测工作，组织开展“北京市地理国（市）情政策研究”和“北京市东部区域地面沉降监测网络的建设与应用”等项目的研究工作。目前该项目已通过年度中期考核，正按计划定期开展数据的采集与分析。

【北京市测绘设计研究院“十二五”发展规划】

5月18日，北京市测绘设计研究院正式发布《北京市测绘设计研究院“十二五”发展规划》，提出“十二五”期间的总体发展目标和策略，阐述“十二五”期间拟实施的10个方面主要任务和保障措施。

法制建设与市场监管

【普法宣传】

北京市规划委员会制定《法制宣传教育的第六个五年规划》，将普法宣传所需经费列入预算，确保各项工作落到实处。在组织实施过程中，严格执行经费预算，做到普法经费专款专用。积极组织开展测绘法宣传日活动，向市规划委各分局和全市测绘资质单位下发《北京市规划委员会关于开展2012年测绘法宣传日活动的通知》，活动以“庆祝《中华人民共和国测绘法》修订颁布10周年及《北京市测绘条例》发布施行9周年”为主题，现场发放4000份北京市交通旅游图、5000个测绘法宣传小扇子，摆放展板宣传数字城市、“天地图”、地理国情监测等方面取得的成绩，并进行测绘地理信息知识讲解与咨询服务，受到市民欢迎。市规划委各分局和有关测绘地理信息行业单位同步开展宣传活动，共发出宣传地图2万多份。

【市场监管】

北京市规划委员会结合年度注册、质量监督检查、保密检查、优秀工程奖评选等工作，加强对申请资质升级、延续和增加业务范围测绘单位的现场考核和日常监管。全年北京市勘察设计和测绘地理信息管理办公室对50多家测绘单位进行现场抽查和巡查。加强与委内各处室、各分局联动，对存在违法违规现象的单位予以查处。

利用国家测绘地理信息局配发的互联网地理信息安全监管系统软件，加强互联网地图服务市场的日常监控，发现1200多家与互联网地图服务有关的网站，经认真排查，对不具备条件的单位进行约谈，及时予以纠正存在的问题，对积极申报互联网地图服务资质的单位给予支持。至年底，北京市持有互联网地图服务资质单位81家。

【测绘市场信用体系建设】

北京市规划委员会积极组织开展测绘地理信息市场信用体系宣贯和培训，全面推动测绘地理信息市场信用体系建设。7月，组织行业单位代表参加全国信用信息平台启动仪式。12月，分两批组织全市所有测绘资质单位，进行测绘资质管理、资质年度注册、市场信用管理信息系统等业务培训。

【测绘资质行政许可】

2012年，北京市规划委员会共受理测绘资质行政许可申请188项，准予许可97项，主动办理撤件91件。全年新增资质单位34家。截至年底，共有测绘资质单位311家，其中甲级96家、乙级105家、丙级58家、丁级52家。办理测绘作业证698件，出京诚信证明15项。

基础测绘

【基础控制测量】

2012年，北京市完成平原区水准复测3400千米及中心城区1500点GPS RTK加密控制网更新工作。

【基本比例尺地形图测绘及更新】

北京市测绘设计研究院重点对用于1:500地形图更新的新软件进行生产试验，为2013年全面实现内外业一体化更新奠定基础。全年完成四环范围8450幅1:500地形图更新2次，六环范围1:2000地形图5564幅、全市域1:1万地形图457幅更新。

【数据库建设】

北京市测绘设计研究院完成2011年更新的8450幅1:500地形图、3376幅1:2000地形图、457幅1:1万地形图的数据加工和入库工作。

【郊区县基础测绘项目】

北京市测绘设计研究院按照北京市基本比例尺地形图更新周期对基础测绘成果进行更新，大力开拓新城基础测绘任务，完成通州区、顺义区、平谷区等区县215平方千米大比例尺地形图测绘。

地图管理与地图出版

【地图审核】

2012年，北京市规划委员会共受理地图行政许可申请38项。其中，准予许可35项，在办3项。

【地图出版】

北京市测绘设计研究院完成《北京市政务地图集》2012地图版及影像版的编制工作。承担的“北京历史文化地理信息系统”建设项目通过北京市发改委立项评审，开展初步设计、历史文化数据库建设及名人旧居图册挂图编制工作。完成《北京历史地图集》、《北京市轨道交通建设地图册》编制工作。完成《北京市水务发展规划图集》、《北京市水务工程位置图》、《北京市城区水务工程现状图》、《2012版北京市国防交通图》编制印刷工作。完成《北京市交通旅游图》、《北京市新城地图册》、《北京市行政区划图》、《北京市城区行政区划图》编制出版工作。

测绘地理信息成果管理与应用

【基础测绘数据服务】

2012年，北京市测绘设计研究院向240家单位提供各类基础地理信息数据，涉及政府部门、科研院所、企事业单位，社会和经济效益良好。

【基本比例尺地形图服务】

2012年，北京市测绘设计研究院向社会各界用户提供各种比例尺基本地形图8765幅，地形图数据2624幅，提供各类测绘资料借阅2.06万人次。

【支援边疆建设提供测绘服务】

按照落实市政府援疆工作部署，北京市测绘设计研究院开展航空摄影测量510平方千米，完成新疆和田地区一市三县（和田市、和田县、墨玉县、洛浦县）重点规划建设地区的地形图测绘252平方千米。4月8日，全部测绘成果正式交付北京援建新疆和田指挥部，及时为规划设计和新疆和田地区的发展提供支持。

【应急测绘保障服务】

北京市规划委员会建立健全测绘应急保障机制，制定《测绘应急保障预案》。北京市测绘设计研究院装备2架无人机；与相关企业合作，开展车载应急测绘系统的技术研究与交流，研制适合北京市测绘特点地理信息快速采集车；积极开展测绘无人机试飞试验，在援疆工程中采用无人机航摄制作1:2000地形图。

7月21日，北京遭遇61年来的最强暴雨天气。北京市规划委员会充分利用数字城市建设成果和应急测绘保障机制，为抢险救灾、灾后安置和重建提供服务。组建外业测绘、数据资料和生产协调应急保障小组；为市领导、市防汛抗旱指挥部、房山区政府提供地理信息数据并制作应急救灾专题地图；利用数字房山阶段成果，制作18个重点受灾乡镇电子图、乡镇地图、灾情统计分析图、27类危险源分布图、18处积水的立交桥周边地图、22个桥区地形仿真等专题图910幅；利用三维仿真技术模拟重点受灾区域的汇水分析效果。北京市测绘设计研究院派出100多人的队伍赴房山、丰台等灾区进行灾后安置房建设测绘，为市政府、房山区政府等单位提供有力的应急测绘保障服务。

北京市测绘设计研究院完成受灾公路修复重建测绘，中心城区排水设施情况普查；顺义区供排水设施情况普查，中央电视台房产测绘等工作。

【北京人文地理编制】

6月20日，北京市测绘设计研究院编制的纪念国家历史文化名城设立30周年系列活动之《北京人文地理·怀柔卷》、《北京人文地理·石景山卷》出版发行。

【三维激光扫描技术应用】

2012年，北京市测绘设计研究院对首钢厂区以及部分石景山用地约7.8平方千米进行三维建模，对3号高炉进行数字扫描、建模，三维场景制作。先期投入开展北京市政府三维模型建设和6号楼三维激光扫描，为市政府精细化管理提供支撑。

【合作共建】

北京市测绘设计研究院与中国测绘宣传中心签订加强宣传战略合作伙伴协议；与中国测绘科学研究院、国家测绘地理信息局卫星测绘应用中心、陕西测绘地理信息局、四川测绘地理信息局签署战略合作协议。

科技工作与国际交流

【科技项目进展】

北京市测绘设计研究院承担的《科技创新“四位一体”项目数据库建设总体设计》和《科技创新“四位一体”项目1:2000一体化更新技术方案》通过专家评审。承担的“北京市空间数据共享与协同审批系统（一期）”通过验收。

北京市规划委员会牵头，北京市测绘设计研究院参与的北京市科学计划课题“北京市空间数据库协同审批平台研究与应用”通过立项评审。北京市测绘设计研究院承担的北京市科学委员会课题《地层沉降及地下水位变化对地铁工程的影响》立项，北京市地方标准《基础测绘成果检查验收技术规程》通过北京市质量技术监督局组织的专家审查。

9月20日～28日，北京市测绘设计研究院派出12人随北京市科学技术协会团组赴台湾参加第31届测量及空间资讯研讨会。

10月13日～11月3日，北京市规划委员会组团赴美国参加面向“智慧城市”的“数字城市”培训班。

精神文明建设

【党的建设】

北京市测绘设计研究院认真部署落实党建各项工作。召开年度党建工作会议、庆“七一”暨创先争优表彰大会、处级干部学习贯彻党的十八大精神培训班等，传达贯彻党的十八大精神，切实提高全体党员干部政治理论水平。

【反腐倡廉建设】

北京市规划委员会认真贯彻执行《中国共产党领导干部廉洁从政若干准则》，深入开展党风廉政建设。成立由单位一把手任组长的党风廉政建设工作领导小组，逐级签订责任书，履行一岗双责。制定廉政风险防范管理工作方案，认真进行廉政风险排查、制定防范措施。制定廉政风险查找、防控表11张，制定风险点图17张；全体干部职工制定了个人岗位风险查找、防控表。

北京市测绘设计研究院领导班子坚持“三重一大”集体决策，全年共议定大额支出57项，合计4109万元；开展“征集廉政箴言警句”活动；完成全院资产清查，组织开展院附属公司、工会、挂靠单位的审计工作，开展“增收节支”活动，编制了院《增收节支实施办法》。2012年该院获“全国住房城乡建设系统纪检监察先进集体”称号。

【文化建设】

北京市规划委员会结合“北京精神”践行测绘核心价值观。打造勘察设计与测绘地理信息行业综合窗口，提升服务形象，提出“咨询解答时要耐心，现场接待时要热心，材料审阅时要细心，业务办理时要用心，让服务对象要称心”的“五心”服务理念。北京市测绘设计研究院在全体职工中开展“北京测绘核心价值体系大讨论”活动，编制《北京测绘核心价值体系大讨论》专题片，编写《北京测绘文化手册》、《五彩经纬》主题图册。撰写主题为“北京市五大水系调查实录”等6期调研报告，发表在《北京规划建设》的《都市足迹》专栏。

积极组织参加全国测绘地理信息系统各项活动。北京市规划委员会在全国测绘地理信息系统第二届“天地图杯”羽毛球比赛中获团体冠军；北京市测绘设计研究院定向越野代表队在“中国四维杯”第八届全国测绘地理信息职工定向越野赛中获青年组团体冠军，在全国城市测量单位雪地定向越野赛中获男子个人第一名、雪地5人足球赛冠军。

4月11日～14日，北京市测绘设计研究院赴陕西西安拍摄《烽烟北望》长城专题记录片。

地方社团工作

【北京测绘学会】

2012年，北京测绘学会理事长杨伯钢代表学会参加北京市科协第八次代表大会，并入选科协八大常委，被授予2007-2011年度科协先进工作者称号。北京测绘学会获2007-2011年度北京市科协先进集体称号，被首都精神文明办公室授予2011年度“首都文明单位”称号。

8月15日～17日，北京测绘学会首次承办由北京市政府台湾事务办公室和北京市科学技术协会主办的京台青年科学家论坛。北京台湾两地测绘界的专家学者围绕当前测绘地理信息技术发展、数字城市/智慧城市建设等热点问题进行研讨，120多名科技工作者参加论坛。9月20日～28日组织北京地区测绘企事业单位、高校等29人赴台湾参加第31届测量及空间资讯研讨会。

10月，举办从数字城市走向智慧城市论坛暨2012年学术年会，打造品牌活动，邀请李德仁院士作报告。

【中国城市规划协会城市勘测专业委员会】

5月17日～20日在桂林召开全国优秀城市勘测工程评优工作交流大会，29个省、自治区、直辖市的65家会员单位共130名代表参加。10月23日～27日，在福州召开中国城市规划协会城市勘测专业委员会2012年年会，各会员单位160多名代表出席。

该委员会被中国城市规划协会授予2011年度全国优秀城乡规划设计奖评选活动最佳组织奖。

【中国城市规划协会地下管线专业委员会】

3月23日～28日在福州举办第六期城市地下管线普查项目经理培训班，120多人参加。6月12日～13日，在北京举办2012地下管线行业发展论坛，160多名专家、学者和工程技术人员参加。8月6日～9日，在郑州举办第二期《城市地下管线探测工程监理导则》宣贯及岗位培训班，90多人参加。11月26日～28日，在福州举办《城镇供水管网漏水探测技术规程》（CJJ159-2011）培训班，87人参加。

组织编制完成《2011年中国城市地下管线发展报告》、《城市地下管线普查发展研究报告》、《城市地下管线普查工作导则》、《城市地下管线普查工作方案》、《城市地下管线普查成果质量控制要求》的送审稿。

天津市

概况

2012年1月5日，天津市政府与国家测绘地理信息局签订《合作开展数字城市地理空间框架建设及地理国情监测协议书》，年内已完成基础地理信息数据库建设，初步建成地理信息公共服务平台；以滨海新区为试点，开展“智慧滨海”建设；与市环保局、公安局、城投集团、农林委、建委等部门合作开展了一批典型应用示范建设。5月，“天地图·天津”正式接入“天地图”国家主节点并上线运行。天津市成为国家测绘地理信息局地理国情监测10个普查示范省区之一，组织编制完成天津市2012年度地理国情监测工作计划和实施方案，项目建设经费实现了地方财政立项；开展全市地表覆盖分类体系研究工作、基于Radrsat2卫星影像的天津市大部区域强降雨雨情监测试验；积极做好地理国情普查试点工作，完成普查资料、技术、人才、制度等各方面的前期准备工作，天津市滨海新区2270平方千米普查试点工作已按计划全面开展。积极促进在天津滨海高新技术产业开发区滨海科技园建立天津滨海地理信息创新园，建设规模为500亩，一期规划100亩，已正式签约落户。该项目引进“天地图”全球数据服务基地等国内地理信息产业核心龙头单位。

加强测绘质量监督管理，坚持实行测绘成果抽检制度，下发《关于开展2012年度测绘产品质量检查的通知》，共抽查94家测绘单位260个项目，优品率40.9%，合格率98.8%。

加大执法监察力度，规范测绘市场。会同天津市国家保密局对部分测绘单位进行测绘成果保密检查；坚持开展深化“问题地图”专项治理与地图市场日常巡查工作；加强互联网地图服务市场监管，充分利用互联网地理信息安全监管系统软件进行实时监管；采取市区两级管理部门联合、行业管理同执法监察部门联合的“双联合”检查方式，先后对13家测绘单位进行抽查考核和日常巡查。

开展国家版图意识宣传教育“三进两赛”活动，赠送《中华人民共和国全图》约1000张、《国家版图知识读本》约500册。在天津市规划展览馆组织举办测绘法宣传日活动暨天津市地理信息事业成就展，发放宣传材料近1万份，制作展版200多块，接待群众5000多人。

重点工作推进

【测绘地理信息“十二五”规划】

1月，天津市测绘事业发展“十二五”规划经天津市政府批复实施。该规划要求全面实施基础测绘更新维护计划，加快推进2000国家大地坐标系的应用，全面开展数字天津地理空间框架建设和地理市情监测工作，建立完善市和区（县）两级长期稳定的基础测绘更新投入机制。天津市规划局以“加强领导，精心组织，联动协作，合理计划，明确责任，定期督办”为指导方针制定了规划落实的具体措施。

【数字城市建设】

1月5日，天津市政府与国家测绘地理信息局签订省部共建协议，采用市、区（县）一体化整体建设、整体验收的模式进行数字天津地理空间框架建设，编制了项目总体设计方案。完成基础地理信息数据库建设，初步建成地理信息公共服务平台；以滨海新区为试点，开展“智慧滨海”建设，在数字天津地理空间框架的基础上深化应用。与市环保局、公安局、城投集团、农林委、建委等部门合作开展了典型应用示范建设；尝试在城市规划、国土房管、社会安全等领域推广应用。

2012年1月5日，国家测绘地理信息局与天津市人民政府在天津共同签署合作开展数字天津地理空间框架建设及地理国（市）情监测协议。

【“天地图·天津”建设】

5月，“天地图·天津”节点正式接入国家“天地图”主节点并上线运行，实现了与“天地图”主节点的互联互通。“天地图·天津”节点采用现势性最强的2010版影像数据，实现了与国家“天地图”项目的共享，并提供特色路段和区域的360度全景街景及天津中心城区范围内的三维地图浏览功能。推出“天地图·天津”节点网站手机版，年点击率超过10万次。

【地理国情监测】

作为国家测绘地理信息局地理国情监测普查示范省区，天津市开展了全市的监测试点和试验工作。天津市规划局组织编制完成2012年度地理国情监测工作计划和实施方案，项目建设经费实现地方财政立项；开展全市地表覆盖分类体系研究工作，进行了分类框架整理、基于航空遥感影像在分类体系框架下的分类提取试验及地理市情监测展示系统改版工作；开展了基于Radarsat-2卫星影像的天津市大部区域强降雨雨情监测试验；开展建设用地监测、违法建设监测等专项监测工作。编制了专项监测报告和成果展示系统。天津市滨海新区普查试点工作已完成前期准备工作。

【机构建设】

天津市规划局测绘管理处更名为测绘地理信息处，各区规划分局设置了测绘地理信息管理机构并统一了机构名称，落实了测绘地理信息行政管理职责。

法制建设与市场监管

【法制建设】

8月15日，天津市政府向社会公布《天津市测绘成果管理实施办法》（天津市人民政府令第55号），10月1日起实施。

【执法检查】

天津市规划局采取市区两级管理部门联合、行业管理同执法监察部门联合的“双联合”检查方式，对13家测绘单位进行了抽查考核和日常巡查。依法查处了深圳市国华标识有限公司设计“天津问题地图”案、天津市环境地质研究所违法申请复审更换测绘资质证书案和天津市旅游汽车公司无测绘资质违法测绘案。

基础测绘

【基础测绘工作】

按照天津市基础测绘更新维护方案，天津市规划局组织市测绘院等单位保持中心城区1:500、1:2000地形图的实时更新，共更新40批次4072幅图；完成滨海新区、区（县）政府所在地等重点地区1:2000地形图更新工作；完成全市域航空摄影及1:2000正射影像图制作，共获得航片25583张，制作1:2000正射影像图约15929幅；完成481幅1:1万地形图更新维护工作。开展蓟县、宝坻、武清、宁河和静海5个区（县）约8000平方千米的1:1万地形图更新维护工作；开展中心城区、环城四区、滨海新区等重点发展地区约4300平方千米的1:2000地形图更新维护工作。开展“GNSS大地控制网”改造工作，新选埋A、B级GPS点16点，C级点178点；补埋国家二等水准标石58座，对TJ-CORS设备进行了升级改造。

【质量监督】

天津市规划局印发《关于开展2012年度测绘产品质量检查的通知》，组织专家参与检查，编写技术方案，制定实施细则。全年抽取并检验95家测绘单位的263个项目，优品率40.9%，合格率98.8%。

地图管理与应用服务

【互联网地图监管】

天津市规划局利用国家测绘地理信息局配发的互联网地理信息安全监管系统软件，对互联网地图进行实时监管，对疑似存在“问题地图”的网站进行审核认定和跟踪。共发现218个涉嫌登载“问题地图”的网站，对审核认定的“问题地图”网站进行查处。

【地图编制审核】

2012年，天津市有关测绘部门共办理地图审核行政许可审批9件。其中，公开出版地图5件、内部图书插图3件、互联网地图1件，全部进行了备案。

【地图市场监管】

天津市规划局组织市“问题地图”专项治理工作协调指导小组成员单位对新华书店、文化用品市场以及电子商务网站进行联合检查。共检查相关书店20多家，地球仪产品10个品种，在售的教材教辅类书籍约30个版本，以及涉及地图的图书10多种。未发现“问题地图”产品。

【地图应用服务】

天津市规划局组织相关部门为市领导提供市政府专用挂图（市区图、市域图）、《中心城区——滨海新区影像图》等。天津市测绘院为达沃斯年会提供工作用图及数据资料，编绘出版了中英文版的《天津·旅游》系列地图，提供了《天津夏季达沃斯论坛接待酒店分布图》、《高速公路示意图》、《2012天津夏季达沃斯论坛首都机场至天津大礼堂代表迎送路线图》及各类迎送路线主线分布图、迎送路线备用线分布图。

测绘地理信息成果管理与应用

【成果保密检查】

天津市规划局会同天津市国家保密局对23家测绘单位进行了测绘成果保密检查，对其中10家测绘单位整改落实情况进行了复查。共检查计算机231台、移动存储介质29个，对683件疑似涉密图纸进行了秘级鉴定。

【地理信息创新园】

天津滨海地理信息创新园位于天津滨海高新技术产业开发区滨海科技园内，建设规模为500亩，一期规划100亩，已正式签约落户并完成相关手续，进入规划审查划批等后续办理阶段。创新园内已引进“天地图”全球数据服务基地、“天地图”技术应用培训中心、激光雷达产品生产和检校服务中心、国土资源部土地实地调查监测技术重点实验室等国内地理信息产业核心单位。

【共建共享】

天津市规划局与市环保局合作开发了天津市环境保护信息系统，与市公安局合作开发了天津市公安局技防网布防信息系统，与市城投集团合作开发了城投集团土地综合开发GIS管理平台，与市农林委合作开发了天津市农业科学院现代农业发展图形管理系统，企业部门间的地理信息资源共建共享工作有序推进。

【企业服务】

天津市规划局分管测绘地理信息工作的副局长带队到天津金宇信息技术有限公司、天津市星际空间地理信息工程有限公司、铁道第三勘察设计院集团有限公司等多家甲级测绘资质单位进行现场服务，组织海河教育园区、滨海高新区等高科技产业园区的调研和服务活动，了解需求，解决企业发展中遇到的困难。

科技与国际合作

天津市测绘院与香港中文大学合作研究了INSAR技术在天津市地面沉降监测中的应用项目。项目分为内业比对和外业走访两部分，研究结果表明，INSAR技术具有可靠性和准确性，能够在地面沉降监测工作中发挥重要作用。

中交第一航务工程勘察设计院有限公司完成了中国电力投资集团公司几内亚项目港口工程预可行性研究阶段选址测量、中缅油气管道项目30万吨级原油码头工程（外航道段）工程测量等测量工作，合同总金额达1503万元。中水北方勘测设计研究有限责任公司完成巴基斯坦、印度尼西亚等国的水利建设勘察与测绘工作。

精神文明建设

天津市规划局建立了以“精神文化、制度文化、行为文化、育人文化、形象文化、廉政文化”为核心的测绘地理信息文化建设体系，以文化促发展。2012年，天津市规划局被评选为全国住建系统企业文化示范单位，并在全国住建系统第五届企业文化建设论坛上做了题为《以先进的文化建设体系推动规划事业科学发展》的典型发言。天津市测绘院、天津市勘察院被评为天津市文明单位、十佳企业文化建设先进单位、全国建设系统创建文明行业示范单位、全国建设系统企业文化建设先进单位。

天津市测绘院全年组织中心组学习12次，班子成员带队外出调研15次；开展创先争优活动、职业道德建设、精神文明建设等各类专题活动12次，组织基层调研、交流座谈22次。选派15名青年干部挂职锻炼，组织13名中层干部到国内外先进单位调研考察；全年共提拔5名年轻干部；1人入选国务院特殊津贴专家，20人入选天津市“131”创新型人才；全年组织注册测绘师培训等各类培训62次，参加培训1120人次，组织“天测杯”技能竞赛等各类活动10多次。院网站获国家测绘地理信息系统网站绩效评估非政府类第一名。组织召开首届测绘院新技术对外宣传会，向12家社会媒体展示了地理市情监测等先进技术。在各大媒体上发表稿件60多篇。

天津市勘察院被授予中国勘察行业设计行业综合实力50强单位、天津市工会“三大特色”创新成果先进单位、南开区“共建文明和谐社区先进单位”等称号。承办中国勘察设计协会第六届工程勘察与岩土分会企业文化会议，组织了勘测行业企业文化问卷调查。与王顶堤街结成文明共建对子，共同举办大型文艺演出。与内蒙古自治区赤峰市翁牛特旗毛山东小学连续3年结成帮扶对子，组织员工体验生活，资助83名贫困学生，累计捐款近30万元。参与南开区“爱心筑就大学梦，共享南开温暖情”助学活动。

地方社团工作

2012年，天津市测绘学会召开理事会、常务理事会2次，发展团体会员7个，至年底，共有个人会员1549名，团体会员56个。完善网络信息建设，召开会员单位信息联络员工作会议，整理了全国各省测绘期刊的信息。完成2012年度社团年检工作、审计工作和《天津测绘》期刊的年检工作。

7月27日～8月4日，天津市测绘学会组织天津市2012年度优秀测绘工程奖评选工作，共收到24个会员单位申报的66个测绘项目，经评审选出优秀测绘工程奖49项，其中，一等奖6项、二等奖15项、三等奖28项。评选出“优秀测绘工程奖评选工作先进单位”5个，“优秀测绘工程奖评选工作先进个人”10名。组织上报中国测绘学会2012年相关评优项目，分别获2012年中国测绘学会科技进步奖4项、优秀测绘工程奖12项。

10月，天津市测绘学会举办2012年学术年会暨颁奖大会，相关领导及代表109人参加。会上向获得天津市2012年优秀测绘工程奖的单位和个人颁发了证书，就4个项目做了学术报告。学会8个专业委员会共开展学术活动19场次，参加人数2111人次。

全年出版《天津测绘》2期，发表论文72篇，国内免费发行1100册。

河北省

概况

2012年，河北省测绘局更名为河北省地理信息局，河北省机构编制委员会办公室印发《关于加强市、县(市)测绘地理信息工作机构建设的通知》，对各市、县（市）机构建设提出要求。截至年底，廊坊、沧州、邯郸等市机构设置已获批准，邱县、隆化、霸州等县（市）成立地理信息局，体制机制建设成效显著。

2012年6月5日，国家测绘地理信息局局长徐德明（右五）与河北省副省长张杰辉（右四）在石家庄共同为河北省地理信息局揭牌。

全省11个设区市数字城市建设全部立项启动，12个县（市）立项启动。“天地图·河北”网站正式开通。河北省政府与国家测绘地理信息局共同签署合作开展地理国（省）情监测试点协议，曹妃甸测图试点项目圆满完成。举办河北省地理信息产业发展座谈会，与中国电子科技集团第五十四研究所、中国航天科技集团公司卫星应用研究院、省军区、省环保、省旅游等单位签订共享合作协议。

基础测绘稳步推进，印发《河北省地理信息事业发展第十二个五年规划纲要》和《2012年省级基础测绘计划》，省级基础测绘经费投入2240万元，重大测绘项目投入近2亿元；完成唐山、秦皇岛区域747幅1:1万数字线划图和数字正射影像图更新和入库工作。完成全省5010个帮扶村规划紧急测制大比例尺地形图项目和涞源、涞水、易县、兴隆4个县抗洪救灾应急测绘保障项目。

行业管理显著加强，《河北省测绘航空摄影管理规定》正式实施，非行政许可审批项目缩减为2项，开展测绘地理信息市场监督检查，推进地理信息市场信用体系建设。印发《关于加强地理信息成果资料管理工作的通知》，建立健全地理信息成果保管制度、异地备份存放制度、跟踪管理制度、基础测绘成果资料管理制度。开展国家版图意识宣传教育活动，组织参加“中图杯——全国少儿手绘地图大赛”、“祖国在心中——全国国家版图知识竞赛”。

科技装备创新步伐加快，引进街道工厂（StreetFactory）数据处理系统，完成5个设区市约600平方千米数据采集及部分区域的城市真三维模型建设，成果达到国内领先水平。全年派出2个团组出访培训，接待4个外宾团组来访，推动地理信息事业的对外交流与合作。

干部职工队伍不断壮大，全局共有国务院特殊津贴专家1人，国家测绘地理信息局青年学术和技术带头人2人，省突出贡献中青年专家2人，省“三三三”人才工程第二层次人才3人、第三层次人才5人。举办首届河北省大学生测绘地理信息技能竞赛。加强精神文明创建活动，省制图院连续6次（12年）被评为省级文明单位，3个直属单位、2个处室被评为省直文明单位和文明处室。在2012年度全国省级测绘地理信息行政主管部门贯彻落实科学发展观年度测绘地理信息工作考评中，河北省地理信息局名列第5名，受到国家测绘地理信息局表彰。

重点工作推进

【数字城市建设】

2012年，河北省11个设区市数字城市建设全部立项启动，“数字石家庄”在原有8个应用示范的基础上，新增2个应用系统，用户数量稳步增加。其他10个设区市数字城市建设按要求有序进行。县级城市数字栾城、数字霸州、数字隆化、数字邱县先后立项并启动。正定县、涿州市、定州市、三河县、冀州市、易县6个县（市）批准立项。

8月14日，经河北省委组织部批准，河北省地理信息局举办河北省数字城市建设县（市）长专题研讨班，全省11个设区市国土资源局主管副局长、22个县级市和14个县主管副县（市）长、国土资源局局长100多人参加培训，为全面推进县（市）级数字城市建设打下基础。

【“天地图·河北”建设】

6月4日，“天地图·河北”正式开通，国家测绘地理信息局局长徐德明、河北省省长张庆伟出席开通仪式并启动网站。年内，制作完成河北省部分城市三维街景项目，加载到天地图网站。“天地图·石家庄”通过国家测绘地理信息局验收，上线运行，并与“天地图”国家主节点、“天地图·河北”互联互通。

【地理国情监测】

6月4日，《国家测绘地理信息局河北省人民政府合作开展地理国（省）情监测试点协议书》正式签署，国家测绘地理信息局局长徐德明、河北省省长张庆伟出席签约仪式。河北省列入全国地理国情监测试点省份，将在国土资源变化、地质灾害监测、水源地保护、地表沉降和城镇化进程等5个方面进行监测。

配合国家测绘地理信息局做好地理国情普查试点工作，完成曹妃甸46幅1:5000地形图测图任务。开展国土资源变化监测和全省重大地质灾害监测2项监测工作。

【机构建设】

1月13日，经河北省机构编制委员会决定，河北省测绘局更名为河北省地理信息局，成为全国首家更名为地理信息局的省级测绘地理信息行政主管部门。3月15日，河北省机构编制委员会办公室印发《关于加强市、县（市）测绘地理信息工作机构建设的通知》，明确要求各市、县（市）国土资源局加挂地理信息局牌子，加强领导力量建设和队伍建设，并明确市、县测绘地理信息管理机构职责。河北省地理信息局印发《关于贯彻落实省编办〈关于加强市、县（市）测绘地理信息工作机构建设的通知〉的意见》，进一步细化河北省机构编制委员会办公室通知要求。

河北省地理信息局组成机构建设调研督导组，深入11个设区市进行调研督导。截至12月底，11个设区市测绘地理信息管理机构增加领导职数、增设科室、增加人员编制的报告已上报当地编办。其中，廊坊、沧州、邯郸等市机构设置已获批准，廊坊市已加挂市地理信息局牌子，内设地理信息管理科和国土测绘办公室，并增加指导地理信息产业发展、数字城市基础建设和管理等职能。邱县、隆化县、霸州市成立地理信息局，实现机构更名、增加职数、充实人员和调整职责的目标。

法制建设与市场监管

【制度建设】

1月1日，《河北省测绘航空摄影管理规定》正式实施；《河北省地理空间信息数据共享和交换管理办法》被省政府列入2012年立法调研计划。河北省地理信息局组织修订《河北省测绘作业证管理规定》，制定《河北省地理信息局行政复议和行政应诉办法》，经省政府法制办公室审查同意印发全省执行。开展测绘地理信息法规、规章及规范性文件的清理工作，清理2011年1月～2012年9月河北省地理信息局制发的规范性文件12件，出台《关于加强测绘地理信息仪器设备行业管理工作的意见》、《关于加强卫星定位连续运行参考站网（CORS）建设管理工作的意见》等政策性文件。

【执法队伍建设】

河北省地理信息局组织河北省地理信息市场管理中心执法人员专题执法培训，办理测绘行政执法证件。组织20家甲级单位负责人参加国家测绘地理信息局举办的业务培训，组织18名新增市、县（市）执法人员参加国家测绘地理信息局举办的地方测绘管理干部和行政执法人员培训。举办5期测绘行政执法、测绘地理信息法律法规和相关业务知识培训，累计培训各级测绘地理信息行政管理人员400多人次。

【依法行政】

河北省地理信息局清理保留的非行政许可审批项目，经河北省行政审批制度改革工作领导小组办公室批准，非行政许可审批项目缩减为2项。开展行政审批项目流程再造工作，坚持做到“四个一律”（一律由窗口受理、一律由窗口审批、一律由窗口提交单位领导研究、一律由窗口办结出证），测绘地理信息行政审批事项的审批时限压缩30%以上，审批环节减少20%以上，申报材料减少10%以上。

【行政执法和监督管理】

河北省地理信息局修订完善《河北省测绘地理信息行政执法依据》和《河北省测绘地理信息行政执法职权分解》，并向社会公布。组织开展测绘行政执法证清理、注册工作，落实市、县从事测绘地理信息行政执法的人员执法主体资格制度。制定《河北省2012年测绘地理信息行政执法案卷评查工作方案》，开展测绘地理信息行政执法案卷评查工作，推荐3份案卷参与国家测绘地理信息局组织的优秀行政处罚案卷评选活动，1份案卷被评为测绘地理信息系统优秀行政处罚案卷。

开展“问题地图”专项治理、保密检查、互联网地图等专项执法检查，加大对测绘地理信息市场的整治力度。结合资质年度注册，共巡查测绘资质单位126家，注销资质证书25家、降低资质等级1家。排查非法互联网地图网站1000多个，对“问题地图”网站下达责令整改通知书，限期进行整改。据不完全统计，2012年全省各级测绘地理信息行政主管部门累计办理测绘项目备案登记事项3800多项，开展执法检查635次，开展重大专项执法活动72次，查处各类测绘违法案件16起，作出行政处罚6起，涉及罚款5万多元，没收违法地图产品650多件。所有行政处罚案件均及时报送国家测绘地理信息局备案。

【法制宣传教育】

3月，河北省地理信息局印发《2012年全省测绘地理信息法制宣传教育工作要点》，部署全省测绘地理信息法制宣传教育工作。组织编制《测绘地理信息市场法规文件汇编》，免费发放到市、县（市）国土资源部门。

印发《关于开展测绘法集中宣传活动的通知》，部署以“庆祝《中华人民共和国测绘法》修订颁布10周年”为主题的系列宣传活动。与河北省人大环资委联合召开测绘法修订颁布10周年座谈会。8月29日，河北省测绘法宣传日主会场设在石家庄，省人大城建环保委、省地理信息局领导参加宣传，现场发放宣传材料，接受群众咨询。据不完全统计，宣传日当天，全省共设立宣传站点近300个，制作宣传展板900多块，悬挂彩球、横幅标语、设置拱门1200多条，印制宣传品30多万张，发送公益短信近万条。

河北省地理信息局举办测绘地理信息法律法规知识竞赛活动，竞赛试题在《河北日报》上刊登，全省近4000人参与答题，其中答案全部正确的431人，选出一等奖2名、二等奖5名、三等奖10名、纪念奖40名。

【测绘统一监管】

2012年，河北省各级测绘地理信息行政主管部门累计受理测绘项目备案登记事项2900多件。河北省地理信息局全年共审批发放测绘作业证5169个，完善测绘作业证管理信息系统，测绘作业证件办理实现网上申请、审核和制作。加强对全省航空摄影和遥感资料的统一管理，提高使用效率。

【地理信息市场专项监管工作】

河北省地理信息局组织召开地理信息市场专项整治工作领导小组联席会议，省国家安全、工商、保密、新闻出版、通信等部门参加，研究部署深入开展地理信息市场专项整治工作和“问题地图”专项治理工作。建立信息通报、协同配合、联合办案的测绘地理信息市场联合监管机制和信息反馈机制。联合工商、新闻出版以及保密等部门开展测绘地理信息市场监督检查活动，对无证测绘、违法编制出版地图、擅自提供利用涉密测绘地理信息成果等违法案件进行查处。

加强网上地图、涉外测绘项目等重点领域监管。在涉外测绘活动监管过程中，将有关文件传达到基层国土资源所所长，提高基层监管意识。落实国家测绘地理信息局部署的各类专项整治活动，制定工作方案，公布举报电话和办事工作机构，明确相关部门的责任。举办测绘管理人员、核心涉密人员、标准化和质检人员培训班及测绘地理信息项目招标投标等培训班，提高各级管理人员和测绘地理信息从业人员的法制意识和工作水平。

【测绘资质管理】

河北省地理信息局加强互联网地图服务网站日常监管，利用互联网地图服务资质监管系统，对1000多个网站进行研判，及时将结果上报国家测绘地理信息局。对无资质从事互联网地图服务的网站下达限期整改通知书，整改后4家网站依法申请乙级互联网地图服务资质。

严格测绘资质审批管理，实行三级审核、处务会集体研究、处务会会议纪要纪检部门备案制度，利用测绘资质管理信息系统，实现网上申请、受理、审核、公示和审批，提高测绘资质审批质量。建立“退补平衡”制度，鼓励测绘单位合并、重组，督导市、县加大执法力度，对资质数量较多的市实现适当限制审批，严格控制年均增长不超过2%。2012年全省测绘资质证书持证单位685家，较2011年底增长1.78%。

印发《关于加强测绘资质监督管理工作的通知》，建立测绘资质巡查制度。结合测绘资质年度注册工作，共巡查126家不同等级的测绘单位，占参加年度注册单位总数的21%。查处3起测绘资质违法案件，责令4家单位做出检查、2家单位限期整改。将相关测绘资质违法情况向各级测绘地理信息主管部门和测绘单位进行通报。

【信用体系建设】

河北省地理信息局根据国家测绘地理信息局要求，印发《河北省测绘市场信用信息管理办法》、《河北省测绘单位信用等级评定方法》等规范性文件，率先启用测绘地理信息市场信用信息平台。开展信用评价试点工作，印发《关于开展测绘地理信息市场信用试点工作的通知》，选择石家庄、保定、廊坊3个城市作为试点城市，在规定时间内完成信用政策、信用平台操作等业务培训，完成3个城市的信用申报、审核和信用评价工作，试点总结上报国家测绘地理信息局。开展信用体系建设培训工作，完成11个城市的培训工作，600多家测绘单位和100多个县级管理部门的有关人员参加培训，累计培训人员1000多人。开展信用信息征集、发布等工作，初步建成全省测绘单位信用档案。

基础测绘

【河北省地理信息事业发展第十二个五年规划纲要】

5月，河北省地理信息局印发《河北省地理信息事业发展第十二个五年规划纲要》，明确“十二五”期间测绘地理信息工作在测绘法制建设、行业管理、基础测绘工作、现代测绘基准建设、基础测绘设施建设、重大测绘地理信息项目建设、地理信息成果管理与应用等12方面的主要任务。

【2012年省级基础测绘计划】

河北省地理信息局积极争取省财政和国土资源部门投入；制定2012年省级基础测绘年度计划，加大基础地理信息数据采集、建库、数字航摄等专项的投入力度；制定年度1:1万数字线划图生产和入库、数字城市、“天地图·河北”、地理国情监测试点等项目的任务量和完成时限。

【基础测绘项目】

河北省测绘地理信息部门完成唐山、秦皇岛区域747幅1:1万数字线划图和数字正射影像图更新和入库工作。编制《河北省基础地理信息数据库库体建设及入库技术设计书》，启动河北省1:1万数据库改造整合工作。组织局属单位参与1:5万数据缩编生产和全国1:5万数据库更新项目质检工作。

河北省卫星定位综合服务系统二期改造工程完成，全省共建成64个基准站，1个数据处理中心，实时动态定位精度平面达到3厘米，高程精度达到8厘米。推进2000国家大地坐标系转换使用，完成全省1980西安坐标系控制资料的全部转换并对外提供成果，建立2000国家大地坐标系下全省统一的1.5度带省级坐标系。石家庄、秦皇岛、衡水等城市坐标系获得国家测绘地理信息局批准。

河北省地理信息局制定全省2012年度航空摄影和遥感资料统一购置及处理计划。省财政安排资金740万元，获取全省范围资源三号卫星影像数据并处理制作成全省范围基本比例尺数字正射影像图，服务地理国情监测项目，免费提供政府部门及有关单位使用。获取张家口、衡水、唐山、沧州、保定等5个城市主城区倾斜航空摄影数据，影像资料使用率100%。

【基础测绘质量管理】

河北省地理信息局委托河北省测绘产品质量监督检验站对张家口测区、保廊测区和沧州测区基础地理信息数据的内业采集，以及唐秦测区的外业调绘、内业采集工作进行检验，经检验全部合格，基础测绘成果一次验收合格率100%。

【成果质量监督管理】

河北省地理信息局印发《关于加强测绘地理信息成果质量统一委托检验的通知》，明确省地理信息局组织实施省级备案项目的测绘地理信息成果质量统一委托检验；设区市国土资源局、县（市）国土资源局分别组织实施市、县（市）级备案项目的测绘地理信息成果质量统一委托检验。印发《关于开展2012年测绘地理信息成果质量监督检查的通知》和《关于公布2012年测绘地理信息成果质量监督检查被检单位和被检项目名单的通知》，编制监督检查工作方案和技术方案。对51家甲、乙级测绘单位进行检查，被检单位数量占甲、乙级单位的37%。检查结果显示，测绘资质单位成果质量体系、质量状况良好。

【全省帮扶村规划紧急测图任务】

4月13日，在全省加强基层建设年活动帮扶村村庄规划编制和村庄环境综合整治规划推进会上，河北省政府向河北省地理信息局下达紧急测图任务。河北省地理信息局及时制定工作方案，多次与省住房和城乡建设厅沟通，筛选出重点帮扶村。测量队员克服困难，4月底前完成并向河北省住房和城乡建设厅提供了全省5010个帮扶村1:2000正射影像图，作业面积约3万平方千米；5月底前测制完成2600个重点帮扶村规划1:1000地形图任务，作业面积6700平方千米，成果提交给河北省住房和城乡建设厅。

【安全生产】

河北省地理信息局出台《安全生产领导责任追究处罚规定（试行）》和《安全生产管理考核办法（试行）》，编制《测绘地理信息安全生产手册》，发放给作业一线的职工。开展“安全生产月”活动，加强生产一线督导检查，全局安全生产情况总体良好。

【首届河北省大学生测绘地理信息技能竞赛】

10月19日～21日，首届河北省大学生测绘地理信息技能竞赛在石家庄举办。竞赛由河北省地理信息局举办，省测绘职业技能鉴定中心主办，河北工业职业技术学院承办。来自全省13所高校的65名师生参加竞赛。比赛共评选出团体一等奖1名、二等奖2名、三等奖3名；个人一等奖3名、二等奖8名、三等奖12名；指导老师一等奖2名、二等奖4名、三等奖6名。其中，学生魏巧玲获得由国家测绘地理信息局职业技能鉴定指导中心颁发的工程测量员二级/技师国家职业资格证书，其他理论知识考试和实际操作考核成绩均合格的参赛学生获颁工程测量员三级/高级技能国家职业资格证书。

地图管理与地图出版

【国家版图意识宣传教育】

河北省地理信息局印发《河北省国家版图意识宣传教育和地图市场监管2012年工作要点》。开展国家版图意识宣传教育“进学校、进社区、进媒体”活动，制定活动方案，购置材料4000份，向全省30所学校、部分社区赠送国家版图知识类图书和地图等宣传材料。10月，河北省地理信息局与石家庄市教育局、市国土资源局、长安区教育局在石家庄市谈南路小学举办全省“三进”活动启动仪式，多家省、市级媒体全程报道，社会反响良好。组织参加全国国家版图知识竞赛和全国少儿手绘地图大赛活动，全省有近万人次参加。

【地图监管与审核】

河北省地理信息局深化“问题地图”专项治理与日常巡查工作，委托省地理信息市场管理中心对11个设区市的地图市场进行全面集中和不定期的排查，重点检查“5·18”廊坊国际经济贸易洽谈会、石家庄正定小商品博览会、石家庄图书批发市场等展会和场所，共查扣违法地球仪50件，下架违法地球仪100多件，制止和撤销含有“问题地图”的大型展牌5处。开展互联网地图服务监管，利用互联网地理信息安全监管系统对1000多个网站进行互联网上传涉密地理信息标注监控，排查兴趣点信息，对存在有严重政治问题的电子地图和网站，及时告知并限期改正。

严格执行地图审核质量委托检验、地图审核结果网上公告、地图出版样本备案等一系列行政许可制度，全年共受理地图审核行政许可50项。

【地图编制与出版】

河北省有关测绘地理信息部门编制出版《河北省地图》、《河北省公路规划图》、《秦皇岛、唐山、黄骅港规划图》、《第十四届中国科协年会专用地图》等各类地图11500多幅（册），发行量较2011年有较大增长。

测绘地理信息成果管理与应用

【成果应用】

河北省地理信息局全年共完成测绘地理信息成果行政审批事项343项，受理并审批省外申请113项。提供各种比例尺模拟地形图1715幅，“4D”产品33801幅，航片数据77395片（数据量7.1TB），各等级控制点成果903个。

【成果汇交管理】

河北省地理信息局制定印发《关于加强地理信息成果资料管理工作的通知》，建立健全地理信息成果保管制度，要求各级测绘地理信息行政主管部门及测绘单位制定和完善地理信息成果生产、加工、利用、存放、保管、提供、销毁、保密等方面的管理制度，配备设施，维护地理信息成果资料的完整和安全。建立地理信息成果资料异地备份存放制度，自2012年起，在河北省行政区域内完成的地理信息项目，甲、乙级测绘单位要向河北省地理信息局汇交成果资料副本；丙、丁级测绘单位要向项目所在地的市国土资源局汇交成果资料副本。测绘地理信息行政主管部门可无偿征用汇交的地理信息成果，用于国家机关决策、社会公益性事业或公共利益的需要。河北省地理信息局组成工作组赴各市进行工作督导，2012年共有91家单位汇交测绘成果副本970项。

建立地理信息成果资料跟踪管理制度，完善地理信息项目数据库，严格测绘单位年度业绩考核，并与测绘资质升级、年度注册有机结合，加强对地理信息成果资料的日常监管；进行项目备案并汇交成果资料副本的项目，纳入测绘单位业务业绩考核目录，并定期对外公布。认真落实基础测绘成果资料管理制度，各市国土资源局组织实施的城市平面、高程控制网，1:500、1:1000、1:2000地形图，基础航空摄影等基础测绘成果，每年4月底前向河北省地理信息局汇交成果资料副本，由河北省地理信息局移交省测绘资料档案馆集中存放、管理。

【成果保密管理】

河北省地理信息局印发《河北省地理信息局2012年保密工作要点》，调整局保密委员会组成人员。建立健全保密管理制度，加强对重点部门、重点部位核心涉密人员管理。落实涉密人员岗位培训方案，举办培训班2期，全省累计培训1200多人。开展测绘成果保密检查工作，与省保密局组成检查组，对全省678家测绘单位和18家系统外使用测绘成果数量较多的单位进行保密检查，其中省检查组抽查78家。检查过程中，与省安全厅、保密局配合，对涉嫌失泄密的2家单位进行核查，并对相应的人员进行处理。河北省地理信息局被国家测绘地理信息局和国家保密局联合评为“全国测绘成果保密检查省级先进集体”。加强涉密测绘成果提供使用管理，严格执行测绘成果提供使用审批办法、提供审批程序和具体要求，实现成果管用分开。

【测量标志管理】

河北省各级测绘地理信息管理部门认真落实乡镇国土资源所管理测量标志职能，加强对测量标志及基础设施的维护，对省内49个补测的国家一等水准点、2个“927”工程的控制点重新进行委托保管。

【共建共享】

1月16日，河北省地理信息局、中国电子科技集团第五十四研究所共同举办关于北斗系统应用战略合作协议签署仪式，河北省省级卫星定位连续运行参考站网北斗建设以及河北省卫星导航产业建设全面启动。双方在基于连续运行参考站网高精度位置服务应用领域进行合作，在系统建设、标准制定、数据共享、市场开发以及提供服务等方面发挥各自优势，推进河北卫星导航产业、地理信息产业的发展。

4月18日，河北省地理信息局和省环境保护厅签署战略合作协议，在利用地理信息资源加强环境监测和环境保护、及时应对环境突发事件方面进行合作。

在“5·18”廊坊国际经济贸易洽谈会河北省旅游产业专场推介会上，河北省地理信息局与省旅游局签署《关于地理信息数据应用于旅游产业的战略合作协议》。协议规定，按照《河北省人民政府办公厅关于加强全省航空摄影和遥感资料统一管理的通知》要求，河北省地理信息局为省旅游局快速提供高精度、高分辨率基础地理信息数据和三维影像数据，为全省旅游开发区设计、规划和管理提供测绘支撑。河北省旅游局向省地理信息局提供公开的旅游景区专业数据，省地理信息局对地理要素动态测绘、统计，进一步丰富和完善“天地图·河北”的内容和功能，为旅游行业宏观调控、市场监管和决策支持提供信息服务。

6月4日，河北省政府与国家测绘地理信息局在石家庄共同签署合作开展地理国（省）情监测试点协议。合作协议将河北省列入国家地理国情监测示范省区，将开展河北省国土资源动态监测、重大地质灾害监测、湿地保护区及重要水源地监测、重点区域沉降变形监测及城镇化进程监测等，计划于2014年12月完成。

9月11日，河北省地理信息局与中国航天科技集团卫星应用研究院在石家庄举行项目合作协议书签约仪式。根据协议，河北省地理信息局与中国航天科技集团卫星应用研究院将在卫星遥感、卫星导航、地理信息政务共享服务平台、无人机综合应用和测控4个方面开展合作。

【服务经济建设】

2012年，河北省地理信息局根据经济发展要求，更新环首都经济圈及秦皇岛、唐山、沧州1:1万地形图。建立2000国家大地坐标系下全省统一的1.5度带省级坐标系，满足大比例尺测图及数据库建设需要，为开展国土资源“三权发证”工作提供服务。实施“河北省村庄地籍调查数字线划图（DLG）制作”项目，为全省农村测制了1:2000地形图。河北省卫星定位服务系统广泛应用于国土、测绘、交通、规划、电力、勘察等行业。

按照国家测绘地理信息局“927”工程建设总体要求，完成连云港市东部海域5个海岛（礁）B级大地控制点联测项目，建立河北省沿海陆地卫星定位连续运行站1个，分别于4月、10月通过国家测绘产品质量检验测试中心的验收。完成曹妃甸1:5000测图46幅、国家测绘地理信息局GNSS站选点5个、一等水准测量、地理国情监测试点及“天地图·河北”建设等项目。完成资源三号测绘卫星在轨测试工作。

【服务国土资源工作】

河北省地理信息局实施“河北省村庄地籍调查数字线划图（DLG）制作”，“移动测量技术在国土应急测绘中的应用研究与示范”、“国土资源现代测绘技术装备能力建设”等一批项目，服务领域包括土地执法、地质灾害监测、海洋资源调查等领域。

【地理信息工作服务生态文明建设】

12月13日，河北省地理信息局经省国土资源厅向省政府转交《河北省国土资源厅关于地理信息工作服务生态文明建设的报告》，提出开展地理国情监测工作、启动全省第一次地理国情普查、建立省级生态变化地理信息数据库、形成生态环境快速应急地理信息保障机制、服务生态文明和美丽河北建设的建议。河北省副省长张杰辉做出批示，肯定省地理信息局的意见，并要求环保、水利、林业、农业、海洋等部门进行研究，利用地理信息资源，服务全省生态文明建设。河北省地理信息局认真落实批示精神，完善河北省卫星定位综合服务系统，实现北斗卫星数据的接收、传输与处理；提高基础地理信息数据精度，制作高精度数字地面模型，为土地节约集约利用、环境整治、建设绿色生态系统等工作提供更精准的数据保障；推进数字河北地理空间框架建设，建立全省唯一的、权威的地理信息公共平台，推进共建共享及信息化进程；筹建河北省海洋测绘管理中心，组织实施海洋基础测绘，为发展海洋经济、海洋环境监测与治理等工作服务。

【测绘应急保障】

河北省地理信息局完善测绘应急保障机制，加强基础建设，配备国家地理信息应急监测车、测绘无人机和三角翼低空航摄系统等应急装备。利用无人飞机航摄系统开展迁西县及周边180平方千米、承德鸡冠山6平方千米、正定新区28平方千米、资源三号卫星变轨检测区2平方千米、石家庄园博园区16平方千米的1:1000低空遥感及正射影像图制作，部分成果加载到“天地图·河北”网站。

7月28日，针对河北省防汛形势，河北省地理信息局紧急启动测绘应急保障Ⅱ级预案，做好测绘应急保障准备工作。28日和29日，河北省地理信息局及局属有关单位紧急编制受灾县专题用图，报送省政府及住建、民政和水利等部门，为领导决策和抗洪救灾提供地理信息服务。河北省地理信息局负责测制涞源、涞水、易县、兴隆4个县68个村庄和8个安置区1:1000地形图，作为村庄恢复重建或搬迁规划编制工作底图，工期1周。全局抽调技术骨干，利用地理信息应急监测车等现代应急测绘装备，迅速进入测区，开展测图工作，按期保质向省住房和城乡建设厅提交相关资料。

科技与国际合作

【测绘科技成果】

2012年，河北省测绘地理信息行业23项科技成果分别获得2012年中国测绘学会优秀测绘工程奖、测绘科技进步奖、优秀地图作品裴秀奖，以及中国地理信息产业优秀工程奖和卫星导航定位科技进步奖。2012年度河北省优秀测绘地理信息工程奖评出一等奖20项、二等奖33项、三等奖46项；河北省测绘学会科学技术奖评出一等奖10项、二等奖13项、三等奖17项。“河北省地质灾害监测预警系统”获得实用新型专利。

【人才培养】

河北省地理信息局增选2012年～2013年省、局青年科技带头人各10名，推荐1人参加省突出贡献专家评选，全局共有国务院特殊津贴专家1人，国家测绘地理信息局青年学术和技术带头人2人，省有突出贡献中青年专家2人，省“三三三”人才工程第二层次人才3人、第三层次人才5人。全年共培训各类人员1000多人，111人通过注册测绘师考试，2784人通过职业技能鉴定培训。与中国矿业大学签署挂职锻炼协议，引进1名具有博士学位的青年教师到河北省地理信息局挂职，合作举办工程硕士研究生班。

【合作与交流】

河北省地理信息局积极开展对外技术合作与交流，加强与瑞典、美国等国家和台湾地区的技术交流与合作，全年组织出访2批次19人，来访4批次6人。

“河北省基础测绘设施装备现代化体系项目”完成项目可行性研究报告、可行性研究报告评审意见、环境评估备案表等申报文件，与徕卡、天宝、法国宇航防务集团等国外机构沟通项目推进。

精神文明建设

【党建工作】

河北省地理信息局印发《2012年度河北省测绘地理信息局直属机关党委工作要点》，严格党员发展工作，全年审批预备党员12人，党员转正9人。

召开局系统党风廉政建设工作会议，印发《河北省地理信息局2012年党风廉政建设工作要点》；落实党风廉政建设责任制，逐级签订《党风廉政建设责任书》；加强干部队伍建设，举办处级干部培训班；抓好机关效能建设和行政权力公开透明运行工作，规范行政许可事项的办理程序；定期召开各级领导班子民主生活会，加强干部选拔任用工作监督，坚持干部任前谈话制度，促进全局各项工作的开展。

【文化建设】

河北省地理信息局开展精神文明创建活动，河北省制图院连续12年被评为省级文明单位，3个直属单位、2个处室被评为省直文明单位和文明处室，2人被评为省直精神文明先进个人，2人被评为省直优秀共产党员和优秀党务工作者。

组队参加全国测绘地理信息系统羽毛球比赛，获优秀组织奖。参加“和谐国土杯”首届全省国土资源系统运动会获得特别贡献奖，广播体操项目获第2名。举办迎接党的十八大摄影展，展出作品300多幅。

地方社团工作

【河北省测绘行业协会】

5月，按照河北省地理信息局要求，河北省测绘行业协会开展河北省地理信息市场测绘工程项目价格现状调查工作，对10个设区市103家会员单位，近2000个测绘项目进行调研。在调研基础上，经反复论证，形成《河北省测绘行业地理信息市场测绘工程项目自律价格》（试行），11月15日，经河北省地理信息局同意，正式印发施行。

8月24日～26日，河北省测绘行业协会十佳单位表彰暨三届四次理事会在北戴河召开，各理事单位、会员单位及会员150多人参加。会议通过《河北省测绘行业地理信息市场测绘工程项目自律价格》（试行），表彰17家“十佳单位”、17家优秀单位。

河北省测绘行业协会应台湾省测量技师公会邀请，组织1批32名测绘科技人员赴台湾开展测绘科技交流。

【河北省测绘学会】

3月17日，河北省测绘学会测绘教育与科普专业委员会组织召开河北省测绘教育发展研讨会。5月21日，河北省测绘学会航空摄影与遥感专业委员会与北京测绘学会联合举办“2012年北京科技周”摄影测量与遥感技术交流会。7月，受河北省地理信息局委托，组织测绘工程项目招投标培训班。8月8日，河北省测绘学会七届三次常务理事会在北戴河召开。9月1日～4日，与河北省测绘职业技能鉴定中心联合举办2012年度注册测绘师考前培训班。11月23日，河北省测绘学会2012年学术年会在石家庄召开，会议主题是“构建数字河北，探索智慧未来”，学会理事、省测绘学科带头人及省测绘学会2012年度科学技术奖获奖代表共100多人参加。

河北省测绘学会组织开展2012年河北省优秀测绘地理信息工程奖和河北省测绘学会科学技术奖评审工作，全省112个测绘项目申报河北省优秀测绘地理信息工程奖，45个测绘项目申报省测绘学会科学技术奖。经评审，评选出2012年度河北省优秀测绘地理信息工程奖99项，河北省测绘学会科学技术奖40项。

2012年，河北省测绘学会与省测绘行业协会共同编辑出版《河北测绘》期刊4期，总发行量2800多册。按要求完成年检工作。

山西省

概况

2012年，山西省测绘地理信息工作围绕保障全省转型跨越发展大局，实现了新的发展。1月，山西省测绘地理信息局举行更名挂牌仪式。积极与有关部门沟通协调，争取在11个地级市国土资源局加挂测绘地理信息局牌子，强化测绘地理信息行政管理职能。

省级基础测绘经费全面落实，省财政共投入基础测绘经费3320万元，保障了省基础测绘工作。《山西省基础测绘“十二五”规划》由省政府印发。除大同、吕梁、晋中3个市外，其余8个市的“十二五”基础测绘专项规划均通过本级政府批准并报省测绘

2012年1月10日，国家测绘地理信息局副局长王春峰（左二），山西省政府副秘书长韩和平（右一），中国工程院院士张祖勋（右二），山西省国土资源厅厅长李建功（左一）共同为山西省测绘地理信息局揭牌。

地理信息局备案。省级贫困县基础测绘“以奖代补”政策得到落实，古县、大宁、隰县 3 个贫困县基础测绘经费补贴全部到位。

“山西省专题地图数据库”，“山西省测绘成果及档案的快速提供”，“山西省突发公共事件地理信息应急服务系统”等项目通过专家验收。此外，完成省“十二五”规划大水网重点工程中部引黄工程的数字航摄及正射影像图制作，完成省级电网 GIS 平台影像数据入库，为省内多条高速公路、一级公路和旅游公路建设提供测绘保障服务。

围绕全省转型跨越发展，积极开展服务。向全省重点工程建设和社会事业提供地形图 5478 幅，测绘成果数据 32477 幅，大地控制点 1405 个。2012 年全省测绘服务总值达到 12 亿元，全局测绘服务总值达到 2.22 亿元。

更新了 1:100 万、1:75 万及 1:50 万山西省系列地图。编制了新版省领导工作用图、专用挂图、省委省政府紧急接待工作用图。完成了全省 11 个市的政区、交通、旅游和 119 个县（市、区）行政区划地图的制作。编制了《山西省农业地图集》、《汾河流域地图集》等 60 多种普通及专题地图。山西地图网日均点击率稳定增长，推进了地图成果的社会化应用。针对热点问题，及时编制了《图说钓鱼岛》和《图说南海诸岛》专题图册，供省领导参阅。

全省 11 个地级市的数字城市建设全面开展。其中，太原、晋城、阳泉、晋中市已经完成，大同、朔州、忻州、长治、临汾、运城市正在实施，吕梁市已立项未启动。开展了长治县、孝义市、古交市、清徐县、昔阳县、介休市、潞城市 7 个数字县（市）建设。太原市智慧城市时空信息云平台建设已获国家测绘地理信息局批准，基于该平台申报的 2 个项目已列入国家“863”计划，获科技部批准。

山西省政府新闻办和山西省测绘地理信息局联合召开山西省地理信息公共服务平台新闻发布会，“天地图・山西”全面建成并正式向社会提供在线地理信息服务。

开展地理省情监测已列入《山西省基础测绘“十二五”规划》，已开展地理省情普查的前期准备工作。

山西省测绘地理信息局与武汉大学签订战略合作框架协议，与浙江省测绘与地理信息局签订友好省局协议，为及早谋划全省测绘地理信息事业发展及“借智”和合作共赢奠定了基础。首次邀请山西省人大代表到省测绘地理信息局视察，主动听取人大代表对发展全省测绘事业和壮大地理信息产业的意见和建议。首次召开全省测绘地理信息企业代表座谈会，畅通了管理部门与地理信息企业对话交流的渠道。为山西省深蓝地理信息工程有限公司等 100 多家企业提供 GPS 连续跟踪站实时定位、控制点坐标和地图数据服务。与国家级太原高新技术产业开发区管委会协商，拟共建山西省测绘地理信息产业创新基地。

山西省测绘地理信息局依法开展测绘资质年度注册、作业证审核发放工作。开展国家版图意识宣传教育“进学校、进社区、进媒体”活动，组织 40204 人参加“祖国在心中——全国国家版图知识竞赛”。组织 1138 人参加“中图杯——全国少儿手绘地图大赛”。

出台《加强测绘地理信息人才工作的意见》、《政务督查制度》、《新闻发言人工作制度》、《网络舆情监察办法》等制度，局机关政务运行机制更加规范。获全国省级测绘地理信息行政主管部门贯彻落实科学发展观年度测绘地理信息工作考评 2012 年度特色工作创新单位；被评为山西省年度目标责任考核 2012 年度良好单位。

重点工作推进

【重点项目】

11 月 26 日，“山西省专题地图数据库”项目通过专家验收。该项目由山西省地图院承建，实现了多尺度地理地图数据和自然资源、社会经济等专题地图数据的建库，入库数据 22 个大类、647 项专题指标。

12 月 4 日，“山西省测绘成果及档案的快速提供”项目通过专家验收并投入使用。该项目由山西省测绘资料档案馆承建，建设内容包括基础环境建设、管理系统开发、测绘成果档案数字化和测绘成果数据建库 4 个部分。

12 月 22 日，“山西省突发公共事件地理信息应急服务系统”项目通过专家验收。该项目由山西省综合地理信息中心承建，建成了影像控制点数据库管理与快速纠正系统、应急制图与快速分发服务系统、突发事件地理信息应急服务系统，首次建成了山西省应急地理信息综合数据库，实现了对山西全境多类型、多尺度地理信息数据的集成，满足了全省应急救灾对地理信息的基本需求。

“航空与航天影像快速获取与处理系统”项目

由山西省基础地理信息院承建，2012年完成了设备采购、项目试验及试生产等工作。

“全省及区域地籍测绘控制及服务体系建立”项目由山西省测绘工程院承担，年内共埋设标石2160块，完成了所有标石的GPS观测工作。

【数字城市建设】

山西省启动运城、临汾、忻州、大同和吕梁市的数字城市建设工作，全省11个地级市全部启动了数字城市建设。数字晋城、数字晋中和数字阳泉项目通过国家测绘地理信息局的验收。年内启动潞城市、昔阳县、清徐县数字城市项目。山西省测绘地理信息局组织编制出版了《山西省数字城市地理空间框架建设与应用》，为市县开展数字城市建设提供指导。

国家2012年边老少区基础测绘专项补助项目——数字昔阳正式启动，数字武乡已落实了中央财政项目资金。全省数字城市建设工作重点逐步由建设向应用转移。太原市作为全国首家完成数字城市建设的地级市，在公安、国土、环保等21个部门开展了成果推广应用。

太原市在原有数字城市建设成果的基础上，对800平方千米市区1:2000基础地理信息数据和15平方千米城区1:500基础地理信息数据进行了更新，完成了太原市主城区三维数据采集项目及太原市地名地址数据采集及建库项目，新增科技、教育、旅游、农业等10个应用系统。

【智慧城市试点】

太原市积极开展智慧城市试点建设，市国土资源局申报的“统一时空体系下的多源信息实时接入与异构信息自主加载技术”和“城市信息多层次智能决策关键技术与系统”2个项目列入国家“863”计划，获科技部批复。其他城市坚持“边建设边应用”思路，利用现有成果加强测绘地理信息成果的开发应用。

【地理信息公共服务平台】

山西省地理信息公共服务平台于2011年底全面建成并通过项目验收和科技鉴定。国家测绘地理信息局在“天地图”省市级节点建设技术培训会上，推广了山西省在平台建设方面的做法和经验。6月6日，山西省政府新闻办公室和省测绘地理信息局联合组织召开山西省地理信息公共服务平台新闻发布会，标志着 “天地图·山西”全面建成并正式向社会提供在线地理信息服务。山西省测绘地理信息局与省政府办公厅联合召开平台应用推广会。与省公安厅密切合作，解决了平台与PGIS平台对接的难题，在警用地理信息服务方面进行了积极探索。国内外用户通过互联网方式访问平台计8万多次。

年内完成了全省骨干交通网、11个地级市城区电子地图、0.5米分辨率城市高清影像等数据更新，公安PGIS平台数据处理，工行、农行POI金融网点等数据更新工作。平台以互联网、政务内外网及前置系统方式为国土、林业、交通等20多个政府部门及企事业单位提供服务。

法制建设与市场监管

【立法工作】

山西省测绘地理信息局按时依法向省人大城建环保工委、省政府法制办报送五年立法规划建议项目和2013年度立法计划建议项目。组织开展地方性法规清理工作。按照国家测绘地理信息局的统一部署，组织开展了测绘法修订的立法调研工作。

【行政审批制度改革】

山西省测绘地理信息局调整充实了局行政审批制度改革工作领导组及办公室组成人员；制定印发了《局深化行政审批制度改革促进政务服务便捷高效工作方案》，明确了局深化行政审批制度改革的目标、任务。制定了行政审批内部审批工作程序，启用了新修订的行政审批接收材料登记表、流程执行卡等文书，并在全省范围内进行了流程执行卡经验推广。制定了服务承诺制度、AB角岗位责任制度、限时办结制度、首问负责制度、审批办理超时默认制度、首办负责制度和一次性告知制度，并制作成牌匾悬挂于局政务服务大厅。

完成行政审批项目的清理工作，共保留行政许可项目7大项11小项，改变管理方式3项。根据《国务院第六批取消和调整行政审批项目的决定》，新增1项行政许可项目（测绘计量检定人员资格认定）。截至2012年底，继续保留实施的行政许可项目共8项。

深化行政审批制度改革、加强政务服务体系建设是2012年山西省政府“项目落地年”和优化政务发展环境、整治吃拿卡要专项行动的关键环节。山西省测绘地理信息局行政审批绩效量化考核工作全年各月排名均列全省前十名。局行政审批厅2012年共接收各项行政许可申请497件。其中，测绘资质申请47件，测绘作业证申请59件，地图审核申请23件，基础测绘成果提供使用申请356件，测绘项目登记申请7件，永久性测量标志拆迁审批4件，对外提供国家秘密的测绘成果审批 1 件。年内全部办结。

【法制宣传】

在测绘法修订颁布实施十周年之际，山西省测绘地理信息局创新宣传形式，组织开展“8·29”测绘法宣传日活动。向全省发送测绘法宣传公益短信 100 万条；制作发放测绘法修订颁布实施十周年纪念品；在《今日山西测绘》、省测绘地理信息局门户网站开辟宣传专版，发表署名文章；在局办公楼前举行大型现场宣传活动，发放宣传资料 3000 多份，宣传纪念品 1800 多份，地图产品 1000 多份。12 月 4 日，按照山西省委依法治省领导组办公室的要求，组织开展了“12·4”全国法制宣传日测绘法宣传活动。

【依法行政】

山西省测绘地理信息局加大行政执法工作力度，制定印发实施意见，对进一步加强测绘地理信息行政执法工作提出具体要求；组织召开全省测绘地理信息管理工作会议，对测绘地理信息行政管理和行政执法工作进行了安排部署；明确将行政执法案卷评查工作、行政执法专项检查工作列入市级测绘地理信息管理工作目标考核内容；组织开展 2012 年测绘地理信息行政处罚案卷评查工作，成立工作组，全省共报送行政处罚案卷 20 件，推荐 6 件行政处罚案卷参与国家测绘地理信息局组织的优秀行政处罚案卷（件）评选活动，2 件案卷被评为测绘地理信息系统优秀行政处罚案卷。

【测绘执法】

山西省测绘地理信息局开展专项执法行动，组织各市国土资源局开展整数经纬度交叉点涉外测绘执法检查；联合省工商局、省国家保密局对太原可口可乐公司进行了检查。根据国家测绘地理信息局《关于对〈泰晤士世界历史〉登载“问题地图”进行查处的函》的要求，对山西省希望出版社进行了调查处理，给予停止销售、罚款 1 万元的处罚。组织参加国家测绘地理信息局举办的 2012 年度第一、二期测绘地理信息行政执法人员培训班，全省共有 13 人参加培训。组织 2012 年度全省测绘资质单位人员的测绘法律法规培训和市、县测绘地理信息行政执法人员执法培训工作，全年全省共培训测绘资质单位人员 800 多人，市、县测绘地理信息行政执法人员 300 多人。完成局机关行政执法人员的执法培训和执法证的换领工作。

【信用体系建设】

7 月，山西省测绘地理信息局启动测绘地理信息市场信用信息平台建立、全省测绘地理信息市场信用体系建设工作，9 月底，全省 11 个市全部完成测绘单位信用体系建设的培训工作。至年底，完成全省 490 家测绘单位基本信息的录入工作。

【国家版图意识宣传教育】

山西省测绘地理信息局制定了《山西省国家版图意识宣传教育“进学校、进社区、进媒体”活动工作方案》，并印发给各市。全省“三进”活动进学校 120 多所，进社区 40 多个，进媒体 20 多次，发放《国家版图知识读本》、《中华人民共和国全图》（国家版图意识宣传教育专用图）以及《国家版图小知识》等宣传材料 3.5 万多份。

【测绘资质管理】

山西省测绘地理信息局按时完成 2012 年全省测绘资质年度注册工作，通过年度注册的单位 440 家，缓期注册的单位 11 家，注销测绘资质的单位 6 家。为 47 家申请单位发放了《测绘资质证书》；为 62 家单位办理了测绘资质内容变更；为 11 家单位办理了测绘资质升级；为 462 家资质单位换发了《测绘资质证书》。截至年底，全省共有测绘资质单位 498 家，其中，甲级 20 家、乙级 57 家、丙级 135 家、丁级 286 家。

【房产测绘管理】

山西省测绘地理信息局赴省级测绘地理信息局和省内基层单位开展测量标志管理工作调研。全年举办 2 期房产测绘培训班，培训各市、县测绘管理部门和房产测绘单位人员 403 名，房产测绘咨询热线解答咨询 38 人次。协助柳林县法院解决柳林县万隆公寓房产测绘纠纷案件。

基础测绘

【省级基础测绘】

2012 年，山西省财政共投入基础测绘经费 3320 万元，保障了省级基础测绘工作。山西省测绘地理信息局编制了基础测绘航空摄影年度计划和基础测绘年度计划，下达了运城、晋城测区和汾河流域共 951 幅 1:1 万地形图全要素采集工作和左权测区 1057 幅 1:1 万数字正射影像生产任务。

【市、县基础测绘】

山西省 96 个县（市）中已有 65 个开展了基础测绘工作，其中，太原、晋中、晋城、阳泉、临汾等 5 个市的县级基础测绘全面实施，忻州市的县级基础测绘大面积展开。在国家和省财政的支持下，省内贫困县基础测绘工作得到快速发展。

【测绘项目验收】

山西省测绘产品质量监督检验站完成多项基础测绘项目的质量验收工作，包括吕梁测区1:1万基础测绘项目678幅调绘成果；临汾测区1:1万基础测绘项目，一期372幅“3D”成果，二期296幅调绘成果；临汾市、孝义市、吕梁市、忻州市航空摄影项目；大宁、隰县1:1万基础测绘扶贫项目等。此外，完成了武乡县基础测绘项目县城二期测区1:500地形图、山西高河能源有限公司会里排矸场地形测绘、忻州市顿村地形图测绘项目等10多项测绘项目的委托检验工作。

【质量管理】

山西省测绘地理信息局组织完成太原、晋城、运城、长治、晋中等5个市测绘资质单位成果质量监督抽检工作，结果显示，被检单位质量管理体系健全，生产作业能够执行现行国家、行业规范和标准，成果精度和成图符合设计和相关规范要求。

印发《关于开展2012年1:1万地形图测绘成果质量专项监督检查的通知》，对全省甲、乙级测绘单位1:1万地形图项目进行统计并上报国家测绘地理信息局。完成“晋北测区1:1万基础地理信息更新项目”的监督检查工作。印发《关于开展2012年测绘成果质量监督检查的通知》，成立监督检查领导小组，制定技术方案，组织完成了行业测绘单位监督抽检工作，被检单位比例占甲、乙级测绘单位总数的22%。

【测绘仪器检定】

根据我国网络RTK技术发展和应用的需要，山西省测绘产品质量监督检验站开展网络RTK检定方法的研究，验证应用网络RTK技术进行GPS接收机检定的可行性，为网络RTK检定规程的制定提供适用可行的方法和科学可靠的测试数据。

该站全年共检定全站仪1012台，水准仪709台，GPS接收机704台，手持测距仪279台，经纬仪82台，共计2786台，检定出不合格仪器147台。

地图管理与地图出版

【地图编制审查】

2012年，山西省测绘地理信息局完成《太原市城区图》、《山西省交通地图册》、《运城市地图》、《忻州市地图》、《山西省交通旅游图》、《山西省交通图》等32项公开出版地图的技术审查。

【地图编制】

山西省地图院承担的《山西省县级行政区划地图》编制工作顺利完成。该项目历时3年，编制了全省11市、119县（市、区）的地图，5月25日举行地图移交仪式，推进了地图成果的社会化应用。

山西省地图集编纂委员会办公室完成《山西省农业地图集》、《汾河流域地图集》编制工作。《汾河流域地图集》分序图、资源、经济、灾害与环境治理等6部分，主要反映汾河流域所涉及的6个地级市40个县（市、区）的基本现状和资源开发情况。

测绘地理信息成果管理与应用

【涉密测绘成果管理】

山西省测绘地理信息局联合省国家安全局、省国家保密局在大同市、长治市、晋城市组织了测绘成果保密岗位培训，参加培训人员200多名。长治市国土资源局、吕梁市国家保密局获全国测绘成果保密检查市县先进集体称号，山西省4人获先进个人称号。

【测绘成果归档管理】

山西省测绘地理信息局印发《加强测绘成果归档工作的意见》。对近年来完成的测绘项目归档情况进行清理核查，计划于2013年底前完成归档工作。局地图编制与测绘成果处和省测绘资料档案馆履行管理职能，做好档案服务。测绘成果归档工作被列入年度目标责任考核。

【测量标志管理】

山西省测绘地理信息局加强测量标志管理，年内办理测量标志迁建审批2项，完成临汾市9县（市）、区测量标志警示牌设立工作，实施了“山西省测量标志管理数据库数据维护”项目。

【为省四大班子领导服务】

山西省测绘地理信息局先后编制完成《图说钓鱼岛》、《图说南海诸岛》并赠送山西省委、省人大、省政府、省政协四大班子领导参阅。《图说钓鱼岛》、《图说南海诸岛》以图文并茂的形式通过古今地图和丰富的文史资料说明钓鱼岛、南海诸岛自古就是中国神圣不可侵犯的固有领土。

【为政府决策服务】

“山西省第二次土地调查省级数据库建设”项目通过验收。该项目由山西省遥感中心实施，将全省第二次土地调查数据进行建库。项目成果提交运行后，实现了全省土地调查成果的集中管理，建成了长效的数据上报和快速更新机制，保持了土地调查数据库的现势性，实现了国家、省、市、县四级土地调查数据库的互联互通和同步更新。

“山西省汾河主河道流域生态地理环境影像信息系统”项目通过验收。该项目由山西省测绘工程院实施，采用ADS数码航摄系统，完成了汾河流域39471平方千米0.5米分辨率的航空影像获取和正射影像图生产，开发建立了汾河流域影像数据管理和三维电子沙盘系统。

“太原市1:2000数字线划图测绘”项目通过验收。该项目由山西省遥感中心实施，按照相关技术标准及规范，将太原市主城区270平方千米1:500数字线划图数据缩编成1:2000数字线划图数据；采用数字摄影测量技术，完成太原市主城区147平方千米1:2000数字线划图测图工作。

“晋城市第二次土地调查市级数据库建设”项目通过验收。该项目由山西省遥感中心实施，完成晋城市6县区（晋城城区、高平市、泽州县、沁水县、阳城县、陵川县）的第二次土地调查数据库建设。

科技与国际合作

【科技创新】

山西省测绘地理信息局组织召开2011年度测绘地理信息科技工作会议，对获得局测绘科技奖励的单位和个人进行表彰。制定《山西省测绘地理信息局测绘地理信息科技项目管理办法》，并组织有关单位申报、实施了2012年测绘科技项目5项。成立了山西省测绘地理信息工程技术研究中心。

【科技奖励】

山西省地图编纂委员会办公室编制的《山西省地图集》获中国测绘学会优秀地图作品裴秀奖银奖；山西省综合地理信息中心完成的“山西省地理信息公共服务平台”获2012年中国地理信息科技进步奖二等奖；山西省基础地理信息院完成的“晋城市基础控制网（GPS C、D级网）建设”、“山西境内明长城测量项目”获2012年中国测绘学会优秀测绘工程奖铜奖，“陵川县基础测绘项目”获2012年中国地理信息产业优秀工程铜奖。

【人才培养】

山西省测绘地理信息局出台了《关于进一步加强测绘地理信息人才工作的意见》。组织完成2012年全省注册测绘师资格考试资格审查工作，同武汉大学测绘学院联合举办了考前培训班。全省共有830多人通过资格审查，90%以上参加了全国统一考试。77名非测绘专业的学员（其中局属单位占90%）取得长安大学测绘工程专业本科学历（函授）。与武汉大学联合开办工程硕士班，13名学员已完成面授课程，进入毕业论文准备和答辩筹备阶段。开展全省机关事业单位工人技术等级岗位考核工程测量、地图清绘、制图员3个工种199人参加的培训工作。

【对外交流】

7月7日~27日，山西省测绘地理信息局副局长孔令礼在美国乔治梅森大学参加了2012年测绘地理信息系统局长培训班。9月25日~10月26日，山西省测绘地理信息局派员参加了国家基础地理信息中心组织的第二期“高级地理信息技术”专题技术培训团。

精神文明建设

【党的建设】

根据中央、省委及省直机关落实党的工作责任制要求，山西省测绘地理信息局年初结合实际修订了党建工作考核指标，与机关处室、直属单位签订党建工作目标责任书，将班子建设、中心组学习、党员队伍建设、文明创建和党风廉政建设等工作量化并纳入考核。4月24日，组织召开局2012年党风廉政建设及党建工作会议，总结2011年工作，明确2012年党建工作指导思想、工作重点和目标任务，并印发全局党建工作要点，确保完成省委、省政府下达的共性目标任务。

【党风廉政建设】

山西省测绘地理信息局党组认真履行党风廉政建设的主体责任，加大督查力度，深化“小金库”专项治理；严格庆典等活动的审批程序，加强经费监管；整治“吃拿卡要”；出台财务管理办法等7项制度；推进行政审批制度改革，规范审批项目，优化审批程序，缩短审批时限，提高审批效率。

【保持党的纯洁性学习教育活动】

山西省测绘地理信息局按照省委、省直工委的统一安排部署，组织全局基层党组织和全体党员开展保持党的纯洁性学习教育活动，完成3个阶段、12个环节的任务，收到了预期效果。组织全局各级党组织班子成员学习《人民日报》有关评论文章，与中央和省委保持高度一致。“七一”前夕，召开局优秀共产党员座谈会，表彰了26名优秀共产党员和11个先进基层党组织，局属单位1名优秀共产党员和1名优秀党务工作者受到了省直工委表彰。加强制度建设，巩固活动成果，印发《局领导班子成员建立党建工作联系点制度》、《在基层党组织和党员中实行公开承诺实施意见》等文件。

【基层组织建设】

山西省测绘地理信息局制定了基层建设年实施方案。对全局基层党组织全面摸底，进行分类定级。局机关处室独立设置党支部，局属单位独立设置党委、总支、支部。所属1个党委、2个总支、32个党支部，全部确定为“好”或“较好”。至6月底，全局共有党员494名，其中在职296名、离退休198名。

【文明和谐建设】

山西省测绘地理信息局以创建文明和谐单位为载体，加强测绘文化建设，坚持年度申报、考核、推荐机制，年初确定创建规划，年中督促检查，年底考核验收。举办2012年新春团拜会，开展助残扶贫、联企帮困等活动；三八节组织机关女职工赴大寨参观学习；五一前夕组织慰问了全局劳模，向省直工委推荐表彰了2名先进个人和1个先进集体；五四期间组织机关团员开展学雷锋做好事活动；协助国家测绘地理信息局举办首届全国测绘地理信息系统“测绘地理信息杯”桥牌赛并获得冠军；组队参加全国测绘地理信息系统羽毛球比赛；安排部署了“测绘地理信息文化大家谈”征文活动；积极参加中国测绘职工政研会各项活动，申报了重点研究课题。局机关连续5年保持省直文明和谐单位标兵称号。局属单位中1个被评为省级文明和谐单位，2个被评为省直文明和谐单位标兵，6个被评为省直文明和谐单位。

【学习贯彻党的十八大精神】

山西省测绘地理信息局认真学习贯彻党的十八大精神，组织开展“服务保障优环境、和谐喜迎十八大”系列活动。9月12日，举办喜迎十八大文艺汇演。组织党员领导干部讲党课，9月28日，局党组书记、局长张宝玉作了《以胡锦涛总书记讲话精神凝心聚力开创我省测绘地理信息事业新局面》专题党课。制作巡礼展板，全面展示局机关和局属单位党组织围绕中心、服务大局，加强党建工作、创先争优、提供测绘地理信息服务保障等内容。开展“党员干部大讨论、测绘学习大讲堂、党组书记大调研、党员干部大培训、岗位奉献大展示”活动。

地方社团工作

4月26日，山西省地理信息系统协会、山西省测绘学会与北京超图软件股份有限公司在太原市联合举办“华北区域2012’SuperMapGIS自主创新与应用研讨会”，各市国土资源局、各会员单位代表200多人参加。

6月20日，山西省测绘学会与四维世景科技（北京）有限公司联合举办高分辨率卫星遥感影像应用与创新研讨会，会议就高分辨率卫星遥感技术与前景、创新技术与应用案例等做了研讨交流。

山西省测绘学会组织参加2012年山西省全国科普日活动，发放宣传资料3000多份、最新版太原市交通旅游图及其他地图资料1000多张，为群众解答疑难300多人次。

内蒙古自治区

概况

2012年，内蒙古自治区国土资源厅按照国家测绘地理信息局和自治区党委政府的工作部署，紧紧围绕“突显服务功能，提高服务手段，体现服务需求，促进测绘地理信息产业发展”的总体思路，制定《内蒙古自治区国土资源厅2012年测绘地理信息工作要点》并下发至各盟市国土资源局及厅属各有关单位，全面开展测绘保障服务工作，全区测绘地理信息工作稳步推进。

重点工作推进

【数字城市建设】

内蒙古自治区国土资源厅启动11个盟市、2个旗（市）数字城市基础地理空间框架建设，其中，数字包头已通过国家测绘地理信息局验收，包头市被授予“全国数字城市建设示范市”称号，数字乌海已通过自治区验收。与阿拉善盟行署、巴彦淖尔市政府签定数字地理空间框架建设项目共建共享协议书。

【新农村（新牧区）测绘保障服务示范项目】

内蒙古自治区国土资源厅安排锡林郭勒盟多伦县新农村（新牧区）测绘保障基础测绘项目经费200万元。9月，莫力达瓦达斡尔族自治旗、丰镇市新农村（新牧区）测绘保障服务示范项目通过国家测绘地理信息局验收。

法制建设与市场监管

【法制培训】

按照国家测绘地理信息局工作部署和自治区加强对测绘地理信息工作管理的需要，4月6日~15日，内蒙古自治区国土资源厅举办全区测绘地理信息管理工作培训班，分3期对全区520多家测绘地理信息管理部门负责人及测绘资质单位法人代表进行培训。邀请专家就涉密测绘成果保密安全、测绘统计、依法测绘、测绘资质管理以及测绘新技术应用等内容进行培训，并组织问卷考试，对考试合格者颁发结业证书。

6月25日~27日，举办涉及12个盟市、101个旗（县、市、区）主管测绘地理信息工作的局长、科长、股长共230人参加的全区测绘地理信息行政执法培训班。结合2012年测绘地理信息行政执法重点，就测绘地理信息最新情况、政策法规、各级测绘地理信息行政主管部门行政执法职权分解、行政执法理论以及测绘地理信息违法案件查处等内容作专题讲解，并进行问卷考试。

【执法检查】

内蒙古自治区国土资源厅下发《关于对测绘地理信息市场及测绘资质单位进行执法检查的通知》。6月~7月，全区各盟市国土资源管理部门会同当地保密部门成立执法检查组，制定工作方案，采取办培训班、下发文件等形式，做好动员部署工作；各测绘资质单位和涉密测绘成果使用单位开展全面自查。8月~11月，各盟市检查组对本地区测绘地理信息市场、测绘资质单位及涉密测绘成果使用单位进行全面检查。向受检单位书面反馈检查意见；对检查中发现的问题下发整改通知书，要求限期整改；逾期不整改或整改后仍达不到要求的，依法予以处理；对涉嫌存在泄密及违规测绘等行为的单位，进行立案调查。全区共检查测绘资质单位402家，涉密测绘成果资料使用单位52家，地图市场14个。向116家单位下发整改通知书，立案调查7家。12月，会同自治区国家保密局组成检查组对各盟市的检查工作情况进行抽查。

【资质管理】

内蒙古自治区国土资源厅组织完成全区2011年测绘资质复审换证收尾工作，开展2012年测绘资质年度注册工作。全区测绘资质单位550家，应参加年度注册单位286家，通过注册285家、注销1家。新审批资质单位54家，升级7家，增加业务范围7家。对所有资质单位均实行网上审查和审批，严格审查认证。

内蒙古自治区国土资源厅下发文件对“8·29”测绘法宣传日活动作全面部署。各盟市国土资源局组织所辖地区的资质单位开展街头设点、座谈讨论、发送宣传信息等不同形式的活动，营造了良好的社会舆论氛围。

基础测绘

【基础测绘投入】

2012年，内蒙古自治区共安排基础测绘相关项目资金1亿元，其中，基础测绘项目7650万元、其他测绘项目2350万元。全年共完成全区1:1万地形图测绘52.2万平方千米，覆盖率44.2%。

【基础测绘中长期规划】

内蒙古自治区国土资源厅组织完成二连浩特市、兴安盟突泉县、乌兰察布市所辖11个旗县2011年~2020年基础测绘中长期规划的编制、修订工作，并组织专家评审上报政府批准实施。

【质量管理】

内蒙古自治区国土资源厅组织完成国家测绘地理信息局部署的大比例尺地形图测绘质量检验的考评、总结上报等收尾工作。成立2012年测绘地理信息成果质量监督检查领导小组，制定《2012年测绘地理信息成果质量监督检查工作方案》，对内蒙古自治区测绘院、航空遥感测绘院、地图院、地质测绘院、煤田地质勘测队5家甲级测绘资质单位2010年1月

~2011年12月完成的1:1万地形图（包括数字线划图、数字高程模型、数字正射影像图、制图数据等产品）进行抽验，抽验的主要内容为测绘单位测绘地理信息成果质量和质量管理体系，包括成果质量、标准及规划执行、仪器设备检定情况和法律法规规定的其他检查内容。此项工作已按计划完成。

地图市场监管

内蒙古自治区国土资源厅继续对全区互联网地图和地理信息服务市场开展检查和监管，按照国家测绘地理信息局的紧急要求，对内蒙古自治区国土资源厅、内蒙古自治区测绘地理信息局2个网站涉及钓鱼岛、赤尾屿及其附属岛屿内容的地图进行全面清查，上述网站的地图浏览部分未发现“问题地图”并上报了检查结果。严把地图审核关，共发放审图号17个。

辽宁省

概况

2012年，辽宁省测绘地理信息事业实现大跨越。辽宁省测绘地理信息局完成总产值1.36亿元，比2011年增长了120%。被省委省政府评为2012年度目标管理先进单位，在2012年度全国省级测绘地理信息行政主管部门贯彻落实科学发展观测绘地理信息工作考评中被国家测绘地理信息局评为2012年度特色工作创新单位。

全省14个设区市和绥中、昌图、本溪、大洼4个县已全面启动数字城市建设。实施“天地图·辽宁”二期工程建设，完成“天地图·辽宁”2012版和手机版项目。完成抚顺市地理国情监测试点任务。

基础测绘投入由2011年以前的每年600万元增加到2012年的6488万元，是过去十年的总和；2012年完成1:1万地形图更新2260幅，是过去十年总和（1680幅）的1.35倍；配备2台无人机航摄系统和2套ADS80数字航摄仪、1台（套）法国像素工厂等高精尖设备，实现了测绘装备质的提升。

机构编制进一步完善。辽宁省测绘地理信息局增设2名副局长，开展了建局以来第一次大规模的机构、编制和人员调整，调整中涉及岗位变动165人，占全局总人数的24%，共增加正副处级职数22个、正高5个、副高7个，19人通过竞争上岗走上处级领导岗位。

重点工作推进

【数字城市建设】

2012年，辽宁省数字城市建设飞速发展，全省14个设区市和绥中、昌图、本溪、大洼4个县已全面启动数字城市建设，其中，数字抚顺、数字本溪已通过国家测绘地理信息局验收，数字阜新已完成省级预验收。

【“天地图·辽宁”建设】

辽宁省测绘地理信息局积极与省财政厅等部门沟通协调，争取“天地图”项目资金568万元，实施“天地图·辽宁”二期工程建设，完成“天地图·辽宁”2012版和手机版项目并通过国家测绘地理信息局验收。“天地图”省、市级节点公众版地理信息平台建设同步推进，完成省级节点和抚顺市、本溪市节点与国家主节点的互联互通。

【地理国情监测】

国家测绘地理信息局确定辽宁省抚顺市为全国首批地理国情监测试点城市。2012年，辽宁省测绘地理信息局加大地理国情监测工作力度，通过对抚顺市林业动态监测、矿山环境动态监测，完成抚顺市地理国情监测本底数据库和第一期监测成果，完成抚顺市地理国情监测试点任务。

【完善体制编制】

在辽宁省政府和省编委等部门的重视和支持下，辽宁省测绘地理信息局开展建局以来第一次大规模的机构、编制和人员调整。通过调整，削减了2个局直属较大规模单位的编制，补充到2个较小单位，组建省地理信息资料馆，地图审核、测量标志维护和测绘成果使用、审批等方面的管理职能得到加强。调整中涉及岗位调动165人，占全局总人数的24%，调整通知下达10天内，人员全部到位。

【行业目标考评】

辽宁省测绘地理信息局将国家测绘地理信息局开展的贯彻落实科学发展观年度测绘地理信息工作考评延伸至市级测绘地理信息主管部门。印发《2012年度全省市级测绘地理信息行政主管部门贯彻落实科学发展观年度测绘地理信息工作考评标准》，把市县的基础测绘、机构建设、依法行政、“三大平台”建设等内容全部纳入考评范围。12月，在市县自查自评的基础上，实地考核6个市县测绘地理信息管理部门，并对先进市县测绘地理信息管理机构进行表彰，推动全省测绘地理信息行业健康发展。

【管理制度创新】

辽宁省测绘地理信息局制订《辽宁省测绘地理信息局工作规则》、《辽宁省测绘地理信息局机关管理制度》、《机关工作限时办结规定》等管理制度，对公务员行为、组织纪律、管理与监督等方面作出详细规定，落实财务、车辆、资产管理等制度，推动机关管理工作的有序化、制度化、规范化。在局直属单位实施测绘工程项目管理制度，明确测绘项目人员、设备、工期、质量、成本、安全等标准，以及考核机制、奖惩措施，解决了测绘项目成本高、工期长等问题。

法制建设与市场监管

【立法工作】

辽宁省测绘地理信息局出台《辽宁省测绘市场管理办法》，规范测绘市场秩序。7月4日，辽宁省十一届人民政府第60次常务会议审议通过该办法，自2012年9月1日起正式实施。该办法细化了测绘法和《辽宁省测绘条例》相关条款，增补了测绘地理信息市场管理的具体条款，赋予测绘地理信息行政执法法律权力，为加强测绘执法监督，营造统一、竞争、有序的测绘市场环境提供法律支撑。

辽宁省测绘地理信息局制定《辽宁省测绘地理信息局2013年立法计划》，确立测绘地理信息法规工作的思路、重点任务和具体措施。向省政府报送了《辽宁省测绘成果管理规定》（草案）和立法可行性报告，省政府已将《辽宁省测绘成果管理规定》确定为2013年度政府规章类立法计划。

【法制宣传】

辽宁省测绘地理信息局召开专题会议部署全省“六五”测绘地理信息法制宣传教育工作。开展以“庆祝《中华人民共和国测绘法》修订实施十周年暨《辽宁省测绘市场管理办法》颁布实施”为主题的“8·29”测绘法宣传日活动。宣传日当天，召开测绘法制建设座谈会，展出30多块展板、50多台测绘仪器，局机关干部、直属单位干部职工200多人参加活动。组织各市县测绘主管部门开展本地区的测绘法宣传活动。

【法制培训】

辽宁省测绘地理信息局组织省、市、县部分测绘主管部门的干部参加国家测绘地理信息局举办的全国地方测绘地理信息行政执法培训班。8月，分别在沈阳、大连、锦州和辽阳市举办全省测绘资质管理培训班，培训人数1000多人次。

【市场监管】

辽宁省测绘地理信息局结合《辽宁省测绘市场管理办法》的颁布实施，加大测绘执法力度，开展测绘市场专项执法。在全省测绘成果质量检查中，对大连市5家资质单位进行通报，责令停业整顿，对其测绘资质缓期注册。对大连网网网络公司等3家单位未按规定送审且登载的地图存在漏绘钓鱼岛、赤尾屿等违规行为进行查处。联合辽宁省国家保密局对全省测绘资质单位和测绘成果使用单位进行保密检查，发出整改通知书115份，处理涉密违规案件3起。在全省涉密测绘成果专项检查工作中，表彰14个先进集体和32名先进个人。辽宁省测绘地理信息局获“全国涉密测绘成果保密检查先进集体”称号。

【涉外案件处理】

根据国家测绘地理信息局《对部分可口可乐公司从事测绘活动进行排查的紧急通知》要求，辽宁省测绘地理信息局在全省范围内对部分可口可乐公司使用手持GPS采集商业信息涉嫌泄密的行为进行排查。协助省国家安全局查处日本人在大连长兴岛以测绘名义窃取军事秘密的违法案件。

【资质管理】

辽宁省测绘地理信息局组织开展全省2012年测绘资质年度注册工作。参加注册单位527家，通过注册471家，缓期注册48家，吊销资质8家。核减业务范围79家，降低等级2家。加强互联网地图服务测绘资质审查发证工作，依托互联网地图服务企业资质监测系统，对互联网地图服务网站实时监管。通过对相关网站分类排查，筛选出150多家网站列入数据库，定期复查。

【测绘项目备案登记】

辽宁省测绘地理信息局印发《辽宁省测绘地理信息项目备案登记管理规定（试行）》。按照地域管理原则和作业限额，省、市、县三级测绘地理信息主管部门分别开展本辖区的测绘地理信息项目备案登记工作，逐级上报。2012年，完成外省测绘单位来辽宁测绘的备案登记项目，其中省级12项、市级150项。

【地图市场监管】

辽宁省测绘地理信息局制定《2012年地图市场监管专项治理工作方案》，重点开展涉及地图的教辅、旅游、引进版图书、地球仪和互联网地图的治理工作，对损害国家主权、危害国家安全等“问题地图”加大查处力度，共销毁“问题地图”4000多份。对涉及南海、钓鱼岛的网络地图进行重点检查，对存在“问题地图”的4家政府部门网站下达限期整改通知书，并派专人跟踪处理。严格执行地图检定、审查制度，全年审查出版地图16件，依法核准批复13件，涉及85幅地图、1本地图集和2个互联网电子地图。

【地理信息市场专项整治“回头看”】

按照全国地理信息市场专项整治工作领导小组《关于开展地理信息市场专项整治工作“回头看”行动的通知》要求，辽宁省测绘地理信息局召开工作协调会议，建立联络员和协作办案联合执法工作机制以及信息沟通和案情通报等长效监管工作机制。7月，组成2个检查组，赴各市检查指导地理信息市场专项整治、地图市场专项治理、国家秘密测绘成果检查等工作，实地抽查测绘单位和书店、车站、广场等公共场所，对违法违规问题，提出整改要求或依法给予处罚。利用网络、广播等媒体，对地理信息市场专项整治工作开展宣传，加深公众对测绘地理信息工作的认识。

基础测绘

辽宁省测绘地理信息局全年安排基础测绘资金6488万元，完成2260幅1:1万地形图更新，建设B级GPS控制点165座、C级GPS控制点512座、二等水准点1732座。完成“927”一期工程中国家海岛礁测绘一期工程B级大地控制点埋设、38幅海岛（礁）测图、3座GNSS连续运行基准站建设，于12月经国家测绘产品质量检验测试中心验收合格。

开展2000国家大地坐标系转换工作，印发《关于加快推广应用2000国家大地坐标系的通知》。从2012年开始，辽宁省省级现代测绘基准体系建设项目和1:1万地形图更新与建库成果均采用2000国家大地坐标系。

国家版图意识宣传教育

辽宁省测绘地理信息局组织开展国家版图意识宣传教育“进学校、进社区、进媒体”活动，发放国家版图知识资料2000多份，在《辽宁日报》、《辽沈晚报》刊登专题文章宣传国家版图知识。组织参加“祖国在心中——全国国家版图知识竞赛”和“中图杯——全国少儿手绘地图大赛”活动。辽宁省测绘地理信息局、抚顺市规划局被授予国家版图意识宣传教育和地图市场监管工作先进集体称号；3人获国家版图意识宣传教育和地图市场监管工作先进个人称号；3名小学生的手绘地图获少儿手绘地图大赛优胜奖；抚顺市新抚区实验小学获“中图杯——全国少儿手绘地图大赛”组织奖；1人获“祖国在心中——全国国家版图知识竞赛”二等奖，3人获优胜奖；抚顺市顺城区新华一校获“祖国在心中——全国国家版图知识竞赛”组织奖。

测绘地理信息成果管理与应用

【成果管理使用】

辽宁省测绘地理信息局开展辽宁省首次测绘地理信息成果汇交工作，最大限度地提高测绘地理信息成果利用率，避免重复投入、重复测绘，促进基础地理信息资源共享。制定成果汇交相关制度，明确省、市测绘地理信息管理部门及测绘单位关于成果汇交的职责和义务。委托市、县测绘地理信息主管部门实施成果汇交工作，全省共汇交2000多条测绘成果目录和副本并向社会公布。加大地理信息资源共建共享的推进力度，与省公安厅、民政厅等9家单位签订共建共享协议。

【成果质量监管】

辽宁省测绘地理信息局完成大连市85家测绘资质单位的116个测绘项目、鞍山市37家测绘资质单位的47个测绘项目的质量监督检查工作。其中，大连5个项目、鞍山7个项目不合格。对不合格单位责令整改，认真组织复检，并对全省测绘行业项目质量抽检情况进行通报。

【测绘地理信息服务】

辽宁省相关测绘地理信息部门为农业、林业、铁路、水利、环保、矿产、核电、风电以及锦州世界园艺博览会等国家大型项目和省重点工程建设提供测绘地理信息服务保障，为全省6条高速公路开通更新《辽宁省地图》和《沈阳城区图》，为省发改委制定辽宁沿海经济带发展规划提供42个产业园区的面积、位置等测量服务，为省直有关部门提供892幅地图，为辽宁省“两会”编制5000份专版领导工作用图。全面启动总投资1.7亿元的全省农村集体土地确权登记测绘项目，先后2次利用全省遥感影像为国土执法检查提供服务保障，对低丘缓坡、废弃地、低效利用地和未利用地进行全面普查，为省政府决策提供依据。

【应急服务保障】

辽宁省相关测绘地理信息部门为省政府应急办建设应急资源地理信息系统、省红沿河核电站应急指挥系统、沈阳军区救灾预案制定、辽宁省军区抗洪抢险演习等提供基础地理信息数据和遥感影像，为处置营口地震、大连特大交通事故、沈阳棋盘山和铁法山林火灾等提供应急服务保障，为省领导指挥决策处置突发事件编制全省16市县行政区划图、全省尾矿坝分布图、全省危险化工品和核设施分布图等。

8月4日，第10号台风“达维”在辽宁登陆。辽宁省测绘地理信息局立即启动应急预案，为省政府应急办、沈阳军区作战部、省防汛指挥部紧急提供地图和地理信息坐标点，在一昼夜时间内，为指挥抗洪抢险提供大比例尺地形图192幅、基础地理底图8幅、影像图2幅、坐标点2个，受到省政府应急办充分肯定。

科技创新

辽宁省测绘地理信息局制定《辽宁省测绘地理信息局测绘科技项目管理办法》，组织开展2012年度辽宁省测绘科技进步奖评审活动，评出一等奖22项、二等奖24项、三等奖8项。通过对ADS80相机、法国像素工厂和无人机等高新技术设备性能的开发利用，推动测绘地理信息、航测、遥感新技术的创新和应用研究。省基础测绘院编写的《基于UCD和POS数码航测的像控点布设方案》，解决了POS技术应用于1:1万更新作业的难题，处于全国行业领先地位。省地理信息院完成“长距离管道可视化信息集成工程”获辽宁省国土资源厅科技成果一等奖。辽宁省测绘地理信息局编制的《辽宁省领导工作用图》获2012年中国测绘学会优秀地图作品裴秀奖银奖。

精神文明建设

【创先争优活动】

辽宁省测绘地理信息局通过组织学习郭明义先进事迹，引导职工立足本职岗位“比技能、比作风、比业绩”，增强广大党员的服务意识和进取心。在创先争优活动中，大力开展“下基层、转作风、惠民生、促发展”为民服务活动，分党组书记、党组成员带头到村镇落后支部联系点帮助基层和困难群众解决实际问题，局机关各支部分别确定基层单位联系点，开展“一对一”结对共建活动，收到显著效果。

开展学习型党组织经验交流活动，建立以目标绩效管理考评为载体的学习型党组织建设长效机制，积极参加省直机关工委组织的“辽宁机关大讲堂”活动，邀请专家讲授公文和新闻写作知识。在团员青年中组织开展“品读经典、品味人生——砺心·励志·力行”主题读书活动，撰写读后感20篇。省地理信息院李蕾获辽宁省直属机关优秀青年工作者称号。

【宣传工作】

辽宁省测绘地理信息局印发《局分党组关于加强文化建设的意见》，积极组织开展文化宣传活动，参加中国测绘职工思想政治工作研究课题征文活动并获政治课题征文组织奖，获省直机关工委迎接党的十八大胜利召开主题征文活动组织奖。开展万米徒步走、乒乓球比赛等职工文化体育活动。加强与中国测绘报社、辽宁日报社、辽宁电视台等主要新闻媒体的沟通与联系，全年在各类新闻媒体发布信息738篇。局门户网站获国家测绘地理信息系统网站建设突出进步奖。

地方社团工作

2012年，辽宁省测绘学会连续第10年被省科协评为先进单位，获得省人社厅、科协、公务员局联合授予的先进集体称号。

与沈阳市测绘学会联合召开学术年会，特邀中国工程院院士刘经南作主题报告。3月20日，与超图公司联合举办2012年超图地理信息系统自主创新与应用研讨会。10月26日~28日，与省教育厅、省交通高等职业技术学校举办第四届辽宁省普通高校大学生测绘之星大赛。做好《辽宁省志·测绘志》的编撰工作。召开局系统编志专题工作会议，做出全面部署，12月17日完成测绘志组稿工作。

吉林省

概况

2012年，吉林省测绘地理信息行政管理、测绘地理信息公共服务保障能力、数字城市建设、地理信息公共服务平台、地理省情监测等各方面工作取得进展，为全省经济社会发展做出一定贡献。1月，数字城市建设被列入《吉林省国民经济和社会信息化发展“十二五”规划》。2月，吉林省副省长王化文专题听取省测绘地理信息局工作汇报并对全省测绘机构建设、增加基础测绘经费投入及加快吉林省地理信息公共服务平台建设等工作做出指示。地理省情监测被列入2012年吉林省政府工作报告。4月，省政府投入1600万元资金，对省测绘地理信息局新发路办公楼进行节能改造。5月，吉林省委书记孙政才在省十次党代会工作报告中明确提出要“推进‘三网融合’，打造‘数字吉林’”。7月，“天地图·吉林”正式接入国家“天地图”网站，实现与国家主节点在线数据的互联互通。12月21日，举行吉林省测绘局更名为吉林省测绘地理信息局揭牌仪式。在全国省级测绘地理信息行政主管部门贯彻落实科学发展观2012年度测绘地理信息工作考评中，吉林省测绘地理信息局被评为“2012年度突出进步单位”。

吉林省政府决定从2013年起，省财政每年增加基础测绘经费1300万元，三年内省级基础测绘经费达到年投入5206万元，提升基础测绘保障能力。吉林省连续运行卫星定位参考站综合服务系统（JLCORS）通过专家验收。依托JLCORS完成了全省C级GNSS大地控制网的改造和全省似大地水准面精化。配合国家现代测绘基准体系基础设施建设工程的实施，落实吉林省承担的国家GNSS连续运行基准站站址勘选、设计等工作。2000国家大地坐标系推广应用，实现全省1:1万地形图的坐标系转换，建立完成延吉市800平方千米基于2000国家大地坐标系的城市独立坐标系。完成全省1:1万基础地理信息数据库建设，全省影像数据库已具备基本功能，测绘基础保障能力大幅提升。

在国家测绘地理信息局的大力支持下，吉林省测绘地理信息局获取了16.7万平方千米的航空影像。加快1:1万数据更新，为地理省情监测做准备。

完成全省测绘地理信息产业普查，吉林省已初步形成了一批具有市场竞争力的地理信息硬件、软件和数据产品，特别是在航测遥感、卫星导航、地理国情监测、数字城市建设等方面具有较大的优势。全省现有地理信息企事业单位1300多家，年产值130亿元，年增长率22.4%，地理信息产业已初具规模。

更新出版《吉林省领导工作用图》，编制《吉林省交通地图册》，发布免费网络版“十全十美”吉林省城市地图系列，发布中、朝文版延边朝鲜族自治州成立60周年纪念专版地图。

加强测绘行政执法，依法查处3起违法出版地图教材案件。开展2012年全省测绘资质单位年度注册工作，依法对28家单位缓期注册，注销测绘资质4家，吊销测绘资质3家。开展全省测绘地理信息成果质量监督检查，会同省国家保密局开展全省测绘地理信息成果保密检查专项整治行动。长春、通化、白山、长白山管委会、梨树、龙井等地对地图市场开展专项执法检查。

申报成立吉林省地理省情监测工程技术研究中心，打造测绘地理信息科技创新平台。组织评选2012年度省测绘科技进步奖及省熹光测绘科学技术奖。全省测绘单位获得2012年中国测绘学会优秀测绘工程奖3项，测绘科技进步奖2项，优秀地图作品裴秀奖1项，向省科协推荐青年科学家人选1人。召开东北三省测绘地理信息局长联席会议，推动东北三省测绘地理信息工作的交流与合作。实施“走出去”战略，与空军航空大学、省文物局、北京超图软件股份有限公司、北京东方道迩信息技术有限公司签署战略合作框架协议，进一步扩大交流与合作。

重点工作推进

【数字城市建设】

吉林省委、省政府高度重视数字城市地理空间框架建设工作，将数字城市建设纳入《吉林省国民经济和社会信息化发展“十二五”规划》以及《统筹推进吉林特色城镇化工作方案》。明确要求加快推进数字城市建设，整合国土、城管、住建、交通、公安、环保等领域信息资源，实现市政设施建设、城市规划管理等信息共享；选取基础条件良好的城市大力推进数字城市地理空间框架建设。省统筹推进城镇化工作领导办公室在2012年第11期《统筹推进全省城镇化工作简报》中以《全省数字城市建设全面开展》为题通报了吉林省数字城市建设情况并提出要求，报送省委、省政府、省政协、省纪检委领导和省委办公厅等单位以及各市（州）、县（市、区）政府，促进了全省数字城市建设工作的开展。全省9个市（州）已全部完成数字城市项目建设立项申报工作。5月9日，数字长春地理空间框架建设项目设计通过专家组评审。数字通化和数字九台地理空间框架项目通过国家测绘地理信息局验收。为进一步推进全省县域数字城市地理空间框架建设，印发《吉林省县域数字城市地理空间框架建设实施方案》。公主岭、汪清2个县级城市已通过国家测绘地理信息局数字城市立项申请。梅河口、辉南、榆树、梨树、磐石、大安、敦化、龙井、安图等县（市）申请立项。11月1日，省测绘地理信息局与公主岭市、汪清县政府签署数字公主岭、数字汪清地理空间框架建设项目共建共享合作协议。

【“天地图·吉林”建设】

7月4日，“天地图·吉林”通过国家测绘地理信息局的接入测试评估，正式接入国家“天地图”网站，实现了与国家主节点在线数据的互联互通。按照《“天地图”省市级节点建设方案》的要求，吉林省测绘地理信息局开展省、市级节点的维护、完善、运营等工作，已在吉林都市网、长春市英文电子地图网站、吉林省森林公园与国家保护区查询系统等得到应用。在省直机关建功“十二五”突出业绩评选活动中，“天地图·吉林”项目获突出业绩奖。“天地图·通化”和“天地图·九台”已申请接入国家主节点。

【地理国情监测】

2012年，吉林省测绘地理信息局成为省气象灾害防御指挥部成员单位，直接参与吉林省域气象灾害的防御、指挥和决策工作。申报的“地理省情监测技术在防灾减灾中的应用高级研修班”项目被省人力资源和社会保障厅列为全省高级研修培训的重点资助项目，并邀请两院院士为学员做培训。确立以“长春市典型地震构造带监测及分析”、“地质灾害监测”、“长白山火山灾害机制研究”等3个省情监测项目作为首批科研项目，向省科技厅申报成立“吉林省地理省情监测工程技术研究中心”，为地理省情监测项目试点打造平台。建立吉林省地图库管理系统，开展“长春市城镇化进程监测技术应用的研究”项目，申报“基于机载激光雷达数据反演森林结构参数的研究”项目。

【地理信息产业】

3月8日，吉林省测绘地理信息局到吉林省地矿测绘院、长春五度空间数据有限公司进行考察调研，进一步了解全省测绘地理信息企业的发展思路、队伍建设、技术装备、人才引进、市场开发等方面情况。吉林省测绘地理信息局组织行业协会调研组对省内重点地理信息单位进行走访。与中国科学院长春光学精密机械与物理研究所、中国科学院东北地理与农业生态研究所和东北工业集团等重点地理信息产业单位进行座谈，为制定促进全省地理信息产业发展相关政策提供依据。

【地理信息公共服务平台建设】

经吉林省政府批准，吉林省地理信息公共服务平台建设领导小组对相关人员进行了调整，吉林省副省长王化文担任领导小组组长。加快省地理信息公共服务平台项目立项，编制《吉林省地理信息公共服务平台建设方案》、《吉林省地理信息公共服务平台项目建议书》及《吉林省地理信息公共服务平台项目设计书》。向吉林省政府递交了《关于吉林省地理信息公共服务平台项目立项的请示》报告。9月4日，经省政府批准，省发展和改革委正式通过项目立项。

【机构建设】

经吉林省机构编制委员会批准，吉林省测绘局更名为吉林省测绘地理信息局，12月21日，揭牌仪式在长春举行。更名对于进一步完善测绘地理信息管理体制，高效利用和优化配置地理信息资源，具有深远的意义。白山市江源区将测绘管理办公室纳入行政管理序列并保证了行政经费。

【基础设施建设】

吉林省测绘地理信息局对新发路办公楼，辽阳街1号、2号综合办公楼等基础测绘生产基地的结构和节能设施进行了维修改造。为改善职工的生活环境，8月8日，局家属大院“暖房子”工作正式启动，重新装修改造局专家公寓、幼儿园活动场地和大院停车场。开工建设省测绘仪器综合检定基线场项目之一的周期误差检定工作室。

法制建设与市场监管

【法规建设】

吉林省测绘地理信息局会同省住房和城乡建设厅起草《吉林省房产测绘实施细则》，并于2012年8月20日颁布实施；制定了《吉林省测绘地理信息科技进步奖励办法》；修订《吉林省涉密测绘成果资料提供使用审批程序规定（试行）》，自2013年1月1日起施行。完成对《吉林省测绘条例》中“行政强制措施”的保留确认，并通过省政府法制办公室的审核。拟对《吉林省测绘项目招标投标管理办法》中个别内容进行补充完善，使其符合上位法规定，调整复函已报送省发展和改革委。《吉林省地理信息公共服务管理办法》（送审稿）已提交省政府法制办公室审核。白山市出台了《白山市测绘任务备案暂行规定》，德惠市制定了《测绘监理工作规范（试行）》。

【测绘普法】

5月，吉林省测绘地理信息局组织举办3期“六五”普法培训班，全省测绘地理信息单位法人代表、业务负责人及局行政执法人员400多人参加。邀请总参测绘导航局、省国家安全厅和省政府法制办等专家讲课，测绘地理信息相关的法律法规、地图与测绘成果统一监管、测绘宣传和行业统计、涉密测绘成果与国防建设、涉密测绘与国家安全、行业资质管理等内容进行了全面培训。

8月24日，组织开展全省测绘地理信息行业法律法规知识竞赛，全省9个市（州）及长白山管委会共10支代表队240多人参加比赛，省人大、省政府、省政府法制办等领导出席活动，吉林电视台、吉林日报社、吉林人民广播电台等多家媒体进行现场采访和报道。8月29日，台风“布拉万”过境吉林，原计划的“8·29”室外大型测绘法宣传日活动被迫取消，各宣传点的宣传标语条幅、展板等改置于办公楼内进行展示宣传；向全省测绘地理信息行政管理人员和测绘单位发放纪念U盘1500个；利用移动、联通和电信通讯平台向全省公民编发测绘类公益宣传短信数百万条；在局门户网站开设测绘法宣传日活动专题；各市（州）、县（市）测绘地理信息管理部门和各级测绘资质单位结合实际，开展了形式多样的宣传活动。

【行政管理与执法】

吉林省测绘地理信息局制订了《2012年度全省市（州）、县（市、区）测绘地理信息管理工作考评内容及标准》，对全省市（州）、县（市、区）测绘地理信息管理工作完成情况进行考评。加强测绘单位外业人员持证上岗情况的检查验收，为348名外业人员发放了测绘作业证件。3月~11月，开展吉林省地理信息产业发展情况调查活动，涉及被调查对象的资产情况、单位性质、实有人数及人员构成情况、反映单位经营情况的经济指标、反映单位经营的业务指标5大类27个方面的内容，为制定地理信息产业发展政策及科学决策提供依据。

吉林省测绘地理信息局印发《关于做好2012年全省测绘地理信息行政执法工作的实施意见》。按照《吉林省测绘地理信息局测绘违法案件办理程序规定》，依法对吉林大学出版社、东北师范大学出版社和北方妇女儿童出版社违法出版地图教材进行调查取证，及时立案，责令限期整改，并分别给予通报批评和罚款5000元的行政处罚，维护了省内地图市场秩序。市、县测绘管理部门加大执法力度，双阳区查处2起未备案实施测绘案件。乾安县开展了为期1个月的房产测绘专项治理。吉林省推荐的3个测绘地理信息行政处罚案卷被国家测绘地理信息局评选为全国测绘地理信息优秀行政处罚案卷，4人受到表彰。

【测绘地理信息行政管理网络平台】

吉林省测绘地理信息局建立“吉林省测绘行政管理群”和“吉林省测绘资质单位群”，利用测绘地理信息行政管理网络管理平台，实现省、市、县三级测绘管理部门的互连互通，防止了多起以测绘管理部门名义对测绘资质单位行骗的不法行为，整合了文件传输、下发、办公、管理等事务，实现无纸化办公，提高了行政管理能力和办事效率。

【资质管理与项目登记备案】

吉林省测绘地理信息局全年共审批新申请资质、资质升级和业务增项单位53家，受理资质内容变更单位47家。开展全省测绘资质年度注册工作专项督查活动，对不合格的28家测绘资质单位，依法实施缓期注册，责令限期整改。对不按时完成整改任务、满两年以上不参加年度注册等存在严重问题的资质单位，依法给予注销或吊销资质证书处理，共注销测绘资质单位4家、吊销测绘资质单位3家。全省应参加年度注册的单位382家，已确认通过年度注册的单位375家。

强化项目监管，省本级共完成省内外30家测绘单位、44个测绘地理信息项目登记备案的审核、受理；省、市、县三级测绘管理部门共完成430多家测绘单位、510多个测绘地理信息项目的登记备案。省政府政务大厅行政审批窗口共受理行政审批项目791项，全部提前办结，群众满意率100%。

【行政审批项目清理和承接】

吉林省测绘地理信息局对执行的13个行政审批项目进行清理，全部保留。落实国务院和省政府清理下放和取消行政审批项目工作部署，依法承接国务院下放的行政审批项目“测绘计量人员检定资格的审批”。该局共有行政许可项目8个、非行政许可项目6个，全部通过省政府法制办公室审核确认。

【信用体系建设】

2012年，吉林省测绘地理信息局印发《关于启用测绘地理信息市场信用平台的通知》，就地理信息市场信用体系平台的相关内容进行培训，组织开展本地区测绘地理信息市场信用信息征集、发布等工作。

基础测绘

【省级基础测绘】

2012年，经吉林省政府批准和省级财政部门核算确定，2013年至2015年吉林省省级基础测绘经费连续增加，每年增加1300万元，2012年为1306万元，2015年将达到5206万元。全年基础测绘任务总计约25万工日，涵盖长春、吉林、四平、辽源、通化等地区2018幅约4.6万平方千米数据更新，全省县级以上道路信息数据采集，数字延吉城市三维参考框架建设、三维基线场建设、地理信息公共服务平台实体数据生产、电子地图制作和公共地图服务等项目。全年完成基础测绘任务25.054万工日。

【JLCORS应用与运行维护】

吉林省连续运行卫星定位参考站综合服务系统（JLCORS）在试运行期间已注册用户132家，办理用户卡334张。完成全省JLCORS参考站的参考墩及软硬件设备维护工作，东丰气象局迁址后建立新的参考墩并纳入JLCORS。年内JLCORS系统通过专家组验收。完成国家GNSS参考站7个站的堪选。

【无人机航摄及影像获取】

吉林省测绘地理信息局不断拓展无人机应用领域，全年总飞行面积600多平方千米，先后为应急测绘、新农村建设规划、土地整理、土地监测、农村土地确权、考古等项目提供地理信息服务。省政府应急管理办公室将无人机航摄系统列入省级应急演练计划，进行了以突发事件为背景的航摄应急演练。在国家测绘地理信息局的支持下，吉林省测绘地理信息局获得全省16.7万平方千米0.5米分辨率的航空影像，为全省1:1万数据库更新及各市（州）、县（市）专题地图的制作提供了有效保障。

【信息化测绘生产体系建设】

吉林省测绘地理信息局信息化生产体系建设正式进入试点建设阶段，完成不同数据格式转换、网络平台布设等工作，搭建了生产平台和数据库。完成1:1万基础地理信息数据库建设，实现了1:1万数据库动态快速更新、查询拼接和出图。全省影像数据库已具备基本功能。省基础地理信息中心利用北京吉威数源信息技术有限公司的平台与软件初步建立了业务运行管理平台，实现业务审批、生产、质检环节中大量数据传输的有效集成。

【质量监督】

吉林省测绘地理信息局印发《2012年吉林省测绘成果质量监督检查实施方案》，制定了“测绘资质单位自查、地方监督检查、省级监督抽查”三步走方案。完成甲级测绘单位承担的控制测量、变形观测和形变测量项目汇总工作，上报9家甲级单位完成的13个控制测量项目。建立质量管理双月报制度，全年安排2次质量监督检查工作，编发6期质量工作通报。制定《局质检岗位工作人员持证上岗管理办法》，推行质检员持证上岗制度。起草《吉林省测绘工程监理体制建设试点方案》，确定了监理项目，开展了监理试点工作。

【市（县）测绘工作】

全省部分地区基础测绘经费得到落实，白山市江源区和长春市双阳区2012年基础测绘经费已纳入政府财政预算，大安市投资180万元用于基础测绘。磐石市政府专门召开基础测绘工作会议，确定工作目标，落实基础测绘经费。松原市组织编制《松原市基础测绘“十二五”规划》并通过专家评审，经市政府同意，由市规划局和市发展和改革委联合印发。

【机载激光雷达地面扫描系统】

吉林省测绘地理信息局利用先进的ALS70机载激光地面扫描系统，与空军联合开展航空摄影合作。结合数字长春项目建设开展系统实验，完成长春市600平方千米航飞及数据处理工作。

【安全生产管理】

吉林省测绘地理信息局印发《吉林省测绘地理信息局关于加强2012年安全生产工作的通知》，对局系统外业院的组织形式、责任落实及突发事件应急预案作出明确说明。为从事外业生产的员工购买意外伤害保险，配备安全荧光背心等装备，保障外业人员人身安全。要求对外业涉及的计算机网络、资料存放、危险物品、消防火灾等安全隐患进行自查自纠、内部整改，做好日常和定期检查。建立由外业主要负责人担任安全生产第一责任人的联防体系。

地图管理与地图出版

【地图审核管理】

吉林省测绘地理信息局下发《关于地图备案的通知》到全省各级出版社和地图编制单位，布置省地图技术审核中心按通知要求进行地图备案和复查工作，建立健全行政审批管理体系，形成送审、修改、备案登记制度。全年受理审核地图127件，其中教辅书插图91件；批准108件，未批准19件；地图审查幅数7012幅；电子地图2件。

【国家版图意识宣传教育】

吉林省测绘地理信息局面向全省40所学校、40个社区开展国家版图意识宣传教育“进学校、进社区、进媒体”活动，赠送国家版图知识类图书和地图。转发举办“祖国在心中——全国国家版图知识竞赛”和“中图杯——全国少儿手绘地图大赛”的通知，组织全省有关单位和部分学校参加“三进两赛”活动，参加人数4.7万多人，55个中小学参加比赛。订购和分发国家版图知识宣传材料2100套。吉林市、延边州、长白山管委会等地区组织开展网上答题、知识竞赛等形式多样的国家版图知识宣传教育活动。

【“问题地图”专项治理】

吉林省测绘地理信息局印发《全省深化“问题地图”专项治理行动工作方案》，组织开展“问题地图”专项治理行动。对存在错绘、漏绘等问题的地图提出审核意见，督促编制单位限期整改。协助国家测绘地理信息局对东北师大出版社、吉林大学出版社、北方妇女儿童出版社出版的“问题地图”教辅书进行执法调查。联合长春、吉林等市有关部门和长白山管委会对涉及地图的教辅、旅游、引进版等图书以及地球仪、广告等开展“问题地图”专项治理工作，收缴“问题地图”1698份，地理类教辅教材70多本。

【互联网地图监管】

吉林省测绘地理信息局强化全省互联网地图服务网站的检查和监管工作，利用互联网地理信息安全监管系统，对互联网地图实施常态化管理，发现问题及时通知相关单位和部门，并对其整改情况进行跟踪。全年监管、检查与全省版图相关的动态网站60多个，静态地图图片70多幅，未发现“问题地图”。

【地图出版】

吉林省测绘地理信息局为庆祝延边朝鲜族自治州建州60周年，立项编制《延边朝鲜族自治州交通旅游图》和《延吉市城区图》（中、朝文版）。与省民政厅联合编制完成最新版《吉林省行政区划图》。与省发展和改革委合作编制完成《吉林省扶贫开发工作重点区域图》、《吉林省国家扶贫开发工作重点县分布图》、《吉林省“十二五”贫困地区分布图》等扶贫工作用图，制作大幅面覆膜挂杆地图61套、画布材质桌面工作图10套。承担吉林省主体功能区规划中“吉林省县（市、区）具体功能区划”课题的研究工作，完成吉林省全部县（区）A0幅面专题地图编制和吉林省县（市、区）具体功能区划地理信息系统。与省经济技术合作局合作，制作完成《中国图们江区域（珲春）国际合作示范区示意图》。编制《吉林省交通地图册》，修订《吉林省铁路网规划示意图》等多部专题地图（册）。

由吉林省基础地理信息中心编制、哈尔滨地图出版社出版发行的首套涵盖吉林省九大城市和长白山管委会的系列地图——“十全十美”吉林省城市地图系列出版发行，共包含10张地图。其中，长白山管委会地图背面首次采用全手绘的方式展现长白山风景。

测绘地理信息成果管理与应用

【成果管理】

吉林省测绘地理信息局印发《关于测绘成果管理的有关规定（试行）》。组织开展测绘成果核心涉密人员信息备案，全省有261家单位的545名涉密人员信息进行了上报备案，其中300多人取得了测绘成果管理人员岗位培训证书。建立了涉密测绘成果核心涉密人员岗位设置与培训信息库。6月，完成全省2011年度测绘成果汇交，全省270家测绘资质单位共汇交测绘成果目录2499项，经审定后在局门户网站公示。全年办理审批测绘成果提供使用38件。

【成果保密检查】

吉林省测绘地理信息局向全国测绘成果保密检查领导小组报送了《吉林省测绘成果保密检查工作情况报告》及统计分析报表。印发《吉林省测绘地理信息局关于加强涉密测绘地理信息安全管理的通知》。修订《吉林省涉密测绘成果资料提供使用审批程序规定》（试行），于2013年1月1日起施行。向省国家保密局报送了《关于组织开展涉密科研项目保密检查情况的回复》。

2012年，吉林省测绘地理信息局会同省国家保密局、地图技术审核中心组成联合检查组，对长春、辽源、松原3个地区27家单位的成果保密情况进行抽查，对吉林省地质科学研究所、吉林省地质调查院进行复检。对存在问题的单位下达整改通知书，督促各市、州保密检查小组上报检查整改处理情况。协同全国测绘成果保密检查领导小组抽查2家测绘资质单位，对受检单位的涉密场所、涉密测绘成果保密管理、涉密计算机使用等情况进行了检查。对松原市国土资源局未经测绘主管部门批准擅自销毁14幅1:1万地形图进行了调查处理；对吉林省华生电力设计有限公司下达了《关于对违反测绘成果管理有关规定进行处理的通知》，整改措施落实到位前暂停对该单位提供涉密测绘成果。与省土地整理中心有关人员进行测绘成果调查谈话。

【数据成果与数字档案管理】

吉林省测绘地理信息局编写完成《吉林省基础测绘及馆藏资料汇编》修订方案，加强基础测绘成果资料及数字档案管理。向国家基础地理信息中心索取省地理信息公共服务平台等项目所需的2011版1:5万DLG数据成果611幅，数据量2.7GB。整理归档立卷1:1万地形图档案2300卷。32开本《吉林省地图册》入库9930册。完成基础地理信息产品数据成果异地存储工作。全年共扫描档案2664幅。对“数字档案管理信息系统”进行维护、升级。通过档案目录数据与栅格数据的关联，完善了栅格数据入库、检索、统计分析和输出等功能，对各类地形图扫描成果进行集中管理。

【成果提供使用】

吉林省测绘地理信息局严格执行测绘成果提供使用行政审批制度，全年提供各种比例尺地形图2950张、各类控制点成果资料7066点、各类通用地图3070幅、图册1701册、光盘53片。全年共接待用户738人次，对局系统内提供数据成果11711幅，数据量2900GB；对外提供数据成果203幅，数据量1490MB。

【测量标志管理】

吉林省测绘地理信息局拨付专项资金，对10座年久失修的高钢标进行重点维护，拆除3座有隐患的高钢标。对白城、镇赉、通榆、长岭、乾安5个市（县）共687座测量标志进行全面普查，摸清现状及完好数量，为测量标志的管护和信息入库提供了依据。8月，省测量标志管理站同辽宁省基础设施管理中心就测量标志相关事项开展了交流学习。9月，完成对松原市区、镇赉县、大安市、前郭县和扶余县地区测量标志巡查工作，合计巡查三等以上水准点374点。9月23日，《城市晚报》以题为《三角点守护者杨明国的一家》整版对几十年坚持看守测量标志的典范人物杨明国一家进行了报道。

【服务政府部门】

吉林省测绘地理信息局更新出版《吉林省领导工作用图》，供各级领导管理决策使用，受到一致好评。为省政府应急办开发“吉林省政府应急管理地理信息系统”并持续更新维护。编写《吉林省政府应急平台地理信息服务建设实施方案》。与长春市国土资源局合作，开展三维地籍数据库管理系统建设工作，成果达到国内领先水平。开发了省建设系统行业管理地理信息平台和省公路管理地理信息系统等。与省民政厅商榷合作项目，筹备开展专项试点工作。开展“长吉图先导区城镇化监测”试点。

【地理信息公共服务】

2月，吉林省测绘地理信息局发布免费网络版“十全十美”吉林省城市地图系列，引起多家新闻媒体关注，吉林卫视多个频道和栏目先后播放相关报道，新文化报刊登了相关报道。局门户网站当月多天日访问量近4万次左右，月访问量75万多次。网站发布了中、朝文版延边朝鲜族自治州成立60周年纪念专版地图。这是全省首次编制朝鲜族文字版专题图。

【吉林省文物保护信息管理系统】

1月，吉林省测绘地理信息局与省文物局签署文物保护地理信息合作框架协议，合作开展省文物保护信息管理系统项目建设。省测绘地理信息局为省文物局提供地理信息咨询决策，在地图制图、地理信息系统建设等方面支持省文物保护工作，省文物局的各类测绘项目委托省测绘地理信息局完成。

【应急保障】

吉林省测绘地理信息局成立了由 37 名测绘专家组成的应急管理专家组。7 月 20 日，为通化市政府防汛抗旱指挥部制作通化市各县市地图、各县市水利工程分布图、辉发河水系分布图、浑江鸭绿江水系图及通化市主城区地形图，提供专题地图 40 多幅，A1 幅面布制专题地图产品 130 多幅。8 月 28 日，超强台风“布拉万”过境吉林省，省政府防汛抗旱指挥部 27 日启动防汛级应急响应，省连续运行卫星定位参考站综合服务系统（JLCORS）为气象部门提供全天候空中气象数据，为预报预警、水情分析、监视及防御台风提供及时、准确的地理信息保障服务。11 月 10 日 ~14 日，吉林省连续运行卫星定位参考站综合服务系统（JLCORS）及时、准确地为气象部门提供地理空间数据，为全省部署暴雪防范应对工作提供了科学数据和决策信息。11 月 21 日，该局举行 2012 年测绘成果应急保障模拟演练，对《吉林省测绘应急保障预案》进行了一次专项检验。

【军地合作共建】

吉林省测绘地理信息局与空军某部队签署航空摄影战略合作协议。依托空军部队在空域协调、航空装备设施使用调配和省测绘地理信息局在影像处理、数据集成等方面的优势，计划用 3 年左右的时间对吉林省重点城市和重点区域，特别是“十二五”规划实施的重点项目、重点工程所在区域的地理信息实施采集和快速更新，获取全省三维地理信息数据，配合卫星遥感数据建设全省三维地理信息模型，与吉林省连续运行卫星定位参考站网系统相融合，初步构成数字吉林地理空间框架。6 月，省测绘地理信息局与空军某部正式签署长春市数字航空摄影飞行协议书。

【服务国土资源管理】

吉林省测绘地理信息局与长春市国土资源局合作，在全国率先开展三维地籍数据库管理系统建设工作。“坐标基准统一关键技术及在长春国土管理中的应用研究”项目通过验收。局属单位承担了全省各地国土管理部门农村集体土地所有权的调查、确权工作。

科技与国际合作

【科技创新及奖励】

吉林省测绘地理信息局积极为科技创新提供服务平台，省测绘与地理信息行业协会、测绘学会与北京超图软件股份有限公司联合举办“东北地区 2012’SuperMap GIS 自主创新与应用研讨会”。吉林省测绘地理信息局 4 项科技创新项目进入实施阶段。完成吉林省科技厅支持项目“吉林省地理信息公共服务平台关键技术问题研究”。制定《吉林省测绘地理信息科技进步奖励办法》。“丰满水电站库区测量”、“旁多水利枢纽区、灌溉输水洞区施工控制网测量”获 2012 年中国测绘学会优秀测绘工程奖银奖，“长春市北部新城 1:2000 地形图测绘二期工程”获铜奖；“利用卫星遥感影像技术降低公路建设成本的研究”、“车载移动扫描技术在道路改建中的应用研究”获 2012 年中国测绘学会测绘科技进步奖三等奖；“十全十美”吉林省城市地图系列获 2012 年中国测绘学会优秀地图作品裴秀奖银奖。

【人才培养】

吉林省测绘地理信息局与省编办、人社厅联合开辟人才引进“绿色通道”，招聘武汉大学毕业生 2 人。与武汉大学联合举办的第一期测绘工程硕士研究生班 23 人通过论文答辩，第二期 43 人参加面授学习。与吉林大学地球探测科学与技术学院、上海易图数码测绘信息有限公司开展产学研一体化合作。向省科协推荐青年科学家人选 1 人。吉林省基础地理信息中心王铮被评为吉林省第十二批有突出贡献的中青年专业技术人才，享受政府特殊津贴。

【合作与交流】

3 月，吉林省测绘与地理信息行业协会会长王福祥率团访问台湾省测量技师公会和有关测绘企业，同台湾省测量技师公会签署合作协议书，成为大陆首家与台湾省测量技师公会签署合作协议书的测绘民间组织。7 月，派员参加国家地理信息局在美国乔治梅森大学举办的测绘地理信息科技与生产管理高级培训班。

【职业技能鉴定与培训】

吉林省测绘职业资格管理中心全年举办技能鉴定培训班 3 个批次；承办 JLCORS 应用技术培训班 2 个批次；协办房产测绘业务培训班 2 个批次；举办局系统注册测绘师考前培训班 1 个批次；完成各类技能鉴定 25 个批次，共计培训 3754 人次。8 月 16 日，在全国测绘地理信息行业职业技能鉴定考评人员培训中，吉林省有3人获得国家高级考评员资格。12月，该中心被人力资源和社会保障部评为全国首批国家示范职业技能鉴定站。

精神文明建设

【学习型党组织建设】

吉林省测绘地理信息局深入学习党的十八大和省十次党代会精神。制定《关于认真学习贯彻十八大精神的通知》和《省测绘局学习省委十次党代会精神安排意见》，组织党员干部收听收看，并召开全局干部大会，传达学习十八大精神。组织局机关及局属单位领导班子成员80多人进行开卷测试，加深党员干部和职工对省十次党代会精神的理解。制定《关于2012年全局干部理论学习的安排意见》和《吉林省测绘地理信息局机关干部2012年理论学习安排表》。开展“建设学习型党组织读书学习征文”活动，共收到征文30篇，向省直工委推荐8篇。参加省直机关女职工“分享读书快乐”主题征文活动，局直属机关妇女工作委员会获“优秀组织奖”。完成“测绘地理信息行业核心价值观研究”的调研课题。

【党风廉政建设】

吉林省测绘地理信息局组织起草《2012年党风廉政建设和反腐败工作要点》。局党组召开反腐倡廉专题学习扩大会，组织全局处以上干部和局机关党员干部60多人参观省廉政教育展，观看反腐倡廉警示教育专题片，撰写50多篇心得体会。制定《局系统主要职能廉政风险点》，开展廉政风险点排查工作，依据排查情况制订防控措施，初步形成了有效的防控体系。组织局属单位3名负责人参加省直机关工委举办的廉政培训班。

【宣传与文化建设】

吉林省测绘地理信息局制定《2012年测绘地理信息宣传工作要点》。全年撰写新闻稿件260多篇，同比2011年增长18.2%。向国家测绘地理信息局门户网站、《中国测绘报》报送稿件200多篇，用稿率95%以上；向省政府门户网站报送稿件26篇，用稿率约74%。局门户网站点击量近810万次，同比增长24.2%，在2011年省政府网站绩效评估中，被评为先进政府网站。

局系统开展读书活动，局党组书记亲自推荐书，带头读书，建立督学评学制度，设立读书奖。局团委召开“弘扬雷锋精神、争当道德楷模”座谈会，20名优秀团员、青年代表发言。为局机关女职工办理团体安康保险，为1名女职工办理了保险理赔事宜。举办2012年春节联欢会和第八届职工篮球赛，承办省直机关职工羽毛球俱乐部第三次联赛，组队参加全国测绘地理信息系统第二届羽毛球赛，举办庆“七一”文艺晚会等活动。

【获奖情况】

吉林省测绘地理信息局获2010~2012年度全省文明单位称号。省地理信息工程院、第二测绘院获2010~2012年度全省精神文明建设工作先进单位称号；省基础地理信息中心欧仁和获全省精神文明建设先进工作者称号。省测绘地理信息局闫晗被评为省直机关优秀妇女工作者。省第一测绘院获吉林省“五一劳动奖状”，省基础地理信息中心王晓辉获吉林省“五一劳动奖章”。局直属机关党委被评为省直机关2011年度党的工作目标管理责任制先进单位。局直属机关工会在2011年度工作目标责任制考评中，被评为先进工会组织。省第二测绘院五分院获省直机关“三八红旗集体”称号，省连续运行卫星定位参考站获省直机关“工人先锋号”称号，省第二测绘院党委被评为省直机关“创先争优先进基层党组织”，省第二测绘院张小兵被评为省直机关“创先争优优秀共产党员”。

【帮困扶贫】

吉林省测绘地理信息局开展“三帮扶”和志愿者服务活动。帮助特困群众进行泥草房改造、3个村党支部进行文化建设。局工会向聋哑儿童捐赠图书、毛衣。局团委、工会为5个对口帮扶村的70多名留守儿童捐赠文具和玩具。积极组织“双日捐”活动，全局520人捐款8.7万多元。在省直机关工委和局机关支持下，筹集慰问金1.05万元，慰问17户困难职工。

地方社团工作

【吉林省测绘与地理信息行业协会】

3月2日，吉林省测绘与地理信息行业协会在长春召开一届三次理事会议。会议表彰了协会工作先进单位和先进个人，表决了增补、替换的协会名誉副会长、副会长、副秘书长、常务理事和理事单位及人选等事项。11月，派员参加2012中国地理信息产业大会暨第七届海峡两岸GIS研讨会。12月，吉林省测绘与地理信息行业协会网站改版上线，主办的未来

"智慧城市"发展新技术现场交流会在长春召开。

【吉林省测绘学会】

5月，吉林省测绘学会召开八届四次常务理事会，研究了召开2012年学术年会和举办第三届吉林省大学生测绘技能竞赛相关事宜，审议了常务理事人选变更情况等事项。10月12日~13日，由吉林省测绘学会举办的第三届吉林省大学生测量技能竞赛在吉林大学举行，12所学校的24组96名选手参加比赛，近30家新闻媒体报道了赛事。12月，组织评选2012年吉林省测绘地理信息科技进步奖，共评出一等奖2项、二等奖3项、三等奖2项。开展第二届吉林省熹光测绘科学技术奖的推荐和评选工作。评选出2012年吉林省熹光测绘科学技术奖鼓励奖1人。年内表彰了2011年学会先进会员单位15家，优秀个人会员26人。

黑龙江省

概况

2012年，黑龙江测绘地理信息局按照国家测绘地理信息局的工作部署，围绕黑龙江省经济和社会发展中心工作，推动黑龙江测绘地理信息事业发展再上新台阶。

5月，黑龙江测绘地理信息局开展市（地）测绘地理信息行政主管部门贯彻落实科学发展观考评工作。5月~7月，鹤岗市等3个市县测绘地理信息局先后更名挂牌。6月，完成与省直管县体制改革试点县、市的6项测绘管理权限对接工作。10月，开展黑龙江省测绘地理信息行政综合执法检查。10月~12月，组织对黑龙江省测绘资质单位的2000人次进行专项培训。12月，省政府公布了《黑龙江省基础测绘管理办法》。

黑龙江省相关测绘地理信息部门完成了承担的西部1:5万地形图空白区测图工程后续任务、"927"一期工程、国家现代基准体系基础设施建设一期工程、地理国情监测试点、1:25万数据变量更新、国家边少地区基础测绘专项补助经费项目等国家基础测绘项目和南极测绘等专项测绘工程。

数字龙江地理空间框架建设一期工程开展了17.5万平方千米7253幅1:1万地形图的生产与更新。黑龙江省13个地级市全部纳入数字城市地理空间框架建设试点或推广计划。其中，3个城市已建成并面向社会提供成果应用服务。"天地图·黑龙江"省级节点地图覆盖率达40%，"天地图·伊春"、"天地图·黑河"上线运行。齐齐哈尔市等市县地理国情监测试点工作稳步推进。

3月，黑龙江测绘地理信息局确立了5大类11项局科技基金项目，16个局科技项目分别获得2012年中国测绘学会测绘科技进步奖、优秀测绘工程奖等奖项。配置了地理信息应急监测车、多源遥感影像快速处理系统等一批先进设备。

黑龙江省有关测绘地理信息部门为省委、省政府领导及各部门提供大量工作用图。为省委编制《神奇黑土地》等领导工作用图，为省政府加急制作了超大尺寸的黑龙江省正射影像图；为国土、规划、森防等行业部门提供了大量基础测绘成果和技术服务。5月、12月，分别启动了《黑龙江省地图集》、市县政府用图的编制工作。出版了一大批贴近民生、服务社会的公益性地图。

3月，黑龙江测绘地理信息局到北京、武汉等地多家优秀企业调研，进一步拓宽黑龙江省地理信息产业发展的新思路。与省相关部门、国内优秀企业就共同推进北斗产业化应用、卫星遥感等达成合作共识。

重点工作推进

【数字区域地理空间框架建设】

7月，数字城市地理空间框架建设与应用共建共享协议签约仪式在哈尔滨市举行，黑龙江测绘地理信息局与大庆市、双鸭山市、七台河市、绥化市、大兴安岭地区签约。截至12月31日，黑龙江省13个市（地）

全部开展数字城市建设。其中，齐齐哈尔、佳木斯、伊春已完成，哈尔滨、黑河进入竣工验收阶段。

【“天地图·黑龙江”建设】

黑龙江测绘地理信息局落实专项经费，完成“天地图·黑龙江”省级节点日常管理、功能扩展和完善、系统升级维护工作，线划电子地图数据覆盖黑龙江省8个地级市主城区10万平方千米，影像电子地图覆盖18万平方千米，与省级基础测绘更新进度和覆盖范围同步。9月，“天地图·黑龙江”政务版在黑龙江省政府门户网站进行链接运行。12月，“天地图·黑河”接入国家主节点并上线运行。

【地理国情监测】

7月，黑龙江测绘地理信息局完成齐齐哈尔市地理国情监测试点项目，项目成果通过验收。11月，开展地理国情监测测绘生产区域的生产技术试验、资料收集工作，共完成132万平方千米0.5米分辨率影像收集，试生产区域1:1万地形图和1:5万数字线划图、数字正射影像图、数字高程模型产品资料的收集，生产作业区域专题资料收集；完成稀少控制正射影像制作、地理实体要素提取等一系列生产试验；完成齐齐哈尔市全市域、黑河市全市域、呼玛县共12万平方千米地理实体要素的提取、转换和正射影像图生产；完成6万平方千米的地表覆盖解译；完成地理国情监测项目设计书、作业指导书的编写工作。

【地市级测管机构更名挂牌】

5月~7月，鹤岗市测绘地理信息局、伊春市测绘地理信息局、伊春市嘉荫县测绘地理信息局先后更名、挂牌。其中，伊春市测绘地理信息局将测管人员经费纳入市财政预算。

法制建设与市场监管

【法制建设】

《黑龙江省基础测绘管理办法》被列入黑龙江省政府年度立法计划，12月12日，经省政府常务会议审议通过，于2013年2月1日起实施。2012年6月，黑龙江测绘地理信息局印发《黑龙江省测绘地理信息成果质量监督管理办法》。

【市场监管】

5月，黑龙江测绘地理信息局印发《黑龙江省测绘地理信息行政执法职权分解》及其单行本；举办黑龙江省测绘行政执法人员培训班，共130多人参加培训和考试。印发《关于开展黑龙江省测绘地理信息行政综合执法检查工作的通知》。自6月起，对黑龙江省31家测绘资质单位的31项测绘成果进行质量监督检验。7月，联合黑龙江省新闻出版局、省扫黄打非办公室印发《关于开展黑龙江省涉及地图的教辅、旅游、引进版等出版物检查的通知》，并在全省开展检查工作，重点检查了黑龙江省“三版、一球、一网”（“三版”即涉及地图的教辅、旅游、引进版，“一球”即地球仪，“一网”即互联网）涉及的地图产品。10月，印发《黑龙江省测绘地理信息行政综合执法检查方案》；11月，分4组对哈尔滨、佳木斯、大庆、黑河、双鸭山、七台河、鹤岗、鸡西、农垦等市（地）的32家测绘单位开展了测绘地理信息行政执法检查。12月，开展市（地）测绘地理信息行政主管部门贯彻落实科学发展观考评工作。

【测绘资质管理】

黑龙江测绘地理信息局组织完成测绘资质年度注册工作，免予注册24家，通过注册427家，缓期注册38家，依法注销8家。

基础测绘

【国家基础测绘】

黑龙江测绘地理信息局如期完成国家基础地理信息数据库动态更新工程、数字区域地理空间框架建设示范与推广、地理国情监测、基础地理信息系统运行与维护、极地重点区域基础测绘工程等国家基础测绘任务。

一、国家基础地理信息数据库动态更新

完成东北、华北等10个省（区、市）行政区域范围内共7205幅1:5万数据库的地形数据库重点要素更新及成果汇交归档，816幅1:25万数据变量更新，461幅1:1万基础地理信息数据库整合转换生产试验。

二、极地重点区域基础测绘工程

完成中国第28次南极科学考察极地重点区域基础测绘工程项目2012年工作任务。黑龙江测绘地理信息局参加此次科考的2名队员被评为中国第28次南极考察队优秀科考队员。10月，选派5人参与第29次南极科考任务。截至12月31日，完成极地重点区域拉斯曼丘陵大地控制点测绘任务，完成该区域基本比例尺地形图测绘200平方千米1:5000数字线划图、正射影像图、高程模型等数据生产，完成长城、中山站数字站区管理应用系统外业数据采集和站区管理应用系统开发工作。

三、基础地理信息系统运行与维护

完成哈尔滨全球定位系统（GPS）跟踪站每日GPS数据采集下传、整理和汇交上传以及跟踪站的日常维护与管理等工作，数据有效率100%。

【国家重大专项测绘】

一、西部1:5万地形图空白区测图工程

黑龙江省相关测绘地理信息部门完成该工程146幅总参测绘导航局后续任务的地表覆盖、地图制图、地图印刷工作。

二、“927”一期工程

黑龙江省相关测绘地理信息部门完成该工程陆地卫星定位连续运行站联测9座，陆地卫星定位连续运行站水准联测标石选埋44座、陆地卫星定位连续运行站二等水准联测616千米、陆地二等水准路线结点联测82千米，完成全海域海岛（礁）识别与定位工作渤海、南海和东海区域的数字正射影像图、位置数据集等生产工作；完成1:1万海岛航空航天遥感影像测图21幅、海岛1:5000测图479幅、海岛1:2000测图617幅数字线划图、数字正射影像图、数字高程模型的生产。

三、国家边少地区基础测绘专项补助经费项目

2012年，中央财政补助黑龙江省500万元，用于开展数字鸡西、数字鹤岗、数字牡丹江、数字黑河、数字抚远地理空间框架建设。数字鹤岗、数字黑河地理空间框架建设项目已完成并交付使用。

四、国家现代测绘基准体系基础设施建设一期工程

黑龙江省相关测绘地理信息部门完成该工程全球导航卫星系统（GNSS）大地控制点选建277座，普查一等水准路线32条9610千米1901个点，选埋各类水准点610座，补指示碑28块、指示盘730块、保护盖370个、指示桩404个；完成5113.1千米水准路线的一等水准观测；完成黑龙江省国家级8个GNSS连续运行基准站的踏勘、选点、测试等工作。

【省级基础测绘】

根据《黑龙江省基础测绘“十二五”规划》的安排，落实省级基础测绘经费5000万元。开展数字龙江地理空间框架建设一期工程，包括佳木斯测区1072幅、黑河测区2755幅、大兴安岭测区3426幅的外业控制测量、外业调绘、数字正射影像图制作、数字线划图生产等任务。

【安全生产管理】

2月，黑龙江测绘地理信息局调整安全生产管理委员会成员，印发《黑龙江测绘地理信息局安全生产工作要点》。4月，开展春季安全生产大检查。5月，召开局安全生产工作会议，部署年度安全生产工作。6月～7月，抽查1:5万更新项目和省基础测绘项目外业安全生产工作落实情况。9月，针对大兴安岭测区的特殊性，印发安全生产紧急通知。全年未发生安全生产责任事故。

重大测绘项目

【黑龙江省连续运行卫星参考站建设和似大地水准面精化】

11月，黑龙江测绘地理信息局完成黑龙江省连续运行卫星参考站（HLJCORS）建设和似大地水准面精化项目总体方案的编写，并报送黑龙江省政府发展和改革委批准。完成项目调研、资料准备工作。

【黑河市航空航天遥感正射影像图】

黑龙江测绘地理信息局组织相关部门采用ADS80相机获取项目区内0.3米分辨率3.08万平方千米航空数码影像，采用编程采购的方式获取项目区内0.5米分辨率2.12万平方千米卫星遥感影像数据。完成项目区内控制点测量和1:1万航空航天遥感正射影像数据的生产。

地图管理与地图出版

【地图管理】

2012年，黑龙江测绘地理信息局共受理审核各类地图59件，批准56件，退图3件。3月，对哈尔滨市地球仪生产厂家进行检查和指导。5月，开展黑龙江省国家版图意识宣传教育“进学校、进社区、进媒体”活动。6月，为第23届哈洽会专版制作国家版图意识宣传教育网页栏目，并与哈洽会网站直接链接。对参展商使用的“问题地图”进行检查、纠正，制作国家版图意识宣传教育宣传展板，发放国家版图意识宣传教育材料5000多份。11月，对黑龙江省各市（地）互联网地图软件全面升级。

【地图出版】

哈尔滨地图出版社出版《世界地图集》、《中国地图集》、《司机行车指南地图册》等图册以及系列单张地图共220种，《中学地理复习考试地图册》在教辅类图书中保持较好发行量。

测绘地理信息成果管理与应用

【成果提供与汇交】

2012年，黑龙江测绘地理信息局为各行业提供各种比例尺地形图约4000幅，控制点成果4万多个，基础地理信息数据成果11万多幅，遥感影像8000多景。3月，完成黑龙江省300多家测绘资质单位2011年测绘成果资料汇交工作，共汇交测绘成果副本35件、目录近3000条。12月，完成1:5万基础地理信息数据库更新制图数据项目、“927”一期工程等国家级、省级基础测绘项目成果汇交，共计19批次。

【涉密测绘成果管理】

黑龙江测绘地理信息局加强核心涉密人员信息备案制度管理，开展全省核心涉密人员信息备案工作。3月，开展涉密测绘成果保密检查回头看工作，检查小组共普查133家测绘资质单位。11月，举办第5期涉密测绘成果管理人员岗位培训班，500人参加培训。12月，检查13地市66家测绘资质单位涉密测绘成果使用、生产、保管、汇交等情况。

【成果推广应用】

黑龙江测绘地理信息局加强与省发展和改革委、国土、应急、林业、园林、工商等部门的合作。8月，为哈尔滨市园林局提供基于天地图的哈尔滨南岗区园林局车辆监控服务；11月，为省国土资源厅开通国土资源“一张图”专线地理信息服务网络。

【应急保障】

黑龙江测绘地理信息局调整了测绘应急保障领导小组成员，建立测绘应急专家信息库，明确职责和人员分工。加强测绘地理信息应急装备建设，购置应急保障车、数据快速处理软件等先进设备。完成测绘应急地理信息服务平台前期调研准备。利用数字龙江地理空间框架建设成果，为省防汛抗旱保障中心提供黑龙江省1:75万防洪工程现状纸图500张，各地市、县（区）防洪工程现状图8000多张，13个市（地）及黑龙江防洪工程现状图布图1500张,共计1万多幅。3月，升级完善黑龙江省森林防火电子沙盘指挥系统，在全省13个市（地）林业防火、农垦、森工系统全面推广应用。至年底，已安装131台/套，分别部署118个省级、地级市、县市区的农垦、森工、森警等防火单位。7月，完成黑龙江省应急数据库采集管理系统的研发、部署应用、培训工作，并在此基础上研发的黑龙江省应急管理地理信息服务平台基本完成，开始集成测试。

【为政府部门服务】

根据省委、省政府及各部门需要，编制多幅公共服务专题地图，满足各级领导调研、规划、决策及应急保障的需要。9月，为省政府制作了宽10.5米、长12.8米的黑龙江省正射影像图。12月，启动黑龙江省各地市、县政府用图编制工作，完成项目编辑设计方案，进行试生产。

【黑龙江省区域经济规划专题应用示范系统】

10月，黑龙江测绘地理信息局利用电子政务外网，为省发展和改革委及其他政府部门开发完成黑龙江省区域经济规划专题应用示范系统，建立共享管理和信息安全保障管理制度，实现黑龙江省八大经济区信息在“天地图·黑龙江”省级节点的发布、应用与服务，提供黑龙江省1～14级比例尺、重点区域15～18级比例尺地理信息服务。

【基于“天地图”的位置服务平台】

7月，黑龙江测绘地理信息局自主研发的基于天地图的位置服务平台完成在福建、重庆、陕西、新疆4省（市、区）测绘地理信息部门的推广应用。以此技术为基础，开发完成智慧校园儿童电子产品设计。

科技与国际合作

【科技创新】

6月，黑龙江测绘地理信息局确立了集群式影像处理系统应用研究、HLJCORS站建设及似大地水准面精化方案等11个局级基金项目；承担并完成黑龙江省地理国情监测相关技术研究等4项国家测绘地理信息局科技项目；完成国家“863”项目2项；承担国家海洋局项目1项，黑龙江省自然科学基金项目1项；申报并确立了2013年国家测绘地理信息局科技项目4项。针对地理国情监测、数字城市建设等重点工作，举办6期测绘地理信息前沿技术系列专题讲座。2012年，黑龙江测绘地理信息局系统共获中国测绘学会、中国地理信息产业协会、中国卫星导航定位协会等单位组织评选的奖项16项。

【人才队伍建设】

黑龙江测绘地理信息局加强对直属单位班子的考核力度及后备干部管理。3月～4月，举办测绘生产春训活动，2000多人参加。5月，与武汉大学合作设立“龙江测绘奖、助学金”；11月，26名武汉大学测绘学科的本科生、研究生获得“武汉大学2011-2012学年度龙江测绘奖、助学金”。

【对外合作与交流】

黑龙江测绘地理信息局全年组织因公出国7批次。4月，选派2名技术人员参加世界地理空间信息论坛。5月，选派1人参加在加拿大魁北克举行的2012年全球地理空间大会；1人参加在意大利举行的国际测量师联合会2012年大会。8月，选派2人参加澳大利亚墨尔本举行的国际摄影测量与遥感学会主办的第22届国际摄影测量与遥感大会。

精神文明建设

【学习型党组织建设】

黑龙江测绘地理信息局深化学习型党组织建设，进一步加强和改进党组（党委）中心组学习。3月，委托清华大学举办党政干部领导力提升高级研修班，全局48名正处级以上干部集中参加学习，并实地参观考察业界内外知名企业。11月～12月，以专家辅导报告会、座谈会、专题学习、网上测试和参观党史展览等多种方式，深入学习贯彻党的十八大报告精神。2012年，黑龙江测绘地理信息局被命名为省直机关首批学习型党组织。

【党风廉政建设】

4月，黑龙江测绘地理信息局与局直属各单位签订党风廉政建设承诺书，坚持对履新干部进行任前廉政谈话，建立了廉政教育引导和风险防控预警机制。5月，印发内部审计暂行规定，分别对5家直属单位、法定代表人进行了内部审计和离任审计。

【群团工作】

5月，召开黑龙江测绘地理信息局第九次团代会，选举产生新一届局团委组成人员。局团委和局青联积极开展志愿服务、公益植树活动，践行雷峰精神。黑龙江省基础地理信息中心系统开发部、黑龙江省海天地理信息技术股份有限公司被授予省级青年文明号。7月，举办职工趣味运动会；9月，举办职工健康舞比赛等大型群众性文化体育活动。

【文化建设】

黑龙江测绘地理信息局开展文化建设年活动。3月，印发《黑龙江测绘地理信息局关于加强文化建设的意见》，制定工作方案和考核办法。4月，在新疆测区开展“我在伊犁的日子”征文活动。6月，编印《博学·慎思·笃行——黑龙江测绘地理信息局职工心得文集》。建立新闻报道快速反应机制。优化职工工作、生活环境，升级改造了职工食堂，扩建职工活动中心，维修改造了局主楼、综合楼。组织开展“我推荐、我评议身边好人”活动，罗鹏等10人获此荣誉。局机关等5家单位申报省级文明单位标兵，科研所等3家单位申报省直文明单位。林富明被授予黑龙江省第十一届劳动模范称号，赵淑玲被授予第四届“全国测绘地理信息技术能手”称号，黑龙江省测绘产品质量监督检验站被授予全国“工人先锋号”荣誉称号。

地方社团工作

3月，黑龙江省测绘学会修订了《黑龙江省优秀测绘地理信息工程奖评审办法》，开展2012年黑龙江省测绘地理信息工程奖评选工作。4月，与黑龙江工程学院测绘工程学院共同主办了第十八届测绘杯暨测绘科技活动月活动。9月，黑龙江省测绘学会地理信息与遥感专业委员会和教育科普专业委员会联合召开黑龙江空间地理信息资源共享研讨会。10月，工程测量专业委员会召开2012年技术交流会。11月，黑龙江测绘地理信息科技馆被中国科协命名为全国科普教育基地，向社会开展测绘科学普及和宣传活动。12月，组织召开黑龙江省测绘学会2012年综合学术年会暨八届二次理事会。黑龙江省测绘学会编辑出版的中国科技核心期刊《地理信息世界》、《测绘与空间地理信息》，共发表测绘论文1000多篇。12月，黑龙江省测绘学会被黑龙江省科学技术协会评为2012年度黑龙江省学会先进集体。

上海市

概况

2012年，上海市测绘管理办公室（以下简称上海市测管办）围绕国家测绘地理信息局和上海市的中心工作，在服务上海城乡发展、队伍建设、文明单位建设等方面取得较大成绩，连续两年获得国家测绘地理信息局贯彻落实科学发展观考评先进单位称号。

依托上海市地理信息公共服务平台、"天地图·上海"、上海市高精度位置服务平台提升能力，全年落实基础测绘经费5330万元，"上海市地理信息系统公共服务平台建设和应用"获批立项并列入《上海市政府投资重大信息化工程建设"十二五"规划》。通过城市三维模型数据建设、三维地理信息推广应用、地理市情监测试点扩大影响，首次实施每年两轮的航测更新机制，建成了中心城区600多平方千米的三维模型，为文物、消防、水务、气象、民防等多个管理部门开发了基于三维模型的可视化管理系统，完成了全市104个产业园区工业用地开发监测任务。

通过创先争优、比学技能、群众性文体活动增强队伍活力，成立了"职工科技创新标兵冯琰工作室"；组织开展了2012年上海市测绘职业技能竞赛；参加上海市规划和国土资源管理局首届职工运动会并获金牌数、奖牌数、团体总分三项第一。

通过服务政府管理决策、服务重大工程建设、服务社会民生需求强化地位，完成了上海市决策咨询研究课题——"利用测绘地理信息为领导提供决策服务"研究；新版《市郊旅游交通图》推出时日均销售量超过3000张；iPad版《大城区详图》日均下载量达到2580次；为上海国际旅游度假区、轨道交通、土地确权、引水工程、房屋拆迁等项目提供服务；通过开展专项检查和行业质量监督检查等方式规范测绘地理信息市场秩序。向全市200余个社区文化活动中心赠送国家版图知识读本，在全市300多家东方社区信息苑巡回开展国家版图知识普及活动，动员5万多市民参加"祖国在心中——国家版图知识竞赛"等活动，展示全国文明单位的良好社会形象。

重点工作推进

【智慧上海建设】

上海的数字城市地理空间框架建设由上海市测管办集中建设，统一管理，形成数据资源体系。3月12日，上海市政府与国家测绘地理信息局签署《共建上海智慧城市地理空间框架合作协议》，明确了合作内容和机制。11月，在全国数字省区地理空间框架建设工作会议上，上海市测管办就地理信息数据库联动更新等介绍了经验。至年底，上海已有40多家委办局使用全市域范围的数字城市建设成果，实现了地理信息资源共享。

2012年3月12日，国家测绘地理信息局与上海市人民政府在上海签署《共建上海智慧城市地理空间框架合作协议》。

【"天地图·上海"建设】

"天地图·上海"覆盖全市域，包括全市范围建筑物轮廓、170万条地名地址、0.5米分辨率航空影像等信息，采用市级集中建设和运维管理模式，于4月通过评估和测试，实现与"天地图"国家级主节点及其他省市分节点的互联互通。"天地图·上海"建立起运维制度，成立应急小组，制定安全维护管理规定，实现了对网站的全面监控。10月，上海市政府办公厅、经济信息化委和智慧城市促进中心组织召开政府信息资源向社会开放试点工作会议，对"天地图·上海"及该网站对政府信息资源开放工作的促进作用进行专题介绍。“天地图·上海”省级节点在2012年完成2轮数据更新，拥有中国上海门户网站网上政务大厅、上海市历史风貌保护区网站、人口和计生便民地图、上海共青团地理信息服务系统等多个典型应用案例。

【地理国情监测】

根据上海市委、市政府的管理需求，上海市测管办完成了上海市决策咨询研究课题“利用测绘地理信息为领导提供决策服务”的研究。上海市测管办与民政局合作完成市域范围行政区域界线（村居委）监测，向多家委办局提供全市行政区划数据。利用航空摄影测量成果和数字地表模型等资源开展土地资源利用和城市地表资源形态监测，向上海市规划土地管理部门提供变化检测成果，完成了张江高科技园区、临港重装备产业基地、长兴岛船舶制造基地等近1000平方千米产业园区工业用地开发监测工作，与上海市城市规划设计研究院合作完成土地现状分类调查并形成每年一次的更新机制。

【地理信息产业】

上海市测管办成立工作小组开展促进地理信息产业发展的政策研究，从地理信息获取与处理、地理信息装备制造、导航及位置服务、地理信息软件研发、地理信息应用服务等5个领域开展调研。根据《上海市人民政府关于进一步加强本市测绘工作的实施意见》，制定了《上海市关于加强互联网地图和地理信息服务网站监管工作的实施意见》，为互联网地图和地理信息服务企业提供服务，落实互联网地图登载、出版审核等制度。

法制建设与市场监管

【法规建设】

上海市测管办制定了《2012年测绘地理信息法规与行业管理工作要点》，全面开展年度立法和监管工作。按照上海市政府要求，对测绘法规文件进行集中清理，推荐2项规范性文件参加上海市优秀规范性文件评选。全年共发布《上海市地下管线跟踪测量质量监督检查实施办法》、《上海市地下管线跟踪测量测绘管理暂行办法》和《上海市地下管线跟踪测量技术服务合同文本》3个规范性文件，完成《卫星定位测量技术规范》初稿报审、《规划检测规范》修订立项工作。配合国家测绘地理信息局做好《中华人民共和国测绘法》、《中华人民共和国测量标志管理条例》、《中华人民共和国地图管理条例》、《测绘地理信息行政执法证管理规定》、《测绘资质巡查办法》等法律法规的调研、论证及意见征求等工作，全年提出建设性意见15条。

【依法行政】

上海市测管办完善了《测绘资质审批联审制度》和协审部门间的网络审查运转流程，规范行政审批办理事项，提高审批效率。4月，上海市地下管线跟踪测量网上报检平台正式上线。9月，推出“上海测绘行政审批网上申报系统”，实现行政审批申请的网上递交，申请材料、办理流程、办理结果的全程网络查询。

【资质管理】

上海市测管办组织开展2012年度测绘资质注册工作，对符合条件的161家单位予以注册，对未按规定上报材料的2家单位依法不予注册。全年新批资质单位11家，增加业务范围5家，变更企业法人及单位名称17家，核减相应业务范围1家，依法注销资质1家。截至2012年底，全市共有测绘资质单位174家。其中，甲级20家、乙级64家、丙级66家、丁级28家。

【行政执法】

上海市测管办重新发布了上海测绘地理信息管理的行政执法依据和职权分解，并报上海市政府法制办公室（以下简称上海市法制办）进行备案。3月，选送1名工作人员到上海市法制办进行为期半年的挂职锻炼；8月，组织机关行政执法人员参加上海市《行政执法人员执法行为规范》、《行政强制法》等培训考试；10月，组织5名执法人员参加在长沙开展的测绘地理信息执法培训。完成2010年以来的执法案件案卷自查和总结，推荐的“上海宝正科技发展有限公司未经审核擅自登载地图案”被评选为测绘地理信息系统优秀行政处罚案卷（件）。全年开展测绘地理信息市场检查20次，立案查处案件26件，发出行政建议书2份、整改通知书1份，行政处罚2件，罚款17.6万元人民币。全年无行政复议事项。

【法制宣传】

2012年是《中华人民共和国测绘法》修订颁布10周年。上海市测管办组织开展测绘法宣传“十百千万”专题活动。8月28日，在《新民晚报》上刊登测绘公益广告。8月29日，在全市17个区县设立宣传点派送测绘法宣传资料，同时联合电信部门向50万手机用户发送测绘法公益短信，联合上海东方社区发展有限公司在《东方社区》报、东方网、eshanghai 等网站开设测绘法宣传专栏。上海市测管办送交的《手绘地图风波回顾与思考》获得 2012 年“立得杯”测绘地理信息法治建设有奖征文活动一等奖。

基础测绘

【经费管理】

上海市测管办根据上海市市级财政集中支付要求，加强对基础测绘项目的预算编制、进度控制、中间抽检等管理。2012 年起已实现每年两次的航空影像更新周期。4 月，召开基础测绘工作会议，组织落实年度测绘生产计划。航空摄影等测绘项目采用招投标管理，经费支出程序、手续等符合上海的财政资金管理要求。10 月，专业机构对上海的基础测绘实施项目进行绩效评价，认为数字地形图社会有偿使用率超过预期水平，政府指定部门和其他社会机构及个人使用者满意度较高，总体评价良好。

【测绘项目】

上海市测绘院全年完成 1:500 数字地形图 20801 幅；1:1000 数字地形图 13201 幅；1:2000 数字地形图 6552 幅；1:1 万数字地形图更新 186 幅；1:5 万数字地形图更新建库 17 幅，合计 40757 幅。完成全市行政区域内约 8000 平方千米的航空摄影，以及 1:2000 数字正射影像图 9600 幅。3 月，正式启用上海市新版水准高程成果，合计 3100 多个高程控制点，路线总长超过 5000 千米。全市最新的航空影像数据已用于全市数字地表模型数据库、三维模型和地形数据库等建设，在“天地图 · 上海”发布，并向中国人民解放军上海市警备区司令部等提供，影像资料使用率达到 100%。

【质量监督】

上海市的基础测绘成果由上海市测绘产品质量监督检验站统一进行验收，2012 年共完成全市 1:500、1:1000、1:2000 数字地形图、正射影像图、区县图、三维模型、DSM 变化检测等年度计划和专项计划任务 149 批次，一次验收合格率达 100%。完成测绘资质单位 154 件委托测绘成果检验，成果检验合格率为 97.4%。4 月起开展全市年度测绘质量监督检查工作，共检查 32 家行业单位（甲、乙级持证单位覆盖率 27.8%），合格率为 100%；对 34 家行业单位（甲、乙级持证单位覆盖率 28.6%）进行地下管线测绘质量专项检查，合格率为 100%。从全年检查情况看上海的测绘成果质量总体情况良好。6 月，上海市测绘产品质量监督检验站通过上海市质量技术监督局专家评审，获得 8 个项目的计量标准考核证书，通过国家认可委的实验室考核，购入最新款水准标尺校准装置 Renishaw 激光干涉仪 X80 1 台；2 人获国家注册计量师资格。

地图管理与成果管理

【地图审核管理】

上海市测管办 2012 年审核单幅地图 115 幅，期刊插图 791 幅，产品附件 7 幅，影像图 24 幅，核发审图号 122 个，销密处理出境地图 165 幅，开展省级测绘地理信息主管部门间地图协审工作 2 次。加强网上地图监管，利用国家测绘地理信息局配发的网络地图管理插件进行全网搜查 2 次，完成对 17 个静态地图网站和 15 个动态地图网站的实地检查、问题取证工作，重点查处了“吉普中国”网站登载“问题地图”等违法案件。联合总参某部队开展互联网地理信息安全监管技术立项研究，成为上海互联网地图和地理信息领域监管的重点技术。

【地图编制出版】

上海市测绘院推出最新版《公共交通图》和《大城区详图》、2012 版《市郊旅游交通图》和《iPad 版大城区详图》。主动为上海市委、市人大、市政府、市政协等四套班子和上海各委办局、区县和“两会”提供工作用图，完成 17 个区县地图和 3 幅区域行政图的编制，开发了布质和基于 IPAD 等移动终端的领导工作用图，提供各类图种喷绘稿近 300 幅。全年完成《上海道路交通指南》、《上海市浦东新区街（镇）图册》等图册 30 多种。

【国家版图意识宣传教育】

上海市测管办联系市委宣传部，协调市文明办等部门联合成立国家版图意识“进学校、进社区、进媒体”宣传教育活动工作小组，拟定实施方案并联合印发《“三进”活动工作方案》等文件，8 月 8 日，举行启动仪式。8 月 ~9 月，向全市 200 多个社区文化活动中心赠送标准版《中国地图》和《国家版图知识读本》，对全市中小学地理老师和新闻媒体编辑人员开展国家版图知识和“问题地图”识别专项培训，在全市 300 多家东方社区信息苑巡回开展国家版图知识普及活动，发动 450 多所学校 1600 多名学生参加全国少儿手绘地图大赛，收到作品 1600 多幅，24 幅入围复赛，名列全国前茅。组织5.6万多名市民参加“祖国在心中——国家版图知识竞赛”活动，占全国参赛人数的11%。

测绘地理信息成果管理与应用

【成果管理】

上海市基础测绘成果实行统一汇交模式，做到100%汇交，非基础测绘成果目录在资质年度注册中实行统一汇交。2012年新增科技档案56卷，文书档案56卷，数字地图归档279批次，增加数字表面模型3.28万幅，三维数据9140格网（比2011年增加7000格网）。全年为社会提供各类地形图、管线图等22862批次，地形图供应量16万幅（数据光盘1.8万多张，比2011年多2000多张）。开展老旧地图修复研究，将历史影像档案资料通过扫描形成可比对的历史影像数据库。

【成果保密】

上海市测绘、保密管理部门通过《保密工作应急事件处理预案》等保密工作文件，与核心保密部门和人员签订了《安全、保密、综合治理工作责任书》。11月，举办全市涉密测绘成果管理人员岗位培训，150多家测绘地理信息单位近200人参加培训，邀请总参测绘导航局专家作专题介绍，培训考试合格者获《岗位培训证书》。3月，上海对2011年领用涉密测绘成果的79家单位和全市16家互联网地图服务单位下发了涉密测绘成果使用保密情况检查通知，要求各单位全面开展自查反馈工作，并对其中5家单位进行保密抽查，增强保密意识，规范保管和使用行为。

【成果应用】

上海市测管办按照“以丰富的地理信息资源为基础，从被动服务向主动服务转变，从数据服务向应用服务转变，努力提高地理信息服务保障能力”的总体思路，利用地理信息公共服务平台等途径向政府部门、企事业单位和市民公众提供地理信息应用服务。为共青团上海市委开发了“上海共青团地理信息服务平台”，在团中央举办的共青团新媒体和文化成果交流展览会上获好评。为上海市气象局开发的“多灾种地图与地理信息系统”在徐家汇观象台成立140周年暨百年气象科技进步与城市服务国际研讨会上展示。与上海市文物局共同签署《关于上海市不可移动文物保护管理地理信息系统的合作协议》并完成“上海市不可移动文物管理地理信息系统”。为上海市消防局等部门开发了“上海市消防地理信息系统”、“ELP土地电子信息系统”、“青浦区地下综合管线三维可视化信息系统”等平台。5月，上海市地理信息公共服务平台提供的城市三维模型和航空影像资料在上海电视台新闻综合频道的《观潮黄浦江》系列报道中播出。

科技与国际合作

【科技创新】

年初，上海市测管办成立科技管理处，完善了管理和科研机制。6月，上海市测绘院成立以上海市五一劳动奖章获得者冯琰博士名字命名的“职工科技创新标兵冯琰工作室”。9月，出台《高级工程师（教授级）推荐和评审办法》。开展了“基于三维城市的地下管线管理和应用系统研究”、“建筑内部主体结构快速三维建模方法研究”等科研项目。5月，“上海市地理信息公共服务平台项目”获上海市发展和改革委批复立项。6月，上海市科委重点科技创新项目“上海市地理信息公共服务平台关键技术研究”通过上海市科委组织的专家委员会验收。“上海市不可移动文物管理地理信息系统”、“三维GIS技术在城市规划管理中的应用研究”等先后通过专家验收。“长距离越江隧道一次性掘进贯通控制测量技术研究与应用”项目入选国家测绘地理信息局新产品新技术创新应用专题宣传平台。7月，上海市测绘院提交的“一种任意变形地图的空间定位方法”和“一种任意变形地图精准量算的方法”2项新技术专利申请被国家专利局正式受理。“上海市一、二、三等水准复测”获2012年中国测绘学会全国优秀测绘工程奖白金奖，“青浦区地下综合管线三维可视化信息系统”等5个项目分获银奖和铜奖。“三维GIS技术在城市规划管理中的应用研究”等3个项目获中国地理信息产业协会2012年地理信息科技进步奖三等奖，《驾车宝典——上海行车信息必备地图册》和《inShanghai · CITYGUIDE/上海海派风尚》获2012年中国测绘学会优秀地图作品裴秀奖银奖，“青草沙输水管线工程岛域段第三方测量”获2011年度全国优秀城乡规划设计奖城市勘测工程一等奖。

【标准体系】

2012年，上海市测管办组织完成上海市城乡建设和交通委员会批准立项的地方标准《上海市卫星定位测量技术规范》编制送批工作，承担了上海市建筑建材业市场管理总站授权的《建筑工程规划检测规范》修订工作，参与《上海市汽车 GPS 导航系统产品质量监督抽查实施细则》、《上海市滩涂地形测量技术规定》等的编制，完善《三维基础模型生产技术标准》等技术标准。3 月，组织全市所有管线测绘资质单位开展《地下管线测绘规范》、《上海市地下管线建设工程规划核查管理的试行规定》等的宣贯培训。组织人员参加《城市测量规范》、《1:500、1:1000、1:2000 地形图质量检验技术规程》、《国家全球导航卫星系统（GNSS）连续运行基准站建设技术规程》等行业标准培训，对《1:10000（1:5000）基础地理信息地形要素数据规范》、《基础地理信息应急制图规范》等提出意见反馈。

【合作交流】

上海市测管办派员参加亚太区卫星导航与位置服务产业峰会，赴美国、英国、爱尔兰、意大利、澳大利亚等国考察学习地理信息测绘技术。接待了英国皇家特许测量师学会（RICS）亚洲区商业发展总监等国外同行，学习和借鉴了国际卫星导航产业发展、地图制图、高光谱影像和地理信息系统研究成果等。

精神文明建设

上海市测管办按照“一岗双责”的要求，明确党风廉政建设责任。召开廉政大会，开展廉政风险点排查等工作，与各部门签订《党风廉政建设责任书》，与相关工作人员签订《廉洁自律承诺书》。注重领导班子建设，各处室和独立核算部门制定了《领导班子和谐高效廉洁若干准则》。4 月，共青团上海市测绘院采取公推直选方式差额选举出新的团委书记。

上海市测管办重视文化建设。11 月，作为 2012 年度中国测绘职工思想政治工作研究会第三重点课题组组长单位组织召开专题研讨会。2 个课题成果参加中国测绘职工政研会和中国建设职工政研会优秀成果评比并获优秀论文奖。2 月，向上海市市级机关系统全国文明单位发出“共创文明互享成果勇当先锋”的倡议。5 月，出台《关于深入开展群众性文体活动的实施意见》。9 月，完成“测绘职工健康心态研究”。上海市测管办选送《世博版上海市地图集》、《测绘五字经》、《上海测绘公益广告》等 4 件作品参加测绘文化精品评选，选送 41 篇文章参加“测绘文化大家谈”征文评选，获“测绘地理信息文化大家谈”征文活动优秀组织奖。8 月，上海市测绘院被授予 2007 年 ~2011 年“拥军优属模范单位”称号。

上海市测管办在干部中开展“岗位成才、人才培养”大讨论，鼓励职工立足本职岗位成才。全年选送 8 人到党校等参加培训，选送 9 人到社区、机关、农村挂职锻炼。上海市测绘职业技能培训中心和测绘行业特有工种鉴定上海站完成“上海市工程测量员职业技能培训鉴定体系”开发任务，通过了上海市人力资源和社会保障管理部门组织的项目验收。2012 年，上海有 10 人通过国家测绘地理信息局技师评审委员会综合评审并取得工程测量员（二级 / 技师）职业资格，597 人参加注册测绘师考试，1 人获得“第四届全国测绘地理信息技术能手”称号。组织开展上海市测绘职业技能竞赛，18 家单位 78 名选手参加，前三名选手获得“上海市测绘地理信息技术能手”称号，55 名通过技能操作考核和理论知识考试的选手获得大地测量员高级工资格证书。

地方社团工作

9 月，上海市测绘学会与北京超图软件股份有限公司联合举办 2012’SuperMapGIS 自主创新与应用研讨会。11 月，组团参加长三角第九届科技论坛测绘分论坛。12 月，召开十届一次代表大会，推选学会理事长、副理事长、理事会秘书长。全年出版《上海测绘》期刊 4 期，并与近 50 家测绘期刊单位实行定期交换。学会组织编制的《走进数字地球》课程资料入选上海市初高中科学教育推广项目——第九批科技“资料包”，并为全市各试点中学的 600 多名教师进行培训。

江苏省

概况

2012年，江苏省测绘地理信息工作保持平稳较快发展。全省测绘资质单位共完成服务总值23.6亿元，同比增长4.9%。3月，江苏省测绘局更名为江苏省测绘地理信息局，重新明确了“三定”方案，增设了科技与对外合作处，增强了地理信息监管、指导协调地理信息产业发展和海洋测绘等职能。徐州市加挂了测绘地理信息局的牌子。截至年底，全省除苏州、泰州市测绘管理和地籍管理合署办公外，其余各市测绘地理信息行政主管部门均内设独立的测绘管理处。截至12月31日，全省共有测绘地理信息持证单位656家，比上年末增加62家，同比增长10.4%，其中甲级45家、乙级97家、丙级283家、丁级231家。全省测绘地理信息行业共有12776人从事测绘生产，比去年末增加1218人，同比增长10.5%，其中高级技术人员1183人、中级技术人员3097人、初级技术人员3980人。2012年，在国家测绘地理信息局组织的省级测绘地理信息行政主管部门贯彻落实科学发展观年度工作考评中，江苏位列第三，已连续三年被评为“优秀单位”；在省第四次“万人评议机关”活动中，江苏省测绘地理信息局的群众满意率达98.2%。

2012年3月29日，国家测绘地理信息局局长徐德明（前左）、江苏省副省长徐鸣（前右）出席江苏省测绘地理信息局挂牌仪式。

重点工作推进

【数字城市建设】

江苏省12个地级市开展了数字城市建设。常州、宿迁、无锡、南京、南通、淮安、扬州、盐城、连云港等市先后通过项目设计书评审，并签订了省市合作共建协议，项目有序实施。徐州、泰州两试点城市通过国家测绘地理信息局组织的专家组验收，并被授予“全国数字城市建设示范市”称号。徐州市继数字城市建设后又申报智慧城市试点，数字泰州验收后完成了基础地理信息服务平台的共享及相关示范应用成果汇交，增加了警用地理信息等系统的应用。数字县区建设相继展开，数字新沂作为全省首个数字城市地理空间框架建设县级试点城市，地理空间框架建设项目通过设计评审，省、市、县（市、区）三方签订了合作共建协议，进入正式实施阶段。

【“天地图·江苏”建设】

“天地图·江苏”省级节点建设完成，实现了与国家“天地图”和“天地图·南京”、“天地图·镇江”之间的互联互通，提供了国家、省、市一体化“一张图”地理信息数据服务，3月1日正式对外发布。搭建了省住建厅村庄整治管理、省重大工程分布查询和省广播电影电视局送电影下乡等3个典型示范应用。南京、徐州、常州、南通、扬州、镇江6个市级节点和武进、新沂2个县级节点相继建成并实现互联互通。截至年底，“天地图·江苏”矢量瓦片、影像瓦片都已更新过12次，其中矢量瓦片更新数据23GB，更新瓦片7897122张；影像瓦片更新数据229GB，更新瓦片8342779张。

【地理国情监测】

江苏省测绘地理信息局相关单位成立地理国情监测与服务研究部、江苏省地理信息技术重点实验室等组织机构，承担地理国情监测方法、技术等方面的研究。与国家测绘地理信息局卫星测绘应用中心、南京大学合作，共同申报国家科技支撑计划项目“地理国情监测服务系统”，继续实施“地理省情动态监测与应用技术研究”等国家项目。完成了省《地理国情监测普查总体方案》的编写，并在江阴市、海安县先行开展普查试点，开展城镇化进程、新农村建设、民生基础设施、重点工程等 8 个方面的专项监测和相关数据收集工作。

【地理信息产业】

江苏省测绘地理信息局印发《关于支持江苏省地理信息产业园企业发展的意见》，鼓励和引导地理信息企业入驻省地理信息产业园。举办产业园建设推进会，8 家单位签订入园协议书，初步形成产业集聚发展的态势。南京师范大学拟定了与产业园合作成立地理信息产业协同创新中心的意向书。全省地理信息产业得到较快发展，地理信息服务应用领域广泛，地理信息产业服务总值在测绘生产服务总值的比重加大。

法制建设与市场监管

【法规建设】

《江苏省测绘地理信息成果管理规定》通过江苏省政府常务会审议颁布，于 2012 年 5 月 1 日起施行，该规定首次明确政府建设天地图、基础地理信息公共服务平台和开展地理国情监测的职责。《江苏省测绘地理信息基础设施管理规定（草案）》已列入 2013 年省政府规章建设计划。江苏省测绘地理信息局制定印发了《江苏省测绘地理信息市场巡查办法》、《江苏省测绘监理工作规范（试行）》等规范性文件。与省人大环资城建委组织开展测绘法和《江苏省测绘条例》执行情况的调研工作，省人大调研报告已经省政府批转省测绘地理信息局研究落实。

【测绘普法】

8 月 29 日，江苏省测绘地理信息局与驻南京的甲级测绘资质单位和省国土资源厅直属单位在南京市山西路广场联合开展测绘法宣传日活动，庆祝《中华人民共和国测绘法》修订颁布 10 周年。印发宣传图 5 万份，在《江苏法制报》上发表局领导署名文章，局领导分别到部分市指导、检查测绘法宣传活动。测绘法宣传日期间，江苏省测绘地理信息局组织召开测绘法修订颁布 10 周年座谈会，省政府秘书长、省人大环资城建委主任和省发展和改革委、财政厅、环保厅、法制办公室等政府部门有关领导和测绘单位负责人参加会议。与省人大环资城建委、省政府法制办公室联合组织开展以测绘法、《江苏省测绘条例》为主要内容的法律知识竞赛活动，广泛发动测绘地理信息行政主管部门、测绘单位和社会大众参与，对表现优秀的个人、市级测绘地理信息行政主管部门和测绘单位进行表彰。组织参加国家测绘地理信息局开展的网上法律知识竞赛和“立得杯”测绘地理信息法治建设有奖征文活动，1 篇文章获二等奖。组织参加省级机关第三届“万人学法”竞赛活动。

做好执法教育培训，先后组织 2 批市县测绘地理信息行政执法人员参加国家测绘地理信息局举办的法制培训并通过考核；组织甲级测绘单位负责人参加国家测绘地理信息局培训，学习地理信息产业发展相关法规政策；组织测绘行政执法人员参加省政府法制工作部门举办的学法培训。

【依法行政】

江苏省测绘地理信息局按照省绩效领导小组办公室开展第六次省级行政权力清理工作的要求，依据现行有效测绘地理信息法律法规和规章，取消和调整了部分省级测绘地理信息行政许可事项，并按照国家测绘地理局法治建设的要求，修订印发了《江苏省测绘地理信息行政执法依据》和《江苏省测绘地理信息行政执法职权分解》。举办《江苏省测绘地理信息成果管理规定》培训班，设区的市测绘地理信息行政主管部门分管领导和处室负责人参加，并组织部分代表到河北、山西等省进行市场统一监管和市、县测绘地理信息行政管理机构建设调研。将测绘地理信息行政执法重心逐渐向市、县主管部门转移，宿迁、淮安等市独立开展测绘地理信息行政执法工作效果明显。在全省范围遴选并推荐的 3 宗行政处罚案卷被评选为测绘地理信息系统优秀行政处罚案卷，4 名办案人员受到表彰。调查了多起涉嫌无测绘资质从事测绘地理信息活动和弄虚作假骗取测绘资质的案件，某建设质量检测机构无测绘资质从事沉降观测活动的案件被国家测绘地理信息局列为 2011 年全国十大违法测绘地理信息案件，行政复议的结果是省政府维持了江苏省测绘地理信息局作出的行政处罚决定。

【市场监管】

江苏省测绘地理信息局完成省测绘地理信息单位市场信用试评工作和省测绘地理信息市场信用网站的升级改造，组织市场信用管理培训。建成测绘地理信息项目评标专家管理系统，组织测绘地理信息项目评标专家培训。开展“诚信测绘单位”评审，46 家测绘地理信息单位获得 2010 年 ~2011 年“诚信测绘单位”称号。2012 年度测绘基础设施费征收额度与上年基本持平。全年累计发放测绘作业证近 1000 本。完成测绘资质管理系统与行政权力阳光运行系统的数据对接，确保测绘资质审查信息及时通过行政权力阳光运行系统发布。组织各市测绘地理信息行政主管部门的资质审查人员和甲级测绘单位的资质申报人员进行业务培训。开展省外单位来江苏省承揽测绘地理信息项目的专项检查，对未依法从事测绘地理信息活动的单位进行通报。

联合省委宣传部、新闻出版局、工商局、教育厅、商务厅、通信管理局、外办、南京海关等部门开展深化“问题地图”专项治理行动，组建地图市场检查组16个，对书店、礼品店、车站、码头、高速公路服务区等场所进行重点检查，检查互联网站3120家，对中海地产违规地图广告案件进行了查处。

基础测绘

【国家基础测绘项目】

江苏省测绘地理信息局承担“927”工程8座海岛（礁）卫星定位大地控制点B级GPS观测资料整理工作，3个卫星定位连续运行参考站建设（其中1个为海岛点、2个为陆地点）和50个海岛（礁）GPS激光测距定位点测量。完成国家现代测绘基准体系基础设施一期工程泰州站、大仪站的站点初选和施工图的设计。

【省级基础测绘】

江苏省测绘地理信息局完成“十一五”省级基础测绘各项任务。省财政下达2012年省级基础测绘经费8400万元，同比增长约16.3%。经省政府批准，启动江苏省基础测绘中心建设项目，计划于2015年前建成。完善了“现代测绘基准完善与维护”、“DLG快速更新”、“2.5米分辨率正射影像生产”等12项省级基础测绘生产技术方案。完成8个CORS站点选埋和设备安装、83个CORS站测量计算，完成了125个B级GPS点及1500千米的二等水准复测；更新了基础控制数据库，共入库基础控制数据成果3300个，其中入库更新B级点99个，C级点196个，二等水准点1535个，三等水准点1470个；完成大地控制点2000国家大地坐标系转换；完成全省10.26万平方千米0.31米分辨率的航空摄影；更新了苏通常泰、太湖、徐州、淮安、南京测区部分地区1:1万DLG约1000幅，全省范围分辨率0.31米DOM4137幅，2.5米DOM 225幅。

【市（县）级基础测绘】

各地级市基础测绘经费共投入3949.5万元；各区县基础测绘经费共投入7130.3万元。镇江、宿迁、南通、徐州等市“十二五”基础测绘规划通过审批。南京、南通等市进行了水准、GPS点等测绘基准建设；无锡、徐州、南通、扬州等市实施了高分辨率航空摄影；南通、徐州、镇江、宿迁等市实施了大比例尺基础测绘成果更新；镇江完成市区30平方千米的三维模型制作。

【质量与标准】

江苏省测绘地理信息局开展全省“测绘地理信息质量年”活动，对全省测绘地理信息成果质量进行监督检查，其中省级检查82家单位，市级检查218家单位，覆盖甲、乙级持证单位30%以上。对新申请或资质升级的12家乙级以上测绘单位进行质量管理体系考核。举办4个批次全省测绘质量检查人员培训班，1080名质量检查人员参加培训并获江苏省测绘质量检查培训证书。组织2012年度省优秀测绘工程评选，共受理申报项目95项，评出一等奖5项、二等奖20项、三等奖51项。江苏省测绘地理信息局批准建立新沂市独立坐标系。与北京天下图数据技术有限公司等企业合作，承担《倾斜数字航空摄影技术规定》、《倾斜数字航摄影像》2项测绘行业标准的研制工作。组织编制《江苏省1:500、1:1000、1:2000基础地理信息数字成果标准》，完成第一轮意见征询。2012年，江苏省测绘产品质量监督检验站进行测绘仪器计量检定8000多台（次）。

测绘地理信息成果管理与地图编制

【成果管理】

江苏省测绘地理信息局完成2011年度全省测绘成果汇交工作，共汇交测绘成果5400多份，纳入成果发布系统对外公布。测绘成果审批管理系统建设项目通过专家组验收。对11家甲、乙级测绘资质单位和互联网服务企业开展了测绘资料档案达标认定考核。全年审批涉密测绘成果182批次，转函75批次。联合省国家保密局下发《关于深化涉密测绘成果保密检查的通知》，对重点单位、重点环节进行彻底排查，江苏省副省长徐鸣和省委常委、省委秘书长、省保密委主任樊金龙分别作出批示。联合省国家保密局制定并下发《关于加强涉密测绘地理信息安全保密管理工作的意见》。举办涉密测绘成果管理人员岗位培训班，全省180多人接受了培训。对数字城市、“天地图”、地理信息公共服务平台公开数据进行测绘、保密、军方三方保密审查与处理。江苏省测绘地理信息局被评为全国涉密测绘成果保密检查先进集体。

【国家版图意识宣传教育】

深入开展国家版图意识宣传教育“进学校、进社区、进媒体”活动，联合省教育厅在省教育学院附属小学开展国家版图进校园观摩活动，各市测绘地理信息行政主管部门、教育部门和各试点学校的领导、教师60多人参加观摩；6月～12月，组织全省中小学和测绘地理信息行业参加全国国家版图知识竞赛和全国少儿手绘地图大赛，全省49万多人参加，参赛人数位居全国第一。

【测量标志管理】

完成徐州、宿迁、连云港3市所有省管测量标志的普查工作，共普查一、二等水准线路34条，测量标志近1300点。依据普查的结果，对国家和省局设立的CORS站点，A、B、C级GPS点，一、二等三角点、水准点、天文点，基本重力点进行了重点维护；对等级较低、使用频率不高的点进行了一般维护。办理17批次测量标志拆建，其中三角点4个、水准点13个。建设3个景观型测量标志，依法查处2起破坏测量标志事件。

【地图编制】

依法开展地图审核工作，全年审核地图132份。编制《江苏行》专题图册，供省两会代表委员使用。更新编制了1:100万、1:50万、1:30万《江苏省政区图》。全省各地图编制资质单位全年编制交通、旅游、房产等地图100多件。

测绘地理信息应用与服务

江苏省测绘地理信息局全年为全省经济建设提供各种地形图16400多幅、各类控制点1416点，提供地理信息数据714GB。截至2012年底，与省级机关、各市测绘地理信息行政主管部门、相邻省（市）及军队等31个部门和单位签订共建共享协议，与省属20多家企事业单位签订了项目服务协议。借助基础地理信息数据，为省级机关部门开发了江苏省警务地理信息管理系统、江苏省水利地理信息管理系统、江苏地震应急指挥系统等10多个地理信息管理系统。江苏省测绘地理信息局成立省政务版地理信息公共服务平台建设领导小组，筹措建设资金1408万元，开展省政务版地理信息公共服务平台和测绘应急保障平台建设。完善测绘应急保障体系建设，制定了《测绘成果应急提供审批预案》、《测绘地理信息数据应急处理与加工预案》、《专题地图应急制作预案》、《测绘地理信息数据应急采集预案》和《应急航空摄影预案》，各市均制定了测绘应急保障预案。

科技与国际合作

【科技创新与成果】

江苏省测绘地理信息局投入60多万元资助22个科研项目，验收结题9个往年项目。承担国家发展和改革委国家高技术产业化项目“国产遥感卫星正射影像服务高技术产业化示范工程”、科技部国家科技支撑计划项目“国产测图卫星在太湖流域生态环境监测与评价中应用示范”以及“地理国情监测应用服务”、国家测绘地理信息局“资源三号卫星影像在矿产资源开发利用遥感监测中的应用研究”以及“信息化测绘关键技术研究”项目、省科技厅青年基金项目“DEM地形纹理及地形形态特征识别研究”等。与省科协联合开展2012年度江苏省测绘科技进步奖评选，“泰州地理空间框架建设”等20个项目获奖。2012年，全省获中国测绘学会测绘科技进步奖等奖项18项。江苏省基础地理信息中心开发的导航数据采集软件和移动地图软件取得了著作权。

【人才管理与教育培训】

江苏省测绘地理信息局全年通过公开招聘引进人才35名，其中研究生以上学历27名。与武汉大学、河海大学、南京工业大学联合成立研究生培养基地，合作培养专业学位研究生。与国家测绘地理信息局卫星测绘应用中心、南京大学联合建立卫星测绘技术国家测绘地理信息局重点实验室，与南京大学联合成立江苏省地理信息技术重点实验室，打造人才高地。组织国家测绘地理信息局青年学术和技术带头人、省“333高层次人才培养工程”入选培养对象申报专项课题，并获得课题资助。举办测绘地理信息业务、专业技术等培训班22期，全年共培训1900多人。局系统25名处级干部参加省委“876”培训并完成在线学习任务。全省4414人参加职业技能鉴定，3934人通过。在镇江承办全国测绘地理信息行业职业技能鉴定工作会议，与省海洋与渔业局联合举办江苏省首届海洋测绘职业技能大赛。江苏省测绘学会和江苏省测绘地理信息局职业技能鉴定指导中心在扬州环境资源职业技术学院主办第四届江苏省高校测绘技能大赛。全省有208人获得注册测绘师资格。江苏省测绘地理信息局系统 1 人被国家测绘地理信息局授予“全国测绘地理信息技术能手”称号。

【国际合作与交流】

江苏省测绘地理信息局与德国汉诺威中国中心、澳大利亚墨尔本大学、荷兰 ITC 等国家外专局认可的境外培训机构初步建立长期合作关系。连续多年组织全省测绘地理信息管理人员和技术骨干赴美国、日本、俄罗斯、加拿大等测绘技术先进的国家进行学术交流和技术培训。2012 年，组织全省测绘地理信息系统 3 批次 18 名技术骨干和测绘管理人员分赴俄罗斯、芬兰、澳大利亚、新西兰、美国、加拿大进行测绘地理信息新技术考察与培训。

精神文明建设

【党的建设】

江苏省测绘地理信息局深入推进学习型党组织建设，认真落实中心组学习制度，开展党员教育和党委干部培训。开展创先争优先进基层党支部和优秀共产党员评选活动，全局系统有 3 个基层党委先后被国家测绘地理信息局和江苏省省级机关工委评为“创先争优先进基层党组织”。加强局系统党员干部思想政治建设和作风建设，3 月 12 日 ~5 月 24 日，开展处以上干部下基层“三解三促”（了解民情民意、破解发展难题、化解社会矛盾，促进干群关系融洽、促进基层发展稳定、促进机关作风转变）活动。参加调研活动的处级以上干部 25 人，走访农村、社区、企业和基层单位 46 家，走访基层群众 288 人，慰问帮扶困难群众 18 人，召开各类座谈会 32 次，为基层群众办实事 25 件，接待信访群众 23 人，撰写调研报告 8 篇，民情日记 36 篇，提出各类意见建议合计 59 条，有 6 篇调研报告在江苏机关党建网发表，1 篇民情日记被《新华日报》转载并收录到《2012 年省级机关“三解三促”活动民情日记选》，1 条意见建议被《2012 年省级机关“三解三促”活动意见建议摘录》采用，1 篇经验材料被《2012 年省级机关“三解三促”活动案例》收录。江苏省测绘地理信息局对精神文明、测绘文化、党建工作和思想政治工作等 4 项工作开展专题调研，形成了一套完整的党建理论成果。全年在《中国测绘报》、《工作与学习》杂志和国家测绘地理信息局门户网站、江苏机关党建网等媒体发表局系统党的建设新闻、理论研究文章近 100 篇。

落实党风廉政建设责任制，印发《2012 年党风廉政建设工作责任分解意见》。开展党风廉政宣传教育工作，加强对领导干部的理想信念和宗旨教育、党性党风党纪教育。在南京承办全国测绘地理信息系统党风廉政建设工作会议。强化机关内控机制建设，共梳理内部制度 87 项，制定、修改、完善 43 项。开展行政效能监察，对局权力事项的运行过程实施实时动态监察监控。

【文化建设】

江苏省测绘地理信息局编制完成江苏省测绘地理信息文化理念、行为、宣传图集共 3 本手册，开展“学习手册、宣传手册、践行手册”征文演讲主题活动和测绘地理信息文化宣传画素材征集活动，并制作了一套具有江苏测绘地理信息文化特色的宣传画。在全局系统党组织和党员干部中组织开展了践行测绘地理信息文化核心理念主题读书活动，各支部共推荐好书 51 本。组织开展“迎‘七一’学习宣传践行手册”主题演讲比赛，同时对优秀的征文进行了表彰，有 19 人在征文、演讲活动中获奖。组织参与国家测绘地理信息局举办的“测绘地理信息文化大家谈”征文和“测绘地理信息文化精品”评选活动，有 1 篇征文获优秀论文奖，江苏省测绘地理信息局被国家测绘地理信息局评为优秀组织奖。

【精神文明建设】

江苏省测绘地理信息局深入开展精神文明建设，制定并下发《关于“十二五”期间精神文明建设工作的意见》。局系统有 3 家单位申请开通了“江苏省文明单位在线”。丰富职工文体活动，组团参加“江苏测绘 · 移动杯”2012 年第三届亚洲定向越野锦标赛和江苏省“测绘杯”第十届定向锦标赛。举办局第二届职工球赛，局系统 200 多名职工参加了篮球、羽毛球、乒乓球等 3 个大项、8 个单项的比赛。创建江苏省测绘地理信息助学基金，为 15 名特困师生启用了 2 万元的助学基金。2012 年，局系统 12 家单位或个人受到省级以上表彰，15 家单位或个人受到省级机关工委等表彰，其中，4 个基层单位被授予省工人先锋号，1 人被评为省先进工作者，2 家单位被授予省五一劳动奖状，1 人被授予省五一劳动奖章，1 人被授予省五一巾帼标兵，1 家单位被中华全国总工会评为全国“五一巾帼岗”，3 个基层单位被评为省级机关巾帼文明岗。局团委被授予“江苏省五四红旗团委”称号。

地方社团工作

【江苏省测绘学会】

4 月 13 日，江苏省测绘学会在南通召开九届八次常务理事扩大会议，会议通过了 2012 年江苏省测绘学会工作计划及各专业（工作）委员会的活动安排。10 月 12 日，在镇江举办九届九次常务理事会，听取学会 2012 年主要工作汇报。11 月 15 日，召开九届理事会第六次会议，发展团体会员 1 家。

江苏省测绘学会 GPS 专业委员会和大地专业委员会、工程测量专业委员会、水下与海洋测量专业委员会分别举办了学术研讨会；地籍与房产测量专业委员会在淮安举办地籍与房产测量专业委员会会议；新技术应用专业委员会在南京举办第三届江苏省高校测绘与 GIS 软件开发创新大赛；测绘仪器专业委员会分别在徐州、无锡举办 2011 年华测测绘新产品新技术交流会暨全国巡展徐州分会场、无锡分会场会议；测绘教育与科普工作委员会在南京举办 2011 年江苏省高校测绘本科生优秀毕业论文评选活动。

11 月 16 日 ~ 17 日，江苏省测绘学会和省遥感与航测专业委员会在南京承办第九届长三角科技论坛（测绘分论坛）暨 2012 年度江苏测绘、遥感、通信学会学术年会。该年会由江苏省测绘学会、上海市测绘学会、浙江省测绘地理信息学会、江苏省遥感与地理信息系统学会和江苏省通信学会联合主办。长三角地区各省测绘学会及江苏省遥感与地理信息系统学会、江苏省通信学会主要领导、专家、学者及测绘技术人员 200 多人开展学术交流。会议颁发了 2012 年江苏省测绘科技进步奖、首届江苏省青年遥感与地理信息科技奖、江苏省通信学会 2012 年度科技进步奖、第九届长三角科技论坛（测绘分论坛）优秀论文奖等奖项。会议征集到近 400 篇学术论文，并择优以《现代测绘》增刊形式公开出版发行。

2012 年，江苏省测绘学会、江苏省测绘与地理信息协会、江苏省测绘科技信息站共同主办的《现代测绘》杂志共收到稿件 1000 多篇，正式出版 6 期，增刊 2 期，刊登学术论文 400 多篇。

【江苏省测绘与地理信息协会】

4 月和 6 月，组织会员单位代表 37 人分赴云南和福建省测绘地理信息部门考察交流。10 月，参加在山西太原召开全国省（区）测绘行业年会。11 月，与江苏省测绘学会共同组织会员单位技术人员 23 人赴台考察交流。7 月，组织有关专家对“江苏省测绘地理信息市场信用管理平台”进行验收，配合省测绘地理信息局完成该网站和市场信用管理平台升级改造，增加“江苏省测绘地理信息项目招投标测绘专家管理系统”模块。12 月，江苏省测绘行业协会召开协会第三次会员代表大会，民主选举协会第三届理事会，完成换届工作，并更名为江苏省测绘与地理信息协会。会议期间，表彰 7 个先进联络处、23 家协会工作先进单位和 46 家 2010 年 ~2011 年度诚信测绘单位。

【江苏省测绘地理信息思想政治工作研究会】

7 月，江苏省测绘职工思想政治工作研究会召开第二届会员大会，总结研究会成立以来的全面工作，选举产生了新一届领导机构，通过了新章程。经报省民政厅批准，江苏省测绘职工思想政治工作研究会更名为江苏省测绘地理信息思想政治工作研究会。

10 月，江苏省测绘地理信息思想政治工作研究会召开二届一次常务理事会，常州市测绘院等测绘单位就本单位党建、思想政治工作及测绘文化建设等方面交流了工作经验，与会代表参观了无锡多家先进典型单位。组织全省测绘地理信息行业 140 多名选手参加“江苏测绘 · 移动杯”2012 年第三届亚洲定向锦标赛，宿迁市规划测绘院有限公司、无锡市测绘院有限责任公司、南京市国土资源信息中心及省测绘工程院等代表队在男女中、短距离赛中取得好成绩。

11 月，江苏省测绘地理信息思想政治工作研究会承办中国测绘职工思想政治工作研究会 2012 年度第三重点课题组研讨会，在会上交流了重点课题《江苏省测绘地理信息局职工思想状况调研》的报告。参与江苏省国资委、总工会、思想政治工作研究会联合举办的“新起点、新举措、新成果——新形势下江苏思想政治工作创新案例征集”活动，江苏省测绘地理信息系统 1 人获二等奖，2 人获优秀奖，获奖案例被收录在江苏文艺出版社出版的《新起点、新举措、新成果——新形势下江苏思想政治工作创新案例选编》中。

浙江省

概况

2012年，浙江省测绘与地理信息局围绕经济社会发展大局，进一步强化测绘与地理信息统一监管，推进数字城市、“天地图”和地理国情监测等重大项目建设，促进地理信息产业发展，测绘与地理信息公共服务能力进一步提升，在国家测绘地理信息局组织的省级测绘地理信息行政主管部门贯彻落实科学发展观年度考评中连续三年位于全国第一，被授予全国唯一“杰出单位”称号。

2012年，浙江省测绘资质单位完成服务总值27.97亿元，比2011年增长11.35%，继续保持较快的增长势头。基础测绘计划体制和财政投入机制更加健全，全省各市、县（市、区）全部发布了基础测绘“十二五”规划，各级财政共投入基础测绘经费4.06亿元，比2011年增长17.63%。基础测绘重大项目进展顺利，测绘与地理信息科技发展取得新成果。数字城市地理空间框架建设全面铺开，延伸到各县（市、区），并与“天地图”市、县节点建设紧密结合，做到同步推进，突出示范应用，在全省各地数字城市、智慧城市建设中发挥了基础支撑作用。浙江省地理国情监测试点工作全面完成，为全国地理国情普查作了有益的实践和探索。浙江省地理信息产业园开工建设，各项产业扶持政策相继出台，推动测绘转型升级，促进地理信息产业快速发展。浙江省地理空间数据交换和共享平台建成通过验收并正式运行，有效实现了地理信息资源交换和共享。浙江省测绘与地理信息局坚持按需测绘，不断提升公共服务能力，2012年向社会各界提供各种比例尺地形图85466幅，航摄数据22138平方千米，卫星遥感数据501332平方千米，通过资源共享，合作共建，为各专业部门工作提供测绘成果保障与地理信息技术服务。

浙江省测绘与地理信息局重视研究和制定相关政策法规，编制各项事业发展规划，并通过省政府层面或联合相关部门予以发布。2012年，浙江省政府出台《关于促进地理信息产业加快发展的意见》，省政府办公厅印发《关于加快数字城市地理空间框架建设促进地理信息公共服务平台应用的通知》，省政府办公厅、省军区司令部联合印发《关于协助做好全省海洋测绘工作的通知》，省测绘与地理信息和省发展和改革委联合发布《浙江省地理信息产业发展“十二五”规划》，和省国土资源厅联合发布《浙江省地籍测绘“十二五”规划》，和省科技厅联合发布《浙江省测绘与地理信息科技促进办法》。

重点工作推进

【管理体制建设】

浙江省测绘与地理信息管理机构建设全面推进，全省所有市、县（市）都在建设局或规划局统一加挂了“测绘与地理信息局”牌子，内设了科室，配备了相应的工作人员。杭州、温州、嘉兴等市增设了职能处室，宁波等5个市、县增配1名专职管理测绘与地理信息工作的副局长。浙江省测绘与地理信息局继续深化行政审批制度改革，将原由省局行使的7项行政管理事权下放至各市、县测绘与地理信息局，进一步落实了市、县测绘与地理信息管理部门的行政管理职能。考核设区市测绘与地理信息局年度工作，嘉兴、温州、舟山、宁波、金华5个市测绘与地理信息局被评为2012年度优秀单位。

【数字城市】

8月24日，浙江省政府办公厅印发《关于加快数字城市地理空间框架建设促进地理信息公共服务平台应用的通知》，推动全省数字城市地理空间框架建设和地理信息公共服务平台的应用工作。杭州、宁波、湖州、衢州、舟山等5个设区市数字城市项目顺利通过国家测绘地理信息局验收，杭州、宁波市被授予“全国数字城市建设示范市”称号。全省各县（市、区）全面推进数字城市地理空间框架建设，2012年，浙江省完成19个县（市、区）数字城市地理空间框架建设的立项和审批工作。全省各市、县（市、区）注重发挥已建成的数字城市地理信息公共服务平台的作用，积极推动数字城市地理信息公共服务平台在政府决策、城市管理、民生服务等方面的应用，在数字城市、智慧城市建设中起到基础支撑作用。

【“天地图·浙江”建设】

浙江省“天地图”省、市、县级节点建设全面推进，2012年，在全国率先完成了全部设区市的“天地图”市级节点建设，7个“天地图”县级节点接入国家主节点，“天地图·德清”成为全国首个接入国家主节点的县级节点。“天地图·浙江”网站数据现势性增强，服务功能完善，链入浙江省政府门户网站。浙江省测绘与地理信息局注重拓展“天地图·浙江”的应用领域，建成了“天地图·浙江”ipad版、“浙江省地质灾害气象预警预报发布平台”等6个应用系统。

【地理国情监测】

浙江省测绘与地理信息局按照《浙江省地理国情监测试点项目总体实施方案》，组织完成全省国土面积、滩涂面积、海岸线变化等动态监测，湿地资源全面调查量测，基本地理省情信息提取，城市建成区变化监测等4项试点，开展多项技术研究，完成地理国情监测试点工作。在地理国情监测工作机制建设、基本地理省情信息提取、动态监测、全面调查量测、局部区域试点、基础技术研究、监测成果统计分析、目录体系建设、地理国情监测数据库群和成果管理系统建设研究等方面取得较好成果。根据国家测绘地理信息局统一部署，浙江省测绘与地理信息局在德清县开展地理国情信息普查试点。

【地理信息产业】

6月12日，浙江省政府在全国率先出台《关于促进地理信息产业加快发展的意见》；12月31日，浙江省测绘与地理信息局与省发展和改革委联合发布《浙江省地理信息产业发展“十二五”规划》，为促进浙江省地理信息产业发展、推进浙江省地理信息产业园建设奠定了政策基础。浙江省地理信息产业园奠基并开工建设，至2012年底，已有30家省内外地理信息及相关企业签约入园，协议投资金额达80亿元。通过政策引导、兼并重组，浙江省甲、乙级测绘资质单位数量较快增长，浙江省地理信息产业得到较快发展。

【浙江省地理空间数据交换和共享平台】

浙江省地理空间数据交换和共享平台建成通过验收，并正式运行。该平台集成整合了36个省级部门和单位的283个大类、近千个图层的专题数据。通过浙江省地理空间数据交换和共享平台的建设和运行，浙江省测绘与地理信息局积极参与各省级部门的信息系统建设。浙江省地理空间数据交换和共享平台已形成1整套地理信息数据、3个服务版本（电子政务版、公众版和涉密版），可为政府部门、社会公众提供全方位的地理信息及其技术服务，浙江省地理信息资源综合服务“一张图、一个网、一个平台”的格局基本形成。

【海洋测绘】

2012年，浙江省级财政投入海洋测绘经费3991.6万元。2月，浙江省政府办公厅、省军区司令部联合印发《关于协助做好全省海洋测绘工作的通知》，进一步健全全省海洋测绘协同机制。浙江省测绘与地理信息局根据浙江省国家海洋经济示范区和舟山群岛新区建设的要求，及时调整海洋测绘年度工作计划，合理安排项目实施，完成海洋大地基准测量、水下地形测量和深水岸线调查测绘、海岛（礁）地形测量、滩涂地形测量等年度计划项目。全省海洋测绘首期成果已通过验收并提供给涉海部门和沿海、海岛市、县政府使用，较好地满足了浙江省两个海洋国家战略实施对测绘与地理信息的需求。

【浙江省信息化测绘创新基地（国家测绘地理信息局东海测绘基地）】

浙江省信息化测绘创新基地（国家测绘地理信息局东海测绘基地）项目各项前期工作进展顺利，项目建议书、工可报告、建设用地规划、国有建设用地划拨审批、建设资金落实及建设工程设计方案招标等前期工作已经完成。

法制建设与市场监管

【立法工作】

浙江省测绘与地理信息局修订完成《浙江省基础测绘管理办法》。制定《浙江省涉及国家安全和秘密不适宜招标测绘项目确认规定》等4个规范性文件。

【资质管理】

浙江省测绘与地理信息局组织完成283家测绘资质单位的年度注册工作，注销资质单位5家，新增28家。至2012年底，全省测绘持证单位总数为487家，其中，甲级27家、乙级48家、丙级96家、丁级316家。

【市场监管】

2012年，浙江省测绘与地理信息局加大行政执法工作力度，开展各类测绘与地理信息行政执法检查260多次，发现并查处违法案件29件，作出行政处罚4件。测绘与地理信息市场信用体系建设稳步推进，完成了基本信用信息的征集、录入和信用信息的公布工作。开展测绘与地理信息行政许可、行政处罚案卷评查工作，浙江省测绘与地理信息局、舟山市测绘与地理信息局的2件行政处罚案卷被评为全国测绘地理信息系统优秀行政处罚案卷。推进行政执法信息化建设，开发“浙江省测绘与地理信息行政处罚网上备案系统”。组织开展测绘成果质量监督检查，对全省38家测绘资质单位进行抽检，合格率达92.1%。

基础测绘

【基础测绘体制机制建设】

浙江省测绘与地理信息局和省国土资源厅联合发布《浙江省地籍测绘“十二五”规划》，进一步落实测绘与地理信息管理部门在地籍测绘管理中的职能。全省各市、县（市、区）全部发布了基础测绘“十二五”规划，进一步完善市、县基础测绘计划体制和财政经费投入机制。2012年，全省59个市、县（市、区）基础测绘列入当地国民经济与社会发展计划，71个市、县（市、区）基础测绘经费纳入当地财政预算。全省各级财政投入基础测绘经费达40576万元，比2011年增长17.63%。其中，省级基础测绘经费投入9490万元，比2011年增长10.93%；市、县级基础测绘经费投入31086万元，比2011年增长19.84%。

【基础测绘工作】

浙江省、市、县基础测绘年度计划全面完成。浙江省级基础测绘生产流程再造工作进展顺利，基本实现基础测绘生产基于Geodatabase库流转，以库出图，重大地理信息要素适时更新的目标。开展海域理论最低潮位起算面及重力控制网、国家GNSS站、省海洋测绘连续运行卫星定位综合服务系统等基础设施建设。采购覆盖全省2.5米分辨率的SPOT5卫星影像，6800平方千米0.5米分辨率卫星影像，2.5万平方千米分辨率优于0.4米的数码航空影像。完成全省1657幅1:5000、1:1万“3D”产品快速更新的生产任务。完成省级基础测绘成果2000国家大地坐标系转换启用工作，以及7个设区市和三分之一以上县（市、区）的2000国家大地坐标系转换工作。

2012年，全省测绘资质单位完成服务总值27.97亿元，比2011年增长11.35%。至年底，全省测绘从业人员11800人。测绘资质单位主要拥有GPS接收机1961台、全站仪2034台、服务器673台、全数字摄影测量系统178台、水准仪1123台、测距仪1350台、测深仪268台。

地图管理与地图出版

【地图管理】

2012年，浙江省测绘与地理信息局共审核地图437件。其中，地图（集、册、幅）253件，印刷品插附地图56件，地球仪94个，互联网地图34件。针对网络地图、新型地图（集）等加强保密审核，处理测绘成果脱密204批次，数据总量达4.6TB。

开展地图市场专项整治，重点加强对互联网地图和地理信息服务的监管，地图市场秩序进一步好转。开展国家版图意识宣传教育“进学校、进社区、进媒体”活动。组织参加“中图杯——全国少儿手绘地图大赛”活动，93件作品入围，获奖人数为全国第一，并获特等奖。组织全省99632人参加“祖国在心中——全国国家版图知识竞赛”活动，参赛人数名列全国第三。

【地图出版】

浙江省有关测绘单位组织编制《浙江省领导工作用图（2012版）》、《金华市领导用图》、《丽水市领导用图》、《浙江省产业集聚区系列地图册》等系列用图，为各级党委、政府部门提供现势性强、方便实用的工作用图；编制《京杭大运河休闲指南图－杭州段》、《浙江省古道探秘指南图》等一系列休闲文化专题地图；公开发布全省导航电子地图，并在互联网提供免费下载，较好满足了社会公众的需求。

测绘地理信息成果管理与应用

【成果提供使用】

2012年，浙江省测绘与地理信息局共向社会提供地形图1864幅，“4D”产品17728幅，大地成果1939点，航摄数据22141平方千米，卫星遥感数据501332平方千米，基础测绘成果得到广泛应用。

【服务政府部门】

浙江省测绘与地理信息局积极服务各级党委、政府和省级有关部门，为全省地质一张图提供基于省地理空间数据交换和共享平台的稳定服务，做好“省地质灾害地理信息系统”的维护、升级和培训工作。为第一次全国水利普查提供高精度、高分辨率的基础测绘成果和地理信息技术支撑。为浙江省第三次全国文物普查工作提供测绘保障，获“浙江省第三次全国文物普查先进集体”称号。为省地震灾情联动基础地理信息系统、省环保监测点三维建模、省军区作战指挥系统、省水利地理信息系统、省公安警用地理信息系统等项目建设提供测绘成果与地理信息保障。

【应急保障】

浙江省测绘与地理信息局组织研制的“浙江省突发公共事件应急管理地理信息平台”已安装在35个省级部门和各设区市政府应急办，并针对平台应用举办2期培训班。进一步完善应急测绘工作机制，加强应急测绘队伍和装备建设，配备固定翼无人机等先进技术装备，无人机航摄系统在应急救灾、森林防火、环境污染监测、土地利用动态监测等领域发挥了积极作用。8月，强台风“海葵”造成长兴县和平镇9个自然村多处发生险情，浙江省测绘与地理信息局及时启动应急响应程序，应用无人机航摄系统获取灾区航摄影像，快速制作灾区影像图，为当地政府和抢险救灾部队提供测绘保障。

【服务新农村建设】

浙江省测绘与地理信息局积极服务全省新农村建设，为安吉县“美丽新农村”建设、衢州新农村建设无偿提供大比例尺数字影像图等基础测绘成果和技术支持，对景宁县、金华市金东区等地新农村地理信息公共服务平台进行优化升级和推广应用。

测绘地理信息合作共建

浙江省地理空间信息协调委员会继续发挥重要作用，不断深化地理信息资源共建共享工作。11月26日，浙江省测绘与地理信息局和省海洋与渔业局签订了战略合作协议，双方在资源、技术、装备和项目等方面进行深度合作。10月18日，浙江省测绘与地理信息局和武汉大学签订战略合作框架协议。12月21日，浙江省测绘与地理信息局和中国联通浙江省分公司签订战略合作框架协议。

浙江省测绘与地理信息局印发《浙江省地理空间数据交换和共享平台地理空间数据和平台应用管理规定》，进一步规范省地理空间数据交换和共享平台的专题数据汇交工作。地理信息数据分工采集机制更加健全，浙江省测绘与地理信息局同省电力公司合作采集的110千伏以上全省电力设施空间信息，从省级相关部门获取的全省水利普查地理信息数据、全省公路专题地理数据、全省地名普查数据、海洋调查“908”工程等数据都已成功用于1:1万基础测绘更新、省地理空间数据交换与共享平台建设和海洋测绘等工作，同时，浙江省测绘与地理信息局拥有的基础测绘成果无偿提供给电力、水利、公路、海洋等部门，实现成果共享、持续更新、共同维护。

科技与国际合作

【科技与标准工作】

浙江省测绘与地理信息局印发《浙江省测绘与地理信息科技发展“十二五”规划》，与省科技厅联合发布《浙江省测绘与地理信息科技促进办法》。浙江省测绘与地理信息局直属单位加强与中国测绘科学研究院的合作，加快测绘高新技术引进和成果转化，合作开展基于Insar地面沉降监测技术研究等科研项目；组织开展国家测绘地理信息局地理国情监测“数据时空关联分析与挖掘研究”等试验课题，承担“基于1:1万基础地理数据小流域划分技术及应用研究”、“机载激光雷达在滩涂海岸带4D生产中的研究”2项省科技课题研究。浙江省测绘与地理信息局组织编制《三维数字地图技术规范》等3个地方标准，开始筹建浙江省测绘与地理信息标准化委员会。

【人才培养】

浙江省测绘与地理信息局全面实施“十二五”人才发展规划，深入推进事业单位改革，加大各类人才的引进和培养力度。组织开展省、市、县测绘事业单位专业技术人才联合招聘工作，公开招聘42名事业编制人员。举办1期地理信息公共服务县（市、区）局长研究班，2期专业技术骨干培训班，推荐1人为国家测绘地理信息科技领军人才候选人，推荐1人入选省151人才工程第二层次培养人选。组织436人参加职业技能鉴定，341人获得证书，其中高级技师8人。1人获“全国测绘地理信息技术能手”称号。

【国际合作与交流】

1月～4月，浙江省测绘与地理信息局组团赴瑞士、英国、澳大利亚、新西兰，考察交流测绘与地理信息统一监管、数字城市建设与地理信息系统开发应用工作。5月4日～11日，派员赴意大利参加国际测量师联合会2012年工作周及会员代表大会。5月12日～20日，派员随国家测绘地理信息局代表团赴加拿大，参加国际空间数据基础设施大会。8月24日～9月2日，派员随国家测绘地理信息局代表团赴澳大利亚，参加第22届国际摄影测量与遥感大会。10月～11月，浙江省测绘与地理信息学会组团赴美国、加拿大、瑞典、丹麦，考察交流地籍测绘与国土规划工作、测绘与地理信息科技发展情况。

5月24日～25日，国家测绘地理信息局、联合国统计与地理信息司在杭州举办联合国全球地理信息管理德清论坛。论坛举办期间，浙江省政府、国家测绘地理信息局与联合国统计与地理信息司签订协议，决定在浙江省地理信息产业园合作建设联合国全球地理信息管理德清论坛永久会址。

【港澳台合作与交流】

6月26日，香港测量师学会考察团到浙江省测绘与地理信息局考察访问，与浙江省测绘与地理信息局机关、直属单位和省测绘与地理信息行业协会、省测绘与地理信息学会负责人进行座谈交流。

精神文明建设

【党建工作】

浙江省测绘与地理信息局组织干部职工深入学习贯彻党的十八大精神，召开直属机关第一次党员代表大会，以公推直选的方式选举产生第一届局直属机关党委、纪委。组织开展"基层组织建设年"活动，积极创建基层党建工作示范点，浙江省第一测绘院导航与位置服务分院党支部被省直机关工委命名为"省直机关工委基层党建工作示范点"。深入开展创先争优"闪光言行"和先进典型的发掘、推荐、树立、宣传工作，浙江省第二测绘院何大金被省委创先争优活动领导小组评为全省"闪光言行"党员之星，洪景峰、黄桦获省直机关创先争优"闪光言行"党员之星称号，浙江省第一测绘院李侃被省直机关工委授予第二届"道德模范"称号。

【党风廉政建设】

浙江省测绘与地理信息局认真落实党风廉政建设责任制，组织开展廉政准则执行情况专项检查活动，建立健全党风廉政建设的相关规章制度。开展廉政风险防控机制建设，积极推进教育、制度、监督、惩治并重的惩防体系建设，强化对权力运行的监督制约。切实加强对海洋测绘、信息化测绘创新基地建设等重大项目的督查，保证重大项目规范有序推进。在局系统开展"深化作风建设年"活动，查找工作作风、思想作风等方面存在的问题和差距，分析原因，制定措施，加以整改。

【文化建设】

浙江省测绘与地理信息局制定《浙江省测绘与地理信息局文化建设发展规划》，全面开展文化建设。面向全行业开展浙江测绘精神表述语有奖征集活动，确定"务实创新严谨奉献"为当代浙江测绘精神，进一步增强了全省测绘与地理信息行业的凝聚力。积极推动浙江测绘与地理信息重大文化项目建设，抓好《浙江省测绘与地理信息志》编纂、浙江测绘与地理信息科技博物馆筹建和《浙江测绘》杂志的编辑工作。

【结对帮扶工作】

浙江省测绘与地理信息局根据省委、省政府的统一部署，完成了为期五年的"低收入农户奔小康工程"结对帮扶工作，协助台州市仙居县大战乡党委、乡政府完成该工程各项任务。浙江省测绘与地理信息局获2012年度省"低收入农户奔小康工程"结对帮扶工作先进单位和省农村工作指导员工作先进单位。

地方社团工作

【浙江省测绘与地理信息行业协会】

4月14日，浙江省测绘与地理信息行业协会召开五届四次会员大会，总结2011年协会工作，研究部署2012年主要工作，增选理事和常务理事，举办"测绘与地理信息发展及数字城市建设"讲座。配合浙江省测绘与地理信息局开展测绘与地理信息市场信用体系建设，做好信用等级评定相关信息的收集和整理、建立信用档案、信用信息平台日常管理维护等工作，举办7期测绘与地理信息市场信用信息平台应用培训班，1000多人参加。举办注册测绘师考前辅导、房屋建筑面积测算质量管理培训、房产测绘上岗培训、地下管线探测技术学习培训等8期培训班，共900多人参加。组织会员赴内蒙古、新疆等省（区）开展学习考察交流活动。11月17日，举办浙江省第七届测绘职工业余篮球赛，17家测绘单位、180名选手参加。12月，结合市场信用体系建设开展评优活动，授予86家行业测绘单位"2011-2012年度协会工作先进单位"称号。

【浙江省测绘与地理信息学会】

3月28日，浙江省测绘学会在宁波召开九届六次常务理事会，对全年学术交流活动作出安排，调整了常务理事和理事人选，并正式更名为浙江省测绘与地理信息学会。6月20日～23日，主办第十四届华东六省一市测绘学会学术交流会，交流论文200多篇，评选出一等奖14篇、二等奖21篇、三等奖35篇。9月21日，召开2012年浙江省科协学术活动年会测绘与地理信息分会，组织会员围绕“数字城市建设及其为政府和民众服务”的主题展开学术讨论。12月6日，召开九届七次常务理事会，对1名副理事长和各专业委员会人选进行调整。组织开展浙江省优秀测绘与地理信息工程奖申报工作，评选出2012年度浙江省优秀测绘与地理信息工程一等奖8个、二等奖14个、三等奖23个。发展112名个人会员，批准7家单位（团体）会员。编辑、出版4期《浙江测绘》杂志，共发表论文106篇。

【浙江省测绘职工思想政治工作研究会】

5月11日，浙江省测绘职工思想政治工作研究会召开常务理事会，研究确定2012年政研课题，落实相关承担单位和人员，组织会员单位承担4项中国测绘职工思想政治工作研究会重点课题。10月，组织召开中国测绘职工思想政治工作研究会第一重点课题组研讨会，交流研讨了各省市承担的13个调研成果。联合省测绘与地理信息行业协会共同举办网上梅花摄影展，征集全省测绘与地理信息行业50多名摄影爱好者的200多幅作品，并筛选185幅优秀作品在网上展示。12月，浙江省测绘职工思想政治工作研究会被浙江省政研会授予“优秀政研会奖”。

安徽省

概况

2012年，安徽省深入贯彻党和国家关于测绘地理信息工作的方针政策，测绘地理信息工作取得了新进展。

基础测绘工作得到加强。安徽省建立稳定的基础测绘定期更新和投入机制，实现省级自主投入获取的航空航天影像与国家测绘项目完全共享。顺利推进现代测绘基准体系建设，与中国测绘科学研究院合作开展“安徽省GNSS CORS数据处理”项目研究，完成安徽GNSS站的2000国家大地坐标系成果解算工作。完成安徽省卫星定位综合服务系统省内9个参考站站址勘选和2个参考站安装调试，并于9月实现与江苏省站点的联网共享。

“三大平台”建设成效显著。数字城市建设方面，2012年，安徽省数字城市地理空间框架建设投入1100万元，已完成省内50%地级市的数字城市地理空间框架的建设工作，数字县区建设顺利启动。“天地图·安徽”建设方面，制作更新安徽省电子地图矢量和影像数据以及地名地址数据，整合节点资源，实现“天地图·安徽”省市级节点的互联互通；成功研发“天地图”省市级节点运行维护管理系统，加强对省、市级节点运行情况的安全监管。地理国情监测服务方面，启动“安徽省地理国情监测示范工程”和“无人机国土监察执法保障”2个地理国情监测项目并取得阶段性成果。利用低空航摄遥感等技术完成航飞及影像图制作2000多平方千米。

科技人才储备不断充实。大力支持科技创新，积极配备高端测绘设备。开发红色旅游、安徽省测量标志普查等应用示范系统，完成“天地图·安徽”手机版的开发并上线供公众下载使用，研制安徽省省级基础地理信息坐标转换软件并投入使用。重视人才培养，组织专业讲座和技能培训，积极推进科技交流合作。

测绘服务保障能力明显提高。继续做好基础测绘成果服务，制作长三角地区交通图相关专题图、安徽“两会”用图等，及时更新区划调整后的芜湖市、马鞍山市行政区划图，完成2012版《安徽省地图集》、《安徽省领导工作用图》更新制作。完成全省第二次土地调查和边远地区基础测绘工作。强化应急服务保障能力，利用无人机技术监测省内重点秸秆禁烧区域，全年组织17架次监测飞行，覆盖33个乡镇465个行政村，累计飞行监测面积554平方千米。深化成果开发利用，为“安徽省政务版地理信息公共服务平台”、“安徽省文物考古资料信息系统解决方案”、“淮河流域测绘应急保障系统解决方案”等多个项目提供技术设计方案。推进测绘地理信息合作共建，与江苏省测绘地理信息局就两省CORS共享合作达成协议。

重点工作推进

【数字城市建设】

数字合肥、数字黄山通过国家测绘地理信息局组织的成果验收，合肥市、黄山市被授予“全国数字城市建设示范市”称号；顺利完成马鞍山、六安2市地理信息公共平台建设工作；滁州、芜湖、淮南等市数字城市建设通过专家论证，全面启动建设工作。至2012年底，安徽省已有11个地级市开展数字城市地理空间框架建设，占全省全部地级市的69%，数字县区建设也已启动，数字城市地理空间框架建设投入专项资金1100万元。

8月，安徽省国土资源厅组织召开数字城市建设工作座谈会，明确基础数据生产、数据库建设和地理信息公共平台的主要内容及各类基础资料的来源，明确数字城市建设经费的筹措渠道，为安徽省“十二五”末全面完成数字城市建设工作奠定基础。

【“天地图·安徽”建设】

安徽省国土资源厅制作更新安徽省电子地图矢量、影像数据和地名地址数据。整合“天地图”国家级节点和“天地图·黄山”市级节点资源，实现国家、省、市在线数据的互联互通。改造并丰富安徽地图网的服务功能，开发“天地图”省、市级节点运行维护管理系统，实现对省、市级节点运行情况的安全监管，提高了网站访问速度和能力，实现不间断服务。

【地理国情监测】

安徽省国土资源厅组织安徽省测绘局开展皖江城市带承接转移示范区、皖北地区地理国情监测试点工作，下达地理国情监测示范工程专项经费100万元，启动“安徽省地理国情监测示范工程”和“无人机国土监察执法保障”2个地理国情监测项目，取得阶段性成果。利用低空航摄遥感等技术，开展安徽省违法用地定点监测，安徽省文物普查、水利普查，合肥市秸秆禁烧动态监测等多项工作，完成航飞及影像图制作2000多平方千米，受到各级政府和有关部门肯定。

法制建设和市场监管

【法制宣传】

安徽省国土资源厅围绕“庆祝《中华人民共和国测绘法》修订颁布10周年”的宣传主题，开展“8·29”测绘法宣传日和国家版图意识宣传教育等活动。全省各级测绘地理信息行政主管部门、各测绘单位通过展示宣传展板、发放宣传资料、媒体报道等多种形式进行宣传，增强测绘地理信息工作的影响力。

基础测绘

【基础测绘计划执行情况】

根据安徽省基础测绘“十二五”规划，全面实施1:1万基本比例尺地形图测绘更新工作，省级自主投入获取的航空航天影像与国家测绘项目实行完全共享，航空影像资料使用率达85%以上。建立稳定的基础测绘定期更新和投入机制，2012年的项目经费为2700万元，共完成DLG、DOM、DRG各1872幅。

【现代测绘基准体系建设】

安徽省启动GNSS连续运行基准站服务系统建设及大地控制网改造工作；积极参与国家现代基准工程建设，推进2000国家大地坐标系推广使用，开展省级成果转换工作；基本完成安徽省卫星定位综合服务系统建设，已向省气象局等单位提供50个站点的GPS观测数据，为38家测绘单位100多个流动站提供试运行服务，并于9月实现与江苏站的联网共享。

【质量管理】

安徽省测绘局编制印发《安徽省1:10000基础测绘地形图建库、成图一体化作业指导书（试行）》、《安徽省基础测绘图库一体化空间数据分层与属性》、《安徽省1:10000基础地理信息数据快速更新项目设计书》等规范性文件；制定《2012年安徽省测绘地理信息成果质量监督检查技术方案》，开展全省测绘地理信息成果质量监督检查，共抽查8个市，涉及46个项目，对存在问题的单位责令限时整改；完成测绘产品检验90多项，检定各类仪器3450台（套）。

地图管理与地图出版

【地图审查】

2012年，安徽省测绘局共审查38件地图报件（包括地图册和电子地图各2件）；加强互联网地图日常监管工作，共研判74家网站，发现45家网站存在“问题地图”，均在监督下作了整改。

【测绘资料管理】

安徽省测绘局完成阜阳、霍山等测区1:1万航测资料整理归档共80卷，扫描整理航摄底片24862张；正式启用安徽测绘成果档案管理信息系统，测绘成果档案管理和利用水平大幅提高。投入300万元，启动测绘档案异地备份工作。

【保密管理】

安徽省测绘局继续深化测绘地理信息成果保密检查活动，对所属各单位涉密设备设施、网络管理、保密宣传教育等工作进行重点抽查，严格整改落实；进一步深化测绘地理信息成果保密检查工作，不断扩大检查层面，有效维护国家安全利益；组织测绘地理信息行政管理人和测绘单位涉密人员参加涉密测绘成果业务管理培训，有效提高保密意识和保密水平；积极开展“三合一”保密技术防护系统的配备调试工作，确保技术监管工作落到实处。

【地图编制与出版】

安徽省测绘局制作完成《安徽省地图集》2012版、《安徽省领导工作用图》2012版及区划调整后的《芜湖市行政区划系列图》、《马鞍山行政区划系列图》等；编制《安徽省交通图》、《安徽省城区电网图集》、《合肥市地图》、《滁州市乡镇地名图集》、《黄山市行政区划图》、《安徽省滁河流域暨驷马山灌区水利工程图》等多种地图；启动安徽省“一县（市）一图”编制工作。为安徽省“两会”提供《安徽省地图》、《安徽省卫星影像图》、《合肥市地图》、《合肥市卫星影像图》等地图，制作长三角地区交通图及相关专题图供安徽省发改委、水利厅、交通厅使用。

测绘地理信息成果管理与应用

【基础测绘成果提供】

2012年，安徽省测绘局向国土、地矿、规划、水利、公安等多个行业部门提供各种比例尺地形图3841幅、大地点成果4582个、“4D”数据1435幅、航片扫描数据396片，主动为各级政府和有关部门规划、科学决策提供地理信息与技术支持。

【服务全省土地变更调查】

安徽省测绘局完成全省2011年土地利用变更调查数据库建库任务，制作打印了全省2011年土地变更调查外业底图；完成全省105个县（市、区）2011年统一试点土地变更数据库的变更、检查、库体维护和数据汇总上报工作。

【全省边远地区基础测绘工作】

安徽省测绘局完成金寨县基础测绘国家扶贫项目基础测绘等级控制网的布设及数据库建库；完成县城城区1:1万、1:5000、1:1000地形图测绘，并编印出版《金寨县地理信息图》。

【测绘地理信息应急保障服务】

安徽省测绘局做好长江、淮河汛期及皖南山区、大别山区等可能发生地质灾害地区的数据采集储备、灾情监测预警等准备，强化应急保障快速处置能力。全年组织17架次无人机空中监测飞行，对省内重点秸秆禁烧区域进行空中监测，覆盖33个乡镇465个行政村，累计飞行监测面积达到554平方千米，并制作高分辨率正射影像图，出具专业遥感监测报告，为政府部门提供决策依据。完成《凤阳县小岗村正射影像图》的制作任务，为当地新农村建设和现代农业规划提供基础地理信息保障服务。

【成果开发利用】

安徽省测绘局完成安徽省“林业一张图”数据库建设，制作覆盖全省105个县（市、区）的卫星影像地图；为“安徽省政务版地理信息公共服务平台”、“安徽省文物考古资料信息系统解决方案”、“淮河流域测绘应急保障系统解决方案”等多个项目提供技术设计方案。

【合作共建】

安徽省测绘局与江苏省测绘地理信息局就两省CORS共享合作达成协议，加强两省在省级测绘成果和地理信息资源方面的交流与协作；与中国测绘科学研究院签署战略合作协议，借助中国测绘科学研究院的技术优势，开展“安徽省GNSS CORS数据处理”项目，完成安徽GNSS站2000国家大地坐标系成果的解算工作。

科技创新与人才培养

【科技投入与创新】

安徽省测绘局充分利用局属各单位的资金积累，积极配备高分辨率影像快速处理系统、地理信息应急监测车和三维激光扫描仪等设备，提升应急测绘地理信息保障能力。通过整合在线地图和地名地址资源，开发红色旅游、安徽省测量标志普查等应用示范系统；完成“天地图·安徽”手机版的开发并上线供公众下载使用；完成“天地图·安徽”省级节点虚拟化群集部署工作；完成安徽省省级基础地理信息坐标转换软件研制工作，并正式投入使用。

【人才培养】

安徽省测绘局增选11人为局青年学术和技术带头人，2人被增选为国家测绘地理信息局青年学术和技术带头人及安徽省青年学术和技术带头人后备人；对获得“全国测绘地理信息技术能手”的技术人员给予表彰；与武汉大学遥感信息工程学院开办首期在职研究生班；继续开展测绘行业特有工种职业技能鉴定工作；面向社会公开招聘事业单位工作人员 9 人。

【合作交流】

安徽省测绘局与拓普康（北京）公司及美国拓普康定位系统公司的专家团开展技术交流，就 AHCORS 系统存在的一系列技术问题进行分析探讨，并提出可行性解决方案。组织人员参加测绘地理信息科技与生产管理高级培训班、第 22 届国际摄影测量与遥感大会、第 4 届国际数字地球大会等国际学术培训班（会议），推进科技交流与合作。

精神文明建设

安徽省测绘局召开“一先两优”评选表彰会，巩固创先争优活动成果；组织开展“保持党的纯洁性、迎接党的十八大”主题教育理论学习和全局主题党课报告会等活动，加强党性教育。制定印发《安徽省测绘局 2012 年党风廉政建设和防腐败工作实施意见》，严格党员干部的廉政教育和监督管理，加强机关作风和效能建设。

安徽省测绘局被省直精神文明委员会评为“省直机关文明单位”；参加中国测绘职工思想政治工作研究会活动，研究成果获三等奖；加强测绘地理信息宣传，完成中国测绘报社安徽记者站恢复建站工作；积极组队参加全国测绘地理信息系统第二届“天地图杯”羽毛球比赛、安徽省国土资源厅直属单位“国土杯”青年乒乓球、羽毛球比赛，举办老干部书画摄影展、迎新春联欢会等活动，丰富广大干部职工的文化生活。

地方社团工作

安徽省测绘学会增补 5 家单位为常务理事单位，9 家单位为理事单位。截至 2012 年底，团体会员单位共 186 家，会员近 2800 人。

参加华东六省一市测绘学会第十四次学术交流会，提交论文获一等奖 2 篇、二等奖 3 篇、三等奖 5 篇；组织召开安徽省国土资源厅科技奖励（测绘地理信息领域）评审会，共评出项目质量优秀奖 24 个、科技进步奖 8 个；组织参加 2012 年中国测绘学会优秀测绘工程奖评选，8 家单位获奖；举办“普及科技知识，展示测绘成果”科技周活动；《安徽测绘》杂志通过年检，全年编辑印刷 3 期，发行 3600 册。

福建省

概况

2012 年，福建省测绘地理信息局贯彻落实《福建省“十二五”基础测绘专项规划》和《促进福建科学发展跨越发展测绘保障服务合作协议》，加强基础地理信息数据获取与更新，加大地理信息成果的开发应用，主动服务全省“五大战役”（重点项目建设战役、新增长区域发展战役、城市建设战役、小城镇改革发展战役、民生工程战役）建设，为平潭综合实验区、厦门深化两岸交流综合配套改革、泉州市金融服务主体经济综合改革、福建省海洋蓝色经济发展、莆田城乡一体化、武夷新区及旅游强省建设等提供测绘地理信息。

福建省测绘地理信息工作得到福建省委、省政府的高度重视，省长苏树林、副省长洪捷序各听取测绘地理信息工作汇报 2 次。2012 年省级基础测绘经费大幅增长，由 2011 年的 3000 万增长到 4000 万，2013 年基础测绘经费预算达 5772 万元。福建省政府印发《福建省主体功能区规划》，要求测绘地理信息部门为省级主体功能区规划实施提供基础地理信息数据，为国土空间动态监管系统提供空间数据支撑。2012 年，福建省村庄规划地形图测绘项目全面完成，九个设区市及平潭综合实验区数字城市建设全部启动，福建省地理信息公共服务平台正式开通运行，“天地图·福建”与国家“天地图”主节点互联互通，全省卫星遥感影像资料实现统一采购和分发服务，测绘地理信息工作统一监管更加有力，科技创新取得新突破，文明单位建设再上新水平。

重点工作推进

【机构建设】

福建省测绘地理信息局大力推进市、县加挂测绘地理信息局牌子工作。福州市国土资源局测绘分局加挂“福州市测绘地理信息办公室”牌子；厦门市国土资源与房产管理局科技测绘管理处更名为科技测绘与信息化处并加挂“厦门市测绘地理信息办公室”牌子；莆田市国土资源局测绘信息科加挂“莆田市测绘地理信息办公室”牌子；南平市国土资源局测绘管理处加挂“南平市测绘地理信息办公室”牌子，南平市武夷新区成立国土资源与地理信息管理中心正科级事业单位。三明市国土资源局增设测绘地理信息科，并加挂“三明市测绘地理信息局”牌子；龙岩市国土资源局地籍与测绘管理科加挂“龙岩市测绘地理信息局”牌子，并于 8 月 29 日举行揭牌仪式。

【数字城市建设】

福建省 9 个设区市及平潭综合实验区全部纳入国家测绘地理信息局“数字城市地理空间框架建设”试点城市或推广计划城市。数字莆田地理信息成果实现与人防、防汛抗旱指挥、120 急救指挥调度等专题应用信息系统的有效整合，实现空间信息系统的广泛应用。10 月 23 日，数字泉州项目成果通过验收，泉州市被国家测绘地理信息局授予“全国数字城市建设示范市”称号，成果在公安警用、应急指挥、房产管理、国土管理及公众服务等领域广泛应用，取得良好的经济效益和社会效益。福州市被列为全国数字城市地理空间框架建设试点城市，签订了数字福州建设项目协议书。南平、三明、龙岩、漳州、厦门、宁德及平潭综合实验区先后启动数字城市地理空间框架项目建设。

4 月 18 日，福建省测绘地理信息局在泉州召开数字县城建设工作会议，要求各设区市推动有条件的县开展数字县城建设，确立数字县城建设先易后难的原则，由福建省测绘地理信息局负责数字县城的立项组织管理。福建省测绘地理信息局批复永定县、永春县、晋江市开展数字县城建设。11 月 6 日，数字永定项目设计书评审，并签订省、市、县项目共建协议书，标志着福建省首个数字县城建设项目正式启动。

【“天地图·福建”建设】

福建省基础地理信息中心利用 SPOT5 高分辨率影像数据，对公共地理框架数据进行 2 次更新，收集 40 多万个兴趣点，对福建省地理信息公共服务平台系统进行升级和功能扩展。3 月，该平台作为数字福建项目之一，由福建省省长苏树林开通运行。福建省地理信息公共服务平台部署到福建省政府政务外网云计算机平台，为福建省地理信息公共服务平台运行提供更加稳定的支撑环境。5 月，“天地图·福建”接入“天地图”国家主节点，并与“天地图·莆田”、“天地图·泉州”、“天地图·平潭”互联互通，实现国家、省、市、县数据互联互通和协同服务。

【地理国情监测】

福建省测绘地理信息局贯彻习近平总书记 2011 年底、2012 年初 2 次对福建长汀县水土流失治理重要批示精神，结合福建生态省建设，无偿向福建省水土办及全省水土流失严重的 22 个县（市）提供最新省级测绘成果，制作长汀 1:1 万影像图 136 幅、1:5000 影像图 435 幅。以福建省长汀县水土流失监测管理三维地理信息系统项目为重点，收集整理长汀及其他重点水土流失治理县的数据和资料，完成三维展示地理信息系统的设计和开发，在省水土保持试验站和长汀县水土保持办部署应用，使用效果良好。“应用地理信息技术，监测管理水土流失”计策被评为“学习长汀经验，推进生态省建设”的十佳计策之一。福建省基础地理信息中心成立国情监测与遥感部，编制《福建省地理核心要素动态监测机制》，福建省制图院编制《福建省地理国（省）情监测总体设计方案》、《福建省地理省情监测本底数据库建设方案》。

法制建设与市场监管

【法制建设】

福建省测绘地理信息局拟订《福建省测绘地理信息开发利用暂行管理规定》，修订完善《福建省测绘资质管理规定》、《福建省测绘资质审批程序规定》、《福建省测绘作业证管理规定》、《福建省测绘作业证核发程序规定》和《福建省测绘地理信息局科技创新管理办法》等制度。修订、公布行政执法主体和职权分解及执法依据，明确各级测绘地理信息行政执法主体及法定执法职权，制定福建省测绘地理信息行政处罚自由裁量权标准及实施办法。

【依法行政】

福建省测绘地理信息局开展新一轮省级测绘行政

审批项目的清理工作，按要求核减行政审批1项，下放或部分下放审批权限2项。根据福建省《行政审批事项办理指南编排格式》，对保留的8项行政审批事项逐项制定行政审批服务标准。开展全省测绘地理信息行政处罚案卷评查工作，成立福建省测绘地理信息行政处罚案卷评查工作组，部署全省案卷评查工作，向国家测绘地理信息局推荐行政处罚案卷6件，1件被评为全国测绘地理信息系统优秀行政处罚案卷。

【网上执法平台】

按照福建省监察厅、省发展和改革委、省法制办公室的部署，建成福建省测绘地理信息局网上行政执法平台。该平台依托省政务内网、外网及数字福建资源，以测绘地理信息行政处罚为重点，兼顾其它行政行为，构建省级一体化的测绘地理信息行政执法网上运行机制，实现省级测绘地理信息行政审批、行政处罚网上运行和处理。

【资质管理】

福建省测绘地理信息局对5家申请甲级资质及变更业务范围的单位进行初审，其中4家经国家测绘地理信息局审批通过；受理、审查31家乙级及其以下资质单位测绘资质申请，审批通过3家乙级、16家丙级和12家丁级单位的测绘资质申请；受理并审批测绘资质单位名称、地址、法定代表人、业务范围变更申请事项72项。截至2012年底，全省有测绘资质单位404家，其中，甲级21家、乙级49家、丙级135家、丁级199家。

【法制宣传】

福建省测绘地理信息局召开福建省庆祝《中华人民共和国测绘法》修订颁布10周年座谈会，举办“华测杯”测绘地理信息法律法规知识网络竞赛活动，近2000人参赛。在“8·29”测绘法宣传日当天，福建省测绘地理信息局与福州市国土资源局、福州市主要测绘地理信息单位联合设点，摆放宣传展板，接受公众咨询，发放宣传材料2万多份，发送手机短信10万多条，并在《福建日报》、《海峡资源报》发表专题文章。泉州市政府举办测绘法修订颁布10周年的座谈会，常务副市长尤猛军参加座谈会并讲话。

基础测绘

【经费投入】

2012年福建省级基础测绘经费4000万元，比2011年增加1000万元。福建省政府另外安排专项经费1.5亿元，用于全省村庄规划地形图测绘项目。在省委、省政府的支持下，2013年省级基础测绘经费预算达5772万元，比2012年增长43%。《关于福建省2011年预算执行情况及2012年预算草案的报告》中，基础测绘首次列入2012年省财政预算草案。

【省级基础测绘建设】

福建省连续运行卫星定位服务系统（FJCORS）建成并投入使用，共有71个连续运行卫星定位服务参考站接入系统控制中心，150多家单位、550个用户登记使用。福建省测绘地理信息局组织完成全省大地水准面二次精化和全省1:1万基础数据转换。福建省测绘院完成国家“927”工程3个卫星定位连续运行站的建造、安装、观测和国家现代测绘基准体系一期工程在福建的7个全球卫星导航系统站点土地征用和施工图设计。

福建省测绘地理信息局组织完成全省1:1万数字线划图1980西安坐标系向2000国家大地坐标系转换和全省1:1万数字线划图一代数据向二代数据的转换，更新全省1:1万地形图重要要素4500幅。审批9项航空摄影申请，涉及南安、晋江等13个地区。配置国家地理信息应急监测车，使用无人机航摄飞行17架次，航摄古田县城、福平高铁、闽清东桥镇等地面积202.5平方千米。

【市县基础测绘建设】

福州市落实“大福州”基础测绘项目资金3880万元，开展包括福清、长乐、连江、闽侯在内7230平方千米区域大都市区基础测绘工作。泉州市完成城市总体规划区2980平方千米测量控制网改造和扩充建设，惠安县完成辖区内城镇区及乡村341.7平方千米1:1000数字化地形测绘。漳州市完成现代测绘基准框架体系基础控制网建设。莆田市开展沿海45平方千米1:500数字地形图修补测。三明市落实基础测绘经费1100万元，完成“沙县－三明－永安”生态工贸区1025平方千米0.2米分辨率航测及永安、建宁、沙县、大田、清流、明溪等9个县（市）的数字地形图修补测工作。南平市完成规划区内240平方千米1:1000、1:2000航测成图和武夷新区78.5平方千米1:1000地形图测绘。邵武市完成200平方千米1:1000航测成图。武夷山市完成36平方千米1:1000地形图测绘。龙岩市完成城市规划区118平方千米现状地形图修补测工作。宁德市基本建成现代测绘基准体系，完成环三都澳区域2500平方千米的航飞。

【全省村庄规划地形图测绘】

年内，福建省测绘地理信息局完成全省村庄规划地形图测绘二期施测村庄2288个，涉及9个设区市、53个县（市、区）。在全国省级测绘地理信息行政主管部门贯彻落实科学发展观测绘地理信息工作考评中，福建省测绘地理信息局因新农村测图工作表现突出，被国家测绘地理信息局评为“2012年度特色工作创新单位”。

8月，全省村庄规划地形图测绘项目全面完成。该项目共规划4178个村庄，面积3399.4平方千米，实际施测4455个村庄，面积3632.5平方千米。福建省测绘地理信息局共组织12家国土、建设测绘资质单位的1560多人，投入530台全站仪、580台电脑、205台差分GPS接收机、78辆机动车参与项目施测，产品验收合格率100%、优良率达42.4%。

【质量监督】

福建省测绘地理信息局组织做好基础测绘成果检查和验收工作，主要包括1:1万比例尺数字线划图更新项目、1:5000数字线划图测绘项目、“六江两溪”高精度数字高程模型项目、海洋基础测绘建设项目等。

完成市场委托测绘产品检验163项，主要包括闽江口数字高程模型精度检测项目、武夷新区1:1000数字化地形图测绘项目、厦门1:500全野外数字化测图项目等。

【计量检定】

福建省测绘产品质量监督检验站共检定各类仪器4472台（把），其中全站仪1350台、GPS接收机911台套、经纬仪208台、水准仪1135台、手持式激光测距仪789台、钢卷尺79把。

【测量标志保护】

福建省测绘地理信息局审批2件测量标志拆建申请。莆田、龙岩市完成测量标志普查，泉州市完成城市规划区2980平方千米范围GPS控制点和二等水准点276座测量标志委托保管。漳州市进行测量标志保护实地勘察巡检，到龙海、平和、长泰、芗城、华安等县（市、区）实地勘察各类各等级测量标志26个。

地图管理与地图出版

【地图审核】

福建省测绘地理信息局审核地图84件，比2011年减少38%。其中，数字地图和地理信息平台5项，案件地图2幅，纸质地图77幅。

【地图市场监管】

福建省测绘地理信息局开展全省地图市场专项检查治理工作，对在福建举办的“4·21”住交会、“4·28”车展、“5·18”两岸经贸交易会、“6·18”中国·海峡项目成果交易会、第十四届中国（泉州）国际鞋业博览会、第十五届海峡两岸纺织服装博览会、全国糖酒展览会等7项大中型会展进行展前检查，有效遏制“问题地图”在市场上传播。立案查处厦门视嘉工贸有限公司等4宗违法进出口“问题地图”产品案，依法没收“问题地图”产品4624件，涉案价值26.4万元。会同省国家安全部门对厦门太古可口可乐有限公司涉外非法测绘案联合开展全面调查，协助国家测绘地理信息局、国家安全部、公安部、工信部、总参测绘导航局等部门调查厦门雅信网络股份有限公司涉嫌地理信息数据泄密案。

【地图公共服务】

福建省委办公厅、省政府办公厅、省人大常委会办公厅、省政协办公厅分别致函福建省测绘地理信息局，肯定、表扬福建省测绘地理信息局近年来高效、及时的地图保障服务工作。全年，福建省测绘地理信息局为各级政府提供领导工作用图等各类地图5000多册（幅）。服务全省产业发展规划，编制《海峡西岸经济区区域图》、《平潭综合实验区总体规划图》、《福建省重点区域产业发展方向图》、《福建省重点产业集群（基地）发展图》等30多种地图；为省领导海洋调研编制《福建省海域图》、《闽江口－黄岐半岛海域遥感图》；为旅游部门编制《幸福福建》、《福建省旅游导览图》；为国土资源部门编制《福建省土地利用及整治现状图》、《福建省地质灾害分布图》、《福建省矿产资源勘察开采现状图》和《福建省基本农田与开发整理分布图》；编制《莆田市行政区划地图集》，《莆田市县乡两级界线界桩图册》，同安、延平、安溪、德化等地行政区划图和《延平区地名导向图》。利用数据库高效出图，20天内完成《福建省普通国省干线公路网布局规划》“八纵十一横十五联”路线图153幅。策划编制《厦漳泉大都市区地图》和《平潭综合实验区交通旅游图》等地图。

【国家版图意识宣传教育】

福建省测绘地理信息局印发福建省国家版图意识宣传教育工作要点，部署2012年国家版图意识宣传教育活动。会同福建省教育厅下发《关于开展国家版图意识“三进”活动与“中图杯——全国少儿手绘地图大赛”的通知》，在中小学校、社区开展“中国版图知识”、“中国地图的正确标示”等国家版图意识宣传活动，全省10万多名中小学生参加“进学校、进社区、进媒体”活动，1万多名中小学生参加全国少儿手绘地图大赛。

测绘地理信息成果管理与应用

【卫星遥感影像资料统一管理】

福建省政府办公厅印发《关于加强全省卫星遥感影像统一管理的通知》，规定福建省测绘地理信息局负责全省卫星遥感影像资料集中采购和分发管理工作，定期向社会公开发布已采购的卫星遥感影像资料目录、元数据，省直有关部门、单位和市、县（区）政府实施公益性、财政性投资项目和防灾、减灾、国防建设、国家安全等公共利益需使用卫星遥感影像资料时，凭相关证明和材料，实行无偿提供使用。

【共建共享】

福建省基础地理信息中心与省交通运输厅签订合作协议，省交通运输平台以地理信息公共服务平台为底层支撑地图服务，省基础地理信息中心定期更新平台数据。与省国土资源厅信息中心签订合作协议，以省基础地理信息公共服务平台地图服务为支撑，叠加国土专题数据，形成国土一张图，服务国土资源建设。

【成果汇交】

福建省测绘地理信息中心接收模拟档案地形图1766幅、320本，图例簿735本，调绘片594幅、控制片407张，航片资料6193片。全年接收数字地图13080幅、航片数据12174片、卫星影像108景、大地点数据915点，共9.3TB。

漳州市政府办公室出台《漳州市测绘成果汇交实施方案》，将汇交测绘成果作为测绘资质年度注册、资质升级、增加业务范围、测绘成果质量监督检查的重要考核内容。

【成果分发服务】

福建省测绘地理信息中心向全省340家单位提供各类测绘成果860次、分发服务2500多人次，签订数据使用协议303份，提供成果分发51503幅（点）、影像数据35278幅（片），共17TB。提供系列比例尺地形图6229幅、“4D”数字成果41252幅。

福建省测绘地理信息中心无偿向省政府各部门和重点工程提供基础测绘成果34533幅，为福建农村集体土地所有权确权提供63个县1:5000及1:1万数据7372幅；为福建省水利综合治理工程提供测绘成果3619幅；为福建省地质灾害评估及矿山测量提供地形图853幅；为交通规划和建设提供各类比例尺数据4116幅；为福建省地震监测预报、震灾预防和应急救援提供地形图518幅。

【成果开发应用】

福建省测绘地理信息局推进“天地图·福建”成果的应用，分别联合省数字福建建设领导小组办公室和省信息化局召开面向政府和企事业单位的应用推介会，推进“天地图·福建”成果在政府及企事业单位的广泛应用。开发福建省无障碍爱心地图服务系统，为残疾人、老龄人出行提供地图导向、位置播报，得到中央电视台、新华社、福建日报社、福建省电视台等多家媒体跟踪报道。开发安溪三维地理信息系统、省地震灾情实时监控系统、省气象台地理信息离线服务平台系统、地理国情变化监测系统、自然资源与基础地理空间数据库展示系统等20多套专题应用系统。

【应急保障服务】

福建省测绘地理信息局装备国家地理信息应急监测车。7月11日，国家地理信息应急监测车在福州举行交接仪式，现场进行应急演练，测绘无人机在不同高度平稳飞行，快速获取不同比例尺的数据。福建省制图院研发应急保障出图系统，实现2小时快速出图。

科技与国际合作

【科技创新】

福建省测绘地理信息局与福建省5家单位合作，参与承担国家“863”计划项目“导航与位置服务系统关键技术及应用示范（一期）”支撑课题——“海峡西岸公共安全应急指挥与位置服务系统及应用示范”的研究。福建省基础地理信息中心与厦门精图信息技术股份有限公司联合向国家发展和改革委、财政部申请“天地一体卫星技术城市管理综合应用服务示范”为国家战略性新兴产业发展专项资金计划，并获得批复，项目资助经费达2600万元。省基础地理信息中心完成国家测绘地理信息局2011年科技项目“基于天地图位置服务的应用”，承担2011年~2012年省科技重点项目“省级地理信息共享服务技术研究”。

“福建省地理信息公共服务平台”获2012年中国地理信息科技进步奖三等奖，“福建省海洋灾害监测及预警预报系统基础建设之沿海重点岸段测量”获2012年中国测绘学会优秀测绘工程奖金奖，“福建省海洋三维可视化管理系统”获2012年中国地理信息产业优秀工程奖铜奖，“数字莆田地理信息公共服务平台”项目获福建省科技进步奖三等奖，《福建省土地开发整理影像图集》获2012年中国测绘学会优秀地图作品裴秀奖铜奖，厦门雅迅网络股份有限公司的承担的“3G行业信息化应用移动终端”项目获2012年卫星导航定位科技进步奖三等奖。

【合作交流】

福建省基础地理信息中心与福建师范大学、福建省水土流失保持试验站合作开展“平潭水土流失监测预报研究”；与黑龙江、重庆、山西省合作开展“基于天地图的位置服务应用”；与福州大学合作开展“海峡西岸公共安全应急指挥与位置服务系统及应用示范”。福建省测绘地理信息局与武汉大学签订战略合作协议；与四川测绘地理信息局开展战略合作；与福建师范大学签订战略合作协议，联合成立海西地理国情动态监测与应急保障工程研究中心。

【闽台测绘技术交流】

4月23日，福建省测绘学会和台湾省测量技师公会在福州联合举办以“地理信息与智能管理”为主题的2012年闽台测绘技术交流研讨会，就地理信息公共服务体系建设、城乡建设测绘问题、地震灾情预警与监测等进行交流。中国工程院院士李建成应邀作《中国GNSS服务发展的思考与展望》主题报告，大会收到两岸学术论文150多篇，并出版《2012年闽台测绘技术交流研讨会论文集》。

精神文明建设

【党的建设】

9月，福建省测绘地理信息局召开贯彻落实廉政风险防控工作推进会，明确以岗位为点、以程序为线、以制度为面的廉政风险防控机制，全局各级领导班子和领导干部要履行“一岗双责”。开展“联系基层、学习基层、服务基层”和“下基层、解民忧、办实事、促发展”活动，全年共有44名党员干部下基层调研。

【文化建设】

福建省测绘地理信息局组织参加全国测绘地理信息系统第二届“天地图杯”羽毛球比赛，获道德风尚奖。参加省直机关第三届合唱节活动，获铜奖。成立10个兴趣小组，举办首届全民健身运动会。参加省直机关第三届全民健身运动会，获体育道德风尚奖和优秀组织奖。参与福州创建全国文明城市建设活动，被福州市委表彰为福州市创建全国文明城市工作先进单位。福建省测绘院、福建省制图院、福建省测绘产品质量监督检验站3个单位被评为省直机关文明单位。

“海量三维建筑模型数据组织处理技术研究”、“基于skyline的福建省三维地理公共平台的研究”分获第十届福建省自然科学优秀学术论文二、三等奖。编制出版《2001–2011福建省测绘地理信息科技成果汇编》，收集2001年~2011年全省测绘地理信息行业获得的中国测绘学会测绘科技进步奖9项，中国地理信息科技进步奖2项，福建省科学技术奖6项，中国测绘学会优秀测绘工程奖、优秀地图作品裴秀奖、中国地理信息产业优秀工程奖等25项。

【人才队伍建设】

福建省测绘地理信息局组织干部职工参加行政强制法培训教育，举办3期全省测绘行业继续教育培训班，共1135人参加。举办2期职业技能鉴定考核培训班，164人参加，149人取得证书。协助福建省公务员局做好注册测绘师资格考试，2012年全省共有65人获得注册测绘师资格。省基础地理信息信息中心肖志华获第四届全国测绘地理信息技术能手称号。

地方社团工作

福建省测绘学会积极开展学术交流、科学普及和科技创新活动，维护会员单位权益，协助规范地理信息市场秩序，获2012年“省级学会之星”称号。福建省测绘学会、福建省测绘与地理信息协会联合闽江学院、北京超图软件股份有限公司举办首届福建省大学生GIS技能大赛，全省20多所高校200多名学生参加。3月23日，福建省测绘学会、省测绘与地理信息协会分别召开七届五次理事会、三届五次理事会，传达全国测绘地理信息局长会议精神，总结2011年工作情况，布置2012年主要会议和重点活动项目。福建省测绘学会组织16家测绘地理信息单位和民营企业参加第十届“6·18”中国·海峡项目成果交易会成果、产品展览。

江西省

概况

2012年，江西省测绘地理信息系统围绕省委省政府中心工作，各方面工作取得显著成效。省政府批准投入1.56亿元用于加强省级地理信息公共服务能力建设，印发实施《江西省地理信息服务体系建设“十二五”规划》。江西省测绘地理信息局举行主题为“五彩缤纷献厚礼，金秋时节谱华章”的大型系列活动，以省地理信息公共服务平台启动等5项工作新成效向党的十八大献礼。数字城市建设、地理国情监测、“天地图·江西”等重点工作取得显著成绩。全省测绘地理信息系统积极拓展服务面，走出了一条“一业为主，多种经营”的发展新路，经济实力明显上升。2012年全省测绘地理信息行业服务总值7.8亿元，较2011年增长1.4亿元。省测绘地理信息局系统完成生产服务总值1.08亿元，比2011年增长46%，对外签订合同数额2.45亿元。在获“全国文明单位”称号的基础上，江西省测绘地理信息局获得省级文明单位两连冠、省直创先争优先进单位等多项荣誉，受到省委、省政府、国家测绘地理信息局领导的肯定。

重点工作推进

【数字城市建设】

江西省11个设区市已全部开展数字城市建设工作，其中5个列为国家试点城市，3个市的数字城市建设项目通过国家级验收，宜春市被授予“全国数字城市建设示范市”称号。县级市数字井冈山试点建设正全力推进，婺源县的数字城市地理空间框架建设工作已经启动。吉安县、吉水县、泰和县等县、市（县、区）正在积极申报县级数字城市建设。

【“天地图·江西”建设】

“天地图·江西”是全国第二个与国家主节点实现互联互通的省级节点，已建成红色地图、泛珠合作、招商服务等5个应用示范项目，与环保、水利、应急、林业、旅游、国土、交通等省直10多家单位达成合作开发意向，在各行业逐步推广应用。

【地理国情监测】

江西省测绘地理信息局组织完成鄱阳湖生态经济区核心区的地理国情监测，对鄱阳湖生态经济区基础地理测量，全面掌握该地区基础地理信息数据、专题信息数据，建成鄱阳湖基础地理信息管理系统。开展南昌市地表沉降观测、全省基本地理国情普查、县（市、区）城区面积变化监测等9个地理国情监测项目。对百姓关心的地表沉降、地质灾害隐患等热点实行动态监测，及时发布监测报告，在防灾救灾、社会服务等方面发挥重要作用。

【地理信息产业】

江西省政府印发实施《江西省地理信息服务体系建设“十二五”规划》，是全省“十二五”规划体系中的重大单项规划。江西省测绘地理信息局编制完成《江西省促进地理信息产业发展规划（2013-2020年）》，省测绘地理信息创新基地主体工程封顶。

法制建设与市场监管

【立法工作】

江西省政府法制办公室将《江西省测绘管理条例（修订）》、《〈中华人民共和国地图管理条例〉实施办法》、《江西省测绘质量管理办法》和《〈中华人民共和国测量标志管理条例〉实施办法》正式列入省政府“十二五”立法规划规章项目库。江西省测绘地理信息局拟订《江西省地理信息公共服务管理办法》、《江西省测绘地理信息质量管理办法》，待省政府批准印发实施。

【依法行政】

江西省测绘地理信息局全面清理各项测绘地理信息行政执法内容规范，明确执法依据48件，负责实施的行政许可事项10项，非行政许可事项1项，行政处罚事项51项，行政监督检查事项11项，行政征收事项3项，行政奖励事项3项，其他行政职权42项。

【行政执法】

江西省测绘地理信息局与省人大环资委联合开展《江西省测绘管理条例》执法调研，先后赴鹰潭市、上饶市召开座谈会，并深入贵溪市、广丰县实地查看永久性测量标志保护情况。组织开展互联网地图、地图市场、测绘成果质量、测绘成果保密等专项检查，对江西省林业调查规划研究院涉嫌非法复制转让涉密测绘成果行为、省煤田地质局测绘大队未取得空域批准擅自开展低空航空摄影、南昌赣测地图制作有限公司涉嫌无资质从事测绘等违法违规测绘活动进行了查处。

【资质管理】

江西省测绘地理信息局认真做好测绘资质复审换证工作，在局门户网站进行了公告，参加年度注册的单位 382 家，其中 53 家缓期注册。全年完成 41 家单位的测绘资质审批。

【法制宣传】

江西省测绘地理信息局制定印发《江西省测绘地理信息局 2012 年普法教育工作要点》，加强国家基本法律知识、全省重点普及法律法规和新颁布新修订的重要法律法规的学习宣传，不断深化“法律六进”活动。在宜春市举行“8・29”测绘法宣传日江西主场活动，全省各市、县共悬挂宣传横幅 850 多条，设置宣传展板 200 多块，发放宣传资料 6 万多份，接受咨询 4200 人次，发送宣传短信 60 多万条。

基础测绘

【基础测绘经费】

江西省测绘地理信息局全年共落实基础测绘项目经费 1839 万元，保证了省级测绘项目的有效实施和年度计划的顺利完成。

【专项经费】

江西省政府批准投入 1.56 亿元用于加强省级地理信息公共服务能力建设，内容包括省测绘地理信息创新基地建设、测绘高新技术装备建设等七大重点项目。资金分三年到位，2012 年 8000 万元已全部到位。

【测绘基准管理】

江西省 GPS 基准站网监测系统（简称 JXCORS）运行稳定，维护良好，受到用户一致好评，共有入网用户 242 个，开展了对原精化大地水准面优化的工作。

【基础航空摄影与卫星影像获取】

江西省测绘地理信息局安排 2909 万元用于获取 0.2 米分辨率航空影像，并利用无人机对全省 81 个县（市、区）进行城市建成区低空摄影，获取高分辨率影像，制作 1:2000 正射影像图。

【基础地理信息数据库建设与更新】

江西省测绘地理信息局结合江西省农村集体土地确权登记发证调查工作，更新 4.97 万平方千米的影像数据和 1:1 万建库数据 639 幅，完成 778 幅 1:1 万数据库改造整合工作。

地图管理与地图出版

【地图管理】

江西省测绘地理信息局全年共审查 48 批次的纸质地图和 4 批次电子地图。

【国家版图意识宣传教育】

江西省测绘地理信息局联合 12 个省直部门开展国家版图意识宣传教育“进学校、进社区、进媒体”活动、组织参加“中图杯——全国少儿手绘地图大赛”和“祖国在心中——全国国家版图知识竞赛”活动，全省共收集全国国家版图知识竞赛答题（含网络答题）35699 多份，少儿手绘地图大赛作品近 400 幅。江西省获奖情况综合排名全国第五，选送的一幅少儿手绘地图获全国一等奖。

【地图服务】

江西省测绘地理信息局连夜赶制省政府对口援疆建设急需图件，获得省领导肯定。编制了反映南昌核心增长极、九江沿江产业带、昌九工业走廊等专题要素的江西省地图，在省领导赴香港招商引资过程中发挥重要作用。为省级党政机关搬迁置换筹建指挥部制作《红角洲区域影像图》、《省级党政机关搬迁置换选址图》、《卧龙山核心区域影像图》、《江西省地图》（1:75 万等高线版）；出版了《江西省地图册》（精装、软装）、《江西省公路图》、《全省贫困县示意图》等。

测绘地理信息成果管理与应用

【成果提供】

江西省测绘地理信息局全年提供地形图 10542 张，“4D”产品 7042 幅，各类测绘基准成果 8992 点，航摄成果资料 25354 片。

【成果档案管理与成果汇交】

江西省测绘地理信息局制定《江西省测绘成果

及资料档案和保密管理考核办法》，健全完善了各项档案管理制度。投入350万元完成测绘成果分发服务系统建设。收到12家单位汇交的测绘成果目录108项、副本25项，在省测绘地理信息局政府网站公布。

【应急保障】

江西省测绘地理信息局制定应急保障方案和应急保障工作流程，组建测绘应急快速反应队伍，与省应急办联合制定了应急演练方案。添置无人飞机、测绘应急采集车等高新测绘技术装备，加强了应急测绘能力。

【保障服务】

江西省测绘地理信息局积极服务赣南等原中央苏区振兴国家战略，为省政府决策、规划提供了大量图件，制作了涵盖54个县的区域地图。编制了一系列专题地图，并免费赠送相关单位。

制作了鄱阳湖重点区域综合治理信息平台，该平台整合综合治理鄱阳湖重点区域十大类型隐患事件，建立综合治理信息基础数据库，以GIS、多媒体、动漫、数据库技术为支撑，直观快捷的反映鄱阳湖区域全面综合治理情况，发挥信息预警作用，提高打击和防控犯罪的作战能力，受到省领导肯定。

科技与国际合作

【科技创新】

江西省测绘地理信息局着力打造产学研用发展平台，联合东华理工大学、井冈山大学（共建单位同济大学）等相关高校申报全国首个资源生态环境监测实验室。2012年拨付50万元用于科技推先与科技创新项目实施，局属单位相应配套50万元，10项科技推先与科技创新项目立项。

【人才队伍建设】

江西省测绘地理信息局大力实施青年学术技术带头人培养计划等一系列人才培养工程，遴选出3名科技领军人才，2012年全省通过注册测绘师资格考试55人，进一步发展壮大了测绘地理信息专业技术和高技能人才队伍。

【国际合作】

江西省测绘地理信息局积极开展和参与国际合作与交流，选派5人赴美国、加拿大，1人赴澳大利亚进行交流考察。省测绘行业协会组团11人赴台进行测绘技术考察交流。与印度尼西亚吉星矿业公司商谈了印尼SELUMA海沙磁铁矿资源开发和金多金属矿合作勘查等项目，与尼日利亚相关公司洽谈了合作勘查项目，与加拿大远山矿业有限公司洽谈了合作收购或参股矿业公司。

精神文明建设

【党建工作】

江西省测绘地理信息局通过中心组学习、召开干部职工大会等形式认真学习贯彻党的十八大精神，积极开展基层组织建设年和“访民情、办实事、转作风、作表率”主题教育活动，开展争创“五带头”优秀党员、“五个好”先进党支部、“五型”机关活动，巩固创先争优成果，深化创先争优内涵。

【党风廉政建设】

江西省测绘地理信息局成立干部作风整治领导小组，下发《江西省测绘地理信息局〈关于开展集中整治影响发展环境的干部作风突出问题活动实施方案〉的通知》。进行新一轮的风险岗位排查工作，7项行政审批业务流程实现了程序化、标准化和规范化管理，并全部纳入电子监察系统监控范围，实现网上实时动态监控。

【文化建设】

江西省测绘地理信息局围绕纪念建党91周年开展一系列庆祝活动。在全省第四届全民健身运动会暨省直机关登山比赛中，6人分获二、三等奖；组织干部职工无偿献血；组织团员青年和干部职工到社区开展志愿者活动和“四进”社区活动。省测绘地理信息局被评为第十三届省级文明单位、第九届省直文明单位、全省社会管理综合治理目标管理先进单位，获省直创先争优先进单位、省直机关党的工作优秀单位等称号。

地方社团工作

江西省测绘与地理信息行业协会制定了《江西省测绘地理信息行业公约》，出台了农村集体土地确权登记测量指导价格。加强与省二调办的密切联系，对农村集体土地确权登记测绘质量进行跟踪管理，规范测绘单位的市场竞争行为。

江西省测绘学会组织召开地理国情监测学术报告会、农村集体土地确权登记发证研讨会。开展全省优秀测绘工程评选活动，评出一等奖6个、二等奖9个、三等奖15个。

山东省

概况

2012年，山东省测绘地理信息工作以“服务大局、服务社会、服务民生”为宗旨，全面实施“十二五”基础测绘规划，积极推进依法行政，着力提高测绘地理信息保障服务能力，各项工作顺利开展。

领导重视和管理体制机制进一步得到提升和加强。全省国土资源工作会议和全省测绘地理信息工作座谈会学习传达了全国测绘地理信息局长会议精神，部署2012年测绘地理信息重点工作。向省政府报送《关于2011年度省级基础测绘成果提供应用服务情况的报告》，利用省人大常委会全体成员汇报国土资源工作和省长姜大明、省纪委书记李法泉、副省长才利民、副省长夏耕等省领导到山东省国土资源厅检查指导的机会汇报测绘地理信息重点工作，得到好评。副省长才利民对基础地理信息数据库资料收集工作做出专门批示。副省长夏耕赴中国测绘创新基地考察，并会见国家测绘地理信息局局长徐德明。健全符合山东实际的测绘地理信息管理体制，全省17个设区市和140个县（市、区）都有明确的测绘地理信息管理机构，设立了测绘地理信息管理科室，配备了专（兼）职管理人员，做到有机构管事、有人做事。8个设区市设立了测绘局、测绘地理信息局或地理信息局，其中3个市任命了专门负责测绘地理信息工作的局长或副局长。临沂、东营等设区市所辖县（市、区）全部加挂测绘局或测绘地理信息局牌子，其他各市的更名挂牌工作也在加快推进。烟台市县两级国土部门均成立了地理信息中心，增强技术支撑能力。省国土资源厅组织开展市级测绘地理信息工作年度考核，共有14个设区市达到优秀标准。

重点工作加快推进，数字城市建设数量及“天地图·山东”接入国家主节点时间都位居全国前列；山东省地理信息公共服务平台于7月顺利通过国家测绘地理信息局组织的验收，实现与国家、市县级已建成信息节点的互联互通，已有18家省级部门、6个市县级部门基于平台开展了业务系统建设；在全国率先向国家测绘地理信息局汇交全省1:1万基础地理信息数据。山东省国土测绘院被国家测绘地理信息局授予“国家1:50000基础地理信息数据库更新工程建设工作先进集体”称号；全省地理信息产业基地建设初显成效，已有企业入驻，聚集发展效应逐步显现。

弘扬测绘精神，精神文明建设再上新台阶。以杨艳萍为代表的山东测绘地理信息模范人物在全国国土资源系统、全国测绘地理信息系统集中宣传报道；省国土资源厅机关和省国土测绘院继续保持“省级文明单位”称号，省遥感技术应用中心和省地图院获得“省直文明单位”称号，测绘地理信息文明群体初步形成。

重点工作推进

【数字城市建设】

山东省国土资源厅印发《关于转发〈国家测绘地理信息局关于加快数字城市建设推广应用工作的通知〉的通知》，对加快市县两级数字城市建设和实现互联互通做出全面部署。在济宁、济南、淄博、泰安等建成国家试点地市的基础上，东营、潍坊、日照等3市数字城市项目通过验收，累计验收数达到8个，全省17个设区市的其余9个市全部启动数字城市建设。全省91个县（市）中，37个县（市）启动了数字城市建设，启动率达到40.7%，其中列入国家推广项目4个，列入省级试点和推广项目10个，已完成建设11个。完成建设的市县均实现了与“天地图”国家级、省级节点的互联互通，4个市实现了与省级政务版地理信息公共服务平台的互联互通。项目建成后，均按照共建共享协议书的要求，及时进行成果资料归档和汇交共享。市县级数字城市建设成果在120多个部门、150多个系统中得到应用，节约各级经费8.5亿多元。

【“天地图·山东”建设】

“天地图·山东”是全国第三个接入国家主节点的省级节点，7月10日通过专家验收。临沂、东营、滨州、威海、聊城、烟台、日照、潍坊、青岛等9个市和寿光、博兴2个县实现了与省级节点的互联互通，服务聚合，其中东营、日照与国家主节点实现服务聚合，其余节点通过超链接方式与国家主节点连通。根据《国家天地图省市级节点建设方案》，山东省国土测绘院制定《山东省天地图省市级节点建设方案》，落实“天地图·山东”日常运维单位，专项列支了维护经费，组织开展影像数据的年度更新，保持“天地图·山东”高效、稳定运行。开展了基于“天地图·山东”的旅游、建设、地质环境、水利、地震、安监以及亚沙会等10个应用示范，各市也基于本级节点开展了大量的应用示范建设和推广活动。

【地理国情监测】

山东省地理省情监测工作正式启动。《山东省“十二五”基础测绘规划》明确将地理省情监测作为山东省基础测绘事业发展的战略方向，并确定地理省情监测工程为省十大工程之一。山东省国土资源厅积极配合做好全国地理国情普查启动工作，开展各类部门专题资料收集工作，整理库存测绘档案，为开展地理省情监测做好基础资源和人才保障。启动黄河三角洲高效生态经济区地理省情监测试点，组织编制了试点工作方案。东营市地面沉降监测项目通过验收，该项目历时4年，进行了8个周期的连续观测，首次测出东营市地面年沉降速率，绘制了沉降等值线，成果提供给东营市政府及相关部门。开展全省矿山开采遥感动态监测和冬小麦种植面积年度监测，为国土资源执法检查和省财政冬小麦种植补贴发放等工作提供技术支持。

【地理信息产业】

山东省积极推进测绘地理信息产业基地建设，山东省国土资源厅与潍坊市政府共同成立基地建设领导小组，一次落实用地指标2000多亩。完成基地总体规划和7万平方米主体大楼建设，其中2万平方米的孵化中心已装修完毕，具备入驻条件。潍坊市坊子区政府和高新区管委会分别出台了支持基地建设发展的各项扶持政策，坊子区注册5000万元成立了基地发展有限公司，负责基地土地、招商、融资等事宜。截至2012年底，6家企业确定入驻基地。山东省国土资源厅与中国联通山东分公司签订“智慧山东”建设战略合作协议，与企业开展合作，鼓励企业基于地理信息公共服务平台开展增值服务，免费向行业单位提供SDCORS系统和“天地图”省级节点服务，支持山东正元地理信息公司烟台地理信息产业园建设，同时严格地理信息市场监管，为促进地理信息产业健康发展提供保障。

法制建设与市场监管

【法制建设】

山东省大力实施《山东省国土资源管理系统依法行政第五个五年规划》和《山东省国土资源管理系统法制宣传教育第六个五年规划》，制定年度立法计划，将《山东省测绘成果管理条例》修订列入省政府法制办公室2012年省政府规章立法计划，并完成草案起草调研工作。加强规范性文件管理工作，按照国家测绘地理信息局、省人大和省法制办公室的要求，完成了行政法规、规章和规范性文件的清理工作。

制定下发《山东省测量标志巡查工作管理办法》、《山东省测量标志用地权属工作实施意见》等规范性文件，并按时向国家测绘地理信息局备案。

【依法行政】

山东省国土资源厅对全省地方法规规定的行政执法依据和行政执法职权进行梳理和分解，与《全国测绘地理信息行政执法依据》和《全国测绘地理信息行政执法职权分解》一并向社会公布，进一步明确了各级、各部门的执法责任，推动了市县级测绘地理信息行政机构建设，落实执法职能部门。发挥体制优势，加强测绘地理信息执法和国土资源执法的一体化建设，将测绘地理信息纳入国土资源统一执法，落实职责和工作经费，开展专项执法检查，依法查处各类测绘地理信息违法案件，及时汇总梳理各市行政执法工作情况，并按要求向国家测绘地理信息局备案和报送工作总结。积极推行行政机关负责人行政诉讼案件出庭应诉制度，建立国土资源行政复议管理信息系统，全年未发生测绘诉讼案件和败诉案件。

【法规宣传】

山东省国土资源厅坚持每年制定年度依法行政工作要点，对普法工作进行统一部署，落实人员和经费，做到专款专用。开展测绘法宣传日系列活动，与省广播电视台新闻中心联合录制《构建地理信息平台，提速数字山东建设》的新闻报道，在8月29日山东卫视的新闻联播和山东新闻广播黄金时段播出。在8月27日《大众日报》设立专版，发表《兴齐鲁测绘筑发展之基》文章，介绍近几年来山东测绘地理信息事业的发展和取得的一系列成就。与中国联通山东分公司合作，向全省范围公众发送公益宣传短信。在测绘法宣传日当天，各市在市区繁华地段设立宣传点，张贴宣传画、摆设宣传展板、发放《国家版图知识读本》等宣传材料、提供咨询服务。在“4·22”

地球日、“6·25”土地日活动中增加测绘地理信息工作宣传，宣传测绘地理信息法律法规，提升了社会各界对测绘地理信息工作的认知和关注程度。

【资质管理】

山东省实施测绘资质全过程监管。利用互联网地图服务企业资质检测系统，不定期对IP在省内的所有提供互联网地图服务的网站进行逐一筛查，共筛查435个网页，对涉及8个网页的有关单位进行进一步了解和核查。基于测绘资质管理信息系统完善了测绘资质网上申报、在线审批、审批前公示等制度，实现了与国家系统的互联互通，提高了审批质量和效率。下发《关于进一步加强测绘资质管理工作的通知》，通过年度注册、质量监督检查、保密检查、复审换证等环节和措施加强监管。完成年度注册工作，对17家单位进行缓期注册，注销测绘资质7家，降低资质等级4家，依法批准29家单位的测绘资质申请、20家单位资质升级、22家单位增加业务范围。积极引导互联网地图服务、运营单位依法办理互联网地图服务资质，10家单位取得互联网地图服务资质。

【市场监管】

山东省国土资源厅建立多部门联合工作机制，先后联合开展地理信息市场专项整治、“问题地图”专项治理和涉密测绘成果保密检查等多项专项监管活动。与省经济和信息化委、通信管理局、公安厅网络安全局等13部门成立了省协调指导领导小组，下发《山东省2012年国家版图意识宣传教育和深化“问题地图”专项治理工作方案》，指导全省开展工作，在“祖国在心中——全国国家版图知识竞赛”和“中图杯——全国少儿手绘地图大赛”中均取得良好成绩。与省保密局联合开展测绘成果保密检查，共抽查359个单位，下发整改通知书60份，抽查覆盖率达自查单位的40%。

【信用体系建设】

山东省国土资源厅积极组织甲级测绘资质单位参加国家测绘地理信息局举办的测绘地理信息市场信用信息平台培训班，并做好全省的宣传贯彻工作，推进全省测绘市场信用体系建设。根据《测绘地理信息市场信用信息管理暂行办法》，起草《山东省测绘地理信息市场信用信息管理暂行办法》，下发各地市及有关单位征求意见，并进行修改完善。

【成果质量与仪检管理】

山东省国土资源厅组织开展测绘成果质量监督检查，印发《关于开展2012年全省测绘成果质量监督检查的通知》，成立省级质量监督检查领导小组，对测绘成果质量监督检查工作进行全面部署。抽取15个项目进行重点检查，并通过厅门户网站向社会公布检查结果。各市开展辖区内测绘成果监督检查工作，覆盖30%的甲、乙级测绘资质单位，结果表明，测绘资质单位测绘成果质量保持良好。开展2012年全省优秀测绘工程奖评选工作，共有124个项目获奖。做好测绘计量基础设施维护，保持各类设施使用效能，测绘仪器检定及检定人员资格认证工作有序开展。全年完成仪器检定5348台/次，完成15个省级测绘项目成果质量监督检查。

山东省国土测绘院强化基础测绘生产质量控制，完善质量过程控制体系，省级基础测绘成果一次验收合格率达100%。

基础测绘

【规划计划】

完整覆盖的山东省市基础测绘规划体系已经建立。山东省和17个设区市全部组织编制“十二五”基础测绘规划，均由本级政府发布实施，为省市“十二五”基础测绘项目实施奠定坚实基础。省国土资源厅在此基础上编印了《全省省市“十二五”基础测绘规划汇编》。济宁、东营、淄博、临沂、聊城、潍坊、滨州等市所辖县（区、市）出台了“十二五”基础测绘规划，各级测绘地理信息行政主管部门按规定向上级主管部门进行了备案。

山东省国土资源厅组织编制《2012年基础测绘计划和经费预算》，纳入2012年全省国民经济和社会发展年度计划，并报省财政厅评审。落实基础测绘经费4400万元，较上年度增长46.7%。印发《关于印发各市2012年基础测绘计划的通知》，将全省2012年基础测绘计划分解下达各市，要求各市主动与本级发展改革、财政部门沟通协调，积极落实基础测绘经费，确保完成年度计划。临沂市落实基础测绘经费2000多万元，烟台市落实1500多万元，潍坊市落实1000万元，其他地市的投入也有较大幅度增加。

山东省国土资源厅进一步拓宽省级地理信息公共服务平台建设经费；争取省预算内基本建设投资专项经费700多万元用于测绘应急服务保障工程项目建设。菏泽、枣庄、莱芜、德州等市结合数字城市建设，增大专项投入规模，保障数字城市建设顺利推进。

【省级基础测绘】

截至年底，山东省基本建成现代测绘基准体系。2012年，山东省卫星定位连续运行综合应用服务系统（SDCORS）实现了与地震系统和江苏、河北两省CORS系统站点资源的共享，加密了3个站点，并结合全省C级GPS和三等水准控制网成果，重新进行了全省水准面精化，提升了系统服务能力。SDCORS系统入网设备已达2700多台。完成“927”工程海岛GNSS站和国家现代测绘基准基础设施一期项目新建GNSS站用地征用工作。积极推进2000国家大地坐标系应用，完成省级基础测绘成果向2000国家大地坐标系转换，并通过基础地理信息数据库更新等工作大力推行2000国家大地坐标系，淄博、临沂等市出台了技术设计或实施方案。

山东省国土资源厅组织对全省基础地理信息数据库首次实施年度更新。出台了DOM、DLG数据标准和技术规定，结合地理信息公共服务平台数据更新和应急保障需要，制定了DLG及时更新技术规定，在数据存储、实体化处理、更新要素选择等方面进行创新，实现1:1万DLG及时更新和DOM更新1年1次、1:1万DLG定期更新5年1次。印发《山东省大比例尺基础地理信息数据库建设更新技术大纲》，组织了二期技术培训，指导市县大比例尺基础地理信息数据库建设和更新工作。至10月，全省大比例尺基础地理信息数据基本覆盖建制镇以上驻地，潍坊、济宁、威海等市实现了对村驻地的覆盖，其他市结合农村土地确权推动大比例尺基础地理信息数据对村驻地的覆盖。推动市级编制本级大比例尺基础地理信息数据库更新方案，大部分市启动更新工作。

【影像获取和共享机制】

2012年，山东省有4个市县列入国家基础航空摄影计划，成果应用在数字城市建设、大比例尺基础地理信息数据库建设更新、影像地图制作等方面，使用率达85%以上。首次推行省市统筹获取影像新机制，印发了《关于统筹获取全省高分辨率遥感影像的通知》，召开多次会议进行安排部署，省市各出资50%。各市及时落实配套经费，按照省国土资源厅确定的要求，支付本级配套经费。及时向国家测绘地理信息局通报影像获取情况，并将“十一五”期间生产的1:1万DOM汇交到国家测绘地理信息局。

山东省国土资源厅充分利用地理信息公共服务平台推进地理信息资源共建共享机制建设，落实与交通、民政、气象、公安等部门及济南军区测绘大队、青岛市国土资源与房产管理局的共享协议。与省地震局签订共享合作协议，与济南军区作战部联合印发促进军地测绘融合发展的意见。

【安全生产】

山东省国土资源厅及省国土测绘院强化基础测绘安全管理制度建设，建立安全生产管理机构，建立安全生产责任制，落实测绘单位安全生产主体作用，生产单位制定了《安全生产管理规定》和《安全生产工作要点》，围绕“927”工程、省级基础地理信息数据库更新工程等重点项目制定具体安全生产措施。组织安全生产教育宣传活动，开展安全生产年、安全生产月主题活动，举办安全生产培训和安全生产警示教育活动，定期开展安全生产大检查，杜绝安全生产隐患。强化安全生产设施建设，及时对装备设备进行检修检查，结合“927”工程配备安全生产监控系统，提高安全生产能力。全年未发生安全生产事故。

【测量标志管护】

山东省国土资源厅进一步完善测量标志管护体制，按照分级管理的原则，将测量标志管护职能落实到基层国土资源所，完好率纳入年度工作目标考核；创新测量标志管理方式，建立分类管理维护制度，规范测量标志的普查、维修和管护工作。下发《关于印发〈山东省测量标志用地权属登记工作实施意见〉的通知》，临沂、德州等市已基本完成测量标志用地权属登记发证工作。加大测量标志宣传教育，依法查处破坏测量标志违法案件，全省测量标志完好率保持较高水平。

地图管理与地图出版

【地图市场管理】

山东省国土资源厅依法做好地图审核工作，至年底，共审核公开出版、展示地图和登载地图126项；要求各申请审核单位按时进行地图备案，备案率达到100%。深化“问题地图”专项治理，组织互联网地图网站自查和地图市场大检查，对违法违规地图进行清查，对《诸城市商务咨询图》（全开）、《诸城市楼市图》（四开）、《诸城市城区图》（对开）、《诸城市旅游地图》（对开）等侵权盗版地图进行了查处。协助黑龙江测绘地理信息局进行“问题地球仪”查处工作，跟进督导整改，确保“问题地图”整改率达100%。及时制止了济南市旅游局、城阳区海洋局政府采购测绘项目发包给不具备测绘资质单位的行为。印发《关于加强互联网地图管理的通知》，规范互联网地图编制和服务。充分利用国家配发的网上地理信息安全监管系统，检索400多家提供互联网地图服务的网站，发现存在“问题地图”的网站15家，并及时告知、督促整改。组织有关互联网服务单位参加国家测绘地理信息局举办的互联网地图安全审校培训，提高了各单位审校水平。

【国家版图意识宣传教育】

山东省国土资源厅召开由省委宣传部、省教育厅等13部门参加的山东省国家版图意识宣传教育和地图市场监管协调指导小组联席会，总结近年来全省国家版图意识宣传教育和地图市场监管工作开展情况以及取得的成绩，安排部署重点工作。积极开展国家版图知识“进学校、进社区、进媒体”活动，全省共征订版图知识读本等宣传材料1.3万多套，在全省100多个社区和学校进行集中宣传，并邀请媒体进行宣传报道。广泛组织全省社区公众和中小学生参加“祖国在心中——国家版图知识竞赛”和“中图杯——全国少儿手绘地图大赛”，共有2755名中小学生参加少儿手绘地图大赛，占全国参赛人数的20.3%，位列全国第一；共有92933人参加全国国家版图知识竞赛，位列全国第四。

【地图出版】

山东省地图出版社结合技术和资源优势，完成2012年版《全省领导工作用图》的修编；编制各类山东半岛蓝色经济区发展专题图，为青岛、济宁、日照、威海、潍坊、寿光等地编制了《地图集》、《领导工作用图》、《新农村建设系列挂图》等多种大型地图图集和挂图；全年编制完成《淄博市地图》、《滨州市地图》、《德州市商贸交通旅游图》、《临朐县地图》、《昌乐县地图》、《单县地图》等45个挂图项目。

测绘地理信息成果管理与应用

【成果汇交】

山东省积极拓宽省级基础测绘成果汇交共享渠道，在全国率先向国家测绘地理信息局汇交全省1:1万基础地理信息数据。山东省国土资源厅与国家基础地理信息中心签订了合作共享协议，共同推进地理信息资源共享、开发和利用。全省共汇交测绘成果副本、目录5000多项。加强测绘档案管理水平，编制印发《山东省测绘成果档案管理信息化体系建设总体设计方案》，组织对现存测绘档案进行全面整理组卷，逐步推进项目建设，提高测绘档案管理水平。

【成果保密】

山东省转发国家测绘地理信息局《关于进一步贯彻落实测绘成果核心涉密人员保密管理制度的通知》，全面梳理全省测绘资质单位、涉密测绘成果使用单位、涉密测绘成果保管单位测绘成果核心涉密人员岗位设立情况，组织对测绘资质单位和测绘成果领用单位400多名相关人员进行核心涉密人员专题培训，实现全省核心涉密人员全部持证上岗。通过保密检查、建立成果使用情况反馈制度等及时掌握涉密测绘成果生产保管和使用情况。与省保密局联合开展涉密测绘成果保密检查，督促各单位对自查、抽查中发现的问题落实整改，增强保密意识，维护国家安全。

【服务重大规划战略】

山东省国土测绘院继续为山东半岛蓝色经济区、黄河三角洲高效生态经济区、中原经济区三大国家发展战略提供测绘地理信息服务；为省发展和改革委等部门设计制作各类规划图件；为山东省援疆办公室编印所需地图；制作山东省主体功能区规划系列图件。

山东省国土测绘院自2010年起，连续三年受南水北调工程建设管理局委托，对南水北调东线进行勘测定界测量，2012年再获“南水北调工程征地移民优质服务先进单位”称号。

【应急保障服务】

山东省国土资源厅组织以应急测绘演练形式获取省委省政府确定的惠民县“第一书记”帮扶村航摄影像。省国土测绘院提交惠民县石庙镇及5个帮扶村影像挂图7套42幅，以及5个帮扶村的三维地理信息数据，为开展村庄规划、综合整治提供基础资料。

2012年，省发展和改革委批准山东省测绘应急服务保障工程项目立项，计划投入资金近1300万元，进一步提升应急测绘保障能力。

【服务全省国土资源管理】

2012年，山东省国土测绘院完成“济宁土地执法监察三级联网全程管理信息系统”的开发和烟台、枣庄等市的推广应用，完成“地下采矿三维自动监管系统”的开发，并通过专家组验收。继续利用卫星遥感技术监测40个县（市、区）的矿山开采活动；“城乡建设用地增减挂钩系统”实现与国土资源部在线监管系统对接。

山东省遥感技术应用中心研建了“山东省国土资源执法监察管理系统”，利用“3S”技术、视频监控技术、网络技术研发国土资源执法监察新形式。开展山东省国土资源遥感调查、监测的长效机制研究。

山东省地图院编制了《山东省矿产资源整合集锦》、《地籍管理法律法规文件汇编》、《土地登记手册》等书籍服务全省国土资源管理工作。

【服务社会及政府公共管理】

山东省国土测绘院为省审计厅提供专题办案服务80多件次；无偿为第三届亚洲沙滩运动会和中国国际航空体育节提供地理信息服务，采集专题数据和兴趣点，制作专题电子地图；在鲁西南高氟改水项目中打出8眼示范井，解决50多万人的饮水问题。

山东省遥感技术应用中心开展“山东省旅游地质资源遥感调查与评价”研究，利用遥感地质解译技术，摸清全省旅游地质资源状况，对旅游地质资源质量进行评价，建立旅游地质资源三维信息系统。

【日常测绘保障服务情况】

山东省国土测绘院全年共向社会提供各种比例尺纸质地形图2756张；数字化测绘成果数据产品18450幅（数据量约1410GB），大地控制点2060个，航摄底片7253片，卫星遥感影像52景，各类应用版电子地图22幅（数据量约5200MB）。服务范围涉及国土、建设、地矿以及教育科研等20多个行业。

【山东省省级测绘成果网络化分发服务系统】

1月21日，该系统通过专家验收，实现了测绘成果目录在线发布，极大提高了测绘成果目录发布效率。同时该系统实现了测绘成果的查询、订购、申请一站式服务，以及测绘成果提供使用申请的网上受理。2012年全年在线受理测绘成果使用申请近350件，网站访问量超过10万人次。至年底，省级和17个市级测绘成果元数据均已上线，发布量总数达到141721条，成为全国发布数量最多的省份。

科技与国际合作

【科技奖励】

2012年，全省测绘行业共获省级科技进步奖1项，中国测绘学会测绘科技进步奖5项，中国地理信息科技进步奖5项，中国卫星导航定位优秀工程和产品奖2项，中国测绘学会优秀地图作品裴秀奖5项。获得2012年中国测绘学会优秀测绘工程奖12项，其中白金奖2项、金奖1项、银奖2项、铜奖7项。

山东省国土资源厅将测绘创新作为全省国土资源科技进步的重要组成部分，统一组织评定和奖励。省国土测绘院设立院级科技考评，出台《科研项目管理办法》，设立科研创新专项资金，促进测绘科技创新；建立项目创新结合制度，积极争取国家数据库整合转换、数字城市、新农村建设等各类试点，设立创新专项资金；开展车载街景扫描系统、LIDAR航摄系统、单机数据采集系统等先进技术装备的引进吸收，提高科技成果转化率。

【科技创新】

山东省积极构建产、学、研相结合的科技创新体系，推动与中国测绘科学研究院和省内测绘院校建立长期合作机制，设立了山东科技大学实践基地。支持山东科技大学设立国家海岛（礁）测绘重点实验室，山东农业大学设立省级空间信息实验室。

【人才培养】

山东省国土资源厅认真贯彻落实“十二五”人才发展规划，树立“人才强测”理念，建立健全“能上能下、优胜劣汰”的人才管理体制。开展青年学术和科技带头人选拔培养工作，全省2人成为国家测绘地理信息局青年学术和科技带头人。省国土测绘院出台《专业技术拔尖人才管理办法》，选拔了一批重点培养科技人才。加强引进专业技术人才，2年内引进人才49名，中高级专业技术人员占总人数的65%；加强党政人才、专业技术人员、经营管理人员和技能人员培训工作，与山东科技大学联合举办在职职工工程硕士班，提高各类人才的综合素质；结合“能力年”建设要求，开展岗位技术能手比武活动，评选出岗位能手。

山东省国土资源厅落实测绘行业特有工种职业技能鉴定工作，建立鉴定站，积极开展测绘从业人员职业技能培训，成立测绘职业技能鉴定中心，鉴定5批次300多名测量员，其中鉴定高级技师1名、技师5名。

【业务培训】

山东省国土资源厅积极为测绘单位搭建学习平台，分层次、有针对性地开展各项测绘管理业务培训。充分利用国家教育培训资源，组织省内甲级测绘资质单位负责人参加国家测绘地理信息局举办的培训，累计组织100多人次参加各类培训班。召开全省测绘地理信息统计培训班，全省730多人参加。组织举办注册测绘师考前培训、《山东省大比例尺基础地理信息数据库建设更新技术大纲》培训、测绘成果核心涉密人员培训、质量检验等各类专项培训，1000多人参加。

【港澳台及国际交流与合作】

山东省国土资源厅严格按照国家相关规定申报、

审批、组织、管理出国（境）团组及人员，全年选派 5 人次参加国家测绘地理信息局组织的出国考察学习活动。组团赴台湾和瑞典进行测绘地理信息访问交流，首次与瑞典测量学会建立交流合作机制，取得明显效果。

精神文明建设

【文化建设】

5 月，山东省国土资源厅在潍坊召开全省国土资源系统精神文明建设经验交流现场会，交流各地开展精神文明建设的好做法。全省国土资源系统深入开展向杨艳萍同志学习活动，厅党组下发《关于开展向杨艳萍同志学习活动的决定》。11 月 30 日《中国国土资源报》头版头条刊发长篇通讯《她以平凡铸忠诚》，《中国测绘报》头版刊发长篇通讯《最美外业女院长》，山东省内《大众日报》、《国土资源导报》等媒体对杨艳萍的事迹和全省国土资源系统开展学习活动情况作了集中、深入报道。

【党建工作】

山东省国土资源厅召开厅直属机关第二次党代会，选举产生新一届直属机关委员会和纪委检查委员会；对部分单位党委（总支、支部）进行调整充实。在矿业协会、测绘行业协会等社团组织中建立了党支部；对厅属 78 个党组织和 4 个社会党组织进行分类定级，并于 8 月 22 日 ~ 24 日在青岛举办首次全省国土资源系统基层党组织书记培训班，对厅机关和直属事业单位 70 多名基层党组织书记和 17 市局机关党委专职副书记（党务干部）进行轮训。坚持和完善“三会一课”（定期召开支部党员大会、支部委员会、党小组会，按时上好党课）制度，落实领导班子民主生活会、党员领导干部参加双重组织生活制度；厅党组对在 2010 年 ~ 2012 年厅系统创先争优活动中做出突出贡献的 18 个先进基层党组织和 53 名优秀共产党员进行通报表彰。结合国土资源工作实际，制定下发《中共山东省国土资源厅党组关于认真学习宣传贯彻党的十八大精神的通知》和《集中学习宣传贯彻党的十八大精神的实施方案》。组织厅系统 48 人参加山东省迎十八大歌咏会，获组织奖，全厅 9 幅作品分获省直迎十八大书法绘画摄影展二、三等奖；组织收听收看党的十八大实况转播、全省领导干部会议和中央十八大宣讲团宣讲报告会，并及时组织座谈交流。

【作风建设】

山东省国土资源系统深入实施作风能力建设系统工程，山东省国土资源厅党组提出了全面加强“五个建设（机关、作风、能力、党风廉政、干部队伍）”，提高全系统依法行政水平的要求。厅党组制定下发《关于深入开展“能力年”主题实践活动的实施方案》、《关于在厅机关和直属事业单位举办“我的履职能力是从哪里来的”有奖征文及演讲比赛的通知》等文件，组织开展征文与演讲比赛，共收到征文 143 篇。全省国土资源系统共推荐模范履职处（科）室 100 个，模范履职处（科）室负责人 100 个，先进工作法 50 个。

【廉政建设】

山东省国土资源厅认真贯彻落实党中央、国务院和省委、省政府关于反腐倡廉的会议和文件精神，召开全省国土资源系统廉政建设工作会议，落实处室廉政监督员制度和财产申报、重要事项报告制度，在全省国土资源系统推行工作日中午禁酒制度，进一步转变管理职能，推行阳光行政。深入开展国土资源系统“两整治一改革”专项活动，落实党风廉政建设责任制，签订廉政责任书，完善各业务岗位职责和流程，并编印成册，有效防范贪腐行为发生。加强廉政宣传教育，组织机关工作人员参观惩治和预防渎职侵权犯罪展览，集体观看警示宣传教育片，增强廉洁从政意识。全省测绘系统未出现重大腐败行为和事件。

【群团工作】

山东省国土资源厅组织举办全省国土资源系统“地环杯”乒乓球比赛；厅团委组织团员青年赴临沂开展“忆党史、听党课、跟党走”主题学习活动；厅直属机关妇委组织厅机关和事业单位 300 多名女职工捐款 5.4 万元救助齐河县宣章屯镇 18 位贫困母亲和 18 名春雷女童；厅机关党委、团委为惠民县石庙镇桃源小学捐赠 1700 多册图书、1 万元现金和价值 4000 元的文体用品；认真做好捐款救济工作，组织“慈心一日捐”活动，共捐善款 71650 元，获“慈心一日捐”先进单位称号。

地方社团工作

【组织建设】

2012 年，山东测绘学会分别召开七届二次常务理事会议和七届二次理事会议，审议通过 7 家测绘单位和 24 名个人的入会申请，补充调整了 11 名理事会成员及 1 家常务理事会员单位、2 家理事会员单位。山东省测绘行业协会召开三届二次理事大会，吸纳

18个新批测绘资质单位入会，同时根据规定取消了8个单位的会员资格。

7月27日～31日，山东测绘学会代表队参加在黑龙江省伊春市举办的“中国四维杯”第八届全国测绘地理信息职工定向越野赛。11月10日～11日，由山东测绘学会和测绘行业协会主办的第六届“南方测绘杯”山东大学生测量技能比赛在中国石油大学（华东）举行，共有8所大学的16个代表队参加。

【学术交流】

6月20日～22日，山东测绘学会组织省测绘科技工作者16人赴南京参加第十四届华东六省一市测绘学会学术交流会，并向大会提交测绘科技论文10多篇，获一等奖2篇、二等奖3篇、三等奖5篇。

11月1日～3日，山东测绘学会组织参加中国测绘学会2012年学术年会，山东省国土测绘院、青岛市勘察测绘研究院、临沂市国土资源局3家单位分别在会上进行汇报交流。

11月13日，2012年山东测绘学会学术交流会在青岛召开，全省各测绘单位88名测绘科技工作者参加会议，会上交流论文10篇。

河南省

概况

2012年，河南省测绘地理信息局落实省级基础测绘经费8000多万元，落实中央财政边少贫基础测绘经费350万元。完成河南省全部区域面积16.7万平方千米1:1万地形图测绘，完成矿产资源专项经费基础测绘1:1万更新图782幅。为全省交通、土地、电力、能源等重大工程项目提供测绘成果保障服务221次；提供纸质地形图1198张；提供成果点543个；提供“4D”成果13498幅，数据量174.22GB，航片33011片，航摄数据5410.1GB。

1月，数字河南地理信息公共服务平台（河南地图网）与河南省政府门户网站完成链接更新，开始为全省市、县各级政府门户网站电子地图栏目免费提供内容链接和更新保障服务。3月，郑州、平顶山市政府分别召开数字郑州、数字平顶山地理空间框架建设项目验收与成果发布推广会。4月，河南省测绘局在郑州举办为中原经济区建设提供测绘支撑保障报告会，国家测绘地理信息局副局长李朋德受邀出席会议并作报告。6月，河南省政府办公厅下发《关于加快全省数字城市地理空间框架建设与应用工作的通知》。8月，河南省测绘局更名为河南省测绘地理信息局。“天地图·河南”节点正式实现与“天地图”国家主节点聚合服务。10月，河南省人民政府、国家测绘地理信息局在郑州签署加强测绘地理信息保障促进中原经济区建设合作协议，国家测绘地理信息局局长徐德明，河南省政府省长郭庚茂、副省长张大卫共同启动“天地图·河南”地理信息网站。河南省测绘地理信息局举办3期全省乙、丙、丁级测绘资质单位测绘涉密、信用、统计培训班，1000多人参加。11月，河南省测绘地理信息局出台《“数字城市”建设测绘成果提供管理规定》。

重点工作推进

【规划编制】

河南省测绘地理信息局、河南省发展和改革委联合编印《河南省测绘地理信息发展十二五规划》；河南省测绘地理信息局参与编制《河南省生态省建设规划》、《河南省战略性新兴产业“十二五”发展规划》、《中原经济区国土规划》。制定《河南省“十二五”人才发展规划》、《河南省“十二五”测绘科技发展规划》。洛阳、信阳、周口、开封、济源、焦作市编制的《测绘地理信息十二五规划》通过评审。完成数字漯河地理空间框架建设项目规划设计及预算的编制工作。

【机构建设】

平顶山、济源、商丘、新乡、三门峡等5个省辖市完成测绘地理信息局更名挂牌工作。至年底，全省18个省辖市及116个县设置了测绘地理信息管理机构。

【数字城市建设】

郑州、平顶山、济源市数字城市建设通过国家测绘地理信息局验收。郑州、平顶山市被国家测绘地理信息局授予“全国数字城市建设示范市”称号。周口、三门峡、驻马店市数字城市项目获得国家测绘地理信息局批准立项。河南省建成、立项、在建的数字城市达 17 个，启动建设的城市 10 个。全省开展数字县域 10 个，数字乡镇 40 多个。舞钢市完成覆盖全区域 646 平方千米的数字乡镇地理空间框架示范工程项目建设，是河南省率先全面建成数字乡镇的县级市。数字陕县、数字新蔡地理空间框架建设项目启动。数字伊川、数字睢县、数字孟津县域地理空间框架建设及应用示范项目通过验收。濮阳、平顶山、南阳、周口、焦作、开封等 6 市城区基础航空摄影项目同时纳入国家基础航空摄影计划。

河南省测绘地理信息局将濮阳市范县城关镇等 12 乡、镇列为河南省数字乡镇地理空间框架建设试点，并为各乡镇提供项目配套资金 20 万元。这是河南省测绘地理信息局支持革命老区濮范台经济区建设数量最多、面积最大的试点。计划完成范县 12 个乡镇总面积 588 平方千米的 1:500、1:2000 地形图，建立范县乡镇地理信息公共服务平台。“数字薛店地理空间框架建设及应用示范项目”通过验收，新郑市薛店镇成为省内首个建成的“数字乡镇”，被河南省测绘地理信息局授予“河南省数字乡镇示范镇”称号。商城县数字县域地理空间框架建设项目通过验收，信阳市商城县成为河南省首家完成数字县域建设的县。

【“天地图·河南”建设】

河南省测绘地理信息局投资 400 万元完成“天地图·河南”省级节点机房建设，对“天地图·河南”省级节点进行移植，建立服务器集群。8 月，河南省测绘地理信息局门户网站完成河南地图网第二版升级改造工作，“天地图·河南”节点实现与“天地图”国家主节点聚合服务。10 月，河南省政府、国家测绘地理信息局在郑州签署加强测绘地理信息保障促进中原经济区建设合作协议，启动“天地图·河南”地理信息网站。“天地图·平顶山”正式接入省级节点。“天地图·济源”上网数据通过省军区、省国家保密局等部门保密审查，在国家基础地理信息中心进行接入测试。“天地图·濮阳”上网数据在中国测绘科学研究院进行保密技术处理。

2012 年 10 月 17 日，国家测绘地理信息局与河南省人民政府在郑州市签署加强测绘地理信息保障促进中原经济区建设合作协议。

【地理国情监测】

河南省成为国家测绘地理信息局首批地理国情普查工作试点省份。河南省测绘地理信息局将地理省情监测工作纳入河南省生态省建设规划，11 月，开展河南省 2012 年地理国情监测项目普查试点工作，编制地理国情监测普查试点项目设计书，启动河南省地理国情监测普查试点项目。完成郑州市范围内地理国情普查及统计分析试生产工作，以郑州市为普查试点范围，开展地理国情普查全流程试点，确定在郑州市金水区首先进行详细普查。完成郑汴区域 10 个县城区的城市扩张监测，基本完成郑汴区域城市（含县城）历史扩张专题地理省情监测数据获取、统计与分析，形成监测分析报告和监测图件成果。完成“中原经济区地理国情监测——郑汴一体化区域”项目；完成河南省地理省情监测财政投资项目动态监管服务保障体系建设项目实施方案和预算书，开始进行前期试验。

【河南省导航卫星连续运行参考站系统整合及运营管理】

河南省测绘工程院与省地质测绘总院签订《河南省导航卫星连续运行参考站系统（HeNCORS）整合及运行管理合作协议》。协议规定整合组建后的 HeNCORS 中心负责用户信息注册管理、通讯卡管理、数据后处理服务等有关事宜。用户注册信息纳入 HeNCORS 中心统一管理，HeNCORS 中心负责接收和使用河南省测绘地理信息局授权的 A、B、C 级 GPS 三维大地控制网（包括三、四等水准）成果、河南省大地水准面精化成果及相关文件、合同、协议等。整合后的 HeNCORS 系统将服务于数字河南，为政府决策提供支持，加快河南经济发展。

【河南省自然资源与地理空间基础信息库项目】

河南省启动自然资源与地理空间基础信息库项目。该项目旨在转变政府职能，增强河南省对区域发展和资源环境进行宏观监管和动态监测、预测能力，促进各部门资源共享，减少重复建设等。河南省测绘地理信息局承担该项目测绘地理信息行业标准的制定工作。

【中缅原油、天然气和云南成品油管道工程线路测量】

黄河水文勘察测绘局完成中缅原油、天然气和云南成品油管道工程线路测量任务。该工程是中国四大油气进口战略管道之一的重要部分，工程线路位于云南省昆明市安宁市、西山区、五华区、富民县、寻甸回族彝族自治县。该局完成线路测量 1:2000 地形图 216.2 千米（气 119.1 千米、成品油 97.1 千米）；单测线路穿越道路、涵洞 1:500 地形图 8 处，站场 1 处和阀门 9 处。

【中原经济区洛阳副中心地理空间信息数据建设项目】

5 月，河南省基础地理信息中心完成的“中原经济区洛阳副中心地理空间信息数据建设”项目成果通过验收，服务于中原经济区建设。

法制建设与市场监管

【《河南省测绘成果管理办法》】

1 月 31 日，河南省政府第 99 次常务会议审议通过新修订的《河南省测绘成果管理办法》，该办法共 7 章 34 条。2 月 28 日，河南省人民政府令第 147 号公布该办法，自 4 月 1 日起施行。

【制度建设】

河南省测绘地理信息局梳理行政执法依据，制定《河南省测绘地理信息行政执法依据》和《河南省测绘地理信息行政执法职权分解》。制定《河南省测绘地理信息局“数字城市”建设测绘地理信息成果提供管理规定》、《河南省测绘局行政服务中心工作职责》、《2012 年河南省测绘地理信息普法依法治理工作要点》和《河南省关于加强测绘地理信息行政执法工作的意见》。修改《河南省基础测绘成果提供使用审批程序暂行规定》。

【法制宣传】

河南省测绘地理信息局在庆祝《中华人民共和国测绘法》修订颁布十周年之际，组织全省测绘行业开展“举行一次征文、印发一幅宣传地图、群发一组手机短信、举办一次成就展览”活动，并向各省辖市发放 2 万张宣传地图。8 月 29 日，河南省测绘地理信息局、郑州市国土资源局组织 56 家测绘相关单位，举行测绘法律法规宣传和测绘知识展览活动。郑州、开封、信阳、许昌、漯河、南阳、洛阳、三门峡、平顶山、焦作、鹤壁、濮阳、新乡、济源、周口、驻马店、安阳等市开展测绘法宣传活动，全省摆设法制宣传展板 972 块，设立法律咨询服务点 165 个，发放法制宣传画 1520 张、河南省旅游图 2.3 万张、各市旅游图 1600 多张、宣传材料 7.3 万多份、宣传纪念品 2800 多份，悬挂宣传横幅 1078 条，摆放彩虹门 3 个、大型彩色气柱 2 个，向全省用户发送测绘宣传口号公益短信 14.7 万多条，出动流动宣传车 28 辆。《平顶山日报》刊登市委、市政府主要领导的专题文章，并开展“2012 年度平顶山市测绘法有奖知识竞赛”活动。安阳市 580 多人参与测绘法知识竞答活动。

【资质管理】

河南省测绘地理信息局启用河南省测绘地理信息市场信用信息平台，完成录入 600 多家测绘资质单位信用基本信息。河南省新批测绘资质单位 90 家，其中，乙级 20 家、丙级 39 家、丁级 31 家；降级测绘资质 3 家；注销测绘资质 16 家。至年底，河南省共有测绘资质单位 749 家，其中，甲级 26 家、乙级 135 家、丙级 242 家、丁级 346 家。全年接受测绘任务备案 67 项，办理测绘作业证 492 本。举办乙、丙、丁级测绘资质在线办理培训班。

【市级测绘管理】

2012 年，三门峡市国土资源局编制完成《三门峡市领导机关工作用图》；信阳市政府批准《信阳市测绘暨地理信息产业发展“十二五”规划》；平顶山市《测绘地理信息发展“十二五”规划》通过评审，出台《涉密测绘成果审批办法》；新乡市出台《国土资源局数据库管理规定》；许昌市出台《测绘项目备案管理办法》、《测绘质量管理体系考核办法》、《测绘作业证管理办法》和《关于在建设用地审批和矿业权设置审核时加强测量标志保护的通知》。

开封市将测绘地理信息执法工作纳入土地监察大队，并对监察大队执法人员进行测绘地理信息执法培训。濮阳市召开测绘学会首届四次理事会及测绘志编纂工作会议。信阳市政府召开第五次常务会议，研究数字信阳建设工作。平顶山市就依法管理测绘成果、涉密测绘成果管理法律法规体系框架等内容举办测绘地理信息业务培训班。

基础测绘

【基础测绘项目】

河南省测绘地理信息局完成全部覆盖河南省区域面积16.7万平方千米1:1万地形图测绘工作；编制完成2012年、2013年矿产资源基础测绘专项报告，完成矿产资源专项经费基础测绘1:1万地形图更新782幅；完成新乡、商丘、周口、信阳DOM制作及濮阳市域198幅DOM；完成中央财政边少贫基础测绘补助项目台前县1:1000地形图测绘15平方千米，完成驻马店市、遂平县、确山县一体化基础测绘；完成信阳羊山新区1:1000地形图测绘15平方千米；完成洛阳、三门峡、南阳测区1:1万地形图二轮更新、无图区测绘数字线划图1309幅、正射影像图1686幅，1:1万激光雷达扫描曲线版图幅617幅；完成郑州、平顶山等市1:1万数字线划地形图建库2953幅；完成濮阳市域快速更新1:1万DOM制作，完成LiDAR扫描2.1平方千米和50%的数据处理；完成周口、信阳1:1万快速更新248幅；完成数字新蔡地理空间框架建设项目过半；完成数字许昌建设项目过半。数字鹤壁、数字邓州项目基本完成。

河南省测绘地理信息局与国家测绘地理信息局卫星测绘应用中心建立合作关系，协调获取河南省范围内“资源三号”卫星遥感影像数据126景，已到位60%影像资料，数据内容包括河南省2.1米全色影像数据和河南省5.8米多光谱影像数据。利用“资源三号”卫星遥感影像数据制作DOM，向局属生产单位提供服务。

【市级基础测绘】

数字鹤壁项目完成建成区1:1000数字高程模型、数字正射影像图制作及建库；淇滨区70平方千米1:1000数字化地形图更新；全市域2182平方千米1:1万数字线划图、数字高程模型、数字正射影像图更新及建库；全市域2182平方千米1:5万数字线划图更新及建库；建成区150平方千米1:1000、1:2000、1:5000数字线划图编绘及建库，地名地址信息数据制作及建库90%任务。济源市1931平方千米D级GPS控制网通过省级验收，完成建成区及重点区域138平方千米大比例尺地形图数据制作及建库、全市1931平方千米小比例尺地形图数据更新及建库。南阳市完成基础测绘建设项目区域450平方千米彩色数码摄影，C、D级GPS控制点的收集；项目区域内基础底图1:5万、1:1万地形图收集；城市中心规划区约70平方千米1:500地形图收集等修测约20平方千米；城市规划区及规划用地区域1:1000、1:2000像片控制测量约120平方千米。

【专项补助】

2012年，河南省测绘地理信息局落实省级基础测绘经费8000多万元，落实中央财政边少贫基础测绘经费350万元。洛阳、郑州、信阳、安阳等7市落实基础测绘经费约2100万元。

【质量监督】

河南省测绘地理信息局完成全省测绘行业仪器检定2640台。监督检验测绘成果质量，检查基础测绘项目30项，接受委托监督检验项目41项。

地图管理与地图出版

【地图市场监管】

河南省测绘地理信息局加强地图市场管理力度，在全省开展地图市场和互联网地图检查清理活动。重点检查涉及地图的教辅、旅游、引进版图书及地球仪，查处登载违规《安阳市城市建成区三维地图》案。平顶山市开展测绘违法案件查处和地图市场执法检查工作，对工艺品商店、超市、书店等场所及网站进行检查，没收违法地图制品1100多个。洛阳市在牡丹节期间对火车站、王城公园等场所销售地图情况进行集中整治，查处“三无”地图500多份、违规印制地图行为1起、展示“问题地图”行为1起。

【互联网地图监管】

河南省测绘地理信息局开展互联网地图服务网络监控工作，对省内938家网站进行搜索检查，集中处理登载“问题地图”的网站22家，要求10家网站整改。开展省内互联网地图服务资质排查，研判有互联网地图服务资质企业1家，排除非地理信息服务企业320家，网站故障或被关闭4家，6家为引用有互联网地图服务资质单位网站链接性质的企业。

【国家版图意识宣传教育】

5月，河南省国家版图意识宣传教育和地图市场监管协调指导小组出台《河南省国家版图意识宣传教育和地图市场监管协调指导小组2012年工作要点》、《深化“问题地图”专项治理行动工作方案》。河南省测绘地理信息局开展国家版图意识宣传教育“进学校、进社区、进媒体”，“中图杯——全国少儿手绘地图大赛”和“祖国在心中——全国国家版图知识竞赛”三项活动。全省参加全国少儿手绘地图大赛投稿2531幅、120幅作品获奖，参与国家版图知识竞赛10063人次、33人获竞赛个人奖。“三进”活动中获先进个人5人、先进集体3家，“两赛”活动中获组织奖21家。10月，河南省测绘地理信息局、省委宣传部、省教育厅和省民政厅共同举行河南省国家版图意识宣传教育活动启动仪式。向全省36所学校和36个社区赠送《国家版图知识读本》和《中华人民共和国全图》4000套。平顶山、漯河、安阳、焦作、三门峡市向全市各类学校及社区赠送国家版图知识类图书和地图。

【政府系统门户网站电子地图栏目建设】

河南省政府办公厅联合省测绘地理信息局，依托数字河南地理信息公共服务平台（河南地图网），完成省政府门户网站链接更新，为全省市、县各级政府门户网站电子地图栏目免费提供内容链接和更新保障服务。全省18个省辖市，108个县（市）、区政府门户网站与河南地图网电子地图链接工作全部完成。

【地图出版】

河南省测绘地理信息局编制出版《郑州大城区图》，编制完成《中原经济区地图》全开挂图、《河南省地图册》、《郑州市交通地图册》、《王屋山－黛眉山世界地质公园地质旅游图》等多种专题图。为河南省国土资源厅编制完成36幅《中原经济区国土规划地图集》，为河南省国土调查规划院编制完成全开《河南省土地利用挂图》。与中图北斗文化传媒（北京）有限公司合作编制完成《郑州市交通旅游图册》、《河南省地图册》（64K袖珍版）、《CityMap系列地图》。完成河南省公众地图网省辖市城区图、市域图更新工程外业。审核通过地图35幅（册），其中，图册5册、各种图书插图3件、互联网地图7件、单幅地图20张。

河南省测绘地理信息局为中原经济区建设编制2011版《领导工作用图》200本。河南省科学院地理研究所编制完成《郑州市文物保护地图集》，鹤壁市编制完成新版《鹤壁市城区图》，焦作市编制完成《领导工作用图和地图》，安阳市完成14幅《领导工作用图》初稿编制工作。

测绘地理信息成果管理与应用

【成果服务】

河南省基础地理信息中心为河南省电子政务内网管理中心（河南省委）、省应急办安装“天地图·河南”涉密版。河南省地图院为中共十八大河南省代表团提供测绘保障服务，制作完成1000份《中原经济区地图》；完成“河南省水利厅农村水利工程地理信息系统”项目，以经纬度地图形式，展现农村水利工程建设情况。

【成果提供】

河南省测绘地理信息局为安阳市政府总体规划项目提供1:1万DLG数据9幅；为商丘市新区总体规划项目提供1:1万DLG数据11幅；为长葛市老城千年古镇文化旅游区、葛天绿岛旅游度假区、双洎河湿地开发建设项目提供1:1万DLG数据2幅；为长葛市大周镇、后河镇政府总体规划项目提供1:1万地形图3幅，为陕县宫前乡政府提供1:1万DLG数据2幅；为安阳县善应镇政府城镇综合开发项目提供1:1万地形图5幅；为新郑市郭店镇提供1:1万DLG数据4幅；为滑县铁路专用线规划提供1:1万地形图45幅。

三门峡市为市规划和城市管理综合执法局提供D级GPS坐标点36个。济源市为城市规划提供1:1000地形图600多幅及1:1000电子版地形图，为富士康和王屋山水利工程提供GPS控制点10多个；为市领导制作济源市城区正射影像图10多幅。

【应急保障服务】

河南省测绘地理信息局为河南省委、省政府领导紧急制作《河南省黄河防洪形势图》和《河南省淮河流域防洪工程图》2套防汛指挥专用地图。河南省地图院为河南省省长郭庚茂紧急制作完成《河南省铁路交通图》、《全国铁路交通图》各2幅。应河南省地震局要求，为全省地震应急系统制作乡镇以上境界，并为“地震局电子数据（界线）”提供全省6个重点城市电子数据。

【成果汇交与分发】

2012年，河南省测绘地理信息局为社会各界提供纸质地形图1198张，成果点543个，“4D”成果13498幅、数据量174.22GB，航片33011片，航摄数据5410.1GB。完成2011年《河南省测绘成果目录》第19册的编纂和分发工作。

【成果保密管理】

2012年，河南省测绘地理信息局制定《对外提供涉密测绘成果的程序与条件》，下发《关于深入开展测绘成果保密检查工作的通知》。与河南省国家保密局联合开展保密检查，先后对全省14家单位下发整改意见，复查3个地市6家使用涉密测绘成果单位。其中，检查平顶山市各类比例尺地形图600多张，控制点数据100多个，涉密计算机100多台。联合安全、保密、工商有关部门，查处郑州太古可口可乐有限公司非法测绘案件。

【测量标志管理】

2012年，河南省新增测量标志全球卫星定位点606点。河南省测绘地理信息局审批3起5个测量标志点的迁建工作，拆除4座危险测量标志，接待有关测量标志问题来访7起14人次。许昌市国土资源局处理1起襄城县某建筑工地院内三角测量标志点破坏事件，协调处理4座危险测量标志，迁建D级GPS点3个、其他等级测量标志点2个。平顶山市制定测量标志普查方案，检查测绘标志近200个。洛阳市开展测量钢标普查工作，拆除市区危旧钢标2个。信阳市拨付测量标志维护管理专项经费23万元。郑州、周口、鹤壁、济源、安阳等市开展测量标志普查和维护工作，并制订测量标志检查、维护和建档方案。

科技创新与人才培养

【科技创新】

7月，河南省测绘工程院2011年度科技创新项目“精细化真三维数字城市研究”、“基于ADS80数据进行内业测设高程生产性研究”等8个项目通过专家评审。

【职业技能鉴定】

测绘行业特有工种职业技能鉴定河南站开展房产测量、地籍测量、工程测量五级（初级技能）至三级（高级技能）职业技能鉴定工作，鉴定方式为测量理论考试与测绘技能操作考核两个科目，全省有关测绘单位及社会测绘技术人员112人参加，101人通过考核。在河南省建筑职业技术学院开展应届毕业生工程测量员专业四级职业技能鉴定，参加鉴定的应届毕业生71人。

【人才培养】

河南省测绘地理信息局派员参加河南省外事侨务办公室组织的因公出国（境）专办员培训、英语口译培训，参加河南省国土资源厅科技处组织的外事培训。河南省测绘地理信息局2012年录用公务员2人；通过竞聘上岗，聘用到处级领导岗位4人、科级管理岗位29人、局属事业单位岗位41人。交流轮岗处级干部8人。河南省总工会授予李华、范高林河南省“五一劳动奖章”。中铁大桥局集团第一工程有限公司测绘分公司在郑州举办首届工程测量技能大赛，设一等奖1名、二等奖2名、三等奖3名。河南省基础地理信息中心与郑州大学签订《地理信息系统专业实习教学基地共建协议书》，成为郑州大学研究生创新实践基地。信阳市国土资源局举办全市测绘管理与测绘技术应用培训班。中铁大桥局集团第一工程有限公司获中国中铁第十一届青年技能竞赛工程测量比赛团体奖第一名、个人奖第一名。高等职业院校“测绘类专业”骨干教师国家级培训班在开封黄河水利职业技术学院举办。

【培训情况】

2012年，河南省测绘地理信息局开展全省测绘资质单位和相关单位工程测量、地籍测量、房产测量、摄影测量等技工专业理论和实际操作鉴定工作，鉴定4个批次451人，合格421人。开展全省机关事业单位工程测量（等级和技师）、地图制图（技师）、地籍测量（等级）等技工专业理论和实际操作考核工作，通过考核141人，其中，技师71人、高级工32人、中级工18人、初级工20人。举办3期全省乙、丙、丁级测绘单位测绘涉密、信用、统计培训班，1000多人参加，932人通过考试。

【科技获奖情况】

河南省测绘地理信息局开展2012年度测绘科学技术进步奖评选活动，评出一等奖8项、二等奖8项。开展2012年优质测绘工程（成果）奖评选活动，评出一等奖25项、二等奖89项、三等奖76项。

河南省获2012年中国测绘学会优秀测绘工程奖金奖2项、银奖4项、铜奖4项，获2012年中国测绘学会测绘科技进步奖二等奖2项、三等奖2项，获2012年中国测绘学会优秀地图作品裴秀奖铜奖1项。

精神文明建设

【党的建设】

河南省测绘地理信息局制定《2012年党委中心组学习计划》，印发《关于2012年党风廉政建设和反腐败工作实施意见》、《2012年机关党建工作要点》、《关于加强廉政风险机制建设的通知》。召开党风廉政建设会议，在全省测绘地理信息系统开展廉政风险点排查和廉政风险防控机制建设工作。向全局机关正处级领导干部和直属单位党政负责人发送廉政书信和《吃亏歌》光盘。开展“党风廉政建设警示教育月”活动，观看中央纪律检查委员会监制的警示教育片。局直属机关党委举办学习党的十八大精神知识竞赛和征文评选活动。河南省测绘工程院机关党支部、河南省地图院地理信息党支部被河南省委省直工委评为“创先争优先进基层党支部”；河南省遥感测绘院李华、河南省基础地理信息中心付治河被河南省委省直工委评为优秀共产党员。

【共青团工作】

河南省测绘地理信息局团委在共青团建团90周年和“五四”运动93周年之际，在全局团员青年中开展“三新学习系列讲座”活动，河南省直团工委书记、省测绘地理信息局领导、局属单位100多名团员青年参加讲座。参加省直团工委组织的“温暖冬天·希望工程爱心大动员”活动并受到表彰。

【文化建设】

河南省测绘地理信息局开展廉政文化“进机关进社区进家庭”活动。春节期间，举办联欢团拜会，棋牌类、球类比赛，局机关和各单位分别慰问困难职工。组织干部职工参加“迎接党的十八大讲文明树新风”系列活动暨“雷锋精神与时代同行、与文明同在”、“关爱自然、义务植树”志愿服务活动。组织离退休老干部职工到青岛、大连等地考察学习。召开喜迎十八大道德模范先进事迹报告会，举办学习道德模范先进事迹征文比赛。在全省范围内开展“辉煌测绘”有奖征文活动。在国家测绘地理信息局组织开展的2012“立得杯”测绘地理信息法治建设有奖征文活动中，河南省测绘地理信息局获优秀组织奖，河南省获三等奖1人、鼓励奖6人。在河南省直属机关第五届“联通杯”职工运动会中获得广播体操比赛团体一等奖，游泳比赛男子个人一等奖1个、二等奖2个、三等奖3个，跳绳比赛团体二等奖、女子个人一等奖1个，健步走团体三等奖，围棋比赛个人三等奖1个。制作精神文明简报16期，创先争优简报2期，制作专题板报2期。

【宣传工作】

2012年，河南省测绘地理信息局门户网站进行第二次改版更新，增加办事指南、行政许可等专题栏目，建立了互动交流系统，8月正式上线；获全国测绘地理信息系统网站建设突出进步奖。河南省测绘地理信息局副局长禄丰年应河南省政府门户网站和大河网邀请做客视频直播间，参加以“谈数字河南”为主题的领导专访活动，并接受《河南日报》记者专访。《河南日报》发表《“数字河南”给我们带来什么》专题报道。

全年，河南省测绘地理信息局在各类媒体发表稿件100多篇，其中反映河南地图网发展历程和《领导工作用图》编制过程的2篇长篇通讯在省内外引起反响。《中国测绘报》河南记者站获《中国测绘报》创刊20年先进记者站称号，秦福军被评为创刊20年优秀记者。完成《河南省国土资源志·测绘地理信息》17万多字供稿。

地方社团工作

河南省测绘学会在郑州召开“从数字城市到智慧城市”2012年河南省测绘地理信息学术年会，会议遴选20多篇论文进行交流。协助中国测绘学会举办注册测绘师资格考试培训班。向省科协申报2012年学术月项目“河南省测绘地理信息科技学术年会”、2012年度重大学术课题研究“河南省测绘地理信息服务生态省建设研究”。向中国测绘学会推荐测绘科技项目并有15项获奖。

完成周口、济源、开封市“十二五”基础测绘发展规划编制工作。组织召开周口、开封、济源市测绘地理信息发展“十二五”规划专家评审会。完成许昌、新乡、三门峡市“十二五”测绘发展规划讨论稿。编印4期《河南测绘》期刊，编辑发行2012年河南省测绘学术年会论文集，收录论文41篇。

年内，12家测绘单位加入团体会员组织，团体会员单位增至167家。

湖北省

概况

2012 年，湖北省测绘部门紧紧围绕湖北经济社会发展大局，深入贯彻落实科学发展观，各项工作均取得新的进展。测绘地理信息系统完成测绘服务总值20171.4 万元，在国家测绘地理信息局组织的全国省级测绘地理信息行政主管部门贯彻落实科学发展观年度考评中被授予“2012 年度特色工作创新单位”称号。数字湖北、数字城市建设进展顺利，全省 17 个市（州、直管市、林区）已全部开展数字城市建设，湖北首个县级数字城市建设——数字麻城顺利实施，完成建设的潜江、鄂州、武汉已实现了与“天地图·湖北”省级节点的互联互通。“天地图”湖北省级节点已完成 3992 幅 15 级 ~17 级矢量地图数据覆盖，覆盖率达 57%。投资 220 万元设立 4 个地理国情监测项目和 1 个湖北省地理国情监测公众服务体系工作流研究与建设科研项目。编制下达了基础测绘项目计划、两期数字湖北专项计划和中央财政补助项目计划，投入经费共 8650 万元。完成全省 1:1 万 DLG 测图 2017 幅，覆盖率从 64.6% 提高到 92.8%，基本实现了除部分禁飞区域外全省 1:1 万基础地理信息数据覆盖。湖北测绘地理信息发展大厦（湖北测绘地理信息创新基地）建成并正式投入使用，聚合省内部分优秀地理信息企业共同组建的湖北地信科技股份有限公司已正式投入运营。

5 月 9 日，湖北省政府下发《关于湖北省战略性新兴产业发展规划的通知》，将地球空间信息产业列入省“十二五”战略性新兴产业。11 月 2 日，湖北省政府办公厅下发《关于加快推进数字城市地理空间框架建设和应用的通知》。为促进湖北地理信息产业发展，湖北省测绘局组织调研，完成了《湖北省人民政府促进地理信息产业发展的意见》和《湖北省测绘局支持武汉东湖新技术开发区地理信息产业发展的若干意见》的起草工作。

重点工作

【数字湖北】

2012 年，数字湖北地理空间框架建设基本完成。该项目是国家测绘地理信息局和湖北省政府合作共建项目，是全国首个数字省区建设试点。通过项目建设，湖北省首次实现了全省基础地理信息数据全覆盖，建成了覆盖全省的多尺度、多数据源和多品种的基础地理信息数据库，为全省经济建设社会发展提供了坚实的数据基础。湖北省测绘局与应急、发改、卫生、公安、国土、旅游等部门合作，建立了基于基础地理信息数据的专题应用系统。

【数字城市建设】

湖北省数字城市建设工作继续推进，天门市、宜昌市和神农架林区相继纳入国家数字城市地理空间框架建设推广计划，恩施已向湖北省测绘局申报立项，进行总体方案编制等前期工作。至年底，全省 17 个城市已全部启动数字城市地理空间框架建设，其中潜江、鄂州、武汉已建成并投入使用，荆门、随州、襄阳、黄石、黄冈、十堰等市进入验收阶段。湖北省政府发布《关于全面推进数字城市地理空间框架建设及应用的通知》，要求各地和有关部门高度重视，进一步加快数字城市地理空间框架建设及应用工作。湖北省测绘局开展数字城市推广应用调研，前往鄂州、襄阳、十堰等地对推广应用工作的难点和重点问题进行研究。

【“天地图·湖北”建设】

“天地图·湖北”补充更新了恩施、武汉区域 15 级 ~17 级矢量电子地图（瓦片数据）和矢量注记（瓦片数据），涉及 1:1 万标准分幅 2380 幅，面积 64260 平方千米，较 2011 年增长 30%。向国家测绘地理信息局申报购买了高德软件有限公司湖北省涉密兴趣点（POI）数据，全省地名地址库数量从 2011 年的 0.859 万条增加到 53 万多条。增加了根据全省 SPOT5 卫星影像生产的全省 15 级影像电子地图（瓦片数据）和影像注记（瓦片数据）和 0.5 米分辨率航空影像生产的三峡库区 2048 平方千米 16 级 ~17 级影像电子地图（瓦片数据）和影像注记（瓦片数据）。按照国家测绘地理信息局有关要求，配置联通 50M 和电信 50M 网络带宽以及拒绝服务攻击设备、漏洞扫描设备、网络审计软件等。12 月，国家测绘地理信息局正式批准"天地图·湖北"接入国家主节点。"天地图·鄂州"节点也已获批接入。

【地理国情监测】

湖北省测绘局下达地理国情监测项目资金约 220 万元，以试点形式围绕城市变迁、名山测高、水源保护、路网变化等方面开展监测工作，取得了麻城龟峰山重要地理信息数据采集、潜江市城市化变迁动态监测、南水北调中线工程水源地保护监测、武汉市东湖新技术开发区行政区划与湖北省高速公路路网变化分析等成果。

【地理信息产业】

湖北省委省政府高度重视地理信息产业发展。4 月，省政协副主席李宗柏率省政协委员视察组到省测绘局及部分地理信息企业视察，听取专题汇报，撰写《关于转变经济增长方式大力发展地理信息产业视察的报告》，湖北省委书记李鸿忠、省长王国生、副省长王晓东、省委秘书长傅德辉、副省长许克振等分别在报告上作出重要批示。7 月，湖北省政府组织召开以东湖高新技术开发区、省发展和改革委、省测绘局等为成员单位的湖北国家地球空间信息产业化基地建设领导小组第三次会议，规划在武汉东湖高新区未来科技城建设地球空间信息及应用服务产业集群产业园，其中首期 644 亩起步区建设在 12 月正式启动。湖北省测绘局积极推动湖北地理信息产业发展，连续四年承办武汉国际地球空间信息技术与产业发展论坛暨展览会，展现湖北地理信息企业风采，积极吸引国内外优秀企业入驻湖北。湖北省测绘局整合资源优势，聚合有一定规模和带动作用的优秀地理信息企业共同组建湖北地信科技股份有限公司，形成经济联合体。

【湖北测绘地理信息发展大厦】

9 月，湖北测绘地理信息发展大厦（湖北测绘地理信息创新基地）建成并正式投入使用。湖北省测绘工程院（省导航与位置服务中心）、省航测遥感院、省地图院、省基础地理信息中心、省测绘成果档案馆、省测绘产品质量监督检验站、湖北地信科技股份有限公司已入驻，形成了功能完备、设施齐全的全省基础地理信息获取、处理、存储和分发服务的综合基础设施，为加快信息化测绘体系建设、促进地理信息产业跨越式发展奠定了基础。

【湖北省测绘地理信息科技馆】

10 月，湖北省测绘地理信息科技馆正式对公众开放。展馆面积 2800 平方米，分为测绘科普展厅和测绘成果展厅，包括古代地图珍品、传统测绘、数字化测绘、现代地理信息技术、数字城市和数字湖北、"天地图·湖北"、地理信息产业发展和 3D 影院等 12 个展区，设有世界、中国古代地图，野外、航空摄影测量模拟，湖北著名景区介绍，三维街道实景模拟和 3D 影院等 14 个互动项目。开馆以来，共接待国家、省级和相关单位领导参观 10 批次约 100 人次，受到多方好评。

法制建设与市场监管

【立法工作】

湖北省测绘局配合省政府法制办公室完成《湖北省测量标志管理办法》修订的相关工作，修订送审稿已报省政府。

【行政权力和服务事项清理】

湖北省测绘局做好省级测绘行政权力和服务事项自行清理工作，共清理行政权力 55 项，其中行政许可 8 项、行政处罚 29 项、行政奖励 1 项、行政确认 4 项、行政监督检查 4 项、行政服务 2 项、行政备案 2 项、其他权力事项 5 项。按照湖北省清理规范工作专项办公室要求，对 55 项行政权力和服务事项分别编制对内、对外工作流程图，并按照廉政风险防控实施动态管理的要求，在流程编制过程中重新查找廉政风险点，对部分行政权力和服务事项归纳了法制监督控制点。采取下发文件、开会研讨、组织培训、督查指导等形式加强对《测绘行政执法的依据和职权分解》的学习和贯彻执行。印发《湖北省测绘地理信息行政执法依据》和《省市县测绘行政执法职权分解》等材料。

【依法行政】

湖北省测绘局印发《全省市级测绘行政主管部门年度测绘工作考评办法（试行）》，对全省 17 个市州测绘行政主管部门开展测绘地理信息工作考评工作，全面督促落实依法行政的各项工作。5 月，组织召开全省测绘依法行政工作会议，总结 2011 年全省测绘依法行政工作取得的成绩，部署下一阶段全省测绘法治工作任务。邀请省政府法制办公室法制研究中心专家作“依法行政与行政执法”的培训。

召开全省测绘项目登记管理工作座谈会，组织各市州测绘局领导集中学习《湖北省测绘项目登记管理办法》及《关于实施〈湖北省测绘项目登记管理办法〉的意见》，要求各市州严格按照《湖北省测绘项目登记管理办法》推进测绘项目登记管理工作。8月，在湖北恩施州组织召开全省实施测绘项目登记工作情况通报会，通报了全省实施测绘项目登记工作情况。

【法制宣传】

湖北省测绘局组织开展“8·29”测绘法宣传日活动和“12·4”法制宣传日活动。印发通知，明确宣传主题、内容以及工作要求。召开“8·29”测绘法宣传座谈会，开展“湖北测绘杯”测绘法律知识竞赛活动，印制宣传资料发给各级测绘行政主管部门。“8·29”测绘法宣传日期间，全省发放各种宣传资料及各类地图8万多份，接待群众咨询2万多人次，发送公益短信100万条。活动重点宣传了《中华人民共和国测绘法》等法律法规和全省数字城市建设、“天地图”建设、地理国情监测和地理信息产业发展等工作。

【测绘资质与市场管理】

湖北省测绘局组织完成测绘资质年度注册工作，并将年度注册结果在《湖北日报》公告。应参加注册单位423家，通过注册421家，其中甲级40家、乙级74家、丙级183家、丁级124家，未参加注册2家。

2012年，湖北省测绘资质注册采取测绘单位自查和测绘行政主管部门核查相结合的方式。年度注册核查内容除按照国家测绘地理信息局规定重点核查的内容外，增加对测绘项目登记工作核查，并要求各单位在申报材料中上传《年度测绘单位基本情况统计表》和《年度完成的测绘项目情况》。加强对新办资质单位、升级单位的考核和巡查，督促落实质量管理和保密管理，继续坚持新办单位负责人约谈制度。截至年底，湖北省共有测绘资质单位571家，其中甲级44家、乙级112家、丙级255家、丁级160家。2012年新办测绘资质43家，升级13家，降级1家，注销测绘资质3家。为80家单位办理了单位名称、地址或法人代表等信息变更，办理测绘作业证941个，办理测绘作业证注册242个。配合国家测绘地理信息局测绘资质巡查工作，巡查省内7家测绘资质单位（甲级4家、乙级2家、丙级1家），并召开座谈会，邀请部分测绘资质单位就测绘资质管理规定及测绘资质分级标准征求意见。

【整顿和规范地理信息市场秩序】

湖北省测绘局以《湖北省测绘项目登记管理办法》的颁布实施为契机，加强日常测绘执法监管。指导市县进行案件查处，荆门查处的未进行测绘项目登记以及超资质范围测绘案已办结。推荐的武汉市国土资源和规划局于2011年处罚的武汉弘图数码科技有限公司无测绘资质非法测绘案，2012年被国家测绘地理信息局评选为测绘地理信息系统优秀行政处罚案件。

湖北省测绘局积极推进测绘地理信息市场信用体系建设，5月召开市、州测绘科长座谈会，学习《测绘地理信息市场信用信息管理暂行办法》并对省测绘地理信息市场信用体系建设实施意见进行讨论。9月27日~28日，在宜昌、武汉举办2期全省测绘地理信息市场信用信息平台应用培训班。

基础测绘

【经费投入】

2012年，湖北省省级基础测绘投入3000万元，数字湖北地理空间框架建设专项经费6500万元。湖北省测绘局直属单位全年完成测绘服务总值超过2亿元，较2011年同比增长36.2%。

【新农村建设测绘保障服务】

湖北省测绘局安排新农村测绘经费200万元，支持部分重点乡镇、武陵山经济社会发展试验区、大别山革命老区经济社会发展试验区等地的新农村建设以及鄂州市城乡一体化建设，完成20个乡镇100多平方千米大比例尺测图工作和涉农地理信息系统建设。

【测绘基准管理】

湖北省测绘局继续实施2000国家大地坐标系成果转换工作，对省级基础测绘成果进行转换处理。开展北斗地基增强项目启动相关准备工作，为2013年全面开展此项工作奠定基础。

【基础航空摄影与卫星影像获取】

湖北省测绘局加大经费投入和遥感影像数据获取力度，实现全省0.5米分辨率航摄遥感影像全覆盖。在国家测绘地理信息局的支持下，完成湖北省大部分地级市建成区的大比例尺航摄工作。采购资源三号等多种类型的卫星遥感影像数据，充实测绘生产数据源。

【安全生产】

根据湖北省政府和国家测绘地理信息局有关文件要求，湖北省测绘局加强生产安全管理，强化安全生产措施，全年无生产安全事故发生。

【质量监督】

湖北省测绘局组织开展全省测绘成果质量监督检查工作，抽查50家甲级、乙级和省直管测绘资质单位，各市州测绘行政主管部门抽查100多家丙、丁级测绘资质单位。落实过程质量检查专项经费，对基础测绘项目和数字湖北地理空间框架建设项目等开展过程质量检查，实施测绘生产的全程质量监督。

地图管理与地图服务

【地图编制管理与审核】

湖北省测绘局依据《湖北省地图管理办法》开展地图审核工作，组织市、州地图审核人员参加国家测绘地理信息局举办的培训班，按照《关于加强地图备案工作的通知》要求，完善地图备案工作机制，进一步加强地图管理。2012年，受理地图审核申请29件，批准28件，不予批准1件。全省测绘管理部门共审核批准地图84件。

【地图市场监管】

湖北省测绘局加大地图市场监管力度，对湖北美术出版社有限公司引进版《世界地图之旅》、《动物世界之旅》地图册未送审以及某师范大学出版社编制的《考点同步解读·区域地理》教辅书存在“问题地图”进行了查处。安排有关人员到襄阳、十堰2市，检查主城区图书市场。联合武汉市国土资源和规划局检查武汉主城区地图市场，武汉市工商局、新闻出版局和聘请的地图信息员参与此次检查行动。

【互联网地图监管】

湖北省测绘局按照国家测绘地理信息局的统一部署，运用互联网地理信息安全监管系统，对互联网地图和地理信息服务网站进行跟踪监控管理，对市、州测绘主管部门网上地图监管工作给予指导。对10多家互联网地图服务单位的测绘资质、出版资质及登载的地图是否经过审核等进行了专项检查。

【国家版图意识宣传教育】

湖北省测绘局组织召开10部门联席会议，研究制定2012年国家版图意识宣传教育工作计划，并印发相关文件。在湖北省测绘科技周和测绘法宣传日期间，开展有关地图法律法规和国家版图知识、地理信息安全保密和“问题地图”专项治理宣传教育活动，设立宣传站点，摆放展板，免费发放国家版图宣传画、中国地图、国家版图知识读本等材料1万多份。组织开展国家版图意识宣传教育“进学校、进社区、进媒体”、“祖国在心中——全国国家版图知识竞赛”、“中图杯——全国少儿手绘地图大赛”等活动，面向省联席会议成员单位、湖北报业集团等媒体及省内30多所学校、30个社区发放国家版图知识宣传教育资料3000多份，收到近50所学校的全国少儿手绘地图大赛参赛作品365份，社会各界反映良好。

测绘地理信息成果管理与应用

【成果汇交与资料档案建设】

湖北省测绘局对局属测绘资质单位2010年~2012年完成的省级基础测绘项目和市场承接测绘项目测绘成果目录和副本实行汇交。开展“湖北省测绘成果分发服务系统”建设，提升地理信息公共服务平台的信息化服务水平。

【成果提供使用】

2012年湖北省测绘局审批涉密基础测绘成果541件，对外提供测绘成果3件，较好地满足了经济社会发展的需要。

【涉密测绘成果管理】

湖北省测绘局重点加强对涉密测绘成果使用单位、测绘资质单位和受用户单位委托使用单位的检查力度，对武汉大学、局属单位的涉密测绘成果管理与使用情况进行检查，对襄阳、十堰等地进行抽查，对武汉中地数码科技有限公司、武汉景鹏科技有限公司存在涉密测绘成果泄密隐患事件进行专项调查。召开全省测绘成果保密检查总结表彰大会，表彰测绘成果保密检查工作成绩突出的单位和个人。进一步完善测绘成果核心涉密人员岗位管理制度，在武汉举办2期涉密测绘成果管理人员培训班，共有306人参加。

【测量标志保护】

湖北省测绘局完成全省境内3100多座高等级测量标志的重点维护工作。5月，召开2012年度全省测绘法制工作及测量标志管护先进表彰会议，对几年来在测量标志管护工作中表现突出的21个先进集体、64名先进个人及72名优秀标志保管员进行表彰，对第三批测量标志重点维护单位进行技术培训，并下拨了测量标志维护保管专项经费。

【合作共建】

湖北省政府印发《湖北省地理空间数据交换和

共享管理暂行办法》，明确湖北省测绘局负责全省地理空间信息数据资源交换与共享工作，负责规划、建设、管理和维护湖北省地理空间信息数据交换和共享平台。湖北省测绘局已与8个政府部门签订《地理空间信息资源共建共享协议》，向已签协议单位免费提供地理信息数据涵盖水利、民政、地震、林业、交通等多个领域。分别与重庆市规划局和湖北省水利厅、林业厅、教育厅签订合作协议，加强地理信息数据共享交换、专题应用系统共建等方面的合作。

湖北省测绘局与荆州市、神农架林区政府签订测绘保障服务合作协议书，在数字城市、基础地理信息数据采集、新农村测绘保障服务等方面给予支持，推进地方测绘事业发展。

【成果推广应用与保障服务】

湖北省测绘局进一步加强成果推广应用与保障服务工作，为省委书记李鸿忠、省长王国生等领导调研部分地区干旱情况编制提供《鄂北地区水资源配置工程规划图》、《省领导视察线路图》。编制《湖北省绿色地图》提供给省“两会”代表使用，为省第十次党代会和新区域经济发展战略宣传，紧急编制《湖北省区域发展新格局地图》，省委给予充分肯定，并受到省委书记李鸿忠的赞扬。该图在《湖北日报》头版刊登。编制印刷《长江中游城市集群地图》，为国家有关部委、湘鄂赣三省主要领导讨论加快构建长江中游城市集群会议提供工作用图。全年对外提供基础测绘成果14774幅，其中，喷绘图1689幅、数字成果12981幅、控制点成果104个；航片及卫星影像资料19330片。

科技创新与人才培养

【科技创新】

2012年，湖北省测绘局投入科研项目专项经费150万元，围绕数字城市应用系统开发、1:1万基础地理信息数据更新方案研究、地理国情监测公众服务工作流和现代基准等方面实施了7个科学研究项目。其中，由湖北省航测遥感院承担的基于数字城市地理空间框架的城市规划管理信息系统项目实现三维规划成果辅助审批、图文一体化规划审批办公等目标，已在鄂州市、黄冈市等规划系统单位部署，成果得到良好应用。

【科技装备】

2012年，湖北省测绘局配套273万元，支持局属各生产单位和省测绘产品质量监督检验站进行软硬件设备升级等装备建设。

行政体制与队伍建设

【事业单位改革】

根据湖北省政府统一部署，湖北省测绘局局属事业单位在推行岗位设置和全员岗位聘用制管理的基础上，实施了工作人员绩效工资，规范了离退休人员津补贴。

【人才队伍建设】

湖北省测绘局推荐1名领导干部交流到省属国有企业任职，在机关民主推荐6人担任处级领导职务，对部分干部进行轮岗交流。配备完善了部分局属单位班子成员，按照省委组织部的要求推荐2批年轻干部参加省统一选拔。湖北省测绘局直属单位向社会公开招聘工作人员16人。通过特殊人才引进2名博士。湖北省测绘局从直属单位中选派2名技术骨干到鄂州市测绘局地理信息中心挂职技术副主任，支持数字城市建设应用的进一步深化。全年共安排12人到省委党校、省直机关工委党校和华中师范大学党校进行学习培训。指导局测绘宣传中心举办信息化测绘新技术培训等8个培训班，培训698人次。

【职业资格管理】

湖北省测绘局组织完成全省注册测绘师资格考试审核工作，570人通过审核，其中局属单位80人。湖北省测绘产品质量监督检验站开展了7期测绘技能培训；进行测绘职业资格鉴定工作，457人参加，30人获得国家二级职业资格，378人取得二级以下相应职业资格。

精神文明建设

【党建工作】

湖北省测绘局开展“迎创”主题实践、双联双促、创先争优等活动，开展各层级的集中学习讨论和座谈。组织局机关全体人员、直属各单位班子成员收看党的十八大开幕式，在局门户网站设置党史知识学习窗口，增强党员干部知党、爱党、兴党意识。举办1期全局入党积极分子培训班。调整增补局直属机关委员会委员和机关部分党支部书记。被省委省政府评为“党建工作合格单位”。为贯彻落实《2010-2012年湖北省党的基层组织建设工作规划》，举办了党支部书记培训班。对支部进行分类定级工作，全局40个党支部全部升级到一级党支部。按规定配备了局直属机关党委书记和专职副书记以及专职党务干部，局属各单位配齐了书记。落实机关党组织活动经费，并列入年度行政经费预算。组织党员干部32人次参加5期“湖北干部讲堂”。

【党风廉政建设】

湖北省测绘局开展2011年党风廉政建设责任制大检查，局领导带队到局联系单位，全面了解局属各单位党风廉政建设责任制实施情况。层层签订2012年党风廉政责任制书，增强领导干部的廉政责任意识。对新提拔的领导干部推出“廉政套餐”，进行任前廉政集体谈话、学习廉政准则、赠送廉政书籍、畅谈廉政感言、签订新任处级领导干部廉政“五承诺”。

积极开展“保持党的纯洁性”教育活动，组织观看反腐倡廉电影和警示教育片，开展“争创新业绩、纯洁在心中”演讲比赛，围绕“保持党的纯洁性”主题开展岗位教育，增强党员干部对岗位廉政建设和保持党的纯洁性重要性的认识。开展百名干部“诺廉政”活动，坚持重大节日发送廉政短信活动，用反面教材教育广大党员爱岗敬业、廉洁从政。

【文化建设】

湖北省测绘局制定《湖北省测绘局2009-2013年创建文明单位工作规划》、《关于调整局精神文明建设领导小组成员的通知》和《湖北省测绘局开展创建“两型”社会活动方案》，启动文明单位创建工作。做到“四同一纳入”，即把创建工作与行政业务工作一同研究、一同布置、一同检查、一同考核，把创建工作纳入党组和行政工作重要议事日程。积极参与驻地文明创建工作，局团委开展了以“弘扬雷锋精神、构建和谐家园”为主题的活动。开展 “文明湖北”创建活动。湖北省测绘局获省级文明单位称号，连续5届获得武昌区区级最佳文明单位称号，连续5年获“计划生育工作先进示范单位”。

地方社团工作

【湖北省测绘学会】

湖北省测绘学会召开十届四次常务理事会，增补了副理事长，吸纳4家会员单位，完成4家单位的常务理事变更手续。加强网络信息平台建设，定期在网上和学会QQ群发布重要信息，增强了学会与会员单位之间的信息沟通。不定期联合行业学会共同举办学术交流活动，促进学会的发展。承办全国测绘学会秘书长会议和执业资格工作委员会全体委员工作会议。

5月，湖北省测绘学会主办了数字城市建设应用及推广新技术培训。6月，与英国皇家特许测量师学会签署了合作协议。10月，承办第十次全国测绘科技信息交流会。11月，召开2012年学术年会，湖北省测绘学会理事、各会员单位科技人员等150多人参加，会议对2012年湖北省测绘科技进步奖获奖单位进行了表彰，其中，特等奖1项、一等奖5项、二等奖5项、三等奖15项。

推荐2012年中国测绘学会测绘科技进步奖、优秀测绘工程奖和优秀地图作品裴秀奖，2个项目分别获测绘科技进步奖二、三等奖；多个会员单位的测绘项目获优秀测绘工程奖金、银、铜奖；《鄂西生态文化旅游圈地图集》获优秀地图作品裴秀奖银奖。

组织会员单位参加由省科协、省人力资源和社会保障厅、省科技厅联合举办的“湖北省自然科学优秀学术论文”评选，推荐论文225篇，其中，获二等奖11篇、三等奖23篇。组织推荐“科技创新源泉工程”优秀期刊、创新创业人才，主办的《地理空间信息》获“科技创新源泉工程”优秀期刊奖，何保国获“科技创新源泉工程”创新创业人才奖。组织完成全国测绘科技信息网中南分网第二十七次学术交流会论文征集工作，推荐68篇优秀论文，其中获一等奖7篇、二等奖14篇。

【湖北省测绘行业协会】

湖北省测绘行业协会分别到湖北省土地规划勘测院、湖北省国土测绘院、中铁大桥勘测设计院有限公司等9家副会长单位走访调研，了解测绘行业的发展状况及存在的问题。组织召开民营测绘企业座谈会，14家民营测绘企业分别就发展中的主要问题和测绘经营活动中遇到的困难发表了意见。做好协会换届工作，起草本届工作报告，提交会员代表大会审议；重新登记会员单位，申报理事单位、常务理事单位和副会长单位，形成候选名单供大会审议、选举；根据会员单位意见，修订协会章程部分条款，供大会审议。

湖南省

概况

2012年，湖南省国土资源厅把数字城市建设、HNCORS综合应用服务系统建设、“天地图·湖南”以及地理国情监测作为工作重点，推进基础测绘、地图管理、成果应用、科技创新、人才培养和测绘地理信息市场监管等工作。湖南省测绘地理信息工作迈上新台阶，省国土资源厅被省委省政府评为全省绩效考评先进单位。

至年底，全省14个市州全部开展数字城市地理空间框架建设，其中3个城市已通过国家测绘地理信息局的验收。全面建成HNCORS系统，实时定位精度从米级提高到厘米级，开始为400家用户提供应用服务。“天地图·湖南”已接入国家主节点，其中长沙和株洲节点正式上线，开展了多项典型应用。地理国情监测工作全面展开，投资550万元开展全省粮食种植面积遥感监测，利用卫片对全省7个市州实施土地卫片执法检查和年度土地变更调查。加强基础测绘的应用和服务，为环洞庭湖基本农田建设重大工程、湖南省连片推进土地整治项目等重大工程建设提供测绘保障服务。

2012年，全省566家测绘资质单位参加年度注册，注销11家；新增测绘资质单位7家。积极开展测绘资质巡查工作，加强测绘成果质量管理，对6个市州47家资质单位开展质量监督检查，抽检合格率为93.6%。全年审批涉密基础测绘使用申请390件，审核地图51件。6月，开展互联网地图专项治理行动，查处5家“问题地图”网站，9月，在全省开展了国家版图意识宣传教育“三进两赛”活动。

积极支持测绘科技创新，2012年累计投入115万元重点支持7个科技计划项目，并预算1000万元配备“高精尖”测绘设备。重视人才培养和交流合作工作，组织开展了测绘科技交流和测绘行业培训。

重点工作

【数字城市建设】

湖南省全面推进数字城市地理空间框架建设，至2012年底，全省14个市州纳入数字城市地理空间框架建设试点或推广计划。其中，长沙、郴州、益阳3市已通过国家测绘地理信息局验收，株洲市通过省国土资源厅组织的验收，长沙市获得“全国数字城市建设示范市”称号。各地依托数字城市地理信息公共服务平台，建设了城市管理、人口管理、园林绿化等一批应用示范或推广系统，提高了城市管理服务水平。数字茶陵建设顺利，同时湘乡、道县和资兴3个县市也先后开展数字城市建设工作。

2012年3月8日，国家测绘地理信息局与湖南省人民政府在北京举行共同推进数字湖南地理信息基础工程签约仪式。

【HNCORS综合应用服务系统】

湖南省卫星定位连续运行基准站（HNCORS）综合应用服务系统全面建成，满足经济社会发展对高精度空间定位的要求，拥有1000多台（GPS-RTK）接入系统，实时定位精度从米级提高至厘米级。全省似大地水准面精化成果已融合到HNCORS中，为用户提供高精度三维定位服务。该系统已为省国土资源厅及其直属单位、各市州国土资源局、气象局、水利厅、电力公司等400家用户单位提供应用服务，广泛应用于资源调查、防灾减灾、应急指挥等领域。

【“天地图·湖南”建设】

“天地图·湖南”已接入国家主节点。经国家主节点测试，湖南省省级节点数据的现势性、地名地址的丰富度优于主节点。完成省交通在线实时路况系统、省测量标志管理信息系统、省质监局法人地理信息管理系统等典型应用。湖南省国土资源厅推进“天地图”长沙数据中心建设，已做好标准机房场地、互联网带宽、办公场地等前期准备工作。“天地图·长沙”、“天地图·株洲”市级节点已上线。

【地理国情监测】

湖南省国土资源厅积极推进地理国情监测工作，组织省内相关专家研究制定了《湖南省地理国（省）情监测实施方案》。依据省财政厅提出的需求，投资550万元开展全省粮食种植面积遥感监测项目，采购特定时相的中等分辨率卫星遥感数据源，采用多种农作物遥感识别方法，确定全省该年度粮食作物的种植范围，为省政府决策、制定调控措施提供依据。国土资源卫片执法纳入地理国情监测服务内容，利用卫片对7个市州实施土地卫片执法检查和年度土地变更调查，对3000个土地卫片执法检查疑似违法图斑和45个矿产卫片执法检查图斑进行全面核查，其中土地卫片执法检查涉及图斑面积52715.4亩，对疑似违法图斑从技术角度给予定性，确保数据上报的真实性和完整。

市场监管

【资质管理】

湖南省国土资源厅严格规范测绘资质管理，依法开展测绘资质年度注册、测绘资质申请、升级、增加业务范围、信息变更等业务工作。全省参加2012年度注册的资质单位566家，依法注销11家，全年新批准测绘资质单位7家。

组织开展甲、乙级测绘资质单位资质巡查工作，通过听取情况介绍、召开座谈会、查阅资料、实地检查等方式，对测绘单位资质条件变化、市场活动以及履行法定义务等情况进行了监督检查，并及时作出结论，对不符合测绘资质管理要求的，责令限期整改。

【质量管理】

湖南省国土资源厅把测绘质量作为监管工作的重点来抓，不断强化监管力度，采取年初培训、两级检查一级验收、奖优罚劣等措施，强化基础测绘成果质量管理，基础测绘成果验收合格率100%。

3月，湖南省国土资源厅组织对测绘成果质量进行监督检查，成立了测绘地理信息成果质量监督检查组，印发《关于开展2012年测绘地理信息成果质量监督检查的通知》。首次实行分级检查制度，省国土资源厅负责甲乙级测绘资质单位成果质量监督检查，市州国土资源局负责丙、丁级单位。省检查组共抽检娄底、益阳、长沙、怀化、衡阳市和湘西自治州等6个市（州）47家资质单位的47个项目，其中甲级8家、乙级39家，占甲、乙级单位的35%。抽检范围包括大地测量、摄影测量与遥感、工程测量、地籍测绘与地理信息系统等5大类测绘地理信息成果。通过监督检查和质量评定，成果质量批合格44个，批不合格3个，抽样合格率为93.6%。印发《关于2012年甲乙级资质单位测绘地理信息成果质量监督检查情况的通报》，针对检查中发现的问题提出了整改和处理意见。

为做好测绘计量管理工作，湖南省国土资源厅委托省测绘质检站对新建的湖南省测绘计量器具综合检定场等基础设施开展定期维护工作。2012年投入57万元，购置了精密经纬仪检验装置等计量设备。全省31名测绘计量检定人员均持证上岗，按时参加复审考核，严格按审核通过的检定范围开展工作，2012年检定各类测绘仪器6878台。

【信用信息管理】

6月，湖南省全面启动测绘地理信息市场信用信息平台。为做好信用信息的统一征集、管理、查询、发布工作，在全国率先举办信用信息管理系统应用培训班，编发了系统操作指南，市州国土资源局管理人员和资质单位相关人员参加培训。各市州国土资源局加强培训和指导，积极组织行政区域内乙、丙、丁级资质单位填报相关信用信息，并进行审核，发现问题及时纠正，确保信用信息平台有效运行。

基础测绘

【现代测绘基准体系建设】

长沙、株洲、郴州、益阳等市加密了GPS控制网和水准路线，得到了优于1.5厘米的城市似大地水准面成果。在省级基础测绘、数字城市建设等项目中全面启用2000国家大地坐标系，研发了2000国家大地坐标系、1980西安坐标系及1954北京坐标系的转换软件，为用户提供软件或数据转换服务。

【基础地理信息数据库建设与更新】

湖南省基础测绘安排1:1万地形图更新2217幅，下达基础测绘经费3000多万元，主要更新吉首测区、宁远测区和洪江测区。全年新增2908幅基础测绘“4D”

产品、新增航摄面积近2.5万平方千米，统一整理入库，进一步丰富了基础地理信息资源。扫描像控片581张、调绘片1007张、历史航片7543张、项目航片845张，加强了测绘成果的数字化管理。配合开展1:5万数据库动态更新工作，为项目承担单位提供湖南省1:1万基础测绘成果，安排专人协助黑龙江测绘地理信息局、国家测绘地理信息局重庆测绘院到相关部门收集1:5万数据库动态更新所需资料。

【基础航空航天遥感影像获取与应用】

湖南省使用国家基础航空摄影及卫星遥感影像的情况良好，组织了影像资料管理评审会，影像资料使用率达90%以上。为满足湖南省1:1万地形图更新需要，配合国家测绘地理信息局对洞庭湖测区4.22万平方千米范围进行航空摄影，按比例提供该项目配套经费。在基础测绘、数字城市建设、农村集体土地确权登记发证、1:5万数据更新等方面，实现了航空航天影像资源共享。对近年基础测绘项目获取的航空航天影像进行综合分析，在农村集体土地确权登记发证工作中使用了约12万平方千米影像。为农村集体土地确权登记发证工作采购约10万平方千米的卫星影像，同时应用于基础测绘、数字城市建设与地理国情监测等工作。

地图管理

【地图审核】

湖南省国土资源厅组织相关单位开展地图审核和备案工作，全年共受理审核地图、核发审图号51批次，经审核批准出版发行的地图符合有关规定，并全部按照要求备案，备案率100%。

【地图出版】

湖南省国土资源厅认真做好领导用图和应急地图保障服务工作，完成国务院总理温家宝、全国政协主席贾庆林等中央领导在湖南考察应急地图，省委省政府领导调研、中部论坛等重大活动专用地图编制工作，受到省委省政府领导的高度评价。湖南省相关测绘部门全年编制地图205种，其中单幅地图189种、地图集（册）16种。积极开展特色地图服务，不断推出精品地图，出版印刷丝绸版、仿丝绸版、亚仿布版等地图。

【互联网地图监管】

湖南省加大互联网地图服务监管力度，对省内1613家可疑互联网地图网站、5075个可疑兴趣点开展动态实时监控，及时发现和处理互联网地图使用不规范、无资质等问题。6月，湖南省国土资源厅协同省相关部门开展互联网地图专项治理行动，对省、市、县三级政府，省直机关，甲级资质单位门户网站的地图进行全面检查，发现5家单位的网站存在“问题地图”，责成立即整改并对整改情况进行复查。

【国家版图意识宣传教育】

湖南省国土资源厅制定了《开展测绘法宣传月活动实施方案》、《开展国家版图意识宣传教育“进学校、进社区、进媒体”活动工作方案》，9月，联合省政府新闻办公室等10个部门，组织30个学校和社区参加了在长沙市天心区红卫小学启动的国家版图意识宣传教育“进学校、进社区、进媒体”活动。现场发放测绘法宣传画、国家版图知识手册等各类宣传资料1万多份。据统计，全省5万多人参加国家版图意识宣传教育活动，1.3万多人参加网络“祖国在心中——全国国家版图知识竞赛”，近1000名中小学生参加“中图杯——全国少儿手绘地图大赛”。

在“三进”活动中，邀请湖南卫视、湖南经视、湖南日报社、湖南电台新闻频道等多家主流媒体积极参与，集中宣传报道，营造良好氛围。《长沙晚报》开通96333新闻热线，接受读者有关国家版图知识的咨询及对“问题地图”的举报。《潇湘晨报》登载的《湖南：漏绘钓鱼岛的“中国地图”一律整改》一文被新浪、搜狐、腾讯等多家大型门户网站头版转载。

测绘地理信息成果管理与应用

【成果管理】

2012年，湖南省国土资源厅共审批涉密基础测绘使用申请390件，审核地图51件，所有行政许可事项均在规定时间内依法办理完结。全年提供纸质地形图3193张，GPS点579个，三角点11个，水准点405个，数字地形图28079幅、数据量599GB。

组织对测量标志进行普查，掌握测量标志的基本情况和现状。全省完好的基站点，一、二、三等水准点和A、B、C级GPS点共3038个。建立湖南省测量标志档案数据库及湖南省测量标志管理信息系统。测量标志管理信息系统在厅门户网站发布，为社会提供地理信息服务，便于测量标志信息的查询、管理和更新。

【测绘保障服务】

湖南省认真做好重大工程项目的基础测绘保障

服务，共签订提供数据协议97份。其中，为农村集体土地确权登记发证工作和“找矿大行动”提供图幅14132幅，占全年提供数的82%；为江华、江永等11个县区风电项目建设决策提供数据；为省扶贫办提供24个县高寒贫困村的海拔高程统计数据；为连片推进土地整治项目、环洞庭湖区高标准基本农田建设重大工程、湘江流域污染治理、武陵山区集中连片扶贫开发、长株潭绿心保护、第一次水利普查等提供地理信息技术与数据服务。

【重大工程建设】

3月，完成国家重点项目——“环洞庭湖基本农田建设重大工程”（第三期）任务中3个片块约21万亩的测量及2个片块的土地规划任务。12月，组织2013年环洞庭湖基本农田建设重大工程中的沅江、津市、汉寿等市县共23.5万亩的1:2000地形图测绘。

2012年下半年，开展8个县的连片农田示范县项目测绘工作。一系列新技术、新方法得到推广和应用，为服务全省连片土地整治和高标准基本农田建设提供了技术支持。

科技创新与人才培养

【科技创新】

湖南省国土资源厅通过了“张家界地貌的精确测量与数字重建研究”、“基于高分辨率遥感影像的城市建筑物目标变化检测及快速更新方法研究”等7个厅科技计划项目，项目经费合计115万元。承担“地理空间数据应用模型研究”省级科技项目。

无人机低空航摄技术、高分辨率卫星影像等新技术和新方法得到推广和应用。在洪江测区1:1万“3D”产品中，首次尝试使用IKONOS-2卫星1米分辨率和GeoEye-1卫星0.5米分辨率数据替代航摄影像进行基础测绘更新。在龙山、永顺等20个县的1:2000县城影像制作中，广泛采用无人机低空航摄系统，航测总面积约7000平方千米。

【装备建设】

湖南省国土资源厅加大对直属单位测绘能力建设支持力度，预算1000万元配备各类“高精尖”测绘仪器装备、软件平台、数据处理系统等。加强国土资源系统测绘能力建设，2012年继续为71个县市国土资源局测绘队配发仪器，实现全省各县市国土资源局测绘队双频GNSS的全覆盖，举办2期HNCORS应用及双频GNSS培训班。

【交流合作】

5月，由湖南省国土资源厅、中南大学及测绘出版社联合主办的2012测绘地理信息科技创新论坛在长沙举行，全国测绘地理信息行业的12名院士和100多名专家学者就卫星测绘与导航、高分辨率遥感、激光雷达等领域展开学术交流和探讨。中国科学院院士陈俊勇作了《“十二五”中国测绘与地理空间信息科学展望》主题报告。

湖南省国土资源厅全年共组织2个团组12人次赴美国、加拿大等国考察学习测绘地理信息技术与管理，安排1人次参加测绘地理信息国际会议，1人次参加国家测绘地理信息局组织的国外培训。

【人才培养】

湖南省国土资源厅落实“人才优先发展”战略，组织公开招聘41名事业单位人员，选派2名80后干部到区县挂职锻炼。举办全省测绘地理信息行政管理与执法培训班，与湖南工程职业技术学院联合举办为期6个月的测绘技能人才培训班，组织30多人参加国家测绘地理信息局举办的各类培训。做好专业技术职称的申报和协调工作，为技术进步和人才成长创造良好的氛围。

精神文明建设

【党风廉政建设】

湖南省国土资源厅严格落实党风廉政建设责任制，全系统党风廉政建设和反腐败工作会议与全省国土资源工作会议同时召开，对党风廉政建设和反腐败工作做出部署。印发《2012年党风廉政和惩防体系建设任务实施方案》，与厅机关各处室、厅直属单位和14个市（州）国土资源局主要负责人签订《党风廉政建设责任状》，进一步明确工作任务和要求。深入开展党风廉政教育，组织机关党员干部观看廉政警示教育片，赴长沙监狱开展警示教育。扎实开展效能监督工作，研究制定了《湖南省国土资源厅关于开展行政审批专项效能建设的工作方案》，重新梳理12项行政许可、5项非行政许可和2项社会管理等行政审批事项的办事程序，进一步优化办事流程，办结回访满意率达100%。

【文化建设】

湖南省国土资源厅在娄底市举办全省首届“国土资源杯”乒乓球赛，在益阳市举办“测绘杯”羽毛球邀请赛。连续三年组队参加12月26日纪念毛泽东同志诞生韶山万人长跑比赛。组织“弘扬核心价值体系，争当雷锋精神传人”主题演讲比赛和“竞赛比高低，素质展风采”岗位技能竞赛。省国土资源厅被评为“省直机关文明标兵单位”，厅直机关党委被中组部评为“全国先进基层党组织”。

地方社团工作

【组织建设】

3月6日，湖南省测绘学会在长沙召开九届四次常务理事会议，审议增补理事1名、团体会员2个、个人会员20名。至年底，学会共有团体会员227个、个人会员2320名，11个专业委员会。学会坚持民主办会，规范组织管理，连续12年被省科协评为“学会工作先进集体”。

【日常工作】

湖南省测绘学会坚持办好《湖南测绘简讯》，全年共编发4期7400多册。加大对湖南测绘网综合门户交流平台的日常维护和更新，追踪测绘时事动态，促进行业会员之间的交流学习。

积极组织会员单位申报2012年中国测绘学会相关奖项的评选，获得测绘科技进步奖二等奖1项、三等奖1项，优秀测绘工程奖金奖1项、银奖6项、铜奖2项，优秀地图作品裴秀奖2项。从湖南省测绘科技专家委员会中抽取部分专家对59个申报省级奖项的项目进行评审，评选出省优秀测绘工程奖一等奖8个、二等奖14个、三等奖19个，省测绘科技进步奖一等奖3个、二等奖3个。

【学术交流】

7月6日，湖南省测绘学会和湖南省地图院联合举办“地图学与GIS”学术论坛，全面展示近年来湖南省地图学与GIS领域内取得的成果，探讨和交流学科未来的发展方向和模式，并邀请专家作专题报告。

广东省

概况

广东省国土资源厅认真贯彻落实国家测绘地理信息局和省委省政府的工作部署，大力推进测绘地理信息各项工作，实现既定的年度工作目标。数字城市地理空间框架建设基本完成，150多个典型应用示范系统建成使用，数字县区建设正式启动；珠江三角洲基础地理信息公共平台批准立项，全面展开建设；广东省2000国家大地坐标框架建立及实时服务项目通过鉴定并提供使用；国家测绘地理信息局统计网络直报系统省级部署试点项目——广东省测绘统计网络直报系统建设完成，并通过验收；广东省测绘地理信息市场信用信息平台建成并启用。2012年，广东省国土资源厅被国家测绘地理信息局和国家保密局评为全国测绘成果保密检查先进集体；在全国省级测绘地理信息行政主管部门贯彻落实科学发展观2012年度测绘地理信息工作考评工作中，被国家测绘地理信息局评为突出进步单位；被全国国家版图意识宣传教育和地图市场监管协调指导小组评为全国国家版图意识宣传教育和地图市场监管工作先进集体和“祖国在心中——全国国家版图知识竞赛”组织奖；省纪委驻厅纪检组被国土资源部评为“全国国土资源系统纪检监察工作先进集体”。

重点工作推进

【数字城市建设】

经国家测绘地理信息局批准，广东省21个地级市全部纳入数字城市地理空间框架建设试点或推广项目。截至2012年底，18个市完成建设任务，揭阳、汕尾、湛江3个市基本完成；建成150多个典型应用示范系统。12月，广东省国土资源厅召开全省数字城市工作会议，部署开展数字县区建设工作。

【“天地图·广东”建设】

广东省国土资源厅积极推进“天地图·广东”节点建设，更新地名地址数据库，实现“天地图·广东”节点与国家主节点连接；制定《天地图省市级节点建设方案》，广州、深圳、佛山等市开展“天地图”

市级节点与国家主节点连接工作；建成基于省、市级节点建设的典型应用系统 21 个。

【地理国情监测】

广东省国土资源厅将地理国情监测工作纳入“十二五”基础测绘规划，开展省直部门需求调研，确定地理国情监测重点内容，制定年度工作计划。2012 年，安排省级地理国情监测项目经费 160 万元，完成试点区土地资源利用、地质灾害等重点内容的监测，并对其重要指标参数及变化趋势进行分析。继续完善“三旧”（旧城镇、旧厂房、旧村庄）改造和矿产资源标图建库工作，建立动态更新机制。

【地理信息产业】

广州地理信息产业园正式落户广州市天河智慧城核心区，规划占地 330 万平方米，实际可建设用地约 165 万平方米，将建设成国家级地理信息产业园。已有南方测绘、广州建通测绘技术开发有限公司、广州奥格智能科技有限公司等一批具有全国影响力的测绘地理信息龙头企业进驻园区。

法制建设与市场监管

【制度建设】

广东省国土资源厅制定《广东省连续运行卫星定位服务系统使用管理暂行规定》、《广东省省级优秀测绘工程评选办法》，起草《广东省测绘地理信息市场信用信息评价办法》、《广东省测绘地理信息市场信用信息平台管理维护规定》等 8 项规范性文件，废止《广东省地图管理办法》。各市积极推进制度建设，广州市出台《广州市测绘成果管理规定》和《关于加强我市测绘市场和测绘质量管理工作的若干规定》；中山市出台《中山市测绘管理规定》；潮州市出台《潮州市地理空间框架建设与使用管理办法》等。

【资质管理】

广东省国土资源厅组织完成 2012 年测绘资质年度注册工作，办理测绘资质核准事项 96 件，新增测绘资质单位 33 家，注销测绘资质单位 22 家，核减业务范围 8 家，验证登记外省来粤测绘单位 44 件。至年底，广东省共有测绘资质单位 591 家，其中，甲级 40 家、乙级 133 家、丙级 187 家、丁级 231 家。

【质量监管】

广东省国土资源厅组织完成 2012 年全省测绘质量监督检查工作，共检查测绘资质单位 460 家；依据检查结果处理了一批测绘资质单位；完成基础测绘项目成果检验 18 项、市场委托检验项目 47 项。推进测绘地理信息信用体系建设，完成广东省测绘地理信息市场信用信息平台建设和操作应用培训，开展全省范围内测绘单位基本信息以及其他信息的录入、审核、复核、发布等工作，拟定了广东省测绘地理信息市场信用信息管理各项制度。

【行政执法】

广东省各级国土资源主管部门开展地理信息市场行政执法检查 151 次，其中，地图市场 45 次、测绘市场 31 次、地理空间信息数据 16 次、涉外测绘 7 次、测量标志 47 次、其他 5 次。开展重大专项执法 17 次，其中，地图市场 4 次、测绘市场 5 次、地理空间信息数据 5 次、涉外测绘 1 次、测量标志 2 次。发现违法行为 47 起，查处违法案件 46 件，做出行政处罚案件 1 件。

基础测绘

【国家基础测绘项目】

广东省国土资源厅积极参与国家重大测绘项目实施，完成“927”工程项目饶平、陆丰、大万山 3 个卫星定位连续运行站建设；完成担杆列岛测区 32 幅 1:2000、20 幅 1:5000 测图任务。配合国家测绘地理信息局完成国家基础航空摄影连州测区 10310 平方千米、梅州测区 1.5 万平方千米和汕头数字城市 2285 平方千米的航空影像数据获取。

【省级基础测绘】

广东省国土资源厅积极配合省发展和改革委、经济信息化委、财政厅等部门做好“十二五”省级基础测绘项目经费的审核工作，组织省直有关部门赴浙江、湖南、内蒙古等省区开展基础测绘工作调研，落实珠江三角洲基础地理信息公共平台建设项目经费 3000 万元、基础测绘项目经费 1400 万元。编制下达 2012 年度省级基础测绘项目一、二期计划；部署开展信宜、阳江测区 1:1 万航摄像片控制点联测，广东省连续运行卫星定位服务系统应用服务，“天地图·广东”节点电子地图生产，数字城市地形图保密技术处理，广东省 1:5 万电子地图数据建设和测绘地理信息市场信用体系建设等 20 多项基础测绘项目任务。组织完成清远、梅州、韶关等地区 6199 平方千米高分辨率航空影像数据和潮州拓林湾 310 平方千米的 1:1 万浅海滩涂水下地形数据获取；全省 6599 幅 1:1 万地形图核心要素和植被提取更新；惠州 1730

幅1:5000数字正射影像图制作；卫星定位连续运行基准站建设4个；GPS大地控制点测量527点；水准点测量252千米。完成广东省实时坐标服务系统开发，实现面向用户需求的2000国家大地坐标系、1980西安坐标系和1985高程基准成果实时服务。依据《基础测绘计划管理办法》，编制2013年基础测绘计划，并报送国家测绘地理信息局和省发展和改革委。

【市县基础测绘】

广东省市、县基础测绘工作进一步加强，21个地级市完成基础测绘“十二五”规划编制，其中14个市已报市政府批准实施。惠州等市组织完成县（区）基础测绘“十二五”规划编制。广州、惠州等市创新基础测绘项目管理机制，联合市发展和改革委、财政部门，统一组织编制全市基础测绘计划。2012年，市县基础测绘投入1.66亿元，完成1003幅1:2000、1234幅1:1000、9855幅1:500地形图测制更新。获取55560平方千米航空影像数据、44589平方千米卫星影像数据。

【公共平台建设】

珠江三角洲基础地理信息公共平台建设项目经广东省发展和改革委批准，正式立项启动。年内完成项目总体设计及项目管理、应用系统建设、项目监理、软硬件支撑环境建设等项目的招投标工作，组织实施省级数据主体要素更新、省级数据保密技术处理以及省级政务版电子地图和部分市级政务版电子地图制作；开展珠江三角洲9市的市级政务版电子地图保密技术处理。开通广东省公众版地理信息公共服务平台，生产制作全省1:1万政务版DLG、DEM、DOM数据，收集21个市基础地理信息数据以及地名地址成果。

地图管理与地图出版

【地图市场监管】

广东省国土资源厅下发《关于进一步加强我省地图管理工作的通知》，加强互联网地理信息服务安全监管，对819家政府、部门、互联网地图服务网站的重点地图网站进行检查，立案查处深圳市腾讯计算机系统有限公司违法在互联网上推出街景在线地图平台案件。配合海关等部门鉴定存在“一中一台”，漏错绘钓鱼岛、赤尾屿、南海诸岛等严重政治和主权问题的地球仪10万多个、日记本98300册。全年受理审核地图106件，通过审核99件；完成地图技术审查107件。

【国家版图意识宣传教育】

广东省国土资源厅召集国家版图意识宣传教育和地图市场监管工作联席会议，研究开展国家版图意识宣传教育活动。订购3700套《国家版图知识读本》和《中华人民共和国全图》（国家版图意识宣传教育专用图），提供各级联席会议成员单位使用。部署“进学校、进社区、进媒体”国家版图意识宣传教育活动，组织全省中小学生和公民通过网络、纸质答题等不同形式参加“祖国在心中——全国国家版图知识竞赛”及“中图杯——全国少儿手绘地图大赛”。在省国土资源厅门户网站开设国家版图意识宣传教育专栏，公开登载地图管理法律法规、政策规定，国家版图知识、标准地图等供社会公众浏览和下载使用。

【地图编制】

广东省国土资源厅全年编制广东省及广州、东莞、惠州、揭阳、江门、茂名、肇庆等地的系列基础地图，包括工作挂图、卷轴灯箱地图、红木镜框地图、三维电子地图等；编制出版《广东省地图册》、《广东自驾车地图册》、《珠三角新印象地图册》、《新编广州街巷大全地图册》等；为海关、边防、公路、港口、电力、地质等部门编制专题工作用图，包括《广东省高速公路联网收费交通地图》、《深圳地质图》、《海防与打击走私巡防监控示意图》、《边检站工作示意图》、《电力现状与规划地理接线图》、《大铲湾港口地图》；为各地方志或年鉴编制插图20多种；做好《广东历史》、《广东地理》等乡土教材再版重印、发行工作。全年共出版公开版地图103种，测绘图书6种，总印数为203万幅/册。

测绘地理信息成果管理与应用

【成果管理】

广东省各级国土资源管理部门和保密部门联合开展深化测绘成果保密检查，针对2011年全省测绘成果保密检查工作中发现的问题，做好复查工作，通报719家违反成果保密管理规定的测绘资质单位和成果使用单位。制定《广东省国家秘密基础测绘成果利用审批程序规定（试行）》，举办全省涉密测绘成果管理培训班，培训人员400多人次。开展测量标志保护调研，制订印发《广东省测量标志普查方案》，召开全省测量标志普查工作会议，部署测量标志普查工作。全年受理省级国家秘密基础测绘成果申请148批次，批准 112 宗。

【应用服务】

广东省国土资源厅向社会和有关部门提供各种比例尺地形图和数字产品 56262 幅，各种控制点成果 708 点；向省领导和省直部门提供公开地图 500 多幅。市、县国土资源管理部门向社会和有关部门提供各种比例尺测绘地理信息成果 273520 幅、各种控制点成果 2504 点。推进基础地理信息数据资源共建共享，先后与省政府应急办、水利厅、公安厅、林业厅、交通厅、住建厅、海关总署广东分署、地震局等单位达成签订共建共享合作协议意向。

科技与国际合作

【科技创新】

广东省国土资源厅利用卫星定位技术建立广东省统一、高精度 2000 国家大地坐标参考框架，开发基于广东省连续运行卫星定位服务系统的实时坐标服务系统，开展广东省地质灾害无人机应急会商和指挥系统方案、广东省国土资源在线巡查系统、广东省北斗地基增强系统、机载 LiDAR 遥感监测技术等技术研究，开发移动版地图服务平台和广东省补充耕地监管系统。2012 年，“广东省航道平高控制测量”项目获 2012 年中国测绘学会测绘科技进步奖三等奖；“广东省‘二调’信息资源综合管理平台”项目获 2012 年中国地理信息产业协会地理信息科技进步奖三等奖；“广东省土地利用信息动态监测系统建设”和“广东省国土资源信息服务体系建设与应用”2 个项目分别获中国信息学会 2012 年信息化成果（国土资源领域）信息化建设技术创新成果二、三等奖；“湛江市中心城区 1:500 数字化地形测量”项目获 2012 年中国测绘学会优秀测绘工程奖金奖，“广东省现代大地控制网整体平差”项目获银奖，“广东省 908 专项海岸线修测”、“四会市江谷水库开发项目测量”、“龙门县第二次土地调查测绘工程 GPS-E 级基础控制网测量”、“广州市第二次土地调查农村土地调查作业子项目包组三（番禺调查区）”等 4 个项目获铜奖；“珠江三角洲地图集”项目获 2012 年中国测绘学会优秀地图作品裴秀奖铜奖。

【合作交流】

广东省国土资源厅积极开展粤港澳三地业务和技术交流合作，组团赴香港参加第四届珠江三角洲区域环境遥感研讨会和香港测量师学会 2012 年周年庆典。7 月，广东省测绘学会、香港测量师学会、澳门地图绘制暨地籍局在广东佛山市联合主办粤港澳测量师 2012 年学术交流联谊活动，约 90 人参加。派员赴瑞典、芬兰、美国、意大利、澳大利亚等国进行交流访问，参加国际测量师协会 2012 年工作周会议、第 22 届国际摄影测量与遥感大会和高级地理信息技术培训班。接待瑞典以及港澳来访人员 12 人次。

精神文明建设

【党的建设】

广东省国土资源厅组织学习贯彻十八大精神，组织全体干部职工收看十八大开幕式现场直播，印发《关于认真学习宣传贯彻党的十八大精神的通知》和工作方案，组织 67 人次参加专题培训，邀请省委党校教授作专题辅导，召开专题组织生活会学习讨论，购买发放学习资料 440 多册，收集各基层党组织学习贯彻体会和素材，在厅外网和橱窗进行宣传。开展保持党的纯洁性专题分析活动，召开支部分析评议会，查出问题 26 个，提出整改措施 36 条。抓好学习型党组织建设，出台《广东省国土资源厅学习型党组织建设考评细则》，举办 4 期中心组扩大学习会、4 期脱产培训和集中读书活动，对机关党员、干部开展轮训。举行第七地质大队先进事迹报告会，广东省省长朱小丹会见报告团成员并出席报告会。组织学习创先争优先进典型事迹和罗阳先进事迹，康晋斌被省直机关工委授予“优秀共产党员”称号。

【党风廉政建设】

广东省国土资源厅开展制度廉洁性评估试点，对公布实施的 9 个地方性法规、4 个政府规章以及 39 个规范性文件进行评估，对全省国土资源系统 216 项制度进行排查，提出建议 326 条，修改完善 7 项制度。开展“两整治一改革”专项行动，排查廉政风险点 1659 个，制定防控措施 1775 条；排查失职渎职风险 332 个，制定防控措施 378 条。

【文化建设】

广东省国土资源厅在全省国土资源系统组织开展以“四个一”（运行一套廉政警示屏保程序、编撰一本反腐倡廉读本、汇编一套预防国土资源失职渎职漫画手册、筹办一场廉政文艺汇演）为主题的“大地清风”廉政宣教活动，实现廉政宣教载体创新和内涵提升。《广东国土资源系统加强廉政文化建设的实践与创新》入选省直机关工委等部门举办的党建文化研讨会文章集，并作为重点课题成果提交中国测绘职工思想政治工作研究会。组织全省国土资源系统第四届“国土杯”网球比赛和厅机关干部重阳节登山活动，举办职工心理健康系列讲座，组织参加省直机关第一届运动会。积极开展“扶贫济困日”活动，收到干部职工爱心捐款14.9万元，所得捐款全部上交省扶贫基金会。做好广东省扶贫开发“规划到户责任到人”工作，帮扶点丰顺县仙龙村103户贫困户全部实现脱贫。

地方社团工作

【广东省测绘学会】

一、学术交流

广东省测绘学会积极开展学术交流活动，3月，召开2012年地籍与房产测量专委会年会及技术研讨会；5月，开展专业委员会成员交流活动；7月，与香港测量师学会、澳门地图绘制暨地籍局联合举办粤港澳测量师2012年学术交流联谊活动；举办2012年度城市测量与测量工程学术经验交流会；10月，举办全国测绘科技信息网中南分网第二十六次学术交流会，97人参加大会，共收到学术论文144篇，评出优秀论文43篇，其中，一等奖15篇、二等奖28篇；12月，举办地理信息网络化服务和共享研讨会。

二、技术培训

7月，举办注册测绘师资格考试考前培训班，培训人数219人；11月，受广东省国土资源厅委托，举办广东省涉密测绘成果管理人员培训班，培训人数394人。

三、评选工作

受广东省国土资源厅委托，起草《广东省优秀测绘地理信息工程奖评选办法（试行）》，成立优秀测绘工程奖评审专家库，组织开展2012年全省优秀测绘地理信息工程奖评选工作，评选出2012年度广东省优秀测绘地理信息工程奖获奖项目90项，其中，一等奖13项、二等奖26项、三等奖51项。

四、期刊发行

全年发行《测绘时空》6期，发表论文69篇，总印数1.38万册；与湖北《空间地理信息》期刊合作，推荐8篇论文在该刊公开发表。

【广东省遥感与地理信息系统学会】

2012年，广东省遥感与地理信息系统学会获广东省科协学术活动周优秀组织奖。推荐参选的1篇论文获第三届南粤科技创新优秀学术论文二等奖，1篇获三等奖。2月，与香港中文大学太空与地球信息科学研究所、香港摄影测量与遥感学会、澳门科学技术协进会、澳门大学、中山大学共同主办第四届珠江三角洲区域环境遥感研讨会，100多人参加，30多篇论文在会议上交流；4月，协助北京视宝卫星图像有限公司举办2012年巡展；6月，协助国际华人地理信息科学协会举办2012青年学者论坛暨广东省地理活动日活动；9月，与北京四维世景、美国数字地球（DigitalGlobe）公司共同主办2012版世景图库发布暨四维世景用户大会；11月，协办第六届中国国际航空航天高峰论坛“以开拓进取——持续推动航天技术推广应用”为主题的航天分论坛；11月，与华南农业大学信息学院、Esri中国（北京）有限公司共同主办2012广东GISDAY主题的系列庆祝活动；12月，协办中国地理信息产业大会第七届海峡两岸GIS研讨会“智慧城市建设和实践”专题论坛。参与了茂名市规划区正射影像图制作及1:2000地形图航测项目的监理咨询服务。

广西壮族自治区

概况

2012年，全区测绘地理信息行业实现年服务总值17亿元，创历史新高。在全国省级测绘地理信息行政主管部门贯彻落实科学发展观年度考评中，广西壮族自治区测绘地理信息局（以下简称广西测绘地理信息局）被评为优秀单位，连续3年获得优秀奖。

11月5日，广西壮族自治区人民政府与国家测绘地理信息局在北京签署了《共同推进数字广西地理空间框架建设合作协议书》。广西13个设区市国土资源局获批增挂测绘地理信息局牌子，部分市测绘地理信息局明确主要职能、机构和人员编制。截至12月底，已有12个市局完成挂牌工作。

广西开展深化“问题地图”专项治理、地理信息市场专项整治和国家版图意识宣传教育“进学校、进社区、进媒体”活动，查处了一批测绘违法案件，有效规范了全区测绘地理信息市场秩序。

全区14个地级市和50多个县（市）完成了基础测绘规划编制工作；完成1:1万基础测绘产品共计1288幅。

广西连续运行卫星定位综合服务系统（CORS）102个连续运行基准站和1个总数据中心基本建成；全区14个地级市全部启动数字城市建设，其中柳州市通过国家级验收；“天地图·广西”正式接入国家主节点，实现了国家与省级节点在线数据的互联；11月7日，广西卫星遥感应用综合实验基地8.24公顷科教用地获得批准，12月底开始规划建设；广西城镇三维地籍数据库建库工作进入收尾阶段，已陆续提交成果。

广西测绘地理信息局为自治区领导用图、重大项目、新农村规划、城乡规划、交通、水利、集体林权制度改革、农业资源规划、城市减灾防灾以及土地整治等提供测绘地理信息保障服务，为河池市龙江河镉污染事件、南宁市坛洛镇和柳州市帽合村的地质灾害提供测绘应急保障。

重点工作推进

【管理体制建设】

广西测绘地理信息局积极与自治区编办、国土资源厅等有关部门沟通汇报，努力推进各市国土资源局增挂测绘地理信息局牌子工作。至年底，除南宁市外，全区13个市国土资源局完成增挂测绘地理信息局牌子的工作。崇左市测绘地理信息局获崇左市编委批复设立3个内设机构，核定局长1名、副局长1名、内设机构科级领导职数3名；钦州、北海市测绘地理信息局获市编委明确主要职能。全区地市级测绘地理信息行政管理职能全部得到落实，其中8个市设立独立的测绘管理机构，6个市设立相对独立的测绘管理机构，每个市均配有2名以上的专职测绘管理人员，市级测绘行政执法主体全部落实到市国土资源（测绘地理信息）局国土执法支队；全区75个县（市）均设立相对独立的测绘管理机构，配备了兼职测绘管理人员。

【数字城市建设】

8月，数字柳州通过国家级验收；10月、11月，数字玉林、数字百色通过预验收；12月底，数字钦州已经完成项目工作量的60%；数字贵港、数字来宾项目设计书已通过自治区级评审；数字河池已列入国家测绘地理信息局2012年试点城市，项目设计书通过评审并获得国家测绘地理信息局批准；数字崇左、数字梧州已立项，开始编制项目设计书；数字防城列入国家测绘地理信息局2012年推广城市，开始编制项目设计书；数字贺州已立项。至年底，广西14个地级市已全部完成数字城市地理空间框架建设的立项工作。积极推进数字广西地理空间框架建设，11月5日，广西壮族自治区政府与国家测绘地理信息局签署《共同推进数字广西地理空间框架建设合作协议书》。

2012年11月5日，国家测绘地理信息局与广西壮族自治区人民政府在北京签署《共同推进数字广西地理空间框架建设合作协议书》。

【“天地图·广西”建设】

7月17日，“天地图·广西”正式接入国家测绘地理信息局主节点，实现了国家与省（区）级节点在线数据的互联。根据国家测绘地理信息局的要求，广西测绘地理信息局对接入国家地理信息局主节点的“天地图·广西”节点进行整改，扩大15级~17级矢量地图数据覆盖范围、补充地名地址数据，配置安全系统，提高网站安全性。

【地理国情监测】

广西测绘地理信息局制定了《2012年地理区情监测项目工作方案》，对全区的重点工程、重点指标进行常态化监测试验，重点加强河池市尾矿库分布、全区重大工程、城镇发展变化、自然灾害等方面的监测；着手建立广西国产卫星本底数据库和广西地形地貌数据库。充分利用国家测绘地理信息局为广西装备的地理信息应急监测车和无人机航摄系统等先进设备，积极开展地理国（区）情监测试验工作。利用多分辨率遥感影像开展河池市尾矿库监测试点；针对东兴市试验区上升为国家战略，制作反映东兴市重大历史变迁的时间序列遥感影像图，开展东兴市城镇发展变化监测试点。利用无人机航摄系统获取3000多平方千米高分辨率影像，为城镇规划、园区建设、土地管理等提供服务。2012年上半年，利用无人机航摄系统和地理信息应急监测车及时测绘提供柳州市柳南区、南宁市坛洛镇地陷灾区高清影像图，并根据需要进行统计分析工作，为灾情监测、抢险救灾、灾害评估和灾后重建提供测绘服务保障。

【广西卫星遥感应用综合实验基地建设】

2012年，广西用于卫星遥感应用综合实验基地建设的8.24平方千米划拨用地已经落实。国家测绘地理信息局同意将广西卫星遥感综合应用基地作为国家测绘地理信息局卫星测绘应用中心的分支机构进行规划建设，已进入实验基地规划设计、资金筹集阶段。

【广西CORS基础设施建设项目】

全面启动广西CORS基础设施建设项目。4月1日，广西测绘地理信息局与自治区气象局签订《广西CORS基础设施建设项目共建与共享协议书》，并由自治区气象局下发通知，要求各地气象站积极配合广西测绘地理信息局项目组进行实地选点。至年底，已完成64个GNSS观测墩建设；与武汉大学签订广西第二次似大地水准面精化合作合同；编写了水准测量、GPS观测、CORS系统管理系统研究和CORS系统监理工作的实施方案，完成对广西二等水准点的第一轮踏勘。

【广西城镇三维地籍数据库建设】

广西测绘地理信息局组织完成1817平方千米的航空摄影验收工作，14个地级市1:1000 DOM、DEM、DSM生产和验收，14个地级市重点建筑物精细建模以及南宁市150平方千米的一般建模，南宁市的DEM、DOM、立体建模等数据的检查和入库工作。

法制建设与市场监管

【法制建设】

广西测绘地理信息局在全区范围内开展《中华人民共和国测绘法》实施情况调研，派员参加国家测绘地理信息局召开的修订座谈会，做好《广西壮族自治区测绘管理条例》修订的准备工作；完成对《测绘地理信息行政执法证管理规定（征求意见稿）》、《中华人民共和国测量标志管理条例（征求意见稿）》和《中华人民共和国地图编制条例（征求意见稿）》的修改建议；组织全区市、县测绘地理信息行政管理部门及行业单位征订和学习《测绘地理信息法律法规文件汇编》。

【法制宣传教育】

广西测绘地理信息局认真组织开展“8·29”测绘法宣传日活动，重点宣传数字城市建设、“天地图”建设、地理国情监测、地理信息产业发展，开展国家版图意识宣传教育等活动。活动期间，全区共设宣传点96个，参与宣传单位285家，参与宣传人员共1191人，参与群众3.7万人；悬挂横幅368条、制作宣传展板119块，发放宣传材料11万份，出动宣传车87辆，电视新闻报道23条，报刊新闻报道22条，发送公益短信33万条。

【依法行政】

广西测绘地理信息局连续两年把市级测绘地理信息行政管理工作考评、地理信息市场监管、测绘资质单位信用评定3项工作纳入年度自治区政府对广西测绘地理信息局的绩效考评范围；重点加强对市级测绘地理信息行政管理工作的指导，根据年度工作任务，制定广西《市级测绘地理信息行政管理考评标准》，并实行考评奖励办法。考评采取年中督导检查、年底实地考核的方式进行，经考评，贵港等9个市的国土资源局（测绘地理信息局）被评为“2012年度优秀单位”。

【行政管理】

广西测绘地理信息局认真贯彻执行国家测绘地理信息局《关于加强测绘地理信息行政执法工作的意见》。联合国家安全、保密等部门，在全区范围内开展涉密测绘成果和“问题地图”检查，查处中国有色桂林矿产地质研究院有限公司擅自复印复制涉密测绘成果案，该案卷（件）被评为全国测绘地理信息优秀行政处罚案卷（件）。开展测绘市场信用评定，对广西全区426家测绘资质单位2011年度信用进行评定，26家资质单位因信用等级低被下达《信用不达标整改通知书》，12家资质单位因整改不合格被列入失信测绘资质单位黑名单。

组织市、县级测绘地理信息行政管理人员 18 人参加全国测绘地理信息行政执法人员培训班；7 月，举办全区测绘地理信息行政执法人员培训班，全区各市、县（市）的测绘地理信息行政管理人员和行政执法人员 216 人参加；8 月 ~9 月，举办 3 期全区涉密测绘成果管理人员岗位培训班，518 人参加培训与考核。

【市场监督机制建设】

广西测绘地理信息局指导督促南宁、来宾、贺州市建立市级地理信息市场监管联席会议制度。至年底，全区 14 个地级市全部建立了地理信息市场联席会议制度、跨部门联合执法、市场动态监管、市场日常监管预警等多项地理信息市场长效监管机制，市场监管趋于规范化、常态化。各市测绘地理信息市场领导小组联合开展涉密测绘成果检查、“问题地图”专项治理行动、国家版图意识宣传教育和地图市场监管工作等，依法查处测绘地理信息市场违法违规行为，维护正常的测绘地理信息市场秩序。

【涉密保密检查】

广西测绘地理信息局配合自治区测绘成果保密检查领导小组，完成南宁、梧州、北海、钦州、防城港、贺州、崇左等 7 个市的涉密测绘成果保密检查验收工作，共抽查 15 家单位，下达整改通知书 8 份。认真做好全区测绘成果保密检查总结和评优工作，桂林市国土资源局等 3 家单位获全国测绘成果保密检查先进集体称号，广西测绘地理信息局朱小玲等 5 人获全国测绘成果保密检查先进个人称号。

【行政许可】

按照广西壮族自治区政府公布确认，广西测绘地理信息局实施行政许可 7 项和非行政许可 4 项。2012 年共受理行政许可、非行政许可审批事项 1119 件，办结 1119 件，办结率、满意率均为 100%，在广西区直机关政务服务窗口单位中行政效能排名均在前 5 名。

【测绘资质管理】

一、测绘资质在线审批

广西测绘地理信息局全面建立测绘资质管理信息系统，测绘资质审批、年度注册、信息变更、信息维护、测绘作业证核发等事项均实现网上申请、受理和审批。

2012 年，广西测绘地理信息局共受理（含初次申请和升级）测绘资质申请 53 家，已批准 50 家，其中乙级 6 家、丙级 32 家、丁级 12 家。完成甲级测绘资质复审换证申请 2 家、业务范围变更申请 1 家。

顺利完成 2012 年测绘资质年度注册工作。通过注册 355 家，其中，甲级 15 家、乙级 54 家、丙级 126 家、丁级 160 家；予以缓期注册 10 家；注销测绘资质 3 家；削减业务范围 1 家，降低测绘资质等级 1 家。至年底，广西共有测绘资质单位 465 家，其中甲级 16 家、乙级 69 家、丙级 185 家、丁级 195 家。

【测量标志管理】

广西测绘地理信息局审核批准测量标志迁建申请 10 件，回收迁建费 18 万多元。

基础测绘

【县（市）级基础测绘规划编制】

广西县（市）级基础测绘规划编制工作积极推进，宾阳、博白、大化等 21 个县完成基础测绘规划编制工作，至年底，全区已完成 50 个县（市）的基础测绘规划编制工作。

【省级基础测绘】

广西测绘地理信息局完成百色测区、宁明测区、大化测区、崇左测区、中越边境、三江测区、天峨测区、梧州测区等区域 1:1 万 DLG 生产 1292 幅、1:1 万 DOM 生产 911 幅。

【质量监督】

广西壮族自治区测绘产品质量监督检验站（以下简称广西测绘产品质量监督检验站）对全区指导性基础测绘生产项目验收 27 项，各县（市）地方基础测绘工程项目验收 78 项。所验收的产品全部合格，其中优级品 29 项、良级品 16 项、合格品 60 项。

广西测绘地理信息局下发《关于开展 2012 年全区测绘地理信息成果质量监督检查的通知》，对全区范围内甲、乙级测绘资质单位进行 2012 年度定期监督检验。广西测绘产品质量监督检验站检验 15 家测绘单位（甲级 6 家、乙级 9 家）15 个项目，其中，1:1 万数字测绘成果 4 项、大比例尺地形图测量 11 项。

【测绘仪器检定】

广西测绘产品质量监督检验站检定测绘仪器 5076 台，其中 GPS 接收机 1146 台、全站仪 1325 台、手持测距仪 865 台、经纬仪 269 台、水准仪 1471 台。

地图管理与地图出版

【地图市场监管】

广西测绘地理信息局下发《广西壮族自治区

2012年深化“问题地图”专项治理行动方案》，部署并指导全区各市开展对涉及地图的教辅、旅游、引进版等图书、地球仪以及互联网地图和地理信息服务网站的检查工作；组织抽查钦州、防城港、南宁、百色、河池等5市开展“问题地图”专项治理工作情况。2012年中国－东盟博览会召开前夕，广西测绘地理信息局组成专家组先后7次进入博览会各会场，审核展出的地图，对漏绘钓鱼岛、赤尾屿、南海诸岛等岛屿的15幅“问题地图”及时进行处理。认真做好2005年以来国家版图意识宣传教育和地图市场监管工作总结，广西壮族自治区新闻出版局等3家单位和5名个人分获全国国家版图意识宣传教育和地图市场监管工作先进集体和先进个人称号。

【地图审核】

2012年，广西测绘地理信息局共受理地图审核申请116件，发放审图号113个，审核的纸质地图折合16开本为1482幅，审核“天地图”（省级节点）、数字城市等电子地图8件。地图备案率为90%。

【互联网地图管理】

广西测绘地理信息局对负责排查的271个互联网地图服务网站进行逐一研判、点击访问，核对网站主办企业名称、网站ICP备案号或电信业务经营许可证、经营范围及资质证书等，排除201家非地理信息服务企业，确认6家企业开展互联网地图服务，其中5家取得互联网地图服务资质证书，1家无互联网地图服务资质证书。

【国家版图意识宣传教育】

广西测绘地理信息局印发《全区国家版图意识宣传教育“进学校、进社区、进媒体”活动工作方案》，组织开展“三进”等宣传教育活动；向240所学校、44个社区、43家媒体赠送了《国家版图知识读本》等国家版图意识宣传教育宣传材料。全区参加“祖国在心中——全国国家版图知识竞赛”总人数为21647人，在全国排第11名。提交“中图杯——全国少儿手绘地图大赛”参赛作品452件，在全国排第9名。

【地图编制与出版】

广西地图院完成三江、天峨测区1:1万DLG生产项目核心要素349幅、全要素8幅，广西城镇三维地籍数据库项目，《中国近海海洋图集——山东省海岛海岸带》、《广西近海与环境综合图集》、《广西壮族自治区地图》、《2011年底广西电网地理接线示意图》及工作底图，广西师范大学出版社教学用图1310幅，广西教育出版社教学用图2750幅等。

测绘地理信息成果管理与应用

【成果应用与服务】

广西测绘地理信息局围绕经济建设发展大局，及时向党政机关、测绘、土地、城乡建设与规划、地矿、电力、公安武警、环保、交通运输、科教文卫、林业、农业、水利等部门提供DLG产品363幅、DEM产品583幅、DRG产品897幅、DOM产品57幅，累计分发数据共15GB。提供前台接待和业务查询1420次，受理和办结《行政办结通知书》823份；提供各类地形图及“4D”产品8473幅、大地控制成果3103点、点之记2450点、航摄像片9260片；利用航测档案及其它档案资料3000件，提供测量控制点和权属拐点坐标、高程换算430次7500点。

【国家海岛（礁）测绘一期工程】

广西测绘地理信息局负责合浦西场、北海铁山港和北海涠洲岛3个站点连续运行跟踪站建设。其中，合浦西场和北海铁山港已完成站点建设工作，并通过“927”工程技术部和国检中心的第一次外业检查。北海涠洲岛站点年底完成土地征用工作。完成海岛礁1:5000测图工作54幅并通过“927”项目技术部和国检中心的外业检查。

科技与人才工作

【科技创新】

由广西测绘地理信息局廖超明博士编著的《广西区域现今地壳运动》一书由广西科学技术出版社出版发行。

“数字城市三维空间信息共享服务平台及其应用”获2012年中国测绘学会测绘科技进步奖二等奖、“数字城市地理空间框架数据库系统”获三等奖。

【人才培养】

广西测绘地理信息局从局属各单位选派14名年轻干部到全区各市国土资源局挂职锻炼，受到用人单位的好评。

精神文明建设

【党的建设】

广西测绘地理信息局党组制定下发了《自治区测绘地理信息局2012年党组中心组理论学习实施意见》，全年组织4次共12天的党组中心组集中学习和理论研讨活动，260人次参加学习，25人次结合工作实际作专题发言，4个研究课题被国家测绘地理信息局列为测绘职工思想政治研究重点课题，在全国省级测绘地理信息系统进行交流。以基层组织建设年活动为载体，开展创先争优总结表彰和基层党组织分类定级活动；举办一期基层党务干部培训班；局属2个基层党委完成届满换届选举工作；全年新发展党员20名；组织开展“解放思想、赶超跨越”大讨论等系列主题活动，全局353名在职党员积极参与。

【文化建设】

广西测绘地理信息局党组印发《自治区测绘地理信息局关于进一步加强测绘地理信息文化建设有关工作的通知》。4月，召开测绘地理信息文化建设研讨会。在全局开展“广西精神大家谈”、“测绘精神大家谈”征文和“测绘地理信息文化精品”评选活动；组织开展精神文明创建活动；制定《自治区测绘地理信息局机关处（室）文明评比活动实施方案》，组织开展文明处（室）评比表彰活动；积极参加广西区直工委组织“和谐建设在基层”创建活动，广西地图院和王龙波家庭被自治区文明委分别授予“和谐单位”、“和谐家庭”称号。积极参加全国测绘地理信息系统羽毛球比赛、全区首届全民健身暨广西区直机关第六届职工运动会等活动。组织全局干部职工1600人次参加英模事迹专题报告会、观看爱国主义教育影视片和参观革命传统教育图片展等。

【群团组织建设】

广西测绘地理信息局工会、共青团组织开展“十佳职工”和“优秀团组织、优秀团干、优秀团员”评选表彰活动。11月，召开广西测绘地理信息局第一次工会会员代表大会，民主选举产生广西测绘地理信息局第一届工会委员会，卢显泰当选工会主席。

【党风廉政建设】

广西测绘地理信息局组织全局党员干部认真学习贯彻十七届中央纪委七次全会精神，深入学习贯彻胡锦涛在十七届中央纪委七次全会上的重要讲话精神。3月，召开广西测绘地理信息局2012年党风廉政建设暨反腐败工作会议，全局副科级以上党员干部125人参加，会上70名副处级以上干部签定了《2012年自治区测绘地理信息局党风廉政建设目标管理责任书》。4月，举办全局纪检监察干部业务知识培训班。选送8名纪检监察干部参加广西区直纪工委举办的纪检干部业务培训班。5月，成立自治区测绘地理信息局党风廉政建设责任制领导小组，印发《自治区测绘地理信息局党风廉政建设责任制实施细则》和《自治区测绘地理信息局党组关于2012年党风廉政建设和反腐败工作任务分工的意见》。6月，下发《自治区测绘地理信息局全面推进廉政风险防控实施方案》。7月，结合“七一”党员活动日，在全局党员干部中开展“清廉为政、永葆纯洁”主题教育活动，各单位领导带头上廉政党课；纪检监察部门会同有关部门深入各单位督查党风廉政建设责任制、安全生产责任制、安全保密工作责任制落实情况，发现问题及时整改。8月~10月，局属各单位、机关各处室在查找廉政风险点的基础上，制定廉政风险防控措施并上报局党组。11月，编印《廉政风险防控管理工作手册》。12月，局长陈仲怀在局党组中心组学习会上作《清廉为政、纯洁务实》专题廉政党课教育。年内，局党组、局领导、纪检监察部门领导与全局科级以上领导干部谈话20人次，51名领导干部报告了个人有关事项。

地方社团工作

【广西测绘学会】

1月，广西测绘学会协助广西测绘地理信息局举办自治区测绘地理信息局2012年迎春技术报告会。4月，自治区科学技术协会授予广西测绘学会“学会学术工作先进集体”称号，颁发“2010-2011年度广西科协特色学术交流活动奖”和“2010-2011年度广西科协特色科学普及活动奖”，广西测绘学会秘书长李建常、副秘书长李碧被授予优秀学会学术管理工作者称号，廖超明被授予优秀学会会员称号。5月，组织推荐上报2012年中国测绘学会测绘科技进步奖和优秀测绘工程奖项目。8月，协助北京超图软件股份有限公司在南宁举办2012’SuperMapGIS自主创新与应用研讨会；协助广西测绘地理信息局在南宁举办测绘法宣传活动；组织召开2012年度广西测绘地理信息科学技术奖、广西优质测绘地理信息产品（工程）奖评审会，对申报2012年广西测绘地理信息科学技术奖和广西优质测绘地理信息产品（工程）奖的36个项目进行评审，评出2012年广西测绘地理信息科学技术奖一等奖1项、二等奖2项、三等奖3项，2012年广西优质测绘地理信息产品（工程）金奖2项、银奖5项、铜奖9项。10月，自治区民政厅授予广西测绘学会AAAA级社会组织称号。11月，广西测绘学会推荐的会员单位承担的项目获2012年中国测绘学会测绘科技进步奖二等奖1项，优秀测绘工程奖金奖1项、银奖3项、铜奖4项，优秀地图作品裴秀奖铜奖2项；协助自治区人力资源和社会保障厅、自治区测绘地理信息局在南宁举办全区现代测绘地理信息体系建设与应用高级研修班。12月，举办广西地理信息产业发展战略报告会，协助中国测绘学会在桂林举办2013年度奖励申报工作培训班。2012年编辑《广西测绘与遥感》2期发表论文26篇，共印发2800册。

【广西遥感学会】

11月，广西遥感学会第六次代表大会暨2012年学术交流会在南宁召开，80名代表参加了会议，第五届学会理事长陈仲怀作工作报告，选举产生第六届理事会；举办桂闽赣遥感科技论坛，来自广西、江西、福建三省（区）遥感科技工作者代表80人参加；与广西林业勘测设计院联合举办会员日活动，50名会员进行交流参观活动。

【广西测绘科技信息站】

4月，广西测绘科技信息站2012年工作会议在广西北海市召开，会议总结2011年工作，部署2012年工作任务并开展测绘地理信息学术技术交流活动。10月，组队参加在广州市召开的全国测绘科技信息网中南分网第二十六次学术信息交流会，广西获优秀论文一等奖1篇、二等奖3篇；组织参加中国测绘学会科技信息网分会联合武汉大学测绘学院和湖北省测绘局共同主办的第十次全国测绘科技信息交流会。

【广西定向运动协会】

10月26日~28日，由广西壮族自治区国土资源厅、测绘地理信息局、体育局、贵港市政府主办，贵港市国土资源局、广西定向运动协会承办的2012年小龙杯广西定向越野公开赛暨广西国土测绘地理信息行业定向越野大奖赛在贵港市举行，来自全区14个市的84个代表队约800多名运动员参赛。

海南省

概况

2012年，海南省测绘地理信息工作围绕国家测绘地理信息局和省委省政府的工作部署，积极推进“三大平台”建设，强化地理信息应用服务，保障服务海南省“海洋强省”战略实施和海南国际旅游岛建设，开创海南测绘地理信息工作新局面。一是“三大平台”建设成效显著。海南国际旅游岛数字地理空间框架基本建设完成，“天地图·海南”正式上线运行，接入“天地图”国家主节点，实施2012年地理国情监测项目试点任务，全省各市县积极开展数字城市地理空间框架建设。二是南海测绘基地和海南基础地理信息生产与服务基地完成划拨和用地批准手续。三是基础测绘实施有效推进。国家1:5万基础地理信息动态数据库更新、“927”工程、国家现代基准工程、省1:1万基础地理信息库更新等国家级、省级基础测绘重点项目顺利实施。四是测绘地理信息保障服务全面开展，积极为海南省新农村建设、农林水利、土地开发管理、矿产资源勘查及重大工程项目建设等领域提供服务。五是统一监管力度大幅提升。加大对市县测绘地理信息行政管理工作的考核，推动市县测绘地理信息局依法行政。开展测绘地理信息市场执法检查，完成测绘资质年度注册，强化测绘成果质量管理。六是测绘科技工作取得成果。做好海岛（礁）测绘技术国家测绘地理信息局重点实验室日常管理工作，承担2项国家测绘地理信息局科技创新基金项目，多项科技项目获奖。

重点工作推进

【海南国际旅游岛数字地理空间框架建设】

海南国际旅游岛数字地理空间框架建设加快推进，完成平台搭建上线、支撑环境建设。加强与应用示范单位的沟通联系，充分利用海南国际旅游岛地理空间框架建设项目建设成果做好面向旅游、应急、海洋、公安、警务、国土、主题功能区规划、交通等方面的应用服务。

【数字城市建设】

海南省数字城市地理空间框架建设全面展开。数字儋州通过验收，数字海口、数字三亚、数字澄迈等建设有序推进。数字保亭、数字定安、数字陵水通过海南测绘地理信息局批复立项。《数字五指山地理空间框架建设项目可行性研究报告》通过专家评审。海南测绘地理信息局与昌江黎族自治县政府签订协议，合作开展数字昌江地理空间框架建设。加快数字三沙地理空间框架建设，海南测绘地理信息局编制完成《“数字三沙”地理空间框架建设项目建议书》，项目可行性通过专家评审。

支持海南国际旅游岛先行试验区建设，海南测绘地理信息局启动“数字先行试验区”地理空间框架建设。利用无人机对陵水海南国际旅游岛先行实验区进行航摄，共获取覆盖先行实验区整个地域范围面积100平方千米0.1米分辨率的高分辨率影像。影像的全面获取为先行实验区地理信息数据库建设、实施1:1000等大比例制图以及制作三维立体场景提供基础地理信息数据。

【“天地图·海南”建设】

4月，“天地图·海南”通过省党政信息中心网络运营环境实现了“天地图·海南”门户网站（www.maphi.com.cn）开通上线，在线服务数据包括全省最新的矢量电子地图、0.5米分辨率航空影像、地名地址数据以及部分星级酒店的360度全景浏览图等，通过互联网向社会公众提供免费的电子地图、影像、360度全景浏览及地名地址查询定位等服务。经海南省政府同意，“天地图·海南”在省政府门户网站首页实现链接。

海南测绘地理信息局与旅游、工商、公安以及电网建设部门加强应用合作，建设旅游地理信息服务系统、公安技侦指挥支持信息系统、食品药品监督管理平台、武警海南省总队勤务地理信息系统、海南电网主网配电信息系统等，不断扩大“天地图·海南”的应用领域，充分发挥其示范作用。

“天地图·儋州”基本建设完成，已向国家测绘地理信息局申请接入测试评估。该节点已与国土、住建、旅游等多个部门合作，开展示范应用。

【地理国情监测试点工作】

海南测绘地理信息局实施国家测绘地理信息局2012年地理国情监测项目试点任务，范围涉及新疆11万平方千米区域、海南省北部的海口市、儋州市、琼海市、文昌市、澄迈县、临高县、屯昌县、定安县的8市县1.6万平方千米区域，具体工作包括地表覆盖分类数据采集、地理国情要素采集、外业调绘核查和遥感解译样本库采集等。

依法行政与市场监管

【依法行政】

海南测绘地理信息局制定印发《海南省测绘地理信息行政执法依据》和《海南省测绘地理信息行政执法职权分解》，进一步规范测绘地理信息执法程序与执法行为。举办2期测绘地理信息行政执法培训班，省、市县测绘地理信息局行政测绘管理人员参加培训。

【资质管理】

海南测绘地理信息局组织开展测绘资质管理日常巡查，以实地抽查等方式对海口20家测绘单位的测绘资质开展监督检查，市县测绘地理信息局对辖区内所有测绘资质单位进行实地监督检查。开展全省测绘地理信息行业专项检查，对存在问题的4家单位开展约谈，并给予缓期注册处理。2012年，海南省测绘资质单位丙级升乙级3家，丁级升丙级5家，新增14家，注销资质1家，资质单位数量增长12%。至年底，全省测绘资质单位总数130家，其中，甲级7家、乙级17家、丙级38家、丁级68家。

【市场监管】

9月，海南测绘地理信息局联合省工商行政管理局、省文化广电出版体育厅等部门在全省范围内开展深化“问题地图”专项治理行动，加强对损害国家主权、危害国家安全等“问题地图”的查处，重点开展涉及地图的教辅、旅游、引进版等图书、地球仪和互联网地图的治理工作。在重点抽查的海口市、三亚市、万宁市的地图市场中，共发现12类“问题地图”，集中为旅游系列图册。与省通信管理局建立互联网地图联动监管机制，使用新版本的互联网地理信息安全监管系统，开展互联网地图服务网站日常监管和分类排查，对海南省互联网地图进行监督管理。

【法制宣传】

8月29日，海南省各级测绘地理信息部门采取多种形式开展测绘法宣传日活动。海南测绘地理信息局、海口市测绘地理信息局联合在海口市设立宣传点开展大型宣传活动。活动现场摆放宣传展板，宣传国家版图知识、测绘法律法规、测绘典型违法案件，测绘在防灾减灾、百姓生活等方面的应用。海南测绘地理信息局现场展示了“天地图·海南”建设成果，向民众宣传“天地图”的应用。活动现场，为市民发放了测绘法律宣传资料、海南国际旅游岛旅游图、海南省红色旅游图以及包括三沙市在内的海南省全图。在海口主会场活动中，共发放6万多份测绘法律宣传资料及各类地图。

【成果管理】

海南测绘地理信息局完成2011年测绘成果目录汇交工作，共98家测绘资质单位汇交了测绘成果目录，汇交目录总数为3848条。举办全省涉密测绘成果管理人员岗位培训班，来自各市县测绘地理信息局、测绘资质单位、成果使用单位200多人参加培训和考试。组织各测绘资质单位和成果使用单位登记核心涉密管理人员。开展测绘成果保密检查复查工作，联合省国家保密局抽查市县测绘地理信息涉密成果管理工作。

【国家版图意识宣传教育】

海南测绘地理信息局组织开展海南省国家版图意识宣传教育“进学校、进社区、进媒体”活动，以及“祖国在心中——全国国家版图知识竞赛”、“中图杯——全国少儿手绘地图大赛”。海南测绘地理信息局与省教育厅、民政厅联合印发《海南省国家版图意识宣传教育“进学校、进社区、进媒体”活动工作方案》，9月27日，在湖南师大附中海口中学举办全省国家版图意识宣传教育“进学校、进社区、进媒体”活动启动仪式。“三进”活动期间，共向全省40所学校、40个社区赠送各类图册和地图8000多份，公民的国家版图意识明显增强。

海南测绘地理信息局与省教育厅联合转发《关于举办“祖国在心中——全国国家版图知识竞赛”的通知》，积极组织全省中小学生参加知识竞赛，向省机关单位、市县机关单位转发文件，积极动员全省各级机关单位、直属单位及社会公众积极参与，共收到纸质答卷18833份。海南测地理信息局与省教育厅联合印发《关于组织参加“中图杯——全国少儿手绘地图大赛”的通知》，积极组织全省少年儿童参赛，共征集到全省各市县中小学生手绘地图563幅，评选出省内优秀少儿手绘地图一等奖3名、二等奖5名、三等奖9名、优秀奖25名，并向国家测绘地理信息局推选355幅优秀作品。

在“中图杯——全国少儿手绘地图大赛”中，海南市1幅作品获二等奖、3幅作品获三等奖、20幅作品获优胜奖，1个单位获组织奖、3名个人获指导奖。在“祖国在心中——全国国家版图知识竞赛”中，海南测绘地理信息局等12家单位获组织奖；2人获小学组三等奖，5人获小学组优胜奖；1人获中学组三等奖，2人获中学组优胜奖；2人获成年组二等奖，1人获成年组三等奖，4人获成年组优胜奖。

基础测绘

【国家现代基准工程建设】

海南测绘地理信息局积极参与国家现代基准工程建设，完成的任务包括一等水准观测约770千米（湖南、湖北地区），一等水准路线普查和补埋约1390千米（海南、广东湛江地区），51个GNSS大地控制点的选埋（海南、广东湛江地区）以及GNSS连续运行基准站4座站点的勘选。

【推广2000国家大地坐标系使用】

海南测绘地理信息局建设的海南岛GNSS控制网在2000国家大地坐标系下的重新平差通过验收，并将成果应用于海南国际旅游岛数字地理空间框架建设项目和海南连续运行卫星定位综合服务系统（HICORS）。通过开发坐标转换软件，指导行业部门和各市县开展已有测绘成果向2000国家大地坐标系转换工作，更好推广2000国家大地坐标系使用。

【2012年海南岛1:5万地形数据库重点要素更新】

海南测绘地理信息局完成国家基础地理信息数据库动态更新项目中的海南岛1:5万地形数据库重点要素更新任务。更新内容主要包含水系、居民地、交通、管线、境界与政区、地貌、植被与土质、地名等8类重点要素，更新后1:5万地形要素数据的现势性达到2012年。

【海南省1:1万基础地理信息数据库更新】

2012年，海南测绘地理信息局在海南岛南部地区组织开展海南省1:1万基础地理信息数据库更新的像片调绘、数字正射影像图生产、数字线划图生产等工作，有效增加了数据覆盖区域，保持了数据的现势性。截至年底，海南省1:1万基础地理信息数据更新项目已完成海南省1076幅图的像片控制测量、像片调绘、数字正射影像图生产、数字线划地图生产。

重大专项测绘

【质量监督】

5月~12月，海南测绘地理信息局组织开展全省2012年测绘地理信息成果质量监督检查工作。监督检查的范围是全省测绘单位2010年1月~2011年12月在海南省完成的重点测绘工程，含地形图、数字线划图、数字高程模型、数字正射影像图、制图数据等产品，共抽检了10个重点测绘工程项目。检查的单位包括甲级单位2家、乙级2家、丙级3家、丁级3家。抽检项目涉及GPS测量、地形图测绘、房产面积测绘等。经检查，10个测绘项目批成果均为“批合格”，海南省测绘资质单位测绘成果质量状况良好。海南测绘地理信息局以规范性文件印发《海南省测绘地理信息质量管理规定》，加强海南省测绘地理信息质量管理。

海南测绘地理信息局启动海南省少数民族地区区域似大地水准面精化项目，计划综合利用GNSS、水准、重力与大地水准面精化技术与理论，获得区域高精度高分辨率大地水准面，为经济建设、国防建设和科学研究提供测绘基准服务。该项目年内进展顺利。

地图管理与编制出版

【地图审核】

2012年，海南测绘地理信息局共发放审图号116个，发放审图号数量比2011年增加了78%。

【海南省标准画法示意地图】

海南测绘地理信息局编制完成海南省示意性标准地图。该地图主要有基本要素版、政区版、交通版、旅游版、简图版5种版本，共44幅；比例尺及对应的版式为1:50万（对开）、1:75万（四开）、1:100万（八开）、1:150万（十六开）、1:200万（三十二开）。该系列示意图通过专家评审后，在海南测绘地理信息局门户网站发布，为社会公众提供测绘地理信息服务。

【地图编制与出版】

国家测绘地理信息局海南基础地理信息中心编制完成新版《海南省旅游地图》、《海口市交通旅游图》。海南省测绘地理信息单位围绕工作重点，编制了《海南省人民法院、人民法庭分布图》、《海南省三沙市地图》、《海南秋季旅游房产博览会购房地图》、《海南购房地图》以及一批市县行政区划挂图，满足了各行业和社会公众对地图产品的需求。编制系列领导工作用图，为省委办公厅、政府办公厅、发展和改革委、财政厅、应急办、警卫局等部门提供500多件工作用图，积极服务地方党委政府管理决策需要。测制永兴岛及周边岛屿的地形图，绘制三沙市地名碑刻地图，为三沙市成立及三沙市的基础设施建设提供保障服务。

测绘地理信息成果管理与应用

【成果应用】

海南测绘地理信息局利用最新高分辨率影像及“908”专项数据成果，运用测绘地理信息技术对省内部分地区海岸带的土地开发利用、海防林建设保护、红树林保护、海岸线变化情况进行统计分析，形成监测报告，为省人大常委会开展海岸带开发利用保护情况专题调研提供保障服务。为2012年博鳌亚洲论坛年会、海南文明大行动、三沙市政府成立、第八届泛珠三角区域合作与发展论坛暨洽谈会等重大活动编制地图和提供地理信息数据，得到有关部门的肯定。积极参与海南省智能交通一期工程GIS系统、海南省农场场部规划测图、三亚市农村土地承包经营权登记测绘、环岛高速公路改造测绘、全国地名普查等工程。

【成果服务】

2012年，海南测绘地理信息局无人机组累计飞行34个架次，共采集0.1米分辨率影像235平方千米，0.2米分辨率影像85平方千米，视频资料50平方千米，资料成果在国土、规划、林业、测绘地理信息等部门取得良好的应用效果。海南测绘地理信息局2012年累计对外提供1:1万“4D”产品4384幅，1:5万“4D”产品144幅，高分辨率影像17365幅，大地控制点成果3774个，成果提供数量比上年增长340%。为各市县乡镇规划、新农村建设、电网设计、公路改建、水利建设、金属矿勘查、土地开发等重大项目提供基础测绘成果服务。

测绘科技与国际合作

【对外合作与交流】

2012年，海南测绘地理信息局派员随国家测绘地理信息局团组赴荷兰参加2012年世界地理空间信息论坛、赴意大利参加国际测量师联合会（FIG）2012年工作周及会员代表大会、赴加拿大参加第13届全球空间数据基础设施（GSDI）大会、赴美国乔治梅森大学参加测绘地理信息科技和生产管理高级培训班、赴澳大利亚参加第22届国际摄影测量与遥感大会。

【测绘科技工作】

海南测绘地理信息局承担“基于数字地理空间框架的城市化建设监测技术研究”、“海岸带动态监测指标体系的研究”等国家测绘地理信息局科技创新基金项目。联合山东科技大学加强海岛（礁）测绘技术国家测绘地理信息局重点实验室工作，开展了一批海岛（礁）测绘科技研究项目。2012 年，海南省多项测绘科技项目获科技奖励。“国家 1:5 万基础地理数据库更新技术体系构建与工程应用”项目获 2012 年中国测绘学会测绘科技进步奖特等奖；“多波束海底地形勘测关键技术研发与应用”项目获 2011 年中国海洋工程科技进步奖一等奖。《海南省政区标准地名图集》、《数字儋州电子地图》和《海南红色地图》获 2012 年中国测绘学会优秀地图作品裴秀奖铜奖。

【合作共建】

2 月 24 日，海南测绘地理信息局与省气象局举办座谈会，对加强 HICORS 建设、开展科技项目研究及人才培养等工作进行技术交流。6 月 12 日，海南测绘地理信息局与北京东方道迩信息技术股份有限公司签署战略合作框架协议，在遥感影像获取、应急测绘保障、机载 LiDar 技术、倾斜摄影、三维地理信息平台应用、海南省地理信息产业园开发等领域开展战略合作。与省国家安全厅召开第三次联席会议，就测绘成果共享、地理信息安全、信息化建设等方面进行探讨，并达成合作共识。与海南省旅游发展委员会签署《地理信息数据资源共建共享与合作协议书》，在数字平台对接、数据更新维护、项目技术合作、规划制定和技术培训等方面开展深入合作，进一步加强地理信息数据资源共建共享。

【人才队伍建设】

海南测绘地理信息局与省人力资源和社会保障厅共同做好海南省测绘注册师考试。2012 年，全省共有 5 人通过注册测绘师考试。海南测绘地理信息局通过公开招聘的形式引进 9 人为直属事业单位工作人员工作。局系统 1 人被授予“全国测绘地理信息技术能手”称号。2012 年，海南省测绘地理信息从业人员 2441 人，比 2011 年增长 10%；其中高、中、初级专业技术职称人员共 1438 人，约占全省从业人员的 59%，比 2011 年增长 16%。

【职称评审和职业技能鉴定】

海南测绘地理信息局组织开展 2012 年度测绘专业技术职称评审工作，完成 9 名测绘专业高级工程师职称的初评，并报国家测绘地理信息局高级工程师评定委员会审批。全省共评定工程师 28 人，助理工程师 125 人，技术员 22 人；完成 2012 年度全省测绘行业工人技能鉴定考核工作，评定房产测量员 22 人，其中高级工 11 人、中级工 2 人、初级工 9 人；评定工程测绘工 10 人，其中高级工 1 人、初级工 9 人。

精神文明建设

【政治理论学习】

海南测绘地理信息局制定《中共海南测绘地理信息局党组中心组 2012 年理论学习计划》，并加强对各支部理论学习的指导，明确学习重点，提出学习要求。召开中心组理论学习会，学习贯彻党的十八大精神、十七届六中全会精神及省六次党代会精神。国家测绘地理信息局第七地形测量队党支部选送的文章《提升自身素质促进单位发展》获省直机关“我与支部共成长”征文活动二等奖。

【党建工作】

海南测绘地理信息局开展以“强组织、增活力、创先争优迎十八大”为主题的基层党组织建设年活动。开展基层党组织建设情况调研，做好基层党组织分类定级工作，完善基层党组织建设体制机制，提高党建工作科学化水平。加强对入党积极分子的培养，5 名预备党员按期转正，发展预备党员 9 名，选派 6 名发展对象参加入党积极分子培训班。海南测绘地理信息局被评为省直机关 2012 年度党建工作目标管理考核先进单位。1 人获省直机关优秀共产党员称号。

【党风廉政建设】

海南测绘地理信息局开展以“加强作风建设，保持党的纯洁性”为主题的反腐倡廉宣传教育月活动。开展集中整治“庸懒散贪”问题专项工作，各党支部召开专题组织生活会，查找问题，并提出整改措施；开展岗位廉政风险点排查工作“回头看”，在 2011 年查找分析廉政风险点的基础上查缺补漏，加强全局廉政风险防控机制建设。

【文化建设】

海南测绘地理信息局组织开展“学雷锋、讲文明、树新风”活动，引导党员干部进一步加强对雷锋精神的认知认同，培育新时代“测绘精神”。发动全局干部职工为身患白血病的职工捐款 54579 元。组织参观“美丽的三沙，我可爱的家乡”大型图片展、鹦歌岭“坚守理想、奉献青春”青年团队图片故事展和喜迎十八大“五型机关”建设摄影图片展，观看教育电影《杨善洲》、《雨中的树》，并撰写心得体会和观后感。举办“庆祝党的生日喜迎十八大”文艺晚会，参加省直机关第七党建协作组喜迎十八大文艺演出活动，自编自演的情景剧《西沙岛上测绘情》获三等奖；开展喜迎十八大摄影主题活动，反映航测无人机应用服务于海南经济建设的图片获省直机关喜迎十八大摄影主题活动作品评选优秀奖。五四前夕，局团委到海口市琼山区社会福利院开展“学雷锋·迎五四”慰问活动；联合国家统计局海南调查总队团委和海南气象局团委组织团员青年开展“五四”定向越野联谊赛。

地方社团工作

【学会组织建设】

10月25日，海南省测绘学会召开学会七届四次常务理事会议，增补2名常务理事和1名理事。11月15日，海南省测绘学会召开七届三次理事会议，选举产生第七届理事会理事长。2012年，海南省测绘学会新增会员单位10家，至年底共有会员单位127家。

【学术交流活动】

海南省测绘学会组织部分学会理事和单位业务骨干共26人参加全国测绘科技信息网中南分网第二十六次学术信息交流会征文。选送论文17篇参加交流会，其中2篇获一等奖、3篇获二等奖。完成省科协组织的测绘高级人才信息采集工作，共采集并报送40名测绘高级人才信息资料。组织18名队员参加“中国四维杯”第八届全国测绘地理信息职工定向越野赛，获“优秀组织奖”、成年男子组团体第三名、个人第8名。

重庆市

概况

2012年，重庆市测绘地理信息事业工作进入新的发展阶段。

地理空间信息资源体系建设进一步完善。数字重庆地理信息平台基本建成，改造完成全市现代测绘基准，建设完成重庆市地理国情监测试点工程、数字黔江试点工程和数字长寿二期工程，“天地图·重庆”与国家节点和永川、长寿区节点实现互联互通。完成统筹城乡1:5000地形图测绘试点3500平方千米。推进基础地理信息数据库建设、更新与地理空间框架数据建设。

应用服务进一步深入。推进区域共享，与西南5省区和周边3省分别签订测绘地理信息资源多边和双边共建共享合作协议。推进行业共享应用，完成重庆市地理信息公共服务平台三维升级改造和政务地理信息平台（三期）建设，与多个掌握基础地理信息要素的部门签订共建共享协议。推进社会化服务，出版《三峡库区地图集》，启动《重庆历史地图集》编制工作；为市级领导机关提供特种地图182幅；完成统筹城乡“一镇一图”编制1008幅，分发6048多张，实现乡、镇、街道地图全覆盖；与华龙网合作推出地图新闻频道，推进公共交通便民信息系统建设，在网络上逐步推出了重庆通、“天地图·重庆”移动版、免费停车专题应用等产品。

科技创新能力进一步提升。制定《镇（乡）、街道、村（社区）地图编制技术规范》，参与编制5项国家标准，完成部委省重大科研项目10多项，23项科研成果获省部级表彰。

统一监管力度进一步增强。开展测绘地理信息市场信用体系建设，制定《重庆市测绘地理信息市场信用信息管理办法实施细则》。开展国家版图意识宣传教育“进学校、进社区、进媒体”活动，组织参加“祖国在心中——全国国家版图知识竞赛”和“中图杯——全国少儿手绘地图大赛”。组织全市测绘地理信息成果保密专项检查，通过国家测绘地理信息局和国家保密局抽查。开展测绘地理信息成果质量大检查，日常质量检验454项。完成测绘资质单位年度注册工作，新批准测绘资质19家、测绘资质升级3家。审核通过61种公开出版地图和展示地图，批准提供基础测绘成果238项。加强测绘地理信息市场监管，开展重大执法检查17次、专项执法行动46次，调查涉嫌违法行为17件。

2012年，国家测绘地理信息局重庆测绘院（以下简称重庆测绘院）测绘服务总值为9727万元。全年顺利完成1:5万数据库DLG重点要素更新、“927”海岛（礁）测图、国家现代测绘基准体系基础设施建设、地理国情信息普查试点与试生产等国家重点基础测绘项目。

重点工作推进

【数字城市建设】

数字黔江地理空间框架试点工程建成。该工程完成多尺度基础地理信息数据整合与对象化处理，多源影像获取与影像图制作，集成28个部门和行业的4个大类、8个中类、20个小类、20个图层的自然经济社会专题信息，建成黔江区地理信息公共服务平台，开发了应急、规划、旅游、城管、公共服务5个行业应用示范系统。

数字长寿地理空间框架二期工程建设完成。二期项目拓展了基础数据资源覆盖范围，实现全区域1423平方千米1:2000“3D”数据和三维地形模型高精度数据全覆盖，中心城区401平方千米1:500“3D”数据、27平方千米三维精细模型和地址数据全覆盖，建制镇共约30平方千米建成区建筑体块模型全覆盖，开展全区1712千米地下管网三维建模及镇规划与村规划整合等工作，延伸了平台服务能力，建成“天地图·长寿”公众服务系统。

重庆测绘院承担数字万州地理空间框架建设，至年底已完成大部分外业数据采集与处理工作。开展数字三亚建设，完成三亚市连续运行参考站综合服务系统和三亚市似大地水准面精化建设的CORS站建设及外业数据采集，1:2000地形图测绘与建库工作已完成并上交成果，成果质量优良。

【“天地图·重庆”建设】

重庆市规划局完成“天地图·重庆”工程建设并正式上线运行，与国家节点和永川、长寿区节点实现了三级互联互通，在重庆市政府信息中心建设了镜像工程，为全市互联网地图服务提供新的途径。

重庆测绘院配合黑龙江基础地理信息中心开展“基于天地图的位置服务应用”项目，工作内容包括完善位置服务平台相关开发工作、在重庆建立位置服务运营站点和建立一个基于位置服务的应用示范项目。年内按计划进行。

【地理国情监测】

重庆市地理国情监测试点工程由重庆市规划局组织牵头，重庆市地理信息中心具体实施，是国家级地理国情监测试点项目之一，建设内容包括地理区位、行政区划、地形地貌、市域道路交通监测、城镇建设监测、自然资源监测以及地理国情共享发布系统等。工程建设历时一年半，编制12个标准规范、5个国情信息数据库和地理国情监测报告成果，建立了“3S”技术与野外调查、专业调查相结合的工作模式，构建了多级多部门沟通机制和地理国情信息共享机制，有关成果通过地理国情共享发布系统予以发布。5月30日，该项目通过国家测绘地理信息局验收。

重庆测绘院承担并完成地理国情信息普查试点生产中“西部地区影像处理与判读解译”工作，完成西藏自治区林芝地区、昌都地区18个县22万平方千米控制资料收集、遥感影像处理、正射影像制作、内业判读与解译等工作。

【重庆市国家基础测绘地理信息数据处理基地建设】

重庆市国家基础测绘地理信息数据处理基地举行奠基仪式，开始土石方施工。基地位于重庆市空港新城，项目规划用地面积1.6528公顷，总建筑面积3.65万平方米。已完成项目规划方案的设计修改，取得了项目立项批复、《项目选址意见书》、《建设用地规划许可证》等13个方案阶段的行政审批，完成绿化林木移栽、道路口开设、施工水电接入等前期准备工作。

法制建设与市场监管

【市场信用信息管理办法实施细则】

12月，重庆市规划局完成《重庆市测绘地理信息市场信用信息管理办法实施细则》制定工作，按规范性文件出台程序报市政府法制办备案。该细则细化了《测绘地理信息市场信用信息管理暂行办法》和《测绘地理信息市场信用信息评价标准（试行）》，规定了市规划局和区县测绘地理信息行政主管部门的管理职责分工，明确承办单位职责，细化信用信息征集渠道和信用信息查询程序要求，确定了异议处理的程序。

【行政执法】

重庆市规划监察执法总队以“涉证、涉密、涉外、涉军、涉网、涉图”等违法案件为重点，针对测绘标志使用效能、测绘成果有误、超资质测绘、三无地图等违法违规行为，开展重大专项执法检查17次，执法检查46次，调查涉嫌违法行为17起，发函整改“问题地图”6件，立案调查违法测绘案件1件。

基础测绘

【国家基础测绘】

重庆测绘院承担国家1:5万地形数据库重点要素动态更新工程，包括重点要素动态更新、更新数据整合建库和制图数据生产。其中，完成地形数据库动态更新1042幅。

【国家重大专项测绘】

根据“927”工程专项总体计划和项目组安排，重庆测绘院承担“927”一期工程海岛（礁）航空航天测图，完成广东、浙江省境内23幅1:2000和53幅1:5000航测成图及基础地理信息空间建库任务。承担国家现代测绘基准体系基础设施建设一期工程，完成62个国家GNSS大地控制点（其中重庆市境内46点、贵州省境内3点、浙江省境内北部区域13点），包括2531千米一等水准路线踏勘、选（补）埋，1165千米一等水准观测任务。

【地方基础测绘】

重庆测绘院承担重庆市146幅1:5000数字地形图测绘任务，至2012年底，成图有效面积约1002平方千米。承担新疆维吾尔自治区64幅1:1万地形图基础测绘任务，完成临时连续运行基准站建设，像控点联测、像片调绘，“3D”数据及其元数据制作。

【国土测绘】

重庆测绘院继续发挥重庆市土地整治技术支撑单位的作用，在全市土地复垦、大国土整治、高标准基本农田建设、国土规划等领域开展服务，业务范围涉及重庆市10多个区县。完成征地勘界1.2万亩，完成农村建设用地复垦指标近1万亩，完成国土整治项目规划近100个。开展江西于都县农村集体土地确权登记发证项目和重庆边远地区少数民族地区基础测绘项目，服务地方经济建设。

【统筹城乡1:5000地形图】

重庆市规划局启动统筹城乡1:5000地形图测绘项目。完成航空摄影招标、技术设计编制与评审、项目实施方案编写、图幅地形类别和作业难易程度分类，设计了1:5000地形图测绘项目符号库、线型库，研发一体化生产作业环境，完成3500平方千米试生产任务。

【基础地理信息数据库】

重庆市规划局完成1100平方千米1:2000数据库建设，完成主城区80平方千米1:500地形图数据库更新，以及1311千米地下管线数据库更新。在地理空间框架数据建设方面，更新地址数据91744条、地名数据5614条、区县地名1467条、铁路25条，新增公共绿地、星级酒店、旅游景区等公共服务设施数据库成果3000多条，协助完成1:5万数据库动态更新。

重大工程测绘

【主城区地下空间普查】

12月，重庆市规划局组织开展的主城区地下空间普查工作完成。普查工作涵盖渝中、江北、渝北、南岸、巴南、北碚、九龙坡、沙坪坝、大渡口区和北部新区，查明了主城10区建成区地下空间分布范围，涉及6246个工程，地下空间面积3152.17万平方米，建立了地下空间信息数据库和信息管理系统。普查工作为各级政府研究确定地下空间开发利用战略和规划，为地下空间综合管理、防灾减灾及地下空间资源利用奠定基础。

【轨道交通中期规划线路基准控制网】

重庆市勘测院完成重庆市轨道交通中期规划线路基准控制网建设，东起江北区唐家沱、西至璧山县、北至北碚区、南至大渡口区，线路总长406千米，完成C级GPS点选埋52点、观测67点，二等水准选埋140点，二等水准测量400千米。

地图管理与地图出版

【国家版图意识宣传教育】

重庆市规划局积极开展国家版图意识宣传教育。利用“8·29”测绘法宣传日、规划展览馆测绘地理信息展览厅、测绘地理信息专业书店等进行社会宣传；在重庆市红岩小学举行国家版图意识宣传教育“进学校、进社区、进媒体”启动仪式，向全市中小学生发出“学知识、知版图、爱祖国”倡议；举办“祖国在心中”主题征文活动，开展主题队会、办黑板报、设置宣传栏等活动，向全市40所中小学和40个社区赠送价值近10万元的各种版本地图、知识丛书，开展座谈活动30多次。组织测绘地理信息行业和相关部门、单位参加国家版图知识竞赛，举办少儿手绘地图比赛，全市表彰了优秀作品，选送50幅作品参加全国评比。

【地图审核】

2012年，重庆市审核通过61项公开地图，其中，单张地图56幅、地图集2集、公交轨道交通站台便民指示地图33幅、互联网地图2件。

【《三峡库区地图集》】

5月，《三峡库区地图集》出版。该地图集由国家测绘地理信息局局长徐德明作序，重庆市规划局和湖北省测绘局共同组织编制，范围横跨重庆和湖北2个省级行政区域，包括库区30个区县。图集分为三峡工程（序图）、人口资源、社会经济、区县详图4大部分，应用高分辨率遥感数据编制了三峡库区各区域影像地图，设计了三峡工程蓄水“高峡出平湖”长卷影像地图，展示了三峡库区自然地理、人文地理、生态保护、资源环境和社会经济建设成就。

【《重庆历史地图集》】

《重庆历史地图集》第一卷《古地图》编制完成。《古地图》卷为八开版本，初稿约450页，收录古地图506幅，是第一本以地图表现形式反映重庆历史变迁、挖掘历史文化的文化产品。

【其他地图】

重庆市规划局为市委市政府编制提供领导机关5种182幅专用地图，编制赠送《重庆地图》、《重庆市规划便民地图》、《重庆主城导厕地图》和《重庆火锅地图》100多万份，为主城区1500多个公交站台制作三维导向便民地图，制作了重庆轻轨、重庆园博园等热点专题便民网络地图，开发“爱尚重庆”IOS和Andriod移动终端，推出重庆通、“天地图·重庆”移动版等移动位置服务应用产品，开发新闻与地图相结合的华龙网地图频道。

测绘地理信息成果管理与应用

【成果质量检查】

重庆市规划局组织开展全市测绘地理信息成果质量大检查，检查72家各等级资质持证单位的90项测绘地理信息成果，主城区1:2000地形图、1:500地形图和现代测绘基准体系等基础测绘成果一次通过验收，测绘成果质量管理良好。全年完成测绘工程成果质量日常监督检查454项，检查地下管线长度1387千米，1:500地形图325.63平方千米，1:2000地形图52.93平方千米，塔基测绘847个。

重庆测绘院测绘产品质量检验站在国家测绘产品质量检验测试中心指导下，与四川测绘地理信息局测绘产品质量监督检验站共同参与开展了2012年全国测绘地理信息成果质量监督检查。这是重庆测绘院首次承担全国测绘地理信息成果质量监督检查工作，为独立开展基础测绘成果监督检查工作奠定了基础。

【成果保密专项检查】

重庆市规划局和重庆市国家保密局组织开展涉密测绘地理信息成果保密联合检查工作，重点抽查24家单位存储和处理涉密测绘地理信息成果数据的计算机连接互联网及移动存储介质管理情况。3月，重庆市顺利通过国家测绘地理信息局和国家保密局的联合实地抽查。在全国测绘成果保密检查工作中，开县规划局等2家单位获先进集体称号，5人获先进个人称号。

【地理信息公共服务平台】

2012年，重庆市地理信息公共服务平台功能和服务能力大幅度提升，建立了全市三维地理信息平台，实现公共服务向二三维一体化转变，建成三期政府地理信息平台，发布2012版政务电子地图。

【防灾应急服务】

重庆市地理信息应急服务队完成“省级应急平台和城市应急联动技术研发与示范（重庆市）”和全市“应急一张图”信息化体系建设项目，构建平战结合的地理信息应急体系，推动中德合作项目九龙坡区应用示范平台建设工作，实现地理信息在隐患登记、风险分析、预案优化、灾害监测、应急处置等应急管理过程应用。积极参与全市应急应战指挥平台实战演练，多次完成突发事件处置和省部级应急演练，为“7·24”长江特大洪峰过境、“苏湘渝”特大持枪抢劫案侦破、合川区洪涝灾害应急演练、事故灾难综合应急演练、国家（重庆）陆地搜寻与救护基地落成典礼暨市整合应急救援总队成立两周年汇报演练提供地理信息应急保障。全年参与地理信息保障突发事件处置3次，大型演练5次，应急保障50多次，出动地理信息无人机40架次，应急供图400多幅。

【城乡规划应用】

重庆市规划局开展市级特定管制区范围核实工作，掌握36个自然风景名胜区、21个自然保护区、84个森林公园、2个世界自然文化遗产地、15个湿地公园、7个地质公园和四山管制区的相关信息。更新和完善乡村综合信息数据库、区县综合现状数据库以及主城综合现状数据库，构建覆盖市-区/县-镇/乡-村的现状信息资源体系。完成主城区117平方千米控规编制现状调查与分析、27个城郊小城镇现状调查与分析、两江新区五大项目选址分析、十大城市片区规划现状梳理和主城分区规划现状摸底等相关工作，保障了主城区扩城规划、分区规划和小城镇规划。完成移动规划智能办公平台建设和重庆综合交通信息平台试点工程，完成2012年主城区和区县城市建设用地遥感解译、区县公园绿地广场遥感监测以及巫山、奉节、云阳建设项目遥感督察，开展江津、璧山、潼南等区县城市建设用地解译分析和武隆总体规划实施评估，为科学评估城乡规划实施情况提供客观依据。

【省级共建共享】

10月，重庆市规划局举行西南片区贵州、四川、云南、广西、西藏和重庆多边共建共享协议签字仪式，以及陕西、湖北、湖南和重庆测绘地理信息资源双边共建共享协议签字仪式。协议明确了共建共享主要原则和联络部门，确定了基础测绘成果、专题地理信息资源、卫星定位连续运行服务系统联网和地图服务网站4个方面共建共享内容，为利用测绘地理信息资源，更好促进区域测绘地理信息产业发展奠定基础。

【行业共享应用】

重庆市规划局进一步推进重庆市地理信息公共服务平台行业共享应用，为全市29家应用单位、46个业务系统建设提供动态、可靠的地理信息支撑，与市卫生局、交委、公安局、园林局、气象局、港航局、地震局等多个掌握基础地理信息要素的部门签订共建共享协议，完成交换数据42次，其中为市公安局提供860万条地名数据。开展重点行业部门专题地理信息服务，完成全市三期数字城管部件普查、全市地震应急联动协同灾情数据建库、重庆电力数字地理信息数据库建设及应用工程和重庆市园林城市绿化信息管理平台建设，推动与人口计生委、统计局、邮政局和公安局等部门合作，整合海量人口和地址数据。

【社会化服务】

2012年，重庆市测绘档案馆分发测绘地理信息成果238次，提供各类控制点成果735个，各类介质、比例尺地形图2791幅，综合管线资料57千米，各类卫星影像6141平方千米，航片350片，为总参某部“TS”工程阵地勘选、永川区规划修编、大足区及綦江区总体规划编制、空军工程设计研究局重庆空军机场搬迁项目等提供基础测绘成果服务。

科技创新与人才培养

【科技平台建设】

数字重庆地理信息平台基本建成，通过国家测绘地理信息局验收。重庆市地理空间信息工程技术研究中心成为重庆市云计算服务试点单位，并获批全市云计算服务试点项目“重庆市地理信息公共服务云平台”。重庆市地理信息中心与中国科学院遥感所微波实验室签订战略合作协议，联合建立雷达遥感合作实验室，与ESRI中国联合建立数字城市应用创新联合实验室，依托国家遥感中心地理信息工程部、国家自然科学基金依托单位和市级博士后科研工作站平台，建设地理科学服务技术体系。

【新技术研发】

重庆市测绘地理信息单位完成国家发改委第一批产业化重大专项“基于国产卫星遥感的城乡规划与管理监测评价高技术产业化示范工程”的项目验收，承担科技部“高性能航空遥感数据自动处理与加工软件研制”和“安全保障型城市的评价指标体系与评价系统研发重庆示范项目”、国家发改委卫星及应用产业发展专项“重庆市自主卫星技术综合应用服务示范（二期）”、国家测绘地理信息局“测绘系统内、部门间、军地间地理信息资源共建共享与更新机制（办法、制度）研究”、重庆市经信委云服务试点项目“重庆市地理信息公共服务云平台建设”等重大科研项目。

【重要科研成果】

“壁嵌式强制归心标安装结构”取得国家知识产权局发明专利。全年科研成果获省部级以上表彰23项。其中，“数字重庆地理信息平台”和“三维仿真系统在山地城市规划管理中的应用”分获重庆市政府年度科技进步奖二、三等奖，“重庆地铁一号线（一期）工程测量”获中国城市规划协会2011年度全国优秀城市规划设计奖（城市勘测类）测绘工程奖一等奖，“重庆市主城区建筑物地理信息系统”获中国地理信息产业协会优秀工程奖金奖，“地下空间可视化集成管理平台研究与应用”、“城市三维协同规划设计平台研究与应用”获2012年中国地理信息科技进步奖二等奖，“重庆三维数字城市技术创新与实践”获2012年中国测绘学会测绘科技进步奖二等奖。

【重庆测绘院科技工作】

重庆测绘院围绕国家重大测绘项目及生产实际，全年共申报科技项目25项。已落实项目12项，其中，国家测绘地理信息局项目2项、科技部项目1项、重庆市建委项目2项、院自主项目7项。科技项目投入500多万元，主要涉及地理国情监测关键技术研究、基于“天地图”的位置服务研究、地表形变监测、遥感影像数据处理、质检生产软件开发等方面。

研发“基于GIS组件的国土测绘数据生产系统的优化与实现”系统，提高工作效率和作业质量，并推广应用到国土整治行业相关单位。

“1:5万基础地理数据库更新技术体系构建与工程应用”获2012年中国测绘学会测绘科技进步奖特等奖，“机载多波段多极化干涉SAR测图系统”项目获一等奖；“三亚1:500地形图信息化测绘及数据入库”、“数字南溪”获2012年中国地理信息产业优秀工程奖铜奖。

【制度建设及人才培养】

重庆测绘院通过以“工天制”代替承包管理模式的经济核算等28个管理文件，对涉及科技、人事、劳资等多项制度进行修订和完善。全年引进人才32人，其中，博士1人、硕士30人、本科生1人。至年底，全院共有博士5人，硕士61人，本科生100多人，本科学历以上人员比例为72%，其中教授级高工3人，国家测绘地理信息局青年学术和技术带头人2人。组织参加各类培训97批次，参加人员500多人次，投入培训经费25万多元。

精神文明建设

【党的建设】

重庆市规划局认真组织中心组学习，举办“树立核心价值观，增强文化软实力”讲座，集中听取重庆市第四次党代会精神宣讲，学习党的十八大和“两会”精神。深入推进学习型党组织建设，启动“好书推介”读书活动，推荐学习马列主义经典著作、党史、廉政建设、城乡规划以及其他社会类5类书籍，开展“十佳读书人”、“十佳书香家庭”推选活动。通过举办培训班、组织宣讲团、开办党校、组织干部再教育等多种形式，全面提高广大干部职工的知识水平和业务素质。

【文化建设】

重庆市规划局深入开展文明单位、“青年文明号”、“巾帼文明岗”、重庆市职工模范之家等各种形式的群众性精神文明创建活动。重庆测绘院成功申报市级文明单位。鼓励女职工争做“自尊、自信、自立、自强”的时代新女性，3月，汪蓓被评为重庆市“三八红旗手”。加强文化建设，组织参加重庆市科委组织开展的科普作品征集和评选活动；组队参加全国测绘地理信息系统第二届“天地图杯”羽毛球比赛，进入八强；组织参加2012年“全民健身日”重庆市公开水域游泳比赛并取得优异成绩；举办“行摄中国，地理发现”摄影展、开展节能宣传周活动；开展志愿服务，并将志愿服务与对口扶贫活动紧密结合；开展“自纠自查”活动，努力提升服务质量；开展2012年度感动重庆十大人物评选和“我推荐我评议身边好人”活动。

【宣传工作】

重庆市规划局积极宣传报道先进典型和经验，利用《重庆规划信息》、《内部通报》、《新闻剪报》以及重庆规划公众信息网等进行宣传，及时总结、报道城乡规划测绘事业建设中涌现的先进典型和经验，宣传了一批文明单位创建经验。

地方社团工作

2012年，重庆市测绘学会获市科协系统先进集体称号，1人获先进个人称号。4月，重庆市测绘学会召开学术年会，对2011年学会先进集体、学会工作积极分子、优秀论文与优秀工程的获奖单位与个人进行表彰。开展“测绘数据异地备份研究”、“重庆市似大地水准面精化研究”、“山地城市基线检验场建设方法研究”、“信息化测绘体系建设研究”等科研项目，会员单位10多项科研成果与工程项目获奖。开展学术交流活动，举办现代测绘科学技术与数字重庆建设科技论坛，邀请中国工程院院士刘经南作“泛在测绘与泛在地图的发展趋势”的学术报告，组织专家为重庆市58名中学地理骨干教师作报告。组织有关会员参加国内论坛学术交流15次。3S专业委员会组织召开2012年重庆市地理信息公共服务平台技术培训会，地籍房产专业委员会开展基于GNSS网的RTK应用、GIS空间分析及应用技术等培训，教育专业委员会举办FME空间数据格式转换培训班。

四川省

概况

2012 年，四川确立了“以进促稳，领先发展”的全省测绘地理信息工作基调，提出了开放合作、平台带动、人才支撑、转型发展“四大战略”，以践行经济总量、职工收入“两个倍增计划”为抓手，以“十二五”基础测绘发展规划落实、应急保障体系建设、产业园建设和事业转型发展“四个加快”为重点，以实现保障能力、经济总量、改善民生、文化建设“四个领先”为发展目标，全面贯彻国家测绘地理信息发展战略，推进“三大平台”建设和科技创新，多项工作取得较大进展。

《四川省“十二五”基础测绘发展规划》经省政府审议通过并印发实施，落实了资金和项目职责分工。开展四川汶川地震核心灾区地理国情监测项目，形成《2012 四川省地理省情公报》并向社会发布。测绘应急保障体系建设初具规模，建成高水准的省级测绘应急指挥中心并与省政府应急指挥中心实现互通，组建省测绘应急保障中心。四川测绘地理信息局先后与中国测绘科学研究院等 10 个科研院所、高校、地方省局、企业签署了战略合作协议，约 20 个项目在积极推进中。四川测绘地理信息局与成都市金牛区委区政府达成共同建设西部地理信息科技产业园的协议，22 家国内、省内知名龙头企业签订了入园意向协议。

在全国省级测绘地理信息行政主管部门贯彻落实科学发展观 2012 年度测绘地理信息工作考评中，四川测绘地理信息局跃居全国第二名。

重点工作推进

【测绘应急】

针对四川地质灾害多发频发的特点，四川测绘地理信息局加强测绘应急保障体系建设。建成省级测绘应急指挥中心，与省政府应急指挥中心实现互通，达到“天地一体化、可移动、互联互通”的目标。组建省测绘应急保障中心，加强应急监测移动平台、地面激光雷达、无人机、街景工厂、像素工厂等高新技术装备配备；开展全国首次整体作战式防汛救灾测绘应急综合实战演练，实现 3 小时内现场快速测图并通过卫星发送到省政府应急指挥中心的能力；组织召开汶川地震测绘应急保障经验交流与深化合作会议，汇集援建省市的灾后重建测绘成果，促进共建共享；建立灾情通报制度和测绘应急值班制度，初步形成省、市（州）应急测绘联动响应机制；编报四川地质灾害防治大比例尺测图工作方案，并将其纳入“十二五”基础测绘规划；编制《四川省航空应急测绘体系建设实施方案》，推进航空航天应急测绘保障体系建设。

全省测绘地理信息工作者围绕地质灾害和突发事件积极提供测绘应急保障，在“5·16”广元温州商城火灾、“6·24”川滇交界抗震救灾、“6·28”宁南县特大山洪泥石流、“7·23”泸州抗洪抢险、“8·14”雅安市及凉山州山洪泥石流灾害、“8·30”盐源县群发多点地质灾害等工作中，及时编制提供了救灾专用图、影像专用图等。

【数字城市建设】

四川省组建了全省数字城市项目建设领导机构，多次召开会议协调、推进数字城市建设。德阳、攀枝花、宜宾、绵阳、广元、甘孜、阿坝、凉山 8 个市（州）和温江区 1 个市辖区地理信息公共平台完成建设并投入使用。成都、雅安、达州、巴中、广安、南充、内江 7 个市级平台建设正式启动。

加大市（州）平台建设支持和应用推广力度，共安排 20 个城市 0.1 米分辨率彩色数字航空摄影 6600 平方千米。广元平台在市级各部门得到推广，并将平台更新维护纳入基础测绘规划；宜宾平台在市级多个部门应用；攀枝花利用平台打造了东区法人管理平台、经济普查统计平台，并在网运行。

【“天地图·四川”建设】

4 月 18 日，“天地图·四川”顺利接入国家主节点。完成所有建成市级节点与省级节点的连接，广元、绵阳 2 个市级节点与国家主节点相连接。完善了新版平台数据，已有80多家政府部门、企事业单位运用省级平台开展业务工作。积极推动平台的公共应用，为省发展和改革委开展大香格里拉旅游区规划提供三维地理信息服务等。

【地理国情监测】

四川测绘地理信息局开展四川汶川地震核心灾区地理国情监测项目。12月4日，与省民政厅、国土资源厅联合发布《2012年四川省地理省情公报》，并于12日联合召开新闻发布会，发布了自然地理位置、行政区域面积、地形地貌形态、水系流域面积、地震核心灾区地表形变等方面的成果。部分监测成果已先后提供省委组织部、省政府办公厅、财政厅、人力资源与社会保障厅等单位使用。

【地理信息产业发展】

7月20日，四川测绘地理信息局与成都市金牛区委区政府签订协议，共同建设西部地理信息科技产业园。8月31日，北京东方道迩信息技术股份有限公司、北京四维图新科技股份有限公司等22家国内、省内知名企业在成都签订了入园意向协议。

【开放合作】

四川测绘地理信息局扩大对外交流合作，与湖北省测绘局、西藏自治区测绘局、新疆维吾尔自治区测绘地理信息局、福建省测绘地理信息局、中国测绘科学研究院、国家测绘地理信息局卫星测绘应用中心、武汉大学、北京市测绘设计研究院、61920部队等单位签署战略合作协议，约20个项目在积极推进中。与中国测绘科学研究院联合组建雷达测图与监测技术联合实验室与新技术中试推广基地；四川省第一测绘工程院与61920部队签署四川省卫星定位连续运行基准服务平台扩建服务合作协议；四川省遥感信息测绘院与国家测绘地理信息局卫星测绘应用中心开展基于“资源三号”卫星成图试验与合作研究；四川省第二测绘地理信息工程院与武汉大学开展基于IOS平台电子地图软件设计与研究项目合作等。

【对外宣传】

5月29日，四川省测绘宣传中心成立。7月9日，制定印发《四川测绘地理信息局政务信息工作管理办法》、《四川测绘地理信息局政务信息和新闻宣传稿酬管理办法》、《四川省测绘地理信息局有奖征文等评选活动经费管理办法》。

四川测绘地理信息局创办《四川测绘工作周情》、《要情通报》、《四川测绘工作专报》以及飞信信息刊物，向国家测绘地理信息局报送政务信息300多条，向省政府报送专报信息15条。《四川省测绘地理信息局简报》被核准上报省委省政府办公厅。

四川测绘地理信息行业全年在《中国测绘报》上稿量157条，列全国第一；国家测绘地理信息局门户网站上稿量298条，列全国第二；国土资源部门户网站上稿109条，在全国名列前茅；在《中国测绘报》、《四川日报》刊登3个宣传专版，中央人民政府网站、新浪、搜狐、网易、腾讯以及在川重要新闻媒体刊登四川测绘地理信息工作报道100多条。

加强四川测绘地理信息局门户网站建设，投资18.4万元，按照政务门户网站建设“政务公开、在线办事、互动交流”三大功能定位，对网站进行重新规划，对建站平台进行改造升级。增加在线办事、专项服务、在线访谈、网上信访等多项服务，定制了测绘科技项目管理系统和测绘成果汇交服务系统。全年上传信息1609条，主动公开信息117条、回复网民提问72条，月均访问量为170多万次。

法制建设与市场监管

【法制建设】

《四川省地图管理办法》列入四川省政府2012年立法计划，相关部门先后召开6次调研论证会，多次征求部门和市级政府、地图编制单位以及专家的意见和建议。10月24日，四川测绘地理信息局与省政府法制办召开《四川省地图管理办法（修订草案）》定稿会，双方主要领导亲自参与审定修订草案条款内容。12月4日，《四川省地图管理办法》经省政府第117次常务会议通过。四川省人民政府以第263号省长令发布，自2013年3月1日起正式实施。

【测绘法宣传】

8月29日，四川测绘地理信息局组织开展测绘法宣传日活动，并举行纪念测绘法修订颁布10周年座谈会。四川省人大城环资委和省政府法制办领导出席，并参加了成都宣传点的活动。当天，全省共设置宣传点400多个，宣传人员近5000人，悬挂宣传标语2000多幅、气球1000多个，全省共发送公益短信20多万条，发放宣传资料30多万份。

【管理体制建设】

四川测绘地理信息局与省编办领导就市县测管机构建设召开联席会议，并多次联合到市州督导市县管理机构建设工作。建立了局领导分片联系市（州）工作制度，眉山、资阳等市已完成更名。广元市实现

4县3区统一更名为测绘地理信息局。

【依法行政】

四川各级党委、政府加强对全省测绘地理信息事业发展的统筹和支持，省十次党代会主报告明确提出要“发展地理信息等新型服务业”。

四川测绘地理信息局召开全省测绘地理信息管理工作会议、全省房产测绘工作会议，开展1期测绘行政执法培训。完成2012年度测绘资质注册工作，依法注销14家，降级1家。办理作业证及注册2000多件。加强资质管理信息系统的运行维护，做好测绘资质的动态管理。推动测绘市场信用信息平台的建设和管理工作，开展资质等级评价工作、测绘项目备案登记工作和测绘行业的年度统计等工作。

【市场监管】

四川省各级测绘地理信息行政主管部门加大违法测绘活动的查处力度。泸州市、阿坝藏族羌族自治州分别调查、纠正了项目招投标中的违法违规行为；在成都、广元等市的书城、图书批发市场进行了执法检查；对西博会参展的5000个商家进行“问题地图”检查；利用互联网地图安全监管系统监管全省500个网站，监测POI 3万多个，发现疑似问题POI 8个；督促引导办理互联网地图服务资质18家，无人机航摄资质9家。

基础测绘

【基础测绘规划】

2月29日，《四川省“十二五”基础测绘发展规划》经四川省政府第101次常务会议审议并原则通过，四川测绘地理信息局会同省发展和改革委、省财政厅等部门按要求进行了修改，8月3日由四川省政府办公厅印发。11月13日、14日，四川省副省长王宁、魏宏先后作出批示，明确了省财政投入资金6.85亿元的方案和工作分工。

【国家基础测绘项目】

2012年，四川测绘地理信息局共完成7项国家基础测绘项目及测绘专项建设任务，包括国家基础地理信息数据库动态更新、“927”一期工程、国家现代测绘大地基准体系基础设施建设一期工程、国情监测试点、新版1:5万国家基础比例尺地形图印刷、数字区域地理空间框架建设、重点测绘工程和地理信息成果质量监督检查。完成四川、江西、广东、广西、云南、福建、西藏7省（区）1:5万地理信息数据更新280.3万平方千米，完成浙江、广东省部分海岛（礁）1:2000测图394幅、1:5000测图348幅，完成渤海湾、广西北部湾、海南省附近23万平方千米海域岛（礁）的识别与定位工作，完成新版1:5万地形图印刷5000幅。

地图管理与地图出版

【地图管理】

2012年，四川测绘地理信息局完成地图审核86项。

【地图出版】

2012年，成都地图出版社有限公司共完成新版图书50多个品种，编制了《中华活页——分省交通旅游图》系列、《中国国家公路——汽车司机地图集》、《川渝云贵交通图册》和《辽吉黑内交通图册》等。再版修订图书185批次。新版、再版图书印刷装订330多批次，印刷码洋1900多万元，印刷色令52838个。

【国家版图意识宣传教育】

四川省测绘地理信息、教育部门联合印发《关于在四川省中小学校开展国家版图意识宣传教育的通知》，要求各市（州）采取切实有效的措施，开展国家版图意识“进学校、进社区、进媒体”和“中图杯——全国少儿手绘地图大赛”、“祖国在心中——全国国家版图知识竞赛”等活动。

5月12日，四川测绘地理信息局在雅安市雨城区孔坪中心小学开展主题为“我找祖国黄岩岛”的国家版图意识宣传教育活动，共展出10幅展板，测绘专家和资深地图编辑对学生进行了讲解，新华社环球新闻进行了直播。

5月23日，全省“三进”活动启动仪式在汶川地震援建中学都江堰市塔子坝中学举行。四川测绘地理局向该校赠送了国家版图知识图书、地图，专家进行了版图意识宣传演讲，展出了系列宣传展板。宣传教育活动进入都江堰柳河社区，工作人员展出了国家版图意识宣传栏，现场解答社区群众有关地图与版图问题咨询，并分发了宣传资料。全年累计聘请测绘专家在全省各地小学、中学、职高、大学开展约80场国家版图意识宣传教育专题讲座，听课学生上万人，印制、发送宣传单8万张，向全省21市（州）发放国家版图意识宣传画2万多份，在各中小学、城镇主要街道、社区进行宣传展览，并向社区和学校赠送价值 16 万多元的国家版图意识宣传图书。成都市所有区（市、县）全部进行了进学校演讲。

5 月 10 日 ~7 月 31 日，四川省测绘地理信息行业开展了测绘法及国家版图知识竞赛，全省 4826 人参加了网络赛。8 月 23 日，在成都举行现场赛，10 支代表队共 20 名选手参赛。

8 月 25 日，四川省少儿手绘地图大赛四川赛区启动仪式在成都举行，共收到少儿手绘地图作品 150 幅，向国家测绘地理信息局上报参赛作品 60 多幅。

测绘地理信息成果管理与应用

【成果管理】

四川省测绘资料档案馆组织对馆藏全部档案重新进行了规范化整理、装盒、入库和信息采集。截至年底，采集目录信息 548660 条，重新整理组卷 8904 卷。四川测绘地理信息局完成国家测绘地理信息局项目“测绘成果档案的管理、服务与维护”中“测绘成果档案管理与信息化建设”子项。组织对四川省基础测绘框架项目，广元、绵阳数字城市，甘孜、阿坝、凉山数字三州，灾后重建等省级基础测绘成果按要求归档与共享。完成 2011 年度测绘地理信息成果目录汇交工作，全省共有 489 家资质单位汇交了 6271 项成果目录。

全年四川测绘地理信息局共受理审批使用国家秘密基础测绘成果申请 1000 多项。

【质量监管】

2 月 9 日，《四川省测绘资质单位技术质量管理体系考核办法》修订印发。四川测绘地理信息局在全省测绘资质单位中开展监督抽检、委托检验以及质量认定工作，全年共检验项目 272 项。对 2011 年质检不合格的 20 家单位进行了复查。与省质量技术监督局联合开展2012年全省测绘地理信息质量监督检查，共抽查 78 家单位，对 14 家成果质量不合格的单位作出行政处罚决定。加强市县质检工作的指导，四川省测绘质检站泸州质检部挂牌成立。

【成果应用】

四川省测绘资料档案馆全年共接待社会各界用户 948 人次，提供各种比例尺地形图 9044 张、GPS 点 1301 点、三角点 1171 点、水准点 1456 点，提供 DLG 1858 幅、DEM 116 幅、DRG 2802 幅、DOM 395 幅，原始影像数据 395 景（处），总数据量 285GB。地图回放 150 幅，专题图制作 240 幅。四川省卫星定位连续运行基准服务平台为 138 家单位提供了精准位置成果服务。

主动为政府部门提供服务。四川测绘地理信息局开发了《2012 四川省领导工作用图》系列图，包括《四川省领导工作用图》图册和基于移动终端的领导工作用图系统两部分。向四川省第十次党代会代表赠送 1160 套党代会专用地图，受到省委办公厅领导和党代会代表们的赞扬。4 月，为省政府办公厅紧急制作领导考察线路专用图，11 月，为省委办公厅赠送中国地图、四川地图、成都地图等系列挂图，满足了领导日常工作的需要。

四川测绘地理信息局为省政府编制领导出行手册全省和 21 市（州）地图，为省委组织部提供全省乡镇海拔高度和三州乡镇到县城的交通距离，为省财政厅提供全省 181 个县（市、区）地形地貌等地理国情监测成果，为省发展和改革委提供 1:1 万地形图 63 幅用于绵竹主体功能区规划、金沙江流域产业发展规划以及稻城县 1:5 万地形图 34 幅用于开展大香格里拉规划，为武警总队制作《成都市城区图》、《武侯区全图》、《成都市交警一分局辖区图》，为省扶贫办编制秦巴山片区和乌蒙山片区扶贫攻坚规划提供地理信息保障服务，为省农村能源办开展21个市（州）农村沼气项目建设提供地理信息服务，为省地质矿产产权登记提供 11 个矿区坐标转换成果，为省人社厅开展民生改善提供四川省 3 个州 50 多个县 1178 个乡镇所在地平均海拔高程数据。

【成果共享与深化合作】

四川测绘地理信息局与国家测绘地理信息局卫星测绘应用中心签署测绘地理信息战略合作协议，与省旅游局开展基础地理信息资源与旅游资源共享合作，与宜宾市签署合作开展川南经济发展高地和长江上游生态屏障建设测绘地理信息保障协议书。

科技与国际合作

【科技管理】

四川省建立测绘地理信息科技委员会、测绘地理信息科技奖励委员会、测绘地理信息科技专家库。面向全省公开遴选科技专家，吸纳首批专家 70 名。首次面向全省发布四川省测绘地理信息科技指南（2013），建立测绘地理信息科技项目网上申报系统，编发《科技成果汇编》、《科技论文集》。11 月 14 日，四川省科技厅党组书记、厅长彭宇行一行到四川测绘地理信息局共商合作，联合提升四川省服务规划决策、航空航天测绘应急、重大工程建设、民生位置需求测绘保障能力。

【科技项目】

四川测绘地理信息局开展“1:5万地形数据库快速更新方法研究”等5项2012年国家测绘地理信息局科研项目研究，组织申报2013年国家测绘地理信息局科研项目4项；四川省地理省情监测技术应用研究——地震核心灾区民族分布动态监测系统等2个项目获省科技厅批准立项；组织申报2013年四川省科技计划项目5项，4项列入备选项目库。组织2012年局级科研项目立项申报评审工作，7项通过立项；组织验收国家测绘地理信息局科技项目5项、初审7项；组织验收局级科研项目9项。

四川测绘地理信息局参与的“测绘基准和空间信息快速获取关键技术及其在灾害应急测绘中的应用”获国家科学技术进步奖二等奖。四川省测绘地理信息科技成果获2012年中国测绘学会测绘科技进步奖7项、中国地理信息科技进步奖2项。

【科技创新】

四川省测绘地理信息行业加大科技创新力度，加快新技术引进，引进国家地理信息应急监测移动平台、移动测量车、三维激光扫描仪、PixelGrid等国际先进设备技术，并在应用技术攻关方面取得初步成效。

【技术培训】

四川测绘地理信息局全年共开办各类培训班27期，2939人参加；协办面向西部地区测绘地理信息专业技术人员培训班，150人参加；举办各类专家学术报告会7场，1000多人参加；开展2012年测绘地理信息专家西部行（四川）活动，20多个省级部门代表及各地管理、技术人员200多人参加。

【国际交流】

四川测绘地理信息局出台文件规范和加强出访管理，全年派出9人分别赴荷兰参加地理空间信息论坛、赴意大利参加国际测量师联合会（FIG）2012年工作周会议及会员代表大会、赴加拿大参加全球空间数据基础设施大会、赴新加坡参加图书展等。接待巴基斯坦测绘局技术人员4人的培训，日本、厄瓜多尔专家和官员来访。为马来西亚重大工程提供测绘保障。

精神文明建设

【思想政治建设】

四川测绘地理信息局扎实推进学习型党组织建设，制定了全局推进学习型党组织建设制度，包含学习组织制度、党员培训制度、调查研究制度、评学述学制度、档案保障制度等11个制度。局党组制定了中心组全年学习计划和阶段学习安排意见，做到人员、时间、内容、效果“四落实”。党组中心组被省委宣传部、省直工委评为省级机关理论学习先进单位，省测绘地理信息局获推进学习型党组织建设先进单位称号。

继续深入开展以“学习创新、民主团结、勤政为民、清正廉洁”为主要内容的“四好”班子创建活动。局党组被评为省直机关“四好”活动先进班子。

【基层组织建设年活动】

四川测绘地理信息局成立基层组织建设年活动领导小组，召开全局党建工作会进行动员部署，制定工作方案，明确主要步骤和任务安排。在全局分层开展“三分类三升级”活动，全局共有31个基层党组织定为先进党组织，18个为一般党组织，无后进党组织。建立两级管理台账，制定“三分类三升级”活动整改落实暨深入实施工作方案，细化分解59项具体工作任务。

【创先争优】

四川测绘地理信息局结合基层组织建设年活动深入开展创先争优活动。7月1日，召开庆祝建党91周年暨基层组织建设年推进会，表彰示范党支部6个、共产党员示范岗25个。四川省基础地理信息中心职工谭明建获全国“五一劳动奖章”，局直属机关党委、四川省第三测绘工程院党委被省直工委评为四川省直机关创先争优活动先进基层党组织，四川省第一测绘工程院职工廖建平、四川省第二测绘地理信息工程院职工刘泽勇获优秀共产党员称号，国家测绘地理信息局第三航测遥感院职工刘海燕获优秀党务工作者称号。

【基层党组织建设】

四川测绘地理信息局完成直属机关党委委员调整、局机关党支部的调整和改选，指导局属各单位党委（总支）完成换届改选或委员增补。抓好党员队伍建设，注重在生产一线和青年、高级知识分子群体中发展党员。举办全局党支部书记培训班，选派1名局领导参加中央党校学习，2名处级干部、2名中青年党员干部参加省直机关党校培训学习。抓好党务公开工作，制定完善本单位党务公开目录，将党务公开作为课题进行了专门研究，形成党务公开框架图，提升了党务公开工作规范化、科学化水平。

【“挂包帮”活动】

四川测绘地理信息局继续开展对雅安市碧峰峡镇八家村的“领导挂点、部门包村、干部帮户”活动，全年投入经费30多万元，援建全区最好的村级活动室，完善饮水工程，结对帮扶产业户7户、困难户帮带户14户、学生17名，向火灾受灾户捐款，支持发展苗圃、茶叶种植、养猪、养鸡等产业。设立八家村产业发展基金，形成长效帮扶机制。

【文体活动】

四川测绘地理信息局广泛开展群众性精神文明创建活动。开展新春联欢活动，举办第十四届职工运动会、青年歌手赛、读书活动及征文比赛等，组织开展全省“拓普康杯”测绘行业职工摄影大赛和全局“感动与瞬间”职工摄影大赛，组织职工到韶山开展革命传统教育。抓好局属各基地建设、基础文化设施建设、环境美化等工作，改造电子显示屏、完善局展室，做好宣传橱窗、板报、摄影墙建设和更新。

组织参加全国测绘地理信息系统第二届“天地图杯”羽毛球赛、省直机关“我的道德观，我的荣辱观”演讲赛、省直女职工气排球比赛、省直机关运动会。向国家测绘地理信息局报送“测绘地理信息文化大家谈”征文8篇、测绘地理信息文化精品12件，选送12件优秀作品参加省直机关首届文化节书画摄影展。

四川省第一测绘工程院、四川省第二测绘地理信息工程院通过省直机关文明办的复查考核，四川测绘地理信息局直属单位全部保持既有文明单位称号。

地方社团工作

【学会活动】

四川省测绘学会围绕全省测绘地理信息工作重点，扎实推进测绘地理信息科学技术交流和科普活动。6月，召开十届三次常务理事会，推选3人为四川省科协第八次代表大会代表，其中1人为委员候选人。制图与GIS、大地测量与空间定位、摄影测量与遥感专业委员会分别召开2次学术交流会。组织3支队伍参加在黑龙江伊春市举行的“中国四维杯”第八届全国测绘地理信息职工定向越野赛。承办中国测绘学会第十次理事会。

【优秀测绘工程奖评选】

四川省测绘学会、四川测绘地理信息局组织开展2010年~2012年四川省优秀测绘工程奖评选工作，58家测绘单位的41个项目获奖。其中，“数字广元地理信息公共平台”等9个项目获金奖，“贵阳市城市快建轨道交通控制网测量”等11个项目获银奖，“遂宁市河东新区二期用地1:500比例尺规划测量地形图”等21个项目获铜奖。

【《测绘》期刊】

《测绘》期刊顺利通过省新闻出版局的期刊年检。全年共出版6期，发行1.5万册。

贵州省

概况

2012年2月，国务院印发《国务院关于进一步促进贵州经济社会又好又快发展的若干意见》（国发〔2012〕2号），贵州省测绘地理信息产业在省委、省政府实行工业强省发展战略大背景下，发展势头迅猛。截至年底，全省共有测绘资质单位380家，其中甲级14家、乙级59家、丙级126家、丁级181家，全年测绘服务总产值达8.89亿元，全省测绘地理信息专业技术人员共6763人，人均测绘服务产值超过13.1万元。新增大中专学生就业454人。

贵州省9个市、州数字城市建设全面推进，其中数字遵义已建成并投入试运行。“天地图·贵州”省级节点与国家主节点实现互联互通。地理国情监测和测绘地理信息体制机制建设等国家、省重点工作有序开展。各级部门投入的基础测绘经费达5500万元。

贵州省国土资源厅党组审定通过《贵州省测绘事业发展“十二五”规划纲要》、《贵州省基础测绘“十二五”规划》，报国家测绘地理信息局备案，并报省政府审定，以省政府办公厅名义印发。省级财政投入贵安新区1:2000地形图测绘项目经费2486万元，由贵州省第一测绘院实施。省国土资源厅下属5个测绘事业单位办公场所纳入贵州省国土资源科技园建设。应急保障监测车、四人座直升机及航空摄影测量系统、激光雷达系统等高科技测绘产品落户贵州，测绘应急能力进一步得到加强。集科普教育、定向越野、职业技能鉴定为一体的省级测绘地理信息科普基地已开始全面建设。

重点工作推进

【数字城市建设】

贵州省9个市、州全面推进数字城市建设工作。数字遵义地理空间框架平台及国土资源、城市规划、旅游、公交查询等典型应用系统在全省率先建设完成并投入试运行，建设成果实现共享应用，在全省起到示范带动作用；其他8个市、州数字城市建设相继启动。贵阳、遵义、安顺、毕节被列为国家级试点城市，六盘水、铜仁、凯里、都匀、兴义被列为国家级推广城市；部分县级数字城市建设工作纳入工作计划。10月，省政府办公厅在遵义市召开数字城市建设推进会，会议听取遵义市数字城市的经验介绍，观看遵义市数字城市建设成果展示，省政府相关领导和厅领导对全省的数字城市建设提出具体要求。

3月起，贵州省国土资源厅先后与六盘水市、黔西南州、铜仁市、黔南州、黔东南州、安顺市签署数字城市地理空间框架建设共建共享合作协议，推进数字城市建设与推广使用。

【“天地图·贵州”建设】

“天地图·贵州”建设任务由贵州省测绘资料馆承担，为做好运行维护工作，贵州省国土资源厅争取省编办支持，在省测绘资料馆加挂贵州省基础地理信息中心牌子，增加人员编制，强化组织机构。在国家基础地理信息中心的指导和支持下，“天地图·贵州”省级节点、遵义子节点建设顺利，与“天地图”国家主节点实现互联互通和服务聚合。“天地图·贵州”节点已完成全省1:5万及2.5米分辨率影像地图、1:5万地名库、1:1万DEM数据集加载，1:25万地理信息公共服务平台（公众版）和运行支持环境建设。针对基础数据短缺的情况，与国家测绘地理信息局卫星测绘应用中心协商购买相关卫星影像；要求厅属测绘生产单位抓紧1:1万数据生产，力争完成2011年前下达的生产任务。完成34个县级以上建城区与部分风景名胜区、工业园区的0.1米~0.5米高分辨率航摄遥感影像数据生产，完成全省覆盖中分辨率遥感影像及重点城市高分辨率遥感影像数据生产，充实“天地图”省级节点数据内容。贵州省三维基础地理信息平台功能进一步完善，在省国土资源厅、环保厅、公安厅，交通厅等部门进行典型应用示范。

【地理国情监测】

贵州省国土资源厅取得省财政投资530万元用于贵州47块万亩大坝监测，已完成36块、1345平方千米的监测，并于年底开始实施五千亩连片农田大坝的省情监测工作。贵州省第三测绘院加挂国土资源监测中心牌子，贵州省第二测绘院经省编办同意增加地理国情分析监测职能。贵州省国土资源厅安排600万元地质灾害隐患点监测专项经费，利用无人机对全省85个县、1424个隐患点、1365平方千米的地质灾害隐患点进行监测，已完成127个点、1230平方千米的监测工作。

【体制机制建设】

贵州省市（州）县在国土资源管理部门全部加挂了测绘局或测绘管理办公室的牌子，其中，黔西南州经编委同意新组建了副县级测绘地理信息局，遵义市、黔东南州更名为测绘地理信息局，黔南州增加了领导职数和编制。贵州省国土资源厅党组向省编办报送了组建贵州省测绘地理信息局的报告和组建方案，得到省编办支持，待提交省委、省政府正式批准。12月，厅党组下发《关于加快完善测绘地理信息体制有关问题的通知》，要求市（州）、县测绘地理信息管理部门积极向所在市（州）、县党委和编办争取，于2012年年底前完成组建任务；暂时不能组建的，可以采取先更名为测绘地理信息局、测绘地理信息办公室并加强职数、编制，后完善建设的方式；各市、州国土资源局同时要督促所辖县（区、市）完成测绘地理信息局（办）更名工作。

法制建设与市场监管

【法制建设】

贵州省国土资源厅编制2012年立法计划，将《贵州省测绘条例》修订、《贵州省测绘成果管理办法》

制定列入省政府、省人大的立法计划上报。开展行政审批事项及规范性文件清理工作，根据《国务院关于第六批取消和调整行政审批项目的决定》，5月，印发《关于印发〈2012年贵州省测绘地理信息普法依法治理工作要点〉的通知》，要求各单位做好普法工作规划的实施，加强学法用法、依法行政等工作。10月，向贵州省法制办公室提交申请，将贵州省地图审核由行政服务事项更改为行政审批事项；针对国务院调整和取消的314项行政许可项目，就其中的房产测绘初审问题向国家测绘地理信息局报送《关于房产测绘资格初审行政审批相关问题的请示》。

【市场监管】

3月，贵州省国土资源厅印发测绘地理信息市场监管工作方案，确定继续围绕涉证、涉军、涉密、涉外等方面开展测绘地理信息市场检查。4月，印发《关于进一步规范测绘单位测绘行为有关问题的通知》，对测绘资质单位的保密工作、依法测绘、树立质量诚信意识、加强测绘活动监管等问题提出要求。印发《关于进一步加强测绘地理信息市场监管的通知》。5月，配合国家测绘地理信息局承办测绘地理信息信用信息平台推广应用培训班，并于年底面向全省各级测绘地理信息行政主管部门、各等级测绘资质单位举办了测绘地理信息市场信用信息平台推广应用培训班，380多家测绘单位派员参加，至年底，大多数单位完成了信用信息录入工作。10月，针对部分市、州测绘地理信息行政管理部门报件质量不高，造成退件数量增多的情况，印发《关于加强测绘资质管理远程报件审核进一步提高服务水平有关问题的通知》，各市、州远程报件质量有所提高。全年办理测绘资质升级7家，其中3家升甲级、2家升乙级、2家升丙级，新审批丁级测绘资质单位13家，开展测绘资质单位质量体系检查21家。完成测绘资质年度注册工作，通过年度注册单位307家，缓期注册39家，注销资质单位13家。责令13家人员重复注册单位限期整改。

【行政执法】

2012年，贵州省、市、县三级共开展测绘地理信息行政执法检查1296次，发现涉嫌违法行为8起，其中，测绘项目类1起、市场类1起、测量标志类1起、地图类5起；依法查处《贵州商报》、息烽集中营使用“问题版图”、贵州省某甲级资质单位低价竞标，某设计院测绘资质人员重复注册案件等违法、违规行为，对某资质单位超越资质范围承担矿山测量进行了项目金额10倍的罚款并按要求备案。11月，毕节市黔西县国土资源局报送国家测绘地理信息局参评的“黔西县城管执法大队损毁测量标志案件”被评为测绘地理信息系统优秀行政处罚案卷。12月，按照《2012年测绘地理信息市场监管实施方案》，贵州省国土资源厅会同省国家保密局、国家安全厅、工商行政管理局、新闻出版局、经济与信息化委员会、省军区、省通信管理局等部门组成联合检查组，在遵义、毕节2市对测绘资质单位和测绘地理信息成果使用单位进行检查，并就成果保密相关知识对测绘地理信息涉密人员进行培训。

【法制宣传】

贵州省以“8·29”测绘法宣传日为基础，确定8月25日~8月31日为测绘法宣传周。宣传周活动期间，全省各地测绘地理信息行政主管部门、各测绘资质单位均开展宣传活动。据不完全统计，共发送手机短信3万多条，悬挂宣传条幅120多条，设咨询点50多处，发放宣传资料6万多份。贵州省国土资源厅印制的《加强国家版图意识教育，维护国家主权权益》宣传地图在全省范围内发放并取得良好效果。

基础测绘

【规划与计划】

贵州省国土资源厅党组审定通过《贵州省测绘事业发展“十二五”规划纲要》、《贵州省基础测绘“十二五”规划》，报国家测绘地理信息局备案，并报省政府审定。2012年贵州省基础测绘经费投入5500万元，创历年新高。

【GNSS站建设】

贵州省GNSS连续运行基准站服务系统建设项目全面启动，土建、雷电防护、通讯网络、参考站结构等相关专项设计方案已编制完成。贵州省国土资源厅积极参与国家现代测绘基准工程建设，向国家基础地理信息中心提交6个国家GNSS连续运行基准站设计资料，其中金沙站设计资料已获批准。

【基础测绘成果】

全年贵州省各测绘地理信息单位汇交1:1万“3D”数据4144平方千米148幅，35个县城区高分辨率影像1100平方千米；数据总量300GB。基础测绘成果一次验收合格率达100%。完成1:1万地理信息数据库建设，逐步推进数据更新，数据现势性得到增强。积极开展1:1万数据库改造整合工作，进行1:5万数据库动态更新。贵州省测绘资料档案管理系统建成并投入运行，国家、省级影像资料全部实行统一管理，影像资料使用率超过 85%。贵州省基础航空、航天影像与国家测绘项目实现共享，完成全省 3268 个 1954 北京坐标系三角点、1500 个 1980 西安坐标系三角点、566 个 GPS（E）级点的转换工作。

地图管理与地图出版

【地图市场监管和国家版图意识宣传教育】

贵州省国土资源厅与相关部门联合开展 20 次国家版图专项检查，组织国家版图意识宣传"进学校、进社区、进媒体"活动，铜仁、毕节、六盘水等地在学校开展了国家版图知识竞赛，贵阳、遵义等市组织部分少儿参加全国少儿手绘地图大赛。据不完全统计，246 人参加版图知识竞赛，94 人参加手绘地图竞赛。毕节市国土资源局、水城县第一小学获全国国家版图意识宣传教育和地图市场监管工作先进集体称号，贵州省公安厅杨田波获国家版图知识竞赛成年组优秀奖，贵州省松桃县第一完小、贵州省大方县第二小学均有小学生获全国少儿手绘地图大赛优秀奖。

【互联网地图监管】

贵州省国土资源厅利用国家测绘地理信息局配发的互联网地图监管软件，会同省通信管理局对服务器设置在贵州省的互联网地图网站进行全面检查，并向社会公布检查结果。共检查全省刊载地图的网站 121 家，对 21 家存在"问题地图"的网站提出了整改要求，截至年底，所有"问题地图"已全部整改，部分互联网地图服务网站主管单位申请了互联网地图服务资质。对全省国土资源和测绘地理信息行政主管部门网站上登载的地图进行复核，杜绝了地图主管部门网站存在"问题地图"的现象。

【地图审核管理】

2012 年，贵州省共审核黔东南苗族侗族自治州行政区划图、《遵义百科全书》插图、贵州省经济旅游交通图、《中华人民共和国行政大典贵阳市南明区分卷》插图等地图 11 幅。

测绘地理信息成果管理与应用

【测绘应急保障】

在国家测绘地理信息局的支持下，贵州省国土资源厅先后购置了 12 架（套）无人机系统、1 套应急监测车系统和 1 套轻型直升机低空数字测绘航空摄影系统，为抢险救灾提供服务。在 2012 年岑巩县"6·02"特大山体滑坡地质灾害堰塞湖泄洪、凯里"6·09"特大暴雨灾害、"9·7"云贵交界处 5.7 级地震等抢险救灾工作中，无人机完成了测绘应急保障任务，得到贵州省委、省政府的充分肯定。

【共建共享】

9 月 19 日，2012 年西南片区测绘地理信息工作交流会在贵州省召开。会议原则通过了由重庆市规划局、贵州省国土资源厅共同提出的《推动西南片区地理信息共建共享的倡议书》，计划以"天地图"省级节点建设为契机，统一标准，推进西南片区卫星定位连续运行服务系统联网，推动西南地区突发事件地理信息应急救援服务体系与快速集结机制建设等。

科技创新与人才培养

【科技创新】

12 月，贵州省第二测绘院开发的"机载 LIDAR 与摄影测量集成技术在贵州山区（惠水长田）1:500 比例尺地形测量中的应用研究"项目通过专家评审。

【人才培养】

贵州省国土资源厅制定年度人才培训计划并组织实施，建立全省国土资源人才专家库，举办中国工程院院士张祖勋和香港中文大学教授林晖的报告会。与武汉大学合作开展研究生在职教育，53 名在职职工参加学习；67 人参加武汉大学网络高等学历教育。厅直测绘事业单位采取自行培训、外派培训的方法，全年共培训 500 多人次。全年全省参加职业技能鉴定人员 1200 多人。按要求组织甲级测绘单位负责人、地方测绘管理干部和行政执法人员参加国家测绘地理信息局组织的相关培训。全省国土资源系统 500 多人通过培训取得行政执法证，300 多人参加全国注册测绘师考试。

精神文明建设

4 月，贵州省国土资源厅组队参加全国测绘地理信息系统第二届"天地图杯"羽毛球比赛并获团体第五名。6 月，组织贵州省国土资源系统文化体育节活动，测绘干部职工积极参加。7 月，印发《贵州省国土资源厅深入开展"解放思想、推动跨越"大讨论活动实施方案》，围绕《国务院关于进一步促进贵州经济社会又好又快发展的若干意见》和省第十一次党代会精神，运用理论讲坛、读书会、座谈会、报告会、知识竞赛、科技活动周等方式开展讨论活动。

地方社团工作

贵州省测绘行业协会邀请香港中文大学教授林晖为贵州省测绘行业单位作“地理信息科技与政府管理信息化”专题讲座。12月，在贵阳召开第五次会员代表大会，选举产生新一届领导和理事。

云南省

概况

2012年，云南测绘地理信息工作围绕云南“两强一堡”（紧紧围绕建设绿色经济强省、民族文化强省和中国面向西南开放的桥头堡）战略，推升能力加快基础测绘建设，突出重点推进数字城市建设，完善功能提升平台服务水平，拓宽领域推进地理国情监测，健全体制强化测绘监管职责，服务发展壮大繁荣产业，各项工作取得新的成绩。

三大平台建设成效显著。12个州市完成数字城市地理空间框架搭建，积极推广成果应用。“天地图·云南”正式接入国家级主节点上线运行，启动云南省首个地理国情监测项目——大理海西土地利用监测试点，完成三期监测报告。

地理信息产业发展形势良好。测绘资质单位达到650多家，民营测绘地理信息企业200多家，从业人员超过1.2万，产业规模以每年超过25%的速度增长。云南地理信息产业园建设步伐加快，深入开展招商洽谈，概念规划通过云南省发改委组织的专家评审。

测绘行政监管更加有力，云南省测绘局正式更名为云南省测绘地理信息局，强化了测绘地理信息管理职能，全省测绘地理信息行政管理组织体系自上而下进一步完善。全年共受理国家秘密基础测绘成果提供使用审批536起，受理地图审核65件，向社会发放审图号65个。深入开展测绘地理信息市场综合整治，全省开展执法检查1268次，开展重大专项执法行动109项，查处违法案件21起，市场秩序明显好转。首次实现测绘资质在线办理，开展年度测绘成果质量监督检查工作、涉密测绘成果管理保密检查工作。

基础测绘建设步伐加快，15个州市完成基础测绘规划编制工作；“万幅测图”年度任务完成良好，新测1:1万“3D”数字地图2128幅；现代测绘基准体系建设有序开展，完成昆明、红河、文山3地卫星定位连续运行参考站服务系统及区域似大地水准面精化建设；争取到国家现代测绘基准工程建设4个站点的建设指标。

服务保障能力不断提升。为云南省委、省政府等部门提供地图服务110次共6958幅（张），向全省13个行业、182家单位和地理信息相关企业提供地形图6030幅（6246张）、控制点18220点、各类测绘地理信息数据3961.9GB。应急测绘服务保障能力大幅提升，为滇中产业新区规划、“兴地睦边”、“城镇上山”等重大工程项目和彝良“9·07”地震、安宁“3·18”山火、洱源“8·6”泥石流等自然灾害的应急处置提供测绘地理信息保障。

重点工作推进

【机构建设】

5月4日，经中共云南省委机构编制委员会批准，云南省测绘局更名为云南省测绘地理信息局。8月6日，云南省政府、国家测绘地理信息局领导出席更名揭牌仪式并发表重要讲话。

州市测绘地理信息体系进一步完善，大理等地在国土资源管理部门增设测绘管理科，文山州国土资源局新设州基础地理信息中心，单独设立测绘行政管理机构的州市已由原来的5个增至11个；各地县（区）级国土资源管理部门相继设立测绘管理科（股），全省已有113个县设立测绘管理机构。进一步落实编制、增加人员，红河州测绘地理信息服务中心增加3个编制，招聘了测绘专业技术人员；德宏州芒市国土资源局设立专职测绘负责人；玉溪新增一批专业技术人员。至年底，云南各级测绘地理信息行政主管部门均配备专职或兼职测绘管理人员，全省测绘地理信息行政管理组织体系自上而下进一步完善。

8月6日，云南省测绘地理信息局举行更名揭牌仪式。国家测绘地理信息局党组成员、纪检组组长张荣久（左）和云南省副省长刘平（右）为云南省测绘地理信息局揭牌。

【数字城市建设】

云南省数字城市建设全面铺开。数字安宁、数字玉溪2个试点项目建设接近尾声，开发的示范应用国土资源管理系统得到初步应用，效果良好。数字昆明、数字红河相继启动，数字昆明被国家测绘地理信息局列为2012年数字城市地理空间框架建设示范项目，数字红河取得国家“边少”项目支持。曲靖市、德宏州加快数字曲靖、数字德宏前期立项工作。云南省测绘地理信息局在扶贫挂钩点大理州弥渡县自主开展数字弥渡地理空间框架建设，支持扶贫工作的同时推广县级数字城市建设示范。截至年末，全省16个州市中有14个州市已完成数字城市建设任务。

【“天地图·云南”建设】

“天地图·云南”系统与硬件支撑环境建设顺利完成并通过国家测绘地理信息局测试，10月30日正式接入国家主节点，实现与国家级主节点的聚合服务，向社会公众提供权威、可靠、统一的在线地图服务。

【地理国情监测】

云南省测绘地理信息局编写完成《云南省地理国情监测总体方案》，启动云南省首个地理国情监测项目——大理海西土地利用监测试点，完成3期监测报告，对区域内土地利用态势进行实时监测及数据分析，向当地有关部门及时发出预警报告和相关信息，在发现、查处、制止土地违法行为中发挥重要作用。监测试点的有效推进对在全省范围内开展地理省情监测发挥了良好示范作用。

【地理信息产业园】

云南地理信息产业园建设前期工作加快推进。该项目被列入云南省2012年“三个一百”重点前期项目，并纳入《云南省战略性新兴产业“十二五”规划》重点项目。云南省测绘地理信息局积极争取省、市政府支持，进一步落实园区选址、土地价格优惠政策和前期工作经费等问题。开展招商洽谈，与北京天下图数据技术有限公司、十四冶建设集团有限公司等一批知名企业签订合作建设框架协议，以此集聚产业优势，形成合力，共促发展。产业园概念规划通过云南省发改委组织的专家评审，上报云南省政府审批。

法制建设与市场监管

【测绘法宣传】

8月29日，云南省测绘地理信息局与昆明市国土资源局联合在昆明市开展测绘法宣传活动。向社会公众发送测绘法宣传公益短信50万条，并利用播放宣传片、发放地图宣传品、摆设宣传展板、开展测绘法律法规咨询等形式向广大市民宣传测绘法律法规、国家版图知识和测绘高新技术，以及数字城市建设、“天地图·云南”建设取得的新进展，地理信息产业发展等工作。云南各州市也开展形式多样的测绘法宣传活动。

【测绘地理信息市场综合整治】

4月~11月，云南省测绘地理信息局牵头，联合省国家保密局、国家安全厅、工商行政管理局等8部门共同开展全省测绘地理信息市场综合整治。成立领导小组及办公室，联合印发综合整治工作方案，云南省各州市制定贯彻落实措施和细则，成立相应的领导机构，认真组织开展测绘地理信息市场综合整治活动。重点对旅游地图市场、两权发证招投标、无人飞行器航摄、互联网地理信息服务网站等进行检查督导，全省共开展执法检查1268次、重大专项执法行动109项。共查处违法案件21起，其中，地图市场违法案件7起、违法测绘5起、涉密地理信息数据6起、涉外测绘1起、涉军测绘2起。通过整治，测绘地理信息市场违法违规现象明显减少，形成了多部门联合巡查、联合执法、联合侦办案件的工作机制。

【资质管理】

云南省测绘地理信息局大力推行测绘资质行政许可在线办理，资质申请、年度注册、信息变更全部实行网上申报、受理、审核，实现申请单位的人员、设备全国范围内唯一性检索，有效杜绝造假行为。全省测绘资质单位绝大部分完成数据录入。严格管理测绘资质年度注册，对661家参与年度注册的测绘资质单位进行严格审查，通过注册421家，缓期注册191家，注销资质49家；此外，核减业务范围19家，降低资质2家。督促各州市测绘地理信息行政主管部门开展测绘资质核查工作，促进测绘单位完善自身建设。

基础测绘

【基础测绘“十二五”规划】

云南省基础测绘“十二五”规划得到较好执行，州市基础测绘规划编制工作深入推进，至年底，已有15个州市完成基础测绘规划编制工作。

【基础测绘生产】

基础地理信息数据加速更新，“万幅测图”年度任务完成良好，全年新测1:1万“3D”数字地图2128幅，现势性大幅提高。现代测绘基准体系建设有序开展，完成昆明、红河、文山3地卫星定位连续运行参考站服务系统及区域似大地水准面精化建设，开始进行管理和维护工作；西双版纳4座单基站卫星定位连续运行参考站建设转入检查验收阶段，玉溪完成9个基准站建设，保山、德宏、曲靖、楚雄等州市卫星定位连续运行参考站服务系统立项工作积极推进。争取国家现代测绘基准工程建设4个站点的建设指标，已完成站点勘选、土地征用工作，开始站点土建工程设计。文山等地1:5万数据库动态更新有序开展，国家“边少”基础测绘项目西双版纳州1:500地形图测绘全部完成。

【重点工程测绘】

云南省测绘地理信息局为云南“兴地睦边”农田整治重大工程项目提供全方位测绘地理信息技术支持，全年累计完成无人机低空数码航空摄影2020平方千米，测制1:2000地形图710平方千米，为开展2013年整治项目提供详实的基础资料。安排500万元资金支持国家级、云南省级“城镇上山”低丘缓坡土地综合开发利用试点县（市、区）实施大比例尺地形图测绘，实施了丽江玉龙、保山腾冲、龙陵、文山砚山等城镇上山大比例尺测图任务，制作完成城镇上山三维地理信息服务系统——玉龙县示范项目，有效满足城镇上山规划、选址需要。

地图管理与地图出版

2012年，云南省测绘地理信息局审核通过地图65件，发放审图号65个，印刷纸质地图500多万张。地图审核部门合理简化审批程序，加强沟通协调，提高行政服务效率，审批通过西双版纳、普洱、昭通、文山、楚雄等地数字城市地理空间框架建设电子地图和“天地图·云南”，云南省测绘地理信息局更名纪念邮票使用的《云南省行政区划图》和测绘法宣传活动用图；审批《楚雄州商务旅游交通图》、《2012年规划年会系列图》、《2012年昆明房地产交易会参展楼盘示意图》、《昆明长水国际机场交通图》、《滇东南城镇群规划》等地图，满足社会各界对地图产品的需求。审图部门主动为政府部门提供用图指导，为有关部门公开合法使用地图提供便捷的审查渠道，增强政府部门依法送审地图的意识，促进政府部门网站、书刊、展览等正确、规范使用地图。

测绘地理信息成果管理与应用

【成果管理】

云南省测绘地理信息局2012年受理国家秘密基础测绘成果提供使用审批536起。

根据全国涉密测绘地理信息成果保密检查工作部署，对云南部分测绘资质单位和涉密测绘地理信息成果使用单位进行保密抽查，对4家违规单位做出行政处罚。4月~12月，开展年度测绘地理信息成果质量监督检查工作，重点检查昆明市和临沧市，从40家单位上报的396项测绘地理信息成果中抽取20项（甲级资质单位成果4项、乙级6项、丙级10项）进行详查，判定为批合格16项，批不合格4项，对不合格项目的承担单位及时提出整改建议。

【测量标志保护】

云南省测绘地理信息行政主管部门密切跟踪水电站等重大工程建设对测量标志的影响，主动沟通联系，提前介入，摸清怒江、澜沧江、金沙江流域水电站建设项目对测量标志的影响范围和数量，及时与建设方商定测量标志迁建、恢复方案，落实相关经费。妥善处理向家坝、溪洛渡、白鹤滩水电站建设中测量标志的迁建工作，完成文山州麻栗坡、马关，大理州漾濞、永平测量标志普查验收，有效保护了测量标志。

【成果提供】

2012年，云南省测绘地理信息行政主管部门为省委、省政府等部门提供地图服务110次共6958幅（张），向全省13个行业、182家单位和地理信息相关企业提供地形图6030幅（6246张），控制点18220点，各类测绘地理信息数据3961.9GB。

【重点工作服务】

云南省有关测绘地理信息部门服务省政府工作“重中之重”——滇中产业新区规划编制，建设滇中产业新区三维地理信息系统，编制提供《滇中产业新区铁路规划示意图》、《滇中产业新区综合交通规划示意图》、《滇中产业新区“五纵五横四连六枢纽”路网图》等系列地图，提供安宁、易门、楚雄、禄丰4地的1:1万、1:5万电子地图数据和影像数据，为编制滇中产业新区总体规划、核心区城市总体规划及综合交通规划等提供地理信息服务保障。为滇中经济圈规划编制《滇中同城城际铁路规划示意图》、《滇中同城都市快线规划示意图》、《滇中同城公路网规划布局图》、《滇中同城通用通勤机场布局图》等图件资料。编制云南省“两会”专用地图2200套，广受好评。编制《云南省深度贫苦群体民族分布示意图》等6幅图件，为云南省发改委和扶贫办编制《云南边远少数民族、贫困地区特困群体脱贫发展总体规划》提供服务。

【应急保障服务】

云南省测绘地理信息局组织相关部门为彝良“9·07”地震应急响应提供服务，综合运用无人机航摄、卫星影像获取等手段，整合已有数据资源，紧急赶制《洛泽河震后航拍影像图》等专题地图，搭建三维影像服务专题，满足次生地质灾害排查、抗震救灾及灾情评估、救灾道路保通等急需，受到国土、民政等部门好评。为抗旱调水应急工程提供测绘数据资料，在安宁“3·18”山火、洱源“8·6”泥石流等自然灾害中，组织测绘应急分队利用无人机对灾害发生核心区域进行低空数码航拍，快速获取实时高分辨率数字影像，拼接制作大批灾后遥感影像图，为应对灾害提供快速有效的保障。

科技创新与国际交流

【科技创新】

云南省测绘地理信息局与省地质调查局签定信息资源更新合作框架协议，建立长期稳定的基础地理信息与地质调查专题信息数据共享和更新机制，构建新型测绘地理信息服务模式。启动云南省综合卫星定位服务系统（YNCORS）关键技术研究、低空无人机应用于地理国情监测技术方法研究等一批重点科研项目，积极开展科技成果转化工作，将数字地图编辑软件JanMAP和精密单点定位研究成果应用于1:1万“3D”地图野外像控测量和内业编图，提高生产效率。引进像素工厂设备，推动科技成果向现实生产力转化。一批测绘地理信息科研项目获奖，“中国（云南）–东盟自由贸易区–南亚区域合作联盟空间信息公共平台建设”获云南省科技进步奖二等奖；1个项目获2012年中国测绘学会测绘科技进步奖二等奖，2个项目分别获优秀测绘工程奖白金奖和铜奖，《现代新昆明系列图》获优秀地图作品裴秀奖金奖；2个项目分获2012年中国地理信息科技进步奖一等奖和三等奖。组织2012年云南省测绘奖项评选工作，评出云南省2012年度测绘科技进步奖1项，2012年度优秀测绘工程奖20项。

【国际交流】

11月，老挝国家地图局访问云南省测绘地理信息局，双方就合作共建项目——老挝国情综合地理信息系统的后期建设相关问题进行磋商。老挝国家地图局观看了云南省测绘地理信息局部分地理信息系统演示并参观云南省基础地理信息中心工作情况。

云南省测绘地理信息局组织2个代表团参加在美国和澳大利亚举行的有关地理信息国际技术交流会，继续加强与东南亚测量界的友好往来，增进学术技术交流。3月，参与承办第45次东南亚测绘协会理事会议暨第一届东盟测绘界技术研讨会；6月，组团参加在老挝万象召开的第46次东南亚测绘协会理事会议，并赴柬埔寨土地管理、城市规划和建设部及下属的FINN MAP国际测量公司进行技术交流；11月，组团赴文来参加第47次东南亚测绘协会理事会议和测绘地理空间信息可持续发展研讨会，并赴马来西亚访问东南亚测绘协会总部和马来西亚测量师联合会。

派代表团赴泰国芭提雅参加第33届亚洲遥感遥测学术大会，并提交论文在大会上进行学术交流。

精神文明建设

云南省测绘地理信息局认真贯彻云南省委部署，扎实开展“群众观点群众路线群众利益群众工作”教育，组织3批次处级干部到扶贫挂钩点——弥渡县牛街乡，探访民情，帮助农户解决生产生活困难。帮助牛街乡争取地质灾害防治项目立项。

深入开展“创先争优”活动，开展“基层组织建设年”活动，启动实施“跨越发展先锋行动”，组织评选优秀基层党组织、党务工作者和优秀共产党员。开展党风廉政建设工作，深入排查廉政风险，构建廉政风险防控机制，云南省测绘地理信息局连续4年被评为云南省惩防体系建设暨党风廉政建设合格单位。

组建云南省民兵测绘支援分队，在4月19日云南省民兵转型建设队伍展演中接受中央军委委员，国务委员兼国防部长梁光烈上将检查指导。组队参加全国测绘地理信息系统第二届“天地图杯”羽毛球比赛，获团体第五名。做好定点挂钩扶贫工作，选派2人到弥渡县牛街乡挂职，筹资7万多元下拨到牛街乡支持扶贫工作，捐款9万多元，支援牛街乡“爱心水窖”建设。落实职工住房补贴1341.03万元，加强基地建设，改善办公环境，改造机关食堂，为干部职工的工作、生活提供便利。云南省测绘工程院连续第4次被云南省委、省政府授予云南省文明单位称号。

地方社团工作

云南省测绘学会召开4次常务理事会议和年度学术交流会，新增团体会员5个，团体会员单位数量增至116个。编辑出版《云南测绘》6期。做好测绘地理信息科技咨询和科普宣传工作，向有关部门推荐云南省科普报告专家团成员和云南省政府采购评审专家，组织专业技术人员为州市基层测绘项目进行检查验收。积极参与中国测绘学会组织召开的各项会议和学术交流活动。推荐云南省测绘地理信息系统专业技术人员加入英国皇家特许测量师学会，7名云南测绘界专业人士通过批准获得特许测量师资格，成为国内首批英国皇家特许测量师学会会员。

西藏自治区

概况

2012年，西藏自治区测绘地理信息事业呈现良好的发展态势。

行业管理显著加强。坚持以行业资质管理为抓手，全年新审批测绘资质2家，增加业务范围3家，注销资质4家。开展“问题地图”专项治理工作，对旅游地图市场进行摸底排查，发现违法地图或地图产品10多种、“问题地图”5起，整改处理7家相关单位。

扎实推进基础测绘和其他重大测绘项目工作。完成川藏公路、青藏公（铁）路共115个C级GPS点和1475千米三等水准线路联测；在全区范围内完成11条线路共373个C级GPS控制点的选点埋石和5880千米三等水准线路选勘。启动“天地图·西藏”和西藏应急地理信息服务平台建设项目，完成“十二五”西藏基础测绘项目可研报告、设计书和实施方案的编写、论证。

提升地图公共服务与地理信息推广应用水平。全年无偿提供各类测绘地理信息成果资料12914幅（本、点、张），总价值697948元。有偿向社会各界提供测绘地理信息成果资料316次，各类测绘地理信息成果共计52361幅（本、点、张），为社会各界提供重要的信息支撑。

重点工作推进

【农村宅基地确权登记】

西藏自治区测绘院继续承担山南地区沿江7县农村宅基地确权登记工作，截至2012年底，完成桑日、乃东、扎囊、琼结4县工作。

【西藏自治区应急地理信息平台】

西藏自治区测绘局启动西藏自治区突发事件应急处置地理信息平台的续建工作，已建立覆盖西藏全区的跨区域、多尺度、多类型基础地理信息数据库，建成应急事件快速定位、应急处置地理信息应用、应急事件查询与统计分析、突发事件发布与应急预案等7个专题的突发事件应急处置地理信息平台，实现应急地理空间数据综合化、动态化管理。在西藏应急办、信息办、国土资源厅、水利厅、公安厅等10个厅局得到应用，为政府各部门决策和业务办公提供了重要的信息支撑。

【GNSS 基准站】

西藏自治区测绘局完成2012年度拉萨、日喀则2站的正常维护工作任务。配合国际IGS服务局要求，向国家基础地理信息中心传输LHAS、LHAZ两点不同格式RINEX及原始数据，传输量约489GB，其数据分别与中国地震局、中国气象局、总参测绘导航局、教育部等部门共享。向国际IGS中心局和德国大地测量局WETTZELL站传输数据量约248GB。完成拉萨IGS基准站软件升级工作，该站是全国唯一提供实时数据的IGS08框架核心站。

法制建设与市场监管

【依法行政】

西藏自治区测绘局组织完成2012年测绘资质年度注册工作。新审批测绘资质2家，增加业务范围3家，注销资质4家。受理区外测绘资质单位项目备案15件。

【法制宣传】

西藏自治区测绘局利用“4·22”地球日、“5·12”防灾减灾日、“科普一条街”、“8·29”测绘法宣传日等进行测绘法制宣传。“8·29”测绘法宣传日当天，组织约20家行业单位参与，并邀请区人大、政府、政协领导莅临现场指导，制作各类展板80多块，发放《国家版图知识读本》、《中华人民共和国全图》、西藏旅游地图及地图册等各类宣传材料1万多份，制作宣传条幅20多条，接受群众咨询200多人次，活动现场参与人数约3000人，宣传效果明显。通过通信、报刊、电视、网络等媒体，对自治区测绘地理信息行业发展现状和热点问题进行宣传。

【市场监管】

西藏自治区测绘局开展“问题地图”专项治理工作，重点对拉萨市、日喀则市的旅游地图市场进行摸底排查，全面检查书店、报亭、文化用品商店、宾馆饭店等主要的地图销售、展示场所，发现违法地图或地图产品10多种、“问题地图”5起，整改处理7家相关单位，重点查处《西藏游》盗版地图案件。为进一步加强保密监督工作，联合自治区保密局对拉萨市、阿里地区、日喀则地区、山南地区共58家涉密测绘地理信息成果使用单位的成果管理情况进行检查。

基础测绘

【基础测绘项目】

西藏自治区测绘局继续推进全区大地控制基准建设项目，完成川藏公路、青藏公（铁）路共115个C级GPS点和1475千米三等水准线路联测；在全区范围内完成11条线路共373个C级GPS控制点的选点埋石和5880千米三等水准线路选勘。完成重点地区1:1万基础地理信息数据采集及成图项目—江三河河谷地带255幅1:1万“3D”产品测制。

【服务保障型测绘项目】

西藏自治区测绘院完成阿里、日喀则2个地区6县的县、乡、村三级草场承包到户工作用图编制工作。与甘肃省地理信息中心合作，为日喀则地区南木林县开发草场承包工作管理信息系统。完成尼木县厅宫矿区43平方千米D/E级GPS基础控制测量。完成西藏自治区乡镇驻地海拔高程量算和全区《矿区范围拐点分布图》制作；为武警部队编制各类维稳处突专题地图36幅。

地图管理与地图出版

【地图管理】

西藏自治区测绘局积极组织参加国家测绘地理信息局举办的地图审核、互联网地图安全审核培训班，使用网上地理信息安全监管系统进行管理。全年共受理审核地图8件。积极开展地理信息市场专项整治工作“回头看”行动，地理信息市场秩序良好。

【地图出版】

10月，历时3年的《西藏自治区地图集》正式出版。为配合全区旅游业发展，出版《2012年版西藏自治区旅游交通图》，正版旅游地图完全占领地图市场。实施新版《西藏自治区交通图》和新版《西藏自治区地图册》编制项目，以及西藏自治区西部县市挂图数据更新工作。

测绘地理信息成果管理与应用

【成果提供】

2012年，西藏自治区测绘局为电力、水利、农牧、地矿、国土等部门提供测绘地理信息成果资料316次，共52361幅（本、点、张），价值71多万元。其中，地形图1111张、各类控制点172个、内部图3950张、公开图46038张、地图册1027本、电子版63幅（张）。

【保障服务】

西藏自治区测绘局积极为领导决策、应急指挥，维稳布控提供测绘保障。无偿向自治区政府、党委、人大及区属各厅局、地区、县和武警、公安、安全部门提供各类测绘成果资料12914幅（本、点、张），总价值697948万元。

科技创新与人才培养

【新技术应用】

11月，西藏自治区测绘局首批4名学员在四川测绘地理信息局完成为期8个月的基础地理信息数据采编一体化技术培训，并开始生产1:1万数字测绘产品，标志着西藏自治区正式具备基于航测遥感技术的“3D”数字测绘产品生产能力。

【科技成果】

西藏自治区测绘单位完成的“西藏自治区突发事件应急处置地理信息平台”、“西藏甲玛乡矿区1:5000数字线划图、正射影像、高程模型”分获2012年中国测绘学会优秀测绘工程奖银奖和铜奖，参与的项目获中国地理信息产业协会中国地理信息科技进步奖三等奖。

【人才队伍建设】

西藏自治区测绘局继续实施人才工作优先发展政策，以青年骨干技术人员培养为重点，加强管理干部的综合素质培训。选送4名专业技术骨干到四川测绘地理信息局测绘技术服务中心学习；组织6名中层干部到陕西、甘肃、宁夏和青海考察，学习借鉴兄弟省局测绘地理信息工作的经验；选送1名年轻管理骨干参加自治区举办的西藏特殊人才培养计划；通过考试竞争的方式选送1人赴香港中文大学学习GIS专业；11月，举办首期测绘地理信息新技术、新方法应用技术培训班，来自全区测绘资质单位的180多名学员接受培训。至年底，全局共有5名援藏干部。

精神文明建设

【政治理论学习】

西藏自治区测绘局坚持政治理论学习，认真传达中央、自治区下发的各类文件，组织党员干部认真学习领会精神实质。多次组织干部职工集中学习胡锦涛总书记在党的十八大代表大会上所作的工作报告和重要文件学习，使干部职工增强信心，树立信念。

【党的建设】

西藏自治区测绘局开展局党总支和下设3个党支部的换届选举工作，完善了局机关和测绘院党支部干部配备，加强对离退休党支部的建设。积极响应自治区党委关于大力开展“创先争优强基础惠民生”活动，选派6名干部参加驻村工作队，高度重视区国土资源厅分配驻村工作点工作，在各方面给予驻村工作队帮助和支持。

【弘扬老西藏精神】

西藏自治区测绘局大力弘扬“测绘精神”和“老西藏”精神，丰富测绘文化内涵，把推动西藏测绘地理信息事业发展的要求与“特别能吃苦、特别能奉献”的“老西藏”精神和测绘精神结合起来，形成西藏测绘地理信息工作者独有的优良传统和作风。

地方社团工作

西藏自治区测绘学会积极参加“4·22”地球日、“6·25”全国土地日、“8·29”测绘法宣传日、“12·4”全国法制宣传日等科普和法制宣传活动。9月，在自治区测绘局指导下，开展国家版图意识宣传教育“进学校、进社区、进媒体”活动，组织参加“祖国在心中——全国国家版图知识竞赛”、“中图杯——全国少儿手绘地图大赛”等活动。全区行业单位积极参与，共订阅国家版图意识宣传资料3000多套，地图挂图400多张，投入经费8万多元。8月，西藏自治区测绘学会成立基层党支部，并被自治区党委授予“全区基层组织建设年先进基层党组织”称号。此外，被自治区民政厅民间组织管理局授予“中国社会组织评估等级4A级”证书和牌匾。

陕西省

概况

2012 年，陕西测绘地理信息局启动秦岭无图区测图工程，投入 3500 万元，完成 1:1 万地形图测绘 837 幅，全省 1:1 万数据覆盖率提高至 82%。承担的国家 1:5 万基础地理信息数据库动态更新工程、“927”一期工程、国家现代测绘基准体系基础设施建设一期工程等国家项目全部实现生产顺利、预算执行到位、成果质量 100% 一次验收合格。

正式启动数字安康、数字宝鸡、数字汉中建设，铜川、商洛、渭南市政府正式批准数字城市建设工程，年内完成 7 个数字城市的建设或立项，提前一年实现 10 个地级市全部启动数字城市建设的目标。“天地图·陕西”省级节点实现与“天地图”国家主节点互联互通与服务聚合，开展省公共服务平台二期工程建设，争取省级财政投入 200 万元，国家基础测绘成果应用推广经费 100 万元，开展“天地图”平台的运行维护、兴趣点更新和应用推广项目建设。在全国率先发布首批地理国（省）情监测成果——《陕西基本地理省情白皮书（2011）》和《陕西基本地理省情蓝皮书（2011）》，引起各级领导重视和良好的社会反响。经省民政厅批准，成立省地理信息产业协会，吸纳 130 多家单位入会。2012 年新增资质单位 44 家，12 家实现升级，全省实现测绘地理信息服务总值超过 40 亿元，年增长率超过 30%。

陕西测绘地理信息局积极推动《陕西省测绘成果管理条例》修订工作列入 2013 年省政府立法计划，《中华人民共和国测绘法》和《陕西省测绘条例》、《陕西省测绘成果管理条例》（以下简称“一法两条例”）列入省人大常委会 2 项年度重大执法调研之一。完成《省领导用图》修编，向省四大班子、相关厅局、11 个市（区）党委和政府配发；编制《图说钓鱼岛》，向省四大班子领导配发；为省人大常委会编制维稳安保工作系列用图；为省领导测制 30 个行政村的扶贫联系点工作用图；为省“两会”代表提供地图服务。

重点工作推进

【数字城市建设】

2012 年，陕西测绘地理信息局完成西安、榆林、咸阳、延安、安康、宝鸡、汉中、铜川等 8 个城市数字城市建设或立项工作，立项率达 80%。新增数字安康、数字宝鸡、数字汉中、数字铜川 4 个数字城市地理空间框架建设推广项目；开展数字西安在公众地理信息服务、西安市环境监测、120 指挥决策等 10 多个领域的应用示范工作；完成数字榆林建设；完成数字延安、数字咸阳、数字安康项目设计书的评审和共建共享协议的签署工作，进入项目实施阶段；完成数字宝鸡、数字汉中、数字铜川项目设计书编制；数字渭南、数字商洛已列入市政府重点工作；编发陕西省数字城市建设与应用宣传册；实施数字安塞建设，启动数字长武、数字凤县建设。

【“天地图·陕西”建设】

“天地图·陕西”省级节点与“天地图”国家主节点实现互联互通与服务聚合。陕西测绘地理信息局开展省公共服务平台二期工程建设，完善“天地图”各类应用服务功能。争取省级财政投入 200 万元，国家基础测绘成果应用推广经费 100 万元，开展“天地图”平台的运行维护、兴趣点更新和应用推广项目建设。开发完成“天地图·陕西”平板电脑地理信息查询系统。开展省保障房建设管理地理信息系统、省医疗与公共卫生服务地图网、陕西旅游地理信息服务系统等专业部门和社会化应用项目建设。完成“天地图·西安”、“天地图·榆林”市级节点建设。基于“天地图·西安”市级节点，新增药品监督、消防应用、数字化城管、地震应急、三维管理、区县级地理信息共享平台等应用示范系统。举办面向全国高校及社会行业的“天地图·陕西”应用开发大赛。推动省政府与兰州军区司令部签署军地融合发展协议，陕西测绘地理信息局与省住建厅、重庆市规划局签署共建共享协议，共建共享部门达到 17 家。

【地理国情监测】

2012 年，陕西测绘地理信息局开展地理国（省）

情监测试点项目13项。在全国率先发布首批地理国（省）情监测成果——《陕西基本地理省情白皮书（2011）》和《陕西基本地理省情蓝皮书（2011）》。组织召开省地理国（省）情监测第三次领导小组会议。制定2012年监测试点实施方案，围绕生态保护和开发、新区规划建设等省政府关注热点确定3大部分9项任务。编制《省地理省情监测技术指南》、《地理国情交通网络普查初步方案》、《重要地理国情信息普查陕西省试点实施方案》等。

【地理信息产业】

陕西省政府办公厅下发《关于加快发展高技术服务业的实施意见》，将测绘地理信息产业列为陕西省重点支持加快发展的高技术服务业。加快大地原点地理信息产业园建设，西咸新区将地理信息产业作为优先发展产业，在土地使用、财税政策等方面给予支持，支持产业园用地2000亩。完成园区控规建设，与20多家企业签订入园意向书。经国家测绘地理信息局批准，陕西测绘地理信息局机关增设产业发展处。经省民政厅批准，正式成立省地理信息产业协会，吸纳130多家单位入会。鼓励2家单位申请互联网地图服务资质，3家申请无人机航摄资质；印发《测绘资质申请指南》；开展民企专业技术人员初级职称评审工作；协助省内2家行业单位开展科技成果研发并通过国家测绘地理信息局鉴定；遴选2家资质单位参与秦岭测图工程任务。全年新增资质单位44家，升级12家，全省测绘地理信息服务总值超过40亿元，年增长率超过30%。

【民生工程】

陕西测绘地理信息局实施住房改善工程、饮食健康工程、环境美化工程、送温暖工程4大系列民生工程，累计投入资金6000万元。建设2座住宅楼，总建筑面积4.4万平方米；2012年启动4.9万平方米的职工住宅楼建设项目；启动11栋旧住宅楼改造工作。完成迁建扩建职工医院工作，投入270万元新增医疗设备。开展“打造主题园林、创建品质小区”建设活动；启动局大院道路改造工程，对6条道路进行翻新维修和美化；投资160多万元建成局大院智能网络监控系统。

法制建设与市场监管

【法规体系建设】

陕西测绘地理信息局将“一法两条例”列入2012年度省人大重点执法调研项目，启动陕西省“一法两条例”执法调研工作。完成《陕西省测绘成果质量监督管理办法》、《陕西省基础航空摄影管理办法》、《陕西省测绘地理信息共建共享管理办法》、《陕西省测绘成果管理条例》修订稿等规范性文件的起草、论证工作。完成《陕西省测绘条例》、《陕西省测绘成果管理条例》、《陕西省测量标志保护管理规定》3部地方性法规及规章的清理工作。出台《测绘地理信息行政执法人员行为规范》、《设区市测绘地理信息行政主管部门贯彻落实科学发展观年度考评办法（试行）》、《陕西测绘地理信息局基本建设管理办法》、《陕西测绘地理信息局基础测绘项目管理暂行办法》。

【市场监管】

陕西测绘地理信息局制定全省地理信息市场监管措施，强化互联网地图和地理信息服务网站检查工作，完成重点检查动态地图网站10个、静态地图网站页面140个。与省通信管理局、安全厅和保密局建立涉图网站监管机制，涉外、涉军和涉密地理信息市场监管机制。开展全省测绘成果保密检查。完成涉案地理信息坐标点鉴定1642个，各类地形图件573幅。开展市县地理信息市场专项检查工作，全省自查376家单位、抽查78家，发出整改通知24份，查处失泄密案件2起。联合省会展办开展第十六届中国东西部合作与投资贸易洽谈会（以下简称第十六届西洽会）、第六届中国西部文化产业博览会（以下简称第六届文博会）、杨凌农高会等会展地图的专项监督检查。开展测绘资质、地理信息市场、地图市场、成果质量、成果保密等专项检查活动，共进行执法检查33次，测绘任务备案检查5次。对汉中市留坝县和西乡县发生的2起涉外非法测绘案件进行依法查处，对西安中萃可口可乐饮料有限公司涉嫌非法组织人员利用GPS采集涉军地理信息数据案件进行调查。

【法制宣传教育】

陕西测绘地理信息局安排部署各设区市测绘地理信息行政主管部门和甲、乙级测绘资质单位开展测绘法宣传。“8·29”测绘法宣传日期间，举办国家测绘地理信息应急监测车、无人航摄飞机等高新装备测绘应急保障演练。在汉中市南郑县设立宣传站点，首次将测绘法宣传日活动延伸到县城。全省共发放宣传材料3万多份，发送公益短信5万多条。“12·4”全国法制宣传日活动期间，开展形式多样的宣传活动，购买发放《领导干部学法用法读本》和《公务员学法用法读本》等普法教材。组织局机关公务员参加省委依法治省办举办的无纸化普法考试。

【测绘资质管理】

2012年，陕西测绘地理信息局组织完成测绘资质管理系统在线审查全覆盖。完成全部乙、丙、丁级单位资质证书更换，实现陕西省新版资质证书全覆盖。完成全省353家资质单位注册工作，292家通过注册，1家未参加注册，6家缓期注册，54家不在注册范围。注册结果在《中国测绘报》和《陕西日报》向社会公告。完成测绘资质审批工作，印发《测绘资质申请指南》，全年新审批资质单位57家（其中乙级14家、丙级29家、丁级14家），转报2家乙级升甲级单位（其中1家经国家测绘地理信息局批准升为甲级资质），办理8家丙级升乙级单位、3家丁级升丙级单位。完成全省乙级测绘资质单位信用信息的征集、整理、查询，以及信用信息平台的日常管理维护等具体工作，共66家乙级资质单位申报信用信息，接收良好信用信息140多条，无不良信息申报。

【测绘质量行政管理】

陕西测绘地理信息局开展一系列面向全省和行业的专项检查，与省工信厅、安全厅、工商局、新闻出版局、保密局建立联合行动机制。开展各类专项检查和执法检查33次，测绘任务备案检查5次。依法查处3起涉外涉军非法测绘案件。抽取40家资质单位进行成果质量检查，对23家单位进行资质注册监督检查。对全省376家单位开展测绘成果保密检查。举办县区地方测管干部培训班2期、全省保密培训5期。

基础测绘

【经费管理】

2012年，陕西测绘地理信息局争取省财政投入3900万元开展基础测绘工作。印发《陕西测绘地理信息局财政预算执行进度管理实施细则》。

【国家基础测绘】

一、地心坐标系维护与推广应用

陕西测绘地理信息局完成地心坐标系维护与推广应用工作。完成浙江、山东、河南、安徽、山西、宁夏、青海、内蒙古等8个省（区）基础地理信息数据转化为2000国家大地坐标系数据的转换软件研发与技术服务工作；指导重庆、合肥、南昌、芜湖等城市建立基于2000国家大地坐标系的城市独立坐标系，推进2000国家大地坐标系成果在城市的应用。

二、国家基础地理信息数据库动态更新

陕西测绘地理信息局完成1:5万地形数据库重点要素更新任务370.8万平方千米（9579幅），更新后重要要素数据的现势性达到2012年；完成资源三号卫星1:5万立体测图产品试生产、全国1:1万基础地理数据库整合转换（一体化建库转换）生产试验、陕西省（西安、渭南地区）391幅1:1万基础地理数据转换生产试验。

【国家重大专项测绘】

一、“927”工程

陕西测绘地理信息局承担“927”工程“海岛（礁）测绘基准建设与精确定位”、“海岛测图与海岛（礁）系列地图编制”、“数据处理与基础地理空间数据库建设”3个单项中（13个分项）的24个子项目的生产任务。完成陆地卫星定位连续运行站绝对重力测量16点，相对重力测量6点；海岛卫星定位连续运行站绝对重力测量3点；沿岸陆地大地控制点相对重力联测84条边；海岛（礁）大地控制点相对重力联测33条边；跨海高程传递数据处理41处；大地控制点卫星定位数据处理731点；海岛（礁）三角点卫星定位联测数据处理886点；陆地水准联测数据处理5415.3千米；海岛1:5000测图217幅、1:2000测图179幅的外业像控测量、调绘，内业DLG、DEM、DOM生产。

二、国家现代测绘基准体系基础设施建设一期工程

陕西测绘地理信息局承担国家现代测绘基准体系基础设施建设一期工程国家GNSS连续运行基准站、国家GNSS大地控制网、国家高程控制网等项目部分任务，测区分布在14个省（市、区）。完成卫星大地控制点选建375点，一等水准路线普查、选（补）埋11098千米，一等水准观测5830千米，8个GNSS大地控制点选址及建筑施工图纸设计。

【省级基础测绘】

陕西测绘地理信息局开展陕西省测绘专项工程——陕西省秦岭地区1:1万空白区测图工程。完成工程初步设计、实施方案制定等准备工作；制定工程技术规定和各项管理制度；开发完成秦岭测图工程安全监控系统；完成镇巴、洋县、城固等县837幅1:1万控制测量、DOM数据生产和外业调绘。

【装备建设】

陕西测绘地理信息局投入资金7500万元引进微软UCX数码航摄仪、徕卡ADS80数码航摄仪和

ALS70 机载激光雷达、俄罗斯 GT-2A 航空重力仪、美国 A10 高精度绝对重力仪、荷兰奥西彩浪丽珠晶粉高速绘图仪等一批高精尖软硬件装备。筹集对口援疆第二批测绘生产技术设备，包括双频双星 RTK12 套、2″ 级全站仪 12 台、1 毫米级自动安平水准仪 24 台、亚米级 GIS 采集器 24 台，对口捐赠新疆维吾尔自治区喀什地区 12 个县市的测绘部门。

地图管理与地图出版

【地图管理与地图公共服务】

陕西测绘地理信息局严格按照有关规定和流程依法开展地图审核工作，共审核地图 38 件 332 幅，其中，地图集 24 件 247 幅、书刊插图 7 件 33 幅、互联网地图 6 件、其他地图 1 件 52 幅，并及时向社会公布审核信息。印发《陕西省进一步深化“问题地图”专项治理行动实施工作方案》，开展“问题地图”专项治理工作。组织各地市对本区域大型商场、图书批发市场、电子市场、户外广告等销售和展示的地图产品开展专项检查；联合西安市规划局对西安市地图市场进行监督检查，针对检查中发现的存在政治问题、涉及国家秘密和无合法审图号的地图产品，及时出具整改通知书，督促其整改。开展全省互联网地图网站日常检查工作，形成监管报表 12 份，软件评价报告 1 份，“问题地图”截屏图片 302 幅。开展第十六届西洽会、第六届文博会等大型国内、国际展览会地图巡查、审核工作。发布《陕西省及地级市标准地图》，提供公众免费下载使用。2012 年，西安地图出版社共出版图书 100 种，期刊 2 种，总印数 81.8 万册，销售额 542.8 万元。

【国家版图意识宣传教育】

陕西测绘地理信息局组织开展国家版图意识宣传教育“进学校、进社区、进媒体”的“三进”活动，印发《陕西省国家版图意识宣传教育和地图市场监管 2012 年工作要点》、《陕西省开展国家版图意识宣传教育“三进”活动工作方案》。编制《图说钓鱼岛》图册，向省四大班子领导配发。与省教育厅联合杨凌示范区规划建设局，举办国家版图意识宣传教育进学校活动。

测绘地理信息成果管理与应用

【保障服务】

陕西测绘地理信息局组织制作丝绸版中国地图、陕西省政区交通图 1400 多套。组织制作《公祭轩辕黄帝专版地图》，向省祭陵办免费提供。为省四大班子、各相关厅局、11 个设区市（区）党委、政府提供《陕西省领导用图》。为省人大编制省人大维稳安保工作系列用图。向省委、省政府提供省领导联系包村扶贫联系点第一批影像工作用图。推动陕西省政府与兰州军区司令部共同签署《西北五省（区）军地测绘融合发展合作协议》，强化应急测绘保障支持力度。与咸阳市政府签署《应急测绘保障合作协议书》，合作开展咸阳地区应急地理信息获取、监测工作，咸阳市成为全省首个应急测绘保障试点城市。

【成果提供与应用】

2012 年，陕西测绘地理信息局向土地、规划、科教、环保、交通、水利水电、石化等部门提供 17192 幅“4D”数字产品、数据量 521.5GB，其中 DEM 6800 幅、数据量 33.3GB，DLG 6666 幅、数据量 87.0GB，DOM 3528 幅、数据量 400.5GB，DRG 198 幅、数据量 0.7GB；提供各种比例尺地形图 5166 幅、10641 张，航摄成果 680 片，航摄数据 2003.6GB，卫星遥感资料 162.7GB，大地成果 6469 个（其中 GPS 点 678 个、三角点 2442 个，水准点 1837 个、其他 1512 个）。开展《陕西省对外提供测绘成果审批流程》的调研工作。

【成果汇交和审批】

陕西测绘地理信息局完成涉密测绘成果提供使用行政审批 951 项；审批涉密测绘成果归口管理单位 44 家。开展全省 2012 年测绘成果目录的统一汇交工作，全年共汇交测绘成果目录 1021 项；组织完成陕西省 1:1 万基础地理信息数据库、陕西省地理国（省）情监测试点项目（一期）、陕西省领导用图修编、陕西省及地级市标准地图编制、西咸新区 1:5000 地形图 185 幅成果等基础测绘项目的归档汇交工作。

【合作共建】

陕西测绘地理信息局与省住房和城乡建设厅签订《加强地理信息与住房及城乡建设信息资源共享工作合作协议书》，在陕西省城乡建设、住房信息系统建设和基础地理信息更新、应用服务等方面开展地理信息资源的整合利用和共享。与北京市测绘设计研究院签订《战略合作协议书》，在测绘地理信息保障服务、科技交流、人才队伍建设等方面展开合作。与重庆市规划局签订《测绘地理信息资源共建共享协议书》，在测绘成果共享、卫星定位连续运行服务系统联网、地图服务网站建设等方面开展合作共建。

科技创新与国际合作

【科技创新】

陕西测绘地理信息局承担国家“863”计划项目“地理国情专题监测及统计分析试验”、国家“863”计划项目“陆海大地水准面精化与无缝垂直基准构建技术”、国家科技支撑计划项目“秦岭高山地区国产测图卫星4D产品生产示范”等8项国家级科技创新项目；承担“基础地理信息新产品数字线划地图（DLG-Map）产品研究”、“‘天地图’WebGIS搜索引擎技术研究”、“基于FileGDB的动态更新采编与质检软件研发”等省部级科技项目17项。“国家地理格网编码方案研究”、“矢量空间数据库共享研究”、“信息化测绘体系中遥感数据生产体系建设的研究”、“面向公共服务平台的基础地理信息融合与更新”4项国家测绘地理信息局科技创新项目通过验收。由陕西测绘产品质量监督检验站承担的陕西测绘地理信息局科技创新项目“927工程测图成果质检软件研发”通过验收。

【科技交流与合作】

陕西测绘地理信息局承担“国家重力基准点动态变化研究”、“机载激光雷达点云数据的滤波和分类研究”、“CQG2000的长跨度工程建设高程获取方法研究”、“基于城市CORS站信息的精密单点定位（PPP）技术研究”、“高精度陀螺经纬仪校准与检定方法研究”5项现代工程测量国家重点实验室项目。陕西测绘地理信息局和武汉大学联合成立的地理空间信息与数字技术国家测绘地理信息局工程研究中心在西安召开第二届工程技术委员会第二次全体会议；陕西测绘地理信息局和同济大学联合成立的现代工程测量国家测绘地理信息局重点实验室在西安召开2012年学术委员会会议。

【国际交流】

陕西测绘地理信息局全年参加国家测绘地理信息局团组和其他团组因公出国（境）8人次，组织团组因公出国（境）18人次（陕西测绘地理信息局9人次，陕西省相关地市9人次）。接待苏丹国家测绘局局长阿比达拉一行到陕西测绘地理信息局参观访问。协助西安大地测绘公司参加在加拿大举办的第13届全球空间数据基础设施（GSDI）大会，协助陕西天润科技有限责任公司参加在澳大利亚举行的第22届国际摄影测量与遥感大会。

【人才培养】

陕西测绘地理信息局开展全省测绘专业技术职务评审认定工作，41人取得高级资格，124人取得中级资格，认定高级60人、中级94人。开展全省测绘行业职业技能培训和鉴定工作，鉴定10个批次1961人。完成注册测绘师资格审查与考务工作，1042人通过资格审核，112人通过考试。开展测绘地理信息行业二级技师考评工作，14人参加考试，8人取得工程测量员二级技师资格。选送11名局属单位优秀科级干部到省行政学院参加省直机关优秀科级公务员提升公共服务能力专题培训班，6名新任处级干部参加省政府机关公务员任职培训班。选送4人到诺丁汉大学及格拉斯哥大学进行短期专项学习，组织全省范围内15名专业科技人员赴英国诺丁汉大学开展高级学术研讨交流。

精神文明建设

【党的建设】

陕西测绘地理信息局组织开展财政部经建司与国家测绘地理信息局第一大地测量队结对共建活动。开展“党委书记讲党课”活动，组织11次“测绘文化大讲堂”。组织局党组务虚会、局所属单位党委书记研讨会、新任党支部书记培训班、入党积极分子培训班。局机关23人参加省工委党校培训。

【文化建设】

陕西测绘地理信息局制定《陕西测绘地理信息局“十二五”测绘文化建设指导意见》。完成2011年国家测绘地理信息局政研会组织的重点课题调研工作，报送24篇成果，2篇论文分获一、三等奖，陕西测绘地理信息局获优秀组织奖。出版《测绘青年》杂志5期，印制2500册。召开建团90周年纪念大会。启动青年职工文化建设活动，收到职工交换书籍300多本，摄影作品600多幅。成立陕西测绘地理信息局摄影协会。组织全局范围摄影展、文艺汇演、广播体操、气排球、太极拳比赛等文体活动。完成市级文明单位复审工作。

【职工福利保障】

陕西测绘地理信息局筹集资金1000多万元，足额兑现离退休职工津补贴。组织开展全局范围老年运动会、太极拳培训班等文体活动。为42名上世纪60

年代曾在陕西测绘地理信息局工作 3 年 ~4 年的季节轮换工办理养老保险。

地方社团工作

陕西省测绘学会召开九届二次理事大会。与陕西省测绘学会教育专业委员会、西安测绘研究所联合承办 2012GPS/GNSS 国际学术会议。承办中国测绘学会 2012 年综合学术年会，举办地理国情监测专题学术报告会、“天绘卫星及其应用”专题学术报告会等系列学术活动。参加“陕西省暨咸阳市第二十届科技之春宣传月”开启仪式，陕西省暨西安市第二十届“科技之春”宣传月科普示范活动。举办 2012 年度测绘科技大讲堂。编辑出版《测绘技术装备》学术期刊 4 期，发行 8000 多册。完成《陕西水环境工程勘测设计研究院十二五现代化技术装备规划》（2011–2015）的编写并通过专家验收。协助测绘地理信息企业举办新产品系列推介会。2012 年，陕西省测绘学会被省科协评为“四星级先进学会”并被确立为“全省示范学会”。

甘肃省

概况

2012 年，甘肃省政府出台《甘肃省基础测绘管理办法》。甘肃省启动全省卫星定位连续运行基准站网建设，完成全省 120 个基准站的勘选和观测墩土建工作；启动 3 个数字城市地理空间框架建设；启动“天地图”市级节点建设，5 个市级节点实现与“天地图·甘肃”省级节点的互联互通。

甘肃省测绘地理信息局组织完成河西基础测绘航空摄影 9.9 万平方千米；完成省级基础测绘 1:1 万地形图生产 2000 幅，覆盖面积 5 万平方千米；开展测绘地理信息市场执法工作，查处 5 起测绘违法案件；开展国家版图意识宣传教育和地图市场监管工作；加强测绘科技创新，推进科技成果的转化和应用；为全省各个领域提供不同比例尺地形图 18155 幅、覆盖面积 732 万多平方千米，提供控制点 7299 个，影像地图数据 12 万平方千米；为岷县灾后重建村提供 1:1000 地形图数据 12 幅、E 级 GPS 点 58 个、四等水准点 58 个、水准资料成果 100 多千米；与省内开设测绘地理信息专业的 8 所高校加强教学与生产合作，共同研发科技新项目。

按照省委的统一部署，甘肃省测绘地理信息局深入开展“联村联户、为民富民”行动和效能风暴行动；举办全省职工职业技能大赛工程测量省级决赛；积极开展测绘地理信息宣传，扩大社会影响，测绘地理信息事业取得新发展。

重点工作推进

【现代测绘基准体系建设】

按照《甘肃省十二五基础测绘规划》，甘肃省测绘地理信息局启动全省卫星定位连续运行基准站网建设，完成全省 120 个基准站勘选、观测墩土建工作，以及 GNSS 接收机设备采购；与省气象局签署甘肃省卫星定位连续运行综合服务系统建设与数据共享合作协议，实现了卫星定位连续运行基准站工程当年策划、当年落实经费、当年建设；积极参与国家现代基准工程建设，完成 6 个 GNSS 连续运行基准站站址勘选、建设用地征用、设计等任务；在“甘肃测绘基准体系向 2000 国家大地坐标系转换”科研项目基础上，及时进行科技成果转化，用于实际生产，2000 国家大地坐标系在省级基础测绘中已全面采用。

【数字城市建设】

甘肃省扎实推进数字城市地理空间框架建设，年内启动天水、张掖、兰州 3 市的数字城市地理空间框架建设项目。截至年底，白银、甘南、陇南、临夏 4 市州数字城市地理空间框架建设工作已完成；嘉峪关、金昌、张掖、兰州、天水、庆阳 6 市数字城市地理空间框架建设项目已正式启动并进入建设阶段；武威、酒泉、平凉 3 市被国家测绘地理信息局列为推广城市；定西数字城市地理空间框架建设项目已上报国家测绘地理信息局申请立项。

【“天地图·甘肃”建设】

3月，“天地图·甘肃”正式上线并被甘肃省信息化中心评为“2011年甘肃省十大重大信息化事件”之一。“天地图·甘肃”开发完成了甘肃天气预报专题应用，搭载了岷县特大暴洪泥石流灾害专题，实现了与省政府门户网站的链接，社会关注度不断上升，日均访问量达1.22万次，已成为社会公众了解甘肃省情、出行旅游、日常生活的重要途径。甘肃省启动了“天地图”市级节点建设，“天地图·庆阳”市级节点已开通，“天地图·武威”、“天地图·白银”、“天地图·陇南”、“天地图·甘南”市级节点实现了与“天地图·甘肃”省级节点的互联互通。

【地理国情普查】

甘肃省测绘地理信息局完成“甘肃省地理国（省）情监测实施方案探索与研究”科研项目，为开展地理国情普查积累经验；做好普查资料、技术、人才、制度等各方面的前期准备工作；积极为省内有关部门提供全省各市（州）、县（区）、乡（镇）平均海拔等地理国（省）情监测数据成果。

法制建设与市场监管

【立法工作】

3月29日，甘肃省政府第103次常务会议讨论通过《甘肃省基础测绘管理办法》，以省政府令第89号发布，自2012年5月1日起施行。新修订的《甘肃省基础测绘管理办法》进一步细化了省级和市县基础测绘项目内容，强化了测绘地理信息主管部门监督检查和行政执法的职责，完善了法律责任。甘肃省省长刘伟平要求各级政府进一步提高对测绘地理信息重要性的认识，大力支持基础测绘工作，促进测绘更好地为国民经济建设、国防建设和社会发展服务。甘肃省测绘地理信息局制定了《甘肃省实施测绘地理信息项目活动监督管理暂行规定》，进一步加强测绘地理信息市场监管力度。

【依法行政】

甘肃省测绘地理信息局对甘肃省测绘执法依据进行梳理，分解了行政执法职权，确定了执法责任；对《甘肃省人民政府关于公布省级政府部门第七批取消和调整的行政审批项目的决定》中保留的测绘行政许可项目进行清理，经省审改办审查，拟保留测绘地理信息行政审批事项9项，备案事项3项，新增行政审批事项1项。依法行政工作接受省政府依法行政目标责任考核组的全面考核，并得到肯定。

【市场监管】

甘肃省测绘地理信息局开展测绘地理信息市场执法工作，查处5起测绘违法案件，进一步规范测绘地理信息市场秩序；完成2012年全省测绘资质年度注册工作，新办测绘资质证书26家，截至年底，全省共有测绘资质单位304家；联合省质量技术监督管理局对平凉和陇南测绘单位的成果质量进行抽查；开展测绘地理信息市场信用宣传贯彻及培训工作，进行测绘地理信息市场信用管理及平台操作培训，全省测绘资质单位共280多人参加。

基础测绘

【生产计划】

甘肃省测绘地理信息局制定2012年基础测绘生产计划，年内对生产计划进行跟踪管理，检查落实计划执行情况。

【基础测绘】

甘肃省测绘地理信息局组织完成河西基础测绘航空摄影9.9万平方千米；完成2012年省级基础测绘1:1万地形图生产2000幅，覆盖面积5万平方千米。

【基础地理信息数据库建设与更新】

甘肃省测绘地理信息局通过改造和完善数据库系统，实现了1:500、1:2000大比例尺数据建库以及1:1万地理信息数据向2000国家大地坐标系转换，实现了基础地理信息数据库升级改造；探索了由库内数据快速打印出图模式（即图库一体化方法），更新生产数字地形图“3D”产品572幅，新测1256幅，增加数据覆盖区域，保持数据现势性；参与承担全国1:1万基础地理数据库整合转换生产试验项目，开展甘肃1:1万数据库改造整合工作，协助提供、收集甘肃省行政区内1:5万动态更新所需的资料，并配合完成更新工作。

【市县基础测绘】

张掖市投入基础测绘经费336万多元，用于数字地形图生产、地籍测绘、测量标志保护、航空摄影及有关硬件设备配置；嘉峪关市投入年度基础测绘经费176万元，开展全市域60平方千米大比例尺地形图补测、修测工作；甘南州落实“十二五”基础测绘经费1800万元；金昌市投入基础测绘经费540.4万元；酒泉市、县共投入820万元用于基础测绘年度计划的实施；甘肃矿区投入经费660万元完成“数字管网”建设项目；庆阳市积极组织“十二五”基础测绘规划实施，市县基础测绘实现城区和116个乡镇政府驻地全覆盖。

地图管理与地图出版

【地图管理】

甘肃省测绘地理信息局深入开展国家版图意识宣传教育和地图市场监管工作，与省教育厅共同举办国家版图意识知识讲座，组织近千人参加全国国家版图知识竞赛网上答题活动。加大对公开出版、展示地图的审核工作，全年发放审图号23个；加强对上传涉密地理信息标注、严重影响版图完整性和政治立场的信息以及无审图号、无备案号等“问题地图”的执法力度，联合电信部门对涉及互联网地图的网站进行检查，共检查互联网地图网站656个，查处“问题地图”网站2个；加强地图市场日常监管和节会地图市场专项整治，确保“兰洽会”、“兰州国际马拉松赛”等节会无“问题地图”。

【地图出版】

甘肃省测绘地理信息局根据省政府办公厅的要求，为省委政府制作完成系列工作用图；按照省委宣传部的要求，及时完成《全国华夏文明保护传承和创新示范区——河西走廊自然人文基地地图册》编制工作；为省政府宏观决策提供甘肃省地质找矿三年突破行动计划的多幅矿产资源分布图；为省委、省政府、省国土资源厅及其他省直部门“联村联户、为民富民”行动提供专项用图220多幅；为各级领导和机关单位编制和提供工作用图130种3000多幅、地图集（册）500多册，用于省政府编制主体功能区规划、循环经济发展、区域发展战略等。

测绘地理信息成果管理与应用

【涉密成果管理】

甘肃省测绘地理信息局联合省国家保密局开展全省涉密测绘成果保密检查工作，确保涉密测绘成果安全；市级测绘行政主管部门联合当地保密部门对本地区涉密测绘成果开展保密专项检查工作，共重点抽查涉密测绘成果使用单位110多家，涉及涉密成果2500多份。举办专题培训，提高涉密人员的安全保密意识。

【成果提供】

甘肃省有关测绘地理信息部门为全省经济社会发展的各个领域提供不同比例尺地形图18155幅、覆盖面积732万多平方千米，提供控制点7299个、影像地图数据12万平方千米；为省委、省政府领导提供工作用图900多幅，为省直有关部门提供专题用图1200多幅、地图集（册）170多册，丝绢图180多张；为省政府办公厅、省财政厅等部门提供全省86个县（市、区）的高程数据。为我国第五个国家级新区——兰州新区提供8700平方千米的正射影像地图数据和4100平方千米的矢量地图数据，保障新区规划修编和基础设施建设顺利进行。为成武高速等多条高速公路开展地理信息服务，受到省交通厅及有关部门的好评。为天水麦积山石窟申遗项目提供测绘地理信息数据。

【质量检查】

甘肃省测绘地理信息局加强质量管理和执法工作，对40家单位开展了测绘产品质量检查。完成2011年度全省测绘成果目录汇交工作，共汇交成果目录1475项并遴选512个项目在局门户网站公布，供社会查询。

【应急测绘保障】

5月10日，岷县、漳县、渭源县、宕县等地特大雹洪强降雨灾害发生后，甘肃省测绘地理信息局立即启动测绘保障应急预案，派救灾先遣队赴岷县灾区开展应急测绘保障，利用无人机等先进技术和设备测绘受灾区域，测绘成果在抢险救灾、科学决策等方面发挥重要作用，受到国家和省委、省政府的肯定。根据省重建办的要求，按期完成灾后重建村1:1000地形图数据12幅、E级GPS点58个、四等水准点58个、水准资料100多千米等成果，并移交岷县国土资源局，保障灾后恢复重建的顺利开展。

科技创新与合作共建

【科技创新】

甘肃省测绘地理信息局承担国家1:5万基础地理数据库更新技术体系构建与工程应用项目，承担完成甘肃省政务地理信息平台建设及应用项目，承担的面向信息化测绘的省级地理信息服务体系研究与建设示范项目有序推进。积极开展测绘生产性技术研究，通过引进、消化、吸收主流的先进技术，为生产技术升级改造提供技术支撑，形成规模化生产能力。采用多种方式，增加科技投入，鼓励和引导技术人员积极参与测绘科技创新，推进科技成果的转化和应用。

10月，甘肃省测绘地理信息局与兰州交通大学测绘与地理信息学院在教学实习基地建设、科研合作、在职研究生培养、测绘人才培训服务等方面达成合作意向；甘肃省地图院、省基础地理信息中心、省测绘工程院与省内开设测绘地理信息专业的8所高校、高职院校合作，提供教学实习基地，加强教学与生产合作，共同研发科技新项目。

【科技成果】

甘肃省测绘地理信息单位完成的“甘肃省政务地理信息平台建设及应用”获2012年中国测绘学会测绘科技进步奖二等奖；参与完成的“国家1:5万基础地理数据库新技术体系构建与工程应用”获2012年中国测绘学会测绘科技进步奖特等奖。“甘肃省政务地理信息平台建设及应用”获省科技进步奖二等奖。25项成果分别获中国测绘学会和甘肃省测绘学会科学技术奖；14篇论文在西北地区第十六届测绘学术与科技信息交流会中被评为优秀论文。

【合作共建】

甘肃省测绘地理信息局积极推动部门合作及军地合作，先后与省国土资源厅、公安厅、地矿局、防汛办，兰州军区作战部等单位开展测绘地理信息共享。与省公安厅联合研发的警用地理信息系统在全国率先实现了测绘、公安领域的互动，实现科技部规定的科技创新节点，成为全国警用地理信息系统建设的样板；与工信委合作开发具备干扰源查找、无线电障碍排查等功能的全省电子地图，保障了国家重要信息的畅通；与中国电信甘肃分公司签订信息资源共享协议，与中国移动、联通开展的基于位置服务合作的前期论证进展顺利；积极与各大专院校开展交流合作，与兰州大学、长安大学等5所高校建立合作关系。

精神文明建设

【廉政建设】

甘肃省测绘地理信息局加大反腐倡廉工作力度，召开全局党风廉政建设暨目标责任制考核工作会议，学习传达国家测绘地理信息局及省政府廉政建设工作会议精神，局机关各处室及局属各单位主要负责人向局党委递交党风廉政建设承诺书；开展全局效能风暴行动，采取自查、自纠、督查、督办等措施，消除散漫、懒惰等各种不良行为，提高了全局干部职工的服务意识和工作效率。

【队伍建设】

甘肃省测绘地理信息局全年提拔、轮岗、调整副处级以上干部15人，通过公开招考为局属事业单位引进各类专业人才15名；全年共举办培训班19期，培训人员3000多人（次）。

【文化建设】

甘肃省测绘地理信息局积极组织参加国家测绘地理信息局、省直工委举办的各类活动，参加全国测绘地理信息系统第二届“天地图杯”羽毛球比赛、省直机关第二届“先锋杯”演讲比赛和省直机关文艺汇演；“三八”妇女节组织开展了以“送关爱、送健康”为主题的健康讲座，“五四”青年节举办全局第二届“青年杯”羽毛球、乒乓球比赛，“七一”建党节组织了以测绘地理信息文化建设为重点的“七个一”工程，以文化促和谐、促发展，提升了部门形象和凝聚力。

【宣传工作】

甘肃省测绘地理信息局积极开展日常宣传，全年有950多条反映全省测绘地理信息工作的信息被中央人民政府门户网站、国土资源部门户网站、国家测绘地理信息局门户网站等10家网站和甘肃日报社、甘肃省电视台、甘肃人民广播电台等10家媒体采用。重点对“8·29”测绘法宣传日等活动进行深度宣传，省内近10家主流媒体进行了报道。利用《测绘专报》向省四大班子和省国土资源厅汇报全省测绘地理信息工作的热点、亮点和重点工作的进展。对甘肃测绘网进行全面改版，改版后的网站政务公开力度显著提高，互动交流和办事服务功能更加齐全，成为宣传全省测绘地理信息工作的主要窗口。

【帮扶工作】

甘肃省测绘地理信息局党委按照省委的统一部署，积极开展“联村联户、为民富民”行动，为联系点甘谷县大石乡曲坪村和丁窑村实施了乡村道路改造项目、2村村委会大院地坪硬化项目、丁窑村排洪渠整治项目和2村村委会室内办公设施更新；为全省“双联”行动提供测绘地理信息服务，更新全省58个贫困县和有贫困村的11个县区地图数据；为省政府办公厅、发改委、编办、国土资源厅等部门制作提供5种“双联”工作用图200多幅；为省政府办公厅建设“双联”行动工作服务平台。

【职业技能大赛】

甘肃省测绘地理信息局积极参与由省总工会、人社厅、工信委、科技厅、国资委等部门组织的甘肃省百万职工技能素质提升活动，6月25日～27日，在兰州举办全省职工职业技能大赛工程测量省级决赛，来自全省各市州、甲级测绘单位及兰州军区2家测绘单位的24支代表队107名选手参加比赛，提升了测绘地理信息部门的社会形象，扩大了测绘地理信息的社会影响。

地方社团工作

【评奖工作】

甘肃省测绘学会组织完成2011年测绘科技进步奖和优秀测绘工程奖的申报工作，共评审出一等奖（金奖）6个、二等奖（银奖）13个、三等奖（铜奖）12个。积极参与中国测绘学会和甘肃省的评奖活动，推荐的项目获甘肃省2012年度科学技术进步奖三等级1项，获2012年中国测绘学会测绘科技进步奖特等奖1项、二等奖2项，优秀测绘工程奖银奖1项、铜奖2项，优秀地图作品裴秀奖铜奖3项。

【学术交流】

甘肃省测绘学会召开学术报告会暨2011年度学会科学技术奖颁奖大会，学会领导、理事以及获奖单位代表80多人参加会议。承办西北地区测绘学术与科技信息交流会（即西北地区第十六届测绘学术与科技信息交流会），110多人参加会议，大会收到论文210多篇，共评出优秀论文42篇，其中甘肃14篇。与北京四维世景科技公司联合举办高分辨率卫星数据及应用技术大会；与北京超图软件公司联合举办GIS自主创新与应用研讨会。

青海省

概况

2012年，青海省委、省政府领导多次对青海测绘地理信息工作作出批示，青海省测绘地理信息事业发展环境不断优化，全年完成测绘服务总值13079.08万元，各项工作顺利推进。

以数字城市建设、“天地图·青海”建设及地理国情监测为重点工作，推进基础测绘、统一监管、成果应用、科技创新等工作的开展。数字城市建设全面启动，数字青海空间地理信息基础设施建设项目竣工验收；数字西宁建设项目成果正式投入使用；德令哈市被国家测绘地理信息局列为全国数字城市地理空间框架建设试点城市，项目建设正式启动；数字格尔木建设项目正在立项申报。开展地理国情普查前期准备工作，建立青海湖面积遥感动态监测地理信息系统和三江源生态环境遥感动态监测地理信息系统。“天地图·青海”正式接入“天地图”国家主节点，实现了与国家主节点在线数据互联互通。完成5个“天地图”市级节点的接入工作。

2012年，80家测绘资质单位参加年度注册工作，至年底，全省共有测绘资质单位95家，其中甲级10家、乙级21家、丙级45家、丁级19家。与省国家安全厅、工商行政管理局、国家保密局等7部门联合开展重点查处“涉证、涉网、涉密、涉外、涉军”等违法违规行为的专项治理工作，对发现的问题及时提出整改意见。对全省2849家网站进行集中排查，共检查出存在“问题地图”的网站27家，及时进行查处。“青海省第三地质矿产勘查院违法编制《中华人民共和国地图（藏文版）》案”被国家测绘地理信息局评为优秀行政处罚案卷。

6月，青海省测绘地理信息局举行更名挂牌仪式。西宁市、海东地区、各自治州均已成立测绘地理信息局，15个县国土资源部门加挂测绘地理信息局牌子。西宁市政府以政府令形式出台《西宁市测绘地理信息管理办法》，海西州政府批准下发《海西州基础测绘“十二五”规划》。青海省测绘地理信息统一监管力度不断加强。

重点工作推进

【数字城市建设】

数字青海空间地理信息基础设施建设项目竣工验收，该项目完成覆盖全省1:100万至1:1万基本比例尺数字正射影像图、数字高程模型、数字线划图、数字栅格图、0.5米~30米分辨率航空航天遥感影像、专题类数据等多源、多尺度数据库建设，建成“基础地理空间数据库浏览与查询系统”等4个子系统。数字西宁项目成果正式投入使用。德令哈市被国家测绘地理信息局列为全国数字城市地理空间框架建设试点城市，青海省测绘地理信息局与德令哈市政府正式签订建设协议，技术设计书已通过专家论证，项目建设正式启动。数字格尔木建设项目进入立项申报阶段。

【“天地图·青海”建设】

6月16日，“天地图·青海”省级节点正式接入“天地图”国家主节点。年末，共接入西宁、乐都、平安等5个市级节点。按照《天地图省市级节点建设方案》要求，对“天地图·青海”软硬件、网络设备进行维护及优化，建立一系列配套制度，确保“天地图·青海”持续稳定不间断运行。基于省市级节点开展大美青海地图网、青海省基础测绘成果查询系统、青海省公共应急地理信息系统3个典型应用示范。

【地理国情监测】

为做好全国地理国情普查启动工作，青海省测绘地理信息局加强与政府相关部门的沟通协调，编制了青海省前期试点实施方案，与国家同步做好普查所需的资料、技术、人才、制度等各方面前期准备工作。建立青海湖面积遥感动态监测地理信息系统，反映青海湖流域生态变化状况，向公众发布青海湖重要地理数据并为政府治理青海湖生态提供决策依据。建立三江源生态环境遥感动态监测地理信息系统，实现生态环境监测成果的发布、快速查询与综合分析，为合理制定三江源区社会经济发展规划提供科学依据，项目成果已在青海省政府、发改委、农牧厅、应急办、三江源办及省工程咨询中心等单位得到应用，在三江源生态环境监测及应急事件中发挥重要作用。

【藏区基础测绘】

为落实国家支持青海等省藏区基础测绘项目，青海省测绘地理信息局积极与省发展和改革委员会沟通，提出“十二五”期间青海藏区现代测绘基准与综合导航服务系统建设、基础地理信息数据获取与库体建设、测绘应急服务保障体系建设3个方案并报省发展和改革委员会审查，争取项目资金1.3亿元。青海省藏区现代测绘基准体系基础设施建设（一期工程）可研报告已通过论证评审报国家发展和改革委员会审批。

【GNSS站建设】

青海省建成覆盖海东地区的全球导航卫星系统连续运行参考站（GNSSCORS）综合服务系统，该系统包括互助、互助加定、乐都、民和、循化、化隆群科、西宁等7个卫星系统连续运行参考站及1个数据处理服务中心，建立海东地区似大地水准面精化模型，覆盖面积约1.05万平方千米；建成西宁、海北等地区卫星系统连续运行参考站6个；完成国家现代测绘基准工程“大柴旦”等5个卫星系统连续运行参考站建设用地征用、设计等任务，协助国家测绘地理信息局第一大地测量队在青海省开展工作。积极推进2000国家大地坐标系使用，制定实施方案，用于全省1:1万地形图测绘、东部城市群建设测绘保障工程、数字城市建设等项目，并在青海省藏区现代测绘基准体系建设工程技术方案中规定全面采用该坐标系，为在全省全面推广奠定基础。

法制建设与市场监管

【法制建设】

青海省测绘地理信息局推动“六五”普法工作，组织开展法律知识讲座和法制宣传教育答题活动，并以《西海都市报》为平台举办庆祝《中华人民共和国测绘法》修订颁布十周年测绘法律法规及国家版图知识有奖竞答活动，收到有效答卷7000多份。

【法制宣传】

青海省测绘地理信息局认真组织开展“8·29”测绘法宣传日活动。组织全省37家测绘资质单位在西宁市进行集中设点宣传，摆设宣传展板50多块，悬挂横幅50多条，发送公益短信400多万条，发放宣传材料5000多份，解答群众咨询5000多人次。为提高参加宣传活动单位的积极性，设立宣传活动组织奖，共评出一等奖1个、二等奖2个、三等奖3个、鼓励奖5个。

【资质管理】

青海省测绘地理信息局组织完成2012年测绘资质单位年度注册工作，并对年度注册情况进行公示、公布。全年受理业务范围变更申请6家、法人变更申请10家、单位地址变更申请2家，办理新申请测绘资质单位11家，资质升级2家，复审换证1家，并按要求实行测绘资质网上审批。至年底，共有测绘资质单位95家，其中，甲级10家、乙级21家、丙级45家、丁级19家。全年注册测绘作业证32本。利用国家测绘地理信息局提供的互联网地图监控软件对青海省涉及互联网地图服务网站开展日常监控。

【市场监管】

青海省测绘地理信息局与省国家保密局、国家安全厅、工商管理局、文化与新闻出版厅等单位建立联合监管工作机制，定期召开座谈会、情况通报会。全年共查处测绘违规行为3起，涉外行政处罚案件1起，移送案件1起，下达责令整改通知书1份，相关单位按要求进行了整改。联合省国家安全厅对美国佛吉尼亚大学以保护藏文化名义雇佣境内人员在青海藏区大量收集以地理信息为基础的多种社会、自然信息的案件进行了查处。

【信用体系建设】

按照国家测绘地理信息局要求，在全省推广测绘地理信息平台。向省内测绘资质单位转发国家测绘地理信息局《关于测绘资质单位信用信息公开的通知》。11月，举办测绘资质单位培训班，开展测绘地理信息市场信用宣传贯彻及培训工作，95家单位118人参加。委托新成立的青海省测绘行业协会开展省内测绘地理信息市场信用信息征集、发布等工作。

基础测绘

【基础测绘规划】

青海省“十二五”基础测绘规划编制工作已完成。经与青海省发展和改革委员会、省国土资源厅充分协商，同意将青海省基础测绘规划编入省国土资源规划中，《青海省国土资源“十二五”规划》获省政府批准正式公布实施，预计投入资金约10.75亿元。按照《青海省国土资源“十二五”规划》，青海省测绘地理信息局制订了2012年基础测绘年度实施计划，并上报国家测绘地理信息局。

【经费投入】

青海省已建立稳定的地方财政投入机制，基础测绘计划纳入青海省国民经济和社会发展年度计划。省财政年度基础测绘经费投入600万元。经省政府批准，省财政从矿产资源“两权价款”中列支部分基础测绘专项经费3000万元。

【基础测绘生产】

青海省测绘地理信息局共投入基础测绘项目经费3000万元，主要用于“天地图·青海”建设以及青海省祁连地区256幅1:1万地形图测绘。至年底，1:1万地形图数据入库幅数增加至1061幅。向国家测绘地理信息局反馈《全国1:1万数据库改造整合总体方案》意见建议31条。制定《青海省基础地理信息数据生产1:1万地形要素数据规定》。积极协助省政府完成国家测绘地理信息局1:5万数据库动态更新相关文件转发，协助提供并收集青海省省级行政区内动态更新所需的资料，并配合完成更新工作。

完成青海湖、门源、祁连县一带1:1万地形图测制任务，测图面积1万平方千米，成图401幅，满足该地区矿产资源开发、生态保护、旅游开发方面的用图需求。全年1:1万地理信息数据入库751幅。

【质量监督】

青海省测绘地理信息局基础测绘成果一次验收合格率达100%，测绘资质单位测绘成果质量状况良好。青海省测绘地理信息局与省质量技术监督局联合开展全省测绘成果质量监督抽查工作，编制《2012年度青海省测绘成果质量监督检查实施方案》。共抽检测绘单位25家，其中甲级3家、乙级5家、丙丁级17家。对测绘成果质量监督抽查不合格的单位给予通报批评，并责令整改。对2011年新取得测绘资质的单位进行了测绘技术、质量保证体系考核，各单位均达到资质管理规定的要求。

【基础摄影】

青海省航空摄影影像资料统一由青海省基础地理信息中心档案部管理。青海省2012年度第一期基础测绘任务安排范围为国家基础航空摄影刚察摄区。至年底，格尔木摄区完成航空摄影0.5米分辨率8278平方千米、0.1米分辨率304平方千米；德令哈摄区完成航空摄影0.5米分辨率33380平方千米、0.1米分辨率307平方千米。2012年的航空摄影工作已全部完成。

【安全生产】

青海省测绘地理信息局建立安全生产管理机构，完善了《青海省测绘应急保障预案》、《青海省测绘地理信息局突发事件总体应急预案》。向国家测绘地理信息局、省国土资源厅等上级单位上报青海省测绘地理信息局2011年度安全生产工作总结。3月，与局属各单位签订安全生产、治安保卫目标责任书，安全生产实行一票否决制。制定了安全生产、工作进度月报制度，并组织多次安全生产大检查，全年未发生重大安全生产事故。

地图管理与地图出版

【“问题地图”查处】

青海省全年开展“问题地图”专项检查、地理信息市场例行检查、互联地图市场监管抽查、“青洽会”不规范地图产品查处等地图类测绘行政执法6次；研判地图使用网站2849个，处理“问题地图”网站27家、发出整改通知2件；立案调查涉嫌违法测绘案1件，涉外违法测绘案1件，做出行政处罚案1件。“青海省第三地质矿产勘查院违法编制《中华人民共和国地图》（藏文版）案”被国家测绘地理信息局评为全国测绘地理信息系统行政处罚优秀案卷，案卷承办人孙厚科、陈晓丽受到表彰。

【地图审核】

2012年，青海省测绘地理信息局审核9幅单幅挂图、3本图册、2本涉地图图书插图、1幅电子地图，核发审图号15个。受理13件地图的立项申请，1件地图再版申请。

【地图出版】

青海省测绘地理信息局编制出版《青海省地图册》和《青海省领导工作用图》、《青海游览（中、藏文版）旅游图》；编制《三江源自然保护区生态保护与建设二期规划图》、青海全省交通系列图、青海省湟水流域高标准基本农田整治重大工程土地整理系列图、党政军企共建示范村示意图等专题图件、图册；为青海省发展和改革委员会编制青海省主体功能区规划、“十二五”规划所需各种图件。

【国家版图意识宣传教育】

青海省测绘地理信息局向各州（地、市）测绘地理信息行政主管部门印发2012年国家版图知识宣传教育和地图市场监督管理工作安排，在全省范围内组织开展国家版图意识宣传教育“进学校、进社区、进媒体”活动。以玉井巷小学为试点，首次举办少儿手绘地图大赛，共有6件作品入围“中图杯——全国少儿手绘地图大赛”，2件作品获奖，玉井巷小学获优秀组织奖。青海省测绘地理信息局和省通信管理局获全国版图意识宣传和地图市场监管工作先进集体称号，青海省3人获先进个人称号。

测绘地理信息成果管理与应用

【成果管理】

青海省测绘地理信息局制定印发《关于加强全省测绘地理信息成果质量管理工作的通知》，修订基础地理信息数字成果1:5000 ~ 1:10万数字正射影像图、数字高程模型行业标准，1:1万基础地理信息数据生产与建库规定，测绘产品质量大幅提升。

【东部城市群建设测绘保障】

青海省测绘地理信息局完成东部城市群建设测绘保障任务。建立以全球定位卫星连续运行参考站和区域似大地水准面精化模型为主要内容的现代基准体系基础设施；建成2000国家大地坐标系下的海东地方坐标系以及与现有主要坐标系之间的转换模型；编制提供《青海省东部城市群卫星影像图》、《青海省海东地区基础资料图册》、《海东地区及六县城镇与村庄现状分布图》等多幅专题地图；完成高分辨率航空摄影2236平方千米，测制1:500地形图308.45平方千米（5449幅），测制1:1000地形图660.21平方千米（3540幅），缩编1:5000影像图38幅。

【灾后重建测绘保障服务】

青海省测绘地理信息局为玉树灾后重建提供测绘保障服务。为灾区重建提供红线划定、建筑放样、界址测绘等服务；完成省国土资源厅下达的玉树州遥感监测及年度土地变更任务；承担玉树州农村集体土地确权工作；对玉树州及县政府驻地6个重点区域进行了高分辨率航空摄影，直观展示玉树灾后重建阶段地形地貌和落地建设项目进展情况，为省玉树灾后重建现场指挥部及当地政府提供决策依据，得到相关部门好评。

【公共服务】

青海省测绘地理信息局利用三维技术，直观展示青海贵德2个项目规划，为政府决策服务。利用基础测绘成果，计算全省高精度的各县和乡镇平均海拔数据，为省人力资源和社会保障厅工资差别化管理提供科学依据。为矿业权实地核查项目提供应用地形图100多幅，控制成果1300多份，帮助确定部分矿业权实际有效范围，获得全面、真实的矿业权基本数据，了解不同地区、不同矿种的分布现状；为花土沟、大武、德令哈、祁连等机场前期选址工作和西宁机场扩建工作提供地形图近300幅；为地质调查工作提供地形图436幅，控制成果150多份；为水电设计项目提供应用地形图180多幅。为省委、省政府各部门制作图板、挂图等28幅，对外提供各种比例尺地形图5486幅，各类挂图388张，各类图册2525本，控制点成果3389点，各种数字化成果1.2TB，航片14276片，广泛服务于灾害评估、规划设计、军事工程、地质调查、土地确权、送变电工程、道路勘察建设、草场划分等多个行业和领域。

【应急保障】

青海省测绘地理信息局初步建立测绘应急保障机制，修订完善《青海省测绘应急保障预案》、《青海省测绘地理信息局突发事件总体应急预案》，组建了测绘应急服务队伍，为自然灾害等突发事件处理提供测绘应急机制保障。建立青海省公共应急地理信息系统、玉树地震应急地理信息系统、水库溃坝洪水演进分析系统，为各级政府和部门应急事件处置及预案制定提供决策依据。

【共建共享】

青海省测绘地理信息局就地理信息资源共享与合作展开多次调研，拟定《青海省地理信息数据资源共享与合作协议书》（征求意见稿），并在政府各委、办、厅、局征求意见。与省安全厅、地震局、公安厅、交通厅、教育厅、民政厅、统计局、卫生厅、防汛抗旱指挥办公室等单位签订了地理信息数据资源共享与合作协议，详细规定了双方的责任、义务、组织、实施与协调。与省气象局签订共建共享协议，合作共建青海省GNSS连续运行基准站。

科技与国际合作

【科技机构建设】

青海省测绘地理信息局成立科学技术创新与研究委员会，办公室设在局基础测绘规划处，局属各生产单位成立应用研究中心或开发部，按照每年目标责任书签订情况，对生产中有创新、有突破的个人和组织给予相应奖励。

【科技项目】

根据国家测绘地理信息局《全国1:1万数据库改造整合总体方案》要求，青海省测绘地理信息局开展多次工作调研，6月，审核批准《青海省基础地理信息数据生产1:10000地形要素数据规定》。根据“天地图·青海”工作计划，编制了“天地图·青海”地名地址数据库、电子地图配图、兴趣点采集等一系列标准制度，已通过评审并开展实施，标准化工作经费已列入年度预算并专款专用。积极参与国家标准和行业标准的制修订，组织宣传、实施测绘与地理信息标准，进一步加强对州（地、市）县测绘行政主管部门标准化工作的检查指导。积极向国家测绘地理信息局反馈《大地测绘数据库基本规定》、《国家基本比例尺地图 1:500 1:1000 1:2000 地形图》的意见；积极配合国家测绘地理信息局做好标准化方面的调研工作，选派人员参加“天地图”省级节点培训班等标准化培训工作。2月，青海省测绘地理信息局参与建设的“测绘基准和空间信息快速获取关键技术及其在灾害应急测绘中的应用”科技项目获国家科技进步奖二等奖。

【国际合作】

在青海省测绘地理信息局的积极推动及配合下，青海省核工业地质局开展老挝钾盐钻探项目；中国水利水电第四工程局开展伊朗巴哈提亚瑞水电站项目。青海省测绘地理信息局按照国家相关规定申报、审批、组织、管理出国（境）团组及人员，未出现违规情况。

精神文明建设

【党风廉政建设】

青海省测绘地理信息局党委认真贯彻落实有关党风廉政建设工作会议精神，使党员干部树立正确的世界观、人生观、价值观和权利观、地位观、利益观。加强领导干部廉洁自律，全局29名副处级以上干部填报了收入、住房、投资、配偶子女从业等情况。与局属各单位签订2012年度《青海省测绘地理信息局党风廉政建设责任书》。执行好领导干部个人重大事项报告、述职述廉、民主评议、经济责任审计等党内监督制度。深化“两整治一改革”成果，进一步梳理修改、健全各项规章制度，深化风险排查，预防腐败事件发生，共新增制度5个、修改完善12个。

组织开展局机关、所属事业单位全体党员《廉政准则知识测试》、“讲廉洁、敲警钟”警示谈话、观看警示教育片、评选党风廉政建设先进集体和个人等活动。积极发挥预防职务犯罪工作站的作用，组织局纪委委员与城西区检察院、反贪局相关人员座谈，介绍测绘地理信息工作情况，交流反腐倡廉工作思路。

开展以“转变作风、提高效率、服务基层、推动发展”为主题的实践活动，成立青海省测绘地理信息局“治庸治懒治散”主题实践活动领导小组，下发《关于贯彻落实国土资源系统“治庸治懒治散”主题实践活动的实施意见》，召开“治庸治懒治散”主题实践活动动员大会并在全局开展主题实践活动，进一步改进局机关及所属单位工作作风。

【队伍建设】

青海省测绘地理信息局制定了2012年教育培训计划，选派事业单位领导和技术负责人到武汉大学和国家测绘地理信息局参加专业技术和管理方面的培训，并以重大项目为依托培养、选拔科技领军人才和国家测绘地理信息局、青海省学术技术带头人。组织局属各单位开展测绘专业知识、测绘管理等各类培训，并将培训结果备案，列入年度目标考核。开展1期测绘行业特有工种职业技能鉴定工作，70人参加培训并通过技能鉴定理论考试和实际操作考试。选派8人参加2012年第一期测绘地理信息行业职业技能鉴定考评人员资格培训班，3人取得高级考评员资格证。选派8人参加第三期测绘地理信息行业国家级职业技能竞赛裁判员培训班。年内共举办各类专业技术培训班63期，参加培训人员1714人次，其中专业技术人员参加培训40人次。

至年底，全局有硕士研究生18人，本科毕业生152人，教授级高级工程师4人，高级工程师37人，工程师118人，国家测绘地理信息局青年学术与技术带头人2人，全国测绘技术能手3人，青海省国土资源厅系统优秀测绘专家3人。

【文化建设】

青海省测绘地理信息局连续多年举办职工文化体育活动，丰富职工业余生活。结合创先争优开展岗位大练兵活动，组织全局技术能手参加岗位技能比赛，号召全局测绘职工在本职岗位上争先创优，做出一流业绩。开展“喜迎十八大，岗位做贡献”演讲比赛、先进人物事迹报告会、“全民健身月”和“工间操”活动，组织全局女职工参加“三八”节射击比赛和爬山活动。组织职工自编自导自演2个节目，参加青海省省直机关“喜迎十八大、颂歌献给党”文艺汇演，获优秀节目奖。学习宣传青海省国土资源系统英雄人物申勇胜先进事迹，举办“学习申勇胜同志先进事迹”演讲比赛。认真落实走访慰问制度，全年共发放慰问金12.26万元。

青海省测绘地理信息局制定《青海省测绘地理信息局创建省直机关精神文明单位实施方案》和《青海省测绘地理信息局创建文明单位、文明处（室）、文明职工评比办法》，在全局积极开展青海省省直机关精神文明单位创建活动；调整了测绘职工思想政治工作研究会成员，积极参加国家测绘地理信息局精神文明办、中国测绘职工政研会开展的活动，推荐论文5篇，报送“测绘地理信息文化大家谈”征文4篇，推荐上报“测绘地理信息文化精品”2件。积极参加2012年中国测绘学会论文研讨交流。青海省测绘地理信息局系统获国家西部1:5万地形图空白区测图工程先进集体1个，先进个人一等功1人、二等功2人、三等功2人；获国家1:5万基础地理信息数据库更新工程先进个人三等功1人。

【宣传工作】

青海省测绘地理信息局制定关于加强测绘宣传工作的意见，全面提升新闻宣传方法、能力和成效。年内向国家测绘地理信息局政府门户网站、中国测绘报、省内报刊等媒体报送信息130多篇，向青海省政府网报送信息30多篇。青海省测绘地理信息局门户网站登载信息200多篇，向社会发布公益短信400万条。

地方社团工作

【青海省测绘与地理信息行业协会】

11月23日，青海省测绘与地理信息行业协会正式成立。该协会是具有独立法人资格和社会公益性质的社团组织；业务主管单位是青海省测绘地理信息局，共有会员单位97家。主要承担行业自律、行业代表、行业服务、协调等职能。

【青海省测绘学会】

青海省测绘学会积极组织会员单位开展一系列学术交流活动，参加人员达400多人次。继续开展优秀测绘科技奖、优秀测绘工程奖和优秀论文评选工作，4家单位的6个项目分获2012年青海省测绘学会优秀测绘科技奖和优秀测绘工程奖一、二等奖，5篇论文获优秀论文奖。省测绘学会全年编辑、发行《青海测绘》期刊4期，总发行量2000册。

青海省测绘学会推荐的《青海电网地理信息系统设计与建设》、《无像控DOM制作的技术探讨》2篇论文在“西北地区第十六届测绘学术与科技信息交流会”上获优秀论文奖；推荐的“三江源区生态环境遥感动态监测地理信息系统”获2012年中国测绘学会优秀测绘工程奖银奖；由青海省基础地理信息中心参与建设的“西部地理空间信息平台建设关键技术与应用”获2012年中国地理信息科技进步奖一等奖。

宁夏回族自治区

概况

2012年，宁夏回族自治区国土资源厅（测绘地理信息局，以下简称宁夏国土资源厅）深入贯彻国务院副总理李克强对测绘地理信息工作的重要批示，在推进和落实各项重点工作、提升测绘地理信息市场统一监管能力、加强依法行政等方面取得明显成效。

2012年，宁夏国土资源厅组织编制、印发宁夏基础测绘“十二五”规划，实现了“天地图·宁夏”与“天地图”国家主节点的互联互通，完成宁夏国土资源卫星导航基准站网27个CORS站的站址信号测试、25个观测墩的土建工程。组织完成2012年测绘资质年度注册工作和全区测量标志普查维护管理工作。印发《宁夏测绘资质管理规定》和《宁夏测量标志巡查工作管理办法》。举办全区测绘地理信息市场信用信息管理平台操作培训班。举办2012年全区测绘行政管理培训班，组织开展以查处违法测绘、违规登载地图为重点的测绘地理信息市场巡查活动。组织全区各市、县（区）国土资源局共18人参加2期国家测绘地理信息局举办的测绘地理信息行政执法人员培训班。

重点工作推进

【数字城市建设】

3月13日，宁夏回族自治区政府与国家测绘地理信息局在北京签署“合作共建数字宁夏地理空间框架，促进宁夏经济社会跨越式发展”协议。宁夏回族自治区政府印发了《关于加强和改进国土资源工作的意见》。7月和9月，宁夏国土资源厅分别与区财政厅、区经济和信息化委员会、中国资源卫星应用中心、中国四维测绘技术有限公司及航天恒星科技有限公司、武汉大学测绘遥感信息工程国家重点实验室签署《“数字宁夏”建设合作协议》，在遥感、卫星通信、卫星定位和资料的应用等方面进行合作。宁夏回族自治区政府聘请中国科学院、中国工程院院士李德仁和中国科学院院士龚健雅为自治区政府特聘专家。年内完成“数字固原”项目54平方千米1:500地形图测量数据的野外采集工作。

2012年3月13日，国家测绘地理信息局与宁夏回族自治区人民政府在北京举行合作共建数字宁夏地理空间框架、促进宁夏经济社会跨越式发展签约仪式。

6月，宁夏回族自治区第十一次党代会把“推进‘智慧宁夏’建设，提高信息化建设和服务水平”写入工作报告。11月22日，宁夏回族自治区政府第125次常务会议审议并原则通过《智慧宁夏建设总体设计大纲》和《智慧宁夏地理空间框架建设总体实施方案》。

【“天地图·宁夏”建设】

12月，“天地图·宁夏”与“天地图”国家主节点正式对接，上线服务公众。“天地图·宁夏”平台集成了海量基础地理信息资源，可为公众提供全天侯“一站式”地理信息服务，具备地理信息二维与三维地图浏览、地名搜索定位、地址匹配、距离和面积量算、路径分析、兴趣点标注、屏幕截图打印等功能，平台还提供各类资源服务和接口，方便用户调用和二次开发。

【其他重点工作】

宁夏国土资源厅组织完成地理信息共享服务平

台建设项目数据库的切片入库工作；完成宁夏国土资源监管平台建设。

法制建设与市场监管

【资质管理】

1月~3月，宁夏国土资源厅组织完成2012年测绘资质年度注册工作。首次实现年度注册网上审核。参加注册单位73家，通过注册70家，缓期注册3家。2家单位整改后符合要求予以注册，1家单位被注销测绘资质。9月25日，宁夏国土资源厅印发《宁夏测绘资质管理规定》，对新申请测绘资质单位需要提供的各项材料提出明确要求，对小、微企业申办测绘资质给予支持，明确申请丁级测绘资质的单位注册资金由50万降低为30万。全年共受理办结新申请测绘资质单位6家，申请增加资质业务范围单位8家，资质升级单位1家。

【法制培训】

宁夏国土资源厅组织全区各市、县（区）国土资源局共18人参加国家测绘地理信息局举办的测绘地理信息行政执法人员培训班。5月，在银川举办2012年全区测绘行政管理培训班，全区各市、县（区）国土资源局分管局长、测绘管理科、股（站、所）负责人及国土资源执法监察部门工作人员共70多人参加，培训班向参训人员发放了《测绘法律法规文件选编》。8月，在银川举办全区测绘地理信息市场信用信息管理平台操作培训班，银川等5市国土资源局（测绘地理信息局）测管科长、测绘资质单位信用信息申报人员共90多人参加。

【法制宣传】

8月，宁夏国土资源厅印发《关于开展2012年测绘法宣传日活动的通知》。29日，组织厅机关有关处（室）及40多家测绘资质单位参与在银川开展的测绘法宣传活动，共发放传单、宣传画等各类材料近万份，宁夏电视台、宁夏日报社等多家媒体对宣传活动进行了报道。

基础测绘

【基础测绘生产】

2012年，宁夏国土资源厅完成327幅1:1万航测地形图野外像控点的选测工作。完成宁夏国土资源卫星导航基准站网27个CORS站的站址信号测试、25个观测墩的土建工程；宁夏卫星导航连续运行基准站网是数字宁夏地理空间框架建设重要基础组成部分，计划建设规模为27座基准站（新建24座，已有3座）、控制中心、数据中心、传输系统及用户服务系统，实现覆盖全区的三维地心测绘基准体系。

【测量标志保护】

11月29日，宁夏国土资源厅印发《宁夏测量标志巡查工作管理办法》，对测量标志巡查工作的组织实施、具体内容、巡查方式、数据上报和监督检查等做出具体说明。完成2012年全区测量标志普查维护管理工作，全区22个市、县（区）共普查各类测量标志4130个，其中三角点2119个、水准点1961个、GPS点50个。经普查，保存完好的测量标志844个，其中三角点520个、水准点278个、GPS点46个，完好点数占普查总点数的20.4%。维护一、二等三角点，水准点和GPS B级点354个。

【质量监督】

宁夏测绘产品质量监督检验站完成327幅1:1万地形图基础测绘像片控制测量成果及“天地图·宁夏”省级节点公共地理框架数据生产的检验工作，完成数字固原项目1:500数据生产的过程检查工作，完成数字吴忠项目1:500、1:2000地形图数据入库项目及石嘴山市D级GPS控制网测绘成果质量、2012年宁夏中北部土地开发整理重大工程项目测绘成果、宁夏地理信息公共服务平台框架数据建设成果的检验工作。全年共检定GPS接收机、全站仪、水准仪等各类测绘仪器1500多台（件）。

地图管理与地图出版

【“问题地图”查处】

宁夏国土资源厅组织开展以查处违法测绘、违规登载地图为重点的测绘地理信息市场巡查活动。对第四届中国西部（银川）房·车生活文化节、第二十二届全国图书交易博览会、第五届银川国际汽车博览会等重要展会进行专项检查。与宁夏国土资源执法监察局、银川市国土资源局（测绘地理信息局）组成检查组对热门景区内公开展示的地图进行检查。依法查处乐丛·世家国际家具博览中心违规登载广告地图案，对在检查中发现的5起“问题地图”，及时提出整改意见，责令限期整改。

【地图审核】

宁夏国土资源厅全年共审核各类地图（书刊插

图、图集、图册、挂图）110 多幅，核发审图号 18 个。

【国家版图意识宣传教育】

5 月，宁夏国土资源厅会同自治区党委宣传部、经济信息化委等 14 部门召开全区国家版图意识宣传教育和地图市场监管协调指导小组办公室联席会议。印发《全区国家版图意识宣传教育和地图市场监管协调指导小组办公室 2012 年工作要点》。10 月，会同自治区教育厅、新闻出版局以及当地国土、教育部门，到银川市第二十一小学、宁夏日报社、银川市锦绣苑社区开展国家版图意识宣传教育“进学校、进社区、进媒体”活动和“祖国在心中——全国国家版图知识竞赛”、“中国杯——全国少儿手绘地图大赛”活动。向参与单位赠送《国家版图知识读本》、《国家版图意识宣传教育专用图》及《宁夏回族自治区地图》500 多份。组织全区 3000 多名小学生参加“祖国在心中——全国国家版图知识竞赛”和“中图杯——全国少儿手绘地图大赛”。1 人获“祖国在心中——全国国家版图知识竞赛”二等奖，2 人获三等奖，5 人获优胜奖。向国家测绘地理信息局推荐优秀少儿手绘地图作品 94 幅，其中 3 幅作品获优胜奖。

测绘地理信息成果管理与应用

宁夏国土资源厅为宁夏清水河治理、移民搬迁安置工程、地质灾害详查、基础测绘、全区测量标志普查等工作及电力、交通、建设等行业提供 1:1 万地形图 1653 幅、1:5 万地形图 138 幅、电子地图 479 幅、DOM 数据 1.6 万平方千米、各类大地测量成果 473 个点、航片 2432 片。

精神文明建设

宁夏国土资源厅按照自治区党委组织部的要求，组织开展以“下基层、解民忧、帮发展、促和谐”为主题的下基层活动。到联系点广泛开展学习锻炼，依托国土资源（测绘）惠民项目和重点工作，与群众面对面交流，达到了测绘管理工作与基层工作的双提升。

开展“廉政文化进机关”活动；布置文化长廊，开展以“阅读·诚信·责任”、“讲身边的人、说身边的事”等为主要内容的职工读书演讲及交流活动；开展厅机关及直属事业单位职工“阳光出行”主题步行活动。

制定《宁夏国土资源专家库管理办法》、《宁夏国土资源厅科学技术奖励的办法》及《宁夏国土资源厅中青年学术技术带头人选拔培养及管理暂行办法》。开展青年学术和技术带头人选拔培养工作和推进高层次人才选拔培养工作。举办各类测绘地理信息业务培训 6 次，370 多人次参加。

地方社团工作

2 月，宁夏测绘学会组织召开 2012 年测绘学术报告会。邀请中国工程院院士刘经南和中国测绘科学研究院教授李成名作学术报告，宁夏国土资源厅有关负责人、各市、县（区）国土资源局负责人和全区 62 家测绘单位代表共 340 多人参加。2 月 24 日，宁夏回族自治区政府副主席姚爱兴会见刘经南院士一行。5 月，组织报送 2012 年中国测绘学会优秀测绘工程奖评选材料，获优秀测绘工程奖铜奖 1 项。6 月，在银川举办全区测绘地理信息行业特有工种职业技能鉴定培训班，有 198 人通过考核、获得《测绘职业资格证书》。

2012 年，组织 30 多名会员参加西北地区第十六届测绘学术与科技信息交流会和中国测绘学会 2012 年学术年会。向会员单位征集学术论文 18 篇，推荐 2 篇优秀论文报送中国测绘学会。

新疆维吾尔自治区

概况

2012年，新疆维吾尔自治区测绘地理信息工作顺利推进，1月3日，自治区党委书记张春贤为自治区测绘地理信息工作题词“今天的艰苦测绘，明天的蓬勃新疆”。2012年，新疆维吾尔自治区测绘地理信息局（以下简称新疆测绘地理信息局）完成测绘服务总值13558.5万元，其中，测绘生产单位完成服务总值7633.56万元。新疆财政投入基础测绘经费5812万元。完成1:1万地形图测绘4万多平方千米，覆盖面积累计约42万平方千米。完成大比例尺地形图测绘1336.5平方千米。13个城市开展数字城市地理空间框架建设。“天地图·新疆”正式接入“天地图”国家主节点，实现在线数据的互联互通。奎屯市城市绿地、城市建设变迁地理国情监测试点项目通过验收。克拉玛依市地理国情普查工作全面启动。新疆测绘地理信息局自筹资金开展城市大比例尺航空摄影150平方千米。

新疆各地州市、县（市、区）设立测绘地理信息局覆盖率达到100%，实现了上下衔接、全疆覆盖。全疆15个地、州（市）已有10个地、州（市）完成永久性测量标志用地确权登记发证工作，依法为3714座永久性测量标志办理合法用地手续。新疆财政投入400万元用于测量标志巡查保护。

新疆维吾尔自治区第一测绘院被评为国家西部1:5万地形图空白区测图工程安全生产先进集体；新疆基础地理信息中心被评为国家1:5万基础地理信息数据库更新工程先进集体，2人获先进个人一等功、4人获二等功、6人获三等功。新疆测绘地理信息局承担完成的多个项目获得奖励。其中，《新疆维吾尔自治区资源经济地图集》获2012年中国测绘学会优秀地图作品裴秀奖金奖。新疆测绘地理信息局在全国省级测绘地理信息行政主管部门贯彻落实科学发展观考评工作中获“特色工作创新奖”。

重点工作推进

【机构建设】

3月，新疆维吾尔自治区编办印发《关于地县两级测绘局更名等有关问题的通知》，要求全疆各地州市、县（市）测绘局统一在同级国土资源局挂牌，并更名为测绘地理信息局，增加相应职能。至年底，全疆各地州市、县（市、区）设立测绘地理信息局覆盖率达到100%，实现了上下衔接、全疆覆盖。阿克苏地区、克拉玛依市、塔城地区、石河子市、伊犁州5家地州市测绘地理信息主管部门在测绘地理信息工作年度考核中获2012年度考核优秀奖。阿克苏地区、塔城市分别成立地理信息中心，地州市地理信息管理工作逐步加强。

【数字城市建设】

2012年，全疆地级以上城市和部分地州政府（行署）所在城市及部分县市共13个城市纳入数字城市地理空间框架建设计划并立项。奎屯、石河子、库尔勒、乌鲁木齐市被列为国家试点城市，伊宁、博乐、克拉玛依市被列为推广城市，塔城、喀什、和田、阿克苏、阿图什、阿勒泰市为国家测绘地理信息局统一援建城市。

博乐、乌鲁木齐和克拉玛依市数字城市地理空间框架建设工程技术设计书通过自治区专家评审。至年底，塔城市数字城市地理空间框架建设工程完成150多平方千米的航空摄影工作；伊宁市数字城市地理空间框架建设工程完成航空摄影400平方千米，完成基础控制网布测和149.5平方千米1:500地形图测绘（DLG）成果、85.2平方千米1:1000地形图测绘工作；数字石河子通过验收并运行。

【“天地图·新疆”建设】

5月，“天地图·新疆”正式接入“天地图”国家主节点，实现与国家主节点的互联互通。完成“天地图·石河子”、“天地图·奎屯”市级节点建设；启动“天地图·克拉玛依”建设，克拉玛依市成为国家“天地图”的北方灾备中心；“天地图·库尔勒”

在建设中。

5月18日，新疆测绘地理信息局与中国电信新疆分公司签署“天地图·新疆”项目建设合作框架协议，开发基于“天地图·新疆”的手机版地图服务。与自治区旅游局合作，建立基于“天地图·新疆”的旅游地图网站。建立基于位置服务的LBS定位服务系统，为处置突发事件提供地理信息服务保障。利用“天地图·新疆”地图服务模式的位置服务信息传输平台，为新疆中药民族药资源普查试点工作服务。

【地理国情监测】

9月，奎屯市城市绿地、城市建设变迁地理国情监测试点项目成果通过验收，项目覆盖面积37.31平方千米。11月28日，新疆测绘地理信息局成立地理国情普查试点项目实施领导小组。克拉玛依市地理国情普查工作全面启动。

【《新疆维吾尔自治区资源经济地图集》】

5月21日,《新疆维吾尔自治区资源经济地图集》首发式在乌鲁木齐市举行。新疆维吾尔自治区党委常委、自治区政府常务副主席、地图集编委会主任黄卫出席首发式并讲话，自治区党委常委、地图集编委会副主任努尔兰·阿不都满金主持仪式。

该地图集经自治区政府批准立项，由新疆测绘地理信息局牵头编制，历时3年编制完成。收集整理了近年来新疆各行各业和社会经济发展的最新成果数据，图文并茂地展示新疆，填补了新疆大型综合专题地图集的空白。

【灾后重建测绘保障服务】

2011年11月1日，伊犁巩留县、伊宁县交界处发生6.0级地震灾害。2012年1月6日，新疆测绘地理信息局召开伊犁地震灾区重建测绘冬日会战出征誓师动员大会；1月10日，组织区内外23家测绘单位赴伊犁测区开展伊犁地震灾后重建1:1000地形图基础测绘项目；3月20日，1:1000地形图测绘项目全面完成。项目共完成GPS基础控制点480多个，1:1000地形图2913幅，覆盖伊犁州伊宁、新源、尼勒克、查布察尔、巩留、特克斯6个县，覆盖村庄234个，覆盖面积约358.5平方千米。4月19日，新疆测绘地理信息局支援伊犁地震灾后重建测绘成果移交暨总结大会在乌鲁木齐市召开，测绘成果正式移交伊犁州政府。

法制建设与市场监管

【制度建设】

2012年，新疆测绘地理信息局开展《自治区实施〈基础测绘条例〉办法》、《自治区测绘项目登记管理办法》2部政府规章的调研起草和《自治区实施〈测绘法〉办法》的修订调研工作，完善《自治区测绘地理信息行政执法依据和行政执法职权分解》，制定《自治区测绘局关于加强法治文化建设的意见》，修订《自治区实施〈测绘资质分级标准〉若干规定》，编发《自治区测绘资质管理工作手册》等。

【法制宣传教育】

4月,新疆测绘地理信息局开展自治区第九个“宪法法律宣传月”系列活动。5月，印发《关于开展“深化‘法律六进’服务跨越式发展”法制宣传教育主题活动的通知》。7月24日，下发《关于开展2012年自治区测绘法宣传日活动的通知》。8月25日~9月30日，开展庆祝测绘法修订颁布10周年系列宣传活动。

8月29日，全疆开展以“庆祝《中华人民共和国测绘法》修订颁布10周年”为主题的测绘法宣传日活动，乌鲁木齐市设宣传主场地，15个地州（市）共设立宣传咨询台80多个，悬挂横幅110多条，摆放宣传展板300多块，发放测绘地理信息法律法规宣传单5万多份，发放各种地图集（册）2000多册。全疆各地州（市）利用LED屏滚动播放、手机短信发送宣传口号，利用“巴扎日”、“工休日”深入农牧区宣传。

【信用体系建设】

新疆测绘地理信息局组织甲级测绘单位参加国家测绘地理信息局举办的测绘地理信息市场信用信息平台应用培训。9月和10月，分别在乌鲁木齐市和库尔勒市举办2期全区测绘地理信息市场信用信息平台应用培训班，全疆测绘单位负责人及各地州（市）测绘行政管理人员共320人参加。

【行政执法】

新疆测绘地理信息局用于测绘地理信息执法经费48.2万元。出台《关于加强自治区测绘地理信息行政执法工作的意见》。开展测绘地理信息行政执法案卷（件）评查工作，“新疆某传媒有限公司登载、展示‘问题地图’案”、“美国某公民非法测绘案件”和

“阿克苏地区买某损毁测量标志案件”3个案卷被评为全国测绘地理信息系统优秀行政处罚案卷。

开展地理信息市场专项整治、深化“问题地图”专项治理、涉密测绘成果保密检查等各类专项执法检查490次。加强互联网地图和地理信息服务网站的监管。8月，深入“中国·亚欧博览会”、“喀交会”开展地图宣传品检查。10月24日，印发《关于进一步加强涉外测绘监管工作的通知》，加强外国人来华测绘监管工作。

【测绘资质管理】

新疆测绘地理信局组织完成测绘资质单位年度注册工作，通过注册282家，注销13家，缓期注册37家。审核批准测绘资质申请20家、资质升级17家（升甲级2家、升乙级7家、升丙级8家）、增加业务11家。审核批准办理测绘作业证320个、测绘资质信息变更51个。至年底，全疆共有测绘资质单位335家，其中，甲级15家、乙级52家、丙级99家、丁级169家。

【地理信息市场专项整治】

新疆测绘地理信局积极组织开展互联网地图、地理信息市场、地图市场、测绘成果质量和测绘成果保密等专项检查活动。向各地州市、县市测绘行政主管部门和有关测绘单位发出通知，加强测绘质量监督管理，规范测绘地理信息市场秩序。加大测绘行政执法力度，严肃查处违法案件，开展测绘地理信息市场的各项管理工作。完善测绘地理信息行政管理体制，测绘地理信息职能延伸至县市，形成自治区、地州市、县市三级监管执法网络。

基础测绘

【测绘基准建设】

一、测绘基准体系建设

新疆测绘地理信息局开展全区CORS站踏勘、选址及测试工作。截至年底，完成阿拉山口等49个CORS站点的踏勘选址工作，完成其中16个CORS站点观测墩土建工作。

二、2000国家大地坐标系建设与推广

新疆测绘地理信息局组织完成基础测绘成果2000国家大地坐标系与1980西安坐标系的互转换工作。推广应用2000国家大地坐标系，已应用于1:1万、1:1000、1:500等大中比例尺基础测绘项目，并开始研发1980西安坐标系与2000国家大地坐标系转换软件。全年共批准6个县建立相对独立平面坐标系统。

【无人机航摄系统的配备和应用】

2012年，新疆测绘地理信息局利用2种型号6架无人机实施3次航摄飞行作业。1月，与中国测绘科学研究院合作开展“低空摄影测量技术在应急响应领域的应用研究”项目，完成奎屯市无人机航摄实验；5月，完成105团团部20平方千米的无人机航空摄影测量项目；8月，完成木垒龙王庙水库4.2平方千米1:1000航空摄影测量项目。

【基础航空摄影】

新疆测绘地理信息局组织完成伊宁、阿克苏、塔城市0.1米分辨率的数码高分辨率基础航空摄影约897平方千米，其中，塔城市约150平方千米航空摄影为新疆测绘地理信息局自筹资金开展。

【基础测绘测图】

2012年，新疆财政投入基础测绘经费5812万元。新疆测绘地理信息局与阿勒泰地区等7个地（州、市）签订1:1万基础测绘项目实施协议，安排14个测区1:1万地形图基础测绘1626幅，面积约4万多平方千米。截至年底，完成全部外业工作使新疆1:1万地形图基础测绘覆盖面积累计达到42万平方千米。

新疆测绘地理信息局组织开展1614幅1:1万地形图数据入库工作；组织完成1:500地形图基础测绘覆盖面积约790平方千米，航空摄影成果已全部验收完毕，移交新疆维吾尔自治区测绘资料档案馆；组织完成伊犁地震灾后重建1:1000地形图基础测绘，实际施测234个村庄、面积约358.5平方千米；完成伊犁州、巴州灾后重建1:1000地形图基础测绘约188平方千米；组织完成466.65平方千米的自治区村庄和非县城建制镇地籍调查底图制作工作。新疆阿尔泰山区域43幅和喀喇昆仑山A区块7幅成果通过国家测绘地理信息局验收，成果资料全部汇交。

【测绘援疆工作】

4月23日，北京视宝卫星图像有限公司向新疆测绘地理信息局捐赠援疆卫星影像数据，包括乌鲁木齐区域SPOT5系列影像（含HRS的SPOT5系列影像，70景新疆部分区域SPOT5影像），总价值约500万元。4月，陕西测绘地理信息局基础地理信息中心专家到新疆维吾尔自治区第一测绘院进行技术培训，开展智力援疆活动。5月，新疆测绘地理信息局协助安徽省测绘局前往和田皮山县开展测绘援疆工作。

【测量标志保护】

全疆15个地、州（市）已有10个地、州（市）

完成永久性测量标志用地确权登记发证工作，依法为3714座永久性测量标志办理了合法用地手续。严格测量标志拆迁管理，全年共批准拆迁永久性测量标志9座，收缴测量标志迁建费129万元。2012年，新疆财政投入400万元用于测量标志巡查保护。阿勒泰地区哈巴河县、伊犁州新源县测绘地理信息局依法查处2起破坏测量标志案件。

【安全生产】

新疆测绘地理信息局下发《测绘局集中开展安全生产领域“打非治违”专项行动实施方案》、《自治区测绘局2012年“安全生产月”活动方案》、《关于做好2012年5·12国家防灾减灾日活动宣传周有关工作的通知》、《关于加强做好当前防患火灾工作的紧急通知》等文件，加强安全生产工作。局党组与局属各单位签订年度安全生产目标管理责任书，并在重大节日前开展全局系统安全生产大检查。

【质量监督】

5月3日，新疆维吾尔自治区质量技术监督局和新疆测绘地理信息局在新疆测绘地理信息局门户网站上发布《2011年新疆维吾尔自治区测绘成果质量定期监督检验公告》，定期监督检验项目批次合格的测绘单位71家，不合格测绘单位16家。

新疆测绘地理信息局全年共完成新疆1:1万地形图基础测绘项目验收9批次，1:500基础测绘项目验收44批次，委托检验28批次，定期检验58批次，检定各类仪器936台（套）。

地图管理与地图公共服务

【地图市场监管】

1月13日，新疆测绘地理信息局印发《关于进一步加强互联网地图服务资质管理工作的通知》，加大对互联网地图服务违法违规行为监管力度。3月8日，印发《关于繁荣自治区地图市场的指导意见》。8月21日，转发国家测绘地理信息局《关于做好地图上地级三沙市表示有关工作的通知》，要求地图编制单位在地图编制等工作中进行正确表示。8月，联合新疆博览事务局将《参展企业制作附有地图宣传品必须依法送审的通知》编入中国亚欧博览会会刊和文件汇编，发放给第二届中国亚欧国际博览会的各参展组团和参展企业，有效控制“问题地图”宣传品的传播。2012年，全疆具有互联网地图服务资质单位4家，取得互联网地图服务安全审校员合格证书27人。

【国家版图意识宣传教育】

5月25日，新疆国家版图意识宣传教育和地图市场监管领导小组联席会议召开。领导小组成员单位增加新疆博览事务局和兵团国家安全局2家单位，成员单位增加至17家。

6月，新疆测绘地理信息局印发《自治区国家版图意识教育“六进”活动实施方案》，制作6000张《国家版图知识》多媒体光盘、购置300张《中国地图》、500册《国家版图知识读本》、3000册《国家版图小知识》读本、400张维文版《中华人民共和国地图》及《世界地图》，分发到全疆2000所中小学校、500个社区和部分机关、媒体、企事业单位和军营。组织全疆各地州（市）参加“中图杯——全国少儿手绘地图大赛”和“祖国在心中——全国国家版图知识竞赛”，7804人次参加版图知识竞赛，10人获奖；报送的195幅手绘地图作品，9幅获优胜奖。

11月2日，新疆国家版图意识宣传教育“六进”（“进学校、进社区、进机关、进企业、进媒体、进军营”）活动启动仪式举行，新疆测绘地理信息局向乌鲁木齐市部分中小学校赠送了《国家版图基本知识读本》和地图类图书等，向全疆中小学生发出“学习国家版图知识，争做维护国家版图小卫士”倡议书。

【地图审核】

新疆测绘地理信息局全年受理地图审核197批次，其中，技术审查单张地图197幅。受理审批涉密测绘成果1663批次。

【地图公共服务】

新疆测绘地理信息局组织修编《新疆行政区划图》；制作《兵团农牧团场分布图》、《中亚、西亚、南亚地图》；制作《西门派出所辖区卫星影像图》、《岗亭位置分布图》，编制行政区划图和影像挂图；编制《第二届中国亚欧博览会手册插图》、《乌鲁木齐市旅游图》、《自驾游玩转新疆》等图集图册；编制出版《新疆维吾尔自治区资源经济地图集》。应武警部队需求制作特定区域沙盘模型，为伊犁、和田、吐鲁番等地方政府制作沙盘模型。

测绘地理信息成果管理与应用

【基础地理信息应用系统建设】

8月22日，福建省测绘地理信息局向新疆测绘地理信息局移交援疆项目成果——新疆维吾尔自治区测绘成果网络分发服务系统。9月，新疆测绘地理信息局承担的阜康市九运街镇和滋泥泉子镇农业综合服务基础地理信息平台建设项目通过国家测绘地理信息局组织的验收。

【涉密测绘成果检查】

4月，新疆测绘成果保密检查工作领导小组成员单位全面完成新疆测绘成果保密检查拉网行动专项工作，共抽查单位251家，向存在问题的43家单位下发整改通知书。共查处违规使用和在连接互联网的计算机上存储、传输国家涉密测绘成果案件4件。5月，印发《关于加强测绘成果核心涉密人员管理工作的通知》，建立并实行测绘成果核心涉密人员岗前审查制度。9月，举办2期涉密测绘成果管理人员岗位培训班，329人参加。

新疆测绘地理信息局、塔城地区测绘地理信息局、库尔勒市测绘地理信息局被评为2012年全国涉密测绘成果保密检查先进集体，5人被评为先进个人。

【成果管理与提供】

2012年，新疆测绘地理信息局接收基础测绘1:500地形图41个测区15935幅、1:1万地形图10个测区1342幅。全年完成组卷归档559卷，其中基础测绘371卷、基础测绘地形图资料2808幅、历年航摄像片20198片。

全年对外提供成果资料1380人次；提供地形图19115幅、控制成果10962点，提供各类测绘成果数据总量为29.02TB；向7个地州国土资源局提供8个测区1:500地形图1951幅、13个测区1:1万地形图1910幅。

【成果汇交】

新疆测绘地理信息局完成全疆268家测绘单位的测绘成果汇交工作。其中，整理、编纂测绘成果目录9类2081项，凭证331条，汇交目录在新疆测绘地理信息局门户网站发布。

【应急保障服务】

新疆测绘地理信息局印发《关于加强自治区测绘地理信息应急保障工作的意见》，重新修订《自治区测绘局测绘应急保障预案》等。全年共投入资金137万元用于扩充应急保障设施。

参加伊犁灾后重建测绘工作。为筹建新疆救灾物资储备库，紧急赶制《新疆维吾尔自治区地震救援队伍分布示意图》和《新疆维吾尔自治区中央级救灾物资储备库分布示意图》，及时交付自治区应急办使用。为自治区政府量算1号冰川占地面积紧急提供数据及计算服务，为新疆公安、武警、部队完成第二届中国·亚欧博览会警卫安保、“天山二号”军事演习等任务提供资料，为乌鲁木齐市幸福路派出所建设幸福路派出所警用地理信息系统平台。自治区基础地理信息中心承担新疆地震应急联动协同灾情地理空间数据库的建设工作。

【应用服务】

新疆测绘地理信息局系统全年无偿为自治区党政机关等有关部门、对口援疆建设及维稳工作提供各种比例尺地形图11899幅，数据量202.25GB；图集、图册2778册，各类挂图1289幅；航片数据23727GB，卫片数据215GB，其他数据15.63GB。提供基础测绘地形图5710幅，控制成果4331点，各类测绘成果数据12694幅。

【共建共享】

新疆测绘地理信息局与自治区公安、旅游、工商、教育、交通等部门协调，搭建新疆GIS平台，通过数据共建共享机制实现数据更新。根据共建共享协议，与自治区交通厅、民政厅每年年底互换数据资料。7月20日，与自治区公安厅共同签署《地理信息公共服务平台与警用地理信息平台建设共建共享合作协议书》，向公安厅提供警用地理信息平台所需1:1万地形数据、影像数据；向住房与城乡建设厅提供“天山申遗”所需1:1万地形数据。新疆测绘地理信息局第二测绘院无偿为乌鲁木齐市王家梁社区、北三巷社区、友好路街道办事处、明华街社区等社区制作“数字社区信息管理系统”，全面提升社区工作信息化水平。

【军地测绘融合发展】

3月，新疆测绘地理信息局与新疆军区作战处联合出台《关于推进新疆军地测绘地理信息融合发展的意见》，成立新疆军地测绘地理信息融合发展领导小组，制定军地测绘地理信息融合发展主要举措。兰州军区与西北五省（区）政府签订《西北五省（区）军地测绘融合发展合作协议》，明确西北五省（区）军地测绘融合发展的目标和合作内容。自治区基础地理信息中心与新疆军区某信息中心合作，利用NewMapGIS软件平台共同建设军队在线服务系统。12月20日，新疆军地融合基础地理信息资料基地建成并举行揭牌仪式，进一步加强军地测绘地理信息融合和测绘成果共建共享。

科技创新与人才培养

【教育培训】

2012年，新疆测绘地理信息局举办各类培训班6期，1039人次参加。面向行业单位开展测绘专业继续教育培训，210人次参加。组织全疆444名专业技术人员参加注册测绘师考试。完成自治区测绘行业及大中专院校在校生职业技能鉴定培训，279人参加，248人通过鉴定并取得证书。

举办测绘地理信息新技术学术报告会、学术讲座、新技术培训10多次，近1000人参加。局系统1人入选新疆“国家特支计划”百千万工程领军人才推荐人选。选送3人参加国家测绘地理信息局与武汉大学联合举办的工程硕士研究生学习，推荐1人参加中国科学院在职博士研究生学习。

完成“新疆测绘地理信息产业从业人员现状调查及分析”课题研究及《自治区测绘地理信息人才、教育发展“十二五”规划》的编制工作，并申报新疆社会科学研究成果奖。

【科技创新】

2012年，新疆测绘地理信局共投入科技资金624.97万元用于科技创新管理、公开版地图研发、技术培训、科技奖励、软硬件购置。组织有关单位编写“十二五”期间国家支持新疆经济社会发展规划建设重点地区基础测绘工程项目9个项目的可行性研究报告和实施方案，可研报告已经自治区发展和改革委批准通过并已上报国家发展和改革委。新疆测绘地理信息局与澳大利亚萨玛特公司合作，开展“数字伊宁——伊宁市土地管理信息系统”软件平台开发研建工作。

【科技奖励】

新疆测绘地理信息局承担完成的多个项目获得奖励。《新疆维吾尔自治区资源经济地图集》获2012年中国测绘学会优秀地图作品裴秀奖金奖，《大美新疆中国·亚欧博览会地图册》、《昌吉回族自治州行政区划图》获铜奖。参与完成的“西部地理空间信息平台建设关键技术与应用”获2012年中国地理信息科技进步奖一等奖；“奎屯市地理信息公共服务平台建设及应用示范”、“新疆生产建设兵团地理信息系统基础建设”和“克拉玛依市地理信息数据采集及建库项目”获2012年中国地理信息产业优秀工程奖银奖。

【干部队伍建设】

新疆测绘地理信息局选派2名处级干部分别到国家测绘地理信息局、福建省测绘地理信息局挂职；2人分别赴阿拉山口管委会、和田测绘院挂职；2人参加自治区党校、区直机关工委党校学习培训；1名少数民族专业技术干部到武汉大学学习；1名高级工程师和1名少数民族工程师到和田地区测绘地理信息局挂职从事技术工作。共有22名优秀年轻干部通过竞争上岗走上科级领导岗位。1名处级援疆干部继续在新疆维吾尔自治区第二测绘院挂职。

精神文明建设

【党建工作】

新疆测绘地理信息局继续开展创先争优活动和“热爱伟大祖国建设美好家园”主题教育活动。重点对党员干部进行新疆“三史”集中教育，组织党员干部参加上级部门组织的现代文化、党风廉政建设和先进事迹报告会，组织观看民族团结教育影片和优秀组工干部先进事迹影片。1月，新疆测绘地理信息局在伊犁地震灾后重建测绘冬日会战的党组织和党员中开展创先争优活动，评选先进党支部3个，优秀共产党员16名。2月28日，召开局系统2012年党风廉政建设工作会议，局党组与局属各单位签订《新疆测绘地理信息局2012年党风廉政建设责任书》。开展自治区第十四个党风廉政教育月各项活动和庆祝建党91周年暨喜迎十八大系列活动。11月，在全局党员干部群众中开展整顿作风、整顿纪律、整顿秩序的“三整顿”教育活动；举办3期处级和机关全体干部参加的集中学习贯彻党的十八大精神学习班。

【文化建设】

1月，新疆测绘地理信局深入开展测绘地理信息文化建设活动。与新疆人民广播电台联办《测绘之声》栏目，宣传测绘地理信息法规政策及成果应用。举办机关迎新春联谊会活动；组织全局职工开展自治区第11个公民道德建设月，组织局机关干部参加区直机关工委迎“五一”职工徒步健身活动；参加自治区直属机关第九届职工大众体育运动会；举办“喜迎十八大测旗永飘扬”诗歌朗诵比赛，并选派3组选手参加区直机关工委举办的“喜迎党的十八大，散文、诗歌朗诵比赛”，1人获优秀奖；组织干部职工到米东区西北卫星站开展八一慰问和军民共建活动。继续做好定点帮扶工作，为局帮扶点岳普湖县艾西曼镇恰卡村筹集12万元修建防渗渠；成立局机关妇女工作委员会；向自治区见义勇为基金会捐款1万元；定期到共建社区乌鲁木齐市友好新村东社区进行走访、慰问。

新疆测绘地理信息局连续11年保持自治区级文

明单位称号。2012年，获全国省级测绘地理信息行政主管部门贯彻落实科学发展观考评工作“特色工作创新奖”。2月，被自治区党委、政府评为新疆第三轮部门“包村定点扶贫工作先进集体”，1人被评为先进个人。局所属基层单位1家创建、4家保持自治区级“青年文明号”；创建或继续保持5个自治区级“巾帼文明岗”称号。新疆维吾尔自治区第二测绘院团总支获“自治区直属机关五四红旗团支部”称号。做好宣传工作，局系统在各种媒体发表新闻稿700多篇，向自治区党委、政府报送政务信息100条。

地方社团工作

【学术交流】

5月17日，新疆测绘学会、行业协会、北京视宝公司在乌鲁木齐联合举办北京视宝公司全国6城市巡展及技术发布会，全疆200多名专业技术人员参加。8月，新疆测绘学会组织会员单位参加西北地区科技信息交流会，向大会提交论文16篇，其中4篇获优秀论文奖。9月26日，新疆测绘学会、行业协会、中国易智瑞科技信息有限公司在乌鲁木齐联合举办智慧城市与新疆地理信息能力建设大型研讨会，全疆200多名专业技术人员参加。11月，新疆测绘学会组织20名测绘专业技术人员参加2012年中国测绘学会综合学术年会，新疆共有8个项目分获测绘科技进步奖、优秀工程奖、优秀地图作品裴秀奖。

【科普培训】

4月16日，新疆测绘学会、行业协会在乌鲁木齐举办全区测绘技术人员继续教育培训班，全疆200多名专业技术人员参加。6月17日，新疆测绘学会与中国测绘学会工程测量分会合作，在乌鲁木齐举办GPS-RTK技术规范及2000坐标系转换学习班，90名专业技术人员参加。8月25日~26日，新疆测绘学会在自治区党校举办2012年注册测绘师资格考试考前辅导班，20名测绘专业技术人员参加。8月29日，新疆测绘学会、行业协会在乌鲁木齐举行“8·29”测绘法宣传日活动，普及和宣传测绘科普知识。

【科技活动】

新疆测绘学会与乌鲁木齐市天山区大湾片区管委会明华街社区签订帮扶共建协议，募集资金13万元，为社区购置办公设备，安装监控系统；会员单位新疆维吾尔自治区第二测绘院为该社区研建数字社区系统。新疆测绘学会与新疆科协联合举办自治区测绘行业2010年~2011年度优秀测绘工程（项目）奖评选工作，共评出一等奖2个、二等奖4个、三等奖6个。

新疆生产建设兵团

法制宣传

根据国家测绘地理信息局《关于开展2012年全国测绘法宣传日活动的通知》，新疆生产建设兵团国土资源局（以下简称兵团国土资源局）及时下发通知，制定方案，在全兵团范围内开展形式多样的测绘法宣传日活动。“8·29”测绘法宣传日活动期间，全兵团共设立宣传站14处、制作宣传展板352块、悬挂宣传横幅137条、散发宣传材料1.3万多份，接受相关咨询1300多人次，发送公益短信12万多条，取得良好的宣传效果。

基础测绘

【规划与计划】

2012年，兵团国土资源局开展兵团基础测绘工作“十二五”规划编制工作，于6月6日报兵团司令员办公会议审议通过。6月19日，新疆生产建设兵团办公厅下发《关于印发新疆生产建设兵团基础测绘工作“十二五”规划的通知》。积极与兵团发展和改革委员会配合，协调兵团勘测规划设计研究院等相关单位制定兵团2013年基础测绘计划。

【基础测绘项目】

2012 年，兵团各测绘部门共完成高程控制测量四等水准 755 千米，平面控制测量 C、D 级 GPS 控制点 189 点。完成石河子市南部开发区 1:1000 地形图测绘 75 平方千米，农十四师 224 团 1:2000 地形图航空摄影 200 平方千米。

【重大工程测绘项目】

2012 年，兵团完成的重大工程测绘项目主要包括和田地区皮山县航空摄影项目、乌恰县康苏镇夏特测区航空摄影项目、新疆奎屯河引水改建应急工程及引水改建工程 1:5000 航飞测图、兵团地理空间基础设施工程基础测绘首级 GPS 控制网项目二期。

【科技创新】

兵团勘测规划设计研究院在“新源县航空摄影”项目中首次采用航空摄影加 POS（定位导航系统）新技术。在“黄田农场建市 1:1000 测绘”项目中，从航空摄影到像控点联测、调绘、航内成图，全部自主完成，高程精度 ±0.17 米。在“奎屯河测绘”项目中用航空摄影加 lidar 的方法，搭载 POS，同时采集影像和 DEM，用 DEM 生成等高线，完成该项工作。

7 月，完成的“察布查尔县自流灌区 1:5000 现状图航测成图”项目获自治区勘察设计协会颁发的优秀工程勘察奖一等奖。

精神文明建设

【党建工作】

按照兵团党委的统一部署和兵团机关绩效考核工作的具体要求，兵团国土资源局出台机关绩效考评办法，把局党建工作、文明部局创建等工作统一纳入考核范围。制定《兵团国土资源局 2012 年党建工作计划》、《兵团国土资源局党总支 2012 年工作计划安排》并下发到各支部，加强对所属支部工作的领导。认真落实兵团关于做好基层党组织分类定级工作的实施意见，进一步规范局机关党总支和各党支部组织生活工作制度。加强对离退休干部党支部的指导和管理，定期提供学习资料，并由党总支派专人给予指导和协助过组织生活。

【学习党的十八大会议精神】

在党的十八大会议期间，兵团国土资源局组织全局干部职工收听收看党的十八大开幕实况及胡锦涛总书记报告；要求全局干部职工撰写心得体会并组织讨论交流；邀请兵团十八大代表七师政委徐志新给全局干部职工宣讲十八大精神；局党组书记、局长张新荣给全局干部上党课，解读十八大报告；组织处级干部参加兵团组织的十八大学习研讨班。

【文化建设】

兵团国土资源局文化建设活动取得明显成效。“4·22”地球日期间，开展以“珍惜地球资源，转变发展方式”为主题的纪念宣传活动，并组织局全体干部参加植树和徒步活动。7 月，举办兵团国土资源系统“沃土情怀”国土资源法律法规知识竞赛，全系统 600 多人参加。8 月，组织参观“热爱伟大祖国建设美好家园”主题教育活动展览。组织各支部开展趣味运动会。做好新闻宣传工作，至年底，全系统在《中国国土资源报》、《兵团日报》、兵团电视台等省级以上媒体发表新闻稿件 194 篇，在兵团电视台采访报道 8 次，在兵团国土资源门户网站更新信息 5360 多条。兵团国土资源局获“兵团文明部局”称号。

【扶贫帮困】

兵团国土资源局结合自身实际，认真开展扶贫帮扶工作，为三师、九师、十师、十四师补助办公经费 25 万元，同时组织兵团国土资源局业务骨干赴三师开展上门业务培训。继续开展“万名机关干部下基层”活动，春节前走访慰问六师共青团团场 12 户结对职工家庭，从政策、项目、资金上给予扶持、帮助。组织全体干部职工为局里困难职工捐款 1 万元，并通过多种途径为其争取补助。

【党风廉政建设】

兵团国土资源局深入开展党风廉政建设，进一步深化廉政风险排查和防控工作，全局共查找出廉政风险点 81 个，制定防控措施 75 条；针对信访举报特别是反映干部廉政方面存在的问题，组织力量深入调查，并对 2 名当事人进行了约谈处理；通过调研，对 2009 年制订的《兵团国土资源系统日常业务管理选取使用土地中介机构办法（试行）》进行修改完善；兵团国土资源局纪检组开展全系统基层干部违法违纪案件调研分析，并有针对性地制定了措施；加强廉政准则教育，为系统内 83 名副处以上干部建立了廉政档案；组织领导干部填写《领导干部个人有关事项报告表》，并对填写情况进行核实，对发现的个别问题，采取措施进行规范。结合廉政文化建设月和党风廉政教育月活动，组织全局干部观看警示教育片，制作廉政宣传板报，利用国土资源网每天发布廉政短信，号召全系统干部职工积极参与国土资源廉政警言佳句大赛；8 月 ~9 月，组织全系统开展基层干部廉洁从政集中教育培训，全系统 900 多人全部参加。

青岛市

概况

2012年，青岛市测绘地理信息工作以“保障服务提水平、规范行业促发展”为主题，重点推进数字青岛项目建设，完成数字城阳建设，加快“天地图·青岛”建设，实现了国家、省、市三级节点的互联互通。根据全市测绘地理信息行业发展情况，起草制定《青岛市测绘地理信息管理办法》（草案）。

截至2012年底，青岛市测绘资质单位共有86家，其中甲级4家、乙级14家、丙级25家、丁级43家，测绘从业人员2000多人，持有测绘作业证1252人，测绘服务总值4.6亿元，形成了包括大地测量、工程测量、地籍测绘、房产测绘、地理信息系统、海洋测绘、地图编制、互联网地图服务等门类齐全的测绘服务体系。

青岛市国土资源和房屋管理局（以下简称青岛市国土房管局）积极探索成果推广应用渠道，完善基础测绘成果保管体制，明确基础测绘成果保管单位，制定了成果管理审批和提供工作流程，完成青岛市“十一五”期间基础测绘成果的移交。通过完善主管部门监管、行业单位互相监督的体制，加强测绘市场监管，规范行业秩序，11月~12月，在全市具有房产测绘资质单位中开展房屋测量工作优质服务月活动，推广测绘成果质量跟踪卡制度，提高测绘成果质量。为加大测量标志管护力度，与青岛市国土资源执法监察支队、测量标志管护责任单位建立事前防范机制，将测量标志保护工作与规划建设用地报批密切结合，对测量标志进行快速有效保护。

组织完成的“青岛市1:5000地形图测绘与建库”项目获2012年中国测绘学会测绘科技进步奖三等奖。“青岛市城市三维仿真系统建设”获2012年中国地理信息产业优秀工程奖铜奖。青岛市国土房管局被山东省国土资源厅评为2011年度全省测绘地理信息行政主管部门贯彻落实科学发展观测绘地理信息工作优秀单位。

重点工作推进

【数字城市】

2012年，数字青岛地理空间框架建设项目建设完成，实现了与省级、国家级公共平台的联通。数字城阳作为数字青岛地理空间框架建设项目的第一个县（市、区）级试点项目，10月22日通过市级验收，起到了带头示范作用。12月24日，青岛市政府办公厅下发《关于推广应用数字青岛地理信息公共平台的通知》，明确青岛市国土房管局作为公共平台运行维护的主要职能部门，要求各级各部门建设基于地理信息的业务信息系统时应利用数字青岛地理信息公共平台作为统一的空间定位基础，以电子政务共享交换设施为支撑，实现共享交换，避免重复建设；要求各区、市要在2013年底前完成公共平台区、市级节点的建设，与市级公共平台实现互联互通。

【“天地图·青岛”建设】

“天地图·青岛”是数字青岛的重要组成部分，2012年建设完成，包括电子地图、新闻动态、服务资源、数据成果、共享成效、平台指南、开发园地、常见问题8个版块，其中以“电子地图”为主体，集成地图服务和空间分析功能，提供多级矢量地图、多分辨率遥感影像，实现了和省级、国家级节点的联通。青岛市国土房管局指导县级节点城阳区iChengyang网站与市级节点的衔接工作，实现了县级节点与市级节点的联通。

法制建设与市场监管

【法制建设】

《青岛市测绘地理信息管理办法》列入青岛市政府2012年立法计划，青岛市国土房管局配合青岛市法制办公室开展该办法的立法工作。起草立法背景和论证材料，多次与国家测绘地理信息局、山东省国土资源厅和其他计划单列市进行沟通，征求意见和建议，召开专家论证会2次。确定《青岛市测绘地理信息管理办法》（草案）共六章三十九条，包括总则、基础测绘和地理信息、测绘资质和市场管理、成果管理和成果使用、法律责任及附则等内容。

【测绘法宣传】

8月29日，青岛市国土房管局组织开展测绘法宣传日活动，全市共设立宣传点9个，摆设宣传展板42个，悬挂宣传横幅200多幅，发放测绘法律法规及国家版图知识宣传材料9300多份，发送测绘公益短信5000条。主会场布置16个大型展板，展示测绘地理信息工作的新成就、新贡献和新局面，以及地理国情监测和地理信息产业相关知识，现场展示了丝绸地图、3D地图等特色地图产品，展示和讲解了新的测绘仪器相关知识。

【国家版图意识宣传教育】

为推进国家版图意识宣传教育“进学校、进社区、进媒体”活动，青岛市国土房管局分别与青岛市八大峡社区、青岛市第一中学联合开展主题为“丰富版图知识，提升爱国热情”的国家版图知识进社区、进学校活动。发放标示有三沙市的最新中华人民共和国全图400多张，赠送《国家版图知识读本》400多册。组织全市测绘行政主管部门和测绘资质单位干部职工参加“祖国在心中——全国国家版图知识竞赛”活动，共1000多人次参加。

【保密检查】

按照国家测绘地理信息局和省国土资源厅的统一部署，2011年8月~2012年5月，青岛市国土房管局联合市保密局完成涉密测绘成果保密检查工作。此次检查分2个阶段进行，对2009年以来向测绘行政主管部门申请并获取涉密测绘成果的104家单位涉密测绘成果使用情况、存储和处理涉密测绘成果的设备管理情况、涉密测绘成果保密管理情况等进行检查。抽查单位39家，检查涉密光盘35张、涉密地形图4300多幅，对全市112名涉密人员进行登记备案。

【测绘资质管理】

2012年，青岛市国土房管局通过网上办理、市区联动审核、结果网上公示等方式，在全市范围开展78家乙、丙、丁级单位测绘资质年度注册工作，经山东省国土资源厅审核批准，同意注册72家，缓期注册4家、降低资质等级1家、注销资质1家。全年，新批准丙级资质单位1家，丁级资质单位4家，丙级升乙级资质单位1家，丁级升丙级资质单位2家。至年底，青岛市测绘资质单位共86家。

基础测绘

【基础测绘规划编制项目完成情况】

至2012年底，5市3区中，胶南市、胶州市、平度市、城阳区、崂山区5个区（市）的基础测绘规划已经本级政府批准发布。青岛市国土房管局建设完成数字青岛地理空间框架项目，启动全市沿海1:5000水下地形图测量项目，黄岛区、崂山区和平度市启动并完成新一轮大比例尺基础地理信息数据库更新。

【基础测绘计划】

根据《青岛市“十二五”基础测绘规划》，9月，青岛市发展和改革委员会同市国土房管局编制《青岛市2013年基础测绘计划》。该计划安排市内4区1:500、1:2000地形图测制和更新235.75平方千米，开展全市609个测量标志维护工作，完善和推广应用数字青岛地理空间框架、数字城阳地理空间框架项目。

【质量监督检查】

青岛市国土房管局在全市范围开展测绘成果质量监督检查工作，主要检查2011年完成的测绘项目成果质量、测绘技术质量体系建设、标准执行情况及仪器、设备检定等内容，共检查测绘项目80项。

测绘地理信息成果管理与应用

【成果提供】

2012年，青岛市国土房管局为土地、城乡建设、交通、林业、地震等部门提供1:500、1:2000、1:5000数字线划图995幅，各等级控制点成果30点。

【测绘项目登记和成果汇交】

青岛市国土房管局首次在全市范围内开展财政投资测绘项目登记和成果汇交专项检查工作，重点检查2009年1月1日~2011年12月31日财政投资开展的测绘项目登记和成果汇交情况，已完成首批81项成果的汇交检查工作。

【测绘地理信息服务】

2012年，为推动测绘地理信息成果共享利用，青岛市国土房管局与市财政局等部门建立基础测绘成果管理和使用联控机制，进一步完善青岛市成果目录发布服务系统，为用户在互联网上查询和申请使用基础测绘成果提供方便，向青岛市60多个政府部门发送测绘成果目录宣传册，明确了专门的基础测绘成果保管单位，促进了基础测绘成果的社会化共享应用。

【测量标志保管】

青岛市国土房管局及时更新测量标志数据库，根据新颁布的《山东省测量标志巡查工作管理办法》，对管理制度、巡查台账、巡查方式等内容重新进行修订。与青岛市国土资源执法监察支队联合执法，加大巡查力度，发现并阻止5起测量标志损毁事件。在山东省国土资源厅组织的测量标志巡查管理工作考核中被评为“山东省测量标志管理工作先进集体”。

大连市

概况

2012年，在国家测绘地理信息局、辽宁省测绘地理信息局和大连市委、市政府的正确领导下，大连市测绘地理信息工作取得长足进步，获“全国测绘成果保密检查先进集体”称号。年内，启动数字大连地理空间框架建设项目，搭建完成互联网版地理信息平台“天地图·大连”，按计划开展现有测绘成果向2000国家大地坐标系的转换，完成地理信息数据更新、地名信息普查入库、测量标志普查管护等工作。全年共受理各类文件、报件673件，全部按时办结，办结率100%；对外发文46件。严格执行国家涉密测绘成果管理规定，积极主动帮助成果使用单位办理消密技术处理，为国土、规划、房地产、城建、交通等12家单位提供19项基础测绘成果资料，为6家单位9个项目申领使用省级以上国家秘密测绘成果出具证明函。完成全市1133个测绘作业证换发和8家外阜来大连测绘资质单位测绘项目备案工作。完成2011年度测绘成果目录汇交。转报测量标志拆迁申请1件，处理测量标志事件2件。

重点工作推进

【数字城市建设】

6月9日，国家测绘地理信息局、辽宁省测绘地理信息局、大连市政府签署数字大连地理空间框架建设共建共享合作协议，标志数字大连建设全面启动。《数字大连地理空间框架建设项目设计书》通过辽宁省测绘地理信息局和国家测绘地理信息局评审。整合完善基础地理信息数据，更新基础地理信息数据库和公共平台数据库，扩充地理信息公共平台功能，搭建互联网版地理信息公共平台“天地图·大连”，开发并投入使用大连市城乡规划编制管理、大连市土地储备中心地理信息系统等应用示范系统，建立了共建共享、更新完善和运行维护的长效机制。

【2000国家大地坐标系转换工作】

大连市独立坐标系是经市政府上报，由国家测绘地理信息局批准的基于2000国家大地坐标系下的新坐标系，为保证原有坐标系成果向大连市独立坐标系统过渡，大连市规划局完成主城区1:500DLG地形图1600幅（约100平方千米）、大连市金州以南地区1:2000DLG地形图数据库1600幅（约1600平方千米）和大连市主城区道路网等测绘成果的坐标转换工作。

【第二次地名普查】

10月，大连市完成第二次地名普查工作，范围包括大连全市域，面积1.2万平方千米，普查地名信息3.6万条，地名标志2000多条，涉及地名信息11大类、40个子类。此次普查对所有涉及地名信息进行现场逐一核实，同时对全市域81幅1:5万地形图，重点城区102幅1:1万地形图的道路、桥梁和涉及地名的重要地物进行修测，对普查成果进行标准化处理，建立了大连市地名数据库，并与国家地名数据库实现无缝对接。

法制建设与市场监管

【法制建设】

大连市规划局印发《测绘资质初审办事指南》和《关于开展测绘项目备案登记工作的通知》，同时配发供网上下载使用的标准化文书及流程，方便业界使用，强化了规范管理。全面清理规范性文件，理顺测绘资质初审、测绘成果提供使用管理等14项非行政许可审批项目，并将其中被市政府法制办确认的9

个项目进行规范，制定了项目申请表、审批表、办事指南及审批流程，为依法行政提供了依据。组织测绘管理部门、相关单位及10家测绘单位座谈讨论，为《辽宁省测绘市场管理办法（草案）》的修改、完善提供基础性资料。制定印发《大连市测绘普法宣传教育方案》，明确全市测绘系统“六五”普法指导思想、主要任务、工作目标、原则、方法和步骤，为普法教育营造了良好的法制环境。

【法制宣传】

按照国家测绘地理信息局、辽宁省测绘地理信息局的统一部署，8月27日~9月3日，大连市规划局围绕“庆祝《中华人民共和国测绘法》修订颁布十周年”宣传主题，结合大连测绘地理信息工作实际，在全市范围内开展“测绘法宣传周”活动。8月29日，《大连日报》在显要位置刊登了《体验“天地图”无处不在的“位置服务”》专题新闻和10条测绘法宣传口号，大连电视台全天新闻播报中滚动播出“庆祝《中华人民共和国测绘法》修订颁布十周年”、“推进数字城市建设，提升测绘服务水平”等宣传口号。据不完全统计，宣传周活动期间，网站、报纸等媒体报道大连市测绘法宣传活动11篇，全市设置宣传点、咨询站28个，宣传拱门37个，张贴宣传画100张，悬挂宣传条幅150多幅，发放宣传单及资料6300多份，为群众提供咨询200多人次，收到良好的宣传效果。

【资质管理】

大连市规划局认真做好测绘单位资质管理，完成测绘资质首次申请1家，测绘资质升级7家，信息变更14家，测绘资质单位业务增项6家。完成94家乙、丙、丁级测绘资质单位年度注册审核工作，其中，注销测绘资质3家、缓期注册5家、核减业务范围9家。

【测绘质量和档案保密管理考核】

3月，大连市规划局印发《关于开展测绘质量管理和测绘档案保密管理考核工作的通知》，会同基层测绘地理信息管理部门，深入全市15个区（市、县），召开8次现场会议，与全市99家测绘单位现场沟通交流，具体指导自查自评工作。4月~6月，先后2次对39家测绘单位进行检查和抽查，顺利完成市级测绘管理部门负责考核的70家丙、丁级测绘单位考核任务。组织5家甲级、22家乙级单位填报测绘资质单位质量管理和档案保密管理情况调查表，并对考核总体情况进行网上通报。

【测绘地理信息市场专项检查】

7月~9月，大连市规划局组织各区（市、县）测绘行政主管部门和测绘单位对全市测绘地理信息市场进行自查和抽查。各测绘单位自查率达100%。会同基层测绘地理信息管理部门检查、抽查测绘资质单位30多家。通过检查，全市测绘地理信息市场秩序良好，未发现测绘资质单位涉外、涉军及超越测绘资质业务范围作业等违法行为，未发现无证测绘现象。

【测绘成果检验】

大连市规划局在成果质量管理上严格把关，主动申请联合辽宁省测绘地理信息局对全市乙、丙、丁级测绘资质单位116项测绘成果进行监督检验，对5家质量不合格的单位，由省测绘地理信息局予以通报并缓期测绘资质注册。

【涉密测绘成果管理】

大连市规划局在建立涉密测绘成果申领使用制度的基础上，制定《涉密测绘成果监管检查记录》，主动进行批后管理。主动回访申领使用大连市“十一五”基础测绘成果和国家秘密测绘成果的单位25家，发放测绘成果安全保密工作相关文件，并检查涉密测绘成果使用、保管、销毁等安全事项的落实情况。

基础测绘

【普湾新区以南0.2米分辨率数字正射影像图制作】

大连市规划局完成普湾新区以南地区3500平方千米的0.2米分辨率数字正射影像图制作，为大连新机场商务区、保税区汽车城等重大工程规划建设提供影像数据保障，为大连市地理信息公共平台提供了底图，初步实现政务“一张图”。

【地形图更新】

2012年，大连市规划局对重点城区发生变化的20平方千米1:500数字线划图和金州以南120平方千米的1:2000数字线划图进行更新，保证基础测绘成果的现势性。

【卫星影像处理及专题图制作】

2012年，大连市采购重点城区0.6米分辨率、市域1米分辨率的2011年卫星影像，并对卫星影像进行处理，为编制《大连市域影像地图集》、建设大连市地理空间共享服务平台提供影像数据。利用最新的高分辨率卫星影像资料，完成旅顺口区、金州新区、瓦房店市、普湾新区、高新园区、钻石海湾、大连港等影像专题图制作。

【信息系统建设与维护】

大连市规划局对大连市中心城区2011年发生变化的车行道、人行道、花坛绿地等道路清扫区域进行更新测量、面积统计，并对其信息系统进行维护；对道路、立交桥、人行天桥附属栅栏、护栏、隔音墙等附属设施清洗的数据进行测量，建立信息系统。

【测量标志保护管理】

大连市规划局落实《大连市测量标志保护管理工作实施方案》，实行属地化管理，签订市、区（县）、乡（镇）三级《测量标志保护管理责任书》，按照每两年对全市测量标志进行一次普查维护的目标任务，对瓦房店市、普兰店市、庄河市、长海县、长兴岛、花园口等地区进行测量标志普查。共普查测量标志222个，其中GPS测量标志22个、水准测量标志200个，顺利完成全市首轮测量标志普查维护工作。

地图管理与地图出版

【地图市场监管】

大连市规划局制定印发《关于开展地图市场专项治理工作的通知》，设立举报、投诉电话，明确国家版图意识宣传教育和地图市场监督管理各项具体任务；深入瓦房店、长兴岛等区（市、县），指导和部署地图市场监督管理各项任务；组织技术力量对全市40多个政府部门的互联网地图及相关用图进行检查，避免“问题地图”的使用；深入新华书店、火车站、机场、码头等重点场所开展地图制品专项检查；协助国家安全、保密部门严肃查处外国人在华非法测绘案件等。

【地图出版】

大连市规划局编制出版《大连市域影像地图集》和《大连市地图册》，供各级党委、政府部门决策参考使用。

测绘地理信息成果管理与应用

【大连市饮用水源环境保护信息管理系统】

大连市规划局与大连市环境保护局联合开发建设了大连市饮用水源环境保护信息管理系统。该系统构建了水源保护区管理基础数据库及地理信息系统，并借助大连市地理信息公共平台，将环保部门在水源保护区管理工作中的各类专题数据在平台地图上发布展示，以地图为介质提供查询浏览，对大连市饮用水水源保护区基本信息以及各级保护区内的工业源、生活源等排污信息进行综合管理。该系统的移动执法模块可完成移动终端定位，帮助水源保护区监管人员实现快速、高效的环保执法，进行监察信息成果的自动化电子登记和处理。

【大连市测绘成果档案管理及分发系统】

大连市规划局制定大连市测绘成果档案管理与分发制度，建立大连市测绘成果档案管理及分发系统，为大连市政府相关部门查询、使用测绘资料提供高效、便捷的服务。

【政务内网版地理信息公共平台】

大连市规划局与大连市突发公共事件应急管理办公室合作，为大连市政府电子政务内网搭建地理信息公共平台，提供大连市政务底图及相关地图服务，满足了突发公共事件应急管理需要。

【为大连市政府职能提供地理信息数据】

大连市规划局积极推动政府职能部门对基础测绘成果的应用和开发，为市国土资源房屋局、城建局、公安局、气象局、环保局、行政执法局等部门及市城建档案馆、房地产档案馆、住房保障中心等单位提供大量基础测绘成果和地理信息专题数据，为全市发展决策和行政管理提供帮助。

科技创新与人才培养

【获奖情况】

大连市测绘院组织实施的“大连市系列地图编制”项目和“大连普湾新区GPS控制网”项目均获2012年度辽宁省测绘科技进步奖二等奖。

【业务培训】

大连市规划局组织全市23家测绘资质单位74人参加辽宁省测绘学会举办的注册测绘师资格考试培训班。组织80家测绘资质单位124人参加辽宁省测绘地理信息局、省测绘产品质量监督检验站举办的全省测绘产品质量检验员培训班。组织部分测绘行政管理部门和测绘单位参加中国测绘学会举办的城市地下管线普查及信息化建设与测量新技术应用培训班。组织甲、乙级单位参加国家测绘地理信息局举办的测绘地理信息质量检验标准培训班等。

精神文明建设

【软环境建设年活动】

大连市规划局以“优化环境促高效，优质服务在规划”为主题，以“五查五看五改”为主要内容，积极开展软环境建设年活动。采取自查自纠、发放调查问卷、召开座谈会等多种形式，共查找出宗旨意识、工作作风、工作纪律、履行职责、廉洁自律5方面16个问题（均未涉及测绘行业）、19条建议。针对上述问题，局软环境建设领导小组迅速研究，提出解决方案，并在此基础上推进软环境长效机制建设，对局内61个规范性文件及规章制度进行全面清理。通过软环境建设年活动，大连市规划局服务质量和行政效能明显提高，群众和企业的满意度明显提升。

【创先争优活动】

大连市规划局认真开展创先争优活动。组织党员进行公开民主测评，落实党务公开，局机关在职全体党员按不同岗位、职责推行公开服务承诺。组织党支部书记对党员进行点评；结合建党纪念日活动，开展党课教育；根据工作需要，组织干部进行10多次综合素质及执法能力集中教育培训，邀请专家和领导授课；充分利用网上平台组织干部进行在线学习；选送19名干部到市委党校学习培训。

【机构建设】

2月和7月，大连市规划局先后起草《大连市规划局关于增加地理信息管理职责的请示》和《关于成立大连市测绘地理信息局的请示》，连续2次向市政府申请，并积极与市编制委员会等部门协调沟通，取得一定进展。至年底，机构建设前期工作已准备就绪。

地方社团工作

10月12日，大连市测绘学会组织专家和相关测绘单位召开《大连市基础测绘技术规程（2012版）》修订论证会，对测绘新技术、新手段的标准化等问题进行讨论。加大连续运行基准站综合服务系统的推广和应用力度，继续为大连市测绘、国土、电力、交通等单位和部门提供技术咨询、应用服务。

宁波市

概况

2012年，宁波市测绘与地理信息局围绕市委市政府提出的“六个加快”战略和建设“智慧宁波”的总体部署，扎实开展各项测绘地理信息工作。全年共投入基础测绘经费5843万元，完成1座海岛参考站建设，213座大地控制点建设与维护，600千米地面沉降监测，664座重点测量标志保护工作；完成基本比例尺地形图测绘与更新3378平方千米，三维数字地形图测制120平方千米。完成数字宁波地理空间框架建设工作，“天地图·宁波”上线试运行，测绘地理信息保障能力和服务水平进一步提高，保证了宁波市国民经济和社会发展对测绘地理信息工作的需求，在推进城市化和信息化工作中发挥了积极作用。

重点工作推进

【地理信息共享服务平台】

宁波市测绘与地理信息局通过引进和自主研发相结合，建成具有地方特色、服务于“智慧宁波”的地理信息开放式平台，成为全市通用、权威、唯一的地理空间基础设施，满足了宁波市空间信息资源承载、集聚和共享需求，并通过政务网、公众网、移动通信网3个通道，为政务应用、公益服务、产业发展提供空间信息服务支持。统筹推进区县地理空间框架建设，初步形成全市统一的空间信息服务格局，并采取将市级成果免费移植区县、统筹建设市县一体化“天地图”建设模式，避免了重复投资；建立共建共享长效机制，通过市政府层面出台文件，在政策机制上保障信息资源“大共享”；构建海陆一体化应用，助力“蓝色引擎”建设，将海洋测绘成果纳入平台，提供海陆一体化的多维空间信息资源，支撑智慧海洋等综合应用服务。

【数字城市建设】

2012年，宁波市自然资源和空间地理基础信息共享交换平台数据库建设（数字宁波地理空间框架建设）内容主要包括政务电子地图数据库和地名地址数据库，项目共完成约14万条地名地址数据的采集、制作，覆盖海曙、江东、江北区240多平方千米；完成宁波全市范围1:1万、1:5万及1:10万政务电子地图数据，及覆盖江东区、海曙区及江北区范围1:500和1:2000政务电子地图。

11月，宁波市数字地理空间框架建设项目通过国家测绘地理信息局组织的验收，宁波市被授予“数字城市地理空间框架建设示范城市”称号。根据浙江省测绘与地理信息局《关于全面加快数字城市地理空间框架建设工作的通知》要求，宁波市测绘与地理信息局围绕“智慧城市”建设和创新社会管理体制需要，构建统一的地理信息共享服务平台与标准体系，积极推进县（市、区）地理空间框架建设试点工作。至2012年底，已完成鄞州区、奉化市建设方案评审，签订了省、市、县三方共建协议；宁海县地理空间框架建设试点工作获浙江省测绘与地理信息局批复；镇海区地理空间框架建设已立项。

【地理国情监测】

为全面开展地理国情监测工作，宁波市测绘与地理信息局启动地理国情监测课题研究项目，组织技术骨干，深入开展对政府相关部门的需求调研，共走访发放调查表10多份。根据调查反馈，重点对监测内容、方法和机制等方面开展分析研究，并形成研究报告。

法制建设与市场监管

【行政审批】

全年宁波市测绘与地理信息局共受理、初审测绘资质申请15件；受理、审核地图样图审查34件；核发测绘项目竣工验收合格证148件；核发测绘项目备案240件；核发建设工程验线合格证70件；办理测量标志拆迁3件；核发测绘成果使用许可证1257件。

【测绘资质年度注册】

2012年，宁波市测绘与地理信息局组织测绘资质年度注册工作，对18家丙、丁级测绘单位的注册材料进行核实，其中，同意注册15家，缓期注册3家。

【市场监管】

宁波市测绘与地理信息局开展测绘市场和测绘成果质量监督检查工作，主要检查2011年1月~2012年9月测绘市场活动情况，2011年1月~2011年12月测绘成果质量情况、测绘标准及规范执行情况、测绘质量管理体系运行情况以及仪器检定情况等，共发出整改告知单7份，限期2个月进行整改。并对检查中发现的使用虚假材料申请测绘资质及测绘成果、资料档案管理不合格的2家单位给予警告行政处罚。

【地图市场专项治理】

宁波市测绘与地理信息局会同市文化广电新闻出版局对市场流通领域（包括公共场所）进行现场检查，收缴盗版地图2种27份；联合工商部门开展互联网和地理信息服务网站检查，共检查网站1560多个，发放整改意见通知书20多份；对生产企业和地图编制单位进行检查，总体情况较好。

【测绘法规宣传】

宁波市开展系列测绘法规宣传活动。8月25日~9月5日，市、县（市、区）测绘地理信息行政管理部门和测绘单位在各自办公地点及主要街道悬挂测绘法宣传标语，在繁华地段设立宣传点，摆设宣传展板，提供咨询服务，共发放宣传资料3万多份。宁波电视台连续一周滚动播放“热烈庆祝《中华人民共和国测绘法》修订颁布十周年”、“推进地理信息共享促进智慧城市建设”、“树立国家版图意识、维护国家主权权益”主题宣传口号。宁波市测绘与地理信息局通过移动短信平台，向广大市民发送公益短信3万多条，在全市3000多个宣传画廊展出测绘科普知识，参加以“智慧宁波”为主题的科普知识竞赛，向全市科技工作者宣传测绘工作。

基础测绘

【总体情况】

2012年，宁波市基础测绘计划投入经费6064多万元，市本级基础测绘计划投入2923.6万元（其中海洋测绘673.6万元），主要项目包括宁波市区地面沉降水准网监测（第十二期），海曙、江东、江北1:500、1:2000地形图及城市三维、2.5维数字地图动态更新，宁波市自然资源和空间地理基础信息共享交换平台数据库建设（数字宁波地理空间框架建设），市中心区域城市精细三维地理模型建设等 9 个方面。

【地面沉降监测（十二期）】

2012 年，宁波市区地面沉降监测面积约 600 平方千米，施测一等水准路线 346.16 千米，联测 296 个水准点；施测二等水准路线 417.84 千米，联测 340 个水准点。监测分析表明原沉降漏斗仍存在，但变化趋势较稳定，短期沉降明显区域为近年来的施工密集区域。沉降分析资料已作为重要的政府决策依据发放给交通、建设、国土等相关部门。

【基础地理信息数据更新】

年度基础地理信息数据更新是基础地理信息共享服务平台建设基础，年内完成的主要工作包括 140 平方千米 1:500、1:2000 地形图数据的动态更新，70 平方千米三维地图和侧视地图数据动态更新，3500 平方千米 1:1 万 DEM、DOM、DLG 数据的年度更新，并完成数据入库。

【海洋测绘】

宁波市测绘与地理信息局通过公开招投标，委托实施年度 1:1 万水下地形测量工作。全年共完成 44 座 C 级 GPS 点的观测，300 多千米的三等水准测量，并利用精密三角高程完成 3 处跨海水准测量，完成一座海岛参考站点的建设，完成 500 多平方千米的 1:1 万水下地形测量、398 平方千米的 1:2.5 万水下地形测量。至年底，数据已通过浙江省测绘质量监督检验站验收。

地图管理与地图出版

【国家版图意识宣传教育】

为深化国家版图意识宣传教育活动，宁波市开展了国家版图意识宣传教育“进学校、进社区、进媒体”活动。宁波市测绘与地理信息局与市教育局联合发文，推进“进学校”各项活动的开展，举行国家版图意识宣传教育“进学校”活动启动仪式，增强广大师生国家版图意识、维护国家版图尊严；全市各地纷纷创新宣教模式，在完成向百区万户展示一期国家版图知识橱窗专栏和赠送宣传品的基础上，结合社区工作职能和需求，及时提供工作用图，组织开展“进社区”活动；积极与宣传和文化广播部门协作，在宁波“天一讲堂”举办题为“南海九段线与国家版图意识”的“进媒体”活动知识讲座，共 200 多名媒体和测绘从业人员参加，同时将讲座内容上传到“宁波市党员干部学习网”上供广大党员干部学习，起到了良好的宣传效果。

【《宁波市地图集》】

7 月，由宁波市政府组织编撰的《宁波市地图集》通过专家验收，并于 11 月进行正式出版发行，首印 2000 多套，社会反响良好。

【地图出版】

宁波市测绘与地理信息局组织有关单位编制出版交通旅游图、生活地图、公交购物观光导游图、房产交易指南图和商贸旅游图等各种图件 20 多种。通过公益性地图网站“印象宁波”为市民和游客生活提供便利。

测绘地理信息成果管理与应用

【成果目录汇交】

为做好测绘成果目录汇交工作，宁波市测绘与地理信息局要求各地把成果目录及时汇交纳入项目日常管理工作中，对辖区内完成的基本地形图和控制测量测绘成果目录按统一格式进行全面整理，共完成 500 多平方千米 1:500、1:2000 地形测绘（修测）目录汇交。

【成果保密检查与销毁】

宁波市测绘与地理信息局在全市范围内进一步开展测绘成果保密检查与销毁工作，依法清理查处违规使用、复制涉密测绘成果和涉密计算机违规连接互联网等行为。针对 2011 年检查中发现的问题单位，市保密检查组多次深入指导落实整改措施。2012 年，共销毁 1000 多幅中小比例尺地形图。

【NBCORS 保障服务】

1 月 1 日，宁波市连续运行卫星定位服务系统（NBCORS）正式投入使用。该系统申请使用单位共 51 家，注册仪器 176 台，年内共提供 50 多万个免费的实时在线三维坐标转换。宁波市测绘与地理信息局组织完成该系统的日常维护、系统功能提升等工作，并积极推广网络 RTK 平面和高程一体化测量新技术应用，提高了现代化测绘基准成果的技术服务水平。

【地理信息共享服务平台应用】

宁波市测绘与地理信息局围绕热点，保障服务，秉承“边建设、边应用、边完善”的理念，强化部门协作，创新推动地理信息共享服务平台应用。接入平台的专题应用系统 21 个，涵盖 16 个部门，另有 10 多个部门积极进行对接工作。及时将应用部门可公开的信息通过平台进行集成共享，初步形成共建共享的应用环境，已集成卫生、城管、质检、工商等10多个部门的空间专题资源。

【轨道交通测绘保障服务】

受项目单位委托，宁波市测绘设计研究院完成宁波市轨道交通3号线地形修测及管线详查工作，继续为轨道交通1号线、2号线工程提供后续服务工作和应急精确探测服务，保障了轨道交通建设的顺利进行。

【电力管线普查测绘保障服务】

宁波市测绘与地理信息局与市电业局深入合作，对其所辖属的镇海、鄞州、北仑三片区内110kV及以上高压电力管线进行普查，为电力管线及附属设施安全运行提供保障。引进陀螺仪系统，对市重特大工程中遇到的高压电力管线进行精确探测，保障了电力管线的安全运行及市重点工程施工建设的顺利进行。

【打通“断头路”测绘保障】

打通“断头路”是宁波市的一项重要民生工程，宁波市测绘设计研究院为打通“断头路”提供道路前期放线、管线跟踪测绘、后期道路竣工测量等服务，为市区范围内多条“断头路”的顺利贯通提供了测绘保障服务。

【警用地理信息系统项目】

为提升江东区公安分局各业务部门的快速响应能力和协同处理能力，根据公安部、公安厅金盾工程规划的总体要求，宁波市测绘设计研究院完成江东区重点监控区域室内三维建模、江东区警用地理信息库建设以及三维警用地理信息系统建设，利用三维立体化辅助分析和决策手段，从宏观上提高警务工作的科学化、规范化水平。

【数字三江三维仿真平台研发】

宁波市测绘设计研究院完成宁波市数字三江三维仿真平台研发工作，完成102千米的三江干流堤防建模、45座水闸和泵站建模以及22座桥梁建模。

科技工作

【智慧位置应用研究】

宁波市测绘与地理信息局组织实施了2012年度全市智慧应用服务类重点推进工程之一的智慧位置应用服务的建设研究。智慧位置应用服务以公众需求为导向，在地理信息共享服务平台建设成果的基础上，全面集成与百姓衣食住行相关的休闲娱乐、金融、交通、通信等信息，提供丰富的基于位置的便民应用服务。年内该项目顺利推进。

【车载三维激光与全景影像智能测量系统】

宁波市测绘与地理信息局开展与高校间的产学研合作，开发完成车载三维激光与全景影像智能测量系统，突破了国外厂商对车载激光扫描集成的技术垄断和价格垄断，实现了车载系统的国产化。

【无人机应用研究】

宁波市测绘与地理信息局以“测绘应急保障服务”为着力点，使用2架“EAGLE-1”型固定翼无人机和相关的低空摄影测量软件，开展航摄应用服务研究。完成“宁海县岔路镇规划用图修测”项目，包括岔路镇5.8平方千米、5厘米分辨率影像的航飞摄影工作，应用内业航测与外业调绘修测了岔路镇123个幅面的1:500地形图；完成“杭州湾新区无人机航摄技术服务”项目，对杭州湾新区480平方千米区域进行3次航飞摄影工作，分辨率为15厘米，并完成相关正射影像产品制作；开展“象山县中心城区、墙头镇及西周镇1:2000正射影像制作”项目，共完成170平方千米5厘米分辨率影像的航飞摄影工作，378幅1:2000正射影像图的制作。

【科技创新与项目评优】

宁波市测绘与地理信息局积极推荐测绘项目参加国家、省和市优秀测绘成果评选活动，共有1个项目获2012年中国测绘学会测绘科技进步奖二等奖，3个项目获优秀测绘工程奖银奖、4个项目获铜奖，1个项目获优秀地图作品裴秀奖银奖，12个项目分别获省优秀测绘工程奖一、二、三等奖，16个项目获市优秀测绘工程奖。

精神文明建设

【理论学习】

宁波市测绘与地理信息局召开局党委中心组理论学习（扩大）会4次，举办近两年新上岗的中层领导干部培训班1次，开展“价值观”大讨论活动，全面提升规划（测绘）系统领导干部的思想政治水平和综合服务能力。

【创先争优活动】

宁波市测绘与地理信息局深入开展“规划（测绘）进社区、进农村、进企业、进工地”活动，走访137家企业、51个农村（社区）、21个工地（重点项目）和15家农户涉及8个县（市）区。现场解决企业困难46个，协调解决企业困难52个，并提出了39条建议性意见。

【“三思三创”实践活动】

宁波市测绘与地理信息局以“思进思变思发展、创业创新创一流”为主题开展实践活动，着力解决发展难题和群众反映强烈的突出问题，推进各项工作顺利实施。

地方社团工作

5月，宁波市测绘学会在宁海举办第一届“测绘杯”定向越野比赛，来自全市12个学组的120多名测绘职工代表参加比赛。11月，在宁波举办第二届测绘技能竞赛，来自全市14家测绘单位80多名测绘工作人员参加比赛，评出优胜者9人。组织3次国内考察交流活动；参与4次大型学术交流活动，并向会议投稿20多篇；举办3次新技术讲座，共有270多人次参加。

宁波市测绘学会组织完成2012年度市优秀测绘工程奖评选工作，评出优秀测绘工程奖16项，其中，一等奖3项、二等奖6项、三等奖7项。

全年出版《宁波测绘》2期，刊登论文30多篇。出版年度综合学术论文集，刊登论文80多篇。

深圳市

概况

2012年，深圳市规划和国土资源委员会（以下简称深圳市规划国土委）认真贯彻落实国家和省有关测绘地理信息工作精神，推进深圳市测绘地理信息工作再上新台阶。

2012年，新建基础测绘项目19个；开展全市36家测绘资质单位测绘质量监督检查，47家测绘资质单位及7家涉密测绘地理信息成果领取单位测绘地理信息成果保密检查工作；完成178.6平方千米1:1000地形图和2065.9千米地下管线动态修补测；获取全市0.2米和0.5米分辨率航空正射影像数据各1套及全市0.5米分辨率卫星影像数据2期；继续推进数字深圳空间基础信息平台建设。完成房产测绘业务656件，建筑面积约3688.39万平方米。深圳市规划国土委加挂市海洋局牌子，新增海洋规划、海洋资源管理及海洋环境保护职能。截至年末，共完成海籍测绘业务119宗，测点3046个，绘制宗海位置图和宗海界址图400宗，宗海面积11518.3613公顷。调查全市建筑物及构筑物变化信息并更新到数据库。积极推进测绘地理信息市场信用体系建设工程，全面启动国家测绘地理信息局基础测绘科技项目建设工作。

2012年，共为全市各部门和企业提供地形图77881幅、地下管线数据36116千米、影像数据1058幅、专题图11幅。

深圳市规划国土委组织编制的《深圳·香港地图集》获2012年中国测绘学会优秀地图作品裴秀奖金奖；“深圳市城市规划‘一张图’管理平台建设与应用”获2012年中国地理信息产业优秀工程奖金奖；全市测绘地理信息行业获其他奖项共24项。

重点工作

【数字城市建设】

深圳市规划国土委全面开展平台技术升级项目建设工作，已完成运维支撑系统、二维地理信息系统和数据管理系统等主要子系统的开发工作。按要求完成“深圳市空间平台‘十二五’发展战略和规划”的编制工作，内容包括《空间平台“十二五”规划》、《空间平台发展趋势研究》、《空间平台相关技术研究》、《空间平台运行机制研究》等。完成数字深圳基础地理空间基础数据库全市域电子地图、公共设施及基础网络等公共服务数据的更新入库和发布使用，为社会经济建设提供基础地理信息数据支撑和服务；完成龙岗23万栋建筑的三维模型建模，实现三维建筑模型的全市覆盖。积极拓展跨部门应用，新增市发改委“全口径人口信息”集成，与市社工委“社会建设织网工程”建设达成应用规划。

【“天地图·深圳”建设】

深圳市规划国土委将“天地图·深圳”建设列为年度重点工程，组织成立专业团队，开展前期调研、协调等专项工作，编制“天地图”接入、测试、审图、加密处理等技术流程和规范，完成《“天地图·深圳”建设方案》设计。组织建设了“天地图·深圳”网站及其典型应用示范，构建了“天地图·深圳”节点的软硬件及基础设施。制定与“天地图”国家主节点对接方案。

【街道影像地图编制】

深圳市规划国土委组织开展对街道影像地图编制基本资料的图形编辑、检查、修改、编绘等数据加工工作，并对少数疑问地物进行外业调绘，以每个街道办辖区为制图单位，编制完成深圳市街道影像地图，满足街道办日常管理工作需求。

法制建设与市场监管

【行政执法】

3月，深圳市规划国土委组织开展全市19家互联网地图服务资质单位的地理信息安全自查工作，选取其中9家进行现场执法检查。实现互联网地图和地理信息市场常态化检查，及时发现违法违规行为，对存在问题的网站进行督促整改和查处，促进互联网地图服务的健康发展。6月，开展地图市场专项检查工作。对地图专柜的各类地图产品进行抽查，检查地图编制单位、出版单位和地图审图号等信息是否规范，重点检查是否存在错绘国界线、漏绘钓鱼岛和赤尾屿等重要岛屿的违规情况，切实维护地图市场的良好秩序。

【测绘法宣传】

8月29日，为庆祝《中华人民共和国测绘法》修订颁布10周年，深圳市规划国土委组织开展测绘法宣传日活动。通过设立宣传点、媒体报道等方式进行宣传，并邀请测绘专家和技术人员在现场为市民解答有关房产测绘、导航、空间地理信息平台及测绘法等热点问题，引导市民关心和支持测绘地理信息工作。

【资质管理】

2012年，深圳市规划国土委完成3家单位测绘资质申请的初审报批和2家丁级测绘资质单位的审核工作。完成21家乙级测绘资质单位年度注册的初审上报工作和10家丙级测绘资质单位的年度注册审批工作。截至年底，深圳市共有测绘资质单位51家，其中，甲级15家、乙级25家、丙级8家、丁级3家。

【质量监督检查】

深圳市规划国土委组织编写《2012年度深圳市测绘质量监督检查项目计划书》、《2012深圳市测绘质量监督检查实施方案》等测绘质量监督检查工作文档。组织深圳市测绘产品质量监督检验中心对在深圳市注册的乙、丙、丁级测绘资质单位开展测绘质量监督检查以及测绘成果保密检查。共完成36家测绘单位的检查工作，并向存在问题单位发出整改通知书。

【保密检查】

3月，深圳市规划国土委联合市国家保密局等相关部门，成立测绘成果保密检查组，制定《深圳市深化开展测绘成果保密检查工作方案》，指导全市47家测绘资质单位和7家涉密测绘成果领用单位开展保密自查，并对其中21家单位进行现场检查。经检查，大多数测绘地理信息企事业单位严格遵守国家有关保密制度，对个别不符合规定的单位，已限期责令整改。

【测绘地理信息市场信用体系建设】

5月，深圳市规划国土委组织编制《深圳市测绘行业信用评价管理办法》，并结合实际制订《深圳市测绘地理信息诚信评价标准（试行）》。5月～8月，开展测绘行业信用试测评工作，通过信用采集、反馈、评定等环节，对测评单位进行综合评定。全市39家参评单位中，A级以上的单位13家（其中AAA级1家、AA级4家、A级8家）、B级单位21家、C级单位5家。7月，测绘信用管理系统平台上线试运行。

基础测绘

【年度计划】

深圳市规划国土委编制了2012年测绘地籍工程计划，新建“2013-2014年度全市地形图、地下管线修补测”、“基于多数据源的基础数据快速更新技术研究和应用试点”、“面向网络和传统制图的自适应电子地图库建设”、“《深圳·香港交通旅游图》编制、印刷及出版”等基础测绘项目19个。

【测绘基准体系建设】

深圳市规划国土委做好深圳连续卫星服务系统（SZCORS）维护工作，确保系统的正常运行和提供服务。系统用户数量稳步增长，固定用户数量已达

180多个。积极推广应用SZCORS，实现在城市规划、国土测绘、地籍管理、城乡建设、环境监测、防灾减灾、车辆导航、交通监控等方面的持续优质服务。利用现代测绘新技术和空间定位技术，进一步完善测绘基准建设，形成高精度、三维、动态、陆海统一的现代测绘基础框架体系。

【地形图测绘及地下管线修补测】

深圳市规划国土委积极落实地形图和地下管线动态修补测工作。组织完成2011年~2013年深圳市1:1000地形图及地下管线动态修补测《监理实施方案》编写、技术设计书的审查等前期工作。地形图动态修补测计划实施150平方千米，实际完成178.6平方千米；地下管线动态修补测计划1958千米，实际完成2065.9千米。

【基础航空摄影和卫星影像获取】

深圳市规划国土委组织完成基础航空摄影和卫星影像数据订购等政府采购招投标工作，获取全市（除禁飞区域外）0.2米和0.5米分辨率航空正射影像数据各1套及2期全市0.5米分辨率卫星影像数据。通过数据加工处理，利用卫星影像补充禁飞区航空影像数据，实现航空影像数据全市域建库。

测绘地理信息成果管理与应用

【测绘档案管理】

2012年，深圳市规划国土房产信息中心全年接收测绘地理信息成果文本档案149册、图纸49幅、航片4206片、光盘数据17张。全年提供地形图查询服务共75次、167幅，其中，对内101幅、对外66幅。

【成果资料提供应用】

2012年，深圳市规划国土房产信息中心共为全市部门和企业提供有关测绘数据162次，其中，提供1:1000、1:2000地形图77881幅，重复利用率1090%；1:5000的地形图790幅，重复利用率189%；1:1万地形图137幅，重复利用率108%；地下管线数据36116千米，重复利用率145%；1:1万影像数据1058幅，重复利用率833%；专题图11幅。

【测绘地理信息应急保障服务】

2012年，数字深圳空间基础信息平台服务覆盖深圳市区各委办局和机关事业单位共46家，为市级快速测绘应急响应，应急指挥联动提供技术保障和服务支撑。为提高深圳市测绘地理信息应急保障能力，起草《深圳市测绘地理信息应急保障预案》初稿，为深圳市地理信息安全提供制度保障。

【测绘援疆工作】

为切实做好测绘援疆工作，8月23日，深圳市规划国土委组织13人赴喀什实地考察测绘工作，与市援疆办前方指挥部进行对口考察、座谈，了解当地大比例尺地形图等基础测绘现状与需求、测绘地理信息数据库建设等内容，并考察、慰问援疆干部。

科技创新与人才培养

【科技创新】

深圳市规划国土委组织编制的《深圳·香港地图集》获2012年中国测绘学会优秀地图作品裴秀奖金奖，“深圳市CORS系统的工程应用及C级网的联测”项目获2012年中国测绘学会优秀测绘工程奖银奖、“星河盛世花园”房产测绘项目获铜奖；“深圳市城市规划‘一张图’管理平台建设与应用”获2012年中国地理信息产业优秀工程奖金奖，“深圳市房产测绘软件”项目获银奖；“土地执法监控技术研究与数字监察平台建设”项目获中国地理信息科技进步奖一等奖；“深圳市等级控制点的调查”项目获2012年度广东省优秀测绘地理信息工程奖二等奖。

【教育培训】

4月18日，深圳市规划国土委邀请中国工程院院士宁津生、中国科学院院士陈俊勇分别作“漫谈测绘地理信息学科发展”和“地理国情监测”学术讲座，共150多人参加。邀请中国工程院院士刘经南等就测绘学科新技术、新发展做报告。

精神文明建设

【党建工作和党风廉政建设】

深圳市规划国土委组织深入学习党的十八大精神，全面落实建设廉洁城市工作，开展“两整治一改革”、“三打两建”及工程建设领域专项治理等专项行动，印发《国土资源系统警示教育案例》，加强社会领域防腐体系建设、社会诚信体系建设和廉洁文化建设，全面提升反腐倡廉建设的科学化水平。

【文化建设】

深圳市规划国土委结合实际，制定《深圳市测绘地理信息文化建设活动方案》。6月7日，在门户网站开展房屋面积测绘在线访谈交流活动，得到网友的广泛关注和互动。按测绘地理信息系统网站建设标准规范对深圳市规划国土委门户网站测绘频道进行改版，突出“测绘政务、测绘办事、互动交流、测绘宣传、专项服务”5大功能定位，促进测绘地理信息工作开展及成果应用。

地方社团工作

4月20日，深圳市测绘学会召开四届一次理事会，审议通过会员入会申请、新增副理事长及副秘书长等事项，修订《深圳市测绘学会章程（草案）》。召开学会四届一次会员代表大会，通报新增副理事长及副秘书长名单，讨论并全票通过《深圳市测绘学会章程（草案）》的修订。7月21日，召开四届三次常务理事会暨企业座谈会，部署进一步开展测绘地理信息文化建设系列活动方案。8月5日~9日，举办注册测绘师考前培训班，各测绘企事业单位共106人参加培训。12月14日，召开四届四次常务理事会暨企业座谈会，传达国家测绘地理信息局关于认真学习宣传贯彻党的十八大精神的通知，通报2012年市测绘地理信息企事业单位科研获奖情况。

厦门市

概况

2012年，厦门市测绘地理信息保障坚实有力，“数字厦门地理空间框架”项目获国家立项，成立了以分管市长为组长的领导小组，地理信息政务服务系统（政务版公共平台）进入试运行阶段。厦门市空间地理基础信息数据库在福建省政府电子政务绩效考核中获高度评价。厦门市国土资源与房产管理局（以下简称厦门市国土房管局）科技测绘管理处更名为“科技测绘与信息化处”，加挂“厦门市测绘地理信息办公室”牌子，在原测绘管理职能基础上增加全局信息化和办公自动化建设及规划职能。首次编制《厦门市各行政区分区地图》、《厦门市无障碍设施分布图》等民生用图；为政府职能部门及社会单位提供基础地理信息数据8802幅，制作用地红线图、蓝线图、示意图、勘测图等各种专题图件4095幅。完成54.3平方千米的1:500（1:1000）大比例尺全野外全要素地形图测绘、2012年度道路网数据采集、测量控制网更新、年度数字地形图修补测等项目；完成地理市情监测应用于土地利用现状变更调查试验课题；落实测绘设施使用管护制度；开展国家版图知识“进学校、进社区、进媒体”活动和地图执法工作，开展多种形式的测绘法宣传活动。厦门市空间地理基础信息数据库（二维）及其管理系统获2012年中国地理信息产业优秀工程奖金奖；厦门市国土房管局获福建省测绘地理信息工作考核优秀三连冠。

重点工作推进

【数字城市建设】

厦门市政府2012年工作报告明确了“推进数字厦门建设，构建统一的地理信息公共平台”的任务。10月，厦门市政府向福建省测绘地理信息局提交《厦门市人民政府申请将厦门市列为国家数字城市地理空间框架建设推广应用城市的函》及《数字厦门地理空间框架建设项目建议书》，明确全面推进数字厦门地理空间框架建设。11月27日，国家测绘地理信息局批复确认厦门数字城市建设项目立项。12月6日，厦门市政府办公厅发文成立以林国耀常务副市长为组长的数字厦门地理空间框架建设领导小组，领导小组办公室设在厦门市国土房管局，负责该项目的具体组织实施与管理。

12月，数字基础地理信息数据库和政务版公共框架2个数据库主体建设基本完成，基础地理信息政务服务系统（政务版公共平台）进入试运行。初步拟定了《数字厦门地理空间框架建设与使用管理办法》等规定。

【地理市情监测应用于土地利用现状变更调查试验课题】

厦门市国土房管局制定了《基于厦门市连续运行卫星定位服务综合系统（XMCORS）的土地利用实时变更调查试点工作方案》及工作计划表。购置3部手持GPS设备，在使用培训、实地操作、日常动态巡查和汇总分析的基础上，组织进行典型变更地块野外现场检测，形成书面总结报告。

法制建设与市场监管

【市场监管】

厦门市国土房管局参加第十六届“9·8”中国厦门投洽会联合执法，派出12人次现场巡查、督促整改不规范用图展位18个，现场分发40份《国家版图小知识》宣传地图，发出整改通知书5份。会同福建省测绘地理信息局、厦门海关查处3起出口的“问题地图”，依法查处某地板生产商在厦门车站广告牌和报纸广告登载“问题地图”案件。

【测绘法宣传活动】

厦门市测绘地理信息行政主管部门以多种形式开展测绘法宣传活动，突出展示《中华人民共和国测绘法》修订颁布10年来厦门市测绘地理信息事业和公共服务保障取得的成果。编辑刊发《厦门日报》和《厦门晚报》各1个专版共9篇文章和7幅涉及测绘公共服务等方面专题照片；租用户外大型广告牌展示宣传标语，悬挂宣传横幅，张贴主题宣传画，播放电视公益广告，发送宣传短信、制作政务网站宣传专题。编印“十一五”期间厦门市国土房管局测绘系统在中文核心期刊发表和获市级奖励的《测绘论文集》、编发《厦门市测绘“十二五”发展规划》单行本、印制《厦门市测绘管理办法》单行本、制作播放测绘公益电视宣传广告等，丰富了测绘法律法规宣传的内容和方式。

【资质管理】

厦门市国土房管局完成辖区22家丙、丁级资质单位年度注册工作。全年新增1家乙级单位，变更10家单位测绘资质信息资料。至2012年底，厦门市共有测绘资质单位38家，其中甲级9家、乙级7家、丙级12家、丁级10家。

【测量标志管护】

厦门市国土房管局继续与各分局签订委托保管的测量标志保管协议，分发测量标志管护工作证，发放保管费用，落实管护制度。完成3家单位使用厦门市连续运行卫星定位服务综合系统的申请审批，落实了配套的经费与设备，进一步加强XMCORS设施的日常维护保障和动态巡视保护。现场勘察12个委托保管的测量标志点，会同市公安部门有关人员现场勘察公安通信基站，协商规划、林业等部门配合其调整优化建站站址，保证测量标志的安全，利于公安部门通信设施的建设。

基础测绘

【大比例尺测图项目】

厦门市1:500（1:1000）大比例尺数字测图项目继续向岛外新城区和新农村建设倾斜，全力保障厦门经济特区扩展到全市域的发展需求，施测区域为厦门岛以及集美区、同安区、翔安区，合计作业面积54.3平方千米。厦门市基础测绘项目形成行政主管部门规划计划、市测绘与基础地理信息中心质量管理、测绘生产单位实施、专职测绘过程监理、专业质检单位检验的模式，保证了工程按期完成。项目最终成果均通过福建省测绘产品质量监督检验站质量检查，全部被评定为“优质”产品。

【2012年厦门市卫星遥感影像】

2012年，厦门市国土房管局分别订购获取了上半年SPOT卫星影像数据一景3600平方千米，下半年覆盖厦门全市及周边2800平方千米0.5米分辨率卫星遥感影像数据。

地图管理与地图出版

【国家版图意识宣传教育】

厦门市国土房管局协调厦门市教育局开展国家版图意识“进学校、进社区、进媒体”和全国国家版图知识竞赛、少儿手绘地图大赛活动，全市2万多名中学生参加国家版图知识竞赛和少儿手绘地图大赛。8月29日，向湖里国土所街道办领导、16个社区土地协管员宣讲国家版图知识、播放测绘保障厦门国际马拉松赛的录像片。9月27日，举办国家版图知识专题讲座，厦门市66所中学256名中学地理老师参加，向老师赠送360多册《国家版图小知识》等宣传材料。10月，厦门市国土房管局致函厦门日报集团、厦门广播电视集团及海峡导报社等新闻媒体，阐明正确表示国家版图的重要性，强调依法依规使用中国版图。

【公益用图】

厦门市国土房管局首次编制完成厦门岛（思明区和湖里区）、海沧区、集美区、同安区、翔安区5张分区地图。加印2012年版《厦门市国土工作用图》，保障厦门“两会”需要。与工商部门合作编印导游导购地图和书刊，利用工商、消委会工作网点免费分发 20 多万份，方便本地和外地消费者出行、旅游与购物。

【首张厦门岛无障碍设施分布地图】

10 月，《厦门岛无障碍设施分布图》编印完成，并免费分发 1 万份。该图是厦门岛首张无障碍设施分布地图，标注了盲道、设无障碍设施的公厕、有无障碍设施的人行天桥、红绿灯分布、设有无障碍设施的汽车站、码头、火车站等要素，并加注厦门市二、三级以上医院康复科、针灸科电话、残障人士专用器械的购买指引等实用信息，为本地及来厦门旅游的残障人士提供地图服务。

测绘地理信息成果管理与应用

【国家秘密成果管理】

9 月，厦门市国家保密局和市国土房管局在征求有关单位意见基础上，联合向市各委、办、局等部门和单位下发《关于印发厦门市国家秘密基础测绘成果（含数据）使用保密管理暂行规定》，进一步加强和规范厦门市测绘地理信息成果的规范管理与使用。

【《数据库备份管理暂行办法》】

3 月，厦门市国土房管局制订《数据库备份管理暂行办法》。该办法根据国家对于数据备份的相关标准及规定，参考相关单位的经验与做法，包括数据备份的范围、备份目标、职责分工、数据备份策略和介质管理、数据恢复预案与演练等内容。

【成果汇交制度建设】

厦门市测绘与基础地理信息中心推行建设项目面积预概算成果汇交制度，加强施工图测算、预售概算与竣工测量、房产测量的有效衔接，减少了房产成果审核矛盾。

【共建共享】

4 月 16 日，厦门市国土房管局与厦门市规划局签订建设用地数据共享备忘录，实现双方建设用地数据共建共享长效机制。数据交换周期初定为 3 个月。

【服务厦门市重点工程】

2012 年，厦门市测绘与基础地理信息中心共完成建设用地拨地定桩等工程测量 1722 件，竣工规划条件核实测量 355 件，涉及建筑物 1093 栋、建筑面积 1000.16 万平方米。年内，为观音山营运中心、特运松柏运营中心、集美新城、嘉庚艺术中心等近百个省、厦门市重点项目以及两岸金融中心区域内的工程提供测绘服务保障。配合厦门市规划、建设主管部门完成厦门市建设工程批后管理所需的《厦门市建设工程放样验线检查表》、《厦门市建设工程 ±0.00 验线报备表》格式的标准化规范和美化工作以及建设工程项目竣工 3D 模型报件技术指导与管理。

【测绘地理信息服务保障】

厦门市测绘与基础地理信息中心向政府职能部门及社会单位提供基础地理信息数据 8802 幅、制作用地红线图等各种专题图件 4095 幅。为土地管理提供各项技术支持与服务，累计制作各种比例尺影像图 635 幅、土地利用规划及调整图 161 幅、13 宗基本农田保护图，提供用于用地预审的土地勘测定界报告书 599 份，坐标转换 477 件，配合违法用地图斑检查制作卫星影像图 198 件，入库 1167 幢竣工三维建筑模型。

【房产测绘成果信息化】

厦门市测绘与基础地理信息中心对房产测绘成果进行信息化扫描整理。截至年底，已完成 1.4 万个项目、3 万幢房屋、79 万个权属单元、90 多万本产权证数据的清理工作。

【地籍调查办理】

2012 年，厦门市测绘与基础地理信息中心完成地籍权属调查 1078 宗，提供宗地图、地籍图 6.53 多万份，为土地房屋确权办证奠定基础。

精神文明建设

【“感动·厦门国土房产”活动】

厦门市国土房管局以“联创齐争”、群众评议、基层组织年建设等活动为载体，将“感动·厦门国土房产”活动与深入开展创先争优活动紧密结合，形成具有国土房产特色的创先争优长效机制。

【效能建设年活动】

厦门市国土房管局扎实开展“机关效能建设年”和“下基层、解民忧、办实事、促发展”活动，进一步简化审批程序，优化审批环节，压缩审批时限，全局 19 项审批报备事项有 3 项实现即来即办，16 项压缩至法定时的 40% 以内，实现市委市政府提出的目标要求。抓住综合服务大厅进驻市政务中心的契机，强化窗口管理、业务培训、流程优化和问题研究。

厦门市测绘与基础地理信息中心深入开展“深化效能建设年”活动，针对厦门市政务服务中心的进驻，制定了相关规章与制度，明确政务服务中心业务办理流程与环节、人员调配与职责分工，理顺管理关系，确保日常业务工作有效衔接与顺利开展。根据厦门市行政审批办的要求，将原32项业务归并整合为4大类17项，补充完善流程图、示范文本、申请表等材料，方便群众和企业办事。压缩涉及行政审批事项的地籍权属调查、房产测绘成果审核办理时限，基本实现了“审批时限压缩在40%以内”的目标。采取对房产测绘成果先行预审、指导业委会办理相关手续的主动服务模式，解决了一批产权办证的历史遗留问题。

国家现代测绘基准体系基础设施建设一期工程

国家现代测绘基准体系基础设施项目是在现代空间观测技术广泛应用的背景下提出的。项目所形成的高精度、地心、动态、实用、统一的国家测绘基准体系，将促进社会信息化、产业化进程，是一项应用领域广泛，符合国家发展战略，十分重要的基础性工作；直接或间接地为地学、空间科学、海洋学、气象学、环境科学、资源开发等领域提供精准的地理空间信息参照基准。2012 年 6 月，国家测绘地理信息局启动“十二五”国家重大测绘专项 —— 国家现代测绘基准体系基础设施建设一期工程。项目建设目标是：在现有测绘基准基础设施的基础上，利用现代测绘新技术和空间定位技术，通过新建、改建和利用的方式建立地基稳定、分布合理、利于长期保存的基础设施，形成高精度、三维、动态、陆海统一以及几何基准与物理基准一体的现代测绘基准体系。

该项工程由国家基础地理信息中心作为牵头单位，全国 31 个省、区、市测绘地理信息单位的 3000 余名技术人员将历时四年完成以下内容：一是国家卫星定位连续运行基准站网建设。新建 150 个、改造 60 个卫星定位连续运行基准站，直接利用 150 站，形成 360 站组成的国家卫星定位连续运行基准网。二是国家卫星大地控制网建设。新建 2500 个卫星大地控制点，直接利用 2000 点，形成 4500 点组成的国家卫星大地控制网，与国家卫星定位连续运行基准网共同组成新一代国家大地基准框架。三是国家高程控制网建设。新建、改建 27400 个高程控制点，新埋设 110 个水准基岩点，布设 12.2 万千米的国家一等水准网，形成国家现代高程基准框架。四是重力基准点建设。布设 50 个国家重力基准点，完善国家重力基准基础设施。 五是国家测绘基准管理服务系统建设。建设国家测绘基准数据中心，形成国家现代测绘基准管理服务系统。

现代测绘基准体系建设完成后，将实现全国覆盖，在中国陆地国土上任何一点，都能得到及时的测绘基准保障；拔高程的高效结化的空间地理位量技术的应用将动态更新，更加的变化，我国测进水平，将对我发展、全球大地架一体化建设做

将实现坐标系统与海合，实现综合、一体置服务；现代大地测实现现代测绘基准的科学、精准辨别基准绘基准将达到国际先国测绘地理信息事业测量以及地理空间框出巨大贡献。

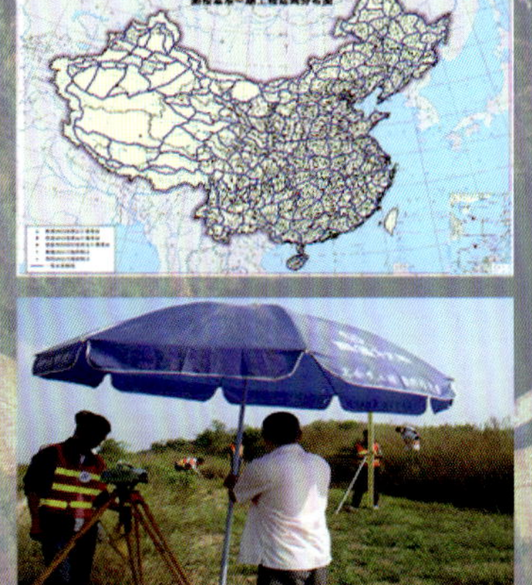

中国测绘科学研究院

2012年，中国测绘科学研究院获省部级以上奖项21项，出版专著6部，制定国家标准3项、行业标准8项，取得专利18项、软件著作权登记26项，发表论文184篇。其中，以李成名研究员为第一完成人的“国防交通地理信息系统关键技术及应用”获国家科学技术进步奖一等奖；以刘先林院士为第一完成人的“大面阵数字航空影像获取关键技术及装备”获国家科学技术进步奖二等奖；以林宗坚研究员为第一完成人的“轻小型组合宽角航空相机研制及低空UAV航测应用”获国家技术发明奖二等奖；中国测绘科学研究院浙江分院参与完成的“高精度三维工程环境构建理论、方法及公路勘察设计成套技术”获国家科学技术进步奖二等奖。

承担的“国防交通地理信息系统关键技术及应用”项目完成国家交通基础设施和军队专用交通设施信息从技术基础、数据获取、信息整合、机密增强型专用网络通道建设到应用服务的整个系统工程。项目成果为汶川和玉树抢险救灾实时在线提供灾区军事交通保障要图，为准确掌控灾区态势、实施指挥决策提供了技术支撑。

“大面阵数字航空影像获取关键技术及装备”项目打破了国外设备对国内市场的垄断，促进了国内航空摄影从胶片向数码的彻底转变，可基于轻小型飞行平台的特点，使其在国内得到大规模的推广应用，极大推动了我国航空摄影的发展。

“轻小型组合宽角航空相机研制及低空UAV航测应用”项目发明了自检校自稳定组合宽角成像技术，研制的组合宽角航空相机装备在固定翼无人机和无人飞艇2类低空航测系统，可广泛应用于大比例尺测绘和地理国情监测等。

国家科学技术进步奖

证　书

为表彰国家科学技术进步奖获得者，特颁发此证书。

项目名称：大面阵数字航空影像获取关键技术及装备

奖励等级：二等

获 奖 者：中国测绘科学研究院

2012年12月19日

证书号：2012-J-252-2-15-002

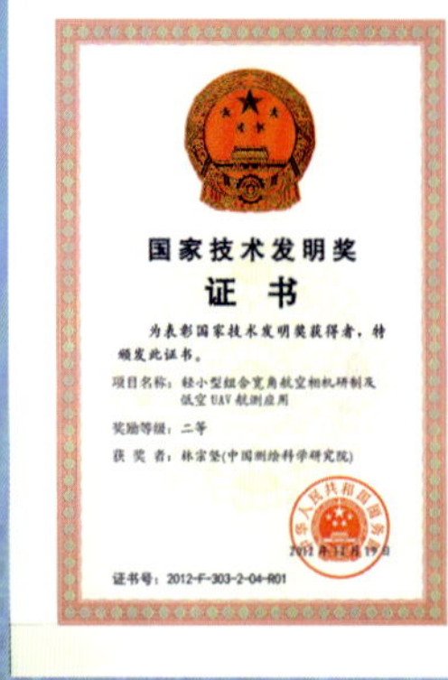

国家技术发明奖

证　书

为表彰国家技术发明奖获得者，特颁发此证书。

项目名称：轻小型组合宽角航空相机研制及低空UAV航测应用

奖励等级：二等

获 奖 者：林宗坚(中国测绘科学研究院)

2012年12月19日

证书号：2012-F-303-2-04-R01

国家科学技术进步奖

证　书

为表彰国家科学技术进步奖获得者，特颁发此证书。

项目名称：高精度三维工程环境构建理论、方法及公路勘察设计成套技术

奖励等级：二等

获 奖 者：中国测绘科学研究院浙江分院

2012年12月19日

证书号：2012-J-223-2-01-D05

国家科学技术进步奖

证　书

为表彰国家科学技术进步奖获得者，特颁发此证书。

项目名称：国防交通地理信息系统关键技术及应用

奖励等级：一等

获 奖 者：中国测绘科学研究院

2012年12月19日

证书号：2012-J-24400-1-02-D02

中国测绘科学研究院

“高精度三维工程环境构建理论、方法及公路勘察设计成套技术”项目首次将多源激光雷达（LiDAR）、GPS 水准、海量数据管理、三维可视化、三维建模等现代高新技术进行集成，实现了高精度真三维工程环境构建理论和高精度三维工程环境支持下的公路勘察设计成套技术，构建了公路勘察设计及建设领域理论、技术和管理的创新平台。

2012 年，中国测绘科学研究院继续推动科技创新成果在服务经济社会发展中的应用，不断推进 SAR 测图系统、NewMap 软件、国家地理信息应急监测系统、SSW 车载激光建模测量系统等产品的应用，其中 SAR 测图系统中标 2012 年国家基础航空航天遥感影像获取项目（二期）若尔盖项目，进行雷达数据获取，用于 1:1 万地形图测绘。

2012 年，中国测绘科学研究院完成中英地理空间信息联合研究中心的英国中心揭牌；成功申请我国首个国家级测绘地理信息领域国际科技合作基地——测绘地理信息国际联合研究中心；经国家测绘地理信息局批准，组建地理国情监测研究中心；推进国家测绘工程技术研究中心的建设；与四川测绘地理信息局联合成立雷达测图与监测技术联合实验室、新技术中试推广基地。通过协同创新平台建设，形成了集公益研究、中介服务、高新技术企业、工程中心、中试基地、国际联合研究中心为一体，产学研用的协同创新体系，为推进测绘地理信息事业发展奠定基础。

地理信息科技进步奖

项目名称：西部地理空间信息平台建设关键技术与应用

奖励等级：壹等奖

获奖者：张继贤　名次：序(2)

证书号：2012-01-01　2012年8月30日

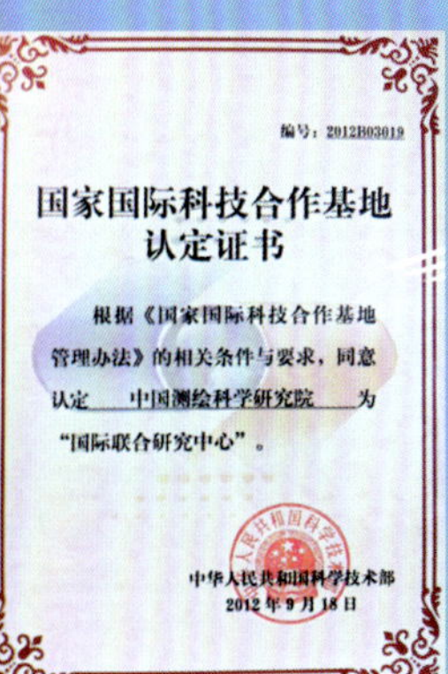

编号：2012B03019

国家国际科技合作基地认定证书

根据《国家国际科技合作基地管理办法》的相关条件与要求，同意认定　中国测绘科学研究院　为“国际联合研究中心”。

中华人民共和国科学技术部

2012 年 9 月 18 日

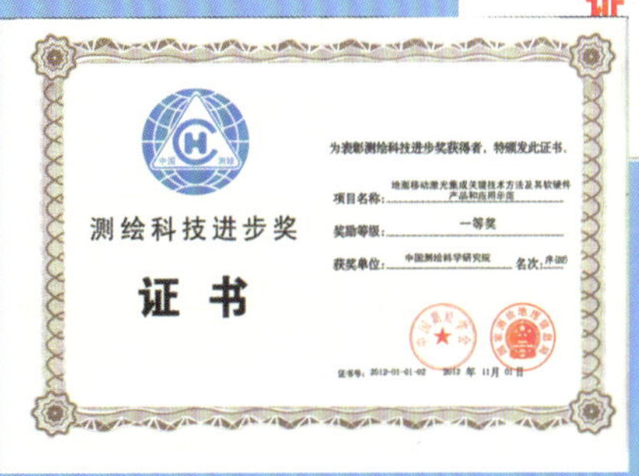

北京市勘察设计和测绘地理信息管理办公室

国家测绘地理信息局副局长宋超智、北京市规划委员会主任黄艳共同为北京市勘察设计和测绘地理信息管理办公室揭牌

2012年，北京市勘察设计和测绘地理信息管理办公室以科学发展观为指导，全面贯彻落实北京市委、市政府和国家测绘地理信息局工作要求，围绕北京市规划委员会中心工作，大力推进测绘管理机构建设、数字城市、天地图、地理国情监测等重点工作。

测绘地理信息行政管理机构建设取得重大突破。12月19日，经北京市机构编制委员会办公室批准，北京市勘察设计与测绘管理办公室更名为北京市勘察设计和测绘地理信息管理办公室，增加指导北京市测绘地理信息产业发展；负责地理信息公共服务平台建设、管理和维护；承担组织提供测绘地理信息公共服务和应急保障的责任；负责权限范围内的地理国情监测和负责审核并依据授权公布重要地理信息数据等职能。

完成数字通州建设并通过验收，开展数字中关村、数字房山建设，丰台区等区县积极申请立项。“天地图·北京”正式接入“天地图”国家主节点，并开展“红色地图”、“北京人文地理”、“地图产品”、“服务资源”等典型应用。

截至年底，北京市完成平原区水准复测3400千米及中心城区1500点GPS RTK加密控制网更新工作，四环范围8450幅1:500地形图2次更新、六环范围5564幅1:2000地形图更新、全市域457幅1:1万地形图更新。按照北京市基本比例尺地形图更新周期对基础测绘成果进行更新，开拓新城基础测绘任务，完成通州区、顺义区、平谷区等区县215平方千米大比例尺地形图测绘。

北京历史文化地理信息网站

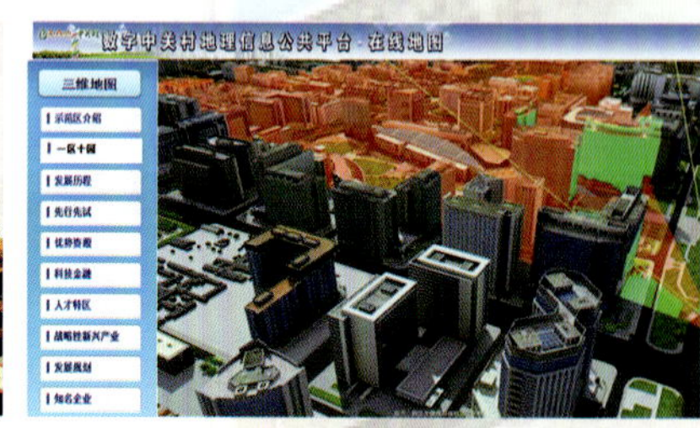

数字中关村地理信息公共平台

山区降雨汇水分析

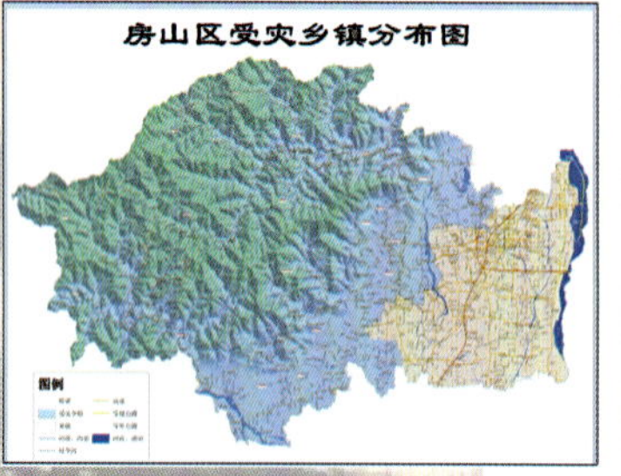

北京“7·21”暴雨房山区受灾乡镇分布图

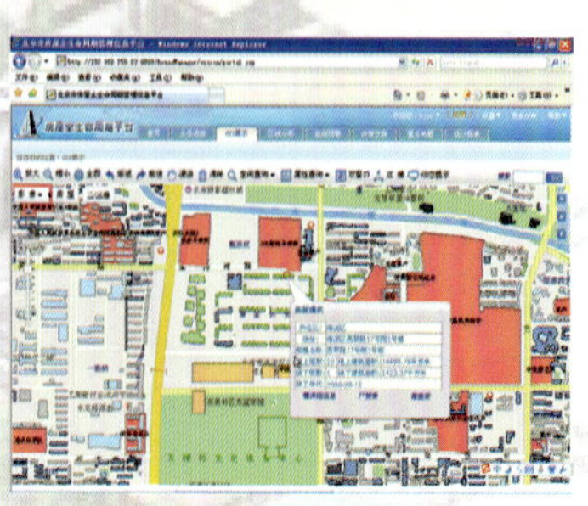

北京市房屋生命周期管理信息平台

易图通公司

中国领先的导航电子地图提供商

真三维导航地图
Real 3D Navi Map
体 验 式 导 航 的 奢 侈 巅 峰

3D 高仿真

真三维导航地图可将道路及其两侧的真实场景三维数字化，同时标注引导箭头、进行直观流畅的路随车转的动态方向诱导，真正实现了“人、车、路、景”的自然结合。

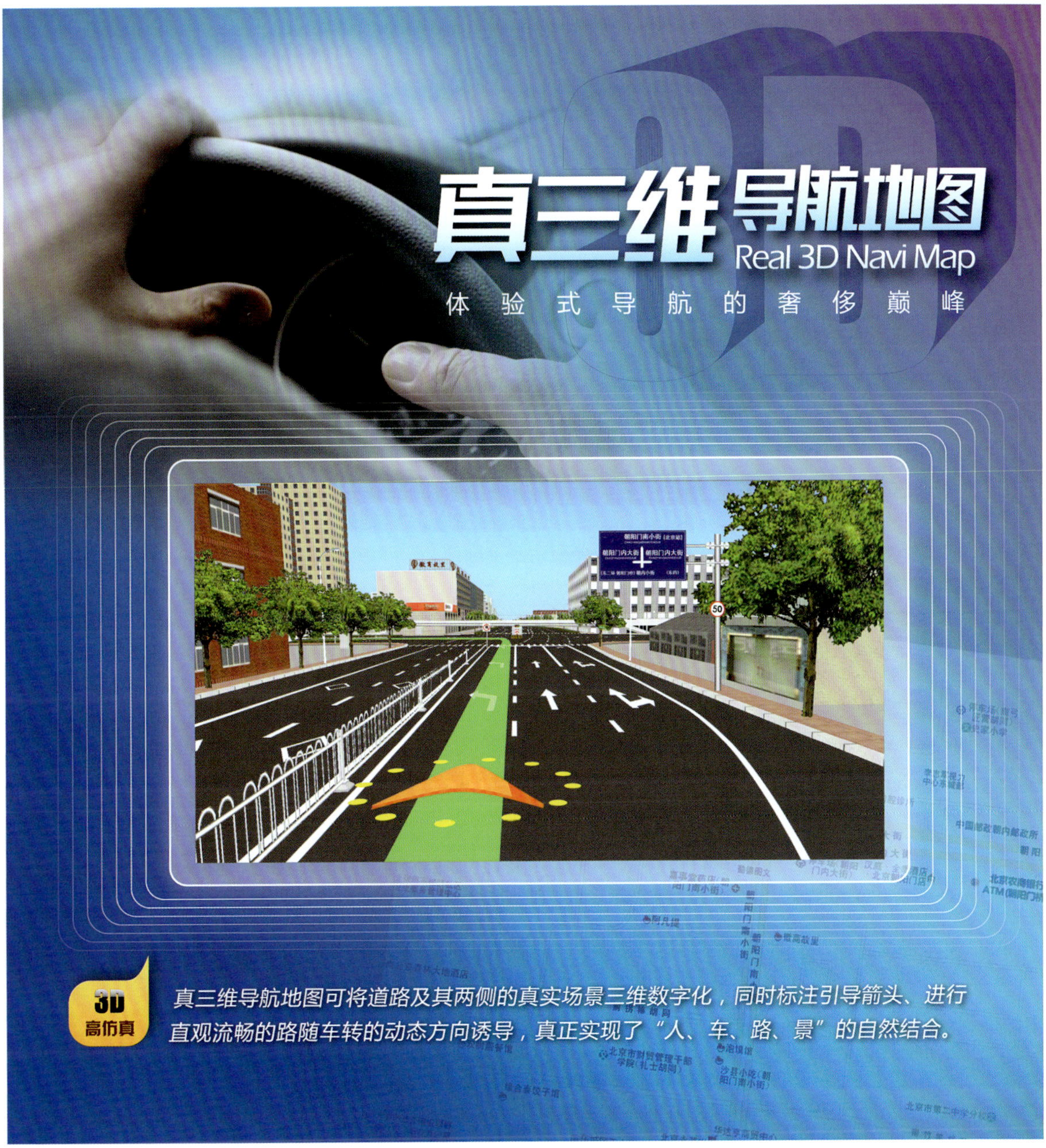

车载导航

便携式导航

互联网地图

客服热线：**400-610-0098**　电话：010-63715891　传真：010-63713831
E-mail: cust_service@emapgo.com.cn　**www.emapgo.com.cn**

- 易图通公司是中国领先的导航电子地图提供商，是阿里巴巴集团巨资支持的导航地图企业，是国内第三家通过国际汽车工业质量管理体系认证的导航地图公司。
- 易图通在国内首创动态三维导航地图，在精确门址和旅游专题数据等领域也居于行业领先地位。
- 易图通致力于为东风裕隆、比亚迪、本田、上汽、一汽、丰田等汽车制造商及其车载导航设备提供商，中国移动、中国联通等电信运营商，以及图吧、阿里巴巴等众多客户提供专业地图数据和服务。

天津港湾水运工程有限公司

深水导管架安装定位测量

天津港湾水运工程有限公司（简称CTHME）成立于1998年，主要从事海洋测绘和工程测量，拥有甲级测绘资质。通过ISO9001:2000、ISO14001:2004及OHSAS18001:2007等体系认证。配置了VeriPos GPS高精度导航定位系统、Trimble系列导航定位系统、GPS姿态仪、Sagitta–01 DGPS流动站、LBL水下定位系统、USBL水下定位系统、多波束、旁侧声纳、浅地层剖面仪、磁力仪等先进仪器设备。

CTHME完成渤海－东海－南海－北部湾等海域诸多油气田安装项目的调查和导航定位工作，包括渤海的绥中36–1、秦皇岛32–6、曹妃甸1–1等油气田，东海的春晓、平湖、八角亭、丽水等油气田，南海的陆丰17–2、番禺34–1、惠州12–1等油气田，北部湾的涠洲油田群等。完成东方1–1、惠州25–1、蓬莱19–3等油气田应急抢修任务的调查及定位工作。完成雪佛龙（泰国）MFP项目导航定位、韩国DongHae海上导管架安装导航定位、印尼SES油田项目海管铺设及导管架安装调查和导航定位、印尼KODECO油田项目海管铺设及导管架安装调查和导航定位等国际项目。项目中解决了多项关键技术问题，创造了良好的社会效益和经济效益，如在蓬莱19–3油田漏油抢修项目中，积极调配资源，为海底管线漏油点维修的船舶提供导航定位，为进行维修作业的ROV（水下机器人）提供USBL水下精确定位，协助甲方快速地完成堵漏任务，减少海洋环境污染。

CTHME承担的“海上导管架安装无人定位系统的研发及产业化应用”、“CTHME深海安装工程高精度定位系统研发及产业化应用”、“基于多元信息融合的多波束精密测深系统研究及产业化应用”等项目分别被立项为2009、2011、2012年天津市滨海新区塘沽科技创新及产业化项目，获得天津市滨海新区财政资助。

2010年~2012年，CTHME共为14座导管架、341.3千米海底管线铺设、293.8千米海底管线挖沟、6.6千米电缆铺设等项目提供导航定位服务；为311.5千米海底管线铺设、4.9千米电缆铺设、106.5千米管线挖沟、15座导管架周边区域提供海底地貌调查、浅地层剖面测量、磁力探测、水深测量等预/后调查测量，工作成绩受到业主和甲方的一致好评。

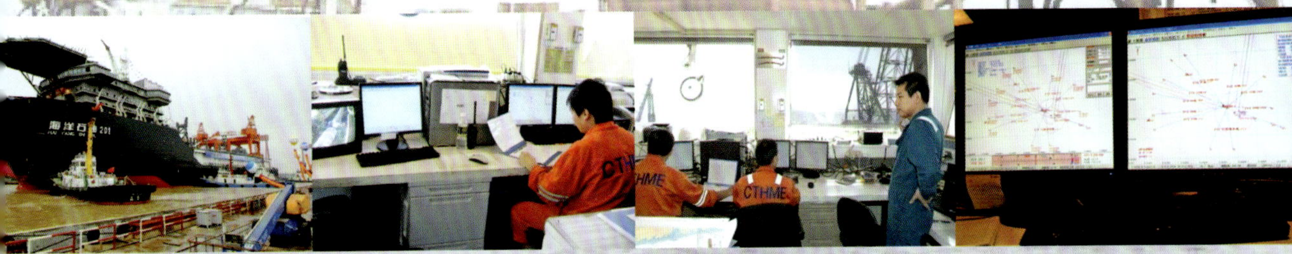

海底管线铺设导航定位

河北省地矿局第一地质大队

（河北地矿建设工程集团邯郸公司）

河北省地矿局第一地质大队（河北地矿建设工程集团邯郸公司）成立于20世纪50年代，是一支长期从事地质勘察、水文勘察、工程勘察、环境勘察、钻探和测绘等业务的专业队伍，下设地勘院、水文公司、测绘公司、基础公司、地环公司、物探公司等分支机构。拥有地质勘察、水文勘察、工程勘察、环境勘察、钻探及测绘甲级资质，并通过了ISO9001:2000国际质量管理体系认证。

该公司测绘专业拥有各类技术人员55人，高级工程师8人，工程师23人，助理工程师24人，内设5个部门。通过了“三标一体”管理体系认证，为河北省测绘学会、河北省测绘行业协会、河北省城市规划协会和中国测绘学会团体会员单位。

该公司拥有GPS接收机3套9台、全站仪10台、水准仪6台、手持测距仪3台、陀螺仪1台、A0幅面绘图仪2台、计算机6台；配有南方测绘CASS软件、工程测量数据处理系统等软件设施，可满足地质、水文、公路、桥梁、矿山、电力等行业的需求。

近年来，该公司承担并完成“邯郸市峰峰矿区矿业权核查”、“2011年重大地质灾害勘查”、“四川省绵阳市平武县南坝镇沙湾2#滑坡应急勘查项目”近100个项目，多次获得省、市级奖励。

该公司以人为本、靠质量求生存、用效益求发展，奉行“质量第一、信誉第一、对国家负责、对用户负责”的服务原则，愿与业内外各界真诚合作，共谋发展。

河北天地资源勘测规划设计工程有限公司

河北天地资源勘测规划设计工程有限公司前身为华北矿山建设有限公司设计院测量队，成立于1966年，2003年改制为河北天地资源勘测规划设计工程有限公司，拥有甲级测绘资质、乙级地质勘查资质，通过ISO9001:2000质量认证，能独立承担工程测量、地籍测绘、行政区域测绘、房产测绘、摄影测量与遥感；固体矿产勘查；变形观测、形变测量、竣工测量；土地调查、土地规划修编、土地管理信息数据库建设、地理信息系统建设；工程设计等业务。

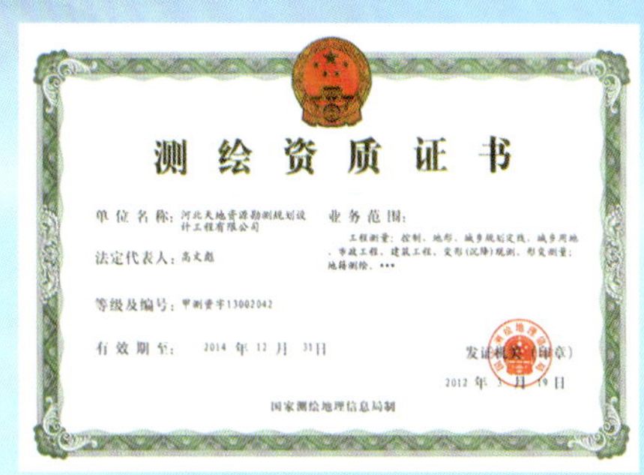

测绘资质证书

单位名称：河北天地资源勘测规划设计工程有限公司

业务范围：

工程测量：控制、地形、城乡规划定线、城乡用地、市政工程、建筑工程、变形（沉降）观测、形变测量；地籍测绘、…

法定代表人：高文彪

等级及编号：甲测资字13002042

有效期至：2014年12月31日

发证机关（印章）

2012年3月19日

国家测绘地理信息局制

证书

证书号 2011-1-07

受奖单位：河北天地资源勘测规划设计工程有限公司

项目名称：永年县第二次土地调查城镇地籍调查测绘及数据库建设

受奖等级：河北省优秀测绘地理信息工程一等奖

为表彰在测绘生产中取得优异成绩的单位，特发此证，以资鼓励。

二〇一一年十二月二十二日

该公司拥有固定资产600万元，流动资金200多万元，下设总工室、技术开发部、测绘队、行政部等多个科室。公司坚持走人才发展道路，共有专业技术人员95人，其中高级工程师16人、中级工程师58人。配置了激发极化仪，微机磁力仪，瞬变电磁系统，中海达静态、动态GPS，全站仪，防爆相机等设备，专业技术人员计算机普及率100%，办公室、综合资料室建有局域网，实现各终端机的数据交换和资源共享。

公司以市场为导向，以科技为基础，以人才为依托，拥有一支思想上进、技术过硬、作风严谨的工程测量队伍，在激烈的市场竞争中逐步成熟、壮大。先后承揽了北京八达岭索道测量，浙江省宁波市奉化土地利用更新调查及数据库建设示范工程，中国华能集团界址放样测量等一大批代表公司实力的项目。

“没有最好，只有更好”是公司与时俱进的动力源泉。我们竭诚为社会各界提供满意的服务，并愿与国内外各界精诚合作，携手共创未来！

广平县三权评标现场

卫星遥感数据处理

沉降观测

山西省综合地理信息中心

山西省综合地理信息中心作为山西省测绘地理信息主要科研机构，承担山西省基础地理信息数据库的建设、维护和管理，山西省地理信息公共服务平台的建设、应用与开发，行业地理信息系统的研发，地理国情监测，向社会提供地理信息数据相关服务等工作。

中心领导班子成员

该中心管理维护和提供服务的测绘地理信息成果包括山西境域 1:25 万、1:5 万、1:1 万地理信息数据，2.5 米分辨率卫星影像数据，市、县建城区 0.5 米分辨率遥感影像数据。

山西省地理信息公共服务平台新闻发布会现场

宽敞明亮的机房

截至 2012 年底，该中心承担完成“山西省基础地理信息数据库建设”、“山西省地理信息公共服务平台”、“山西省突发事件地理信息应急服务系统”等省部级重大基础测绘项目 8 项，“山西省国土资源厅基础地理信息数据库”、“山西省森林资源信息管理系统”等科研项目 27 项；向社会 553 家单位提供近 1.4 万幅地形图，320 家单位提供 8.1 万幅（数据量 1.5TB）地理信息数据；为社会不同部门编制多个种类的专题地图近 1 万幅。科研成果获省部级科技进步奖一等奖 1 项，二等奖 3 项，三等奖 8 项。科技人员发表学术论文 50 多篇。

该中心从 2004 年以来一直保持“山西省直文明和谐单位”称号，连年被评为山西省测绘地理信息局“文明单位”，获“测绘应急保障先进集体”、“山西省测绘行业先进集体”等称号。多人获山西省“五一劳动奖章”、“全国测绘系统测绘奖章”、山西省“科技奉献奖”等称号。

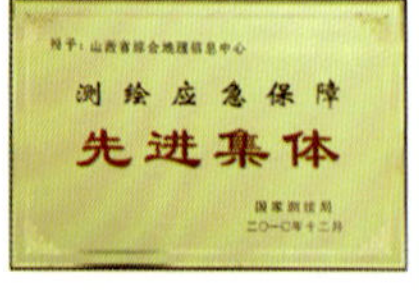

沈阳市勘察测绘研究院

沈阳市勘察测绘研究院成立于1952年，1991年更为现名，隶属于沈阳市规划和国土资源局，是为城市规划和国土资源管理提供勘测服务的事业单位。被认定为高新技术企业，通过了科技事业单位档案管理国家二级验收和ISO9001质量体系认证，资料档案管理达到国家二级。拥有在岗职工260人，工程技术人员162人，其中高级职称49人、中级职称69人、初级职称44人，注册测绘师21人。

沈阳市勘察测绘研究院拥有综合甲级工程勘察、甲级测绘、甲级地质灾害危险性评估和施工资质。测绘业务范围包括航空摄影测量与遥感技术应用、工程测量、基础地理信息工程（数据采集、建库、软件开发）、地籍测绘、房产测绘、行政区划界线测量、变形观测、专题地图及图册设计制作、三维仿真系统及地面数字模型制作和地下管线探测。

该院拥有先进的数字化生产设备和雄厚的技术力量，已形成了以“3S”技术为手段，以“4D”产品为主的沈阳市空间数据基础设施（SCIS）框架，逐步实现城市基础测绘数据产品的生产、管理与服务产业化运行体系，为沈阳市城市规划、建设、管理、决策提供了大量精确、详实的勘察测绘资料。基本完成数字沈阳地理空间框架建设，为“智慧城市”建设奠定基础。

该院重视精神文明建设，连续2次被辽宁省委省政府评为文明单位标兵，连续2次被评为全国城市勘测先进单位；多次被省住房和城乡建设厅、省测绘地理信息局以及沈阳市政府评为行业文明单位和先进单位。2010年，被评为全国模范职工之家，2013年，获沈阳市五一劳动奖状。

国家海洋环境监测中心

国家海洋环境监测中心创建于1959年，是国家海洋局直属的国家级业务中心，承担我国海洋环境监测、海域使用动态监视监测2个监测体系的业务组织与管理。主要业务包括全国近岸海域生态监控区监测、赤潮监控区监测、陆源入海排污口监测、污染现状与趋势性监测、海域使用动态监视监测、主要海洋功能区监测以及监测质量控制与质量保证等，开展海洋测绘与勘察、海洋环境保护、海域使用管理等领域的基础科学研究和相关技术的开发工作。

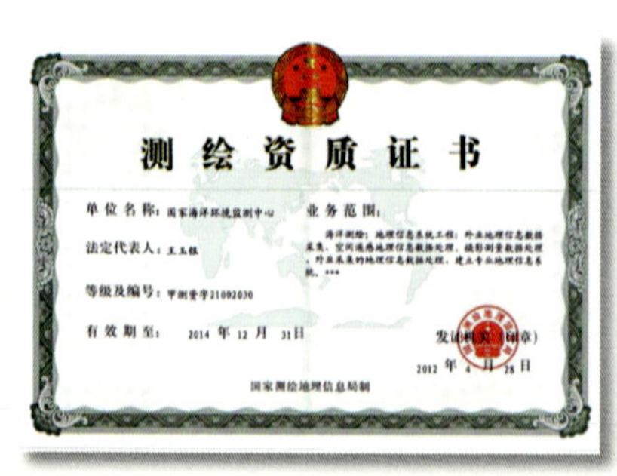

测绘资质证书

单位名称：国家海洋环境监测中心

法定代表人：王玉根

等级及编号：甲测资字21002030

有效期至：2014年12月31日

业务范围：

海洋测绘；地理信息系统工程；外业地理信息数据采集、空间遥感地理信息数据处理、摄影测量数据处理、外业采集的地理信息数据处理、建立专业地理信息系统。***

发证机关（印章）

2012年4月28日

国家测绘地理信息局制

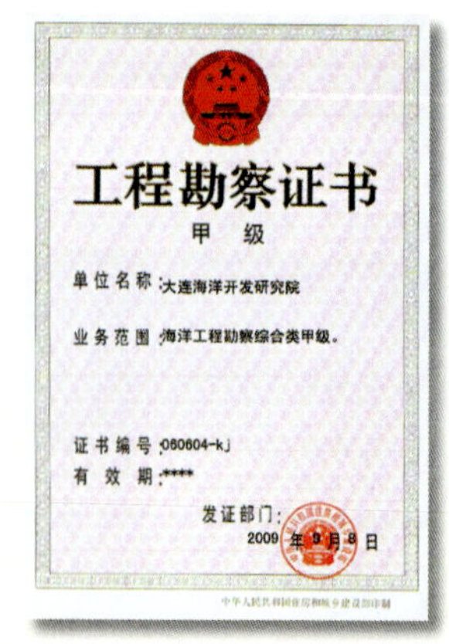

工程勘察证书

甲级

单位名称：大连海洋开发研究院

业务范围：海洋工程勘察综合类甲级。

证书编号：060604-kj

有效期：****

发证部门：

2009年9月8日

中华人民共和国住房和城乡建设部印制

该中心人员编制388人，拥有中国工程院院士1人、测绘专业技术人员共66人。拥有住房和城乡建设部颁发的海洋工程勘察综合类甲级资质，国家测绘地理信息局颁发的甲级测绘资质，国家海洋局颁发的海域使用论证甲级资质，国家环境保护部颁发的建设项目环境影响评价乙级资质。取得国际质量体系ISO9001:2000标准认证证书、中华人民共和国计量认证合格证书，中华人民共和国渔业船舶检验局颁发的检测机构认可证书、辽宁省司法厅批准的司法鉴定证书，是全国50家绿色食品环境质量定点监测机构之一。

该中心科研技术力量雄厚，是东北地区唯一具备海洋测绘与海洋工程勘察双甲级资质的机构。承担了“908”专项海底浅层剖面和侧扫声纳探测、海底地形地貌区块调查、津冀北线省级海域勘界、辽宁省各县市海域勘界、辽宁省海岸线修测等多项工作，为各级政府的海洋测绘与信息管理工作提供技术支持。

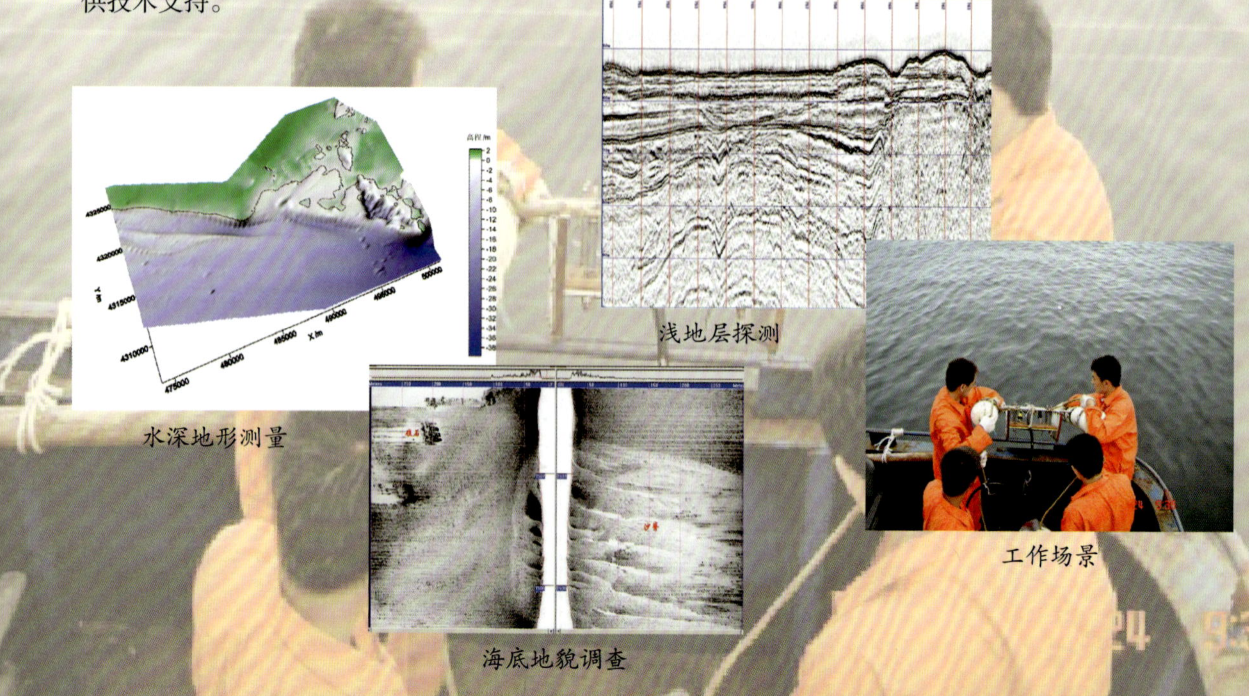

水深地形测量

浅地层探测

海底地貌调查

工作场景

中国电力工程顾问集团东北电力设计院

东北电力设计院办公楼

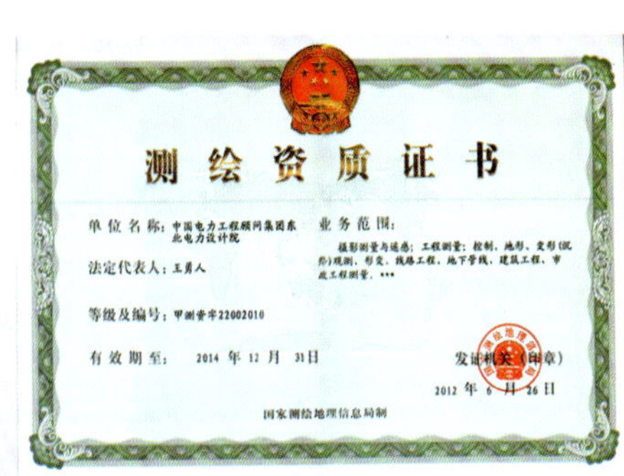

测绘资质证书

单位名称：中国电力工程顾问集团东北电力设计院

法定代表人：[illegible]

等级及编号：甲测资字22002010

有效期至：2014 年 12 月 31日

业务范围：

摄影测量与遥感；工程测量：控制、地形、变形（沉降）观测、形变、线路工程、地下管线、建筑工程、市政工程测量。

发证机关（印章）

2012 年 6 月 26日

国家测绘地理信息局制

甲级测绘资质

中国电力工程集团东北电力设计院（以下简称东北电力设计院）创建于 1950 年，是新中国成立后第一个电力勘察设计单位，是我国电力勘察设计事业的奠基者和开拓者，现隶属于中国电力工程顾问集团公司。

该院主要承担电力系统规划与设计，国内外火电、核电、各等级送变电工程的勘测设计、咨询、监理、环境影响评价、岩土工程与工程总承包等工作，拥有住房和城乡建设部颁发的综合设计甲级、综合勘察甲级资质与国家测绘地理信息局颁发的测绘甲级资质。测绘业务范围包括摄影测量与遥感；工程测量：控制、地形、变形（沉降）观测、形变、线路工程、市政工程测量。

该院连续多年成功入选中国工程设计企业 60 强、全国勘察工程咨询和设计行业工程项目管理营业收入百强企业、国家一流电力设计企业，获得全国电力行业企业信用 AAA 等级、全国实施卓越绩效模式先进企业特别奖、全国电力行业质量奖、高新技术企业等荣誉，通过了质量、职业健康和安全、环境三标整合管理体系认证。

该院现有在职职工 1567 人，教授级高工 128 人，高级职称 492 人，中级职称 309 人。拥有一大批电力勘察设计行业的专家，其中国家级勘察设计大师 3 人，省级勘察设计大师 6 人，拥有第一批全国电力勘测设计行业资深专家 2 人，集团公司特级专家 4 人，专家 15 人，青年专家 18 人，各类注册师 271 人。21 世纪以来，获得 40 项国家级奖励，30 多项科研成果获奖。

东北电力设计院与美国、俄罗斯、英国、法国、日本、德国等国家企业和机构保持着长期交流与合作，积极实施“走出去”战略，拓展业务范围，与俄罗斯、蒙古、印度、巴基斯坦、马来西亚等国家开展卓有成效的项目合作。

东北电力设计院将始终秉承创业奉献的文化传统，以科学发展观为统领，以“为员工和客户提升价值，为股东和社会创造效益”作为企业使命，建精品工程，创百年品牌。

营口电厂二期工程

绥中电厂二期工程

江苏如东生物质电厂

1000kV 晋东南 – 南阳 – 荆门特高压

苏州市测绘院有限责任公司

苏州市测绘院有限责任公司原名苏州市勘察测绘院，是民营高科技企业，拥有甲级测绘资质，通过ISO9001:2000质量管理体系认证，获得苏州市2009–2011年度“文明单位”、“全省测绘质量优秀单位”等称号。公司下设10个部门，拥有职工100多人，其中，研究员级高级工程师1人、高级工程师11人、工程师31人、助理工程师31人。拥有TCA2003测量机器人、天宝GPS、无棱镜全站仪、管线探测仪、电子水准仪等各类先进的仪器设备，技术力量雄厚。

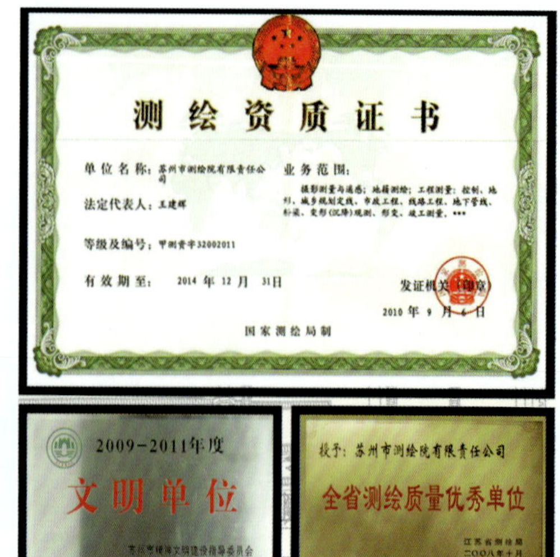
测绘资质证书

单位名称：苏州市测绘院有限责任公司

法定代表人：王建晖

业务范围：摄影测量与遥感；地籍测绘；工程测量：控制、地形、城乡规划定线、市政工程、线路工程、地下管线、桥梁、变形(沉降)观测、形变、竣工测量、***

等级及编号：甲测资字32002011

有效期至：2014年12月31日

发证机关（印章）

2010年9月6日

国家测绘局制

长期以来，公司为城市规划、市政建设、交通工程等领域提供大量测绘成果数据和资料。近年来，完成了多项城市基础测绘任务，承担的重大工程测绘任务包括苏州市现代测绘基准体系建设，苏州市和张家港市1:500、1:1000基础地形图测绘，苏州轨道交通1、2、4号线工程控制测量，苏州市市区地面测管沉降观测，苏州市火车站地区改造工程等市政工程的控制网测量项目。完成了苏州市城市三维模型数据库建设、苏州市标准地图制作、苏州市地名数据调查和入库项目，为苏州市地理信息平台提供了大量基础数据。

虎丘塔形变测量

苏州市空间定位信息服务系统

轨道交通工程GPS控制网

苏州地图网

4D产品

数字城市三维场景

淮安市水利勘测设计研究院有限公司

淮安市水利勘测设计研究院有限公司成立于2004年，由原淮安市水利勘测设计研究院和淮安市水利工程勘测院合并改制成立。拥有水利行业规划设计、工程勘察、测绘、工程监理、工程咨询等5项国家甲级资质，通过了ISO9001标准质量管理体系认证。

2012年，该公司不断提升和完善质量管理工作，积极开展“测绘质量年”活动，推进产品质量标准化，加大对产品质量控制力度。完成测绘项目150多项，涉及水利、电力、交通等多个领域，主要包括宿迁市富康大道等新建道路工程、响水南潮河整治工程（初设阶段）、淮河入江水道整治工程、淮河出海航道（红山头～京杭运河段）整治工程、淮北洪碱河治理项目、江苏省中小河流水文站点等工程项目。

完成的“古黄河水源地保护工程测量”获江苏省优秀测绘工程奖三等奖，“淮安市中小河流治理工程·利农河（金湖县）工程测量”、“白马湖退圩（围）还湖及清淤工程”、“110kV灌河至淮港开发站双回线路工程”分获淮安市优秀测绘工程奖一、二、三等奖。

勘测规划设计研讨月活动

公司领导与测绘工程部人员进行测绘方案研究

测绘人员在工程现场进行测图工作

测绘技术人员准备进行水上测量工作

泰州市测绘院

泰州市测绘院创建于 1975 年，是泰州市规划局下属事业单位，具有乙级测绘资质，通过了 ISO9001 质量管理认证。主要为城乡规划建设提供测绘保障，从事控制测量、地形测量、竣工测量、房产测量、市政工程测量、建筑工程测量、地下管线探测、变形监测等工作。

该院完成的市区 E 级 GPS 控制网及三等水准测量、周山河测区 1:500 数字化测图、口岸镇测区 1:1000 数字化测图、中国医药城 E 级 GPS 测量获省级优秀测绘工程奖；为重点工程泰州火车站、泰州大桥等提供测绘保障；综合运用地形图修测、全野外数据采集、数字摄影测量等方法为市规划全覆盖提供地形图 400 平方千米；完成泰州市规划综合信息系统基础地理数据库生产 600 平方千米。

该院被授予泰州市文明单位创建先进单位等称号。坚持“科技先导、精益求精、以人为本、服务周到”的方针，为泰州市城市建设作出应有的贡献。

院长曹必武、副院长王富力主持召开工作会议

泰州市规划展示馆

中国医药城会展中心

泰州市规划局 CORS 站

院长：曹必武　地址：泰州市鼓楼南路 299 号　邮编：225300　电话：0523-86198929

宁波上航测绘有限公司

宁波上航测绘有限公司始建于1975年6月，是隶属于中交上航局航道建设有限公司的国有测绘企业，1997取得独立法人资格，2008年通过ISO9001质量管理体系认证。2012年11月取得甲级测绘资质，业务范围包括海洋测绘、工程测量、地籍测量和服务等。拥有各类专业技术人员65人，其中中高级职称以上人员25人；拥有多波束测深系统、双（单）频测深系统、流速剖面仪、海洋磁力仪等先进测量设备。开发了航道回淤分析软件、水文分析系统、海图等软件。

承担宁波、舟山、温州、海口、惠州、钦州、泉州、曹妃甸、营口、丹东等地区及多个国家、省市重点项目的各类施工测量任务，其中全程测绘的“温州民营经济开发区丁山垦区Ⅱ标段超软地基处理工程”获国家发明专利。此外，承担了宁波及周边港口建设中的码头沉降（位移）变形监测，港池、泊位、航道的水下地形、滩涂测量，扫海测量和水文测验以及河道整治断面测量、施工测量等业务，为浙江省、宁波市海洋经济发展提供了可靠的测绘依据。

2010年以来，该公司有3个项目获浙江省优秀测绘与地理信息工程奖，1个项目获宁波市优秀测绘与地理信息工程奖；该公司被授予宁波市测绘学会工作先进集体、宁波市“十一五”测绘工作先进集体、宁波市工人先锋号和宁波市学习型组织特色班组、2011–2012年度省测绘协会先进单位等称号。

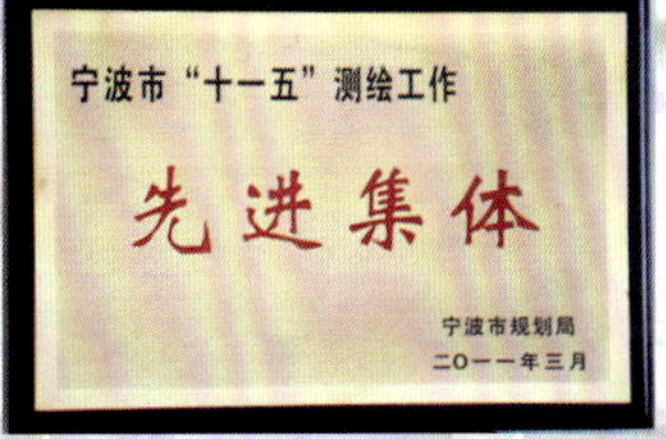

浙江省地理信息产业园

浙江省地理信息产业园奠基

中国－联合国地理信息管理论坛意向协议签约

浙江省地理信息产业园位于浙江省德清县德清科技新城核心区块，是浙江省测绘与地理信息局和德清县政府合作共建的地理信息产业园区。园区分三期提供1970亩建设用地，一期占地面积约508亩。按照“一年起步，三年初具规模，五年形成完整的地理信息产业链”的建设发展目标，5年内力争完成投资100亿元，引进各类地理信息企业100家以上，实现年销售收入300亿元、年利税30亿元，从业人员2万人以上。

2012年5月，浙江省地理信息产业园建设正式启动，同时建设浙江省地理信息产业园、浙江省测绘与地理信息数据异地存放中心和产业园行政服务窗口。园区将从土地、税收、住房、产业用房、专项扶持基金等方面为入园企业提供最优质的资源、最优惠的政策和最优良的服务。

随着园区建设快速推进，产业集聚效应逐步显现，成功引进浙江省土地信息中心等22家重点企业，与北京东方道迩信息技术股份有限公司等10家企业达成合作意向。2012年5月，联合国全球地理信息管理论坛永久会址落户于德清科技新城，成为浙江省地理信息产业园扩大对外影响力的重要平台。园区争取通过3年~5年的精心运作，努力建成国家级地理信息产业园。

浙江省地理信息产业园（一期）鸟瞰图

科技新城鸟瞰图

浙江省地理信息产业园局部效果图

联合国全球地理信息管理论坛永久会址

地址：浙江省德清县武康镇曲园路198号　　邮编：313200
电话：0572-8886198　　传真：0572-8886190

安徽省基础测绘信息中心
（安徽省测绘档案资料馆）

安徽省军区参谋长熊安东到安徽省基础测绘信息中心调研

安徽省副省长田维谦看望中心技术人员

国家测绘地理信息局局长徐德明视察安徽省基础测绘信息中心

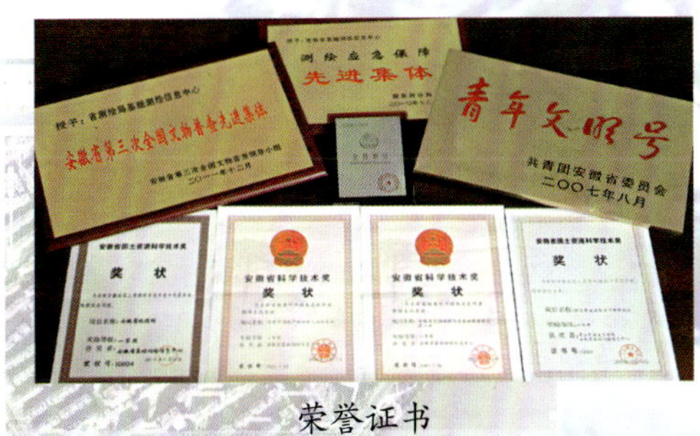

荣誉证书

安徽省基础测绘信息中心（安徽省测绘档案资料馆）成立于1997年，隶属于安徽省测绘局，拥有甲级测绘资质。主要职责包括承担全省测绘档案资料的管理和全省基础测绘成果的分发服务；承担测绘科技推广应用与开发研究；承担基础地理信息数据库建设、“数字安徽”地理空间框架构筑；承担基础地理信息应用系统开发、公共平台建设及互联网地图服务等。

安徽省基础测绘信息中心测绘科技人才济济，共有博士1人、硕士20人，教授级高工3人、高级工程师9人，注册测绘师7人，国土资源部“青年科技骨干”1人，国土资源部技术能手1人，国家测绘地理信息局青年学术和技术带头人2人，安徽省学术和技术带头人后备人选1人。

安徽省基础测绘信息中心充分发挥技术、人才、资源优势，开拓创新，锐意进取，完成了一系列重大测绘工程项目，测绘保障服务卓有成效，经济效益和社会效益全面提升。该中心获国家发明专利1项，中国测绘学会优秀测绘工程奖金奖1项、省科学技术奖三等奖2项、省级科技成果鉴定2项、省国土资源科技进步奖一等奖4项，获国家测绘地理信息局测绘科技工作先进集体、普法工作先进集体、测绘应急保障先进集体及省级青年文明号、测量标志管理和保护工作先进集体、文物普查先进集体等称号。

福建省制图院

制图院揭牌仪式

福建省制图院是福建省测绘地理信息局直属事业单位，于2010年6月在原福建省地图出版社的基础上改制组建，具有甲级测绘资质，主要承担福建省基础测绘和数字福建地图的制作、各种基本比例尺地形图和专题图的编制、地图数据库建设、地理信息系统与电子地图开发应用、突发和重大事件应急用图保障服务等工作。

福建省制图院一直以“服务大局、服务政府、服务民生”为己任，紧密围绕海峡西岸经济区建设发展大局，加快人才队伍、科技创新、组织结构、服务内涵的转型升级，不断提高自身服务质量与水平，增强核心竞争力，主动为全省主体功能区规划、地方经济发展规划及重点工程建设提供地图保障服务，走出了一条专业化、特色化、互补化、公益化的可持续发展之路。

该院重视单位文化建设，努力建设创新型、规范型、服务型、廉洁型单位。坚持“品格、品质、品位、品牌”的管理理念，与时俱进、开拓创新，为各级政府、社会团体和公众提供更多、更好、更优质的地理信息服务，为福建经济社会发展和海峡西岸经济区建设做出更大的贡献。

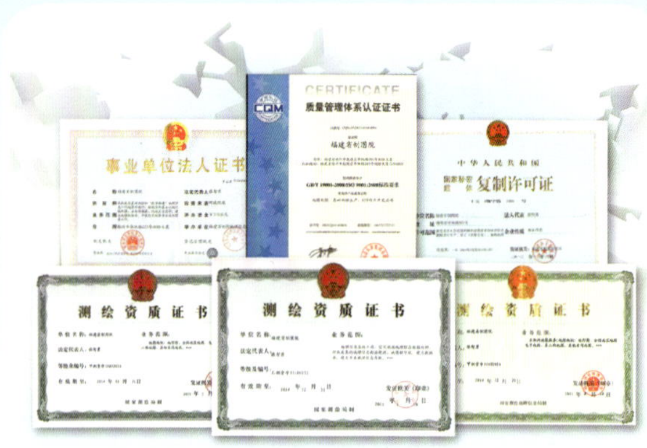

资质证书

大型地图集

地图产品

龙岩市勘察测绘大队

龙岩市勘察测绘大队成立于1980年，原名龙岩市城市建设局测量队，2000年更名，隶属于龙岩市城乡规划局，2012年取得甲级测绘资质。拥有固定资产1260万元，年产值3000万元，是龙岩市唯一一家甲级综合性测绘单位。承担规划建设地形测量和市政道路的放样、核样、地下管线探测、规划竣工验收测量等勘察测绘任务。

该大队共有职工103人，技术人员60人，其中高级职称11人、中级职称15人、初级职称34人。近年来，该大队大力推进科技强队工作，广招技术人才、引进先进设备、加强内部改革、建立科学规范化管理体系。通过GB/T19001–2000认证，建立了实时动态定位技术（RTK）基准站，为龙岩城市规划设计提供了130平方千米的成果成图，为龙岩中心城市发展和建设做出了贡献。

2011年该大队的2个项目获"福建省优秀工程奖"，2012年，"福建省龙岩市新罗区红坊镇船巷（东区）1:500数字地形图测绘"获中国测绘学会优秀测绘工程奖铜奖。

江西省基础测绘院

院长 桂新

江西省基础测绘院原名江西省第一测绘院，成立于1975年，隶属江西省测绘地理信息局，是全国首批获得甲级测绘资质的单位，长期从事江西省基础测绘、测绘基准建立与维护、地理信息应用研发、省级基础地理信息数据内外业采集等业务。拥有专业技术人员161人，其中高级工程师19人，注册测绘师12人。业务范围覆盖摄影测量与遥感、工程测量（控制、地形、城乡规划定线、城乡用地、规划监测、日照、市政工程、建筑工程、精密工程、线路工程、桥梁、隧道、变形观测、形变、竣工测量）、地籍测绘、房产测绘、行政区域界线测绘、地理信息系统工程等多个领域。

该院凭借雄厚的技术力量完成了江西省第一代1:1万地形图和第二代数字“3D”产品、江西省精化区域大地水准面项目等基础测绘工作，为支援新疆建设、鄱阳湖生态经济建设、数字城市建设、农村集体土地确权登记发证、城乡规划建设、土地资源调查等提供优质可靠的测绘保障服务，多项成果获国家和省级优秀工程奖，广受好评。

近年来，该院多次获“全国测绘系统先进集体”、“江西省测绘行业先进集体”、“省直机关五一劳动奖状”、“鄱阳湖基础地理测量先进集体”等称号，连续6届获得“省直机关精神文明先进单位”称号。

江西省基础测绘院将牢牢把握测绘地理信息事业战略机遇期，在国民经济建设和社会发展的各个领域发挥应有的作用，为经济社会发展提供及时可靠的测绘服务保障。

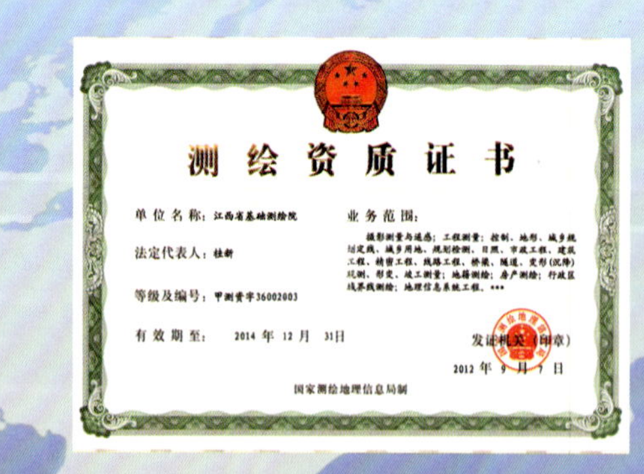
测绘资质证书
单位名称：江西省基础测绘院
法定代表人：桂新
等级及编号：甲测资字36002003
有效期至：2014年12月31日
发证机关（印章）
2012年9月7日
国家测绘地理信息局制

江西省直机关

文明单位

监督电话：（0791）86242871

中共江西省直属机关工作委员会
江西省直机关精神文明建设委员会

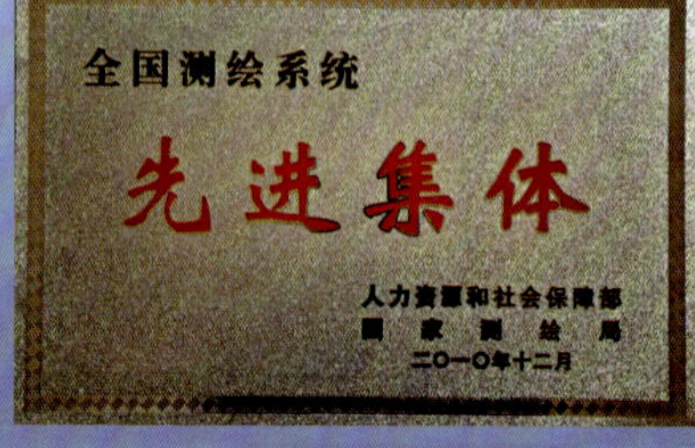

地址：江西省南昌市青云谱区南莲路503-1号

电话：0791-85294593　传真：0791-85295204　邮箱：348490096@qq.com

核工业赣州工程勘察院

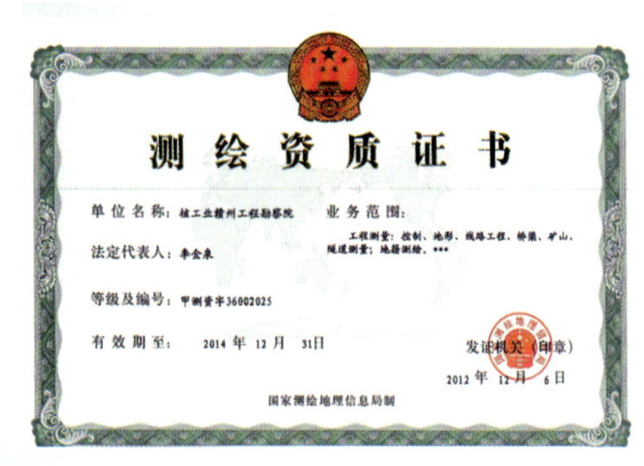

核工业赣州工程勘察院成立于1985年，法人代表李金泉，前身为核工业华东二六四工程勘察公司，2003年更名为核工业赣州工程勘察院。拥有测绘、岩土工程勘察、水文工程地质、地质灾害危险性评估等甲级资质，通过ISO9001:2008国际质量管理体系认证、国家质量技术监督局计量认证。共有职工300多人，其中教授级高工3人、高级专业技术人员46人、中级专业技术人员82人。业务范围包括工程测量、地籍测绘、房产测绘、行政区域界线测绘、土地登记代理、工程勘察、咨询、监理、水文工程地质及地质灾害危险性评估、地质灾害治理工程设计、土地复垦、土地规划、地质灾害治理工程勘查等。

近年来，该院完成赣州市1:500数字化地籍测量，赣州市GPS D、E级控制网测量，赣州市章贡区新农村建设规划测量，赣州市章贡区及赣县、资溪县第二次土地调查项目，赣县农村集体土地地籍调查确权登记发证数据库及信息管理系统项目等大中型测绘项目。获省部级优秀QC成果奖2次，部级科技进步奖三等奖3次。“赣州新机场施工控制网施工测量”、“江西省第二次土地调查赣县农村土地调查”、“赣州市通天岩风景区地形图测绘”等项目获江西省测绘学会优秀测绘工程奖。

该院以“团结、奉献、创新、开拓”为企业精神，以“靠质量求生存、向管理要效益、凭实力占市场、创精品树形象”为经营理念，努力奋进，开拓创新，力争成为先进的科技型企业。

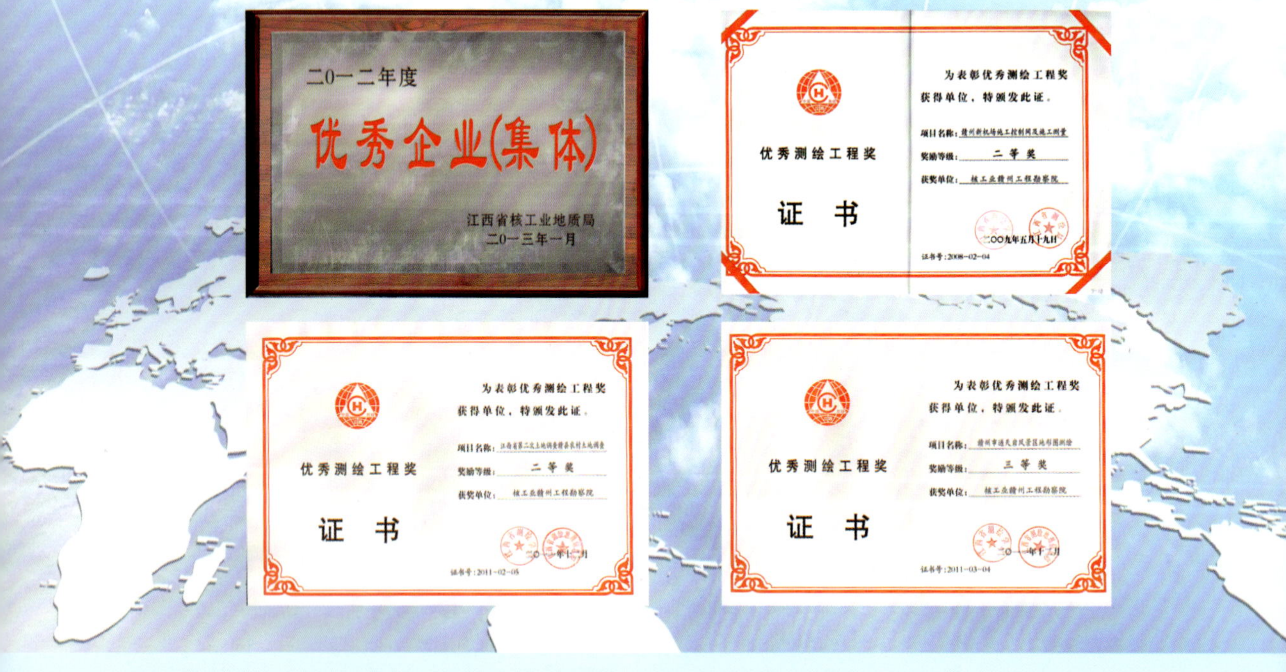

办公地址：江西省赣州市开发区华坚路25号264大队四楼　　邮编：341000

电话：0797-8222834　　传真：0797-8221852　　网址：http://www.hgy264.com

邮箱：kcylzq@163.com

行业单位工作

北京市

概况

截至2012年底，北京市共有测绘资质单位311家，其中甲级96家、乙级105家、丙级58家、丁级52家。资质单位涉及工程测绘、软件、建设、地图定位导航、地矿等多个行业。55家测绘资质单位经过软件企业认定，其中，甲级25家、乙级29家、丙级1家。203项软件产品经过认证，其中甲级单位拥有88项、乙级单位拥有115项。

至2012年底，北京市测绘地理信息行业实现年总产值45.2亿元，年均增长率30%。其中，涉及高端地理信息产业的（地理信息、导航电子地图制作、互联网地图服务、测绘航空摄影、摄影测量与遥感、地图编制）年服务总值31.3亿元，占69%。2012年，北京市测绘单位从业人员超过4万人，龙头企业高度聚集，新兴测绘活动不断拓宽。

北京东方新星石化工程股份有限公司

【业务】

2012年，北京东方新星石化工程股份有限公司完成石油化工企业厂址规划的地形测量，炼化企业现状图测量、地下管线探测，炼化企业三维地理信息系统建设，炼化企业新建、改扩建施工测量，油气输送管道测量，油罐、地基基础监测等测绘业务。完成的重大测绘工程包括江西成品油管道二期第二标工程测绘，线路长度230千米；普光天然气净化厂官网普查项目2.3平方千米工厂现状图测绘和地下管线探测、总图管理信息系统建设；海南炼油改扩建及100万吨乙烯项目1:500地形图测绘5.8平方千米；中国石化镇海炼化分公司总图三维信息管理系统项目工厂三维信息系统建设6.3平方千米；中天合创化工厂区西侧新征场地地形测量，1:1000地形测绘1.6平方千米。

【其他】

北京东方新星石化工程股份有限公司作为主编单位开展《石油化工企业数字总图技术规范》行业标准的编写工作。

该公司完成的“洛阳分公司地形图测量、地下管网探测项目”获2012年中国测绘学会优秀测绘工程奖铜奖;“中石化湖南成品油管道工程线路测量(湘潭、娄底）”获北京测绘学会2012年测绘科技进步奖三等奖；“镇海炼化100万吨/年乙烯工程乙烯东区测绘物探工程测量”获2012年度北京市优秀测绘地理信息工程三等奖。

北京老虎宝典科技有限责任公司

【业务】

2012年，北京老虎宝典科技有限责任公司推出“发现”搜索功能，针对不明确的意愿进行搜索，比传统生活搜索所对应的“有明确需求”的场景更加广泛。该功能已支持北京、上海、广州、深圳、杭州等42个一、二线城市。

【其他】

北京老虎宝典科技有限责任公司获得“2011中关村高成长企业TOP100”、“信息网络产业新业态创新企业 30 新”等称号。

国信司南（北京）地理信息技术有限公司

【业务】

2012 年，国信司南（北京）地理信息技术有限公司共完成数据服务类项目 22 个，包括大运河（江苏段）申遗专题图基础数据购置与处理、山西省突发公共事件地理信息应急专题数据处理与建库、丝绸之路申遗专题图件数据获取与制图服务等 9 个重大重点项目。共完成专题应用系统建设类项目 8 个，包括海岛（礁）应急制图子系统、中国大运河申报世界文化遗产与管理规划编制辅助制图、海岛（礁）多媒体数据库管理模块开发等重点项目 6 个。

【其他】

2012 年，国信司南（北京）地理信息技术有限公司新增软件著作权 3 项。承担的“测绘成果涉密审查与鉴定系统建立”获 2012 年中国地理信息科技进步奖三等奖；“第一次全国水利普查基础地理数据保障服务工程”获 2012 年中国测绘学会优秀测绘工程奖白金奖。该公司通过 2012 年度国家高新技术企业认定。

北京三正科技有限公司

【业务】

2012 年，北京三正科技有限公司参与承担国家“十二五”科技支撑计划——“智慧城市管理公共信息平台关键技术研究与应用示范”项目。完成韶关市规划局城市数据共享平台等地理信息系统工程项目建设；提供数字巴州旅游服务平台等互联网地图服务。

【其他】

北京三正科技有限公司完成的“韶关市城市基础数据共享平台工程”获 2012 年中国地理信息产业优秀工程奖金奖、2012 年中国测绘学会优秀测绘工程奖银奖；“三正政务空间信息服务平台”获 2012 年中国地理信息科技进步奖三等奖；“数字城市三维地理信息平台”被中国地理信息产业协会表彰为三维地理信息服务平台合格软件；“三正数字城市决策支持系统”等 3 项产品获北京市新技术新产品认定。

天津市

概况

截至 2012 年底，天津市共有测绘资质单位 104 家，其中甲级 16 家、乙级 31 家、丙级 51 家、丁级 6 家。测绘资质单位从业人员 4259 人。全市测绘行业共完成测绘服务总值 95190.81 万元，其中私营企业完成 11340.46 万元，占服务总值的 12%，私营企业服务总值增加明显。完成的重点测绘地理信息工程项目包括蓟县、宝坻、武清、宁河和静海 5 个区县约 8000 平方千米 1:1 万地形图更新维护工作；中心城区、环城四区、滨海新区等重点发展地区约 4300 平方千米 1:2000 地形图更新维护工作；“GNSS 大地控制网”改造工作，新选埋 A、B 级 GPS 点 16 点、C 级 GPS 点 178 点，补埋国家二等水准标石 58 座，完善覆盖全市域的地理空间信息基准框架，对 TJ-CORS 设备进行了升级改造。

中铁隧道勘测设计院有限公司

【业务】

2012 年，中铁隧道勘测设计院有限公司主要承担西安市地铁 1 号线一期工程（后围寨 - 纺织城）、3 号线一期工程、4 号线工程控制测量和施工测量检测项目；郑州市轨道交通 1 号线、2 号线一期工程控制测量；杭州地铁 1 号线工程第三方监测 JC1-1 标段、杭州地铁 2 号线西北段第三方监测等测量监测项目。

参与多项国家或区域重大工程建设项目。承担天津地铁5、6号线工程第三方现场监测3合同段项目，已完成4个车站的施工监测方案审批等工作。承担南京地铁3、4号线工程测量项目，完成地面首级控制网复测、精密导线、精密水准等测量工作。

【其他】

中铁隧道勘测设计院有限公司完成的“广州市轨道交通四号线控制测量及施工测量监测工程项目C标段”被评为2012年“海河杯”天津市优秀勘察设计工程勘察奖三等奖。“广州市轨道交通二号线北延段控制测量及施工测量检测工程项目”、“青岛胶州湾隧道工程第三方测量监理项目”分获2012年度天津市优秀测绘工程奖一、二等奖。该公司被评为天津市2012年度优秀测绘工程奖评选工作“先进组织”。

铁道第三勘察设计院集团有限公司

【业务】

2012年，铁道第三勘察设计院集团有限公司完成铁路、地铁、公路等境内外主要测绘项目30项，折合4432千米，主要包括天津港南疆矿石铁路专用线工程、天津南站配套交通工程、新建蒙西至华中地区铁路煤运通道工程、老挝13号公路巴蒙至孟塞段修复项目、坦赞铁路修复改造项目等。

承揽的蒙西至华中地区铁路煤运通道工程浩勒报吉至三门峡段项目正线长约685千米，作业采用DMC II 230数码航摄仪进行航飞，共完成航空摄影面积18930平方千米。

完成坦赞铁路修复改造初测项目，全长1860千米，进行了全线平面和高程控制测量、里程丈量、中平测量、桥涵丈量等工作，并利用卫星立体测图技术完成全线1:2000地形图测量工作，受到坦赞铁路局的肯定。

【其他】

铁道第三勘察设计院集团有限公司取得国家实用新型专利授权2项；“高速铁路精密测量控制技术试验研究”和“机载激光雷达技术在铁路勘察设计中的应用研究”2项部级科研成果通过铁道部组织的结题验收和技术评审。

完成的“新建长沙至昆明铁路客运专线（湖南段）精密工程控制测量”、“天津地铁2号线调线调坡测量”、“京沪高速铁路北京－徐州段CP Ⅲ测量评估”分获2012年度天津市优秀测绘工程奖一、二、三等奖；“高速铁路精密工程测量技术”获2012年中国测绘学会测绘科技进步奖二等奖；“大西铁路客运专线原平至运城段精密工程控制测量”、“泛亚铁路柬埔寨境内缺失段机载激光雷达勘测”分获2012年中国测绘学会优秀测绘工程奖金、银奖；“京沪高速铁路北京至徐州段精密工程控制测量”获2012年度铁道部优秀勘察奖一等奖；“缅甸铁路木姐至腊戌段卫星立体测图及POS辅助数码航空摄影测量”获2012年度中国中铁股份有限公司优秀工程勘察奖二等奖；“心翔”、“大地行”、“鹰视天下”等3个QC小组获2012年度天津市优秀质量管理小组称号。

天津水运工程勘察设计院

【业务】

2012年，天津水运工程勘察设计院完成“天津港常规水深及浅滩水深测量”、“黄骅港综合港区10万吨航道扫海测量”等重大测绘工程。其中，“天津港常规水深及浅滩水深测量”项目利用自主研发的“潮位实时推算系统”，实现测区内各水域的实时潮位控制测量，同时利用自主研发的“三维航道水深信息管理系统”自动完成测量数据的校对检查，保证测量成果质量。

【其他】

天津水运工程勘察设计院完成的“海南昌江核电厂工程海域海洋水文观测及分析”和“1101打捞工程海上打桩勘察测绘”项目分获2012年度天津市优秀测绘工程奖一、三等奖。

天津港湾水运工程有限公司

【业务】

天津港湾水运工程有限公司的“基于多元信息融合的多波束精密测深系统研究及产业化应用”被成功立项为2012年天津市滨海新区塘沽科技创新及产业化项目，获得天津市滨海新区财政扶持。

2012年，承担荔湾3-1项目导管架安装及下水区域调查项目，5月12日~6月14日，对导管架安装区域、下水区域及周边区域的管线情况进行物探调查。4月21日~26日，受海洋石油股份有限公司委托，完成丽水36-1海管安装项目霓屿岛KP0-KP1段海管路由预调查。8月21日~9月28日，完成丽水36-1气田开发项目外输管线后调查，对该段海管进行旁侧声纳测量和管线探测，为了解海管位置和海管埋深情况提供数据资料。

【其他】

天津港湾水运工程有限公司重视培养各层面技术人才，支持职工继续深造，共有高级职称5人，中级职称17人，初级职称31人，中国首届国际海道A级测量师2人。

天津市勘察院

【业务】

2012年，天津市勘察院共完成测绘地理信息成果296项，主要包括天津医院改扩建工程一期第三方现场监测、天津汇锦盛投资发展有限公司规划定位、地铁保护区监测等，并按要求将成果目录及测绘合同上交测绘地理信息行政主管部门。

天津医院改扩建工程是天津市重点工程，天津市勘察院承担一期第三方现场监测工作。在市内首次采用人工监测与远程自动化监测相结合的方式进行基坑监测，并将监测数据实时上传至天津市质检总队的远程数字化监督系统，实现了管理部门对施工现场的远程监督。

【其他】

天津市勘察院完成的“三维数字城市构建关键技术研究及特大城市信息化应用”课题获2012年天津市科技进步奖一等奖；“天津市第二次土地调查农村集体土地所有权调查监理”获2012年中国测绘学会优秀测绘工程奖银奖，“西青经济技术开发区燃气及给水管线图测绘工程”获铜奖，“天津市蓟县城镇地籍调查”获铜奖并获天津市优秀测绘工程奖二等奖；“天津鞍钢天铁冷轧薄板有限公司冷轧薄板项目房产测绘”获天津市优秀测绘工程奖三等奖；“天津地铁5号线GPS控制测量”获2011年度全国优秀城乡规划设计奖三等奖。

天津市市政工程设计研究院

【业务】

2012年，天津市市政工程设计研究院完成张贵庄片区管线探测（跃进路、山青道）、深福产业园电力管线探测、海南省文昌至琼海高速公路工程等项目。

受江苏省交通厅委托，承担海南省文琼高速公路勘察设计工作，完成测区范围内1:1000地形图成果（包括各项调查），机载LIDAR航测1:1000、等高距为1米的等高线专题图成果，施工测量控制网测量成果等。受吕梁市住房保障和城乡建设管理局委托，承担24千米吕梁大道勘察设计工作，完成测宽600米1:1000地形图等初、定测阶段测绘任务。受天津市高速公路集团有限公司委托，承担天津市快速路外环线调线20千米的勘察设计工作。受天津市塘沽海洋高新技术开发总公司委托，承担64千米污水规划勘察设计工作。

【其他】

2012年，天津市市政工程设计研究院共获市级以上优秀测绘工程奖8项。其中，“天津市天津大道工程测绘”获2012年“海河杯”天津市优秀勘察设计奖二等奖，“津港高速公路工程测绘”获三等奖；“京津高速公路（天津段）测绘项目”获2012年天津市优秀测绘工程奖二等奖，“天津市大沽排污河治理工程测绘”、“天津市西站市政配套公用工程测绘”、“宁波市世纪大道北延一期II标段工程测绘”获三等奖；“天津市津蓟高速公路工程测绘”、“天津市中心城区快速环路工程测绘”获2012年中国测绘学会优秀测绘工程奖铜奖。

中交天津港航勘察设计研究院有限公司

【业务】

2012年，中交天津港航勘察设计研究院有限公司完成天津市及外省市测绘项目14个。其中，天津港航道、港池泊位维护及基建工程测量项目应用先进的多波束测深技术、长距离LRK定位技术、RTK三维水深测量技术以及GPS PPK潮位测量技术，完成测量面积14.86平方千米区域的浚前、施工检测及浚后测量工作。

【其他】

中交天津港航勘察设计研究院有限公司完成的“疏浚工程GPS PPK潮位测量技术研究”获中国施工企业管理协会科学技术奖一等奖；“大理洱海湖滨带生物多样性恢复与缓冲区建设技术与工程示范测量”获2012年中国测绘学会优秀测绘工程奖铜奖；“天津港航道、港池泊位维护及基建工程测量”获2012年度天津市优秀测绘工程奖一等奖，“营口鲅鱼圈港疏浚工程测量”获三等奖。

天津市测绘院

【业务】

天津市测绘院承担数字天津建设，继续丰富天津市基础地理信息综合服务平台数据，增加平台功能，在天津市现代农业发展图形管理系统、天津市城投集团土地置业业务 GIS 管理平台等项目中得到应用。编制《智慧城市调研分析报告》、《天津市文化商务核心区智慧建设总体设计报告》和《天津市文化商务核心区智慧建设规划指引》，以河北区王串场街为试点开发数字社区三维管理系统。

承担“天地图·天津”建设，已实现与“天地图”国家主节点互联互通，丰富了专题地图等网站服务功能，推出“天地图·天津”手机版，年点击率超过 10 万次。

编制天津市地理国情普查技术方案并开始实施。开发滨海高新区地下管网管理系统、天津市公安局技防资源管理平台等 10 多个二、三维地理信息管理系统。完成滨海新区建成区三维地形图制作。开展全市域高精度数字地面模型制作。

配合天津市规划局完成天津市互联网地图网站审核、天津军用机场改建、大运河地形图提供、历史文化街区保护地图编制、地名规划图集、地铁站点地名专题图等工作。

【其他】

天津市测绘院在国内有影响力的公开期刊中发表科技论文 42 篇，被国际三大索引检索 6 篇；获得省部级以上工程奖和科技进步奖 21 项，其中，“天津市全市域 1:2000 地形图测绘”项目获 2012 年中国测绘学会优秀测绘工程奖白金奖。

天津金宇信息技术有限公司

【业务】

天津金宇信息技术有限公司自主开发了天津市地理信息公共服务平台，完成天津市现代农业发展图形管理系统、天津市建筑市场监管电子地图系统、天津市城投集团土地置业业务 GIS 管理平台等多个项目。承担并完成“天地图·天津”节点建设，提供兴趣点查询、道路查询、位置定位、驾车导航、公交换乘等快捷服务。开发移动版和高级版，为“天地图·天津”应用推广进行技术准备。完成三维平台——金宇视城（VRCity）的研发工作，实现二三维一体化，并与地理信息公共服务平台有机整合，在此基础上开发地理信息公共服务平台展示版，利用该平台为天津市政府、市规划局、市国土局等多个部门提供服务。在航空摄影方面，引进先进的 POS 定位系统，完成 2012 年天津市航空摄影项目。

【其他】

天津金宇信息技术有限公司参与完成的“高精度三维工程环境构建理论、方法及公路勘察设计成套技术”获 2012 年国家科学技术进步奖二等奖；完成的“达沃斯车队移动监控系统”获 2012 年度天津市优秀测绘工程奖二等奖；“天津市环境保护地理信息系统”获 2012 年中国地理信息产业优秀工程奖银奖；“高精度智能化公路勘察设计成套技术研究”获中国公路学会科学奖特等奖。该公司被评为 2012 年度天津滨海高新技术产业开发区南开科技园技术市场先进单位。

天津市水利勘测设计院

【业务】

2012 年，天津市水利勘测设计院主要完成天津市大黄堡洼蓄滞洪区工程与安全建设可行性研究、蓟运河闫庄以上段治理工程、天津市南水北调中线滨海新区供水二期工程等多项测量任务。其中，天津市南水北调中线滨海新区供水（二期）工程是天津市重点工程。

【其他】

天津市水利勘测设计院大力实施“人才强院”战略，3 人取得注册测绘师资格。完成的“天津市南水北调中线引滦完善配套工程（尔王庄水库至津滨水厂供水管线工程）测量”获 2012 年中国测绘学会优秀测绘工程奖铜奖，“滨海新区供水二期工程”获 2012 年度天津市优秀测绘工程奖三等奖。

中国地震局第一监测中心

【业务】

2012 年，中国地震局第一监测中心完成中国综合地球物理场观测之鄂尔多斯地块周缘地区项目 GPS 测量 300 点；强化华北地区强震监视跟踪工作的区域 GNSS 观测 100 点；中国综合地球物理场观测之鄂尔多斯地块周缘地区项目水准测网建设（50 条测线 9222 千米，共补埋 500 点、维修 121 点）；天津市海河春意桥水中墩钢围堰基坑开挖变形监测；鄂尔多斯市地下空间规划编制与管理可行性研究；2012 年区域精密水准测量共 2219.2 千米；2012 年天津市地面沉降监测的水准测量，其中一等水准测量 1342.5 千米、二等水准测量 869 千米；华北平原地面沉降监测与防治研究。

【其他】

中国地震局第一监测中心 2012 年再次被评为天津市精神文明单位。地震监测队被中华全国总工会授予“全国工人先锋号”。监测二队队长高艳龙被天津市总工会授予“五一劳动奖章”。

完成的“金融街津门、津塔基坑监测”获 2012 年度天津市优秀测绘工程奖二等奖，“基于无线网络的地面沉降自动监测系统”获三等奖。牵头编制的精密水准测量外业记录和资料处理软件通过技术鉴定。“水准仪夜视照明系统”获得实用新型专利。

中交第一航务工程勘察设计院有限公司

2012 年，中交第一航务工程勘察设计院有限公司共完成测绘项目 55 项，包括工程测量、控制测量、施工检测、海洋测绘等内容。主要工程项目有中缅油气管道项目 30 万吨级原油码头工程（外航道段）工程测量、珠海神华煤炭储运项目一期工程控制测量、山东威海 LNG 项目码头工程测量等。

11 月，受中石油江苏液化天然气有限公司委托，承担南通港洋口港区港池航道及码头等工程水域定期测量任务。项目成果包括 1:1 万地形图 21 幅，1:5000 地形图 12 幅，1:2000 地形图 18 幅，1:500 地形图 30 幅，1:9000 航迹图 1 幅，编制测量技术报告和冲淤变化分析报告各 1 份。

完成 2 项境外测绘项目，其中，中缅油气管道项目 30 万吨级原油码头工程（外航道段）工程测量完成 1:2000 测图 35.6 平方千米、1:1 万测图 88 平方千米，塞拉利昂 Tonkolili 矿石出运项目（港口部分）测量完成 1:2000 测图 39.5 平方千米、1:1 万测图 60.5 平方千米、1:2.5 万测图 6.3 平方千米。

中水北方勘测设计研究有限责任公司

【业务】

2012 年，中水北方勘测设计研究有限责任公司完成“中国海岸带地质环境三维建模及巡航可视化系统”项目系统设计阶段的工作。该项目计划建立我国海岸带地质环境三维模型，开发海岸带三维巡航可视化系统，开发交互式三维巡航可视化系统，搭建三维可视化场景框架，建立海岸带地质环境数据库。年内各项工作按计划进行。

该公司航测遥感院完成海河流域主要入海河口水下地形测量及主要河道地形测量、巴基斯坦 N-J 水利枢纽工程测量等多项重大测绘工程。

【其他】

中水北方勘测设计研究有限责任公司完成 D-INSAR 技术在地面沉降监测中的应用、基于 MAPGIS、AUTOCAD 水利要素表达规范研究，三维数字河道动态监测研究等多项重点科研项目。完成的《防洪工程图》获 2012 年中国测绘学会优秀地图作品裴秀奖银奖；“海河流域重点区域高程测量”项目获天津市优秀测绘工程奖一等奖，“文得根水利枢纽工程地类地形图测量”项目获二等奖。

天津市国土资源测绘和房屋测量中心

【业务】

天津市国土资源测绘和房屋测量中心承担多项重点项目的房产和土地测绘工作，年测绘产值超过 1 亿元。完成 969.5 万平方米的保障房房产测绘项目、673.5 万平方米的小城镇建设房产测绘项目，以及天津站改造工程、中新生态城等重点项目的房屋和土地测绘工作。

【其他】

天津市国土资源测绘和房屋测量中心研发的“天津市房屋测绘一体化处理及应用系统”获 2012 年中国测绘学会测绘科技进步奖三等奖，该系统实现权属证书权证附图的远程自动圈红打印功能，替代了传统的硫酸图晒蓝圈红模式，2012 年利用该系统打印商品房分层分户图 15 万多张。

完成的“华明示范镇房产测绘”项目获 2012 年中国测绘学会优秀测绘工程奖铜奖；“海泰绿色产业基地房产测绘”项目获天津市优秀测绘工程奖二等奖，“津南区、西青区解放南路起步区一期项目地籍测绘”项目、“天津京津温泉城房产测绘”项目、“河东万达广场房产测绘”项目获三等奖。

北海航海保障中心天津海事测绘中心

【业务】

2012年，北海航海保障中心天津海事测绘中心完成旅顺港、京唐港、天津港、烟台港等14个港口8240.7换算平方千米的测量任务，比2011年增加9.9%。完成51幅港口航道图数据编辑汇交任务，数据汇交时间保障率100%，产品质量优良率100%。

组织完成“天津港‘宏伟1’轮沉船扫测”、“威海海域‘辽大甘渔15279’沉船扫测”等14项应急抢险探测任务，扫测面积260.4换算平方千米。完成海图销售发行31240幅。完成53期中英文改正通告发布。

【其他】

北海航海保障中心天津海事测绘中心组织完成的“海上船舶搜寻通讯调度系统”获2012年中国测绘学会测绘科技进步奖三等奖，“多波束多功能起落架”获国家实用新型专利。

该中心应用卫星遥感影像开展专题图制作及港口航道图陆域地形要素提取，缩短了资料采集周期，降低了成本投入；开展GPS无验潮测量技术研究，编写《远距离GPS在航潮位测量方法及软件系统开发研究》初步设计，利用实测数据验证了设计技术路线的正确性、可行性；完成海事测绘资料数据库管理信息系统和基于GIS的海事测绘产品质量检验系统的开发，并通过专家组验收。

该中心组织完成的“辽东湾满载VLCC推荐航路扫测”、“天津港大港港区测量工程”和“营口辽河口HPD网格化基本测量”项目分获2012年度水运交通优秀勘察奖一、三等奖；“青岛港董家口港区港池、航道扫海测量工程”、“天津港HPD网格化基本测量”项目分获2012年中国测绘学会优秀测绘工程奖银奖和铜奖；《北方海区小比例尺系列海图》获2012年中国测绘学会优秀地图作品裴秀奖银奖，《大连港序列图》、《天津港航图集》项目获铜奖。

河北省

概况

2012年，河北省地理信息局以《河北省测绘资质建设规划》为依据，在测绘资质管理工作中，坚持退补平衡的原则，严格调控测绘单位增长速率，通过测绘资质年度注册、地理信息市场整治、测绘地理信息专项执法等监管手段，依法注销或吊销一批违法违规、不符合资质条件、长期无业绩的测绘单位，引导测绘地理信息单位通过合并、重组等方式实现资质升级，不断壮大地理信息企业规模，调整地理信息产业结构。至年底，全省拥有测绘资质单位682家，实现新审批资质年增长不超过2%的目标。全省测绘资质单位主要分布在测绘、建设、国土、地矿、水利、电力等20个行业，从业人员2万多人，年服务总值近20亿元。全省测绘资质单位参与市县级数字城市建设、农村集体土地三权确权发证、5010个帮扶村测图、曹妃甸港口建设等重大测绘工程项目，为重大基础设施建设、全省文物普查、“7·21”抗洪抢险救灾等提供了及时、准确的基础地理信息服务。

河北省基础地理信息中心

【业务】

2012年，河北省基础地理信息中心开展河北省新民居建设用地多维动态管理系统建设、“天地图·河北”建设等基础测绘任务4项。承揽基于地理信息的系统开发及数据服务项目8项，主要包括石家庄城市数字房产正射影像系统建设、张家口扶贫开发地理信息平台建设、省水利厅项目数据处理等。为基础测绘任务和社会各行业提供各种比例尺DLG产品2633幅，数据量20.66GB；DOM产品19726幅，数据量6850.94GB；DEM产品44幅，数据量0.19GB。完成社会服务总值1602.74万元。

【其他】

河北省基础地理信息中心进行“河北省新民居建设用地多维动态管理系统”建设，实现新民居建设项目、废弃建设用地的管理以及辅助决策功能。

完成的“河北省三维基础地理信息平台建设”项目获2012年中国地理信息科技进步奖三等奖。“数字石家庄地理空间框架建设项目三维模型建设”获2012年中国地理信息产业优秀工程奖铜奖。“河北省基础地理涉密信息系统建设”获2012年中国地理信息产业优秀工程奖铜奖和2012年河北省测绘学会科学技术奖二等奖。该中心获2010年~2011年“省直文明单位”称号以及河北省测绘行业2010–2011年度“十佳单位”称号。

河北省保定地质工程勘查院

【业务】

2012年，河北省保定地质工程勘查院完成财政投资及市场测绘项目150多项。完成的主要工程项目有工程测量、地籍测量、地理信息工程、房产测量、土地勘测定界等，覆盖北京、河北、山西、内蒙古等省（区、市），为地矿、土地、规划、交通、水利等部门及时提供地理信息产品和服务。

【其他】

河北省保定地质工程勘查院投入100万元进行仪器设备更新换代，购置0.5秒精密水准仪、高精度美国天宝GPS卫星定位仪、数字摄影测量与遥感成图系统、信息化管理系统、大幅面绘图仪等设备，满足测绘生产需求。完成的“博野县城区地籍调查”、“涞水县城区地籍调查”分获河北省测绘学会科学技术奖三等奖。

中国建筑材料工业地质勘查中心河北总队

【业务】

2012年，中国建筑材料工业地质勘查中心河北总队承担“萧山区1:500数字化地形图测绘（一标段）”项目，完成1:500地形图测绘41.55平方千米；“合肥市城镇土地变更调查与地理空间框架更新”项目358平方千米；“萧山区1:500数字地形图动态更新测绘”项目，地形图修补测76.95平方千米；“保定市城区1:500数字线划图修补测及测量标志维护”项目，地形图修补测28平方千米。

【其他】

中国建筑材料工业地质勘查中心河北总队完成的“2010年萧山区1:500数字化地形图测绘一标段”获2012年河北省测绘学会科学技术奖一等奖；“2010年萧山区1:500数字地形图测绘二标段”获2012年河北省优秀测绘地理信息工程奖二等奖，“萧山区1:500数字地形图测绘（义桥测区）”获三等奖；“盐城市亭湖区第二次土地调查工程”获2012年度建材行业优秀工程勘察奖二等奖。

该单位被评为保定市文明单位，河北省测绘行业2010–2011年度“优秀测绘单位”；并获“河北省诚信企业”称号。

河北九华勘查测绘有限责任公司（华北地质勘查局五一九大队）

【业务】

2012年，河北九华勘查测绘有限责任公司（华北地质勘查局五一九大队，以下简称河北九华勘查测绘有限责任公司）主要承担和完成的测绘项目包括天津市第二次土地调查城镇地籍调查和土地总登记工程，保定市三区县集体土地所有权登记发证项目，郑州市地下管线普查工程等35个工程项目。

【其他】

河北九华勘查测绘有限责任公司实施的“天津市武清区第二次土地调查集体土地所有权确权登记项目”获2012年河北省优秀测绘地理信息工程奖一等奖；“宿迁市地下综合管线普查工程”获河北省测绘学会科学技术奖二等奖，“天津市第二次土地调查城镇地籍调查和土地总登记工程”获三等奖。

唐山中地地质工程公司

【业务】

2012年，唐山中地地质工程公司共完成集体土地所有权发证及数据库建设、土地勘测定界、矿山测量、地形图测绘、日照测量、沉降观测等测绘项目461项，完成报告350份。

完成省道滨海公路唐秦界至曹妃甸新城段改建工程土地勘测定界项目，涉及乐亭县、滦南县、唐海县，线路全长71.75千米，外业测量采用GPS–RTK

方法进行数据采集，内业采用 MAPGIS 软件进行数据编辑。项目费用总计 202.683 万元。

【其他】

唐山中地地质工程公司与中国科学院深圳先进技术研究院合作开展唐山市南湖生态城区域沉降监测系统建设。该项目在遥感应用方面利用 PS InSAR 数据，使用 GNSS 监测手段，结合历年水文、地质资料及实地数据验证资料进行地面沉降机理分析及数值模拟，开发 1 套采空区地面沉降实时动态监测预警系统。该项目已完成设计工作。

唐山中地地质工程公司完成的“丰润区 1:500 城镇地籍调查”项目获 2012 年河北省优秀测绘地理信息工程奖二等奖。

河北省水利水电第二勘测设计研究院

【业务】

2012 年，河北省水利水电第二勘测设计研究院完成测绘项目 15 项，承揽的测绘服务总值 800 多万元。承担的重大工程包括河北省南水北调配套工程初步设计阶段保沧干渠测量、邢清干渠测量，共完成 1:2000 带状地形图 600 多幅。

【其他】

河北省水利水电第二勘测设计研究院对主要项目进行测绘项目备案登记，并汇交测绘地理信息成果资料。承担的“张家口市区、崇礼县城补水工程测量”获河北省优秀工程勘察设计奖二等奖，“南水北调中线一期工程邯邢段加密施工控制网复测”获三等奖。获河北省测绘行业 2010–2011 年度“优秀测绘单位”称号。

河北省水利水电勘测设计研究院

【业务】

2012 年，河北省水利水电勘测设计研究院完成河北省南水北调配套工程石津干渠补充测量、秦皇岛戴河河道综合治理工程、玉田县双城河治理工程、天津市青静黄排水河治理工程勘测等 20 多项测绘项目，完成产值 588 多万元。

【其他】

河北省水利水电勘测设计研究院在工程测量领域积极推进科技创新，自主研发的“南水北调中线工程测量软件集成系统”将外业采集与内业数据处理有机集成，建立了工程测量数据处理现代化的作业流程。与北京龙睿鑫云科技发展有限公司、武汉大学共同研制的 Topo-Lite 三维激光扫描数据处理应用系统是我国第一个基于地面三维激光扫描数据处理和应用的软件平台，填补了国内空白。

完成的“南水北调中线工程测量软件集成系统”获 2012 年中国测绘学会测绘科技进步奖二等奖；“河北省南水北调配套工程石津干渠工程可行性研究阶段补充测量”获 2012 年河北省优秀测绘地理信息工程奖一等奖；“河北省南水北调配套工程廊涿干渠保定段施工控制网测量”获 2012 年河北省测绘学会科学技术奖三等奖。

中国石油天然气管道工程有限公司

【业务】

中国石油天然气管道工程有限公司是全国唯一从事长输管道测量、勘察、设计的专业化公司，承担国内 80% 以上长输管道工程的建设，连续 13 年进入全国勘察设计百强企业。2012 年，该公司承担中缅油气、天然气管道工程第二、三标段 EPC 测量，西气东输四线（西段）项目控制性工程测量、坦桑尼亚管道项目等共计 10 项重大工程，涵盖工程测量、摄影测量与遥感、地理信息系统工程。顾客满意率超过 95%，未发生质量事故和泄密事件。

【其他】

中国石油天然气管道工程有限公司在哈尔滨–沈阳输气管道工程等项目中开展无人机航测，线路累计长度 82 千米，并独立完成从空中三角测量到空间数据采集的全部流程，为规模化、常态化生产奠定基础。该公司被评为国家“AAA”级信用单位。

中国石油集团东方地球物理勘探有限责任公司

【业务】

中国石油集团东方地球物理勘探有限责任公司测绘业务主要为测量软件研发、物探测量作业、测量设备维修等。2012 年共完成物探测绘项目 112 个，工作量为 20.86 万千米。国内勘探区域涉及新疆、内蒙古、河北、甘肃、四川等 12 个省（区），长庆油田、华北油田、塔里木油田等 15 个油田；国际业务覆盖俄罗斯、沙特阿拉伯、伊朗、伊拉克等4大洲、35个国家。

【其他】

中国石油集团东方地球物理勘探有限责任公司将无人机航摄应用于物探测量作业，高效完成航测影像外业采集及数据处理任务，形成较为完整的石油勘探测量导航与定位技术服务系统。参与完成的“精密单点定位理论方法、软件系统及其推广应用”项目获2012年中国测绘学会测绘科技进步奖一等奖。完成的“2010年度鄂尔多斯盆地－彭阳－环江－镇北地二维震勘探测量项目”获2012年河北省优秀测绘地理信息工程奖二等奖、“2011年度三塘湖盆地条湖中部三维地震勘探测量项目”获三等奖。该公司获河北省测绘行业2010–2011年度“十佳单位”称号，1人被河北省测绘行业协会评为先进个人。

河北中色测绘有限公司（北京中色测绘院有限公司）

【业务】

2012年，河北中色测绘有限公司（北京中色测绘院有限公司，以下简称河北中色测绘有限公司）在数字国土、数字城市建设、国外测绘等领域取得较大突破。承担2012年度全国土地利用变更调查遥感监测与核查任务、典型区域国家重大工程用地监测、遥感监测信息提取指导手册编制研究、国土资源卫星02C星在轨测试研究等数字国土项目，提交10多项研究成果。进行数字石家庄地理空间框架建设、数字廊坊地理空间框架建设等数字城市建设项目。承担内蒙古自治区和布克赛尔自治县，新疆维吾尔自治区额敏县、和丰县、托里县、裕民县，河南省新郑市、巩义市、新乡市、新密市、登封市、禹州市、中牟县，河北任丘市等地的土地确权登记发证工作，作业比例尺为1:500~1:1万，面积6.8万平方千米。实施赞比亚、津巴布韦、塞拉利昂、安哥拉等国外地质工程测绘、市政交通规划测绘等。

【其他】

河北中色测绘有限公司对高分辨率SAR数据在土地利用方面的规模化应用、资源一号卫星02B星数据在国土资源调查等领域的适应性进行研究创新，取得突出成果。对地上场景三维地理信息平台建设及地下三维管网场景建设的技术路线、快速三维建模、展示效果、高效三维可视化等关键技术进行创新，在国内首次实现大面积真三维地上地下一体化整合技术，建立一体化三维地理信息系统。

完成的“北京市房屋普查修补测更新及管理平台建设项目”获2012年中国测绘学会优秀测绘工程奖白金奖，“廊坊规划区三维地理信息系统建设”获银奖，“燕郊开发区地下三维管网地理信息系统”获铜奖。

河北省制图院

【业务】

2012年，河北省制图院承担保廊北区和唐秦测区1:1万基础测绘工作，唐秦测区335幅DOM、335幅DLG。作为国家地理国情监测项目10个试点单位之一，已完成项目设计。启动保定市定州、易县、涿州，廊坊市霸州、三河数字城市建设项目。为全省帮扶村规划提供测图服务，承担保定、廊坊、石家庄3市1377幅DOM，672幅DLG的测图任务。承担保定、廊坊16个县的1:2000农村集体土地确权底图制作任务。

完成送审地图的技术性审查工作和公开出版地图备案，审查各种地图集册、电子地图等65项；开展“问题地图”专项治理工作；排查互联网地图，发现登载“问题地图”网站近1000家；开展汽车导航市场摸底调研工作。

为省领导编制《中国全图》、《河北省地图》、《石家庄市城区图》；此外，为省交通厅编制《河北省公路规划图》、《河北省铁路规划图》、《河北省机场规划图》、《秦皇岛、唐山、黄骅港规划图》；为省委扶贫办编制《河北省扶贫开发片区县重点县分布图》；为保定易县灾区规划紧急测制10个村所需地图；为涞源、涞水、易县等受灾地区提供救灾用图。全年累计编制各种专题图11500幅。

为海洋、国土、交通、旅游、民政等部门提供及时有效的地理信息服务。完成“昌黎黄金海岸国家级自然保护区七里海潟湖湿地保护管理与生态恢复工程科普展馆布展工程”、“河北省海岸线界址点埋设及测绘”和43个海域竣工测量等一批服务海洋管理的项目；完成“河北省第二次土地调查省级汇总图件缩编”项目；启动“全省地质灾害普查底图数据制作”、“交通厅挂图、图集制作”、“民政厅地名普查成果试点挂图制作”等重点项目。

【其他】

河北省制图院完成的《河北省地图集》获2012年中国测绘学会优秀地图作品裴秀奖银奖、2012年河北省测绘学会科学技术奖一等奖，《秦皇岛市滨海区域地图》获河北省测绘学会科学技术奖二等奖。全年发表测绘科技论文14篇，其中在公开发行期刊上发表9篇。

化学工业第一勘察设计院有限公司

【业务】

2012年，化学工业第一勘察设计院有限公司实现主营业务收入24262万元，实现利润总额750.7万元，公司总资产达到22866.46万元。其中，工程测绘专业实现产值698万元，完成工程控制测量项目3项，产值285万元；工程地形测量项目3项，产值115万元；变形监测项目6项，产值126万元；其他测量项目6项，产值172万元。

【其他】

2012年，化学工业第一勘察设计院有限公司首次引入网络RTK相关技术，利用移动通讯网络传输RTK数据，节省自备电台且不受自然环境影响，作业范围进一步扩大。利用河北省卫星定位连续运行综合服务系统进行实验性作业，提高了工作效率。

完成的“京沪高铁三标八工区（DK580+229--DK667+026）段沉降测量”项目获2012年河北省优秀测绘地理信息工程奖一等奖。该公司被评为2012年度河北省诚信单位，并通过全国工程勘察与岩土行业诚信单位复审。

承德华勘五一四测绘有限公司

2012年，承德华勘五一四测绘有限公司完成政府项目10多项，包括内蒙古自治区国土资源厅项目、丰宁满族自治县发展改革局项目、宽城满族自治县国土资源局项目等。完成企业项目40多项，出图900多幅，全年产值1200多万元。

保定金迪地下管线探测工程有限公司

【业务】

2012年，保定金迪地下管线探测工程有限公司共签订工程合同51个、合同额1亿多元，完成地下管线探测39028千米，完成地形图测绘49.96平方千米，场地测量1.57万平方米，输出地下管线图58671幅。

【其他】

保定金迪地下管线探测工程有限公司完成GDInfo管线数据处理系统（V5.0版）研发工作，采用CAD图形可视化平台及MDB电子表格技术，简化管线外业探测工艺，大幅提高数据输入、处理、质检、成果输出等方面的效率与质量。

完成的“绍兴市地下管线探测工程3标”获河北省优秀测绘地理信息工程奖一等奖，“铜山城区综合普查工程”项目获2012年中国测绘学会优秀测绘工程奖铜奖，“延安市城市规划区范围地下一普及综合管线信息系统建设”项目获2012年中国地理信息产业优秀工程奖铜奖。

中国兵器工业北方勘察设计研究院有限公司

【业务】

2012年，中国兵器工业北方勘察设计研究院有限公司完成测绘工程95项，新签合同额820万元，编制报告及技术资料107份，出图1050多幅。该公司承担的重大工程包括某兵器试验基地施工测设、湖北江山重工有限责任公司现状测量、山西平陆县三门镇风电场二期地形测量等，均按时完成。

【其他】

中国兵器工业北方勘察设计研究院有限公司注重科技创新，开发工业企业能源管理信息系统软件，并在多家单位的能源管理过程中得到应用；在“神华黄骅港地下管网管线探测”项目中开发地下管线属性录入软件，提高数据处理的效率及精度；在“石家庄市城市轨道交通1号线一期1: 500地形图测绘及管线详查工程”中创新作业流程，克服城市繁华路段探查点标记易被破坏、反复探测影响交通等缺点，提高了作业效率；与北方车辆所合作，研制成功我国第一代1/6低重力环境模拟月壤。

完成的“江麓机电科技有限公司现状测量”获2012年河北省优秀工程勘察设计奖二等奖，“石家庄市城市轨道交通1号线一期管线详查工程”获2012年河北省优秀测绘地理信息工程二等奖奖。

河北天元地理信息科技工程有限公司（中国冶金地质勘查工程总局一局测绘大队）

【业务】

2012年，河北天元地理信息科技工程有限公司（中国冶金地质勘查工程总局一局测绘大队，以下简称河北天元地理信息科技工程有限公司）实现生产总值5258.34万元，其中地籍调查及系统建设约占50%、地下管线探测及系统建设约占30%、航测和数据处理约占10%、房产测量等约占10%。

【其他】

由河北天元地理信息科技工程有限公司参与实施的“烟台市区地下管线探测与信息化建设工程”获2012年中国测绘学会优秀测绘工程奖金奖，独立完成的“三河市福山经济新区1:1000地形图测绘”项目获铜奖；独立完成的“滦县综合管线普查与信息管理系统开发工程”、“三河市东、西市区城镇地籍调查项目”分获2012年河北省优秀测绘地理信息工程奖一、二等奖。

该公司获河北省测绘行业2010–2011年度“十佳单位”称号；并获河北省服务质量促进会评选的“河北省服务质量优秀单位”称号。

河北省第三测绘院

【业务】

2012年，河北省第三测绘院承担基础测绘任务4项，完成1:1万DEM、DOM350幅，1:1万DLG552幅，1:2000 DOM1141平方千米，1:2000 DLG1366平方千米，1:1000 DLG1229平方千米。承担横向工程项目共17项，完成1:500 DLG53.3平方千米886幅，1:1000 DLG51.4平方千米210幅，1:2000 DLG332.46平方千米，1:5000 DLG数据整合1860平方千米。农村集体土地所有权调查项目4项，折合面积约3500平方千米；编写技术总结和技术设计书共10份，输出各类图纸3340多幅。

【其他】

河北省第三测绘院承担的“利用先进移动测量技术在不同类型地质灾害中的应用研究与示范”项目采用移动测量、定点扫描和DGPS定位相结合的技术，快速准确获取具有典型代表意义的地质灾害点现场数据，建立地质灾害点监测信息数据库，制作1:500数字地形图、影像图和三维模型等成果。在河北“7·21”特大洪灾中，利用无人机航摄技术，快速获取保定市来源县灾后影像数据，并制作受灾影像图、红青立体影像等成果，发挥了应急救灾测绘保障作用。

完成的“利用无人机航摄技术构建河北省国土资源应急服务平台”项目获2012年河北省测绘学会科学技术奖一等奖，“数字石家庄地理空间框架建设项目航测成图任务”获二等奖；“河北省海岛地名普查”获2012年河北省优秀测绘地理信息工程奖一等奖，“吴桥县城区1:1000地形图测量”获二等奖。

河北省地质测绘院（河北省欣航测绘院）

【业务】

2012年，河北省地质测绘院（河北省欣航测绘院）完成测绘生产产值5200万元，主要测绘业务包括河北省矿政信息及三维动态管理系统项目、西气东输三线天然气管道东段（江西吉安－福建福州）工程首级控制点及阀室测量合同项目、大城县县城地籍补充调查及地籍信息系统建设项目等。

【其他】

河北省地质测绘院（河北省欣航测绘院）完成的“廊坊市土地巡查信息系统”项目获2012年河北省测绘学会科学技术奖一等奖，“廊坊市地方税务局存量房交易价格申报评估图形辅助系统”项目获三等奖；“怀来小南辛堡1:2000航空摄影测量”项目获2012年河北省优秀测绘地理信息工程奖一等奖、2012年中国测绘学会优秀测绘工程奖铜奖；《中国文物地图集－重庆分册》获2012年中国测绘学会优秀地图作品裴秀奖铜奖。该院获河北省测绘行业2010–2011年度“十佳单位”称号，被廊坊市政府评为2010年~2011年文明单位。

河北省地矿局石家庄综合地质大队

【业务】

2012年，河北省地矿局石家庄综合地质大队主要完成数字石家庄地理空间框架建设D标段1:500数字地形图测量42平方千米；石家庄市新华区、元氏县、正定县、高邑县、藁城市、平山县、行唐县，张家口市崇礼县，邢台市广宗县，深州市，温州市永嘉县等11个县、市（区）农村集体土地所有权权属调查4500平方千米；张家口市赤城县、下花园区、石家庄市井陉矿区等3个县（区）基本农田调查5584平方千米。完成矿山地质工程测量18个矿点、矿山钻孔测量7个，剖面测量10千米。完成行唐县、井陉县、赞皇县、鹿泉市42个村河北省帮扶村编制规划1:1000地形测图调绘任务68.2平方千米；完成河北省第一届园林博览会园博园变形观测任务。

【其他】

河北省地矿局石家庄综合地质大队承担的“石家庄市矿业权实地核查”项目获2012年中国测绘学会优秀测绘工程奖银奖；“石家庄南部工业区工业组团地形测量”项目获2012年河北省优秀测绘地理信息工程奖一等奖；“石家庄市矿业权实地核查及数据库建设”项目、“河北省第二次土地调查怀安县城镇地籍调查及城镇地籍管理系统”项目获2012年河北省测绘学会科学技术奖三等奖。7月，该队获河北省测绘行业2010–2011年度“优秀测绘单位”称号。

核工业航测遥感中心

【业务】

2012年，核工业航测遥感中心完成唐海线改建工程1:2000地形图及数字高程模型测绘、连云港市东海县10kV配电GIS测量、新建哈尔滨至佳木斯铁路工程补充定测、承德市及周边地区1:1000地形图等测量。

【其他】

核工业航测遥感中心完成的“辽宁省重点矿集区矿山开发遥感调查与监测”项目被中核集团公司评为2012年效能监察优秀项目二等奖。完成的“内蒙古巴丹吉林沙枣泉地区1:500地形测绘”获2012年河北省优秀测绘地理信息工程奖二等奖。

秦皇岛市测绘大队

【业务】

2012年，秦皇岛市测绘大队完成秦皇岛市四等及以下城市等级控制点81点，完成市区内120平方千米1:500数字地形图的更新维护工作。完成各类测绘项目100多项，主要包括秦皇岛市城市规划、市内道路工程、各种管网工程、河道治理、旧城改造、房地产开发、城郊新民居建设、开发区建设、工程施工放线、竣工图等城市工程测量和市区内所有地籍测绘、工程项目征地、土地勘测定界、土地开发利用等土地测量项目。共测绘和编制各种图件1150件。其中1:500 ~ 1:1000地形图（含竣工图）72项，总面积56.1平方千米；地籍、宗地图786宗，总面积70.5平方千米；征地图57宗，总面积4.3平方千米；规划用地图44件，总面积4.1平方千米；土地勘测定界图191宗，总面积10.5平方千米。测绘成果质量优良，全年未发生质量事故。

【其他】

秦皇岛市测绘大队获河北省测绘行业2010–2011年度“十佳单位”称号，完成的“2010年度秦皇岛市城区1:500地形图更新维护项目”获2012年河北省优秀测绘地理信息工程奖二等奖。

河北恒华信息技术有限公司

【业务】

2012年，河北恒华信息技术有限公司主要承担河北省12个县（市、区）的农村集体土地所有权调查工作；9个县（市、区）的土地利用变更调查工作；承德市、沧州市的土地利用变更调查省级核实工作；河北省国土资源一张图数据中心建设；河北省矿政信息及三维动态管理系统项目；河北省地质资料数据中心系统建设项目；廊坊市活动断裂层三维建模项目。共出图1万多幅。

【其他】

2012年，河北恒华信息技术有限公司升级为甲级测绘资质单位，被认定为河北省高新技术企业，获河北省测绘行业2010–2011年度“优秀测绘单位”称号。完成的“辛集市城镇地籍调查”项目获2012年河北省优秀测绘地理信息工程奖一等奖。该公司获得4个软件著作权登记证。11月，“河北地理信息云服务平台”项目在石家庄市发改委备案。

河北省地矿局秦皇岛资源环境勘查院

【业务】

2012年，河北省地矿局秦皇岛资源环境勘查院完成地勘指令性项目测量及市场测绘工程项目100多项，编写技术总结、资料整编508份，出图1500多幅，为地质找矿、海洋管理和地方经济建设提供服务。

完成2011年度秦皇岛市海籍变更调查项目，调查秦皇岛市辖区各种用海类型，变更面积为21203.8968公顷，提交汇入海籍数据库，该项目通过了河北省海洋局组织的验收。完成2012年度秦皇岛市海籍变更调查项目，调查秦皇岛市辖区各种用海类型，提交汇入海籍数据库；秦皇岛市海岸线标示测量与埋设公益性项目，共测设、埋设标石830座，拍摄现场照片2097张。

承担秦皇岛市柳江盆地外围煤炭普查等7处省级地勘专项资金项目，完成首级控制82点，布设剖面50多千米，放样、收测钻孔22个。完成河北省遵化市矿山动态监测项目全年监测工作，监测矿山53处，编写动态监测报告累计424册。

【其他】

河北省地矿局秦皇岛资源环境勘查院完成的“秦皇岛市昌黎县海籍调查（2011年度）”项目获2012年河北省测绘学会科学技术奖二等奖，“青龙满族自治县县城北部地形测量”项目获2012年河北省优秀测绘地理信息工程奖三等奖。

山西省

概况

截至2012年底，山西省共有测绘资质单位498家，其中甲级20家、乙级57家、丙级135家、丁级286家，私营企业占持证单位总数的49%。2012年全省测绘资质单位完成的测绘服务总值112475万元，从业人员约2万多人。行业单位完成的重大测绘地理信息项目主要包括哈密－郑州 ±800kV送出线路测绘，山西软件园二期暨清华科技园（太原）基坑支护工程第三方监测，全国水利民普查空间数据采集与处理；新版省领导工作用图、专用挂图、省委省政府紧急接待工作用图；太原阳光长风商住区A区1#~8#楼及A区车库沉降观测；新绛县农村集体土地所有权确权登记发证项目，襄垣县下良工业园区1:1000数字航空摄影测量等。

山西省电力勘测设计院

【业务】

2012年，山西省电力勘测设计院共完成测绘项目345项，其中发电工程65项、变电工程52项、风电工程54项、输电线路工程174项，主要包括哈密－郑州 ±800kV直流输电线路工程、淮南－南京－上海1000kV特高压输电线路工程等国家重点项目，完成勘测产值8000万元。

【其他】

山西省电力勘测设计院基于ArcGIS与Skyline自主开发的GIS平台“山西电力资源三维信息系统”上线运行。该系统集成DLG、DOM、DEM等空间基础数据、全省110kV及以上电厂变电站和输电线路数据以及矿产、风区、冰区、污区、林区等多个专题数据层，实现了电力工程三维选址选线，达到同行业先进水平。自主开发的“架空送电测量辅助绘图软件”通过行业鉴定并取得国家著作权证书和电力规划设计专有技术证书。

完成的“金鑫变～垣曲变220kV输电线路工程测量”获2012年中国测绘学会优秀测绘工程奖铜奖，“向家坝－上海 ±800kV特高压输电线路测量”、“宁东－山东 ±660kV直流输电线路测量”获中国电力规划设计协会工程测量奖一等奖。

山西省勘察设计研究院

2012年，山西省勘察设计研究院测量工程专业共完成工程项目102项，业务范围涉及地形测量、工程测绘、沉降观测以及土地调查等方面。主要包括山西体育中心竣工后沉降观测、山西省图书馆竣工前沉降观测、太原景辉苑商城基坑监测、五台山风景区清水河流域环境整治与生态建设项目测绘工程、吕梁市市区控制测量修测、汾阳市第二次城镇地籍调查等项目。

山西省水利水电勘测设计研究院

【业务】

2012年，山西省水利水电勘测设计研究院主要承担并完成山西省中部引黄工程、山西省小浪底引黄工程、山西省辛安泉供水改扩建工程、山西省东山供水工程等项目，共完成C级GPS点700多个、二等水准测量1100多千米、局部地形图测量200多处、带状地形图测量280千米、纵横断面测量500多千米，埋设强制观测墩40个。

【其他】

山西省水利水电勘测设计研究院连续14年保持“省青年文明号”先进集体称号。获2012年度全国水利水电测绘信息网先进集体称号。

山西省测绘资料档案馆

2012年，山西省测绘资料档案馆完成“山西省测绘成果档案快速提供”项目。研发“山西省测绘成果档案管理系统”，实现对测绘成果、测绘资料档案的数字化和信息化管理，为测绘成果档案提供科学的管理方法和安全高效的服务手段。编制完成《山西省2006–2010年测绘成果目录》。与国家测绘地理信息局大地测量数据处理中心合作开发“山西省基础地理信息数据坐标转换系统”，并正式投入使用，实现山西省基础地理信息数据1954北京坐标系、1980西安坐标系与2000国家大地坐标系之间的相互转换，提高了基础地理信息数据转换工作的效率。

山西省遥感中心

【业务】

2012年，山西省遥感中心完成的“山西省第二次土地调查省级数据库建设”项目通过验收。项目成果提交运行后，实现全省土地二调成果的集中管理，建成长效的数据上报和快速更新机制，保持土地调查数据库的现势性，实现了国家、省、市、县4级土地调查数据库的互联互通和同步更新。“太原市1:2000数字线划图测绘”项目通过验收，项目成果进一步完善了太原基础地理信息数据库内容。“晋城市第二次土地调查市级数据库建设”项目通过验收。“数字朔州地理空间框架”建设项目稳步推进，完成1:500、1:2000地形图数据整理建库以及200平方千米1:500航摄任务。“山西省煤层自燃遥感调查”项目稳步推进，完成TM卫星影像的购置、处理工作，以及煤层自燃遥感解译和部分外业调查工作。启动“太原市数字正射影像及数字线划图测绘”项目，已完成古交市40平方千米数字线划图制作工作。启动“山西省重点城市建设用地遥感监测系统”建设项目，完成已有基础数据及专题数据的加工整理工作，并启动前期1:2000航空影像的拍摄工作。

【其他】

山西省遥感中心完成的“太原市1:2000数字线划图缩编”、“太原市1:2000数字正射影像图”被评为2012年度山西省优秀测绘工程。

山西省测绘产品质量监督检验站

【业务】

2012年，山西省测绘产品质量监督检验站完成各类测绘成果质量检验项目121个。其中基础测绘项目11个，太原、晋城、运城、长治、晋中等市年度监督抽查项目45个，地图技术审查项目32个，其他测绘项目委托检验20个，测绘评优工程项目13项。查出质量问题、严重不合格项目7个。全年检定测绘仪器2786台，检测出不合格仪器147台。

【其他】

12月，山西省测绘产品质量监督检验站完成的山西卫星定位接收机、电磁波测距仪基线检定场技术改造项目通过专家组验收，该检定场的基础设施、计量基准、场地环境、工作效率等各项综合功能均在国内处于领先水平。在全国率先开展应用连续运行参考站系统进行RTK检定研究的科研项目，并取得成果。

辽宁省

概况

截至2012年底，辽宁省共有测绘资质单位620家（其中甲级31家、乙级130家、丙级237家、丁级222家；属事业单位195家、民营企业425家），从业人员13220人。

2012年，全省测绘资质单位完成的测绘服务总值208021.25万元。完成的重点测绘地理信息项目主要包括数字抚顺、数字本溪、数字阜新、数字沈阳地理空间框架建设，“天地图·辽宁”，抚顺市地理国情监测以及2260幅1:1万地形图更新，建设B级GPS控制点165座、C级GPS控制点512座、二等水准点1732座，实施了总投资1.7亿元的全省农村集体土地确权登记的测绘项目和0.2米、0.5米分辨率的国家基础航空摄影等。

大连九成测绘信息有限公司

【业务】

2012年大连九成测绘信息有限公司拓展航空摄影业务，应用ADS80数字航摄仪完成海城市、鞍山市、营口市、辽阳市数字城市建设以及本溪小市镇、大连长兴岛临港工业区西中岛的航摄任务，总面积3829.7平方千米；利用无人机完成石城岛、大连静脉产业园、富谷水产等摄区低空摄影119.5平方千米。

完成航测主要项目27项，包括阜新市1:1000地形图数据整合126平方千米；大连金州新区1:2000 DLG、DEM、DOM生产各523.7平方千米；海城市1:1000 DLG生产375平方千米，1:2000 DLG生产825平方千米，1:2000 DEM、DOM生产各1200平方千米；四川成都市1:2000地形图数据采集402平方千米；鞍山数字城市1:500、1:1000 DLG数据采集496平方千米；数字阜新地理空间框架工程建设项目20平方千米的三维模型采集生产和1:500、1:1000 DLG的建库工作。完成鞍山数字城市及大连庄河海港将军石作业区泊位后方陆域工程、长海县瓜皮岛验潮站点等7个项目的GPS网测量D、E级控制点181个，施测三等水准路线200千米、四等水准路线625.9千米。

完成辽宁省庄河市、大连花园口经济区、阜新市彰武县等地的农村集体土地确权登记项目，总面积13560平方千米。完成国家重点工程红沿河核电站重件码头港池航道水深测量、大连长兴岛扫海测量、长海县跨海引水工程扫海测量、普湾新区海湾整治工程水深测量共110平方千米，完成海域勘测定界、浮筏测量、宗海图制作共410幅。完成大连市地铁建设工程的第三方监测、大连市饮用水水源保护区三标段勘界立标项目，完成勘测定界、竣工测绘、土石方计算1600多幅，完成地下管线探测260千米。对康平电厂和庄河电厂进行变形监测。

【其他】

大连九成测绘信息有限公司完成的“数字本溪地理信息空间框架建设项目”获2012年中国地理信息产业优秀工程奖金奖；“测绘地理信息数据跨平台同步显示检查系统”获2012年辽宁省测绘科技进步奖一等奖，“大连长兴岛临港工业区地下管线普查工程”获二等奖。

辽宁省地理信息院

【业务】

2012年，辽宁省地理信息院完成省基础测绘项目1:1万地形图数据更新建库项目659幅；完成辽宁省基准体系建设项目B级和C级GPS点、二等水准点埋设标石715个，GPS观测点436个；沈阳地区1:5000航测数字化成图705平方千米；瓦房店市1:1000航测数字化成图350平方千米；北票市1:500航测数字化成图46平方千米。

完成“927”工程1:2000航测成图14平方千米，1:5000航测成图138平方千米；全省90个县（区）国土变更一次性调查；丹东市、大连市、本溪市、营口市三类用地调查、低丘缓坡调查、卫片执法检查、占补平衡核查项目；省民政厅第二次地名普查项目葫芦岛市普查及入库任务和省1:1万乡镇界线档案整理工作。

完成辽宁省朝阳市、建平县风电场1:5000地形图测量95平方千米，康平县朝阳堡风电场1:2000地形图测量55平方千米，桓仁县牛毛大山风电场1:2000地形图测量30平方千米，阜新市、通辽市风力电场风机沉降观测830台，完成长－吉线输油管道测绘90千米。为辽宁省应急办公室提供全省14个市及2个省管县应急保障系列用图16幅。

【其他】

辽宁省地理信息院被国家测绘地理信息局评为国家1:5万基础地理信息数据库更新工程先进集体。完成的《辽宁省领导工作用图》获2012年中国测绘学会优秀地图作品斐秀奖银奖，“长距离管道可视化信息集成工程”获省国土资源厅科学技术成果评委会一等奖。

辽宁省摄影测量与遥感院

【业务】

2012年，辽宁省摄影测量与遥感院利用ADS80航摄系统完成国家基础航空摄影项目葫芦岛、营口、鞍山、沈阳摄区9230平方千米，完成省内其他航空摄影项目654平方千米。完成全国首批地理国情监测项目试点之一的抚顺市地理国情监测项目。完成省级基础测绘1:1万地形图更新与建库项目558幅，上海市1:500地形图修测688幅，凌源、建平1:500 DLG及1:2000 DOM制作137平方千米，朝阳市1:500地形图测绘150平方千米。完成辽宁省耕地占补平衡技术复核测绘1467公顷，土地卫片疑问图斑外业核查6324公顷，土地卫片动态遥感监测41188平方千米，以及违法用地测绘、农村集体土地所有权发证等省国土资源厅测绘项目。完成辽宁省抚顺、本溪、丹东、阜新等市的数字城市测绘项目。完成新疆与西北主网联网750千伏第二通道输变电工程航测基础控制测量、像控点测量、塔基位置平断面数字化成图项目109千米。

【其他】

2012年，辽宁省摄影测量与遥感院完成的“抚顺市地理国情监测试点”、“低丘缓坡调查”、“基于ADS80航摄系统的朝阳市1:500地理信息数据库建设”获2012年辽宁省测绘科技进步奖一等奖，“数字盘锦测绘基准建设”等3个项目获二等奖，“盘锦市大比例尺数字线划图成图方法研究”获三等奖；“本溪大台沟铁矿空间三维管理系统”获省国土资源厅科技成果一等奖，“农村宅基地管理信息系统的建立和应用”等2个项目获二等奖。

鞍钢集团工程技术有限公司

2012年，鞍钢集团工程技术有限公司受冶金行业整体低迷的影响，测绘工程项目明显减少。全年完成鞍钢二烧余热产蒸汽工程等鞍钢指令性技改测绘工程21项，主要包括厂区总图测绘、带状地形图测绘和特殊高程测绘，产值503.36万元。此外，承担上海市40平方千米1:500数字地形图修（实）测（外业数据采集）和鞍山市千山区新新小区地块土方量测绘2项地方工程。2012年度勘测事业部测绘专业共完成鞍钢及地方测绘工程产值564.06万元。

该公司连续15年被评为辽宁省重合同、守信用单位。

辽宁经纬测绘规划建设有限公司

【业务】

2012年，辽宁经纬测绘规划建设有限公司完成各种工程项目120项，编制出版各种地图（图集、图册）43种，印刷各种地图45万多张（册）。主要完成沈阳铁路局铁路用地辽宁段地籍测绘和土地登记C、D级控制网项目，朝阳市、朝阳县、北票市、铁岭清河区农村集体土地所有权确权登记测绘项目，《辽宁省公路网图集》编制、印刷项目，无人机海域航空拍报项目等。

【其他】

辽宁经纬测绘规划建设有限公司在沈阳铁路局铁路用地地籍测绘和土地登记（辽宁段）项目中，成功采用自行安装无人机航摄，完成1:2000地籍图。完成的“大伙房水库监控预警平台”获2012年辽宁省测绘科学技术进步奖一等奖，《辽宁省征地区片综合地价图集》、“辽宁省‘一张图’及土地利用遥感监测”获二等奖。

辽宁省基础测绘院

【业务】

2012年，辽宁省基础测绘院完成“数字本溪地理空间框架建设”1:2000 DOM、DEM制作任务；完成辽宁省葫芦岛地区地类和权属调查以及内业数据采集、处理入库工作，并组织人员对相关资料进行整理、汇交；完成新宾和清源2个边远、少数民族自治县基础测绘补助项目1:1万地形图更新125幅；参与全省违法用地清查、批而未用土地及新开工项目用地情况清查、土地占补平衡清查、三类土地调查及低丘缓坡土地清查4项任务，对鞍山等4市27个县区进行动态遥感监测伪变化图斑核查，对锦州等6市1县的土地利用管理情况进行清理；对建平等6个县区815个地块进行土地开发项目技术复核；对鞍山等6市1县的废弃地、低效地和未利用地进行核查。

【其他】

辽宁省基础测绘院与南方数码合作，研发测绘资料管理系统、办公自动化系统，电子政务水平明显提高。2012年，该院获得辽宁省测绘科技进步奖一等奖3项、二等奖2项；获省国土资源厅科技成果奖一等奖1项、三等奖1项。

辽宁省测绘地理信息局网络中心

辽宁省测绘地理信息局网络中心承担辽宁省永久性卫星定位跟踪站（简称LNCORS）的使用管理，2012年，主要完成前期准备工作，建立相关制度、学习有关技术并到外省先进单位进行应用管理方面的调研学习。承担辽宁省测绘地理信息局办公自动化技术服务及局门户网站的运行、维护和保密安全等管理工作，完成网站规划设计、局政务外网系统维护、信息发布等工作，并对局所属域名进行管理。承担辽宁省测绘地理信息局基础地理信息传输网络的应用管理。2012年投入维护资金22万，检查测绘生产网络线路28560米，修复网络故障端口40个，修复网络核心交换机2台，服务器3台，更新后备电池32节，解决网络故障40多次，为生产单位提供数据交换流量10.24万GB。

【其他】

辽宁省测绘地理信息局网络中心在局门户网站增设“辽宁测绘科技发展动态”、“学习十八大”和“辽宁测绘文化”3个专栏版块，丰富了网站内容。局门户网站2012年获全国测绘地理信息系统网站建设运维管理奖。

辽宁省地理信息资料馆

2012年，辽宁省地理信息资料馆接收2012年国土资源厅用于执法检查的卫片764GB，2010年1:1万基础测绘任务504幅、2011年1:1万老少边穷地区测绘任务125幅成果数据，以及2008年以前馆藏1:1万地形图涉军涉密检查修改后成果2063幅。配合辽宁省测绘地理信息局对各直属单位历年积累的纸质地形图、地理信息数据、航片等资料进行检查、清点、收缴、销毁。为社会公众提供100多次测绘地理信息成果资料接待服务，提供1:1万、1:25万纸质地形图563幅，大地控制成果点285点。向用户提供房屋建设审批用地军管净空控制点，出测30多次，实地施测省域军管净空控制点168点。为省发改委、省委组织部、省政府应急办公室、省财政厅、省军区、沈阳军区等领导机关提供用图664幅。

8月3日，第10号台风“达维”登陆辽宁，为省应急办提供受灾点岫岩县哈达碑镇树地村地理信息坐标，完成树地村及周边地区的影像数据调取与处理工作，快速查档调取树地村1:1万、1:5万地形图，完成灾区影像图、市域地图等整饰输出提供工作。当天先后为省政府应急办、沈阳军区作战部、省防汛指挥部紧急提供基础地理底图、影像图、行政区域图等近200幅。

吉林省

概况

2012年，吉林省测绘地理信息局为掌握全省地理信息产业的真实状况，成立以局长为组长的普查工作领导小组，在全省开展地理信息产业普查工作。印发《关于开展全省地理信息产业普查工作的通知》，深入分析研究国内和省内地理信息产业发展情况并到工商、编制、地税等部门调取相关单位信息，制定《全省地理信息产业普查工作实施方案》。采取问卷调查和实地调研相结合的方式对从业单位现状进行调查，建立吉林省地理信息产业单位基本情况数据库。从普查情况分析，全省已初步形成一批具有一定市场竞争能力的地理信息硬件、软件和数据产品，在航测遥感、卫星导航、地理国情监测、数字城市建设等方面具有较大的基础优势。地理信息及其技术已广泛应用于全省各级政府部门宏观决策、城市规划、环境监测等方面，并扩展到物流配送、旅游、交通运输、精准农业等产业。至2012年底，吉林省有测绘资质单位418家（甲级15家、乙级60家、丙级100家、丁级243家），从业人员24716人。

长春市国土测绘院

【业务】

2012年，长春市国土测绘院年产值超过3000万元，建立了完善的测绘生产管理体系。为国土资源部门提供矢量数据和宗地权属信息；为各城区、开发区、长春市土地收储中心提供大量1:500、1:1000地形图；承担2012年卫星遥感监测影像图册的编辑印刷工作；与深圳市凯立德科技股份有限公司合作开发“长春市国土资源局电子政务系统”，并负责日常数据处理及维护事项。

5月，承担的长春市三维地籍数据库建设项目通过验收。8月，国土资源部在长春就此项目召开现场会，进行三维地籍数据库建设的技术交流，并向全国推广。该院承担长春市宗地代码统一编制、坐标基准统一关键技术及在长春国土管理中的应用研究等重点项目，均顺利通过专家组验收。完成长春市土地利用总体规划数据库建设、长春市2012年度土地变更调查数据库更新、长春市城区三维地籍数据库管理系统更新维护等项目。

【其他】

长春市国土测绘院完成的“坐标基准统一关键技术及在长春国土管理中的应用研究”项目获2012年度吉林省测绘地理信息科技进步奖一等奖。被吉林省测绘学会评为2012年度“先进会员单位”，被吉林省测绘与地理信息行业协会评为2012年度“先进单位”。裴毓铁获长春市五一劳动奖章。

吉林省第一测绘院

【业务】

2012年，吉林省第一测绘院完成2011年1:1万白城测区144幅、长岭测区385幅1980西安坐标系转换2000国家大地坐标系工作；四通白测区565幅1:1万DLG数据更新，包括外业调绘和地物要素采编并通过验收。完成道路信息数据GPS快速采集省内县级道路约5000千米外业采集及内业编辑工作；数字延吉城市三维参考框架建设项目500千米三等水准联测及平差。完成北京、上海、天津、沈阳市相关测绘项目，以及吉林省文物局古遗址测绘、农村集体土地所有权确权登记发证测绘、辽源市三维数字城市测绘等项目。

【其他】

吉林省第一测绘院与吉林省文化厅合作，为省文物局建立完善的文物管理系统；与延边州国土资源局合作，在延边州建立三维矿山安全监测系统及地理省情监测系统。为数字辽源、数字四平建立三维地理信息系统，为辽源市建立了三维地下管网系统。独立完成的“天津鞍钢天铁冷轧薄板有限公司冷轧薄板项目房产测绘”项目获天津市优秀测绘工程奖三等奖。

吉林省第二测绘院

【业务】

2012年，吉林省第二测绘院完成基础地理信息数据2011版白城测区128幅、长岭测区400幅1980西安坐标系转换2000国家大地坐标系。完成三维基线场建设二等水准观测211.9千米，水准网平差211.9千米，观测墩坐标GPS观测20点，数据解算20点。完成四通白测区1:1万DLG数据更新、地物要素数据采编、野外调绘以及1:1万DOM制作各577幅。

完成县级道路信息数据GPS快速采集吉林、通化、白山、延边地区约5000千米的外业采集和内业编辑任务。完成天津市工程测量，上海市1:500数字化地形图修实测，长春市、区农村土地所有权确权登记发证，东丰县、镇赉县农村土地所有权确权登记发证以及省内工程测量、辽宁省工程测量等项目。

【其他】

吉林省第二测绘院积极开展信息化体系建设，开展测绘地理信息动态更新生产管理系统的生产管理流程设计和系统完善工作。已完成数据转化工作试验，开始了基于2013年生产数据资源下运行实验阶段，完成了此管理系统内的计划项目编制和任务安排2个子流程的初步建设及实验工作。共6人获得吉林省测绘地理信息局青年学术和技术带头人称号。武立军获吉林省测绘地理信息局“质量管理突出业绩奖”。

中水东北勘测设计研究有限责任公司

【业务】

2012年，中水东北勘测设计研究有限责任公司共承担测绘项目36项，完成34项。

完成大藤峡水利枢纽工程实物指标调查测量180平方千米；荒沟抽水蓄能电站工程招标阶段补充测量项目地形测量2.6平方千米、断面测量62.51千米、地质点联测350个；大雅河抽水蓄能电站预可研阶段测量四等GPS点28个、地形图7.32平方千米、地形图矢量化27平方千米、断面测量42.2千米、图根点468个等水利工程测量。完成荒沟抽水蓄能电站施工控制网测量三等平面控制网观测墩15座、三等平面观测15点和30条边、二等水准测量17.3千米、三角高程测量13.4千米。完成沈阳铁路局铁路用地地籍测绘和土地登记项目铁路用地测绘109平方千米，子宗地调查9160宗，确定8宗场站界线，落界范围55平方千米，测量C级GPS点227个、D级GPS点503个、E级GPS点163个，四等水准3909千米；完成松辽流域统一高程测量项目辽河段二等水准测量1555千米、三等水准测量2472.4千米，松花江段二等水准测量2004.3千米、三等水准测量2655千米。

【其他】

中水东北勘测设计研究有限责任公司完成的“丰满水电站库区测量”项目、“旁多水利枢纽区、灌溉输水洞区施工控制网测量”项目获2012年中国测绘学会优秀测绘工程奖银奖。

吉林省交通规划设计院

【业务】

2012年，吉林省交通规划设计院完成长平高速公路改扩建设计、延蒲高速公路延吉至龙井段设计、长双高速改线设计及通化、大安、镇赉地区等中小项目的勘察设计；大兴安岭南麓集中连片特困地区吉林省交通扶贫规划报告、吉林省城市群综合交通规划报告、珲春国际综合运输枢纽规划报告等多项规划报告编制；延蒲高速延吉至龙井等项目工可研报告编制；辉南至白山、辽源至西丰等项目建设用地选址报告，吉林至荒岗、东丰至双辽等项目节能评估工作。

【其他】

吉林省交通规划设计院“利用卫星遥感影像技术降低公路建设成本的研究”获2012年中国测绘学会测绘科技进步奖三等奖、2012年吉林省科学技术进步奖三等奖；“车载移动扫描技术在道路改建中的应用研究”获2012年中国测绘学会测绘科技进步奖三等奖。

“同江至三亚国道主干线长春至珲春支线图们至珲春段高速公路”获交通部2012年公路交通优秀设计奖一等奖、2012年度吉林省建设工程优秀设计奖一等奖；“鹤岗至大连高速公路通化至新开岭（吉辽界）段”获交通部2012年公路交通优秀设计奖二等奖、优秀勘察奖三等奖、2012年度吉林省建设工程优秀设计奖一等奖；“大庆至广州高速公路松原至双辽（吉蒙界）段”获2012年度吉林省建设工程优秀设计奖二等奖；“汪清至大蒲柴河高速公路延吉至大蒲柴河段工程可行性研究”获吉林省优秀工程咨询成果奖一等奖，“伊通至开原高速公路辽源至乌龙岭（省界）段工程可行性研究报告”获三等奖；“营城子至松江河公路工程可行性研究报告”两次通过FIDIC百年工程项目奖评审；“济青高速公路南线工程”获交通部2012年公路交通优秀设计奖一等奖。

长春市测绘院

【业务】

2012年，长春市测绘院以“数字长春地理空间框架建设”为核心，全面推进信息化建设，主要完成地理信息工作11项，包括“数字长春地理空间框架建设”的核心“一库一平台”建设（长春市基础地理信息数据库和长春市地理信息公共平台），长春市三维规划辅助决策系统建设，长春市园林绿化管理信息系统等典型应用示范项目建设，按照长春市域基础地理信息数据全覆盖战略新测1:500地形图598.6平方千米、航空摄影625平方千米；为市规划局提供面向规划全过程的规划用图、挡光测量、规划放线、规划验线、建筑竣工核实和地下管线测量等测绘服务744项，为长春市建委、市土地收储中心等提供1:500基础地形图数据172.84平方千米；为长春市规划局、地下管网指挥部、地铁公司、燃气公司等提供1:500基础地理信息数据974平方千米，为地铁公司、市政公用局管网普查和市建委两横两纵快速路等重点工程提供精密GPS点和导线点311个、精密水准284.03千米，提取遥感影像专题数据6000平方千米制作政务版电子地图数据610平方千米，编制出版长春市城区图和长春市全图丝绸版。

【其他】

长春市测绘院完成的“长春市北部新城1:2000地形图测绘二期工程”获2012年中国测绘学会优秀测绘工程奖铜奖；“长春地铁1号线基础控制测量工程”获中国城市规划协会2011年全国优秀城乡规划设计奖城市勘测工程奖二等奖；“长春市连续运行卫星定位综合服务系统的开发与应用”获2012年吉林省测绘地理信息科技进步奖二等奖。

中国电力工程顾问集团东北电力设计院

【业务】

2012年，中国电力工程顾问集团东北电力设计院勘测分公司共完成向阳500kV输电工程测绘、大连±320kV柔性直流淮河换流站新建工程测绘、两岸新能源合作海南航天智能微光光伏发电示范项目（一期）等7项测绘项目。

中国电力工程顾问集团东北电力设计院对《火力发电厂工程测量技术规程》进行了修订。受中国电力工程顾问集团公司委托，参与研发西北电力设计院开展的科技项目“特高压输电线路勘测GIS信息采集方法”。为辽宁省电力有限公司“大连跨海柔性直流输电重大科技示范工程”项目完成30.8平方千米1米~50米水深测量，进行侧扫声纳探测235千米，形成覆盖30.8平方千米的1:2000海底面状况图。编写“架空送电线路航测数据处理软件包”，实现航空摄影测量内业及工程测量外业数据的良好结合。

【其他】

中国电力工程顾问集团东北电力设计院完成的“超高压输电线路综合勘测技术研究”项目获中国电力工程顾问集团公司科学技术奖二等奖，“绥中发电厂二期扩建工程沉降观测”被中国电力规划设计协会评为2012年度电力行业优秀工程勘测奖二等奖；中国电力工程顾问集团东北电力设计院勘测分公司和勘测分公司副总工程师徐健分别获2012年度吉林省测绘学会先进集体和先进个人称号。

吉林省基础地理信息中心

【业务】

2012年，吉林省基础地理信息中心完成吉林省范围内大地高到正常高转换系统、JLCORS系统运行维护。完成吉林省地理信息公共服务平台1:1万实体数据及电子地图制作1921幅、数字延吉城市三维参考框架建设。承担的JLCORS系统建设通过验收，注册用户130家，发放用户使用卡320张，培训200人。完成吉林省内的国家连续运行基准站堪选工作。利用激光雷达，完成长春测区航飞600平方千米。

完成《吉林省扶贫开发工作重点区域图》、《吉林省国家扶贫开发工作重点县分布图》、《吉林省“十二五”贫困地区分布图》编制工作。完成《吉林省铁路网规划示意图》修订工作。为通化市水利局防汛抗旱指挥部提供应急制图服务。

【其他】

吉林省基础地理信息中心完成科技创新项目“长春市主城区城镇化监测”的研究，开发360度全景应用技术，并已应用于“天地图·吉林”项目。利用长春市主城区机载激光雷达数据进行DEM数据生产关键性技术实验，基于Terrasolid进行激光点云数据处理，实现激光点云数据分类和关键地貌点生成数字高程模型。

完成的《“十全十美”吉林省城市地图系列》获2012年中国测绘学会优秀地图作品裴秀奖银奖。“天地图·吉林”系统研发、数字通化地理空间框架建设、长春市英文版地理信息服务平台建设分获2012年度吉林省测绘地理信息科技进步奖一、二、三等奖。在吉林省测绘地理信息局召开的2010年~2012年创先争优活动表彰大会上，该中心第一、第二党支部被评为先进基层党组织，7人被评为优秀共产党员，2人被评为优秀党务工作者。王晓辉获吉林省“五一劳动奖章”，王婷婷获第二届省直机关青年“五四奖章”。JLCORS工程应用中心获省直机关“工人先锋号”称号。欧仁和获全省精神文明建设（2010年~2012年）先进工作者称号。汪励韬代表吉林省测绘地理信息局发表的《测绘职工理想信念问题教育研究》论文获中国测绘职工思想政治工作研究会2011年度重点课题优秀研究成果一等奖。

吉林省地理信息工程院

【业务】

2012年，吉林省地理信息工程院完成2011版长春测区1:1万DLG由1980西安坐标系向2000国家大地坐标系转换864幅，制作长春测区1:1万768幅，四通白测区1:1万108幅。完成《吉林省公路交通地图集》编制工作，1:50万吉林省地图全要素数据更新挂图4幅，“天地图·长春”市区专题图5幅。完成梨树县城1:1000数字化地形图测绘20平方千米，长春市1:500地籍测绘10平方千米，长春市城区350.9平方千米三维地籍数据库建设项目，以及数字九台项目、长春湿地无人机航摄项目等。

【其他】

吉林省地理信息工程院完成的长春市三维地籍数据库系统在全国率先建成大城市三维地籍数据库系统，实现二维与三维地籍数据库的一体化联动管理，初步实现地上和地下空间土地使用权的可视化管理，创建了宗地体、界址模型、界标物模型等三维地籍概念模型，形成了三维地籍管理技术体系。全年组织222人次参加培训学习。完成的数字九台地理空间框架建设项目获2012年吉林省测绘地理信息科技进步奖二等奖，“长春市三维地籍数据库建设”项目获2012年吉林省测绘行业协会优秀测绘工程奖一等奖。该院获“建功十二五”突出业绩奖。

黑龙江省

概况

截至2012年底，黑龙江省共有测绘资质单位527家，其中，甲级27家、乙级73家、丙级181家、丁级246家。与2011年同期相比，测绘资质单位总数增加37家，其中，乙级增加了7家，丙级增加了2家，丁级增加了28家。从业人员总数1.0711万人。黑龙江省资质单位的服务总值达12亿元。

齐齐哈尔市国土资源勘测规划设计院有限公司

【业务】

2012年，齐齐哈尔市国土资源勘测规划设计院有限公司完成地籍调查项目30项。其中，齐齐哈尔市7区8县集体土地确权登记发证项目（集体所有权部分）共制作宗地图5480宗，作业面积2.7万平方千米；完成部分齐齐哈尔市7区7县集体土地确权登记发证项目（村庄调查部分）及黑龙江省农垦总局农村集体土地使用权登记发证项目（A13标段），共制作宗地图19.72万宗，作业面积361.9平方千米；完成齐齐哈尔市及所辖县（市）城市建设用地年度报批及泰来汤池光伏发电工程等大型工程勘测定界任务80多项，勘测定界线路总长度210千米，勘测定界面积 24.5 平方千米；完成日常地籍变更调查任务 700 多项。

【其他】

齐齐哈尔市国土资源勘测规划设计院有限公司完成的“齐齐哈尔市应用航空数码摄影测量技术实施城镇土地调查”项目获 2012 年中国测绘学会优秀测绘工程奖银奖；“龙江县建制镇土地调查”项目、“讷河市建制镇土地调查”项目获 2012 年黑龙江省优秀测绘地理信息工程奖银奖，“拜泉县三道镇建制镇地籍调查”项目获铜奖。

双鸭山市国土资源勘测规划院

2012 年，双鸭山市国土资源勘测规划院完成农村集体土地确权登记发证调查测绘年度任务，包括 45 个村屯测量，1.63 万个界址点测绘，283 宗地调查，填写地籍调查表 283 份，绘制标准分幅地籍图 41 张，并建立数据库。完成双鸭山市 99 家煤矿矿产资源储量动态检测任务。完成北大荒农业股份有限公司 16 个上市公司 110 宗建设用地土地使用证图件更新勘测工作。

国家测绘地理信息局第四地形测量队（黑龙江第三测绘工程院）

【业务】

国家测绘地理信息局第四地形测量队（黑龙江第三测绘工程院，以下简称三院）完成“927”一期工程 1:5000 海岛测图外业像控点测量、像片调绘 46 幅，内业数据生产 42 幅；1:2000 海岛测图外业像控点测量、像片调绘 48 幅，内业数据生产 29 幅。完成数字龙江地理空间框架建设一期工程黑河、佳木斯、大兴安岭测区 3625 幅 1:1 万地形图数据生产任务，以及像控点测量、像片调绘及大地点控制普查。完成黑龙江、北京、天津、河北等地区 1808 幅 1:5 万地形数据库重点要素动态更新生产任务。完成新疆伊犁州巩留县地震灾后重建 23.5 平方千米 1:1000 地形图测绘生产任务。

完成高分辨率对地观测系统几何测量精度验证野外试验项目 28 个铺标点的铺设及看护，802 个放样点和靶标点的测量。完成高等级大地测量福建省二等水准测量，共计水准点埋石 5 个，二等水准连测 10 条线路、长度 205 千米，普查水准点 79 个，漳州市现代测绘基准建设三等水准测量 500 千米。

【其他】

三院完成的“黑龙江省基础测绘项目 1:1 万地形图数据整理”项目获 2012 年中国地理信息产业优秀工程奖铜奖；“四川汶川地震灾区恢复重建测绘专项建设工程 1:1 万地形图生产通江、平昌测区”项目获 2012 年黑龙江省优秀测绘地理信息工程奖金奖；1 人获黑龙江省直机关优秀党务工作者称号；1 人获第四届全国测绘地理信息技术能手称号；三院西部中队分别获国家 1:5 万基础地理信息数据库更新和西部 1:5 万地形图空白区测图工程先进集体称号，3 人获先进个人二等功，2 人获三等功。

国家测绘地理信息局黑龙江基础地理信息中心（国家测绘地理信息局黑龙江测绘资料档案馆）

【业务】

2012 年，国家测绘地理信息局黑龙江基础地理信息中心（国家测绘地理信息局黑龙江测绘资料档案馆，以下简称信息中心）全面启动黑河、鹤岗、鸡西、牡丹江、双鸭山、大庆等 6 个市（地）的数字城市地理空间框架建设项目，完成黑河市地理信息公共服务平台及示范应用开发工作，“天地图·黑河”门户网站正式上线；完成“天地图·黑龙江”6 城市主城区二维矢量电子地图、影像电子地图及地名地址数据更新发布，并通过“天地图”国家主节点接入评估。完成“地理国情监测齐齐哈尔市级试点项目”齐齐哈尔市基本市情信息提取、城市（地）表覆盖信息监测、扎龙自然保护区重点区域湿地变化监测等任务，开展市级地理国情监测支撑体系研究与建设。

【其他】

信息中心完成基于物联网的地理信息公共服务应用研究等 2 项国家测绘前沿技术研究项目，以及智慧社区综合信息管理平台应用研究等 4 项局科技发展基金项目。

完成的“黑龙江省森林防火电子沙盘指挥系统”获 2012 年中国测绘学会优秀测绘工程奖金奖，“天地图多级节点互联互通与服务聚合研究与应用”获 2012 年中国地理信息科技进步奖二等奖，“GPS/ 北斗/无线（超）短波定位与通信技术研究与应用”获2012年中国卫星导航定位科技进步奖二等奖；“多级地理信息协同服务技术研究与应用”获2012年中国测绘学会测绘科技进步奖三等奖。

齐齐哈尔市勘察测绘研究院

2012年，齐齐哈尔市勘察测绘研究院完成测绘项目340多项，主要涉及市政建设、棚户区改造、城市中长期规划、地下管线动态管理及各种工业与民用建设项目等。主要测绘项目有劳动湖南扩道路、桥梁建设测绘及放样，南苑新城道路建设测绘及放样，百货大楼地下人防工程测绘及放样，电力、排水、给水、燃气、供热新建、改建工程及动态管理测绘工作；龙沙工业园区规划、铁锋物流园区规划测绘等工作；14个棚户区改造的规划测绘及650多件建筑物放样定位工作。

国家测绘地理信息局第二大地测量队（黑龙江第一测绘工程院）

【业务】

2012年，国家测绘地理信息局第二大地测量队（黑龙江第一测绘工程院，以下简称一院）完成国家基础地理信息数据库动态更新工程1:5万地形数据库重点要素更新项目794幅，1:25万数据库全面缩编更新与建库77幅，1:5万地形图制图数据生产222幅。完成“927”一期工程2011年度结转及2012年度任务内、外业工作。完成国家现代测绘基准体系基础设施建设一期工程广东、河北等省（市）一等水准观测任务，共选埋GNSS大地控制点278个，普查一等水准点、GPS点共2070座，补埋水准点609座，修补水准点1000多座，观测一等水准线路5114.4千米（含验潮站），完成一等跨河水准测量2处。完成地理国情信息普查试生产区域（黑河市、五大连池市）的内业判读与解译、普查工作底图制作、外业调查与核查、内业整理与质量检查、统计分析工作，编制普查外业工作底图制作技术方案。完成数字龙江地理空间框架建设三江平原测区1:1万地形图测绘与更新项目航测内业数据入库320幅，佳木斯测区1:1万地形图测绘与更新项目测绘任务288幅。

完成新疆伊犁地震灾区1:1000测绘项目20平方千米，新疆1:1万地形图基础测绘项目101幅，中山站至昆仑站内陆车队导航及沿线冰流速点加密复测、内陆冰穹A地区冰盖运动监测网（中国墙）加密和复测、昆仑站站区1:500地形图测绘任务等重大测绘工程。

【其他】

一院承担国家测绘地理信息局青年学术和技术带头人科研课题“南极长城站、中山站站区附近海湾水下地形技术测量方法研究”和黑龙江测绘地理信息局测绘科技发展基金项目HLJCORS站建设运营及似大地水准面精化方案”的研究工作。

承揽的“大连市现代测绘基准体系（静态）建设外业”项目获2012年卫星导航定位优秀工程和产品奖三等奖，“福厦铁路精密控制网加强测量”项目获2012年中国测绘学会优秀测绘工程奖铜奖，“数字日照地理空间框架1:2000像控点、等高线、DEM、DLG制作”项目获2012年中国地理信息产业优秀工程奖铜奖和2012年黑龙江省优秀测绘地理信息工程奖银奖。

黑龙江省地质矿产局测绘院

【业务】

2012年，黑龙江省地质矿产局测绘院完成大庆油田总医院集团龙南医院门急诊楼项目变形监测，蕴东水闸沉降监测，饶河县、东宁县、海林市、萝北县集体土地所有权确权发证，黑河市6市（县、区）土地利用数据库更新，上海市城市地面沉降监测等项目12项。

【其他】

黑龙江省地质矿产局测绘院完成的“哈尔滨市松北区1:500城镇地籍测量、权属调查及数据库建设”项目获2012年黑龙江省优秀测绘地理信息工程奖金奖。

齐齐哈尔市水利勘测设计研究院

【业务】

2012年，齐齐哈尔市水利勘测设计研究院完成依安县泰西河左岸近期治理工程初设及施工图工程测量，二沟河梅里斯段右堤防洪工程初设及施工图工程测量，雅鲁河近期治理工程可研工程测量；音河梅里斯段近期治理工程可研工程测量，阿伦河梅里斯段近期治理工程可研工程测量等 45 项测绘项目。

【其他】

齐齐哈尔市水利勘测设计研究院完成的“拜泉县双阳河治理工程”获 2012 年黑龙江省优秀测绘地理信息工程奖铜奖。

佳木斯市勘察测绘研究院

【业务】

2012 年，佳木斯市勘察测绘研究院完成佳木斯市规划、建设测绘 363 项，其中基础建设测绘 292 项、重点工程建设测绘 33 项、产业项目建设测绘 10 项、棚户区改造测绘 28 项。完成佳木斯旅游交通图编制、建成区约 60 平方千米楼房三维建模工作。完成哈尔滨市 180 平方千米 1:1000 地形图更新测绘，双鸭山市城市二等平面控制网和城市三等高程控制网测绘，双鸭山市 266 平方千米 1:1000 数字高程模型和数字正射影像图测绘工作。

【其他】

佳木斯市勘察测绘研究院完成的“数字佳木斯地理空间框架建设”项目获 2012 年黑龙江省优秀测绘地理信息工程奖银奖。

黑龙江省煤田地质物测队

【业务】

2012 年，黑龙江省煤田地质物测队共完成产值 1.4 亿元。完成嘉荫县农村宅基地地籍调查等 2 项地籍测量任务，以及黑龙江龙煤集团股份有限公司双鸭山分公司东荣二矿西翼及南翼下延采区三维地震勘探、鸡西分公司滴道盛和煤矿三维地震、梨树煤矿二区三维地震勘探，山西煤电（集团）有限责任公司屯兰矿三维地震及电法综合勘探，山西煤炭进出口集团洪洞陆成煤业有限公司首采区三维地震勘探等 6 项地球物理勘探的测量任务。

【其他】

黑龙江省煤田地质物测队完成的“哈尔滨市道外区（原太平区）城镇地籍测量”项目获 2012 年中国测绘学会优秀测绘工程奖银奖。

哈尔滨市勘察测绘研究院

【业务】

哈尔滨市勘察测绘研究院利用航测法成图，完成 1:1000 地形图更新哈尔滨市四环、平房建成区及松北区学院路地段 692 平方千米，图幅 3460 幅。10 月，采集 Worldview2 遥感影像四波段捆绑数据，范围覆盖哈尔滨市四环围合区域、平房区、呼兰区及阿城区建成区，面积为 1507 平方千米。完成富达蓝山小区、群力新城小区等城市规划监督测量 1532 件。

【其他】

哈尔滨市勘察测绘研究院完成的“哈尔滨市三环路西线跨松花江大桥及其疏解工程首级控制网测量”项目获中国城市规划协会 2011 年全国优秀城乡规划设计奖城市勘测工程奖三等奖，“哈尔滨市基础空间地理信息采集及建库”项目获 2012 年黑龙江省优秀测绘地理信息工程奖三等奖。

黑龙江省林业设计研究院

【业务】

黑龙江省林业设计研究院完成哈尔滨木器制造厂有限公司家具项目地形测绘、大海林林业局二浪河林场地形测量、双城市经济开发区企业发展创业中心地形测绘、桃山林业局桃南庄地形测量等地形测绘项目共 4 项，出图 39 幅。

【其他】

黑龙江省林业设计研究院完成的“群力新区测量检测服务”项目获 2012 年黑龙江省优秀测绘地理信息工程奖铜奖，“绥棱林业局地形测量”项目获 2012 年黑龙江省优秀工程勘察设计奖三等奖。

黑龙江农垦勘测设计研究院

2012 年，黑龙江农垦勘测设计研究院完成中小河流域治理测量、富锦市水田高效节水项目测量、宁安市增粮测绘、军川灌区测量、青龙山灌区初设测量、勤得利灌区变更测量、虎林市伐木场水库测量等 7 项工程测量项目。

国家测绘地理信息局第三地形测量队（黑龙江第二测绘工程院）

【业务】

2012 年，国家测绘地理信息局第三地形测量队

（黑龙江第二测绘工程院，以下简称二院）作为国家基础地理信息数据库动态更新工程 1:5 万地形数据库重点要素更新项目牵头单位，主要负责整个项目的技术流程，承担江苏、辽宁、吉林、内蒙古 4 个省（区）365 个县级行政区（含市辖区）的测绘任务，完成 DLG 重点要素数据更新与汇交共 4602 幅，总面积为 161.87 万平方千米。完成“927”一期工程浙江省近海域及周边海岛 1:2000 外业测图 29 幅，1:5000 外业 19 幅地形图测绘任务。完成极地大地控制网改造、极地重点区域 GPS 控制网布测共 6 点。承担信息化测绘前沿技术试验，完成技术试验 1 项。完成地理国情信息普查试生产区域（呼玛县、孙吴县）的内业判读与解释、普查工作底图制作、外业调查与核查、内业整理与质量检查、统计分析、普查外业工作底图制作技术方案编制工作。完成数字龙江地理空间框架建设一期工程 2011 年结转工作，承担数字龙江地理空间框架建设一期工程佳木斯测区和黑河测区 1:1 万地图测绘与更新工作，完成佳木斯测区 1:1 万地形图更新任务 288 幅；黑河测区 1:1 万数字影像图调绘、控制任务 685 幅，重点城镇 1:1 万地形图测绘外业作业 30 幅、1:1 万地形图更新 207 幅；大兴安岭测区 1:1 万数字影像图调绘、控制任务 1456 幅。

完成新疆伊犁州地震灾区 1:1000 地形图测绘项目 29.69 平方千米、新疆维吾尔自治区基础测绘 1:500 地形图测图项目、上海航摄控制测量、上海 1:500 及 1:1000 数字地形图修（实）测（外业数据采集）等 20 多项测绘工程。

【其他】

二院被授予伊犁地震灾后重建测绘工作先进集体称号；被授予国家 1:5 万基础地理信息数据库更新工程先进集体称号；研发的“平板电脑调绘系统”获 2012 年中国地理信息科技进步奖三等奖；承担的边远地区少数民族地区基础测绘专项补助经费（黑瞎子岛测区）项目获 2012 年黑龙江优秀测绘地理信息工程奖金奖。

牡丹江市勘察测绘研究院

【业务】

2012 年，牡丹江市勘察测绘研究院完成 1:500 地形图测绘项目 14 项。

【其他】

牡丹江市勘察测绘研究院完成的“牡丹江市城市二级控制网”项目获中国城市规划协会 2012 年全国优秀城乡规划设计奖城市勘测工程奖三等奖。

国家测绘地理信息局经济管理科学研究所（黑龙江省测绘科学研究所）

【业务】

2012 年，国家测绘地理信息局经济管理科学研究所（黑龙江省测绘科学研究所，以下简称科研所）主要完成“863”项目南北极环境遥感信息应用业务系统开发，国家测绘地理信息局科技基金项目三维激光点云数据处理技术研究与应用，移动道路测量在高速公路养护中的应用研究，多元地理信息数据获取、处理及集成应用技术研究，黑龙江省主体功能区规划动态监测技术研究等项目；完成数字黑河地理空间框架建设等 4 项边远地区、少数民族地区基础测绘专项补助经费项目。完成上海数字城市建设、北京数字西城地理空间框架建设扩展、南极数字站区管理应用系统开发等三维精模建设工作。

【其他】

科研所完成的“中华舆图志编制”项目获 2012 年中国地理信息科技进步奖三等奖。作为《黑龙江省志・测绘志》的承编单位，获得黑龙江省方志系统先进集体称号。

黑龙江地理信息工程院

【业务】

2012 年，黑龙江地理信息工程院完成“927”工程海岛（礁）测图与海岛系列地图编制，数据处理与基础地理空间数据库建设；地理国情监测地表覆盖解译、正射影像图制作、地理国情信息提取等工作。完成 1:25 万数据变量更新、全国 1:1 万基础地理数据库整合转换、数字区域地理空间框架建设等国家任务，以及黑龙江省基础地理信息数据库建设、数字龙江地理空间框架建设一期工程等省级任务。完成南北极环境综合考察与评估专项、邵武市规划区域地形测量数字正射影像图、新疆伊犁州地震灾区 1:1000 地形图测绘等国内市场项目，以及日本、德国、匈牙利等国外市场项目，并进行定期的互访交流。

【其他】

黑龙江地理信息工程院自主开发“927”元数据

图历簿录入系统并应用于全国所有“927”任务承担单位，开发黑龙江测绘地理信息局内部应用的“927”数据质量检查系统、全国1:25万数字线划图缩编生产辅助系统及数据检查系统、黑龙江省基础测绘1:1万元数据录入系统及基础数据库整合升级数据检查系统等。

完成的“中山市基础地理信息系统建设1:2000数据采集与成图”项目获2012年黑龙江省优秀测绘地理信息工程奖金奖。

黑龙江省航道局

【业务】

2012年，黑龙江省航道局主要完成内河、界河航道养护工程及中俄航行例会测量项目，与大连海事大学合作，完成松花江佳木斯至同江段252千米和黑龙江上游101千米电子航道图制作。编绘了《抚远三角洲（黑瞎子岛）区域图》。其中，内河、界河航道养护工程及中俄航行例会测量项目主要完成松花江下游义泰通（645千米～676千米）水深平面图测量、民主湿地测量等14个测区的水深平面图测绘，黑龙江上游29千米～129千米等5个区域水深平面图测量，中俄例会黑龙江上游223千米～228千米胡通镇浅滩等9处水深平面图、中俄例会黑龙江中游285千米～270千米三江口浅滩等2处水深平面图、中俄例会乌苏里江179号～174号标五人班岛浅滩等3处水深平面图测绘工程。

【其他】

黑龙江省航道局完成的“松花江下游185～243千米测量工程”项目获2012年黑龙江省优秀测绘地理信息工程奖银奖。

哈尔滨测量高等专科学校测量工程公司

【业务】

2012年，哈尔滨测量高等专科学校测量工程公司完成测绘工程项目21项，主要项目包括牡丹江恒大绿洲首期工程沉降监测、哈尔滨太平国际机场扩建工程测绘、胶济客运专线复测、吉林省扶余县农村集体土地确权登记发证、安达市村庄地籍调查及数据库建设（二标段）等。

【其他】

哈尔滨测量高等专科学校测量工程公司完成的“哈尔滨太平国际机场扩建工程测绘”获2012年黑龙江省优秀测绘地理信息工程奖银奖，“胶济客运专线复测”获铜奖。

黑龙江中海经测空间信息技术有限公司

【业务】

2012年，黑龙江中海经测空间信息技术有限公司完成的主要测绘项目包括黄海及东海海区徐圩港、射阳河口、射阳河、大丰港区、大丰港航道等共28幅港口航道图测量；北方海区葫芦岛港、锦州港、营口港、东营港等港口港池航道多波束扫海测量；普兰店湾海图控制测量、海岸线测量；北京、黑龙江、山东、江苏、湖北、新疆等地地形测量、航空摄影测量内外业一体化制图、房产测量等国内市场项目。

【其他】

黑龙江中海经测空间信息技术有限公司1人取得国际测量师联合会（FIG）、国际海道测量组织（IHO）及国际制图协会（ICA）联合颁发的A级国际海道测量师证书。完成的“内河电子航道示意图校核测量”项目获2012年黑龙江省优秀测绘地理信息工程奖金奖。

黑龙江龙飞航空摄影有限公司

【业务】

2012年，黑龙江龙飞航空摄影有限公司完成国家基础测绘航空摄影6项（其中4项优秀、1项良好），省级基础测绘航空摄影1项，市场航空摄影项目8项。完成国家基础测绘航空摄影佳木斯摄区、通辽北摄区3.74万平方千米，双鸭山市、鹤岗市、伊宁市、阿克苏市等摄区1501平方千米的航摄任务。完成省级基础测绘黑河摄区3.18万平方千米航空摄影。完成阿什河流域、哈尔滨市阿城区杨树乡、克－白城镇群组、牡丹江荒沟电站等2613平方千米航空摄影。首次使用雷达设备完成庆哈输油管道225平方千米航空摄影。完成黑白胶片航空摄影项目乌兰浩特－江桥镇新建铁路线、大庆卫星油田等450平方千米。完成ADS80数据空三加密3.82万平方千米。

【其他】

黑龙江龙飞航空摄影有限公司承揽的新疆昌吉、乌鲁木齐县数码航摄项目获2012年黑龙江省优秀测绘地理信息工程奖银奖。

江苏省

概况

截至2012年底，江苏省共有测绘单位656家（其中甲级45家、乙级97家、丙级283家、丁级231家），比2011年增加62家。测绘资质单位专业技术人员1.2万多人，较2011年增加1218人，其中民营企业（测绘资质单位）从业人员4900人，占从业人员总数的38.3%，较2011年增加803人。

全省测绘服务主要以国土资源、测绘、城乡建设与规划及水利电力行业为主，共完成服务总值23.6亿元，其中民营企业（测绘资质单位）2012年完成服务总值87135.47万元。完成的重点测绘地理信息项目（工程）包括“927”专项工程、“天地图·江苏”建设、数字城市建设；省粮食地理信息平台、太湖流域水环境信息共享平台、警务地理信息系统、水利地理信息系统等项目；《江苏省资源环境与发展地图集》、《江苏省行政区划地图集》、《江苏行（2012两会用图）》等各类图册。

江苏省地质测绘院

【业务】

2012年，江苏省地质测绘院完成测绘公益性项目和横向项目共126项，编写技术总结、资料汇编和地图共130份。印刷各类期刊60种，书籍105种，彩色画册、图集580种。

【其他】

2012年，江苏省地质测绘院完成的“三维激光扫描技术应用研究”获2012年江苏省地质矿产勘查局优秀科技成果奖二等奖；“盱眙县1:1000地形图航空摄影测量”、“铜山县第二次土地调查村庄地籍调查”分别获江苏省地质矿产勘查局优秀工程勘测报告二、三等奖。“太仓市1:1000基础地形图修测”获2012年度江苏省优秀测绘工程奖二等奖，“泰州市海陵区第二次土地调查（城镇部分）”、“江苏高淳经济开发区1:500数字地形图测绘”获三等奖。

镇江市勘察测绘研究院

【业务】

2012年，镇江市勘察测绘研究院采用全数字摄影测量的方法对镇江规划区内约300平方千米区域进行更新修测。完成镇江主城区18平方千米综合地下管线普查；丹徒区30平方千米三维场景制作；镇江市四等水准网复测；规划放线、验线、竣工测量、规划设计条件等规划测绘任务1000多项。

【其他】

镇江市勘察测绘研究院完成的“丹徒上会测区1:1000比例尺全数字航测地形图”获2012年江苏省优秀测绘工程奖二等奖，“2010镇江市影像地图集编制”获2012年全国优秀城乡规划设计奖城市勘测工程奖三等奖。

江苏连云港地质工程勘察院

【业务】

2012年，江苏连云港地质工程勘察院编制完成沭阳县等地区13个立项材料，编写5个矿权实施方案，新申报3个矿权。完成埃塞俄比亚新建铁路DIRE DAWA-Dewele段、镇江颐高广场等工程勘察项目134个。完成江西金抚高速基础控制测量、科特迪瓦阿比让至大巴萨姆高速公路测量、连云港市公有住房土地调查项目等测量项目60多个。地质环境中心完成矿山地质环境保护与治理恢复方案、地质灾害治理设计方案、小型露采矿山资源量检测及开发利用方案等340多项。

【其他】

江苏连云港地质工程勘察院完成的“东海县矿产资源总体规划（2010–2015年）”获2012年度国土资源部第二轮矿产资源规划优秀成果奖二等奖；“科伦坡至卡屯纳亚科高速公路地质勘察”、“青岛至兰州公路东山坡至毛家沟高速公路1合同段工程勘察”、“安徽省扬州至绩溪高速公路勘察”分别获2012年度连云港市优秀勘察设计奖一等奖；“京台高速公路建瓯至洋后段线路基础控制复测及线路施工图测量”、“启东乡镇公路线路基础控制测量及1:2000线路地形测量”分别获2012年度连云港市优秀勘察设计奖二等奖、2012年江苏省优秀测绘工程奖三等奖。

江苏苏州地质工程勘察院

【业务】

2012年，江苏苏州地质工程勘察院完成苏州市中环快速路工程、苏州市七子山垃圾填埋场扩建工程、无锡市太湖新城金匮生态公园堆山工程等各类市场测绘项目187项，出版技术总结、测量技术报告200多份。

【其他】

江苏苏州地质工程勘察院完成的“双冠·双银星座地下人防工程基坑围护设计及监测”项目获2012年度苏州市城乡建设系统优秀勘察设计奖一等奖和2012年江苏省城乡建设系统优秀勘察设计奖一等奖；“苏州工业园区圆融星座项目基坑监测”项目获2012年苏州市城乡建设系统优秀勘察设计奖一等奖和2012年江苏省城乡建设系统优秀勘察设计奖工程测量奖二等奖；“张家港浦项不锈钢有限公司新增厂房（成品库）精密测量工程”项目获2011年度江苏省地质矿产勘查局优秀工程勘测报告二等奖和2012年江苏省城乡建设系统优秀勘察设计奖工程测量奖二等奖；“昆山城北大道测量”项目获2012年度苏州市城乡建设系统优秀勘察设计奖二等奖。该单位继续保持江苏省测绘行业“诚信测绘单位”、江苏省“工程勘察与岩土行业诚信单位”、全国“工程勘察与岩土行业诚信单位”称号。

江苏省地质调查研究院

【业务】

2012年，江苏省地质调查研究院完成公益性地质项目测绘25项，地籍测绘、工程测量项目100多项，地质图空间数据库、水文地质图空间数据库、区域环境地质调查空间数据库、重点城市经济区水工环综合空间数据库项目10多项。

【其他】

江苏省地质调查研究院完成的“江苏省常州–无锡地区地面沉降INSAR监测”项目获2012年江苏省测绘科技进步奖二等奖，“长江三角洲地区（江苏·域）地面沉降GPS监测”项目获2012年江苏省优秀测绘工程奖二等奖。

江苏省测绘工程院

【业务】

2012年，江苏省测绘工程院积极参与省级以上重点测绘项目建设，主要包括国家发改委国家高技术产业化项目（2011–2012）国产遥感卫星正射影像服务高技术产业化示范工程；科技部国家科技支撑计划项目（2011–2013）国产测图卫星在太湖流域生态环境监测与评价中应用示范；科技部国家科技支撑计划项目（2012–2014）地理国情监测应用服务；国家测绘地理信息局项目资源三号卫星影像在矿产资源开发利用遥感监测中的应用研究；CORS在地理国情监测中的应用技术研究；服务于地理国情监测的遥感影像变化检测技术研究，第四系厚覆盖沉降区测绘基准现势性维护关键技术研究等。

积极为政府厅局服务，完成江苏省粮食局数字粮食系统建设，江宁一张图数据整理、建库及软件平台建设等。

【其他】

江苏省测绘工程院获“江苏省省级机关创先争优活动先进基层党组织”、“全省测绘宣传工作先进集体”、“2010–2011年度诚信测绘单位”等称号；地籍测绘分院获“2010–2012年江苏省测绘地理信息局系统创先争优活动先进基层党组织”称号，信息处理分院被评为“江苏省工人先锋号”，空间信息研究中心团支部被评为省“五四青年团支部”。

完成的“江阴市全市域地下空间数据（地下管线）探测项目”获2012年中国地理信息科技进步奖二等奖；“基于粮食物联网的地理信息系统管理调度监控平台”项目、“GPS地壳形变监测与短期地震预测方法”项目分别获2012年中国测绘学会科技进步奖三等奖；“江阴市全市域地下空间数据（地下管线）探测项目”获2012年中国测绘学会优秀测绘工程奖白金奖，“江苏海事局（长江段）地理信息系统”获银奖；“江阴市全市域地下空间数据（地下管线）探测项目”获2012年江苏省测绘科技进步奖一等奖，“江苏省太湖流域水环境信息共享平台（一期）项目”获二等奖，“江苏湖泊渔业综合管理信息系统（太湖）项目”获三等奖；“江苏省海岛地名普查”项目获2012年江苏省优秀测绘工程奖一等奖，“吴江市城乡规划测绘基准改造”项目获二等奖；“江苏省粮食地理信息平台”项目、“‘红楼梦世界’1:1000地形图测绘”项目分别获三等奖。

江苏省基础地理信息中心

【业务】

2012年，江苏省基础地理信息中心完成《1:30万、1:50万、1:70万、1:100万江苏省政区系列图》更新工作；完成盐城市区基础测绘二期工程数据整理、加工和入库；完成数字南通项目部分三维建模以及部分数据切片、整理、入库和电子地图制作任务；完成“天地图·常州”、“天地图·武进”等建设任务；编制《江苏省地理信息公共服务平台（政务版）建设方案》；开展地理国情、省情监测工作，完成海安县地理国情（县情）普查总体指标体系的研究工作。

为省“两会”制作《2012年两会用图——江苏行》4000册，为省委办公厅制作《2012版省情手册》1.4万册；为省政府领导编制提供《江苏省领导工作用图册》500份。承担并完成全国第二次土地调查工作建湖、阜宁、响水、大丰4个市（县）约25.4万宗村庄地籍调查任务，基本完成新沂市1:1000村庄地籍调查和地形图测绘工程；完成灌南县、涟水县、淮安市楚州区基础地理信息系统数据建库与系统开发、“南通市基础测绘更新维护——1:500、1:1000地形图更新”等工作。完成省公安厅“警务地理信息系统项目的一期工程”、省水利厅“江苏省第一次全国水利普查空间数据采集与处理”、省广电局“数字电影流动放映监管系统”等项目。

制印完成《全国水利普查江苏水利图集》、《江苏省交通旅游图》、《江苏省交通战备地图》等大型图集（册）；完成淮安、盐城、东台、仪征等17个市（县、区）的政区、城区图等。

【其他】

江苏省基础地理信息中心有2项软件著作权已获批准，1项发明创造专利已进入最后审核。

该中心被省总工会授予江苏省五一劳动奖状，被省测绘行业协会授予2010年~2011年“诚信测绘单位”称号；系统开发部被省总工会授予江苏省工人先锋号，信息集成部被省总工会评为江苏省省级机关“巾帼文明岗”，团委被省级机关团工委评为省级机关五四红旗团委。

完成的“江苏省水利地理信息系统”项目和“数字泰州地理空间框架建设”项目分别获2012年江苏省测绘科技进步奖一等奖；“天地图·江苏”、“江苏省水利地理信息系统”分获2012年中国测绘学会测绘科技进步奖二、三等奖；《江苏省资源环境与发展地图集》项目获2012年中国测绘学会优秀地图作品裴秀奖金奖，《江苏省行政区划地图集》获银奖；“扬州市基础控制测量”项目获2012年中国测绘学会优秀测绘工程奖铜奖；“镇江三维场景建设关键技术研究”项目获2012年中国地理信息科技进步奖三等奖；《江苏行（2012两会用图）》获2012年江苏省优秀测绘工程奖一等奖，“淮安市主城区三维精细建模”项目获二等奖，“姜堰市第二次土地调查1:500比例尺城镇土地调查”、“盐城市区基础测绘二期工程”项目分别获三等奖。

南京市国土资源信息中心

【业务】

2012年，南京市国土资源信息中心完成南京市区30平方千米的地形图修测任务；在全国率先开展地铁工程地下调查测绘，完成京沪高铁调查测绘及登记发证工作；开展长江大堤及秦淮河用地调查，为秦淮河管理处提供秦淮河整治专题图件；共办结各类地籍调查、勘测定界案1652件，约7401公顷；对104个露采矿山宕口数据进行处理；全年为转型创新相关工作提供数据服务220次，涉及项目56个。

【其他】

南京市国土资源信息中心完成的“京沪高铁南京南站及南京段地籍地形测量”项目获2012年江苏省优秀测绘工程奖三等奖。该中心被省人力资源与社会保障厅、省国土资源厅评为江苏省国土资源管理系统先进集体，被江苏省测绘行业协会评为2010–2011年度“诚信测绘单位”。

南通市测绘院有限公司

【业务】

2012年，南通市测绘院有限公司完成南通经济技术开发区规划管理信息系统建设项目工程，共完成83平方千米地形数据采集与加工、2163千米地下管线探测及系统数据库建设。完成“南通市城市轨道交通近期建设规划沿线重要地下建（构）筑物调查”工程并通过验收。完成南通市城市规划数据采集和建库七期工程，面积约60平方千米；南通市规划管线探测五期工程，探测地下管线1100千米；完成南通滨海园区1:2000地形测量532平方千米；完成南通市地面沉降监测工程（第三次观测），包括完成一等水准测量114个测段662.9千米，二等水准测量223个测段1397.1千米；海门、启东2市1992.4千米三等水准测量，并通过验收。编制公开出版地图和各专题地图17版，编制各类专题图30项。

【其他】

南通市测绘院有限公司承担南通市滨海园区1:2000地形测量项目，在江苏省第一次大面积采用0.3米分辨率影像数据制作1:2000地形图，数字摄影测量技术得到全面提升。

10项具有独立知识产权的软件获计算机软件著作权证书。完成的“南通市区文保单位及优秀历史建筑测绘”项目获2012年江苏省优秀测绘工程奖一等奖和2012年江苏省城乡建设系统优秀勘察设计奖二等奖。该公司总经理黄向阳被评为“南通市第二届杰出专业技术人才”。该公司被江苏省测绘行业协会评为“2006－2012年度协会工作先进单位”和2010-2011年度“诚信测绘单位”。

淮安市测绘勘察研究院有限公司

【业务】

2012年，淮安市测绘勘察研究院有限公司完成淮安市新城区、淮安经济开发区近110平方千米的1:1000地形图测绘任务；铜陵县集体土地范围内房产测绘15902户，总面积181万平方米，1:500地形图618幅；S329公路GPS控制测量；连云港港徐圩港区D级GPS控制网及三等水准测量；淮安市交通服务中心、宿迁市宿豫区文化艺术活动中心大剧院等大型深基坑监测项目；建筑放线、竣工、地下管线、市政道路等城市规划、城市建设任务1100多项。

【其他】

淮安市测绘勘察研究院有限公司完成的“徐州市贾汪区第二次土地调查项目（城镇土地调查）”获2012年江苏省优秀测绘工程奖二等奖，“淮安市地图编制”项目获三等奖。

江苏易图地理信息工程有限公司

【业务】

2012年，江苏易图地理信息工程有限公司完成工程项目共130多项，出版各类专题图和图集10多份，出图1.5万多幅。

【其他】

江苏易图地理信息工程有限公司完成的“扬州市基础控制测量”获2012年中国测绘学会优秀测绘工程奖铜奖，《扬州市区影像地图集》项目获2012年中国测绘学会优秀地图作品裴秀奖铜奖。“基于Web的2.5D GIS研究和应用”获2011年度江苏省测绘科技进步奖二等奖，“城市三维模型动态更新机制及方法研究”获2012年江苏省测绘科技进步奖三等奖；“基于Web的3D GIS城市三维公共服务信息系统”获得省级和国家级科技创新基金资助。

南京城际在线信息技术有限公司

【业务】

2012年，南京城际在线信息技术有限公司在互联网地图服务业务方面，完成江苏省POI位置点标注47131个、地址匹配286047个、公交站点37011个、公交线路3593条、经纬度匹配4238个；在智能交通系统建设方面，完成南京市智能云交通诱导服务系统及张家港市智能交通诱导服务系统建设，启动江苏交巡警信息服务系统建设，可视化平台已接入全省交通视频约1800路；在交通信息服务方面，推出适用于安卓系统手机的天翼城际导航info版软件，用户数超过60万人。

【其他】

南京城际在线信息技术有限公司申请2项发明专利，以及5项软件著作权。该公司获江苏省民营科技企业称号。

盐城市勘察测绘院

【业务】

2012年，盐城市勘察测绘院完成盐城湿地珍禽国家级自然保护区范围调整320千米界线测绘、盐城经济开发区100平方千米地形图测绘、串场河景观带工程测绘、悦达汽车三厂前期测绘等政府实事工程，以及房产企业的委托性测绘项目共200多项；完成江淮动力集团新厂房、大丰市廉政教育中心等工程勘察项目30多项。

【其他】

盐城市勘察测绘院"盐徐高速以南区域1:1000测图"获2012年江苏省优秀测绘工程奖三等奖、"城南新区医院基坑监测"获2012年江苏省城乡建设系统优秀勘察设计（测绘类）三等奖、"城南图书馆基坑监测"获2012年盐城市优秀测绘工程奖一等奖。该院获"江苏测绘·移动杯"第三届亚洲定向越野锦标赛优秀组织奖，盐城市规划局"特别贡献奖"和"综合先进奖"。

浙江省

概况

截至2012年底，浙江省共有测绘资质单位487家，其中甲级27家、乙级48家、丙级96家、丁级316家；测绘质量检验机构1家，从业人员近1.2万人，年度测绘与地理信息服务总值27.97亿元。

2012年度，浙江省行业单位主要完成全省陆海统一测绘基准建设、1:1万基础地理信息数据快速更新、1:2000基础地理信息数据必要覆盖和数据库建设等重大项目。启动城市三维模型数据、地下空间数据的采集和建库工作。完成全省所有设区市和三分之二以上县（市、区）的2000国家大地坐标系转换启用工作。开展海洋测绘工作，完成海洋大地基准测量、水下地形测量等年度计划项目，首期成果已提供给省级各涉海部门和沿海、海岛市、县政府使用。

浙江省第一测绘院

【业务】

2012年，浙江省第一测绘院共承接各类公益项目和服务项目14项，完成基础测绘任务共922幅（其中，1:1万764幅，1:5000 158幅），开展省级基础地理信息数据及数据库2000国家大地坐标系的转换，实现在2000国家大地坐标系下的基础测绘生产。承担"927"一期工程和陆海三维测绘基准建设等海洋测绘任务，以及浙江省地理空间数据交换和共享平台应用示范工程建设、浙江省卫星定位连续运行综合服务系统服务拓展等重大测绘与地理信息任务。承担"天地图·浙江"相关节点建设和数字城市地理空间框架建设，推出全国首个免费电子导航地图，研发浙江省基本地理省情专题图、浙江省领导工作用图和杭州都市美食文化地图、浙江省户外文化专题图等多种类的地图产品。

【其他】

浙江省第一测绘院完成的"基于公共网络的地理信息服务关键技术研究与工程应用"获2012年中国测绘学会测绘科技进步奖三等奖，《浙江古旧地图集》获2012年中国测绘学会优秀地图作品裴秀奖铜奖；《浙江省情地图集》获浙江省第十六届哲学社会科学优秀成果奖基础理论研究类三等奖；"浙江省突发事件应急管理地理信息系统"获2012年浙江省优秀测绘与地理信息工程奖一等奖，"杭州市萧山区1:500村庄数字地籍调查项目"获二等奖。

浙江省地理信息中心

【业务】

2012年，浙江省地理信息中心完成基础测绘、测绘专项、地理国情监测、数字城市建设和海洋测绘等各类任务。其中，基础测绘及测绘专项任务包括省交换平台数据工程建设和子课题的研究、省级基础地理信息数据库维护和系统优化、海洋测绘、“天地图・浙江”、遥感数据处理等；地理国情监测完成浙江省基本地理省情信息提取工作，在德清县完成森林覆盖、平原绿化、城镇建成区、水域的监测试点，以及主体功能区规划实施监测、水土保持监测、地理国情监测数据库群与成果管理系统前期研究、浙江省地理国情监测目录体系建设的关键技术研究工作；完成数字衢州地理空间框架建设等；完成总面积约630平方千米的宁波－舟山港区水深数据入库，浙江省海洋地理信息系统实施方案、1:2000海岛（礁）数据建库技术规定、滩涂测量数据建库技术规定的编写等工作。

【其他】

浙江省地理信息中心完成的“数字德清地理空间框架项目”、“数字新昌地理空间框架项目”分别获2012年中国地理信息产业优秀工程奖银奖，“衢州市基础地理信息系统”获2012年中国测绘学会优秀测绘工程奖铜奖，“DB33/T 817-2010《基础地理信息要素分类与图形表达代码》研究与制定”获2012年中国地理信息科技进步奖三等奖，“浙江省地理空间框架要素数据库”获2012年浙江省优秀测绘与地理信息工程奖一等奖。

浙江省第二测绘院

【业务】

2012年，浙江省第二测绘院完成省级基础地理信息更新任务和国家及省海洋测绘任务，并参与浙江省测绘与地理信息局重大项目实施。完成省1:1万基础地理信息更新任务1000多幅，浙江省海洋测绘1:2000海岛（礁）测量257平方千米，LIDAR航摄数据处理2500平方千米，国家“927”海洋测绘1:2000、1:5000一期工程临海、椒江测区生产1:2000图幅24幅、1:5000图幅28幅，完成地理国情监测景观格局时空变化研究项目。积极拓展市场服务领域，完成瑞安、温岭、乐清等21个县、市（区）集体土地所有权确权登记发证项目，承担上虞、海宁、海盐、湖州、绍兴等县、市（区）约2000平方千米1:2000数字航测成图及数据入库项目。拓展地理信息开发应用服务领域，完成高速公路智能化交通诱导信息服务系统建设、新昌县开发区三维景观数据建设及系统开发，以及低空数码无人机航摄400平方千米。

此外，做好应急测绘保障服务工作，加强应急测绘技术的开发和应用，完成抗击台风“海葵”应急测绘保障工作，配合浙江省政府森林消防指挥部完成永康市石柱镇江瑶村扑救重大森林火灾实战演习，配合省环保厅完成浙江省突发应用水源污染事故应急处置联动演习。

【其他】

浙江省第二测绘院完成的“建德市寿昌省级经济开发区1:500数字地形图测绘”项目获2012年中国测绘学会优秀测绘工程奖铜奖；“浙江省土地利用地形梯度综合分析研究”、“富阳登云数字社区三维GIS系统”项目分别获2012年中国地理信息产业优秀工程奖铜奖；“慈溪测区1:5000、1:10000（3D）产品快速更新”项目获2012年浙江省优秀测绘与地理信息工程奖一等奖，“杭州市萧山区1:500村庄数字地籍调查（临浦镇、义桥镇）”、“桐庐县村庄数字地籍调查项目首级控制测量（含地形测量）”项目分别获三等奖。

杭州市勘测设计研究院

【业务】

2012年，杭州市勘测设计研究院测绘业务总产值达5965万元，完成的主要业务包括城市基础测绘、建设工程规划全过程检测、地下管线测量、土地测绘、市政工程测量、地图制图、地理信息系统等。主要完成杭州市1:500基础地形图跟踪修测，市域高精度高分辨率似大地水准面确立暨一、二等水准高程控制网建立，淳安县启用2000国家大地坐标系，杭州市地下空间设施二维现状测量，杭州市主城各区1:2000 DOM制作，阿克苏市库木巴什乡各行政村1:500地形图测绘等项目。

【其他】

杭州市勘测设计研究院完成的“阿克苏北城区1:500地形测绘”获2012年杭州市建设工程西湖杯奖（优秀勘察设计）一等奖，“杭州市影像地图集（2011）版制作”、“萧山区数字城管城市部件数据普查建库”分别获二等奖；“杭州市地下空间三维调查方案研究”获2012年度浙江省建设工程钱江杯奖（优秀勘察设计）二等奖，“《绍兴地图册》编制”获三等奖。

宁波市测绘设计研究院

【业务】

2012年，宁波市测绘设计研究院完成年度基础测绘项目9项、海洋测绘项目4项，内容涉及数据入库、动态更新、精细三维地理模型建设与建库、自然资源和空间地理信息共享交换平台数据库建设、重要地理国情变化监测、地面沉降、控制测量、水下地形测量等。完成市本级规划测绘项目1300项（含市属2个区）。维护NBCORS运行，全天候采集全球导航卫星定位数据，经服务中心数据处理后，通过专用网络向市气象局、地震局、规划测绘部门等50多家注册用户（190多台GNSS接收机）提供实时定位服务。

成立市轨道交通、机场路和南、北外环路测量控制中心，为市重点建设工程提供测绘服务保障。完成轻轨1号线、2号线基础控制网复测，启动轻轨车站管线竣工测量工作。组织完成3号线全线的地形修测和管线详查工作。完成轨道交通信息模型辅助设计前期研究，并转入正常生产。

与宁波市发改委、建设委员会、江东公安分局等14个政府部门和企事业单位签订专题地理信息系统开发合同，合同额约1000万元，其中“宁波现代都市在线服务平台”项目已上线运行。完成宁波市第一部大型综合类图集《宁波市地图集》的编制工作，社会效应良好。

【其他】

宁波市测绘设计研究院完成的10个测绘项目获奖，其中“宁波市1厘米似大地水准面高程基准及GNSS高程测量推广应用”获2012年中国测绘学会测绘科技进步奖二等奖，“阿拉图地理信息服务平台研发与应用”获2012年中国地理信息科技进步奖二等奖和宁波市科技进步奖二等奖。

浙江省测绘大队

【业务】

2012年，浙江省测绘大队完成公益性项目及横向工程338项，出版技术总结、资料整编和图集共400份，出图1:2000 100幅，1:500 8000幅。完成的主要项目包括嘉兴市地面沉降监测水准测量一等水准740千米，舟山市定海区1:500数字地籍调查78平方千米，平阳县房产测量50平方千米，萧山区1:500数字地形图测绘二标段50平方千米，浙江省海洋测绘水下地形测量和深水岸线调查（第四标段），编制《台州市路桥区行政区划图》和《台州市路桥区城区图》，完成开化县中村乡树范村外洪丘土地开发等12个项目工程设计。

【其他】

浙江省测绘大队完成的“长兴县农村居民点数字地籍调查及数据建库项目”、“大江东区域1:500数字地形图更新测绘工程”分别获2012年中国测绘学会优秀测绘工程奖铜奖；“台州经济开发区1:500城镇数字地籍调查”获2012年浙江省优秀测绘与地理信息工程奖二等奖，“东阳市域基础控制网”获三等奖。

宁波上航测绘有限公司

【业务】

2012年，宁波上航测绘有限公司完成工程项目共86项，出版技术总结、资料整编和图集共100多份，出图1200多幅。

主要承担宁波港北仑港域海域海床稳定性及回淤研究水下地形断面测量，线路测量120千米；中海浙江天然气有限公司扫海工程，测绘1:500地形图2平方千米。完成的工程测绘项目包括台州东部新区启动区块吹填及软基处理测量工程；温州民营经济科技产业基地天成垦区（南片）吹填及软基处理工程测量，测量内容包括工前工程测量、水深测量、变形观测、施工放样等；泉惠石化工业区规划区域内及一期吹填工程取泥区西侧海、陆域地形测量等项目，陆域面积约9.6平方千米，水域面积约16平方千米。

【其他】

宁波上航测绘有限公司研发了潮位调和分析、理论基准面计算、高程传递和潮流、水文分析于一体的系统软件“宁波上航测绘水文分析系统”，并获计算机软件著作权。完成的“宁波市域海洋测绘水下地形测量和深水岸线调查试生产（二标段）项目”获2012年度浙江省优秀测绘与地理信息工程奖二等奖。

杭州思易电子系统工程有限公司

【业务】

2012年，杭州思易电子系统工程有限公司完成了山洪灾害、气象预警、警用地理信息系统建设等方面的10多个项目。完成的有关山洪灾害方面的项目已经在大榭、金东、东阳、苍南等地应用。气象预警方面的项目在杭州市、萧山、温州等地得到应用，均取得良好效果。

【其他】

杭州思易电子系统工程有限公司开发的吉思气象防汛预警信息多渠道发布系统软件、吉思位置搜索引擎软件分别获计算机软件著作权登记证书。

浙江臻善科技有限公司

【业务】

2012 年，浙江臻善科技有限公司研发并实施国土资源部试点项目——浙江省土地登记信息动态监管查询系统，通过国土资源部预检。研发杰思科国土资源“一张图”信息系统，并已在合肥市国土资源局、义乌市国土资源局、桐乡市国土资源等单位使用。

承担 25 个县（市、区）集体土地所有权确权的调查数据建库和登记信息系统建设。该公司规划部完成浙江省内各地市基本农田划区定界、低丘缓坡开发利用试点实施方案编制等各类项目共 66 个。

【其他】

浙江臻善科技有限公司完成的“绍兴市区城镇地籍调查建库和系统平台升级”项目获得 2012 年浙江省优秀测绘与地理信息工程奖一等奖。

福建省

厦门海洋工程勘察设计研究院

【业务】

2012 年，厦门海洋工程勘察设计研究院承接广西白龙核电厂可行性研究阶段地形补充测量、中铁源昌 2007G27 项目工可阶段旁侧声纳扫海和水深测量、“1:25 万福州幅海洋区域地质调查”、“福建海岸潮间带剖面监测”等重大工程的相关专题研究工作。

【其他】

厦门海洋工程勘察设计研究院承接的“厦门环东海域综合整治建设工程项目水深测量、断面检测和清淤”项目获 2012 年中国测绘学会优秀测绘工程奖铜奖。

江西省

概况

截至 2012 年底，江西省共有测绘资质单位 422 家，其中甲级 22 家、乙级 46 家、丙级 71 家、丁级 283 家，比 2011 年增加 34 家。测绘资质单位从业人员 6558 人，比 2011 年增加 277 人。

2012 年，全省测绘资质单位为经济社会发展提供保障服务，积极开展省防汛工程专题地理信息系统、全省地质灾害隐患点专题地理信息系统、地理实体数据制作、江西省农村土地所有权 1:2000 调查底图制作项目、鄱阳湖重点区域综合治理信息系统、江西省鄱阳湖区防汛通信预警综合数据库（二期）基础地理空间数据服务、江西省地理信息公共服务平台建设（一期）、鄱阳湖重点区域综合治理专题地图（册）编制、江西省基本地理省情项目、数字城市地理空间框架建设等地方重大工程项目建设，完成测绘服务总值 7.8 亿元，同比增长 20.36%。

江西有色地质测绘院

2012 年，江西有色地质测绘院完成江西省农村集体土地所有权确权登记 10500 多平方千米，村小组个数近1万个；农村宅基地及集体建设用地地籍测量约80平方千米；其他地形测量及工程测量项目21项。全年完成测绘生产总值近2000万元。

参与江西有色地质勘查三队与中国江西国际经济合作公司在非洲津巴布韦、赞比亚、博茨瓦纳等国的4个矿区找矿施工测量工作，完成各类比例尺地形测量约300平方千米，各类工程点测量约1000个。其中德比尔斯矿区1:5000地形测量成果受到津巴布韦中部省矿产部表彰。

江西天久测绘院

【业务】

2012年，江西天久测绘院共完成各类测绘项目69项，包括江西浮梁县朱溪外围铜多金属矿调查评价、马达加斯加贝马武矿区铬铁矿、磁铁矿预查等，市场服务性项目36项。

【其他】

江西天久测绘院完成的“鹰潭市夏埠规划区1:500地形测量项目”通过国家测绘产品质量检验测试中心检验，并获2012年江西省优秀测绘工程奖三等奖。

江西省基础测绘院

【业务】

2012年，江西省基础测绘院共完成测绘生产项目30多个。完成赣县新农村建设测绘保障服务示范项目，第二次农村土地调查数据库1:5000、1:1万及1:5万缩编，鄱阳湖基础地理测量，数字井冈山地理空间框架建设，数字吉安地理空间框架建设，江西省地理信息公共服务平台（1:5万（11–14级）初始库建设）建设一期任务等基础测绘任务。完成万安土地变更调查，抚州电厂1:500、1:1000测绘。吉安市数字城市建设大比例尺基础地理信息数据生产与数据整理项目，数字上饶地理空间框架建设市规划区大比例尺地形数据改造、整合等市场项目。江西省农村集体土地确权登记发证调查底图1:2000 DOM制作和南昌市高新区、樟树市、乐平市、上犹县、玉山县、鄱阳县农村集体土地确权登记发证项目集体土地所有权地籍调查及数据库建设项目正在实施。

【其他】

江西省基础测绘院积极推进“自创编码实现外业采集与内业成图一体化”科技推先项目实施，获江西省测绘地理信息局2012年度科技推先项目一等奖。

该院被国家测绘地理信息局授予国家1:5万基础地理信息数据库更新工程先进集体称号。完成的“新疆维吾尔自治区阿克陶县1:1000地形图测绘”项目获2012年中国测绘学会优秀测绘工程奖铜奖；“吉安市数字城市建设大比例尺基础地理信息数据生产与数据整理项目（D、E级控制策略和1:500、1:1000DLG生产）”获2012年江西省优秀测绘工程奖一等奖。

江西省地理国情监测遥感院

【业务】

2012年，江西省地理国情监测遥感院完成全省农村三权发证1:2000 DOM底图生产项目；兴国县、丰城市、新建县3个县（市）的农村集体土地确权登记发证所有权项目；安福县、安远县、信丰县、浮梁县、峡江县、万安旅游局、乐平城镇1:1000地形图测绘；完成江西省基本地理省情项目；省防汛工程专题地理信息系统、全省地质灾害隐患点专题地理信息系统建设等项目。

【其他】

江西省地理国情监测遥感院完成的“江西省基本地理省情项目”获2012年江西省优秀测绘工程奖二等奖；“JX4与VirtuoZo定向数据共享”获江西省测绘地理信息局2012年度科技推先项目三等奖。该院职工万芳琦撰写的论文获测绘地理信息科技论坛一等奖。

江西省地矿测绘院

【业务】

2012年，江西省地矿测绘院完成各项测绘与地理信息工程项目共45项，出版技术总结、资料整编等共48份，出图2400多幅；承担江西省8个县市的三权发证项目，完成16400多平方千米的集体土地所有权调查；完成南昌市交通旅游图等专题图编制；完成管线探测约500千米。

【其他】

江西省地矿测绘院完成的“慈溪市中心城区1:500数字地形图测绘及数据标准化”项目获2012年江西省优秀测绘工程奖二等奖。

江西省煤田地质局测绘大队

【业务】

2012 年，江西省煤田地质局测绘大队完成各类测绘项目约 100 项。主要包括南昌市、宜丰县、分宜县等 7 个市、县、区的农村集体土地确权发证项目，赣州特大城市 1:500 地形图测绘项目、2012 年鄱阳县农村土地整治现状地形图全数字航空摄影测量地形图等项目。

【其他】

江西省煤田地质局测绘大队完成的“分宜县城区地籍管理信息系统工程建设”项目获 2012 年中国测绘学会优秀测绘工程奖铜奖。“崇义县城规划区可视三维影像数字地籍信息管理系统”获 2012 年中国地理信息产业优秀工程奖铜奖。

江西省水利规划设计院

【业务】

2012 年，江西省水利规划设计院主要完成江西省五河防洪治理工程、鄱阳湖水利枢纽工程可行性研究、江西省五河尾闾疏浚工程等测绘项目，以及广东省佛山市三水区农村集体土地所有权登记发证、江西省南昌市水天一色基坑监测等项目。

【其他】

江西省水利规划设计院获得嵌入式测量标心实用新型、双动力遥控测量船实用新型、跨河水准测角照准觇牌实用新型 3 项专利，发表测绘类学术论文 18 篇（EI 2 篇、核心 4 篇、省级刊物 12 篇）。

完成的“鄱阳湖基础地理测量（控制、水下地形、专题图）”项目获 2012 年江西省优秀测绘工程奖一等奖，“抚州市临川区唱凯堤除险加固工程测量”项目获二等奖；“VirtuoZo 全数字摄影测量生产系统”项目获 2012 年江西省赣鄱水利科学技术奖二等奖。

江西省地质矿产勘查开发局赣西地质调查大队

2012 年，江西省地质矿产勘查开发局赣西地质调查大队完成新余市巴丘园－下坊－花桥铁矿区、萍乡市天子山铁矿区等 6 个矿区地质勘查测量项目；江西省上犹县湖仙洞铜多金属矿区勘查测量、广西贺州市八步区七里铜铅锌矿区勘查测量等 80 多个市场项目；共青城市、南昌县的征地测量、建筑红线放样及验线测量项目 60 多个。

江西省测绘应急保障服务中心

【业务】

2012 年，江西省测绘应急保障服务中心大力发展无人机航摄产业，飞行 90 多架次，获取 3000 多平方千米高分辨率影像，为农村集体土地确权登记发证、土地整治、城市规划、项目选址等提供测绘保障。完成公益性项目及横向工程项目 100 多项，产值 2500 多万元。承担数字抚州地理空间框架项目建设，以及江西测绘地理信息局多项省级基础测绘项目和地理国情监测项目。编制《鄱阳湖重点区域综合治理专题地图册》、《江西水系境内外流域图》、《南昌市旅游图》、《高安市旅游交通图》等；承接万安、浮梁、贵溪、上栗等县农村集体土地确权登记发证项目，制作抚州市范围 1:2000 农村集体土地确权登记发证工作底图。

【其他】

测绘地理信息行业特有职业技能鉴定江西站（江西省测绘应急保障服务中心）当选首批国家示范职业技能鉴定站。

完成的“无人机航摄大比例尺测图可行性研究”获 2012 年度江西省测绘地理信息局科技推先和科技创新优秀项目三等奖，“江西省连续运行 GPS 基准站网（JXCORS）建设与研究”项目被确认为省科学技术成果，“江西水系境内外流域面积量算”项目获 2012 年江西省优秀测绘工程奖二等奖。

南昌市测绘勘察研究院

【业务】

2012 年，南昌市测绘勘察研究院完成规划核实测量项目 880 项，工程测量项目 330 项，基础测绘项目 6 项，市场项目 2 项，共计 1218 项。出版了《城市基础地理信息数据规范》（1:500、1:1000、1:2000 DLG 数据规范，1:500、1:1000、1:2000 DEM 数据规范，1:1000、1:2000 DOM 数据规范及 DRG 数据规范）、《南昌市地下管线普查技术规程》及《南昌市地下管线数据库规范》；编制了南昌市城区图（2012 版）及红谷滩行政区划图。

【其他】

南昌市测绘勘察研究院在“南昌 2000 坐标系建立及转换模型研究”项目中建立南昌 2000 坐标系，解决了长度变形超限问题，建立了南昌市现代测绘基准。

完成的“南昌市市域基础控制网测量”项目获中国城市规划协会 2011 年度全国优秀城乡规划设计奖城市勘测工程奖二等奖、2012 年江西省优秀测绘工程奖一等奖。南昌市测绘勘察研究院、江西省地理国情监测遥感院、江西省国土勘测规划工程有限公司共同完成的“江西省第二次土地调查田坎系数测算”项目获 2012 年江西省优秀测绘工程奖一等奖。

江西省基础地理信息中心

【业务】

2012 年，江西省基础地理信息中心完成“天地图·江西”更新和完善工作；开展南昌、赣州、鹰潭、上饶、婺源数字城市地理空间框架建设；完成新余、宜春“天地图”市级节点建设；开发鄱阳湖重点区域综合治理信息系统；编制《发改委罗霄山片区规划专题图》、《发改委苏区振兴用图》；完成“一县一图”工程项目 22 个；1:1 万地形图测制 166 幅；江西省农村集体土地确权登记发证调查底图 1:2000 DOM 制作 1657 平方千米、所有权 1:5000 DOM 调查底图制作 4335 幅；第二次全国土地调查核查成果数据缩编 41 万平方千米等。

【其他】

江西省基础地理信息中心开发的自主知识产权软件“智图地理信息公共平台 v2.0”已应用于数字上饶、数字鹰潭、“天地图·宜春”等建设中，其中，多尺度 Web 要素服务技术获 2012 年江西省科技创新课题二等奖。

完成的“基于云计算的服务聚合式地理信息平台及‘数字宜春’示范”，获 2012 年中国地理信息科技进步奖二等奖；“江西电网污区分布地理信息管理系统”和“庐山西海三维景观系统”分别获 2012 年中国地理信息产业优秀工程奖银奖和铜奖；“数字新余地理空间框架建设”获 2012 年中国测绘学会优秀测绘工程奖铜奖；“江西省地理信息公共服务平台泛珠专题建设”和“黎川县第二次土地调查”分别获 2012 年江西省优秀测绘工程奖二、三等奖。该中心在“天地图·江西建设与鄱阳湖重点区域综合治理信息系统建设”项目中成绩显著，被江西省测绘地理信息局授予先进集体称号，并获江西省测绘地理信息局科技推先和科技创新组织实施优胜单位称号。

九江地质工程勘察院

【业务】

2012 年，九江地质工程勘察院完成公益项目及市场项目 45 项，出图 850 多幅。完成农村集体土地所有权确权面积 1.05 万平方千米，无人机航摄 300 多平方千米，地籍测绘 40 平方千米，矿山和各类比例尺地形图 80 平方千米，武广高铁 CP Ⅲ复测与二等水准测量 100 千米，各类线路测量累计 200 多千米，变形测量与沉降观测 5 处，数字城市与三维制作 12 平方千米，专题数据库 5 个。土地开发测量与设计 2 万多亩。

【其他】

九江地质工程勘察院完成的 1 个项目获江西省地质矿产勘查开发局 2012 年度地质勘察特等奖。

江西省地质矿产勘查开发局赣东北大队

2012 年，江西省地质矿产勘查开发局赣东北大队完成各种测绘工程项目 100 多项，主要包括高速公路测绘项目、铁路线路测绘和施工监测；开展江西省农村集体土地确权登记发证项目；承接信州区秦峰乡农村土地整理项目及多个矿山土地复垦方案编制项目等土地规划、土地复垦类项目。

江西省国土资源测绘工程总院

【业务】

2012 年，江西省国土资源测绘工程总院完成 8 项测绘工程项目，开展 2 个跨年度的农村集体土地确权项目。完成土地规划及土地整治规划设计项目 24 个、地质勘查报告 8 个。提供技术报告、技术总结共 210 份，出图 300 多幅。

【其他】

江西省国土资源测绘工程总院在江西省土地整治示范项目中完成江西省国土系统首个“高标准基本农田”建设项目，并与相关专家共同起草江西省高标准基本农田范本。

该院连续3年获江西省直机关精神文明单位称号。

江西省电力设计院

【业务】

2012年，江西省电力设计院在工程测量方面主要完成溪洛渡至浙西±800kV特高压直流输电线路工程；哈密至郑州±800kV特高压直流输电线路工程；500kV文赣线冰灾完善化改造工程；沪昆客专（江西段）220kV~500kV电力改迁工程等项目。

【其他】

江西省电力设计院完成的“鹰潭至上饶500kV输电线路工程”获江西省第十四次勘察设计“四优”评选优秀工程勘察奖一等奖，“溪洛渡至浙西±800kV特高压直流输电线路工程”、“井冈山至澄江220kV输电线路工程”分获2012年江西省优秀测绘工程奖二、三等奖。

山东省

概况

截至2012年底，山东省共有测绘资质单位735家，其中甲级28家、乙级79家、丙级171家、丁级457家，比2011年增加25家。按单位性质划分，事业单位180家，企业单位555家。测绘资质单位从业人员14210人，较2011年增加475人；测绘作业证持证人数9053人，比2011年增加459人。

全省测绘行业主要完成南水北调东线一期山东干线工程勘测定界、京沪高速铁路征地勘测定界、肯尼亚一号线管道工程等重点测绘地理信息项目（工程）。

山东省国土测绘院

【业务】

2012年，山东省国土测绘院承建“山东省‘十二五’基础地理信息数据库更新工程（一期）”、“山东省地理信息公共服务平台”、“数字东营地理空间框架建设工程”、“山东省1:10000基础地理信息数据2000国家大地坐标系转换”、“山东省枣庄市市中区谷山地区铁矿普查”等项目，均按计划执行。

【其他】

山东省国土测绘院完成的“山东省基础地理信息数据采集、更新与建库”项目获2012年山东省科学技术进步奖三等奖、2012年中国测绘学会优秀测绘工程奖白金奖；“山东省卫星定位连续运行综合应用服务系统”获2012年卫星导航定位科技进步奖二等奖；“国土执法监察三级联网全程监管平台”项目获2012年卫星导航定位优秀工程和产品奖三等奖；“数字寿光地理信息公共服务平台”、“东营市地理信息公共服务平台建设及应用”分获2012中国地理信息产业优秀工程奖金、银奖；“山东省地理信息公共服务平台”和“威海市‘十二五’基础测绘规划编制”分获第七届山东省国土资源科学技术奖一、三等奖。

济南市勘察测绘研究院

【业务】

2012年，济南市勘察测绘研究院主要完成“济南市地理信息公共平台数据建设项目”、“奥体片区三维平台建设及重点项目三维服务项目”、“济南市规划竣工测量工程项目”、“2012年济南市1:500比例尺地形图更新修测项目”等。

【其他】

济南市勘察测绘研究院承担的“POI标准化采集与建库管理信息系统”项目获2012年中国地理信息科技进步奖三等奖；“数字济南地理空间框架建设项目可行性研究”项目获2012年度山东软科学优秀成果奖二等奖；“济南市地理空间资源服务系统”和“济南市二环内1:500地形图更新修测及数据库更新”项

目获第七届山东省国土资源科学技术奖二等奖。

山东明嘉勘察测绘有限公司

【业务】

2012年，山东明嘉勘察测绘有限公司共开展测绘项目52个，主要包括“济南恒大城地块二公寓、商业及地块二剧场基坑监测”，“济南铁路局铁路用地地籍图测绘及土地初始登记工程（淄博）”，“河北张家口市城乡规划局市区航测数字化成图及咨询服务项目”，“淄博市张店区1:500DLG数据采集与更新和地名地址调查与建库”等项目测量。全年完成生产总值7000多万元。

【其他】

山东明嘉勘察测绘有限公司完成的“青岛市内四区城镇土地调查项目”、“烟台市芝罘区第二次城镇土地调查及信息系统建设项目”分获2012年中国测绘学会优秀测绘工程奖银、铜奖；“青岛市内四区城镇土地调查项目”、“济南铁路局铁路用地地籍图测绘及土地证更名换证工程”分获第七届山东省国土资源科学技术奖二、三等奖；“莱芜市集中居住区和中心村地形图测绘”获2012年山东省优秀测绘工程奖二等奖。

山东省水利勘测设计院

【业务】

2012年，山东省水利勘测设计院完成“山东省诸城市现代烟草水源工程测量”，“潍坊滨海旅游度假区欢乐海内人工岛工程测量”，“南水北调山东省境内济东段、两湖段、鲁北段管理设施工程测量”，“淮河流域统一高程系统水准观测”，“济宁市泗河生态河道治理工程曲阜段初步设计测量”等项目。

【其他】

山东省水利勘测设计院获“南水北调工程征地移民优质服务先进单位”称号。

青岛海洋工程勘察设计研究院

2012年，青岛海洋工程勘察设计研究院完成“CB4E就位锚泊作业区域电缆管线探测”、“鲤鱼尾库区——青兰山库区海底管线年度检验工程”、“基于EGM2008模型的近海高程传递方法研究”、“山东半岛蓝色经济区建设的海洋空间布局优化技术体系及决策服务系统应用示范”等项目。

山东省地质测绘院

【业务】

2012年，山东省地质测绘院全年完成测绘总产值6970万元，完成的主要项目包括“数字济宁地理空间框架建设1:2000 DLG、DEM和DOM数据生产与建库项目”、“山东电力空间数据采集项目”、“黄河国际生态城1:500地形图测绘项目”、“沧州输油处管道地理信息系统建设项目”等。

【其他】

山东省地质测绘院获“省级文明单位”、“省工人先锋号”、“2012年度山东省测绘行业先进集体”称号。该院承建的“原油长输管道动态信息管理系统”获第七届山东省国土资源科学技术奖二等奖，“输油管道管理信息系统建设”获2012年中国测绘学会优秀测绘工程奖三等奖。承担的“无人飞艇地理国情监测关键技术”研究项目通过省科技厅组织的评审。

山东海天地理信息工程有限公司

【业务】

2012年，山东海天地理信息工程有限公司完成“招远市地下管线普查”、“文登市地下管线普查及信息共享平台建设工程监理”、“平原县城区排水管线探测工程”等5个城建项目；“福山区门楼镇土地综合整治项目工程监理”、“海阳市郭城两个镇土地整理项目”等4个规划项目。承揽“烟台市区农村集体土地确权登记发证及信息系统建设项目”，“济阳县农村集体土地确权登记发证及数据库建设”，“蓬莱农村集体土地确权登记发证及信息系统建设、监理项目”等多个确权登记项目。

【其他】

山东海天地理信息工程有限公司完成的“烟台经济技术开发区1:500地形图测绘及已测地形数据入库”项目获2012年山东省优秀测绘工程奖一等奖。

山东省城乡建设勘察院

【业务】

2012 年，山东省城乡建设勘察院完成测绘项目 30 多项，项目内容以规划测量、沉降观测、基坑监测及地籍测量为主，主要包括“阳信县 1:1000 地形图测量”、“山东省公安厅公安技术楼基坑监测”、“济南铁路局铁路用地地籍图测绘及土地初始登记工程”等项目。

【其他】

山东省城乡建设勘察院承建的“山东中润济南世纪城二期 I 区 A2 办公楼勘测项目”获 2011-2012 年度国家优质工程奖银质奖。

青岛海大工程勘察设计开发院有限公司

2012 年，青岛海大工程勘察设计开发院有限公司承担“北仑台塑码头水深监测工程”、“港务储运部泊位水深测量及航道疏浚土方量计算”、“青岛市海域海岛海岸带整治修复保护规划”、“衢山岛等岛屿浅滩水深测量及遥感调绘补测”等测量项目，合同金额近 800 万元。

青岛创想互动数字科技有限公司

2012 年，青岛创想互动数字科技有限公司继续对 GPSonline 汽车位置管理系统进行全方位升级，包括数据库、账号安全系统、远程控制系统、报警系统、业务管理系统 5 大方面 400 多项功能。积极开展市场调研，完成 2 家公司个性化车辆位置管理系统开发，在稳定性、兼容性、可扩展性等方面均优于行业标准。

济南市房产测绘研究院

【业务】

2012 年，济南市房产测绘研究院完成房产项目测绘 2407 件，面积 2411.9 万平方米；基础测绘 177 件，面积 441.2 万平方米；房改房测绘 8291 件，面积 61.58 万平方米。完成历下区泉城路 188 号恒隆广场、经十路 19288 号鲁商·泉城中心城市广场、市中区绿地普利中心、高新区国华印象等主要项目。

【其他】

济南市房产测绘研究院完成的历下区泉城路 188 号恒隆广场、经十路 19288 号鲁商·泉城中心城市广场、市中区经四路 5 号万达商业广场分获 2012 年山东省优秀测绘工程奖一、二、三等奖；自主研发的“济南市房产测绘信息系统”获 2012 年度山东建设技术创新奖二等奖。

日照市城乡建设勘察测绘院有限公司

【业务】

2012 年，日照市城乡建设勘察测绘院有限公司完成“山海西路 1:2000 带状地形图及纵横段测量 16km”、“东港新城 1:2000 数字化测图 21.6km^2”、“高科园老区 1:2000 数字地形测量 14.5km^2”、“日照国际海洋城环球海及道路 1:500 地形图测量 8km^2”等项目。

【其他】

日照市城乡建设勘察测绘院有限公司完成的“日照国际海洋城环球海及道路 1:500 地形图测量”、“东港新城 1:2000 数字地形图测量”分获 2012 年山东省优秀测绘产品二、三等奖。该单位被山东省测绘行业协会评为山东省测绘行业协会先进集体。

胜利油田胜利勘察设计研究院有限公司

【业务】

2012 年，胜利油田胜利勘察设计研究院有限公司继续以油田地面建设工程测量为主，完成油田地面建设测绘项目 100 多项，包括“东营市金湖银河生态项目油田电力线改造”、“东营市西城道路改造工程测量”、“胜利油田临盘地区矿区建设区域规划工程测量”、“东营市文化公园用地电力线路改造”等工程测量项目，以及“肯尼亚一号线管道工程”、“加蓬 Salsich 区块 WZ 油田开发地面工程”、“江西成品油管道二期工程”等 6 项长输管道工程测量项目。

【其他】

胜利油田胜利勘察设计研究院有限公司承建的“胜利老河口油田老 168 块新区产能建设工程”获 2011-2012 年度国家优质工程奖银质奖。

山东省地图出版社

【业务】

2012年，山东省地图出版社共出版地图类图书148种，印刷完成3.09万个色令。编制完成《青岛市地图集》、《威海市地图集》、《威海市国土资源图集》、《2012年版领导工作用图》、《山东省地质矿产图集》、《山东省历史地图集》系列丛书，《山东省非物质文化遗产图集》等，以及《山东省，1:25万、1:50、1:75万三个比例尺系列地图》、《山东省等级测量标志分布图》、《日照市地图》、《德州市商贸交通旅游图（两会用图）》等。

【其他】

山东省地图出版社编制的《潍坊市挂图－潍坊市地图、潍坊市城区图》、《潍坊市地图集》、《淄博市地图集》获2012年中国测绘学会优秀地图作品裴秀奖铜奖。

河南省

概况

截至2012年底，河南省共有测绘资质单位749家，包括甲级26家、乙级135家、丙级242家、丁级346家。其中，民营企业264家（甲级3家、乙级40家、丙级117家、丁级104家），较2011年增长25%。

2012年，全省测绘资质单位从业人员1.7万人，其中测绘作业证持证人数9987人，占总从业人数58.7%，同比增长13%；民营企业测绘从业人员总数4904人，占总人数的28.9%，同比增长38%。

2012年河南省测绘资质单位测绘服务总值177476.5万元，同比2011年增长13.8%。其中私营企业完成46561.7万元，占测绘服务总值的26.3%，同比2011年增长37%。

河南省地图院

【业务】

2012年，河南省地图院完成《河南省领导工作用图》（2012版）；编制出版《河南省地图集更新工程》16开本、32开本；完成河南省公众地图网与省辖市城区图、市域图更新工程；编制完成河南省丝绸精品地图（河南省政区图、河南省地势图、河南省交通图、中国地图和世界地图）套装、《中原经济区地图》；为省政府主要领导编制《全国和全省铁路交通示意图》；完成河南省地图网与全省各级政府门户网站电子地图栏目的链接；为数字焦作地理空间框架建设项目提供技术支持，测制完成焦作城区1:1000地形图；参加全省农村集体土地确权登记地籍调查项目；编制完成《中原经济区国土规划图集》。

【其他】

河南省地图院编制完成的《河南省领导工作用图》（丝绸版套装）获2012年中国测绘学会优秀地图作品裴秀奖铜奖，“河南省土地权属界线三维空间信息系统”获2012年中国测绘学会测绘科技进步奖三等奖；“WITSMAP1.0地理信息公共服务平台”获2012年河南省测绘科学技术进步奖一等奖。

河南省遥感测绘院

【业务】

2012年，河南省遥感测绘院完成测绘产值5300多万元。完成商丘、新乡测区17个县市1:1万快速更新测绘（人·县·年）基础任务，洛阳、三门峡、南阳测区1:1万基础测绘二轮更新地形图110幅。豫中地区1:1万基础测绘更新LIDAR航摄项目5.3万平方千米，1:1万LIDAR点云数据DSM、DEM生产382幅。

完成河南省测绘地理信息产业园选址测图工程，数字济源、数字邓州、数字孟津、数字鹤壁建设。参与完成的数字郑州项目通过验收。完成河南省首个数字乡镇项目数字薛店建设。完成“天地图·济源”市级节点建设，浙江天然气管线金丽温、甬台温线路测绘及地理信息数据采集，郑州铁路局用地图绘制项目1235千米，台前县城区大比例尺基础测绘及济源市、宝丰县农村集体土地确权登记发证513平方千米。完成《郑州市公共文化设施服务地图》、《济源市区图》、《济源市交通旅游图》、《鲁山县影像挂图》等专题图制作。

【其他】

河南省遥感测绘院1人获全国“五一劳动奖章”、2人获河南省“五一劳动奖章”。完成的“机载LIDAR基础测绘关键技术及规模化应用”获2012年中国测绘学会测绘科技进步奖二等奖，“数字郑州基础地理空间框架建设空间数据库建设”获2012年中国测绘学会优秀测绘工程奖金奖；“ALS60点云数据地物要素提取关键技术研究”、“铁路用地专题信息系统集成关键技术研究与应用”获2012年河南省测绘科技进步奖一等奖，“ALS60机载激光扫描系统在天然气管线工程中的应用研究”、“利用ALS60点云数据进行基础测绘地貌更新生产及质量控制研究”获二等奖；“郑州铁路局用地图绘制项目”、“商丘、周口测区1:1万第二轮更新”获2012年河南省优质测绘工程（成果）奖一等奖，“光山县光潢一体化新城规划大比例尺基础测绘项目”等4个项目获二等奖。

河南省测绘工程院

【业务】

2012年，河南省测绘工程院完成周口－南阳高速公路1:2000航测数字化地形图205幅，郑州市轨道交通3号线1:1000带状地形图25幅，驻马店市西部山区1:5000数字化地形图583平方千米，驻马店市北区一级GPS控制网点24个、1:1000航测数字地形图47幅，上海1:1000修测1348幅。

完成数字商城地理空间框架建设与应用示范项目，包括一级控制点埋设、数据采集和内业平差200个，1:1000数字线划图测绘和编辑466幅，1:1000数字正射影像图466幅，1:5000数字线划图缩编32幅，1:1000数据建库100平方千米，1:5000数据建库100平方千米，1:1万数据建库90幅。

完成数字二七地理空间框架建设与应用示范项目，包括一级控制点埋设、数据采集和内业平差109个，1:1000数字线划图265幅，1:2000数字线划图缩编92幅，1:5000数字线划图缩编20幅。完成罗山县灵山镇大比例尺基础测绘项目，包括一级控制点埋设、数据采集和内业平差20个，1:1000数字线划图42幅。

【其他】

河南省测绘工程院完成的“平顶山市域快速更新生产试验‘人·县·年’外业调绘”、“数字商城地理空间框架建设及应用示范项目”获2012年河南省优质测绘工程（成果）奖一等奖，“驻马店三区两县新农村建设测绘保障服务示范项目”等4个项目获二等奖；“工商网点巡查关键技术研究”获2012年河南省测绘科技进步奖一等奖，“基于互联网地图的综合查询应用技术研究”获二等奖。

该院党委被河南省直机关党委评为“五好”基层党组织，被河南省测绘地理信息局评为先进党组织、2012年度测绘地理信息工作先进集体。拥有国家测绘地理信息局2011年~2013年青年学术和技术带头人1人、河南省测绘地理信息局2012–2013年度青年技术学术带头人4人，通过注册测绘师考试5人。

河南省基础地理信息中心

【业务】

2012年，河南省基础地理信息中心完成生产总值2004万元。完成河南省1:1万二轮更新DLG数据入库2060幅，郑州、平顶山市域1:1万快速更新数据入库696幅，濮阳市域快速更新1:1万DOM制作198幅。完成老君庙、唐庄乡等地无人机生产试验及应用服务，数字濮阳、数字陕县的数据库和平台建设。数字平顶山建设通过国家测绘地理信息局验收。参与地理国情普查试点工作，完成郑汴区域10县城区（含县城）历史扩张专题地理省情监测数据获取、统计与分析，形成监测分析报告和图件成果。对涉密版公共服务平台进行更新维护，并首次在省委、省政府内网服务器上部署涉密版平台。8月27日，“天地图·河南”正式接入国家主节点，11月，“天地图”涉密版在电子政务内网管理中心（河南省委）安装。

【其他】

河南省基础地理信息中心完成的“数字平顶山地理空间框架建设及应用示范”项目获2012年河南省测绘科技进步奖一等奖，“无人机航空摄影在测绘工程中的应用”、“中原经济区洛阳副中心地理空间信息数据建设”项目获二等奖；“数字濮阳地理信息数据库建设工程”项目获2012年河南省优质测绘工程（成果）奖一等奖，“数字驻马店地理信息数据库建设工程”项目获二等奖。

湖北省

概况

截至2012年底，湖北省共有测绘资质单位571家，其中甲级44家、乙级112家、丙级255家、丁级160家，主要分布在测绘、国土资源、城乡建设与规划、水利电力、交通运输等14个行业，所属城乡建设与规划及国土资源系统的测绘地理信息行业单位所占比例较高，主要由事业单位组成。湖北省测绘地理信息从业人员共14094人，其中高、中、初级专业技术人员共9798人。2012年，全省测绘资质单位完成测绘服务总值338839.6万元。

立得空间信息技术股份有限公司

【业务】

2012年，立得空间信息技术股份有限公司完成自研项目及横向工程项目共109项。研发基于移动测量及云计算的大规模协同测绘生产系统与数据中心；完成基于机动车、铁路机车、小型运载工具的陆基移动测量系统，基于有人机、无人机、飞艇等飞行器的空基移动测量系统，舰船用高精度GNSS/INS组合导航系统和基于移动互联的实景地图搜索。全年累计承接政府及企业项目近99个。出版技术总结、资料整编和图集共217份，出图1380多幅。

【其他】

立得空间信息技术股份有限公司年内组织召开了全国首届移动测量高峰论坛、立得空间首届合作伙伴大会。作为项目牵头单位承担“空地一体高精度定位定姿测量仪”简称PPOI项目，被列入2012年度国家重大科学仪器设备开发专项组织实施，项目总经费4521万。和武汉大学共同完成的“天地一体化对地观测数据处理技术创新及在国家应急响应中的应用”获2012年国家科技进步奖二等奖。该公司申报的“面向服务架构的新一代数字城市共享服务平台及其示范应用”获2012年中国测绘学会测绘科技进步奖一等奖。

中冶集团武汉勘察研究院有限公司

【业务】

2012年，中冶集团武汉勘察研究院有限公司测绘专业为武钢、宝钢、梅钢、鄂钢、马钢、宁钢、韶钢、珠海粤钢、贵州水钢、新疆八钢、湛江钢铁基地及青海、横琴、老挝、利比里亚等地企业提供测绘和地理信息服务，全年完成测绘产值8000多万元。

【其他】

中冶集团武汉勘察研究院有限公司测绘专业有5个项目获中国冶金建设协会和湖北省测绘学会颁发的优秀工程奖；获中冶集团科学技术进步奖、中冶集团专利金奖各1项。取得无人机用内外夹层式相机减震装置、一种无人机用GPS天线与航测相机的一体式装置、一种无人机用串接式无气泡软体油箱3项实用新型专利。

武汉科岛地理信息工程有限公司

【业务】

2012年，武汉科岛地理信息工程有限公司完成14个城市91项管线测量项目，探测1.7万千米；完成农村集体土地确权项目3项，建立46个乡镇的农村宅基地确权登记数据库；完成测绘工程共264项。

【其他】

武汉科岛地理信息工程有限公司完成的“增城市第二次土地调查项目城镇村庄土地调查子项目包组五（新塘北调查区）”项目和“杭州市‘数字城管’城市部件数据外业普查”项目获2012年中国测绘学会优秀测绘工程奖铜奖。

武大吉奥信息技术有限公司

【业务】

2012年，武大吉奥信息技术有限公司的国土、规划业务市场覆盖广东、湖北、江苏、江西、浙江、辽宁、四川、湖南8个省。重点项目包括韶关市国土资源“一张图”建设和应用项目、徐州国土资源信息化建设项目、沈阳国土资源“一张图”及综合电子政务平台等。社会管理业务覆盖武汉市洪山、东湖高新等7大中心城区及周边县市，典型示范项目包括“江夏数字行政中心”及“浠水县社会管理综合应用信息平台”。承担珠江三角洲基础地理信息公共平台建设，已覆盖全国14个省级节点和15个市级节点的建设。在智能电网建设中，湖北、安徽、吉林、黑龙江等8大网省电网公司采用该公司的电力EPGIS平台。

【其他】

武大吉奥信息技术有限公司承建的“面向服务构架的新一代数字城市共享服务平台及其示范应用”项目获2012年中国测绘学会测绘科技进步奖一等奖；参与承建的“山西省地理信息公共服务平台”项目、“南京市城市规划六线‘一张图’管理与动态更新”项目分获2012年中国地理信息科技进步奖二、三等奖；承建的“江夏数字行政中心”项目、“韶关市国土资源‘一张图’建设和应用”项目分获2012年中国地理信息产业优秀工程奖金、银奖；自主研发的“吉奥地理信息服务平台”被评为2012年三维地理信息服务平台优秀软件；自主创新研发的“吉奥地理信息服务平台软件GeoGlobe”产品获2012年中国国际工业博览会银奖。

长江岩土工程总公司（武汉）

【业务】

2012年，长江岩土工程总公司（武汉）完成纵、横向工程项目85项，业务范围包括变形监测、控制测量、地形测量、断面测量及“十二五”国家科研课题等。主要包括南水北调中线工程丹江口市移民集中安置点高切坡监测工程、华阳河蓄滞洪区蓄洪工程（安徽）可行性研究测量、陕西省引汉济渭工程黄金峡水利枢纽工程测量、湖北省洞庭湖区四河堤防加固工程测量（2012年度施工详图阶段）等项目。

【其他】

长江岩土工程总公司完成的“重庆市万州长江三桥施工控制网和地形测量（2011年度）”项目获2012年度湖北省优秀工程勘察奖一等奖。

湖北省鄂东北地质大队

2012年，湖北省鄂东北地质大队共完成测绘项目38项，涉及地籍测量、地籍调查、地形测量、矿山测量、线路测量、竣工测量、控制测量、数字城市及地籍数据库建设等内容。完成全野外数字化1:500地形图82平方千米、1:2000地形图98平方千米、1:5000地形图18平方千米，农村宅基地调查45000宗，农村集体土地所有权调查4055平方千米，地形图入库180平方千米，GPS D级点44个、E级点201个，四等水准测量150千米。项目成果均通过检验，合格率达到100%。

湖北省电力勘测设计院

【业务】

2012年，湖北省电力勘测设计院主要完成溪洛渡～浙西±800千伏特高压直流输电工程、哈密南～郑州±800kV特高压直流输电线路工程、500kV襄樊－十堰Ⅱ回输电线路工程等大型测绘项目。

【其他】

湖北省电力勘测设计院承担的“向家坝－上海±800kV特高压直流输电线路工程”、“齐岳山风电场工程”分获2012年度电力行业优秀工程勘测设计奖一、三等奖；“航空遥感影像三维辅助设计系统”获2012年度中国电力建设科学技术成果奖三等奖。

湖北省国土测绘院

【业务】

2012年，湖北省国土测绘院承担的测绘工程和科研项目共100多个。完成30多个国内项目以及1个国外项目的公路测绘任务；承担义乌市集体土地所有权确权登记发证项目、黄梅县农村集体土地所有权确权登记发证及数据库建设等多个地籍测量项目；承担全国矿产卫片遥感解译（鄂西片）、宣恩县地质灾害遥感调查与应急监测项目、义乌市土地变更调查与遥感监测等遥感业务任务。开展武汉市天然气管道测量、江夏区民政挂图制作、湖北省内部分县市的农村土地年度变更等各项测绘业务。

【其他】

湖北省国土测绘院完成的“刚果（布）黑角－布拉柴维尔公路整治及沥青铺设工程（1号公路）第一合同段工程测量”项目获2012年中国测绘学会优秀测绘工程奖银奖。

湖北省水利水电规划勘测设计院

【业务】

2012 年，湖北省水利水电规划勘测设计院完成主要公益性项目及横向工程项目共 10 项，出版技术总结、资料整编和图集共 95 份，出图 193 幅；完成四等 GPS 点 264 点，四等水准 650 千米，断面测量 2172 千米。

【其他】

湖北省水利水电规划勘测设计院完成的“竹溪县竹溪河流域 1:1 万地形测量”项目获 2012 年度湖北省优秀工程勘察奖二等奖；完成的“基于 IRS-P5 卫星影像测图的关键技术研究”获 2012 年度湖北省测绘科技进步奖二等奖；《双基准站 RTK 测量代替等级控制测量的方法》、《固定翼无人机航空测量精度探讨》分获湖北省自然科学优秀论文二、三等奖。

湖北省地震局

【业务】

2012 年，湖北省地震局测绘项目总经费 787 多万元，完成的测绘项目共整理提交测量点之记、照片等测网建设资料 80 多份，在地震行业内建立了 GNSS 数据产品服务平台，实现了 GNSS 数据共享与产品产出服务，进一步完善了重力台网共享平台的建设。完成“中国综合地球物理场观测鄂尔多斯地块周缘地区重力与 GPS 观测研究”第一阶段项目重力测网中 53 个测点的踏勘与 16 个新建测点的埋石任务，完成 100 个 GPS 测站的野外测量任务。

【其他】

湖北省地震局完成的“湖北省连续运行卫星定位系统”项目获 2012 年卫星导航定位科学技术奖一等奖，“2008 年汶川地震近场三维形变精密测定与研究”项目获 2012 年中国测绘学会测绘科技进步奖二等奖，“中国西部活动断层的 InSAR/GPS 观测与构造机理研究”项目获 2012 年湖北省科技进步奖三等奖。

武汉市国土资源和规划信息中心（武汉市地理信息中心）

【业务】

2012 年，武汉市国土资源和规划信息中心（武汉市地理信息中心）承担数字武汉地理信息公共平台优化和完善工作，至年底，已形成涵盖基础地理信息、调查评价信息共 8 大类 1402 层的空间信息资源，在政府 70 多个部门得到广泛应用。承担武汉市三维数字地图项目，完成武汉市域 8494 平方千米框架模型、中心城区和部分远城区 600 多平方千米地上全要素城市三维模型以及中心城区 400 多平方千米地下管线三维模型建设，在全国率先实现了特大城市主城区三维模型的全覆盖，开发了三维数字城市公共管理平台。承担“天地图 · 武汉”建设，开展数据建库、地图编制和服务发布工作，完成“天地图”节点省市对接工作，实现了 18~20 级矢量地图服务和地名地址服务的省市对接。开发武汉市测绘项目登记管理信息系统并通过专家验收，开展测绘项目网上登记工作。开展江岸、洪山等区政府的决策支撑平台建设。启动援疆项目“数字博乐地理空间框架建设”和广东中山市的规划地理信息系统建设。

该中心参与国家、行业标准《城市地理空间信息基础设施共享服务技术》、《城市测量规范》、《城市地理编码技术规范》、《三维地理信息模型数据产品规范》、《三维地理信息模型生产规范》和《三维地理信息模型数据库规范》的编写工作。

9 月，该中心协助承办国家测绘地理信息局数字城市专题研究班。12 月，组织召开 2012’ 智慧城市建设与应用论坛暨湖北省测绘学会数字城市工作委员会 2012 年工作会。创办并编发《武汉地理信息》4 期。

【其他】

武汉市国土资源和规划信息中心（武汉市地理信息中心）承担的“面向服务架构的新一代数字城市共享服务平台及其示范应用”获 2012 年中国测绘学会测绘科技进步奖一等奖；“武汉市第二次土地调查城镇地籍调查数据库建设”、“数字 CBD—开发建设综合管理信息系统建设”分获 2012 年中国地理信息产业优秀工程奖金、银奖；“建设用地动态监管技术与应用模式研究”获 2012 年中国地理信息科技进步奖三等奖；“数字武汉地理空间框架建设”获 2012 年湖北省测绘科技进步奖一等奖，“武汉市第二次土地调查城镇地籍调查数据库建设”、“武汉市三维数字地图系统建设与应用示范”分获三等奖。

武汉市房产测绘中心

【业务】

2012年，武汉市房产测绘中心完成武汉市商品房面积预测工程项目59项，合计674栋，建筑面积387万平方米；完成武汉市商品房面积实测工程项目92项，合计594栋，建筑面积464万平方米；完成武汉市房产分丘图测绘1216个项目，土地面积38平方千米，出图1400幅；完成武汉市旧城改造房屋面积调查3020栋，建筑面积107.7万平方米。

【其他】

武汉市房产测绘中心和武汉市地税局联合建设的“武汉市存量房交易评税系统”首次将房产测绘成果和技术应用于存量房交易评税工作中，实现了武汉市存量房交易申报价格自动评估。武汉市政府、湖北省地税局均已正式批复为“武汉模式”，并向全国推广。

该中心完成的武汉市菱角湖万达广场A、B、C区房产测绘获2012年中国测绘学会优秀测绘工程奖铜奖；武汉市（江岸区）危房管理地理信息系统建设项目获2012年度湖北省测绘科技进步奖三等奖；组织实施的《房产测量与面积管理问题研究》课题报告获武汉市政府研究系统优秀调研成果二等奖。

广东省

概况

2012年，广东省测绘地理信息产业继续保持良好的发展势头，截至年底，广东省拥有测绘资质单位591家，其中，甲级40家、乙级133家、丙级187家、丁级231家，测绘从业人员15555人。全省测绘行业单位积极为国家、地方重点工程建设提供测绘服务保障，参与农村集体土地确权登记发证、数字城市建设、珠江三角洲基础地理信息公共平台建设、“天地图·广东”建设、“三旧改造”以及交通能源等重点项目，完成测绘服务总值356210万元，其中，非私营企业和合资合作企业233696.08万元、私营企业122513.87万元。

深圳市凯立德科技股份有限公司

【业务】

2012年，深圳市凯立德科技股份有限公司推出网上凯立德商城（shop.careland.com.cn）、首款智能导航仪K310，研发支持立体道路显示的春季版地图、春季系列C-Car版V3.0新一代车载专用导航系统、手机导航（家园版）V3.6/V3.7等产品。

【其他】

深圳市凯立德科技股份有限公司被深圳市政府列入“深圳市大企业直通车服务企业”名单，被深圳市经济贸易和信息化委员会授予“深圳市重点软件企业”称号。该公司完成的“嵌入式多平台卫星导航软件系统技术研究及应用”项目获2012年卫星导航定位科技进步奖一等奖；“基于UMSA的城市空间地理信息公众服务平台技术研究及应用”项目获2012年中国测绘学会测绘科技进步奖三等奖；“面向移动通信的GIS宏观呈现技术研究及应用”项目获2012年中国地理信息科技进步奖三等奖；“长春市国土资源局电子政务系统”项目获2012年中国地理信息产业优秀工程奖银奖；“数字深圳空间基础信息平台地理空间基础信息公众服务系统”和“长春市国土资源局电子政务系统”2个项目分别获广东省2012年测绘学会优秀测绘地理信息工程奖一、三等奖。

广州市城市规划勘测设计研究院

【业务】

2012年，广州市城市规划勘测设计研究院完成广州市基本比例尺地形图测制更新、广州市城市等级导线控制网重建（第一期）、广州市连续运行卫星定位城市测量综合服务系统（GZCORS）运行维护与升级、广州坐标系与2000国家大地坐标系（CGCS2000）转换以及广州市南沙区房产测绘等测绘项目，组织实施广州市地下管线普查、广州市农村集体土地所有权地籍调查、广州市白云区江高镇集体土地调查和大广高速公路勘测定界等工作。

【其他】

广州市城市规划勘测设计研究院获得“单站地面激光扫描海量散乱点云的LOD模型快速构建方法”和“一种地下非金属管管径的探测方法”的发明专利授权，取得“机载 LiDAR 测图系统 v1.0”软件著作权证书。该院完成的《广州亚运会地图》项目获2012 年中国测绘学会优秀地图作品裴秀奖金奖，“城市 LiDAR（激光雷达）测绘生产技术体系研究与应用”项目获2012年中国测绘学会测绘科技进步奖二等奖。

深圳市勘察测绘院有限公司

【业务】

2012 年，深圳市勘察测绘院有限公司完成贵阳高新区扎佐片区无人机航测 1:2000 地形图测绘、昆明市轨道交通 6 号线一期工程复测及施工测量检测、2011 年度数字深圳空间基础信息平台二维数据库信息更新（外业部分）、北京大学深圳医院外科住院大楼基坑支护工程第三方监测以及恩平市农村集体土地所有权登记发证服务采购等 340 多项测绘项目。

【其他】

深圳市勘察测绘院有限公司完成的“2008 年深圳市龙岗区 1:1000 地形图和地下管线数字化动态更新工程”项目获 2012 年中国测绘学会优秀测绘工程奖金奖；“坪山新区土地整备及房屋拆迁数据建库及软件平台建设”项目获 2012 年中国地理信息产业优秀工程奖银奖；“深圳市益田中心广场地下停车库工程围护结构设计”项目获 2011 年全国优秀城乡规划设计奖城市勘测工程奖三等奖；“2009 年度深圳市地形图与地下管线动态修补测”项目获广东省测绘学会 2012 年优秀测绘地理信息工程奖一等奖。

该公司招聘测绘专业大中专毕业生 8 人，通过国家注册测绘师资格考试 9 人，晋升测绘专业高级工程师 7 人，培训干部职工 180 多人次。

广东省国土资源测绘院

【业务】

2012 年，广东省国土资源测绘院完成“927”一期工程海岛礁测图 53 幅、沿岸与海岛 CORS 建设 3 座；珠三角测区地形图框架要素更新 796 幅；浅海滩涂测量 310 平方千米；韶关市地形图框架要素调绘 364 幅；阳江和信宜测区航摄像片控制点联测 910 幅；佛山、韶关、河源、中山、江门 5 个市的“天地图・广东”节点电子地图制作；江门、肇庆、阳江、潮州、梅州、汕头、河源、云浮 8 个市的数字城市地理空间框架建设。开展无人机航摄系统在测绘地理信息数据采集方面的应用，完成 13 个项目任务，获取约 1800 平方千米高分辨率影像数据，制作正射影像图和大幅面的影像挂图及线划图。

【其他】

广东省国土资源测绘院团委被广东省团委授予“2011 年～2012 年度广东省五四红旗团委”称号；林良彬被国土资源部授予“2010 年～2012 年度国土资源系统创先争优活动优秀个人”称号；何宗友被广东省人民政府与广东省人力资源和社会保障厅分别授予“南粤技术能手”和“广东省技术能手”称号；区永洪被广东省人力资源和社会保障厅授予的“广东省青年岗位能手”称号。该院完成的“广东省航道平高控制测量”项目获 2012 年中国测绘学会测绘科技进步奖三等奖；“湛江市中心城区 1:500 数字化地形测量”、“广东省现代大地控制网整体平差”项目分获2012年中国测绘学会优秀测绘工程奖金、银奖，“广东省 908 专项海岸线修测”、“四会市江谷水库开发项目测量”等 4 个项目获铜奖；“广东省启用 2000 国家大地坐标系（GPS 控制测量和 GPS-D 坐标转换）”等 4 个项目获广东省测绘学会 2012 年优秀测绘地理信息工程奖一等奖，“广东省航道平高控制测量”等 5 个项目获二等奖，“数字肇庆地理空间框架基础地理数据生产建库”等 6 个项目获三等奖。

广东省测绘技术公司

【业务】

2012 年，广东省测绘技术公司完成广东省潮州至惠州高速公路项目 DJ1 合同段 133 千米和汕湛高速公路揭西大溪至博罗石坝段（第 1 标、第 4 标）44 千米勘测定界测量，广州市萝岗区 265 平方千米农村集体土地所有权地籍调查项目，佛冈县高岗镇、石角镇、水头镇和迳头镇辖区 668 平方千米以及和平县 2310 平方千米农村集体土地所有权确权登记发证，广州从化、萝岗“三旧”改造用地勘测定界。

【其他】

广东省测绘技术公司完成的“萝岗区第二次土地调查城镇村庄地籍调查项目（东区调查区）”和

“广州市 1:500 数字化地籍地形测绘项目（一期）（第 21 子包）” 2 个项目分获广东省测绘学会 2012 年优秀测绘地理信息工程奖二、三等奖。

广东省国土资源技术中心（广东省基础地理信息中心）

【业务】

2012 年，广东省国土资源技术中心（广东省基础地理信息中心）完成全省 6599 幅 1:1 万 DLG 数据核心要素更新、保密处理及实体化处理，15 级～17 级矢量政务版电子地图制作，全省 1:1 万 DOM 数据优化整理、保密处理；15 级～17 级政务版影像电子地图制作，以及“数字珠海”、”数字阳江”地理空间框架建设。开展珠江三角洲基础地理信息公共平台项目建设总体设计与项目管理用户需求书、应用系统建设用户需求书、平台建设监理用户需求书和平台软硬件及集成建设用户需求书编制。开展“天地图·广东”省级节点建设，实现全省公众版矢量电子地图数据和中山、东莞 2 市影像电子地图集成发布以及 170 多万条地名地址数据发布。

【其他】

广东省国土资源技术中心（广东省基础地理信息中心）完成的“广东省土地利用信息动态监测系统”项目分获 2012 年度中国信息协会中国信息化（国土资源领域）成果二等奖和广东省测绘学会 2012 年优秀测绘地理信息工程奖一等奖；“广东省‘二调’信息资源综合管理平台”项目获 2012 年中国地理信息科技进步奖三等奖。

广东省地图院

【业务】

2012年，广东省地图院完成“天地图·广东”建设，广州、珠海、汕头、汕尾、揭阳、清远、肇庆、云浮、阳江、茂名、湛江等 11 个市电子地图制作，地名地址数据库生产，地图生产与服务综合数据库管理子系统开发，1:25 万、1:50 万、1:70 万、1:100 万、1:180 万、1:250 万数据更新；完成数字云浮、数字湛江地理空间框架电子地图数据生产和电子地图瓦片制作；广东省“金土工程”地图管理数据库的数据生产；广州市政务地图库和 1:1 万公众版电子地图的生产；各类公益性地图 9000 多幅（册）制作。

【其他】

广东省地图院完成的《珠江三角洲地图集》获 2012 年中国测绘学会优秀地图作品裴秀奖铜奖；“广东省土地利用信息动态监测系统建设”、“广东省 1:1 万公众版电子地图”分获广东省测绘学会 2012 年优秀测绘地理信息工程奖一、二等奖，“地理空间框架建设·广东省地名地址数据库”、“广东省道路详查地图集”获三等奖。

广东省地质测绘院

【业务】

2012 年，广东省地质测绘院完成广东省南岭成矿带和武夷成矿带第三期 1:2.5 万地理底图，广东省韩三角地区第二期 1:5 万地理底图和广东省珠三角、韩三角、雷州半岛三区 1:25 万地理底图以及佛山市南海区、桂城街道影像地图的制作；组织实施花都、番禺、增城等地 317 宗 267 万平方米房产测绘，罗定、端州、台山、阳春、阳西、阳东等地 215 平方千米城镇地籍调查任务，罗定、蕉岭、台山上川岛风电场等地 1:500 数字化地形测量，阳春、阳东、罗定等地 53 平方千米 1:2000 高标准农田建设项目数字化地形测绘；承担白云、花都、高明等 14 个县（市、区）土地年度变更调查，花都、高明、端州等 19 个县（市、区）31991 平方千米的农村集体土地确权登记发证，以及大埔县土地整治规划项目（2010 年 ~2015 年）等工作。开展珠江三角洲及周边地区地面沉降地质灾害监测项目珠海、中山等地区 3000 平方千米重点沉降区的监测点布设和观测。

【其他】

广东省地质测绘院被广东产品质量监督检验研究院授予“贯彻国际管理体系标准优秀组织”称号，被广州市花都区委、区政府授予“花都区 2010~2011 年度文明单位”称号。该院完成的“惠州市惠城区城镇土地调查”项目获广东省测绘学会 2012 年优秀测绘地理信息工程奖一等奖，“佛山市三水区 1:500 全数字地形测绘（第三期）”等 4 个项目获二等奖，“佛山高明区第二次土地调查城镇 1:500 数字化地形地籍测绘”等 6 个项目获三等奖。

广州奥格智能科技有限公司

【业务】

2012年，广州奥格智能科技有限公司组织实施海口市城建基础数据共享平台、湖南省智慧湘潭综合平台、长春市政公用局市政综合监管平台建设，完成广州市2012年度高分辨率卫星遥感影像图制作、佛山南海区1:500全解析数字化地形图修测、云南省数字玉溪地理空间框架建设地名地址采集建库等，承担佛山三水、韶关乐昌、清远佛冈和江西省资溪县农村集体土地确权登记发证以及广州增城地下综合管线普查等项目。

【其他】

广州奥格智能科技有限公司开发的网点智能配送与监控地理空间综合信息服务软件V1.0、奥格地理信息共享更新软件V2.0、奥格土地储备管理软件V1.0、微图软件V4.1、奥格数字市政管线管理软件V2.0、奥格数字市政监控接入与共享软件V1.0、微图三维软件V1.1、奥格车辆管理软件V1.0、奥格数字市政平台管理软件V2.0均获得国家版权局颁发的计算机软件著作权登记证书。申请专利22项、专利授权20项，其中发明申请22项、发明授权20项。

完成的“广州市番禺区城市管理与运行信息系统城市管理部件数据采集及建库（二期工程）”、“广州市南沙区第二次土地调查城镇村庄地籍调查项目（二标段）”2个项目分获2012年中国测绘学会优秀测绘工程奖铜奖，“番禺区共享GIS平台项目”获2012年中国地理信息科技进步奖三等奖。

广西壮族自治区

概况

截至2012年底，广西全区共有测绘资质单位465家（其中甲级16家、乙级69家、丙级185家、丁级195家；事业单位132家，国企及集体企业92家，民营企业241家），比2011年增加56家；测绘资质单位从业人员9271人，比2011年增加116人。其中，民营企业从业人员3470人，占从业人员总数的37.4%，比2011年增加543人。

2012年，全区测绘服务总值主要以国土资源、测绘、城乡建设与规划及水利电力为主，共完成服务总值10.26亿元，其中民营企业（测绘资质单位）完成服务总值2.45亿元，占测绘行业服务总值的23.9%。完成的重点测绘地理信息项目（工程）包括“927”专项工程、“天地图·广西”、数字百色和数字钦州地理空间框架建设、广西新农村建设村镇规划1:2000航测地形图、广西县级林地保护利用规划编制和林地落界工作、东兴市总规修编1:5000航测地形图、梧州至柳州调整公路1:2000地形图等。

广西有色勘察设计研究院

【业务】

2012年，广西有色勘察设计研究院承接自治区内外多项测量业务，涵盖国土资源、交通、水利、能源、建筑等多个系统。开展的测绘工程项目主要包括合浦县、德保县农村宅基地确权登记发证工作，南宁市江南区、良庆区、隆安县土地整治项目工程测量，南宁市江南区、良庆区、隆安县土地开垦项目规划与竣工设计，广西沿海高速公路改扩建一期工程征地拆迁内分测量等。

【其他】

广西有色勘察设计研究院完成的“合浦县城镇土地调查（乡镇部分）地籍测绘及权属调查”获2012年广西优质测绘地理信息产品（工程）奖铜奖。

南宁市勘察测绘地理信息院

【业务】

2012年，南宁市勘察测绘地理信息院完成180平方千米1:500、1:1000数字地形图（DLG）新测、修测工作；完成《南宁市中心城区地图》、《南宁市六城区地图》、《南宁市地图》3张图要素更新改版、2012年审图号申请工作；编制完成南宁市江南区城区地图、邕宁区城区图、横县地图、上林县地图、宾阳县地图、马山县地图、隆安县地图；完成南宁市720平方千米1:1000基础地理信息数据库建设；完成南宁市460平方千米新农村基础地理信息数据库建设。主办了2012广西测绘学会城市勘测专业委员会学术交流年会。

【其他】

南宁市勘察测绘地理信息院研发的“南宁市勘测院办公系统”等7个软件获软件著作权证书。

完成的“大比例尺数字化成图系统”和“城市测绘办公自动化系统及其应用示范”分获2012年南宁市科学技术进步奖三等奖；“南宁市六城区数字高程模型制作”、“南宁市1:500基础地理信息数据库建设”项目分获2012年中国地理信息产业优秀工程奖银、铜奖；《南宁市市区地图、六城区地图》获2012年中国测绘学会优秀地图作品裴秀奖铜奖；“南宁市轨道交通二号线1:500地形图测量”项目获2012年中国测绘学会优秀测绘工程奖铜奖、2012年广西优质测绘地理信息产品（工程）奖金奖。

该院获2006～2011年度广西测绘科技信息工作先进集体称号；5人被评为南宁市第七批新世纪学术和技术带头人，1人获第三届南宁市青年科技奖，1人获南宁市“讲理想、比贡献”活动科技标兵称号，全院共有13人通过注册测绘师考试。

广西壮族自治区国土测绘院

【业务】

2012年，广西壮族自治区国土测绘院完成测绘地理信息项目150多项。布设D、E级GPS控制点368个，施测四、五等水准84千米，完成1:500、1:1000和1:2000数字化地形图测绘240平方千米。完成7个县（市）农村宅基地登记发证一期工程工作，调查农村宅基地宗地2万多宗。完成22个县（市）基本农田划定外业调查和数据建库工作。完成45个县（市）耕地质量等级成果补充完善工作和广西全区耕地质量等级成果汇总工作。完成黔桂铁路、钦崇高速公路等交通线路用地地形地籍图测绘工作。完成广西中越边境（崇左市境内）划入土地地形地籍测绘任务。完成23个县（市）2011年土地利用变更调查数据建库工作。完成4个公路工程用地勘测定界项目，为4个县（市）提供城市建设用地勘测定界服务。

【其他】

广西壮族自治区国土测绘院完成的“河池市城区1:500地形图测绘”项目获2012年中国测绘学会优秀测绘工程奖铜奖；“龙州县城镇地籍调查”项目获2012年广西优质测绘地理信息产品（工程）奖银奖。12月，该院被授予自治区文明单位称号。

广西航空遥感测绘院

【业务】

2012年，广西航空遥感测绘院完成公益性及横向工程项目87项，1:1万地形图1787幅；完成各种比例尺地形图测绘6403千米；数字北海基础数据库转换为2000国家大地坐标系的科研项目工作进展顺利，数字防城港地理空间框架建设项目设计如期展开。

【其他】

广西航空遥感测绘院完成的“数字城市三维空间信息共享服务平台及其应用”项目获2012年中国测绘学会测绘科技进步奖二等奖，“数字城市地理空间框架数据系统”项目获2012年中国地理信息科技进步奖三等奖，“数字北海地理空间框架建设”项目获2012年广西测绘地理信息科学技术奖二等奖，“荔浦至玉林高速公路1:2000地形图测绘”项目获2012年广西优质测绘地理信息产品（工程）奖银奖。

广西壮族自治区基础地理信息中心

【业务】

2012年，广西壮族自治区基础地理信息中心完成广西壮族自治区测绘地理信息局赋予的基础地理信息数据管理分发、局属单位汇交测绘成果接收、网站管理等任务，负责广西测绘政务网站建设、维护，广西CORS基础设施建设项目基站运行维护管理及应用服务，完成广西1:1万基础地理信息数据库建库DOM元数据表制作。

全年完成的重大测绘工程项目包括“天地图·广西”省级节点电子地图更新、服务器集群搭建、服务接入评估、节点运维、应用示范推广工作；数字钦州地理空间框架建设项目的基础地理信息数据建库、数据库管理系统建设，电子地图数据生产，开发了节点门户系统、电子地图应用系统以及节点部署；数字河池地理空间框架建设项目立项并通过评审，数字巴马地理空间框架建设项目通过立项；广西新农村规划设计122个乡镇村1:2000数字地形图编制；广西无线电管理委员会14城市1:5000电子地图、广西1:5万电子地图数据采集；南宁市民政局1:5000电子地图数据采集；北海、柳州基础地理信息数据2000国家大地坐标系成果转换；河池市尾矿库监测、东兴市城镇发展变化监测、广西地形地貌监测。

【其他】

广西壮族自治区基础地理信息中心完成的“数字柳州地理空间框架地名地址数据采集及建库”获2012年广西优质测绘地理信息产品（工程）奖银奖；“GIS技术在全区坡度、坡向、高程、三维地表面积分级统计中的应用”获2012年广西测绘地理信息科学技术奖一等奖。

广西壮族自治区水利电力勘测设计研究院

【业务】

2012年，广西壮族自治区水利电力勘测设计研究院主要完成桂中治旱乐滩水库引水灌区二期工程、驮英灌区工程、大腾峡水库灌区工程、旺村水利枢纽工程等110项测绘项目，完成测绘产值1200多万元，共出图件400多幅，技术总结和资料整编共119份。

【其他】

广西壮族自治区水利电力勘测设计研究院完成的“广西桂林市防洪及漓江补水枢纽工程斧子口库区测绘工程”获2012年度广西优质测绘地理信息产品（工程）奖银奖，“二维地物三维化”获2012年度广西工程建设（勘察设计）优秀QC成果二等奖。

广西电力工业勘察设计研究院

【业务】

2012年，广西电力工业勘察设计研究院承担的主要测绘项目包括水电站23项、火电厂和工民建31项、变电站23项、架空送电线路测量项目105项。完成D级GPS测图控制网156点、E级GPS控制网776点，三等水准1165千米、四等水准686千米、等外水准370千米，1:500地形图11平方千米、1:1000地形图103平方千米、1:2000地形图176平方千米，剖面553千米，线路GPS航测外控230点，航摄像片调绘300平方千米，线路平断面（水平1:5000、垂直1:500）测量2100千米，1:200塔基平断面图5900多幅，1:1000房屋分布图30平方千米，1:1000或1:2000进出线平面图和拥挤地段平面图173幅，提交技术报告52份，完成二等施工测量控制网22座，三等施工测量控制网12点。承接了岩土工程、建筑物变形监测业务。

【其他】

广西电力工业勘察设计研究院与广西电力科学研究院、国网电科院联合研究开发的广西电网科技项目“输电线路综合状态在线监测系统研究开发”获2012年度广西测绘地理信息科学技术奖三等奖、2012年中国南方电网公司科技进步奖二等奖。

桂林市测绘研究院

【业务】

2012年，桂林市测绘研究院共完成测绘任务531项。其中，为城市规划建设提供数字化地形图服务172项，提供1:500数字化地形图107.642平方千米，1:2000数字化地形图300平方千米；提供建筑放线服务212项，施放建筑桩点6398点；完成建筑工程竣工测量任务140项，建筑面积32.7万平方米；完成《恭城县行政区划图》、《平乐县行政区划图》、《灵川县行政区划图》等7项地图编制任务。

【其他】

桂林市测绘研究院完成的南宁澳华房地产有限公司桂林项目大埠1:500数字化地形图测绘获2012年广西优质测绘地理信息产品（工程）奖铜奖。

钦州市测绘院

【业务】

2012年，钦州市测绘院完成钦州市2012年度基础测绘16.67平方千米1:500地形图测制、国际项目中马钦州产业园二期33平方千米1:500地形图测制；完成钦州市多个小区及城镇共5400多宗地籍测量及权属调查工作；完成钦州市城市建设用地，钦南、钦北区城镇建设用地等项目用地年度报批工作共50批次，共计约9平方千米；承担数字钦州地理空间框架建设项目，为钦州市各行业提供测绘地理信息；完成钦州市年度土地整治项目地形测量及竣工验收、钦州港瑞昌石化等项目填海竣工验收、年度卫片执法检查、滨海新城建设用地等项目的测绘工作。

【其他】

4月，钦州市测绘院获2006～2011年度广西测绘科技信息工作先进集体称号。

广西第二测绘院

【业务】

2012年，广西第二测绘院完成基础测绘任务和地方测绘服务保障共59项。基础测绘任务5项，包括百色测区1:1万DLG生产218幅，广西二、三、四等水准网整体平差及沉降模型分析23000千米，数字玉林地理空间框架建设1:2000 DOM生产800幅，数字柳州地理空间框架建设1:2000 DOM生产像片控制点连测1127平方千米，广西CORS基础设施建设项目基准站建设33座。地方测绘服务保障55项，包括农村宅基地地籍测量、农村宅基地登记发证I类区数据库建设、土地开垦测量、土地整治规划服务项目和基本农田划定测绘编制、数字化地形图测绘等。全年完成测绘服务总值3206万元。

【其他】

广西第二测绘院承担的“北流市城镇土地调查”项目、容县第二次土地调查（城镇部分）”项目分获2012年中国测绘学会优秀测绘工程奖银、铜奖；“融水苗族自治县地理信息采集与建库”项目获2012年广西优质测绘地理信息产品（工程）奖铜奖；“融安县地籍信息管理系统开发与应用”项目获2012年广西测绘地理信息科学技术奖二等奖。2012年度该院技术人员在《测绘与空间地理信息》、《广西测绘与遥感》等刊物上发表科研论文21篇。

广西第一测绘院

【业务】

2012年，广西第一测绘院完成广西境内1:5000海岛测图与海岛（礁）系列地图编制54幅；完成“927”一期工程，合浦西场、铁山港2个CORS站及广西卫星连续跟踪（CORS）站基础设施35个基站建设；参与百色、贵港、梧州和桂林4个数字城市建设；完成“红色老区”崇左1:1万DLG生产130幅；完成“中越边境”划入土地确权登记发证11平方千米；承接广西13个县（市）的基本农田划定项目；承接农村集体土地确权项目14个，合计完成调查面积约5880平方千米，其中田东集体土地经营权发证试点项目工作是自治区新项目新试点，已全部完成并提交成果；完成1:500地形测量约113.27平方千米，工程放样5000个点，勘测定界1.075平方千米；参与测绘应急保障、航拍摄影、外业测量、旅游开发等项目12个；参与广西13个县（区、农场）土地开垦、复垦、整治、规划项目16个。

【其他】

广西第一测绘院成立无人机航摄应急系统领导小组和由12名技术人员组成的无人机应急项目小组。该院无人机应急测绘小组完成柳州市柳南区上木照屯岩溶地面塌陷地质灾害应急测绘任务及南宁市西乡塘区坛洛镇坛洛村地陷应急航拍任务。

该院完成的百色市（右江区）第二次土地调查（城镇部分）、梧州市第二次土地调查（城镇部分）、田阳县第二次土地调查（城镇部分）项目分获2012年中国测绘学会优秀测绘工程奖金、银、铜奖。广西区直机关工委授予该院党委“创先争优先进基层党组织”称号，任建福获“创先争优优秀共产党员”及“全国测绘技术能手”称号，陆克、李区生、郑凯枫获“广西技术能手”称号。

广西地图院

【业务】

2012年，广西地图院完成自治区基础测绘项目2项，为国防建设提供测绘保障服务14项。完成的测绘项目包括三江、天峨测区1:1万DLG生产，核心要素349幅，全要素8幅；广西城镇三维地籍数据库；中国近海海洋图集－山东省海岛海岸带；广西壮族自治区综合交通运输体系发展“十二五”规划示意图；友谊关等文物遗址地形图数字测绘等。

【其他】

广西地图院完成的“广西国土资源立体模型地图”项目获2012年中国测绘学会优秀地图作品裴秀奖铜奖、2012年广西优质测绘地理信息产品（工程）奖金奖；“服务广西对外开放战略系列基础地理地图”项目获2012年广西测绘地理信息科学技术奖三等奖；“广西‘一乡一图’影像挂图工程”项目获2012年广西优质测绘地理信息产品（工程）奖铜奖；1人获2012年国家1:5万基础地理信息数据库更新工程先进个人三等功。

北海市国土资源信息中心

【业务】

2012年，北海市国土资源信息中心完成市本级基础测绘1:1000地形图60平方千米；北海市永久测量标志普查56座；完成重大重点工程项目勘测定界121宗9平方千米；地图测绘9524宗；土地开发项目测绘95项，土地变更调查涉及建设用地审批项目62宗，监测图斑测量1491宗。制作遥感正射影像65幅、土地利用现状图50幅、空间管制规划图44幅；完成“兴边富民”13个土地整治项目；完成北海市基本农田保护图应用、北海市总体规划图应用、土地利用现状数据库应用等专题图制作943宗。完成2012年卫片执法与年度变更等工作。

【其他】

北海市国土资源信息中心承担的“数字城市三维空间信息共享服务平台及其应用”项目获2012年中国测绘学会测绘科技进步奖二等奖；“北海市1:500数字化地籍测绘”获2012年中国测绘学会优秀测绘工程奖银奖。

南宁市国土资源信息中心

【业务】

2012年，南宁市国土资源信息中心完成土地登记发证等测绘业务2万宗，高速公路地籍测绘160千米，农村宅基地地籍调查50平方千米、地形测绘60平方千米，征地测量1340公顷，20多个重点项目土地规划修编，土地开垦整理设计等。

承担“数字南宁地理空间框架建设”工程可行性研究，项目提出了基于时态的基础地理信息数据库和地理信息动态更新体系，解决数字城市地理空间框架建设中数据持续更新的难题。建成包括12个参考站和1个数据中心的南宁市连续运行卫星综合服务系统（简称NNCORS）。提供覆盖南宁市辖区2.2万平方千米范围内的高精度快速三维一体化定位服务，统一了南宁市测绘基准。完成影像数据库、数字高程模型、土地利用现状数据库等建设，南宁国土资源“一张图”数据库建设基本完成。

海南省

概况

2012年，海南省测绘地理信息行业共有资质单位130家，其中，甲级7家、乙级17家、丙级38家、丁级68家。按单位性质分类，事业单位41家，国有企业19家，私营企业70家；按行政区划分，海口市68家，三亚市14家，省直辖市县48家。所属城乡建设与规划和国土系统的测绘地理信息行业单位所占比例较高，主要由事业单位组成，开展的业务主要为工程测量和房产测量。海南省测绘地理信息从业人员数量共2441人，比2011年增长10%，其中高、中、初级专业技术人员共1438人，约占从业人员数量的59%，比2011年增长16%。全省测绘地理信息行业单位服务总值3.26亿元，其中私营企业完成1.02亿元，约占30%；事业单位与国有企业完成约2.25亿元，约占70%。

国家测绘地理信息局第四航测遥感院

【业务】

2012年，国家测绘地理信息局第四航测遥感院承担和完成国家及省级基础测绘项目主要包括国家1:5万更新版地图制图生产任务1442幅；“927”一期工程项目第一批任务广东湛江测区、海南三亚测区共158幅1:5000、35幅1:2000的“3D”成果，第二批任务广西防城港测区、海南万宁测区、浙江象山测区、港澳测区102幅1:5000、13幅1:2000图幅的“3D”成果；完成陵水数字城市地理空间框架建设示范项目方案设计及基础地理信息数据库建库、数据库建设规程、地理空间框架数据集建设规范设计等工作。利用无人机航飞系统完成项目10多个，航拍面积400多平方千米，完成相关制图300幅。

【其他】

国家测绘地理信息局第四航测遥感院被授予国家1:5万基础地理信息数据库更新工程先进集体称号，1人获国家西部1:5万地形图空白区测图工程先进个人三等功，1人被授予全国测绘地理信息技术能手称号。

国家测绘地理信息局
海南测绘资料信息中心

【业务】

2012年，国家测绘地理信息局海南测绘资料信息中心完成“天地图·海南”省级节点建设，开展基于“天地图”的旅游地理信息服务系统建设试点以及基于“天地图”的海南省工商12315指挥平台技术改造；按计划执行了海南国际旅游岛数字地理空间框架建设项目的10个小项（6个建设类4个应用示范类）；启动数字海口、数字保亭、数字昌江建设，按计划推进。完成国家基础地理信息数据库动态更新项目——1:5万地形数据库重点要素更新，自然资源和地理空间基础信息库建设（测绘数据分中心）矢量数据整合，全国地理信息资源目录服务系统建设（二期）等基础测绘项目。编制完成《中国近海海洋图集——海南省海岛海岸带》图集，2012年版海南省十八市县政区图与城区图，各类旅游、交通、规划等专题地图，以及其他各种领导工作用图。

国家测绘地理信息局
海南基础地理信息中心

【业务】

2012年，国家测绘地理信息局海南基础地理信息中心承担海南国际旅游岛数字地理空间框架建设项目，主要完成技术方案编写和评审、数据体系建设、地理信息平台建设、示范应用以及运行支撑环境建设。全年共承担市场项目37项，其中民政部门项目21项、其它市场项目16项。该中心自主设计编制礼品地图产品——扇子地图，在省内首次将海南岛地图和三亚地图印制在扇面上，实现了地图成果在产品形式上的突破。

【其他】

国家测绘地理信息局海南基础地理信息中心完成的“基于Arcgis Silverlight API的扩展性研究”等3个项目分获海南测绘地理信息局测绘科学技术进步奖二、三等奖；《海南省政区标准地名地图集》获2012年中国测绘学会优秀地图作品裴秀奖铜奖。

国家测绘地理信息局第七地形测量队

【业务】

2012年，国家测绘地理信息局第七地形测量队承担国家重大专项测绘工程“927”一期工程年度工作任务，完成翁田站、陵水站、临高、东方站、黄流站CORS站的建设；完成海岛（礁）航空航天遥感测图外业调绘。实施了海南省少数民族地区基础测绘项目似大地水准面精化、海南C级GPS控制网重新平差任务等省基础测绘项目。队积极保障服务省重点工作，承担海南省农场场部规划测图、三亚市农村土地承包经营权登记测绘、西沙群岛1:1000数字地形图测绘、海南省智能交通一期工程GIS建设、海口市区沉降监测管理系统建设等项目。

【其他】

国家测绘地理信息局第七地形测量队获国家西部1:5万地形图空白区测图工程获先进集体称号，1人获先进个人二等功，1人获先进个人三等功；获国家1:5万基础地理信息数据库更新工程先进集体称号，1人获先进个人二等功，1人获先进个人三等功。承担的“海口地区地形形变地面不均匀沉降监测扩建项目”获海南省优秀测绘工程奖一等奖；“HiCORS系统在线坐标转换方法研究”、“物联网GIS在交通行业的应用”分获海南测绘地理信息局测绘科学技术进步奖一、三等奖；“数字儋州电子地图”获2012年中国测绘学会优秀地图作品裴秀奖铜奖；“国家1:5万基础地理数据更新技术体系构建与工程应用”获2012年中国测绘学会测绘科技进步奖特等奖。

海口市土地测绘院

2012年，海口市土地测绘院主要完成常态性宗地测量2233宗，专题图制作1077宗，宗地图制作8777幅，农村宅基地确权公告资料打印2376宗；旧州1000亩兰花基地和文蛟洋1.5万亩1:2000地形图测绘，南北湖、泵站、东山仔至新村段防洪堤用地界桩放桩测量662个；2011年度卫片执法检查外业核查图斑156个、宗地测量355宗，内业核查图斑350个，2012年1月～10月违法占用耕地图斑外业测量

211个。制作农转用及征地、用地报批163个地块图件；海口市批而未用、闲置地清查图件573幅。完成海口市二调和农村宅基地确权登记发证项目成果质量检查（技术监理）及验收数据整理、汇总、转换，文字报告编写工作；海口市地籍宗地统一代码编制试点工作全市地籍区、地籍子区划分和龙华区宗地统一代码编制、转换工作；海口市土地权属调查业务453宗；城市旧改、保障性住房、道路改建扩建、电影公社、国际汽车城等其他重点项目测绘工作。

海南地质综合勘察设计院

【业务】

2012年，海南地质综合勘察设计院院测绘项目产值实现2400万元，为海南重大项目及基础设施建设提供测绘技术服务。完成主要项目包括海南琼海博鳌机场测量项目，文昌市中小学校土地确权测量项目，海文高速公路改建工程项目工程测量项目，三亚市椰子洲景区地形测量项目，部分变形观测项目；琼中县湾岭农副产品加工园区测绘项目，琼中县城镇、乡村规划测绘项目等。

【其他】

海南地质综合勘察设计院完成的海南省第二次土地调查定安县1:500城镇地籍调查获2012年中国测绘学会优秀测绘工程奖铜奖。该院被全国总工会授予“全国工人先锋号”称号，被国土资源部评为“全国模范地勘单位”，被海南省人民政府授予“十一五科技创新突出贡献奖”。

海口市城市规划设计研究院

【业务】

2012年，海口市城市规划设计研究院完成公益性项目地下管网综合图测绘57项，出图57幅。完成测量市场工程项目40多项，出版技术总结、资料整编40多份，出图800多幅。测量工程项目涉及房产测绘、地籍测量、变形监测、控制测量等多个专业。

【其他】

海口市城市规划设计研究院完成的《近景摄影测量相机高精度自动检校及在海口校安加固工程中的应用》论文在海南测绘学会2012年首届测绘地理信息优秀论文评选中获二等奖；“文昌市东路镇1:1000地形图测绘工程（2011年度）”项目获2011年全国优秀城乡规划设计奖城市勘测工程奖表扬奖。

重庆市

概况

2012年，重庆市拥有测绘资质单位148家。其中，甲级4家、乙级28家、丙级95家、丁级21家，分布在测绘、规划建设、国土资源、水利电力等11个行业，从业人员5247人。全年开展完成数字黔江试点工程、数字长寿二期工程、“天地图·重庆”、重庆地理国情监测等国家重点工程，开展了市域1:5000地形图测绘、主城区1:2000数字化产品、1:500城市规划区地形图和地籍测绘等市级重点工程，完成规划竣工核实、三维仿真模型、地籍变更和土地复垦等工程测量工作，年度测绘服务产值114661万元。

重庆市地理信息中心（重庆市遥感中心）

【业务】

2012年，重庆市地理信息中心（重庆市遥感中心）完成地理国情监测试点工程，完善全市地理信息公共服务市、区两级体系，推进地理信息公共服务平台三维升级改造，建成数字黔江地理空间框架建设试点工程、数字长寿地理空间框架建设二期工程和主城区地下空间普查数据库；启动“智慧时空两江新区云平台”建设试点，推动数字重庆向“智慧重庆”升级，建成“天地图·重庆”，开发“重庆通”移动应用产品；出版《三峡库区地图集》、《重庆市主城区影像地图（2012版）》、《重庆市历史文化名城地图》、《重庆老地图》等地图产品；开展重庆市地理信息应急服务队应急保障和演练工作，受委托管理重庆市测绘质检站和重庆市测绘档案馆，做好各项日常保障服务工作。

【其他】

重庆市地理信息中心（重庆市遥感中心）全面建成重庆市地理空间信息工程技术研究中心，获批云计算服务试点项目“重庆市地理信息公共服务云平台”；与中科院遥感所微波实验室签订战略合作协议，并联合建立了雷达遥感合作实验室；与ESRI中国联合建立数字城市应用创新联合实验室；搭建了与重庆大学、西南大学等产学研一体化科研平台；完成科技部、国家测绘地理信息局、市科委、市建委等部市级以上科研课题7项，开展中心科研项目24项，发表科研论文20篇，其中三大检索1篇，核心期刊10篇。

该中心获得5项省部级科技和优秀工程奖。“数字长寿地理空间框架建设”获2012年中国测绘学会测绘科技进步奖三等奖，“重庆市主城区建筑物地理信息系统”获2012年中国地理信息产业优秀工程奖金奖，“数字永川地理空间框架建设”获2012年中国地理信息科技进步奖三等奖，“重庆主城碳排放测定技术及低碳对策研究”获2012年度重庆市规划测绘科技进步奖二等奖，“重庆市乡村规划综合信息数据库”获2011年全国优秀城乡规划设计奖规划信息类三等奖。“数字重庆地理信息平台建设”被确认为重庆市科学技术成果。

重庆市国土资源和房屋勘测规划院

【业务】

2012年，重庆市国土资源和房屋勘测规划院完成项目200多项。其中，地籍测量约51.7平方千米，房屋面积测量约3423万平方米，日常地籍变更外业勘测104.3平方千米，内业绘图122713宗；区县农村建设用地复垦竣工测绘约8271亩，渝黔、渝万铁路勘界约400千米，建设用地勘界测量1.33平方千米，土地整治测量18.9平方千米；完成城镇土地级别及基准地价调整及数据建库工作11个区县及经开区和高新区年度土地变更调查、市级土地变更调查核查汇总、长寿区新一轮集体土地所有权发证外业确权以及耕地质量等级日常监测工作；完成年度遥感监测任务以及全市地质灾害无人飞行器遥感监测（区县航飞）项目。

【其他】

重庆市国土资源和房屋勘测规划院自主研发的“基于触摸查询机/移动设备的土地定级估价处理系统”获国家实用新型专利权。完成的“重庆市国土资源GNSS网络信息系统”项目获2012年中国测绘学会优秀测绘工程奖银奖、2012年卫星导航定位优秀工程和产品奖三等奖、重庆市科技进步三等奖；“重庆市地质灾害无人飞行器遥感监测”项目获2012年中国测绘学会优秀测绘工程奖银奖和2012年中国地理信息产业优秀工程奖银奖；“遥感图像变化检测技术研究”项目获2012年重庆市规划和测绘科技进步奖二等奖；“重庆市地房籍管理信息系统”获2012年度中国信息协会中国信息化（国土资源领域）成果奖一等奖；“保障性住房体系建设的理论、关键技术与应用”项目获重庆市科技进步奖三等奖；“重庆市第二次土地调查田坎系数测算”等7个项目获2012年重庆市国土和房屋科技成果奖二等奖。

重庆市勘测院（重庆市地图编制中心）

【业务】

2012年，重庆市勘测院（重庆市地图编制中心）开展重庆市都市区绕城高速范围内及两江新区、北碚城区0.1米分辨率航空摄影3000多平方千米；完成重庆市1:5000地形图测绘试生产3000平方千米，都市区和数字长寿1:2000“3D”产品979平方千米，大学城1:500地形图测绘50平方千米；完成主城区地下空间普查640平方千米，主城区地形模型3000平方千米，建成区现状三维模型制作、更新及建库600平方千米；利用现代测绘技术建立轨道交通中长期规划建设基准定位体系，完成轨道交通一、三、五、六、九号线及环线勘测工作；开展重庆市历史地图集、重庆市社区地图集、重庆市地图等编制工作。

【其他】

重庆市勘测院（重庆市地图编制中心）获得部市级立项7个，完成院级科研项目26项，发表论文69篇，获软件著作权登记证书9项，获高新技术产品认证4项，“壁嵌式强制归心标安装结构”获国家发明专利。

该院全年获全国及省部级科技进步奖及优秀工程奖22项，其中，科技进步奖8项、优秀工程奖14项。完成的“地下空间可视化集成管理平台研究与应用”、

“城市三维协同规划设计平台研究与应用”获2012年中国地理信息科技进步奖二等奖，“重庆三维数字城市技术创新与实践”获2012年中国测绘学会测绘科技进步奖二等奖；《爱尚·重庆》获2012年中国测绘学会优秀地图作品裴秀奖铜奖。

该院18人通过武汉大学工程硕士论文答辩，26人通过注册测绘师考试，4人获正高级工程师职务任务资格。至年底，全院共有注册测绘师59名。

四川省

概况

截至2012年底，四川省共有测绘资质单位744家，分布在测绘、国土、建设、水电、铁路等20多个行业，其中，甲级30家、乙级108家、丙级288家、丁级318家。民营单位450多家，约占全省资质单位的60%。从业人员3万多人，高级技术人员2000多人，中级技术人员6000多人。全省测绘地理信息行业呈现加快发展态势，2012年服务总值约45亿元，以30%以上的速度增长。

2012年，全省测绘地理信息行业单位积极服务经济社会发展，承担岷江干流虎渡溪航电枢纽工程、成都地铁一号线南延线首期工程控制测量、成都地铁三号线精密工程控制测量、成都地铁四号线施工监测、乐山至汉源高速公路控制测量、雅安至康定高速公路二郎山隧道工程平面及高程控制测量、岷江江道图测量、成绵乐客专线精测网、油气勘探、公路勘测、地震监测等重大测绘工程项目，为四川省经济社会发展提供测绘保障和技术支持。

成都市国土规划地籍事务中心

2012年，成都市国土规划地籍事务中心开展的业务涉及国土、规划、铁路、公路、市政等测绘项目。完成日常地籍调查1390宗；承担分户地籍调查8500多宗，发放分户国土证约26万本；完成中心城区2012年度城市建设用地约840公顷的新征地勘测定界任务；完成成蒲铁路、成兰铁路、成绵乐铁路和地铁四号线文家车辆段约155公顷的勘测定界工作；完成市域47宗违法用地测量；完成国土资源部“城镇建设用地扩展边界划定”青白江试点区1700多个拐点的内外业工作；配合市二调办完成2011年度土地变更调查相关工作；制作完成蒲江县580平方千米和都江堰市300平方千米正射影像图；完成新都区石板滩镇、崇州市三郎镇、龙泉驿区同安镇和邛崃市高埂镇等20多个土地整理验收项目航拍任务；完成都江堰、蒲江、温江、崇州等区域1145个像控点布设任务；对“8·17”泥石流灾区银厂沟实施航测70多平方千米，制成1:3000正射影像图；对北湖片区约22平方千米进行航测，形成最新影像及线划图，保障“北改”重点工程实施；承担四川省遥感院、鱼鳞图测绘公司等委托的约200平方千米航测任务。

中国建筑材料工业地质勘查中心四川总队

【业务】

2012年，中国建筑材料工业地质勘查中心四川总队开展的测绘业务主要涉及国土、地质、市政、规划、建筑等领域，共完成地形测绘、地籍测绘、沉降观测、地籍数据库更新和地籍信息系统建设、集体土地所有权和建设用地使用权地籍调查建库确权登记发证等各类测绘地理信息项目23项。累计完成E级GPS约40点、GPS RTK点约4190点，1:500城镇数字地籍测绘约120平方千米，沉降观测8项，地籍数据库更新和地籍信息系统建设约120平方千米。1:500 ~ 1:2000数字地形测绘约85平方千米，集体土地所有权和建设用地使用权地籍调查建库确权登记发证约5万宗等工作。

【其他】

中国建筑材料工业地质勘查中心四川总队承担的“遂宁市河东新区二期用地1:500比例尺规划测量地形图”项目获2010–2012年四川省优秀测绘工程奖

铜奖。

中铁二院工程集团有限责任公司

【业务】

2012年，中铁二院工程集团有限责任公司完成的铁路工程测量项目主要包括成昆二线成都－峨眉段133.103千米、成昆二线米广段189千米、成贵线356千米、成渝既有线扩能改造222千米、毕织线80千米；公路工程测量项目主要包括省道217线甘孜至新龙至理塘君坝大桥段公路改建工程测量156千米、涌兴场－渠县二级公路80千米；精密工程测量项目主要包括厦深线福建段145千米、南钦线230千米等；海外项目主要包括委内瑞拉奥尔达斯港口工程测量2.365千米及铁矿专线（FMO铁路）改建项目130千米，埃塞俄比亚首都雅迪斯轻轨35千米、埃塞俄比亚国铁Mieso至AWASH段336千米、埃塞俄比亚大铁Sebeta至Mieso段317千米等。

【其他】

中铁二院工程集团有限责任公司完成的“委内瑞拉TINACO-ANACO铁路工程测量”获2012年中国测绘学会优秀测绘工程奖白金奖；“贵阳市城市快速轨道交通控制网测量”获2010-2012年四川省优秀测绘工程奖银奖；中老铁路断面采集QC小组获中国勘察设计协会优秀QC小组称号。

中铁二局集团有限公司（测量中心）

【业务】

2012年，中铁二局集团有限公司（测量中心）开展的测绘业务涉及高速铁路、城市地铁、高速公路、海外铁路和长大隧道等重大工程的施工复测、控制测量、沉降和变形监测、CPIII测量等。完成高铁、铁路共1299千米，主要包括兰新高速铁路新疆段LXTJ-5标180千米精测网GPS控制点复测及控制测量、沉降观测和部分CPIII测量等，埃塞俄比亚铁路300千米控制网复测及控制测量，委瑞内拉铁路59千米控制网复测及控制测量等。完成地铁工程项目11个共81千米，市政工程3个，公路工程3个。

【其他】

中铁二局集团有限公司获中国中铁总公司第十一届工程测量大赛团体第二名和个人第二名；完成的“大西高速铁路9标CP0、CPI、CPII GPS精测网复测”获2010-2012年四川省优秀测绘工程奖铜奖。

中节能建设工程设计院有限公司

【业务】

2012年，中节能建设工程设计院有限公司开展的测绘业务涉及建筑工程、地下管线、隧道、变形观测等测绘项目。完成环港路绕城东段建设工程下穿大件路隧道变形监测，中国广东核电集团高凤山、百花滩水电站大坝变形监测，水井坊历史文化街区核心院落改造保护工程项目地下管线探测，东三环及成龙路（三圣变电站至三环）电力隧道工程地下管道探测，成都洪河镇垃圾场土石方测量，圣灯居住片区A线、D线道路横断面测量等测量任务。

【其他】

中节能建设工程设计院有限公司承担的“泸州市连江路枇杷沟－桃子沟边坡地质灾害治理工程施工图设计”获成都市2012年优秀勘察设计三等奖，“联发五缘湾1号花园二期岩土工程勘察”获2012年度机械工业优秀工程勘察设计奖（工程勘察项）二等奖。

四川省地震局测绘工程院

2012年，四川省地震局测绘工程院完成的定点台站测量项目主要包括虾拉沱地震台、川主寺地震台跨断层短水准观测；虾拉沱地震台跨断层短基线观测（每10天重复观测一期）；跨鲜水河断裂带的虾拉沱、恰叫、龙灯坝、沟普、老乾宁、紫马跨共6个动态观测站的连续形变观测；中国大陆构造环境监测网络泸州GNSS核心站的连续观测。完成的流动观测项目主要包括鲜水河、安宁河－则木河以及龙门山断裂带上的23个跨断层短水准、8个跨断层短基线场地各6周期观测；两周期流动重力网观测（测网涵盖168测点，176测段，覆盖面积约10万平方千米）；鲜水河断裂带及其周边地区67对磁力测点一个周期的观测。

完成和开展的市场项目主要包括四川雅安工业园区扩区项目1:500地形测量；富顺县机关事业单位、国有企业土地证办理勘测定界；富顺县狮市镇皂角村等10个乡镇土地整理项目立项可研测绘设计；雨城区农村集体土地所有权、使用权调查、测绘、确权登记发证和数据库建设及永久性基本农田划定编制项目等。

中国电力工程顾问集团西南电力设计院

【业务】

2012年，中国电力工程顾问集团西南电力设计院开展火力发电厂、输电线路、变电站等工程的可行性研究设计、初步设计及施工图设计阶段的测绘项目和电厂施工控制网及沉降观测等测量工作。完成神华神东电力万州发电厂可行性研究设计阶段和初步设计阶段、青岩变－巴河变500千伏线路工程、卡拉－杨房沟220千伏线路工程等工程的测量工作，以及山西中煤平朔2×600mWCFB示范电厂施工网测量、浙江舟山电厂沉降观测等任务。

【其他】

中国电力工程顾问集团西南电力设计院承担的“云南至广东 ±800千伏直流输电工程直流线路工程测量”获2012年中国测绘学会优秀测绘工程奖金奖；“石棉～雅安Ⅲ、Ⅳ回 ±500kV线路工程”获2012年度四川省工程勘察设计“四优”奖二等奖，“向家坝 ±800kV直流换流站工程测量”获三等奖。

四川省煤田测绘工程院

【业务】

2012年，四川省煤田测绘工程院完成主要测绘业务40多个，涉及国土资源、城市规划、燃气管线、矿山和建筑施工基坑和新楼房监测等。承担泸州、攀枝花、盐源等14个市县的农村集体土地确权登记发证项目和农民宅基地确权登记发证项目，完成集体土地所有权确权18640个组，农民宅基地和农村建设用地使用权确权26.61万宗，1:500地籍图测绘面积83.01平方千米；承担自贡市工业集中区、成都市高新区、泸州市规划区和邻水县环城东部新区等4个城市规划测量项目，完成GNSS控制测量32点，1:500地形图测绘225.1平方千米，1:1000地形图测绘21.6平方千米，1:2000正射影像图14.6平方千米；承担成都华阳、蒲江、宜宾等5个天然气管线测量项目，完成管线测绘369千米，GNSS控制测量41点，1:500地形图测绘28.6平方千米，1:2000带状地形图测绘184.1千米；承担云南天力、珙县和剑阁县3个区域14个煤矿测量项目，完成GNSS控制测量24点，井下导线测量54千米，采矿界线地面拐点放样测量32点；承担华置广场、锦城世家、富力桃园和中鼎国际等8个建筑施工基坑和新建楼房变形监测项目。

【其他】

四川省煤田测绘工程院承担的“自贡市中心城区1:500扩区测绘”项目获2010–2012年四川省优秀测绘工程奖金奖和2012年中国测绘学会优秀测绘工程奖铜奖；“泸州市中心城区城镇地籍测绘及数据库建设”项目获2012年中国测绘学会优秀测绘工程奖银奖，“大竹县城区地下排水管线测绘和城市规划区控制点测绘”项目获铜奖。

四川省水利水电勘测设计研究院

2012年，四川省水利水电勘测设计研究院的测绘业务涉及水力发电、水库与灌溉工程、电站和水库的变形测量、地形测量等。完成8个大中小型水电站的测量工作、53个大中小型水利工程的测量工作、20多座电站和水库的监测工作。主要包括岷江干流虎渡溪航电枢纽工程测量、龟都府电站工程外部变形定期监测、桐子壕航电枢纽大坝变形观测、南部县红岩子电厂大坝外部变形监测等。

四川省地质测绘院

【业务】

2012年，四川省地质测绘院完成德阳市旌阳区集体土地所有权、建设用地使用权地籍数据库建设；绵阳市辖区农村集体土地确权登记颁证及数据库建设项目（第二、三包）；甘孜州乡城、稻城县农村集体土地确权登记发证等农村土地测量建库任务。完成中江县城镇地籍管理信息系统建设项目。完成江油市S205线区段（西环线）改线工程测量，国道321纳溪至泸县段改建项目1:2000地形图测量等项目的线路测量。完成江油市8个建制镇及6个新村城乡规划1:5000及1:500数字化地形图测绘，江油工业园区扩园西区1:500数字化地形图测绘等工程测量。完成简阳市高分辨率DOM数字影像图制作，资阳市国土资源局开发区分局高分辨率DOM制作等项目的摄影测量。完成德阳市国土资源局国家大地坐标系统转换及基础测绘工作等测量任务。

【其他】

四川省地质测绘院完成的“罗江县农村集体土地所有权和集体建设用地使用权登记发证控制测量”

获 2012 年度四川省工程勘察设计“四优”奖三等奖。

四川中水成勘院测绘工程有限责任公司

【业务】

2012 年，四川中水成勘院测绘工程有限责任公司完成测绘项目 160 项，业务涉及水利水电、风电、太阳能光伏发电、市政工程、“5·12”地震灾害以及国外水利水电测绘等。完成四川省遂宁市城市 1:2000 基础地形图测绘和成都市双流县 1:500 基础地形图测绘项目，作业方法为机载激光扫描测绘，产品有 DLG、DEM、DOM 等。

【其他】

四川中水成勘院测绘工程有限责任公司与中国水电顾问集团成都勘测设计研究院合作完成的“机载激光扫描技术在高山区大型水电工程勘测设计中的研究与应用”项目获 2012 年四川省科学技术进步奖三等奖；与中国水电顾问集团成都勘测设计研究院合作完成的“温江区航空数据采集及三维仿真规划系统建设”项目获 2012 年中国测绘学会优秀测绘工程奖铜奖。

中冶成都勘察研究总院有限公司

【业务】

2012 年，中冶成都勘察研究总院有限公司完成巴中经济开发区地形图测量、雅安至康定高速公路控制测量工程、绵竹市农村集体土地确认登记发证和数据库建设项目政府采购（第五标段）等测绘任务。全年完成测绘产值 2057 万元。

【其他】

中冶成都勘察研究总院有限公司完成的“中国石化西南科研办公基地项目基坑工程监测”获 2012 年度全国冶金行业优秀工程勘察奖二等奖。

成都市勘察测绘研究院

【业务】

2012 年，成都市勘察测绘研究院开展的测绘业务涉及基础测绘、城市规划、地理信息、市政建设、建筑工程、地图编制等。完成数字成都地理空间框架建设 2012 年全部工作任务，包括 1:500 地形图内业更新及规整面积 640 平方千米，市域政务基础地理数据生产 3700 平方千米，市域电子地图制作数据生产 3700 平方千米，地下管线高程转换 15229 千米；天府新区“三纵一横”重大基础设施项目测绘工程 1:500 地形图测绘 24 平方千米，断面测量 940 千米；成都地铁 3 号线一期工程控制测量 GPS 控制网共 50 个 GPS 点，精密导线网导线点 64 个，高程控制网水准线路总长 190.6 千米；成都地铁 4 号线工程控制测量 GPS 控制网共 77 个点，精密导线网 127 点，高程控制网水准线路总长 361.32 千米；成都市二环路 1:500 数字地形图测量新测 6.6 平方千米。完成富士康员工保障性住房建设项目（三期）房产测量总建筑面积 22.32 万平方米；金堂县淮口镇 1:500 数字地形图测量 6.5 平方千米。协助完成“北改”、“环城生态区”和“天府新区”区域违法建筑物测量 275 栋，建筑面积 15.6 万平方米。完成成都地图 2012 版编绘更新工作。

【其他】

成都市勘察测绘研究院承担的“成都高新区天府新城功能区 1:500 地形图测量、地籍调查及地籍数据库建设项目”获 2011 年度全国优秀城乡规划设计奖城市勘测工程奖二等奖，“双流县规划管理局控规转换工程”获三等奖，“成都市排水设施管理处排水监控管理系统”获表扬奖；“郫县控制网维护工程（E 级 GPS 网、GPS 一级网、三、四等水准网测量）”获 2010–2012 年四川省优秀测绘工程奖铜奖；“成都地铁框架及地铁四号线控制网测量工程”获 2011 年度四川省工程勘察设计“四优”奖一等奖，“成都市温江区地下管线普查探测”获二等奖，“成都市高新西区一级 GPS 网复测工程”获三等奖。

四川省交通运输厅交通勘察设计研究院

【业务】

2012 年，四川省交通运输厅交通勘察设计研究院测绘业务涉及公路、水运等工程的测绘项目。完成广元港红岩作业区（一期）工程初步设计和施工图设计（施工图阶段补充测量）；岷江（龙溪口枢纽至宜宾合江门）新开河滩段航道整治工程、岷江（龙溪口枢纽至宜宾合江门）霸王滩段航道整治工程、岷江（龙溪口枢纽至宜宾合江门）铜锣湾滩段航道整治工程；

金沙江白鹤滩葫芦口大桥通航论证及安全评估工程项目；省道217、216线理亚路和甘孜至白玉改建公路征地放线等项目。

【其他】

四川省交通运输厅交通勘察设计研究院完成的“岷江江道图测量”获2010–2012年四川省优秀测绘工程奖银奖。

四川省冶金地质勘查局测绘工程大队

【业务】

2012年，四川省冶金地质勘查局测绘工程大队累计完成成都市、眉山市、达州市等地地形、地籍、矿山测绘共295平方千米；勘测定界2.4万亩；管线探测800千米；高速公路征地放线工程560千米；变形及形变监测、竣工测量等约28个项目合同任务，共完成合同金额约4000万元。

【其他】

四川省冶金地质勘查局测绘工程大队完成的“四川汶川地震灾后恢复重建测绘专项建设工程1:2000地形图生产”项目获2012年中国测绘学会优秀测绘工程奖银奖；“双流县规划区域内规划用图更新测绘（华阳片区）”获2010–2012年四川省优秀测绘工程奖银奖。

中国水利水电第七工程局有限公司测绘中心

【业务】

2012年，中国水利水电第七工程局有限公司测绘中心承担水电站项目40个、铁路项目6个、地铁项目1个、南水北调工程项目8个、国际工程4个、市政及公路项目5个、风电项目11个、水电站运行期外部变形监测项目6个、施工期外部变形监测项目9个。

全年完成测绘产值4294.56万元。完成4平方千米1:500、1.5平方千米1:1000、4.1平方千米1:2000等地形测绘。完成一级导线测量18个点，二级导线测量10个点，三级导线测量136个点，四级导线测量180个点。完成一等水准测量68.6千米，二等水准测量178.6千米，三等水准测量28.8千米，四等水准测量8千米。完成一等三角测量38点、二等三角测量40点、三等三角测量29点、四等三角测量16点。完成全球定位系统B级点42点、C级点79点、D级点6个、E级点8个。

【其他】

中国水利水电第七工程局有限公司测绘中心承担的“苏丹上阿特巴拉水利枢纽工程首级施工控制网”获2010–2012年度四川省优秀测绘工程奖金奖。

中铁八局集团有限公司（测绘分公司）

2012年，中铁八局集团有限公司（测绘分公司）完成新建铁路拉萨至日喀则铁路CPI、CPII、CPIII测量和二等精密水准测量及变形沉降观测253千米；东乌–包西铁路联络线CPI、CPII测量和二等水准测量35.789千米；兰渝铁路成都铁路局代建站前施工2标CPI、CPII和二等水准测量29千米等。完成在建高铁成都至都江堰铁路彭州支线工程无砟轨道加密CPII、CPIII测量和二等水准测量20千米，哈尔滨至大连客运专线TJ–1标段内CPIII复测40千米；广州至珠海城际轨道交通工程ZH–3标段CPIII复测13千米。完成高铁武广客运专线XXTJI标CPIII复测26.098千米。完成成都地铁1号线南延线首期工程精密导线测量（GPS测量）5.8千米，成都地铁3号线精密导线测量（GPS测量）20.4千米。

四川空间信息产业发展有限公司

【业务】

2012年，四川空间信息产业发展有限公司完成叙永县城镇地籍测量项目70平方千米，凉山州城镇地籍成果整理项目14个，第二次全国土地调查成果验收整理项目30个，23个县（区）农村集体建设用地（宅基地）确权登记发证及数据库建设项目675152宗，17个县（区）2012年度土地变更调查。组织完成383个乡镇580.07万亩基本农田永久性划定工作。完成4个县卫片执法项目，芦山县拟探矿区项目1个、耕地显化项目8个、基本农田规划调整项目1个、增减挂钩项目3个、供地征地项目1个，郫县全域地籍编号1个项目等测量任务。完成成都市森林火灾监控扑救指挥系统项目建设任务。

【其他】

四川空间信息产业发展有限公司完成的“凉山州

冕宁县第二次土地调查及数据库建设”项目获 2012 年中国测绘学会优秀测绘工程奖铜奖。

四川省川建勘察设计院

【业务】

2012 年，四川省川建勘察设计院完成成都地铁四号线土建 2 标施工监测（文家站、公平站、公文站、起点站）和土建 7 标施工监测（双林站）。受四川川油华瑞投资有限责任公司委托，完成开县境内流转土地测绘与信息化处理，为中石油建设管理土地流转系统提供基础测绘数据。完成南干线西段（纳溪－成都）复线工程、合川井气田水输送工程、龙岗内部输气工程数字化测绘等石油管线测绘工程累计约 400 千米。继续承担成都市房产 GIS 历史数据清理项目，共完成现场勘查 16 万户、入库 15 万户。至年底，完成所有数据成果入库工作量的 90%。承担科研项目“《四川省房产测量实施细则》实施中的测绘疑难问题研究”。

【其他】

四川省川建勘察设计院完成的“输气管理处管道测绘数据完善服务项目（B 标段）”获 2012 年度四川省工程勘察设计“四优”奖二等奖。

四川省核工业地质调查院

【业务】

2012 年，四川省核工业地质调查院完成崇州市深化产权制度改革确权登记、发证地籍测量、权属调查、建立图形数据库项目；古蔺县城乡建设用地增减挂钩项目立项材料编制、测绘及预算编制、竣工验收资料编制；崇州市 2010 年度耕保基金年度变更项目；仪陇县第二次农村土地调查项目；三台县城镇土地调查及数据库建设工程；眉山市城镇地籍补充调查（修补测）及数据库更新项目；西昌市永久基本农田划定项目；楚雄开发区苍岭工业园区（云甸片区）1:500 数字化地形图测绘项目；非州加蓬利伯维尔 1:500 地形测绘项目；确定汉源县农村集体土地所有权、集体建设用地使用权、宅基地使用权登记发证及建库项目；成都市二次调查全域地籍数据建库及宗地统一编码等测量任务。

【其他】

四川省核工业地质调查院完成的“金堂县产权制度改革农村承包地实测”获 2012 年中国测绘学会优秀测绘工程奖铜奖。

贵州省

概况

截至 2012 年底，贵州省共有测绘资质单位 380 家，其中，甲级 14 家、乙级 59 家、丙级 126 家、丁级 181 家。贵州省国土资源厅所属测绘事业单位 5 家。全年完成测绘服务总产值 8.89 亿元，较 2011 年增长 3000 多万元。全省测绘地理信息专业技术人员共 6763 人，人均测绘服务产值超过 13.1 万元。2012 年测绘地理信息行业新增应届大中专院校学生 454 人。贵州省测绘地理信息行业逐渐从传统测绘向地理信息数据深加工阶段过渡，部分单位配置了三维激光扫描仪、高性能无人机等先进设备。

贵州地矿测绘院

【业务】

2012 年，贵州地矿测绘院完成大方县、贞丰县、务川县的城镇地籍调查项目，总面积 35 平方千米；完成铜仁市、松桃县、瓮安县、福泉县、平坝县工业园区 1:500 地形测量 150 平方千米；承担省内工程测量项目 6 个，完成 E 级以上 GPS 点 102 个；完成大方县、道真县、乌当区城乡建设用地增减挂钩专项规划的编制工作；完成省内 96 个自然村的整庄整治测量及规划设计工作，面积 158 平方千米；完成望谟县、凤岗县、石阡县、威宁县土地利用总体规划编制工作，面积 1.7 万平方千米；完成“贵州省地下水勘查信息系统建设”项目。

【其他】

贵州地矿测绘院完成的“瓮安磷化工循环经济工业聚集区 1:500 数字化地形测量项目”获贵州省优秀工程勘察设计奖三等奖。

中国水电顾问集团贵阳勘测设计研究院

【业务】

2012 年，中国水电顾问集团贵阳勘测设计研究院完成西藏怒江热玉水电站预可研阶段测量 1:2000 地形图测绘 35 平方千米、三等水准 80 千米，D 级 GPS 控制点 35 点；四川卓斯甲河观音桥水电站可研阶段测量 1:500 地形图测绘 86 平方千米，1:2000 地形图测绘 12 平方千米；重庆巫溪弯滩河一三梯级可研调整设计 1:1000 地形图测绘 10 平方千米，河道纵横断面测绘 50 千米；贵州大江大河治理工程 1:2000 地形图测绘 25 平方千米、三等水准 150 千米，E 级 GPS 控制点 48 点，河道纵横断面测绘 180 千米等项目。

【其他】

中国水电顾问集团贵阳勘测设计研究院完成的“贵州赫章大韭菜坪、石头寨风电场地形图测绘”、“西藏澜沧江如美、班达水电站 1:1 万地形图测绘”项目分别获 2012 年贵州省优秀工程勘察设计奖二等奖。

云南省

概况

2012 年，云南省共有测绘资质单位 651 家，其中甲级 14 家、乙级 90 家、丙级 275 家、丁级 272 家，完成测绘服务总值 15.63 亿元。2012 年云南省测绘地理信息年平均从业人员 1.2 万人。其中，民营企业从业人员 4645 人，占全省测绘地理信息从业人员的 38.6%；国有企事业单位中，国土资源、水利水电、城乡建设与规划系统的从业人员都超过 1000 人。从地区分布看，昆明市从业人员 6345 人，占全省从业人员的 52.7%。

云南省航测遥感信息院

【业务】

2012 年，云南省航测遥感信息院承担 1:1 万“3D”数字化测图昭通摄区（大关测区）299 幅，1:1 万“3D”地图测制广南测区 449 幅、丘北新平测区 240 幅、普洱摄区（耿马、澜沧、景洪测区）100 幅。5 月 ~7 月，完成云南省临沧市 8 个农田整治项目共 76.8 平方千米 1:2000 地形图的测制任务，为云南省“兴地睦边”农田整治项目顺利进行提供测绘保障服务。5 月 ~12 月，承担并完成云南省文山州麻栗坡县农村集体土地确权登记发证工作。

【其他】

云南省航测遥感信息院承担“云南省 1:1 万基础地理信息数据生产技术规程研究”等云南省测绘地理信息局科技项目 3 个。承担的“数字玉溪地理空间框架建设 1:2000 数字化图生产”项目和“昭通摄区 1:1 万数字化测图”项目分获 2012 年度云南省优秀测绘工程奖金、铜奖。

昆明市测绘研究院（昆明市基础地理信息中心）

【业务】

2012 年，昆明市测绘研究院（昆明市基础地理信息中心）完成昆明市域 2.1 万平方千米高分辨率卫星影像订购与生产制作，航片处理 7494 平方千米；完成市域 1:500 地形图修补测 187 平方千米，1:2000 地形图修补测 114.2 平方千米。为城市规划编制提供卫星影像 2000 多平方千米、1:500 地形图约 40 平方千米、1:2000 地形图 200 平方千米、1:1 万地形图

300平方千米。完善《昆明市三维城市模型建模标准》，建立三维规划审查服务技术标准，完成昆明、石林等地三维辅助审查项目174个。完成昆明倘甸产业园区、两区医院重新选址等多个项目及昆明长水国际机场测绘保障任务；编制《昆明长水国际机场交通图》、《昆明建设区域性国际图》等9件专题地图，出版发行昆明市第一本综合图集《昆明市地图集》。

【其他】

昆明市测绘研究院（昆明市基础地理信息中心）获“昆明市平安建设先进单位”和“昆明市文明单位”称号；在昆明新机场建设中被省委、省政府授予“先进集体”称号。《现代新昆明系列图》获2012年中国测绘学会优秀地图作品裴秀奖金奖；《大昆明大发展图》获全国优秀城市勘测工程奖二等奖；“弥勒县1:500数字化地形测量”、“昆明经济技术开发区三维地理信息系统建设”获2012年度云南省优秀测绘工程奖金、银奖，“昆明市城市轨道交通GPS及水准框架网测量”、“昆明倘甸产业园区1:2000 DMC数码航摄数字地形图测量工程”和“昆明建设区域性国际城市图”获铜奖。

中国有色金属工业昆明勘察设计研究院

【业务】

2012年，中国有色金属工业昆明勘察设计研究院完成测绘地理信息产值1980万元，承担各类测绘项目106项，其中国外项目4项、省外项目30项，主要包括监测项目21项、地形测量20项、沉降观测10项、公路项目7项、其他48项。主要完成合山土地整理竣工图测量、七五〇新建码头施工图设计阶段水下地形测量、云南迪庆矿业开发有限责任公司“尾矿库实时在线监测系统”建设项目等。

【其他】

中国有色金属工业昆明勘察设计研究院完成的“昆明绕城高速公路西北段长虫山隧道及茨坝隧道控制测量”获2012年度云南省优秀测绘工程奖铜奖。

云南省地震局形变测量中心

【业务】

2012年，国家高技术产业发展重大科技基础设施建设——中国大陆构造环境监测网络项目西南地区备件库在云南省地震局形变测量中心建成并投入使用。

该中心承担云南省内30个GNSS基准站、重力站通讯运维工作，保证全省12个GNSS基准站的正常运行，与中国地震局地壳运动监测工程研究中心协作完成西南地区22个基准站设备联合调试项目。

完成昆明市主城区一等水准测量608千米。完成60多项深基坑、高层、超高层建筑物沉降、水平位移、倾斜观测等建（构）筑物变形观测项目。截至年底，共完成云南华电镇雄电厂、宣威电厂、文山供电局220kV普厅变电站、益龙万象、昆明医科大学第二附属医院改扩建工程（一期）主体建筑等40多个项目近5000次沉降观测、水平位移观测；完成银海樱花语小区、万达广场等项目1000多次深基坑变形监测。

【其他】

云南省地震局形变测量中心承担的“玉溪市红塔区三等高程网修复和复测”获2012年度云南省优秀测绘工程奖铜奖。

云南省地图院

【业务】

2012年，云南省地图院承担大理市国土资源局委托实施的大理洱海海西地理国情监测试点项目工作。完成“兴地睦边”测绘项目、“两权发证”调查工作等各类测绘地理信息项目110项。为“两会”提供《云南省地图册》（两会专用）、《云南省交通图》布图2800份；编制扶贫专用图13幅；为云南省委、省政府及省测绘地理信息局提供专项地图服务115项，制作地图40多幅；为国家领导人编制来滇考察线路图400多份，提供各类喷绘图1200多幅；为省级以下政府部门编制出版地图20多幅，发行市场旅游图100多万份。

【其他】

云南省地图院编制出版的《云南省地图挂历（2012）》获2012年度云南省优秀测绘工程奖银奖，《云南省地图册（2012年两会专用）》获2012年中国测绘学会优秀测绘工程奖铜奖。

西藏自治区

西藏自治区测绘院

西藏自治区测绘院是西藏唯一一家具有甲级测绘质资的单位。2012 年该院完成川藏公路、青藏公（铁）路共 115 个 C 级 GPS 点和 1475 千米三等水准线路联测；在全区范围内完成 11 条线路共 373 个 C 级 GPS 控制点的选点埋石和 5880 千米三等水准线路选勘；完成一江三河河谷地带 255 幅 1:1 万“3D”数字测绘产品测制。继续承担山南地区沿江 7 县农村宅基地确权登记发证工作项目，已完成桑日、乃东、扎囊、琼结 4 县工作。完成阿里日喀则 2 个地区 6 县的县、乡、村三级草场承包到户工作用图编制工作。完成尼木县厅宫矿区 43 平方千米 D、E 级 GPS 基础控制测量。

陕西省

概况

截至 2012 年底，陕西省共有测绘资质单位 387 家，比 2011 年增加 48 家。其中甲级 35 家，乙级 75 家，丙级 150 家，丁级 127 家。新增乙级（含丙级升乙级）单位 15 家、丙级（含丁级升丙级）单位 31 家、丁级单位 14 家。2012 年测绘资质单位从业人员共 11681 人，测绘作业证持证人数、年内录用毕业生人数、专业技术人员数量均有增加。全年测绘资质单位完成测绘服务总值 194025.58 万元，其中，事业单位和国有企业服务总值占总数的 81.5%。民营企业测绘服务总值达 35985.2 万元，同比增长 12.2%。

陕西省测绘地理信息行业在技术实力、生产能力等方面具有较强的优势。事业单位、国有企业单位占主导地位，民营测绘资质企业队伍不断壮大，并以每年 30 家 ~ 50 家的速度持续增长。

国家测绘地理信息局大地测量数据处理中心（陕西省第四测绘工程院）

【业务】

2012 年，国家测绘地理信息局大地测量数据处理中心（陕西省第四测绘工程院）承担多项国家重大测绘工程。承担“927”一期工程项目、卫星定位连续运行站、跨海高程传递数据处理、海域多种重力数据融合、海域大地水准面精化与陆海拼接、数据库建设等工作。承担并完成地心坐标系维护与推广应用项目 8 个省基础地理信息数据向 2000 国家大地坐标系的转换软件配发与技术服务工作。完成国家现代测绘基准体系基础设施建设一期工程陕西省 8 个基准站站址确认与设计工作。为辽宁、宁夏、重庆、漳州、岳阳、西双版纳等地区提供现代测绘基准建设与大地水准面精化技术服务；为长江航道、国家电网、西气东输等工程提供基准与坐标转换技术服务。

承担国家高技术研究发展计划、国家科技支撑计划、国家及陕西测绘地理信息局科技项目、地理空间信息工程重点实验室项目等项目 10 多项，内容涉及陆海高程基准统一技术、远海岛礁地理信息监测关键技术、高阶次重力场模型确定、多源重力场数据融合技术等。与中国测绘科学研究院共建科技合作平台，推动科技成果转化。

【其他】

国家测绘地理信息局大地测量数据处理中心（陕

西省第四测绘工程院）参与完成的“贵州省似大地水准面精化”项目获2012年中国测绘学会优秀测绘工程奖金奖。

中铁第一勘察设计院集团有限公司

2012年，中铁第一勘察设计院集团有限公司完成兰州主城区至兰州新区中快线高速公路1:2000航测数字化测图；银川至西安铁路、西安至成都客运专线、阳平关至安康铁路、宝鸡至兰州客运专线、新疆红柳河至淖毛湖铁路等多个项目的航测补图及1:1000和1:500工点图的制作。承揽完成神木至米脂高速公路1:2000航测数字测图、陕西省秦岭测图工程城固北测区1:1万DLG、DEM航测项目。年内，累计完成航测外业调绘2078平方千米，1:2000航测制图510平方千米。

完成新建铁路黄骅市至大家洼段环评制图；新建红柳河至淖毛湖矿区铁路生态环境遥感调查、制图等遥感判释项目。完成新建铁路大同至西安客运专线（西安至运城段）精密工程控制网复测、京沪高铁（北京南至德州东段）精密工程控制网复测等精密工程测量项目。承担宁杭客专测量咨询评估、沪昆客专江西段CP Ⅲ测量咨询及结构变形咨询评估等咨询评估业务。完成航空摄影、点云数据处理、数字地面模型的生成、正射影像图的部分制作工作，摄影面积3644平方千米。首次承揽国家基础航空摄影项目，完成安康市、商洛市项目航空摄影2442平方千米。

陕西省煤田地质局物探测量队

2012年，陕西省煤田地质局物探测量队承担并完成府谷县城区1:1000地形图航空摄影测绘、成都至香日德大武至久治段1:2000带状地形图航测、陕西冯家塔矿区井田1:2000地形图航测及矿区1:1万DOM正射影像图制作工程等20多个相关测绘市场项目，完成测绘项目总产值2000多万元。

【其他】

陕西省煤田地质局物探测量队研究开发的“矿区三维虚拟仿真系统v1.0”取得计算机软件著作权登记证书。“安康市城区地形图测绘项目”获2012年中国测绘学会优秀测绘工程奖铜奖。该队被中共陕西省委、省政府授予“文明单位”称号。

西北综合勘察设计研究院

【业务】

2012年，西北综合勘察设计研究院承担宜川县1:1000城市规划测量、横山县城规划区1:1000地形图测量、富县城市规划地形图测绘工程、洛南县城市规划地形图测绘工程、大唐韩城第二发电有限责任公司沉降观测项目、陕西省2011年度土地利用现状变更调查及遥感监测（商洛市）等项目。

国家测绘地理信息局第一大地测量队（国家测绘地理信息局精密工程测量院、陕西省第一测绘工程院）

【业务】

2012年，国家测绘地理信息局第一大地测量队（国家测绘地理信息局精密工程测量院、陕西省第一测绘工程院，以下简称一大队）完成“927”一期工程、现代测绘基准体系基础设施建设一期工程、全国地理国情监测普查试点3项国家重大测绘专项，以及陕西国情监测试点、基础地理信息系统运行与维护、全国测绘和地理信息成果质量监督检验3项国家基础测绘项目。获取与处理2000平方千米数据；完成645点高精度地面监测控制点的测量与处理；将高精度陀螺经纬仪应用于长隧道贯通测量、地铁隧道建设工程；完成自主研发的多功能检测平台的设计和工程建造。

【其他】

一大队完成国家测绘地理信息局科技创新项目“基于Insar及多种测量技术集成的地表沉降监测应用技术研究”等研究工作。新增“基于CQG2000的长跨度工程建设高程获取方法研究”、“基于城市CORS站信息的精密单点定位（PPP）技术研究”2项现代工程测量国家测绘地理信息局重点实验室课题。新增国家测绘地理信息局科技创新项目“我国重力空白区的航空重力测量可行性研究”，与同济大学等单位联合申请的“863”项目“面向主动安全交通的城市车辆在线位置服务”获得批准。

该队被中共陕西省委、省政府授予“省级文明单位”称号；代为管理的中华人民共和国大地原点被中国科协和陕西省科协分别确认为全国科普教育基地和陕西省科普教育基地；与同济大学合作完成的“特大桥隧工程导向控制理论与应用”获上海市科技进步奖二等奖。

国家测绘地理信息局第二地形测量队（陕西省第三测绘工程院）

【业务】

2012 年，国家测绘地理信息局第二地形测量队（陕西省第三测绘工程院）完成青海、宁夏、上海、浙江、安徽 5 个省（区、市）1:5 万地形数据库重点要素更新项目。完成“927”一期工程南澳 – 阳江测区外业生产任务。完成国家现代化测绘基准建设项目阶段任务一等水准测量 1640 千米。地理国情监测工作顺利开展，完成陕西省尾矿库监测、西咸新区地表覆盖野外巡查工作。完成安塞县基础地理信息系统建设项目。

完成大荔测区 1:1 万矢量地形数据生产；商洛 – 渭南、铜川测区 1:1 万外业调绘，DOM、DLG 生产；完成秦岭测图工程城固南测区像片控制测量、镇巴测区调绘及部分等高线采集任务。完成汉中等地区土地变更调查及遥感监测项目。完成《陕西省市县行政区域界线详图集》（12 册）编制、印刷、装帧工作；延安、榆林、渭南、汉中等地 20 多个市县行政区划图编制和印刷；编制汉中市、神木县图册。完成陕西省文物普查地理信息系统建设；承担丝绸之路申遗测绘保障项目，完成陕西城固张骞墓、陕西彬县大佛寺、西安大明宫遗址丝绸之路申遗系列图（本体图、区域地形图、区域影像图）测绘工作。

【其他】

国家测绘地理信息局第二地形测量队（陕西省第三测绘工程院）承担国家测绘地理信息局重点实验室科研项目 1 项、国家测绘地理信息局科研项目 1 项，陕西测绘地理信息局科研项目 3 项（其中 1 项为合作完成）。开展院际合作科研项目 1 项、院科研项目 6 项。在应急测绘保障领域开展技术合作，成立国家测绘工程技术研究中心应急测绘分中心。举办 2012 年技术交流会、青年技术论坛，组织编制《测绘技术交流》，在全国测绘期刊发表科技论文 7 篇。

该队获“全国工人先锋号”称号。三中队、一中队分别被国家测绘地理信息局授予 1:5 万数据库更新工程先进集体、西部测图工程安全生产先进集体称号。1 人被授予“全国技术能手”称号。该队获 2012 年中国测绘学会测绘科技进步奖一等奖 1 项（参加单位）、三等奖 1 项，优秀测绘工程奖银奖 1 项（参加单位）、铜奖 1 项；获 2012 年中国地理信息产业协会优秀工程奖银奖 1 项，科技进步奖三等奖 1 项。

西安大地测绘工程有限责任公司

【业务】

2012 年，西安大地测绘工程有限责任公司共完成各类工程项目 143 项，无人机飞行总面积 4300 平方千米。完成蓝田县 2012 年度农村集体土地所有权登记发证项目 2005.95 平方千米，淳化县农村集体土地所有权登记发证项目 986.05 平方千米，呼和浩特 – 包头 – 鄂尔多斯成品油管道工程无人机航测约 310 千米，西藏昌都地区贡觉至芒康公路改建工程 1:2000 带状地形图测量及纵横段测量项目约 204 千米，抚顺 – 锦州成品油管道工程（抚顺、辽阳输入支线）无人机航测约 149 千米，成都市二次调查全域地籍数据建库及宗地统一编码项目约 465.60 平方千米，延川黄河引水工程杨家山输水隧洞贯通控制测量 11.3 千米。

【其他】

西安大地测绘工程有限责任公司获“大地鹰”测绘无人机“无人机机翼定位锁”等 4 项实用新型技术专利（“大地鹰”测绘无人机已有 11 项技术专利）。举办 3 期测绘无人机操控师培训，共培养 28 名无人机操控师。

陕西省水利电力勘测设计研究院

【业务】

2012 年，陕西省水利电力勘测设计研究院测绘分院完成测绘产值 2200 多万元。完成陕西省中小河流治理 38 条河段测量、甘肃张掖甘浚滩 40 兆瓦光伏电站工程测量、新疆塔什库尔干河巴个泽子水电站工程可行性研究阶段补充测量等 70 多项测绘任务。

【其他】

陕西省水利电力勘测设计研究院完成的“靖边能源化工综合利用产业园供水工程可行性研究阶段测量”、“西安市黑河复线工程测量”获陕西省第十四次优秀工程勘察奖二、三等奖。

国家测绘地理信息局第一航测遥感院（陕西省第五测绘工程院）

2012年，国家测绘地理信息局第一航测遥感院（陕西省第五测绘工程院）承担测绘生产项目27项，其中，国家基础测绘项目7项、省级基础测绘项目5项、市场项目15项。

完成2010年、2011年1:5万数据库更新地形图制图数据生产1483幅，西部测图工程嘉黎、边坝、波密区域影像地形图101幅、晕渲地形图4幅，全国1:1万基础地理信息数据库整合转换（一体化建库转换）生产试验119幅等国家基础测绘项目。

完成泾惠渠测区1:1万基础地理信息数据更新生产DEM 77幅，长武县1:2000正射影像图制作74幅，安康测区1:1万基础地理信息数据生产外业调绘198幅，秦岭测图工程2012年（一期）测图洋县测区外业调绘133幅等省级基础测绘项目。

完成2012年1:5万地形数据库重点要素更新陕西、河南2省共241个生产单元，“927”一期工程DLG、DEM、DOM共504幅，“天地图·榆林”节点建设，陕西省地理国（省）情监测试点，全省尾矿库监测项目，渭河全线治理工程监测等重大工程。

完成青海省东部城市群1:500、1:1000矢量地形图数据（DLG）生产2681幅；神木县西过境公路无人机1:2000航测项目DLG、DOM共110幅；米脂县1:1000航测数字化成图DLG、DEM、DOM共1164幅等市场项目。

国家测绘地理信息局第一地形测量队（陕西省第二测绘工程院）

【业务】

2012年，国家测绘地理信息局第一地形测量队（陕西省第二测绘工程院）完成汶川地震陕西灾后恢复重建测绘保障宁略测区1:1万224幅DEM、DLG基础地图生产，573幅国家1:5万数据库更新制图数据生产，新疆、甘肃、湖北3个省级行政区域1:5万数据库重点要素更新生产任务，国家现代测绘基准体系基础设施建设一期工程一等水准观测约1477千米，2012年地理国情监测普查试生产项目甘肃白银地区24幅图正射影像数据、地理国情信息数据的试生产。

完成宁陕、商洛－渭南、咸阳测区586幅1:1万矢量地形要素数据更新生产；秦岭测图工程宁陕测区257幅野外像片调绘、DLG和DEM生产，太白测区142幅控制测量；老少边穷测绘项目——延安基础地理信息系统建设（一期）生产22平方千米数字化成图等省级基础测绘项目。完成澄城县新农村建设10.97平方千米1:1000地形图测绘。完成广东、新疆、上海等省（区、市）的地形图测绘、公路测量、河道测量任务。

【其他】

国家测绘地理信息局第一地形测量队（陕西省第二测绘工程院）被授予陕西省先进集体称号；1人获全国测绘地理信息行业技术能手称号。国家西部测图项目部获国家西部1:5万地形图空白区测图工程先进集体称号，1人获先进个人一等功，2人获先进个人三等功。1人获国家1:5万基础地理信息数据库更新工程先进个人一等功，1人获先进个人三等功。

国家测绘地理信息局陕西基础地理信息中心（国家测绘地理信息局陕西测绘资料档案馆）

【业务】

2012年，国家测绘地理信息局陕西基础地理信息中心（国家测绘地理信息局陕西测绘资料档案馆）承担并完成1:5万地形图制图数据生产、数字区域地理空间框架建设示范、2012年陕西省地理国（省）情监测试点、“天地图”等12项国家基础测绘项目，陕西省测绘成果目录汇交系统更新拓展、数字城市宣传册制作2项省级基础测绘项目，以及市场测绘项目43项。

完成的重点工作包括咸阳市地理信息公共平台建设方案、数字延安地理空间框架项目建设方案、数字安康地理空间框架项目设计书评审；咸阳市城区1:2000数字高程模型、数字正射影像数据生产，咸阳主城区约100平方千米的地名、地址数据采集；陕西省地理国（省）情监测试点（二期）项目建设基本地理省情信息提取、地表覆盖变化监测、生态环境变化监测、水资源保护和治理监测、地理省情发布系统建设；“陕西省保障房建设管理地理信息系统”、“陕西省医疗与公共卫生服务地图网”和“陕西旅游地理信息服务系统”3个基于“天地图·陕西”的示范应用项目建设。为陕西省卫生厅、环保厅等10多个行业部门提供地理信息服务。

【其他】

国家测绘地理信息局陕西基础地理信息中心（国家测绘地理信息局陕西测绘资料档案馆）接待用户1000多人次，提供各种比例尺纸质地形图6183幅10050张；各种数字成果5834幅，遥感影像18景，像片及航片扫描数据1.3万多张。完成的“华东电网输电线路状态监测系统GIS平台”项目获2012年中国测绘学会优秀测绘工程奖铜奖。

咸阳市勘察测绘院

2012年，咸阳市勘察测绘院修测咸阳市区1:1000地形图45平方千米。完成文兴路、高科六路等7条道路测量放线工作；兴平天然气输配线路、中房渭滨苑电力线路等管线放线测量工作14项；139处拨地测量工作；519栋建筑物的放线测量工作；168栋建筑物的验线工作；GPS控制点86个，水准控制点89个。编绘制作咸阳市北塬新城卫星影像图及最新0.5米分辨率咸阳市市区卫星遥感影像图。该院三维工作室完成市区10多平方千米主要街区照相、数据采集、建模、贴图等工作，至年底已完成整个市区主要街区的三维建模工作。

中煤西安设计工程有限责任公司

【业务】

2012年，中煤西安设计工程有限责任公司完成的主要测绘项目包括陕西省横沟煤矿工业场地地形图测量、中煤榆林煤化工集团甲醇项目场地控制网建立、塔湾煤矿工业场地地形图测量等。该公司按要求汇交了测量成果目录。

【其他】

中煤西安设计工程有限责任公司获部级二等奖3项，部级三等奖3项。

中铁一局集团第四工程有限公司精密测量分公司

2012年，中铁一局集团第四工程有限公司精密测量分公司完成西安市高陵县及西安市阎良区土地整理项目控制测量、图根控制测量、1:2000地形图测量项目，西宝铁路客运专线XBZQ-1标段轨道控制网CPIII的建网及复测工作，完成四川省甘孜州雀儿山长大隧道及成武高速公路米仓山隧道的控制网测量；以及公司内部新开工及在建项目的复测工作。

国家测绘地理信息局第一地理信息制图院（陕西省第六测绘工程院）

【业务】

2012年，国家测绘地理信息局第一地理信息制图院（陕西省第六测绘工程院）完成西部1:5万地形图空白区测图工程地形图制图90幅、影像地形图制图37幅；国家1:5万基础地理信息数据库更新工程地形图制图1787幅，1:5万数据库更新工程地形图印刷5000幅。完成地理国情监测陕西省西咸新区——沣东新城试点任务，编制全国第一部地理国情监测图集《陕西地理省情图集》。完成国家基础测绘项目《西部人文地图集》编制、省级基础测绘项目《陕西省领导用图》修编等大型测绘制图项目。完成应急测绘保障项目——延安干部学院特色主题教室“西部国情”展板地图编制、张掖市湿地博物馆仿玉石立体地图制作等地方测绘地理信息服务项目。

【其他】

国家测绘地理信息局第一地理信息制图院（陕西省第六测绘工程院）测绘产品质量检验合格率100%。1人获国家1:5万基础地理信息数据库更新工程先进个人三等功，1人获国家西部1:5万地形图空白区测图工程先进个人二等功。

甘肃省

概况

截至2012年底，甘肃省共有测绘持证单位304家，其中甲级13家、乙级51家、丙级83家、丁级157家。测绘资质单位从业人员5818人，其中民营企业从业人员1031人，约占从业人员总数的18%；年内录用毕业生406人，约占从业人员总数的7%。资质单位主要分布在国土资源、城乡建设与规划、水利水电以及交通运输等系统。

2012年，全省测绘资质单位共完成服务产值69962.7万元，其中甘肃省测绘地理信息局属3家单位完成9644.05万元；城乡建设规划和水利水电系统分别完成了5046.41和5872.73万元。完成的主要工程项目包括兰白测区1:1万数字地形图测绘及缩编、张掖市平山湖矿区控制测量及1:2000航测数字化成图、庆阳市地理空间数据库及平台建设、马鬃山镇至桥湾连接线二级公路基础控制测量与航测成图、兰州新区交通路网建设项目测量、嘉峪关市和临夏州警用地理信息系统基础数据处理等。

甘肃省地质矿产勘查开发局测绘勘查院

【业务】

2012年，甘肃省地质矿产勘查开发局测绘勘查院完成工程测量、地理信息、遥感航测、三维扫描、土地规划设计等专业各类科研和工程项目120多项。完成的重大项目包括甘肃省临夏州国土资源一张图工程、甘肃省矿产资源规划信息管理系统、兰州市西固区城区1:500电子地图生产及城市部件调查、省内外多个矿山、地形、地籍、房产、变形监测等。此外，完成嘉峪关城楼、环县古长城等古文物建筑扫描建模以及多项县级土地整治规划和土地整理工程规划设计。

【其他】

甘肃省地质矿产勘查开发局测绘勘查院承担的“三维扫描技术在文物古建测绘领域的应用研究”项目获甘肃省第五届全省职工优秀技术创新成果三等奖和甘肃省测绘科学技术进步奖三等奖；“合水县老城镇等11个乡镇1:1000数字化地形测量”项目获甘肃省测绘优秀工程奖三等奖。在《矿山测量》发表学术论文2篇，在《现代测绘》等国家和省部级期刊发表学术论文6篇。

兰州市城市建设设计院

【业务】

2012年，兰州市城市建设设计院完成兰州市天水中路拓建工程、兰州市北环路东段工程、兰州市北环路交109国道立交工程等27项工程的测绘任务。全年完成道路定测185千米、布设GPS控制点451个、四等水准205.413千米，产值约1000多万元。

【其他】

兰州市城市建设设计院承担的兰州古镇及体育生态公园1:500地形图测量工程获2012年度甘肃省优秀勘察设计奖三等奖；“兰州市彭家坪道路网工程测量”获2011年甘肃省优秀测绘工程奖银奖。该院代表队获2012年甘肃省职工职业技能大赛工程测量省级决赛优秀组织奖，2人被授予“甘肃省测绘行业优秀技能人才”称号。

兰州市勘察测绘研究院

【业务】

2012年，兰州市勘察测绘研究院完成兰州市基础测绘1:2000数字地形图测绘城关区130平方千米、七里河区50.9平方千米；兰州新区1:2000数字地形图测绘130平方千米、交通路网建设项目1:500数字地形图4.4平方千米及13条道路选址定界测量，燃气管网建设项目测量；兰州市体育中心建设项目测量、兰州市解放门、平沙落雁、小西湖立交建设改造项目测量；兰州市中心城区建筑区160平方千米容积率计算用电子地图生产；兰州市安宁区15平方千米数字化城市管理信息部件及电子地图更新生产；其他城乡规划定线、城乡用地、规划检测、竣工测量和地籍测绘等测绘项目2700项。

【其他】

2012年，兰州市勘察测绘研究院获甘肃省职工职业技能大赛工程测量省级决赛团体二等奖2项，1人获一等奖、2人获二等奖、1人获三等奖；4人通过全国注册测绘师资格考试，共10人具备注册测绘师资格；在《测绘通报》发表论文3篇；完成的“兰州市城市轨道交通1号线一期工程（陈官营－东岗）地面控制测量”获甘肃省测绘科学技术（优秀工程）奖金奖，“基于SOA的数字兰州综合地理信息平台研制”、“兰州石化公司地上三维管线测量及建模”分获2011年甘肃省测绘科技进步奖二、三等奖。

甘肃省基础地理信息中心

【业务】

2012年，甘肃省基础地理信息中心完成“天地图·甘肃”省级节点和7个市县级节点、2个示范应用系统建设，数据服务通过国家测绘地理信息局的测试，并接入国家主节点。完成庆阳市域范围内基础数据的整理整合，成武高速公路三维演示系统的建设；甘肃省地理信息服务体系建设项目，编制《甘南藏族自治州地图集》。

【其他】

甘肃省基础地理信息中心承担的“石羊河流域重点治理地理信息系统建设研究及应用”获2012年中国地理信息科技进步奖三等奖；“甘肃省甘南黄河补给与生态保护地理信息工程”获2012年中国测绘学会优秀测绘工程奖铜奖；《嘉峪关市地图集》、《定西市地图集》、《甘南藏族自治州地图》分别获2012年中国测绘学会优秀地图作品裴秀奖铜奖；“甘肃省政务地理信息平台建设及应用”、“石羊河流域（武威段）重点治理地理信息系统研究”分获2011年甘肃省测绘科技进步奖一等奖。

甘肃煤田地质局综合普查队

【业务】

2012年，甘肃煤田地质局综合普查队参与陇东煤炭资源勘查会战；完成庆城高楼～合水板桥、宁县付家山、宁县和盛～泾川县荔堡等E级控制测量，控制面积2440平方千米，三、四等水准测量1150千米，完成该地区二、三维地震勘探工程测量放样；钻孔测量655个。

完成环县沙井子矿区钱阳山井田1:5000航空摄影测量项目；景泰白岩子矿区、张掖平山湖矿区、灵台北安家庄～灵北井田矿区1:2000地形图航测项目和1:5000地形图修编项目，控制面积720平方千米，制作1:5000数字正摄影像图和1:2000数字高程模型。完成武都区、西峰区、卓尼县农村集体土地所有权确权发证项目，控制面积1.06万平方千米。

【其他】

甘肃煤田地质局综合普查队承担的“甘肃省张掖市平山湖煤矿北部1:10000航测地形图”项目获2011年甘肃省优秀测绘工程奖铜奖。

青海省

概况

截至2012年底，青海省共有测绘资质单位95家，同比增长8%，其中甲级10家、乙级21家、丙级45家，丁级19家；全年完成测绘服务总值49875.16万元；全省测绘资质从业人员2954人，比2011年增加173人。2012年，全省测绘行业单位完成2012年以前1:1万地形图数据411幅的入库工作；2011年、2012年1:1万基础测绘任务201幅；玉树灾区137个村1:500和1:1000地形图入库数据编辑处理工作；东部城市群建设测绘服务保障收尾工作共完成1:500地形图1406幅、1:1000地形图677幅，面积255平方千米。承担完成乐都县354个行政村、平安县111个行政村、格尔木市4个乡镇和大柴旦行委2个镇及黄南州、果洛州112个行政村的集体土地确权发证工作。完成海东地区（互助、平安和乐都）及海西州（格尔木、德令哈、乌兰、都兰、天峻、大柴旦、茫崖和冷湖）共11个县（市）农村土地变更调查等工作。

青海煤炭地质局测绘工程院

2012年，青海煤炭地质局测绘工程院完成的测绘项目主要有青海省大柴旦行委团鱼山南煤炭预查控制测量，约604平方千米；青海省海南州三贵公路（三塔拉至黄沙头段）地形测量，折合成线路长度约343千米；青海省德令哈市柴北缘航亚煤炭详查1:1万地形测量，约110平方千米等。

青海省地矿测绘院

2012年，青海省地矿测绘院完成玛沁大湾多金属矿GPS控制测量、它温查汉西铁多金属矿1:5000地形测量、哈陇休玛铁多金属矿地质工程测量等工作，累计完成D级GPS点140点，E级GPS点260点，三、四等水准测量180千米，数字化地形图10平方千米。在全省率先完成农村集体土地确权登记发证县市级试点工作。完成德令哈市、乌兰县、湟中县等地农村集体土地确权登记发证工作及其数据库建设。完成土地利用勘测定界项目48个，累计面积2.5万亩。完成民和县、同德县、湟中县等地土地利用总体规划数据库建设，格尔木市低山头地区多金属矿1:1万土壤测量6平方千米。

该院取得无人飞行器航空摄影测量资质。完成德令哈市工业园区、格尔木市夏日哈木矿区、都兰县五龙沟金矿区、同德县基本农田试点项目航空摄影测量任务。累计完成航摄面积230平方千米。

中国水利水电第四工程局有限公司

【业务】

2012年，中国水利水电第四工程局有限公司承担和完成的测绘业务主要包括白鹤滩水电站工程施工期施工测量及测量技术管理工作，黄河大河家水电站厂房土建及金属结构安装工程施工测量工作，长江三峡工程坝区首级控制网的维护管理及三峡工程主体部位的验方测量等。

【其他】

中国水利水电第四工程局有限公司承担的“地面激光扫描仪等多种测量手段在水利水电工程地形测绘中的研究应用”分获中国水利水电建设股份有限公司科技进步奖一等奖、中国施工企业管理协会技术创新成果奖二等奖；“高速铁路测量技术和沉降变形观测技术研究”获中国水利水电建设股份有限公司科技进步奖一等奖，“水利水电工程开挖填筑工程量精密计算方法研究”获三等奖；“三峡水利枢纽工程施工测绘保障”获2012年度青海省测绘学会优秀测绘工程奖一等奖；《GPS结合导线测量技术在京沪高速铁路工程施工测量中的研究与应用》被评为2012年度青海省测绘学会优秀论文；编辑出版《高速铁路工程施工测量技术研究与应用》；该公司获2012年度全国优秀质量管理小组活动优秀企业奖。

青海省第一测绘院

【业务】

2012年，青海省第一测绘院完成海东GNSS连续运行基准站观测墩落地改造任务；完成对中国地壳观测网络西宁基准站基础设施的更新、维护；配合国家测绘地理信息局完成5个国家GNSS连续运行基准站选址建设方案的后续工作以及数字德令哈、格尔木航拍的地面配合工作；编制了《青海省藏区现代测绘基准体系基础设施建设一期工程可研报告》。

【其他】

青海省第一测绘院获国家西部1:5万地形图空白区测图工程先进集体称号，1人获先进个人二等功。

青海省第二测绘院

【业务】

2012年，青海省第二测绘院承担完成玉树县结古镇已建成商业用房、商住用房及住宅、多功能综合用房的房产测绘工作；利用无人飞机对玉树地区州县驻地6个重点区域进行高分辨率航空摄影，面积136平方千米；完成西藏拉萨至林芝1:1万基础地理信息数据库建设2期156幅外业像控等项目。

【其他】

青海省第二测绘院副院长李海祥、助理工程师何桂英分获国家西部1:5万地形图空白区测图工程先进个人一等功和三等功。

青海省基础地理信息中心

【业务】

2012年，青海省基础地理信息中心完成数字青海空间地理信息基础设施建设项目并通过省级验收，完成“天地图·青海”节点建设，1:1万（DLG、DEM、DOM数据）地形图入库732幅，海南、果洛2州11县土地变更调查工作，甘德、玛沁2县集体土地确权发证，兴海、贵南、同德3县草场划分任务。完成海东工业园区、西宁经济技术开发区、生物科技产业园区、甘河滩工业园区测绘任务和1825公顷勘测定界工作。完成青海省地理国情监测前期试点——资源三号卫星数据处理解译工作，与中国测绘科学研究院合作完成三江源自然保护区湖泊遥感监测（包括1979年、1995年、2000年的遥感监测）、青海湖流域生态环境遥感监测（包括2000年、2006年、2010年的遥感监测）等地理国情监测试点工作。

编制出版《青海省地图册》、《青海省领导工作用图》、《青海游览》（中、藏文版旅游图），编制《2013年两会工作用图》、《三江源自然保护区生态保护与建设二期规划图》、青海省黄水流域高标准基本农田治理重大工程土地整理系列图，参与编制青海省主体功能区规划和“十二五”规划所需各种图件。

【其他】

青海省基础地理信息中心完成的“三江源区生态环境遥感动态监测地理信息系统”获2012年中国测绘学会优秀测绘工程奖银奖；参与建设的“西部地理空间信息平台建设关键技术与应用”获2012年中国地理信息科技进步奖一等奖；完成的“水库溃坝三维分析”和“大美青海地图网”分获2012年度青海省测绘学会优秀测绘科技奖二等奖（一等奖空缺），“祁连县大沙陇矿区1:1000地形图测绘”获2012年度青海省测绘学会优秀测绘工程奖二等奖。

西宁市测绘院

2012年，西宁市测绘院完成西宁市似大地水准面精化项目，西宁市多巴地区60平方千米1:500地形图、北川地区8.6平方千米1:500地形图修测任务等基础测绘。完成西宁市建设用地节约集约评价项目2012年度土地利用现状变更调查和三县基本农田数据库调整工作；西宁市四区集体土地确权登记发证15个乡（镇、办事处）75个村的499个宗地测绘工作和大通县20个乡（镇）289个行政村875个宗地集体土地确权权属调查、测绘及建库工作。为全市国土资源局、三县国土资源系统提供1:500地形图6.39平方千米、影像成果资料632张、四区三县勘测定界图16250亩，完成土地证换证和办证13452户，为土地估价提供西宁市360平方千米地价分布图。完成多巴新城70平方千米1:1000地形图测绘任务。为南川管委会、海湖新区、湟水河管委会提供建设用1:500地形图12.88平方千米，影像图13张，勘测定界图5001亩。为城乡规划提供建筑物放验线测绘610栋，提供竣工测绘410栋。研发西宁市土地储备系统，为西宁市城西区网格化管理系统建设编写《数字城市总体规划方案》，与西宁市地税局合作开展西宁市四区、三县土地税源信息管理系统建设。

宁夏回族自治区

概况

截至2012年底，宁夏全区共有测绘资质单位85家，其中甲级3家、乙级15家、丙级24家、丁级43家，比2011年增加7家。按单位性质分类，事业单位41家、国有企业10家、私营单位34家；按行政区划分，银川市49家、石嘴山市15家、吴忠市8家、固原市8家、中卫市5家。主要分布在测绘、规划建设、国土资源、水利电力等行业。全年完成宁夏中北部土地开发整理重大工程项目、吴忠市扁担沟环境治理项目、中卫市沙坡头区生态移民区域检查项目、海原县城新区规划项目的航摄任务；开展固原市原州区、彭阳县农村集体土地确权工作；完成 327 幅 1:1 万航测地形图野外像控点选测和宁夏国土资源卫星导航基准站网 27 个 CORS 站的站址信号测试、25 个观测墩的土建工程。

宁夏回族自治区基础测绘院

2012 年，宁夏回族自治区基础测绘院完成宁夏中北部土地开发整理重大工程项目、吴忠市扁担沟环境治理项目、中卫市沙坡头区生态移民区域检查项目、海原县城新区规划项目等 1300 多平方千米的航摄任务；完成固原市原州区、彭阳县农村集体土地确权工作；石嘴山市和中卫市城市控制基准网共 82 个 D 级 GPS 点的布设、470 千米四等水准测量工作；银川市大地水准面精化项目 22 个 C 级 GPS 点的埋设、32 个 C 级 GPS 点的联测、1044 千米二等水准网联测工作。

宁夏回族自治区国土测绘院

2012 年，宁夏回族自治区国土测绘院完成灵武市第二次城镇地籍调查项目 1593 份图件扫描、877 幅宗地图绘制、274 幅 1:500 地籍图喷绘、14.5 平方千米地籍数据入库工作；平罗等 11 个县、市（区）第二次土地调查（城镇部分）的成果核查工作；数字吴忠项目公共平台运行工作；《宁夏回族自治区社会发展经济地图集》和《宁夏山洪泥石流地质灾害分布图》的编绘工作；《1:50 万尼龙绸工作用图》的编制更新；为自治区政府制作 1:70 万、1:120 万《宁夏回族自治区地图》；制作完成吴忠市 320 平方千米 0.2 米分辨率影像图。

新疆维吾尔自治区

概况

截至 2012 年底，新疆维吾尔自治区拥有测绘资质单位 335 家，测绘资质单位从业人员 5672 人。其中，甲级 15 家，从业人员 1484 人；乙级 52 家，从业人员 1633 人；丙级 99 家，从业人员 1380 人；丁级 169 家，从业人员 1175 人。2012 年，全区测绘资质单位完成服务总值 87505.66 万元。其中，甲级单位完成 34142.46 万元，占全行业年度服务总值的 39.02%；乙级单位完成 20623.02 万元，占全行业年度服务总值的 23.57%；丙级单位完成 19128.87 万元，占全行业年度服务总值的 21.86%；丁级单位完成 13611.31 万元，占全行业年度服务总值的 15.55%。

新疆维吾尔自治区基础地理信息中心（新疆维吾尔自治区测绘档案资料馆）

【业务】

2012 年，新疆维吾尔自治区基础地理信息中心（新疆维吾尔自治区测绘档案资料馆，以下简称新疆基础地理信息中心）与新疆军区测绘信息中心共建军地融合基础地理信息资料基地，完成档案资料库和成果库地图等资料的搬迁工作。2012 年新组卷 559 卷，其中基础测绘 371 卷。该中心全年无偿为自治区党政机关各部门提供图集、图册 2766 册，各类挂图 1289 幅，提供地形图 19115 幅，控制成果 10962 点。

完成“天地图・新疆”90 个市、县主城区 15 级 ~17 级电子地图制作和发布，“天地图・石河子”市级节点的数据加工和发布工作。开展 1:1 万基础地理信息数据库建设项目，完成 1500 幅 DLG、DOM、DEM 数据和柯坪测区 92 幅、麦盖提测区 126 幅数据加工整理、入库工作。完成数字塔城工程设计书编制和塔城市 160 平方千米数字真彩色航空摄影，43 平方千米倾斜摄影工作。完成“新疆维吾尔自治区基础地理信息数据坐标转换软件”研发测试及培训；1:1 万“3D”数据 1980 西安坐标系到 2000 国家大地坐标系转换测试工作；完成全疆 1:1 万 1980 西安坐标系到 2000 国家大地坐标系的改正参数，并为基础测绘生产单位提供。

【其他】

新疆基础地理信息中心被授予国家1:5万基础地理信息数据库更新工程先进集体称号；1人被授予国家西部1:5万地形图空白区测图工程先进个人二等功。该中心继续保持“政风行风示范窗口”称号，创建新疆维吾尔自治区区直机关“巾帼文明岗”。

乌鲁木齐市国土资源勘测规划院

2012年，乌鲁木齐市国土资源勘测规划院完成年度乌鲁木齐市土地变更调查与遥感监测工作，变更图斑2206个；乌鲁木齐县6个乡镇41个村农村集体土地所有权确权登记发证工作；2011年度土地矿产卫片执法检查技术服务工作，监测图斑882个；乌鲁木齐市保障性住房、新建道路、开发园区、高铁等重点建设项目的勘测定界和农用地专用报批。

开展乌鲁木齐市似大地水准面精化工作，完成二等水准测量1400千米，5个参考站的水准联测，132个C级GPS点联测工作，外业数据质量经检查为优良。

购置乌鲁木齐市行政区域及周边6万平方千米、中心城区及规划发展区4200平方千米遥感影像数据，制作《乌鲁木齐煤炭规划矿区影像示意图》、《乌鲁木齐煤炭规划矿区土地利用总体规划图》和《乌鲁木齐市中心城区遥感影像示意图》。

新疆维吾尔自治区第一测绘院

【业务】

2012年，新疆维吾尔自治区第一测绘院（以下简称新疆第一测绘院）完成基础测绘项目及市场项目共36项。完成基础测绘1:500地形图215.75平方千米，合标准图幅3452幅；基础测绘1:1万地形图508幅航空摄影测量外业工作和763幅航空摄影测量内业工作。完成伊犁河谷开发1:500地形图测绘项目21平方千米、吉木乃县托斯特乡草原石城1:1000地形图测绘项目10.5平方千米、S302线伊吾至口门子公路改建1:2000带状地形图测绘项目90千米、克拉玛依油田工程测量项目及新疆电网GIS数据采集工程部分区域的外业采集工作。

此外，完成“天地图·新疆”电子地图数据更新外业调绘工作；“新疆维吾尔自治区连续运行卫星定位服务系统（XJ-CORS）”105个站点的踏勘选址工作；伊犁抗震救灾、和静县灾后重建和伊宁县愉群翁回族乡灾后重建3个项目共85平方千米1:1000测绘任务，并派出10多名专业技术人员完成伊犁抗震救灾测绘项目的监理工作。

【其他】

新疆第一测绘院承担的“且末－若羌测区航空摄影测量”获2012年中国测绘学会优秀测绘工程奖铜奖；《昌吉回族自治州行政区划图》获2012年中国测绘学会优秀地图作品裴秀奖铜奖；该院获国家西部1:5万地形图空白区测图工程安全生产先进集体称号，1人获先进个人二等功，1人获先进个人三等功；1人获得国家1:5万基础地理信息数据库更新工程先进个人二等功；1人获第四届全国测绘地理信息技术能手称号。

新疆地矿测绘院

【业务】

2012年，新疆地矿测绘院共完成公益性项目及横向工程项目80多项，1:1万地形图测绘9800多平方千米；1:500、1:1000地形图测绘500多平方千米，地质工程点6万多点，线路勘界300多千米。

乌鲁木齐市城市勘察测绘院

【业务】

2012年，乌鲁木齐市城市勘察测绘院完成城市规划测量业务4220件；乌鲁木齐市规划区内1:500地形图测绘114平方千米、1:1000地形图测绘375平方千米、1:2000地形图测绘170平方千米。

完成乌鲁木齐突发公共事件应急平台空间地理信息数据采集及数据库建设项目，面积300平方千米；乌鲁木齐市存量房交易申报价格评估系统房屋信息普查及数据库建库项目，面积213平方千米；乌鲁木齐市数字化城市管理系统数据库市政设施的普查更新项目，面积58平方千米。

完成乌鲁木齐市中心城区80平方千米的城市三维模型制作及数据库建库工作。完成乌鲁木齐市轨道交通建设项目三屯碑交通枢纽控制网测量工作，布设5个C级GPS控制点和6个高精度导线控制点，完成二等水准200千米。

【其他】

乌鲁木齐市城市勘察测绘院完成的“乌鲁木齐市绿地普查数据采集和数据库建设”项目获2011年

度乌鲁木齐市科学技术进步奖二等奖。“乌鲁木齐市数字化城市管理信息系统信息普查更新的研究应用”项目获2011年度全国优秀城乡规划设计奖城市勘测工程奖三等奖。

水利部新疆维吾尔自治区水利水电勘测设计研究院

【业务】

2012年，水利部新疆维吾尔自治区水利水电勘测设计研究院完成阿尔塔什水利枢纽招标阶段工程测量、恰木萨水电站工程测量、高尔萨依水电站工程测量等测绘工程项目62项；出版技术总结、资料整编共62份，出图1500多幅。

【其他】

水利部新疆维吾尔自治区水利水电勘测设计研究院完成的“IKONOS高分辨率遥感卫星影像数据在新疆水利水电测绘中的应用”项目获2011年度中国水力发电工程学会水力发电科学技术奖三等奖；“新疆若羌河流域规划山区河段1:10000地形测量（IKONOS卫星影像成图技术）”获2011年度新疆维吾尔自治区水利学会优秀工程勘测奖二等奖、自治区第十一届优秀工程勘察奖三等奖；“新疆克孜尔水库泥沙淤积工程测量”项目获2011年度新疆维吾尔自治区水利学会优秀工程勘测奖三等奖。

新疆维吾尔自治区交通规划勘察设计研究院

【业务】

2012年，新疆维吾尔自治区交通规划勘察设计研究院（以下简称新疆交通规划勘察设计研究院）完成公路勘测A级GPS点1230个，四等水准532千米，五等水准450千米，1:2000数字化地形图304.7平方千米，GPS RTK放线788.6千米。完成重大测绘项目11项。

【其他】

新疆交通规划勘察设计研究院作为主要研究单位完成的“高精度三维工程环境构建理论与方法及公路勘察设计成套技术”项目获2012年度国家科技进步奖二等奖；“G216线五彩湾－大黄山段高速公路建设项目工程测量”获2012年中国测绘学会优秀测绘工程奖铜奖；“G218线伊宁至墩麻扎公路改建工程”获自治区第十一届优秀工程勘察设计奖二等奖；“福海渔场至阿勒泰段高速公路勘察”获2012年度中国公路勘察设计协会优秀勘察奖三等奖。

新疆电力设计院

【业务】

2012年，新疆电力设计院测量专业实现产值约2000万元，任务涉及电力、水利、市政、新能源等行业。其中，自治区内重大工程及主要测绘项目包括中煤能源新疆五彩湾煤电一体化（2×1000mW）发电厂等厂区的地形测绘工作，750kV新疆与西北主网联网第二通道（哈密变－哈密换流站段）等线路工程的测量任务。国外项目包括阿富汗405mW燃煤发电厂及配套220kV输变电建设项目等。

截至2012年底，新疆电力设计院测量专业共完成火电项目24项；±800kV特高压直流线路1项，750kV电压等级线路2项，共393千米；220kV及以下电压等级线路70多项，共2100千米。2012年，新疆电力设计院完成风电、光伏等新能源工程3项，共15.8平方千米的地形测绘工作；承揽大唐呼图壁热电厂2×300mW机组工程等5个项目的沉降观测工作。

【其他】

新疆电力设计院承担的“750kV玛纳斯－乌鲁木齐北输电线路工程”获自治区第十一届优秀工程勘察奖三等奖，“220kV下坂地－英吉沙送电线路测量工程”获表扬奖。

新疆生产建设兵团勘测规划设计研究院

【业务】

2012年，新疆生产建设兵团勘测规划设计研究院完成测绘项目共39项，产值3158万元。其中大中型项目17个，包括基础测绘项目2个、工程测绘项目14个、地理信息项目1个。

【其他】

新疆生产建设兵团勘测规划设计研究院承担的“土地开发整理伊犁河南岸察布查尔县自流灌区

1:5000 现状图航测成图”项目获自治区第十一届优秀工程勘察奖一等奖。

新疆维吾尔自治区第二测绘院

【业务】

2012 年，新疆维吾尔自治区第二测绘院（以下简称新疆第二测绘院）完成 1:5 万西部测图工程阿尔泰区域项目 43 幅；1:1 万地形图基础测绘项目 551 幅。3 月，完成伊犁地震灾后重建新源测区 15.5 平方千米 1:1000 地形图的测绘及监理项目；12 月，完成了抗震救灾伊宁县、托里县测区 45 平方千米 1:1000 地形图测绘项目。完成奎屯市城市绿地、城市建设变迁地理国情监测项目。开发明华街社区数字社区管理系统。实施数字伊宁、克拉玛依市地理国情信息普查试点与试生产项目。全年对外承揽实施市场任务 28 项，合同额 640 万元。

该院编制完成《新疆维吾尔自治区资源经济地图集》，全年编制完成 30 多种地图产品。累计向各级党政机关单位提供各类地图产品约 900 张（册、集）。

【其他】

新疆第二测绘院承担的《新疆维吾尔自治区资源经济地图集》、《大美新疆——中国亚欧博览会地图册》分获 2012 年中国测绘学会优秀地图作品裴秀奖金、铜奖。“奎屯市地理信息公共服务平台建设及应用示范项目”分获 2012 中国地理信息产业优秀工程奖银奖、中国测绘学会优秀工程奖铜奖。2 人分获国家西部 1:5 万地形图空白区测图工程先进个人二等功、三等功；1 人获国家 1:5 万基础地理信息数据库更新工程先进个人三等功。

该院继续保持“自治区级文明单位”和乌鲁木齐市级“平安单位”称号。该院团总支获得区直机关“五四红旗团支部（总支）”称号，3 个分院分别保持和创建自治区级“青年文明号”称号，1 个分院保持区直机关“青年文明号”称号，3 个分院继续保持自治区级“巾帼文明岗”称号。1 人参加“西部之光”人才培养计划，1 人被确定为自治区高层次人才培养人选。

新疆石油勘察设计研究院（有限公司）

【业务】

2012 年，新疆石油勘察设计研究院（有限公司）共完成测绘项目 487 项。主要包括完成中缅天然气昆明西支线输气管道工程 80 千米，阿克气田至喀什输气管道工程 86 千米，西气东输二线南宁（吴圩）-崇左支线工程 119 千米，克拉苏气田输气管道工程（克拉 2- 轮南段）158 千米等工程测量任务。完成新疆油田公司油田新区产能建设地面工程数字化（2011 年）项目的数据采集及入库，克 - 白城镇群组城市整体设计影像图数据项目。完成哈萨克斯坦阿克纠宾油气田地面工程信息系统建设项目。完成克拉玛依市石化工业园区熙泰项目区地下管线及地面电力线迁建、中铁十一局项目区地下管线及地面电力线迁建、美特项目区地下管线及地面电力线迁建等工程的地下管线探测工作。

【其他】

新疆石油勘察设计研究院（有限公司）参与编写石油天然气行业标准《石油天然气工程建设遥感技术规范》。

该院承担的“准噶尔盆地中西部油区精化似大地水准面构建”项目获 2012 年中国测绘学会测绘科技进步奖三等奖；“克拉玛依市地理信息数据采集及建库项目”获 2012 年中国地理信息产业优秀工程奖银奖；“西气东输二线管道工程测绘工程（奎—鄯段）”获自治区第十一届优秀工程勘察奖三等奖；“油气田新区产能建设地面工程数字化（2010）”获 2012 年度中国石油工程建设协会优秀工程勘察奖二等奖。

新疆维吾尔自治区国土资源规划研究院

2012 年，新疆维吾尔自治区国土资源规划研究院完成全疆 14 个地州市、98 个县市年度土地变更调查及遥感监测工作的外业调查成果质量检查，内业数据的成果质量检查，地方复核成果质量检查等工作；全疆 14 个地州 98 县市区农村集体土地所有权确权登记发证全程质量控制工作；87 个县（市）城镇地籍调查外业全程质量控制检查； 17 个村及 1 个农场的 18 幅土地利用现状图，汉、维双语公告图 36 幅、宗地图 10074 幅；2011 年全国土地利用变更调查监测与核查遥感监测——江苏、内蒙古和重庆 3 个省（区、市）117 个区县 57.2 万平方千米的遥感监测任务等地籍工作。

开展建设用地报批、土地权属勘测定界及预审图件制作工作 50 项，已完成 37 项。开展建设用地报批工作 8 项，土地权属勘测定界工作 15 项，预审图件制作项目 27 项。

塔城地区国土资源规划研究院

【业务】

2012 年，塔城地区国土资源规划研究院完成塔城市 20.089 平方千米 1:500 地形基础测绘工作并通过验收；完成塔城市辽塔新区先导产业区 13.79 平方千米、塔城市克塔高速约 3 平方千米、辽塔新区口岸配套服务区 5.8 平方千米、辽塔新区六合广场北侧 1.528 平方千米 1:500 地形基础测绘工作；额敏（兵地、辽阳）工业园区 5.3 平方千米 1:500 地形测量工作。

完成裕民县哈拉布拉镇 561.11 公顷城镇地籍调查数据库工作，布克赛尔蒙古自治县及裕民县土地利用总体规划数据库建设工作，布克赛尔蒙古自治县、额敏县、裕民县、托里县 4 县农村集体土地所有权确权登记发证数据库建设工作。

完成新疆油田分公司夏子街油田、玛北油田、石南 21 井区、石南 31 井区新增井用地，兰新铁路乌西至精河段增建第二线工程等 2357.74 公顷土地权属勘界工作。

【其他】

2012 年，塔城地区国土资源规划研究院承担的“塔城地区第二次土地资源调查成果的应用”项目获塔城地区行署 2010–2011 年度地区科技进步奖二等奖。

新疆维吾尔自治区煤田地质局综合地质勘查队

【业务】

2012 年，新疆维吾尔自治区煤田地质局综合地质勘查队完成新疆哈密地区三塘湖煤田矿区外围柳树泉东、西区煤炭资源预查二维地震勘查控制测量 D 级 GPS 点 30 个；托克逊县白杨沟北部煤矿 1:1 万航测成图 24 平方千米；哈密市三道岭砂墩子井田西部煤矿 1:1 万地形图测绘 24.8 平方千米；吐鲁番地区玉航塔拉吉煤矿 1:5000 地形图测绘 14.61 平方千米。

【其他】

新疆维吾尔自治区煤田地质局综合地质勘查队被中共乌鲁木齐市委员会、乌鲁木齐市政府和乌鲁木齐警备区授予“爱国拥军模范单位”称号。

新疆水利水电勘测设计研究院疆海测绘院

【业务】

2012 年，新疆水利水电勘测设计研究院疆海测绘院完成测绘项目 60 多项。其中，大中型测绘项目 20 多个，涉及水利、电力、新能源、新农村建设、城市规划等领域。测绘 1:1 万地形图 2300 多平方千米，1:2000 地形图 400 多平方千米，1:1000、1:500 地形图共 460 多平方千米。测电力线路 200 多千米，供水管线 500 多千米。

【其他】

新疆水利水电勘测设计研究院疆海测绘院完成的“新疆伊犁河流域恰甫其海综合利用水利枢纽二期南岸干渠八十一大坂隧洞工程施工控制网”获 2012 年自治区第十一届优秀工程勘察奖二等奖。

法律法规

重要规范性文件

关于印发《测绘地理信息市场信用信息管理暂行办法》的通知

国测管发〔2012〕8号 2012年2月9日

各省、自治区、直辖市测绘地理信息行政主管部门：

为推进测绘地理信息市场信用体系建设，维护测绘地理信息市场秩序，促进测绘地理信息事业健康发展，根据《中华人民共和国测绘法》、《国务院关于加强测绘工作的意见》、《国务院办公厅关于社会信用体系建设的若干意见》，我局制定了《测绘地理信息市场信用信息管理暂行办法》，并已经局务会审议通过。现予印发，请遵照执行。

测绘地理信息市场信用信息管理暂行办法

第一章　总　则

第一条　为推进测绘地理信息市场信用体系建设，维护测绘地理信息市场秩序，促进测绘地理信息事业健康发展，根据《中华人民共和国测绘法》、《国务院关于加强测绘工作的意见》、《国务院办公厅关于社会信用体系建设的若干意见》，制定本办法。

第二条　测绘地理信息市场信用信息（以下简称信用信息）征集、处理、发布、使用以及监督管理，适用本办法。

本办法所称信用信息是指测绘资质单位在测绘地理信息市场活动中产生的，能够反映单位信用状况的信息。

第三条　国务院测绘地理信息行政主管部门负责组织制定全国信用信息管理制度和标准，组织建立全国统一的测绘地理信息市场信用信息平台（以下简称信用信息平台），发布甲级测绘资质单位的信用评价结果。

县级以上地方人民政府测绘地理信息行政主管部门（以下简称地方测绘地理信息行政主管部门）负责本行政区域内信用信息制度的组织实施，按照职责分工组织维护信用信息平台，发布本行政区域内乙、丙、丁级测绘资质单位的信用评价结果。

第四条　测绘地理信息行政主管部门可以依法委托有关单位（以下简称承办单位）承担本行政区域内信用信息的征集、整理、查询，信用信息平台的日常管理维护等具体工作。

承办单位在测绘地理信息行政主管部门的监督管理下开展工作。

第五条 鼓励测绘地理信息行业社团组织参与测绘地理信息市场信用体系建设，完善内部监督机制，加强行业自律，提高测绘资质单位及其从业人员的诚信意识。

第六条 信用信息管理应当遵循客观、公平、公正原则，维护国家利益，保守国家秘密，保护商业秘密和个人隐私。

第二章 征 集

第七条 信用信息由测绘资质单位的基本信用信息、良好信用信息和不良信用信息构成：

（一）基本信用信息是指测绘资质单位的基本情况及在资质管理、市场交易、市场监管等方面履行基本法律义务的情况。

（二）良好信用信息是指测绘资质单位受到表彰、取得荣誉、科技创新、社会贡献等信息。

（三）不良信用信息是指测绘资质单位受到行政处罚及行政机关通报批评，人民法院终审判决或者裁定信息主体履行义务，以及其他不良行为信息。

第八条 信用信息征集包括以下渠道：

（一）测绘地理信息行政主管部门以及其他相关行政部门的政府信息公开；

（二）测绘资质单位主动申报；

（三）测绘项目的发包单位提供；

（四）承办单位自行征集；

（五）人民法院依法公布的终审判决、裁定；

（六）其他有关渠道。

征集信用信息不得采用欺骗、盗窃、胁迫、利用计算机网络侵入或者其他不正当手段。

第九条 测绘地理信息行政主管部门应当依法建立与工商、税务、纪检、监察、司法、银行、保密、国家安全等相关部门的信用信息共享机制。

第十条 承办单位自行征集的信用信息应当取得信用信息产生主体的确认。行政机关、司法机关以及法律法规授权具有管理公共事务职能的组织已经依法公开的信息除外。

测绘资质单位主动申报的信用信息应当提供有关原始记录材料。

第十一条 地方测绘地理信息行政主管部门应当准确、真实、完整地记录在本行政区域内作业的测绘资质单位的信用信息，并上传至信用信息平台。

前款相关信用信息涉及非本行政区域内注册的测绘资质单位的，应当同时转送至该单位注册地测绘地理信息行政主管部门。涉及甲级测绘资质单位的信用信息，上报至国务院测绘地理信息行政主管部门。

第十二条 地方测绘地理信息行政主管部门组织指导本行政区域内的测绘资质单位自行填报本单位基本信息，其真实性由填报单位负责。

第十三条 承办单位应当按照测绘地理信息行政主管部门的要求，对征集的信用信息及时、客观地进行分类、整理、保存，建立测绘资质单位信用档案，并采取有效措施，实现对信用信息的实时、动态管理。

第十四条 承办单位应当建立健全信用信息保密制度，完善保密措施，确保信用信息安全。

承办单位不得泄露测绘资质单位的信用报告和未公开的信用信息。

第三章 发布查询

第十五条 测绘地理信息行政主管部门应当将政府主动公开范围内的信用信息在信用信息平台上发布。

前款之外的其他信用信息，由承办单位在征集获得之日起5个工作日内，报相关地方测绘地理信息行政主管部门审核。乙、丙、丁级测绘资质单位的信用信息由省、自治区、直辖市测绘地理信息行政主管部门复核后依法在信用信息平台上发布；甲级测绘资质单位的信用信息由国务院测绘地理信息行政主管部门复核发布。

涉及国家秘密、商业秘密和个人隐私的信用信息不得公开发布。

第十六条 基本信息的发布期至单位终止，良好信用信息和不良信用信息的发布期均为2年，不良信用信息的查询期为5年。法律、法规另有规定的从其规定。

单位终止的，信用信息停止发布、查询。

第十七条 查询者应当向承办单位提交下列材料：

（一）明确查询目的的书面申请；

（二）查询者的有效身份证明；

（三）省级以上测绘地理信息行政主管部门规定的其他材料。

承办单位应在收到申请材料之日起5个工作日内提供查询；申请材料不符合要求的，承办单位应予以拒绝并说明理由。

查询者所查询的信用信息属于政府信息公开范围的，可以根据《政府信息公开条例》的规定依法获取。

第十八条 测绘资质单位可以从承办单位依法获得本单位的信用报告，其他查询者获取信用报告需经被查询的测绘资质单位书面同意。

第十九条 承办单位应当与查询者签订保密承诺协议。查询者不得泄露所查询的信用信息或者用于约定以外的用途。

第二十条 测绘地理信息行政主管部门按照《测绘地理信息市场信用评价标准》，每年对测绘资质单位进行一次信用评价，并于6月底前公布评价结果。对取得测绘资质未满6个月的单位，不进行信用评价。

《测绘地理信息市场信用评价标准》由国务院测绘地理信息行政主管部门另行制定。

第二十一条 承办单位应当定期向测绘地理信息行政主管部门报送测绘地理信息市场信用情况总结分析报告。

测绘地理信息行政主管部门在开展日常监管、专项检查和表彰评优等工作时应当将测绘资质单位的信用信息和信用评价情况作为参考依据。

第二十二条 测绘地理信息行政主管部门对无不良信用信息或者信用等级较高的测绘资质单位，可以采取下列激励措施：

（一）给予测绘资质管理的适度优惠政策；

（二）给予测绘项目招投标等市场活动的优先政策；

（三）授予信用相关的荣誉称号；

（四）鼓励诚信经营的其他激励措施。

第二十三条 测绘地理信息行政主管部门对有不良信用信息或者信用等级较低的测绘资质单位，应当加强日常监管，必要时可以实施下列措施：

（一）对失信行为以适当方式予以曝光；

（二）依法向招标单位、招标代理机构、有关项目组织实施单位告知该单位信用情况；

（三）依法予以降低测绘资质等级、削减测绘业务范围或者吊销测绘资质证书；

（四）法律、法规规定的其他制约措施。

第四章 异议处理

第二十四条 测绘资质单位或者查询者认为信用信息有误，可以向测绘地理信息行政主管部门或者承办单位书面提出异议信息处理申请，并就异议内容提供相关证据。

异议信息处理期间，应当暂停发布、使用该信息。

第二十五条 承办单位自行收集的信用信息，应当在收到异议信息处理申请之日起20个工作日内，按照下列规定处理：

（一）经核实异议信息确需更正的，应当及时更正，并告知异议处理申请人以及被征信单位；

（二）经核实异议信息无需更正的，应当书面告知异议处理申请人。

第二十六条 测绘地理信息行政主管部门以及其他相关部门提供的信用信息，应当由提供信用信息的部门予以复核并出具书面意见。确需更正的，书面通知承办单位予以更正，并告知异议处理申请人。

第二十七条 测绘资质单位主动申报的信用信息，测绘地理信息行政主管部门或者承办单位应当在收到异议信息处理申请之日起2个工作日内对相关信息予以更正。

第二十八条 承办单位在收到异议处理申请之日起20个工作日内不作处理的，异议处理申请人可以向测绘地理信息行政主管部门申请作出处理。测绘地理信息行政主管部门应当在收到申请之日起20个工作日内作出处理决定。

第五章 监督管理

第二十九条 下列事项应当在信用信息平台上向社会公开：

（一）信用信息的征集规范；

（二）信用信息查询程序；

（三）获得信用报告的方式；

（四）异议处理程序；

（五）依法需要公开的其他事项。

第三十条 承办单位应当将下列事项报测绘地理信息行政主管部门备案：

（一）承办单位对信用信息征集、整理、查询的操作规则；

（二）保证信用信息平台安全运行的规章制度；

（三）依法需要备案的其他事项。

第三十一条 承办单位发生解散、被撤销、破产等营业终止事项时，应当在测绘地理信息行政主管部门的监督下，按照以下方式处理信用信息数据：

（一）移交测绘地理信息行政主管部门；

（二）无偿转交给测绘地理信息行政主管部门委托的其他承办单位。

第三十二条 承办单位违反本办法规定，有下列行为之一的，由测绘地理信息行政主管部门责令更正，给予通报批评；情节严重的，撤销相关委托；造成损害的，依法承担民事责任；构成犯罪的，依法追究刑事责任：

（一）未及时、准确录入信用信息的；

（二）虚构、篡改信用信息的；

（三）未及时提供信用信息查询的；

（四）提供失实信用信息，造成严重后果的；

（五）未按照规定处理异议信息的；

（六）擅自披露测绘资质单位信用报告或者未公开的信用信息的；

（七）泄露信用信息侵害信息主体合法权益的；

（八）其他依法应当处理的行为。

第三十三条 测绘地理信息行政主管部门及承办单位的工作人员违反本办法规定，以篡改、伪造、泄露信用信息等方式损害他人合法权益的，依法给予处分；造成损害的，依法承担民事责任；构成犯罪的，依法追究刑事责任。

第六章 附 则

第三十四条 各省、自治区、直辖市测绘地理信息行政主管部门可以根据本办法制定实施细则。

第三十五条 测绘地理信息市场中各类从业人员的信用信息管理，可以依法参照本办法执行。

第三十六条 本办法自2012年7月1日起施行。

关于印发《测绘地理信息部门财政预算执行进度管理规定》的通知

国测财发〔2012〕7号 2012年3月26日

局所属各单位，机关各司局：

为加强测绘地理信息部门财政预算执行进度管理，进一步提高财政资金支出的均衡性和财政资金的使用效益，结合测绘地理信息部门实际情况，我局对《测绘部门财政预算执行进度管理（暂行）规定》进行了修订。现将修订后的《测绘地理信息部门财政预算执行进度管理规定》印发你们，请遵照执行。

测绘地理信息部门财政预算执行进度管理规定

第一条 为加强测绘地理信息部门财政预算执行进度管理，构建科学精细化财政资金支出体系，根据财政部关于预算管理和执行的有关规定，结合测绘地理信息部门实际情况，制定本规定。

第二条 本规定适用于国家测绘地理信息局（以下简称国家局）部门预算编制范围的所有预算单位。

第三条 纳入本规定管理的年度财政预算资金为纳入国库集中支付范围的财政资金。即年度部门预算安排的中央财政预算资金、预算执行中因预算调整安排的中央财政预算资金、上年度结转和结余的财政资金。

第四条 财政预算支出执行进度管理要求：

（一）基本支出预算的执行进度管理。

基本支出预算按照序时进度的原则执行。

遇追加基本支出预算的，应尽量在当年支出，当年确实无法支出的，原则上须在下年度3月底前执行完毕。

（二）项目支出预算的执行进度管理。

国家局业务管理部门应在1月底前完成当年项目（含生产、科研和成果管理等）计划的下达工作，遇有预算调整时，应在预算下达后10个工作日内完成调整项目的计划下达工作。项目预算执行进度应与项目计划进度保持一致，具体规定如下：

1. 由预算单位承担的项目支出预算的执行进度管理。

由预算单位承担的项目支出预算一般按照序时

进度的原则执行。一季度应完成当年项目预算的四分之一。

遇追加项目支出预算的，应尽量在当年支出，当年确实无法支出的，原则上须在下一年度5月底之前执行完毕。

2. 由非预算单位承担的项目支出预算的执行进度管理。

国家局业务管理部门应在年度业务计划下达后10个工作日内通知项目承担单位向国家局规划财务司办理请款手续，规划财务司在收到项目承担单位的请款书后，10个工作日内办理国库集中支付手续，确保5月底之前将项目资金拨付到项目承担单位。

3. 政府采购项目支出预算的执行进度管理。

实行政府采购的航空摄影、装备购置等项目经费按采购合同据实结算。其中装备购置项目经费应在8月底之前支付完毕；航空摄影项目应在航摄季节前完成招标工作，6月和12月两个时间节点应分别达到序时进度，最后一个月的支出应在12月10日之前完成结算手续。

遇追加年度采购项目预算的，从追加的次月起3个月内支出完毕。当年确实无法支出的，原则上须在下一年度3月底之前执行完毕。

第五条 项目实施单位应随“二上”预算，将项目实施方案（含技术方案）上报业务主管部门，有关业务主管部门应在收到上报材料后的一个月内核批完毕。

第六条 建立预算执行通报和奖罚机制。

国家局对各预算单位预算执行进度情况进行跟踪统计，按月进行通报。

在安排下一年度预算时，对预算执行好的单位，予以一定的奖励并优先考虑新增项目；对预算执行较差的单位，严格控制新增项目，压缩对应项目预算规模，同时扣减经常性项目预算额度。

第七条 各预算单位应按照以上预算支出进度管理的要求，统筹安排好本单位各项工作任务，明确每个项目执行需履行的程序及支出的时间表，合理编制用款计划，并建立财务部门与项目管理部门、项目执行单位的定期沟通机制，确保达到以上预算执行进度管理的规定。在执行中确有影响进度的重大问题，或需要由国家局解决的问题，各预算单位应及时将问题以正式文件上报。国家局在收到反映的问题后，落实相关部门及时处理。

第八条 建立预算执行会商机制。

国家局成立以主管领导为组长，规划财务司、国土测绘司、地理信息与地图司、科技与国际合作司为成员的预算执行领导小组，定期召开小组会，研究预算执行有关问题。

各预算单位应成立以本单位负责人为组长，财务、装备、生产（业务）、行政（后勤）等部门负责人参加的预算执行工作小组，每月召开一次联席会议，研究分析本单位项目预算执行管理等工作。

第九条 预算执行工作实行领导负责制，单位主要领导负总责；分管领导对其分管的预算执行管理方面的工作负直接责任；各业务管理部门和财务部门负责人分别对其工作中涉及到的预算执行管理工作负具体管理责任。

第十条 建立预算执行检查督导和约谈机制。国家局将结合预算执行进度情况，不定期对所属各预算单位预算执行进行督导检查，对预算执行较慢的单位进行约谈；四个直属局负责对所属单位的预算执行进行督导。

第十一条 实行预算执行承诺制。每年年初，国家局将分别与局所属二级预算单位签订测绘地理信息部门财政资金使用管理承诺书，明确各预算单位在不同时间节点必须达到的预算执行进度和资金使用管理方面的安全责任。三级预算单位要分别与其上级单位签订承诺书。

第十二条 要严格遵守财务规章制度，防止违规违纪现象发生。在预算支出中，各预算单位要严格履行各项程序，严禁突击花钱，严禁擅自提高开支标准和扩大开支范围，严禁转移资金虚列支出。

第十三条 各预算单位应按照本规定要求，编制本单位的预算项目实施进度计划和项目资金支出计划的细化时间表，每年1月底前报国家局。

第十四条 各预算单位应结合本单位实际情况，在本规定的基础上制定本单位预算执行进度管理实施细则。

第十五条 本规定自印发之日起实行，各预算单位在执行过程中遇有问题和建议，请及时向国家局反馈。

关于印发《关于加强测绘地理信息行政执法工作的意见》的通知

国测法发〔2012〕4号 2012年4月20日

各省、自治区、直辖市测绘地理信息行政主管部门：

为加强行政执法工作，提高行政执法水平，保障测绘地理信息事业的健康发展，根据国务院《全面推进依法行政实施纲要》和《国务院关于加强法治政府建设的意见》，我局制定了《关于加强测绘地理信息行政执法工作的意见》（以下简称《意见》）。现印发给你们，请认真贯彻执行。

各级测绘地理信息行政主管部门要高度重视《意见》的贯彻落实工作，认真组织学习，并结合实际制定具体的贯彻落实措施，大力推进各项行政执法工作，务求取得实效。请将贯彻落实情况于2012年9月30日前报送我局法规与行业管理司。我局将适时开展《意见》贯彻落实情况的检查活动，并将检查结果作为本年度科学发展观考核的重要依据。

关于加强测绘地理信息行政执法工作的意见

行政执法是测绘地理信息行政主管部门的重要法定职责和经常性的管理活动，是贯彻实施测绘地理信息法律法规、加强统一监督管理的重要手段。近年来，各级测绘地理信息行政主管部门认真贯彻落实国务院《全面推进依法行政实施纲要》和《国务院关于加强法治政府建设的意见》，不断推进行政执法体制机制建设，加大行政执法力度，有力地规范了市场秩序，促进了测绘地理信息事业发展。但同时也存在着执法体制不完善、执法能力不强、执法行为不规范等问题。为适应测绘地理信息事业发展的新形势和新要求，提高行政执法水平，保障测绘地理信息事业健康发展，现就今后一个时期加强测绘地理信息行政执法工作提出如下意见。

一、充分认识加强行政执法工作的重要性和紧迫性

（一）贯彻落实党中央、国务院要求的重要举措。党中央、国务院高度重视行政执法工作。党的十五大、十六大、十七大对行政执法工作提出了明确要求；国务院《全面推进依法行政实施纲要》和《国务院关于加强法治政府建设的意见》明确指出，行政机关依法履行职责，要由法律、法规赋予其相应的执法手段，要加快建立“权责明确、行为规范、监督有效、保障有力”的行政执法体制，“加快行政程序建设，规范行政执法行为”，切实做到严格、规范、公正、文明执法。加强和改进测绘地理信息行政执法工作，是贯彻落实党中央、国务院要求的重要举措，是加快建设法治政府、落实依法治国基本方略的重要内容。

（二）维护地理信息安全的必然要求。当前，我国经济社会发展进入新阶段，全球化、信息化、网络化引发测绘地理信息行业又一轮深刻变革，地理信息产业已成为我国战略性新兴产业。随着地理信息的广泛应用，测绘地理信息市场发展强劲，各种地理信息服务新业态不断涌现，市场主体多元化、服务模式多样化、应用服务社会化等特点进一步凸显，由此带来的地理信息安全问题也越来越突出，中央领导对此高度关注并多次作出重要批示。加强测绘地理信息行政执法工作，既是规范测绘地理信息市场秩序、保障地理信息产业健康发展的客观需要，更是维护国家主权、安全和利益的必然要求。

二、健全测绘地理信息行政执法体制机制

（三）加强行政执法机构建设。各级测绘地理信息行政主管部门要与当地政府及其有关部门主动沟通、积极协调，抓住当前行政管理体制改革、机构更名以及数字城市建设、地理国情监测、地理信息产业发展等有利时机，整合、充实、加强现有的执法力量。按照依法有据、权责一致、执法重心下移的原则，省级测绘地理信息行政主管部门要力争建立专门的或者相对独立的行政执法机构，并会同有关部门积极推动市县级测绘地理信息行政执法机构建设，做到机构、编制、人员三落实。

（四）严格行政执法主体资格制度。根据职权法定的原则，未经依法授权或者行政机关的合法委托，任何机构或者组织不得行使行政执法权。各级测绘地理信息行政主管部门要认真审查、清理、确认行政执法单位的执法主体资格，需要委托其它组织实施行政执法的，应当严格审查其法定条件，依法办理委托手续，明确委托事项及范围。对具有合法资格的行政执法主体应及时向社会公告。认真贯彻行政执法人员资格管理制度，及时核定测绘地理信息行政执法人员身份，申领行政执法证件，切实做到执法人员持证上岗、亮证执法。没有取得执法资格的不得从事行政执法工作。

（五）加强行政执法队伍建设。以提高行政执法能力为主线，切实加强测绘地理信息行政执法队伍建设。优化行政执法人员结构，充实熟悉法律、行政管理和测绘地理信息知识的高素质人才；加强行政执法人员法律法规和业务技能培训，狠抓行政执法纪律和职业道德教育，全面提升行政执法人员的道德素质、法律素养、依法行政理念和行政执法能力；建立健全行政执法队伍管理考评机制、检查监督机制、督办整改机制、激励约束机制等各项规章制度，形成规范化管理体系，不断增强队伍的凝聚力和战斗力。

三、规范测绘地理信息行政执法行为

（六）明确行政执法依据和职权。建立行政执法依据定期清理制度，及时梳理更新法律、法规、部门规章和地方性法规、地方政府规章，明确各级测绘地理信息行政主管部门的各项执法依据和执法职权，并向社会公布；将执法职权逐项分解，落实到岗到人，确保各项行政执法行为于法有据、责任明确，各项法律制度执行到位。

（七）完善行政执法办案程序。严格依照法律、法规和规章规定的程序从事行政执法活动，完善行政处罚、行政复议、行政应诉等执法制度，规范立案、调查取证、告知、听证、鉴定、检测、查封、扣押等办案程序，建立重大案件督办和集体研究等工作制度，切实做到执法办案流程清楚、规定具体、期限明确。

（八）完善执法告知和听证制度。不断增强行政执法工作规则、程序、内容的透明度。在执法办案过程中，充分告知行政管理相对人行政执法的内容、依据以及依法享有的陈述、申辩、回避等各种权利及救济途径，切实保障相对人的合法权益；建立健全行政执法案件听证制度，行政管理相对人要求听证的要依法实施听证。加强与行政管理相对人之间的沟通，实现管理与服务并重、处置与疏导结合、法律效果与社会效果的高度统一。

（九）规范行政处罚自由裁量权。严格控制、规范行政执法权的使用，尤其是行政处罚自由裁量权的行使，避免行政处罚的盲目性和自由裁量的随意性。积极探索行政处罚裁量基准制度，科学合理地细化、量化自由裁量权，加强对自由裁量权实施的监督检查，保障行政处罚决定的公正性，提高行政处罚决定的说服力和执行力。

（十）健全行政执法档案管理制度。统一行政执法文书，规范填写制作格式，做到一案一卷、文书齐全、手续完备、填制规范。健全案件统计和重大案件备案制度，实现对行政执法工作的量化分析和目标考核。加强行政执法信息化建设，完善行政执法信息系统，推行行政执法流程网上管理，促进“阳光执法”，提高行政执法效率和规范化水平。

四、加大测绘地理信息行政执法力度

（十一）加强测绘地理信息市场监管。以行政执法检查、测绘资质巡查、成果质量监督检查、地理信息安全检查、地图市场检查等为抓手，将测绘地理信息市场执法监管活动制度化、规范化；针对市场热点和突出问题适时开展专项整治活动。执法监管结果要纳入测绘地理信息市场信用体系。开通网上举报信箱、举报电话，拓宽案件信息渠道，建立举报投诉奖励制度。

（十二）健全部门协作和区域合作机制。强化与国家安全、保密、工商、工业和信息化、新闻出版、军队等部门的联合协作，建立和完善测绘地理信息市场监管联席会议制度以及信息交流、案件移送、联合办案等制度，及时通报情况、分析形势，开展案件联合查处。在坚持属地管辖原则的基础上，加强跨区域执法单位的横向联动，建立起信息通报、配合调查、协助查处案件等区域执法合作机制。

（十三）依法查处各类违法案件。以“涉证、涉密、涉外、涉军、涉网、涉图”等违法案件为重点，依法查处各类测绘地理信息违法行为。对涉及面广、社会影响大、情节恶劣的重大测绘地理信息违法案件，要限期查办或挂牌督办。坚持预防为主、处罚与教育相结合的原则，充分发挥查办案件的警诫教育作用。

（十四）积极创新执法监管手段。针对测绘地理信息服务新业态发展情况，探索和创新执法监管手段。加强对互联网地图服务、移动位置服务、卫星导航定位技术应用等新兴领域的监管政策研究，依据管理职责研究出台相应的监管政策和措施；进一步完善和推广互联网地图服务监管系统，提高监管效率和水平。

五、强化测绘地理信息行政执法监督

（十五）加强行政执法层级监督。通过开展行政执法检查、执法案卷评查、执法评议考核、重大案件督办等活动，强化上级机关对下级机关的监督，有效预防和纠正错案或不当的行政执法行为，充分保障行政管理相对人的合法权益。建立行政执法错案责任追究制度，严肃查处行政执法单位和执法人员以权谋私、失职渎职的行为。

（十六）建立行政执法评议考核制度。积极探索行政执法绩效评估制度，研究制定绩效评估标准，适时开展行政执法评议考核和绩效评估工作。将绩效评估情况纳入依法行政工作考核，使评估结果成为行政执法人员奖励惩处、晋职晋级的重要依据。

（十七）建立行政执法案卷评查制度。认真推广应用《测绘行政执法文书格式文本》和《行政复议法律文书示范文本》等执法文书，建立行政执法案卷定期评查制度，不断完善案卷评查标准，实现案卷评查工作常态化、标准化和制度化。

（十八）加强行政执法的外部监督。积极配合人大、政协等开展执法检查或调研活动，认真听取人大代表、政协委员的意见和建议。积极应诉行政诉讼案件，接受司法部门的监督检查。及时向社会通报行政执法工作情况，接受社会和舆论监督，不断改进和提高行政执法水平。

六、加强组织领导和条件保障

（十九）进一步加强组织领导。各级测绘地理信息行政主管部门要把行政执法工作摆到更加突出的位置，切实加强对行政执法工作的领导和管理。各单位主要负责同志要亲自抓，并明确行政执法工作的分管领导，落实相关部门职责，切实解决好机构、编制、人员、经费等关键问题，狠抓各项行政执法工作的落实。

（二十）完善行政执法经费保障机制。各级测绘地理信息行政主管部门要积极与当地政府及其财政部门沟通，将测绘地理信息行政执法经费纳入财政预算；积极落实符合规定的行政执法津补贴制度，探索奖励制度，充分调动测绘地理信息行政执法人员的积极性。严格执行罚缴分离和收支两条线管理制度。

（二十一）加强行政执法装备建设。进一步加大对行政执法装备的投入，积极争取专项资金，有效解决行政执法必需的交通工具以及调查取证、数据传输、证据固化、检验检测、应急通讯等现代化执法装备问题，提升行政执法的装备水平和监管能力。

（二十二）加大行政执法工作宣传力度。借助各种宣传平台和载体，通过多种形式广泛宣传测绘地理信息行政执法工作，展示行政执法工作成果，提升执法形象。对重大典型案件要予以曝光，发挥典型案件的宣传、警示和教育作用，营造全社会遵守测绘地理信息法律法规的良好氛围。

关于加强涉密测绘地理信息安全管理的通知

国测成发〔2012〕11号 2012年5月14日

各省、自治区、直辖市、计划单列市测绘地理信息行政主管部门，新疆生产建设兵团测绘地理信息主管部门，局所属有关单位，机关各司局：

涉密测绘地理信息事关国家安全和利益。2011年，按照中央领导的批示精神，国家测绘地理信息局、国家保密局部署开展了全国涉密测绘成果保密检查，在检查中发现大量违法违规保管和使用涉密测绘成果的问题，有的甚至已经构成失泄密案件，给国家地理信息安全带来严重隐患。为进一步加强涉密测绘地理信息安全管理，针对存在的问题，现就有关要求通知如下：

一、充分认识加强涉密测绘地理信息安全管理的重要性和紧迫性

测绘地理信息是国家重要的基础性、战略性资源，广泛应用于经济建设、国防建设和社会发展，尤其是涉密测绘地理信息，直接关系国家主权、安全和利益，一旦泄露，其危害重大而深远。党中央、国务院高度重视新形势下的地理信息安全工作，胡锦涛、温家宝等中央领导同志多次作出重要批示，要求加强管理、督促检查，堵塞漏洞、消除隐患，防止失泄密案件发生。近年来，随着信息技术的快速发展和地理信息的广泛应用，涉密测绘地理信息安全管理面临严峻形势。部分涉密测绘地理信息生产和使用单位保密意识淡薄，在非涉密计算机上违规存储涉密信息，甚至在互联网上发送、传递涉密信息；非法获取、提供和买卖涉密测绘地理信息的案件时有发生；多地发生境外组织和个人窃取我国重要地理信息数据的案件等。当前，测绘地理信息载体种类和表现形式更加丰富，数字化成果广泛应用，传播途径更为多样，给涉密测绘地理信息的安全管理带来严峻挑战。各级测绘地理信息行政主管部门和各级各类测绘地理信息生产、保管、使用单位，必须高度重视、加强领导，充分认识新形势下地理信息安全的极端重要性，增强责任意识和紧迫感，切实加强涉密测绘地理信息安全管理。

二、狠抓涉密测绘地理信息安全管理基础工作

（一）认真落实安全保密工作责任制。各级各类涉密测绘地理信息生产、保管、使用单位（以下简称涉密单位）应当依照国家有关规定，认真贯彻执行安全保密工作责任制，明确单位领导干部、涉密测绘成果资料保管人员、涉密地理信息系统管理和维护人员的岗位职责，签署保密责任书。尤其要重点落实安全保密工作领导责任制，明确本单位党政主要负责人、分管安全保密工作的负责人以及分管有关方面工作的负责人的安全保密工作职责，确保安全管理工作落到实处。

（二）着力健全安全保密管理制度。涉密单位应当依据有关测绘法律法规和安全保密法律法规规定，结合本单位生产、保管、使用涉密测绘地理信息的具体情况，制定和完善本单位安全保密制度，主要包括：涉密测绘成果及其衍生产品定密标密制度、涉密测绘地理信息及其载体安全保密管理制度、涉密测绘地理信息系统和设施设备安全管理制度、保密要害部门、部位保密管理制度，以及领导干部、涉密人员安全保密教育、管理和考核制度等。

（三）大力开展安全保密宣传教育。涉密单位应当定期对本单位工作人员特别是领导干部和主要涉密人员进行地理信息安全保密形势、测绘与安全保密法律法规知识、技术防范防护知识与技能等方面的教育培训，并纳入单位年度教育培训计划，通过专题讲座、专门培训、观看警示教育片、发放有关知识读本等多种形式，尽快在本单位内部普及地理信息安全保密知识，切实增强单位职工安全保密意识和防护技能。

（四）切实加强安全保密检查。涉密单位应当切实加强对本单位遵守国家相关法律法规、健全内部管理制度、落实工作责任制、采取安全防护措施、开展宣传教育等工作进行检查，形成机制，定期对本单位涉密测绘地理信息使用情况、存储和处理涉密测绘地理信息设备管理情况以及涉密测绘地理信息安全保密管理情况进行检查，在检查中及时发现问题，纠正错误、建章立制、教育职工，堵塞漏洞、消除隐患、整改提高，保障本单位各项事业健康发展。

三、明确涉密测绘地理信息安全重点环节管理要求

当前，涉密测绘地理信息的保管和使用是安全管理的重点环节，存在的主要问题是存储和使用涉密地理信息的计算机、信息系统、移动存储介质管理混乱，构成突出的失泄密隐患。在做好各项基础工作的同时，涉密单位要重点加强以下环节的安全保密管理。

（一）涉密计算机和涉密信息系统管理要求。涉密测绘地理信息必须在涉密计算机或涉密信息系统中存储和处理，涉密计算机应当登记备案并进行标识，涉密信息系统应当符合分级保护要求。涉密计算机和涉密信息系统严禁接入互联网及其他公共信息网络。

（二）介质使用和保管要求。存储涉密测绘地理信息的涉密移动存储介质不得在非涉密计算机上或非涉密信息系统中使用；非涉密移动存储介质以及手机、音视频播放器等具有存储功能的电子产品不得在涉密计算机或涉密信息系统中使用；严禁非法复制、记录、存储涉密测绘地理信息；不得非法获取、持有涉密测绘地理信息载体。涉密单位承担横向合作项目所持有的涉密载体必须纳入本单位统一管理范围，不留死角。

（三）涉密计算机外接设备管理要求。存储、处理涉密测绘地理信息的涉密计算机，必须拆除机内无线网卡等无线互联设备，切断无线联网渠道，不得连接无线鼠标、无线键盘等无线外围设备。

（四）涉密信息系统配置管理要求。涉密单位应当按照分级保护要求，建立涉密测绘地理信息系统设施、设备安全配置和审计制度，严格账户、口令管理，安装病毒防护软件并定期升级。

（五）涉密载体销毁管理要求。存储和处理涉密测绘地理信息的涉密计算机、涉密移动存储介质的淘汰、销毁，需履行清点登记审批手续，送保密行政管理部门授权的销毁机构或指定的承销单位销毁。

四、强化涉密测绘地理信息监管措施

（一）严格涉密测绘成果提供使用审批管理。各级测绘地理信息行政主管部门要依法严格执行涉密测绘成果提供使用审批制度，对涉密测绘成果使用单位提出的使用目的、申请范围及其保密制度建设、保密责任落实、涉密测绘成果保管使用环境设施条件、核心涉密人员持证上岗等情况进行严格审核。

（二）加强涉密测绘成果跟踪监管。各级测绘地理信息行政主管部门要将批准提供的涉密测绘成果清单及时抄告使用单位所在地的测绘地理信息行政主管部门及其行业主管部门，以便开展日常监督管理。严格督促使用单位在使用目的或项目完成后的六个月内销毁申请使用的涉密测绘成果。对在涉密测绘成果跟踪检查中发现有违法使用和违规管理涉密测绘成果情况的使用单位要列入黑名单，并向全系统通报，在整改措施落实到位前，暂停向其提供涉密测绘成果；属于测绘资质单位的，还要纳入测绘地理信息市场不良信用信息管理范围。

（三）落实核心涉密人员保密管理制度。各级测绘地理信息行政主管部门要贯彻落实测绘成果核心涉密人员持证上岗制度，加大核心涉密人员岗位培训教育力度。要将涉密测绘地理信息生产和使用单位测绘成果核心涉密人员岗位培训要求纳入涉密测绘成果提供审批管理及测绘资质管理工作中。

（四）建立健全监管机制。各级测绘地理信息行政主管部门要切实加强组织领导，明确涉密测绘地理信息安全监管工作的具体承担机构，责任落实到人。建立健全长效监管机制，联合保密行政管理部门，定期组织开展涉密测绘地理信息安全保密检查，尤其加强对重点单位、重点环节的安全检查。切实加强与保密、国家安全、公安等有关部门的配合，及时组织查处涉密测绘地理信息违法案件，严厉打击窃取、刺探、买卖和非法提供涉密测绘地理信息的行为。

（五）加强监管能力建设。针对信息化条件下的测绘地理信息安全监管要求，加大专业检查队伍建设力度。在管理人员配备、技术人员调配上要认真选择，加强法规、技能培训，培养一支人员精干、业务精通、技术过硬、检查有力的专业检查队伍。积极创新监管手段，研发安全监管技术，切实提升科学监管能力。

（六）营造监管良好环境。加强涉密测绘地理信息安全保密法律法规的宣传。重点加强对涉密测绘地理信息生产、保管与使用单位的宣传教育，增强其安全保密观念。加强对涉密测绘地理信息违法案件的宣传，通过“以案说法”，发挥查办案件的警示教育作用，提升全社会自觉维护地理信息安全的共识，为涉密测绘地理信息安全管理营造良好的社会环境。

涉密测绘地理信息的安全管理事关国家安全和利益。各级测绘地理信息行政主管部门和涉密测绘地理信息生产、保管和使用单位要高度重视，及时将通知要求在本地区、本单位进行传达，并认真贯彻落实，确保涉密测绘地理信息的安全。工作中的问题和建议请及时向我局反馈。

关于进一步加强地图导航定位产品统一监管工作的通知

国测图发〔2012〕1号 2012年6月12日

各省、自治区、直辖市测绘地理信息行政主管部门，局所属有关单位，中国全球定位系统技术应用协会，各导航电子地图制作资质企业，有关地图导航产品集成与运营服务单位：

为进一步规范地图导航定位产品市场，保护消费者利益，促进地理信息产业健康发展，根据《中华人民共和国测绘法》和有关规定，国家测绘地理信息局决定进一步强化地图导航定位产品统一监管。现将有关事项通知如下：

一、充分认识加强统一监管的重要性

地图导航定位产品是由导航电子地图、导航软件和导航硬件构成的产品。近年来，国家测绘地理信息局建立了导航电子地图制作准入制度，相继出台了一系列技术标准和政策措施，积极开展导航电子地图审核和涉密地理信息数据保密技术处理等工作，依法监督管理导航电子地图市场，有效地促进了地理信息产业蓬勃发展。但是，地图导航定位产品市场仍存在许多问题，突出表现在：地图导航定位产品缺乏对地图质量、软件功能和硬件性能的统一测评，社会公众难以获得权威发布的合格产品信息，假冒伪劣产品屡禁不止，严重扰乱导航电子地图市场秩序。因此，加强地图导航定位产品的统一监管，对进一步提升地图导航定位产品质量、规范地图导航定位产品市场秩序、切实维护消费者权益、促进地理信息产业发展有着十分重要的意义。

二、进一步加强导航电子地图审核工作

测绘地理信息行政主管部门要加强导航电子地图的审核工作，严把审核关，确保审核批准的导航电子地图符合《公开地图内容表示若干规定》及其补充规定、《基础地理信息公开表示内容的规定》、《遥感影像公开使用管理规定》和《导航电子地图安全处理技术基本要求》等有关要求。导航电子地图制作资质企业要依法履行导航电子地图送审程序，未按规定进行地图审核并取得审图号的，不得以任何形式公开出版、展示、登载和销售。

三、充分发挥协会作用组织开展地图质量、软件功能和硬件性能的测评

由中国全球定位系统技术应用协会牵头，每年组织开展针对市场销售的地图导航定位产品的综合测评。要按照“公正、公开、公平”的原则，根据国家有关标准和要求研究制定地图导航定位产品的测评标准，组织具备相关资质和信用等级高的单位采用导航电子地图野外实地检测等方式，对地图导航定位产品的地图质量、软件的基本功能和硬件的基本性能等分别进行科学测评（简称“三项测评”），并确定综合测评结果。

四、建立信息公开制度

地图导航定位产品的综合测评结果，经国家测绘地理信息局审核后，每年通过国家测绘地理信息局网站、《中国测绘报》等媒体发布。具体内容包括：地图导航定位产品的版本信息，相应软件、硬件提供商、导航电子地图制作企业和集成商名称等。

五、开展专项整治工作

国家测绘地理信息局将联合有关部门适时在全国组织开展地图导航定位产品专项整治行动。重点检查：涉嫌危害国家主权、泄露国家秘密的地图导航定位产品；未经地图审核或“一号多用”、盗用审图号等违规使用地图审图号的地图导航定位产品；导航软件基本功能缺失、导航硬件性能低下、导航电子地图错误较多、内容陈旧的质量不合格地图导航定位产品。对群众举报的线索要认真核查，对各类违法违规行为要严厉查处，对问题严重的地图导航定位产品要收回并销毁，并依法追究有关单位及人员的责任。

六、切实加强组织领导

（一）各级测绘地理信息行政主管部门和有关单位要高度重视地图导航定位产品统一监管工作，加强与相关部门的沟通与协调，根据本地实际情况制定切实可行的工作方案，组织力量开展地图导航定位产品市场检查。要进一步强化地图审核行政许可事后监督检查，严肃查处各类地图导航定位产品违法违规行为。

（二）地图导航定位产品的测评单位要科学公正地开展测评工作。中国全球定位系统技术应用协会要加强统筹协调，尽快研究提出测评标准和总体工作方案，确定有关地图导航定位产品硬件、软件测试单位，组织测评单位公平、公正地开展测评工作。国家测绘产品质量检验测试中心要依据总体测评工作方案，认真开展导航电子地图质量测评工作。国家测绘地理信息局地图技术审查中心要进一步加强导航电子地图的技术审查，强化产品备案工作的监督检查，确保导航电子地图符合公开地图内容的有关规定。

（三）地图导航定位产品相关企业要积极主动参加测评。导航电子地图制作资质企业要以各自地图产品上下游企业为组织单元集中参加测评。地图导航产品集成与运营服务单位应采用适当方式积极参加测评。各相关企业要以测评工作为契机，进一步加强产品质量管理，提升产品性能，提高产品的现势性，并根据市场的发展需要，创新产品形式，丰富产品类型，有效提升产品质量和企业竞争力，极大地满足经济发展和人民生活对地图导航定位产品的需求，促进我国地理信息产业繁荣发展。

关于印发《测绘地理信息市场信用评价标准（试行）》的通知

测办〔2012〕53号 2012年6月26日

各省、自治区、直辖市测绘地理信息行政主管部门：

为贯彻落实《测绘地理信息市场信用信息管理暂行办法》，逐步建立健全测绘地理信息市场信用体系，我局组织制定了《测绘地理信息市场信用评价标准（试行）》，现印发给你们，请遵照执行。

各省、自治区、直辖市测绘地理信息行政主管部门可以结合本地实际情况，制定实施细则。

测绘地理信息市场信用评价标准（试行）

一、基本信用信息评价指标体系

评价项目	代码	具体内容	备注
单位基本信息	1-101	测绘单位名称、地址、邮编、联系人、电话准确完整	单位基本信用信息不计分
	1-102	法人代表、股东情况准确完整	
	1-103	测绘资质等级、编号、业务范围及有效期、初次取得测绘资质时间、资质升级时间等准确无误	
	1-104	单位性质、成立时间、组织机构代码准确无误	
	1-105	有与测绘资质等级相适应的注册资金	
	1-106	有与测绘资质等级相适应的在职测绘专业技术人员	
	1-107	有与测绘资质等级相适应的属本单位所有的仪器设备	
	1-108	有与测绘资质等级相适应的办公场所	

二、良好信用信息评价指标体系

评价项目	代码	具体内容	加分标准
一、测绘地理信息市场行为良好信息	2-101	单位取得测绘资质1年以上，且上一年度无不良信用信息	每年加1分，最高不超过3分（若上一年度出现不良记录，重新计算累计分值）
	2-102	单位基本信用信息完整准确	1分
	2-103	测绘成果质量合格，未发生应承担责任的质量纠纷	2分

一、测绘地理信息市场行为良好信息	2–104	单位受到县级以上人民政府及其有关行政管理部门、社会团体与测绘地理信息工作有关的表彰奖励	县（处）级表彰加 0.5 分 / 次，市（地、厅）级表彰加 1 分 / 次，省（部）级表彰加 1.5 分 / 次，国家级表彰加 2 分 / 次，最高不超过 3 分
	2–105	测绘地理信息市场行为获得工商、银行、税务等部门授予的良好资信评级	资信等级存续期间，县级有关部门授予的加 1 分 / 项，市、地级有关部门授予的加 2 分 / 项，省级有关部门授予的加 3 分 / 项，国家级有关部门授予的加 4 分 / 项。最高不超过 6 分
	2–106	获得测绘地理信息市场项目委托方的好评	0.5 分 / 次，最高不超过 5 分
二、获奖信息	2–201	测绘地理信息科技项目获得科学技术进步奖	市(地、厅)级评奖加 1–3 分 / 项，省(部)级评奖加 3–5 分 / 项，国家级评奖加 5–7 分 / 项，最高不超过 10 分
	2–202	获得测绘地理信息领域学会、协会等社会团体评定的工程项目优秀奖	省级地方性社会团体评定的一、二、三等奖(金、银、铜奖)分别加 1.5 分、1 分、0.5 分 / 项；全国性社会团体评定的一、二、三等奖(金、银、铜奖)分别加 2 分、1.5 分、1 分 / 项，最高不超过 3 分
	2–203	单位职工获得测绘地理信息技术能手称号或者单位在测绘行业职业技能竞赛中获得团体奖	省级竞赛获奖加 0.5 分 / 项；国家级竞赛获奖加 1 分 / 项，最高不超过 3 分
	2–204	取得测绘地理信息领域相关产品专利权、著作权	0.3 分 / 项，最高不超过 2 分
三、其他良好信息	2–301	积极配合测绘地理信息行政主管部门组织开展的测绘资质巡查、测绘质量监督等各类监督检查	1 分
	2–302	按要求参加测绘地理信息行政主管部门组织的测绘法宣传日、国家版图意识宣传教育等有关活动	0.5 分 / 次，最高不超过 2 分
	2–303	按时反馈测绘地理信息行政主管部门的统计报表等文件	0.5 分 / 次，最高不超过 1 分
	2–304	为政府、公众提供防灾减灾、应急保障等测绘地理信息服务	1 分 / 次，最高不超过 3 分
	2–305	依法履行纳税等有关社会义务	1 分
	2–306	其他应予计分的良好信息	最高不超过 3 分，由省级测绘地理信息行政主管部门制定评分细则

三、不良信用信息评价指标体系

评价项目	代码	具体内容	扣分标准
一、一般不良行为信息（一般不良行为是指单位在测绘活动、市场行为及遵守测绘行政管理秩序等方面存在问题，但未达到应受到行政处罚程度的行为）	3-101	未依法与职工签订劳动合同、违法解除劳动合同	每项每次扣3分
	3-102	未按合同约定支付测绘人员工资、补助等费用，未按国家规定缴纳社会保险费	
	3-103	在测绘生产中使用的仪器设备未按规定检定、检定不合格或超过检定有效期	
	3-104	测绘外业作业人员未按规定持有测绘作业证件	
	3-105	未按规定时间完成国家或省级基础测绘项目	
	3-106	未执行国家规定的测绘技术规范和标准	
	3-107	汇交的测绘成果资料不齐全	
	3-108	未按照相关规定要求履行测绘项目备案义务	
	3-109	未依法履行地图送审、备案义务	
	3-110	经审核批准的地图未按审查意见修改、未按规定报送备案样图或者未在地图上载明审图号	
	3-111	质量保证体系或质量管理制度执行不到位	每项每次扣3分
	3-112	测绘成果及资料档案管理制度不健全或者执行不到位，存在失、泄密隐患	
	3-113	在测绘资质申请中出借或借用、盗用专业技术人员任职资格证书、仪器设备等资质申请所需材料	
	3-114	年度注册时被缓期注册	
	3-115	未执行测绘安全生产规定有关要求	每次扣5分
	3-116	发生一般生产安全事故	每项每次扣10分
	3-117	违反合同法，未按约定时间、价款、数量、质量等履行测绘合同	
	3-118	存在恶性压价等不正当竞争行为或者采用其他不正当手段承接测绘地理信息项目	
	3-119	在测绘行政管理中提供虚假材料	

	3-120	未经批准进行涉军、涉密、涉外、涉网测绘活动			
	3-121	测绘地理信息质量监督检查结果不合格或者经鉴定测绘地理信息成果质量不合格			
二、测绘行政处罚信息或重大不良行为信息	3-201	测绘行政处罚信息	警告	10分	发生涉军、涉密、涉外、涉网案件，受到行政处罚，情节严重的直接定为不合格等级
	3-202		罚款	小于1万元扣10分；1万至5万元扣15分；大于5万元扣20分	
	3-203		没收违法所得	小于3万元扣10分；3万至10万元扣15分；大于10万元扣20分	
	3-204		没收测绘成果	20分	
	3-205		责令停业整顿	20分	
	3-206		暂扣测绘资质证书	30分	
	3-207		降低测绘资质等级	40分	
	3-208		吊销测绘资质证书	直接定为不合格等级	
	3-209		受到测绘地理信息行政主管部门其他行政处罚	视情节轻重及危害程度，参照3-201至3-208项扣分标准，酌情扣分	
	3-210	情节严重、市场影响恶劣的违约行为或不正当竞争行为		直接定为不合格等级	
	3-211	发生较大、重大或者特别重大生产安全事故			
	3-212	连续两年测绘地理信息质量监督检查不合格			
	3-213	伪造、变造测绘成果			
	3-214	发生侵权盗版行为			
	3-215	测绘单位被依法追究刑事责任			
三、人民法院的终审判决结果及强制执行信息	3-301	因与测绘有关的不良行为被提起诉讼，法院终审判决测绘单位承担责任或者履行义务的		根据人民法院的终审判决结果酌情扣10-20分	
	3-302	不履行与测绘有关的处罚、判决、裁定等，被人民法院强制执行的		加扣相应处罚扣分值的一半分	

四、法律、法规认定的由其他部门执行的行政处罚信息	3-401	公安、工商、税务、国家安全、保密、新闻出版、通信等行政部门的行政处罚	视情节轻重及危害程度，参照3-201至3-208项扣分标准，扣相应分，其中发生涉军、涉密、涉外、涉网案件，情节严重的直接定为不合格等级
五、其他不良行为信息	3-501	其他违法违规行为	视情节轻重及危害程度，酌情扣分，最高不超过3分，由省级测绘地理信息行政主管部门制定评分细则

四、信用等级评定

等级	信用分	信用分
A	AAA	95 ≤信用分
	AA	90 ≤信用分< 95
	A	80 ≤信用分< 90
B	B	70 ≤信用分< 80
C	C	60 ≤信用分< 70
不合格	不合格	低于 60

五、评价规则

1. 信用信息主体的基础分为 70 分，有良好信用信息的予以加分，有不良信用信息的予以减分，扣完为止，不计负分。

2. 良好信用信息加分最高不超过 30 分。

3. 因同一行为受到多种类型奖励或处罚的，按最高分值加减分，不累计。

4. 测绘地理信息行政主管部门每年依据上一年度 4 月 1 日至本年 3 月 31 日期间积累的信用信息，对测绘资质单位进行一次信用评价，并于 6 月底前公布评价结果。

关于进一步加强网络地图服务监管工作的通知

国图宣教管〔2012〕6 号 2012 年 9 月 28 日

各省、自治区、直辖市国家版图意识宣传教育和地图市场监管协调指导机构，各有关单位：

近年来，随着科学技术的进步和经济社会的发展，基于手机、平板电脑等移动终端的网络地图服务已深入人们的日常工作和生活，进一步拓展了测绘地理信息的社会化应用。但同时也出现了一些问题，突出表现在部分网络地图没有依法送审，并存在错绘我国国界线、漏绘钓鱼岛等重要岛屿、标注敏感或涉密地理信息等问题，部分网络终端产品和网站登载与我国主张不一致的境外引进地图。为维护国家主权、安全和利益，根据《中华人民共和国测绘法》以及《国务院办公厅转发测绘局等部门关于加强国家版图意识宣传教育和地图市场监管意见的通知》（国办发〔2005〕5号）和经国务院同意国家测绘地理信息局等部门联合印发的《关于加强互联网地图和地理信息服务网站监管的意见》（国测图发〔2008〕1号）等文件要求，现就进一步加强网络地图服务监管工作有关事项通知如下：

一、高度重视网络地图服务监管工作。网络地图服务具有受众面大、交互性强、传播速度快、影响范围广等特点，是信息时代国家版图的主要表现形式之一。各有关单位要高度重视网络地图服务的监管工作，充分认识新形势新技术条件下加强网络地图服务监管工作的重要性、复杂性和艰巨性，进一步采取有效措施规范网络地图服务，加强网络地图服务日常监管，深入开展国家版图意识和地理信息安全意识宣传教育活动，维护国家主权和民族尊严，保障国家安全和长治久安。

二、依法开展涉及地图的网络服务与手机等终端产品进网关、网络地图服务市场准入和公开地图审核等工作。通信管理部门要严把涉及地图的网络服务与手机等终端产品进网关，在审核前征求测绘地理信息行政主管部门意见，并作为网络地图服务经营许可或者履行备案手续的一项前置条件。测绘地理信息行政主管部门要严格测绘资质管理，认真把好网络地图服务市场准入关；要认真开展地图审核工作，确保网络地图表示内容符合国家有关要求。凡从事地图编制活动的单位必须在资质等级许可的范围内开展地图编制工作，用于网络地图服务的地图必须依法履行地图审核程序，并取得审图号，严格遵守“一图一审”，不得“一号多用”。

三、严肃查处网络地图服务违法违规行为。测绘地理信息行政主管部门要加强对网络地图服务的日常巡查，及时发现并依法查处“问题地图”，特别是与我国主张不一致的境外引进地图以及标注涉密地理信息的“问题地图”。通信管理部门要协同测绘地理信息行政主管部门加强对网络地图服务终端产品和网站的监管，对发现登载“问题地图”的，要依法取消设备进网许可、关闭相关网站。海关要加强对进出口网络地图服务终端产品的检查，对存在“问题地图”的产品要一律扣留，并移送当地测绘地理信息行政主管部门处理，对触犯法律的要依法处理。

四、进一步加强国家版图意识宣传教育。各地要充分发挥国家版图意识宣传教育和地图市场监管协调指导机构的作用，加强部门间的合作和信息共享，积极开展国家版图意识宣传教育活动，要曝光典型案例，开展警示教育，不断强化社会大众特别是网络地图服务从业人员的国家版图意识和地理信息安全意识，使用正确表示国家版图的地图。

关于印发《国家测绘地理信息局政府采购管理实施办法》的通知

国测财发〔2012〕33号 2012年10月31日

局机关各司局，局所属各单位：

为进一步加强国家测绘地理信息局政府采购监督管理，规范政府采购行为，根据《中华人民共和国政府采购法》和财政部《中央单位政府采购管理实施办法》等法律法规，结合测绘地理信息工作特点，我局对《国家测绘局政府采购管理实施办法（试行）》进行了修订。现将修订后的《国家测绘地理信息局政府采购管理实施办法》印发你们，请遵照执行。

国家测绘地理信息局政府采购管理实施办法

第一章 总 则

第一条 为加强国家测绘地理信息局（以下简称国家局）政府采购监督管理，规范政府采购行为，依据《中华人民共和国政府采购法》和财政部《中央单位政府采购管理实施办法》等法律法规，结合测绘地理信息工作特点，制定本办法。

第二条 本办法适用于国家局本级及所属行政、事业单位的政府采购活动。

第三条 政府采购是指采购人按照政府采购法律、行政法规和制度规定的方式及程序，使用财政性资金，采购国务院公布的政府集中采购目录以内或者达到限额标准以上的货物、工程和服务的行为。

集中采购目录和政府采购限额标准，按国务院公布的目录及标准执行。

工程建设项目的政府采购活动按照《中华人民共和国招标投标法》及相关法律法规执行。

第四条 政府采购应遵循公开、公平、公正、诚实信用和效益的原则。

第五条 国家局政府采购实行统一领导，分级管理。国家局规划财务司是负责政府采购的监督管理部门。国家局所属行政、事业单位负责本单位的政府采购管理及实施工作。

第六条 政府采购管理工作的主要任务是：按照国家政府采购法律法规和政策，对政府采购活动实施有效组织和管理。主要内容包括：制定政府采购管理实施办法；编制政府采购预算和政府采购计划；确定政府采购组织形式和采购方式；组织实施政府采购活动；对政府采购项目有关事项进行申报、审批或备案；组织政府采购信息统计及其他管理事项等。

第二章 政府采购的组织形式、方式

第七条 政府采购活动应根据采购项目内容，按照相关规定，分别采用政府集中采购、部门集中采购和分散采购的组织形式。

政府集中采购，是指国家局本级及所属行政、事业单位将属于政府集中采购目录中的政府采购项目委托集中采购机构代理的采购活动。

部门集中采购，是指采购列入国家局部门集中采购范围的项目，并由国家局统一组织实施的采购活动。采购范围主要包括：国家基础航空航天影像获取项目、测绘专业仪器设备、重大测绘地理信息项目、大型设备购置和其他业务专项等。

分散采购，是指国家局本级及所属行政、事业单位实施政府集中采购和部门集中采购范围以外、采购限额标准以上政府采购项目的采购活动。

第八条 政府采购应按照相关法律法规，分别采用公开招标、邀请招标、竞争性谈判、单一来源采购、询价及国务院政府采购监督管理部门认定的其他采购方式。

第九条 当采购金额超过规定的公开招标金额标准时，应当采用公开招标采购方式。因特殊情况需采用其它采购方式的，应逐级上报，经财政部批准后组织实施。

第十条 符合下列情况之一的采购，可采用邀请招标采购方式，邀请招标的供应商不得少于3家：

（一）具有特殊性，只能从有限的特定供应商处采购的；

（二）采用公开招标方式的费用占政府采购项目总价值的比例过大的。

第十一条 符合下列情况之一的采购，可采用竞争性谈判采购方式：

（一）招标后没有供应商投标、或者没有合格标的、或者重新招标未能成立的；

（二）技术复杂或性质特殊，不能事先确定详细规格和具体要求的；

（三）采用公开招标方式所需时间不能满足紧急需要的；

（四）不能事先计算出价格总额的。

第十二条 符合下列情况之一的采购，可采用单一来源采购方式：

（一）只能从唯一供应商处采购的；

（二）发生了不可预见的紧急情况不能从其他供应商处采购的；

（三）必须保证原有采购项目的一致性或服务配套要求，需要继续从原供应商处添购，且添购资金总额不超过原合同采购金额百分之十的。

第十三条 采购的货物规格、标准统一，现货货源充足且价格变化幅度小的政府采购项目，可以采用询价方式采购。询价采购原则上应对比3家以上供应商择优选定。

第三章 政府采购预算、计划及统计信息管理

第十四条 国家局本级及所属行政、事业单位在编制年度部门预算时，应一并编制政府采购预算，经国家局审核、汇总后报财政部审批。调整、追加部门预算时，也应同时编制政府采购预算。

第十五条 国家局本级及所属行政、事业单位应按照批复的政府采购预算开展政府采购活动。及时制定政府集中采购、部门集中采购和分散采购实施计划，按要求报国家局。

第十六条 国家局本级及所属行政、事业单位应

按有关要求，在规定时间内分季度编报政府采购计划、执行情况、统计报表等信息，及时总结本年度政府采购工作情况，按规定格式编报政府采购报表，并对政府采购执行情况进行分析。

第四章 政府采购工作程序

第十七条 政府采购工作程序包括：政府集中采购、部门集中采购和分散采购工作程序。

第十八条 政府集中采购工作程序：

（一）根据批复的政府采购预算制定政府集中采购实施计划。

（二）按照政府集中采购的程序和规定实施采购。

第十九条 部门集中采购由国家局统一组织实施，遵循以下工作程序：

（一）明确采购项目范围。国家局政府采购管理部门根据财政部下达的部门预算，明确部门集中采购项目具体范围，逐级下达到局所属行政事业单位。

（二）编制计划。局所属行政、事业单位根据国家局的要求，编制部门集中采购实施计划报国家局。

（三）制定方案。国家局政府采购管理部门汇总所属行政事业单位上报的部门集中采购实施计划，制定具体采购方案。

（四）实施采购。国家局有关部门依法采用相应的采购方式实施采购。择优确定政府采购代理机构，签订委托代理协议。实行公开招标的，其招标、中标信息必须在财政部指定的媒体上公告，应按规定确定中标人，并发出中标通知书。采用其他采购方式的，应报财政部批准。

（五）政府采购合同应在中标通知书发出后30日内完成签订工作，并及时组织采购项目实施等工作。

（六）采购资金支付按国库集中支付规定程序办理。

第二十条 国家局本级及所属行政、事业单位对纳入部门集中采购范围的项目，应当实行部门集中采购。对于纳入部门集中采购范围的特殊采购项目经国家局同意后，可自行组织实施。

第二十一条 部门集中采购的评审专家应当从财政部建立的政府采购评审专家库中抽取，专家成员组成应按有关规定执行。

第二十二条 局所属行政、事业单位采购项目中属于分散采购的可以由单位自行组织实施，也可以委托具有政府采购代理资质的代理机构组织实施。

分散采购应当依据法定的采购方式和程序开展采购活动。分散采购的工作程序比照部门集中采购程序执行。其中符合公开招标条件的采购项目，应采用公开招标方式采购。

第二十三条 国家局本级及所属行政、事业单位要加强政府采购基础管理工作，建立政府采购文件档案管理制度，妥善保存政府采购的文件及相关资料，不得随意伪造、变造、隐匿或者销毁。采购文件的保存期限为从采购结束之日起至少保存十五年。

第五章 备案和审批

第二十四条 政府采购备案和审批管理，是指国家局对所属单位按规定以文件形式报送备案或审批的有关政府采购文件及采购活动事项，按规定予以申报、备案或审批的行为。

国家局政府采购管理部门负责具体办理政府采购申报、备案和审批事宜。

第二十五条 下列事项应报国家局政府采购管理部门备案：

（一）局所属单位制定的本单位有关政府采购的实施细则。

（二）经批准，采用公开招标以外采购方式的执行情况。

（三）公开招标的总结报告。

（四）其他需要备案的事项。

第二十六条 审批事项应当按程序报批后组织实施。下列事项应当上报国家局政府采购管理部门审核同意后，报财政部审批。

（一）因特殊情况对达到公开招标数额标准的采购项目，需要采用公开招标以外采购方式的。

本办法所称公开招标以外其他采购方式，是指邀请招标、竞争性谈判、单一来源采购、询价以及财政部根据实际情况认定的其他采购方式。

申请单一来源采购的项目，应在报批前按照有关程序和要求，对专家意见和项目信息等内容进行公示。

（二）因特殊情况需要采购进口产品的。

采购人采购进口产品时，必须在采购活动开始前提出申请并获得批准后，才能开展采购活动。

（三）其他按规定需要审批的事项。

第六章 监督检查

第二十七条 国家局政府采购管理部门负责对所属行政、事业单位政府采购工作情况进行监督检查，所属行政、事业单位应建立健全政府采购管理的内部监督机制。

第二十八条 国家局本级及所属行政、事业单位的财务、审计、纪检监察部门对本单位政府采购工作负有监督检查职责，在检查中发现问题的，应按有关规定处理。

第七章 附 则

第二十九条 本办法由国家局政府采购管理部门负责解释。

第三十条 本办法自发布之日起执行。

关于印发《测绘地理信息市场监管合作工作机制》的通知

国家工商行政管理总局 国家测绘地理信息局

国测法发〔2012〕9号 2012年11月22日

各省、自治区、直辖市测绘地理信息行政主管部门，工商行政管理局：

为认真贯彻落实七部门《关于加强地理信息市场监管工作的意见》（国测管发〔2010〕15号）精神，进一步深化部门合作工作机制，加强测绘地理信息市场监管，保障国家安全和利益，促进测绘地理信息市场健康有序发展，国家测绘地理信息局、国家工商行政管理总局联合制定《测绘地理信息市场监管合作工作机制》，现印发你们，请遵照执行。

测绘地理信息市场监管合作工作机制

为贯彻落实国家测绘地理信息局、国家工商行政管理总局等七部门联合印发的《关于加强地理信息市场监管工作的意见》（国测管发〔2010〕15号），进一步完善部门合作机制，加强测绘地理信息市场监管，促进测绘地理信息市场健康有序发展，国家测绘地理信息局、国家工商行政管理总局根据各自的职能，建立测绘地理信息市场监管合作工作机制。

一、加强组织领导 深化工作合作

国家测绘地理信息局与国家工商行政管理总局要结合全国地理信息市场专项整治工作机制，进一步密切联系、深化合作，加强测绘地理信息市场监管。国家测绘地理信息局法规与行业管理司、国家工商行政管理总局市场规范管理司具体负责日常联系工作，根据测绘地理信息市场管理实际情况不定期召开会议，通报交流工作信息，研究制定监管措施，组织开展对测绘地理信息违法案件的查处工作。

二、发挥职能优势 凝聚监管合力

各级工商行政管理部门是市场监管的主管部门，承担依法规范、维护各类市场经营秩序、市场主体登记注册、依法查处取缔无照经营的监管职责。

各级测绘地理信息行政主管部门是规范测绘地理信息市场秩序的行政主管部门，负责测绘资质审批、监督管理测绘成果质量和地理信息获取、提供、保存与应用等测绘活动，查处各类测绘地理信息违法案件。

两部门要充分发挥各自职能优势，认真落实监管职责，密切配合，通力合作，通过市场准入、企业信用评价、联合执法等手段，形成衔接紧密、运转协调、监管有力的市场监管机制，为建立统一、开放、竞争有序的测绘地理信息市场提供坚实有力的组织保障。

三、强化监管措施 促进市场发展

（一）从事测绘地理信息活动的企业，必须取得国家或省级测绘地理信息行政主管部门颁发的《测绘资质证书》，必须持有工商行政管理部门颁发的《企业法人营业执照》。

（二）各级测绘地理信息行政主管部门应当及时向同级工商行政管理部门通报从事测绘地理信息活动的企业领取测绘资质情况。

（三）测绘地理信息行政主管部门应当加强与工商行政管理部门沟通，将管理措施融入信用分类管理、市场巡查、网格化监管等工商行政管理部门新的监管方式中，以适应测绘地理信息市场发展的新要求。

四、建立联动机制 加大查处力度

（一）各级测绘地理信息行政主管部门应当认真履行监督检查职责，对测绘地理信息市场发生的各类违法行为，依据测绘地理信息法律法规给予查处。

（二）各级测绘地理信息行政主管部门应当将查处从事测绘地理信息活动企业的情况，及时通报同级工商行政管理部门。工商行政管理部门在市场监管工作中发现测绘地理信息违法行为，应当及时通报同级测绘地理信息行政主管部门。

（三）测绘地理信息行政主管部门依法做出撤销、吊销、注销《测绘资质证书》决定的，应通报同级工商行政管理部门。工商行政管理部门接到通报后，应及时责令企业限期办理变更登记、注销登记或依法吊销营业执照。

（四）工商行政管理部门应根据测绘地理信息行政主管部门对从事测绘地理信息活动单位的查处通报或处理建议，在其职权范围内依法配合处理。

（五）两部门联合进行市场检查时，测绘地理信息行政主管部门依法查处测绘地理信息违法案件，工商行政管理部门应在职权范围内给予配合，依法对违法从事测绘地理信息活动的单位实施强制措施，增强执法力度，发挥执法合力。

（六）工商行政管理部门和测绘地理信息行政主管部门应统一部署，联合检查，集中查处测绘地理信息违法案件，有效地维护测绘地理信息市场正常秩序。

五、强化日常监管 建立长效机制

（一）深化沟通协商。要认真做好两部门间的相互配合，实现部门间良性互动，使监督和日常管理形成合力。通过建立沟通协商机制，不断互通信息，共同分析问题，及时采取应对措施，为有效预防测绘违法行为的发生创造良好的管理环境。

（二）畅通信息渠道。各部门要充分发挥职能优势，主动了解掌握测绘地理信息市场发展动态，积极收集资料，及时反馈市场状况，定期召开联席会议，畅通交流渠道，对存在的问题及时研究，确保各方面工作的有效衔接。

（三）增强执法合力。要齐心协力，真抓实干，形成部门间合作联动，强化联合执法工作机制，要密切配合，共同研究专项整治工作方案，联合开展市场检查，形成部门间联动，增强执法合力，有力地维护地理信息市场良好秩序。

关于印发《国家测绘地理信息局事业单位专业技术二级岗位管理实施办法（试行）》的通知

国测人发〔2012〕79号　2012年11月22日

局所属各单位：

《国家测绘地理信息局事业单位专业技术二级岗位管理实施办法（试行）》已经2012年11月12日国家测绘地理信息局党组会议审议通过，现予印发，请遵照执行。

国家测绘地理信息局事业单位专业技术二级岗位管理实施办法（试行）

第一章　总　则

第一条　为深化事业单位人事制度改革，进一步健全事业单位岗位设置管理制度，做好专业技术二级岗位管理工作，促进事业单位人事管理的科学化、规范化、制度化，根据《事业单位岗位设置管理试行办法》（国人部发〔2006〕70号）和《国家测绘局事业单位岗位设置管理实施办法》（国测人字〔2007〕

46号），制定本办法。

第二条 专业技术二级岗位由国家测绘地理信息局（以下简称“国家局”）在人力资源和社会保障部核准的总量限额内统一调控管理，实行条件控制、动态管理、按岗聘用。

第三条 专业技术二级岗位实行聘用制，聘用人员享受所聘岗位待遇。专业技术二级岗位应有明确的职责任务、工作目标和工作标准。

第四条 专业技术二级岗位聘用，遵循民主、公开、竞争、择优的原则，坚持德才兼备、以德为先的用人标准，坚持优中选优、能上能下，注重实绩、成果和贡献，鼓励创业、创新和创造，向关键岗位和一线专业技术人员倾斜。局属事业单位领导班子成员原则上不得兼聘专业技术二级岗位。因工作确实需要兼任专业技术岗位的须按干部管理权限审批。

第二章 申报条件

第五条 申报专业技术二级岗位的基本条件为：

（一）遵守宪法和法律。

（二）具有良好的品行。

（三）具备岗位所需的专业和能力条件。

（四）具备适应岗位要求的身体条件1。

（五）具有正高级专 业技术职务任职资格或被评为成绩优异的高级工程师。

第六条 受聘专业技术二级岗位同时须符合下列条件之一：

（一）国家有突出贡献的中青年专家。

（二）“新世纪百千万人才工程”国家级人选。

（三）国家测绘地理信息局科技领军人才。

（四）其他对测绘地理信息事业作出突出贡献的急需紧缺人才。

第三章 聘用程序

第七条 专业技术二级岗位聘用一般每三年进行一次，由国家局根据实际情况采取不同聘用方式。当符合条件人数不超过专业技术二级岗位核准总量时，由国家局所属单位按有关规定申报，国家局党组直接研究审定岗位聘用人选；当符合条件人数超出专业技术二级岗位核准总量时，由国家局组织开展竞聘。

第八条 专业技术二级岗位竞聘按照以下程序进行：

（一）国家局发布专业技术二级岗位竞聘通知。

（二）符合条件人员向所在单位提出个人申请，所在单位按照行政隶属关系逐级上报。

（三）国家局所属有关单位组织对申请人员进行资格审查，提出推荐意见。

（四）国家局人事司对上报人选进行复审，确定参加竞聘人员。

（五）国家局人事司聘请专家组成聘用委员会开展竞聘工作，按照优中选优的原则，提出不超过岗位核准总量的聘用建议人选。

（六）国家局党组研究确定拟聘人选。

（七）对确定的拟聘人选在其所在单位进行公示。

（八）公示无异议后，由拟聘人选所在单位履行聘用手续。

第九条 专业技术二级岗位聘用申报材料：

（一）人选所在单位推荐函。

（二）《国家测绘地理信息局事业单位专业技术二级岗位申报表》。

（三）人选近三年工作业绩报告。

（四）人选业绩、论文、成果、获奖等有效证明材料复印件。

第四章 聘用管理

第十条 专业技术二级岗位实行聘期管理，每个聘期一般为三年。

第十一条 根据按岗聘用、合同管理的原则，由拟聘人选所在单位与之签订聘用合同，明确岗位职责、工作目标任务和工作标准，并报国家局备案。

第十二条 按照事业单位工作人员有关考核办法及要求，对专业技术二级岗位人员实行年度考核、动态管理。年度考核坚持客观公正、民主公开、注重实绩的原则，实行领导评价与群众评议相结合、定性分析与定量分析相结合的办法。考核内容以履行岗位职责，完成聘用合同约定的工作目标任务，以及科研成果、重大项目、创新创造为主要依据。年度考核由所在单位负责，结果分为优秀、合格、基本合格和不合格四个等次。年度考核不合格或者连续两年基本合格的，经国家局党组认定后予以低聘或解除聘用合同。

第十三条 有下列情形之一的专业技术二级岗位人员，应按政策规定解除聘用合同：

（一）脱离专业技术岗位的。

（二）调离国家局所属事业单位的。

（三）提拔担任国家局党组管理职务的。其中确因工作需要，经国家局党组研究同意后可以续聘。

第十四条 专业技术二级岗位人员在国家局所属事业单位内工作关系发生变动且继续从事专业技术

工作的，可继续聘用专业技术二级岗位，由调入单位与其签订新的聘用合同，聘期结束时间与原聘用合同一致。

第十五条　聘用人员所在单位应加强对专业技术二级岗位聘用人员的日常管理和监督。经认定有下列情形之一者，报国家局党组批准后予以解除聘用合同，且在后两个连续聘期内不得申报专业技术二级岗位：

（一）思想道德品质差，丧失社会公德、职业道德的；

（二）弄虚作假，学术不端，谎报荣誉、称号和成果，骗取聘任资格的；

（三）未能履行岗位职责，擅自离职、工作失职、渎职，造成不良影响或严重后果的；

（四）受到党纪政纪处分并在处分期间的；

（五）其他情节恶劣的情形。

第十六条　原聘用专业技术二级岗位但未能继续聘用到专业技术二级岗位的人员，由其所在单位根据本单位实际需要及落聘人员情况，聘用到专业技术三级及以下岗位。

第十七条　专业技术人员连续聘用到专业技术二级岗位四个聘期以上的，或原聘用在专业技术二级岗位但离国家规定的退休年龄不满三年的，如不能继续聘用到专业技术二级岗位，经国家局党组核准后可保留其专业技术二级岗位待遇。

第五章　附　则

第十八条　本办法中所提工作业绩报告的内容真实性，由申报人员本人负责、所在单位审核。

第十九条　本办法有关规定与国家局以往有关文件不一致的，以本办法为准。国家若有新的规定，从其规定。

第二十条　本办法由国家局人事司负责解释，并依照本办法具体负责专业技术二级岗位管理工作的组织实施。

第二十一条　本办法自印发之日起试行。

规范性文件目录

综合

国务院领导对测绘地理信息工作的批示

李克强副总理关于2013年测绘地理信息工作的批示（2012年12月21日）

综合文件

关于印发2012年测绘地理信息工作要点的通知（国测办发〔2012〕1号　2012年1月5日）

中共国家测绘地理信息局党组关于认真学习宣传贯彻党的十八大精神的通知（国测党发〔2012〕47号　2012年11月22日）

关于全国省级测绘地理信息行政主管部门贯彻落实科学发展观2012年度测绘地理信息工作考评结果的通报（国测人发〔2012〕83号　2012年12月14日）

关于印发《中共国家测绘地理信息局党组贯彻落实中央关于改进工作作风密切联系群众的八项规定的具体措施》的通知（国测党发〔2012〕51号　2012年12月27日）

关于印发全国测绘地理信息局长会议文件的通知（国测办发〔2012〕11号　2012年12月28日）

政务管理

关于印发《“十二五”时期测绘地理信息保密工作规划》的通知（国测保发〔2012〕3号　2012年3月23日）

关于印发《国家测绘地理信息局机关公务用车管理办法》的通知（测办〔2012〕25号　2012年4月16日）

关于印发《国家测绘地理信息局公文处理实施细则》的通知（国测办发〔2012〕10号　2012年11月22日）

关于表彰2012年度测绘地理信息系统网站建设获奖单位、优秀信息员的决定（测办〔2012〕110号　2012年12月28日）

市场监管与执法

关于印发《测绘地理信息市场信用信息管理暂行办法》的通知（国测管发〔2012〕8号 2012年2月9日）

关于印发《关于加强测绘地理信息行政执法工作的意见》的通知（国测法发〔2012〕4号 2012年4月20日）

关于2011年测绘地理信息违法典型案件的通报（国测法发〔2012〕6号 2012年4月24日）

关于互联网地图服务测绘资质有关业务范围的批复（测办〔2012〕31号 2012年5月3日）

关于印发《测绘地理信息市场信用评价标准（试行）》的通知（测办〔2012〕53号 2012年6月26日）

关于2012年1月至6月审核批准的甲级测绘资质单位名单的公告（公告〔2012〕第4号 2012年7月17日）

关于对涉外测绘监管工作有关问题的批复（国测法发〔2012〕7号 2012年7月26日）

关于成立《中华人民共和国测绘法》修订工作领导小组及领导小组办公室的通知（测办〔2012〕64号 2012年8月18日）

关于表彰测绘地理信息系统优秀行政处罚案卷（件）的决定（测办〔2012〕89号 2012年11月20日）

国家测绘地理信息局 国家工商行政管理总局关于印发《测绘地理信息市场监管合作工作机制》的通知（国测法发〔2012〕9号 2012年11月22日）

关于街景影像地图采集制作活动测绘资质管理问题的批复（测办〔2012〕105号 2012年12月19日）

机构设置与人事管理

机构设置

关于西安、哈尔滨、成都地图出版社机构编制调整的通知（国测人发〔2012〕2号 2012年1月16日）

关于核定国家测绘地理信息局第一、第二、第三地理信息制图院领导职数的通知（国测人发〔2012〕12号 2012年3月7日）

关于成立测绘地理信息教学成果奖励委员会的通知（国测人发〔2012〕13号 2012年3月16日）

关于国家测绘地理信息局测绘发展研究中心内设机构调整的批复（国测人发〔2012〕16号 2012年5月4日）

关于国家测绘地理信息局重庆测绘院增设纪委书记领导职数的通知（国测人发〔2012〕38号 2012年7月4日）

关于四川测绘地理信息局部分内设机构调整的批复（国测人发〔2012〕56号 2012年7月28日）

关于同意中华地图学社更名和变更业务范围的批复（国测人发〔2012〕59号 2012年8月7日）

关于转发《中央编办关于国家测绘地理信息局所属事业单位清理规范意见的函》的通知（国测人发〔2012〕63号 2012年9月21日）

关于陕西测绘地理信息局部分内设机构调整的批复（国测人发〔2012〕64号 2012年10月10日）

关于中国测绘科学研究院内设机构调整的批复（国测人发〔2012〕82号 2012年12月6日）

人事管理

首届测绘地理信息教学成果奖获奖公告（公告〔2012〕第1号 2012年5月8日）

关于授予肖小芹等20名同志全国测绘地理信息技术能手称号的通知（国测人发〔2012〕19号 2012年5月22日）

国家测绘地理信息局第二批科技领军人才选拔公告（公告〔2012〕第3号 2012年7月2日）

关于成立注册测绘师资格考试工作领导小组的通知（国测人发〔2012〕61号 2012年9月17日）

关于印发《国家测绘地理信息局事业单位专业技术二级岗位实施办法（试行）》的通知（国测人发〔2012〕79号 2012年11月22日）

国家测绘地理信息局第二批科技领军人才当选公告（公告〔2012〕第6号 2012年12月17日）

国家测绘地理信息局第一批科技领军人才考核结果公告（公告〔2012〕第7号 2012年12月17日）

规划与财务工作

关于印发《测绘地理信息部门财政预算执行进度管理规定》的通知（国测财发〔2012〕7号 2012年3月26日）

关于印发《国家测绘地理信息局政府采购管理实施办法》的通知（国测财发〔2012〕33号 2012年10月31日）

关于表彰2011年度财务决算工作先进单位和先进个人的通知（测办〔2012〕95号 2012年11月27日）

基础测绘

关于加快数字城市建设推广应用工作的通知（国测国发〔2012〕1 号 2012 年 2 月 13 日）

关于成立国家现代测绘基准体系基础设施建设一期工程组织机构的通知（测办〔2012〕18 号 2012 年 3 月 28 日）

2011 年全国测绘地理信息成果质量监督检查质量公告（公告〔2012〕第 2 号 2012 年 5 月 15 日）

关于印发国家现代测绘基准体系基础设施建设一期工程项目管理办法和质量管理规定的通知（国测国发〔2012〕104 号 2012 年 10 月 26 日）

关于成立地理国情监测组织机构的通知（测办〔2012〕94 号 2012 年 11 月 26 日）

关于表彰国家 1:50000 基础地理信息数据库更新工程先进集体和先进个人的决定（国测国发〔2012〕116 号 2012 年 11 月 28 日）

关于表彰国家西部 1:50000 地形图空白区测图工程先进集体和先进个人的决定（国测国发〔2012〕117 号 2012 年 11 月 28 日）

关于开展智慧城市时空信息云平台建设试点工作的通知（国测国发〔2012〕122 号 2012 年 12 月 8 日）

测绘成果管理与地理信息服务

关于进一步加强导航电子地图数据保密管理工作的通知（测办〔2012〕26 号 2012 年 4 月 16 日）

关于做好测绘地理信息应急保障工作的通知（国测成发〔2012〕10 号 2012 年 5 月 14 日）

关于加强涉密测绘地理信息安全管理的通知（国测成发〔2012〕11 号 2012 年 5 月 14 日）

关于加强国家基础测绘成果应用推广项目管理的通知（国测信发〔2012〕2 号 2012 年 6 月 5 日）

国家测绘地理信息局、国家保密局关于表彰全国测绘成果保密检查先进集体和先进个人的决定（国测成发〔2012〕13 号 2012 年 6 月 7 日）

关于进一步加强地图导航定位产品统一监管工作的通知（国测图发〔2012〕1 号 2012 年 6 月 12 日）

关于加强天地图建设与应用工作的通知（国测信发〔2012〕3 号 2012 年 7 月 20 日）

国家测绘地理信息局等 12 部委关于举办“祖国在心中——全国国家版图知识竞赛”的通知（国测办发〔2012〕6 号 2012 年 7 月 22 日）

关于做好地图上地级三沙市表示有关工作的通知（国测图发〔2012〕3 号 2012 年 7 月 31 日）

关于进一步加强网络地图服务监管工作的通知（国图宣教管〔2012〕6 号 2012 年 9 月 28 日）

科技与国际合作

关于印发《测绘地理信息标准化“十二五”规划》的通知（国测科发〔2012〕1 号 2012 年 1 月 16 日）

关于印发《测绘地理信息科技发展“十二五”规划》的通知（国测科发〔2012〕2 号 2012 年 2 月 9 日）

关于贯彻落实《因公出国人员审批管理规定》的实施意见（国测党发〔2012〕16 号 2012 年 4 月 23 日）

关于印发《测绘地理信息科技出版资金管理办法》的通知（测办〔2012〕50 号 2012 年 6 月 15 日）

关于批准发布《数字高程模型质量检验技术规程》等 18 项测绘地理信息行业标准的公告（公告〔2012〕第 5 号 2012 年 10 月 26 日）

党的建设

关于认真学习贯彻十七届中央纪委第七次全会精神的通知（国测党发〔2012〕3 号 2012 年 1 月 29 日）

关于进一步开展测绘地理信息文化建设有关工作的通知（测办〔2012〕28 号 2012 年 4 月 17 日）

中共国家测绘地理信息局党组关于 2012 年党风廉政建设和反腐败工作的实施意见（国测党发〔2012〕15 号 2012 年 4 月 19 日）

关于表彰国家测绘地理信息局直属机关创先争优先进基层党组织和优秀共产党员的决定（国测党发〔2012〕24 号 2012 年 6 月 27 日）

关于认真做好创先争优活动总结及建立健全创先争优长效机制的通知（国测党发〔2012〕31 号 2012 年 7 月 23 日）

关于认真学习贯彻胡锦涛总书记在省部级主要领导干部专题研讨班上的重要讲话精神的通知（国测党发〔2012〕36 号 2012 年 8 月 17 日）

关于报送国家测绘地理信息局创先争优活动总结的报告（国测党发〔2012〕37 号 2012 年 8 月 27 日）

地方法规、规章及重要规范性文件

天津市测绘成果管理实施办法

2012年8月7日天津市人民政府第92次常务会议通过，2012年8月15日天津市人民政府令第55号公布，自2012年10月1日起施行

第一条 为加强本市测绘成果管理，根据《中华人民共和国测绘法》、《中华人民共和国测绘成果管理条例》、《天津市测绘管理条例》，结合本市实际情况，制定本办法。

第二条 本市行政区域内测绘成果的汇交、保管、提供、利用、质量监督管理和重要地理信息数据的审核与公布，适用本办法。

测绘成果分为基础测绘成果和非基础测绘成果。基础测绘成果的内容按照《中华人民共和国测绘成果管理条例》、《天津市测绘管理条例》的相关规定确定。

第三条 市规划行政主管部门是本市测绘行政主管部门，负责本市测绘成果工作的统一管理。

区、县规划行政主管部门在市测绘行政主管部门的领导下，负责本辖区测绘成果管理工作。

第四条 测绘成果的生产、处理、保管、提供、递送、使用、销毁以及密级的确定、变更和解除，按照国家的有关规定执行。

第五条 市测绘行政主管部门应当建立健全测绘成果质量监督管理机制，加强对测绘成果质量的监督管理。

测绘成果质量应当符合有关规定要求，测绘单位应当对其完成的测绘成果质量负责。

第六条 在本市行政区域内完成的测绘成果，应当按年度向市测绘行政主管部门或者其委托的区、县测绘行政主管部门汇交成果目录或者副本。

承担基础测绘项目，或者承担市和区、县财政投资测绘项目的，应当汇交测绘成果副本；承担其他测绘项目的，应当汇交测绘成果目录。

测绘成果的目录和副本实行无偿汇交。

市测绘行政主管部门按年度编制测绘成果目录，向社会公布。

第七条 汇交的测绘成果由市测绘行政主管部门委托的测绘成果保管单位保管。

测绘成果保管单位应当建立健全测绘成果资料的保管制度，配备必要的设施，确保测绘成果资料的安全，并对基础测绘成果资料进行异地备份存放。

测绘成果资料的存放设施与条件，应当符合保密、消防以及档案管理等有关规定。

第八条 需要使用本市涉密基础测绘成果的，应当提出明确的使用目的和范围，到测绘行政主管部门办理审批手续。外地单位使用本市涉密基础测绘成果的，还应当提供申报单位所在地省或自治区、直辖市测绘行政主管部门出具的证明函。

第九条 市测绘行政主管部门负责涉及全市域、跨区县界以及涉及军事设施、军事要害部门的涉密基础测绘成果资料提供使用的审批；区、县测绘行政主管部门负责本辖区内其他涉密基础测绘成果资料提供使用的审批，并在每季度末将审批情况报市测绘行政主管部门备案。

应当由国家测绘行政主管部门审批的涉密基础测绘成果资料的提供使用，按照国家有关规定办理。

第十条 需要使用国家或者其他省、自治区、直辖市的涉密基础测绘成果的，应当持市测绘行政主管部门出具的证明函，到国家测绘行政主管部门或者测绘成果所在地测绘行政主管部门办理审批手续。

第十一条 对外提供涉密的测绘成果，应当按照规定的程序到市测绘行政主管部门办理审批手续，并由市测绘行政主管部门统一进行保密技术处理。涉及军事设施和军事要害部门的，市测绘行政主管部门在审批前，应当征求军队有关部门意见。

第十二条 经批准使用的涉密测绘成果，使用人不得擅自复制或者将测绘成果转让、转借给其他单

位、个人利用。

第十三条 递送涉密测绘成果的，应当严密包装加封，并标明密级，交机要部门寄送或者由两人递送。

第十四条 销毁涉密测绘成果的，应当将测绘成果的名称、比例尺、种类、密级、数量、生产日期和销毁原因、批准人、鉴定人、销毁人和监销人登记入册。登记册应当归档长期保存。

第十五条 对涉密测绘成果的使用等相关活动实施监督检查，按照《中华人民共和国保守国家秘密法》等有关规定进行。

第十六条 测绘成果实行有偿使用，但本办法另有规定的除外。有偿使用测绘成果的收费标准按国家和本市的有关规定执行。

基础测绘成果和财政投资完成的其他测绘成果，用于国家机关决策和社会公益性事业的，应当无偿提供。

全市各级人民政府及其有关部门和军队因防灾、减灾、国防建设等公共利益的需要，可以无偿使用测绘成果。

第十七条 重要地理信息数据应当统一公布。本市重要地理信息数据，除依法应当由国家公布的以外，由市测绘行政主管部门报市人民政府批准后公布。

其他任何单位和个人不得擅自公布本市重要地理信息数据。

第十八条 在行政管理、新闻传播、对外交流、教学、科研等对社会公众有影响的活动中，需要使用重要地理信息数据的，应当采用依法公布的重要地理信息数据。

第十九条 违反本办法第五条第二款规定，测绘成果质量不合格的，由测绘行政主管部门责令测绘单位补测或者重测；情节严重的，依法责令停业整顿，降低资质等级直至吊销测绘资质证书；给用户造成损失的，依法承担赔偿责任。

第二十条 违反本办法第十七条规定，擅自公布本市重要地理信息数据的，由测绘行政主管部门责令改正，给予警告，可处以 1 万元以上 10 万元以下的罚款；对直接负责的主管人员和其他直接责任人员，依法给予处分。

第二十一条 违反本办法规定，泄露涉密测绘成果的，依照《中华人民共和国保守国家秘密法》等有关规定处理。

第二十二条 违反本办法规定，超出国家和本市规定的测绘成果收费标准收取使用费的，由价格主管部门依法予以处罚。

第二十三条 本办法自 2012 年 10 月 1 日起施行。1992 年 1 月 7 日天津市人民政府发布，1997 年 9 月 3 日天津市人民政府修订发布，2004 年 6 月 30 日再次修订公布的《天津市测绘成果管理实施办法》（2004 年市人民政府令第 68 号）同时废止。

黑龙江省基础测绘管理办法

2012 年 12 月 12 日黑龙江省政府第 82 次常务会议讨论通过，2012 年 12 月 23 日省政府第 3 号令公布，自 2013 年 2 月 1 日起施行

第一条 为了加强基础测绘管理，促进和发展基础测绘事业，保障经济建设、社会发展和公共应急对基础测绘的需要，根据《中华人民共和国测绘法》、《基础测绘条例》等法律、法规的规定，结合本省实际，制定本办法。

第二条 在本省行政区域内从事基础测绘活动，适用本办法。

本办法所称基础测绘，是指建立全国统一的测绘基准和测绘系统，建设基础测绘设施，进行基础航空摄影，获取基础地理信息的遥感资料，测制和更新国家基本比例尺地图、影像图和数字化产品，建立、更新基础地理信息系统。

第三条 县以上人民政府应当加强对基础测绘工作的领导，将基础测绘纳入本级国民经济和社会发展规划及年度计划，所需经费列入本级财政预算。

第四条 省测绘地理信息行政主管部门负责全省基础测绘工作的统一监督管理。

市（地）、县（市）测绘地理信息行政主管部

门负责本行政区域基础测绘工作的统一监督管理。

第五条 县以上测绘地理信息行政主管部门会同有关部门，根据国家和上一级人民政府的基础测绘规划和本行政区域的实际情况，组织编制本行政区域的基础测绘规划，经本级人民政府批准，报上一级测绘地理信息行政主管部门备案后组织实施。

基础测绘规划应当与本级人民政府的国民经济和社会发展总体规划及有关专项规划相衔接。

第六条 县以上测绘地理信息行政主管部门根据国民经济和社会发展年度计划编制要求和本行政区域基础测绘规划，组织提出本行政区域基础测绘年度计划建议，报经同级发展改革部门平衡后，分别报上一级测绘地理信息行政主管部门和发展改革部门。

县以上发展改革部门依据上一级下达的基础测绘年度计划，下达给同级测绘地理信息行政主管部门实施。

列入基础测绘规划的基础测绘项目，由同级人民政府通过财政资金和固定资产投资保证实施，并根据项目前期工作的开展情况分别纳入基础测绘年度计划或者跨年度基础测绘专项计划中组织实施。

第七条 县以上测绘地理信息行政主管部门负责本级基础测绘年度计划的组织实施，并向上一级测绘地理信息行政主管部门报送、向同级发展改革部门抄送基础测绘年度计划执行情况。

第八条 按照国家规定需要有关部门批准或者核准的测绘项目，有关部门在批准或者核准前应当书面征求同级测绘地理信息行政主管部门的意见，有适宜基础测绘成果或者地理信息公共服务平台能够提供服务的，应当充分利用，避免重复测绘。

第九条 省测绘地理信息行政主管部门负责组织实施以下基础测绘项目：

（一）完善与国家相统一的全省测绘基准和测绘系统；

（二）组织实施全省基础航空摄影，获取基础地理信息遥感资料；

（三）测制和更新全省 1:1 万、1:5000 国家基本比例尺地图、影像图和数字化测绘产品；

（四）建立、更新和维护省基础地理信息数据库及其分发服务系统；

（五）建立、更新和维护省地理信息公共服务平台以及省级天地图建设；

（六）组织实施地理省情监测；

（七）编制出版全省综合地图（集）和普通地图（集）；

（八）建设、更新和维护基础测绘设施；

（九）组织实施省基础测绘应急保障服务；

（十）全省经济建设和社会发展需要的其他基础测绘项目。

第十条 市（地）、县（市）测绘地理信息行政主管部门负责组织实施本行政区域内下列基础测绘项目：

（一）加密和更新统一的平面控制网、高程控制网和空间定位网；

（二）组织实施基础航空摄影，获取基础地理信息遥感资料；

（三）测制和更新 1:2000、1:1000、1:500 国家基本比例尺地图、影像图和数字化测绘产品；

（四）建立、更新和维护基础地理信息数据库及其分发服务系统；

（五）测绘城市（地）下空间设施，并建立和更新信息系统；

（六）建立、更新和维护地理信息公共服务平台、“数字城市”地理空间框架以及天地图建设；

（七）建设、更新和维护基础测绘设施；

（八）组织实施基础测绘应急保障服务；

（九）经济建设和社会发展需要的其他基础测绘项目。

第十一条 测绘地理信息行政主管部门组织实施基础测绘项目，应当依据基础测绘规划和基础测绘年度计划，依法确定基础测绘项目承担单位。

第十二条 基础测绘项目承担单位，应当具有相应等级的测绘资质，其信用信息档案无不良信用记录。

外国的组织或者个人，与外国的组织或者个人合资、合作的单位在本省行政区域内承担基础测绘项目的，按照国家有关法律、法规规定执行。

第十三条 测绘地理信息行政主管部门组织实施基础测绘项目，应当承担下列职责：

（一）组织编制和评审基础测绘项目设计书；

（二）监督指导基础测绘项目承担单位实施基础测绘项目；

（三）监督指导基础测绘项目承担单位使用基础测绘项目资金；

（四）组织基础测绘项目成果质量验收、归档和目录发布。

第十四条 基础测绘项目承担单位应当遵守下列

规定：

（一）根据项目设计书编制基础测绘项目的专业技术设计书和实施方案，报送组织实施的测绘地理信息行政主管部门。

（二）定期向组织实施的测绘地理信息行政主管部门报告项目执行情况。

（三）采用国家统一的测绘基准和测绘系统。因建设、城市规划需要，经国家或者省测绘地理信息行政主管部门批准，可以采用相对独立的平面坐标系统。

（四）执行测绘地理信息的国家标准、行业标准和省以上测绘地理信息行政主管部门发布的指导性技术文件。

（五）遵守有关保密法律、法规的规定，建立健全保密制度，完善保密设施。

（六）使用法定计量检定机构或者授权的测绘仪器计量检定机构检定合格的测绘仪器。

（七）基础测绘项目验收合格后，向组织实施的测绘地理信息行政主管部门交付基础测绘成果。

第十五条 基础测绘项目不得转包。未经组织实施的测绘地理信息行政主管部门同意，基础测绘项目不得分包。

基础测绘项目承担单位不得擅自复制、转让或者转借基础测绘成果。

第十六条 基础测绘项目承担单位应当对其完成的基础测绘成果质量负责。

基础测绘成果应当经法定的测绘产品质量监督检验机构检查验收。项目承担单位应当将质量检验报告报送组织实施的测绘地理信息行政主管部门。发展改革部门批准或者核准并下达年度计划的基础测绘项目，由其组织项目综合验收。

第十七条 县以上人民政府应当加强下列基础测绘设施的建设与维护，确保基础测绘活动的正常开展：

（一）基础测绘数据获取、处理、存储、传输和服务的装备；

（二）测量标志、卫星连续运行参考站、测绘仪器检定场等地面基础设施；

（三）基础测绘应急保障服务的装备。

第十八条 县以上测绘地理信息行政主管部门应当根据相关法律、法规和规章的规定，制定基础测绘应急保障预案，并报上一级测绘地理信息行政主管部门备案。

突发事件发生后，测绘地理信息行政主管部门应当及时启动预案，根据应对突发公共事件的需要开展基础测绘应急保障服务。

第十九条 基础测绘成果更新周期应当按照下列规定执行：

（一）平面控制网、高程控制网和空间定位网实行定期改造或者复测，周期不得超过十年；

（二）基础航空摄影和基础地理信息遥感资料按照基本比例尺地图更新需求和应用服务需求更新；

（三）1:1万、1:5000国家基本比例尺地图、影像图和数字化产品的更新周期不得超过五年；

（四）1:2000、1:1000、1:500国家基本比例尺地图、影像图和数字化产品的更新周期不得超过三年；

（五）基础地理信息数据库依据国家基本比例尺地图变更情况及时更新；

（六）地理信息公共服务平台数据依据基础地理信息数据库变更情况及时更新；

（七）应急所需的基础测绘成果按照应急保障服务需求更新；

（八）地理省情监测数据应当按照监测要求定期更新；

（九）综合地图（集）和普通地图（集）的更新周期不得超过五年。

第二十条 基础测绘成果和财政投资完成的其他测绘成果，用于国家机关决策、社会公益性事业和公共应急的，应当无偿提供。

基础测绘成果的管理和利用，按照有关法律、法规和规章的规定执行。

第二十一条 县以上人民政府应当加强对地理信息交换和共享工作的领导和协调，组织有关部门建立地理信息数据交换和共享机制，加强地理信息数据库和地理信息公共服务平台建设，完善地理信息服务体系，促进地理信息资源开发和利用。

测绘地理信息行政主管部门负责建设、管理地理信息数据库和地理信息公共服务平台，提供、维护和更新基础地理信息数据。

国土资源、住房和城乡建设、民政、交通运输、水利等有关部门以及电力、铁路等国有企业事业单位，负责提供、维护和更新在履行公共管理和公共服务职责过程中产生或者由政府投入为主产生的专题地理信息数据，通过地理信息公共服务平台实行数据交换和共享。

地理信息数据交换和共享的管理办法，由省测绘地理信息行政主管部门会同有关部门另行制定。

第二十二条 违反本办法规定，有关法律、法规已有规定的，从其规定；有关法律、法规未规定的，按照本办法执行。

第二十三条 县以上测绘地理信息行政主管部门及其工作人员和其他有关部门及其工作人员违反本办法规定，有下列行为之一的，由其所在单位或者上级主管部门责令改正，对负有直接责任的主管人员和其他责任人员依法给予行政处分；构成犯罪的，依法追究刑事责任：

（一）未按照规定使用基础测绘经费的；

（二）未按照规定确定基础测绘项目承担单位的；

（三）未组织或者未按照规定组织基础测绘成果验收的；

（四）其他滥用职权、徇私舞弊、玩忽职守的行为。

第二十四条 基础测绘项目承担单位违反本办法第十二条规定，隐瞒真实情况承担项目的，由县以上测绘地理信息行政主管部门责令停止测绘，情节较轻的，并处一万元以上三万元以下的罚款；情节严重的，并处三万元以上五万元以下的罚款。

基础测绘项目承担单位违反本办法第十五条规定，擅自复制基础测绘成果的，由县以上测绘地理信息行政主管部门责令限期改正、消除影响，并处一万元以上三万元以下的罚款；擅自转让或者转借基础测绘成果的，由县以上测绘地理信息行政主管部门责令限期改正、消除影响，并处三万元以上五万元以下的罚款。

第二十五条 本办法自2013年2月1日起施行。

江苏省测绘地理信息成果管理规定

2012年2月16日江苏省人民政府第85次常务会议讨论通过，2012年2月21日
江苏省人民政府令第79号发布，自2012年5月1日起施行

第一章 总 则

第一条 为了加强测绘地理信息成果管理，维护国家安全，促进测绘成果利用和地理信息资源共享，满足经济、社会发展和国防建设的需要，根据《中华人民共和国测绘法》、《中华人民共和国测绘成果管理条例》等法律、法规，结合本省实际，制定本规定。

第二条 本省行政区域内测绘成果的汇交、保管、提供、利用、交换和共享，重要地理信息数据的审核与公布，测绘应急保障等，应当遵守本规定。

第三条 县级以上地方人民政府管理测绘地理信息工作的部门（以下简称测绘行政主管部门）负责本行政区域内测绘地理信息成果工作的统一监督管理。

县级以上地方人民政府其他有关部门按照职责分工，负责本部门有关的测绘地理信息成果工作。

第四条 测绘行政主管部门应当建立健全测绘应急保障制度，为应对自然灾害等突发事件提供及时、有效的测绘成果和技术服务。

第五条 测绘成果管理和地理信息应用开发应当遵守保密法律、法规的有关规定，采取必要的保密措施，保障测绘成果以及地理信息数据的安全。

第六条 测绘成果知识产权受法律保护，任何单位和个人不得侵犯测绘成果所有权人的合法权益。

第二章 汇交与保管

第七条 省测绘行政主管部门可以委托设区的市测绘行政主管部门负责接收、汇总和保管本行政区域的测绘成果资料。

第八条 省级财政投资完成的测绘项目，由承担测绘项目的单位向省测绘行政主管部门汇交测绘成果资料；设区的市、县级财政投资完成的测绘项目，由承担测绘项目的单位向设区的市测绘行政主管部门汇交测绘成果资料。

使用其他资金完成的测绘项目，由测绘项目出资人向测绘项目所在地设区的市测绘行政主管部门

汇交测绘成果资料；其中，跨设区的市行政区域的测绘项目，向省测绘行政主管部门汇交测绘成果资料。

测绘项目出资人与承担测绘项目的单位可以约定由一方向相应的测绘行政主管部门汇交测绘成果资料，并保证汇交的测绘成果资料真实齐全，整理规范。

第九条 测绘成果资料实行无偿汇交。属于基础测绘成果的，应当汇交测绘成果副本；属于非基础测绘成果的，应当汇交测绘成果目录。

应当汇交的基础测绘成果副本包括：

（一）国家等级卫星定位测量、三角（导线）测量、水准测量、天文测量、重力测量的测绘点之记、成果表、网图（路线图）和相关技术报告；

（二）基础航空摄影所获取的数据、影像资料以及航空摄影验收报告、索引图、航空摄影仪检定资料；

（三）遥感卫星和其他航天飞行器对地观测所获取的基础地理信息遥感资料以及数据说明文件；

（四）国家基本比例尺地形图、影像图及其数字化产品和相关技术报告；

（五）基础地理信息系统的数据、信息和相关技术报告；

（六）县级以上的行政区域图和相关技术报告；

（七）国家规定的其他测绘成果。

应当汇交的非基础测绘成果目录包括：

（一）城镇以及区域性沉降观测成果目录；

（二）管线测量成果目录；

（三）地籍测绘成果目录；

（四）房产测绘成果目录；

（五）专题地图（含影像图）成果目录；

（六）地理信息系统成果目录；

（七）互联网地图的兴趣点目录；

（八）行政区域界线测绘成果目录；

（九）水下地形测量、扫描测量成果目录；

（十）测绘行政主管部门认为具有共享价值的其他测绘成果目录。

第十条 承担测绘项目的单位或者测绘项目出资人应当在测绘项目验收完成之日起 3 个月内，向相应的测绘行政主管部门汇交测绘成果副本或者目录。

测绘行政主管部门应当在收到测绘成果副本或者目录时出具汇交凭证。

设区的市测绘行政主管部门应当及时汇总测绘成果副本或者目录，在本年度 7 月和下一年度 1 月底前上报省测绘行政主管部门。

第十一条 省和设区的市测绘行政主管部门在收到汇交的测绘成果副本或者目录之日起 10 个工作日内，应当将其移交给测绘成果保管单位。

省测绘行政主管部门应当及时编制全省测绘成果资料目录，并向社会公布。

第十二条 测绘成果保管单位在收到测绘成果副本或者目录之日起 1 个月内应当按照《中华人民共和国档案法》的规定建立测绘成果资料档案和数据库。

测绘成果保管单位应当加强测绘成果历史资料的收集、整理和建档工作。

第十三条 测绘成果保管单位应当按照规定保管测绘成果资料，未依法办理审批手续的，不得提供。

第十四条 基础测绘成果资料实行异地备份制度。异地备份管理应当符合国家保密、消防以及档案管理有关规定，并定期进行检查。

第三章　提供与利用

第十五条 公民、法人或者其他组织需要利用基础测绘成果的，应当履行法定手续。

需要利用其他省、自治区、直辖市基础测绘成果的，应当持本规定第十七条第一款所列材料到本省测绘行政主管部门办理转函手续。

第十六条 申请利用下列属于国家秘密的基础测绘成果的，由省测绘行政主管部门负责审批：

（一）四等以上平面、高程控制网以及 C 级以上卫星定位网的成果；

（二）1:5000、1:10000 国家基本比例尺地形图、影像图及其数字化产品；

（三）基础测绘航空摄影所获取的数据、影像等资料，以及获取基础地理信息的遥感资料；

（四）省级基础地理信息系统的数据和信息；

（五）国家测绘地理信息主管部门委托管理的基础测绘成果。

申请利用下列属于国家秘密的基础测绘成果的，由设区的市、县级测绘行政主管部门负责审批：

（一）本行政区域内四等以上平面、高程控制网和 E 级以上卫星定位网的成果；

（二）本行政区域内 1:500、1:1000、1:2000 比例尺地形图、影像图及其数字化产品；

（三）本级基础测绘项目所建的基础地理信息系统的数据和信息；

（四）省测绘行政主管部门和设区的市人民政

府确定的其他基础测绘成果。

第十七条 申请利用属于国家秘密的基础测绘成果的，应当提交下列材料：

（一）基础测绘成果利用申请表；

（二）公民、法人或者其他组织有效证明材料；

（三）经办人有效身份证件；

（四）具备保密条件的有效证明材料；

（五）利用基础测绘成果的项目设计书、合同书或者有关部门的项目委托、批准文件。

本省行政区域以外的公民、法人或者其他组织申请利用本省行政区域内属于国家秘密的基础测绘成果的，应当提交申请人所在地省级测绘行政主管部门出具的利用属于国家秘密的基础测绘成果资料证明函。

第十八条 依法审批申请利用属于国家秘密的基础测绘成果的，测绘行政主管部门应当与申请人签订书面协议，载明所提供基础测绘成果的涉密等级、保密要求以及著作权保护要求等事项。

测绘成果保管单位按照测绘行政主管部门的批准文件，提供属于国家秘密的基础测绘成果。

第十九条 基础测绘成果和财政投资完成的其他测绘成果，用于国家机关决策和社会公益性事业的，应当无偿提供。

除前款规定外，测绘成果依法实行有偿使用制度。但是，各级人民政府及其有关部门和军队因防灾、减灾、国防建设等公共利益的需要，可以无偿使用测绘成果。

基础测绘成果和财政投资完成的其他测绘成果有偿利用的收费标准由省价格主管部门、财政部门会同测绘行政主管部门制定。

第二十条 利用属于国家秘密的基础测绘成果的，应当执行测绘行政主管部门的审批要求，不得擅自复制、转让或者改变利用用途和范围。

第二十一条 公民、法人或者其他组织利用不涉及国家秘密的测绘成果的，应当与测绘成果所有权人签订书面协议，明确双方的权利和义务。

第二十二条 在利用测绘成果过程中，利用人发现测绘成果存在质量问题的，应当书面报告测绘成果提供单位所在地测绘行政主管部门。

第二十三条 非基础测绘成果所有权人不得向不具备保密条件的单位或者个人提供涉及国家秘密的非基础测绘成果。

依法提供涉及国家秘密的非基础测绘成果的，应当到所在地测绘行政主管部门进行备案。

第二十四条 涉及国家秘密的测绘成果利用单位确需委托其他单位进行规划、设计、系统开发等活动的，应当委托具备保密条件的单位，并与被委托单位签订保密协议。项目完成后，应当及时收回或者销毁涉密测绘成果，被委托单位不得以任何方式留存或者向第三方提供。

第二十五条 涉及国家秘密的地理信息的管理应当遵守保密法律、法规规定。

禁止在互联网及其他公共信息网络或者未采取保密措施的有线和无线通信中传递涉及国家秘密的地理信息。

第二十六条 销毁涉及国家秘密的测绘成果，应当按照规定登记、造册，交所在地保密行政管理部门销毁机构或者指定单位销毁，并报所在地测绘行政主管部门备案。

存储、加工涉及国家秘密的地理信息的设备的销毁，应当符合保密要求。

第二十七条 测绘行政主管部门应当建立健全测绘成果的保密管理制度，会同保密行政管理部门定期对提供的涉及国家秘密的测绘成果进行保密检查。

第四章 交换与共享

第二十八条 县级以上地方人民政府应当加强对地理信息交换和共享工作的领导和协调，建立地理信息资源共建共享机制，定期公布、更新共享目录，促进地理信息资源开发和利用，提高地理信息资源共享水平。

第二十九条 政府部门、国有企事业单位在履行公共管理和公共服务职责过程中利用财政投资产生的地理信息，应当及时、无偿地与测绘行政主管部门进行交换和共享。

第三十条 测绘行政主管部门应当建立和更新基础地理信息公共服务平台和公益性地图服务网站，及时处理、集成和整合有关部门交换的专题地理信息，保证地理信息数据的现势性，实现地理信息资源共建共享。

第三十一条 测绘行政主管部门应当充分采用先进科学技术和先进设备，加强对国土资源、自然和生态环境、城乡和经济建设等省情地理信息的动态监测、统计和分析，提高省情地理信息保障服务能力。

第三十二条 政府部门建立专业地理信息系统，应当采用符合国家标准的基础地理信息数据。

省测绘行政主管部门会同有关部门负责制定全省地理信息共建共享的技术规范，统一地理信息数据标准。

第三十三条 利用测绘成果编辑出版地图、建立地理信息系统和开发生产其他产品，应当得到测绘成果权利人的同意，并在适当位置标注测绘成果的权利人。

第五章 重要地理信息数据的审核与公布

第三十四条 国家对重要地理信息数据实行统一审核与公布制度。

本省重要地理信息数据由省测绘行政主管部门负责审核，与省人民政府有关部门、军队测绘主管部门会商后，报省人民政府批准，由省人民政府或者其委托的部门向社会公布。

第三十五条 本省重要地理信息数据包括：

（一）设区的市、县（市、区）行政区域位置、面积；

（二）江苏省版图重要特征点、地势、地貌分区位置和范围等；

（三）冠以“江苏”、“江苏省”、“全省”等字样的基础地理信息数据；

（四）重要自然和人文地理实体的位置、高程、深度、面积、长度等地理信息数据。

前款规定的内容属于国家重要地理信息数据的，按照国家有关规定进行审核、公布。

第三十六条 单位或者个人要求公布本省重要地理信息数据的，应当向省测绘行政主管部门提出书面建议并提交下列材料：

（一）单位或者个人的基本情况；

（二）获取重要地理信息数据的技术方案、措施和成果资料；

（三）对重要地理信息数据验收评估的有关资料；

（四）省测绘行政主管部门规定的其他有关资料。

第六章 测绘应急保障

第三十七条 测绘行政主管部门应当制定测绘应急保障预案，及时响应测绘应急保障需要，迅速、有效地完成测绘成果的申请、调取和地理信息数据的传输。

第三十八条 测绘应急保障工作主要包括：

（一）突发事件发生后，及时整理、提供现有适宜的事发地测绘成果；

（二）没有适宜测绘成果的，立即组织开展实地监测，快速加工、生产事发地专题测绘成果；

（三）及时征集事发地应急保障需要的测绘成果；

（四）根据应急保障需要，迅速组织开发专项应急地理信息服务系统；

（五）法律、法规规定的其他内容。

第三十九条 测绘行政主管部门应对突发事件，可以征用测绘单位的测绘设备和测绘成果。

被征用的测绘设备和测绘成果在使用完毕或者突发事件应急处置工作结束后，应当及时返还。测绘设备被征用或者征用后毁损、灭失的，应当给予补偿。

第四十条 测绘行政主管部门应当建立测绘应急保障专业队伍，定期组织开展突发事件测绘应急保障培训，提高测绘应急保障技术能力。

第四十一条 测绘行政主管部门应当加大测绘应急技术装备投入，及时更新测绘应急生产装备和设施，提升测绘应急保障装备水平。

第七章 法律责任

第四十二条 违反本规定，测绘行政主管部门有下列行为之一的，由本级人民政府或者上级测绘行政主管部门责令改正，通报批评；对直接负责的主管人员和其他直接责任人员依法给予处分：

（一）未按照规定向上一级测绘行政主管部门报送测绘成果资料的；

（二）批准不符合条件的申请人利用基础测绘成果的；

（三）不按照规定与利用基础测绘成果的申请人签订协议的；

（四）未执行有偿使用规定，擅自减免、提高基础测绘成果收费的；

（五）不依法履行监督管理职责的其他行为。

第四十三条 测绘成果保管单位未按照本规定第十二条的规定建立测绘成果资料档案的，由测绘行政主管部门给予警告，责令限期改正。

第四十四条 违反本规定第二十条的规定，擅自复制、转让或者改变利用用途和范围的，由测绘行政主管部门给予警告，责令限期改正，情节严重的，处1万元以上3万元以下的罚款。

第四十五条 违反本规定第三十三条的规定，未经测绘行政主管部门同意，擅自利用基础测绘成果的，由测绘行政主管部门责令限期改正，给予警告，处1万元以上3万元以下的罚款。未经非基础测绘成果权利人同意，擅自利用非基础测绘成果的，由权利人依法追究其相关责任。

第四十六条 违反本规定，在测绘地理信息成果管理、利用工作中有失密、泄密行为的，按照有关保密法律法规进行处理。

第八章 附 则

第四十七条 本规定自2012年5月1日起施行。

浙江省基础测绘管理办法

浙江省人民政府第100次常务会议审议通过，2012年12月17日浙江省人民政府令第308号公布，自2013年3月1日起施行。

第一章 总 则

第一条 为了加强基础测绘管理，规范基础测绘活动，保障基础测绘事业为经济建设、国防建设和社会发展服务，根据《中华人民共和国测绘法》、《基础测绘条例》、《中华人民共和国测绘成果管理条例》等有关法律、法规的规定，结合本省实际，制定本办法。

第二条 本省行政区域内基础测绘活动及其管理，应当遵守本办法。

第三条 基础测绘是公益性事业。

基础测绘应当遵循统筹规划、分级管理、定期更新、保障安全、促进应用的原则。

第四条 县级以上人民政府应当加强对基础测绘工作的领导，组织制定并实施基础测绘规划，将基础测绘纳入本级国民经济和社会发展规划，所需经费列入本级财政预算。

第五条 县级以上人民政府测绘与地理信息管理部门负责本行政区域内基础测绘工作的统一监督管理。

第六条 县级以上人民政府及其有关部门应当加强基础测绘科学研究、设施建设和信息化测绘体系建设，建立统一的基础地理信息公共服务平台，实现基础地理信息资源共享，提高基础测绘保障服务能力。

基础测绘设施建设应当遵循科学规划、合理布局、有效利用、兼顾当前与长远需要的原则，避免重复投资。

第七条 基础测绘必须采用国家统一的测绘基准和测绘系统，执行国家和省规定的测绘技术规范和标准。

第二章 基础测绘规划与计划

第八条 测绘与地理信息管理部门应当会同同级发展和改革、财政、国土资源、民政、住房和城乡建设、交通运输、水利、林业、海洋与渔业、人民防空、电力等有关部门和单位，根据上一级人民政府的基础测绘规划和本行政区域的实际情况，编制本地区基础测绘规划，报本级人民政府批准，并报上一级测绘与地理信息管理部门备案后组织实施。

第九条 基础测绘规划报送审批前，组织编制机关应当组织专家进行论证，并征求有关部门和单位的意见。涉及军事禁区、军事管理区或者作战工程的，还应当征求有关军事机关的意见。

基础测绘规划报送审批文件应当附具征求意见采纳情况说明。

第十条 组织编制机关应当依法公布经批准的基础测绘规划。其中涉及保密的内容不得公布；确需公布的，应当按照国家规定进行保密处理并经依法审定后方可公布。

经批准的基础测绘规划不得擅自修改；确需修改的，应当按照原组织编制和审批程序执行。

第十一条 基础测绘规划的规划期为5年。测绘与地理信息管理部门应当定期组织专家、有关部门和单位对规划实施情况进行评估，提出规划实施评估意见。

规划实施评估意见应当作为修改规划和制定新规划的重要依据。

第十二条 发展和改革部门应当会同同级测绘与地理信息管理部门，根据基础测绘规划、当地经济建设和社会发展需要，在征求有关部门和单位意见的基础上，编制本行政区域的基础测绘年度计划，并分别报上一级主管部门备案。

接受备案的主管部门应当对报备案的基础测绘年度计划进行审核。对成果可以共享的测绘项目，应当统筹协调，避免重复投入。

第三章 基础测绘项目的组织实施

第十三条 基础测绘项目由测绘与地理信息管理部门负责组织实施，其他任何单位和个人不得组织实施。

第十四条 省测绘与地理信息管理部门负责下列基础测绘项目的组织实施：

（一）建立和复测全省统一的平面控制网、高程控制网和空间定位网；

（二）测制和更新全省1:10000、城市规划区1:5000国家基本比例尺地图、影像图及其数字化产品；

（三）组织实施省基础航空摄影；

（四）取得省基础地理信息的卫星遥感资料；

（五）建立、维护和更新省基础地理信息系统；

（六）收集、采集和更新全省地名地址数据，建立和更新数据库；

（七）组织实施省海洋测绘，建立和更新海洋地理信息系统；

（八）建立和维护省地理空间数据交换和共享平台；

（九）编制省综合地图集、普通地图集；

（十）国家和省规定的其他基础测绘项目。

第十五条 设区的市、县（市、区）测绘与地理信息管理部门负责本行政区域内下列基础测绘项目的组织实施：

（一）建立和复测基础平面控制网、高程控制网和空间定位网；

（二）测制和更新1:2000、1:1000、1:500国家基本比例尺地图、影像图及其数字化产品；

（三）组织实施基础航空摄影；

（四）取得基础地理信息的卫星遥感资料；

（五）建设和维护数字城市地理空间框架；

（六）收集、采集和更新地名地址数据，建立和更新数据库；

（七）建立和更新城市三维模型及三维地理信息系统；

（八）测绘城市地下空间的管线、轨道交通等设施，建立和更新城市地下管线信息系统；

（九）建立和维护地理空间数据交换和共享平台；

（十）编制综合地图集、普通地图集；

（十一）国家和省规定的其他基础测绘项目。

第十六条 财政部门应当会同同级测绘与地理信息管理部门，根据基础测绘规划和年度计划以及国家、省规定的测绘成本定额，确定基础测绘年度预算经费，保障基础测绘项目的实施。对经济欠发达地区基础测绘经费的财政支持，按照国家和省有关规定执行。

省测绘与地理信息管理部门组织实施的基础测绘项目，按照国家和省有关财政规定需由设区的市承担有关经费的，从其规定。

第十七条 基础测绘经费实行专款专用，不得截留、挤占和挪用。

财政和测绘与地理信息管理部门应当按照职责加强基础测绘经费管理和使用情况的监督检查，开展基础测绘项目绩效评价。

第十八条 组织实施基础测绘项目，应当依照《中华人民共和国政府采购法》、《中华人民共和国招标投标法》等法律、法规的规定，确定基础测绘项目承担单位。

基础测绘项目承担单位应当具有《中华人民共和国测绘法》规定的测绘资质，并不得超越资质等级许可的范围从事基础测绘活动。

第十九条 测绘与地理信息管理部门应当与基础测绘项目承担单位订立书面合同，明确基础测绘项目的内容及其完成时间、经费支付进度、成果验收标准、成果归属与汇交要求、保密规定、违约责任和争议解决等内容，依法约定合同双方的权利和义务。

第二十条 基础测绘项目承担单位应当建立健全基础测绘成果质量管理制度，对完成的基础测绘成果质量负责。

第二十一条 基础测绘项目承担单位应当依照《中华人民共和国保守国家秘密法》等有关法律、法规的规定，建立健全保密制度，完善保密措施，加强对从业人员的保密知识教育和管理。

第二十二条 任何单位和个人不得侵占、损毁、拆除或者擅自移动基础测绘设施。

基础测绘设施遭受破坏的，测绘与地理信息管理部门应当及时采取措施，组织力量修复，确保基础测绘活动正常进行。

第二十三条 测绘与地理信息管理部门应当根据

应对自然灾害等突发事件的需要，按照《基础测绘条例》和突发事件应对有关法律、法规的规定，制定基础测绘应急保障预案。

自然灾害等突发事件发生后，测绘与地理信息管理部门应当立即启动基础测绘应急保障预案，采取有效措施，开展基础地理信息数据的应急测制和更新工作。

第四章 基础测绘成果的更新与利用

第二十四条 基础测绘成果应当根据当地国民经济和社会发展的需要、基础地理信息变化情况等因素确定更新周期。自然灾害多发地区以及国民经济、国防建设和社会发展急需的基础测绘成果应当及时更新。

下列基础测绘成果实行定期更新：

（一）1:10000、1:5000国家基本比例尺地图、影像图及其数字化产品每3年更新一次；

（二）1:2000、1:1000、1:500国家基本比例尺地图、影像图及其数字化产品每2年更新一次。

有条件的地方，可以对基础测绘成果实行动态更新。

第二十五条 测绘与地理信息管理部门更新基础测绘成果，应当及时收集有关行政区域界线、地名、水系、交通运输、居民点、植被等地理信息的变化情况。民政、住房和城乡建设、交通运输、水利、林业、海洋与渔业、人民防空、电力等有关部门和单位应当予以支持和配合。

第二十六条 基础测绘成果应当实行共享。测绘与地理信息管理部门应当及时公布基础测绘成果目录。有关部门和单位进行其他测绘活动时，应当充分利用已有的基础测绘成果。

使用财政资金的除基础测绘以外的其他测绘项目和使用财政资金的建设工程测绘项目，有关部门在批准项目立项前或者财政部门在审核项目预算支出时，应当书面征求同级测绘与地理信息管理部门的意见。测绘与地理信息管理部门应当自收到征求意见材料之日起10日内反馈意见。测绘与地理信息管理部门认为已有基础测绘成果可供利用的，应当提供相应的基础测绘成果。

确属重复测绘的，有关部门不得批准立项和预算支出。

第二十七条 测绘与地理信息管理部门应当会同有关部门，利用基础测绘成果和相关地理信息，对一定区域内重要的自然、经济、社会要素进行定量化、空间化的动态监测和分析，为政府管理决策和经济社会发展服务。

第二十八条 基础测绘成果的检验、汇交、保管、提供、利用等，按照《中华人民共和国测绘法》、《中华人民共和国测绘成果管理条例》、《浙江省测绘管理条例》、《浙江省测绘成果管理办法》的有关规定执行。

第五章 法律责任

第二十九条 违反本办法规定的行为，《中华人民共和国测绘法》、《基础测绘条例》、《中华人民共和国测绘成果管理条例》、《浙江省测绘管理条例》等法律、法规已有法律责任规定的，从其规定。

第三十条 违反本办法规定，县级以上人民政府、测绘与地理信息管理部门和其他有关部门及其工作人员有下列行为之一的，由有权机关责令限期改正，通报批评；情节严重的，对负有直接责任的主管人员和其他直接责任人员依法给予处分：

（一）未按照规定程序、要求编制基础测绘规划的；

（二）未按照规定使用基础测绘财政经费的；

（三）未按照保密规定对涉密人员、涉密项目进行管理，或者发生失泄密事件的；

（四）未及时采取措施、组织力量修复基础测绘设施，影响基础测绘活动正常进行的；

（五）有其他滥用职权、徇私舞弊、玩忽职守行为的。

第六章 附 则

第三十一条 本办法自2013年3月1日起施行。

甘肃省基础测绘管理办法

2012年3月29日甘肃省人民政府第103次常务会议讨论通过，2012年4月6日
甘肃省人民政府令第89号公布，自2012年5月1日起施行

第一条 为了加强基础测绘管理，根据《中华人民共和国测绘法》、《基础测绘条例》及有关法律、法规，结合本省实际，制定本办法。

第二条 在本省行政区域内从事基础测绘活动，应当遵守本办法。

第三条 基础测绘是公益性事业。县级以上人民政府应当将基础测绘纳入国民经济和社会发展规划及年度计划，所需经费按照国家统一的测绘成本定额核定，列入财政年度预算，按计划核拨，实行专款专用，并接受同级政府财政部门的监督和审计部门的审计。

省级财政部门应当对少数民族地区、边远地区、革命老区和贫困地区的基础测绘工作给予支持。

县级以上人民政府应当安排永久性测量标志和城市相对独立坐标系统等基础测绘设施的建设维护经费。

第四条 基础测绘工作应当遵循统筹规划、分级负责、定期更新、分步实施、成果共享、保障安全的原则。

第五条 省测绘行政主管部门负责全省基础测绘工作的监督管理。

市（州）、县（市、区）测绘行政主管部门负责本行政区域内基础测绘工作的监督管理。

乡（镇）人民政府应当采取有效措施做好基础测绘设施和测量标志的保护工作。

第六条 县级以上人民政府应当组织有关部门建立基础测绘成果共建共享机制和基础地理信息数据交换制度，健全基础地理信息数据库和公共服务平台，完善基础地理信息服务体系。

县级以上测绘行政主管部门应当加强基础测绘成果管理，建立健全维护更新机制，实现统一提供、资源共享，为国民经济建设、国防建设、社会发展和公共应急提供服务。

第七条 县级以上测绘行政主管部门应当根据本地区应对自然灾害等突发事件的需要，制定相应的基础测绘应急保障预案，组织开展培训和演练，提高基础测绘应急保障服务能力，做好基础测绘应急保障工作。

基础测绘应急保障预案的内容应当包括应急保障组织体系、应急装备和器材配备、应急响应及基础地理信息数据的应急测制和更新等。

自然灾害等突发事件发生后，应当立即启动基础测绘应急保障预案，采取有效措施，开展基础地理信息数据的应急测制和更新工作。

第八条 省测绘行政主管部门负责下列基础测绘项目的组织实施：

（一）建立与国家测绘基准相统一的本省行政区域内测绘基准和测绘系统，积极推进现代测绘基准建设；

（二）获取全省航空航天遥感资料；

（三）测制和更新全省1:1万、1:5000基本比例尺地图、影像图和数字化产品；

（四）维护和更新全省基础地理信息数据库；

（五）建立和完善基础地理信息服务平台，开展地理空间框架建设；

（六）完成其他基础测绘项目。

第九条 市（州）、县（市、区）测绘行政主管部门负责下列基础测绘项目的组织实施：

（一）建立依法批准的市县城区和重点乡镇相对独立坐标系统；

（二）获取本行政区域的航空航天遥感资料；

（三）测制和更新1:2000、1:1000、1:500比例尺基本地图、影像图和数字化产品；

（四）建立和更新本级基础地理信息数据库；

（五）开展本行政区域内的基础地理信息服务平台建设；

（六）完成其他基础测绘项目。

第十条 基础测绘成果实行定期更新制度：

（一）1:1万、1:5000、1:2000、1:1000、1:500基本比例尺地图、影像图和数字化产品至少5年更新一次；

（二）城镇重点区域、自然灾害多发地区应当

及时更新；

（三）国民经济建设、国防建设、社会发展和公共应急急需的基础测绘成果应当及时更新。

第十一条 基础测绘项目的承担单位，通过招投标方式进行确定；确需保密或有其他特殊要求的基础测绘项目的承担单位，由县级以上测绘行政主管部门确定。承担基础测绘项目的单位应当依法取得相应等级的测绘资质，并具备健全的安全保密制度和措施。

承担基础测绘项目的单位应当对其所承担的基础测绘项目的成果质量负责。

基础测绘项目禁止转让、分包。

第十二条 县级以上测绘行政主管部门应当加强对基础测绘成果质量的监督管理，依照有关规定委托测绘产品检验机构对基础测绘成果进行验收，合格后方可提供使用。

第十三条 承担基础测绘项目的单位及使用基础测绘成果的用户，应当加强使用成果的保密管理，未经同级测绘行政主管部门许可，不得擅自复制或以任何方式向第三方提供、转让。

第十四条 基础测绘成果用于国家机关决策、社会公益性事业和公共应急的，测绘行政主管部门应当及时无偿提供。

第十五条 县级以上测绘行政主管部门及其工作人员，有下列情形之一的，由其上级主管部门责令改正，对主管人员和其他责任人员追究责任：

（一）违规使用基础测绘经费的；

（二）违规确定基础测绘项目承担单位的；

（三）违规组织基础测绘成果验收的；

（四）提供未经检验的基础测绘成果的。

第十六条 违反本办法的其他行为，法律、法规已有处罚规定的，从其规定。

第十七条 本办法自2012年6月1日起施行。2002年省人民政府令第26号公布施行的《甘肃省基础测绘管理办法》同时废止。

公 告

国家测绘地理信息局公告

国家测绘地理信息局公告

（第 1 号 2012 年 5 月 8 日）

为表彰在测绘地理信息教学工作中取得的优秀成果，充分调动广大测绘地理信息教育工作者进行教学研究和教学改革的积极性，国家测绘地理信息局组织开展了首届测绘地理信息教学成果奖评奖，本次评奖主要侧重教学研究与改革，重点奖励具有创新性和推广应用效果好的成果。经测绘地理信息教学成果奖评审委员会评选，奖励委员会审定，国家测绘地理信息局审核批准，《创新型测绘工程专业人才培养模式与课程体系的构建及实践》等 9 个项目被评为一等奖，《地理信息系统学科立体化体系建设研究》等 15 个项目被评为二等奖，《遥感学科专业课程与教材体系创新与建设》等 20 个项目被评为三等奖。

特此公告。

首届测绘地理信息教学成果奖获奖项目

一 等 奖			
序号	获奖项目名称	主要完成人	主要完成单位
1	创新型测绘工程专业人才培养模式与课程体系的构建及实践	郭际明，宁津生，闫 利，姚宜斌，徐亚明，许才军，黄声享，王甫红，邓 非，张 鹏，汪志明	武汉大学
2	精英型测绘工程人才培养模式探索与实践	程效军，陈 义，童小华，刘 春，楼立志，鲍 峰，沈云中，王解先，谢 欢，姚连璧	同济大学

3	新型测绘专业实践教学体系的探索与构建	张卫强，张晓森，王永生，郭延斌，陈　旭，刘　刚，包迎春，邹　瑜，张　鹤，洪　刚	解放军信息工程大学
4	卫星导航定位系列课程建设	张小红，李征航，黄劲松，魏二虎，王甫红，徐晓华，刘万科，朱智勤，吴　云，邹贤才	武汉大学
5	摄影测量教学实验软件系统及应用	李　浩，岳建平，杨　彪，徐　佳，梅　红	河海大学
6	多层次、开放型的现代地图学精品课程建设与创新型人才培养探索	龙　毅，沈　婕，盛业华，朱长青，周　卫，张书亮，张　宏，吴明光，杨　昕，刘晓艳	南京师范大学
7	突出学生能力培养，创新地图设计与编绘课程体系	王光霞，於建峰，吕晓华，陈毓芬，江　南，刘玉峰，季晓林，李少梅，李　科，徐　青，王晓理	解放军信息工程大学
8	基于信息化测绘的测绘工程本科专业实验教学新模式	花向红，许才军，汪志明，邹进贵，陈雪丰	武汉大学
9	高职高专测绘类专业规范及专业教学基本要求的研制	赵文亮，张东明，李聚方，吕翠华，邹自力，陈传胜，周　园，薄志毅，刘广社，全志强，李生平	昆明冶金高等专科学校，黄河水利职业技术学院，东华理工大学高职学院，江西应用技术职业学院，沈阳农业大学高职学院，北京工业职业技术学院
	二　等　奖		
序号	**获奖项目名称**	**主要完成人**	**主要完成单位**
10	地理信息系统学科立体化体系建设研究	张新长，黎　夏，刘小平，张青年，马林兵，黄德全	中山大学
11	地理信息系统学科研究生创新能力培养模式的探索与实践	邓　敏，刘慧敏，朱建军，刘兴权，黄健柏，周晓光，刘智勇	中南大学，湖南省基础地理信息中心
12	大地测量与地球物理专业交叉学科创新性人才培养的改革与实践	张双喜，许才军，申文斌，罗志才，朱良保，操华胜，陈雪丰	武汉大学
13	面向创新能力的现代测量学课程教学体系改革与实践	郝向阳，翟　翊，西　勤，赵夫来，王同合，杨玉海，龚有亮	解放军信息工程大学
14	地理信息系统本科生综合能力培养的实践教学体系与模式构建	郑贵洲，吴信才，郭际元，王　琪，晁　怡，黄　菊，吕建军	中国地质大学（武汉）

15	卓越测绘工程师的培养模式与机制研究	朱建军，邱 斌，戴吾蛟，李志伟，范 冲，邹峥嵘，邓 敏	中南大学
16	物理大地测量学系列课程与教学团队建设	罗志才，宁津生，许才军，申文斌，操华胜，赵珞成，罗 佳	武汉大学
17	强化能力，突出特色，创建地图制图专业综合实习新模式	孙 群，刘海砚，吕晓华，魏 斌，肖 强，徐 青，刘诗德	解放军信息工程大学
18	地理信息系统科学体验区研究、建设与实践	李满春，李飞雪，刘永学，陈振杰，符海月，陈 刚，程 亮	南京大学
19	测绘通识与非测绘专业特色相结合的测量学分段教学模式改革与实践	高 飞，李晓莉，吴兆福，陶庭叶，张志慧，黄世秀，余 敏	合肥工业大学
20	建筑规划类院校的3S技术实践教学研究——以北京建筑工程学院为例	石若明，王晏民，朱 光，杜明义，朱 凌，王文宇，沈 涛	北京建筑工程学院
21	产学研用合作的农业院校地理信息教学改革与实践	胡月明，徐剑波，陈飞香，杨永忠，肖德琴，谢刚生，谢健文	华南农业大学，广州市房地产测绘院，广东省国土资源技术中心，广东友元国土信息工程有限公司
22	数字时代《地下工程测量学》教学改革的探索与实践	陈俊杰，张合兵，徐克科，朱刘娟，王宏涛，齐修东，王庆林	河南理工大学
23	高职工程测量技术专业创新实践教学体系建设与实施	郝亚东，王 琴，许加东，李永川，何 宽，朱恩利，李建辉	黄河水利职业技术学院
24	“学做相融，全真训练”测绘人才培养模式改革与实践	张东明，赵文亮，吕翠华，李 明，徐宇飞，李云晋，陈国平	昆明冶金高等专科学校
三 等 奖			
序号	**获奖项目名称**	**主要完成人**	**主要完成单位**
25	遥感学科专业课程与教材体系创新与建设	姜 挺，张永生，徐 青，龚志辉，冯伍法	解放军信息工程大学
26	适应多学科渗透交叉需要的海洋信息技术创新应用人才培养模式改革研究与实践	周 立，焦明连，董春来，刘付程，谢宏全	淮海工学院
27	实习基地与科研平台融合建设，培养学生实践能力与科研能力	胡友健，吴北平，陈 刚，曾 云，黄海军	中国地质大学（武汉）
28	测绘工程“信息化测绘”实践教学体系的构建与创新	袁占良，郭增长，徐克科，牛海鹏，张合兵	河南理工大学

29	测绘工程专业主干课双语教学研究与实践	徐爱功，吉长东，王崇倡，夏春林，马振力	辽宁工程技术大学
30	地方高校 GIS 应用型人才培养模式的创新与实践	陈健飞，陈颖彪，吴志峰，夏丽华，王　芳	广州大学
31	测绘工程特色专业人才培养模式改革研究与实践	刘立龙，文鸿雁，谢劭峰，任　超，朱军桃	桂林理工大学
32	校企合作模式培养测绘地理信息应用型人才的探索与实践	袁　铭，杨朝辉，王　颖，钱新强，高苏新	苏州科技学院，苏州市城市规划编制信息中心，苏州市测绘院有限责任公司
33	产学研合作教育模式在测绘专业研究生人才培养中的探讨	郭增长，齐修东，袁占良，葛小三，雷伟伟	河南理工大学
34	师范院校背景下测绘工程专业多模式培养创新复合型人才的探索和实践	赵长胜，林　卉，张连蓬，苏艳芳，吴庆忠	徐州师范大学
35	跨学科背景下 GIS 特色专业人才培养方案与课程体系的改革与实践	王金鑫，周振红，郭同德，田智慧，郭恒亮	郑州大学
36	GIS 专业核心课程体系建设与教学模式改革	王辉连，景海涛，胡圣武，王新闯，王世东	河南理工大学
37	测量学课程改革与教材建设的实践	杨晓明，袁天奇，周建业，翟　燕，马开锋	华北水利水电学院
38	农林院校 GIS 专业创新人才实践教学体系	张晓东，杨建宇，张　超，赵冬玲，苏　伟	中国农业大学
39	测绘地理信息软件开发竞赛平台构建与创新人才能力培养实践	李明峰，郑加柱，周　立，蔡先华，卢华兴	南京工业大学，南京林业大学，淮海工学院，东南大学
40	测绘实践教学改革与实践教学环境建设	邹峥嵘，邓才华，戴吾蛟，戴水财，邱　斌	中南大学
41	测绘程序设计的教学与实验互动平台	李英冰，胡春春，康雄华，赵前胜，曾文宪	武汉大学
42	共享型测绘教学资源库建设	吕翠华，张东明，赵文亮，陈国平，王　敏	昆明冶金高等专科学校
43	高职工程测量技术专业《地理信息系统》课程教学改革与实践	李　玲，李天和，朱红侠，王　云	重庆工程职业技术学院

44	依托测绘生产技术服务项目，校企业合作开展工程测量技术专业人才培养新途径	尹辉增，李立增，聂振钢，边占新，骆宪龙	石家庄铁路职业技术学院

国家测绘地理信息局公告

（第 2 号 2012 年 5 月 15 日）

为进一步贯彻落实《中华人民共和国测绘法》，加强测绘地理信息质量统一监管，提高全国测绘地理信息成果质量整体水平，更好地为国民经济建设和社会发展提供准确、可靠的测绘地理信息保障，国家测绘地理信息局于 2011 年 3 月 -12 月组织开展全国测绘地理信息成果质量监督检查工作。本次监督检查的对象是 2009 年 1 月 -2010 年 12 月期间完成的 1:500、1:1000、1:2000、1:5000 地形图成果，包括 DLG、DEM、DOM 等产品。

各省、自治区、直辖市测绘地理信息行政主管部门于 2011 年 3 月 -8 月完成了本地区以上成果自查。2011 年 7 月 -12 月，国家测绘地理信息局根据各地工作情况，组织开展了国家监督抽查工作。国家监督抽查抽取了全国甲级测绘资质单位的 34 个项目，涉及 21 个省、自治区、直辖市。按比例尺分：1:500 比例尺 20 个、1:1000 比例尺 9 个、1:2000 比例尺 2 个、1:5000 比例尺 3 个；按项目类型分：DLG 成果 29 个、DEM 成果 1 个、DOM 成果 4 个。32 个项目成果质量“批合格”、2 个项目“批不合格”，合格率 94.12%。各项目检查结果见附表。

此次监督检查依据《2011 年全国测绘成果质量监督检验技术方案》、《测绘成果质量检查与验收》（GB/T 24356-2009）、《数字测绘成果质量检查与验收》（GB/T 18316-2008）、《测绘成果质量监督抽查与数据认定规定》（CH/T1018-2009），以及被检项目的技术设计书及所引用的国家标准、行业标准、地方标准等，按测绘项目成果类型，对成果质量进行了检查。

检查结果表明，2009 年 1 月 -2010 年 12 月期间完成的 1:500、1:1000、1:2000、1:5000 地形图成果质量总体良好。主要表现在：项目执行了国家相关标准规范，做到了先设计、后生产，能够执行“二级检查、一级验收”等质量控制制度，并注意加强对成果形成过程中各关键工序的质量管理；项目生产各工序质量控制到位；生产过程中普遍采用了先进的测量方法与手段，成果平面精度和高程精度较高；项目资料齐全。

检查中发现了以下主要质量问题：

一、个别项目检验样本图幅检测粗差率超限，要素表达失真，部分重要地物未表示。

二、部分项目检验样本图幅数据分层及存储与技术设计不符，技术设计、技术总结、检查报告编写不规范、内容不完整。

三、部分项目检验样本图幅要素内容标注密度不够，存在表达不合理现象。

国家测绘地理信息局将对本次监督检查不合格项目单位下达整改通知，并按照有关法律法规的规定，进行相应处理。

国家测绘地理信息局将进一步加大测绘地理信息质量监督管理力度，不断提升项目单位质量意识，提高成果质量水平，为国民经济建设和社会发展提供可靠的、高质量的测绘地理信息保障服务。

附件：全国测绘地理信息成果质量监督检查结果

全国测绘地理信息成果质量监督检查结果

序号	生产单位	项目名称	批成果质量
1	北京市测绘设计研究院	北京中心城区 1:500 地形图更新测绘（2010 下半年）	合格
2	天津市测绘院	2010 年天津市 1:2000 真彩色正射影像图制作	合格
3	河北省第二测绘院	邯郸市中心城区 1:500 真彩色正射影像图成图	合格
4	石家庄市勘察测绘设计研究院	2009 年石家庄市正定东部区域 1:1000 数字地形图测绘	合格
5	山西省勘察设计研究院	繁峙县城 1:500 地形测量	不合格
6	山西省地质测绘院	襄垣富阳经济工业园区航测项目	合格
7	大连市勘察测绘研究院有限公司	大连普湾新区地形图测绘项目（A1 标段）	合格
8	长春市测绘院	长春市城区 1:500 地形图 2010 年修测工程	合格
9	吉林省第一测绘院	伊通城区 1:500、1:5000 数字化地形图	合格
10	上海市测绘院	上海市 1:1000 数字化地形图修测（1:1000 基础地形数据库更新维护）	合格
11	江苏省测绘工程院	江阴市规划建设用地 1:500 比例尺数字化地形图全覆盖	合格
12	江苏易图地理信息工程有限公司	扬州市“一体两翼”1:5000 地形图测绘及 1:25000 地形图缩编项目	合格
13	宁波市测绘设计研究院	鄞州姜山镇 1:500 数字地形图测量	合格
14	杭州市勘测设计研究院	杭州市滨江东测区 1:500 数字化地形图	合格
15	合肥市测绘设计研究院	肥东经济开发区 1:1000 地形图测绘	合格
16	芜湖市勘察测绘设计研究院	芜湖市长江大桥开发区（新区）测区 1:1000 数字化地形图	合格
17	福建省地质测绘院	连江县地形图及地籍图测绘编制工程	合格
18	江西天久测绘院	鹰潭市夏埠规划区 1:500 地形测量	合格
19	山东正元地理信息工程有限责任公司	青岛市 1:5000 地形图测绘与建库项目（检查 DOM 成果）	合格
20	济南市勘察测绘研究院	济南市 2009 年 1:500 地形图测绘及建库（长清、龙洞测区）	合格
21	河南省中纬测绘规划信息工程有限公司	沁阳市城市规划区现状测绘项目	合格

22	河南省遥感测绘院	新密市市域 1:5000 地形图航测数字化成图	合格
23	湖北省地图院	湖北省新农村测绘麻城市福田河镇、龟山镇、云梦县义堂镇、英山县杨柳湾镇 1:1000 地形图测绘	合格
24	湖北省航测遥感院	宜都市 1:1000 地形图	合格
25	广东省地质测绘院	佛山市三水区 1:500 全数字化地形测绘（三期）第二标段	合格
26	广东省国土资源信息中心	惠州市区 1:2 千数字正射影像图制作	合格
27	广西第二测绘院	来宾市 1:500 地形测绘	合格
28	南宁市勘测院	南宁市六城区数字高程模型制作	合格
29	海口市城市规划设计研究院	华侨农场地形测绘工程	不合格
30	中冶成都勘察研究总院有限公司	中国成都紫色植物产业示范园地块 1:500 规划测图	合格
31	昆明市测绘研究院	昆明市晋城南城 1:500 数字地形图测量	合格
32	云南省测绘工程院	红河州泸西县 1:500 数字化地形测量	合格
33	甘肃省地质矿产勘查开发局测绘勘查院	永靖县规划新区地形测绘	合格
34	甘肃省测绘工程院	临夏市 1:500 比例尺地形图测绘项目	合格

国家测绘地理信息局公告

（第 3 号 2012 年 7 月 2 日）

为认真贯彻落实《测绘地理信息“十二五”人才发展规划》，加快实施人才强测战略，建设高素质的测绘地理信息人才队伍，根据《国家测绘地理信息局科技领军人才管理暂行办法》（见附件），国家测绘地理信息局决定面向国内外选拔第二批科技领军人才，现就选拔工作有关事项公告如下：

一、选拔范围

国内外高等院校、科研机构、企事业单位从事测绘地理信息相关工作人员。

二、选拔条件

（一）具有战略眼光和创新思维，学术技术水平高、引领作用强、发展潜力大、贡献突出，并在本行业、本领域得到广泛认同。

（二）原则上应具有博士学位，具有高级专业技术职务，年龄一般不超过 55 周岁（1957 年 1 月 1 日后出生）。

（三）同时符合下列条件中至少二项：

1. 近 5 年内获得过国家自然科学奖、技术发明奖、科学技术进步奖或省部级科学技术一等奖（国家级一等奖排名前五，国家级二等奖、省部级一等奖排名前三）。

2. 作为技术负责人，近 5 年内主持完成过国家或省部级重大科研或工程项目，并在学术技术方面发挥主要作用。

3. 取得的科研成果或发明专利达到国际先进或国内领先，对提升测绘地理信息技术水平、促进地理信息产业升级具有显著作用。

4. 作为第一作者，近5年内在国际重要核心期刊上发表过有影响的学术论文，并被SCI（科学引文索引）、EI（工程索引）收录。

（四）长期在国外工作的，按照与上述条件相当的原则掌握。同时，一般应有在国外著名高校、科研机构担任相当于教授以上职务的经历，并有同行公认的学术技术成就。

三、选拔程序

（一）申报人须填写《国家测绘地理信息局科技领军人才申报表》，并通过单位推荐、社团推荐、同行专家举荐、个人自荐等任一方式，向国家测绘地理信息局人事司提出申请。

推荐单位、社团和专家需对申报人的道德素质、学术和技术水平、团队建设等情况有充分的了解，撰写推荐意见并对相关信息的真实性负责。

（二）国家测绘地理信息局人事司组织召开专家委员会会议，对申报人员进行评审，并提出科技领军人才候选人。

（三）国家测绘地理信息局对候选人进行审定，经公示无异议后，确认为科技领军人才，并颁发证书，纳入科技领军人才培养计划。

四、申报材料

（一）各申报人于2012年9月7日前将申报材料及相关证明材料一式三份（附光盘）报送国家测绘地理信息局人事司，逾期不予受理，报送材料时务必注明联系人及电话。

（二）申报材料包括：

1. 《国家测绘地理信息局科技领军人才申报表》（可从国家测绘地理信息局网站下载，网址：http://www.sbsm.gov.cn/）。

2. 申报人的身份证件、学历（学位）证书及获奖情况、业绩贡献、代表论著等有关的证明材料；外文证明材料需同时提供中文翻译件。

3. 单位和社团推荐的须有单位或社团出具的推荐函（写明人选产生及决定的过程）。

五、其他

对国家测绘地理信息局科技领军人才的培养、资助、考核、管理等具体措施，详见《国家测绘地理信息局科技领军人才管理暂行办法》。

联 系 人：田青、王久辉

联系电话：010-63882001（兼传真）、63882005

电子邮箱：jyrc@sbsm.gov.cn

材料报送地址：北京市海淀区莲花池西路28号国家测绘地理信息局人事司教育人才处

邮　编：100830

特此公告。

附件：《国家测绘地理信息局科技领军人才管理暂行办法》（略）

国家测绘地理信息局公告

（第4号　2012年7月17日）

依据《中华人民共和国测绘法》、《测绘资质管理规定》和《测绘资质分级标准》，2012年1月至6月，国家测绘地理信息局审核批准了南京国图信息产业股份有限公司等34家单位为甲级测绘资质单位。

特此公告。

2012年1月至6月审核批准的甲级测绘资质单位名单

序号	单位名称	资质证号	法定代表人	甲级专业范围
1	南京国图信息产业股份有限公司	甲测资字32002044	孙在宏	工程测量：城乡用地、地形、城乡规划定线、线路工程、规划检测、建筑工程、日照、市政工程、竣工、隧道、桥梁、控制测量；地理信息系统工程；地籍测绘；互联网地图服务。
2	山东电力工程咨询院有限公司	甲测资字37002093	侯学众	工程测量：地下管线、变形（沉降）观测、建筑工程、线路工程、地形、控制、形变、竣工测量。
3	北京拉手网络技术有限公司	甲测资字11002086	关明	互联网地图服务。
4	武汉市房产测绘中心	甲测资字42002043	郑举汉	房产测绘。
5	许昌地质测绘院	甲测资字41002024	王令全	工程测量；地籍测绘。
6	中国建筑材料工业地质勘查中心贵州总队	甲测资字52002012	欧文	工程测量：控制、地形、城乡规划定线、矿山、竣工、市政工程、建筑工程、线路工程测量；地籍测绘；地理信息系统工程：外业地理信息数据采集、建立专业地理信息系统、建立基础地理信息系统、建立数据库、地图数字化、外业采集的地理信息数据处理、空间遥感地理信息数据处理。
7	中国软件与技术服务股份有限公司	甲测资字11002088	程春平	互联网地图服务：地图搜索、位置服务、地图下载、复制服务、地图发送、引用服务。
8	湖南省湘南地质勘察院	甲测资字43002031	乔玉生	工程测量：控制、地形、城乡规划定线、城乡用地、规划检测、市政工程、线路工程、矿山、竣工测量；地籍测绘；地理信息系统工程：地图数字化、建立数据库、建立专业地理信息系统、外业地理信息数据采集。
9	北京威特空间科技有限公司	甲测资字11002089	朱正荣	摄影测量与遥感；测绘航空摄影：无人飞行器航摄。
10	西安中飞航空遥感技术有限公司	甲测资字61002035	宋庆国	测绘航空摄影：机载SAR成像、机载激光扫描、胶片航空摄影、数码航空摄影。
11	海南地质综合勘察设计院	甲测资字46002006	傅杨荣	工程测量：控制、竣工、市政工程、建筑工程、规划检测、地下管线、线路工程、城乡规划定线、地形、矿山、水利工程、城乡用地测量；地籍测绘。

12	河北天地资源勘测规划设计工程有限公司	甲测资字13002042	高文彪	工程测量：控制、地形、城乡规划定线、城乡用地、市政工程、建筑工程、变形（沉降）观测、形变测量；地籍测绘。
13	厦门亿力吉奥信息科技有限公司	甲测资字35002020	林文孝	互联网地图服务。
14	抚顺市勘察测绘院	甲测资字21002029	常耀广	工程测量：控制、地形、城乡规划定线、城乡用地、规划检测、日照、市政工程、建筑工程、线路工程、地下管线、桥梁、隧道、竣工测量；行政区域界线测绘；地籍测绘。
15	山东省地质矿产勘查开发局第五地质大队	甲测资字37002094	赵长河	工程测量：控制、地形、城乡规划定线、城乡用地、规划检测、市政工程、建筑工程、线路工程、形变、变形（沉降）观测、矿山、竣工测量。
16	贵州天地通科技有限公司	甲测资字52002013	谢国靖	工程测量：控制、地形、水利工程、形变、市政工程、桥梁、竣工、线路工程、城乡用地、变形（沉降）观测、精密工程测量；地籍测绘。
17	河北省地质矿产勘查开发局第四地质大队	甲测资字13002043	李健	工程测量：规划检测、城乡规划定线、城乡用地、日照、竣工、控制、地形、市政工程、建筑工程、线路工程、桥梁、隧道测量；地籍测绘。
18	四川省煤田地质局一三七队	甲测资字51002027	向昆明	工程测量：控制、地形、城乡规划定线、市政工程、精密工程、线路工程、矿山、变形（沉降）观测、形变、竣工测量。
19	四川省冶金地质勘查局六〇一大队	甲测资字51002029	谢戈军	工程测量：控制、地形、城乡规划定线、市政工程、精密工程、线路工程、矿山、变形（沉降）观测、形变、竣工测量。
20	中铁八局集团有限公司	甲测资字51002028	曹义	工程测量：控制、地形、线路工程、隧道、市政工程、精密工程、桥梁、变形（沉降）观测、形变、竣工测量。
21	北京九五一九零信息技术有限公司	甲测资字11002092	陈志方	互联网地图服务。
22	北京智德典康电子商务有限公司	甲测资字11002091	王路	互联网地图服务。
23	沈阳美行科技有限公司	甲测资字21002031	孙克文	互联网地图服务。
24	深圳市超级云计算机科技有限公司	甲测资字44002038	楼昊	互联网地图服务：地图搜索、位置服务。
25	广东南方数码科技有限公司	甲测资字44002040	马超	互联网地图服务。

26	广州华多网络科技有限公司	甲测资字44002039	李学凌	互联网地图服务。
27	安徽省电力设计院	甲测资字34002019	陈静	工程测量：控制、地形、线路工程、市政工程、变形（沉降）观测、精密工程测量。
28	中铁大桥局股份有限公司	甲测资字42002044	刘自明	工程测量：控制、地形、城乡规划定线、城乡用地、规划检测、日照、市政工程、水利工程、建筑工程、精密工程、线路工程、桥梁、隧道、变形（沉降）观测、形变、竣工测量。
29	新疆维吾尔自治区煤田地质局综合地质勘查队	甲测资字65002014	黄涛	工程测量：控制、地形、城乡规划定线、城乡用地、规划检测、市政工程、日照、建筑工程、线路工程、桥梁测量。
30	中铁大桥局集团第二工程有限公司	甲测资字32002045	徐雪峰	工程测量：控制、地形、城乡规划定线、城乡用地、规划检测、市政工程、建筑工程、精密工程、线路工程、桥梁、隧道、变形（沉降）观测、形变、竣工测量。
31	龙岩市勘察测绘大队	甲测资字35002021	倪广健	工程测量：控制、地形、城乡规划定线、城乡用地、规划检测、日照、市政工程、建筑工程、线路工程、地下管线、桥梁、隧道、竣工测量。
32	江西省赣西土木工程勘测设计院	甲测资字36002023	何军	工程测量：桥梁、地形、控制、隧道、竣工、市政工程、建筑工程、规划检测、线路工程、城乡规划定线、水利工程、城乡用地测量。
33	北京三友宇天测绘有限公司	甲测资字11002093	孙荣跃	互联网地图服务。
34	国家测绘局卫星测绘应用中心	甲测资字11002094	冯先光	摄影测量与遥感、地理信息系统工程、互联网地图服务。

国家测绘地理信息局公告

（第 5 号　2012 年 10 月 26 日）

根据《中华人民共和国标准化法》有关规定，现批准《数字高程模型质量检验技术规程》等 18 项测绘地理信息行业标准发布实施。该 18 项测绘地理信息行业标准由国家测绘地理信息局测绘标准化研究所组织测绘出版社出版发行。

特此公告

序号	行业标准名称	行业标准编号	代替标准号	实施日期
1	CH/T 1026-2012	数字高程模型质量检验技术规程		2013-01-01
2	CH/T 1027-2012	数字正射影像图质量检验技术规程		2013-01-01
3	CH/T 1028-2012	变形测量成果质量检验技术规程		2013-01-01
4	CH/T 1029-2012	航空摄影成果质量检验技术规程 第 1 部分：常规光学航空摄影		2013-01-01
5	CH/T 1030-2012	基础测绘项目文件归档技术规定		2013-01-01
6	CH/T 1031-2012	新农村建设测量与制图规范		2013-01-01
7	CH/T 2011-2012	全球导航卫星系统连续运行基准站网运行维护技术规范		2013-01-01
8	CH/T 3009-2012	1:50000 地形图合成孔径雷达航天摄影测量技术规定		2013-01-01
9	CH/T 3010-2012	1:50000 地形图合成孔径雷达航空摄影技术规定		2013-01-01
10	CH/T 3011-2012	1:50000 地形图合成孔径雷达航空摄影测量技术规定		2013-01-01
11	CH/T 4017-2012	矢量地图符号制作规范		2013-01-01
12	CH/T 9013-2012	数字城市地理信息公共平台建设要求		2013-01-01
13	CH/T 9014-2012	数字城市地理信息公共平台运行服务规范		2013-01-01
14	CH/T 9015-2012	三维地理信息模型数据产品规范		2013-01-01
15	CH/T 9016-2012	三维地理信息模型生产规范		2013-01-01
16	CH/T 9017-2012	三维地理信息模型数据库规范		2013-01-01
17	CH/Z 9018-2012	地理信息网络分发服务元数据内容规范		2013-01-01
18	CH/Z 9019-2012	地理信息元数据服务接口规范		2013-01-01

国家测绘地理信息局公告

（第 6 号 2012 年 12 月 17 日）

根据国家测绘地理信息局《科技领军人才管理暂行办法》，经层层选拔推荐、专家委员会评审、国家测绘地理信息局党组审定，国家基础地理信息中心副主任王东华、中国测绘科学研究院副院长刘纪平、武汉大学资源与环境科学学院院长刘耀林、南京大学科学技术处处长李满春、中国科学院遥感应用研究所所长顾行发、国家测绘地理信息局卫星测绘应用中心副主任唐新明、国家测绘产品质量检验测试中心主任程鹏飞、同济大学测绘与地理信息学院院长童小华（排名按姓氏笔画为序）等 8 人当选为国家测绘地理信息局科技领军人才。希望当选的同志珍惜荣誉，再接再厉，努力取得新的更大成绩。

广大测绘地理信息科研、生产和技术人员要以国家测绘地理信息局科技领军人才为榜样，大力弘扬求真务实、勇于创新的科学精神，不畏艰险、勇攀高峰的探索精神，团结协作、服务大局的团队精神，热爱祖国、忠诚事业、艰苦奋斗、无私奉献的测绘精神，积极进取，努力拼搏，不断取得一流的科研成就和工作业绩，为加快构建测绘地理信息强国作出积极贡献。

国家测绘地理信息局公告

（第 7 号 2012 年 12 月 17 日）

根据国家测绘地理信息局《科技领军人才管理暂行办法》有关规定，国家测绘地理信息局对首批科技领军人才进行了考核，经专家委员会评议，局党组审定，现将考核结果公布如下：

一、国家基础地理信息中心总工程师陈军、中国测绘科学研究院地图学与地理信息系统研究所所长李成名、中国测绘科学研究院院长张继贤、国家测绘地理信息局大地测量数据处理中心主任郭春喜考核合格，继续按照科技领军人才进行管理。

二、武汉大学测绘学院院长李建成、武汉大学测绘与遥感信息工程国家重点实验室主任龚健雅已分别当选为中国工程院院士和中国科学院院士，不再按科技领军人才管理。

三、山东科技大学测绘科学与工程学院卢秀山因个人原因，不再列入科技领军人才管理。

省级测绘地理信息公告

关于吉林省测绘资质单位汇交（2011 年度）成果目录的公告

（吉林省测绘局 2012 年 6 月 20 日）

根据《中华人民共和国测绘法》、《中华人民共和国测绘成果管理条例》等有关法律法规，现将吉林省测绘资质单位汇交的2011年度完成的测绘成果目录予以公布。共270家单位汇交了2499条测绘成果目录，其中长春地区60家、吉林地区14家、四平地区36家、辽源地区15家、通化地区32家、白山地区27家、松原地区31家、白城地区17家、延边地区34家、长白山管委会4家。

各有关单位如需利用相应测绘成果，可咨询吉林省测绘档案资料馆，电话：0431-82716951。

《吉林省测绘资质单位汇交2011年度测绘成果资料目录》详见本公告附件。

特此公告。

附件：吉林省测绘资质单位汇交2011年度测绘成果资料目录（略）

关于发布《2012四川省地理省情公报》的公告

四川省测绘地理信息局、四川省民政厅、四川省国土资源厅

（2012年第1号 2012年12月4日）

按照《国家测绘地理信息局和四川省人民政府合作开展汶川地震灾区发展振兴与全省防灾减灾测绘保障协议书》的工作部署，省测绘地理信息局会同省民政厅、省国土资源厅利用最新的地理信息、专业部门资料和测绘高新技术，及时开展了首次地理省情普查与监测，获取了首批全省地理省情监测成果，主要包括全省自然地理位置、行政区域面积、地形地貌、水系流域分布等基本地理省情以及汶川地震核心灾区震前、震后地表形变情况和堰塞湖分布信息。为满足政府公共管理和社会公众的需要，规范使用，经省人民政府批准，省测绘地理信息局、省民政厅、省国土资源厅联合发布《2012四川省地理省情公报》。

特此公告。

陕西省测绘地理信息局公告

（第1号 2012年1月8日）

按照《国家测绘地理信息局陕西省人民政府合作开展地理国（省）情监测试点协议书》的要求，我省已监测获取了首批陕西省地理国（省）情信息。经陕西省地理国（省）情监测试点工作领导小组审定，陕西省人民政府批准并授权，陕西省测绘地理信息局以《陕西基本地理省情白皮书（2011）》和《陕西基本地理省情蓝皮书（2011）》两部分内容予以发布。其中，《陕西基本地理省情白皮书（2011）》的信息内容供社会公众公开使用；《陕西基本地理省情蓝皮书（2011）》的信息内容按照《陕西省测绘成果管理条例》规定的程序，经批准后提供使用。上述监测成果由陕西省地理国情信息中心保管和提供。

附件：《陕西基本地理省情白皮书（2011）》的信息内容供社会公众公开使用（略）；《陕西基本地理省情蓝皮书（2011）》的信息内容按照《陕西省测绘成果管理条例》规定的程序，经批准后提供使用（略）。

陕西省测绘地理信息局公告

（第2号 2012年4月18日）

为准确表达和反映陕西省政区及地理省情，促进社会各界正确编制和使用地图，防止“问题地图”的产生

和传播，陕西省测绘地理信息局依据国家有关法规的要求以及国家技术标准，采用“数字陕西”最新测绘成果资料，组织编制完成了陕西省及各设区市标准地图，现予以发布。今后各方面用户在编制涉及我省政区的地图产品或依托地图制作其他产品、作品时，应予采用。

陕西省及设区市标准地图包括陕西省对开（1:120万）、四开（1:170万）、八开（1:230万）、十六开（1:340万）、三十二开（1:500万）5种幅面基础要素版和政区版，三十二开（1:500万）、六十四开（1:700万）2种幅面政区简图版，共12幅地图；10个设区市适合四开和十六开幅面的基础要素版和政区版，共40幅地图；数据格式为JPG格式，分辨率为300dpi。用户可根据自己的需要在陕西省测绘地理信息局网站（www.shasm.gov.cn）免费浏览、下载和使用。

特此公告。

大 事 记

一月

【3 日】新疆维吾尔自治区党委书记张春贤为测绘地理信息工作题词“今天的艰苦测绘，明天的蓬勃新疆”。自治区政府主席努尔·白克力为测绘地理信息工作题词“构建测绘地理信息高地，助力新疆跨越式发展”。

【4 日】青海省副省长徐福顺对全省测绘地理信息工作作出批示。

【5 日】国家测绘地理信息局与天津市政府在天津签署合作协议，共同开展数字天津地理空间框架建设及地理国（市）情监测。国家测绘地理信息局局长徐德明、天津市委副书记、市长黄兴国出席签字仪式并讲话，国家测绘地理信息局副局长李维森、天津市副市长熊建平代表双方在合作协议上签字。

【6 日】陕西省委书记赵乐际、省长赵正永对全省测绘地理信息工作作出批示。

【7 日】国家测绘地理信息局局长徐德明，副局长王春峰、李维森、宋超智、闵宜仁，党组成员、纪检组组长张荣久，党组成员、办公室主任吴兆琪，副局长李朋德出席全国国土资源工作会议。

【8 日】国家测绘地理信息界新当选院士庆贺会暨 2012 年新春院士座谈会在北京举行。国家测绘地理信息局局长徐德明出席并讲话，两院院士 17 人和在京国家测绘地理信息局领导班子成员、总工程师出席。国家测绘地理信息局机关副司以上干部等 40 多人参加会议。

【9 日】11 时 17 分，我国在太原卫星发射中心用长征四号乙运载火箭，成功将我国首颗高精度民用立体测绘卫星资源三号送入预定轨道。

【9 日】黑龙江测绘地理信息局与黑龙江省发展和改革委员会联合印发《黑龙江省基础测绘“十二五”规划》。

【9 日】陕西测绘地理信息局发布《陕西基本地理省情白皮书（2011）》和《陕西基本地理省情蓝皮书（2011）》。

【9 日】陕西测绘地理信息工作会议在西安召开。

【10 日】山西省测绘地理信息局举行更名揭牌仪式。国家地理信息局副局长王春峰、山西省政府副秘书长韩和平、中国工程院院士张祖勋、山西省国土资源厅厅长李建功共同为山西省测绘地理信息局揭牌。

【11 日】国家测绘地理信息局党组召开会议，学习传达中纪委七次全会精神。局党组书记、局长徐德明就深入学习贯彻中纪委七次全会精神进行部署，提出明确要求。

【11 日】资源三号卫星传回第一批影像数据，影像涉及黑龙江、吉林、辽宁、山东、江苏、浙江、福建等地区，共约 21 万平方千米。

【12 日】国家测绘地理信息局召开党外人士代表新春座谈会，局党组书记、局长徐德明出席会议并讲话，党组成员、纪检组组长、直属机关党委书记张荣久主持会议，来自农工、民盟、民建、致公党、“九三”学社的民主党派人士以及无党派高级知识分子代表参加座谈会。

【12 日】在福建省第十一届人民代表大会第六次会议上，“基础测绘”首次进入省财政预算报告。

【13 日】国家测绘地理信息局局长徐德明在中国测绘创新基地会见苏丹国家测绘局局长阿比达拉率领的苏丹测绘地理信息代表团，并就双边合作举行会谈。

【13 日】河北省机构编制委员会决定，河北省测绘局更名为河北省地理信息局。更名后，其管理体制、主要职责、内设机构和人员编制不变。

【13 日】海军副司令员丁一平中将视察中国航海图书出版社并作重要指示。

【14 日】总参某部批准“1:5 万数字地形图更新

工程”等3项工程获2011年度军事测绘导航重大工程建设奖，批准沈阳军区某测绘大队工程师黄晓杰等18人为2011年度全军测绘导航技术能手，对重大工程建设单位和测绘技术能手进行通报表彰。

【15日】浙江省省长夏宝龙对浙江省海洋测绘工作作出批示。

【16日】甘肃省委常委、副省长石军对全省测绘地理信息工作作出批示。

【16日】甘肃省测绘工作会议在兰州召开。

【18日】中共中央党校教学基地挂牌仪式在中国测绘创新基地举行。中央党校副校长孙庆聚、李书磊，国家测绘地理信息局局长徐德明及班子成员出席挂牌仪式。

【18日】“天地图”运行维护设备启用仪式在中国测绘创新基地举行，国家测绘地理信息局局长徐德明，副局长王春峰、闵宜仁，财政部经济建设司有关负责人出席仪式。

【19日】“天地图”正式应用于中央电视台《东方时空》栏目，用于展示新闻地点。

【19日～20日】新疆维吾尔自治区党委常委努尔兰·阿不都满金在新疆会见国家测绘地理信息局副局长李维森。

【30日】总参测绘导航局在武汉召开武汉地区测绘院士新春团拜会，局长薛贵江出席并慰问地方测绘系统院士。

【31日】我国互联网地图服务单位资质发证基本完成。全国共有151家单位获得甲级互联网地图服务测绘资质证书，128家单位获得乙级证书。

【31日】河南省政府第99次常务会议通过《河南省测绘成果管理办法》，自2012年4月1日起施行。

▲吉林省测绘局门户网站在2011年吉林省政府网站绩效评估中被评为“先进政府网站”。

▲黑龙江地理信息工程院被中共黑龙江省委、省政府命名为省级文明标兵单位，黑龙江基础地理信息中心被命名为省级文明单位。

二月

【1日】按照《关于进一步加强互联网地图服务资质管理工作的通知》要求，自2012年2月1日起，未申请互联网地图服务资质的单位一律不得从事互联网地图服务活动。

【1日】《黑龙江省测量标志保护管理办法（修正案）》正式施行。

【1日】国家测绘地理信息局第一大地测量队获中共陕西省委、陕西省人民政府“省级文明单位”称号。

【2日】5时16分，辽宁省营口市发生4.3级地震，辽宁省测绘地理信息局于当日上午启动测绘应急保障二级响应机制，及时向省政府应急指挥中心提供震区行政区划图和遥感影像资料。

【5日】广州军区司令部与广东省国土资源厅在军区某测绘信息中心召开2012年深化军地测绘导航合作研讨会。

【9日】国家测绘地理信息局印发《测绘地理信息市场信用信息管理暂行办法》，自2012年7月1日起施行。该办法对测绘地理信息市场信用信息的征集、处理、发布、使用等作出明确规定。

【9日】河南省政府印发《河南省人民政府关于表彰2011年河南省职业教育攻坚工作先进单位和先进个人的决定》，郑州测绘学校校长李玉潮被评为“2011年河南省职业教育攻坚工作先进个人”。

【9日】湖南省委书记、省人大常委会主任周强，省委常委、省委秘书长易炼红考察数字湖南基础工程建设情况。

【14日】国家测绘地理信息局局长徐德明陪同国务院副总理李克强接见首届国土资源节约集约模范县（市）代表，并出席首届国土资源节约集约模范县（市）表彰大会，国家测绘地理信息局副局长闵宜仁参加。

【15日～16日】总参某部在三亚市召开2012年度军事测绘导航工作会议。总参某部副部长曲睿出席会议并作指示，测绘导航局局长薛贵江作主题报告，海军副参谋长冷振庆出席，全军测绘导航系统120名代表参加。

【16日】吉林省副省长王化文专题听取吉林省测绘局工作汇报并对全省测绘机构建设、增加基础测绘投入经费及加快吉林省地理信息公共服务平台建设等工作做出指示。

【17日】陕西测绘地理信息局获2011年陕西省政府网站建设管理先进单位称号。

【20日】浙江省测绘与地理信息局被评为2011年全省依法行政工作优秀单位。

【20日】“天地图·安徽”正式接入“天地图”国家主节点，实现国家与省级节点在线数据的互联互通。

【21 日】《江苏省测绘地理信息成果管理规定》以江苏省人民政府第 79 号令发布，自 2012 年 5 月 1 日起施行。

【21 日】“天地图 · 山东”省级节点正式接入“天地图”国家主节点。

【23 日】山西省测绘地理信息工作会议在太原召开。

【23 日】江西省测绘地理信息工作会议在南昌召开。

【24 日】国家测绘地理信息局在北京举行 1:5 万基础地理信息数据 2011 版成果推广会，正式启用覆盖中国全部陆地国土范围的约 2.4 万幅 1:5 万基础地理信息数据等最新成果，并向国务院办公厅电子政务办公室、公安部、民政部、国土资源部等十部门赠送使用。

【24 日】吉林省测绘工作会议在长春召开。

【24 日】四川省测绘地理信息工作会议在成都召开。

【24 日】陕西省测绘学会被陕西省科协评为 2012 年 ~ 2013 年全省示范学会。

【27 日 ~ 28 日】广东省测绘工作会议在佛山市召开。

【28 日】国家测绘地理信息局局长徐德明在中国测绘创新基地会见江西省副省长姚木根，国家测绘地理信息局副局长李维森、李朋德参加会见。

【28 日】安徽省测绘工作会议在合肥召开。

【29 日】四川省政府第 101 次常务会议审议通过《四川省“十二五”基础测绘发展规划》。

三月

【1 日】江苏省测绘局在南京举行“天地图 · 江苏”暨“十一五”基础测绘成果发布会。江苏省副省长徐鸣、国家测绘地理信息局副局长王春峰出席会议并讲话。

【1 日】江苏省政府副省长徐鸣对测绘地理信息工作作出批示。

【1 日】江苏省测绘局在南京召开全省测绘地理信息工作会议。

【5 日】国家测绘地理信息局局长徐德明在中国测绘创新基地会见福建省副省长洪捷序，国家测绘地理信息局副局长李维森、闵宜仁参加会见。

【6 日】国家测绘地理信息局局长徐德明在中国测绘创新基地会见芬兰国家测绘局局长拉蒂亚一行，国家测绘地理信息局副局长李朋德参加会见，双方共同签署了《中国人民共和国国家测绘地理信息局与芬兰共和国国家测绘局关于执行测绘科技合作议定书的会谈纪要》，确定 2013 年 ~ 2014 年双边测绘地理信息科技合作项目计划。

【6 日】国家测绘地理信息局局长徐德明在中国测绘创新基地会见江西省省长鹿心社，国家测绘地理信息局副局长王春峰、李维森、宋超智、闵宜仁，局党组成员、纪检组组长张荣久，局党组成员、办公室主任吴兆琪，副局长李朋德，总工程师胥燕婴参加会见。

【6 日】“国家基础地理信息数据库动态更新项目”启动会在中国测绘创新基地召开。会议明确国家基础地理信息中心为项目牵头单位，确定任务与职责，建立国家基础地理信息数据库动态更新项目部。国家测绘地理信息局副局长李维森、总工程师胥燕婴出席会议。国家测绘地理信息局相关司局负责人、国家基础地理信息中心，陕西、黑龙江、四川、海南测绘地理信息局，国家测绘地理信息局重庆测绘院有关负责人参加会议。

【7 日】国家测绘地理信息局举办“迎十八大，抒巾帼情”测绘女职工摄影比赛。

【7 日】国家基础地理信息中心与国家超级计算天津中心在天津签署战略合作框架协议。

【7 日】芬兰国家测绘局局长拉蒂亚率领芬兰测绘代表团访问湖北省测绘局。

【8 日】国家测绘地理信息局与湖南省政府签订共同推进数字湖南地理信息基础工程建设签约仪式。湖南省委书记、省人大常委会主任周强，国家测绘地理信息局局长徐德明出席会议并讲话。湖南省常务副省长于来山、政协副主席杨维刚、张大方，国家测绘地理信息局副局长王春峰、李维森、宋超智、闵宜仁，局党组成员、纪检组组长张荣久，局党组成员、办公室主任吴兆琪，副局长李朋德，局总工程师胥燕婴出席会议。

【12 日】国家测绘地理信息局与上海市政府在上海签署《共建上海智慧城市地理空间框架合作协议》，国家测绘地理信息局副局长李维森和上海市副市长沈骏代表双方签字并致辞。

【12 日 ~ 16 日】中俄国界第一次联合检查委员会第二次会议在北京举行。会议签署《中俄国界第一次联合检查界标位置测定细则》，确认了《中俄

国界第一次联合检查议定书西段国界线走向部分起草样式》。

【15日】国家测绘地理信息局印发《关于开展全国2012年测绘地理信息成果质量监督检查的通知》，明确2012年监督抽查对象为2010年1月～2011年12月期间完成的1:1万地形图。

【15日】河北省机构编制委员会办公室印发《关于加强市、县（市）测绘地理信息工作机构建设的通知》，就规范市、县地理信息机构设置提出要求。

【16日】吉林省测绘学会地籍与房产专业委员会被吉林省科协评为（2012年度）优秀专业委员会，吉林省第二届大学生测量技能大赛被评为优秀学会活动。

【16日～17日】数字平顶山、数字郑州通过验收，平顶山市、郑州市被国家测绘地理信息局授予“全国数字城市建设示范市”称号。

【17日】河南省政府副省长张大卫在郑州会见国家测绘地理信息局副局长李维森。

【20日】“‘天地图·甘肃’正式上线”入选“2011年甘肃省十大重大信息化事件”。

【20日】新疆维吾尔自治区测绘地理信息局支援伊犁地震灾后重建测绘工作全面完成。

【21日】湖南省编制机构委员会批准湖南省测绘局更名为湖南省测绘地理信息局，将测绘职能与地理信息管理服务职能合并，原机构编制维持不变。

【23日】湖南省测绘地理信息工作会议在长沙召开。

【23日】总参测绘导航局印发《军事测绘生产任务完成情况统计报告规定》。

【24日】数字儋州地理空间框架建设项目通过竣工验收，标志着海南省首个数字城市地理空间框架建成。

【24日～25日】首届测绘地理信息教学成果奖评审委员会及奖励委员会会议在昆明召开，评选产生首届44项测绘地理信息教学成果奖。国家测绘地理信息局党组成员、纪检组组长张荣久，副局长李朋德出席会议，30多名专家参加会议。

【25日】《中国测绘报》2011年度好新闻奖揭晓。共评出特别奖1个、消息13篇、通讯13篇、优秀评论1篇、专刊优秀稿件4篇、优秀新闻摄影4幅、副刊作品9篇、优秀版面4个，共计49篇（个）。《中国测绘》杂志评出优秀作品8篇。

【27日】江苏省政府印发《省政府办公厅关于印发江苏省测绘地理信息局主要职责内设机构和人员编制规定的通知》（苏政办发〔2012〕51号），批准省测绘局更名为省测绘地理信息局，重新明确“三定”方案。

【27日】江苏省测绘地理信息局被江苏省扶贫工作领导小组表彰为2010–2011年度全省脱贫攻坚工作先进单位。

【27日～28日】陕西等西北五省（区）政府与兰州军区司令部共同签署《西北五省（区）军地测绘融合发展合作协议》。

【28日】陕西省人大常委会副主任罗振江、常务副省长娄勤俭视察陕西省应急体系地理信息平台并作出指示。

【29日】国家测绘地理信息局在南京召开全国测绘地理信息系统党风廉政工作会议。

【29日】江苏省测绘地理信息局举行挂牌仪式，国家测绘地理信局局长徐德明，江苏省副省长徐鸣共同为江苏省测绘地理信息局揭牌。

【29日】甘肃省政府第103次常务会议讨论通过《甘肃省基础测绘管理办法》，以甘肃省人民政府第89号令发布，2012年5月1日起施行。

【29日】甘肃省省长刘伟平对甘肃省基础测绘管理工作作出指示。

【30日】福建省地理信息公共服务平台公众版正式开通运行。

【31日】2012年全国测绘资质年度注册工作结束，首次实现全国各等级测绘单位年度注册均通过网上办理。

【31日】“天地图”V1.5版正式上线。新版本采用新的搜索引擎，搜索结果更加快速和精确，并增加周边搜索、视野内搜索、搜索建议及搜索结果提示等服务。

▲财政部正式批复地理国情监测项目总体设计和经费预算，同意项目立项实施。

▲江西省测绘成果资料档案馆赵珍珍获“江西省三八红旗手”称号。

▲江西省测绘学会连续第11年被评为先进省级学会。

四月

【10日】国家测绘地理信息局与新疆克拉玛依市政府并中国石油新疆油田公司签订战略合作协议，

正式启动天地图·克拉玛依数据中心（天地图·北方灾备中心）建设。

【10 日】黑龙江省直管县试点县（市）绥芬河市和抚远县的测绘地理信息管理权限，经黑龙江省政府第七十一次常务会议审议通过。

【11 日】湖北省测绘工作会议在武汉召开。

【12 日】我国测绘地理信息行业首届移动测量技术及其在数字城市中的应用高峰论坛暨高级研讨班在武汉开幕。

【12 日】中国测绘科学研究院研究员党亚民担任全球大地测量观测系统协调委员，任期为 2012 年 ~ 2014 年。

【13 日】浙江省测绘与地理信息局被评为省第三次全国文物普查先进集体。

【16 日】国务院参事、国务院应急管理专家组组长闪淳昌视察陕西省应急体系地理信息平台运行情况，陕西省副省长祝列克陪同。

【16 日】山东省基础测绘成果目录发布量突破 14 万条，成为全国发布数量最多的省份。

【17 日】国家测绘地理信息局组织完成“数字广州地理空间框架建设”项目验收，广州市被授予“全国数字城市建设示范市”称号。

【18 日】国家测绘地理信息局局长徐德明出席资源一号 02C 卫星在轨交付仪式。

【18 日】陕西测绘地理信息局、黑龙江测绘地理信息局、四川测绘地理信息局、海南测绘地理信息局和国家测绘地理信息局重庆测绘院 5 家国家测绘地理信息局京外直属单位首次联系会议在西安召开。

【18 日 ~ 19 日】总参测绘导航局在北京组织召开 2012 年度军队科技进步奖测绘导航科技成果评审会。

【19 日】国家测绘地理信息局副局长宋超智在中国测绘创新基地会见英国诺丁汉大学常务副校长戴维·格林威一行。双方在实施为中国地理信息产业单位培养硕士、博士人才计划，加强对中英地理空间信息联合研究中心的支持，在国家地理信息科技产业园建立合作项目等方面达成共识。

【19 日】新疆测绘地理信息局支援伊犁地震灾后重建测绘成果移交暨总结大会在乌鲁木齐召开，测绘成果正式移交伊犁州政府。

【23 日】国家测绘地理信息局黑龙江测绘产品质量监督检验站被中华全国总工会授予“工人先锋号”称号。

【23 日】云南省首个地理国情监测试点项目——大理市海西片区航拍及卫星遥感监测项目正式启动。

【23 日 ~ 29 日】国家测绘地理信息局组团赴荷兰参加 2012 年国际地理空间信息论坛。

【23 日】国家测绘地理信息局与中国联合网络通信有限公司在北京签署战略合作协议，携手推进“智慧中国”建设与应用。

【23 日】江苏省测绘地理信息局被江苏省第三次全国文物普查领导小组办公室表彰为江苏省第三次全国文物普查特别贡献奖（集体）。

【23 日】福建省测绘学会和台湾省测量技师公会在福建闽江学院共同举办 2012 闽台测绘技术交流研讨会。

【24 日】全国政协副主席陈宗兴视察中华人民共和国大地原点。

【24 日】国家测绘地理信息局局长徐德明在沈阳会见辽宁省委书记、省人大常委会主任王珉，省长陈政高，沈阳市市长陈海波。

【24 日】国家测绘地理信息局向陕西省移交国家地理信息应急监测车交接仪式在西安举行。

【24 日】辽宁省召开全省测绘地理信息工作会议。

【24 日 ~ 26 日】全国测绘地理信息系统首届桥牌赛在山西太原举办，全国测绘地理信息系统 14 个代表队、80 多名队员参加比赛。

【26 日】国家测绘地理信息局印发《关于 2011 年测绘地理信息违法典型案件的通报》，向社会公布涉外测绘、测绘成果、涉军测绘、测量标志、测绘资质、房产测绘、互联网地图服务、问题地图 8 个类型 10 起测绘地理信息违法典型案件。

【26 日】四川省基础地理信息中心谭明建获全国“五一劳动奖章”。

【26 日】军地测绘标准融合工作协调会在西安举行。

【27 日】“天地图·陕西”正式接入“天地图”国家主节点，实现与国家节点在线数据的互联互通。

【27 日 ~ 5 月 8 日】兰州军区某测绘信中心研制的夜光地图系列产品参加第 111 届巴黎国际发明展览会，获巴黎国际发明展览会金奖，成为全军唯一获得金奖的项目。

【28 日】吉林省第一测绘院获“吉林省五一劳动奖状”，吉林省基础地理信息中心王晓辉获“吉林省五一劳动奖章”。

【29 日 ~ 31 日】全国测绘地理信息系统第二届“天地图杯”羽毛球比赛在秦皇岛市举办，全国测绘地理信息系统和地理信息企业的 37 支代表队、350 多名运动员参加比赛。

【30 日】北斗二号 MEO-3、MEO-4 卫星在西昌卫星发射中心通过一箭双星方式成功发射。

▲中国地图出版集团出版的《测绘学报》被荷兰斯高帕斯（Scopus）数据库收录。

▲江苏省测绘工程院、省基础地理信息中心分别被江苏省总工会授予“五一劳动奖状”；江苏省测绘地理信息局机关工会、省测绘工程院信息处理分院、省基础地理信息中心系统开发部和省测绘产品质量监督检验站工程测量检验室分别被评为省工人先锋号；省测绘工程院徐义平、王训霞分获省“五一劳动奖章”和省五一巾帼标兵。

▲江西省测绘成果资料档案馆为民政部编纂出版《中华人民共和国政区大典》提供准确的江西政区测绘地理信息数据，该数据为 2000 国家大地坐标系计算的江西省东西、南北大地线长度，填补了江西省政区数据的空白。

五月

【3 日】吉林省委书记孙政才在省十次党代会所作的工作报告中明确提出要“推进‘三网融合’，打造‘数字吉林’”。这是吉林省委首次在党代会报告中明确提出建设数字吉林。

【4 日】国家测绘地理信息局举办第一届国家测绘地理信息局直属机关杰出（优秀）青年表彰大会暨薪火相传“五四”青年节主题活动。

【4 日】经中共云南省委机构编制委员会办公室批准，云南省测绘局更名为云南省测绘地理信息局。

【6 日】15 时 10 分，天绘一号 02 星在酒泉卫星发射中心成功发射。

【6 日】河南省测绘局在新郑市薛店镇召开“数字薛店地理空间框架建设及应用示范项目”验收及成果发布会，新郑市薛店镇成为河南省首个建成的数字乡镇，并被河南省测绘局授予“河南省数字乡镇示范镇”称号。

【6 日 ~ 10 日】国家测绘地理信息局组团赴意大利参加国际测量师联合会（FIG）工作周和第 35 次代表大会。

【7 日】国家测绘地理信息局局长徐德明与商务部副部长陈健在中国测绘创新基地会谈测绘地理信息“走出去”战略实施有关工作，国家测绘地理信息局副局长王春峰、李朋德参加会谈。

【9 日】浙江省副省长毛光烈到宁波市测绘与地理信息局指导智慧城市创建工作。

【10 日】中国测绘科学研究院研究员程鹏飞当选 2013 年 ~ 2016 年国际测量师联合会（FIG）副主席，这是我国学者首次在该组织担任重要职务。

【10 日】中国测绘科学研究院中测新图（北京）遥感技术有限责任公司研制的国家地理信息应急监测系统交付四川测绘地理信息局使用。

【10 日】陕西省省长赵正永批准，将在 3 年内投入财政资金 1 亿元，实施陕西省秦岭地区 1:1 万地形图空白区测图专项工程。该工程是有史以来陕西省财政资金投入量最大的专项测绘工程。

【10 日】甘肃省测绘局积极主动与有关部门联系，紧急为省应急办、省减灾委、省防汛抗旱指挥部等部门提供“5·10”岷县特大雹洪灾害救灾工作用图。

【10 日 ~ 12 日】国家测绘地理信息局在成都举办第一期全国测绘地理信息行政执法人员培训班，来自全国 29 个省（区、市）的测绘地理信息行政执法人员 170 多人参加培训。

【11 日】国家测绘地理信息局印发《关于征集十七大以来测绘地理信息事业辉煌成就宣传活动相关素材的通知》，在全国测绘地理信息系统内集中开展以编辑一本书、举办一个展览、拍摄一部宣传片为主要内容的宣传活动，迎接党的十八大召开。

【11 日】国家自然资源和地理空间基础信息库军事测绘数据分中心正式上线并提供网络服务。

【14 日 ~ 17 日】国家测绘地理信息局副局长李维森率代表团赴美国访问，并赴加拿大出席第 13 届全球空间数据基础设施大会。

【16 日】首届 PixelGrid 高分辨率遥感影像数据一体化测图系统全国用户大会在北京召开。

【18 日】国家版图意识宣传教育“进学校、进社区、进媒体”活动启动仪式在北京市中古友谊小学举行。

【21 日】《新疆维吾尔自治区资源经济地图集》首发式在乌鲁木齐举行。新疆维吾尔自治区党委常委、自治区政府常务副主席、地图集编委会主任黄卫出席首发式并讲话，新疆维吾尔自治区党委常委、地图集编委会副主任努尔兰·阿不都满金主持仪式。

【21 日 ~ 22 日】海军大连舰艇学院代表中国申

报的国际海道测量师/海图制图师A级培训资格认证在国际专家委员会第35届年会获全票通过。

【23日】国家测绘地理信息局召开李克强副总理视察中国测绘创新基地暨国家测绘局更名国家测绘地理信息局一周年座谈会。

【24日】国家测绘地理信息局局长徐德明出席联合国全球地理信息管理杭州论坛开幕式并讲话，出席浙江省地理信息产业园奠基仪式并致辞。

【24日】国家测绘地理信息局、浙江省政府和联合国统计司在杭州签署合作建设联合国全球地理信息管理德清论坛永久会址的意向协议。国家测绘地理信息局局长徐德明，浙江省省长夏宝龙、副省长王建满出席签字仪式。

【24日】国家测绘地理信息局副局长王春峰参加全国政府信息公开电视电话会议。

【24日～25日】国家测绘地理信息局党组成员、纪检组组长张荣久在江西就完善贯彻落实科学发展观考评工作进行调研。

【24日～25日】2012年华北地区（军、地）测绘地理信息工作交流会在山西晋城市召开。

▲国家发展和改革委员会批复同意现代测绘基准体系基础设施建设项目初步设计方案和投资概算，核定项目总投资5.18亿元。

▲中国地图出版集团出版的《毛泽东光辉历程地图集》在新闻出版总署公布的2012年向全国青少年推荐百种优秀图书项目中名列第一。

▲安徽省测绘局鲁厚忠被评为安徽省先进工作者。

▲江西省基础测绘院被江西省直机关工委授予2011年度省直机关“五一劳动奖状”。

▲甘肃省测绘局组织技术人员紧急编制完成岷县灾区1:1万遥感影像图和岷县县城、梅川、茶埠等重灾区遥感影像挂图，满足岷县特大雹洪灾害灾情评估、基础设施修复等工作的需要。

六月

【1日】山东省1:1万基础地理信息数据成果汇交仪式在济南举行，国家测绘地理信息局副局长闵宜仁出席仪式并讲话。山东省成为全国首个向国家汇交省级基础测绘成果的省份。

【1日】新闻出版总署批准《军事测绘》杂志更名为《军事测绘导航》。

【4日】国家测绘地理信息局与河北省政府合作开展地理国（省）情监测试点协议签署仪式及“天地图・河北”开通仪式在石家庄举行。

【5日】国家测绘地理信息局局长徐德明会见河北省省委书记张庆黎，并出席河北省地理信息局揭牌仪式。河北省副省长张杰辉，河北省军区参谋长王舜，国家测绘地理信息局副局长李维森，国家测绘地理信息局党组成员、办公室主任吴兆琪出席仪式。

【6日】山西省政府新闻办召开山西省地理信息公共服务平台新闻发布会，向社会正式发布山西省地理信息公共服务平台。

【11日】国家测绘地理信息局党组研究决定，任命王宝民为规划财务司司长，王保立为法规与行业管理司司长，赵继成为地理信息与地图司（测绘成果管理司）司长，叶银虎为地图技术审查中心主任，张辉峰为测绘发展研究中心主任，易树柏为职业技能鉴定指导中心主任；免去柏玉霜规划财务司司长、测绘发展研究中心主任职务，叶银虎法规与行业管理司司长职务，易树柏地理信息与地图司（测绘成果管理司）司长职务，李伟建国家基础地理信息中心党委书记、副主任职务，张辉峰地图技术审查中心主任职务，赵继成职业技能鉴定指导中心主任职务。

【12日】浙江省政府下发《浙江省人民政府关于促进地理信息产业加快发展的意见》。

【12日】河南省政府办公厅下发《关于加快全省数字城市地理空间框架建设与应用工作的通知》（豫政办〔2012〕76号）。

【12日～21日】巴基斯坦测绘局技术人员艾哈迈德一行4人在四川省测绘地理信息局学习数字摄影测量、制图与遥感等专题理论和技能。

【13日】测绘地理信息高校座谈会在北京召开。国家测绘地理信息局局长徐德明出席会议并讲话，副局长王春峰，局党组成员、纪检组组长张荣久出席会议，武汉大学、解放军信息工程大学等30多所高校的领导和专家50多人参加会议。座谈会研究了推动测绘地理信息人才培养和自主创新方面的共建合作，推进产学研协同育人、协同创新等事项。

【14日】国家发展和改革委员会印发《“十二五”支持新疆自治区、新疆生产建设兵团和四川、云南、甘肃、青海四省藏区经济社会发展规划建设项目方案的通知》（发改投资〔2012〕1784号），明确“十二五”期间中央及地方投资4.98亿元用于支持新疆维吾尔自治区、新疆生产建设兵团和四川、云南、甘肃、青

海 4 省藏区基础测绘建设。

【15 日】国家测绘地理信息局联合国家保密局召开全国测绘成果保密检查总结暨表彰电视电话会议，总结保密检查工作，表彰先进集体和先进个人。

【15 日】青海省委副书记、省长骆惠宁对全省测绘地理信息工作作出批示。

【16 日】“天地图・青海”省级节点开通暨青海省测绘地理信息局挂牌仪式在西宁举行。青海省委常委、常务副省长徐福顺，国家测绘地理信息局副局长闵宜仁，省军区参谋长李松山少将、省国土资源厅厅长刘山青以及陕西、甘肃、宁夏、新疆四省（区）及西藏自治区测绘局相关负责人，省政府有关厅（局）相关负责人等 160 多人参加。

【18 日】中国报纸副刊研究会举办的第 22 届中国新闻奖报纸副刊作品初评暨 2011 年全国报纸副刊年赛评选揭晓，《中国测绘报》获副刊作品年赛银奖、副刊专栏年赛二等奖、副刊版面年赛一等奖。

【21 日】四川省测绘地理信息局在成都举行全国首次整体作战式防汛救灾测绘应急综合演练，实现 3 小时内在现场快速测图并通过卫星发送到省政府应急指挥中心。

【25 日】国家测绘地理信息局党组研究决定，任命鲍英华为黑龙江测绘地理信息局党组书记，朱杰为黑龙江测绘地理信息局局长，杨宏山为海南测绘地理信息局党组书记、局长，金舒平为国家基础地理信息党委书记；免去王宝民黑龙江测绘地理信息局党组书记、局长职务，王保立海南测绘地理信息局党组书记、局长职务。

【26 日】国家测绘地理信息局在北京举行国家现代测绘基准体系基础设施建设一期工程启动暨出测仪式。

【26 日】国家测绘地理信息局印发《测绘地理信息市场信用评价标准（试行）》。

【29 日】国家测绘地理信息局在北京召开直属机关创先争优先进基层党组织和优秀共产党员表彰大会。会议表彰了直属机关在创先争优活动中表现突出的 15 个先进党支部和 35 名优秀共产党员，并以“学身边楷模、赞测绘群英”为主题，通过网上专栏、宣传短片、汇编成书等形式，集中展示创先争优活动成果。

【29 日】四川测绘地理信息局派出应急测绘保障分队到宁南县特大泥石流灾区开展应急测绘保障工作，获取 3.2 平方千米 0.13 米分辨率影像图。

▲中国测绘科学研究院张继贤研究员入选第二批“赣鄱英才 555 工程”的“高端人才柔性特聘计划”。

七月

【1 日 ~ 12 日】国家测绘地理信息局组织国内产业单位负责人赴英国、瑞士参加第三届中欧测绘技术与产业发展高级研讨班。

【2 日】国家测绘地理信息局举行测绘地理信息市场信用信息管理平台开通仪式。

【2 日】国家测绘地理信息局党组研究决定，任命雷斌为人事司副司长，罗建军为国家基础地理信息中心副主任，庞秋红为管理信息中心副主任，袁宏为国家测绘产品质量检验测试中心临时委员会委员；免去罗建军国土测绘司副司长职务，庞秋红人事司副司长职务，雷斌国家测绘产品质量检验测试中心临时委员会委员、副主任职务。

【3 日】中英地理空间信息联合研究中心英国中心揭牌仪式在英国诺丁汉大学举行。

【3 日】陕西省秦岭地区 1:1 万地形图测图工程启动仪式在陕西测绘地理信息局举行。国家测绘地理信息局副局长宋超智、陕西省人大常委会副主任李晓东、陕西省副省长郑小明，中国工程院院士刘先林、魏子卿出席启动仪式。

【3 日】陕西测绘地理信息局后勤服务中心、陕西省第五测绘工程院王在礼分别被陕西省总工会授予全省服务职工创先争优先进单位、先进个人称号。

【4 日】国家测绘地理信息局党组研究决定，任命裴宝军为黑龙江测绘地理信息局副局长，周社为四川测绘地理信息局副局长，涂军为四川测绘地理信息局党组纪检组组长（副厅局级）、党组成员，李劲松为海南测绘地理信息局党组成员、副局长；免去李劲松国家测绘地理信息局规划财务司副司长职务，周社四川测绘地理信息局党组纪检组组长职务。

【4 日】“天地图・吉林”正式接入“天地图”国家主节点。

【5 日】国家测绘地理信息局党组研究决定，任命周远波为局办公室副主任，陈常松为规划财务司副司长，周星为测绘发展研究中心副主任，蒋民龙为重庆测绘院党委会委员、纪律检查委员会委员、书记；免去周星局办公室副主任职务，陈常松测绘发展研究中心副主任职务。

【5 日】大连市规划局起草并上报《关于成立大

连市测绘地理信息局的请示》(大规发〔2012〕68号)。

【6日】中国测绘科学研究院承担完成的“地面数字电视覆盖规划”和“广播电视统计信息网上直报管理平台”项目获国家广播电视总局科技创新奖一等奖。

【9日】国家测绘地理信息局党组研究决定，任命任振宇为局办公室副主任，张学锋为规划财务司副司长，翟义青、孔金辉为国土测绘司副司长，刘大可为地理信息与地图司（测绘成果管理司）副司长，王久辉为人事司副司长，林振中为离退休干部办公室主任，邢京锁为黑龙江测绘地理信息局党组纪检组组长、党组成员；免去刘大可国家测绘地理信息局国土测绘司副司长职务，翟义青地理信息与地图司（测绘成果管理司）副司长职务，裴宝军黑龙江测绘地理信息局党组纪检组组长职务。

【9日】陕西测绘地理信息局率先完成全国第一个省级行政区域1:5万数据库动态更新任务。

【9日】山西省政府办公厅印发《山西省基础测绘“十二五”规划》（晋政办发〔2012〕49号）。

【12日～13日】国家测绘地理信息局在北京召开2012年全国测绘地理信息局长座谈会。会议总结了上半年工作，部署了下半年重点任务。

【13日】《中国测绘报》创刊20年表彰会议在北京召开。

【17日】江西省政府办公厅发布《江西省地理信息服务体系建设“十二五”规划》，明确“十二五”期间江西省地理信息服务体系建设的六大主要任务和七大重点工程。

【17日】广西壮族自治区政府办公厅印发《关于成立广西数字城市地理空间框架建设工作领导小组的通知》，自治区党委常委、自治区副主席林念修任组长。

【17日～19日】第二届全国高等学校大学生测绘技能竞赛在北京举办，来自全国部分测绘地理信息高校的51支代表队、350多人参赛。

【22日】第26届中国产经新闻评选揭晓，《中国测绘报》1篇消息获二等奖，4篇通讯、消息、杂文获三等奖。

【24日】国家测绘地理信息局公布2012年全国测绘法宣传日宣传口号、公益短信、宣传标识、宣传画有奖征集活动评选结果，共征集宣传口号12条、公益短信1条、宣传标识1幅、宣传画1幅。

【26日～31日】2012年全国学生定向越野锦标赛暨第八届全国测绘地理信息职工定向越野锦标赛在伊春市举行。来自全国测绘地理信息系统的30个代表队、280名运动员参加比赛。

【28日】由国家基础地理信息中心牵头，北京师范大学、解放军信息工程大学、外交学院、吉林大学、中南大学等为承担单位的“十二五”科技支撑项目——数字周边构建与地缘环境分析关键技术研究项目启动会在北京召开，国家测绘地理信息局副局长李朋德，外交部、总参测绘导航局有关负责人出席会议。该项目的启动标志着测绘地理信息服务外交工作，已由数字国界建设与应用步入数字周边与地缘环境分析研究的新阶段。

【31日】中国测绘宣中心通过中央国家机关精神文明建设协调领导小组审定，保持中央国家机关文明单位称号。

【31日】甘肃省国土资源厅和省测绘局联合举办全省卫星定位连续运行基准站网建设工程启动暨“天地图·甘肃”开通仪式。

▲中国地图出版集团出版的《黄河全图》获美国印刷大奖(APP)新颖书籍(Novelty Book)类优异奖。

▲中国地图出版集团获“中央国家机关文明单位”称号。

▲按照甘肃省重建办要求，甘肃省测绘局紧急制作完成永靖县刘家峡库区、盐锅峡库区、八盘峡库区以及湟水河沿岸1:1万航空影像图，满足永靖县刘盐八库区地质灾害治理项目的急需。

▲7月～8月，河北省地理信息局按照省政府要求，为涞源、涞水、易县、兴隆县4县洪涝灾害严重的68个村庄和8个安置区紧急测制1:1000地形图，提供规划部门为村庄恢复重建或搬迁规划编制工作使用。

八月

【1日】张宝玉任山西省测绘地理信息局党组书记、局长；省国土资源厅党组成员、副厅长牛来有不再兼任省测绘地理信息局党组书记、局长。

【3日】四川省政府办公厅印发《四川省“十二五”基础测绘发展规划》。

【6日】云南省测绘地理信息局举行更名揭牌仪式。国家测绘地理信息局党组成员、纪检组组长张荣久和云南省副省长刘平共同为云南省测绘地理信息局揭牌。

【7日～10日】东北三省测绘地理信息局长联席会议在长白山保护开发区召开。会上交流了东北三省测绘地理信息工作，探讨了加强合作与交流的相关问题。国家测绘地理信息局副局长宋超智出席会议并讲话，辽宁省测绘地理信息局、吉林省测绘局、黑龙江测绘地理信息局、长白山管委会相关人员50多人出席会议。

【10日】青海省测绘地理信息局查处一起违法测绘涉外案件，按照《中华人民共和国测绘法》第五十一条规定，对美籍居民大卫·吉马诺处以责令停止违法行为、没收测绘成果和测绘工具、罚款1万元人民币的行政处罚。

【14日】2012年中国地理信息科技进步奖评选结果公布。共评选出一等奖10项、二等奖25项、三等奖59项。

【15日】教育部发出《2012年度国家中等职业教育改革发展示范学校建设计划项目单位公示》，郑州测绘学校进入国家中等职业教育改革发展示范学校建设行列。

【20日】《中国测绘地理信息年鉴》（2012年卷）正式出版。

【20日】吉林省测绘局与吉林省住房和城乡建设厅联合发布实施《吉林省房产测绘实施细则（试行）》。

【23日】2012年卫星导航定位科技进步奖评选结果公布。共评选出一等奖7项、二等奖10项、三等奖18项。

【23日】2012年卫星导航定位优秀工程和产品奖评选结果公布。共评选出一等奖4项、二等奖9项、三等奖13项。

【23日】吉林省测绘局获2010年～2012年全省文明单位称号；省地理信息工程院、省第二测绘院获2010年～2012年全省精神文明建设工作先进单位称号；省基础地理信息中心欧仁和获全省精神文明建设先进工作者称号。

【24日】浙江省政府办公厅下发《关于加快数字城市地理空间框架建设促进地理信息公共服务平台应用的通知》。

【24日～31日】总参测绘导航局在广西桂林组织全军测绘导航系统科技领军人才培养对象和学科拔尖人才培养对象座谈会暨暑休活动。

【25日】浙江省测绘与地理信息局召开首期海洋测绘成果发布会。

【25日～9月1日】国家测绘地理信息局组团赴澳大利亚参加第22届国际摄影测量与遥感大会，并在会议期间举办了中国测绘地理信息成就展览和中国日活动。国家基础地理信息中心总工程师陈军当选为国际摄影测量与遥感学会主席，李德仁院士当选为学会终身荣誉会员，龚健雅院士、国家基础地理信息中心蒋捷当选为学会技术委员会主席。

【27日】“天地图·河南”省级节点正式实现与“天地图”国家主节点聚合服务。

【27日～9月7日】国家测绘地理信息局举办测绘地理信息法治建设成就展。

【29日】国家测绘地理信息局组织开展“8·29”全国测绘法宣传日活动。《中国测绘报》开辟专版，局门户网站开设专栏报道各地宣传工作。国家测绘地理信息局副局长宋超智到北京市测绘法宣传日活动现场指导宣传工作。

【29日】福建省首个设区市测绘地理信息局——龙岩市测绘地理信息局正式揭牌成立。

【29日】河南省机构编制委员会办公室印发通知，河南省测绘局更名为河南省测绘地理信息局。

【29日】数字柳州地理空间框架通过验收，国家测绘地理信息局授予柳州市“全国数字城市示范市”称号。

【30日】内蒙古自治区机构编制委员会办公室印发《关于自治区国土资源厅所属事业单位调整规范意见的批复》（内机编办发〔2012〕86号），内蒙古自治区测绘事业局正式更名为内蒙古自治区测绘地理信息局。

【30日】为庆祝延边朝鲜族自治州建州60周年，吉林省测绘局向延边朝鲜族自治州政府赠送4000套《延边朝鲜族自治州交通旅游图（中、朝文版）》，并在局门户网站发布中、朝文版延边朝鲜族自治州成立60周年纪念专版地图。

【30日】“天地图·广元”通过国家测绘地理信息局的接入测试评估，成为四川省第一个接入国家主节点的市级节点。

【31日】国家测绘地理信息局2篇文章分别被评为中央国家机关“走进基层党支部”活动和基层组织建设年征文活动“优秀手记”和“支部书记的方法论”优秀奖，局直属机关党委获优秀组织奖。

▲西北地区第十六届测绘学术与科技信息交流会在兰州举办。

九月

【1日】国家测绘地理信息局副局长李维森与红河州州长杨福生共同为红河州测绘地理信息局揭牌。红河州国土资源局成为云南省州市中第一家加挂测绘地理信息局牌子的单位。

【1日】辽宁省政府颁布实施《辽宁省测绘市场管理办法》。

【2日～4日】华东六省一市测绘地理信息工作交流会在宣城市召开。

【4日】国家测绘地理信息局在包头召开数字包头地理空间框架建设成果发布暨内蒙古自治区数字城市推广会，并授予包头市“全国数字城市建设示范市”称号。

【4日】河南省信阳市商城县数字县域地理空间框架建设成果验收会和推广会在商城县召开，商城县成为河南省首个完成数字县域建设的县。

【4日】郑州测绘学校被河南省人力资源和社会保障厅、省教育厅联合表彰为“河南省教育系统先进集体”，该校张予东被表彰为“河南省优秀教师”。

【7日】国家测绘地理信息局局长徐德明赶到云南省昭通市彝良县地震受灾最严重的灾区之一洛泽河镇查看灾情，检查指导抗震救灾工作。

【7日】河南省测绘地理信息局举行揭牌仪式。河南省副省长张大卫，中国科学院院士、解放军信息工程大学教授高俊共同为河南省测绘地理信息局揭牌。

【9日】《法制日报》登载《传统测绘向现代测绘转变促测绘法修改——访国土资源部副部长国家测绘地理信息局局长徐德明》。

【10日】浙江省测绘与地理信息局和省科技厅联合印发《浙江省测绘与地理信息科技促进办法》。

【10日～15日】国家测绘地理信息局在武汉举办数字城市建设专题研究班。国家测绘地理信息局副局长王春峰、李维森，党组成员、纪检组组长张荣久出席开班式，湖北省副省长段轮一致辞。全国21个省（区、市）所辖市（地、州、盟）政府分管副市长（专员、州长、盟长），部分省级测绘地理信息行政主管部门负责人共65人参加学习。

【11日】河北省地理信息局与中国航天科技集团卫星应用研究院项目合作协议书签约仪式在石家庄举行。河北省委书记、省人大常委会主任张庆黎，省委副书记、省长张庆伟会见中国航天科技集团公司党组书记、总经理马兴瑞。

【11日】数字黄山地理空间框架建设项目通过验收，国家测绘地理信息局授予黄山市“全国数字城市建设示范市”称号。

【12日】国家测绘地理信息局局长徐德明出席测绘地理信息发展论坛（中国工程科技论坛第145期）开幕式。

【12日】数字合肥地理空间框架建设项目通过验收。国家测绘地理信息局授予合肥市“全国数字城市建设示范市”称号。

【14日】国土资源部、全国人大常委会法制工作委员会、国务院法制办公室、司法部和国家测绘地理信息局联合在人民大会堂召开《中华人民共和国测绘法》修订十周年座谈会，回顾总结测绘法修订十年来测绘地理信息事业取得的成就，研究进一步贯彻实施测绘法的制度和措施。全国人大常委会副委员长路甬祥出席座谈会并讲话。国土资源部部长徐绍史、国家测绘地理信息局局长徐德明、国务院法制工作办公室副主任甘藏春参加座谈会并发言。全国人大常委会法制工作委员会副主任委员信春鹰、水利部副部长刘宁参加座谈会。司法部副部长张苏军主持座谈会。国家测绘地理信息局副局长王春峰、宋超智，中央编制委员会办公室等20多个部门，浙江等5省区测绘地理信息行政主管部门负责人及部分企业代表参加座谈会。

【14日】“天地图”网站正式发布钓鱼岛及其附属岛屿0.5米高分辨率影像、领海基点基线。

【15日】2012年中国测绘学会测绘科技进步奖评选结果公布。共评出特等奖2项、一等奖8项、二等奖29项、三等奖58项。

【15日】2012年中国测绘学会优秀测绘工程奖评选结果公布。共评出白金奖10项、金奖20项、银奖81项、铜奖156项。

【15日】2012年中国测绘学会优秀地图作品裴秀奖评选结果公布。共评出金奖11项、银奖26项、铜奖38项。

【18日】《中华人民共和国钓鱼岛及其附属岛屿》地图编制完成，由中国地图出版社出版发行。

【19日】3时10分，北斗二号MEO-5、MEO-6卫星在西昌卫星发射中心由长征三号乙火箭以一箭双星方式成功发射。

【21日】湖南省人大常委会副主任蒋作斌调研数字湖南基础工程建设。

【22日～23日】2012年度全国注册测绘师资格考试在31个省、区、市及新疆生产建设兵团同时举行，经审核符合条件的26143名测绘地理信息专业技术人员参加考试。

【24日】首届中国卫星导航与位置服务年会在北京举行。国家测绘地理信息局局长，中国卫星导航定位协会名誉会长徐德明出席会议并讲话。国家测绘地理信息局党组成员、纪检组组长，中国卫星导航定位协会会长张荣久致开幕词。会上，中国全球定位系统技术应用协会正式更名为中国卫星导航定位协会，并对2012年卫星导航定位科学技术奖获奖项目进行表彰。

【25日】国务院法制办公室在其官方网站全文公布《中华人民共和国地图管理条例(征求意见稿)》，公开征求社会各界意见。

【25日～10月25日】国家测绘地理信息局组团赴美国乔治梅林大学参加地理国情监测和公共服务平台建设高级培训班。

【26日】2012年中国地理信息产业优秀工程奖评选结果公布。共评出金奖30项、银奖81项、铜奖49项。

【27日】国家测绘地理信息局在西安组织召开社会主义新农村测绘保障服务示范项目验收会，完成由陕西、四川、黑龙江、新疆、内蒙古、江苏、江西、湖北、河南、安徽、福建、重庆等12个省(区、市)承担的19个2010年前立项的示范项目以及由江西省承担的2011年立项的1个示范项目的验收工作。

【29日】福建省公众版地理信息公共服务平台——“天地图·福建”成功迁移到福建省政务外网。

十月

【2日～9日】国家测绘地理信息局党组成员、纪检组组长张荣久率代表团赴加纳出席非洲地理信息高层论坛。

【8日】《人民日报》刊登中国测绘科学研究院研究员、中国工程院院士刘先林专访《测绘人生：做中国自己的装备》。

【8日～17日】国家测绘地理信息局总工程师胥燕婴率代表团赴韩国访问韩国国家地理信息院，出席2012年中韩测绘地理信息科技合作联合工作组会议。

【11日】国家测绘地理信息局党组研究决定，任命周远波为局办公室主任，李赤一为国家测绘产品质量检验测试中心临时党委书记，王起民为国家测绘产品质量检验测试中心临时党委副书记、副主任(保留正局级待遇)，王权为中国测绘科学研究院副院长(保留正局级待遇)，丁明柱为管理信息中心副主任；免去吴兆琪局办公室主任职务，王起民国家测绘产品质量检验测试中心临时党委书记职务，王权国家测绘产品质量检验测试中心主任职务，丁明柱国家测绘产品质量检验测试中心临时委员会委员、副主任职务。

【14日】中国测绘科学研究院获“中央国家机关文明单位”称号。

【15日】国家测绘地理信息局局长徐德明在中国测绘创新基地会见山东省副省长夏耕，国家测绘地理信息局副局长王春峰、闵宜仁参加会见。

【16日】西南片区测绘地理信息资源共建共享协议签字仪式在重庆举行。广西壮族自治区测绘地理信息局、重庆市规划局、四川测绘地理信息局、贵州省国土资源厅、云南省测绘地理信息局、西藏自治区测绘局共同签订协议，就片区间测绘地理信息资源共建共享的原则、内容、协调机制等达成共识。

【17日】国家测绘地理信息局局长徐德明在郑州出席与河南省政府加强测绘地理信息保障促进中原经济区建设合作协议签字仪式、“天地图·河南”地理信息网站启动仪式、共建郑州测绘学校签字仪式，河南省省长郭庚茂，副省长张大卫、徐济超，政府秘书长郭洪昌分别出席，国家测绘地理信息局副局长李维森，局党组成员、办公室主任吴兆琪参加。

【17日～19日】国家测绘地理信息局副局长王春峰出席武汉大学测绘学院创立56周年庆典暨宁津生教授80华诞从教56周年学术创新与教育发展论坛。

【19日～21日】首届河北省大学生测绘地理信息技能竞赛在石家庄举行，来自全省13所高校的65名师生参加竞赛。共决出团体一等奖1名、二等奖2名、三等奖3名，个人一等奖3名、二等奖8名、三等奖12名。

【20日】“数字徐州地理空间框架建设”项目成果发布推广。国家测绘地理信息局授予徐州市“全国数字城市建设示范市”称号。

【22日】国家测绘地理信息局党组研究决定，任命程鹏飞为国家测绘产品质量检验测试中心主任。

【23日】数字泉州地理空间框架建设项目通过

验收，并举行成果发布与项目推广仪式。国家测绘地理信息局授予泉州市“全国数字城市建设示范市”称号。

【25 日】23 时 33 分，北斗二号 GEO－6 卫星在西昌由长征三号丙遥十运载火箭成功发射。此次发射标志着北斗二号工程（一期）空间段组网任务全部完成。

【25 日】国家测绘地理信息局党组研究决定，任命吴松为国家测绘地理信息局机关服务中心（机关服务局）主任。

【25 日】科技部以国科发基〔2012〕948 号文件批准在总参某测绘研究所建设地理信息工程重点实验室。

【25 日】解放军信息工程大学地理空间信息学院在郑州举办中国科学院院士高俊从军 60 年暨 80 华诞庆祝活动，军内外代表共 170 人参加庆祝活动。

【26 日】河北省制图院连续第 6 次获省级文明单位称号。

【26 日】“舞钢市数字乡镇地理空间框架建设及应用示范项目”通过专家评审并发布成果。舞钢市成为河南省首个所辖乡镇全部完成数字乡镇建设的县级市。

【26 日】首届青海省测绘地理信息局长研讨班在西宁开班。

【29 日～11 月 2 日】国家测绘地理信息局副局长李朋德率代表团赴泰国参加联合国第 19 届亚太区域测绘会议，并当选为联合国全球地理信息管理亚太区域委员会主席。

【30 日】科学测绘 铸就辉煌——党的十七大以来我国测绘地理信息事业辉煌成就展开展、《科学发展 跨越前进——党的十七大以来我国测绘地理信息事业辉煌成就》新书首发和《非凡的五年 辉煌的成就——党的十七大以来我国测绘地理信息事业辉煌成就》宣传片首播仪式在中国测绘创新基地举行。

【30 日】“天地图·云南”省级节点正式接入“天地图”国家主节点。

▲中国地理学会授牌中国地图出版集团为全国第一批“中国中学生地理奥林匹克竞赛培训基地”。

▲中国测绘科学研究院申报的我国首个测绘地理信息领域国际科技合作基地——测绘地理信息国际联合研究中心获科技部批准。

▲“天地图·海南”正式接入“天地图”国家主节点。

十一月

【1 日】第二届全国测绘地理信息技术装备展览会在西安开展。

【1 日】吉林省测绘局分别与公主岭市政府、汪清县政府签署数字公主岭、数字汪清地理空间框架建设项目共建共享合作协议，标志吉林省县级数字城市建设工作全面展开。

【1 日】江西省实行测绘项目备案网上办理，实现省、市、县测绘项目备案的互联互通。

【1 日】甘肃省测绘地理信息局挂牌仪式在兰州举行。甘肃省政府副秘书长马自学、省国土资源厅厅长张力学、省机构编制委员会办公室副主任高建国、省测绘地理信息局局长缪树德共同为甘肃省测绘地理信息局揭牌。

【2 日】国家测绘地理信息局在成都举办“测绘地理信息专家西部行”活动开幕式。

【2 日】第九届“中国光谷”国际光电子博览会暨论坛在武汉开幕，来自国内外的 270 多家单位参与此次展会。国家测绘地理信息局总工程师胥燕婴出席开幕式，并参观地理信息企业展区。

【2 日】新疆维吾尔自治区党委常委努尔兰·阿不都满金出席在乌鲁木齐举办的新疆国家版图意识宣传教育“六进”活动启动仪式。

【3 日】《科技日报》刊登中国测绘科学研究院科技创新报道《做得了也要卖得出——“高精度轻小型航空遥感系统”研发推广纪实》。

【3 日～14 日】国家测绘地理信息局副局长闵宜仁率代表团赴肯尼亚、南非访问。

【5 日】国家测绘地理信息局与广西壮族自治区政府在北京签署《共同推进数字广西地理空间框架建设合作协议书》。广西壮族自治区党委书记、人大常委会主任郭声琨，国家测绘地理信息局局长徐德明，广西壮族自治区党政府主席马飚出席签约协议。国家测绘地理信息局副局长王春峰，广西壮族自治区党委常委、副主席林念修代表双方在协议书上签字。国家测绘地理信息局副局长李维森、李朋德，局总工程师胥燕婴，广西壮族自治区党委常委、党委秘书长余远辉出席。

【5 日】中国第 29 次南极科学考察队在广州举行出征仪式，国家测绘地理信息局派出 6 名科考队员、解放军信息工程大学派出 1 名科考队员，乘“雪龙”号极地科学考察船开始科学考察活动。

【5日～7日】国家测绘地理信息局召开优秀行政处罚案卷(件)评审会,从各地上报的61个案卷(件)中评选出28个优秀案卷(件)。

【6日】数字永定地理空间框架建设项目设计书通过专家评审，福建省首个县级数字城市建设项目正式启动。

【6日】海军中远海测量船“海洋18号”正式移交农业部东海区渔政局。

【7日】国家测绘地理信息局组织召开2012年“立得杯”测绘地理信息法治建设有奖征文作品专家评审会,评选出个人一等奖2名、二等奖3名、三等奖5名、鼓励奖10名，评定了优秀组织奖。

【8日】国家测绘地理信息局组织干部职工收听、收看中国共产党第十八次全国代表大会开幕式及胡锦涛总书记工作报告。开幕式结束后，国家测绘地理信息局党组召开会议，讨论交流学习十八大报告的心得体会，对测绘地理信息系统学习宣传贯彻十八大精神作出部署。

【8日～14日】国家测绘地理信息局局长徐德明参加中国共产党第十八次全国代表大会。

【10日】世界著名物理学家、诺贝尔物理学奖获得者丁肇中教授应邀参观中国测绘科技馆，并为广大测绘地理信息工作者作科学报告。

【15日】国家测绘地理信息局局长徐德明受邀参加中央人民广播电台“中国之声”高端访谈栏目《做客中央台》，与全国听众分享参加十八大的体会和思考，介绍测绘地理信息事业在践行科学发展观过程中的探索和成就，以及测绘地理信息部门贯彻落实十八大精神的主要举措。

【16日】国家测绘地理信息局召开传达学习党的十八大精神干部大会。国家测绘地理信息局党组书记、局长徐德明主持会议，传达十八大精神并讲话。国家测绘地理信息局党组副书记、副局长王春峰出席会议并传达有关精神，党组成员、副局长李维森、宋超智、闵宜仁，党组成员、纪检组组长张荣久，副局长李朋德，总工程师胥燕婴出席会议，机关全体党员干部，在京直属单位领导班子成员及副处以上党员干部230人参加会议。

【16日】国家测绘地理信息局在北京召开《全国基础测绘中长期规划纲要》修编工作第一次部门联席会议。会议听取了修编工作汇报，并对修编草稿和评估报告进行讨论。国家测绘地理信息局副局长王春峰出席会议，国家发展和改革委员会、民政部、财政部、国土资源部、交通运输部、水利部、国防科工局、总参测绘导航局等部门有关负责人参加会议。

【19日】国家测绘地理信息局学习贯彻党的十八大精神报告会在中国测绘创新基地举办，中共中央党校马克思主义理论教研部副主任秦刚教授应邀作《全面推进中国特色社会主义伟大事业——学习领会党的十八大精神》专题报告。

【19日】中国政府和联合国地理信息管理能力开发合作协议签署仪式在北京举行。国家测绘地理信息局局长徐德明和联合国副秘书长吴红波分别代表中国政府和联合国签署协议。国家测绘地理信息局副局长王春峰与联合国经济和社会事务部统计司司长张保罗分别代表国家测绘地理信息局和联合国经济和社会事务部签署了中国及其他发展中国家地理信息管理能力开发项目文件。

【20日】“天地图·广东”省级节点接入“天地图”国家主节点。

【20日】西藏自治区测绘局举办“十二五”西藏重点地区基础测绘项目工程开工仪式，标志着西藏自治区“十二五”基础测绘项目正式开工。

【21日】浙江省测绘与地理信息局和浙江省国土资源厅联合印发《浙江省地籍测绘“十二五”规划》。

【22日】国家测绘地理信息局、国家工商行政管理总局联合下发通知，发布《测绘地理信息市场监管合作工作机制》。

【22日】“数字杭州地理空间框架建设”项目建设成果发布推广。国家测绘地理信息局授予杭州市“全国数字城市建设示范市”称号。

【23日】福建省政府办公厅印发《福建省政府办公厅关于加强全省卫星遥感影像资料统一管理的通知》，实现全省卫星遥感影像资料的统一管理与分发服务。

【24日】我国首幅全面、准确、详实表示三沙市地理位置和南海诸岛地貌的专题地图《中华人民共和国海南省三沙市地图》由星球地图出版社出版发行。

【24日～25日】江西测绘地理信息行业协会首届“徕卡杯”乒乓球比赛在抚州市举行。

【27日】国家测绘地理信息局召开地理国情监测项目普查试点启动暨技术培训会议，确定天津、河北、黑龙江、浙江、江西、河南、海南、四川、陕西、新疆10个省（区、市）测绘地理信息行政主管部门承担地理国情监测项目普查试点任务。国家测绘地理

信息局副局长李维森出席会议并讲话，局总工程师胥燕婴宣布了地理国情监测组织机构。

【29 日】2012 中国地理信息产业大会第七届海峡两岸 GIS 研讨会在广州召开。全国政协副主席罗富和，全国政协教科文卫体委员会主任、中国科学院院士徐冠华，国家测绘地理信息局局长徐德明，广东省副省长许瑞生等出席大会并共同启动大会开幕式。全国政协常委、湖南省政协副主席杨维刚，国家测绘地理信息局副局长宋超智出席大会。与会领导参观中国地理信息成果展，现场考察大学生就业招聘会，徐德明为广州地理信息产业园授牌。

【29 日】郑州测绘学校薛雁明被人力资源和社会保障部评为“为国家技能人才培育工作作出突出贡献的个人”。

【30 日】国家测绘地理信息局印发《关于测绘计量检定人员资格认证组织工作的函》，明确“测绘计量检定人员资格认证”行政审批工作改由各省、自治区、直辖市、计划单列市测绘地理信息行政主管部门负责，对 2012 年相关认证及复审工作提出意见。

【30 日】西藏自治区测绘局在拉萨举办首期测绘地理信息新技术、新方法应用技术培训班。

▲“数字莆田地理信息公共服务平台”项目获福建省科技进步奖三等奖。

十二月

【3 日 ~ 7 日】国际摄影测量与遥感学会（ISPRS）2012 年度执行局及技术委员会联席会议在成都召开。会议由西南交通大学地球科学与环境工程学院和 ISPRS 中国办公室联合承办，ISPRS 主席、国家基础地理信息中心总工程师陈军教授主持会议。会议讨论了学会战略规划、工作组设立、2016 年大会计划和学会管理更新等事宜。新当选的 6 名执行局成员、8 名技术委员会主席参加会议。

【4 日】《四川省地图管理办法》经四川省政府第 117 次常务会议审议通过。

【4 日】四川省测绘地理信息局与省民政厅、国土资源厅联合发布《2012 年四川省地理省情公报》。

【5 日】《中华英才》杂志（2012 年第 23 期）刊登国家测绘地理信息局局长徐德明署名文章——《科学发展 测绘先行 为建设美丽中国提供有力保障》。

【6 日】国家测绘地理信息局部署开展 2013 年测绘资质年度注册工作。

【7 日】中共国家测绘地理信息局党组务虚会在中国测绘创新基地召开。国家测绘地理信息局党组书记、局长徐德明出席会议，并就开好务虚会提出明确要求。国家测绘地理信息局党组副书记、副局长王春峰主持会议。国家测绘地理信息局党组成员、副局长李维森、宋超智、闵宜仁，局党组成员、纪检组组长张荣久，副局长李朋德，局总工程师胥燕婴出席会议。

【7 日】中国测绘科学研究院为第一单位发表的《EGM2008 地球重力场模型在中国大陆适用性分析》论文入选“2011 年中国百篇最具影响国内学术论文”。

【8 日】国家测绘地理信息局印发《关于开展智慧城市时空信息云平台建设试点工作的通知》，启动智慧城市时空信息云平台试点建设工作。

【9 日】总参测绘导航局在北京组织召开军事测绘导航信息栅格研讨会。中国工程院院士王家耀等 6 位专家作主题报告，总参测绘导航局局长薛贵江参加会议并讲话。

【10 日】国家测绘地理信息局副局长李朋德当选中国农工民主党第十五届中央委员会委员、常委。

【10 日】吉林省基础地理信息中心王铮当选吉林省第十二批有突出贡献的中青年专业技术人才，享受政府特殊津贴。

【11 日】中华人民共和国大地原点“全国科普教育基地”和“陕西省科普教育基地”挂牌仪式举行。

【11 日】国家测绘地理信息局授予宁波市“全国数字城市建设示范市”称号。

【11 日】解放军信息工程大学地理空间信息学院王家耀院士等主编的《地图学原理与方法》入选第一批“十二五”普通高等教育本科国家级规划教材。

【12 日】黑龙江省人民政府第 82 次常务会议审议通过《黑龙江省基础测绘管理办法（草案）》。

【12 日 ~ 15 日】总参测绘导航局在北京召开 2013 年度军事测绘导航任务协调会。

【13 日】湖南省政协副主席、湖南省国土资源厅副厅长杨维刚当选中国民主同盟第十一届中央委员会委员、常委。

【14 日】国家测绘地理信息局党组召开会议，认真学习贯彻习近平总书记在 12 月 4 日中共中央政治局会议上的重要讲话精神和中央政治局关于改进工作作风、密切联系群众的八项规定，并召开干部大会进行学习传达贯彻。

【14 日】“数字长沙地理空间框架建设”项目成果发布推广，国家测绘地理信息局授予长沙市“全

国数字城市建设示范市”称号。

【15 日】数字井冈山地理空间框架建设项目设计书通过评审，江西省首个立项的县级数字城市地理空间框架建设项目启动。

【17 日】国家测绘地理信息局发布第 6 号公告，公布 8 人当选国家测绘地理信息局科技领军人才。

【17 日】国家测绘地理信息局组织开展向全国优秀共产党员罗阳学习活动。

【17 日】河北省副省长张杰辉就《河北省国土资源厅关于地理信息工作服务生态文明建设的报告》做出批示，对河北省地理信息局的意见给予肯定，并要求环保、水利、林业、农业、海洋等部门进行研究。

【17 日】浙江省人民政府第 308 号令发布《浙江省基础测绘管理办法》。

【18 日 ~ 19 日】海军司令部航海保证部与中国地质调查局在北京联合召开第二届军事地质理论研讨会。

【19 日】广元市编委印发《关于调整完善市、县区测绘地理信息机构的通知》，广元成为四川第 1 个两级测绘地理信息管理机构统一更名的市（州）。

【20 日】国家地理信息科技产业园一期开园、园区综合办公楼启用以及二期综合配套项目奠基仪式在北京举行，我国首个国家级地理信息科技产业园正式启用运行。国土资源部部长徐绍史，北京市委副书记、代市长王安顺，国家测绘地理信息局局长徐德明，北京市副市长苟仲文出席仪式。

【21 日】中共中央政治局常委、国务院副总理李克强对测绘地理信息工作作出批示。

【21 日】经吉林省机构编制委员会批准，吉林省测绘局更名为吉林省测绘地理信息局。揭牌仪式在长春举行，省机构编制委员会办公室主任浦生林宣读更名文件，省政府副秘书长李建华、省测绘地理信息局局长张立民共同为省测绘地理信息局揭牌。

【24 日】全国测绘地理信息局长会议在中国测绘创新基地召开。会议学习了党的十八大和全国经济工作会议精神，总结 2012 年工作，研究部署了 2013 年重点任务。国土资源部部长徐绍史出席会议并讲话。国家测绘地理信息局局长徐德明宣读李克强副总理批示并主持会议。国家测绘地理信息局副局长王春峰作工作报告。局领导班子全体成员、总工程师出席会议。

【24 日】青岛市人民政府办公厅下发《关于推广应用数字青岛地理信息公共平台的通知》（青政办字〔2012〕186 号）。

【25 日】“天地图”链入中央政府门户网站（www.gov.cn），用户可以通过该网站主页“公益信息”栏目中的“天地图”链接直接访问。

【26 日】国家测绘地理信息局批准国家测绘地理信息局卫星测绘应用中心设立卫星测绘技术与应用国家测绘地理信息局重点实验室。

【27 日】中央政治局委员、北京市委书记郭金龙在国家测绘地理信息局局长徐德明的陪同下视察国家地理信息科技产业园。

【27 日】中共国家测绘地理信息局党组研究制定了《中共国家测绘地理信息局党组贯彻落实中央关于改进工作作风密切联系群众的八项规定的具体措施》。

【28 日】北斗二号卫星导航系统开通活动在解放军某卫星导航定位总站举行。中共中央政治局委员、中央军委副主席范长龙出席活动并作重要指示。

【28 日】浙江省省委书记夏宝龙对测绘地理信息工作作出批示。

【31 日】国家测绘地理信息局表彰 2012 年度“五型机关”创建活动先进集体和先进个人。

【31 日】浙江省发展和改革委员会、浙江省测绘与地理信息局联合印发《浙江省地理信息产业发展“十二五”规划》。

▲经国务院批准，中国地图出版集团高锡瑞享受 2012 年政府特殊津贴。

▲经新闻出版总署批准，中国地图出版集团陈平、赫建忠被评为全国新闻出版行业第三批领军人才。

临沂市国土资源局测绘院

数字临沂项目通过国家测绘测绘地理信息局验收

临沂市国土资源局测绘院始建于 1993 年，拥有甲级测绘资质，业务范围涉及地籍测绘、互联网地图服务、工程测量和地理信息系统工程四项，通过了 ISO9001 质量管理体系认证。

临沂市国土资源局测绘院以土地测量为基础，年均实测土地 5000 多宗 20 多万亩，为城市规划、民生工程等重点项目建设提供优质测绘服务。积极开展数字城市建设工作，完成数字临沂地理空间框架建设、“天地图·临沂”节点建设、临沂市主城区 210 平方千米真三维模型和临沂市 9 个县数字城市建设任务。完成临沂城区 600 平方千米 1:500 数字正射影像图和 1:1000 高程数据生产，以及主城区 178 平方千米 1:500 数字地形图生产和更新任务，并在临沂市矿业权核查、胶新和兖石铁路地形图测量、临沂市行政区域界线勘测、蒙山旅游区地形图测量和临沂市农村土地确权登记发证工作中取得优异成绩。

2011 年，该院被评为“全国测绘地理信息系统创先争优活动先进基层党组织”。连年被评为山东省测绘行业先进单位、临沂市国土资源系统先进单位，2 次获“临沂市振兴沂蒙劳动奖状”，被授予市级“文明单位”、“工人先锋号”和“青年文明号”等称号。承担的数字临沂建设项目分别获中国地理信息科技进步奖一等奖和山东省科学技术进步奖二等奖。

振兴沂蒙劳动奖状

真三维模型

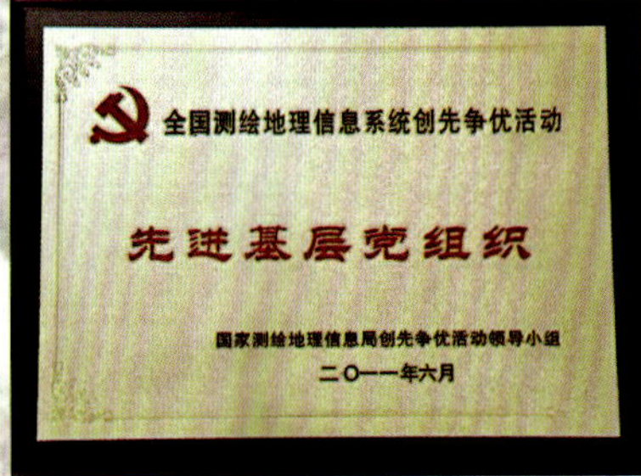

全国测绘地理信息系统创先争优活动先进基层党组织

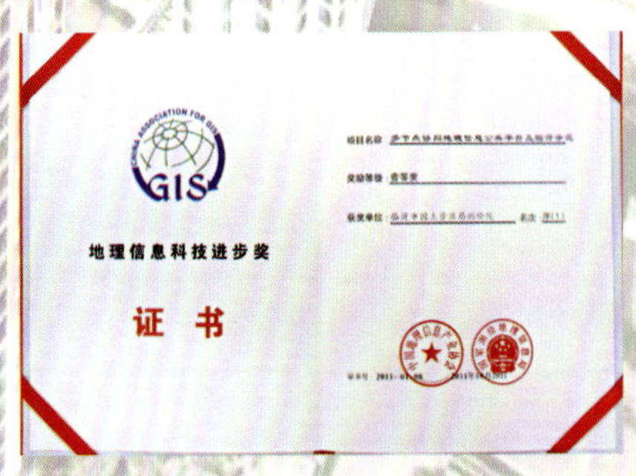

中国地理信息科技进步奖一等奖

河南省测绘地理信息局

河南省人民政府与国家测绘地理信息局就加强中原经济区建设测绘保障签署合作协议

2012年10月17日，国家测绘地理信息局与河南省政府在郑州签署加强测绘地理信息保障促进中原经济区建设合作协议，河南省委副书记、省长郭庚茂出席签字仪式，国家测绘地理信息局局长徐德明、河南省副省长张大卫出席签字仪式并发表重要讲话。此次局省合作协议的签署，不仅是河南测绘地理信息事业发展进程中的一个重要里程碑，而且对推动河南省数字河南、“智慧城市”建设，推进地理国（省）情监测，丰富“天地图·河南”功能，加快地理信息产业发展，服务保障中原经济区建设，都将发挥积极促进作用，产生重要社会影响。

河南省测绘地理信息局局长贾志伟在局揭牌仪式上致辞

国家测绘地理信息局与河南省政府在郑州签署加强测绘地理信息保障促进中原经济区建设合作协议

河南省副省长张大卫，中国科学院院士、解放军信息工程大学教授高俊共同为河南省测绘地理信息局揭牌

河南省测绘地理信息局更名

2012年9月7日，河南省测绘地理信息局更名挂牌仪式在郑州举行。河南省副省长张大卫，中国科学院院士、解放军信息工程大学教授高俊共同为河南省测绘地理信息局揭牌，省发改委、省编办、省财政厅、省工信厅、郑州测绘学校等单位负责人参加挂牌仪式。2012年，平顶山、济源、商丘、新乡、三门峡5个省辖市完成测绘地理信息局更名挂牌。全省18个省辖市及116个县设置了测绘地理信息管理机构。

数字城市建设全面铺开

6月，河南省政府办公厅下发《关于加快全省数字城市地理空间框架建设与应用工作的通知》。郑州、平顶山、济源市数字城市建设通过国家测绘地理信息局验收；周口、三门峡、驻马店市等14个省辖市数字城市项目获得国家测绘地理信息局批准立项。至年底，河南省建成、立项及在建的数字城市17个，开展数字县域建设的10个，数字乡镇40多个。濮阳、平顶山、南阳、周口、焦作、开封6市城区基础航空摄影项目同时纳入国家基础航空摄影计划。

河南省省长郭庚茂、国家测绘地理信息局局长徐德明、河南省副省长张大卫共同启动“天地图·河南”地理信息网站

“天地图·河南”正式开通

2012年，河南省测绘地理信息局投资400万元完成“天地图·河南”省级节点机房建设，对“天地图·河南”省级节点进行移植，建立服务器集群。8月，完成河南地图网第二版升级改造工作，“天地图·河南”节点实现与“天地图”国家主节点聚合服务。10月17日，在国家测绘地理信息局与省人民政府签署合作协议仪式上，河南省省长郭庚茂、国家测绘地理信息局局长徐德明、河南省副省长张大卫共同开通“天地图·河南”地理信息网站。

河南省测绘地理信息局

地理国情监测试点启动

根据局省合作协议规定，河南省被列为首批地理国情普查工作试点省份。河南省测绘地理信息局将地理省情监测纳入河南省生态省建设规划，启动了河南省地理国情监测普查试点项目。

法制建设持续加强

1月31日，河南省人民政府第99次常务会议审议通过新修订的《河南省测绘成果管理办法》，2月28日，该办法以河南省人民政府令第147号公布，4月1日起施行。河南省测绘地理信息局进一步落实测绘地理信息行政主管部门行政执法职责，制定《河南省测绘地理信息行政执法依据》、《河南省测绘地理信息行政执法职权分解》和《河南省测绘地理信息局"数字城市"建设测绘地理信息成果提供管理规定》。

测绘法宣传日活动现场

科技创新成效显著

河南省测绘地理信息局开展2012年度测绘科学技术进步奖和优质测绘工程（成果）奖的"两奖"评选，评出科技进步奖一等奖8项、二等奖8项，优质测绘工程（成果）奖一等奖25项、二等奖89项、三等奖76项。

河南省测绘地理信息单位获2012年中国测绘学会优秀测绘工程奖金奖2项、银奖4项、铜奖4项，测绘科技进步奖二等奖2项、三等奖2项，优秀地图作品裴秀奖铜奖1项。是历年来获奖层级和奖项最高、最多的一年。

2012全国地图制图创新发展经验交流会在郑州举行

服务保障及时全面

河南省测绘地理信息局为中原经济区建设编制2011版《领导工作用图》，为河南省委电子政务管理中心、省应急办安装"天地图·河南"涉密版，同时，为河南省十八大代表团制作提供了《中原经济区地图》1000份。为河南省省长紧急制作《河南省铁路交通图》、《全国铁路交通图》。为河南省委、省政府领导指挥防汛工作赶制《河南省黄河防洪形势图》和《河南省淮河流域防洪工程图》。为河南省地震局"地震局电子数据（界线）"地震应急系统提供全省6个重点城市电子数据。保障工作及时有效。

文化建设取得实效

2012年，河南省测绘地理信息局受河南省政府门户网站邀请，参加了以"谈数字河南"为主题的领导专访活动，副局长禄丰年接受访谈。《河南日报》发表《数字河南给我们带来什么》专题报道。以"学习型团队"建设为统领，组织了全局的调研，并印发《干部优秀调研文集》，举办全局系统党务干部学习党和国家机关基层组织工作条例培训班。全年在各类媒体发表稿件100多篇。中国测绘报河南记者站获《中国测绘报》创刊20年先进记者站称号。

河南省测绘地理信息局副局长禄丰年接受数字城市建设专访

河南省国家版图意识宣传教育"三进"活动启动仪式

河南省测绘地理信息局副局长王进福到汝南县慰问

山东省经纬工程测绘勘察院

山东省经纬工程测绘勘察院隶属山东省地矿局，注册资金1000万，拥有甲级测绘资质，通过了ISO9001质量管理体系及OHS18000职业健康安全管理体系认证。拥有职工127人，其中高级职称13人、中级职称36人、初级职称55人，技术人员占全院职工的81%。是中国索道协会理事单位、山东省测绘行业协会常务理事单位、山东省测绘学会会员单位。

该院先后承担全国28个省（市）300多条客运索道的勘测工作，完成刚果（布）、孟加拉和蒙古3国的索道勘测工作，被誉为“全国索道测量专业户”。承担完成山东省济南、青岛、烟台、济宁、威海，江苏省扬州、山西省忻州等城市民用机场的测绘和系列图件的编制工作，其成果被民航专家誉为“华东民航测绘专业第一家”。先后有多个测绘项目分别获地矿部、省民政厅勘界领导小组、山东省国土资源厅、山东省地矿局等优秀测绘成果一等奖四项、科技进步二等奖一项等多个奖项。近年来在城镇地籍、农村地籍及数字城市三维立体建模等方面也取得了良好的经济效益和社会效益。获得省级“AAA”信用证书、“守合同、重信用企业”及“省团委、省建委青年文明号”等称号。

该院的宗旨是：开拓创新、诚实守信、精益求精、争创一流。院长杨云涛携全院职工与社会各界精诚合作，共创辉煌。

湖北省航测遥感院

数字城市三维建模成果

湖北省航测遥感院是全国首批获得甲级测绘资质的事业单位，通过了ISO9001:2008质量管理体系认证，并获“全国测绘系统先进集体”称号。

该院拥有正式职工120人，80%以上为各类专业技术人员，其中高级工程师10多人。承担多个国家、省部级科研项目，多人次获得三等以上省部级科研奖项，1人获湖北省科协创业人才奖，1人获湖北省青年科技进步奖，1人获湖北省“楚天技能名师”称号，2人获省部级五一劳动奖章，2人获国家测绘地理信息局授予的全国测绘系统测绘奖章，3人取得注册测绘师资格。

该院主要从事全数字航空摄影测量与遥感测绘、地理信息系统开发和集成、GIS商用软件应用及技术服务、固定翼轻型无人机航测系统、GPS测量、地籍房产测绘、工程测量、近景摄影测量、地形图编制、特种地图制作、电子地图制作、城市三维仿真模型制作及测绘相关工作。其中，全数字摄影测量的规模化生产及3S集成应用于省级基础测绘、数字城市及交通测绘保障等领域居全省领先地位。

2012年，该院承担的数字十堰、数字黄冈、数字黄石3个城市地理空间框架建设取得进展，完成湖北省宜昌、广水、兴山等测区1:1万基础地理信息数据的采集与更新，完成城乡规划管理信息系统、数字航空影像质量检查系统等项目的研发工作，成果在各生产项目中发挥了重要作用。

无人机弹射升空

无人机应急监测

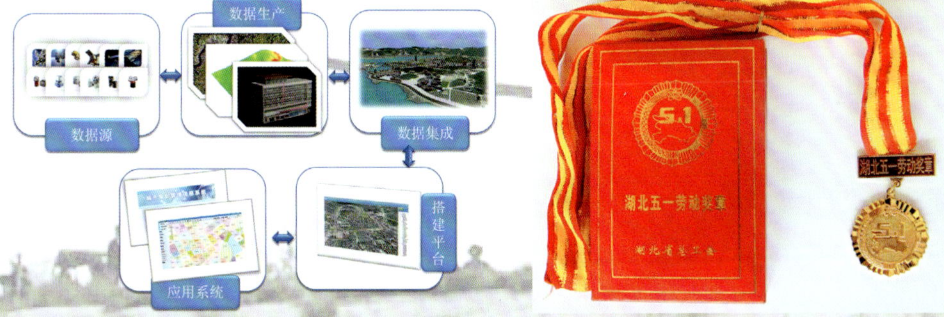

数字城市建设解决方案

五一劳动奖章

湖北省地图院

湖北省地图院

湖北省地图院成立于 1976 年，是湖北省测绘局直属事业单位，具有甲级测绘资质和国家秘密载体定点复制资质，通过 ISO9000 质量管理体系认证。

主要业务范围包括地图编制、地理数据采集及建库、地理信息系统开发应用、互联网地图发布、摄影测量与遥感、工程测量、地籍测绘、房产测绘、地图广告设计与发布、地图销售、印刷装帧等。

建院三十多年来，该院参与全国行政区划界线详查、全国公路普查、全国土地利用更新调查、全国土地调查、西部大开发、新农村建设、湖北省“两圈一带”建设、数字湖北、“天地图·湖北”等重大建设项目的测绘工作，先后为国家、省、市（州）、县（市、区）政府和各部门提供了地理信息数据采集和建库、地理信息系统开发应用、三维立体景观、工程测量、遥感影像应用及各类专题地图的设计制作等多种形式的测绘保障服务。

该院将进一步依托高新测绘技术，以社会需求为导向，树立创新、诚信、务实、高效的服务宗旨，围绕为领导科学决策服务、为经济建设社会发展服务、为重点工程服务、为提高人民生活质量服务等中心工作，不断提高测绘服务保障能力，为湖北省经济社会又好又快发展做出新的贡献。

▼数字城市建设

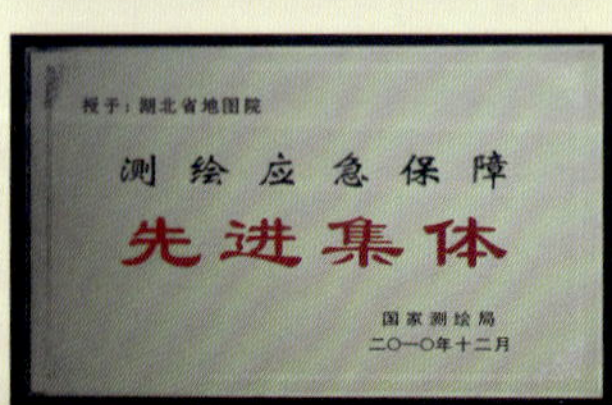

地址：武汉市东湖高新技术开发区民族大道39号
院办：027-87823531　经营科：027-87821083
邮编：430074　网址：http://www.hbmap.com.cn

广东省国土资源测绘院

广东省国土资源测绘院成立于1974年，是全国首批甲级测绘资质单位，是广东省国土资源厅直属事业单位。主要职责包括：根据国家和省的测绘规划、计划，实施省级基础测绘工作；承担全省统一现代测绘基准的建设、维护和应用服务；承担卫星定位服务系统的建设、维护和应用；承担省级涉密基础地理数据的获取、处理、更新和国家基本比例尺省级基础图件测制工作；承担突发公共事件的省级应急测绘保障；承担全省市、县（区）基础测绘技术指导工作；承担土地调查、土地动态监测等的测绘业务，为国土资源利用、执法等管理工作提供测绘支持；承担行政区域界线测绘、海洋测绘、地理信息系统工程、地籍测绘和其他测绘业务，为全省经济社会建设提供测绘服务；负责测绘行业特有工种技能鉴定广东站工作，承担测绘行业职业技能鉴定工作等。测绘资质业务范围涵盖大地测量、工程测量、地籍测绘、房产测绘等11类专业，是广东省规模最大、专业最齐全的甲级测绘资质单位。拥有教授级高级工程师2名，高级工程师43名，工程师69名，中高级以上专业技术人员约占在编职工人数的56%，国家注册测绘师34名。拥有无人机航摄系统和其他各类测绘仪器设备280多台（套）。

广东省国土资源测绘院秉承"热爱祖国、忠诚事业、艰苦奋斗、无私奉献"的测绘精神，贯彻"科学管理、精心测绘、服务至上、创新发展"的发展理念，致力于服务广东省经济社会发展大局和国土资源管理中心工作。完成了广东省基础控制网建设、广东省连续运行卫星定位服务系统建设、应急测绘保障、数字城市建设、土地资源调查等重大项目。共有30项成果获国家级和省部级奖励。广东省国土资源测绘院将进一步加快发展方式转变，提高发展质量，转变服务观念，为建成全面、优质的国土资源队伍而努力奋斗！

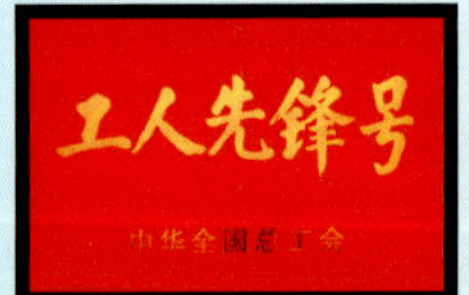

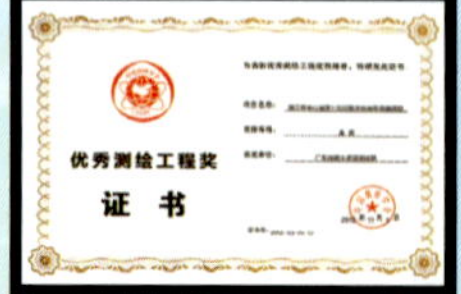

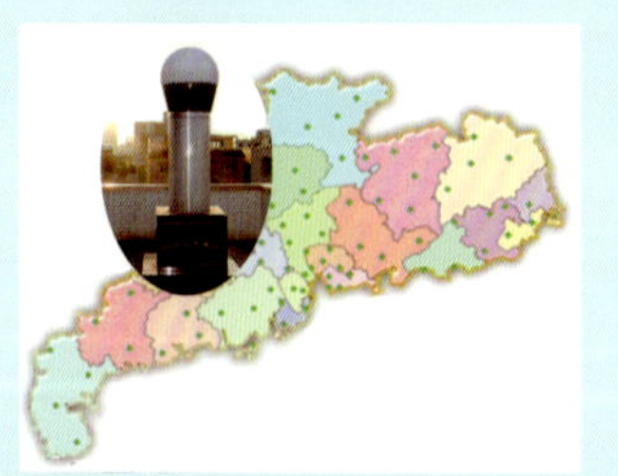

广东省连续运行卫星定位服务系统

海洋测绘

数字城市地理空间框架建设

无人机航摄系统

地　址：广东省广州市广州大道北伍仙桥街28号
邮　编：510500
电　话：020-37039679
传　真：020-87703807
邮　箱：gdmapper@163.com
网　址：http://www.gdchy.com

深圳市勘察测绘院有限公司

深勘无人机航摄首飞仪式

深圳市勘察测绘院有限公司成立于1981年，为全国勘察设计百强单位，注册资金2700万元，具有国家综合类甲级工程勘察、甲级测绘、甲级岩土工程设计、甲级地震安全性评价、甲级地质灾害危险性评估、甲级地质灾害防治工程勘查、甲级地质灾害防治工程设计、甲级地质灾害防治工程施工、甲级水工环境地质调查等资质，是国家勘察行业的骨干企业，深圳市高新技术企业。拥有各类技术人员170多名，其中中国工程勘察大师1人、教授级高工8人、高级专业技术职称人员38人，博士5人、硕士54人，注册测绘师11人。

深圳市勘察测绘院有限公司业务范围涉及工程测量、地籍测绘、房产测绘、地理信息系统工程和互联网地图服务，以及大地测量、摄影测量与遥感、行政区域界线测绘、地图编制、海洋测绘等，可承接GPS控制测量、工程测量、城市地下管线探测等多方面业务。

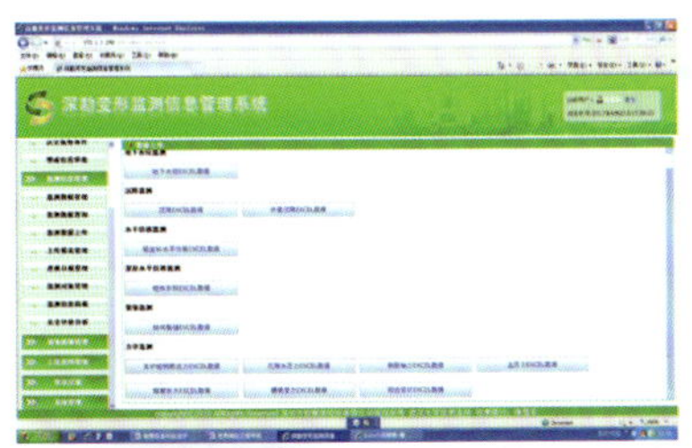

深勘变形监测信息管理系统

近2年，承接深圳市城市轨道交通9号线和重庆市轨道交通3号线北延线第三方监测、深圳港盐田东港区一期集装箱码头#5塘陆域形成及地基处理工程（监测）、深圳市南坪快速路三期工程1:500地形及地下管线探测、贵阳扎佐片区1:2000无人机测图项目等多项重大测绘工程项目。完成的测绘工程获国家、省（部）、市级各类奖项近20项，其中“2008年深圳市龙岗区1:1000地形图和地下管线数字化动态更新工程”获2012年中国测绘学会优秀测绘工程奖金奖，“深圳地铁1号线续建工程第三方监测”获2011年度全国优秀城乡规划设计奖城市勘测工程二等奖，“坪山新区土地整备及房屋拆迁数据建库及软件平台建设”获2012年中国地理信息产业优秀工程奖银奖。

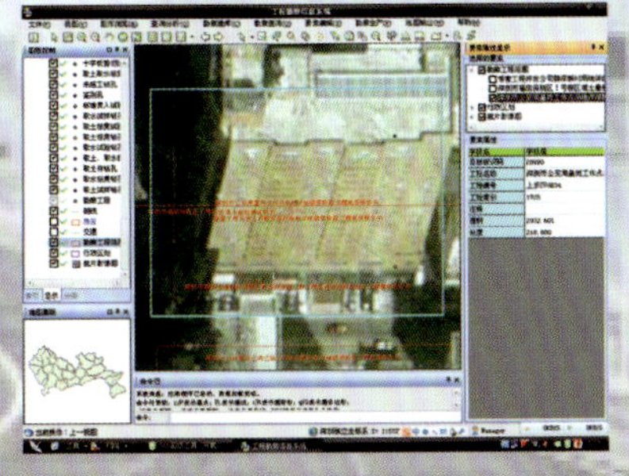

深圳市勘察测绘院地质地理信息系统

公司长期坚持“团结进取、求实创新、优质高效、服务社会”的企业精神和“守法诚信、精心精品、环保安康、持续改进”的质量/环境/职业健康安全方针，竭诚为用户提供优质产品和服务。

深圳湾公路大桥首级控制网测量

贵阳扎佐片区无人机测图（DOM+DLG）

深圳市地铁1号线续建工程第三方监测

海南测绘地理信息局

强基提质优服务　凝心聚力促发展

2012年，海南测绘地理信息局围绕省委、省政府和国家测绘地理信息局的中心工作，以保障服务海南国际旅游岛建设为出发点和落脚点，努力提高测绘地理信息公共服务能力。

突出应用，三大平台建设成效显著。海南国际旅游岛数字地理空间框架建设完成平台搭建上线、支撑环境建设，开展面向旅游、应急、海洋、公安等方面的应用服务。全省已有63%的市县级城市开展数字城市地理空间框架建设。"天地图·海南"正式上线运行，接入"天地图"国家主节点，并与旅游、工商、公安以及电网部门加强应用合作。开展海南省地理国情监测项目试点任务，完成海南省北部8市县1.6万平方千米的控制资料收集、遥感影像处理等工作，并对重要地区的地理省情进行动态监测。

服务大局，测绘服务保障作用彰显。全年累计提供各类地理信息数据3.8万多幅，比2011年增长340%。为省委办公厅、省政府办公厅、省发改委等部门提供工作用图。测制三沙市地形图，绘制三沙市碑刻地图，利用无人机获取国际旅游岛先行实验区影像，保障服务省重大工程。为博鳌亚洲论坛年会等重大活动编制地图和提供地理信息数据。参与海南省智能交通一期工程GIS系统、海南省农场场部规划测图等工程。

多方联动，测绘行业管理力度增强。完成全省119家测绘资质单位的年度注册和复审换证工作。开展地图专项治理，对海南省互联网地图进行日常监督管理。联合省国家保密局，在全省范围内开展测绘成果保密检查。联合省教育厅、省民政厅开展国家版图意识宣传教育"进学校、进社区、进媒体"活动，联合省教育厅组织举办"祖国在心中——全国国家版图知识竞赛"、"中图杯——全国少儿手绘地图大赛"海南赛区活动。

夯实基础，基础测绘工作水平提高。实施海南省1:5万基础地理信息动态数据库更新、省1:1万基础地理信息数据库更新、"927"工程等国家级和省级基础测绘重点项目。国家测绘地理信息局第七地形测量队获国家1:5万基础地理信息数据库更新工程先进集体称号，海南测绘地理信息局共有5人分获先进个人一、二、三等功。国家测绘地理信息局第四航测遥感院获国家西部1:5万地形图空白区测图工程先进集体称号，海南测绘地理信息局共有4人分获先进个人二、三等功。

重视科技，测绘能力建设明显加强。坚持"科技兴测"，承担"基于数字地理空间框架的城市化建设监测技术研究"、"海岸带动态监测指标体系的研究"等国家测绘地理信息局科技创新基金项目。联合山东科技大学加强海岛（礁）测绘技术国家测绘地理信息局重点实验室工作，开展海岛（礁）测绘科技研究项目。组织的"国家1:5万基础地理数据库更新技术体系构建与工程应用"项目获2012年中国测绘学会测绘科技进步奖特等奖。《海南省政区标准地名图集》等获2012年中国测绘学会优秀地图作品裴秀奖铜奖。2012年，海南省测绘地理信息从业人员2441人，比2011年增长10%。

2012年全省测绘地理信息工作会议

2012年"8·29"测绘法宣传日

2012年海南省涉密测绘成果管理人员岗位培训班

海南省国家版图意识宣传教育"进学校、进社区、进媒体"活动

海口市土地测绘院

海口市土地测绘院是海口市国土资源局下属事业单位，创立于1992年，前身为海口市土地勘测队，2006年12月更名为海口市土地测绘院，2011年取得甲级测绘资质。主要承担国土资源测绘和基础测绘任务，业务范围包括地籍测绘、工程测量、地图编制、航空摄影测量与遥感、地理信息系统工程、行政界线测绘。拥有职工66人（其中高级工程师7人、工程师12人）。

文体活动

2012年，海口市土地测绘院主要完成海口市2011年度卫片执法检查测绘工作，海口市地籍宗地统一代码编制试点工作全市地籍区、地籍子区划分和龙华区宗地统一代码编制、转换工作，海口市2012年土地权属调查工作，三亚、陵水风暴潮淹没图项目数据处理及系统编程软件工作，城市旧改、保障性住房、道路改建扩建、电影公社、国际汽车城等海口市其他重点项目测绘工作。

海口市土地测绘院为三亚市、陵水县、临高县风暴潮高风险区增水淹没图和应急疏散路径图编制信息系统软件，并参与海口市连续运行卫星定位服务系统建设。参与完成的“海口市二调项目秀英主城区西段数字化地形图测绘”获2011年度海南省优秀测绘工程奖一等奖，“临高县风暴潮高风险区增水淹没图和应急疏散路径图编制”获二等奖。

海口市土地测绘院积极开展调研并充分征求相关单位意见，拟订并上报《海口市国土资源局测绘管理规定》，经市国土资源局批准印发，填补了海口市测绘管理制度的空白，为规范测绘工作提供了制度保障。

测深仪采集

静态GPS采集

数字航测采集

GPS连续参考站

海南省农垦设计院

海南省农垦设计院

海南省农垦设计院创建于1954年，是一家跨行业、综合性甲级设计院。具有农林工程甲级设计、甲级工程咨询、乙级工程测绘、乙级城市规划、乙级建筑设计等专业资质，通过ISO9001:2000质量管理体系认证。

该院先后完成海南岛第一代1:1万航测地形图的外业测绘工作，独立完成全岛性土地资源、农业区划和森林资源调查、土壤普查等工作。完成海南农垦五年规划，建立完善海南农垦土地管理信息系统等。

参加或承担编制较大的经济发展规划和产业结构调整规划10多项，完成城市、开发区、城镇及国营农场场部小城镇等规划60多宗。2012年，承担垦区17个场、1300多个队的场队规划工作。完成农业工程设计项目300多宗，编制工程咨询及可行性研究报告400多项，完成各种比例尺地形测量70多万亩，选派技术人员到柬埔寨、塞拉利昂共和国进行土地资源调查、开发考察。

近3年，承担的“琼海东红农场场部城区及周边1:1000数字化地形测量”获海南省优秀测绘工程奖三等奖；“海南省太阳能建筑一体化建筑设计”获海南省住房和城乡建设厅优秀工程奖三等奖。

南田农场神泉园酒店鸟瞰图

海南现代农业展示示范园

恒基花园鸟瞰图▶

重庆市地理信息中心

重庆市地理信息中心建设的重庆市地理信息公共服务平台开通

2000年9月，重庆市地理信息中心挂牌成立，2007年5月，增挂重庆市遥感中心牌子。具有甲级测绘资质、乙级城乡规划编制资质。主要承担全市地理空间信息基础设施建设和行业发展规划编制工作；负责全市地理空间信息公共服务平台建设运维，地理空间（遥感）信息收集、建库与分发，测绘定位基准、成果质检、档案管理；承担地理空间（遥感）信息应急保障工作，城乡规划地理空间信息服务、遥感监测与地理设计工作，地理空间（遥感）信息科学研究、行业标准规范制定、产品开发与推广、技术合作交流与人才培训。同时承担重庆市测绘质量监督站、重庆市规划与测绘档案馆（测绘部分）、重庆市应急救援地理信息服务队、重庆市地下管线普查办公室日常工作职责。

重庆市地理信息中心是国家遥感中心地理信息工程部、国家自然科学基金依托单位、重庆市博士后科研工作站、重庆市地理空间信息公共服务云平台试点单位，并于2009年牵头重庆市高等院校、企业成立重庆市地理空间信息工程技术研究中心，搭建全市地理信息产、学、研一体化的发展平台。该中心获“中国地理信息产业十佳单位”、“中国遥感应用推广先进单位”、“重庆市信息化建设先进集体”、“重庆市IT十大杰出青年群体”等称号。

该中心积极承担重庆市自主卫星技术综合应用服务示范、重庆市地理国情普查、重庆市城镇空间资源体系建设等重大基础设施项目，以全市测绘地理信息事业“十二五”规划目标为蓝图，积极推进“智慧重庆”建设，不断提升测绘地理信息服务保障能力，为全市经济社会建设发展提供更加全面的技术支撑和公共服务。

地理信息应急服务保障

无人机设备

重庆市GPS综合服务系统

重庆市勘测院（重庆市地图编制中心）

重庆市勘测院（重庆市地图编制中心）成立于1950年，是隶属于重庆市规划局的事业单位。拥有工程勘察综合类甲级、测绘甲级、地质灾害防治工程勘查甲级、地质灾害危险性评估甲级、计算机信息系统集成三级、司法鉴定、工程质量检测、桥梁评估、市政工程设计以及水土保持方案编制等资质。

该院是国家自然基金依托单位和国家航空遥感产业技术创新联盟成员单位、重庆市首批博士后工作站。主要从事测绘与地理信息、工程勘察、工程设计、计算机系统集成等业务。完成多个重庆市域基础测绘、规划核实测量、重大工程项目勘测、行业地理信息系统建设、专题地图（集）编制、市政工程设计项目。承担数十项国家及市级科研项目，形成10多项国家发明专利和具有自主知识产权的软件产品。

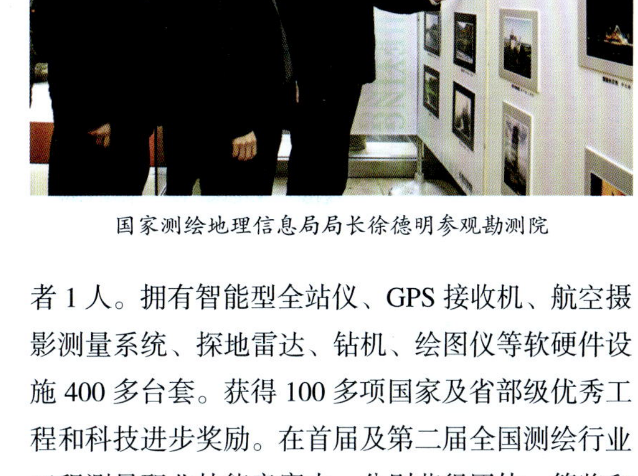

国家测绘地理信息局局长徐德明参观勘测院

全院拥有员工800多名，其中，正高工23人、高工50人、工程师80多人、注册岩土工程师17人、注册测绘师59人、享受国务院特殊津贴专家2人、重庆市勘察设计大师2人、全国五一劳动奖状获得者1人。拥有智能型全站仪、GPS接收机、航空摄影测量系统、探地雷达、钻机、绘图仪等软硬件设施400多台套。获得100多项国家及省部级优秀工程和科技进步奖励。在首届及第二届全国测绘行业工程测量职业技能竞赛中，分别获得团体一等奖和团体二等奖。获全国城市勘测工作先进单位、全国十佳自主技术创新企业、全国守合同重信用单位、重庆市文明单位、重庆市五一劳动奖状等称号，连续20年获重庆市“重合同守信用单位”称号。

第一届全国测绘地理信息行业职业技能竞赛团体一等奖

航测内外业一体化

第二届全国测绘地理信息行业职业技能竞赛团体二等奖

重庆市三维地理信息公众服务平台

四川省地质工程勘察院

四川省地质工程勘察院成立于1956年，是一个以地质工程、岩土工程、环境工程的调查与评价、勘测与设计、施工与监理、测绘地理信息为主体业务的综合性企业，服务于市政、铁路、公路、矿山、水利资源、能源、环境建设等多个领域。

资质情况

拥有工程勘察综合类甲级、地基与基础工程专业承包一级、甲级地质灾害治理工程勘查、甲级地质灾害治理工程设计、甲级地质灾害治理工程施工、甲级工程物探、甲级地质灾害危险性评估、甲级液体矿产勘查、乙级测绘等资质。

获奖情况

该院获重大地勘和科技成果奖53项，其中国家科技进步奖二等奖1项，国家级发明奖三等奖1项；四川省发明奖金奖1项；省部级科技进步奖一等奖3项、二等奖12项、三等奖21项、四等奖4项；全国优秀工程勘察设计铜奖1项；

该院2006年获全国“五一劳动奖状”。先后获“5·12”大地震成都市抗震救灾及灾后重建先进单位、四川省国土资源系统抗震救灾先进集体、四川省“灾后重建再立新功”劳动竞赛先进单位。

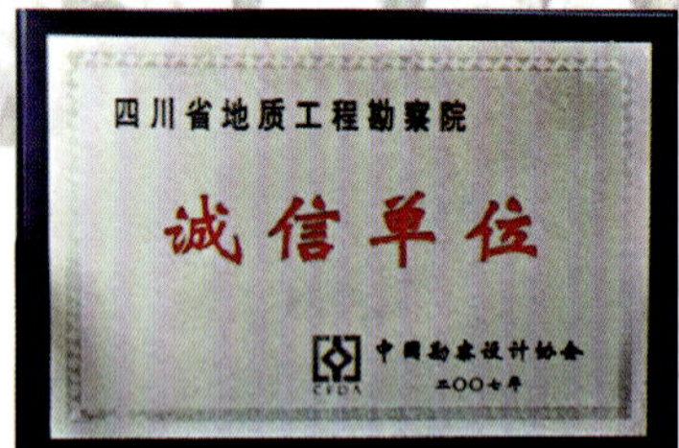

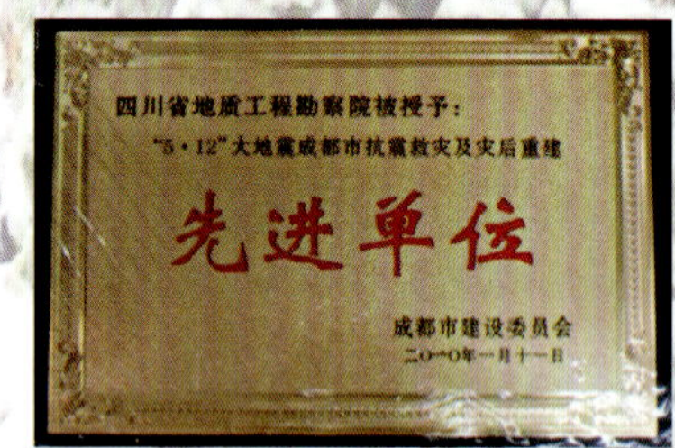

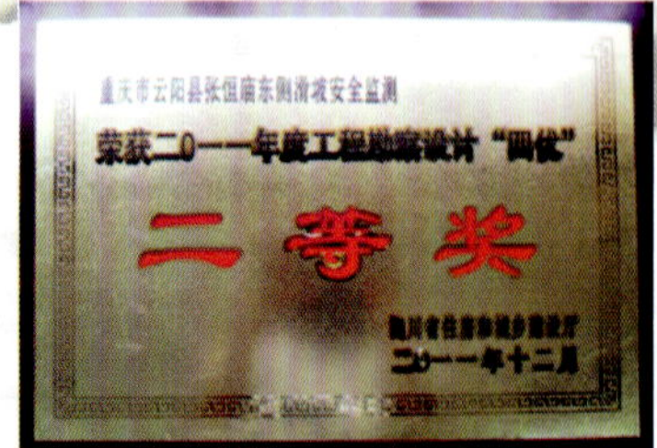

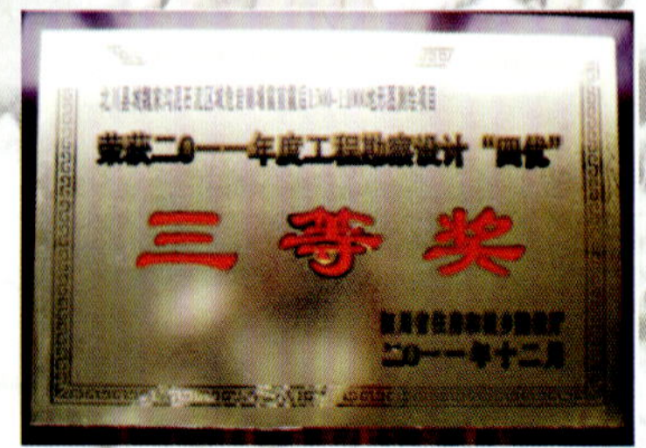

典型业绩

完成的重点项目包括川藏公路二郎山特长隧道、都汶高速庙子坪特大桥等系列重点控制性工程的勘测，广州、成都地铁以及云南磨憨至老挝万象铁路工程地质勘察，“5·12”地震10多个极重灾县和重灾县地质灾害排查、巡查、应急勘查、设计、施工等。

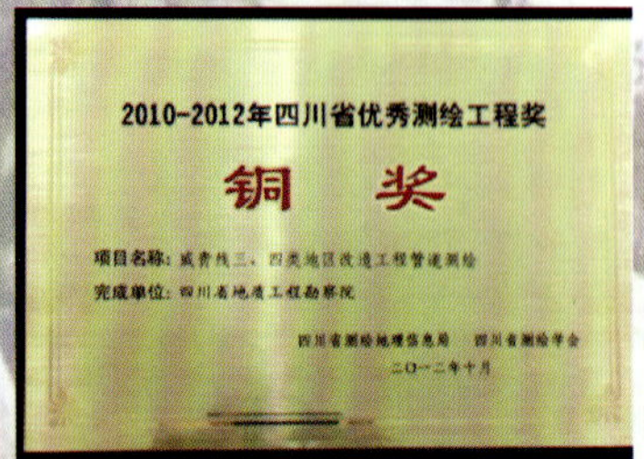

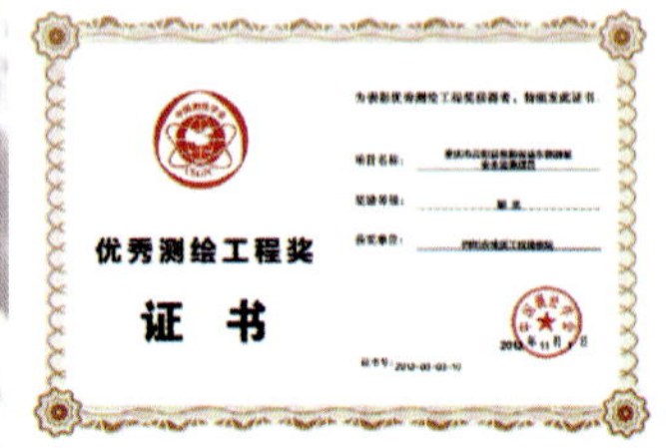

四川测绘地理信息局测绘技术服务中心
（四川省测绘应急保障中心）

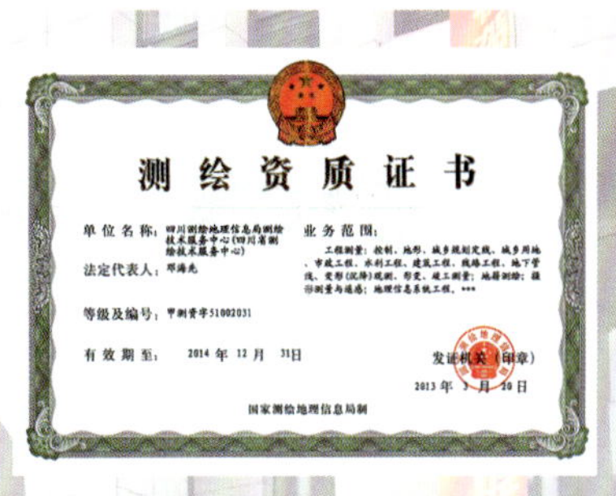

四川测绘地理信息局测绘技术服务中心（四川省测绘应急保障中心）成立于1983年，是四川测绘地理信息局直属事业单位、四川省测绘学会应急测绘专业委员会挂靠单位。拥有员工150多人，是四川省测绘应急保障服务的主力支撑单位，具备全国甲级测绘资质，通过ISO9001:2000质量体系认证。该中心以低空无人机影像快速获取为核心竞争力，具有“天地一体、互联互通、机动高效”的测绘应急保障能力和“实时化、自动化、网络化、社会化”的测绘信息服务能力。

多年来，承担10多个省区的测绘地理信息应用项目和多次测绘应急保障服务。四川芦山“4·20”地震发生后，中心应急测绘队第一时间赶赴灾区，开展测绘应急保障工作，社会效益良好。获2012年“5·12”全省防灾救灾大演练工作先进集体、四川省灾后重建先进集体等称号。

该中心与中国测绘科学研究院、国家测绘地理信息局卫星测绘应用中心、中测新图（北京）遥感技术有限责任公司等科研机构和高新技术企业建立长期战略合作伙伴关系，在基于“资源三号”卫星数据的测绘应急保障应用体系、多源航空航天遥感资料快速获取及处理等领域开展专项研究与合作。

该中心秉承“科技创新，优高服务！”的质量方针和“满足需求、持续改进”的服务准则，将继续在国家和省级基础测绘、防灾减灾、城建规划、国土调查等方面为各级政府和社会各界提供优质高效的测绘服务，推进测绘地理信息事业发展！

应急测绘保障队伍

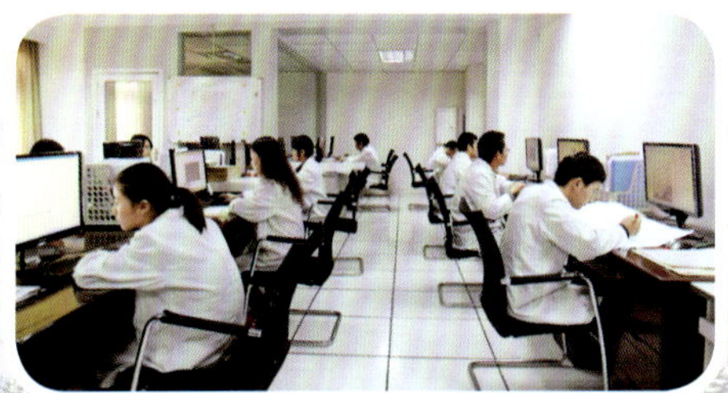

内业数据处理队伍

飞越唐家山堰塞湖

“4·20”芦山灾区首架无人机准备起飞获取灾区影像数据

地震灾区测绘

基础测绘

地址：成都市人民北路二段198号　邮编：610081

电话：028-68371383 028-68371388　传真：028-68371311

E-mail：sc_chjszx@yahoo.com.cn　网址：www.scyjch.org/

陕西省地理国情信息中心

陕西省地理国情信息中心挂牌仪式

陕西省副省长白阿莹视察中心

经陕西省编制委员会批准，国家测绘地理信息局陕西基础地理信息中心加挂陕西省地理国情信息中心牌子，增加“负责陕西省地理国（省）情的收集、分析、存储管理和提供，承担地理省情项目的实施工作，参与地理省情标准、规划的编制工作”的职责。该中心是全国首家地理国情信息中心，也是全国首个地理国情监测试点工作的具体实施单位。

2011 年以来，陕西省地理国情信息中心自利用“3S”技术，综合各时期已有的测绘地理信息成果档案，对陕西省试点区域的面积、地理区域划分、地形地貌特征、大中型水库分布、地表覆盖、植被覆盖度、城市布局和城镇化扩张等自然和人文地理要素进行动态和定量化、空间化的监测，形成反映各类资源、环境、生态、经济要素的空间分布及其发展变化规律的监测数据、专题地图、统计数据和分析报告。

该中心取得的地理国（省）情监测成果为各级政府和相关部门的科学决策、规划管理起到支撑保障作用，为社会公众了解全省地理国（省）情信息提供科学数据。

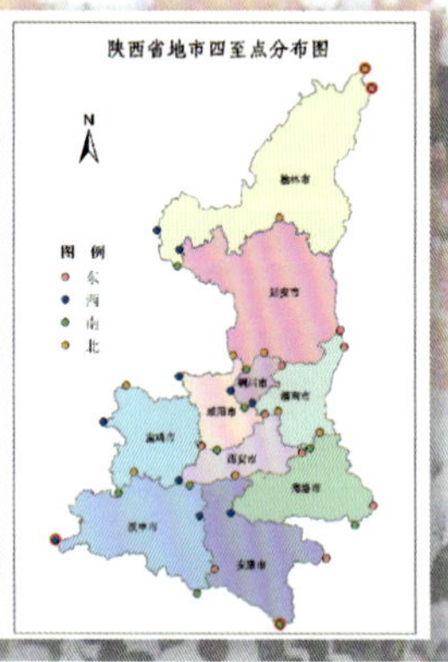

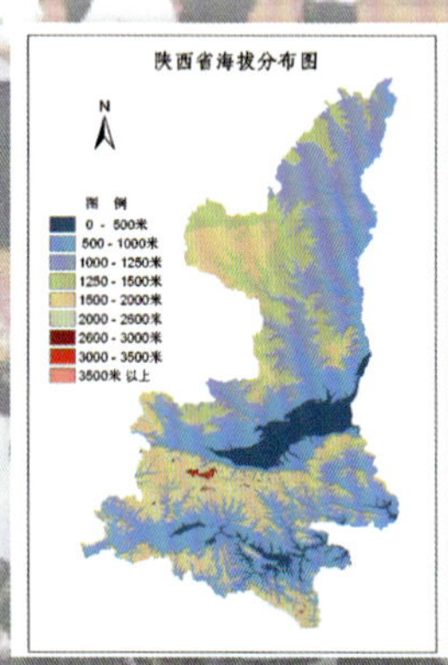

陕西省地理信息产业协会

社会团体法人登记证书

中华人民共和国民政部制

法人登记证书

陕西省地理信息产业协会成立于2012年，由陕西省境内的测绘地理信息企事业单位、科研机构、高等院校及支持测绘地理信息事业发展的单位和个人自愿组成，是依法登记的非营利性社会团体组织。

陕西省地理信息产业协会是为促进地理信息产业健康快速发展而成立的全国第一家省级地理信息产业协会。开展的主要工作包括陕西省测绘地理信息成果质量奖评选、民营企业初级职称评审、测绘地理信息市场信用信息管理与维护、相关技术业务培训、产业发展调研等工作。

主要职责有：宣传贯彻测绘地理信息法律法规和方针政策；组织有关培训咨询、信息交流等活动，指导协助会员改善经营管理和技术进步，开展全省行业信息技术交流与合作；组织贯彻实施国家标准，规范会员测绘地理信息质量行为；参与政府决策论证，提出有关测绘地理信息立法和政策的建议；组织建立行业诚信体系，维护公平竞争和市场秩序。

陕西省地理信息产业协会将在业务主管部门陕西测绘地理信息局和社团登记机关陕西省民政厅的管理和指导下，正确履行职能，积极开展工作，按照“服务、自律、协调、维权”的工作方针，主动服务地理信息产业单位，为测绘地理信息产业的发展壮大贡献力量。

协会成立大会暨第一次会员代表大会

陕西测绘地理信息局局长武文忠
与中国地理信息产业协会秘书长丛远东
为陕西省地理信息产业协会揭牌

陕西省地理信息产业协会挂牌成立

召开理事会

举办业务技术培训

地址：西安市友谊东路334号测绘科技大厦A座803室

电话：029-87893317　传真：029-87893570　E-mail：2302316694@qq.com

汉中市测绘院

法人代表：赵军

汉中市测绘院成立于1985年，隶属汉中市城乡建设规划局，为陕西省测绘学会理事单位和中国城市勘察专业委员会会员单位，下设地理信息室、编线室、规划批后跟踪管理室和外业分队。经过20多年发展，已成为陕南地区专业最全、业务广泛、设备先进的勘察测绘单位。近年，获得省优秀测绘成果奖银奖1项和国家优秀勘测成果2项。

汉中市测绘院为汉中市城市规划建设提供了大量精确、可靠的基础测绘资料，2008年，完成CORS连续运行基准站建设，使汉中市的城市规划工作更上台阶。该院通过ISO9001:2008国际质量管理体系认证，并将质量管理体系要求和质量手册作为质量管理体系运行的基本规定和标准，确保测绘勘察成果质量达标，为顾客提供优质产品和服务。

诚信共赢、质量领先是汉中市测绘院的基本理念，科学管理、精心勘测、科技创新、持续发展是汉中市测绘院的不懈追求。汉中市测绘院以全新的模式，加大服务力度，拓宽市场，为数字汉中地理空间框架建设和地理国情监测提供优质的测绘地理信息保障服务。

"数字汉中地理空间框架项目"评审及签约仪式

部分证书

精益求精

专家授课

文艺演出

地址：汉中市民主街65号4楼　邮编：723000　传真：0916-2210827

电话：0916-2211887 2216318　邮箱：hzschy@126.com　网址：www.hzghj.com

新疆地矿测绘院

（新疆地质矿产勘查开发局测绘大队）

新疆地矿测绘院（新疆地质矿产勘查开发局测绘大队）是集测量、制图、制印于一体的综合性测绘单位。拥有在编职工235人，各类专业技术人员130人，其中，高级工程师21人、工程师40人。

该院是全国首批甲级测绘资质单位，通过ISO9001质量管理体系认证，具备“印刷全国书刊许可证”、“自治区新闻出版局B类书刊印刷定点企业”、“自治区本级定点印刷服务单位”等印刷类资质和“地质灾害危险性评估”、“地质灾害治理工程勘查”、“地质灾害治理工程施工”3个地质环境类丙级资质。测绘技术力量雄厚、仪器设备齐全、产品质量优良、综合测绘能力强，可承担摄影测量与遥感、大地测量、工程测量、地籍测绘、房产测绘、地理信息系统工程、地图编制和行政区域界线测绘、地质灾害危险性评估、工程勘查、工程施工等工作。

建院50多年来，该院完成各种比例尺地形图近45万平方千米（超过全疆总面积1/4），D级精度以上GPS控制点近5000点，四等精度以上水准测量近2.8万千米，为地质找矿、油田建设、水利水电建设、城市规划等作出贡献。测绘地理信息成果多次获自治区政府、国家测绘地理信息局表彰和奖励。被授予“大庆式企业”、“全国测绘质量表彰单位”、“地质找矿工作作出重大贡献单位”、“自治区级文明单位”等称号。

地址：新疆乌鲁木齐市七道湾南路232号　电话：0991-4633004　传真：0991-4642445

水利部新疆维吾尔自治区水利水电勘测设计研究院

水利部新疆维吾尔自治区水利水电勘测设计研究院（以下简称新疆水电院）是隶属于国家水利部和新疆维吾尔自治区的甲级勘测设计单位。

新疆水电院创建于1955年，拥有甲级测绘、甲级水利工程质量检测、甲级水利水电工程设计、甲级工程勘察等18项资质。2000年，通过ISO9001质量管理体系认证，2012年，通过北京中水源禹认证中心质量管理体系、环境管理体系、职业健康安全管理体系3体系认证。可承担流域综合规划、大中型水利水电工程、工业与民用建筑、送变电工程的测绘、勘察、设计、咨询、监理等。

新疆水电院下设测绘工程院专门负责测绘、安全监测及水利工程质量检测业务。测绘工程院共有测绘人员85人。其中，注册测绘师4人，高级职称15人、中级职称18人、初级职称28人，大专以上学历60人，持有水利工程质量检测员资格证书29人。

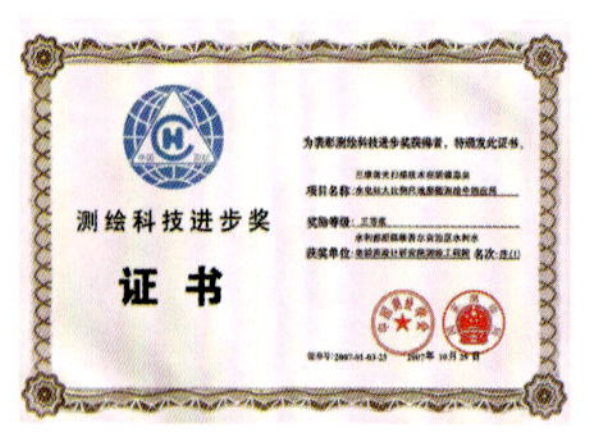
测绘科技进步奖

证书

为表彰测绘科技进步奖获得者，特颁发此证书。

测绘科技进步奖三等奖

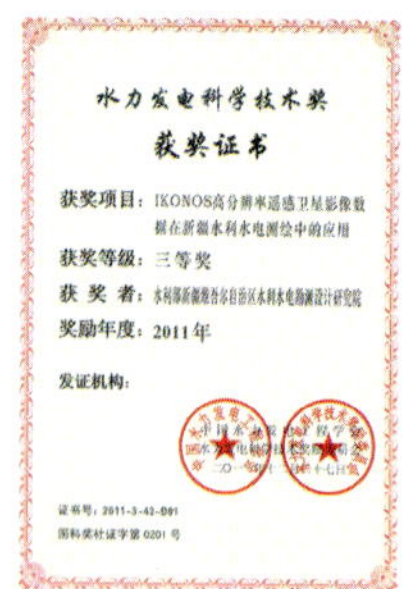
水力发电科学技术奖

获奖证书

获奖项目：IKONOS高分辨率遥感卫星影像数据在新疆水利水电测绘中的应用

获奖等级：三等奖

获 奖 者：水利部新疆维吾尔自治区水利水电勘测设计研究院

奖励年度：2011年

发证机构：

证书号：2011-3-42-D01

水力发电科学技术奖三等奖

近年来，该院新技术、新成果应用成效显著，完成的多个测绘项目获水利部、国家测绘地理信息局、新疆测绘学会和新疆工程勘察设计协会的科技进步奖及优秀工程奖。

该院将不断吸纳高素质的技术人才，引进先进仪器设备和软件，本着“以人为本，绿色健康，产品优质，顾客满意，开拓创新”的方针，更好地为社会各界服务。

RTK配合数字测深仪进行水库水下地形测量

长距离（4km）三维激光扫描仪

变形监测基准网测量（A级GPS网）

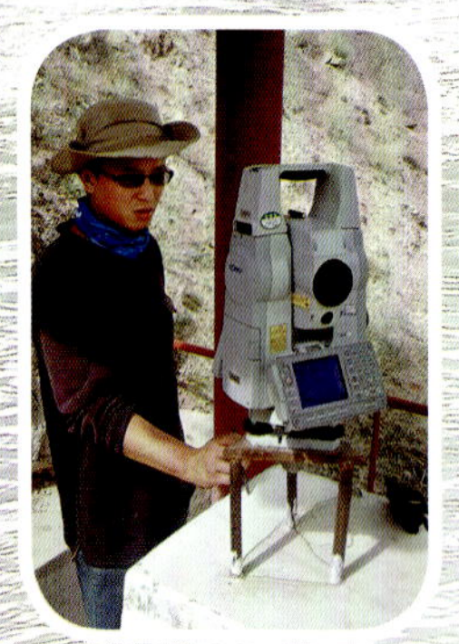
智能全站仪（测量小机器人）

电子水准仪冬季作业

冬季水准作业

联系电话：0994－2728418　　传　真：0994－2721727　　电子邮箱：xjsdch@126.com

塔城地区国土资源规划研究院

书记、院长：于继胜

塔城地区国土资源规划研究院隶属于塔城地区国土资源局，为全民所有制公益性事业单位。主要业务范围包括地籍测绘；工程测量：城乡用地、地形、城乡规划定线、日照、控制、线路工程、桥梁、建筑工程、规划检测测量等。

全院共有职工 64 人，其中专业技术人员 57 人。下设综合办公室、计划财务室、总工办、规划所、测量所、地籍所、矿产所、地理信息所、土地利用所、科研所、质量检核中心等 11 个职能科室。

该院配备了美国天宝 5800GPS 接收机、中海达 V30GPS 测量型接收机、中海达静态 8200EGPS 接收机、全站仪等先进仪器，生产作业能力大幅提升。

近年来，该院完成 1:1 万土地利用更新调查、第二次土地调查等多项基础性业务，成果合格率 100%。

2012 年，塔城地区国土资源规划研究院承担的“塔城地区第二次土地资源调查成果的应用”获塔城地区行署 2010–2011 年度地区科技进步奖二等奖，“塔城市边境城市 1:500 规划建设测绘项目”获 2011–2012 年度自治区测绘行业优秀测绘工程（项目）奖三等奖。

中层以上干部

内业工作人员

油田测量

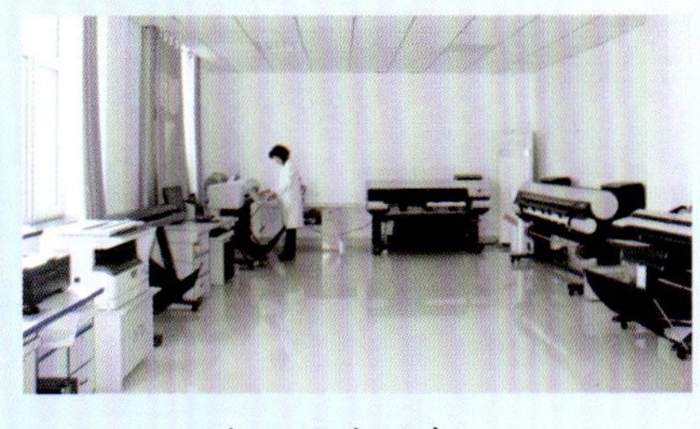

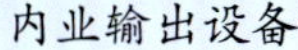

内业输出设备

仪器设备

新疆水利水电勘测设计研究院疆海测绘院

新疆水利水电勘测设计研究院疆海测绘院成立于 1984 年。2012 年 5 月，通过质量体系认证（GB/T19001-2008-IS9001:2008 标准），8 月，取得国家测绘地理信息局颁发的甲级测绘资质证书。

获得甲级测绘资质证书

该院共有职工 80 人，其中，测绘专业技术人员 57 人（高级工程师 10 人、工程师 15 人），是一支技术力量雄厚，专业设备齐全的测绘队伍。配备海燕飞机 1 架、SWDC 数字航摄仪 2 台、全站仪 11 台、精密水准仪 8 台、GPS 接收机 26 台、全数字摄影测量工作站 15 台等。SWDC 数字航摄仪和海燕飞机的引进，得到了中国民用航空新疆管理局的大力支持，为该院颁发了非经营性通用航空登记证。高新技术的引进开拓了新疆航空摄影测量市场，填补了新疆数字航空摄影领域的空白，使该院成为西北第一家既有航空摄影资质，又有数字航摄仪及配套航摄飞机的甲级测绘资质单位。

多年来，该院先后承担开都河水电规划工程、哈密三塘湖调水工程等多项新疆重点水利工程项目的测绘任务，业务涉及水利水电、公路、风电、国土、农村地籍、援疆项目等各个领域，为新疆各行业的工程建设提供了优质可靠的测绘成果和影像数据。承担的“新疆顶山隧洞工程”获 2012 年自治区第十六届优秀工程设计奖一等奖；“八十一大坂隧洞工程施工控制网工程”获 2012 年自治区第十一届优秀工程勘察奖二等奖。该院连续多年被评为水利系统先进集体及安全生产先进集体，获 2012 年自治区水利厅先进基层党组织称号。

测绘航空摄影前的飞行准备工作

P7210499 在喀拉喀什河水电规划项目测图

优秀工程设计奖一等奖

恰库尔图风电项目测图

信息中心

单位地址：新疆乌鲁木齐市沙依巴克区长江路 25 号果业大厦 5 楼

院　　长：李安福　　　联系电话：0991-5871580　　　传　　真：0991-5871580

统 计 资 料

一、综 合

表 1 2012 年测绘服务总值

计量单位：万元

地 区	测绘服务总值			
	合 计	测绘资质单位①		测绘地理信息系统其它非资质单位③
			#测绘地理信息系统内②	
合 计	**5412233.8**	**5302258.6**	**639198.4**	**109975.2**
北 京	684021.5	667730.9	102707.3	16290.6
天 津	95190.8	95190.8	17029.8	
河 北	180147.5	174847.9	23750.8	5299.6
山 西	115273.7	112475.5	19359.2	2798.2
内蒙古	126487.9	124470.7	16332.3	2017.2
辽 宁	210532.2	208021.3	12831.8	2511.0
吉 林	96021.6	94357.1	6909.3	1664.5
黑龙江	132142.1	124984.5	26596.8	7157.5
上 海	191985.7	190479.4	21453.5	1506.4
江 苏	237166.5	232555.9	22163.7	4610.6
浙 江	285381.0	279731.3	26931.7	5649.7
安 徽	126066.8	124040.9	14316.7	2025.9
福 建	145259.8	142261.8	15319.5	2998.1
江 西	88376.8	78231.4	10303.2	10145.4
山 东	246153.4	246153.4	22915.4	
河 南	180428.9	177476.5	11507.6	2952.4
湖 北	342490.0	338839.6	16521.1	3650.4
湖 南	172036.1	169880.5	27026.3	2155.6
广 东	358136.2	356210.0	32003.5	1926.2
广 西	105522.6	102610.4	17647.5	2912.1
海 南	34741.4	32617.8	7899.3	2123.6
重 庆	114661.1	114661.1	35917.4	
四 川	446880.0	442457.6	35083.6	4422.4
贵 州	89565.9	89048.6	15560.2	517.4
云 南	160440.7	157292.6	14841.1	3148.1
西 藏	5100.0	4777.7	303.4	322.3
陕 西	205714.3	194025.6	30842.5	11688.7
甘 肃	72946.1	69962.7	10671.3	2983.4
青 海	50431.2	49149.6	10286.4	1281.6
宁 夏	20434.1	20210.2	5600.4	223.9
新 疆	92498.2	87505.7	8566.0	4992.6

① 指全国具有测绘资质的单位，下同。

② 指测绘地理信息系统内具有测绘资质的单位，测绘地理信息系统指各省、自治区、直辖市、计划单列市测绘地理信息行政主管部门及其所属单位和国家测绘地理信息局及其所属单位，下同。

③ 指测绘地理信息系统内不具有测绘资质的所有单位，下同。

表 2 2012 年末从业人员

计量单位：人

地 区	年末从业人员			
	合 计	测绘资质单位		测绘地理信息系统其它非资质单位
			#测绘地理信息系统内	
合 计	**308501**	**304899**	**22237**	**3602**
北 京	22071	21667	1840	404
天 津	4265	4259	676	6
河 北	15061	14917	521	144
山 西	9995	9854	600	141
内蒙古	10058	10003	686	55
辽 宁	13305	13220	660	85
吉 林	7209	7085	470	124
黑龙江	11055	10711	1702	344
上 海	6929	6889	361	40
江 苏	12897	12776	442	121
浙 江	12008	11800	1012	208
安 徽	9603	9525	580	78
福 建	7997	7923	500	74
江 西	6640	6558	453	82
山 东	15423	15291	637	132
河 南	17093	17000	596	93
湖 北	14193	14094	385	99
湖 南	11762	11673	652	89
广 东	15766	15555	1245	211
广 西	9374	9271	987	103
海 南	2495	2441	330	54
重 庆	5262	5247	1433	15
四 川	19126	18964	1342	162
贵 州	6888	6849	684	39
云 南	13398	13305	479	93
西 藏	556	529	29	27
陕 西	12036	11681	1559	355
甘 肃	5892	5820	361	72
青 海	2893	2848	334	45
宁 夏	1506	1472	220	34
新 疆	5745	5672	461	73

表 3 2005–2012 年测绘资质单位数量、从业人员和服务总值

地 区	2005 年			2006 年			2007 年			2008 年		
	测绘服务总值（万元）	年末单位数量（个）	年末从业人员（人）	测绘服务总值（万元）	年末单位数量（个）	年末从业人员（人）	测绘服务总值（万元）	年末单位数量（个）	年末从业人员（人）	测绘服务总值（万元）	年末单位数量（个）	年末从业人员（人）
合 计	**1209558**	**9096**	**219430**	**1451268**	**9917**	**223864**	**1850293**	**10952**	**244524**	**2206123**	**11269**	**260561**
北 京	175141	149	8527	263683	180	10787	225365	192	12862	237264	201	15095
天 津	55628	91	4751	66821	92	4569	98108	88	4499	114857	93	4582
河 北	70186	432	12241	76929	451	9094	76014	582	14665	86172	602	18915
山 西	21991	343	8075	27153	352	6377	30079	380	6269	40769	401	6888
内蒙古	14451	254	7747	29179	332	8045	28083	366	10429	43822	386	8371
辽 宁	36792	479	10249	46618	537	10815	65374	564	10874	78709	590	12265
吉 林	103128	345	11229	41735	359	8165	42483	393	6136	48797	398	6602
黑龙江	37466	372	6983	44945	425	8327	48361	450	9015	63545	464	9295
上 海		102	4155		132	5171	66208	127	4403	78371	134	4925
江 苏	76589	455	9189	85708	484	9857	111403	556	10392	120496	576	10696
浙 江	78758	396	7324	91092	425	7741	98634	452	7796	114235	451	8682
安 徽	38924	273	6806	42978	301	7017	56587	345	7684	62961	353	8566
福 建	30437	281	5209	38014	327	5209	41892	348	5538	52630	364	5563
江 西	21559	245	4315	21632	242	6082	29546	312	5253	35885	331	5478
山 东	67579	622	12371	69850	650	10424	84915	665	12017	104396	648	12386
河 南	31117	400	10145	46126	426	10261	56336	556	11193	91278	573	12866
湖 北	3795	439	12980	4447	474	13699	138951	498	15703	143432	510	17615
湖 南	54175	496	10024	62545	524	10714	84798	554	10415	89343	564	10796
广 东	79786	474	6658	85461	500	7186	104367	543	10328	122169	576	11168
广 西	29561	286	6411	46399	341	7599	37519	363	7426	45548	375	7606
海 南	4711	61	990	5166	70	1192	6971	77	1291	10558	89	1372
重 庆	23625	82	1946	22625	90	2032	27805	98	1946	28308	107	1966
四 川	58295	420	9547	83226	472	12420	99591	544	15863	129561	593	14640
贵 州	16685	252	5223	18681	268	5706	22290	348	5796	27281	299	6406
云 南		520	10674	23635	569	8172	51124	597	11053	60004	616	11873
西 藏	5319	21	1639	2631	30	765	1174	32	776	2570	33	791
陕 西	27991	213	9575	53881	228	10938	56725	238	9918	95154	242	11271
甘 肃	21325	231	6090	22358	264	6377	24815	276	6460	27763	291	5782
青 海	5703	62	3490	5719	66	3547	8725	64	3099	13883	75	2310
宁 夏	3869	65	1460	3323	63	1441	5189	81	1179	5780	73	1257
新 疆	14971	235	3407	18709	243	4045	20863	263	4246	30584	261	4533

注：表中测绘服务总值数据，2005 年上海、云南未报，辽宁、湖北所报数量不全；2006 年上海未报，湖北所报数量不全。

2005-2012年测绘资质单位数量、从业人员和服务总值（续）

地区	2009年			2010年			2011年			2012年		
	测绘服务总值（万元）	年末单位数量（个）	年末从业人员（人）	测绘服务总值（万元）	年末单位数量（个）	年末从业人员（人）	测绘服务总值（万元）	年末单位数量（个）	年末从业人员（人）	测绘服务总值（万元）	年末单位数量（个）	年末从业人员（人）
合计	**2969868**	**11657**	**265899**	**3286429**	**11595**	**267188**	**4773424**	**12512**	**290648**	**5302259**	**13261**	**304899**
北京	396739	238	16558	452150	261	18839	656556	299	21456	667731	311	21667
天津	135293	100	3961	135295	96	4002	93628	100	4113	95191	104	4259
河北	108391	627	13155	129337	615	12622	176574	637	13122	174848	682	14917
山西	55510	408	7321	62884	419	8062	98567	457	9043	112475	498	9854
内蒙古	51394	449	8447	60378	486	7511	100444	499	9400	124471	530	10003
辽宁	101094	509	11151	163549	585	9631	184395	574	12259	208021	620	13220
吉林	84338	391	7631	55514	385	6953	84098	415	7036	94357	418	7085
黑龙江	73541	489	9396	90449	499	10228	110824	490	10001	124985	527	10711
上海	108379	133	5382	103811	124	4911	194267	161	6300	190479	174	6889
江苏	121184	579	11541	130776	555	10915	224972	594	11558	232556	656	12776
浙江	128316	473	9686	151316	455	10295	252689	464	10744	279731	487	11800
安徽	68800	390	7975	79126	412	8386	108267	447	8847	124041	458	9525
福建	56824	362	5708	80408	355	5761	116397	376	7369	142262	404	7923
江西	45525	344	6008	48387	332	5645	64966	384	6273	78231	422	6558
山东	122746	683	12614	136921	669	12937	215049	710	13978	246153	735	15291
河南	106039	613	14213	109540	606	14257	156020	692	15636	177476	749	17000
湖北	194691	525	17743	234468	537	17771	351976	536	17771	338840	571	14094
湖南	132165	566	12019	131092	554	11422	157878	574	11641	169881	569	11673
广东	140196	581	12819	178219	519	13163	285563	586	14852	356210	591	15555
广西	59666	376	8636	68747	427	9124	107242	427	8909	102610	465	9271
海南	15808	94	1669	15099	95	1563	46937	116	2134	32618	130	2441
重庆	51626	117	3535	67969	117	4321	89023	133	4744	114661	148	5247
四川	162184	594	14229	171909	606	14575	234323	658	17122	442458	744	18964
贵州	52229	362	6158	55219	339	6787	77627	371	6696	89049	380	6849
云南	96719	619	13851	84510	559	12870	172314	672	12370	157293	651	13305
西藏	2826	31	830	2789	29	730	6197	28	490	4778	31	529
陕西	192306	267	9404	168130	263	9505	238218	339	11393	194026	387	11681
甘肃	48210	286	5565	45681	273	5222	48557	292	5930	69963	304	5820
青海	14722	82	2611	17847	85	2778	28181	88	2781	49150	95	2848
宁夏	9477	82	1353	10505	68	1303	19699	76	1305	20210	85	1472
新疆	32929	287	4730	44405	270	5099	71977	317	5375	87506	335	5672

表 4 2005-2012 年测绘地理信息系统服务总值和从业人员

单 位	2005 年		2006 年		2007 年		2008 年	
	测绘服务总值（万元）	年末从业人员（人）	测绘服务总值（万元）	年末从业人员（人）	测绘服务总值（万元）	年末从业人员（人）	测绘服务总值（万元）	年末从业人员（人）
合 计	**244631**	**22455**	**278516**	**23209**	**309284**	**23913**	**367734**	**24521**
北 京	11826	831	16000	856	20000	869	21967	860
天 津	8437	502	8799	503	9408	530	9607	559
河 北	4438	668	5635	662	6048	660	7652	660
山 西	4468	529	4377	564	4805	615	7906	625
内蒙古	2588	625	4090	676	5280	678	5979	672
辽 宁	5561	869	6404	847	4878	699	4638	697
吉 林	4327	683	4153	728	5302	709	6996	678
黑龙江	17461	2244	20277	2261	25018	2302	28287	2246
上 海	6998	399	10878	393	8931	388	12254	380
江 苏	5660	585	7436	630	8296	559	9799	576
浙 江	5485	498	6456	602	7063	674	9814	713
安 徽	3115	502	4025	538	4110	553	5533	552
福 建	4976	447	5264	541	5537	556	7255	539
江 西	2638	537	3137	549	4406	524	5638	531
山 东	4647	652	6657	651	10056	912	7239	782
河 南	4445	526	5755	560	6391	626	7041	849
湖 北	3795	469	4447	474	5852	467	8165	498
湖 南	6120	738	7181	739	9748	845	10270	820
广 东	6075	874	7843	898	7603	956	9071	1001
广 西	7022	1113	7542	1111	9590	1091	12650	1225
海 南	1869	252	2179	261	2645	284	3905	309
重 庆	6300	262	10830	258	10480	571	13030	571
重庆测绘院			2507	304	3268	326	4508	359
四 川	14374	1707	13798	1596	16458	1585	18649	1702
贵 州	2096	616	3079	636	2952	543	4497	705
云 南	3041	464	4320	480	4937	507	5585	518
西 藏	54	35	73	37	641	37	455	42
陕 西	13447	1828	15975	1830	17974	1799	21676	1813
甘 肃	3118	486	3204	488	5169	498	6325	450
青 海	2427	454	3948	410	5589	415	6946	388
宁 夏	680	262	400	261	812	263	1181	272
新 疆	2435	579	2575	580	3332	594	5112	607
青 岛								
大 连								
宁 波								
深 圳								
厦 门								
中国地图出版集团	63281	488	56030	514	44750	492	55241	521
测绘研究院	2844	352	6551	389	11167	385	13027	391
地理信息中心	4274	164	3252	144	4959	145	3375	149
卫星应用中心								
质量检验中心								
国家局及其其他直属单位		215		238		256		261

2005-2012年测绘地理信息系统服务总值和从业人员（续）

单 位	2009年		2010年		2011年		2012年	
	测绘服务总值（万元）	年末从业人员（人）	测绘服务总值（万元）	年末从业人员（人）	测绘服务总值（万元）	年末从业人员（人）	测绘服务总值（万元）	年末从业人员（人）
合 计	**450701**	**24726**	**507412**	**25076**	**647882**	**26069**	**749174**	**25839**
北 京	24000	865	25200	919	28540	947	28236	897
天 津	16638	632	17470	647	14766	664	17030	682
河 北	10115	660	12975	651	18423	650	28745	635
山 西	12666	679	15853	704	13900	718	22157	741
内蒙古	10425	684	9031	704	12083	712	18350	741
辽 宁	3347	695	3331	695	9304	692	14383	686
吉 林	11474	655	17300	633	11436	604	8574	594
黑龙江	25892	2202	26447	2235	32325	2103	33754	2046
上 海	14006	373	15060	376	18543	372	21454	361
江 苏	11359	562	11904	562	21463	566	26774	563
浙 江	11914	751	16305	771	19430	799	23905	871
安 徽	6554	572	9427	590	13086	682	16343	658
福 建	8435	433	10351	417	12408	414	15431	435
江 西	6158	546	7781	570	12314	577	20449	535
山 东	10416	778	14173	778	21076	768	22915	764
河 南	8287	792	9022	708	15464	696	14460	689
湖 北	10198	505	12270	516	14409	487	20171	484
湖 南	12083	802	13400	768	19909	748	29182	741
广 东	9773	1040	9179	1039	19415	1002	24028	1021
广 西	17721	1099	16986	1112	23313	1120	20560	1090
海 南	4324	295	4548	317	7876	342	10023	384
重 庆	18711	743	20700	810	14906	899	26190	974
重庆测绘院	6009	360	6710	400	8516	435	9727	474
四 川	22845	1575	25700	1577	36679	1532	39506	1504
贵 州	10510	735	12047	811	18755	801	16078	723
云 南	7299	510	8915	525	12633	553	17989	572
西 藏	1475	43	199	49	576	52	626	56
陕 西	27746	1983	25443	2031	39072	2018	42531	1914
甘 肃	8854	468	7839	463	8477	446	13655	433
青 海	6221	485	9533	451	13961	395	11568	379
宁 夏	2087	255	2599	262	4212	237	5824	254
新 疆	5520	599	9412	579	14788	587	13559	534
青 岛						6		5
大 连					935	62	960	59
宁 波					9079	342	8677	349
深 圳					17215	439	9901	435
厦 门					2512	142	2886	139
中国地图出版集团	63145	524	63083	548	44464	528	43674	447
测绘研究院	15250	401	21003	383	17962	382	15393	384
地理信息中心	6712	146	6961	144	10978	142	13979	149
卫星应用中心			1473	42	2823	66	5271	81
质量检验中心					584	33	1470	47
国家局及其其他直属单位		279		289	9274	309	12788	309

表 5 1974-2012 年测绘地理信息系统测绘成果提供

年 份	地形图（万张）	数字成果（GB）	测绘基准成果（万点）	航摄成果（万片）	航摄成果（平方千米）
1974	33.0		4.6	2.0	
1975	71.7		10.4	5.9	
1976	109.5		14.5	23.1	
1977	108.3		35.4	47.1	
1978	207.8		29.4	68.1	
1979	349.4		35.8	122.8	
1980	215.1		58.6	172.7	
1981	189.6		73.2	142.7	
1982	284.8		56.0	150.1	
1983	238.7		86.6	134.4	
1984	211.8		46.1	149.9	
1985	165.9		32.1	84.4	
1986	291.2		17.5	71.9	
1987	131.7		15.6	71.6	
1988	132.3		27.0	72.0	
1989	120.2		10.2	59.4	
1990	122.3		9.2	40.8	
1991	118.1		9.0	40.7	
1992	160.2		9.0	25.7	
1993	130.1		5.4	6.8	
1994	58.1		4.1	5.2	
1995	58.3		3.9	6.9	
1996	62.4		3.6	6.3	
1997	62.4		4.5	10.1	
1998	43.1		5.6	15.6	
1999	69.2		4.7	10.1	
2000	102.4		5.4	12.8	
2001	80.7		5.4	37.2	
2002	69.6		6.6	30.3	
2003	69.4		14.8	44.7	
2004	79.6		10.1	37.8	
2005	65.9		7.1	35.2	
2006	61.4	10404.0	15.2	52.5	
2007	62.9	10252.6	15.3	36.2	
2008	52.3	48357.8	17.8	46.1	
2009	46.5	17082.5	28.3	70.4	
2010	39.5	47969.6	26.0	63.2	
2011	45.2	38147.5	17.8	51.4	
2012	34.3	63900.0	26.1		3727403

注：1997、1998 年航摄成果含像片图。2012 年起航摄成果计量单位改为“平方千米”。

表 6 1974-2012 年测绘地理信息系统地图图书出版

年 份	品 种 （种）	总印数 （万幅 / 万册）	总定价 （万元）
1974	47	3242	563
1975	65	4753	599
1976	76	2690	633
1977	75	2829	818
1978	80	5553	894
1979	117	5171	1566
1980	178	4373	1277
1981	256	4073	1748
1982	211	4069	1692
1983	189	4625	1946
1984	254	5957	3028
1985	262	7895	5274
1986	257	6450	3294
1987	269	8180	4143
1988	364	7877	5305
1989	369	7844	7038
1990	426	10655	9938
1991	611	12543	11119
1992	699	18340	19778
1993	936	16969	23209
1994	970	16712	26992
1995	1027	19793	41708
1996	1264	28718	62149
1997	1429	27602	66819
1998	1584	27914	84501
1999	1847	28604	87377
2000	1621	14800	62453
2001	1586	10818	57996
2002	1947	18432	68063
2003	2040	12587	70093
2004	2297	16241	84872
2005	2266	17657	93139
2006	2433	14963	79591
2007	2331	13199	67724
2008	2291	14297	70730
2009	2519	14626	85427
2010	2917	13762	84090
2011	3912	18356	230803
2012	3685	12156	132878

二、测绘资质单位

表 7 2012 年按类别分单位数量和服务总值

类别	资质单位数量（个）							测绘服务总值（万元）
	合计	按资质等级分				按单位性质分		
		甲级	乙级	丙级	丁级	事业单位	企业单位	
合 计	**13261**	**745**	**2193**	**4346**	**5977**	**4215**	**9046**	**5302258.6**
测绘地理信息[①]	171	122	44	2	3	144	27	682794.6
国土资源	1966	110	352	642	862	1511	455	687762.2
城乡建设与规划	2574	82	256	727	1509	1476	1098	693093.9
铁 道	82	17	44	15	6	2	80	198772.2
交通运输	275	38	96	93	48	129	146	169978.5
水利水电	710	82	180	246	202	425	285	443398.5
通 讯	11	6	4		1		11	4017.5
石 油	76	14	27	23	12	2	74	112526.0
石 化	5		2	2	1	1	4	818.8
煤 炭	269	21	81	76	91	108	161	117385.8
有 色	124	18	51	34	21	49	75	84407.5
农 业	18	1	8	8	1	13	5	4055.0
林 业	45	3	15	14	13	40	5	28052.5
地 震	16	6	8	2		13	3	17903.7
海 洋	56	6	6	17	27	45	11	15890.3
环 保	5	1	1	2	1	3	2	2647.1
公安武警	4		2	2		2	2	1077.0
科教文卫	71	7	37	25	2	41	30	34376.0
航空航天	14	9	4	1		3	11	96820.6
冶 金	111	14	43	27	27	19	92	108221.3
其他系统	955	81	247	241	386	189	766	375468.8
私营企业	5698	104	684	2147	2763	—	5698	1417743.5
合资合作企业	5	3	1		1	—	5	5047.4

① 包含测绘地理信息系统单位开办的测绘企业，下同。

表 8 2012 年按地区分单位数量和服务总值

地 区	资质单位数量（个）							测绘服务总值（万元）
	合计	按资质等级分				按单位性质分		
		甲级	乙级	丙级	丁级	事业单位	企业单位	
合 计	**13261**	**745**	**2193**	**4346**	**5977**	**4215**	**9046**	**5302258.6**
北 京	311	96	105	58	52	41	270	667730.9
天 津	104	16	31	51	6	30	74	95190.8
河 北	682	42	93	181	366	165	517	174847.9
山 西	498	20	57	135	286	145	353	112475.5
内蒙古	530	14	119	186	211	119	411	124470.7
辽 宁	620	31	130	237	222	209	411	208021.3
#大 连	99	5	25	51	18	11	88	52974.4
吉 林	418	15	60	100	243	123	295	94357.1
黑龙江	527	27	73	181	246	139	388	124984.5
上 海	174	20	64	66	24	19	155	190479.4
江 苏	656	45	97	283	231	160	496	232555.9
浙 江	487	27	48	96	316	120	367	279731.3
#宁 波	61	4	9	11	37	20	41	47104.6
安 徽	458	19	64	96	279	152	306	124040.9
福 建	404	21	49	135	199	113	291	142261.8
#厦 门	38	9	7	12	10	9	29	53990.3
江 西	422	22	46	71	283	180	242	78231.4
山 东	735	28	79	171	457	180	555	246153.4
#青 岛	86	4	14	25	43	16	70	46043.4
河 南	749	26	135	242	346	187	562	177476.5
湖 北	571	44	112	255	160	290	281	338839.6
湖 南	569	30	103	194	242	399	170	169880.5
广 东	591	40	133	187	231	233	358	356210.0
#深 圳	51	15	25	8	3	3	48	62487.7
广 西	465	16	69	185	195	132	333	102610.4
海 南	130	7	17	38	68	41	89	32617.8
重 庆	148	4	28	95	21	37	111	114661.1
四 川	744	30	108	288	318	196	548	442457.6
贵 州	380	14	59	126	181	152	228	89048.6
云 南	651	14	90	275	272	237	414	157292.6
西 藏	31	1	10	13	7	14	17	4777.7
陕 西	387	35	75	150	127	113	274	194025.6
甘 肃	304	13	51	83	157	116	188	69962.7
青 海	95	10	21	45	19	30	65	49149.6
宁 夏	85	3	15	24	43	33	52	20210.2
新 疆	335	15	52	99	169	110	225	87505.7

表9 2012年按类别分测绘从业人员

计量单位：人

类别	年末从业人员数						年平均从业人员数
	合计	#测绘作业证持证人数	#测绘专业技术人员数				
			小计	#高级	#中级	#初级	
合计	**304899**	**155710**	**200040**	**27586**	**70648**	**91568**	**283131**
测绘地理信息	23235	12151	15209	2376	4945	6629	23099
国土资源	39743	21521	27650	3648	10130	12655	35931
城乡建设与规划	43487	24469	28775	3416	10860	13159	40873
铁道	7074	3509	3713	692	1262	1563	6406
交通运输	11557	6445	7604	1774	2954	2623	10398
水利水电	24069	14142	16043	3202	5895	5957	22007
通讯	190	41	114	6	48	58	170
石油	4413	2421	2378	347	1009	946	4119
石化	115	56	63	15	19	25	119
煤炭	9592	4968	5419	899	1840	2481	8913
有色	4331	2527	3130	470	1224	1338	4033
农业	505	243	392	125	177	85	470
林业	2215	974	1646	501	668	450	2110
地震	1138	658	720	226	259	232	803
海洋	1107	715	813	227	314	253	1011
环保	137	83	80	16	30	34	124
公安武警	86	61	67	3	31	20	82
科教文卫	2243	1086	1748	655	589	457	2002
航空航天	2481	893	739	110	244	376	2421
冶金	5430	3758	3312	420	1065	1549	5167
其他系统	24056	11624	16479	2574	5673	7446	22726
私营企业	97587	43338	63880	5880	21394	33188	90043
合资合作企业	108	27	66	4	18	44	104

表 10 2012 年按地区分测绘从业人员

计量单位：人

地 区	年末从业人员数						年平均从业人员数
	合计	# 测绘作业证持证人数	# 测绘专业技术人员数				
			小计	# 高级	# 中级	# 初级	
合 计	**304899**	**155710**	**200040**	**27586**	**70648**	**91568**	**283131**
北 京	21667	5877	10321	1642	3401	4737	20610
天 津	4259	2532	2801	564	1021	1092	4127
河 北	14917	7211	9520	1418	3461	4378	13955
山 西	9854	4899	5817	667	2321	2672	9042
内蒙古	10003	4817	7381	1199	2788	2993	9221
辽 宁	13220	8304	9243	1399	3571	3860	12064
# 大 连	2514	1645	1979	236	756	961	2440
吉 林	7085	3858	4987	1114	1862	1865	6635
黑龙江	10711	4289	6606	1104	2707	2462	10145
上 海	6889	2162	3723	609	1310	1624	6430
江 苏	12776	7194	8546	1183	3097	3980	11894
浙 江	11800	6397	7491	755	2697	3805	11307
# 宁 波	1755	970	1132	123	384	562	1719
安 徽	9525	5423	6195	807	2160	2954	8868
福 建	7923	4048	5381	590	1851	2616	7390
# 厦 门	1672	777	889	97	289	447	1552
江 西	6558	3293	4208	568	1478	2034	6074
山 东	15291	9053	10448	1527	3497	4869	14210
# 青 岛	1779	1252	1259	251	404	543	1664
河 南	17000	9987	11379	1331	4015	5463	16343
湖 北	14094	6316	9798	1435	3459	3942	12973
湖 南	11673	7502	7897	1153	3086	3288	10872
广 东	15555	6817	9659	1345	3038	4597	13875
# 深 圳	3040	1127	1669	252	479	873	2810
广 西	9271	4902	5831	558	2022	2981	8598
海 南	2441	1174	1438	172	455	691	2238
重 庆	5247	3522	3102	434	1016	1340	4926
四 川	18964	9976	14314	1160	4133	8298	16480
贵 州	6849	3844	4796	618	1755	2159	6637
云 南	13305	8427	9371	1156	3416	4182	12029
西 藏	529	331	381	41	126	214	456
陕 西	11681	6173	8124	1316	2838	3627	11243
甘 肃	5820	3075	4071	705	1558	1582	5384
青 海	2848	1139	2127	261	671	945	2679
宁 夏	1472	701	966	176	347	420	1300
新 疆	5672	2467	4118	579	1491	1898	5126

表 11 2012 年按类别分主要仪器设备

计量单位：台 / 套

类 别	GPS 接收机	全站仪	经纬仪（含电子）	水准仪（含电子）	测深仪	地下管线探测仪	低空无人驾驶摄影飞机	航摄仪	全数字摄影测量系统	遥感图像处理系统	图形编辑工作站	绘图仪
合 计	**159956**	**75121**	**7007**	**41584**	**8759**	**2986**	**341**	**477**	**7984**	**3418**	**26353**	**16154**
测绘地理信息	5033	3700	323	1675	94	355	74	67	2691	633	4309	769
国土资源	11880	7552	717	4282	337	274	36	40	552	523	4040	2954
城乡建设与规划	6027	7395	1027	5330	169	438	9	13	575	198	3241	2434
铁 道	3306	1736	61	1752	46	34	1	8	179	5	183	214
交通运输	2044	1588	270	1693	624	26		2	30	3	202	434
水利水电	5212	3982	882	3412	853	90	10	14	378	144	1078	1034
通 讯	1	3		3		1						
石 油	4131	956	55	314	134	60	4	8	78	29	76	215
石 化	21	45	5	31	1							4
煤 炭	2023	1502	505	1047	40	55	3	14	264	34	470	571
有 色	1445	833	143	486	90	91	45	6	70	10	213	270
农 业	79	74	11	56	15	1	2	2	18	14	108	30
林 业	1545	147	124	153		1			4	58	324	98
地 震	224	150	26	193	6	8			13		62	23
海 洋	331	94	8	140	219	6	4		2	12	71	71
环 保	30	21	1	17		2					2	7
公安武警	80	10	1	15	2					1	1	8
科教文卫	739	731	664	840	55	23	3	12	172	87	458	120
航空航天	117	88	28	97	2	10		32	76	71	144	32
冶 金	1378	1170	356	1116	93	278	9	9	142	30	273	283
其他系统	4792	3747	590	2847	312	208	47	71	554	355	2319	1178
私营企业	109512	39591	1210	16079	5667	1022	94	179	2186	1211	8779	5404
合资合作企业	6	6		6		3						1

2012 年按类别分主要仪器设备（续）

计量单位：台 / 套

类别	扫描仪	服务器	磁盘阵列	磁带库	交换机	手持测距仪	重力仪	雷达系统	水平仪	野外通讯系统	卫星导航定位数据处理系统	地理信息应急监测车
合计	**11444**	**16830**	**3045**	**1320**	**12883**	**32258**	**317**	**95**	**1169**	**63877**	**3924**	**218**
测绘地理信息	631	2404	504	102	1321	1651	11	1	12	2340	71	9
国土资源	1875	2015	338	135	1551	3327	85	10	103	6879	281	32
城乡建设与规划	1438	1841	262	119	1590	7254	19	3	128	6189	97	10
铁道	158	196	26	9	209	122		6	12	944	43	
交通运输	372	641	44	26	778	271	17	8	115	1595	103	4
水利水电	772	1006	195	105	1264	744	9	14	142	5922	223	8
通讯	1	21	2	1	21	3						
石油	141	107	16	135	132	71	6		22	12453	38	
石化	3					12				44	1	
煤炭	306	202	37	22	344	419	5	2	10	1875	53	4
有色	176	133	9	16	114	445	5	3	7	1069	32	2
农业	32	24	4	2	22	40				29		
林业	124	231	18	21	142	486			2	71	2	
地震	35	65	5	3	41	94	35	1		90	12	8
海洋	87	132	29	6	89	20	4			127	27	6
环保	2	2			3	1				15	1	
公安武警	11	6								40		
科教文卫	152	615	108	13	378	165	7	5	3	353	58	2
航空航天	37	51	7	8	52	43		1		40	16	
冶金	179	135	20	16	156	354	16	4	59	1154	53	13
其他系统	1000	1559	202	95	983	2730	34	13	98	3869	121	23
私营企业	3910	5217	1215	482	3658	14006	64	24	456	18779	2692	97
合资合作企业	2	227	4	4	35							

表 12 2012 年按地区分主要仪器设备

计量单位：台 / 套

地区	GPS接收机	全站仪	经纬仪(含电子)	水准仪(含电子)	测深仪	地下管线探测仪	低空无人驾驶摄影飞机	航摄仪	全数字摄影测量系统	遥感图像处理系统	图形编辑工作站	绘图仪
合　计	**159956**	**75121**	**7007**	**41584**	**8759**	**2986**	**341**	**477**	**7984**	**3418**	**26353**	**16154**
北　京	2033	1530	139	1405	46	176	21	89	828	441	3364	476
天　津	1232	747	90	779	174	103	4	10	120	9	563	215
河　北	4704	2856	336	1859	233	336	51	12	272	115	872	857
山　西	3333	1653	132	1172	39	25	9	28	255	64	557	568
内蒙古	3049	1762	322	1552	57	43	3	4	164	59	840	598
辽　宁	2783	2121	498	1648	267	157	19	12	508	175	1349	788
#大　连	438	329	41	268	148	22	3	3	116	82	217	148
吉　林	1574	1286	169	945	21	40	12	14	145	33	575	386
黑龙江	92192	24719	231	5794	4696	40	9	14	544	63	1134	499
上　海	1013	943	138	974	248	127	1	4	38	21	155	221
江　苏	2618	2494	195	1961	325	231	4	1	371	182	1845	792
浙　江	1961	2034	176	1123	268	160	10		178	58	934	632
#宁　波	262	279	17	154	68	35	2		43	3	122	93
安　徽	1877	1752	294	1300	117	67	6	2	213	49	632	522
福　建	1556	1563	192	913	191	74	2	6	169	125	521	431
#厦　门	242	202	12	116	48	16		2	91	73	229	57
江　西	1154	1174	195	827	56	31	6	8	187	126	521	333
山　东	3052	2497	215	1565	273	224	8	15	249	60	995	1060
#青　岛	386	287	27	208	115	8	2		10	20	101	118
河　南	3614	3046	369	2103	163	168	25	36	463	219	1365	936
湖　北	3279	2417	449	1829	264	85	12	24	418	201	866	735
湖　南	2587	2158	345	1252	92	83	12	52	195	100	689	763
广　东	2581	2537	87	1515	631	273	12	27	235	203	2190	875
#深　圳	443	315	7	193	65	86	2	5	21	28	553	77
广　西	1915	1564	153	1029	138	28	15	4	134	121	803	530
海　南	722	495	33	341	70	12	3	4	41	38	504	132
重　庆	1103	1239	234	550	41	100	9	2	205	21	169	268
四　川	4723	3439	268	2281	101	169	20	20	508	140	798	830
贵　州	2033	1426	230	832	47	16	10	11	137	87	394	424
云　南	3746	2170	482	1589	73	44	11	26	158	149	1152	778
西　藏	117	103	17	71			2				43	40
陕　西	3557	2395	344	2043	76	79	9	26	634	285	1196	522
甘　肃	1757	1134	397	930	29	32	14	3	154	88	418	341
青　海	1308	570	80	386	5	19	8	6	110	61	214	135
宁　夏	402	231	65	198	10	4	7	1	37	10	150	86
新　疆	2381	1066	132	818	8	40	7	16	314	115	545	381

2012 年按地区分主要仪器设备（续）

计量单位：台 / 套

地 区	扫描仪	服务器	磁盘阵列	磁带库	交换机	手持测距仪	重力仪	雷达系统	水平仪	野外通讯系统	卫星导航定位数据处理系统	地理信息应急监测车
合 计	**11444**	**16830**	**3045**	**1320**	**12883**	**32258**	**317**	**95**	**1169**	**63877**	**3924**	**218**
北 京	512	3159	725	127	1590	1208	11	9	9	1434	26	10
天 津	100	146	36	8	140	353	9	1	22	546	10	
河 北	546	540	77	160	421	1297	17	6	39	2245	59	5
山 西	339	280	35	13	159	631	3		21	1352	38	4
内蒙古	367	435	58	15	189	714	11	3	29	1577	53	5
辽 宁	479	491	91	38	570	1553	6	1	21	1780	63	8
#大 连	86	86	13	8	152	507			1	397	10	2
吉 林	251	407	37	14	235	710	1		6	872	15	4
黑龙江	325	313	110	18	225	1326	1	3	23	1229	2229	2
上 海	158	749	71	47	487	345	1	1	5	976	21	2
江 苏	511	773	207	111	574	2470	7	10	41	1904	77	8
浙 江	391	673	133	22	532	1350	5	2	28	1926	75	4
#宁 波	55	116	9	7	127	223		1	6	278	25	
安 徽	391	411	69	25	417	1555	13	1	34	1739	62	
福 建	304	503	60	28	317	1637	12	2	31	1726	40	3
#厦 门	43	62	6	10	47	212	5			178	6	
江 西	283	186	41	27	162	812	3	1	23	952	33	
山 东	535	750	105	35	541	1265	9	4	14	2111	114	2
#青 岛	73	93	16	6	131	220			5	322	25	
河 南	701	868	120	110	582	1893	15	4	71	3301	94	23
湖 北	616	674	117	43	672	911	51	9	120	3206	185	20
湖 南	585	633	97	46	593	905	26	3	72	2145	88	5
广 东	648	970	154	80	749	2444	17	7	13	2557	114	17
#深 圳	78	294	33	19	155	415			2	315	6	5
广 西	391	471	52	22	508	1309	7		5	1357	31	10
海 南	100	125	33	20	127	279	2	2	4	437	10	3
重 庆	162	239	35	17	272	387	8	2	63	1092	18	9
四 川	591	562	149	85	714	1464	4	2	74	14979	99	17
贵 州	348	466	41	15	359	737	10	6	104	1576	40	4
云 南	677	714	57	123	534	1958	10	3	167	3260	107	16
西 藏	27	5			1	25						
陕 西	391	551	71	36	575	1231	20	5	47	3147	120	15
甘 肃	298	246	49	21	218	477	19	7	15	1467	36	9
青 海	100	105	13	3	91	179	15		39	1417	12	2
宁 夏	53	75	5	2	56	98	1			285	8	1
新 疆	264	310	197	9	273	735	3	1	29	1282	47	10

三、测绘地理信息系统单位

（一）地图图书出版和地图审核

表 13 2012 年测绘服务总值和劳动生产率

单 位	测绘服务总值（万元）	全员劳动生产率（元/人）
合计/平均值	**749173.6**	**292509**
北 京	28235.5	313728
天 津	17029.8	254176
河 北	28745.2	454111
山 西	22157.4	299020
内蒙古	18349.5	248639
辽 宁	14382.7	209661
吉 林	8573.7	144339
黑龙江	33754.4	161814
上 海	21453.5	584565
江 苏	26774.3	485921
浙 江	23904.9	283233
安 徽	16342.6	249887
福 建	15431.5	364810
江 西	20448.6	382933
山 东	22915.4	299940
河 南	14460.0	209262
湖 北	20171.4	415050
湖 南	29181.9	397573
广 东	24028.5	237906
广 西	20559.7	188794
海 南	10022.9	261693
重 庆	26190.2	282832
重庆测绘院	9727.1	205214
四 川	39506.0	265141
贵 州	16077.5	210991
云 南	17989.2	326483
西 藏	625.7	111736
陕 西	42531.2	222327
甘 肃	13654.7	315351
青 海	11568.0	306843
宁 夏	5824.3	229302
新 疆	13558.5	270629
青 岛		
大 连	960.0	143284
宁 波	8676.5	250766
深 圳	9901.2	343792
厦 门	2886.0	207628
中国地图出版集团	43674.3	871743
测绘研究院	15392.7	401897
地理信息中心	13978.6	964041
卫星应用中心	5270.7	722016
质量检验中心	1469.6	358449
国家局及其其他直属单位	12788.1	413853

（二）地图图书出版和地图审核

表 14 2012 年测绘基准建设

单 位	卫星定位连续运行基准站（座）	GPS 测量(点)	水准测量		重力测量（点）	似大地水准面精化（平方千米）
			点数（点）	水准观测长度（千米）		
合 计	**884**	**9192**	**32946**	**130983**	**212**	**1439538**
北 京		1878	2441	4031		16800
天 津	1		290	5309		
河 北	1		46	2903		
山 西				2003		
内蒙古	22		100	1856		1183000
辽 宁	3	743	1740	2780		
吉 林	47		50	790		
黑龙江		334	3920	13361		
上 海	10					
江 苏	4			1811		102600
浙 江	6	3916	407	5657	6	
安 徽		1148	2158	3300		7280
福 建	7		480	9412	3	14600
江 西						
山 东		122	30	240		
河 南			42	295		
湖 北	2		250	1200		
湖 南	94	437	300	1823		1500
广 东	4			252		
广 西	71		328	896		
海 南	5	175	50	2049		
重 庆			204	625		
重庆测绘院	6		703	2332		2000
四 川		61	3027	7350		
贵 州	126		1028			
云 南	4			3935		1258
西 藏			97	740		
陕 西	263		4197	31010	203	82000
甘 肃	92					
青 海			600	759		
宁 夏						
新 疆		271	347	711		
青 岛						
大 连	9	37	266	1830		13500
宁 波	1		68	1075		
深 圳						
厦 门	6	70	101	1120		
中国地图出版集团						
测绘研究院	100					15000
地理信息中心			9676	19527		
卫星应用中心						
质量检验中心						

表 15 2012 年航空航天遥感资料获取

计量单位：平方千米

单 位	航空摄影	卫星影像获取
合 计	**1576314.2**	**138912339.2**
北 京		
天 津	12743.2	
河 北	189281.0	
山 西	16131.0	
内蒙古	14399.0	6382.0
辽 宁	9355.7	
吉 林	53000.0	
黑龙江	34075.1	
上 海	8000.0	
江 苏	117187.0	92340.0
浙 江	82225.0	178025.0
安 徽	4296.8	
福 建	15919.3	210150.6
江 西	112.0	120.0
山 东	4028.5	144450.0
河 南	25421.0	
湖 北	23061.0	20000.0
湖 南	11904.0	9150.0
广 东	18702.6	18351.0
广 西	1024.0	5527.0
海 南		
重 庆	3420.0	93346.4
重庆测绘院	7683.0	1231841.0
四 川	1341.0	1500.0
贵 州	1663.0	25700.0
云 南		9206.8
西 藏		
陕 西	52617.3	233586.0
甘 肃	27160.0	
青 海	39000.0	458090.6
宁 夏	400.0	
新 疆	36868.7	13600.0
青 岛	1500.0	
大 连	4347.0	
宁 波	1606.0	2000.0
深 圳		2212.0
厦 门		
中国地图出版集团		
测绘研究院	116031.0	954000.0
地理信息中心	641811.0	15202760.8
卫星应用中心		120000000.0
质量检验中心		

表 16 2012 年地理信息数据生产（一）

计量单位：幅，平方千米

单位	数字线划地图（DLG）													
	合计		#1:5 万		#1:1 万		#1:5000		#1:2000		#1:1000		#1:500	
	图幅数	面积	图幅数	面积	图幅数	面积	图幅数	面积	图幅数	面积	图幅数	面积	图幅数	面积
合 计	**393029**	**14787375**	**21916**	**9043395**	**49549**	**1383843**	**6149**	**40299**	**69908**	**56550**	**88848**	**23198**	**150201**	**10361**
北 京	15881	4590							5042	4034	90	18	10749	538
天 津	25755	23486			481	9620			15470	12376	1332	1066	8472	424
河 北	32338	52290			1813	40722	208	1300	12407	6311	10932	3523	6978	433
山 西	6465	40558			1583	39575			834	730			4048	253
内蒙古	6974	55833			2197	53584			1407	1407	3370	842		
辽 宁	6041	53879			2267	52520	214	858	280	224	384	96	2896	181
吉 林	2771	47056			2018	46893					753	163		
黑龙江	16914	6197492	6657	2576510	2898	69697	248	2125	1237	1217	2792	889	2855	178
上 海	40757	15402	17	3240	186	3240			6552	5242	13201	2640	20801	1040
江 苏	22593	12850			280	7196			1835	1835	13544	3386	6934	433
浙 江	15964	47552			1657	43717	162	1067	1960	1960	281	64	11904	744
安 徽	13836	31466			1000	26984	63	397	311	292	12239	2990	200	12
福 建	591	12573			399	11373	192	1200						
江 西	5010	8734	40	1200	209	5734	125	1000	411	411	560	164	3665	225
山 东	9117	22077			737	18425	172	1075	1940	1940	1308	327	4960	310
河 南	13668	32816			1057	27150	677	2940	1014	732	6040	1688	4880	305
湖 北	28731	71611			2396	65631			3475	3475	5740	1435	17120	1070
湖 南	20330	503885	548	249011	8949	253912			512	512	868	217	3924	208
广 东	8120	189853			7081	189774			23	23			1016	56
广 西	5698	36663			1237	34508	223	1121	1651	857	169	27	2418	151
海 南	4973	45535	12	5856	37	740	530	3908	118	96	2504	847	1771	89
重 庆	5918	2325							2119	2076	150	30	3649	219
重庆测绘院	3920	465851	1042	458480	164	4428	312	2130	734	660	260	65	1408	88
四 川	19804	3151905	7139	3116431	851	22750	316	6754	5207	5055	2669	395	2998	481
贵 州	4069	15170			500	14012			750	750	1042	260	1777	147
云 南	2849	63019			2130	62290	2	12	717	716				
西 藏														
陕 西	24433	2739203	6461	2632667	4152	99965	395	1976	2529	2245	2528	614	8368	1736
甘 肃	4486	686026			1424	35600	272	1700	538	538	246	66	1952	122
青 海	9237	7982			267	6675					3625	947	5345	360
宁 夏														
新 疆	5539	123729			927	123175	15	31			1798	353	2799	170
青 岛	5172	21638			532	10654	2015	10654	165	165			2460	165
大 连														
宁 波	2670	3600			120	3300			150	150			2400	150
深 圳	34	6									34	6		
厦 门	1442	109									288	54	1154	54
中国地图出版集团														
测绘研究院	929	615					8	50	520	520	101	25	300	20
地理信息中心														
卫星应用中心														
质量检验中心														

2012 年地理信息数据生产（二）

计量单位：幅，平方千米

单 位	数字高程模型（DEM）													
	合计		#1:5 万		#1:1 万		#1:5000		#1:2000		#1:1000		#1:500	
	图幅数	面积	图幅数	面积	图幅数	面积	图幅数	面积	图幅数	面积	图幅数	面积	图幅数	面积
合 计	**135185**	**1762199**	**2320**	**1043700**	**20766**	**643583**	**4892**	**22142**	**45522**	**45068**	**19297**	**5124**	**42388**	**2582**
北 京														
天 津														
河 北	79	1975			79	1975								
山 西	41111	49223			1063	26575			21488	21488			18560	1160
内蒙古	2197	53584			2197	53584								
辽 宁	2025	46664			2025	46664								
吉 林														
黑龙江	4819	882892	1808	838900	1634	41293	248	2125	505	505	160	40	464	29
上 海														
江 苏														
浙 江	3779	46744			1657	43717	162	1067	1960	1960				
安 徽	3968	1688							928	928	3040	760		
福 建														
江 西	315	218							315	218				
山 东	13302	3780					17	107	2190	2190	4212	1053	6883	430
河 南	5125	11087			322	6500	541	2391	1300	1294	2962	902		
湖 北	2644	54818			1644	53818			1000	1000				
湖 南	6786	37950			1148	32387			5538	5538	100	25		
广 东	4321	2752							2229	2229	2092	523		
广 西	323	4715			152	4555			162	159	9	1		
海 南	616	3965					520	3886	96	78				
重 庆	499	290							324	281			175	9
重庆测绘院	895	3620			64	1600	217	1480	614	540				
四 川	22797	37994			988	25723	2324	6615	5208	4353	1377	497	12900	806
贵 州	850	14762			500	14012			350	750				
云 南	2128	62232			2128	62232								
西 藏														
陕 西	3376	261724	512	204800	2236	55120	192	1170	377	619	59	15		
甘 肃	4443	38301			1435	35875	272	1700	538	538	246	66	1952	122
青 海	267	7278			267	7278								
宁 夏	300	7500			300	7500								
新 疆	927	123175			927	123175								
青 岛														
大 连														
宁 波														
深 圳	399	1600					399	1600						
厦 门	1442	60									288	54	1154	5
中国地图出版集团														
测绘研究院	5452	1608							400	400	4752	1188	300	20
地理信息中心														
卫星应用中心														
质量检验中心														

2012 地理信息数据生产（三）

计量单位：幅，平方千米

单 位	数字线划地图（DRG）													
	合计		#1:5 万		#1:1 万		#1:5000		#1:2000		#1:1000		#1:500	
	图幅数	面积	图幅数	面积	图幅数	面积	图幅数	面积	图幅数	面积	图幅数	面积	图幅数	面积
合 计	**9813**	**3780511**			**1973**	**51459**	**540**	**3496**	**1427**	**1345**	**3822**	**900**	**1952**	**122**
北 京														
天 津														
河 北														
山 西	36	2005626												
内蒙古														
辽 宁														
吉 林														
黑龙江	63	1717563												
上 海														
江 苏														
浙 江														
安 徽	4787	28286			1000	26984	51	316	160	152	3576	834		
福 建														
江 西														
山 东														
河 南														
湖 北	60	1650			60	1650								
湖 南														
广 东														
广 西														
海 南														
重 庆														
重庆测绘院	810	3535			64	1600	217	1480	529	455				
四 川														
贵 州	200	200							200	200				
云 南														
西 藏														
陕 西														
甘 肃	3333	10551			325	8125	272	1700	538	538	246	66	1952	122
青 海														
宁 夏														
新 疆	524	13100			524	13100								
青 岛														
大 连														
宁 波														
深 圳														
厦 门														
中国地图出版集团														
测绘研究院														
地理信息中心														
卫星应用中心														
质量检验中心														

2012 年地理信息数据生产（四）

计量单位：幅，平方千米

单位	数字高程模型（DOM）													
	合计		#1:5 万		#1:1 万		#1:5000		#1:2000		#1:1000		#1:500	
	图幅数	面积	图幅数	面积	图幅数	面积	图幅数	面积	图幅数	面积	图幅数	面积	图幅数	面积
合计	**392482**	**8976412**	**16155**	**7056724**	**55785**	**1635229**	**35055**	**135721**	**108301**	**96910**	**87125**	**21314**	**89957**	**5614**
北京	933	16400			933	16400								
天津														
河北	8124	25747			747	18675			7377	7072				
山西	36020	45246			1253	31325			12531	12531			22236	1390
内蒙古	2197	53584			2197	53584								
辽宁	1876	40825			1710	40659			166	166				
吉林	2018	46893			2018	46893								
黑龙江	5849	73610			2759	70072	327	2575	661	647	998	247	1104	69
上海	9600	8000							9600	8000				
江苏	61769	118016			4139	102600			1345	1345	56285	14071		
浙江	3779	46744			1657	43717	162	1067	1960	1960				
安徽	9254	30399			1000	26984	51	316	1487	1480	6716	1619		
福建														
江西	21617	63316			31	721	9789	36208	11146	4227	640	160		
山东	20777	148664			5778	144450	17	107	2463	2463	4596	1149	7923	495
河南	3502	10549			2294	10126					1208	423		
湖北	20346	34846			1185	32363	13176	488	1265	1265	2320	580	2400	150
湖南	22117	110509			1148	32387	6869	63596	13966	13813	132	33		
广东	55104	38101			420	11354	1730	14225	10814	9499	2096	523	40044	2500
广西	1392	27821			911	27012	57	425	424	384				
海南	23886	25301					780	5829	19306	18931	3800	540		
重庆	247	506	4	244	4	46	7	18	232	198				
重庆测绘院	2488	650220	1042	458480	495	189600	217	1480	734	660				
四川	35600	6144126	13909	6120000	566	15233	309	1827	6726	5982	1190	277	12900	806
贵州	1456	8376			256	7176			1200	1200				
云南	3883	63982			2128	62232			1755	1750				
西藏														
陕西	1263	8560			176	3520	356	2195	427	619	221	55		
甘肃	2529	38547			1447	36175	272	1700	556	556	246	66		
青海	66	1650			66	1650								
宁夏	300	7500			300	7500								
新疆	4410	123588			927	123175	15	31			1418	258	2050	124
青岛														
大连														
宁波														
深圳	674	5206			240	3600	399	1600			35	6		
厦门	418	1699					418	1699						
中国地图出版集团														
测绘研究院	28988	957881	1200	478000	19000	476000	104	335	2160	2160	5224	1306	1300	80
地理信息中心														
卫星应用中心														
质量检验中心														

表 17 2012 年地图编制

单 位	地形图（幅）							专题地图（种）	地图集（种）	电子地图（种）
		#1:5 万	#1:1 万	#1:5000	#1:2000	#1:1000	#1:500			
合 计	**185039**	**30445**	**36668**	**2027**	**13882**	**26738**	**73067**	**4025**	**482**	**3087**
北 京	788						788	58	8	10
天 津										
河 北								12		1
山 西	9283		951		699	329	7304	85	3	
内蒙古								18	1	
辽 宁	3314		1742	204	280	384	704	88		6
吉 林								36		2
黑龙江	6122	5117				189		70		1
上 海	30451		186		6552	13201	10512	18	1	5
江 苏								8	2	2
浙 江	4491		764	73	724	98	2832	38	4	8
安 徽	358					358		99	4	39
福 建	302		302					112	3	
江 西	7							238	1	7
山 东								155	43	224
河 南	4483		500	1139	838	2005		41	2	2
湖 北								41	2	2
湖 南	10120	548	7741	1	707		1096	143	6	2583
广 东	47299	28	15240				32000	52	3	9
广 西	2521		575	166	1630	138	12	56	1	2
海 南	1452	676						39	4	17
重 庆	967	22	30		230		685	174	13	8
重庆测绘院	3543	1042	136	131	566	260	1408			
四 川	10318	2501	7322	241	254			61	21	11
贵 州	2628		97		200	334	1997	12	1	3
云 南	5118		29	17	598		4474	99	1	4
西 藏	312					12		14		1
陕 西	2858	2858						53	5	3
甘 肃	291		1			240	32	13	1	1
青 海	11789		313	40	538	4535	6363	50	2	
宁 夏	1360	3	300		35		800		3	2
新 疆	3896		403	15		1418	2060	23	1	3
青 岛										
大 连										
宁 波								8	1	1
深 圳										
厦 门								6		
中国地图出版集团	14							691	341	130
测绘研究院	3304		36		31	3237		5	4	
地理信息中心	17650	17650						1409		
卫星应用中心										
质量检验中心										

表 18 2012 年界线测绘和工程测量

单 位	地籍测绘	房产测绘	行政区域界线测绘		合 计	工程测量（项）			
	面 积（平方千米）	面 积（万平方米）	测量长度（千米）	点数（点）		50 万以下	50 万（含）-200 万	200 万（含）-500 万	500 万及以上
合 计	**198008.2**	**15244.8**	**98738.6**	**20993**	**10633**	**10146**	**358**	**89**	**40**
北 京		25.0			2565	2531	27	5	2
天 津	329.0				1016	995	18	2	1
河 北	12322.8	3590.0			58	58			
山 西	980.0				26	8	7	5	6
内蒙古	232.0				16	8	6	1	1
辽 宁	130815.8				8	7	1		
吉 林	16551.6				50	34	13	1	2
黑龙江	104.1	105.0			42	32	4	4	2
上 海					2169	2111	48	9	1
江 苏	341.0				17	17			
浙 江	284.0				21	12	6	1	2
安 徽	125.5	283.0	28.6		23	23			
福 建		1071.8			19	7	8	4	
江 西	7246.6	0.6			31	22	5	3	1
山 东	356.0				11	6	5		
河 南	1746.7				2	2			
湖 北	14.0				137	135			2
湖 南	1505.0	580.0	4279.0		83	75	7	1	
广 东	24.0	920.0	125.0	20	39	13	16	7	3
广 西	5727.5	537.0			134	120	14		
海 南	110.9	300.0			81	71	10		
重 庆		4901.9			2720	2685	28	3	4
重庆测绘院	2147.0	400.0	20000.0	20384	199	168	17	9	5
四 川	6421.1	74.2			120	72	29	14	5
贵 州	64.3	12.5	72.0	33	211	199	8	4	
云 南	2559.3				39	21	13	4	1
西 藏	6.0				2	2			
陕 西	7800.0				39	16	20	3	
甘 肃					10	5	3		2
青 海	129.0	308.9	74234.0	556	50	37	12	1	
宁 夏	25.0				9	5	3	1	
新 疆					6	2	2	2	
青 岛									
大 连									
宁 波		335.0			325	318	5	2	
深 圳		1600.0			345	327	16	2	
厦 门	40	200.0			10	2	7	1	
中国地图出版集团									
测绘研究院									
地理信息中心									
卫星应用中心									
质量检验中心									

表 19 2012 年地理信息系统开发

单 位	系统开发数量（项）	系统开发经费（万元）	
		收费金额	免费金额
合 计	**340**	**29126.2**	**8300.9**
北 京	7	3370.4	45.0
天 津	6	437.0	
河 北	9	1189.4	
山 西	9	1825.0	
内蒙古			
辽 宁	5	303.7	
吉 林	5	394.0	20.0
黑龙江	12	391.1	
上 海	6	525.0	20.0
江 苏	12	794.7	
浙 江	5	806.2	
安 徽	7	560.0	
福 建	25	1552.2	392.0
江 西			
山 东	5	565.0	
河 南	19	737.3	
湖 北	15	3205.0	
湖 南	7	563.5	
广 东	13	229.3	4140.0
广 西	7	389.5	50.0
海 南	12	1726.1	
重 庆	2	916.5	
重庆测绘院	4	179.3	
四 川	15	461.7	37.0
贵 州	4	500.0	412.0
云 南	4	658.6	
西 藏			
陕 西	19	582.2	48.8
甘 肃	22	2620.8	
青 海	6	30.0	420.0
宁 夏	2	29.0	95.0
新 疆	8	217.0	58.0
青 岛			
大 连			
宁 波	5	264.9	
深 圳	7		40.0
厦 门	1		0.1
中国地图出版集团			
测绘研究院	40	2808.0	210.0
地理信息中心	10	273.8	2268.0
卫星应用中心	5	20.0	45.0
质量检验中心			

（三）地图图书出版和地图审核

表 20 2012 年地图图书出版

出版单位	品种（种）						总印张（千印张）					
	纸质地图				电子地图	一般出版物	纸质地图				电子地图	一般出版物
		新版	重版	再版				新版	重版	再版		
合　计	**1413**	**555**	**597**	**261**	**249**	**2023**	**74816**	**13733**	**59133**	**1950**		**374139**
黑龙江	62	11	51			73	6816	146	6670			1077
福　建	49	42	7			18	701	551	150			590
山　东	194	88		106	218	145	1061	200		862		7141
湖　南	98	64	16	18		60	1060	635	210	215		2542
广　东	103	22	66	15		6	1958	399	1293	266		3100
四　川	169	57		112		71	463	55		408		4395
陕　西	40	31		9		58	900	705		195		1699
中国地图出版集团	698	240	457	1	31	1592	61858	11043	50810	5		353594

2012 年地图图书出版（续）

出版单位	总印数 / 总复制数（万幅 / 万册，万张）						总造货码洋（万元）					
	纸质地图				电子地图	一般出版物	纸质地图				电子地图	一般出版物
		新版	重版	再版				新版	重版	再版		
合　计	**2241**	**814**	**1073**	**353**	**192**	**9723**	**30173**	**9340**	**18386**	**2447**	**37047**	**65658**
黑龙江	122	15	106			8	2234	110	2124			317
福　建	58	43	15			6	495	438	58			195
山　东	261	53		207		196	1995	604		1392		3015
湖　南	107	64	21	22		48	523	318	98	107		1094
广　东	142	20	97	25		61	1641	477	1012	152		358
四　川	122	38		84		76	1632	959		674		1883
陕　西	70	56		14		11	825	713		112		544
中国地图出版集团	1359	525	834		192	9316	20827	5723	15094	10	37047	58252

表 21 2012 年地图审核

单位	地图审核（件）			地图内容审查						
	收到送审数	受理审核数	批准通过数	地图（集/册/幅）（幅）	对外加工印刷品插附地图（幅）	图书报纸期刊插附地图（幅）	地球仪（个）	导航电子地图（件）	互联网地图（件）	其他地图（幅）
合计	**6471**	**6269**	**5371**	**42828**	**29631**	**44946**	**285**	**264**	**221**	**970**
北京	56	56	55	8		11				
天津	9	9	9	5	3				1	
河北	62	60	60	566	1	34			3	
山西	30	30	30	26		1			3	
内蒙古	17	17	17	17						
辽宁	16	16	13	28		85			2	
吉林	127	127	107	241		5880			2	656
黑龙江	59	59	56	53		3		3		
上海	137	137	137	39	7	925			3	
江苏	153	153	153	124		11			7	3
浙江	437	437	437	973	182		94		34	
安徽	35	35	35	31				3		
福建	82	76	76	64		76			3	
江西	63	63	63	1	3				4	57
山东	385	384	384	120		21	19		7	
河南	35	35	35	691		289			7	
湖北	28	28	28	11		16		1		
湖南	51	51	51	103	6	4			4	
广东	106	106	99	3	3	4			5	92
广西	116	116	113	95		252		8		
海南	116	116	116	27	23	19			47	
重庆	62	62	61	58		33			2	
四川	86	86	85	435		15			17	
贵州	11	11	11	9		7				
云南	65	65	65	38		13				10
西藏	25	25	18	18		4				
陕西	40	40	38	247		33			6	52
甘肃	25	25	23	24		5				19
青海	15	15	15	9		4			1	
宁夏	21	21	21	26		9			3	
新疆	197	197	197	197						
国家测绘地理信息局	3804	3611	2763	38541	29403	37192	172	249	60	81

（四）科 技

表 22 2012 年测绘地理信息系统科技研究

科技活动	研究项目数（项）		完成项目数（项）		经费投入（万元）				项目人员（人）	
		# 新开项目数		# 新开项目数		财政投入	自筹资金	其他资金	总数	# 客座人员
合 计	**819**	**500**	**432**	**216**	**35564.3**	**23034.5**	**11859.7**	**670.0**	**4024**	**258**
按活动类型分:										
测绘基础研究	58	39	20	10	4794.0	2981.8	1397.3	415.0	252	35
测绘应用研究	501	316	250	126	20610.0	13410.3	7073.8	126.0	2688	156
测绘技术开发	226	131	138	74	8474.8	6071.3	2274.5	129.0	859	65
测绘软科学研究	34	14	24	6	1685.4	571.2	1114.2		225	2
按计划类型分:										
国家计划	70	37	10		8407.5	7047.5	1360.0		432	49
部门计划	171	92	87	44	9235.0	6895.5	2199.5	140.0	948	65
# 国家局计划	112	71	60	30	5819.7	4154.4	1665.3		670	46
地方计划	183	81	100	29	6743.0	6274.4	468.6		665	97
单位计划	329	241	196	115	9821.5	2501.9	6878.6	441.0	1728	36
国际合作计划	2	1			107.9	107.9			18	
其他计划	64	48	39	28	1249.4	207.3	953.1	89.0	233	11

表 23 2012 年直属单位科技研究

科技活动	研究项目数（项）		完成项目数（项）		经费投入（万元）				项目人员（人）	
		# 新开项目数		# 新开项目数		财政投入	自筹资金	其他资金	总数	# 客座人员
合 计	**355**	**164**	**136**	**44**	**10600.9**	**8320.0**	**2255.9**	**25.0**	**1448**	**199**
按活动类型分:										
测绘基础研究	57	19	14	5	1105.6	1035.6	70.0		178	23
测绘应用研究	172	85	69	31	6823.2	4839.2	1962.0	22.0	968	114
测绘技术开发	123	59	51	8	2649.4	2423.3	223.1	3.0	286	61
测绘软科学研究	3	1	2		22.8	22.0	0.8		16	1
按计划类型分:										
国家计划	73	22	12	2	5343.8	4803.8	540.0		288	68
部门计划	88	38	27	10	2988.4	2711.4	257.0	20.0	358	52
# 国家局计划	67	33	26	10	2753.2	2496.2	257.0		259	24
地方计划	61	25	28	8	409.3	297.3	109.0	3.0	167	26
单位计划	115	68	64	23	1615.8	336.5	1277.3	2.0	568	53
国际合作计划	2	1			94.0	94.0			20	
其他计划	16	10	5	1	149.6	77.0	72.6		47	

表 24 2012 年科技成果

指标名称	计量单位	测绘地理信息系统	
			#直属单位
完成成果	项	194	89
成果登记	项	64	20
已应用成果	项	160	65
发表论文	篇	1426	513
1. 国内	篇	1367	458
其中：SCI	篇	16	1
EI	篇	108	37
2. 国外	篇	59	55
其中：SCI	篇	9	9
EI	篇	24	20
出版科技著作	部	9	8
专利申请受理	项	53	45
其中：发明专利	项	51	45
专利授权	项	21	20
其中：发明专利	项	14	14
国外授权	项		
成果获奖	项	273	65
1. 国际科技奖	项		
2. 国家科技奖	项	3	3
3. 省部级科技奖	项	82	36
4. 省部级以下科技奖	项	70	11
5. 社会科技奖	项	93	15
6. 其他	项	26	
技术转让收入	万元	485	335
科技成果转化	项	62	25
其他科技产出	—		
1. 形成国家或行业标准数	项	29	21
2. 软件著作权数	项	49	29

（五）人力资源

表 25 2012 年直属单位人员

计量单位：人

直属单位	单位个数	从业人员年末人数					离开本单位仍保留劳动关系的职工人数
			#女性	在岗职工		其他从业人员	
					#在编职工		
合　计	**67**	**7739**	**2504**	**6574**	**4821**	**1165**	**782**
陕　西	17	1914	658	1626	1144	288	215
黑龙江	15	2046	621	1310	1303	736	23
四　川	11	1504	428	1494	901	10	145
海　南	7	384	124	349	139	35	
重庆测绘院	1	474	121	474	234		
中国地图出版集团	3	447	209	437	296	10	
测绘研究院	1	384	121	318	279	66	384
地理信息中心	1	149	58	149	149		
卫星应用中心	1	81	28	78	63	3	
测绘宣传中心	1	39	22	39	39		
管理信息中心	1	22	11	22	22		
地图审查中心	1	21	12	21	21		
发展研究中心	1	19	9	19	19		
技能鉴定中心	1	21	11	21	20		
质量检验中心	1	47	16	44	44	3	
北戴河休养院	1	30	4	16	16	14	
测绘学会	1	15	5	15	12		15
机关服务中心	1	43	13	43	21		
国家局机关	1	99	33	99	99		

2012 年直属单位人员（续）

计量单位：人

直属单位	从业人员年平均人数				年末累计离退休人员		
		在岗职工		其他从业人员		离休人员	退休人员
			#在编职工				
合 计	**7798**	**6605**	**4847**	**1193**	**3884**	**158**	**3726**
陕 西	1913	1624	1138	289	1257	57	1200
黑龙江	2086	1319	1309	767	883	19	864
四 川	1490	1480	891	10	770	24	746
海 南	383	348	138	35	25		25
重庆测绘院	474	474	234		183	3	180
中国地图出版集团	501	494	344	7	397	19	378
测绘研究院	383	318	279	65	197	15	182
地理信息中心	145	145	145		69	2	67
卫星应用中心	73	70	60	3			
测绘宣传中心	39	39	39		1		1
管理信息中心	21	21	21		2		2
地图审查中心	21	21	21				
发展研究中心	18	18	18				
技能鉴定中心	21	21	20		1		1
质量检验中心	41	41	40		2		2
北戴河休养院	30	16	16	14	18		18
测绘学会	15	12	12	3	8		8
机关服务中心	43	43	21		1		1
国家局机关	101	101	101		70	19	51

表 26 2012 年地方单位人员

计量单位：人

地方单位	单位个数	从业人员年末人数					离开本单位仍保留劳动关系的职工人数
			#女性	在岗职工		其他从业人员	
					#在编职工		
合　计	**186**	**18100**	**5215**	**17429**	**13678**	**671**	**272**
北　京	1	897	260	897	897		
天　津	1	682	178	682	444		
河　北	9	635	177	635	635		
山　西	12	741	269	741	741		
内蒙古	7	741	251	741	569		
辽　宁	8	686	278	686	663		
吉　林	12	594	168	594	594		18
上　海	1	361	82	361	361		
江　苏	10	563	139	563	563		
浙　江	7	871	202	866	502	5	21
安　徽	11	658	158	482	469	176	
福　建	6	435	105	435	374		
江　西	8	535	180	535	535		
山　东	3	764	179	629	609	135	
河　南	10	689	247	689	522		
湖　北	8	484	167	484	484		
湖　南	8	741	190	735	508	6	1
广　东	5	1021	226	1018	198	3	12
广　西	10	1090	355	762	668	328	124
重　庆	2	974	201	974	262		
贵　州	6	723	253	723	568		96
云　南	10	572	206	560	552	12	
西　藏	2	56	12	52	48	4	
甘　肃	7	433	116	433	433		
青　海	5	379	147	379	349		
宁　夏	4	254	63	252	252	2	
新　疆	7	534	199	534	534		
青　岛		5	1	5	5		
大　连	1	59	30	59	27		
宁　波	2	349		349	132		
深　圳	2	435	176	435	120		
厦　门	1	139		139	60		

注：表中单位个数不包括北京、天津、内蒙古、安徽、山东、湖南、广东、重庆、贵州、宁夏、青岛、大连、宁波、深圳、厦门等测绘地理信息行政主管部门机关，从业人员中山东、广东包括机关全部人员，其余只包括机关测绘管理部门的工作人员，下同。

2012 年地方单位人员（续）

计量单位：人

地方单位	从业人员年平均人数				年末累计离退休人员		
		在岗职工	#在编职工	其他从业人员		离休人员	退休人员
合　计	**17814**	**17092**	**13867**	**722**	**9620**	**263**	**9357**
北　京	900	900	900		573	11	562
天　津	670	670	439		331	1	330
河　北	633	633	633		323	17	306
山　西	741	741	741		431	8	423
内蒙古	738	738	567		401	16	385
辽　宁	686	686	686		398	21	377
吉　林	594	594	594		377	19	358
上　海	367	367	367		293	3	290
江　苏	551	551	551		381	12	369
浙　江	844	839	482	5	253	18	235
安　徽	654	463	455	191	207	5	202
福　建	423	423	423		402	7	395
江　西	534	534	534		215	5	210
山　东	764	629	629	135	374	12	362
河　南	691	691	524		367	10	357
湖　北	486	486	486		377	7	370
湖　南	734	729	663	5	551	9	542
广　东	1010	1007	194	3	499	23	476
广　西	1089	722	654	367	455	8	447
重　庆	926	926	253		109	1	108
贵　州	762	762	602		410	1	409
云　南	551	541	538	10	445	10	435
西　藏	56	52	48	4	2		2
甘　肃	433	433	433		315	15	300
青　海	377	377	377		372	6	366
宁　夏	254	252	252	2	125		125
新　疆	501	501	501		610	18	592
青　岛	5	5	5				
大　连	67	67	27				
宁　波	346	346	132		8		8
深　圳	288	288	117		16		16
厦　门	139	139	60				

表 27 2012 年直属单位从业人员增减变动

计量单位：人

直属单位	年末从业人员	增加从业人员数							减少从业人员数								
		合计	从农村招收人员	从城镇招收人员	录用毕业生	复员转业军人安置	调入	其他	合计	退休	退职	开除、除名、辞退	终止、解除合同	离开本单位仍保留劳动关系职工	死亡	调出	其他
合　计	**7739**	**673**	**46**	**60**	**205**	**4**	**138**	**220**	**824**	**141**	**4**	**69**	**330**	**59**	**13**	**149**	**59**
陕　西	1914	77		1	49	2	9	16	181	37	1	56	18		2	16	51
黑龙江	2046	118			52		16	50	175	41	3	6	102		4	19	
四　川	1504	185	37	42	24		38	44	213	18			141	19	1	31	3
海　南	384	66			19		3	44	24	1		6	16			1	
重庆测绘院	474	73			30	1	3	39	34	7			20		5	2	
中国地图出版集团	447	64			5		37	22	145	24			18	40	1	60	2
测绘研究院	384	21		8	10	1	2		19	8			8			3	
地理信息中心	149	10			8		2		3	2						1	
卫星应用中心	81	19	7	7	2		3		7			1	4				2
测绘宣传中心	39	1			1												
管理信息中心	22	2					2										
地图审查中心	21	1					1		1							1	
发展研究中心	19	3			1		2		2							2	
技能鉴定中心	21	3					2	1	2				1			1	
质量检验中心	47	16			4		9	3	2	2							
北戴河休养院	30								1								1
测绘学会	15	1						1	2	1						1	
机关服务中心	43	4	2	2					2				2				
国家局机关	99	9					9		11							11	

表 28 2012 年地方单位从业人员增减变动

计量单位：人

地方单位	年末从业人员	增加从业人员数							减少从业人员数								
		合计	从农村招收人员	从城镇招收人员	录用毕业生	复员转业军人安置	调入	其他	合计	退休	退职	开除、除名、辞退	终止、解除合同	离开本单位仍保留劳动关系职工	死亡	调出	其他
合计	**18100**	**1373**	**40**	**138**	**612**	**38**	**214**	**331**	**1447**	**817**	**5**	**28**	**334**	**3**	**17**	**170**	**73**
北京	897	22			21	1			72	33			31			8	
天津	682	48			14		8	26	30	21					1	4	4
河北	635	33			23	1	9		48	43						5	
山西	741	65		3	13	7	39	3	42	11		2				24	5
内蒙古	741	56		11	34	4	7		27	18					1	8	
辽宁	686	23				1	19	3	29	13					1	15	
吉林	594	31			19	2	10		41	31					4	6	
上海	361	7			7				18	15			2		1		
江苏	563	40			35	3	2		43	35						8	
浙江	871	135	22	24	51	1	6	31	63	15			36		1	4	7
安徽	658	37		2	9	3	8	15	55	18	1	1	31			4	
福建	435	44			32		12		23	10			2			11	
江西	535	29			6	1	22		71	59						12	
山东	764	24			20		4		28	25			2			1	
河南	689	12			6	1	4	1	19	17						2	
湖北	484	23			12	1	6	4	26	15		2	1		1	7	
湖南	741	37		1	22		1	13	44	16			23		3	1	1
广东	1021	95	18	56	3	4	14		76	28			35			13	
广西	1090	97		32	42		2	21	127	28	2	18	73		2	2	2
重庆	974	131			55		8	68	56	14			41			1	
贵州	723	84					2	82	162	142		3	14		1	2	
云南	572	61			28	1	14	18	42	7			3		1	15	16
西藏	56	6			4		2		2	2							
甘肃	433	25			8	1	7	9	38	29	2		1			6	
青海	379	32			28	2	2		49	8						3	38
宁夏	254	23		2	17	1	1	2	6	6							
新疆	534	100			87	2	4	7	153	146		2				5	
青岛	5								1	1							
大连	59								3				3				
宁波	349	15		7			1	7	8	7						1	
深圳	435	36			14	1		21	40	2			36			2	
厦门	139	2			2				5	2				3			

表 29 2012 年直属单位年末从业人员分类

计量单位：人

直属单位	机关工作人员			事业单位工作人员				企业工作人员
		公务员及其它行政人员	工勤技能人员		管理人员	专业技术人员	工勤技能人员	
合 计	**286**	**285**	**1**	**7006**	**750**	**3996**	**2260**	**447**
陕 西	57	56	1	1857	182	1082	593	
黑龙江	47	47		1999	85	950	964	
四 川	47	47		1457	196	742	519	
海 南	36	36		348	24	278	46	
重庆测绘院				474	37	384	53	
中国地图出版集团								447
测绘研究院				384	63	308	13	
地理信息中心				149	40	97	12	
卫星应用中心				81	18	61	2	
测绘宣传中心				39	14	16	9	
管理信息中心				22	12	10		
地图审查中心				21	6	15		
发展研究中心				19	6	13		
技能鉴定中心				21	10	10	1	
质量检验中心				47	14	29	4	
北戴河休养院				30	12		18	
测绘学会				15	11	1	3	
机关服务中心				43	20		23	
国家局机关	99	99						

表 30 2012 年地方单位年末从业人员分类

计量单位：人

地方单位	机关工作人员			事业单位工作人员				企业工作人员
		公务员及其它行政人员	工勤技能人员		管理人员	专业技术人员	工勤技能人员	
合计	**1013**	**963**	**50**	**17040**	**1597**	**11401**	**4042**	**47**
北京	4	4		893	123	340	430	
天津	6	6		676	90	242	344	
河北	52	45	7	583	46	368	169	
山西				741	167	433	141	
内蒙古	5	5		736	41	461	234	
辽宁	41	38	3	645	53	534	58	
吉林	40	36	4	554	83	379	92	
上海				361	39	243	79	
江苏	58	56	2	505	35	378	92	
浙江	49	45	4	822	73	564	185	
安徽	36	32	4	622	76	317	229	
福建	43	38	5	392	22	296	74	
江西	43	38	5	492	46	359	87	
山东	127	127		637	39	569	29	
河南	34	30	4	655	27	473	155	
湖北	46	45	1	438	70	288	80	
湖南	22	22		719	60	493	166	
广东	149	149		872	57	761	54	
广西	28	28		1062	64	530	468	
重庆	15	15		959	52	531	376	
贵州	15	15		708	46	596	66	
云南	33	33		492	45	414	33	47
西藏	26	18	8	30		26	4	
甘肃	36	36		397	39	286	72	
青海	30	27	3	349	36	299	14	
宁夏	19	19		235	41	148	46	
新疆	46	46		488	42	405	41	
青岛				5	5			
大连				59		59		
宁波				349	40	296	13	
深圳	10	10		425	37	267	121	
厦门				139	3	46	90	

（六）专业人才

表 31 2012 年测绘地理信息系统专业技术人员

计量单位：人

类别＼年龄	合 计	30 岁以下	30–40	41–50	51–60	60 岁以上
总 数	**16663**	**5566**	**5421**	**3911**	**1752**	**13**
其中：女性	**4927**	1623	1675	1271	356	2
高 级	**2698**	4	805	1443	440	6
#正高级	**330**		18	233	76	3
中 级	**5192**	549	2590	1393	660	
初 级	**6323**	3316	1613	863	529	2
其 他	**2450**	1697	413	212	123	5

续表

类别＼学历	合 计	博 士 研究生	硕 士 研究生	大学本科		大学专科	中专及以下
					#获得博士、硕士学位		
总 数	**16663**	**181**	**1810**	**8070**	**620**	**3778**	**2824**
其中：女性	**4927**	45	635	2515	185	1160	572
高 级	**2698**	104	343	1930	234	284	37
#正高级	**330**	41	52	225	23	11	1
中 级	**5192**	63	647	2612	223	1355	515
初 级	**6323**	2	590	2716	137	1573	1442
其 他	**2450**	12	230	812	26	566	830

表 32 2012 年直属单位专业技术人员

计量单位：人

类别＼年龄	合 计	30 岁以下	30–40	41–50	51–60	60 岁以上
总 数	**4805**	**1402**	**1425**	**1317**	**653**	**8**
其中：女性	**1598**	489	499	463	145	2
高 级	**858**		215	471	169	3
#正高级	**119**		10	77	29	3
中 级	**1581**	139	722	454	266	
初 级	**1486**	731	280	297	178	
其 他	**880**	532	208	95	40	5

续表

类别＼学历	合 计	博 士 研究生	硕 士 研究生	大学本科		大学专科	中专及以下
					#获得博士、硕士学位		
总 数	**4805**	**137**	**623**	**1900**	**163**	**1153**	**992**
其中：女性	**1598**	33	243	613	47	440	269
高 级	**858**	78	124	565	81	76	15
#正高级	**119**	33	22	62	7	1	1
中 级	**1581**	49	218	624	47	470	220
初 级	**1486**	1	224	465	33	376	420
其 他	**880**	9	57	246	2	231	337

表 33 2012 年西部地区专业技术人员

计量单位：人

类别 \ 年龄	合 计	30 岁以下	30–40	41–50	51–60	60 岁以上
总 数	**6345**	**2202**	**1834**	**1557**	**752**	**13**
其中：女性	**1925**	702	568	511	144	2
高 级	**847**	2	212	469	164	6
#正高级	**93**		4	75	14	3
中 级	**1940**	176	859	600	305	
初 级	**2689**	1490	599	381	219	2
其 他	**869**	534	164	107	64	5

续表

类别 \ 学历	合 计	博 士研究生	硕 士研究生	大学本科		大学专科	中专及以下
					#获得博士、硕士学位		
总 数	**6345**	**21**	**628**	**2803**	**197**	**1671**	**1222**
其中：女性	**1925**	2	215	885	61	545	278
高 级	**847**	17	136	591	73	95	8
#正高级	**93**	6	13	73	6	1	
中 级	**1940**	4	209	853	71	615	259
初 级	**2689**		242	1135	44	716	596
其 他	**869**		41	224	9	245	359

表 34 2012 年测绘地理信息系统专家

计量单位：人

类别＼年龄	合 计	30 岁以下	30-40	41-50	51-60	60 岁以上
总人数	**308**	**1**	**48**	**90**	**29**	**140**
其中：女性	**39**		4	12	5	18
院 士	**2**					2
享受政府特殊津贴专家	**204**		4	37	23	140
其中：国务院	**179**		4	31	17	127
省级政府	**25**			6	6	13
有突出贡献专家	**21**		1	8	4	8
百千万人才工程专家	**23**		1	19	3	
省部级专家	**97**	1	47	45	4	
#国家局	**89**	1	46	40	2	

续表

类别＼学历	合 计	博 士 研究生	硕 士 研究生	大学本科		大学专科	中专及以下
					#获得博士、硕士学位		
总人数	**308**	**40**	**58**	**187**	**21**	**11**	**12**
其中：女性	**39**	2	7	29	2	1	
院 士	**2**	1		1			
享受政府特殊津贴专家	**204**	18	25	138	9	11	12
其中：国务院	**179**	17	22	119	8	11	10
省级政府	**25**	1	3	19	1		2
有突出贡献专家	**21**	4	5	12	1		
百千万人才工程专家	**23**	11	4	8	3		
省部级专家	**97**	20	37	40	13		
#国家局	**89**	19	34	36	13		

表 35 2012 年直属单位专家

计量单位：人

类别 \ 年龄	合 计	30 岁以下	30–40	41–50	51–60	60 岁以上
总人数	**201**	**1**	**21**	**47**	**13**	**119**
其中：女性	28		2	6	3	17
院 士	2					2
享受政府特殊津贴专家	163		4	28	12	119
其中：国务院	161		4	26	12	119
省级政府	2			2		
有突出贡献专家	9				2	7
百千万人才工程专家	14		1	11	2	
省部级专家	45	1	21	22	1	
# 国家局	45	1	21	22	1	

续表

类别 \ 学历	合 计	博 士 研究生	硕 士 研究生	大学本科		大学专科	中专及以下
					# 获得博士、硕士学位		
总人数	**201**	**28**	**32**	**122**	**5**	**10**	**9**
其中：女性	28	2	4	21	1	1	
院 士	2	1		1			
享受政府特殊津贴专家	163	15	18	111	4	10	9
其中：国务院	161	15	16	111	4	10	9
省级政府	2		2				
有突出贡献专家	9	2	2	5			
百千万人才工程专家	14	9	3	2			
省部级专家	45	14	18	13	4		
# 国家局	45	14	18	13	4		

表 36　2012 年西部地区专家

计量单位：人

类别＼年龄	合 计	30 岁以下	30–40	41–50	51–60	60 岁以上
总人数	**77**	**1**	**12**	**22**	**11**	**31**
其中：女性	8		2	1	1	4
院 士						
享受政府特殊津贴专家	48			8	9	31
其中：国务院	44			7	6	31
省级政府	4			1	3	
有突出贡献专家						
百千万人才工程专家	2			2		
省部级专家	30	1	12	15	2	
#国家局	26	1	12	12	1	

续表

类别＼学历	合 计	博 士 研究生	硕 士 研究生	大学本科		大学专科	中专及 以下
					#获得博士、硕士学位		
总人数	**77**	**8**	**12**	**47**	**6**	**5**	**5**
其中：女性	8		1	6	1	1	
院 士							
享受政府特殊津贴专家	48	3	1	34	5	5	5
其中：国务院	44	3	1	30	4	5	5
省级政府	4			4	1		
有突出贡献专家							
百千万人才工程专家	2	1	1				
省部级专家	30	5	12	13	3		
#国家局	26	5	10	11	3		

（七）测绘成果管理与应用

表 37 2012 年按类别分地形图、专题地图、地图集和电子地图提供

类 别	地形图（张）			专题地图（张）	地图集（册）	电子地图（MB）
	总数	#1：1 万	#1：5 万			
合 计	**342550**	**92086**	**51180**	**171252**	**18291**	**354109**
一、按成果领用单位类型						
1. 党政机关	18812	5385	3252	23261	6600	39464
2. 事业单位	141039	50606	32531	15193	1559	314511
3. 企业	145502	34818	13810	82723	287	131
#私营企业	45749	4420	3522	82447		121
#涉外企业	62					
4. 国（境）外组织机构	8					
5. 其他	37189	1277	1587	50075	9845	3
二、按成果应用领域						
1. 党政领导机关	8223	1036	1712	13366	4507	10408
#用于应急保障	1218	6	1027	1189	302	150
2. 测绘	57356	12926	7717	11649	1648	165759
3. 土地	26826	9690	992	4755	161	123509
4. 地矿	20890	9887	7992	43		408
5. 城乡建设与规划	37251	2707	1238	187	616	660
6. 铁道	5585	3674	851	52		
7. 交通运输	14904	8414	3089	133	35	
8. 水利水电	41374	22719	6744	151	76	106
9. 通讯	6599	510	232	11	25	
10. 石油	10922	6301	2482	20	1	
11. 石化	1109	432	57			
12. 煤炭	3588	1113	1294	174	3	
13. 农业	5079	718	2438	10	35	
14. 林业	8086	5468	1246	10	13	26050
15. 气象	588	60	17	2		4503
16. 地震	3856	535	2996	15		3092
17. 海洋	346	34	3	17		235
18. 环保	16409	566	833	29		1075
19. 公安武警	1800	7	122	3589	25	1262
20. 烟草	1447			2		
21. 科教文卫	16500	513	3273	292	210	
22. 出版	292			35159	29	
23. 民政	2364	529	1188	23	4	29
24. 军队	2803	338	256	80	23	4
25. 航空航天	4805	184	673	18	8	
26. 冶金	740					
27. 其他	42808	3725	3735	101465	10872	17009
三、按成果使用方式						
1. 有偿使用	294339	69452	42968	141811	10510	36025
2. 无偿使用	48211	22634	8212	29441	7781	318084

表 38 2012 年按地区分地形图、专题地图、地图集和电子地图提供

地 区	地形图（张）			专题地图（张）	地图集（册）	电子地图（MB）
	总数	#1：1万	#1：5万			
合 计	**342550**	**92086**	**51180**	**171252**	**18291**	**354109**
北 京	13105	202		58	8	10
天 津	8					
河 北	1714	1446	213			
山 西	2939	2423	490	27745	5445	2600
内蒙古	8247	2082	5127	1400	4320	
辽 宁	4060	3247	711	665		450
吉 林	3789	2165	1577	3791	1701	
黑龙江	4289	1489	2075			
上 海	150142	507	34			
江 苏	1612	1199	325		4	
浙 江	1864	1126	734			8537
安 徽	5196	4792	397			
福 建	6256	5778	448	118		213262
江 西	10541	9146	1282			
山 东	2919	2389	346			
河 南	1198	1052	131	6766	1394	
湖 北	1818	1678	91	4		
湖 南	3209	2895	281			
广 东	2869	2646	223			
广 西	3068	2561	502	495	6	
海 南	30			71096	1	14
重 庆	4389	3525	768	155	755	420
四 川	9477	3168	5669			
贵 州	9295	7583	1452			
云 南	6246	4789	891			
西 藏	2070	141	873	55943	1583	648
陕 西	10641	8186	2134			
甘 肃	8651	4456	3677	647	2	122040
青 海	5124	928	3613	388	189	310
宁 夏	945	820	125		1	
新 疆	22711	9667	10498	1513	2714	4150
青 岛	995					
大 连	14916					
宁 波	8190					
深 圳	167					1500
厦 门	661			468	168	168
地理信息中心	9199		6493			

表 39 2012 年按类别分数字测绘成果提供

计量单位：幅，GB

类 别	数字线划地图（DLG）						数字高程模型（DEM）					
	合计		#1：1万		#1：5万		合计		#1：1万		#1：5万	
	图幅数	数据量	图幅数	数据量	图幅数	数据量	图幅数	数据量	图幅数	数据量	图幅数	数据量
合 计	**713376**	**6474.7**	**114825**	**1775.6**	**471460**	**4179.3**	**220042**	**1396.4**	**67025**	**920.6**	**147296**	**458.7**
一、按成果领用单位类型												
1. 党政机关	221161	2073.5	19527	550.4	125448	1415.2	71130	254.9	11254	71.1	58564	177.5
2. 事业单位	514039	4023.8	94758	1105.0	338286	2640.6	144328	1101.0	58203	842.8	81803	247.6
3. 企业	52519	293.0	9581	111.3	3171	49.4	1805	7.2	632	5.1	1086	1.9
#私营企业	31164	38.0	869	4.9	138	1.7	77	0.02				
#涉外企业	5	0.002										
4. 国（境）外组织机构												
5. 其他	6667	84.4	1205	8.8	5111	74.1	6516	33.3	340	1.6	6176	31.7
二、按成果应用领域												
1. 党政领导机关	66375	215.8	4449	50.7	24405	139.3	6685	39.9	6327	38.3	229	0.9
#用于应急保障	748	11.6			596	10.9	1693	10.4	1505	9.7	59	0.1
2. 测绘	255470	2741.5	65246	753.7	165173	1820.7	156690	1010.8	45093	717.4	109041	291.4
3. 土地	34324	149.2	11658	115.6	1394	11.9	3542	18.9	3337	15.8	9	0.1
4. 地矿	86763	672.6	1965	13.0	81869	646.1	11418	42.5	3880	20.3	7538	22.2
5. 城乡建设与规划	94160	262.4	13042	102.1	1442	11.1	3365	18.5	2639	17.7	22	0.1
6. 铁道	591	4.1	293	3.2	34	0.3						
7. 交通运输	28984	158.0	3353	21.2	23899	134.9	45	0.1	28	0.03	11	0.03
8. 水利水电	76808	549.9	15211	119.7	24597	366.6	25176	84.2	1645	15.0	23531	69.2
9. 通讯	9497	23.4	314	4.4	596	11.2	906	2.8	310	1.3	596	1.57
10. 石油	241	2.0	198	1.2	14	0.4	36	0.2	36	0.2		
11. 石化												
12. 煤炭	451	3.7	192	1.8	209	1.8	157	0.5			157	0.5
13. 农业	47418	404.6	539	3.4	46865	401.2						
14. 林业	22971	54.5	6171	38.3	570	7.3	42	0.5	42	0.5		
15. 气象	23293	123.9			23293	123.9						
16. 地震	33040	194.3	8247	49.4	24662	143.9	4592	36.3	4110	34.6	477	1.7
17. 海洋	7508	25.4	4622	7.8	1423	16.1	4924	36.77	4323	35.4	401	1.18
18. 环保	8047	67.9	6389	56.3	614	5.4	2464	19.9	1315	12.7	333	1.0
19. 公安武警	56217	162.7	4858	20.0	23239	123.4	21	0.1	21	0.1		
20. 烟草												
21. 科教文卫	3930	16.0	253	1.4	1226	12.5	915	2.7	122	0.6	793	2.1
22. 出版	2360	28.6	132	1.7	1235	20.1	816	1.8				
23. 民政	38824	212.5	6305	72.0	23127	122.2						
24. 军队	14990	86.1	13792	64.3	877	19.7	3800	69.7	1102	7.94	2518	59.5
25. 航空航天	389	2.9	73	1.0	209	1.7	147	0.5	20	0.2	46	0.3
26. 冶金												
27. 其他	9765	312.7	5288	273.5	3212	37.7	2579	9.6	281	2.7	2266	6.8
三、按成果使用方式												
1. 有偿使用	135902	1039.3	26461	216.6	62718	543.0	36821	111.7	4876	38.0	31828	73.5
2. 无偿使用	613498	5435.4	94743	1559.0	409249	3636.4	183420	1284.7	62348	882.6	115468	385.3

2012年按类别分数字测绘成果提供（续）

计量单位：幅，GB

类 别	数字栅格地图（DRG）						数字正射影像（DOM）					
	合计		#1：1万		#1：5万		合计		#1：1万		#1：5万	
	图幅数	数据量	图幅数	数据量	图幅数	数据量	图幅数	数据量	图幅数	数据量	图幅数	数据量
合 计	**48850**	**806.9**	**16538**	**375.9**	**31967**	**413.7**	**240483**	**54078.5**	**72389**	**19246.8**	**117583**	**28024.0**
一、按成果领用单位类型												
1. 党政机关	8280	179.9	203	12.2	8011	167.3	95039	25833.8	8008	4736.9	68144	18728.3
2. 事业单位	39698	547.2	13542	298.9	25897	231.7	121181	19909.4	44663	7706.2	45289	9151.4
3. 企业	3341	75.9	2503	61.4	818	14.3	10833	1275.7	710	204.7	124	33.7
#私营企业	699	11.2	547	9.8	136	1.3	215	21.2	183	16.8	14	3.0
#涉外企业												
4. 国（境）外组织机构												
5. 其他	357	3.9	296	3.4	61	0.4	38710	7059.7	24782	6599.0	4372	110.7
二、按成果应用领域												
1. 党政领导机关	217	13.3	175	12.1	34	0.9	11944	1285.3	4037	599.5	419	164.4
#用于应急保障							603	38.9	371	16.1	59	20.3
2. 测绘	33695	376.2	3949	95.0	29566	274.1	149510	27017.2	34653	4994.4	89205	19964.0
3. 土地	1709	139.1	1456	27.6	229	110.3	5433	830.7	5220	823.5	206	5.6
4. 地矿	765	9.3	499	6.9	266	2.3	1209	188.1	550	23.5	659	164.6
5. 城乡建设与规划	803	25.6	765	25.4	38	0.2	22446	3147.7	7900	1757.7	382	85.0
6. 铁道	107	1.2	107	1.2								
7. 交通运输	1570	33.4	1006	23.6	560	9.6						
8. 水利水电	2483	56.0	2049	51.1	427	4.7	37782	8922.7	4589	2189.0	23637	6182.6
9. 通讯												
10. 石油	98	4.0	43	1.79	55	2.2	31	12.1	31	12.1		
11. 石化												
12. 煤炭	117	2.8	112	2.8	5	0.03						
13. 农业	208	7.6	24	1.2	128	2.0						
14. 林业	5366	78.7	5366	78.7			9868	53.7	452	33.4		
15. 气象												
16. 地震							377	84.1			377	84.1
17. 海洋	39	0.6	39	0.6			5222	1364.6	4255	1242.0	364	122.0
18. 环保	786	35.0	357	32.5	429	2.5	405	70.9	72	0.9	333	70.0
19. 公安武警	158	0.8	8	0.1	150	0.8	21704	4744.7	11394	3922.6	333	70.0
20. 烟草							9	1.8			9	1.8
21. 科教文卫	155	1.6	39	0.9	101	0.5	778	440.8	125	269.4	633	170.7
22. 出版												
23. 民政	8	0.2	8	0.2			1196	33.8	1196	33.8		
24. 军队	74	2.0	34	0.6	30	0.3	30003	4978.9	15805	3334.6	535	52.3
25. 航空航天	100	6.5	22	1.914	53	2.0	50	19.5	20	7.8	30	11.7
26. 冶金												
27. 其他	612	13.1	486	11.7	110	1.3	2375	881.8	25	2.5	2245	875.3
三、按成果使用方式												
1. 有偿使用	33887	509.1	10447	250.1	23118	241.9	44821	7858.1	1726	299.4	29343	5549.1
2. 无偿使用	14969	297.8	6097	125.8	8849	171.8	205615	46220.5	70991	18947.4	88309	22474.9

表 40 2012 年按地区分数字测绘成果提供

计量单位：幅，GB

地区	数字线划地图（DLG）						数字高程模型（DEM）					
	合计		#1：1万		#1：5万		合计		#1：1万		#1：5万	
	图幅数	数据量	图幅数	数据量	图幅数	数据量	图幅数	数据量	图幅数	数据量	图幅数	数据量
合计	**713376**	**6474.7**	**114825**	**1775.6**	**471460**	**4179.3**	**220042**	**1396.4**	**67025**	**920.6**	**147296**	**458.7**
北京	2664	2.2	46	0.1								
天津	23192	26.2	1143	5.1								
河北	8942	53.5	6702	49.8	170	1.5	115	0.8	45	0.4	66	0.3
山西	13680	179.8	13407	173.2	267	6.6	12719	103.2	12708	103.2	11	0.03
内蒙古	4321	23.5	429	2.0	3890	21.5	7298	21.3	41	0.2	7257	21.1
辽宁	3706	10.6	1906	7.5	1772	3.1	1535	1.5			1535	1.5
吉林	5512	88.9	4872	65.5	611	22.5	4224	47.1	4005	44.9	190	1.6
黑龙江	55604	405.1	2897	6.8	42988	293.9	29438	66.1			29438	66.1
上海	28555	188.2	453	5.7								
江苏	4644	34.2	4260	29.3	339	4.3	4319	70.4	4285	70.3	34	0.1
浙江	5883	419.5	4326	408.4	333	8.8	5475	65.5	4244	60.6	333	3.5
安徽	3277	86.4	2884	80.1	393	6.3	2777	92.4	2777	92.4		
福建	24492	187.4	4601	122.3	359	18.1	1929	18.2	1890	18.1	39	0.1
江西	5357	62.1	4349	41.1	1001	21.0	5835	331.7	5833	331.7	2	0.01
山东	8827	115.3	6792	103.9	199	1.5	1904	8.2	1869	8.1	9	0.03
河南	7984	75.3	7935	74.9	25	0.2	2717	22.1	2676	22.0	41	0.2
湖北	8235	41.5	7183	35.1	604	5.9	224	0.2	194	0.2	30	0.03
湖南	16095	216.6	12552	151.6	3476	64.0	9918	40.7	9647	37.4	70	0.2
广东	2601	26.8	2236	22.0	365	4.8	1212	28.9	1212	28.9		
广西	1026	17.7	921	15.2	95	2.5	691	4.4	678	3.8	13	0.6
海南	2818	37.9	2656	33.7	158	4.2	2931	4.9	2925	4.9	6	0.02
重庆	1827	6.9	1313	5.1	67	0.3						
四川	2225	47.0	1599	40.4	582	6.2	98	3.7	94	3.6	4	0.01
贵州	859	20.2	392	7.7	467	12.5	1301	12.7	1283	12.5	18	0.2
云南	2291	22.5	2039	20.0	252	2.5	1108	10.4	949	9.9	159	0.5
西藏	60	0.3			53	0.2						
陕西	6666	82.0	4660	51.8	1890	29.5	6800	33.3	5442	29.4	1229	3.2
甘肃	5553	130.9	4014	117.6	1111	10.8	2549	29.9	2321	27.2	48	0.5
青海	2076	48.5	571	43.7	1464	4.7	3445	5.9	133	3.1	1057	2.4
宁夏	506	7.4	323	2.2	172	5.0	319	1.5	319	1.5		
新疆	10360	74.1	6841	53.2	954	18.1	1809	35.4	1262	6.0	497	29.3
青岛	995	5.8										
大连	14863	14.6										
宁波	2608	2.7	396	0.4			193	0.2	193	0.2		
深圳	7863	72.7	127	0.4								
厦门	4312	4.2					200	0.2				
地理信息中心	412897	3636.3			407403	3598.9	106959	335.4			105210	327.1

2012 年按地区分数字测绘成果提供（续）

计量单位：幅，GB

地 区	数字栅格地图（DRG）						数字正射影像（DOM）					
	合计		#1：1万		#1：5万		合计		#1：1万		#1：5万	
	图幅数	数据量	图幅数	数据量	图幅数	数据量	图幅数	数据量	图幅数	数据量	图幅数	数据量
合 计	**48850**	**806.9**	**16538**	**375.9**	**31967**	**413.7**	**240483**	**54078.5**	**72389**	**19246.8**	**117583**	**28024.0**
北 京												
天 津							236	13.9	2	0.2		
河 北	77	1.7	77	1.7			31175	9238.1	26137	8789.4	30	11.7
山 西	1154	9.0	1133	8.9	8	0.1	6318	246.0	6318	246.0		
内蒙古	148	0.4			148	0.4	3481	971.1	41	1.1	3440	970.0
辽 宁	274	3.1	73	2.4	201	0.7	3343	218.6	2813	36.3	530	182.3
吉 林							150	17.6	150	17.6		
黑龙江	20691	101.0			20691	101.0	28465	5281.6			28465	5281.6
上 海							9557	2699.7				
江 苏	1	0.6	1	0.6			4292	2518.7	4255	2510.4	37	8.3
浙 江	837	124.0	504	8.3	333	115.7	5533	6327.3	4288	5891.1	333	382.6
安 徽	238	2.2	130	1.7	108	0.5	757	19.6	757	19.6		
福 建	1	0.01	1	0.01			3	0.1	3	0.1		
江 西	1847	11.7	1840	11.5	7	0.2	3250	110.4	3248	109.5	2	0.9
山 东	65	0.2			65	0.2	4353	1261.9	426	33.9		
河 南							2801	76.8	2785	70.1	16	6.7
湖 北	3904	55.8	3757	55.0	143	0.7	83	2.4	55	1.6		
湖 南	49	0.1	47	0.1	2	0.01	2050	342.6	1756	242.6	44	14.1
广 东							6306	322.0	6306	322.0		
广 西	5495	68.7	5122	65.2	373	3.5	1692	54.5	1692	54.5		
海 南	45	2.2	26	0.2	19	2.0	29835	2244.5	1594	138.0	81	31.1
重 庆												
四 川	3001	97.1	1774	70.1	1001	11.6	609	164.4	593	162.5	16	2.0
贵 州	1441	131.7	1257	122.8	156	7.6	49	3.9	39	1.9	10	2.0
云 南							921	30.0	921	30.0		
西 藏	43	0.2			33	0.1						
陕 西	198	0.7	107	0.2	91	0.5	3528	400.5	2367	81.5	988	316.4
甘 肃	743	11.4	519	10.1	224	1.3	2306	174.1	1828	142.8	103	1.0
青 海	46	10.1	46	10.1			590	84.1	337	69.2	253	14.9
宁 夏	124	7.2	124	7.2			2	0.6			2	0.6
新 疆	201	0.8			195	0.8	4038	146.3	3449	86.1	526	55.9
青 岛												
大 连												
宁 波							102	0.1	102	0.1		
深 圳							562	369.3	127	188.8	1	5.5
厦 门							1390	1.4				
地理信息中心	8227	167.0			8169	166.9	82706	20736.5			82706	20736.5

表 41 2012 年按类别分测绘基准成果、航摄成果和卫星遥感资料提供

类 别	测绘基准成果（点）	航摄成果（平方千米）	卫星遥感资料（平方千米）
合 计	**260513**	**3727403**	**49840867**
一、按成果领用单位类型			
1. 党政机关	13738	114567	16879230
2. 事业单位	189443	3577722	28130746
3. 企业	54923	25497	5979
#私营企业	30967	3794	25
#涉外企业			
4. 国(境)外组织机构			
5. 其他	2409	9616	4824912
二、按成果应用领域			
1. 党政领导机关	434	4563	18003155
#用于应急保障			29830
2. 测绘	193440	3615751	27139829
3. 土地	4614	6296	597773
4. 地矿	17234	19608	46825
5. 城乡建设与规划	3556	21367	142628
6. 铁道	1984	15647	
7. 交通运输	3361	1935	
8. 水利水电	12032	2793	280528
9. 通讯	373		
10. 石油	2483		
11. 石化			
12. 煤炭	3820	9949	
13. 农业	97		66576
14. 林业	118	111	40787
15. 气象	2160		272568
16. 地震	20		
17. 海洋	289	588	94249
18. 环保	18		369402
19. 公安武警	99		132551
20. 烟草			
21. 科教文卫	480	997	19957
22. 出版			
23. 民政	12		
24. 军队	6192	18555	447789
25. 航空航天	234	620	
26. 冶金			
27. 其他	7463	8624	2186250
三、按成果使用方式			
1. 有偿使用	157003	77281	32760859
2. 无偿使用	103510	3650121	17080008

表 42 2012 年按地区分测绘基准成果、航摄成果和卫星遥感资料提供

地 区	测绘基准成果（点）	航摄成果（平方千米）	卫星遥感资料（平方千米）
合 计	**260513**	**3727403**	**49840867**
北 京	13277		
天 津	101		
河 北	910	21150	
山 西	1384		
内蒙古	24396	370813	9600
辽 宁	31172	8750	
吉 林	7255	180403	
黑龙江	41998	7690	26373600
上 海	14852	8010	
江 苏	1280		
浙 江	1939	22141	501332
安 徽	4763	644052	73784
福 建	2448	23155	2625815
江 西	8992	200505	
山 东	2347	25560	68819
河 南	543	684506	
湖 北	1554	366100	45000
湖 南	5388	54921	
广 东	973	59303	
广 西	3194	20198	
海 南	549	27640	132210
重 庆	813	9625	5729
四 川	4047	7197	
贵 州	11845	55525	
云 南	18126	537566	62318
西 藏	204		
陕 西	6469	21444	286025
甘 肃	7348	133484	86825
青 海	3389	45907	
宁 夏	386	400	
新 疆	16156	77005	1614824
青 岛	30		
大 连			
宁 波	126		
深 圳	33		
厦 门			
地理信息中心	22226	114352	17954986

表43 2012年测绘成果汇交

地　区	汇交目录（条）	汇交副本（套）
合　计	**132604**	**1814**
北　京		
天　津	6334	18
河　北	6	713
山　西		
内蒙古		
辽　宁		
吉　林	2499	4
黑龙江	2531	35
上　海		
江　苏	6452	
浙　江	96000	
安　徽		
福　建	1333	11
江　西	108	25
山　东		895
河　南		
湖　北	272	
湖　南	35	6
广　东	4798	17
广　西		
海　南	3848	
重　庆		
四　川	3676	
贵　州		
云　南		36
西　藏		
陕　西	1021	5
甘　肃	1475	12
青　海		
宁　夏		
新　疆	2106	15
青　岛	110	5
大　连		
宁　波		
深　圳		17
厦　门		

表 44 2012 年测绘成果共享协议签订情况

计量单位：份

地 区	测绘成果共享协议累计签订数量	
		# 本年签订数量
合 计	**224**	**59**
北 京		
天 津		
河 北	5	
山 西		
内蒙古		
辽 宁	8	8
吉 林	18	7
黑龙江	17	5
上 海	10	6
江 苏	29	2
浙 江	19	2
安 徽	11	1
福 建	12	2
江 西	22	10
山 东		
河 南		
湖 北	8	2
湖 南	8	5
广 东		
广 西		
海 南	10	2
重 庆		
四 川		
贵 州		
云 南	4	
西 藏		
陕 西	15	4
甘 肃	6	2
青 海		
宁 夏		
新 疆	2	
青 岛	2	
大 连		
宁 波	9	
深 圳	5	1
厦 门	4	

（八）固定资产

表 45 2012 年主要固定资产投资

计量单位：万元

单位	房屋						设备			汽车		
	年末原值	本年增加原值	本年减少原值	建筑面积（平方米）	#办公用房	#业务用房	年末原值	本年增加原值	本年减少原值	年末原值	本年增加原值	本年减少原值
合计	**118104.8**	**14084.7**	**2001.3**	**1006040.1**	**491285.0**	**193463.9**	**332004.2**	**60565.7**	**14026.7**	**49535.8**	**5129.2**	**2179.8**
北京	3476.6	193.6	894.7	56280.2	26129.8	30150.4	7615.3	659.9	739.8	1727.7	108.0	
天津	1866.0			13931.0		8858.0	5831.5	883.1	285.6	1098.4		75.0
河北	1027.6		17.0	16497.3	14843.7		6898.4	979.5	651.8	858.4	116.4	79.9
山西	3578.1			45259.4	15745.4	2300.0	20221.9	2312.2	1.4	1004.3	77.6	
内蒙古	2120.4	3.4	12.7	14146.2	12830.3	702.4	11925.0	3439.4	425.9	1527.4	27.1	
辽宁	5230.7	154.3	58.4	40873.0	23979.0	11838.0	9171.3	4678.9	412.5	1061.4	65.6	32.0
吉林	567.3	113.2		5860.6	3403.0		9367.0	2667.9	278.6	972.0	54.7	22.2
黑龙江	8063.8	26.1	57.0	113980.4	43879.7	372.1	18025.5	1447.2	893.6	4145.8	92.1	137.0
上海	8563.3	78.2		30276.1	30276.1		8688.2	122.3	117.9	535.8		117.9
江苏	563.4		2.6	17441.0	7608.0	9833.0	10015.9	2129.9	119.1	1021.7	72.7	109.3
浙江	1224.2	50.0		17774.7	2339.8	12809.1	10347.5	1233.3	370.1	1490.0	203.4	22.3
安徽	564.4			16437.2	14577.5	1859.7	5515.8	1003.8	107.6	927.5	138.2	34.8
福建	932.4			4372.4	4372.4		7300.0	1727.6	356.9	863.1	116.7	130.9
江西	370.0		16.0	4901.4	4901.4		8365.4	2883.3	30.6	1148.1	398.8	30.6
山东	4553.8			25183.7	22375.2		9260.9	4440.9	810.4	789.4		79.9
河南	1095.3			12602.8	5891.8		9002.4	585.5	28.1	1021.0		
湖北	2146.0			17905.0	13933.0		6809.5	1529.7	83.9	1164.8	32.6	24.7
湖南	2211.0		24.7	24481.9	13165.4	11316.5	11820.2	3652.1	327.1	1044.9	83.8	
广东	222.4	65.6		45.0	45.0		7009.1	1217.8	263.9	1235.9	188.2	62.3
广西	761.7			25070.4	5902.5		12753.6	3631.5	1088.6	1309.2	38.0	154.1
海南	3444.8			24139.4	16000.0		6958.1	1315.0	913.6	1708.9	574.4	252.8
重庆	4021.4			13125.0	175.8		6087.6	1036.4	53.9	1541.7	520.0	53.9
四川	9989.3	4435.5	20.1	134350.8	39119.3	20522.8	18403.7	2077.3	914.3	3937.8	331.9	338.0
贵州	1178.2		527.0	28722.0	3890.0	18608.0	5384.4	1066.9	28.1	1147.5	36.7	
云南	915.3			19081.7	10848.0		8000.7	1948.3	441.5	1739.9	56.2	87.0
西藏	154.0			3300.0	870.0		785.7	60.0		185.8		
陕西	18431.2	7790.0		87563.8	62848.6	11941.8	24879.2	3286.9	805.3	4923.7	570.9	197.8
甘肃	1112.0			19072.1	12589.0	4200.0	6907.8	1430.4	51.2	873.6	71.6	
青海	403.1	334.5		4993.4	4993.4		5300.3	586.5	246.6	991.5	19.0	60.9
宁夏							2301.3	572.5	316.3	730.5	572.5	
新疆	4151.6			20073.0	17337.0		7903.6	784.5		1474.4	81.2	
青岛												
大连							666.5			23.5		
宁波	1717.9	840.3	371.2	8563.0	6430.0	2133.0	2737.0	840.3	371.2	578.3		
深圳	25.0			297.0	297.0		1461.6	217.3	241.4	278.6	190.0	
厦门	145.9			1794.6			927.2	41.7	349.8	170.0	40.0	
中国地图出版集团	6904.1			10941.3	754.0	4035.8	3099.9	67.4	298.1	1239.9	4.9	30.3
重庆测绘院	2773.0			27931.3		27931.3	4733.9	927.7	128.1	1107.0	90.4	27.4
测绘研究院	2699.2			40513.0	11723.2	11302.3	13510.2	564.3	308.8	712.0		
地理信息中心	5321.4			24474.3	9304.0	2749.7	10259.8	1304.1	723.5	242.8		
卫星应用中心							1079.1	293.6		38.1	38.1	
测绘宣传中心							828.3	39.0		144.2		
管理信息中心							348.2	60.3				
地图审查中心							212.6	7.1		14.2		
发展研究中心							154.1	43.9	18.4			
技能鉴定中心							88.9	3.8	4.8	23.7		
质量检验中心							688.3	576.3		117.6	117.6	
北戴河休养院	179.9			6169.0	291.0		279.8	0.6		70.8		
测绘学会							114.1	6.3	54.2	33.6		
机关服务中心							148.3	15.0	3.8	81.6		
国家局机关	5398.8			27615.7	27615.7		1809.4	166.4	360.2	457.8		18.8

表 46 2012 年主要设备数量

计量单位：台 / 套

设备名称	年末数量						本年增加数量	本年减少数量
	合计	按质量状况分			按存在状态分			
		完好	待修	待废	在用	闲置		
GPS 接收机	**5207**	4922	44	241	4916	291	794	146
全站仪	**3638**	3487	20	131	3507	131	433	162
经纬仪	**398**	336	4	58	246	152	27	2
水准仪	**1625**	1586	5	34	1560	65	192	65
测深仪	**84**	81	1	2	79	5	20	1
地下管线探测仪	**354**	334	1	19	341	13	60	19
低空无人驾驶摄影飞机	**72**	72			70	2	18	4
航摄仪	**36**	36			36		12	4
全数字摄影测量系统	**2561**	2529	5	27	2533	28	376	63
遥感图像处理系统	**613**	613			609	4	81	51
图形编辑工作站	**3819**	3800	1	18	3798	21	736	42
绘图仪	**748**	727	8	13	731	17	110	49
扫描仪	**673**	649	7	17	652	21	99	47
服务器	**2223**	2196	8	19	2202	21	534	77
磁盘阵列	**493**	486	2	5	488	5	80	15
磁带库	**88**	86		2	85	3	11	6
交换机	**1336**	1300	10	26	1306	30	376	61
台式计算机	**23354**	22021	120	1213	22138	1216	3805	1530
便携式计算机	**9431**	8806	22	603	8821	610	1819	501
手持测距仪	**1550**	1521	17	12	1521	29	304	28
重力仪	**11**	11			11		1	
雷达系统	**1**	1			1		1	
水平仪	**11**	11			11		11	
野外通讯系统	**2408**	2098	53	257	2093	315	399	68
卫星导航定位数据处理系统	**95**	91	4		91	4	44	2
地理信息应急监测车	**10**	10			10		10	
载货汽车	**137**	124	2	11	124	13	12	8
越野汽车	**650**	615	15	20	626	24	60	26
载客汽车	**571**	545	8	18	556	15	45	38
轿车	**654**	580	55	19	640	14	46	40

表 47 2012 年各单位主要设备数量

计量单位：台 / 套

单 位	GPS 接收机	全站仪	经纬仪	水准仪	测深仪	地下管线探测仪	低空无人驾驶摄影飞机	航摄仪	全数字摄影测量系统	遥感图像处理系统
合 计	**5207**	**3638**	**398**	**1625**	**84**	**354**	**73**	**36**	**2561**	**613**
北 京	60	107	17	83		22	2		25	
天 津	96	90	28	82	1	36	1		10	
河 北	229	296	25	126	2	1	2	2	79	48
山 西	106	68		42	1	1	3	8	110	14
内蒙古	237	70		40		4	2	2	85	9
辽 宁	128	113	1	62	2	13	2	4	89	1
吉 林	128	160		47		18	3	2	41	2
黑龙江	411	202	3	120	9	7	3	4	324	2
上 海	125	106	1	61		28	1		3	
江 苏	128	51	21	55	15	16			43	23
浙 江	80	60	14	43	11	1	3		42	5
安 徽	81	80	2	61	2	1	3		94	6
福 建	99	74	84	28	5	6	2	1	16	28
江 西	150	98	6	43	2	1	2	3	97	38
山 东	130	56		6	1		1		44	3
河 南	103	146	12	37		5	2	1	81	2
湖 北	136	68		22		2	1		96	58
湖 南	145	120	13	31	2	4	3		105	24
广 东	71	170	3	33	4		2		36	2
广 西	238	186	1	41	3	7	3		71	98
海 南	148	101	4	45	9		1		17	10
重 庆	87	122		11	1	55	5		44	4
四 川	418	263	19	86	2	102	4	1	278	61
贵 州	115	89	1	19	1		7		77	38
云 南	182	74	15	22	1	1	1		69	51
西 藏	8	6		5			4			
陕 西	661	150	20	134	1	3	2	3	169	42
甘 肃	98	80	5	26		3	2	1	59	4
青 海	95	102	3	55		1	1		59	15
宁 夏	62	31	40	18	1		1	1	16	3
新 疆	177	101	56	80		1	1		116	10
青 岛										
大 连	16	10		7					15	
宁 波	19	40		16	5	4	2		19	
深 圳	19	11	2	7		1				1
厦 门	12	14		6		1				
中国地图出版集团										
重庆测绘院	117	117		21	3	9	1		108	1
测绘研究院	45	4	2	3				3	13	7
地理信息中心	35	1							1	2
卫星应用中心	2									
测绘宣传中心										
管理信息中心										
地图审查中心	1									
发展研究中心										
技能鉴定中心										
质量检验中心	9	1		1					10	1
北戴河休养院										
测绘学会										
机关服务中心										
国家局机关										

2012 年各单位主要设备数量（续一）

计量单位：台 / 套

单 位	图形编辑工作站	绘图仪	扫描仪	服务器	磁盘阵列	磁带库	交换机	台式计算机	便携式计算机	手持测距仪
合 计	**3819**	**748**	**673**	**2223**	**493**	**88**	**1336**	**23354**	**9431**	**1550**
北 京	34	28	17	84	6	2	62	770	238	66
天 津	154	31	14	41	7	1	32	458	159	24
河 北	59	23	33	25	6	1	9	629	174	41
山 西	189	19	21	64	15	5	22	353	92	29
内蒙古	140	29	15	17	9	1	12	375	289	
辽 宁	32	24	16	51	23	6	18	738	194	23
吉 林	89	21	13	20	11	1	18	400	95	15
黑龙江	483	46	38	88	35	2	55	1308	710	132
上 海	35	20	23	73	37	2	70	817	129	41
江 苏	153	14	14	68	15	4	55	797	588	116
浙 江	220	22	22	116	33	1	32	807	361	54
安 徽	93	28	17	24	12	2	21	481	159	58
福 建	65	17	16	30	9		22	518	291	109
江 西	132	19	21	40	13	6	22	246	80	55
山 东	106	8	10	70	9	4	100	453	183	
河 南	108	30	22	53	16	3	32	847	327	85
湖 北	17	15	27	15	6		11	701	181	46
湖 南	75	29	36	54	11	1	42	955	324	49
广 东	112	16	15	51	15	2	78	801	202	53
广 西	16	35	18	66	16	5	52	1185	335	85
海 南	140	13	12	25	14	7	22	286	192	24
重 庆	51	20	4	49	6	5	32	637	116	32
四 川	132	45	33	76	24	2	35	1408	746	66
贵 州	133	19	13	23	4	2	29	635	119	32
云 南	133	14	25	55	12		24	311	260	31
西 藏										
陕 西	191	51	44	140	16	3	150	2002	824	126
甘 肃	45	17	10	59	13	1	25	424	277	11
青 海	48	11	4	24	2		3	346	121	7
宁 夏	5	7	10	9	3		8	195	101	11
新 疆	106	23	23	36	13	3	36	561	282	19
青 岛										
大 连	58	3	3	2		1	4			15
宁 波	37	13	5	60	4	2	58	237	95	22
深 圳	61	7	7	51	6	3	5	182	43	48
厦 门	2	5	1	3		1	3			17
中国地图出版集团	154	5	14	38			9	446	92	
重庆测绘院		7	3	22	6		21	238	122	
测绘研究院	168	7	28	159	33	3	65	814	512	4
地理信息中心	36	4	19	303	28	5	35	337	191	
卫星应用中心	4	1		19	3		5		10	
测绘宣传中心				6				85	21	
管理信息中心	1		1	6				46	8	
地图审查中心			2	2	1			29	17	
发展研究中心				1				42	16	
技能鉴定中心			1	2				21	12	
质量检验中心	2	2	2	3	1	1	2	71	40	4
北戴河休养院								9	4	
测绘学会								18	16	
机关服务中心			1					23	10	
国家局机关								312	73	

2012 年各单位主要设备数量（续二）

计量单位：台 / 套

单 位	重力仪	雷达系统	水平仪	野外通讯系统	卫星导航定位数据处理系统	地理信息应急监测车	载货汽车	越野汽车	载客汽车	轿车
合 计	**11**	**1**	**11**	**2408**	**95**	**10**	**137**	**650**	**571**	**654**
北 京				1				7	60	23
天 津				64					40	20
河 北				52	17	1		3	1	29
山 西				20	3			4	11	25
内蒙古				28	2			21	14	8
辽 宁				64	2			8	18	19
吉 林					1	1		21	27	19
黑龙江				103	3	1	1	68	52	28
上 海				316				1	22	1
江 苏				11	9	1		19	8	19
浙 江				12			5	25	17	18
安 徽			1	27				16	16	9
福 建				57	1	1	4	11	10	16
江 西	1			9	3		9	13	3	66
山 东	1			2				18	3	10
河 南				51			12	16	15	18
湖 北				39	1			12	11	19
湖 南				3				13	13	14
广 东				3			34	12	9	7
广 西				118		1		26	21	11
海 南				41		1	3	19	11	18
重 庆			10	124		1	6	21	25	23
四 川				56	21		7	51	41	47
贵 州				10	1	1	2	34	5	11
云 南				111				34	12	10
西 藏								3	2	
陕 西	7			624	3	1	2	75	30	26
甘 肃				66	16		12	16	3	10
青 海				68	1		2	25	5	11
宁 夏					1		13	6	1	2
新 疆				217	4		19	19	4	12
青 岛										
大 连								1		
宁 波		1					2	1	10	12
深 圳				10				5	12	6
厦 门									5	
中国地图出版集团								1	13	29
重庆测绘院				27			4	16	12	10
测绘研究院	2			41	1			5	4	13
地理信息中心				6				1		6
卫星应用中心				4						
测绘宣传中心									1	5
管理信息中心										
地图审查中心									1	
发展研究中心										
技能鉴定中心										1
质量检验中心				2	5			3	1	
北戴河休养院									1	2
测绘学会									1	
机关服务中心				21						3
国家局机关										18

（九）国际交流与合作

表 48 2012 年国际交流与合作

出访和接待情况

计量单位：项，人次

内 容	出 访		接 待	
	项目数	人次数	项目数	人次数
合 计	**212**	**649**	**130**	**549**
考察访问	53	133	73	249
国际会议	78	217	36	211
合作研究	25	84	9	18
培训进修	34	98	5	17
科技展览	11	79		
其 他	11	38	7	54

国际合作项目和签订合作协议

	国际合作项目（项）	签订合作协议（份）
数 量	6	4

（十）教育培训

表 49 2012 年教育培训

指标名称	计量单位	数量
一、参加教育培训人员	—	——
1. 人员数	人	13705
其中：学历教育	人	1142
（1）管理人员	人	1881
（2）专业技术人员	人	8945
（3）其他人员	人	2879
2. 人次数	人次	61733
其中：境外培训	人次	128
党校培训	人次	531
（1）政治理论培训	人次	11759
（2）业务培训	人次	40908
（3）其他培训	人次	9066
二、教育培训经费支出	万元	4373.5
1. 组织培训	万元	1741.1
2. 参加培训	万元	2632.4
三、组织教育培训	次	5676
1. 政治理论培训	次	1135
2. 业务培训	次	4007
3. 其他培训	次	534

（十一）立法执法

表 50 2012 年测绘法规

中央法规

计量单位：件

法律	行政法规	部门规章
1	4	6

地方法规

计量单位：件

单 位	地方性法规		地方政府规章		
		#本年修订		#本年新制定	#本年修订
合 计	**32**	**1**	**67**	**4**	**2**
北 京	1		1		
天 津	1		2	1	
河 北	1		6		
山 西	1		2		
内蒙古	1		1		
辽 宁	1	1	1		
吉 林	1		4		
黑龙江	1		5	1	
上 海	1		4		
江 苏	1		4	1	
浙 江	1		5		1
安 徽	1		1		
福 建	1		2		
江 西	1		1		
山 东	1		1		
河 南	1		1	1	
湖 北	1		3		
湖 南	1		2		
广 东	1				
广 西	1				
海 南	1		1		
重 庆	1		1		
四 川	1		3		
贵 州	1		1		
云 南	1		3		
西 藏	1		1		
陕 西	2		1		
甘 肃	1		4		1
青 海	1		1		
宁 夏	1		1		
新 疆	1		2		
青 岛					
大 连					
宁 波			1		
深 圳					
厦 门			1		

表 51 2012 年测绘行政执法

类 别	开展执法检查（次）	开展重大专项执法行动（项）	发现涉嫌违法行为（起）	立案调查涉嫌违法案件（件）	做出行政处罚案件（件）
合 计	**8028**	**1153**	**913**	**271**	**101**
市场准入类	1332	205	256	65	33
测绘项目类	731	100	35	9	4
地图类	1804	336	328	120	26
测绘成果类	1075	198	111	20	4
涉外测绘	192	46	20	11	8
涉军测绘	29	13	1		
测量标志	2338	124	25	9	2
其他	527	131	137	37	24

附　录

全国测绘地理信息系统领导干部名录

国家测绘地理信息局机关司级以上干部名录

局领导

局　长、党组书记	徐德明
副局长、党组副书记	王春峰
副局长、党组成员	李维森　宋超智　闵宜仁
党组纪检组组长、党组成员	张荣久
副局长	李朋德

局总工程师

胥燕婴

办公室

主　任	周远波
副主任	周德军（挂职辽宁省葫芦岛市副市长）　任振宇

规划财务司

司　长	王宝民
正局级干部	柏玉霜
副司长	陈常松　刘勤胜（兼财务结算中心主任） 张学锋

国土测绘司

司　长	白贵霞
副司长	翟义青　孔金辉

法规与行业管理司

司　长	王保立
副司长	张万峰　李维兵
副巡视员	李媛媛　张卫平（借调我国驻德国大使馆）

地理信息与地图司（测绘成果管理司）

司　长	赵继成
副司长	程　军　刘大可
副巡视员	徐心蕊

科技与国际合作司

司　长	张燕平
副司长	王　倩　吴　岚

人事司

司　长	李赤一
副司长	雷　斌　王久辉

直属机关党委（纪检监察审计室）

专职副书记	李　烨
正司长级干部	李新权
直属机关工会主席	刘新英
副书记、纪委书记、纪检监察审计室主任	王咏梅

离退休干部办公室

主　任	林振中

国家测绘地理信息局直属单位、挂靠单位领导班子成员名录

陕西测绘地理信息局

局　长、党组书记	武文忠
副局长、党组成员	成燕辉　肖　平　王晓国　岳建利
党组纪检组组长、党组成员	施仲刚
巡视员	臧克福
副巡视员	陈向阳　张合安
工会主席	路冠陆

黑龙江测绘地理信息局

局　长、党组成员	朱　杰

党组书记、副局长　鲍英华
副局长、党组成员　孙明晶　徐开明　裴宝军
党组纪检组组长、党组成员　邢京锁
副巡视员　郝科铭
工会主席　胡秀琴

四川测绘地理信息局

局　长、党组书记　马　赟
副局长、党组副书记　余国珊
副局长、党组成员　周　社　杨　升　谢维挺
党组纪检组组长、党组成员　涂　军
巡视员　安英选
工会主席　杨承宇
副厅局级干部　戴昌礼

海南测绘地理信息局

局　长、党组书记　杨宏山
副局长、党组成员　蔺　赞　李劲松　许　裕
党组纪检组组长、党组成员　詹宏海
巡视员　黄世伟
工会主席　谭之明

中国地图出版集团

董事长、党委书记　赵晓明
副董事长、总经理、党委副书记　倪庆华
副董事长、党委副书记　杨俊岭
董事、副总经理　高锡瑞　杨树德　郭　宝　陈　平
董事、副总经理兼总编辑　徐根才
监事会主席、纪委书记、工会主席　盛京江

中国测绘科学研究院

院　长、党委副书记　张继贤
党委书记、副院长　李永春
副院长　王　权　马宗新　刘纪平　燕　琴
纪委书记、工会主席　顾忠良

国家基础地理信息中心

主　任、党委副书记　李志刚
党委书记、副主任　金舒平
总工程师　陈　军
正局级干部　李伟建　李　莉
副主任　王东华　罗建军　刘若梅
工会主席　陈新湖

国家测绘地理信息局卫星测绘应用中心

主　任、党委副书记	冯先光
党委书记、副主任	刘小波
副主任	孙承志　黄　鹦　唐新明

中国测绘宣传中心（中国测绘报社）

主　任（社长）	周远波（兼）
副主任（副社长）	雷德容
副主任（总编辑）	陈兰芹

国家测绘地理信息局管理信息中心

主　任	辛少华
正局级干部	辛　英　刘天安
副主任	丁明柱　庞秋红

国家测绘地理信息局地图技术审查中心

主　任	叶银虎
副主任	赵　晖　张文晖

国家测绘地理信息局测绘发展研究中心

主　任	张辉峰
副主任	徐永清　周　星

国家测绘地理信息局职业技能鉴定指导中心

主　任	易树柏
副主任	吴卫东　牛　黎

国家测绘产品质量检验测试中心

主　任	程鹏飞
临时党委书记	李赤一（兼）
副主任、临时党委副书记	王起民
副主任	袁　宏
总工程师	张　莉

国家测绘地理信息局重庆测绘院

院　长、党委书记	王冬滨
常务副院长	山　川
副院长	杨　洪（兼总工程师）　蒋世明
纪委书记	蒋民龙
工会主席	方庆春

国家测绘地理信息局机关服务中心

主　任	吴　松
副主任	于建明

国家测绘地理信息局三亚测绘技术开发服务培训中心

主　任	杨宏山（兼）
副主任	李劲松（兼）

国家测绘地理信息局北戴河休养院

院　长	张锡浩
副院长	林　强　刘春艳

中国测绘学会

理事长	李维森（兼）
副理事长、秘书长	彭震中
正局级干部	易杰军
专职副秘书长	梁卫鸣

中国地理信息产业协会

会　长	吴兆琪
常务副会长、秘书长	从远东
专职副秘书长	汤　海

中国卫星导航定位协会

会　长	张荣久（兼）
常务副会长、秘书长	苗前军
专职副秘书长	范京生

全国地理信息标准化委员会

秘书长	牛　靖

各省、自治区、直辖市、计划单列市
测绘地理信息行政主管部门及有关测绘地理信息单位，
新疆生产建设兵团测绘地理信息主管部门领导班子成员名录

北京市规划委员会

主　任	黄　艳
副主任、党组书记	王英杰
副主任、党组成员	邱　跃　周楠森　刘玉民　王　飞　王　玮

党组成员、纪检组组长	周忠秀
总规划师、党组成员	施卫良
委　员	曹跃进　叶大华

北京市勘察设计和测绘地理信息管理办公室

主　任	叶大华（兼）
副主任	李节严　王金坡　叶　嘉

北京市测绘设计研究院

院　长、党委副书记	温宗勇
党委书记	郝赛英
党委副书记、纪委书记、工会主席	王瑞平
副院长	梁　贵　王继明　杨伯钢　程　祥
副院长、总工程师	陈品祥
总会计师	代　为
院长助理	贾光军

天津市规划局

局　长、党组书记	尹海林
党组副书记	战秋艳
常务副局长	李春梅
纪检组组长	曹慧泉
副局长	鲁承斌　郭凤平　郑嘉轩　沈　磊
总规划师	霍　兵
总建筑师	秦　川
副局级巡视员	诸　铭　刘　荣　侯学刚

天津市测绘院

党委书记、副院长	刘俊卫
院　长、党委副书记	马华山
党委副书记	王高运
纪委书记	仉　明
副院长	韩振镖　刘凤杰　黄　甡
总工程师	胡　珂
副院长	史廷玉　刘玉财
名誉院长	王以宏

河北省地理信息局

河北省国土资源厅副厅长、党组成员	
河北省地理信息局局长、分党组书记	高献计
副局长、分党组成员	续铁枢　曹　立
总工程师	李爱生

山西省测绘地理信息局

局　长、党组书记	张宝玉
副巡视员	陈　睿
副局长、党组成员	于建刚
纪检组组长、党组成员	王喜瑞
副局长、党组成员	孔令礼
总工程师、党组成员	秦炎平
总经济师、党组成员	王秀珍

内蒙古自治区国土资源厅

厅　长、党组书记	李世镕
巡视员、党组成员	孔燕燕
副厅长、党组成员	王富友
纪检组组长、党组成员	敖　拉
副厅长、党组成员	陈　伟
总工程师、党组成员	张　宏
副厅长、党组成员	王　杰
副巡视员	王重明　赵大勇

内蒙古自治区测绘地理信息局

党委书记、局　长	吴齐文
副局长	赵新刚
副局长、纪检书记	郭党师

辽宁省测绘地理信息局

辽宁省国土资源厅党组成员、副厅长	
辽宁省测绘地理信息局分党组书记、局长	吴景涛
分党组成员、副巡视员	金家奇
分党组成员、副局长	柏惠印　李建国　张中凯　于百云

吉林省测绘地理信息局

局　长、党组书记	张立民
副局长、党组成员	郭　燕　张凤赞　李文忠

上海市测绘管理办公室（上海市测绘院）

党委书记	陆洁中
主任（院长）	孙红春
党委副书记	徐顺福
副主任（副院长）	陈德兵　季善标
常务副主任（副院长）	朱　蓴
纪委书记	杨勤华
党委委员	陆伟军（兼工会主席）　赵宝康

总工程师 郭容寰

江苏省测绘地理信息局

江苏省国土资源厅副厅长
江苏省测绘地理信息局局长 刘 聪
副局长、党组成员 史照良 谢建平
纪检组组长、党组成员 龚 琴
副局长、党组成员 钱承新 王 祥
党组成员、直属机关党委书记 黄建东

浙江省测绘与地理信息局

局 长、党委书记 陈建国
副局长、党委委员、直属机关党委书记 鲍伟民
副局长、党委委员 马建平 周方根
纪委书记、党委委员 钱文华
党委委员、人事处处长、直属机关党委副书记 徐焕凤
副巡视员 许金成

安徽省国土资源厅

厅 长、党组书记 陈良纲
副厅长、党组成员 俞凤翔 潘海滨 李世蕴
党组成员、政治部主任 晏 飞
党组成员、省测绘局局长 蒋学军
党组成员、纪检组组长 江献军

安徽省测绘局（安徽省测绘总院）

安徽省国土资源厅党组成员
局 长、党委书记 蒋学军
党委副书记、纪委书记 董 宁
副局长 朱 平
总工程师 余建平
调研员 高承云

福建省测绘地理信息局

福建省国土资源厅党组成员
福建省测绘地理信息局党组书记 何清和
局 长 陈跃进
副局长 陈智仁 林孝文
总工程师 简灿良

江西省测绘地理信息局

江西省国土资源厅党组成员
江西省测绘地理信息局局长 高振华

党委书记　匡　猛
副局长　熊牛儒　钟永辉
纪委书记　敖颠根
总经济师　袁仁亮
总工程师　焦三梓

山东省国土资源厅（山东省测绘地理信息局）

厅　长、党组书记　刘俭朴
副厅长、党组成员　张庆坤
副厅长　王玉志
副厅长、党组成员　宇向东　王桂鹏
党组成员、纪检组组长、监察专员　徐家林
测绘地理信息局局长　吴玉海
副巡视员　宁廷河
测绘地理信息局副局长　曲伟刚　朱茂林

河南省测绘地理信息局

河南省国土资源厅党组成员
河南省测绘地理信息局党委书记、局长　贾志伟
副局长、党委成员　禄丰年　王进福

湖北省测绘局

局　长、党组书记　陈文海
副局长、党组成员　何保国　李建国　柯美忠
纪检组组长、党组成员　王耀鸣
总工程师、党组成员　郭建华
副巡视员、直属机关党委书记　郑永益

湖南省国土资源厅

厅　长　方先知
副厅长　颜学毛　杨维刚　胡进安　易显奇　厉　坤　尹学朗
总工程师　彭　悦
总经济师　孙　敏
副巡视员　范荣华　龙服忠　张　瑛

广东省国土资源厅

厅　长　陈耀光
党组书记　邬公权
巡视员、党组成员　沈绍梅
副厅长、党组成员　黄奕锋　涂高坤　杨俊波　邢建江　李俊祥
纪检组组长、党组成员　叶伟龙
总工程师、党组成员　杨林安

执法监察局局长、党组成员	李　师
副巡视员	张超群

广西壮族自治区测绘地理信息局

局　长、党组书记	陈仲怀
副局长、党组成员	卢显泰

重庆市规划局

党组书记、副局长	张远林
局　长、党组副书记	扈万泰
副局长、党组成员	汪子发　邱建林　王　岳
纪检组组长、党组成员	彭晓麟
总规划师、党组成员	张　远
总建筑师	张　睿
局长助理、党组成员	桑东升

贵州省国土资源厅

党组书记、厅长	朱立军
党组成员、副厅长	周从启　王赤兵　周　文
党组成员、总规划师	董晓峰
党组成员、总工程师	郭　强
党组成员、机关党委书记	杨真贵
党组成员、驻厅纪检组组长	闫海山
正厅级干部	安高智
副巡视员	沈可定

云南省测绘地理信息局

局　长、党组书记	耿　弘
副局长、党组成员	王陆忠　刘继元　邹亚光　王卫国

西藏自治区测绘局

西藏自治区国土资源厅党组成员、副厅长 西藏自治区测绘局局长	王维拉
党总支副书记、副局长	袁永明（援藏干部）
副局长	扎西多吉　许言海（援藏干部）

甘肃省测绘地理信息局

局　长、党委书记	缪树德
副局长、党委委员	苗天宝　陈　钢
纪委书记、党委委员	郭生亮
副局长、党委委员	牟应录

青海省测绘地理信息局

党委书记、局　长	董永弘
党委副书记、纪委书记、副局长	唐千里
副局长	刘海平　关英良
总工程师	黄伟星

宁夏回族自治区国土资源厅

厅　长、党组书记	刘　卉
副厅长、党组副书记	李捍国
副厅长、党组成员	张玉英　马　鑫
总规划师、党组成员	韦晓龙
总工程师、党组成员	包　敏
党组成员、纪检组长	于晓峰
党组成员、土地征收储备局局长	杨兴叶
副巡视员	张　黎

新疆维吾尔自治区测绘地理信息局

新疆维吾尔自治区国土资源厅党组成员 新疆维吾尔自治区测绘地理信息局党组书记、副局长	刘戈青
党组副书记、局　长	李全战
副巡视员、党组成员、纪检组组长	艾买提　艾达洪
党组成员、副局长	常戈军

新疆生产建设兵团国土资源局

局　长、党组书记	张新荣
副局长、党组成员	谢兴松　闫丽莉　张新安（挂职）
纪检组组长、党组成员	杜学明

青岛市国土资源和房屋管理局

党委书记、局　长	陈培新
党委委员、副局长	陈立新
党委委员、纪委书记	田忠源
党委委员、副局长	潘思晓
副局长	王咸宁
党委委员、副局长	赵富安　付荣云
党委委员、总经济师	潘　奇

大连市规划局

党委书记	丛志斌
党委副书记、局　长	王　君
党委成员、副局长	唐东宁　刘东立　宋继先

宁波市测绘与地理信息局

党委书记、局 长	李定邦
副局长	王丽萍
党委委员、副局长	郑声轩
党委委员、市纪委驻局纪检组组长	刘丽贤
党委委员、总规划师	袁朝晖
副巡视员	黄生良

深圳市国土资源和规划委员会

党组书记、主任（局长）	王幼鹏
党组成员、副主任（副局长）	郭仁忠 黄 珽 梁俊乾
党组成员、机关委员会专职书记	户从义
党组成员、副主任（副局长）	薛 峰
党组成员、副主任（副局长）兼土地整备局局长	刘世会
党组成员、监察支队支队长	覃跃良

厦门市国土资源与房产管理局

局 长、党组书记	余江河
副局长、党组成员	郭俊胜
纪检组长、党组成员	王星旦
副局长、党组成员	代 敏 吴志坚
总规划师、党组成员	卢海林
副巡视员、党组成员	林建和
正处（副局）级纪检监察员	韩奎玉

测绘地理信息人物名录

全国人大代表

李朋德

全国政协委员

徐德明 陈邦柱 杨维刚 李 莉

院　士

中国科学院

陈俊勇　许厚泽　李德仁　徐冠华　童庆禧　高　俊　李小文　杨元喜　郭华东　龚健雅

中国工程院

李德仁　刘先林　宁津生　魏子卿　王任享　刘经南　王家耀　张祖勋　许其凤　李建成

国家测绘地理信息局直属单位享受政府特殊津贴人员

（1990 年～ 2012 年）

刘先林　陈俊勇　杨明辉　顾旦生　田伯键　夔中羽　刘永诺　陈　军　张清浦　杜祥明
毛可标　冯浩鉴　朱德愉　刘四宁　胡建国　田　成　穆宝菡　杨　可　叶泰棋　文沃根
邱志成　苗履丰　孙立业　左传惠　徐　善　周英武　徐道盈　楚良才　李炳亚　赵先恒
梁振英　林宗坚　徐国华　董鸿闻　徐伯清　王惠民　张书荣　许卓群　朱梅珍　薛　璋
王惠然　王福履　蔡金生　王满英　翟声柱　方　恒　华彬文　文湘北　麦柏楠　郑家声
林天冲　计伯仁　石奉天　陆用森　赵西林　张武冰　周忠谟　王增藩　张家庆　张伟兼
李道义　邱其宪　周祚域　周祚义　潘新诺　王鸿生　任维春　陈仁怒　刘肇德　何汉启
黄克明　蒋景曈　戴其潮　钱天久　陈继良　姜翔鸾　张三省　赵一昌　张定兰　郁期青
席德昆　麻英暖　周光楹　周正谊　潘达忠　吴孟起　龙宗英　端木杰　刘明光　陈　潮
凌大夏　王淑华　金　符　陈振华　黄衍其　秦金泉　栾书俊　干福弟　黄武英　李　莉
李广源　张筱荣　刘凤德　杨　凯　冯孟华　姚绪荣　卢瑞虹　高文朗　沈安生　施品浩
林晓慧　余国珊　彭安仁　朱长盛　余文芳　周　良　姬恒炼　张学良　苏山舞　王谭强
吴郁芬　郭锡正　李左清　徐承天　李根洪　张燕平　关大任　丘金宏　张　骥　肖国雄
向宗藩　刘纪平　王东华　顾乃福　成燕辉　马林波　张安川　刘若梅　闵宜仁　李毓麟
刘宗杰　苗前军　李绍明　郭春喜　庞尚益　张开昶　王明善　肖学年　张继贤　李英成
孙晓生　万必文　程鹏飞　肖　平　李伟建　古一鸣　王　权　徐开明　蒋　捷　周　敏
杨　升　周　社　燕　琴　张江齐　徐根才　李成名　王晓国　商瑶玲　金玉平　周德军
金舒平　黄国满　高锡瑞　唐新明　王小军　党亚民　张　力　张　鹏

“新世纪百千万人才工程”国家级人选

张继贤　程鹏飞　陈　军　刘若梅　王东华　蒋　捷　刘纪平　商瑶玲　徐开明　党亚民
张　力　唐新明　张　鹏

海外高层次人才引进计划人选

吴晓良 徐永龙 关鸿亮 单 杰 史文中

国家测绘地理信息局科技领军人才

陈 军 李成名 张继贤 郭春喜 王东华 刘纪平 刘耀林 李满春 顾行发 唐新明 程鹏飞 童小华

全国新闻出版行业领军人才

徐根才 周 敏 芦仲进 倪庆华 陈 平 赫建中

国家测绘地理信息局青年学术和技术带头人名单（2011 年 ~ 2013 年）

张海涛 冯学兵 贾有良 黄 勇 赵英志 王 峰 王荣宝 王 铮 毛炜青 朱风云 刘 波 楼燕敏 曾文华 张耀波 袁存忠 何忠焕 张立国 相恒茂 宋新龙 邱儒琼 华亮春 罗灵军 金宝轩 曹建君 李克恭 李海祥 王 苑 刘 涛 罗和平 陆宇红 徐开明 殷福忠 袁晓宏 熊康军 麦照秋 陈现春 曾衍伟 李见阳 杨正银 甘 泉 陈向阳 曹建成 谢露蓉 王 斌 李兆雄 章传银 李成名 张 力 燕 琴 刘正军 商瑶玲 张 鹏 翟 永 廖安平 周 旭 常晓涛 芦仲进 司连法 陈廷武 王润峰 杨爱民 石建军 冯 琰 沈 飞 侯恩兵 余丽钰 欧立业 李国清 段志强 肖祥红 吴永静 廖超明 袁 超 刘 吉 杨爱玲 张洪文 欧小善 李 冲 陈中林 邓国庆 张 智 李海涛 张福浩 张永红 刘建军 孙占义 汪汇兵 余 凡 阮于洲

先进集体和先进个人名录

全国五一劳动奖章

李 华（女） 河南省遥感测绘院
廖志生 湖南省第一测绘院
谭明建 四川省基础地理信息中心

全国工人先锋号

黑龙江测绘地理信息局测绘产品质量监督检验站
国家测绘地理信息局第二地形测量队一中队

全国青年岗位能手

罗淑方	国家测绘地理信息局第一航测遥感院
郑伟安	山东省国土测绘院
郑跃骏	重庆市勘测院
秦庆祚	湖南省第一测绘院

全国省级测绘地理信息行政主管部门贯彻落实科学发展观 2012 年度测绘地理信息工作考评受表彰单位

杰出单位（1 家）

浙江省测绘与地理信息局

2012 年度优秀单位（9 家）

浙江省测绘与地理信息局
四川测绘地理信息局
江苏省测绘地理信息局
江西省测绘地理信息局
河北省地理信息局
陕西测绘地理信息局
广西壮族自治区测绘地理信息局
山东省国土资源厅（测绘地理信息局）
上海市测绘管理办公室（测绘院）

2012 年度突出进步单位（4 家）

广东省国土资源厅（测绘局）
天津市规划局
吉林省测绘地理信息局
湖南省国土资源厅（测绘地理信息局）

2012 年度特色工作创新单位（7 家）

福建省测绘地理信息局（新农村测图）

新疆维吾尔自治区测绘地理信息局（灾后重建测绘地理信息保障服务）
山西省测绘地理信息局（全省行政审批绩效考核）
重庆市规划局（省际数据共建共享）
湖北省测绘局（地理信息产业发展）
辽宁省测绘地理信息局（制度创新与经费投入）
北京市规划委员会（应急测绘地理信息保障服务）

第四届全国测绘地理信息技术能手

肖小芹（女）	安徽省第一测绘院
江彦红（女）	河北省制图院
秦先锋	国家测绘地理信息局第一地形测量队（陕西）
胡传文	浙江省第一测绘院
陈景平	江西省第一测绘院
刘志华	山东正元地理信息工程有限责任公司
任建福	广西第一测绘院
买小争	国家测绘地理信息局第四航测遥感院（海南）
孙剑峰	青海省第一测绘院
甘宇航	国家测绘地理信息局卫星测绘应用中心
蒋彤纳（女）	山西省综合地理信息中心
肖志华	福建省基础地理信息中心
赵淑玲（女）	国家测绘地理信息局第四地形测量队（黑龙江）
吴张峰	上海市测绘院
吴文魁	甘肃省基础地理信息中心
薛维刚	新疆维吾尔自治区第一测绘院
刘延松	北京市测绘设计研究院
张光伟	江苏省测绘工程院
余海坤	河南省遥感测绘院
梁金成	广东省地图院

测绘地理信息系统首批国家示范职业技能鉴定所（站）

测绘地理信息行业特有职业技能鉴定江苏站（江苏省测绘地理信息局职业技能鉴定指导中心）
测绘地理信息行业特有职业技能鉴定吉林站（吉林省测绘职业资格管理中心）
测绘地理信息行业特有职业技能鉴定江西站（江西省测绘应急保障服务中心）
测绘地理信息行业特有职业技能鉴定郑州测校站（郑州测绘学校）

军队测绘导航部队先进集体和先进个人名单

先进集体

集体一等功

总装某测绘大队测绘导航队

集体二等功

北京军区某测绘大队影像地理信息队

广州军区某测绘大队一队

海军“钱三强号”测量船

海军某测绘研究所

全军基层建设先进师旅团级单位

解放军某卫星导航定位总站

全军印刷质量管理先进单位

解放军第 1206 工厂

先进个人

2012 年度全军测绘导航技术能手

沈阳军区某测绘大队	张　权
北京军区某测绘大队	刘　芳
北京军区某测绘信息中心	董　辉
兰州军区某测绘信息中心	王大江
济南军区某测绘大队	艾金鹏
南京军区某测绘大队	应正德
南京军区某测绘信息中心	孙　雷
广州军区某测绘大队	刘　琼
广州军区某测绘信息中心	于春颖
成都军区某测绘信息中心	申正宇
海军某出版社	王玉玲
海军长河二号某导航系统监控管理中心	贺航海
空军某测绘大队	杨志昱
第二炮兵第五十三基地	张勇君
第二炮兵某测绘大队	贾　博
总参某测绘信息技术总站	郭　丽
解放军某卫星导航定位总站	陈刘成
总参驻津某测绘大队	刘新江
总参驻京测绘大队	宋杰丽
总参某测绘信息中心	管　华

全军优秀指挥军官

王　瑶　　解放军某卫星导航定位总站

第十三届全军学习成才先进个人

何宏志　　新疆军区某测绘信息中心

总参优秀中青年专家

薛本新 总参某测绘信息中心

第十三届总参学习成才标兵

刘海原 解放军信息工程大学导航与空天目标工程学院

军队院校育才奖

银奖

龚志辉 解放军信息工程大学地理空间信息学院
朱宝山 解放军信息工程大学地理空间信息学院
魏 斌 解放军信息工程大学地理空间信息学院
闵连权 解放军信息工程大学地理空间信息学院
李宗春 解放军信息工程大学地理空间信息学院
王庆宾 解放军信息工程大学地理空间信息学院

国家 1:5 万基础地理信息数据库更新工程先进集体和先进个人

先进集体（19 个）

（一）先进集体（18 个）

国家测绘地理信息局第二地形测量队三中队
国家测绘地理信息局第三地形测量队第二测量队
国家测绘地理信息局第六地形测量队一分院
国家测绘地理信息局第四航测遥感院
国家测绘地理信息局重庆测绘院质量管理处
国家基础地理信息中心遥感与航空摄影处
天津市测绘院
内蒙古自治区地图制印院
辽宁省地理信息院
江苏省基础地理信息中心
浙江省地理信息中心
安徽省第四测绘院
江西省第一测绘院
山东省国土测绘院
湖南省基础地理信息中心
云南省地图院
甘肃省地图院
新疆维吾尔自治区基础地理信息中心

（二）科技创新先进集体（1 个）

国家基础地理信息中心数据库部

先进个人（120 名）

（一）先进个人一等功（20 名）

吴燕平　国家测绘地理信息局第一航测遥感院
茅　琦　国家测绘地理信息局第一地形测量队
于庆国　国家测绘地理信息局第三地形测量队
孙洪双　黑龙江测绘地理信息局
文学虎　四川测绘地理信息局
应国伟　国家测绘地理信息局第六地形测量队
李　敏　海南测绘地理信息局
廖振环　国家测绘地理信息局重庆测绘院
王东华　国家基础地理信息中心
商瑶玲　国家基础地理信息中心
刘建军　国家基础地理信息中心
李改凡　内蒙古自治区测绘事业局
银　立　辽宁省地理信息院
林秀玉　江苏省基础地理信息中心
朱校娟　浙江省地理信息中心
张建新　安徽省第四测绘院
陈　进　湖南省基础地理信息中心
刘飞平　云南省地图院
刘晓欣　甘肃省测绘地理信息局
刘　斌　新疆维吾尔自治区基础地理信息中心

（二）先进个人二等功（40 名）

贡学安　国家测绘地理信息局第二地形测量队
王睿燕　国家测绘地理信息局第一航测遥感院
王　虹　国家测绘地理信息局陕西测绘产品质量监督检验站
王广海　国家测绘地理信息局第二大地测量队
仝国礼　国家测绘地理信息局第四地形测量队
曲　平　黑龙江地理信息工程院
王　珊　国家测绘地理信息局四川测绘产品质量监督检验站
谢兴田　国家测绘地理信息局第三地理信息制图院
桂木政　国家测绘地理信息局第三航测遥感院
林尤武　国家测绘地理信息局第四航测遥感院
钟辉成　国家测绘地理信息局第七地形测量队
黎　刚　国家测绘地理信息局重庆测绘院
杨小琴　国家测绘地理信息局重庆测绘院
廖安平　国家基础地理信息中心
李雪梅　国家基础地理信息中心
张元杰　国家基础地理信息中心
张宏伟　国家基础地理信息中心
刘英杰　北京市测绘设计研究院
罗　康　天津市测绘院

刘建勇　河北省制图院
王　韬　山西省测绘地理信息局
连　锁　内蒙古自治区地图制印院
倪连波　吉林省测绘产品质量监督检查站
钟　炜　上海市测绘院
袁桂生　江苏省测绘地理信息局
耿　俊　江苏省基础地理信息中心
李水英　浙江省第一测绘院
盛志娟　浙江省第二测绘院
王呈毅　安徽省测绘局
吴铭杰　福建省测绘院
邹小香　江西省第一测绘院
石佳桂　山东省国土测绘院
周锦凤　河南省测绘地理信息局
龙秋林　湖北省地图院
王　林　湖南省基础地理信息中心
周旭斌　广东省国土资源技术中心
班京汉　广西壮族自治区测绘产品质量监督检验站
郑持辉　重庆市勘测院
薛淑绮　甘肃省地图院
张　禹　新疆维吾尔自治区第一测绘院

（三）先进个人三等功（60 名）

韦艳萍　国家测绘地理信息局第一地形测量队
李书丹　国家测绘地理信息局第二地形测量队
王莉莉　国家测绘地理信息局第一地理信息制图院
赵　淮　陕西测绘地理信息局
李孝玲　国家测绘地理信息局第三地形测量队
苏相宝　国家测绘地理信息局第四地形测量队
郄惠强　黑龙江地理信息工程院
朱宝兰　国家测绘地理信息局黑龙江测绘产品质量监督检验站
罗吉成　国家测绘地理信息局第三大地测量队
王　萍　国家测绘地理信息局第三航测遥感院
廖乾海　国家测绘地理信息局第六地形测量队
王　黎　国家测绘地理信息局第三大地测量队
杨盛虎　国家测绘地理信息局第四航测遥感院
庞帅峰　国家测绘地理信息局第七地形测量队
冯时泽　国家测绘地理信息局海南基础地理信息中心
焦豫松　国家测绘地理信息局重庆测绘院
段文华　国家测绘地理信息局重庆测绘院
陈宝雄　国家测绘地理信息局重庆测绘院
朱　武　国家基础地理信息中心
杜　晓　国家基础地理信息中心
赵仁亮　国家基础地理信息中心

李　兵　北京市测绘设计研究院
罗方方　天津市测绘院
陈　菊　河北省测绘产品质量监督检验站
聂爱香　山西省基础地理信息院
李春燕　内蒙古自治区地图制印院
张印铎　内蒙古自治区航空遥感测绘院
李　越　辽宁省地理信息院
崔晓波　辽宁省测绘产品质量监督检验站
张　延　吉林省基础地理信息中心
陈四平　上海市测绘院
钱晓敏　上海市测绘院
陆玉祥　江苏省测绘产品质量监督检验站
许忠东　江苏省基础地理信息中心
罗秀锋　浙江省测绘与地理信息局
杜浩强　浙江省测绘质量监督检验站
刘　荣　安徽省第一测绘院
郑银生　安徽省测绘产品质量监督检验站
吴晓玲　福建省测绘地理信息局
肖　田　江西省基础地理信息中心
张艳红　江西省第一测绘院
邓　洁　山东省国土测绘院
倪军波　山东省国土资源厅
王　品　河南省基础地理信息中心
方郧农　湖北省测绘产品质量监督检验站
陈建军　湖南省国土资源厅
罗　浩　湖南省测绘产品质量监督检验授权站
彭小河　广东省国土资源技术中心
曲　直　广东省测绘产品质量监督检验中心
黄红华　广西壮族自治区地图院
俞　春　重庆市规划局
李红刚　贵州省测绘产品质量监督检验站
肖提荣　云南省地图院
曹攀锋　西藏自治区测绘局
李文倩　甘肃省测绘产品质量监督检验站
肖兰群　甘肃省地图院
陈德理　青海省测绘产品质量监督检验站
池淑文　宁夏回族自治区国土资源地理信息中心
杨红英　新疆维吾尔自治区第二测绘院
李　斌　新疆维吾尔自治区基础地理信息中心

国家西部1:5万地形图空白区测图工程先进集体和先进个人

先进集体（20个）

（一）先进集体（14个）

国家测绘地理信息局第一地形测量队西部测图工程项目组
国家测绘地理信息局第一航测遥感院
国家测绘地理信息局第四地形测量队西部中队
国家测绘地理信息局黑龙江测绘产品质量监督检验站第三检验室
国家测绘地理信息局第三航测遥感院遥感二室
国家测绘地理信息局四川测绘产品质量监督检验站
国家测绘地理信息局第七地形测量队
国家基础地理信息中心档案资料部
云南省测绘工程院一分院
甘肃省测绘工程院
青海省第一测绘院
中国人民解放军68011部队
中国人民解放军69028部队
中国人民解放军78155部队

（二）科技创新先进集体（1个）

中国测绘科学研究院摄影测量与遥感研究所

（三）安全生产先进集体（5个）

国家测绘地理信息局第二地形测量队一中队
国家测绘地理信息局第二大地测量队第四测量队
国家测绘地理信息局第三大地测量队二分院
国家测绘地理信息局重庆测绘院一分院
新疆维吾尔自治区第一测绘院

先进个人（122名）

（一）先进个人一等功（20名）

张长安 国家测绘地理信息局第一地形测量队
周群强 国家测绘地理信息局第二地形测量队
王海燕 国家测绘地理信息局第一航测遥感院
吴守来 国家测绘地理信息局黑龙江基础地理信息中心
刘晶东 国家测绘地理信息局第三地形测量队
马 治 黑龙江地理信息工程院
胡 可 国家测绘地理信息局第三大地测量队
张 云 国家测绘地理信息局第六地形测量队
裴世辉 国家测绘地理信息局第三大地测量队
明飞雄 国家测绘地理信息局重庆测绘院
张继贤 中国测绘科学研究院
颉继珍 甘肃省测绘地理信息局
李海祥 青海省第二测绘院

邓新安　新疆维吾尔自治区测绘地理信息局
辛少华　西部测图工程项目部
郝科铭　西部测图工程项目部
张志远　中国人民解放军 68011 部队
蒋义富　中国人民解放军 69028 部队
孙忠诚　中国人民解放军 78155 部队
李志勇　中国人民解放军 61363 部队

（二）先进个人二等功（43 名）

姜东方　国家测绘地理信息局第二地形测量队
刘伟东　国家测绘地理信息局第一大地测量队
王　炜　国家测绘地理信息局陕西测绘产品质量监督检站
杨　光　国家测绘地理信息局第一地理信息制图院
陈　华　国家测绘地理信息局陕西基础地理信息中心
李　东　国家测绘地理信息局大地测量数据处理中心
齐中华　国家测绘地理信息局第三地形测量队
李　伟　国家测绘地理信息局第四地形测量队
张洪文　国家测绘地理信息局第二大地测量队
付洪波　国家测绘地理信息局第四地形测量队
齐月荣　黑龙江地理信息工程院
丁　涛　国家测绘地理信息局第六地形测量队
蒋红兵　国家测绘地理信息局第三航测遥感院
石江南　四川测绘地理信息局
李维庆　国家测绘地理信息局第三地理信息制图院
侯振贵　国家测绘地理信息局第七地形测量队
杨　洪　国家测绘地理信息局重庆测绘院
危金刚　国家测绘地理信息局重庆测绘院
陶俊祥　国家测绘地理信息局重庆测绘院
张　力　中国测绘科学研究院
苏山舞　中国测绘科学研究院
张晓倩　国家基础地理信息中心
韦纯训　云南省测绘工程院
王笑德　甘肃省测绘产品质量监督检验站
蒲天瑜　甘肃省测绘工程院
孙茂军　青海省第一测绘院
欧尔格力　青海省基础地理信息中心
郭建华　新疆维吾尔自治区第一测绘院
梁　华　新疆维吾尔自治区第二测绘院
闻　辉　新疆维吾尔自治区基础地理信息中心
王英斌　西部测图工程项目部
燕　琴　西部测图工程项目部
苏凤岐　西部测图工程项目部
柏玉霜　国家测绘地理信息局
刘大可　国家测绘地理信息局

江 洪 中国人民解放军 68011 部队
王汉英 中国人民解放军 68011 部队
李含璞 中国人民解放军 69028 部队
张 民 中国人民解放军 69028 部队
李学英 中国人民解放军 78155 部队
赵春川 中国人民解放军 78155 部队
李 伟 中国人民解放军 78155 部队
刘瑞军 中国人民解放军 96663 部队

（三）先进个人三等功（59 名）

刘乐平 国家测绘地理信息局第二地形测量队
周碧瑶 国家测绘地理信息局第一航测遥感院
席 科 国家测绘地理信息局第一地形测量队
周喜峰 国家测绘地理信息局第一大地测量队
师家珍 国家测绘地理信息局第一航测遥感院
薛兆元 国家测绘地理信息局第二地形测量队
陈惠军 国家测绘地理信息局第一大地测量队
段同林 国家测绘地理信息局第一地形测量队
谢露蓉 陕西测绘地理信息局
陈 军 国家测绘地理信息局第二大地测量队
孟庆辉 国家测绘地理信息局第三地形测量队
郑福海 黑龙江地理信息工程院
王德义 国家测绘地理信息局第二大地测量队
罗 鹏 国家测绘地理信息局黑龙江测绘产品质量监督检验站
赵洪阁 国家测绘地理信息局第四地形测量队
刘智强 国家测绘地理信息局第三地形测量队
刘佰莹 国家测绘地理信息局第四地形测量队
杨 军 国家测绘地理信息局四川基础地理信息中心
李东辉 国家测绘地理信息局四川测绘产品质量监督检验站
罗昌琼 国家测绘地理信息局第三航测遥感院
夏勇军 国家测绘地理信息局第三大地测量队
蒋建宏 国家测绘地理信息局第三地理信息制图院
陈 晔 国家测绘地理信息局第三航测遥感院
石 岩 国家测绘地理信息局第六地形测量队
李富强 国家测绘地理信息局第七地形测量队
黄颖晖 国家测绘地理信息局第四航测遥感院
陈运磅 国家测绘地理信息局海南测绘产品质量监督检验站
陆治兵 国家测绘地理信息局重庆测绘院
李 芹 国家测绘地理信息局重庆测绘院
朱先文 国家测绘地理信息局重庆测绘院
尤 璐 国家测绘地理信息局重庆测绘院
黄国满 中国测绘科学研究院
马 钰 中国测绘科学研究院
赵俊霞 国家基础地理信息中心

喻贵银　中国测绘宣传中心
丁润华　云南省测绘工程院
倪　津　云南省测绘产品检测站
扎西多吉　西藏自治区测绘局
蔡喜琴　甘肃省基础地理信息中心
王胜强　甘肃省测绘工程院
何桂英　青海省第二测绘院
沈　军　青海省测绘产品质量监督检验站
李晓星　新疆维吾尔自治区测绘产品质量监督检站
张兵国　新疆维吾尔自治区第一测绘院
蒋　燕　新疆维吾尔自治区第二测绘院
孙兴旺　新疆维吾尔自治区测绘产品质量监督检站
胡勇志　西部测图工程项目部
马宗新　西部测图工程项目部
高武俊　西部测图工程项目部
许　骥　西部测图工程项目部
丁　剑　西部测图工程项目部
程宝琴　中国人民解放军 68011 部队
王茂胜　中国人民解放军 68011 部队
王永安　中国人民解放军 69028 部队
刘旺生　中国人民解放军 69028 部队
唐　敏　中国人民解放军 78155 部队
涂福剑　中国人民解放军 78155 部队
郭　敏　中国人民解放军 61363 部队
李　辉　中国人民解放军 61512 部队

资源三号测绘卫星工程研制先进个人

先进个人一等功（3 名）

孙承志　国家测绘地理信息局卫星测绘应用中心
唐新明　国家测绘地理信息局卫星测绘应用中心
龚健雅　武汉大学

先进个人二等功（9 名）

张　过　武汉大学
吴晓良　国家测绘地理信息局卫星测绘应用中心
邱振戈　国家测绘地理信息局卫星测绘应用中心
周晓青　国家测绘地理信息局卫星测绘应用中心
王华斌　国家测绘地理信息局卫星测绘应用中心
祝小勇　国家测绘地理信息局卫星测绘应用中心
范大昭　中国人民解放军信息工程大学

赵春梅 中国测绘科学研究院
朱士才 江苏省测绘地理信息局

先进个人三等功（22 名）

付兴科 国家测绘地理信息局卫星测绘应用中心
谢俊峰 国家测绘地理信息局卫星测绘应用中心
常晓涛 国家测绘地理信息局卫星测绘应用中心
高小明 国家测绘地理信息局卫星测绘应用中心
赵利平 国家测绘地理信息局卫星测绘应用中心
岳庆兴 国家测绘地理信息局卫星测绘应用中心
汪汇兵 国家测绘地理信息局卫星测绘应用中心
江万寿 武汉大学
贾永红 武汉大学
闫 利 武汉大学
赵其乐 武汉大学
张永军 武汉大学
翟 亮 中国测绘科学研究院
左建章 中国测绘科学研究院
张 力 中国测绘科学研究院
于洪伟 黑龙江测绘地理信息局
高 立 黑龙江测绘地理信息局
肖学年 陕西测绘地理信息局
倪文辉 四川测绘地理信息局
张 扬 北京吉威数源信息有限公司
李爱生 河北省地理信息局
裴彦明 山西省测绘地理信息局

测绘地理信息系统优秀行政处罚案卷（件）名单

（共 28 件）

办案单位：北京市规划委员会
案卷（件）名称：某出版社部分教材违法使用“问题地图”案
承办人：彭 瑜 沈 斌

办案单位：天津市规划局
案卷（件）名称：天津市气象科技服务中心违法使用“问题地图”案
承办人：郝毅智 李西旺

办案单位：河北省地理信息局
案卷（件）名称：保定市健业测绘有限公司违法分包测绘项目案

承办人：刘　勇　王新广

办案单位：山西省晋中市国土资源局
案卷（件）名称：晋中市林业局非法复制涉密测绘成果案
承办人：斯大为　王淦毅

办案单位：山西省保德县国土资源局
案卷（件）名称：保德县同舟煤业有限公司无测绘资质非法测绘案
承办人：王新林　郭　娜

办案单位：吉林省测绘地理信息局
案卷（件）名称：吉林省勘察地球物理研究院非法提供涉密地形图案
承办人：肖志辉　冯志宏　崔　凯

办案单位：吉林省测绘地理信息局
案卷（件）名称：吉林大学出版社未依法送审擅自编制地图案
承办人：肖志辉　冯志宏　岳文杰

办案单位：吉林省长春市规划局
案卷（件）名称：武汉科岛地理信息工程有限公司未经登记备案擅自从事测绘活动案
承办人：肖德明　高　民

办案单位：上海市测绘管理办公室
案卷（件）名称：上海宝正科技发展有限公司未经审核擅自登载地图案
承办人：朱元溥　李海涛

办案单位：江苏省测绘地理信息局
案卷（件）名称：宿迁市鼎力房地产测绘有限公司骗取测绘资质案
承办人：安学山　何　杰

办案单位：江苏省测绘地理信息局
案卷（件）名称：南京励图数码测绘有限公司骗取测绘资质案
承办人：安学山　卢清超

办案单位：江苏省测绘地理信息局
案卷（件）名称：姜堰市城建建设工程质量检测有限公司无测绘资质非法测绘案
承办人：安学山　卢清超　顾骏驰　何　杰

办案单位：浙江省测绘与地理信息局
案卷（件）名称：中化地质矿山总局浙江地质勘察院擅自存储、泄露涉密测绘成果案
承办人：陶　燕　黑　铮

办案单位：浙江省舟山市规划局
案卷（件）名称：嵊泗县国土资源测量大队无测绘资质非法测绘案
承办人：汪坚明　沈　豫

办案单位：福建省测绘地理信息局
案卷（件）名称：深圳市富隆富贸易有限公司出关未经审核存在严重问题的涉外《旅游指示图》案
承办人：陈成光　黄忠铿　黄哲武

办案单位：江西省赣州市国土资源局
案卷（件）名称：赣州市金辉矿业技术服务有限公司无测绘资质非法测绘案
承办人：刘　慧　赖章辉　肖　岚

办案单位：湖北省武汉市国土资源和规划局
案卷（件）名称：武汉弘图数码科技有限公司无测绘资质非法测绘案
承办人：李　凯　张　勇

办案单位：广西壮族自治区桂林市国土资源局
案卷（件）名称：中国有色桂林矿产地质研究院有限公司擅自复制涉密测绘成果案
承办人：毕才学　张学庆　秦亮城

办案单位：海南测绘地理信息局
案卷（件）名称：中国电信股份有限公司海南分公司未经审核非法编印《海南旅游百事通》案
承办人：刘　静　王永太

办案单位：重庆市规划局
案卷（件）名称：重庆永正土地房屋勘测规划设计有限公司超越测绘资质范围、测绘成果质量不合格案
承办人：张　畅　付　强

办案单位：四川测绘地理信息局
案卷（件）名称：古蔺县鸿泰房地产测绘有限公司测绘成果质量不合格案
承办人：程　忠　陈　静

办案单位：贵州省黔西县国土资源局
案卷（件）名称：黔西县城市综合执法大队损毁测量标志案
承办人：李玉清　王　均

办案单位：云南省测绘地理信息局
案卷（件）名称：昆明市盘龙区腾龙印刷厂、云南普者黑旅游开发有限责任公司、丘北县旅游局未取得测绘资质违法编印、展示“问题地图”案
承办人：蔡德亮　黄小娟

办案单位：青海省测绘地理信息局

案卷（件）名称：青海省第三地质矿产勘查院超越测绘资质范围违法编制藏文版《中华人民共和国地图》（1:700 万）案

承办人：孙厚科　陈晓丽

办案单位：宁夏回族自治区国土资源厅

案卷（件）名称：宁夏冠凌房地产开发公司未经审核违法展示地图案

承办人：孙勇彪　丁尚宏　赵　成

办案单位：新疆维吾尔自治区测绘地理信息局

案卷（件）名称：新疆报烨传媒有限公司登载、展示“问题地图”案

承办人：汪雪云　袁　英

办案单位：新疆维吾尔自治区测绘地理信息局

案卷（件）名称：某国公民克里斯·奎尔斯非法测绘案

承办人：张　麒　汪雪云

办案单位：新疆维吾尔自治区阿克苏地区阿克苏市国土资源局

案卷（件）名称：买买提·艾木都拉损毁测量标志案

承办人：庞在荣　龚　荣

国家测绘地理信息局直属机关创先争优先进基层党组织

（共 15 个）

国家测绘地理信息局办公室党支部

国家测绘地理信息局规划财务司党支部

国家测绘地理信息局人事司党支部

中国地图出版集团第六党支部（教材出版分社党支部）

中国地图出版集团第十党支部（发行公司党支部）

中国地图出版集团测绘出版社第一党支部（导航与位置服务部、博目地图制品有限公司联合党支部）

中国地图出版集团派驻中图北斗公司人员党支部

中国测绘科学研究院地图学与地理信息系统研究所党支部

中国测绘科学研究院政府地理信息系统研究中心党支部

中国测绘科学研究院中测国检（北京）测绘仪器检测中心党支部

国家基础地理信息中心第一党支部（网络技术部、标准质量处、办公室联合党支部）

国家基础地理信息中心第三党支部（人事处、天地图工作部、数据库部联合党支部）

国家测绘地理信息局卫星测绘应用中心第一党支部（办公室、分发服务部、监测应用部联合党支部）

中国测绘宣传中心第一党支部（采编部、总编室、影视宣传处联合党支部）

国家测绘产品质量检验测试中心第二党支部（人事处、质检二处、质检三处联合党支部）

国家测绘地理信息局直属机关创先争优优秀共产党员

（共 31 名）

孔金辉	国家测绘地理信息局地理信息与地图司地理信息处
田海波	国家测绘地理信息局国土测绘司基础测绘处
林振中	国家测绘地理信息局直属机关党委（纪检监察审计室）监察处
张世柏	国家测绘地理信息局科技与国际合作司外事处
程晓军	国家测绘地理信息局法规与行业管理司法规与行政复议处
蒋　睿	国家测绘地理信息局办公室秘书处
潘　卫（女）	国家测绘地理信息局离退休干部办公室
魏学然	国家测绘地理信息局机关退休干部
于建明	国家测绘地理信息局机关服务中心
池　涛（女）	中国地图出版集团发行公司
吴劲松	中国地图出版集团产品开发专员
陈卓宁	中国地图出版集团中图北斗文化传媒有限公司
迟海生	中国地图出版集团法务专员
赫建忠	中国地图出版集团测绘出版社
左建章	中国测绘科学研究院北京四维远见信息技术有限公司
史绍卿（女）	中国测绘科学研究院职能部门联合党支部
李成名	中国测绘科学研究院地图学与地理信息系统研究所
肖金成	中国测绘科学研究院中测新图（北京）遥感技术有限责任公司
赵　争（女）	中国测绘科学研究院摄影测量与遥感研究所
曾　钰（女）	中国测绘科学研究院期刊编辑中心
朱　武	国家基础地理信息中心业务处
周　旭	国家基础地理信息中心地理国情监测部
高小明（女）	国家测绘地理信息局卫星测绘应用中心研究开发部
高　宇	国家测绘地理信息局管理信息中心
陈会仙（女）	国家测绘地理信息局地图技术审查中心
常燕卿（女）	国家测绘地理信息局测绘发展研究中心
郝　喆（女）	国家测绘地理信息局职业技能鉴定指导中心
章　磊	国家测绘产品质量检验测试中心
郝　虹（女）	国家测绘地理信息局财务结算中心综合处
李俊富	国家测绘地理信息局北戴河休养院办公室
马志勇	中国测绘学会综合处

第一届国家测绘地理信息局直属机关杰出青年名单

（共5人）

刘海岩	国家测绘地理信息局办公室
陈卓宁	中国地图出版集团
秘金钟	中国测绘科学研究院
王　茜	国家基础地理信息中心
汪汇兵	国家测绘地理信息局卫星测绘应用中心

第一届国家测绘地理信息局直属机关优秀青年名单

（共15人）

孙　超	国家测绘地理信息局法规与行业管理司
田　力　彭　琪　陈　宇　张　特	中国地图出版集团
蒲鹏先　赵　争　赵占杰　王　勇	中国测绘科学研究院
杜　晓	国家基础地理信息中心
计宏煜	中国测绘宣传中心
张文婷	国家测绘地理信息局管理信息中心
刘　利	国家测绘地理信息局测绘发展研究中心
庞　宇	国家测绘产品质量检验测试中心
马志勇	中国测绘学会

“强支部建设、促科学发展”优秀活动

（18个）

中国地图出版集团党委第一党支部：学习爱国情怀，传承抗震精神
中国地图出版集团党委第十党支部：深入群众强化服务，支部建设需用“心”
中国测绘科学研究院党委摄影测量与遥感研究所党支部：支部创新促科研出成果，科研成果促支部上水平
中国测绘科学研究院党委政府地理信息系统研究中心党支部：坚定信念，开拓视野，助推测绘科研创新
中国测绘科学研究院党委中测新图党总支研发中心党支部：观地图变迁，促测绘创新
国家基础地理信息中心党委第一党支部：建设坚强战斗堡垒，打造一流地图网站
国家基础地理信息中心党委第六党支部：强建设促发展，学先进争优秀
卫星测绘应用中心党委第三党支部：强运营，提精度，夯实国产卫星测绘应用基础
国家测绘产品质量检验测试中心临时党委第二党支部：开拓进取，无私奉献，让青春在平凡的质检岗位上闪光
中国测绘宣传中心党总支第一党支部：创先争优，为事业发展鼓与呼

局办公室党支部：创先争优，积极奉献，服务各方
局规划财务司党支部：以财务规划管理为抓手，提升党支部战斗力
局地理信息与地图司党支部：争当岗位先锋，促进产业发展
局人事司党支部：打造模范基层组织，服务事业科学发展
局直属机关党委党支部：坚持“五注重五强化”，彰显新作风新形象
局管理信息中心党支部：我与组织共奋进
局地图技术审查中心党支部：强建设，促发展，当好地理信息领域国家主权安全哨兵
局测绘发展研究中心党支部：学习创新，迎接挑战

“强支部建设、促科学发展”展示活动

（11个）

中国地图出版集团党委第六党支部：齐心协力建优秀支部，众志成城出精品教材
中国地图出版集团党委第七党支部：打造“学习型”、“研究型”先进党支部
中国地图出版集团党委测绘社第一党支部：风清气正扬宗旨，真抓实干出产品
中国地图出版集团党委派驻中图北斗党支部：强支部建设，促地图事业
中国测绘科学研究院党委期刊编辑中心党支部：强支部建设，创期刊文化
中国测绘科学研究院党委四维远见党支部：学红旗渠精神，勇于攻坚克难
国家测绘产品质量检验测试中心临时党委第一党支部：投身质检事业，弘扬测绘精神
局国土测绘司党支部：强支部建设，促科学发展
局法规与行业管理司党支部：加强法制宣传，服务科学发展
局科技与国际合作司党支部：学习贯彻“十八大”，科技引领创辉煌
局离退休办公室党支部：加强支部建设，服务工作大局

国家测绘地理信息局2012年度“五型机关”创建活动先进集体和先进个人

先进司局（2个）

科技与国际合作司
直属机关党委（纪检监察审计室）

先进处（室）（9个）

办公室秘书处
规划财务司财务处
国土测绘司遥感信息处（地理国情监测处）
法规与行业管理司法规与行政复议处
地理信息与地图司（测绘成果管理司）成果管理处
科技与国际合作司科技处
人事司教育人才处（社团管理处）
直属机关党委（纪检监察审计室）审计处

离退休干部办公室

先进个人（25 名）

办公室	李志霞　李　文　胡雪霁　孔　蓉
规划财务司	蒋丽华　周丽娜　白振栋
国土测绘司	宋雪生　蒋大鹏　张贵钢
法规与行业管理司	赵　燕　杨忆兰　李　倩
地理信息与地图司	邹辉东　徐　永　卢卫华
科技与国际合作司	严荣华　顾　纳　张世柏
人事司	王尔林　田　青　杨　娉
直属机关党委	寇京伟　侯冬梅　牛苗苗

测绘地理信息文化精品奖

（12 个）

《上海市地图集》（2010 年上海世博会专版）（上海市测绘院推荐，《上海市地图集》编纂委员会编著，中国地图出版社出版）

《辛亥革命历史地图》（中国地图出版集团推荐，王兴科主编，中国地图出版社出版）

《中华舆图志》（中国地图出版集团推荐，中华舆图志编制及数字展示项目组编著，中国地图出版社出版）

《中华人民共和国钓鱼岛及其附属岛屿地图》（中国地图出版集团推荐，中国地图出版社编制出版）

《地图》杂志（中国地图出版集团推荐，国家测绘地理信息局主管，中国地图出版社主办）

《中国测绘人之歌》（国家测绘地理信息局办公室推荐，徐德明作词，卞留念作曲）

《中国测绘报》（中国测绘宣传中心推荐，国家测绘地理信息局主管，中国测绘报社主办）

《西部测图抒怀》（中国测绘科学研究院推荐，《西部测图抒怀》编委会编，中国社会出版社出版）

《时代的肖像》（山西省测绘地理信息局推荐，谭曙方著，作家出版社出版）

《测绘诗歌散文选》（中国测绘宣传中心推荐，国家测绘地理信息局精神文明建设办公室和中国测绘宣传中心编，测绘出版社出版）

《五瓣丁香花——首届测绘博客征文作品集》（中国测绘学会科技信息网分会推荐，周琪主编，哈尔滨地图出版社出版）

《测绘法律知识读本》（国家测绘地理信息局法规与行业管理司推荐，张万峰主编，法律出版社出版）

“测绘地理信息文化精品”优秀组织奖

（6 个）

中国地图出版集团

广西壮族自治区测绘地理信息局

广州南方测绘仪器有限公司

江苏省测绘地理信息局

湖北省测绘局
福建省测绘地理信息局

全国测绘地理信息系统第二届“天地图杯”羽毛球比赛获奖名单

冠军	北京市规划委员会
亚军	东方道迩信息技术股份有限公司
季军	广西壮族自治区测绘地理信息局
优秀组织奖	国家测绘地理信息局机关、内蒙古自治区测绘地理信息局、安徽省国土资源厅、国家测绘地理信息局卫星测绘应用中心、国家测绘地理信息局地图技术审查中心
体育道德风尚奖	天津市测绘院、上海市测绘院、福建省测绘地理信息局、陕西测绘地理信息局、国家基础地理信息中心

全国测绘地理信息系统首届桥牌比赛获奖名单

团体赛冠军	山西省测绘地理信息局
团体赛亚军	陕西测绘地理信息局
团体赛季军	江西省测绘地理信息局
个人双人赛冠军	刘礼书　高　安　江西省测绘地理信息局
个人双人赛亚军	朱　敏　万　明　陕西测绘地理信息局
个人双人赛季军	王慎忠　韩权卫　国家测绘地理信息局机关

其他获省部级表彰的先进集体和先进个人

先进集体

国家测绘地理信息局在财政部 2011 部门决算考核评比中获决算编审先进工作单位一等奖
上海市测绘院团委被共青团上海市委员会评为 2011 年度上海市五四红旗团委
上海市测绘院冯琰被上海市总工会授予上海市五一劳动奖章
昆明冶金高等专科学校被人力资源和社会保障部评为国家技能人才培育突出贡献奖获奖单位
国家测绘地理信息局大地测量数据处理中心数据三室被评为全国能源化学工会工人先锋号
陕西省第二测绘工程院获陕西省先进集体称号

先进个人

国家测绘地理信息局第三航测遥感院李卫、国家测绘地理信息局第二地形测量队王瑞锋、河南省遥感测绘院李华、国家测绘地理信息局第一航测遥感院罗淑方、山东省国土测绘院郑伟安、湖南省第一测绘院廖志生、重庆市勘测院郑跃骏、湖南省第一测绘院秦庆祚被人力资源和社会保障部授予“全国技术能手”称号

中国测绘科学研究院张继贤被中国科协评为 2012 年全国优秀科技工作者

国家基础地理信息中心蒋捷获国际摄影测量与遥感学会主席提名奖

国家基础地理信息中心蒋捷被国土资源部评为“巾帼建功”先进个人，商瑶玲被国土资源部评为“巾帼建

功”标兵

国家测绘地理信息局大地测量数据处理中心郭春喜被评为陕西省劳动模范

郑州测绘学校薛雁明被人力资源和社会保障部评为国家技能人才培育突出贡献奖获奖个人

科技奖励名单

国家科技奖励

项目名称：国防交通地理信息系统关键技术及应用
项目编号：J-24400-1-02
获奖类别及等级：国家科学技术进步奖一等奖
完成单位：军事交通学院、中国测绘科学研究院、总后后勤科学研究所、武汉大学、二炮后勤部指挥自动化工作站、总后军交运输监理检测站、总后指挥自动化工作站
主要完成者：李成名　甘秋明　聂元铭　李　霖　印　洁　洪志刚　贾　斌　殷　勇　屈百春　王　卫　赵占杰　沈　涛　郑　义　孙　勇　俞　莉

项目名称：大面阵数字航空影像获取关键技术及装备
项目编号：J-252-2-15
获奖类别及等级：国家科学技术进步奖二等奖
完成单位：河南理工大学、中国测绘科学研究院、北京四维远见信息技术有限公司、首都师范大学、北京天元四维科技有限公司
主要完成者：刘先林　邹友峰　郭增长　王留召　刘宗杰　钟裕标　杨海东　刘昌华　李天子　张建霞　卢小平　段福州　关军生　王双亭　王宏涛

项目名称：天地一体化对地观测数据处理技术创新及在国家应急响应中的应用
项目编号：J-252-2-10
获奖级别及等级：国家科学技术进步奖二等奖
完成单位：武汉大学、立得空间信息技术股份有限公司
主要完成者：李德仁　王　密　眭海刚　胡庆武　张　过　朱欣焰　江万寿　袁修孝　马洪超　潘　俊

项目名称：全数字化土地资源评价关键技术与工程应用
项目编号：J-252-2-11
获奖类别及等级：国家科学技术进步奖二等奖
完成单位：中国土地勘测规划院、武汉大学、国家测绘地理信息局卫星测绘应用中心、中国矿业大学（徐州）、江苏省土地勘测规划院、河南省国土资源调查规划院
主要完成者：刘耀林　王　静　唐新明　郭旭东　汪云甲　何建华　姜　栋　焦利民　史绍雨　吕春艳

项 目 名 称：高精度三维工程环境构建理论、方法及公路勘察设计成套技术
获奖类别及等级：国家科技进步奖二等奖
项 目 编 号：J-223-2-01
完 成 单 位：中国公路工程咨询集团有限公司、武汉大学、浙江大学、中交宇科（北京）空间信息技术有限公司、中国测绘科学研究院浙江分院、天津金宇信息技术有限公司、新疆维吾尔自治区交通规划勘察设计研究院
主 要 完 成 者：王国锋 李建成 杜震洪 许振辉 郭 力 闫 利 姚宜斌 王小忠 孟庆昕 张 丰

项 目 名 称：轻小型组合宽角航空相机研制及低空 UAV 航测应用
项 目 编 号：F-303-2-04
获奖类别及等级：国家科学技术发明奖二等奖
完 成 单 位：中国测绘科学研究院、北京测绘设计研究院、北京测科空间信息技术有限公司
主 要 完 成 者：林宗坚 苏国中 洪志刚 杨伯钢 陈天恩 尹金宽

2012 年中国测绘学会测绘科技进步奖

特等奖（2 项）

项 目 编 号：2012-01-00-01
项 目 名 称：国家 1:5 万基础地理数据库更新技术体系构建与工程应用
主 要 完 成 人：陈 军 王东华 商瑶玲 刘建军 廖安平 赵仁亮 肖 平 于庆国 杨 升 陈少勤 胡兴树 杨 洪 林秀玉 倪文辉 孙洪双 刘云峰 李雪梅 张元杰 王发良 杜 晓 张宏伟 艾廷华 王 密 孙 昊 刘 斌 陈 进 朱 平 石建军 李力勐 王立新
主要完成单位：国家基础地理信息中心、陕西测绘地理信息局、黑龙江测绘地理信息局、四川测绘地理信息局、武汉大学、海南测绘地理信息局、国家测绘地理信息局重庆测绘院、浙江省测绘与地理信息局、江苏省测绘地理信息局、甘肃省测绘局

项 目 编 号：2012-01-00-02
项 目 名 称：资源三号卫星测绘关键技术
主 要 完 成 人：唐新明 孙承志 龚建雅 吴晓良 张 过 李朋德 邱振戈 谢俊峰 范大昭 王华斌 祝小勇 周晓青 高小明 赵春梅 赵齐乐 周 平 江万寿 王 霞 付兴科 常晓涛 岳庆兴 李参海 赵利平 赵世湖 汪汇兵 史绍雨 王鸿燕 翟 亮 卢 刚 洪志刚
主要完成单位：国家测绘地理信息局卫星测绘应用中心、武汉大学、中国测绘科学研究院、中国人民解放军信息工程大学

一等奖（8 项）

项 目 编 号：2012-01-01-01
项 目 名 称：机载多波段多极化干涉 SAR 测图系统
主 要 完 成 人：张继贤 黄国满 燕 琴 李平湘 李 震 宋庆国 韦立登 江 凯 张永红 赵 争 关鸿亮 程春泉 卢丽君 韩颜顺 杨书成
主要完成单位：中国测绘科学研究院、武汉大学、中国科学院对地观测与数字地球科学中心、中国科学院电子学研究所、中国电子科技集团公司第三十八研究所、中国飞行试验研究院、四维航空

遥感有限公司、四川省遥感信息测绘院、国家测绘地理信息局重庆测绘院、国家测绘地理信息局第二地形测量队

项 目 编 号：2012-01-01-02
项 目 名 称：地面移动激光集成关键技术方法及其软硬件产品和应用示范
主要完成人：宫辉力　刘先林　钟若飞　赵文吉　王留召　李小娟　张珂殊　魏占营　叶泽田　左建章　段福洲　方爱平　刘晓萌　韩友美　鲁　勇
主要完成单位：首都师范大学、中国测绘科学研究院、北京四维远见信息技术有限公司、青岛市光电工程技术研究所

项 目 编 号：2012-01-01-03
项 目 名 称：动态大地测量数据融合理论与算法研究
主要完成人：杨元喜　曾安敏　张菊清　吴富梅　高为广　赵丽华　张丽萍　秦显平　徐天河　徐君毅　张晓东　欧阳桂崇　聂建亮　唐颖哲　刘光明
主要完成单位：西安测绘研究所

项 目 编 号：2012-01-01-04
项 目 名 称：精密单点定位理论方法、软件系统及其推广应用
主要完成人：张小红　张守建　刘万科　李星星　张国平　李　盼　何明宪　郭　斐　王甫红　畅　毅　叶志伟　杨保岑　郭博峰　任晓东　唐　龙
主要完成单位：武汉大学、长江航道测量中心、中国石油集团东方地球物理勘探有限责任公司

项 目 编 号：2012-01-01-05
项 目 名 称：面向服务架构的新一代数字城市共享服务平台及其示范应用
主要完成人：邵振峰　李德仁　李宗华　仲思东　彭明军　陈　静　高　山　李大军　谭成国　宋志丹　邱　文　魏延峰　瞿　磊　沈小乐　王　星
主要完成单位：武汉大学、武汉市国土资源和规划信息中心、立得空间信息技术股份有限公司、武大吉奥信息技术有限公司

项 目 编 号：2012-01-01-06
项 目 名 称：视觉测量方法研究及应用
主要完成人：郑顺义　张祖勋　柯　涛　季　铮　徐　轩　马　电　周朗明　黄荣永　周　漾　唐　敏　李　强　王晓南　屈伟军　桂　力　李安然
主要完成单位：武汉大学

项 目 编 号：2012-01-01-07
项 目 名 称：矿山采动灾害多源遥感关键技术与应用
主要完成人：吴立新　汪云甲　刘善军　王　坚　马保东　邓喀中　王　植　徐忠印　罗　昆　高均海　赵银娣　吴育华　范洪冬　陈国良　盛耀彬
主要完成单位：中国矿业大学、东北大学、中国矿业大学（北京）

项 目 编 号：2012-01-01-08
项 目 名 称：卫星重力反演的关键技术和科学应用

主要完成人：郑 伟 许厚泽 张晓敏 钟 敏 丁延卫 刘成恕 涂海波 江 敏 冯 伟 王新胜 彭 鹏 冉将军 王长青 陈润静 邵云明
主要完成单位：中国科学院测量与地球物理研究所、中国航天科技集团航天东方红卫星有限公司

二等奖（29 项）

项目编号：2012-01-02-01
项目名称：重庆三维数字城市技术创新与实践
主要完成人：向泽君 谢征海 陈华刚 陈良超 薛 梅 王昌翰 李 响 梁建国 王阳生 李 锋
主要完成单位：重庆市勘测院、重庆数字城市科技有限公司

项目编号：2012-01-02-02
项目名称：四川汶川地震灾后恢复重建测绘专项建设工程
主要完成人：杨 升 谢维挺 肖 平 熊康军 山 川 倪文辉 文学虎 关军生 李吉平 董学智
主要完成单位：四川测绘地理信息局、陕西测绘地理信息局、黑龙江测绘地理信息局、国家测绘地理信息局重庆测绘院、四川省遥感信息测绘院、四川省第一测绘工程院、国家测绘地理信息局四川测绘产品质量监督检验站

项目编号：2012-01-02-03
项目名称：基于 3S 技术的国土资源动态监管技术与服务体系建设及应用
主要完成人：李英成 肖金城 胡特彧 王恩泉 徐建新 冯 琅 敖 楠 胡晨希 郭童英 王广亮
主要完成单位：中国测绘科学研究院、中测新图（北京）遥感技术有限责任公司、国家土地督察上海局

项目编号：2012-01-02-04
项目名称：高动态定位与多模导航及大气海洋星座探测综合测试处理方法及应用
主要完成人：袁运斌 刘根友 阳仁贵 李德海 闫 伟 李子申 李 薇 王海涛 欧吉坤 许厚泽
主要完成单位：中国科学院测量与地球物理研究所

项目编号：2012-01-02-05
项目名称：高速铁路板式无砟轨道精密测量系统
主要完成人：习仲伟 徐万鹏 王长法 石险峰 高明星 熊冠勋 张国锋 李文华 刘 鸿 鲁科学
主要完成单位：中铁十五局集团有限公司

项目编号：2012-01-02-06
项目名称：高速铁路精密工程测量技术
主要完成人：王长进 石德斌 刘 成 张冠军 孟宪军 杨云洋 李亚辉 康占龙 陈 兴 刘向军
主要完成单位：铁道第三勘察设计院集团有限公司

项目编号：2012-01-02-07
项目名称：三维优化选线系统
主要完成人：王东甫 曾 强 汤 坚 雷伟刚 葛 苹 陈隽敏 黄玉林 黄春晖 贾玉明 陈尚东
主要完成单位：广东省电力设计研究院

项目编号：2012-01-02-08

项 目 名 称：2008 年汶川地震近场三维形变精密测定与研究
主 要 完 成 人：王 琪 杨少敏 兰启贵 张培震 乔学军 许才军 王 敏 游新兆 王庆良 谭 凯
主要完成单位：中国地震局地震研究所、四川测绘地理信息局、中国地震局地质研究所、武汉大学、地壳运动监测工程研究中心、中国地震局第二监测中心、四川省地震局

项 目 编 号：2012-01-02-09
项 目 名 称：四川省地理空间基础框架建设项目
主 要 完 成 人：谢维挺 杨 升 陈 斌 谭明建 唐翼德 李开君 王 芳 蒋红兵 谢兴田 杨 洪
主要完成单位：四川测绘地理信息局、四川省基础地理信息中心、四川省遥感信息测绘院、四川省第三测绘工程院、四川省第二测绘地理信息工程院、四川省第一测绘工程院、四川省测绘产品质量监督检验站

项 目 编 号：2012-01-02-10
项 目 名 称：水电站高精度外部变形监测网关键技术研究及实施
主 要 完 成 人：王 冲 文道平 肖胜昌 李正品 王宗文 黄天勇 陈宝枝 何为聪 栾有昆 浦绍超
主要完成单位：中国水电顾问集团昆明勘测设计研究院

项 目 编 号：2012-01-02-11
项 目 名 称：多源空间数据融合与挖掘技术
主 要 完 成 人：杨春成 周校东 何列松 李 宏 谢 鹏 田向春 汶建龙 许朝晖 宋庆彬 李九章
主要完成单位：西安测绘研究所

项 目 编 号：2012-01-02-12
项 目 名 称：城乡一体化土地调查监测技术与工程应用
主 要 完 成 人：姜 栋 黄 亮 李 钢 陈国良 何欢乐 王孝强 尹鹏程 杨春德 余 海 荆创利
主要完成单位：中国土地勘测规划院、中国矿业大学、徐州市国土资源局、山东省土地勘测规划院、湖北省土地规划勘测院、四川省国土勘测规划研究院

项 目 编 号：2012-01-02-13
项 目 名 称：南水北调中线工程焦作城区绿化带及控规区测绘与调查管理信息系统
主 要 完 成 人：邓 波 田德林 尹祥杰 刘学杰 任建设 李向东 张福利 李启高 贺 奕 王钧强
主要完成单位：河南省中纬测绘规划信息工程有限公司

项 目 编 号：2012-01-02-14
项 目 名 称："天地图 · 江苏"
主 要 完 成 人：钱郭锋 陈 昕 唐 权 曹全龙 王会娜 聂时贵 戴亮亮 陶 旸 吴勤书 刘 玫
主要完成单位：江苏省基础地理信息中心

项 目 编 号：2012-01-02-15
项 目 名 称：宁波市 1 厘米似大地水准面高程基准建立及 GNSS 高程测量推广应用
主 要 完 成 人：曹学礼 姚宜斌 陈为民 金颂伟 张旭东 符华年 施立群 李丹农 史秀保 蔡元波
主要完成单位：宁波市测绘设计研究院、武汉大学、宁波市规划局

项 目 编 号：2012-01-02-16
项 目 名 称：月球三线阵摄影测量数据处理软件
主要完成人：刘凤德 李 健 项 琳 张 刚 曹 锋 邱 懿 蒋雪婷 王 涛
主要完成单位：中国测绘科学研究院、北京四维远见信息技术有限公司

项 目 编 号：2012-01-02-17
项 目 名 称：海量全国土地利用年度变更调查数据质量体系建设
主要完成人：宁晓刚 王荣彬 陆栩森 戴建旺 姚新春 曹银璇 张定祥 龙 艳 郝铭辉 刘玉红
主要完成单位：中国测绘科学研究院、中国土地勘测规划院、江苏省土地勘测规划院

项 目 编 号：2012-01-02-18
项 目 名 称：数字城市三维空间信息共享服务平台及其应用
主要完成人：关鸿亮 张俐萍 潘正强 秦 春 洪兆河 朱建树 黄 勇 赵学松 沈 奕 熊 娟
主要完成单位：北京天下图数据技术有限公司、广西航空遥感测绘院、北海市国土资源信息中心、北京海澄华图科技有限公司

项 目 编 号：2012-01-02-19
项 目 名 称："数字丽水"地理信息公共平台
主要完成人：张书亮 江丽钧 陈再辉 厉旭东 阊国年 钟春惺 张巍巍 朱长青 盛业华 麻益文
主要完成单位：南京师范大学、丽水市地理信息中心、南京慧图信息科技有限公司

项 目 编 号：2012-01-02-20
项 目 名 称：城市地下三维建模与应用研究
主要完成人：盛洪涛 肖建华 王厚之 谭仁春 卢丹丹 魏 翔 邓凌雯 甄云鹏 李 维 陈俊侃
主要完成单位：武汉市测绘研究院（原名武汉市勘测设计研究院）

项 目 编 号：2012-01-02-21
项 目 名 称：超长高速铁路的法截面子午线椭球高斯投影
主要完成人：金立新 付宏平 陈向阳 冯 威 陈光金 王道德 高玉峰 净文常 郭志浩 黎亚平
主要完成单位：中铁第一勘察设计院集团有限公司、甘肃铁道综合工程勘察院有限公司

项 目 编 号：2012-01-02-22
项 目 名 称："数字西城"地下管线典型应用示范
主要完成人：杨伯钢 陶迎春 郑国江 王 磊 张向前 孟志义 冯学兵 龙家恒 李金刚 李 扬
主要完成单位：北京市测绘设计研究院

项 目 编 号：2012-01-02-23
项 目 名 称：甘肃省政务地理信息平台建设及应用
主要完成人：苗天宝 曹建君 李景相 张福浩 蔡喜琴 张 帆 苏 浩 莫军凯 杨丽霞 鲍立尚
主要完成单位：甘肃省测绘局、甘肃省电子政务办公室、中国测绘科学研究院、测绘遥感信息工程国家重点实验室（武汉大学）

项 目 编 号：2012-01-02-24

项 目 名 称：土地资源一体化调查技术体系及应用研究
主 要 完 成 人：方门福 罗 芳 周运林 祁华斌 陶 刚 梁守宏 卢永华 雷远见 吕 兵 潘文俊
主要完成单位：深圳市勘察研究院有限公司

项 目 编 号：2012-01-02-25
项 目 名 称：南水北调中线工程测量软件集成系统
主 要 完 成 人：孙景亮 王海城 刘桂霞 徐进军 邹进贵 陈海兵 刘晖娟 张瑞卿 冯书强 温成连
主要完成单位：水利部河北水利水电勘测设计研究院、武汉大学、河北省交通规划设计院

项 目 编 号：2012-01-02-26
项 目 名 称：城市 LiDAR（激光雷达）测绘生产技术体系研究与应用
主 要 完 成 人：李长辉 胡翔云 林 鸿 黎树禧 王 磊 杨树奎 丘广新 朱俊锋 宋 杨 王 峰
主要完成单位：广州市城市规划勘测设计研究院、武汉大学、北京清华山维新技术开发有限公司、广州建通测绘技术开发有限公司

项 目 编 号：2012-01-02-27
项 目 名 称：基于 3S 技术的历史南京城市空间格局数字复原研究——以明朝、清朝和民国老城为例
主 要 完 成 人：周 岚 叶 斌 王芙蓉 毛燕翎 赵 伟 贺云翱 刘正平 孙玉婷 迟有忠 尹向军
主要完成单位：南京市规划局、南京市城市规划编制研究中心、南京大学文化与自然遗产研究所

项 目 编 号：2012-01-02-28
项 目 名 称：尾矿库安全在线监测与智能管理系统开发及应用
主 要 完 成 人：杜年春 邓 非 金 俊 向海波 曹凌云 匡林罗 贞 焱 陈雪丰 粟 闯 范志龙
主要完成单位：中国有色金属长沙勘察设计研究院有限公司（原名中国有色金属工业长沙勘察设计研究院）

项 目 编 号：2012-01-02-29
项 目 名 称：机载 LiDAR 基础测绘关键技术及规模化应用
主 要 完 成 人：卢小平 禄丰年 冯 梅 于海洋 齐南平 程 钢 余海坤 王双亭 朱怀汝 武永斌
主要完成单位：河南省遥感测绘院、河南理工大学、矿山空间信息技术国家测绘地理信息局重点实验室

三等奖（58 项）

项 目 编 号：2012-01-03-01
项 目 名 称：江苏省水利地理信息系统
主 要 完 成 人：林秀玉 吕志慧 蔡 勇 潘 宸 柏 屏 刘 波 徐建刚
主要完成单位：江苏省基础地理信息中心、江苏省水利网络数据中心

项 目 编 号：2012-01-03-02
项 目 名 称：北京市规划测量数据库系统建设与应用
主 要 完 成 人：杨伯钢 秦学秀 张保钢 顾 娟 李卫红 赵连柱 刘 进
主要完成单位：北京市测绘设计研究院

项 目 编 号：2012-01-03-03
项 目 名 称：土地开发整理之土壤质量遥感定量评价

主要完成人：郭云开　孙　敏　张永忠　丁美青　李晓蓉　熊旭平　曾　繁
主要完成单位：长沙理工大学、湖南省国土资源厅耕地保护处、湖南省汉寿县土地整理中心

项目编号：2012-01-03-04
项目名称：数字滨州地理空间框架及应用
主要完成人：李云利　刘海涛　沈　涛　马照亭　高　轩　孙奎新　孙隆祥
主要完成单位：滨州市国土资源局、滨州市国土资源信息中心、中国测绘科学研究院

项目编号：2012-01-03-05
项目名称：珠江口陆海无缝垂直基准的建立
主要完成人：江德亮　徐斌胜　王　平　龙伟强　俞成明　王　琪　陈跃平
主要完成单位：广东海事局海测大队

项目编号：2012-01-03-06
项目名称：测绘导航装备机动计量保障系统
主要完成人：李　海　张则宇　刘智超　朱汉泉　董朝阳　沈志明　庞　飞
主要完成单位：中国人民解放军 61365 部队

项目编号：2012-01-03-07
项目名称：地下管线三维建模与可视化组件开发
主要完成人：李　胜　简　季　申学林　邓孝应　曾　涛　张　云　谭　理
主要完成单位：四川省第三测绘工程院

项目编号：2012-01-03-08
项目名称：高速铁路特大桥上 CPIII 点坐标多值性问题研究
主要完成人：王玉泽　方国星　冯光东　郭良浩　刘成龙　陈　强　杨启兵
主要完成单位：中铁第四勘察设计院集团有限公司、西南交通大学

项目编号：2012-01-03-09
项目名称：数字通州地理空间框架建设与应用
主要完成人：杨　唯　刘增良　赵园春　彭　瑜　詹懿琳　邬春领　冯学兵
主要完成单位：北京市规划委员会通州分局、北京市勘察设计与测绘管理办公室、北京市测绘设计研究院、中国测绘科学研究院、北京九州宏图技术有限公司

项目编号：2012-01-03-10
项目名称：基于 UMSA 的城市空间地理信息公众服务平台技术研究及应用
主要完成人：郑湘丽　熊义仕　蔡友良　陈　炜　黄国兴　陈少峰　姜　敏
主要完成单位：深圳市凯立德科技股份有限公司

项目编号：2012-01-03-11
项目名称：GIS 与 MIS 一体化的房产测绘业务信息系统
主要完成人：李玉兵　胡本勇　熊远远　刘　强　封殿波　姬星怡　李春光
主要完成单位：济南市房产测绘研究院、北京超图软件股份有限公司

项 目 编 号：2012-01-03-12
项 目 名 称：疏浚工程 GPS PPK 潮位测量技术
主要完成人：刘树东 李素江 赵建虎 栗建军 陈存扩 王华原 敖庄哲
主要完成单位：中交天津港航勘察设计研究院有限公司、武汉大学、中交天津航道局有限公司

项 目 编 号：2012-01-03-13
项 目 名 称：面向铁路行业的测绘数据集成共享及三维仿真可视化系统研发及应用
主要完成人：王国昌 卢建康 黄华平 闵世平 代强玲 谢 毅 刘雪梅
主要完成单位：中铁二院工程集团有限责任公司

项 目 编 号：2012-01-03-14
项 目 名 称：光学影像自动匀光与精细镶嵌处理技术及应用
主要完成人：王 密 潘 俊 王铁军 金淑英 常学立 郑福海 周博飞
主要完成单位：武汉大学、黑龙江地理信息工程院

项 目 编 号：2012-01-03-15
项 目 名 称：沈阳市连续运行参考站网络
主要完成人：陈乃权 符韶华 黄春雷 刘同银 赵东辉 高振东 郜文杰
主要完成单位：沈阳市勘察测绘研究院

项 目 编 号：2012-01-03-16
项 目 名 称：合肥市现代测绘基准体系
主要完成人：郑建敏 刘道明 付先国 黄北新 刘家祥 刘德明 胡正星
主要完成单位：合肥市测绘设计研究院

项 目 编 号：2012-01-03-17
项 目 名 称：车载移动扫描技术在道路改建中的应用研究
主要完成人：胡 珊 胡雪峰 毛庆洲 栾 海 张 成 朴忠源 程海帆
主要完成单位：吉林省交通规划设计院、武汉大学

项 目 编 号：2012-01-03-18
项 目 名 称：数字长寿地理空间框架建设
主要完成人：罗灵军 张泽烈 李 静 邓仕虎 张治清 袁 超 李 莉
主要完成单位：重庆市地理信息中心

项 目 编 号：2012-01-03-19
项 目 名 称：计算机运行支持管理系统
主要完成人：翟 永 陈 杰 刘 磊 董 祁 汪 欢 刘 津 李 矗
主要完成单位：国家基础地理信息中心、博雅软件股份有限公司

项 目 编 号：2012-01-03-20
项 目 名 称：常州市地下管线三维可视化系统的研究与开发
主要完成人：王国荣 刘全海 杨 剑 潘伯鸣 周 晟 薛赛红 张春敏

主要完成单位：常州市测绘院、常州市规划局

项 目 编 号：2012-01-03-21
项 目 名 称：三维 GIS 技术在城市规划管理中的应用研究
主 要 完 成 人：郭容寰 冯 琰 汪旻琦 顾星晔 张 唯 赵 峰 顾建祥
主要完成单位：上海市测绘院

项 目 编 号：2012-01-03-22
项 目 名 称：基于公共网络的地理信息服务关键技术研究与工程应用
主 要 完 成 人：陈陆军 胡传文 曹纯贫 邱新忠 傅轩诚 田毅清 王 玲
主要完成单位：浙江省第一测绘院

项 目 编 号：2012-01-03-23
项 目 名 称：NTS372R Windows CE 嵌入式系统激光全站仪
主 要 完 成 人：刘占义 马国甫 刘俊静 涂 飞 王智明 董若庭 梁政宇
主要完成单位：广州南方测绘仪器有限公司、北京三鼎光电仪器有限公司

项 目 编 号：2012-01-03-24
项 目 名 称：数字潍坊地理空间框架建设
主 要 完 成 人：刘树亮 郑 一 于为凯 张永田 张德科 刘乾忠 杨艳萍
主要完成单位：潍坊市国土资源局、中国测绘科学研究院、山东省国土测绘院

项 目 编 号：2012-01-03-25
项 目 名 称：地铁隧道形变的激光雷达自动监测技术
主 要 完 成 人：王如路 谢远成 周 良 徐敏生 康志忠 艾 刚 白文波
主要完成单位：上海市城市建设设计研究总院、上海轨道交通维护保障中心、中国地质大学（北京）

项 目 编 号：2012-01-03-26
项 目 名 称：GNSS 卫星导航信号质量监测与评估技术
主 要 完 成 人：罗奋勇 乐四海 谢 欣 马丽娜 陶春燕 张向征 肖振华
主要完成单位：中国人民解放军 61512 部队

项 目 编 号：2012-01-03-27
项 目 名 称：准噶尔盆地中西部油区精化似大地水准面构建
主 要 完 成 人：陈 联 关延君 姚宜斌 李清辉 支志英 邹贤才 葛学廉
主要完成单位：新疆石油勘察设计研究（有限公司）、武汉大学测绘学院

项 目 编 号：2012-01-03-28
项 目 名 称：航测超高倍放大成图技术在西咸新区规划建设中的应用
主 要 完 成 人：张文若 何占国 白志刚 李建波 原喜屯 苏向辰 安 军
主要完成单位：西安煤航信息产业有限公司
项 目 编 号：2012-01-03-29

项 目 名 称：人民大会堂钢结构变形监测与预报系统
主要完成人：李建中　孙纪章　范澎湃　赵五小　李长会　李　森　付崇伟
主要完成单位：中国人民解放军61365部队

项 目 编 号：2012-01-03-30
项 目 名 称：地理空间信息格网表示技术研究
主要完成人：刘平芝　侯溯源　徐道柱　熊　顺　杨　云　陈海燕　郭文平
主要完成单位：西安测绘研究所

项 目 编 号：2012-01-03-31
项 目 名 称：灵图三维可视化地理信息系统平台—VRMap
主要完成人：丁胜昔　张　焱　刘庆军　龚晓岚　叶晓伟　汤敬仁　师　准
主要完成单位：北京灵图软件技术有限公司

项 目 编 号：2012-01-03-32
项 目 名 称：城市建筑物真实三维模型快速获取及变化检测技术
主要完成人：康志忠　浦　石　谭玉敏　杨红磊　李　钟　谭继强　彭军还
主要完成单位：中国地质大学（北京）、北京拓维思科技有限公司、北京航空航天大学、武汉三联数字科技有限公司、黑龙江测绘地理信息局

项 目 编 号：2012-01-03-33
项 目 名 称：利用卫星遥感影像技术降低公路建设成本的研究
主要完成人：程海帆　胡庆武　李凤尊　胡　珊　张　成　胡雪峰　刘义河
主要完成单位：吉林省交通规划设计院、武汉大学

项 目 编 号：2012-01-03-34
项 目 名 称：海上船舶搜寻通讯调度系统
主要完成人：柴进柱　桑　金　张安民　黄永军　周　菲　汪连贺　李　冬
主要完成单位：天津海事局海测大队、天津联合远航信息技术有限公司

项 目 编 号：2012-01-03-35
项 目 名 称：CRTS Ⅱ型板式无砟轨道布板设计与定位测量系统
主要完成人：任晓春　罗文彬　张齐勇　吕慧玲　唐坤益　社　权　周东卫
主要完成单位：中铁第一勘察设计院集团有限公司

项 目 编 号：2012-01-03-36
项 目 名 称：±800kV特高压直流输电工程测量技术研究及应用
主要完成人：王　宇　孙建勇　张中原　乔石铭　王永利　吴剑光　李　炜
主要完成单位：河南省电力勘测设计院

项 目 编 号：2012-01-03-37
项 目 名 称：多级地理信息协同服务技术研究与应用

主要完成人：徐开明　吴守来　林富明　杨爱玲　高　立　孙丽梅　邓开艳
主要完成单位：国家测绘地理信息局黑龙江基础地理信息中心

项目编号：2012-01-03-38
项目名称：四川省基础地理信息分发服务系统
主要完成人：郑全红　杨　军　甘荣成　胡　北　耿丽丽　张　斌　孙敬杰
主要完成单位：四川省基础地理信息中心

项目编号：2012-01-03-39
项目名称：杭州湾跨海大桥墩局部冲刷观测与评估关键技术
主要完成人：任少华　姜小俊　王金全　史永忠　李最森　韩海骞　唐子文
主要完成单位：浙江省河海测绘院、浙江省水利河口研究院、宁波市杭州湾大桥发展有限公司

项目编号：2012-01-03-40
项目名称：地震滑坡灾害与地震动参数关系及其评估建模
主要完成人：王秀英　聂高众　王　松　刘爱春　吴天安　何案华　刘大鹏
主要完成单位：中国地震局地壳应力研究所、中国地震局地质研究所、中国地震台网中心

项目编号：2012-01-03-41
项目名称：水面流速、流向跟踪测量浮标与管理系统
主要完成人：熊学斌　陈先国　邓乾焕　顾网林　徐　峰　梁武男　李术元
主要完成单位：长江航道局、长江南京航道局、湖北蓝宇航标有限公司

项目编号：2012-01-03-42
项目名称：新疆天文台 GPS 与 VLBI 本地连接测量
主要完成人：张阿丽　王　娜　熊福文　董有锁　程瑞忠　刘　祥　宋华刚
主要完成单位：中国科学院新疆天文台、新疆地震测绘研究院

项目编号：2012-01-03-43
项目名称：嘉绍大桥双参考站 CORS 系统的精度改进及检核研究
主要完成人：李开君　张　芯　王明善　阳仁贵　李子申　桂炎德　倪建夏
主要完成单位：四川省第一测绘工程院、中科院测量与地球物理研究所、嘉绍跨江大桥建设指挥部

项目编号：2012-01-03-44
项目名称：河南省土地权属界线三维空间信息系统
主要完成人：毛忠民　黄振勇　赵慧芬　卢清国　周雪丽　朱　茵　马　磊
主要完成单位：河南省地图院、河南七彩数字制图有限公司

项目编号：2012-01-03-45
项目名称：地面实景影像关键技术及在城市精细化管理中的应用研究
主要完成人：朱　圣　向泽君　谢征海　罗再谦　龙　川　汪　明　杨　元
主要完成单位：重庆市勘测院、重庆数字城市科技有限公司

项 目 编 号：2012-01-03-46
项 目 名 称：航空 LiDAR 技术在铁路勘察设计中的应用研究
主要完成人：吕慧玲　王晓凯　任晓春　净文常　肖永飞　武瑞宏　田社权
主要完成单位：中铁第一勘察设计院集团有限公司

项 目 编 号：2012-01-03-47
项 目 名 称：西部测图工程多源影像识别与综合判绘技术
主要完成人：薛兆元　陈向阳　赵文普　张海霞　苟建雄　张元文　徐　健
主要完成单位：国家测绘地理信息局第二地形测量队

项 目 编 号：2012-01-03-48
项 目 名 称：广东省航道平高控制测量项目
主要完成人：徐　天　杨明远　骆奇峰　江济强　麦建开　林国彬　陈振宇
主要完成单位：广东省国土资源测绘院、广东省航道局

项 目 编 号：2012-01-03-49
项 目 名 称：馆藏资料数字化暨测绘资料档案综合管理系统关键技术研究与应用
主要完成人：吴厚清　余建军　洪景峰　应荷香　唐　伟　蔡以雷　汪德文
主要完成单位：浙江省测绘资料档案馆、武大吉奥信息技术有限公司

项 目 编 号：2012-01-03-50
项 目 名 称：北斗试验系统出入站信号与信息切换控制技术
主要完成人：张胜利　刘　冰　李保东　李洪力　张　婷　王缚鹏　刘安斐
主要完成单位：北京环球信息应用开发中心

项 目 编 号：2012-01-03-51
项 目 名 称：大口径天线对导航卫星的跟踪技术
主要完成人：宫　磊　杨华峰　阚海波　高　帅　顾青涛　刘建成　张之学
主要完成单位：北京环球信息应用开发中心

项 目 编 号：2012-01-03-52
项 目 名 称：青岛市 1:5000 地形图测绘与建库
主要完成人：张志华　刘士宁　鞠文征　赵云华　徐　宁　赵亚波　李希玲
主要完成单位：青岛市国土资源和房屋管理局、青岛市勘察测绘研究院

项 目 编 号：2012-01-03-53
项 目 名 称：基于粮食物联网的地理信息系统管理调度监控平台
主要完成人：许友清　徐建新　王　勇　何广龙　陈彬彬　秦新华　佘恒斌
主要完成单位：江苏省测绘工程院、江苏省粮食局

项 目 编 号：2012-01-03-54
项 目 名 称：广州市地上地下三维一体化空间决策支持系统
主要完成人：吴素芝　丘广新　郭　亮　杨卫军　张鹏程　彭　进　刘　洋

主要完成单位：广州市城市规划勘测设计研究院、高德软件有限公司

项 目 编 号：2012-01-03-55
项 目 名 称：面向在线服务的地理信息公共服务数据标准研制与应用
主 要 完 成 人：蒋　捷　黄　蔚　王　茜　查祝华　张红平　赵力军　谢　华
主要完成单位：国家基础地理信息中心

项 目 编 号：2012-01-03-56
项 目 名 称：天津市房屋测绘一体化处理及应用系统
主 要 完 成 人：吴炳灏　于国良　康　宏　张卫东 刘　洋　李志涛　王　飞
主要完成单位：天津市国土资源测绘和房屋测量中心

项 目 编 号：2012-01-03-57
项 目 名 称：北斗平稳过渡系统测试技术
主 要 完 成 人：任　凌　赵　鹤　郭世杰　魏　涛　窦长江　张晓丰　尹路明
主要完成单位：北京环球信息应用开发中心

项 目 编 号：2012-01-03-58
项 目 名 称：GPS 地壳形变监测与短期地震预测方法
主 要 完 成 人：胡伍生　羌树华　徐荣煜　王　浩　孙粉霞　张慎平　张志伟
主要完成单位：东南大学、江苏省测绘工程院、江苏省测绘地理信息局信息中心

2012 年中国测绘学会优秀测绘工程奖

白金奖（10 项）

山东省基础地理信息 1:10000 数据采集、更新与建库
天津市全市域 1:2000 地形图测绘
青藏高原地区县城区域无人机航测成图及三维系统建设
上海市一、二、三等水准复测
委内瑞拉 TINACO-ANACO 铁路工程测量
第一次全国水利普查基础地理数据保障服务工程
广州市 1:500 地籍修补测
青岛市 1:5000 地形图测绘与建库
北京市房屋普查修补测更新及管理平台建设项目
江阴市全市域地下空间数据（地下管线）探测项目

金奖（20 项）

北京地铁大兴线工程测量
深圳市第二次土地调查
第四次全国荒漠化和沙化监测
福建省海洋灾害监测及预警预报系统基础建设之沿海重点岸段测量

黑龙江省森林防火电子沙盘指挥系统
烟台市区地下管线探测与信息化建设工程
湛江市中心城区 1:500 数字化地形测量项目
温福铁路客运专线精密控制测量
长江新洲－九江河段航道整治工程工可原型观测
南方电网超高压输电公司\输电线路三维 GIS 运行管理系统（一期）数据采集工程
贵州省似大地水准面精化项目
新疆喀什至伊尔克什坦高速公路工程测量
沈阳市数字化城市管理信息系统
百色市（右江区）第二次土地调查（城镇部分）项目
“数字郑州基础地理空间框架建设及应用示范项目”空间数据库建设项目
大西铁路客运专线原平至运城段精密工程控制测量
云南李仙江龙马水电站安全监测工程
湖南省益娄衡高速公路工程测量
2008 年深圳市龙岗区 1:1000 地形图和地下管线数字化动态更新工程
云南至广东 ±800 千伏直流输电工程直流线路工程测量

银奖（81 项）

株洲市四区第二次土地调查项目
第二次全国土地调查成果国家级核查
北海市 1:500 数字化地籍测绘
东钱湖东部区域 1:500 数字地形图测绘
湖北省连续运行卫星定位网建设
河北省藁城市农村宅基地地籍管理信息系统
西咸新区 1:1000 航测数字成图项目
长沙大河西先导区地籍调查与数据库建设项目
江西省矿业权实地核查
重庆市云阳县张桓侯庙东侧滑坡安全监测项目
泸州市中心城区城镇地籍测绘及数据库建设
高精度、网络化 GPS 系统在土地调查中的示范应用
恩施城区 1:500 土地调查
禹州市城镇地籍更新调查
新建铁路大同至西安客运专线（运城至西安段）精密工程控制测量
石家庄市矿业权实地核查
西藏自治区突发事件应急处置地理信息平台
广州市轨道交通五号线工程竣工规划验收测量
西平县第二次土地调查城镇地籍更新调查项目
齐齐哈尔市应用航空数码摄影测量技术实施城镇土地调查
贵阳市城市快速轨道交通一等高程基准控制网测量
东莞市新奥燃气有限公司埋地燃气管道探测工程
武汉市 1:2000 地形图 DMC 全数字航空摄影与建库数据处理
数字新余地理空间框架三维公共服务平台建设项目
荔枝湾河涌整治测量

乐昌峡水利枢纽工程三等控制网测量
北京地铁 15 号线石门 ~ 俸伯段第三方监测
廊坊规划区三维地理信息系统建设
神火集团（新密矿区）整合煤矿井下边界勘查
青州市城区变更地籍调查及地籍信息系统建设
河北省矿业权实地核查
北京市轨道交通亦庄线 BT 工程第三方监测
深圳市 CORS 系统的工程应用及 C 级网的联测
平潭综合实验区 DLG、DEM、DOM 系列产品生产及数据库建设
重庆市地质灾害无人飞行器遥感监测
武汉市轨道交通建设测绘保障工程
苏 - 东 - 准输气管道工程测绘
四川汶川地震灾后恢复重建测绘专项建设工程 1:2000 地形图生产项目
宁波市海洋与渔业信息化综合管理平台
京沪高速铁路 JHT-1 标无砟轨道施工测量
江苏海事局（长江段）地理信息系统
惠东县县城城镇土地调查
衡阳市第二次土地调查项目
河北省航空影像获取及正射影像制作项目
广州亚运工程规划验收竣工测量
丰满水电站库区测量
2010 年天津市域 1:2000 DOM 快速制作
“武汉城市圈”1:1 万基础地理信息数据采集与更新
新疆维吾尔自治区 2009 年 1:10000 地形图基础测绘阿勒泰测区
天台县第二次土地调查底图制作项目
京沪高铁土建一标沉降变形观测和区域地面沉降监测工程
杭州城西测区 1:500 地形图修测项目
泛亚铁路柬埔寨境内缺失段机载激光雷达勘测
青岛港董家口港区港池、航道扫海测量工程
舟山大陆连岛工程（三期）岱山跨海大桥工程可行性研究专题之四——水下地形及固定断面测量
株洲市房产局栗雨地区 1:500 数字化房产图测绘
青岛市内四区城镇土地调查项目
宁波市“数字城管”数据普查及建库项目
广东省现代大地控制网整体平差
SCT 地理信息外业调查测量项目
梧州市第二次土地调查（城镇部分）项目
新建沪昆铁路客运专线杭州至长沙段（浙江段）工程测量
汕头市澄海区数字化地形测量
三江源区生态环境遥感动态监测地理信息系统
广东清远抽水蓄能电站工程测量
重庆市“一镇一图”
连云港 15 万吨级航道回淤观测
哈尔滨市道外区（原太平区）城镇土地调查

酒泉钢铁（集团）有限责任公司三地厂区现状图测绘项目
广州市从化北部农村土地调查项目（广州市第二次土地调查项目农村土地调查作业子项目）
刚果（布）黑角－布拉柴维尔公路整治及沥青铺设工程（1号公路）第一合同段工程测量
天津市第二次土地调查农村集体土地所有权调查监理
重庆市国土资源 GNSS 网络信息系统
数字抚顺地理信息框架建设工程
韶关市城市基础数据共享平台工程
北流市城镇土地调查
平朔煤炭工业公司安太堡矿不采区深陷与边坡监测及预报
中新天津生态城地下综合管网规划测量
旁多水利枢纽区、灌溉输水洞区施工控制网测量
江西永泰航电枢纽工程无人机低空摄影测量
《中华人民共和国植被图 1:1000000》——图集、电子版和建数据库一体化多元成果编制

铜奖（156项）

增城市第二次土地调查项目城镇村庄土地调查子项目包组五（新塘北调查区）
天津港 HPD 网格化基本测量
广州市番禺区城市管理与运行信息系统城市管理部件数据采集及建库（二期工程）
中国（重庆）国际园林博览园测绘地理信息全过程服务工程
景洪电厂水库淤积测量工程
温江区航空数据采集及三维仿真规划系统建设
韶关市地下管线普查工程项目
溧水县村庄地籍调查及数据库建设工程
重庆国际博览中心协同设计及施工监管平台
天津市中心城区快速环路工程测绘项目
衢州市基础地理信息系统
昆明市轨道交通首期工程1、2号线精密控制网测量项目
广佛两市道路系统衔接规划测量（佛山段）
福建省龙岩市新罗区红坊镇船巷（东区）1:500 数字地形图测绘
川岛联网供电工程海缆竣工测量工程
晋城市基础控制网（GPS C、D 级网）建设
汉中市汉台区城镇土地调查
长沙市人防指挥地理信息系统
松福路（福永码头至公明北环道路）软基处理监测工程（Ⅲ标段）
葛洲坝水利枢纽引航道测量工程
云南昭通市巧家县风电场摄影测量工程
铜山县第二次土地调查村庄地籍调查
天津市南水北调中线引滦完善配套尔王庄水库至津滨水厂管线供水工程测量
南水北调中线一期工程穿黄隧洞施工控制网专项检测
临沂市城镇规划区 1:1000 比例尺数字化地形图测绘工程
大理洱海湖滨带生物多样性恢复与缓冲区建设技术与工程示范测量
耒阳市城区地籍调查与建库
广渠路15号地住宅建设项目

华辰北 9# 地块（长岛花园）规划竣工测绘
中牟县城区地籍更新调查
新疆维吾尔自治区阿克陶县城 1:1000 地形图测绘
天津滨海新区海河开启桥工程测量
洛阳分公司地形图测量、地下管网探测项目
京沪高铁土建一标 CP Ⅲ轨道控制网测量工程
金堂县产权制度改革农村承包地实测项目
北川老县城“5・12”地震前后重大地质灾害勘查地形测量项目
赣龙铁路扩能改造工程 GL–4 标段精密控制网测量
厦门环东海域综合整治建设工程项目水深测量、断面监测和清淤检查
拉萨市（中心城区）城镇土地调查
安庆市区城镇土地调查
数字新余地理空间框架建设
输油管道管理信息系统建设
广东省 908 专项海岸线修测项目
治理深圳河第四期工程测量
西安市地铁一号线地面控制测量
四会市江谷水库开发项目测量
沈阳市基础数据普查与建库
山东援疆测绘项目
国家高速公路网北京至乌鲁木齐（临河 – 乌力吉）公路测量工程
富平县第二次农村土地调查项目
福建省海岛、海岸带的植被、湿地、土地利用调查
澄合矿区航空摄影测量与基础控制测量项目
北京市 2010 年彩色数字正射影像图制作工程（A 区）
淮北市相山区集体土地确权登记发证工程测绘工程
天津市蓟县城镇地籍调查
杭州市都市水乡保障房测绘工程
固阳县旗下营Ⅱ回 500kV 送电线路测量
池州市 1:500 数字化地籍调查与测量项目
福州市城区土地调查工程
宜昌市矿业权实地核查
且末 – 若羌测区航空摄影测量
宁波市北仑区白峰片 1:500 数字地形测量
国电电力胶南子罗 49.5mW 风电场工程测量
大竹县城区地下排水管线测绘和城市规划区控制点测绘
铜陵市城镇地籍变更调查与测量项目（第四标段）
龙坪路征收地拆迁现状测绘
燕郊开发区地下三维管网地理信息系统建设工程
济南铁路局管内铁路用地测绘及登记代理项目
河北省宽城满族自治县矿业权实地核查
长江南京至浏河口段数字航道与智能航运建设示范工程测量工程
奎屯市地理信息公共服务平台建设与应用示范

浙江省大中型水闸统一高程基准面测量
深圳市城市轨道交通 11 号线工程 1:500 地形测量及地下管线探测（C 标）
宁波市数字房产之数据加工和维护
南宁市轨道交通二号线 1:500 地形图测量
缅甸伊洛瓦底江上游东源恩梅开江乌托水电站预可行性研究阶段测量工程
甘肃宁正矿区地形航测工程
东莞市寮步镇 8 米以上道路地下管线探测（二期工程）项目
华明示范镇房产测绘
2007 年深圳市地下管线动态修补测（第 05 测区）
容县第二次土地调查（城镇部分）
广州市南沙区第二次土地调查城镇村庄地籍调查项目（二标段）
宿州市城区更新地籍调查项目（二）
福建龙岩 500kV 输变电工程（线路部分）
G216 线五彩湾 - 大黄山段高速公路建设项目工程测量
武汉菱角湖万达广场 A、B、C 区房产测绘
西藏甲玛乡矿区 1:5000 数字线划图、正射影像、高程模型
山西境内明长城测量项目
金鑫变 ~ 垣曲变 220kV 输电线路工程测量
建德市寿昌省级经济开发区 1:500 数字地形图测绘项目
广州市番禺测区数字化地形图测量及数据入库
甘肃省甘南黄河补给与生态保护地理信息工程
福厦铁路精密控制网加强测量
龙门县第二次土地调查测绘工程 GPS-E 级基础控制网测量
广州市第二次全国土地调查农村土地调查作业子项目包组三（番禺调查区）
白山市浑江区第二次土地调查城镇土地调查
星河盛世花园房产面积测算
铜山城区综合管线普查
深圳市海岸线定测
广州轨道交通五号线工程测量
增城市第二次土地调查项目城镇村庄土地调查子项目包组九（派潭调查区）
宁东 - 山东 ±660kV 直流送电线路测量工程
分宜县城区地籍管理信息系统工程建设项目
百色市田阳县第二次土地调查（城镇部分）项目
深圳外环绕城高速公路航空 LIDAR 航测制图
怀来小南辛堡 1:2000 航空摄影测量
河南省宝丰县矿业权实地核查项目
扬州市基础控制测量
宁波市地面沉降监测（2007 ~ 2011）复测项目
承德西 - 平安城双回 500kV 线路工程测量
大钟寺现代商城房产测绘
自贡市中心城区 1:500 扩区测绘项目
延安市姚店新区域 1:1000 数字地形测绘
烟台市芝罘区第二次城镇土地调查及信息系统建设项目

新源大街电力暗挖隧道变形测绘工程
浠水县国土资源局综合业务管理服务系统建设
西青经济技术开发区燃气及给水管线图测绘工程
深圳地铁 5 号线 5106 标第三方监测
莆田市木兰溪两岸 1:500 数字地形图测绘项目（东片区）
内伶仃岛基础地理信息测绘工程
江门市杜阮镇 $30km^2$ 控制测量与 1:500 数字线划地形图测绘
基于 GIS 云技术的广西国土资源空间数据的集成与应用
淮水北调临涣输水管道工程测量
华东电网输电线路状态监测系统 GIS 平台
湖州市八里店镇长湖申航道以南测区 1:500 数字地形图测绘
湖北省 GPS C 级网及大地水准面精化
杭州市“数字城管”城市部件数据外业普查
邯郸市中心城区 1:500 真彩色正射影像图成图
海南省第二次土地调查——定安县 1:500 城镇地籍调查
第一次全国水利普查暨第二次上海市水资源普查项目（市情监测）
大江东区域 1:500 数字地形图更新测绘工程
长春市北部新城 1:2000 地形图测绘二期工程
北外环集输气管道工程一期数字化工程
北京师范大学“一张图”工程
安康市城区地形图测绘
榆树湾煤矿首采工作面地表移动观测研究
深圳地铁二号线盾构下穿地铁一号线大科区间及地铁四号线市会区间第三方监测
凉山州冕宁县第二次土地调查及数据库建设项目
沪昆客专江西段 5 标精密工程控制网测量
第二次全国地名普查数据采集系统
成安县 1:500 数字地形图测量
三河市福山经济新区 1:1000 地形图测绘
宁夏引黄灌区灌溉面积及作物种植结构遥感调查
惠州市大亚湾区十一五规划基础测绘（1:500）第二标段
马鞍山市市区地籍变更调查工程（三标段）
长兴县农村居民点数字地籍调查及数据建库项目
河池市城区 1:500 地形图测绘
深圳市观澜河干流污染治理工程勘测
萝岗区第二次土地调查城镇村庄地籍调查项目合同标段一（永西调查区）
忻州至阜平高速公路工程测量
西安市 1:5000 数字正射影像图项目
芜湖市连续运行卫星定位综合服务系统
天津市津蓟高速公路工程测绘项目
河源市高新区截污管网规划项目
河南省信阳地区电网 GIS 空间信息服务平台数据采集
长庆油田－呼和浩特石化原油管道苏里格气田地下物障碍探测工程

2012 年中国测绘学会优秀地图作品裴秀奖

金奖（11 项）

安徽省地图集
洞庭湖历史变迁地图集
江苏省资源环境与发展地图集
中国公路超详地图集
中英双语亚洲“两图一书”
绍兴市地图集
深圳・香港地图集
广州亚运地图
国防教育图集
新疆维吾尔自治区资源经济地图集
现代新昆明系列图

银奖（26 项）

中国分省交通图
河北省地图集
2010 年中国重大自然灾害图集
萧山地图集
中国自然灾害风险地图集
防洪工程图
中华人民共和国分省系列地图
世界港口交通地图集
潍坊三维数字城市地图产品
人教版高中 – 地理图册
“十全十美”吉林省城市地图系列
驾车宝典——上海行车信息必备地图册
辽宁省领导工作用图 2011
江苏省行政区划地图集
世界海运图
In Shanghai・CITY GUIDE 上海海派风尚
宁波数字文化地图
鄂西生态文化旅游圈地图集
要闻地图
南京市影像地图集
武汉市系列公益地图
山西省地图集
北方海区小比例尺系列海图
广州市城市现状 / 城市规划图册
辛亥革命历史地图
文化地图系列

铜奖（38 项）

增城市城乡发展与规划地图集
潍坊市地图集
中国自然地理图集
淄博市地图集
中国文物地图集 - 重庆分册
大美新疆 中国 - 亚欧博览会地图册
福建省土地开发整理影像图集
珠江三角洲地图集
天津港航图集
广州市影像地图集
扬州市区影像地图集
嘉峪关市地图集
印度洋北部形势图
深圳大运 锦绣鹏城
数字青岛地理信息公共平台电子地图
包头市地图集
定西市地图集
海南省政区标准地名图集
浙江省户外运动系列地图
大连港序列图
西湖・世界文化遗产地图
数字儋州电子地图
广西国土资源立体模型地图
海峡旅游系列导览图
深圳市三维地图
爱尚 - 重庆
浙江古旧地图集
海峡西岸经济区全图
南宁市市区地图、六城区地图
苏州市城区图
广州市现状与规划路网图
河南省领导工作用图
甘南藏族自治州地图
海南红色地图
潍坊市挂图 - 潍坊市地图、潍坊市城区图
沈阳市四环城区图
昌吉回族自治州行政区划图
咸阳交通游览图

2012 年中国地理信息科技进步奖

一等奖（10 项）

西部地理空间信息平台建设关键技术与应用
信息化城市运行管理系统研究开发及示范应用
基于 Geo-Ontology 的地理信息服务关键技术
地矿三维集成建模关键技术与数字矿山应用
自适应地理信息公共平台及广州示范
网格化城市管理服务信息平台及应用
面向电子政务应用的基础地理框架数据整合与应用关键技术研究
基于数字城市建设的“一张图”应用模式研究
土地执法监控技术研究与数字监察平台建设
TXLT 地理国情应急监测车

二等奖（25 项）

深圳市斜坡类地质灾害预警预报系统开发与应用
统筹城乡国土资源综合监管平台关键技术研究与应用
基于环境一号等国产卫星的环境遥感监测技术标准与规范研究
城市地理信息资源“一体化”技术研究与应用
基于卫星遥感信息的地震监测技术与应用
地下空间可视化集成管理平台研究与应用
输电网三维智能设计研究及应用
基于 LiDAR 技术的道路智能设计方法及系统研究
阿拉图地理信息服务平台研发与应用
数字西城地理空间框架建设与应用
灌区水资源地理信息管理系统开发与应用研究
基于面向服务的分布式国土资源数据中心建设
城市三维协同规划设计平台研究与应用
都市森林植被三维绿量计测及三维表达
土壤资源信息系统研制与应用
移动警务 GIS 办公系统
多平台遥感、ASAR 雷达监测与 GIS 一体化及专题应用
地形特征线（山脊线、山谷线）提取方法的研究
三维空间信息服务平台 UGlobe
基于云计算的服务聚合式地理信息平台及“数字宜春”示范
KINGMAP 数字城市共享平台 V4.0
江阴市全市域地下空间数据（地下管线）探测项目
土地监察实时巡查技术及其工程化应用
山西省地理信息公共服务平台
天地图多级节点互联互通与服务聚合研究与应用

三等奖（59 项）

GEDI 电网基础地理信息系统
石羊河流域重点治理地理信息系统建设研究及应用
基于煤航 E 鸟设备的高精度数据采集与维护系统
南京市城市规划六线“一张图”管理与动态更新
基于多源国产卫星的宏观生态环境遥感监测评估系统
苏州市移动地理信息综合服务平台
测绘成果涉密审查与鉴定系统建立
全球百万基础地理信息数据库建库及应用
西藏自治区突发事件应急处置地理信息平台
输油管道管理信息系统建设
国土资源“一张图”综合监管平台关键技术研究与应用
北京市朝阳区道路信息管理系统
城市管线 GIS 平台建设及其在滇池北岸排水管线管理中的示范应用
基于服务总线技术的福建省地理信息公共服务平台
中国文化地图工程建设关键技术及支撑平台研究
927 工程项目管理系统
流域水环境风险评估与预警数据集成与共享平台
DB33/T 817-2010《基础地理信息要素分类与图形表达代码》研究与制定
三正政务空间信息服务平台
数字永川地理空间框架建设
滨州规划馆数字沙盘
MapABC 导航服务平台
城市地下管线数据共享交换技术研究与实现
中华舆图志编制
建设用地动态监管技术与应用模式研究
广东省“二调”信息资源综合管理平台
面向移动通信的 GIS 宏观呈现技术研究及应用
POI 标准化采集建库管理信息系统
高精度 GIS 采集器在平板电脑上的应用
数字城市地理空间框架数据系统
基于 GIS 的配网电气连接图自动生成系统
杭州市基础空间数据库共享服务平台研究与应用
国家电网公司工程设计评审平台——电网全息数字地图模块
湖北省矿政管理信息化系统
镇江三维场景建设关键技术研究
太原警用地理执法办案服务平台
1:25 万区域地质图空间数据库建设
多基站逐次逼近定位方法在移动智能终端中的应用研究
基于移动智能体的空间信息服务平台设计与实现
珠海市规划方案动态支持系统建设
烟台警务一体化作战地理信息平台

陕西省第三次全国文物普查地理信息系统
深圳市征收地拆迁评估公众平台
基于智能移动终端的地理信息聚合服务平台
县级森林防火信息系统研建
深圳市土地整备综合管理信息系统研究与应用
三维城市规划辅助决策系统
房地产整体评估方法及应用
遥感数据任务下发管理系统
湖北省测绘档案数字化工程
常州市市级国土资源电子政务应用研究
济南数字市政（应急指挥）系统采购项目（二期智能化建设）
江苏省经济社会空间数据库建设
河北省三维基础地理信息平台建设
重庆市电力公司输变电设备状态监测系统建设
多尺度城市大比例尺矢量基础地理数据库及自动缩编研究与建设
平板电脑调绘系统
市区 1:2000 道路路网测量项目

2012 年中国地理信息产业优秀工程奖

金奖（30 项）

工程名称：数字广州地理空间框架数据建设项目
完成单位：广州市国土资源和房屋管理局、广州海维空间信息系统技术有限公司

工程名称：北京市规划委员会规划管理业务平台项目
完成单位：北京市规划委员会、北京数字政通科技股份有限公司

工程名称：遵义市数字三维城市规划管理系统
完成单位：遵义市城乡规划局、遵义市规划信息中心、广州城市信息研究所有限公司

工程名称：厦门市空间地理基础信息数据库（二维）及其管理系统
完成单位：厦门市国土资源与房产管理局、厦门精图信息技术股份有限公司、厦门市测绘与基础地理信息中心

工程名称：增城市土地调查数据库建设及应用技术服务项目
完成单位：增城市国土资源和房屋管理局、广州海维空间信息系统技术有限公司

工程名称：重庆市主城区建筑物信息普查及应用工程
完成单位：重庆市规划局、重庆市地理信息中心

工程名称：江夏数字行政中心项目

完成单位：武汉市江夏区人民政府、武汉市江夏区社会管理网络服务中心、武大吉奥信息技术有限公司

工程名称：烟台市市级地籍管理及公共服务项目
完成单位：烟台市国土资源局、烟台华莱网络技术有限公司、济南中地时代科技有限公司

工程名称：河南500千伏电网三维数字化及一体化运营平台
完成单位：河南省电力勘测设计院、北京洛斯达数字遥感技术有限公司、北京国遥新天地信息技术有限公司

工程名称：基于GIS云技术的广西国土资源空间数据的集成与应用
完成单位：广西壮族自治区国土资源厅、广西国土资源信息中心

工程名称：云南省地理信息公共服务平台及应用示范项目（公共服务平台应用软件开发、系统集成）
完成单位：云南省测绘资料档案馆、云南省信息技术发展中心 、广东南方数码科技有限公司

工程名称：数字广元地理信息公共平台
完成单位：广元市测绘局、四川省基础地理信息中心

工程名称：武汉市第二次土地调查城镇地籍调查数据库建设
完成单位：武汉市国土资源和规划局、武汉市国土资源和规划信息中心

工程名称：韶关市城市基础数据共享平台工程
完成单位：广东省韶关市测绘院、北京三正科技有限公司

工程名称：面向门户网站和企业应用的高分影像库建设
完成单位：中国四维测绘技术有限公司

工程名称：山东高速公路股份有限公司调度指挥中心系统
完成单位：山东高速公路股份有限公司、山东高速信息工程有限公司、北京超图软件股份有限公司

工程名称：开平市地籍数据库及管理系统建设
完成单位：开平市国土资源局、深圳市勘察研究院有限公司

工程名称：广东燕京啤酒智能营销信息服务平台（EIMP）
完成单位：广东燕京啤酒有限公司、广州市欧科地理信息技术服务有限公司

工程名称：广州市规划局番禺分局规划一张图项目
完成单位：广州市规划局番禺分局、广州城市信息研究所有限公司

工程名称：三峡库区综合信息空间集成平台（湖北段）建设
完成单位：湖北省测绘局、湖北省基础地理信息中心

工程名称：智慧码头一体化管理与服务平台（地域）
完成单位：安运捷码头仓储服务（深圳）有限公司、深圳市蓝天鹤测绘有限公司

工程名称：武汉市警用地理信息平台数据采集建库及系统开发建设
完成单位：武汉市公安局、武汉市测绘研究院

工程名称：深圳市城市规划“一张图”管理平台建设与应用工程
完成单位：深圳市规划和国土资源委员会、深圳市规划国土发展研究中心、深圳市规划国土房产信息中心

工程名称：广州城市地质数据库和信息管理服务系统
完成单位：广东省地质调查院、武汉中地数码科技有限公司

工程名称：大庆市公安局社区警务 GIS 应用系统
完成单位：大庆市公安局、方正国际软件（北京）有限公司

工程名称：北京市水土保持核心业务管理系统一期工程
完成单位：北京市水土保持工作总站、北京地拓科技发展有限公司

工程名称：石家庄市数字化城管应用软件开发及实施
完成单位：石家庄市城市管理委员会、北京数字政通科技股份有限公司

工程名称：数字本溪地理空间框架建设项目
完成单位：本溪市国土资源局、大连九成测绘信息有限公司

工程名称：三维实景模式国土资源信息化综合管理服务系统
完成单位：乌兰察布市国土资源局、北京四维空间数码科技有限公司

工程名称：数字寿光地理信息公共服务平台
完成单位：寿光市国土资源局、山东省国土测绘院、广州城市信息研究所有限公司、北京瀚海视景科技有限公司

银奖（81 项）

工程名称：深圳市综合交通运行指挥中心系统工程
完成单位：深圳市公路客货运输服务中心、北京北大千方科技有限公司

工程名称：昆山市基础地理信息系统
完成单位：昆山市规划局、苏州市规划编制信息中心

工程名称：环境与灾害监测预报小卫星星座环境应用系统工程数据库与数据库管理分系统
完成单位：环境保护部卫星环境应用中心、北京吉威数源信息技术有限公司

工程名称：太原市国土资源局电子政务平台
完成单位：太原市国土资源局、北京数字政通科技股份有限公司

工程名称：长春市市政公用局综合监管信息系统一期工程
完成单位：长春市市政公用局、广州奥格智能科技有限公司

工程名称：克拉玛依市国土资源电子政务系统项目
完成单位：克拉玛依市国土资源局、北京超图软件股份有限公司

工程名称：青浦区地下综合管线三维可视化信息系统
完成单位：上海市青浦区规划和土地管理局、上海市测绘院

工程名称：鄂尔多斯市消防智能指挥调度系统
完成单位：鄂尔多斯市公安局、北京中地时空数码科技有限公司

工程名称：湖北省连续运行卫星定位服务系统（HBCORS）
完成单位：湖北省测绘局、湖北省测绘工程院

工程名称：基于“天地图”的中央电视台新闻地图应用系统
完成单位：中央电视台新闻中心新闻评论部、国家基础地理信息中心、天地图有限公司

工程名称：数字石家庄地理空间框架建设项目
完成单位：石家庄国土资源局、石家庄市土地利用规划院、北京超图软件股份有限公司

工程名称：济南市数字化供水项目
完成单位：济南水务集团有限公司、山东泰华电讯有限责任公司

工程名称：福建省区域与城市应急动员卫星遥感应用系统
完成单位：福建省经济动员办公室、厦门精图信息技术股份有限公司

工程名称：厦门市城市三维规划仿真系统项目二期
完成单位：厦门市规划局、伟景行科技股份有限公司

工程名称：成都市温江区地理信息公共平台
完成单位：成都市温江区规划管理局、成都市温江区规划信息服务中心、北京超图软件股份有限公司

工程名称：面向公众的地理信息服务与管理（北京地图网站建设）
完成单位：北京市勘察设计与测绘管理办公室、北京市测绘设计研究院

工程名称：西咸新区规划基础地理信息工程建设项目
完成单位：陕西省西咸新区开发建设管理委员会规划土地环保局、西安煤航信息产业有限公司

工程名称：杭州萧山经济技术开发区国有资产经营有限公司“开发区市政园林 GIS 信息管理系统”
完成单位：杭州萧山经济技术开发区国有资产经营有限公司、杭州九问数字科技有限公司

工程名称：深圳市建筑更新信息外业调查
完成单位：深圳市规划国土房产信息中心、深圳市中地软件工程有限公司

工程名称：邢台市数字房产 GIS 系统

完成单位：邢台市城乡房产测绘队、北京超图软件股份有限公司

工程名称：深圳市房地产征收评估三维信息系统
完成单位：深圳市规划和国土资源委员会、深圳市房地产评估发展中心

工程名称：“影像宁夏”政务系统项目
完成单位：宁夏国土资源地理信息中心、武大吉奥信息技术有限公司

工程名称：东营市地理信息公共服务平台建设及应用
完成单位：东营市国土资源局、山东省国土测绘院

工程名称：武汉市勘测成果“一张图”
完成单位：武汉市测绘研究院、武汉汉星信息技术有限公司

工程名称：“数字寿光”示范应用系统项目——寿光市地下综合管网地理信息系统
完成单位：寿光市住房和城乡建设局、武汉中地数码科技有限公司

工程名称：深圳市房地产计税价值评估与 GIS 集成应用工程
完成单位：深圳市地方税务局、深圳市房地产评估发展中心

工程名称：福州市城区土地调查工程
完成单位：福州市国土资源局、福州市勘测院

工程名称：韶关市国土资源“一张图”建设和应用项目
完成单位：韶关市国土资源局、韶关市国土资源信息中心、武大吉奥信息技术有限公司、北京数字政通科技股份有限公司

工程名称：奎屯市地理信息公共服务平台建设及应用示范
完成单位：奎屯市国土资源局、新疆维吾尔自治区第二测绘院

工程名称：阳江供电局基于 GIS 的营配一体化系统数据工程
完成单位：广东卓维网络有限公司、广州绘宇智能勘测科技有限公司

工程名称：清远市警用地理信息系统（PGIS）平台示范建设
完成单位：清远市公安局、广州市精一规划勘测科技有限公司

工程名称：天津市环境保护基础地理信息系统
完成单位：天津市环境保护科技信息中心、天津市测绘院

工程名称：天地图手机地图
完成单位：天地图有限公司

工程名称：国家西部开发专项湘西土家族苗族自治州基础测绘项目

完成单位：湘西土家族苗族自治州国土资源局、湖南省第二测绘院

工程名称：东滩煤矿安全生产综合信息网络三维管理系统
完成单位：兖州煤业股份有限公司东滩煤矿、北京灵图软件技术有限公司

工程名称：大型交通安保多任务智能监控调度系统
完成单位：深圳市公安局交通警察局、永泰软件有限公司

工程名称：兰州市公安局实时警力监控系统
完成单位：兰州市公安局、兰州市勘察测绘研究院

工程名称：沧州市房产综合管理信息系统
完成单位：沧州市房屋产权市场管理处、广东南方数码科技有限公司

工程名称：长春市国土资源局电子政务系统
完成单位：长春市国土资源局、深圳市凯立德科技股份有限公司

工程名称：汉沽地下管线测绘及系统建库项目
完成单位：天津市滨海新区汉沽地籍管理中心、天津市测绘院

工程名称：武汉土地交易决策辅助系统
完成单位：武汉市土地交易中心

工程名称：江西电网污区分布地理信息管理系统
完成单位：江西省电力科学研究院状态评价中心、江西省基础地理信息中心

工程名称：宜宾市综合数字化城市管理信息系统建设项目
完成单位：宜宾市城市管理综合执法局、中国联合网络通信有限公司宜宾市分公司、北京数字政通科技股份有限公司

工程名称：中冶沈勘公司岩土工程三维建模与可视化信息管理系统
完成单位：中冶沈勘工程技术有限公司、东北大学

工程名称：江西电网污区分布地理信息管理系统
完成单位：广州市“三旧”改造工作办公室、广州市城市规划勘测设计研究院

工程名称：北京市园林绿化资源协同管理系统
完成单位：北京市林业勘察设计院、北京地林伟业信息技术有限责任公司

工程名称：数字新昌地理空间框架
完成单位：新昌县规划局、浙江省地理信息中心、新昌县测绘与地理信息局、新昌县地理信息中心

工程名称：重庆市地质灾害无人机飞行器遥感监测

完成单位：重庆市国土资源和房屋管理局、重庆市国土资源和房屋勘测规划院、重庆欣荣土地房屋勘测技术研究所、重庆市平正房地产测量事务所

工程名称：南京市江宁区智慧数字城管系统
完成单位：南京市江宁区城市管理局、北京超图软件股份有限公司

工程名称：数字德清地理空间框架
完成单位：德清县住房和城乡建设局、浙江省地理信息中心、德清县地理信息中心

工程名称：深圳市房产测绘软件
完成单位：深圳市地籍测绘大队、武汉大学测绘遥感信息工程国家重点实验室深圳研发中心、深圳市多维空间信息技术有限公司

工程名称："天地图"海量地名智能搜索服务系统
完成单位：天地图有限公司

工程名称：数字 CBD- 开发建设综合管理信息系统建设
完成单位：武汉王家墩中央商务区建设投资股份有限公司、武汉市国土资源和规划信息中心

工程名称：开封市数字化城市管理系统建设项目开
完成单位：开封市城市数字化管理监督指挥中心、北京数字政通科技股份有限公司

工程名称：青海东部黄河谷地百万亩土地整理项目拉西瓦片区测绘项目
完成单位：青海省水利水电勘测设计研究院、国家测绘局第二地形测量队

工程名称：延安石油化工厂网络三维智能监控管理信息系统
完成单位：陕西延长石油（集团）有限责任公司炼化公司、北京灵图软件技术有限公司

工程名称：镇江市规划局规划综合管理信息系统开发
完成单位：镇江市规划局、广州城市信息研究所有限公司

工程名称：贵阳森林防火地理信息系统
完成单位：贵阳市林业绿化局、贵阳市森林防火指挥部办公室、北京东方泰坦科技股份有限公司

工程名称：胶南市土地规划网格化管理系统
完成单位：胶南市规划局、山东正元地理信息工程有限责任公司

工程名称：张掖市房地产市场信息系统
完成单位：张掖市房屋产权交易中心、广东南方数码科技有限公司

工程名称：奉化市数字沙盘展示系统
完成单位：奉化市测绘院（奉化市地理信息中心）、伟景行科技股份有限公司

工程名称：数字新余地理空间框架三维公共服务平台建设项目
完成单位：新余市国土资源局、广州都市圈网络科技有限公司

工程名称：济南市数字市政（应急指挥）系统（排水）采购项目
完成单位：济南市排水管理服务中心、山东泰华电讯有限责任公司

工程名称：河南省国土资源遥感空间数据三维展示系统
完成单位：河南省国土资源厅信息中心、北京东方道迩信息技术股份有限公司

工程名称：东莞市麻涌镇地下管线普查及系统开发
完成单位：东莞市麻涌镇规划管理所、广州绘宇智能勘测科技有限公司

工程名称：武汉市抗震防灾规划地理信息系统
完成单位：武汉市城乡建设委员会、武汉市测绘研究院

工程名称：全国油气资源储量利用现状调查项目图形库信息管理系统
完成单位：国土资源部油气储量评审办公室、北京创时空科技发展有限公司

工程名称：四川省放射源管理监控平台
完成单位：四川省辐射环境管理监测中心站、重庆数字城市科技有限公司、重庆市勘测院

工程名称：坪山新区土地整备及房屋拆迁数据建库及软件平台建设
完成单位：深圳市坪山新区土地整备中心、深圳市勘察测绘院有限公司

工程名称：福州市政桥梁地理信息系统
完成单位：福州市政工程管理处桥梁所、福州市勘测院

工程名称：株洲市数字化城市管理信息系统应用软件开发项目
完成单位：株洲市城市管理监督指挥中心、北京数字政通科技股份有限公司

工程名称：南宁市六城区数字高程模型制作
完成单位：南宁市勘测院

工程名称：基于地图云的 12371 党建服务平台
完成单位：中共大渡口区委组织部、中共大渡口区委组织部、重庆数字城市科技有限公司、重庆市勘测院

工程名称：梅州市梅州城区地籍调查与地籍管理信息系统建设
完成单位：梅州市国土资源局、深圳市中地软件工程有限公司

工程名称：智能化肇庆规划管理信息系统研发
完成单位：肇庆市城乡规划局、广州市欧科地理信息技术服务有限公司

工程名称：新疆生产建设兵团地理信息系统基础建设

完成单位：新疆生产建设兵团国土资源局、新疆生产建设兵团勘测规划设计院、北京北方数慧系统技术有限公司

工程名称：江门市控制性详细规划管理系统
完成单位：江门市城乡规划局、广州绘宇智能勘测科技有限公司、江门市城市地理信息中心

工程名称：克拉玛依市地理信息数据采集及建库项目
完成单位：克拉玛依市国土资源局、新疆石油勘察设计研究院（有限公司）、陕西天润科技有限责任公司

工程名称：厦深铁路（深圳段）征地拆迁综合管理信息系统
完成单位：龙岗区厦深铁路深圳段征地拆迁安置工作领导小组办公室、深圳市勘察研究院有限公司

工程名称：基于 L-ERP 的纯电动环卫车智能服务平台建设
完成单位：北汽福田汽车股份有限公司工程研究总院、北京合众思壮科技股份有限公司

工程名称：西科姆 LBS 运营服务系统
完成单位：西科姆（中国）有限公司、北京博思科空间信息技术有限公司

铜奖（49 项）

工程名称：绍兴市地理空间信息共享平台系统（一期）
完成单位：绍兴市规划局、广东南方数码科技有限公司

工程名称：崇义县城规划区可视三维影像数字地籍信息管理系统
完成单位：崇义县国土资源局、江西省煤田地质局测绘大队

工程名称：延安市城市规划区范围地下管线普查及综合管线信息系统建设
完成单位：延安市城市建设档案馆、延安市城市建设档案馆、保定金迪地下管线探测工程有限公司

工程名称：青岛市城市三维仿真系统建设
完成单位：青岛市国土资源和房屋管理局、青岛市勘察测绘研究院

工程名称：江苏省城乡规划信息系统
完成单位：江苏省城市规划设计研究院、广州城市信息研究所有限公司

工程名称：丹阳市环境地理信息系统
完成单位：丹阳市环境保护局、江苏省测绘工程院

工程名称：太仓警用地理实战平台
完成单位：太仓市公安局、北京山海经纬信息技术有限公司

工程名称：合肥市数字城市地理空间框架建设工程
完成单位：合肥市国土资源技术发展中心、广东南方数码科技有限公司

工程名称：怀柔区地籍管理信息系统
完成单位：北京市国土资源局怀柔分局、北京苍穹数码测绘有限公司

工程名称：北京市计算中心防灾云平台
完成单位：北京市计算中心、北京友保世纪科技有限公司、北京博思科空间信息技术有限公司

工程名称：黄埔区三维仿真地图综合管理系统
完成单位：黄埔区科技和信息化局、广州都市圈网络科技有限公司

工程名称：庐山西海三维景观系统
完成单位：江西西海投资发展有限公司、江西省基础地理信息中心

工程名称：福建省海洋三维可视化管理系统
完成单位：福建省海洋预报台、福建省基础地理信息中心

工程名称：古文物古建筑多基线近景摄影测量技术研究
完成单位：余姚市文物保护管理所、绍兴市炬鑫测绘有限公司、绍兴文理学院

工程名称：数字石家庄地理空间框架建设项目三维模型建设
完成单位：石家庄市国土资源局、河北省基础地理信息中心

工程名称：硚口区地理信息服务平台及大城管应用
完成单位：武汉市硚口区统计局、武汉市测绘研究院

工程名称：湖北省国土资源厅土地规划信息系统
完成单位：湖北省国土资源厅规划与调控监测处、北京苍穹数码测绘有限公司

工程名称：数字南溪
完成单位：云阳县南溪镇人民政府、国家测绘局重庆测绘院

工程名称：首钢京唐钢铁公司能源管网地理信息系统
完成单位：北京首钢自动化信息技术有限公司、北京中地时空数码科技有限公司

工程名称：临沂市城区C标段第二次土地调查城镇部分和地籍信息系统建设
完成单位：临沂市罗庄区国土资源分局、山东省地质测绘院

工程名称：富阳登云数字社区三维GIS系统
完成单位：富阳市新登镇人民政府、浙江省第二测绘院

工程名称：上海市多源基础地理信息查询检索系统研究
完成单位：上海市测绘院

工程名称：福建省第六次全国人口普查地图标绘与数据建库

完成单位：福建省统计局、福州市勘测院

工程名称：枣庄市市中区第二次土地调查及数据库管理系统建设
完成单位：枣庄市国土资源局市中分局、山东省地质测绘院

工程名称：东营市城市管理局数字化城市管理系统
完成单位：东营市城市管理局、北京灵图软件技术有限公司、北京数字政通科技股份有限公司

工程名称：太原市 1:500 线划图数据建库项目
完成单位：太原市国土资源局、太原市基础地理数据中心

工程名称：宜昌市第二次土地调查农村土地调查数据库系统
完成单位：宜昌市国土局、湖北省地图院

工程名称：南京“智慧旅游”地理信息综合服务平台
完成单位：中国移动通信集团江苏有限公司南京分公司、高德软件有限公司

工程名称：南宁市 1:500 基础地理信息数据库建设项目
完成单位：南宁市勘测院

工程名称：福州市通信管道地理信息系统
完成单位：福州市市政工程管理处通信管道建设科、福州市勘测院

工程名称：上海市应急疏散安置数据库及应用系统
完成单位：上海市民防办公室、上海市测绘院

工程名称：广州市农业地理信息系统核心应用子系统一期项目
完成单位：广州市农业信息中心、广东旭普空间信息技术产业发展有限公司

工程名称：2007 年深圳市 1:1000 数字地形图动态修补测（第 03 测区）
完成单位：深圳市规划国土房产信息中心、深圳市中地软件工程有限公司

工程名称：三亚市 1:500 地形图信息化测绘及数据入库项目
完成单位：三亚市国土环境资源局、国家测绘局重庆测绘院

工程名称：新疆融雪性洪水风险评估预警系统
完成单位：民政部国家减灾中心、北京博思科空间信息技术有限公司

工程名称：新奥能源运营调度解决方案（一期）
完成单位：新奥能源控股有限公司、武汉中地数码科技有限公司

工程名称：数字日照地理空间框架 1:2000 像控点、等高线、DEM、DLG 制作
完成单位：日照市国土资源局、国家测绘局第二大地测量队

工程名称：河北省基础地理涉密信息系统建设
完成单位：河北省地理信息局、河北省基础地理信息中心

工程名称：《太原市第二次土地调查成果图册》编制项目
完成单位：太原市国土资源局、太原市基础地理数据中心

工程名称：兖州市第二次土地调查及信息系统建设
完成单位：兖州市国土资源局、山东省地质测绘院

工程名称：北京市水利勘测成果管理平台
完成单位：北京市水利规划设计研究院、迪泰鸿图（北京）信息技术有限公司

工程名称：陵川县基础测绘项目
完成单位：陵川县国土资源局、山西省基础地理信息院

工程名称：黑龙江省基础测绘项目 1:10000 地形图数据整理
完成单位：黑龙江测绘地理信息局、黑龙江第三测绘工程院

工程名称：基于利用卫星影像图开发应用线划数字地图
完成单位：绍兴市炬鑫测绘有限公司、绍兴文理学院

工程名称：南阳市基础地理信息数据库管理系统
完成单位：南阳市城市规划地理信息中心、上海数慧系统技术有限公司

工程名称：河南省森林航空火场侦查标绘系统建设项目
完成单位：河南森林航空消防站、北京苍穹数码测绘有限公司

工程名称：天津市规划局“一网保廉”管理系统
完成单位：天津市规划局、天津规划信息中心

工程名称：广州市番禺区农业局番禺区数字农业系统一期项目
完成单位：广州市番禺区农业局、广东旭普空间信息技术产业发展有限公司

工程名称：浙江省土地利用地形梯度综合分析研究
完成单位：浙江省土地勘测规划院、浙江省第二测绘院

2012 年卫星导航定位科技进步奖

一等奖（7 项）

嵌入式多平台卫星导航软件系统技术研究及应用
全国重点营运车辆联网联控综合监管体系研究与应用
自主卫星导航系统精密时间传递关键技术与示范

高精度多通道时间间隔测量仪的研制
多模多频高精度天线
利用 GPS 信号直接测定海拔高的关键技术
南极内陆 GPS 导航及冰流速监测网建设

二等奖（10 项）

RX100x 系列北斗卫星导航射频芯片
采用北斗多模卫星导航 / 惯导紧耦合技术研制组合导航系统
基于北斗的儿童安全云服务系统及其产业化
基于北斗卫星导航定位系统的三维地球综合应用系统
基于移动互联网和位置智能的企业营销管理系统
面向导航与位置服务的“天地图”在线服务管理整体解决方案
基于北斗兼容终端的商用车综合监管服务平台
山东省卫星定位连续运行综合应用服务系统
GPS/ 北斗 / 无线（超）短波定位与通信技术研究与应用
TN568 型多信息媒体融合车载智能终端

三等奖（18 项）

河北省卫星定位综合服务系统
地理坐标综合采集系统
局域增强技术
基于 CORS 的海域使用管理陆海一体化空间基准框架研究
多模式伪卫星网络及局域增强技术
基于 TDS-CDMA 网络的智能车载信息服务平台（TSP）
基于无线网络的 GPS 数据采集系统
高精度 GNSS 实时形变监测和预警系统 Stone RT
3G 行业信息化应用移动终端
高精度三维空间信息定位服务系统关键技术研究
北斗卫星导航试验系统信息处理分系统可靠性提升
国家标准《GNSS 兼容接收机数据自主交换格式》研究与编制
伊爱移动通信网络质量自动测试系统 E-NMS
哈尔滨市双星导航服务系统（GNSS）及区域似大地水准面精化
卫星导航定位技术在测绘和地理信息表达中的应用
卫星导航系统信号收发备件测试与管理技术研究
石家庄市基础平面控制网整合转换
PPP/IMU 技术辅助航空摄影测量应用研究

2012 年卫星导航定位优秀工程和产品奖

一等奖（4 项）

湖北省连续运行卫星定位服务系统（HBCORS）
集思宝 MG758 工业级移动 GIS 平台

北斗双模卫星导航 SoC 芯片
三峡水平位移监测全网（基点检验网）观测工程

二等奖（9 项）

基于北斗的多星座高精度 OEM 板、导航型基带芯片测试设计与实现
基于 GPS+GIS+BIM 的大定位技术体系构建智慧城市消防管理系统
北斗Ⅱ型标校机
北斗增强型接收机
TD3005 北斗授时模块
S760 一体化双频双星高精度 GIS 手持机
智能语音交互数据库的开发及产业化推广
eFix R2 系列新一代高性能手持式 GNSS hRTK 系统
基于云 + 端技术的广西公安禁毒扁平化指挥系统

三等奖（13 项）

不同卫星导航系统频率共用分析软件
重庆市轨道交通中长期规划线路空间定位基准体系建设
北京市第一次水务普查国普湖泊与市普湖泊测量项目
水下自治机器人高精度卫星定位系统
港口设备设施智能集控管理系统
伊爱航空加油车辆安全管理系统
结构化地理信息系统平台
重庆市国土资源 GNSS 网络信息系统
国土执法监察三级联网全程监管平台
四川省灾后恢复重建水情雨情自动测报传输系统
大连市现代测绘基准体系（静态）建设外业项目
北斗用户终端非密智能卡
北斗 RDSS 应急调度平台及终端

其他省部级科技获奖项目

项 目 名 称：广播电视事业管理系统——地面数字电视覆盖规划模块研发
获奖类别及等级：国家广电总局科技创新突出贡献奖
完 成 单 位：中国测绘科学研究院、国家广播电影电视总局广播科学研究院
主 要 完 成 人：范荣双 刘纪平 王 亮 任 仪 赵 荣 刘晓东 荆凯旋 马兆海 徐 然 刘晓蓉 刘志芳 许 萍 马千里 海 霞 孙红云

项 目 名 称：广播电视统计信息网上直报管理平台
获奖类别及等级：国家广电总局科技创新奖一等奖
完 成 单 位：国家广播电影电视总局规划财务司、中国测绘科学研究院
主 要 完 成 人：孟 冬 董 春 张红梅 刘纪平 姚宁洲 康风光 费 华 袁卫平 张福浩 戴曙萍 王 平 刘新飞

项　目　名　称：我国西部 1:50000 地形图产品模式研究与应用
获奖类别及等级：北京市科技进步奖三等奖
完　成　单　位：中国测绘科学研究院、成都地图出版社
主 要 完 成 人：燕　琴　苏山舞　于荣花　殷红梅　陈　棉　李维庆

项　目　名　称：数字莆田地理信息公共服务平台
获奖类别及等级：2012 年度福建省科技进步奖三等奖
主要完成单位：莆田市测绘管理站、武汉大学
主 要 完 成 人：龚健雅　周庆俊　陈晓玲　胡　丽　郑文汉

项　目　名　称：中国（云南）– 东盟自由贸易区 – 南亚区域合作联盟空间信息公共平台
获奖类别及等级：云南省科技进步奖二等奖
完　成　单　位：中国测绘科学研究院
主 要 完 成 者：王　亮　谭　海　陶坤旺

甲级测绘资质单位名录

北京市（96 家）

北京市房地产勘察测绘所
中国地图出版社
北京同创达勘测有限公司
高德软件有限公司
中国石油集团工程设计有限责任公司
北京苍穹数码测绘有限公司
北京数字空间科技有限公司
地质出版社
北京市勘察设计研究院有限公司
北京四维图新科技股份有限公司
北京市信息资源管理中心
北京天下图数据技术有限公司
北京世纪国源科技发展有限公司
北京搜狗信息服务有限公司
北京图为先科技有限公司
北京图盟科技有限公司
北京百度网讯科技有限公司
诺基亚联新互联网服务有限公司
北京新浪互联信息服务有限公司
北京天元四维科技有限公司
人民交通出版社
北京长地万方科技有限公司
易图通科技（北京）有限公司
中科宇图天下科技有限公司
北京京昌工程测绘技术有限公司
中航四维（北京）航空遥感技术有限公司
北京四维益友信息技术有限公司
北京市测绘设计研究院
北京灵图软件技术有限公司
科菱航睿空间信息技术有限公司
中铁工程设计咨询集团有限公司
建设综合勘察研究设计院有限公司
北京新兴华安测绘有限公司
北京爱地地质勘察基础工程公司
北京世纪高通科技有限公司
北京城际高科信息技术有限公司
北京勘察技术工程有限公司
北京四维空间数码科技有限公司

北京星天地信息科技有限公司
中国水电顾问集团北京勘测设计研究院
北京市地质工程勘察院
北京勤业测绘科技有限公司
北京华星勘查新技术公司
北京东方道迩信息技术股份有限公司
中兵勘察设计研究院
中国电力工程顾问集团华北电力设计院工程有限公司
北京航天勘察设计研究院有限公司
中航勘察设计研究院有限公司
北京地星伟业数码科技有限公司
北京东方新星石化工程股份有限公司
中国四维测绘技术有限公司
中国国土资源航空物探遥感中心
北京城建勘测设计研究院有限责任公司
中国土地勘测规划院
国家林业局调查规划设计院
中测新图（北京）遥感技术有限责任公司
北京时正兴测绘工程技术有限公司
北京掌城科技有限公司
北京老虎宝典科技有限责任公司
北京协进科技发展有限公司
北京搜房科技发展有限公司
北京腾瑞万里信息技术有限公司
中国移动通信集团公司
北京中天路通工程勘测有限公司
第一视频通信传媒有限公司
北京千橡网景科技发展有限公司
中交宇科（北京）空间信息技术有限公司
中国测绘科学研究院
中国科学院遥感应用研究所
国家基础地理信息中心
中国科学院地理科学与资源研究所
北京汇通国力软件技术有限公司
北京超图软件股份有限公司
北京地拓科技发展有限公司
北京中交兴路信息科技有限公司
北京捷泰科技有限公司
北京合众思壮科技股份有限公司
北京恒华伟业科技股份有限公司
中国电信股份有限公司
北京紫光百会科技有限公司
伟景行科技股份有限公司
盘古文化传播有限公司
北京网易有道计算机系统有限公司
北京帝测科技发展有限公司
天地图有限公司
北京拉手网络技术有限公司
中国软件与技术服务有限公司
北京威特空间科技有限公司
北京九五一九零信息技术有限公司
北京智德典康电子商务有限公司
北京三友宇天测绘有限公司
国家测绘地理信息局卫星测绘应用中心
北京车网互联科技股份有限公司
中国地质调查局发展研究中心（全国地质资料馆）
北京数字政通科技股份有限公司
国信司南（北京）地理信息技术有限公司

天津市（16 家）

中铁隧道勘测设计院有限公司
铁道第三勘察设计院集团有限公司
天津水运工程勘察设计院
天津港湾水运工程有限公司
天津市地质工程勘察院
天津市勘察院
天津海事局海测大队
天津市市政工程设计研究院
中交天津港航勘察设计研究院有限公司
天津市测绘院
天津金宇信息技术有限公司
天津市水利勘测设计院
中国地震局第一监测中心
中交第一航务工程勘察设计院有限公司
中水北方勘测设计研究有限责任公司
天津市国土资源测绘和房屋测量中心

河北省（42 家）

河北省基础地理信息中心
河北格瑞空间信息技术有限公司
河北省保定地质工程勘查院
河北建设勘察研究院有限公司
中冀兵北工程勘察设计有限公司
中国建筑材料工业地质勘查中心河北总队
河北博翔地理信息技术有限责任公司
邯郸市恒达地理信息工程有限责任公司

河北九华勘查测绘有限责任公司（华北地质勘查局五一九大队）
河北水文工程地质勘察院
河北中核岩土工程有限责任公司
唐山中地地质工程公司
河北省水利水电第二勘测设计研究院
河北省水利水电勘测设计研究院
中国石油天然气管道工程有限公司
河北冀东建设工程有限公司
河北省第一测绘院
河北省第二测绘院
中国石油集团东方地球物理勘探有限责任公司
河北中色测绘有限公司（北京中色测绘院有限公司）
河北省制图院
河北省煤田地质局物测地质队
化学工业第一勘察设计院有限公司
承德华勘五一四测绘有限公司
保定金迪地下管线探测工程有限公司
中国兵器工业北方勘察设计研究院有限公司
河北天元地理信息科技工程有限公司（中国冶金地质勘查工程总局一局测绘大队）
河北省第三测绘院
河北省地质测绘院（河北省欣航测绘院）
河北省地矿局石家庄综合地质大队
石家庄市勘察测绘设计研究院
核工业航测遥感中心
秦皇岛市测绘大队
中勘冶金勘察设计研究院有限责任公司
河北恒华信息技术有限公司
河北省地矿局秦皇岛资源环境勘查院
中国二十二冶集团有限公司
河北省北方勘测设计有限公司
河北省地矿局第十一地质大队
邢台市勘察测绘院
河北天地资源勘测规划设计工程有限公司
河北省地质矿产勘察开发局第四地质大队

山西省（20 家）

山西省第五地质工程勘察院
太原市勘察测绘研究院
中铁十二局集团有限公司
山西省地质测绘院（山西省地质勘查局测绘队）
山西华晋岩土工程勘察有限公司
山西省第二地质工程勘察院
山西省第六地质工程勘察院
山西省电力勘测设计院
山西省交通规划勘察设计院
山西省勘察设计研究院
山西省煤炭地质公司
山西省煤炭地质物探测绘院
山西省水利水电勘测设计研究院
阳泉新宇岩土工程有限责任公司
山西省第三地质工程勘察院
太原航空摄影有限公司
山西省测绘工程院
山西省基础地理信息院
山西省地图集编纂委员会办公室
中国冶金地质总局第三地质勘查院

内蒙古自治区（14 家）

内蒙古自治区煤田地质局勘测队（内蒙古煤炭地质勘查（集团）测绘院有限公司）
内蒙古交通设计研究院有限责任公司
包钢勘察测绘研究院
包头市测绘院
呼和浩特市勘察测绘研究院
内蒙古自治区测绘院
内蒙古自治区地质测绘院（内蒙古地质测绘有限责任公司）
内蒙古电力勘测设计院
内蒙古自治区航空遥感测绘院
内蒙古自治区水利水电勘测设计院
内蒙古自治区土地调查规划院
核工业二〇八大队
内蒙古自治区地图制印院
内蒙古乔泰国土勘测技术有限公司

辽宁省（31 家）

大连九成测绘信息有限公司
辽宁地质海上工程勘察院
辽宁地质勘查局一〇一测绘队
辽宁省交通规划设计院
辽宁地矿测绘院
辽宁省水利水电勘测设计研究院
辽宁省冶金地质勘察局地质勘察研究院
辽宁有色勘察研究院

辽宁省地理信息院
辽宁省摄影测量与遥感院
鞍钢集团工程技术有限公司
大连市勘察测绘研究院有限公司
中煤国际工程集团沈阳设计研究院
中冶沈勘工程技术有限公司
沈阳地球物理勘察院
沈阳市公路规划设计院
中国建筑材料工业地质勘查中心辽宁总队
辽宁电力勘测设计院
沈阳市勘察测绘研究院（沈阳市地理信息中心）
中油辽河工程有限公司
国家海洋环境监测中心
辽宁经纬测绘规划建设有限公司
辽宁省基础测绘院
辽宁省城乡建设规划设计院
辽宁省化工地质勘查院
辽宁达荣信息技术有限公司
辽宁省基础地理信息中心
大连东软思维科技发展有限公司
抚顺市勘察测绘院
沈阳美行科技有限公司
辽宁宏图创展测绘勘察有限公司

吉林省（15 家）

长春市国土测绘院
吉林省第一测绘院
吉林省水利水电勘测设计研究院
吉林省第二测绘院
中水东北勘测设计研究有限责任公司
吉林省地矿测绘院
吉林省交通规划设计院
四平市地勘测绘院
长春市测绘院
中国电力工程顾问集团东北电力设计院
吉林省基础地理信息中心
吉林省地理信息工程院
吉林市勘测设计院
中国建筑材料工业地质勘查中心吉林总队
启明信息技术股份有限公司

黑龙江省（27 家）

齐齐哈尔市国土资源勘测规划设计院有限公司
双鸭山市国土资源勘测规划院
哈尔滨市国土资源勘测规划院
国家测绘地理信息局第四地形测量队（黑龙江第三测绘工程院）
国家测绘地理信息局黑龙江基础地理信息中心（国家测绘地理信息局黑龙江测绘资料档案馆）
黑龙江省国土资源勘测规划院
哈尔滨地图出版社
齐齐哈尔市勘察测绘研究院
国家测绘地理信息局第二大地测量队（黑龙江第一测绘工程院）
黑龙江省地质矿产局测绘院
齐齐哈尔市水利勘测设计研究院
佳木斯市勘察测绘研究院
中国能源建设集团黑龙江省电力勘察设计研究院
大庆油田工程有限公司
黑龙江龙飞航空摄影有限公司
黑龙江省煤田地质物测队
哈尔滨市勘察测绘研究院
黑龙江省林业设计研究院
黑龙江农垦勘测设计研究院
黑龙江省水利水电勘测设计研究院
国家测绘地理信息局第三地形测量队（黑龙江第二测绘工程院）
牡丹江市勘察测绘研究院
国家测绘地理信息局经济管理科学研究所（黑龙江省测绘科学研究所）
黑龙江地理信息工程院
黑龙江省航道局
哈尔滨测量高等专科学校测量工程公司
黑龙江中海经测空间信息技术有限公司

上海市（20 家）

上海市地籍事务中心（上海市土地登记事务中心）
上海市测绘院
上海东亚地球物理勘查有限公司
中船勘察设计研究院有限公司
上海东海海洋工程勘察设计研究院
上海达华测绘有限公司
上海京海工程技术有限公司
上海市城市建设设计研究总院
上海市岩土工程检测中心
上海市政工程设计研究总院（集团）有限公司

中国电力工程顾问集团华东电力设计院
上海岩土工程勘察设计研究院有限公司
上海海洋石油局第一海洋地质调查大队
中交第三航务工程勘察设计院有限公司
上海海事局海测大队
上海吉图软件开发有限公司
上海美斯恩网络通讯技术有限公司
号百信息服务有限公司
上海安吉星信息服务有限公司
上海市地质调查研究院

江苏省（45 家）

苏州数字地图网络科技有限公司
江苏省地质测绘院
南京市测绘勘察研究院有限公司
镇江市勘察测绘研究院
江苏省电力设计院
江苏连云港地质工程勘察院
常州市测绘院
苏州工业园区测绘有限责任公司
江苏省地质勘查技术院
江苏苏州地质工程勘察院
苏州市测绘院有限责任公司
无锡市测绘院有限责任公司
江苏省地质调查研究院
江苏省金威测绘服务中心
化学工业岩土工程有限公司
江苏煤炭地质物测队
江苏省测绘工程院
江苏省基础地理信息中心
长江口水文水资源勘测局
江苏省工程勘测研究院有限责任公司
江苏省金威遥感数据工程有限公司
江苏省水文地质工程地质勘察院
南京市国土资源信息中心
南通市测绘院有限公司
长江水利委员会长江下游水文水资源勘测局
淮安市测绘勘察研究院有限公司
徐州市勘察测绘研究院
华东有色测绘院
淮安市水利勘测设计研究院有限公司
江苏兰德数码科技有限公司
江苏易图地理信息工程有限公司
南京市房屋产权监理处
南京北极测绘研究院有限公司
江苏省在这里数字科技有限公司
天泽信息产业股份有限公司
苏州海客科技有限公司
神州图骥地名信息技术股份有限公司
南京城际在线信息技术有限公司
江苏科信岩土工程勘察有限公司
江苏星月测绘有限公司
江苏中科博泰集成应用有限公司
南京国图信息产业股份有限公司
中铁大桥局股份有限公司
连云港市勘察测绘院有限公司
江苏南京地质工程勘察院

浙江省（27 家）

浙江华东建设工程有限公司
阿里云计算有限公司
杭州阿拉丁信息科技股份有限公司
浙江省工程勘察院
浙江华东测绘有限公司
浙江省第一测绘院
丽水市勘察测绘院
浙江煤炭测绘院
浙江省地理信息中心
浙江省第二测绘院
浙江有色测绘院
宁波冶金勘察设计研究股份有限公司
杭州市勘测设计研究院
温州市勘察测绘研究院
宁波市测绘设计研究院
浙江省电力设计院
浙江省第十一地质大队
浙江省第一地质大队
浙江省河海测绘院
国家海洋局第二海洋研究所
浙江省水利水电勘测设计院
中国水利水电第十二工程局有限公司
核工业湖州工程勘察院
浙江建材测绘院
义乌市勘测设计研究院
浙江省测绘大队
宁波上航测绘有限公司

安徽省（19 家）

马鞍山测绘技术院
安徽省煤田地质局物探测量队
安徽省第二测绘院
芜湖市勘察测绘设计研究院
安徽省地质测绘技术院
安徽二水测绘院
华东冶金地质勘查局测绘总队
安徽省地矿局安庆测绘技术院
安徽省第三测绘院
安徽省城建设计研究院
安徽省基础测绘信息中心（安徽省测绘档案资料馆）
安徽省第四测绘院
安徽省第一测绘院
安徽省水利水电勘测设计院
合肥市测绘设计研究院
中水淮河规划设计研究有限公司
安徽长江河道测绘研究院
蚌埠市勘测设计研究院
中国能源建设集团安徽省电力设计院

福建省（21 家）

福建省地质测绘院
厦门银据空间地理信息有限公司
福建省基础地理信息中心
厦门地质工程勘察院
厦门闽矿测绘院
福建省测绘院
福建省国土测绘院
福州市勘测院
漳州市测绘设计研究院
福建省水利水电勘测设计研究院
厦门海洋工程勘察设计研究院
福建省交通规划设计院
福建省港航管理局勘测中心
厦门地震勘测研究中心
厦门市测绘与基础地理信息中心
福建省制图院
厦门精图信息技术股份有限公司
福建绎天数字城市信息科技有限公司
福州开睿动力通信科技有限公司
厦门亿力吉奥信息科技有限公司
龙岩市勘察测绘大队

江西省（22 家）

江西有色地质测绘院
江西天久测绘院
江西省基础测绘院
江西省地理国情监测遥感院
江西省地矿测绘院
江西省煤田地质局测绘大队
江西省水利规划设计院
江西省地质矿产勘查开发局赣西地质调查大队
江西核工业测绘院
江西省交通设计院
江西南方测绘院
江西省测绘应急保障服务中心
江西省瑞华国土勘测规划工程有限公司
南昌市测绘勘察研究院
江西省基础地理信息中心
九江地质工程勘察院
江西省地质矿产勘查开发局赣东北大队
江西省国土资源测绘工程总院
中铁大桥局集团第五工程有限公司
江西省电力设计院
江西省赣西土木工程勘测设计院
核工业赣州工程勘察院

山东省（28 家）

青岛市勘察测绘研究院（青岛市基础地理信息与遥感中心）
山东正元地理信息工程有限责任公司
山东省国土测绘院
济南市勘察测绘研究院
临沂市国土资源局测绘院
山东省地图院
山东省第四地质矿产勘查院
山东明嘉勘察测绘有限公司
山东中煤物探测量总公司
山东省水利勘测设计院
潍坊市勘察测绘研究院
青岛海洋工程勘察设计研究院
淄博市勘察测绘研究院有限公司
山东省地质测绘院

山东海天地理信息工程有限公司
山东省城乡建设勘察院
中国石化集团胜利石油管理局
青岛海大工程勘察设计开发院有限公司
山东正元数字城市建设有限公司
山东省物化探勘查院
青岛创想互动数字科技有限公司
济南市房产测绘研究院
山东省经纬工程测绘勘察院
山东电力工程咨询院有限公司
山东省地质矿产勘查开发局第五地质大队
煤炭工业济南设计研究院有限公司
日照市城乡建设勘察测绘院有限公司
胜利油田胜利勘察设计研究院有限公司

河南省（26 家）

河南省有色测绘有限公司
郑州市市政工程勘测设计研究院
河南省地图院
河南省煤田地质局物探测量队
黄河水文勘察测绘局
中铁大桥局集团第一工程有限公司
河南省遥感测绘院
河南省测绘工程院
河南省基础地理信息中心
河南省地质测绘总院
河南省水利勘测有限公司
郑州市规划勘测设计研究院
信阳公路勘察设计院
河南省交通规划勘察设计院有限责任公司
河南省科学院地理研究所
河南省中纬测绘规划信息工程有限公司
河南省地球物理工程勘察院
小浪底工程咨询有限公司
黄河勘测规划设计有限公司
河南省电力勘测设计院
河南中化地质测绘院有限公司
河南省信阳工程地质勘察院
北京华星勘查新技术公司信阳测绘院
许昌地质测绘院
河南省啄木鸟地下管线检测有限公司
郑州中核岩土工程有限公司

湖北省（44 家）

立得空间信息技术股份有限公司
武汉中地数码科技有限公司
长江水利委员会长江科学院
中冶集团武汉勘察研究院有限公司
湖北省航测遥感院
湖北省神龙地质工程勘察院
武汉科岛地理信息工程有限公司
长江航道局
湖北省国土测绘院
武大吉奥信息技术有限公司
长江岩土工程总公司（武汉）
湖北省鄂东北地质大队
湖北省鄂东南地质大队
中交第二航务工程勘察设计院有限公司
中铁第四勘察设计院集团有限公司
湖北省基础地理信息中心（湖北省测绘成果档案馆）
湖北省地图院
湖北省电力勘测设计院
湖北省交通规划设计院
湖北省水利水电勘测设计院
中南勘察设计院（湖北）有限责任公司
长江空间信息技术工程有限公司（武汉）
中国电力工程顾问集团中南电力设计院
长江三峡勘测研究院有限公司（武汉）
长江水利委员会水文局
武汉市政工程设计研究院有限责任公司
中机三勘岩土工程有限公司
中铁大桥勘测设计院集团有限公司
中国长江三峡集团公司
湖北省测绘工程院
武汉市勘测设计研究院
长江水利委员会长江中游水文水资源勘测局
葛洲坝股份有限公司测绘工程院（中国葛洲坝水利水电工程集团有限公司测绘总队）
中工武大设计研究有限公司
中国石化集团江汉石油管理局地球物理勘探公司
中国石化集团江汉石油管理局勘察设计研究院
中交第二公路勘察设计研究院有限公司
中国地震局地震研究所
中国科学院测量与地球物理研究所
湖北同城一家网络科技有限责任公司

武汉市国土资源和规划信息中心（武汉市地理信息中心）
武汉航天远景科技有限公司
武汉市房产测绘中心
中铁大桥局集团第二工程有限公司

湖南省（30家）

湖南省勘测设计院
长沙市国土资源测绘院
常德市国土资源规划测绘院
湖南省勘察测绘院
湖南省第三测绘院（湖南省基础地理信息中心）
湘潭市勘测设计院
株洲中天高科技勘测工程有限公司
中国有色金属长沙勘察设计研究院有限公司
湖南省工程勘察院
中国水电顾问集团中南勘测设计研究院
湖南省地质测绘院
湖南省煤田地质局物探测量队
湖南省地球物理地球化学勘查院
长沙市规划勘测设计研究院
湖南科创电力工程技术有限公司
湖南省第一测绘院
湖南省第二测绘院
湖南省交通规划勘察设计院
中国水利水电第八工程局有限公司
核工业衡阳第二地质工程勘察院
衡阳市规划设计院
湖南省水利水电勘测设计研究总院
中国石化集团西南石油局第五物探大队
湖南省资源规划勘测院
湖南有色测绘院
湖南地图出版社
湖南省地质研究所（湖南省国土资源规划院）
湖南图维依动网络有限公司
株洲市规划设计院
湖南省湘南地质勘察院

广东省（40家）

深圳市凯立德科技股份有限公司
深圳市腾讯计算机系统有限公司
广州市城市规划勘测设计研究院
广东省国土资源测绘院
深圳市勘察研究院有限公司
深圳市勘察测绘院有限公司
广东省核工业地质局测绘院
广东省惠州七五六地质测绘工程公司
广东省电力设计研究院
广东省测绘技术公司
中交广州航道局有限公司
中交第四航务工程勘察设计院有限公司
中水珠江规划勘测设计有限公司
国家海洋局南海工程勘察中心
深圳市长勘勘察设计有限公司
深圳地质建设工程公司
深圳市地籍测绘大队
深圳市蓝天鹤测绘有限公司
深圳市水务规划设计院
广东省国土资源技术中心
深圳市中正测绘科技有限公司
珠海市测绘院
广州市房地产测绘院
广州市四维城科信息工程有限公司
广东省水利电力勘测设计研究院
广东省地图院
交通运输部南海航海保障中心广州海事测绘中心
广州海洋地质调查局
广东省地质测绘院
深圳市爱华勘测工程有限公司
深圳市车音网科技有限公司
深圳市规划国土房产信息中心
深圳市赛格导航科技股份有限公司
广州奥格智能科技有限公司
东莞市华业龙图信息技术有限公司
广州建通测绘技术开发有限公司
东莞市远峰科技有限公司
广东南方数码科技有限公司
广州华多网络科技有限公司
深圳超级云计算机科技有限公司

广西壮族自治区（16家）

广西有色勘察设计研究院
南宁市勘察测绘地理信息院
广西壮族自治区国土测绘院
广西航空遥感测绘院

广西壮族自治区基础地理信息中心
广西壮族自治区交通规划勘察设计研究院
广西壮族自治区水利电力勘测设计研究院
广西电力工业勘察设计研究院
桂林市测绘研究院
柳州市勘察测绘研究院
钦州市测绘院
广西第二测绘院
广西第一测绘院
广西地图院
北海市国土资源信息中心
南宁市国土资源信息中心

海南省（7 家）

国家测绘地理信息局第四航测遥感院
国家测绘地理信息局海南测绘资料信息中心
国家测绘地理信息局海南基础地理信息中心
国家测绘地理信息局第七地形测量队
海口市土地测绘院
海口市城市规划设计研究院
海南地质综合勘察设计院

重庆市（4 家）

重庆市地理信息中心
重庆市国土资源和房屋勘测规划院
国家测绘地理信息局重庆测绘院
重庆市勘测院

四川省（30 家）

四川省基础地理信息中心
中国石油集团川庆钻探工程有限公司地球物理勘探公司
四川省核工业地质调查院
成都市国土规划地籍事务中心
中国建筑材料工业地质勘查中心四川总队
中铁二院工程集团有限责任公司
中铁二局集团有限公司
中节能建设工程设计院有限公司
四川省遥感信息测绘院（国家测绘地理信息局第三航测遥感院）
四川省第一测绘工程院（国家测绘地理信息局第三大地测量队）
四川省地震局测绘工程院
四川省第三测绘工程院（国家测绘地理信息局地下管线勘测工程院）（国家测绘地理信息局第六地形测量队）
中国电力工程顾问集团西南电力设计院
四川省煤田测绘工程院
四川省水利水电勘测设计研究院
四川省地质测绘院
中国建筑西南勘察设计研究院有限公司
四川省川建勘察设计院
四川中水成勘院测绘工程有限责任公司
中冶成都勘察研究总院有限公司
四川省交通运输厅公路规划勘察设计研究院
成都地图出版社
成都市勘察测绘研究院
四川省交通运输厅交通勘察设计研究院
四川省冶金地质勘查局测绘工程大队
中国水利水电第七工程局有限公司
四川省冶金地质勘查局六〇一大队
四川省煤田地质局一三七队
中铁八局集团有限公司
四川空间信息产业发展有限公司

贵州省（14 家）

贵州省第一测绘院
贵州省第二测绘院
贵州地矿测绘院
贵州省水利水电勘测设计研究院
中国水电顾问集团贵阳勘测设计研究院
贵阳市测绘院
贵州黔美测绘工程院
贵州有色地质工程勘察公司
中铁五局（集团）有限公司
贵州省第三测绘院
贵州省地质矿产勘查开发局一〇六地质大队
中国建筑材料工业地质勘查中心贵州总队
贵州天地通科技有限公司
贵州省地质矿产勘查开发局一〇一地质大队

云南省（14 家）

昆明市国土规划勘察测绘研究院
云南省航测遥感信息院
国家林业局昆明勘察设计院
中国水电顾问集团昆明勘测设计研究院
昆明市测绘研究院（昆明市基础地理信息中心）
云南省测绘工程院

中国水利水电第十四工程局有限公司
云南省地矿测绘院
中国有色金属工业昆明勘察设计研究院
西南有色昆明勘测设计（院）股份有限公司
云南省交通规划设计研究院
云南省水利水电勘测设计研究院
云南省地震局形变测量中心
云南省地图院

西藏自治区（1 家）

西藏自治区测绘院

陕西省（35 家）

国家测绘地理信息局大地测量数据处理中心（陕西省第四测绘工程院）
中铁第一勘察设计院集团有限公司
陕西天润科技股份有限公司
中国电力工程顾问集团西北电力设计院
中铁一局集团第五工程有限公司
陕西省煤田地质局物探测量队
西北综合勘察设计研究院
西安市勘察测绘院
机械工业勘察设计研究院
国家测绘地理信息局第一大地测量队（国家测绘地理信息局精密工程测量院、陕西省第一测绘工程院）
国家测绘地理信息局第二地形测量队（陕西省第三测绘工程院）
西安长庆科技工程有限责任公司
西安大地测绘工程有限责任公司
西北有色金属测绘院
中国有色金属工业西安勘察设计研究院
宝鸡市勘察测绘院
陕西省水利电力勘测设计研究院
西安建材地质工程勘察院
国家测绘地理信息局第一航测遥感院（陕西省第五测绘工程院）
神华神东煤炭集团有限责任公司（地质勘探测量公司）
国家测绘地理信息局第一地形测量队（陕西省第二测绘工程院）
陕西省交通规划设计研究院
西安中勘工程有限公司
中国水利水电第三工程局有限公司
国家测绘地理信息局陕西基础地理信息中心（国家测绘地理信息局陕西测绘资料档案馆）
西安煤航信息产业有限公司
陕西省地质矿产勘查开发局测绘队（陕西国土测绘工程院）
西安华测航摄遥感有限公司
咸阳市勘察测绘院
中煤西安设计工程有限责任公司
中国地震局第二监测中心
西安地图出版社（陕西省第六测绘工程院）
中交第一公路勘察设计研究院有限公司
中铁一局集团第四工程有限公司
西安中飞航空遥感技术有限公司

甘肃省（13 家）

甘肃省测绘工程院
甘肃省地质矿产勘查开发局测绘勘查院
兰州市城市建设设计院
甘肃有色工程勘察设计研究院
甘肃省水利水电勘测设计研究院
中国水电顾问集团西北勘测设计研究院
兰州市勘察测绘研究院
天水三和数码测绘院
甘肃省基础地理信息中心
甘肃省交通规划勘察设计院有限责任公司
甘肃省地图院
甘肃省国土资源规划研究院
甘肃煤田地质局综合普查队

青海省（10 家）

青海煤炭地质局测绘工程院
青海省地矿测绘院
青海省水利水电勘测设计研究院
中国水利水电第四工程局有限公司
青海省第一测绘院
青海省第二测绘院
青海省基础地理信息中心
青海天域北斗数码测绘科技有限公司
西宁市测绘院
青海省核工业地质局

宁夏回族自治区（3 家）

宁夏回族自治区基础测绘院
宁夏回族自治区国土测绘院

宁夏回族自治区遥感测绘勘查院（宁夏回族自治区遥感中心）

新疆维吾尔自治区（15 家）

新疆维吾尔自治区基础地理信息中心
乌鲁木齐市国土资源勘测规划院
新疆维吾尔自治区第一测绘院
新疆地矿测绘院
乌鲁木齐市城市勘察测绘院
水利部新疆维吾尔自治区水利水电勘测设计研究院
新疆维吾尔自治区交通规划勘察设计研究院
新疆国土资源规划研究院
新疆电力设计院
新疆生产建设兵团勘测规划设计研究院
新疆维吾尔自治区第二测绘院
新疆石油勘察设计研究院（有限公司）
塔城地区国土资源规划研究院
新疆维吾尔自治区煤田地质局综合地质勘查队
新疆水利水电勘测设计研究院疆海测绘院

索 引

0 ~ 9

1:1 万数据库整合升级 …… 118
1:5 万基础地理信息数据 2011 版成果推广 …… 128
2000 国家大地坐标系推广使用（海南） 265
2000 国家大地坐标系推广应用 …… 118
2000 国家大地坐标系转换工作（大连） 318
2012 年度注册测绘师资格考试 …… 141
2012 年河北省级基础测绘计划 …… 172
2012 年厦门市卫星遥感影像 …… 329
2013 年导航电子地图检测 …… 123
"3+1" 工程宣传 …… 145
"8·29" 全国测绘法宣传日活动 …… 116
"927" 工程 …… 119
"927" 工程成果质量验收工作 …… 123

A ~ Z

GNSS 基准站（西藏） …… 288
GNSS 基准站运行与维护 …… 118
GNSS 站建设（贵州） …… 281
GNSS 站建设（青海） …… 300
HNCORS 综合应用服务系统 …… 249
JLCORS 应用与运行维护 …… 191
NBCORS 保障服务 …… 323

A

安全生产（河北） …… 172
安全生产（湖北） …… 245
安全生产（青海） …… 301
安全生产（山东） …… 232
安全生产（新疆） …… 311
安全生产管理（黑龙江） …… 198
安全生产管理（吉林） …… 192
鞍钢集团工程技术有限公司 …… 349

B

版权引进及对外合作 …… 148
帮扶工作（甘肃） …… 298
帮困扶贫（吉林） …… 195
保持党的纯洁性学习教育活动（山西） 181
保定金迪地下管线探测工程有限公司… 343
保密管理（安徽） …… 219
保密检查（青岛） …… 317
保密检查（深圳） …… 326
保障服务（江西） …… 228
保障服务（陕西） …… 293
保障服务（西藏） …… 289
北海航海保障中心天津海事测绘中心… 339
北海市国土资源信息中心 …… 386
北京测绘学会 …… 164
北京东方新星石化工程股份有限公司… 333
北京老虎宝典科技有限责任公司 …… 333
北京人文地理编制 …… 163
北京三正科技有限公司 …… 334
北京市测绘设计研究院"十二五"发展规划 …… 162
北京市地理信息产业政策研究 …… 158
边少专项补助经费 …… 117
标准体系（上海） …… 204
部门协作工作机制 …… 115

C

财务保障 …… 137
《测绘》期刊 …… 279
测绘保障服务（湖南） …… 251
测绘成果归档管理（山西） …… 180
测绘成果检验（大连） …… 319
测绘档案成果归档情况 …… 127
测绘档案成果资料提供情况 …… 128
测绘档案管理 …… 127
测绘档案管理（深圳） …… 327
测绘档案信息化建设 …… 128
测绘档案资料收集 …… 127
测绘地理信息报刊、网站宣传 …… 146
测绘地理信息产品认证研究 …… 124
测绘地理信息发展战略研究 …… 117
测绘地理信息服务（辽宁） …… 187
测绘地理信息服务（青岛） …… 317
测绘地理信息服务保障（厦门） …… 330
测绘地理信息行政管理体制改革研究… 113
测绘地理信息行政管理网络平台（吉林） …… 190
测绘地理信息行政执法 …… 115
测绘地理信息行政执法实用手册 …… 116
测绘地理信息立法（山西） …… 178
测绘地理信息市场信用体系建设 …… 125
测绘地理信息市场信用体系建设（深圳） …… 326
测绘地理信息市场专项检查（大连）… 319
测绘地理信息市场综合整治（云南）… 284
测绘地理信息图书出版 …… 148
测绘地理信息应急保障服务（安徽）… 219
测绘地理信息应急保障服务（深圳）… 327
测绘地理信息应急保障宣传 …… 146
测绘地理信息重大活动宣传 …… 146
测绘法规宣传（宁波） …… 322
测绘法修订 …… 114
测绘法宣传（青岛） …… 317
测绘法宣传（深圳） …… 326
测绘法宣传（四川） …… 275
测绘法宣传（云南） …… 284
测绘法宣传活动（厦门） …… 329
测绘基准管理（湖北） …… 245
测绘基准管理（江西） …… 227
测绘基准建设（新疆） …… 310
测绘基准体系建设（深圳） …… 326
测绘科技成果（河北） …… 175
测绘科技工作（海南） …… 266
测绘普法（吉林） …… 190
测绘普法（江苏） …… 207
测绘市场信用体系建设（北京） …… 162
测绘卫星规划 …… 121
测绘卫星科研 …… 122
测绘项目（上海） …… 203
测绘项目备案登记（辽宁） …… 186
测绘项目登记和成果汇交（青岛） …… 317
测绘项目验收（山西） …… 180
测绘仪器检定（广西） …… 260
测绘仪器检定（山西） …… 180
测绘应急（四川） …… 274
测绘应急保障（贵州） …… 282
测绘应急保障（河北） …… 175
测绘援疆工作（深圳） …… 327

测绘援疆工作（新疆） ………………… 310
测绘执法（山西） …………………… 179
测绘质量管理体系可行性研究 ……… 123
测绘质量行政管理（陕西） ………… 292
测绘质量和档案保密管理考核（大连） 319
测绘资料管理（安徽） ……………… 218
测绘资质管理（广西） ……………… 260
测绘资质管理（河北） ……………… 171
测绘资质管理（黑龙江） …………… 197
测绘资质管理（青岛） ……………… 317
测绘资质管理（山西） ……………… 179
测绘资质管理（新疆） ……………… 310
测绘资质行政许可（北京） ………… 162
测绘资质年度注册（宁波） ………… 322
测绘资质与市场管理（湖北） ……… 245
测量标志保管（青岛） ……………… 318
测量标志保护（福建） ……………… 223
测量标志保护（湖北） ……………… 246
测量标志保护（宁夏） ……………… 306
测量标志保护（新疆） ……………… 310
测量标志保护（云南） ……………… 285
测量标志保护管理（大连） ………… 320
测量标志管护（厦门） ……………… 329
测量标志管护（山东） ……………… 232
测量标志管理（广西） ……………… 260
测量标志管理（河北） ……………… 174
测量标志管理（河南） ……………… 241
测量标志管理（吉林） ……………… 193
测量标志管理（江苏） ……………… 209
测量标志管理（山西） ……………… 180
长春市测绘院 ………………………… 353
长春市国土测绘院 …………………… 351
长江岩土工程总公司（武汉） ……… 377
车载三维激光与全景影像智能测量系统（宁波） ……………………………… 324
成都市国土规划地籍事务中心 ……… 390
成都市勘察测绘研究院 ……………… 393
成果保密（山东） …………………… 233
成果保密（上海） …………………… 204
成果保密管理（河北） ……………… 173
成果保密管理（河南） ……………… 241
成果保密检查（吉林） ……………… 193
成果保密检查（天津） ……………… 167
成果保密检查与销毁（宁波） ……… 323
成果保密专项检查（重庆） ………… 271
成果档案管理与成果汇交（江西） … 227
成果分发服务（福建） ……………… 224
成果服务（海南） …………………… 266
成果服务（河南） …………………… 240
成果共享与深化合作（四川） ……… 277
成果管理（广东） …………………… 255
成果管理（海南） …………………… 265
成果管理（湖南） …………………… 251
成果管理（吉林） …………………… 192
成果管理（江苏） …………………… 208
成果管理（青海） …………………… 302
成果管理（上海） …………………… 204
成果管理（四川） …………………… 277
成果管理（云南） …………………… 285
成果管理使用（辽宁） ……………… 186
成果管理与提供（新疆） …………… 312
成果汇交（福建） …………………… 224
成果汇交（山东） …………………… 233
成果汇交（新疆） …………………… 312
成果汇交管理（河北） ……………… 173
成果汇交和审批（陕西） …………… 293
成果汇交与分发（河南） …………… 240
成果汇交与资料档案建设（湖北） … 246
成果汇交制度建设（厦门） ………… 330
成果开发利用（安徽） ……………… 219
成果开发应用（福建） ……………… 224
成果目录汇交（宁波） ……………… 323
成果提供（甘肃） …………………… 297
成果提供（河南） …………………… 240
成果提供（江西） …………………… 227
成果提供（青岛） …………………… 317
成果提供（西藏） …………………… 289
成果提供（云南） …………………… 286
成果提供使用（湖北） ……………… 246
成果提供使用（吉林） ……………… 193
成果提供使用（浙江） ……………… 214
成果提供与汇交（黑龙江） ………… 199
成果提供与应用（陕西） …………… 293
成果推广（全国） …………………… 129
成果推广管理 ………………………… 129
成果推广应用（黑龙江） …………… 199
成果推广应用与保障服务（湖北） … 247
成果应用（海南） …………………… 266
成果应用（河北） …………………… 173
成果应用（上海） …………………… 204
成果应用（四川） …………………… 277
成果应用与服务（广西） …………… 261
成果质量监督管理（河北） ………… 172
成果质量监管（辽宁） ……………… 186
成果质量检查（重庆） ……………… 271
成果质量与仪检管理（山东） ……… 231
成果资料提供应用（深圳） ………… 327
承德华勘五一四测绘有限公司 ……… 343
城乡规划应用（重庆） ……………… 271
重庆测绘院科技工作 ………………… 272
重庆轨道交通中期规划线路基准控制网 270
重庆历史地图集 ……………………… 271
重庆市场信用信息管理办法实施细则 269
重庆市地理信息中心（重庆市遥感中心） ……………………………………… 388
重庆市国家基础测绘地理信息数据处理基地建设 ……………………………… 269
重庆市国土资源和房屋勘测规划院 … 389
重庆市勘测院（重庆市地图编制中心） 389
重庆主城区地下空间普查 270 出版总量 147
创建学习型党组织 …………………… 153
创先争优（四川） …………………… 278
创先争优和先进典型事迹宣传 ……… 146
创先争优活动 ………………………… 153
创先争优活动（大连） ……………… 321
创先争优活动（辽宁） ……………… 187
创先争优活动（宁波） ……………… 324

D

打通“断头路”测绘保障（宁波） … 324
大比例尺测图项目（厦门） ………… 329
大连九成测绘信息有限公司 ………… 348
大连市测绘成果档案管理及分发系统 320
大连市饮用水源环境保护信息管理系统 320
党的建设（北京） …………………… 164
党的建设（福建） …………………… 225
党的建设（广东） …………………… 256
党的建设（广西） …………………… 261
党的建设（河南） …………………… 241
党的建设（江苏） …………………… 210
党的建设（山西） …………………… 181
党的建设（陕西） …………………… 294
党的建设（西藏） …………………… 289
党的建设（重庆） …………………… 273
党风廉政建设（广东） ……………… 256
党风廉政建设（广西） ……………… 262
党风廉政建设（海南） ……………… 267
党风廉政建设（黑龙江） …………… 200
党风廉政建设（湖北） ……………… 248
党风廉政建设（湖南） ……………… 252
党风廉政建设（吉林） ……………… 195
党风廉政建设（江西） ……………… 228
党风廉政建设（青海） ……………… 303
党风廉政建设（山西） ……………… 181
党风廉政建设（新疆生产建设兵团） 315
党风廉政建设（浙江） ……………… 216
党建工作（海南） …………………… 267
党建工作（河北） …………………… 175
党建工作（湖北） …………………… 247
党建工作（江西） …………………… 228

党建工作（山东） …………………… 235
党建工作（新疆） …………………… 313
党建工作（新疆生产建设兵团） …… 315
党建工作（浙江） …………………… 216
党建工作和党风廉政建设（深圳） … 327
党政人才队伍建设 …………………… 138
导航电子地图快速审查机制 ………… 125
地方工作概况安徽省 ………………… 217
地方工作概况北京市 ………………… 161
地方工作概况大连市 ………………… 318
地方工作概况福建省 ………………… 220
地方工作概况甘肃 …………………… 295
地方工作概况广东省 ………………… 253
地方工作概况广西 …………………… 257
地方工作概况贵州省 ………………… 279
地方工作概况海南省 ………………… 263
地方工作概况河北省 ………………… 168
地方工作概况河南省 ………………… 236
地方工作概况黑龙江省 ……………… 196
地方工作概况湖北省 ………………… 243
地方工作概况湖南省 ………………… 249
地方工作概况吉林省 ………………… 188
地方工作概况江苏省 ………………… 206
地方工作概况江西省 ………………… 226
地方工作概况辽宁省 ………………… 184
地方工作概况内蒙古自治区 ………… 182
地方工作概况宁波市 ………………… 321
地方工作概况宁夏回族自治区 ……… 305
地方工作概况青岛市 ………………… 316
地方工作概况青海省 ………………… 299
地方工作概况厦门市 ………………… 328
地方工作概况山东省 ………………… 229
地方工作概况山西省 ………………… 176
地方工作概况陕西省 ………………… 290
地方工作概况上海市 ………………… 201
地方工作概况深圳市 ………………… 325
地方工作概况四川 …………………… 274
地方工作概况天津市 ………………… 165
地方工作概况西藏自治区 …………… 287
地方工作概况新疆维吾尔自治区 …… 308
地方工作概况云南省 ………………… 283
地方工作概况浙江省 ………………… 212
地方工作概况重庆市 ………………… 268
地方基础测绘（重庆） ……………… 270
地方社团科技活动（新疆） ………… 314
地方社团科普培训（新疆） ………… 314
地方社团评奖工作（甘肃） ………… 299
地方社团日常工作（湖南） ………… 253
地方社团学术交流（甘肃） ………… 299
地方社团学术交流（湖南） ………… 253
地方社团学术交流（山东） ………… 236
地方社团学术交流（新疆） ………… 314
地方社团学术交流活动（海南） …… 268
地方社团组织建设（湖南） ………… 253
地方社团组织建设（山东） ………… 235
地方学会组织建设（海南） ………… 268
地方执法指导 ………………………… 115
地籍调查办理（厦门） ……………… 330
地理国情监测（安徽） ……………… 218
地理国情监测（北京） ……………… 162
地理国情监测（福建） ……………… 221
地理国情监测（广东） ……………… 254
地理国情监测（广西） ……………… 258
地理国情监测（贵州） ……………… 280
地理国情监测（河北） ……………… 169
地理国情监测（河南） ……………… 237
地理国情监测（黑龙江） …………… 197
地理国情监测（湖北） ……………… 244
地理国情监测（湖南） ……………… 250
地理国情监测（吉林） ……………… 189
地理国情监测（江苏） ……………… 207
地理国情监测（江西） ……………… 226
地理国情监测（辽宁） ……………… 184
地理国情监测（宁波） ……………… 322
地理国情监测（青海） ……………… 300
地理国情监测（山东） ……………… 230
地理国情监测（陕西） ……………… 290
地理国情监测（上海） ……………… 202
地理国情监测（四川） ……………… 275
地理国情监测（天津） ……………… 166
地理国情监测（新疆） ……………… 309
地理国情监测（云南） ……………… 284
地理国情监测（浙江） ……………… 213
地理国情监测（重庆） ……………… 269
地理国情监测机构建设 ……………… 112
地理国情监测技术体系建设 ………… 113
地理国情监测立项 …………………… 117
地理国情监测立项筹备 ……………… 112
地理国情监测试点工作（海南） …… 264
地理国情监测体制机制研究 ………… 114
地理国情监测组织管理 ……………… 112
地理国情普查（甘肃） ……………… 296
地理市情监测应用于土地利用现状变更调查试验课题（厦门） ……………… 328
地理信息产业（广东） ……………… 254
地理信息产业（湖北） ……………… 244
地理信息产业（吉林） ……………… 189
地理信息产业（江苏） ……………… 207
地理信息产业（江西） ……………… 226
地理信息产业（山东） ……………… 230
地理信息产业（陕西） ……………… 291
地理信息产业（上海） ……………… 202
地理信息产业（浙江） ……………… 213
地理信息产业发展（四川） ………… 275
地理信息产业发展专项经费 ………… 118
地理信息产业园区建设 ……………… 113
地理信息产业政策 …………………… 113
地理信息产业总体情况 ……………… 113
地理信息创新园（天津） …………… 167
地理信息工作服务生态文明建设（河北） ……………………………………… 174
地理信息公共服务（吉林） ………… 193
地理信息公共服务平台（山西）……… 178
地理信息公共服务平台（重庆）……… 271
地理信息公共服务平台建设（吉林）… 189
地理信息共享服务平台（宁波） …… 321
地理信息共享服务平台应用（宁波）… 323
地理信息市场专项监管工作（河北）… 171
地理信息市场专项整治（新疆） …… 310
地理信息市场专项整治“回头看”（辽宁） ……………………………………… 186
地理信息系统测试与质量评价体系项目 124
地面沉降监测（十二期）（宁波） … 323
地市级测管机构更名挂牌（黑龙江） 197
地图编制（广东） …………………… 255
地图编制（江苏） …………………… 209
地图编制（山西） …………………… 180
地图编制出版（上海） ……………… 203
地图编制管理与审核（湖北） ……… 246
地图编制审查（山西） ……………… 180
地图编制审核（天津） ……………… 167
地图编制与出版（安徽） …………… 219
地图编制与出版（广西） …………… 261
地图编制与出版（海南） …………… 266
地图编制与出版（河北） …………… 173
地图出版（北京） …………………… 163
地图出版（大连） …………………… 320
地图出版（甘肃） …………………… 297
地图出版（河南） …………………… 240
地图出版（黑龙江） ………………… 198
地图出版（湖南） …………………… 251
地图出版（吉林） …………………… 192
地图出版（宁波） …………………… 323
地图出版（青海） …………………… 302
地图出版（山东） …………………… 233
地图出版（四川） …………………… 276
地图出版（西藏） …………………… 288
地图出版（浙江） …………………… 214
地图导航定位产品测评工作 ………… 126
地图服务（江西） …………………… 227

地图公共服务（福建） …………………… 223
地图公共服务（新疆） …………………… 311
地图管理（甘肃） ………………………… 297
地图管理（黑龙江） ……………………… 198
地图管理（江西） ………………………… 227
地图管理（四川） ………………………… 276
地图管理（西藏） ………………………… 288
地图管理（浙江） ………………………… 214
地图管理工作调查研究…………………… 126
地图管理条例立法 ……………………… 114
地图管理文件选编 ……………………… 125
地图管理与地图公共服务（陕西） … 293
地图监管与审核（河北） ……………… 173
地图审查（安徽） ………………………… 218
地图审核（北京） ………………………… 163
地图审核（福建） ………………………… 223
地图审核（广西） ………………………… 261
地图审核（海南） ………………………… 266
地图审核（湖南） ………………………… 251
地图审核（宁夏） ………………………… 306
地图审核（青海） ………………………… 302
地图审核（新疆） ………………………… 311
地图审核（重庆） ………………………… 271
地图审核管理（贵州） ………………… 282
地图审核管理（吉林） ………………… 192
地图审核管理（全国） ………………… 125
地图审核管理（上海） ………………… 203
地图市场管理（山东）…………………… 232
地图市场监管（大连） ………………… 320
地图市场监管（福建） ………………… 223
地图市场监管（广东） ………………… 255
地图市场监管（广西） ………………… 260
地图市场监管（河南） ………………… 239
地图市场监管（湖北） ………………… 246
地图市场监管（辽宁） ………………… 186
地图市场监管（天津） ………………… 167
地图市场监管（新疆） ………………… 311
地图市场监管和国家版图意识宣传教育（贵州） ……………………………………… 282
地图市场调查 …………………………… 126
地图市场专项治理（宁波） …………… 322
地图应用服务（天津） ………………… 167
地形图测绘及地下管线修补测（深圳） 327
地形图更新（大连） …………………… 319
第二次地名普查（大连） ……………… 318
电力管线普查测绘保障服务（宁波）… 324
东部城市群建设测绘保障（青海） … 302
队伍建设（甘肃） ……………………… 298
队伍建设（青海） ……………………… 304
对外合作和交流（海南） ……………… 266
对外合作与交流（河北） ……………… 175
对外合作与交流（黑龙江） …………… 200
对外交流（广东） ……………………… 256
对外交流（山西） ……………………… 181
对外交流（陕西） ……………………… 294
对外宣传（四川） ……………………… 275

F

法规建设（吉林） ……………………… 190
法规建设（江苏） ……………………… 207
法规建设（上海） ……………………… 202
法规体系建设（陕西） ………………… 291
法规宣传（山东） ……………………… 230
法规政策研究 …………………………… 114
法制工作参考 …………………………… 115
法制建设（大连） ……………………… 318
法制建设（福建） ……………………… 221
法制建设（广西） ……………………… 259
法制建设（贵州） ……………………… 280
法制建设（黑龙江） …………………… 197
法制建设（青岛） ……………………… 316
法制建设（青海） ……………………… 300
法制建设（山东） ……………………… 230
法制建设（四川） ……………………… 275
法制建设（天津） ……………………… 166
法制建设和市场监管宣传 ……………… 146
法制建设与市场监管 …………………… 275
法制培训（辽宁） ……………………… 185
法制培训（内蒙古） …………………… 183
法制培训（宁夏） ……………………… 306
法制宣传（安徽） ……………………… 218
法制宣传（大连） ……………………… 319
法制宣传（福建） ……………………… 222
法制宣传（贵州） ……………………… 281
法制宣传（海南） ……………………… 264
法制宣传（河南） ……………………… 238
法制宣传（湖北） ……………………… 245
法制宣传（江西） ……………………… 227
法制宣传（辽宁） ……………………… 185
法制宣传（宁夏） ……………………… 306
法制宣传（青海） ……………………… 300
法制宣传（山西） ……………………… 179
法制宣传（上海） ……………………… 202
法制宣传（西藏） ……………………… 288
法制宣传教育（广西） ………………… 259
法制宣传教育（河北） ………………… 170
法制宣传教育（陕西） ………………… 291
法制宣传教育（新疆） ………………… 309
法治建设有奖征文 ……………………… 116
反腐倡廉建设（北京） ………………… 164
防灾应急服务（重庆） ………………… 271
房产测绘成果信息化（厦门） ………… 330
房产测绘管理（山西） ………………… 179
丰富老干部文体活动 …………………… 140
扶贫帮困（新疆生产建设兵团） …… 315
服务保障型测绘项目（西藏） ……… 288
服务国土资源工作（河北） ………… 174
服务国土资源管理（吉林） ………… 194
服务经济建设（河北） ………………… 174
服务全省国土资源管理（山东） …… 233
服务全省土地变更调查（安徽） …… 219
服务厦门市重点工程 …………………… 330
服务社会及政府公共管理（山东） … 234
服务新农村建设（浙江） ……………… 215
服务政府部门（吉林） ………………… 193
服务政府部门（浙江） ………………… 214
服务重大规划战略（山东） ………… 233

G

甘肃煤田地质局综合普查队 ………… 404
甘肃省地质矿产勘查开发局测绘勘查院 403
甘肃省基础地理信息中心 …………… 404
“感动·厦门国土房产”活动 ……… 330
干部队伍建设（新疆） ……………… 313
港澳台合作与交流 …………………… 216
港澳台及国际交流与合作（山东） … 234
“高德杯”中国位置应用大赛 ……… 158
工程测量员国家题库建设 …………… 141
工作会议（吉林） …………………… 190
公共服务（青海） …………………… 302
公共平台建设（广东） ……………… 255
公益用图（厦门） …………………… 329
共建共享（福建） …………………… 224
共建共享（贵州） …………………… 282
共建共享（青海） …………………… 300
共建共享（厦门） …………………… 330
共建共享（天津） …………………… 167
共建共享（新疆） …………………… 312
共建共享项目（河北） ……………… 174
共青团工作（河南） ………………… 242
“挂包帮”活动（四川） …………… 279
关于 GPS 应用监管措施的研究报告 … 160
管理体制建设（广西） ……………… 258
管理体制建设（四川） ……………… 275
管理体制建设（浙江） ……………… 212
管理制度创新（辽宁） ……………… 185
广东省测绘技术公司 ………………… 380
广东省测绘学会 ……………………… 257
广东省地图院 ………………………… 381
广东省地质测绘院 …………………… 381

广东省国土资源测绘院 …… 380
广东省国土资源技术中心（广东省基础地理信息中心） …… 381
广东省遥感与地理信息系统学会 …… 257
广西 CORS 基础设施建设项目 …… 259
广西测绘科技信息站 …… 263
广西测绘学会 …… 262
广西城镇三维地籍数据库建设 …… 259
广西地图院 …… 385
广西第二测绘院 …… 385
广西第一测绘院 …… 385
广西电力工业勘察设计研究院 …… 384
广西定向运动协会 …… 263
广西航空遥感测绘院 …… 383
广西卫星遥感应用综合实验基地建设… 259
广西遥感学会 …… 263
广西有色勘察设计研究院 …… 382
广西壮族自治区国土测绘院 …… 383
广西壮族自治区基础地理信息中心 … 383
广西壮族自治区水利电力勘测设计研究院 …… 384
广州奥格智能科技有限公司 …… 382
广州市城市规划勘测设计研究院 …… 379
规划编制（河南） …… 236
规划计划（山东） …… 231
规划与计划（贵州） …… 281
规划与计划（新疆生产建设兵团） … 314
轨道交通测绘保障服务（宁波） …… 324
贵州地矿测绘院 …… 395
桂林市测绘研究院 …… 384
国产测图卫星三线阵立体测绘关键技术研究 …… 122
国际合作（江西） …… 228
国际合作（青海） …… 303
国际合作与交流（江苏） …… 210
国际合作与交流（浙江） …… 215
国际化人才培养 …… 142
国际交流（四川） …… 278
国际交流（云南） …… 286
国家版图意识教育（江西） …… 227
国家版图意识宣传教育 …… 145
国家版图意识宣传教育（重庆） …… 270
国家版图意识宣传教育（福建） …… 223
国家版图意识宣传教育（广东） …… 255
国家版图意识宣传教育（广西） …… 261
国家版图意识宣传教育（海南） …… 265
国家版图意识宣传教育（河北） …… 173
国家版图意识宣传教育（河南） …… 239
国家版图意识宣传教育（湖北） …… 246
国家版图意识宣传教育（湖南） …… 251
国家版图意识宣传教育（吉林） …… 192
国家版图意识宣传教育（江苏） …… 209
国家版图意识宣传教育（宁波） …… 323
国家版图意识宣传教育（宁夏） …… 307
国家版图意识宣传教育（青岛） …… 317
国家版图意识宣传教育（青海） …… 302
国家版图意识宣传教育（厦门） …… 329
国家版图意识宣传教育（山东） …… 233
国家版图意识宣传教育（山西） …… 179
国家版图意识宣传教育（陕西） …… 293
国家版图意识宣传教育（上海） …… 203
国家版图意识宣传教育（四川） …… 276
国家版图意识宣传教育（新疆） …… 311
国家测绘地理信息局大地测量数据处理中心（陕西省第四测绘工程院） …… 398
国家测绘地理信息局第二大地测量队（黑龙江第一测绘工程院） …… 356
国家测绘地理信息局第二地形测量队（陕西省第三测绘工程院） …… 400
国家测绘地理信息局第七地形测量队… 387
国家测绘地理信息局第三地形测量队（黑龙江第二测绘工程院） …… 357
国家测绘地理信息局第四地形测量队（黑龙江第三测绘工程院） …… 356
国家测绘地理信息局第四航测遥感院… 386
国家测绘地理信息局第一大地测量队（国家测绘地理信息局精密工程测量院、陕西省第一测绘工程院） …… 399
国家测绘地理信息局第一地理信息制图院（陕西省第六测绘工程院） …… 402
国家测绘地理信息局第一地形测量队（陕西省第二测绘工程院） …… 401
国家测绘地理信息局第一航测遥感院（陕西省第五测绘工程院） …… 401
国家测绘地理信息局海南测绘资料信息中心 …… 387
国家测绘地理信息局海南基础地理信息中心 …… 387
国家测绘地理信息局黑龙江基础地理信息中心（国家测绘地理信息局黑龙江测绘资料档案馆） …… 355
国家测绘地理信息局经济管理科学研究所（黑龙江省测绘科学研究所） …… 358
国家测绘地理信息局陕西基础地理信息中心（国家测绘地理信息局陕西测绘资料档案馆） …… 401
国家测绘地理信息局系统保障服务工作 130
国家地理信息产业发展规划编制 …… 117
国家地理信息应急监测系统和无人飞机航摄系统推广应用 …… 120
国家海岛（礁）测绘一期工程（广西） 261
国家基础测绘（黑龙江） …… 197
国家基础测绘（陕西） …… 292
国家基础测绘（重庆） …… 270
国家基础测绘项目（广东） …… 254
国家基础测绘项目（江苏） …… 208
国家基础测绘项目（四川） …… 276
国家基础地理信息数据库动态更新 … 118
国家基础地理信息中心科技项目 …… 132
国家基础航空航天遥感影像获取项目（二期）若尔盖项目 …… 120
国家基础航空摄影 …… 119
国家级科技项目 …… 131
国家秘密成果管理（厦门） …… 330
国家水准原点网复测 …… 119
国家现代测绘基准体系基础设施建设一期工程 …… 123
国家现代基准工程建设（海南） …… 265
国家支持藏区基础测绘建设资金 …… 117
国家重大专项测绘（黑龙江） …… 198
国家重大专项测绘（陕西） …… 292
国家重大专项测绘（重庆） …… 270
国界线审核 …… 121
国土测绘（重庆） …… 270
国信司南（北京）地理信息技术有限公司 …… 334
国有资产管理 …… 137

H

哈尔滨测量高等专科学校测量工程公司 359
哈尔滨市勘察测绘研究院 …… 357
海岛（礁）测绘工程项目 …… 117
海口市城市规划设计研究院 …… 388
海口市土地测绘院 …… 387
海南岛 1:5 万地形数据库重点要素更新 265
海南地质综合勘察设计院 …… 388
海南国际旅游岛数字地理空间框架建设 263
海南省 1:1 万基础地理信息数据库更新 265
海南省标准画法示意地图 …… 266
海洋测绘（宁波） …… 323
海洋测绘（浙江） …… 213
海洋权益研究 …… 114
行业工作概况北京市 …… 333
行业工作概况甘肃省 …… 403
行业工作概况广东省 …… 379
行业工作概况广西壮族自治区 …… 382
行业工作概况贵州省 …… 395
行业工作概况海南省 …… 386
行业工作概况河北省 …… 339
行业工作概况河南省 …… 374

行业工作概况黑龙江省 …………………… 354
行业工作概况湖北省 …………………… 376
行业工作概况吉林省 …………………… 351
行业工作概况江苏省 …………………… 360
行业工作概况江西省 …………………… 367
行业工作概况辽宁省 …………………… 348
行业工作概况宁夏回族自治区 ……… 406
行业工作概况青海省 …………………… 404
行业工作概况山东省 …………………… 371
行业工作概况山西省 …………………… 346
行业工作概况陕西省 …………………… 398
行业工作概况四川省 …………………… 390
行业工作概况天津市 …………………… 334
行业工作概况新疆维吾尔自治区 …… 407
行业工作概况云南省 …………………… 396
行业工作概况浙江省 …………………… 364
行业工作概况重庆市 …………………… 388
行业共享应用（重庆） ……………… 272
行业目标考评（辽宁） ……………… 185
杭州市勘测设计研究院 ……………… 365
杭州思易电子系统工程有限公司 …… 366
航海天文历编制 ……………………… 120
合作共建（安徽） …………………… 219
合作共建（北京） …………………… 163
合作共建（甘肃） …………………… 298
合作共建（海南） …………………… 267
合作共建（河北） …………………… 174
合作共建（湖北） …………………… 246
合作共建（陕西） …………………… 293
合作交流（安徽） …………………… 220
合作交流（福建） …………………… 225
合作交流（上海） …………………… 205
合作与交流（吉林） ………………… 194
河北恒华信息技术有限公司 ………… 345
河北九华勘查测绘有限责任公司（华北地质勘查局五一九大队） ………………… 340
河北省帮扶村规划紧急测图任务 …… 172
河北省保定地质工程勘查院 ………… 340
河北省测绘行业协会 ………………… 176
河北省测绘学会 ……………………… 176
河北省地矿局秦皇岛资源环境勘查院… 345
河北省地矿局石家庄综合地质大队 … 344
河北省地理信息事业发展第十二个五年规划纲要 ……………………………… 172
河北省地质测绘院（河北省欣航测绘院） ……………………………………… 344
河北省第三测绘院 …………………… 344
河北省基础地理信息中心 …………… 339
河北省水利水电第二勘测设计研究院 341
河北省水利水电勘测设计研究院 …… 341
河北省制图院 ………………………… 342
河北天元地理信息科技工程有限公司（中国冶金地质勘查工程总局一局测绘大队） 344
河北中色测绘有限公司（北京中色测绘院有限公司） ……………………………… 342
河南省测绘成果管理办法 …………… 238
河南省测绘工程院 …………………… 375
河南省导航卫星连续运行参考站系统整合及运营管理 ……………………………… 237
河南省地图院 ………………………… 374
河南省基础地理信息中心 …………… 375
河南省遥感测绘院 …………………… 374
河南省自然资源与地理空间基础信息库项目 ……………………………………… 238
核工业航测遥感中心 ………………… 345
黑河市航空航天遥感正射影像图 …… 198
黑龙江地理信息工程院 ……………… 358
黑龙江龙飞航空摄影有限公司 ……… 359
黑龙江农垦勘测设计研究院 ………… 357
黑龙江省地质矿产局测绘院 ………… 356
黑龙江省航道局 ……………………… 359
黑龙江省连续运行卫星参考站建设和似大地水准面精化 ………………………… 198
黑龙江省林业设计研究院 …………… 357
黑龙江省煤田地质物测队 …………… 357
黑龙江省区域经济规划专题应用示范系统 ……………………………………… 199
黑龙江中海经测空间信息技术有限公司 359
弘扬老西藏精神 ……………………… 289
后续测绘卫星立项实施 ……………… 122
湖北测绘地理信息发展大厦 ………… 244
湖北省测绘地理信息科技馆 ………… 244
湖北省测绘行业协会 ………………… 248
湖北省测绘学会 ……………………… 248
湖北省地震局 ………………………… 378
湖北省电力勘测设计院 ……………… 377
湖北省鄂东北地质大队 ……………… 377
湖北省国土测绘院 …………………… 377
湖北省水利水电规划勘测设计院 …… 378
互联网地图服务测绘资质管理 ……… 124
互联网地图管理（广西） …………… 261
互联网地图监督检查（全国） ……… 126
互联网地图监管（贵州） …………… 282
互联网地图监管（河南） …………… 239
互联网地图监管（湖北） …………… 246
互联网地图监管（湖南） …………… 251
互联网地图监管（吉林） …………… 192
互联网地图监管（天津） …………… 167
化学工业第一勘察设计院有限公司 … 343
淮安市测绘勘察研究院有限公司 …… 363
获奖情况（大连） …………………… 320
获奖情况（吉林） …………………… 195

J

机构建设（北京） …………………… 161
机构建设（大连） …………………… 321
机构建设（福建） …………………… 221
机构建设（河北） …………………… 170
机构建设（河南） …………………… 236
机构建设（吉林） …………………… 189
机构建设（天津） …………………… 166
机构建设（新疆） …………………… 308
机构建设（云南） …………………… 283
机载激光雷达地面扫描系统（吉林）… 192
基本比例尺地形图测绘及更新（北京） 162
基本比例尺地形图服务（北京） …… 163
基层党组织建设 ……………………… 154
基层党组织建设（四川） …………… 278
基层组织建设（山西） ……………… 182
基层组织建设年活动（四川） ……… 278
基础测绘（甘肃） …………………… 296
基础测绘“十二五”规划（云南） … 285
基础测绘测图（新疆） ……………… 310
基础测绘成果（贵州） ……………… 281
基础测绘成果提供（安徽） ………… 219
基础测绘工作（天津） ……………… 166
基础测绘工作（浙江） ……………… 214
基础测绘规划（青海） ……………… 301
基础测绘规划（四川） ……………… 276
基础测绘规划编制项目完成情况（青岛） ……………………………………… 317
基础测绘计划（青岛） ……………… 317
基础测绘计划（全国） ……………… 118
基础测绘计划执行情况（安徽） …… 218
基础测绘经费（江西） ……………… 227
基础测绘科技项目 …………………… 132
基础测绘年度计划（深圳） ………… 326
基础测绘生产（宁夏） ……………… 306
基础测绘生产（青海） ……………… 301
基础测绘生产（云南） ……………… 285
基础测绘生产计划（甘肃） ………… 296
基础测绘数据服务（北京） ………… 163
基础测绘体制机制建设（浙江） …… 214
基础测绘投入（内蒙古） …………… 183
基础测绘项目（河北） ……………… 172
基础测绘项目（河南） ……………… 239
基础测绘项目（西藏） ……………… 288
基础测绘项目（新疆生产建设兵团） 314
基础测绘质量管理（河北） ………… 172
基础测绘总体情况（宁波） ………… 322

基础地理信息数据更新（宁波）……… 323
基础地理信息数据库（重庆）……… 270
基础地理信息数据库建设与更新（甘肃）……… 296
基础地理信息数据库建设与更新（湖南）……… 250
基础地理信息数据库建设与更新（江西）……… 227
基础地理信息应用系统建设（新疆）… 311
基础航空航天遥感影像获取与应用（湖南）……… 251
基础航空摄影（新疆）……… 310
基础航空摄影和卫星影像获取（深圳） 327
基础航空摄影与卫星影像获取（湖北） 245
基础航空摄影与卫星影像获取（江西） 227
基础控制测量（北京）……… 162
基础设施建设（吉林）……… 190
基础摄影（青海）……… 301
基于“天地图”的位置服务平台（黑龙江）……… 199
吉林省测绘学会 ……… 196
吉林省测绘与地理信息行业协会 …… 195
吉林省地理信息工程院 ……… 354
吉林省第二测绘院 ……… 352
吉林省第一测绘院 ……… 351
吉林省基础地理信息中心 ……… 353
吉林省交通规划设计院 ……… 352
吉林省文物保护信息管理系统 ……… 193
计量检定（福建）……… 223
技能人才队伍建设 ……… 139
技术培训（四川）……… 278
技术装备建设和“走出去”战略实施宣传……… 146
济南市房产测绘研究院 ……… 373
济南市勘察测绘研究院 ……… 371
加强测绘地理信息行政执法工作意见… 115
佳木斯市勘察测绘研究院 ……… 357
甲级单位负责人培训 ……… 125
江苏连云港地质工程勘察院 ……… 360
江苏省测绘地理信息思想政治工作研究会……… 211
江苏省测绘工程院 ……… 361
江苏省测绘学会 ……… 211
江苏省测绘与地理信息协会 ……… 211
江苏省地质测绘院 ……… 360
江苏省地质调查研究院 ……… 361
江苏省基础地理信息中心 ……… 362
江苏苏州地质工程勘察院 ……… 361
江苏易图地理信息工程有限公司 …… 363
江西省测绘应急保障服务中心 ……… 369
江西省地矿测绘院 ……… 368
江西省地理国情监测遥感院 ……… 368
江西省地质矿产勘查开发局赣东北大队 370
江西省地质矿产勘查开发局赣西地质调查大队……… 369
江西省电力设计院 ……… 371
江西省国土资源测绘工程总院 ……… 370
江西省基础测绘院 ……… 368
江西省基础地理信息中心 ……… 370
江西省煤田地质局测绘大队 ……… 369
江西省水利规划设计院 ……… 369
江西天久测绘院 ……… 368
江西有色地质测绘院 ……… 367
交流合作（湖南）……… 252
郊区县基础测绘项目（北京）……… 163
教材与教辅图书出版 ……… 148
教育培训（深圳）……… 327
教育培训（新疆）……… 312
街道影像地图编制（深圳）……… 326
结对帮扶工作（浙江）……… 216
经费管理（陕西）……… 292
经费管理（上海）……… 203
经费投入（福建）……… 222
经费投入（湖北）……… 245
经费投入（青海）……… 301
精神文明建设（江苏）……… 210
警用地理信息系统项目（宁波）…… 324
九江地质工程勘察院 ……… 370
局内立法工作 ……… 114
决算管理 ……… 136
军地测绘融合发展（新疆）……… 312
军地合作共建（吉林）……… 194
军事测绘导航部门保障服务工作 …… 130

K

开放合作（四川）……… 275
考评人员及裁判员培训 ……… 141
科技成果（甘肃）……… 298
科技成果（西藏）……… 289
科技成果完成情况 ……… 134
科技成果转化 ……… 133
科技创新（福建）……… 224
科技创新（甘肃）……… 297
科技创新（广东）……… 256
科技创新（广西）……… 261
科技创新（贵州）……… 282
科技创新（河南）……… 241
科技创新（黑龙江）……… 199
科技创新（湖北）……… 247
科技创新（湖南）……… 252
科技创新（江西）……… 228
科技创新（山东）……… 234
科技创新（山西）……… 181
科技创新（陕西）……… 294
科技创新（上海）……… 204
科技创新（深圳）……… 327
科技创新（四川）……… 278
科技创新（新疆）……… 313
科技创新（新疆生产建设兵团）…… 315
科技创新（云南）……… 286
科技创新管理 ……… 131
科技创新及奖励（吉林）……… 194
科技创新体系建设 ……… 131
科技创新体系建设总结 ……… 131
科技创新与成果（江苏）……… 209
科技创新与项目评优（宁波）……… 324
科技管理（四川）……… 277
科技规划 ……… 131
科技获奖情况（河南）……… 241
科技机构建设（青海）……… 303
科技奖励（山东）……… 234
科技奖励（山西）……… 181
科技奖励（新疆）……… 313
科技交流与合作（陕西）……… 294
科技平台建设（重庆）……… 272
科技投入与创新（安徽）……… 219
科技项目（青海）……… 303
科技项目（四川）……… 278
科技项目进展（北京）……… 164
科技与标准工作（浙江）……… 215
科技装备（湖北） 2………47
昆明市测绘研究院（昆明市基础地理信息中心）……… 396

L

兰州市城市建设设计院 ……… 403
兰州市勘察测绘研究院 ……… 403
老干部服务管理工作总结回顾 ……… 140
离退休党支部建设和思想政治建设 … 140
离退休干部管理能力建设 ……… 140
理论学习（宁波）……… 324
立得空间信息技术股份有限公司 …… 376
立法工作（甘肃）……… 296
立法工作（湖北）……… 244
立法工作（江西）……… 226
立法工作（辽宁）……… 185
立法工作（浙江）……… 213
立法意见反馈 ……… 115
廉政建设（甘肃）……… 298
廉政建设（山东）……… 235

辽宁经纬测绘规划建设有限公司 …… 349
辽宁省测绘地理信息局网络中心 …… 350
辽宁省地理信息院 …… 348
辽宁省地理信息资料馆 …… 350
辽宁省基础测绘院 …… 349
辽宁省摄影测量与遥感院 …… 349
“六五”普法简报 …… 116
“六五”普法领导小组 …… 116

L

《陆地边界情况图集》总体技术方案及样图审查 …… 121
陆海卫星定位连续运行站网整体处理与2000大地坐标框架维护 …… 119
落实老干部生活待遇 …… 140
落实老干部政治待遇 …… 140

M

民生工程（陕西） …… 291
民用S-57标准数字海图生产 …… 120
民用航海图编制 …… 120
民用航海图书发行 …… 121
民用航海图书目录编制 …… 120
闽台测绘技术交流 …… 225
牡丹江市勘察测绘研究院 …… 358

N

南昌市测绘勘察研究院 …… 369
南京城际在线信息技术有限公司 …… 363
南京市国土资源信息中心 …… 362
南宁市国土资源信息中心 …… 386
南宁市勘察测绘地理信息院 …… 382
南通市测绘院有限公司 …… 363
内部审计 …… 155
内蒙古基础测绘中长期规划 …… 183
年度注册 …… 124
宁波上航测绘有限公司 …… 366
宁波市测绘设计研究院 …… 366
宁波市地图集 …… 323
宁夏回族自治区国土测绘院 …… 407
宁夏回族自治区基础测绘院 …… 407
农村宅基地确权登记（西藏） …… 287

P

培训情况（河南） …… 241
普法宣传（北京） …… 162
普法依法治理工作要点 …… 116
普湾新区以南0.2米分辨率数字正射影像图制作 …… 319

Q

齐齐哈尔市国土资源勘测规划设计院有限公司 …… 354
齐齐哈尔市勘察测绘研究院 …… 356
齐齐哈尔市水利勘测设计研究院 …… 356
其他地图（重庆） …… 271
其他重点工作（宁夏） …… 305
企业服务（天津） …… 167
钦州市测绘院 …… 384
秦皇岛市测绘大队 …… 345
青岛创想互动数字科技有限公司 …… 373
青岛海大工程勘察设计开发院有限公司 373
青岛海洋工程勘察设计研究院 …… 372
青海煤炭地质局测绘工程院 …… 405
青海省测绘学会 …… 304
青海省测绘与地理信息行业协会 …… 304
青海省地矿测绘院 …… 405
青海省第二测绘院 …… 405
青海省第一测绘院 …… 405
青海省基础地理信息中心 …… 406
权力制约和监督 …… 154
全国测绘地理信息行业职业技能竞赛… 141
全国测绘地理信息行政执法工作座谈会 116
全国地理信息资源目录服务系统建设二期 …… 119
全国互联网地图安全审校人员培训班 126
全国基础测绘中长期规划纲要 …… 117
《全国基础测绘中长期规划纲要》修编前期研究 …… 114
全国三级GNSS大地控制网建设 …… 119
全省边远地区基础测绘工作（安徽） …… 219
全省村庄规划地形图测绘（福建） … 222
群团、统战和稳定工作 …… 154
群团工作（黑龙江） …… 200
群团工作（山东） …… 235
群团组织建设（广西） …… 262

R

人才队伍建设（福建） …… 225
人才队伍建设（海南） …… 267
人才队伍建设（黑龙江） …… 199
人才队伍建设（湖北） …… 247
人才队伍建设（江西） …… 228
人才队伍建设（西藏） …… 289
人才管理与教育培训（江苏） …… 209
人才建设总体情况 …… 138
人才教育培训 …… 139
人才培养（安徽） …… 219
人才培养（广西） …… 261
人才培养（贵州） …… 282
人才培养（河北） …… 175
人才培养（河南） …… 241
人才培养（湖南） …… 252
人才培养（吉林） …… 194
人才培养（山东） …… 234
人才培养（山西） …… 181
人才培养（陕西） …… 294
人才培养（浙江） …… 215
人事制度改革 …… 138
日常测绘保障服务情况（山东） …… 234
日照市城乡建设勘察测绘院有限公司… 373
软环境建设年活动（大连） …… 321

S

“三思三创”实践活动（宁波） …… 325
三维激光扫描技术应用（北京） …… 163
三峡库区地图集 …… 271
厦门海洋工程勘察设计研究院 …… 367
山东海天地理信息工程有限公司 …… 372
山东明嘉勘察测绘有限公司 …… 372
山东省城乡建设勘察院 …… 372
山东省地图出版社 …… 373
山东省地质测绘院 …… 372
山东省国土测绘院 …… 371
山东省省级测绘成果网络化分发服务系统 …… 234
山东省水利勘测设计院 …… 372
山西省测绘产品质量监督检验站 …… 347
山西省测绘资料档案馆 …… 347
山西省电力勘测设计院 …… 346
山西省勘察设计研究院 …… 346
山西省水利水电勘测设计研究院 …… 347
山西省遥感中心 …… 347
陕西省煤田地质局物探测量队 …… 399
陕西省水利电力勘测设计研究院 …… 400
社会化服务（重庆） …… 272
涉密保密检查（广西） …… 260
涉密测绘成果管理（大连） …… 319
涉密测绘成果管理（黑龙江） …… 199
涉密测绘成果管理（湖北） …… 246
涉密测绘成果管理（山西） …… 180
涉密测绘成果检查（新疆） …… 312
涉密成果管理（甘肃） …… 297
涉外案件处理（辽宁） …… 185
深圳市凯立德科技股份有限公司 …… 379
深圳市勘察测绘院有限公司 …… 380
省级共建共享（重庆） …… 272
省级基础测绘（广东） …… 254
省级基础测绘（广西） …… 260
省级基础测绘（黑龙江） …… 198

省级基础测绘（吉林） 191
省级基础测绘（江苏） 208
省级基础测绘（山东） 231
省级基础测绘（山西） 179
省级基础测绘（陕西） 292
省级基础测绘建设（福建） 222
胜利油田胜利勘察设计研究院有限公司 373
十八大精神宣传 145
十大违法典型案件 115
“十三五”测绘地理信息重大项目前期研究 114
实用参考图出版 147
市（县）测绘工作（吉林） 191
市（县）级基础测绘（江苏） 208
市、县基础测绘（山西） 179
市场管理政策研究制定 124
市场监督机制建设（广西） 260
市场监管（北京） 162
市场监管（甘肃） 296
市场监管（贵州） 281
市场监管（海南） 264
市场监管（黑龙江） 197
市场监管（江苏） 207
市场监管（辽宁） 185
市场监管（宁波） 322
市场监管（青海） 301
市场监管（厦门） 329
市场监管（山东） 231
市场监管（陕西） 291
市场监管（四川） 276
市场监管（西藏） 288
市场监管（浙江） 213
市级测绘管理（河南） 238
市级基础测绘（河南） 239
市县基础测绘（甘肃） 296
市县基础测绘（广东） 255
市县基础测绘建设（福建） 222
事业单位分类改革 138
事业单位改革（湖北） 247
收入分配制度改革 138
首届河北省大学生测绘地理信息技能竞赛 172
首张厦门岛无障碍设施分布地图 330
数据成果与数字档案管理（吉林） 193
数据库备份管理暂行办法（厦门） 330
数据库建设（北京） 163
数字城市（青岛） 316
数字城市（浙江） 212
数字城市技术体系建设 111
数字城市建设（安徽） 218
数字城市建设（北京） 161
数字城市建设（大连） 318
数字城市建设（福建） 221
数字城市建设（甘肃） 295
数字城市建设（广东） 253
数字城市建设（广西） 258
数字城市建设（贵州） 280
数字城市建设（海南） 263
数字城市建设（河北） 169
数字城市建设（河南） 236
数字城市建设（湖北） 243
数字城市建设（湖南） 249
数字城市建设（吉林） 189
数字城市建设（江苏） 206
数字城市建设（江西） 226
数字城市建设（辽宁） 184
数字城市建设（内蒙古） 183
数字城市建设（宁波） 322
数字城市建设（宁夏） 305
数字城市建设（青海） 300
数字城市建设（厦门） 328
数字城市建设（山东） 229
数字城市建设（山西） 178
数字城市建设（陕西） 290
数字城市建设（深圳） 325
数字城市建设（四川） 274
数字城市建设（天津） 166
数字城市建设（新疆） 308
数字城市建设（云南） 284
数字城市建设（重庆） 269
数字城市建设总体情况（全国） 111
数字城市培训工作 111
数字区域地理空间框架建设（黑龙江） 196
数字三江三维仿真平台研发 324
数字省区建设 118
双鸭山市国土资源勘测规划院 355
水利部新疆维吾尔自治区水利水电勘测设计研究院 409
思想政治建设（四川） 278
四川空间信息产业发展有限公司 394
四川省测绘学会活动 279
四川省川建勘察设计院 395
四川省地震局测绘工程院 391
四川省地质测绘院 392
四川省核工业地质调查院 395
四川省交通运输厅交通勘察设计研究院 393
四川省煤田测绘工程院 392
四川省水利水电勘测设计研究院 392
四川省冶金地质勘查局测绘工程大队 394
四川优秀测绘工程奖评选 279
四川中水成勘院测绘工程有限责任公司 393

T

塔城地区国土资源规划研究院 411
太阳和月亮出没时刻表编算 120
唐山中地地质工程公司 340
体制机制建设（贵州） 280
“天地图”服务功能 112
“天地图”节点建设 112
“天地图”数据资源 111
“天地图”推广应用 112
“天地图·江苏”建设 206
“天地图·安徽”建设 218
“天地图·北京”建设 162
“天地图·福建”建设 221
“天地图·甘肃”建设 296
“天地图·广东”建设 253
“天地图·广西”建设 258
“天地图·贵州”建设 280
“天地图·海南”建设 264
“天地图·河北”建设 169
“天地图·河南”建设 237
“天地图·黑龙江”建设 197
“天地图·湖北”建设 243
“天地图·湖南”建设 249
“天地图·吉林”建设 189
“天地图·江西”建设 226
“天地图·辽宁”建设 184
“天地图·宁夏”建设 305
“天地图·青岛”建设 316
“天地图·青海”建设 300
“天地图·山东”建设 229
“天地图·陕西”建设 290
“天地图·上海” 201
“天地图·深圳”建设 326
“天地图·四川”建设 274
“天地图·天津”建设 166
“天地图·新疆”建设 308
“天地图·云南”建设 284
“天地图·浙江”建设 213
“天地图·重庆”建设 269
天津港湾水运工程有限公司 335
天津金宇信息技术有限公司 337
天津市测绘地理信息“十二五”规划 165
天津市测绘院 337
天津市国土资源测绘和房屋测量中心 338
天津市勘察院 336
天津市市政工程设计研究院 336
天津市水利勘测设计院 337
天津水运工程勘察设计院 335

铁道第三勘察设计院集团有限公司 … 335
统筹城乡 1:5000 地形图（重庆） …… 270
统筹经济建设和国防建设信息资源共享机制研究 …… 114
统一监管（河北） …… 171

W

完善体制编制（辽宁） …… 184
网上地理信息安全监管和防范工作（全国） …… 125
网上执法平台（福建） …… 222
为大连市政府职能提供地理信息数据 320
为山西省四大班子领导服务 …… 180
为政府部门服务（黑龙江） …… 199
为政府决策服务（山西） …… 180
违法案件查处（全国） …… 115
卫星遥感影像资料统一管理（福建）… 224
卫星影像处理及专题图制作（大连）… 319
文化建设（北京） …… 164
文化建设（福建） …… 225
文化建设（甘肃） …… 298
文化建设（广东） …… 256
文化建设（广西） …… 262
文化建设（海南） …… 267
文化建设（河北） …… 175
文化建设（河南） …… 242
文化建设（黑龙江） …… 200
文化建设（湖北） …… 248
文化建设（湖南） …… 252
文化建设（江苏） …… 210
文化建设（江西） …… 228
文化建设（青海） …… 304
文化建设（山东） …… 235
文化建设（陕西） …… 294
文化建设（深圳） …… 327
文化建设（新疆） …… 313
文化建设（新疆生产建设兵团） …… 315
文化建设（浙江） …… 216
文化建设（重庆） …… 273
文明和谐建设（山西） …… 182
文体活动（四川） …… 279
"问题地图"查处（宁夏） …… 306
"问题地图"查处（青海） …… 302
"问题地图"专项治理（吉林） …… 192
"问题地图"专项治理（全国） …… 126
乌鲁木齐市城市勘察测绘院 …… 408
乌鲁木齐市国土资源勘测规划院 …… 408
无人机航摄及影像获取（吉林） …… 191
无人机航摄系统的配备和应用（新疆） 310
无人机应用研究（宁波） …… 324
"五型机关"创建活动 …… 154
武大吉奥信息技术有限公司 …… 376
武汉大学测绘学科概况 …… 150
武汉大学测绘学科获奖情况 …… 151
武汉大学测绘学科重要事件 …… 151
武汉大学学科专业工作 …… 150
武汉科岛地理信息工程有限公司 …… 376
武汉市房产测绘中心 …… 378
武汉市国土资源和规划信息中心（武汉市地理信息中心） …… 378

X

西安大地测绘工程有限责任公司 …… 400
西北综合勘察设计研究院 …… 399
西部人才援助 …… 139
西藏自治区测绘院 …… 398
西藏自治区应急地理信息平台 …… 288
西宁市测绘院 …… 406
咸阳市勘察测绘院 …… 402
县（市）级基础测绘规划编制（广西） 260
现代测绘基准体系建设（安徽） …… 218
现代测绘基准体系建设（甘肃） …… 295
现代测绘基准体系建设（湖南） …… 250
现代化测绘基准体系基础设施建设项目 117
项目验收与成果鉴定 …… 134
效能建设年活动（厦门） …… 330
新技术研发（重庆） …… 272
新技术应用（西藏） …… 289
新疆地矿测绘院 …… 408
新疆电力设计院 …… 409
新疆生产建设兵团勘测规划设计研究院 409
新疆石油勘察设计研究院（有限公司） 410
新疆水利水电勘测设计研究院疆海测绘院 …… 411
新疆维吾尔自治区第二测绘院 …… 410
新疆维吾尔自治区第一测绘院 …… 408
新疆维吾尔自治区国土资源规划研究院 410
新疆维吾尔自治区基础地理信息中心（新疆维吾尔自治区测绘档案资料馆） …… 407
新疆维吾尔自治区交通规划勘察设计研究院 …… 409
新疆维吾尔自治区煤田地质局综合地质勘查队 …… 411
新疆维吾尔自治区资源经济地图集 … 309
新农村（新牧区）测绘保障服务示范项目（内蒙古） …… 183
新农村建设 …… 118
新农村建设测绘保障服务（湖北） … 245
信访举报和案件查处工作 …… 154
信息服务 …… 114
信息化测绘生产体系建设（吉林） … 191
信息系统建设与维护（大连） …… 320
信用体系建设（河北） …… 171
信用体系建设（吉林） …… 191
信用体系建设（青海） …… 301
信用体系建设（山东） …… 231
信用体系建设（山西） …… 179
信用体系建设（新疆） …… 309
信用信息管理（湖南） …… 250
行政处罚案卷评查 …… 115
行政管理（广西） …… 259
行政管理与执法（吉林） …… 190
行政权力和服务事项清理（湖北） … 244
行政审批（宁波） …… 322
行政审批项目清理和承接（吉林） … 191
行政审批制度改革（山西） …… 178
行政许可（广西） …… 260
行政许可受理 …… 128
行政执法（广东） …… 254
行政执法（贵州） …… 281
行政执法（江西） …… 227
行政执法（上海） …… 202
行政执法（深圳） …… 326
行政执法（新疆） …… 309
行政执法（重庆） …… 269
行政执法和监督管理（河北） …… 170
行政执法人员培训 …… 116
宣传工作（甘肃） …… 298
宣传工作（河南） …… 242
宣传工作（辽宁） …… 187
宣传工作（青海） …… 304
宣传工作（重庆） …… 273
宣传交流 …… 142
宣传与文化建设（吉林） …… 195
学习党的十八大会议精神（新疆生产建设兵团） …… 315
学习贯彻党的十八大精神（山西） … 182
学习贯彻十八大精神 …… 153
学习型党组织建设（黑龙江） …… 200
学习型党组织建设（吉林） …… 195

Y

盐城市勘察测绘院 …… 364
业务培训（大连） …… 320
业务培训（山东） …… 234
依法行政（福建） …… 221
依法行政（甘肃） …… 296
依法行政（广西） …… 259
依法行政（海南） …… 264
依法行政（河北） …… 170

依法行政（湖北） …………………… 244
依法行政（江苏） …………………… 207
依法行政（江西）……………………… 226
依法行政（山东）……………………… 230
依法行政（山西） …………………… 179
依法行政（上海） …………………… 202
依法行政（四川） …………………… 276
依法行政（西藏） …………………… 288
影像获取和共享机制（山东） ……… 232
应急保障（黑龙江） ………………… 199
应急保障（吉林） …………………… 194
应急保障（江西） …………………… 228
应急保障（青海） …………………… 303
应急保障（浙江） …………………… 215
应急保障服务…………………………… 130
应急保障服务（福建） ……………… 224
应急保障服务（河南） ……………… 240
应急保障服务（山东） ……………… 233
应急保障服务（新疆） ……………… 312
应急保障服务（云南） ……………… 286
应急保障管理 ………………………… 130
应急测绘保障（甘肃） ……………… 297
应急测绘保障服务（北京） ……… 163
应急测绘科研项目 …………………… 130
应急服务保障（辽宁） ……………… 187
应用服务（广东） …………………… 256
应用服务（新疆） …………………… 312
预算管理 ……………………………… 136
云南地理信息产业园 ………………… 284
云南省地图院 ………………………… 397
云南省地震局形变测量中心 ……… 397
云南省航测遥感信息院 …………… 396

Z

灾后重建测绘保障服务（青海） …… 302
灾后重建测绘保障服务（新疆） …… 309
藏区基础测绘（青海） ……………… 300
浙江省测绘大队 ……………………… 366
浙江省测绘与地理信息行业协会 …… 216
浙江省测绘与地理信息学会 ……… 216
浙江省测绘职工思想政治工作研究会… 217
浙江省地理空间数据交换和共享平台… 213
浙江省地理信息中心 ……………… 364
浙江省第二测绘院 ………………… 365
浙江省第一测绘院 ………………… 364
浙江省信息化测绘创新基地（国家测绘地理信息局东海测绘基地） ……………… 213
浙江臻善科技有限公司 …………… 367
珍贵档案保护 ………………………… 128
镇江市勘察测绘研究院 …………… 360
整顿和规范地理信息市场秩序（湖北） 245
郑州测绘学校国家示范校申报及建设… 152
郑州测绘学校日常教学与科研工作 … 152
郑州测绘学校师资队伍建设及教材建设 152
郑州测绘学校校企合作与实用人才培训 152
郑州测绘学校新校区建设与省部（局）共建工作 ……………………………………… 153
郑州测绘学校学生管理及德育、综合素质培养工作 ……………………………………… 152
郑州测绘学校招生与毕业生就业 …… 152
政策法规专题论坛 …………………… 125
政府采购 ……………………………… 137
政府系统门户网站电子地图栏目建设（河南） ……………………………………… 240
政务内网版大连地理信息公共平台 … 320
政治理论学习（海南） ……………… 267
政治理论学习（西藏） ……………… 289
支援边疆建设提供测绘服务（北京）… 163
执法队伍建设（河北） ……………… 170
执法检查（内蒙古） ………………… 183
执法检查（天津） …………………… 166
执业资格与职称制度 ………………… 140
职称评审和职业技能鉴定（海南）…… 267
职工福利保障（陕西） ……………… 294
职业技能大赛（甘肃） ……………… 298
职业技能鉴定（河南） ……………… 241
职业技能鉴定管理 …………………… 141
职业技能鉴定与培训（吉林） ……… 194
职业资格管理（湖北） ……………… 247
制度建设（广东） …………………… 254
制度建设（河北） …………………… 170
制度建设（河南） …………………… 238
制度建设（新疆） …………………… 309
制度建设及人才培养（重庆） ……… 273
质量管理（安徽） …………………… 218
质量管理（湖南） …………………… 250
质量管理（内蒙古） ………………… 183
质量管理（山西） …………………… 180
质量监督（福建） …………………… 223
质量监督（广西） …………………… 260
质量监督（海南） …………………… 265
质量监督（河南） …………………… 239
质量监督（湖北） …………………… 246
质量监督（吉林） …………………… 191
质量监督（宁夏） …………………… 306
质量监督（青海） …………………… 301
质量监督（上海） …………………… 203
质量监督（天津） …………………… 167
质量监督（新疆） …………………… 311
质量监督检查（青岛） ……………… 317
质量监督检查（深圳） ……………… 326
质量监管（广东） …………………… 254
质量监管（四川） …………………… 277
质量检查（甘肃） …………………… 297
质量与标准（江苏） ………………… 208
智慧城市建设试点 …………………… 111
智慧城市试点（山西） ……………… 178
智慧上海建设 ………………………… 201
智慧位置应用研究（宁波） ………… 324
“智慧中国”研究 …………………… 113
中国兵器工业北方勘察设计研究院有限公司 ……………………………………… 343
中国测绘科学研究院科技项目 ……… 132
中国测绘学会承接职能 ……………… 155
中国测绘学会分支机构工作 ………… 156
中国测绘学会国际合作 ……………… 156
中国测绘学会科技奖励 ……………… 156
中国测绘学会科技普及 ……………… 155
中国测绘学会期刊工作 ……………… 156
中国测绘学会企业和科技工作者服务 156
中国测绘学会学术交流 ……………… 155
中国测绘学会组织建设 ……………… 156
中国城市规划协会城市勘测专业委员会 165
中国城市规划协会地下管线专业委员会 165
中国大陆构造环境监测网络建设 …… 119
中国地理信息产业大会 ……………… 157
中国地理信息产业协会对外交流 …… 159
中国地理信息产业协会分支机构活动 158
中国地理信息产业协会民主办会与行业服务 ……………………………………… 158
中国地理信息产业协会评奖工作 …… 157
中国地理信息产业协会企业协调、维权工作 ……………………………………… 158
中国地理信息产业协会网络建设和书刊出版 ……………………………………… 158
中国地理信息产业协会组织建设 …… 157
中国地震局第一监测中心 …………… 337
中国电力工程顾问集团东北电力设计院 353
中国电力工程顾问集团西南电力设计院 392
中国海区渔业图改版编制 …………… 120
中国建筑材料工业地质勘查中心河北总队 ……………………………………… 340
中国建筑材料工业地质勘查中心四川总队 ……………………………………… 390
中国石油集团东方地球物理勘探有限责任公司 ……………………………………… 341
中国石油天然气管道工程有限公司 … 341
中国水电顾问集团贵阳勘测设计研究院 396
中国水利水电第七工程局有限公司测绘中心 ……………………………………… 394

中国水利水电第四工程局有限公司 … 405
中国卫星导航定位协会分支机构建设… 160
中国卫星导航定位协会更名工作 …… 159
中国卫星导航定位协会会刊及图书出版 159
中国卫星导航定位协会会议与展览 … 159
中国卫星导航定位协会会员管理 …… 160
中国卫星导航定位协会科研项目 …… 160
中国卫星导航定位协会评奖工作 …… 159
中国卫星导航定位协会调研工作 …… 159
中国卫星导航定位协会银行巨额授信… 159
中国有色金属工业昆明勘察设计研究院 397
中国与俄罗斯国界第一次联检测绘 … 121
中国与老挝边界第一次联检测绘 …… 121
中交第一航务工程勘察设计院有限公司 338
中交天津港航勘察设计研究院有限公司 336
中节能建设工程设计院有限公司 …… 391
中煤西安设计工程有限责任公司 …… 402
中缅原油、天然气和云南成品油管道工程线路测量（河南） ………………………… 238
中水北方勘测设计研究有限责任公司… 338
中水东北勘测设计研究有限责任公司… 352
中铁八局集团有限公司（测绘分公司） 394
中铁第一勘察设计院集团有限公司 … 399
中铁二局集团有限公司（测量中心）… 391
中铁二院工程集团有限责任公司 …… 391
中铁隧道勘测设计院有限公司 ……… 334
中铁一局集团第四工程有限公司精密测量分公司 …………………………………… 402
中央决策部署贯彻落实 ……………… 154
中冶成都勘察研究总院有限公司 …… 393
中冶集团武汉勘察研究院有限公司 … 376
中原经济区洛阳副中心地理空间信息数据建设项目 ………………………………… 238
重大工程测绘项目（新疆生产建设兵团） ………………………………………… 315
重大工程建设（湖南） ……………… 252
重点出版物选题 ……………………… 148
重点工程测绘（云南） ……………… 285
重点工作服务（云南） ……………… 286
重点项目（山西） …………………… 177
重要科研成果（重庆） ……………… 272
注册测绘师考试材料及培训工作 …… 141
专项补助（河南） …………………… 239
专项经费（江西） …………………… 227
专业技术人才队伍建设 ……………… 139
装备建设（湖南） …………………… 252
装备建设（陕西） …………………… 292
装备推广 ……………………………… 134
装备研发 ……………………………… 134
资源三号产业化项目申报实施 ……… 122
资源三号卫星的 SLR 联测与定轨验证 122
资源三号卫星发射并在轨测试交付使用 121
资源三号卫星应用服务 ……………… 122
资源三号卫星应用系统建设项目 …… 117
资源三号卫星应用系统建设与生产 … 122
资质管理（大连） …………………… 319
资质管理（福建） …………………… 222
资质管理（广东） …………………… 254
资质管理（海南） …………………… 264
资质管理（河南） …………………… 238
资质管理（湖南） …………………… 250
资质管理（江西） …………………… 227
资质管理（辽宁） …………………… 185
资质管理（内蒙古） ………………… 183
资质管理（宁夏） …………………… 306
资质管理（青海） …………………… 300
资质管理（厦门） …………………… 329
资质管理（山东） …………………… 231
资质管理（陕西） …………………… 292
资质管理（上海） …………………… 202
资质管理（深圳） …………………… 326
资质管理（云南） …………………… 285
资质管理（浙江） …………………… 213
资质管理与项目登记备案（吉林） … 190
资质巡查工作 ………………………… 124
综合出版 ……………………………… 148
“走出去”战略实施 ………………… 142
作风建设（山东） …………………… 235

图书在版编目（CIP）数据

中国测绘地理信息年鉴 . 2013 / 国家测绘地理信息局编 .—北京：测绘出版社 , 2013.8
ISBN 978-7-5030-2439-9

Ⅰ . ①中… Ⅱ . ①国… Ⅲ . ①测绘学－中国－ 2013 － 年鉴
Ⅳ . ① P2-54

中国版本图书馆 CIP 数据核字（2013）第 188030 号

责任编辑 贾晓林 马驰原 张文婷 程立海 **封面设计** 陈晓宇 **责任校对** 杨利娜 **责任印制** 王超

出版发行	测绘出版社		
地　　址	北京市西城区三里河路 50 号	电　　话	010-68531609 68512386（门市部）
邮政编码	100045		010-63881627（年鉴编辑部）
电子邮箱	smp@sinomaps.com	网　　址	www.chinasmp.com
印　　刷	北京华联印刷有限公司	经　　销	新华书店
成品规格	185mm × 260mm	彩　　插	82 页
印　　张	42	字　　数	127 万
版　　次	2013 年 8 月第 1 版	印　　次	2013 年 8 月第 1 次印刷
印　　数	0001—4000	定　　价	278.00 元

书　　号 978-7-5030-2439-9/P · 665

审 图 号 GS（2013）1377 号

如有印装质量问题，请与我社联系调换。

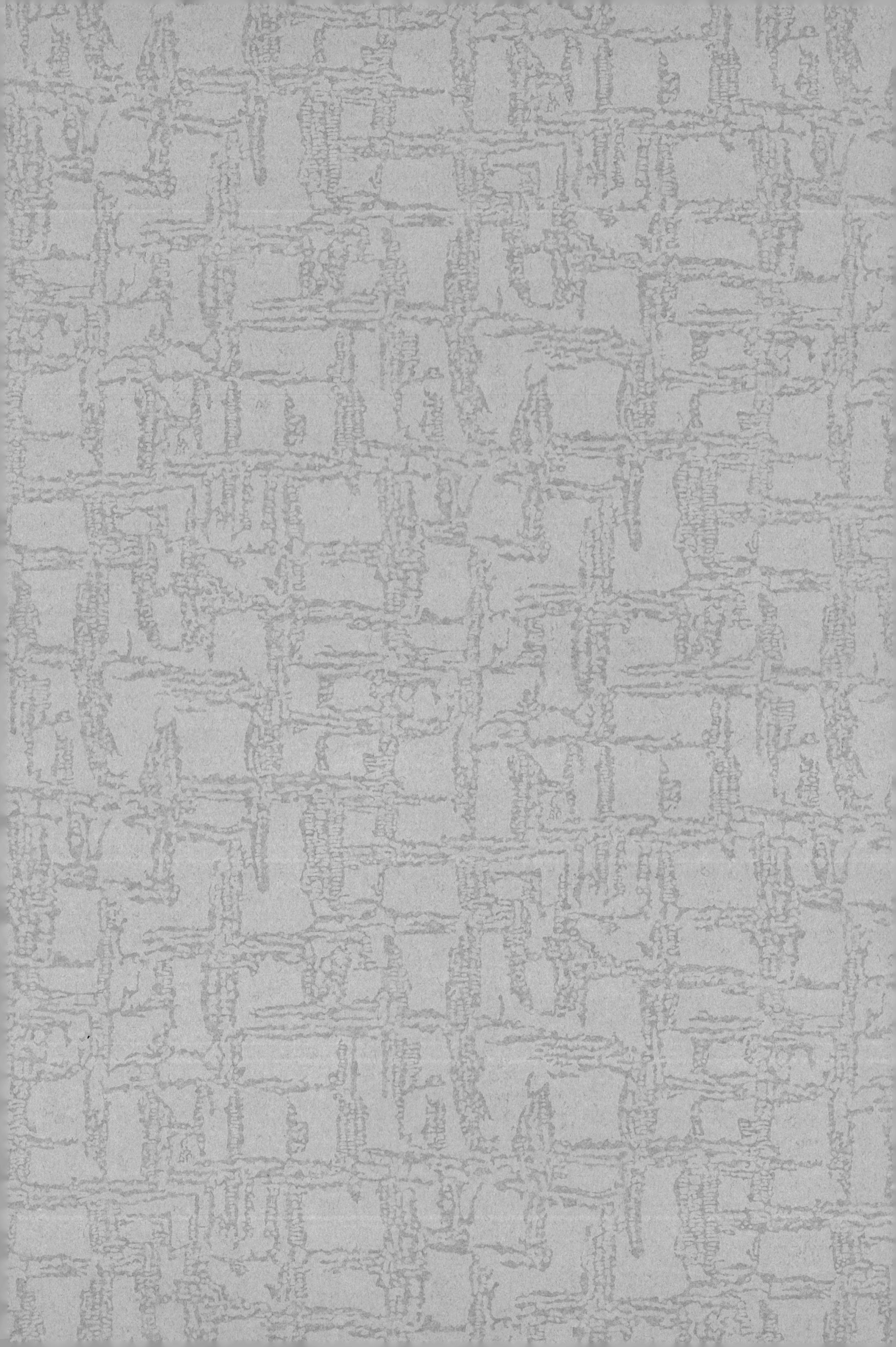